Ahaggar

des
as

Air

Plaines de
Bodélé

Lac Tchad

Lac Fitri

CHALLAWA

Hadejia-Nguru

Waza-
Logone

TIGA

Chari

KAINJI

MAGA

Logone

LAGDO

Benue

Delta du Niger

Oubangi

Congo

Les ailes
du Sahel

Auteurs Leo Zwarts · Rob G. Bijlsma · Jan van der Kamp · Eddy Wymenga
Contributions Peter van Horssen · Ben Koks · Pierfrancesco Micheloni · Wim Mullié
· Otto Overdijk · Martin J.M. Poot · Paul Scholte · Vincent Schricke · Christiane Trierweiler
· Patrick Triplet · Jan van der Winden
Aquarelles et autres dessins Jos Zwarts
Graphiques et cartes Dick Visser
Mise en page et design Elske Verharen, x-hoogte · Tilburg, avec contribution de *ju dith it!*
Photo de couverture Hans Hut et Leo Zwarts

Edition originale en anglais :
Living on the edge: Wetlands and birds in a changing Sahel
Leo Zwarts, Rob G. Bijlsma, Jan van der Kamp, Eddy Wymenga (2009).
KNNV Publishing, Zeist. 564 pages. ISBN 978-90-5011-280-2.

Traduction Benoît Paepegaey

Une publication KNNV Publishing
© 2012 KNNV Publishing, Zeist, Pays-Bas
ISBN 978-90-5011-412-7.
NUR : 942
www.knnvpublishing.nl

Découvrir la nature et s'en approcher
KNNV Publishing est specialisé dans la publication d'ouvrages relatifs à la nature et au paysage :
guides de terrain faciles à utiliser, manuels de conservation, atlas de répartition et bien d'autres.
KNNV Publishing produit également des récits sur la protection de la nature, des beaux livres
illustrés traitant d'écologie, de culture ou de paysages, des guides de voyage, des livres pour enfants, ainsi que la revue « Natura ». Toutes ces publications permettent de rendre accessibles au
public les découvertes des scientifiques et des chercheurs amateurs. En produisant ces ouvrages,
KNNV Publishing contribue à la protection et à la découverte de la nature.

Citations recommandées :
Zwarts L., Bijlsma R.G., van der Kamp J. & Wymenga E. 2012. Les ailes du Sahel: zones humides
et oiseaux migrateurs dans un environnement en mutation. KNNV Publishing, Zeist, Pays-Bas.
Chapitre 14 : Mullié, W.C. 2012. Les oiseaux, les locustes et les sauteriaux. *In*: Zwarts L., Bijlsma
R.G., van der Kamp J. & Wymenga E. 2012. Les ailes du Sahel: zones humides et oiseaux
migrateurs dans un environnement en mutation. KNNV Publishing, Zeist, Pays-Bas.
Chapitre 26 : Trierweiler, C & Koks B 2012. Busard cendré *Circus pygargus*. *In*: Zwarts L.,
Bijlsma R.G., van der Kamp J. & Wymenga E. 2009. Les ailes du Sahel: zones humides et
oiseaux migrateurs dans un environnement en mutation. KNNV Publishing, Zeist, Pays-Bas.

Cette publication a reçu le soutien financier de :
Altenburg & Wymenga, écologues consultants, Feanwâlden, Pays-Bas
Fondation MAVA, Gland, Suisse
Vogelbescherming Nederland, Zeist, Pays-Bas.

Soutien technique et scientifique :
Altenburg & Wymenga, écologues consultants, Feanwâlden, Pays-Bas
Rijkswaterstaat, Centre pour la Gestion de l'Eau, Lelystad, Pays-Bas
Wetlands International – Afrique de l'Ouest, Dakar, Sévaré & Bissau.

Les ailes

zones humides et oiseaux migrateurs
dans un environnement en mutation

du Sahel

Leo Zwarts   Rob G. Bijlsma   Jan van der Kamp   Eddy Wymenga

KNNV Publishing

Table des matières

Introduction

Novembre 2008 : Notre pirogue progresse régulièrement sur le Delta Intérieur du Niger, sous les chants grinçants des Rousserolles turdoïdes. Les inondations, particulièrement importantes cette année, nous promettaient la présence d'oiseaux d'eau en abondance. Nos comptages atteignent 380.000 Hérons garde-bœufs, (un total jamais atteint ces dernières années), 55.000 Cormorans africains (dont la population a totalement récupéré de sa chute inexpliquée de 2004, lorsque des milliers sont morts sur leurs colonies de reproduction) et 6000 Ibis falcinelles (signalant la fin d'un long déclin ?). On ne peut imaginer meilleur cadre que cette impressionnante plaine inondable du Mali pour mettre à l'épreuve un ouvrage traitant des oiseaux nicheurs d'Eurasie et de leurs relations avec le Sahel. Nos sentiments sont partagés en ce jour : la lecture est source de soulagement (enfin, il est prêt !), mais soulève d'entêtantes questions non résolues, alors que de nouveaux sujets font surface. Devrions-nous en intégrer certains et retarder la publication jusqu'à ce que nous ayons les résultats des nouvelles études passionnantes qui s'annoncent ? Le soulagement l'emporte tout de même. Combien de données amassées au long des années ont été perdues, car elles sont restées dans des carnets de terrain et n'ont jamais été publiées ? Notre chance a été de pouvoir nous asseoir sur les épaules de géants, ceux qui ont publié. Parmi eux, nous pensons tout particulièrement au précurseur et toujours éminent Réginald Ernest Moreau, qui fut l'auteur de nombreux articles sur l'écologie africaine et de deux livres : *The Bird Faunas of Africa and its islands* (1966) et *The Palaearctic African Bird Migration Systems* (1972). Le second fut achevé sur son lit de mort.

Parmi les 500 et quelques espèces d'oiseaux nichant en Europe pour un total de 1300 à 2600 millions de couples, le quart environ migre vers l'Afrique subsaharienne. Ces migrateurs passent une majorité de leur vie en Afrique et repartent vers le Nord pour aller se reproduire. Prenez, par exemple, la Bondrée apivore. Alors qu'elle n'est présente sur ses sites de nidification qu'entre la mi-mai et la mi-septembre, soit 120 jours, il lui en faut entre 105 et 110 pour réaliser l'ensemble de son cycle de reproduction. La fenêtre de tir est étroite et les possibilités d'ajustement limitées à deux semaines. Ce calendrier est si contraint que nombreuses sont celles qui ne se reproduisent que lorsqu'elles arrivent en temps et en heure sur leur site de nidification, et si les conditions sont favorables. Au cours d'une année, elles passent les deux-tiers de leur temps en migration ou en Afrique, et certains adultes peuvent même sauter une ou plusieurs saisons de reproduction et rester en Afrique pendant l'été boréal. Pour ces oiseaux qui possèdent une longue espérance de vie, il est facile de comprendre que l'Afrique joue un rôle primordial dans leur vie. Cette réalité vaut aussi pour des passereaux à courte espérance de vie, dont bon nombre ne font qu'un voyage à sens unique vers l'Afrique où ils meurent avant même d'avoir la possibilité d'un voyage de retour vers leurs sites de reproduction. Les survivants portent jusque sur leur site de reproduction le fardeau de leur séjour africain et voient leur performance reproductrice influencée par l'Afrique. Que le Gobemouche gris, décrit par Moreau dans son traité de 1972 comme un attachant combattant de l'extrême, puisse élever deux nichées dans la même saison après avoir accompli un vol de 7000 km est une performance réellement époustouflante.

Le système migratoire Paléarctique-Afrique draine des oiseaux provenant d'une aire géographique s'étendant entre les longitudes 10°O (Irlande) et 164°E (bassin de la Kolyma), et peut-être même d'encore plus loin à l'est. Les migrateurs au long cours de cette vaste région, à l'exception de ceux hivernant dans le sous-continent indien ou en Asie du sud-est, gagnent l'Afrique subsaharienne. Ils ne s'y répartissent pas uniformément, mais se concentrent pour la plupart dans les savanes du nord et évitent les forêts équatoriales. Les savanes et savanes boisées du Sahel et de la zone soudano-guinéenne (ou de ce qu'il en reste) s'étendent entre les latitudes 8°N et 18°N sur toute la largeur de l'Afrique, de la Sénégambie et de la Mauritanie à l'ouest jusqu'au Soudan, à l'Ethiopie et à la Somalie à l'est. Les dernières pluies de l'année y tombent normalement en septembre ou octobre lorsque la zone de convergence intertropicale se rétracte. Ces savanes sont donc sèches lors de l'hiver boréal. L'automne passé, les conditions deviennent chaque jour plus sèches, et ce n'est qu'après le départ de la plupart des hivernants originaires du Paléarctique au printemps que les premières pluies reviennent. La découverte surprenante que les plus fortes densités d'oiseaux du Paléarctique fréquentent les régions végétalisées les plus desséchées des tropiques de l'hémisphère nord, où ils ne peuvent guère espérer de pluie pendant leur séjour a donné naissance au paradoxe de Moreau : « Comment d'immenses quantités d'oiseaux et notamment la majorité des passereaux et non-passereaux (hors rapaces et oiseaux d'eau) peuvent-ils survivre et accumuler les réserves de graisse dont ils ont besoin pour leur migration printanière en exploitant une source de nourriture

qu'ils ont, en compagnie des oiseaux locaux, en premier lieu consommée pendant près de six mois sans qu'elle se reconstitue ? ». Gérard Morel (1973), fin connaisseur des conditions sahéliennes de la Basse Vallée du Sénégal, apporta la réponse : ce paradoxe n'est qu'apparent. Ce qui apparaît à l'observateur comme un habitat pauvre et desséché est en réalité un écosystème dominé par les *Acacia* et les *Balanites*, où les variations saisonnières des périodes de foliation, de floraison et de fructification des arbres et des arbustes fournissent l'abri et le couvert pour les insectes et les oiseaux tout au long de l'hiver boréal. Ces bénéfices se font sentir même lorsque la production annuelle d'herbe, de graines et d'invertébrés s'épuise après les pluies.

Il peut paraître surprenant que quatre immenses zones humides sahéliennes soient présentes dans cette région si proche du Sahara : le Delta du Sénégal, le Delta Intérieur du Niger, le Lac Tchad et le Sudd. Dans son ouvrage de 1972, Moreau mit en évidence le rôle primordial de ces quatre zones humides dans la vie de millions d'oiseaux du Paléarctique, mais il ne put le démontrer que pour le Delta du Sénégal. Nous souhaitons que cet ouvrage puisse montrer le Delta Intérieur du Niger dans toute sa splendeur en tant que refuge pour des millions de migrateurs issus du Paléarctique. Le Lac Tchad et le Waza Logone ont également fait l'objet d'un intérêt accru au cours de la dernière décennie, mais nos connaissances sur cette région sont encore incomplètes. A l'époque de Moreau, le Sudd était un terrain vierge pour la connaissance scientifique et la situation n'a guère évolué.

Lors de la genèse de ce livre, nous avons ressenti le besoin d'inscrire nos données dans un contexte plus large que les études ornithologiques menées au Sahel. La mise en évidence du lien entre la survie des oiseaux d'Eurasie et les conditions rencontrées au sud du Sahara a nécessité la prise en compte des données de baguage, en particulier pour mettre en évidence les liens entre la connectivité migratoire (la tendance des individus d'une zone de reproduction donnée à migrer vers le même site d'hivernage) et la mortalité « hivernale ». Par « hiver », nous désignons ici la saison hivernale de l'hémisphère nord, dans une vision très eurocentriste, bien que de nombreux migrateurs passent une grande partie de leur vie hors période de reproduction dans l'été de l'hémisphère sud. Nous avons utilisé les données de baguage qui ont été mises à notre disposition par EURING, l'organisation coordinatrice des programmes de baguage d'oiseaux européens (hébergée par le British Trust for Ornithology) et avons sélectionné les données concernant l'Afrique, au sud du 20ème parallèle, pour les espèces dont le nombre de données était suffisant.

Notre travail s'est focalisé sur l'écologie des oiseaux du Paléarctique au sein du Sahel. La vie et la mort y sont fortement liées à l'abondance des précipitations et au débit des rivières. Lorsqu'elles sont abondantes, les pluies génèrent de forts débits, des hauteurs d'eau importantes dans les zones inondées, une forte productivité, une végétation verdoyante et une abondance d'insectes et de graines qui fournissent les ressources nécessaires pour assurer la survie au Sahel. Mais les précipitations sont imprévisibles dans cette région. Les périodes de pluies abondantes alternent avec les sécheresses, dont la fréquence et la durée ont augmenté depuis 1969. Depuis des décennies, les hauteurs de précipitations sont inférieures à leur moyenne du 20ème siècle et les conséquences négatives de ce qui semble être un changement climatique ont été amplifiées par une série d'aménagements dus à l'homme au Sahel. Nous avons donc cherché à mettre en évidence l'ampleur de l'impact des conditions au Sahel sur les populations d'oiseaux et à les mettre en perspective avec les modifications intervenues sur les sites de reproduction. Notre intérêt était certes centré sur le Sahel, mais nous nous sommes permis de l'étendre à l'ensemble de l'Afrique lorsque le besoin s'en est fait sentir. Si nous n'avions traité que du Sahel, sans faire mention des zones soudanienne et guinéenne et du Sahara, nous n'aurions abordé qu'une partie de cet immense écosystème si complexe et si intimement lié. Les oiseaux sont des créatures fabuleuses, guidées à la fois par leur héritage génétique et par les conditions locales, mais beaucoup présentent de grandes facultés d'adaptation. Nous nous sentons privilégiés d'avoir pu observer « nos » oiseaux dans leur retraite africaine. Observer les oiseaux a toujours été un plaisir, mais le faire en Afrique nous a apporté une joie sans commune mesure.

Remerciements

Ce livre est la synthèse d'une montagne de données d'origines diverses collectées grâce à des décennies d'intense travail de terrain à travers l'Asie, l'Europe et l'Afrique, ayant impliqué des milliers

Nous considérons Reg Moreau comme étant le père fondateur de l'écologie des oiseaux d'Afrique. Bien que n'ayant pas reçu de formation scientifique, Moreau contribua de façon capitale à plusieurs disciplines de l'ornithologie, tout en ayant débuté assez tard, à 23 ans, lorsqu'il s'installa au Caire, en partie pour des raisons de santé. D'après ses propres mots, il était « à peu près aussi ignorant et sans formation qu'une demi-douzaine d'années plus tôt », mais cette situation changea rapidement. En 1966, David Lack lui suggéra d'écrire une autobiographie (Moreau *et al.* 1970). Dans celle-ci, Moreau minimise son propre rôle dans l'ornithologie africaine en déclarant « j'ai simplement été au bon endroit au bon moment ». Pas une, mais plusieurs fois. Pour « un autodidacte comme je suis fier d'être », ses travaux sont remarquables. Bien que certaines de ses idées aient été réfutées depuis, d'autres ont survécu à l'épreuve du temps. De nombreuses recherches, dont les nôtres, doivent beaucoup aux idées exprimées dans *The Palaearctic African Bird Migration Systems*. Le chant du cygne ne se fera pas entendre de sitôt. (Photographie gracieusement fournie par The Alexander Library, Oxford University, Library Services).

de personnes. Le moindre point de chaque graphe représente un nombre incalculable d'heures de terrain et de bureau. Chacun des graphiques doit donc être considéré comme une commémoration de ce travail fastidieux, mais réjouissant. Un grand nombre de per-

Busard cendré mâle (en haut) et Aigrettes garzettes près de filets de pêche (en bas).

sonnes impliquées sont citées dans la liste des références, d'autres sont mentionnées dans le texte, mais la majorité est constituée d'assistants et de volontaires anonymes. Nous sommes certains que tous ont, comme nous, appliqué la règle des tiers d'Hamerstrom : passé un tiers de leur temps à remplir de la paperasse inutile, un tiers à faire ce que l'on attendait d'eux, et un tiers à faire ce qui leur plaisait (Hamerstrom, 1994). Il ne s'agit pas d'un éloge de la paresse, mais bien d'une formule qui s'applique à ceux qui travaillent avec soin et portent une attention méticuleuse aux détails ; la relaxation est indispensable au bien-être ! Au cours de notre quête, nous avons rencontré un nombre étonnant de personnes dotées d'une telle personnalité. Nous leur devons beaucoup.

L'idée de cet ouvrage est née en avril 2002 au Mali. Comme souvent, les meilleures idées naissent lorsque les contraintes de la routine s'effacent. Alors que nous discutions des espoirs de survie de l'avifaune européenne en Afrique et des effets induits sur les populations reproductrices, nous sommes arrivés à la conclusion, en compagnie de Vincent van den Berk, qu'une synthèse sur le sujet était nécessaire. Il lui a alors fallu beaucoup de temps pour nous convaincre de relever nous même le défi ! A la manière du pêcheur expérimenté défiant un poisson, il commença par nous appâter : pensez à l'opportunité que cela vous offrirait de continuer votre travail de terrain en l'Afrique de l'Ouest pendant encore quelques années! L'hameçon, bien entendu, c'était l'engagement d'écrire ce livre en parallèle.

Vous avez entre vos mains le résultat, un livre qui a pu voir le jour grâce au travail de nombreuses personnes, complété par les résultats des recherches que nous avons menées essentiellement en Afrique de l'Ouest, mais aussi ailleurs sur ce continent, entre 1982 et début 2009. Ces études ont commencé avec de petits budgets, partiellement autofinancés, mais se sont depuis transformées en des projets de plus grande ampleur couvrant le Mali, la Mauritanie, le Sénégal, la Gambie et la Guinée-Bissau. Que nous ayons été payés, sous-payés ou

Naucler d'Afrique. Son vol gracieux est une merveille à admirer.

bénévoles, nous avons toujours conservé la même passion.

L'aide de Wetlands International au Sénégal, au Mali, en Guinée-Bissau et aux Pays-Bas, de DNCN (au Mali), de RWS-RIZA (aux Pays-Bas, jusqu'en 2002) et des écologues consultants d'Altenburg & Wymenga (aux Pays-Bas) a permis la réalisation de l'essentiel de notre travail en Afrique de l'Ouest. Au Mali, l'aide et la compagnie de Bakary Koné, Bouba Fofana, Mori Diallo et Siné Konta (Wetlands International, Sévaré) fut très appréciable ; leurs connaissances de la population, des plantes et des animaux le long du Niger et dans sa zone inondable nous ont mis dans les meilleures conditions pour nos inventaires. Willem van Manen fut un compagnon fantastique lors des comptages de densités d'oiseaux et d'autres escapades, durant lesquelles nous avons partagé notre passion commune pour les rapaces. Nous avons profité de son expérience du terrain et de ses prouesses de grimpeur d'arbres pour vérifier le contenu de nids de Milans à bec jaune dans le Delta Intérieur du Niger (Bijlsma *et al.* 2005). Deux autres participants associés aux comptages de densité furent précieux : Allix Brenninkmeijer et Marcel Kersten.

Au Sénégal, Seydina Issa Sylla du bureau de Wetlands International à Dakar et son équipe nous ont offert un camp de base et une aide logistique bienvenue. Nous sommes particulièrement reconnaissants envers Mme Dagou Diop, qui nous fit découvrir le Delta du Sénégal et dont le travail de collecte des informations relatives au delta fut très utile. Nous remercions également l'Organisation pour la Mise en Valeur du fleuve Sénégal pour nous avoir fourni les informations hydrologiques existantes, au Centre de Suivi Ecologique (CSE ; Dethié Soumaré Ndiaye) pour les informations cartographiques, à la Direction des Parcs Nationaux (en particulier Jacques Peeters) pour les informations relatives à l'écologie du Delta du Sénégal et enfin à la Société Nationale d'Aménagement et d'Exploitation des terres du Delta du fleuve Sénégal et des Vallées du fleuve Sénégal et de la Falémé (SAED) pour leur coopération, en particulier à Abdou Dia, Adama Fily Bouso et Landing Mandé, qui nous assistèrent pour le traitement spatial des données. Mme Dagou Diop nous présenta également aux équipes de gestion et aux habitants du Parc National du Djoudj et du Parc National du Diaouling. Nous nous rappelons avec émotion nos discussions animées relatives au développement socio-économique du Delta. Pour leur ouverture d'esprit et leurs informations sur la gestion des parcs nationaux, nous remercions : Issa Sidibé, directeur (jusqu'en 2007) du Parc National du Djoudj, Idrissa Ndiaye (consultant au Parc National du Djoudj, Sénégal), Moctar ould Dabbah et Zein el Abidine ould Sidaty (tous les deux du Parc National du Diaouling). Cheikh Hammalah Diagana, Abdoulaye Diop, Ibrahima Diop, Abdoulaye Faye, Idrissa Ndiaye, Hassane Ndiou, Ousmane Sané, Mamadou So et Fousseini Traoré nous ont aidés pour le travail sur le terrain dans le Delta du Sénégal et en Casamance. Le soutien amical et coopératif de Joãozinho Sá (Wetlands International) fit du travail en Guinée-Bissau un plaisir. Hamilton Monteiro pataugea avec enthousiasme en notre compagnie dans les champs de riz, tout comme Kawsu Jammeh en Gambie et en Casamance. Leurs questions amicales à la population locale facilitèrent grandement notre compréhension du système des *bolanhas*.

Nous avons eu la chance d'avoir affaire à Chris du Feu, coordinateur de la base de données EURING, qui répondit rapidement et avec beaucoup de gentillesse à nos demandes. Jusqu'à présent, cette source d'information n'a été que très peu sollicitée et, malgré l'avènement de nouvelles méthodes spectaculaires d'étude des phénomènes

Le Delta Intérieur du Niger en période de fortes inondations (Kakagnan, novembre 2008).

migratoires basées sur les transmetteurs radio, la télémétrie par satellite et les techniques isotopiques, elle mérite de servir à des études bien plus élaborées que nos tentatives basiques.

Pour l'utilisation d'une source de données bien différente, c'est-à-dire la littérature ornithologique de Russie et d'autres pays de l'ancienne Union Soviétique, nous devons remercier tout particulièrement Jevgueni Shergalin, de nous avoir révélé des trésors cachés en traduisant tant de documents utiles. Nous sommes également chanceux d'avoir expérimenté les bénéfices de la démocratisation de la photographie numérique, ce qui nous a permis d'avoir un large choix d'illustrations provenant de toute la région Afro-paléarctique. Ce livre contient une sélection de photographies portant chacune sa propre histoire, plutôt que des clichés simplement choisis pour leur beauté (bien que la combinaison des deux soit possible, comme nous vous le montrons). Le soutien généreux des photographes, allant jusqu'à se plonger dans des archives datées de dizaines d'années, à numériser d'anciennes diapositives et à exhumer de carnets de terrain poussiéreux les informations associées, nous a permis de faire vivre le texte et de lui donner une portée dépassant la simple science. Pour ceux qui n'ont aucune expérience de l'Afrique, il peut être difficile d'imaginer la chaleur étouffante et l'absence totale d'ombre au Sahara ou de se représenter les changements causés à la végétation par les pluies, qui peuvent transformer un Sahel fané et poussiéreux en un paradis vert en quelques jours à peine. Un simple regard aux photographies prises par Wilfried Haas et Gray Tappan suffit pour comprendre. Notre sélection de clichés doit aider à faire vivre dans l'esprit de chacun la nature européenne et africaine et leurs habitants. Nous sommes extrêmement reconnaissants envers tous ceux qui nous ont fourni des images dans cette optique. L'Alexander Library Service de l'Université d'Oxford nous a gentiment offert la permission de reproduire un portrait de Reg Moreau.

Les aquarelles et autres dessins de Jos Zwarts sont des évocations des oiseaux dans leur décor naturel, sahélien ou autre. Tout aussi plaisants pour l'œil, les graphiques produits par Dick Visser comprennent de grandes quantités d'informations présentées de manière claire et compréhensible.

Nous sommes réellement flattés de pouvoir présenter une telle collection de leur art dans ce livre. Fred Hustings a produit une nouvelle version de son célèbre (aux Pays-Bas) dessin sur l'essence du suivi des populations, afin de l'adapter à l'esprit du livre. Il a également lu l'ouvrage en intégralité et nous avons profité de ses commentaires et de son souci du détail.

Les raisonnements, les tournures de phrase, les nombreux exemples cités dans ce livre, y compris dans les apartés et dans les addenda, les graphiques et les clichés photographiques ont été élaborés, à notre grand plaisir, grâce à l'expertise, aux données (publiées et non publiées), aux bibliothèques personnelles, aux commentaires et aux encouragements de (par ordre alphabétique) : Joost Backx, Mike Blair, Anne-Marie Blomert, Gerard Boere, Daan Bos, Christiaan Both, Bennie van den Brink, Joost Brouwer, Nigel Collar, Floris Deodatus, Gerard van Dijk, Michael Dvorak, Sara Eelman, Martin Flade, Bart Fokkens, Gerrit Gerritsen, Kees Goudswaard, Matthieu Guillemain, Manfred Hölker, Hermann Hötker, Jos Hooijmeijer, Fred Hustings, Joop Jukema, Guido Keijl, Roos Kentie, Kees Koffijberg, Pertti Koskimies, Jim van Laar, Karl-Heinz Loske, Chris Magin, Willem van Manen, Sven Matthiasson, Peter Meininger, Johannes Melter, Pier-

Paysage sahélien au N-O de Tombouctou à 16°N (175 mm de précipitations par an ; en bas), au nord de Niamey à 14°N (350 mm de précipitations par an ; à gauche) et paysage de la zone soudanienne à 12°N dans le Parc National du W (700 mm de précipitations par an ; à droite). (Janvier 2009).

francesco Micheloni, Theunis Piersma, Steven Piper, Maria Quist, Jiri Reif, Magda Remisiewicz, Riche Rowe, Geoske Sanders, Vincent Schricke, Guus Schutjes, H. Stel, Torsten Stjerberg, Ekko Smith, Roine Strandberg, Tibor Szép, Dirk Tanger, Simon Thomsett, Ludwik Tomiałojć, Patrick Triplet, Bertrand Trolliet, Yvonne Verkuil, Jan Visser, Jan Wanink, Jan Wijmenga, Mike Wilson and Dedjer Wymenga. Leur soutien a énormément compté pour nous.

Plusieurs institutions et organisations nous ont gracieusement autorisés à utiliser leurs données : le Centre Finlandais pour le Baguage, Helsinki (Jari Valkama), Gannet Flemming Inc., (Frank J. Swift), SOVON Vogelonderzoek Nederland, Beek-Ubbergen (Chris van Turnhout), le Centre Suédois pour le Baguage des Oiseaux, Stockholm (Roland Staav), Tour du Valat, Le Sambuc (Patrick Gillais), Vogeltrekstation, Heteren (Hans Schekkerman), Vogelwarte Helgoland, Wilhemshaven (Olaf Geiter), Vogelwarte Radolfzell, Radolfzell (Wolfgang Fiedler) et Wetlands International, Wageningen (Ward Hagemeijer).

Au fil des années, nous avons apprécié et profité du soutien logistique, administratif et scientifique des équipes de consultants d'Altenburg & Wymenga, en particulier Hieke van den Akker, Wibe Altenburg, Daan Bos, Leo Bruinzeel, Lucien Davids, Harmanna Groothof et Franske Hoekema. Nous souhaitons remercier tout particu-lièrement les spécialistes qui ont contribué à la rédaction des textes, ajoutant des thèmes et des discussions à cet arbre de la connaissance déjà bien ramifié : Peter van Horssen, Ben Koks, Pierfrancesco Micheloni, Wim Mullié, Otto Overdijk, Martin Poot, Paul Scholte, Vincent Schricke, Christiane Trierweiler, Patrick Triplet et Jan van der Winden.

Nous avons reçu un soutien financier de la part du Fondation MAVA, du Vogelbescherming Nederland, du Vereniging Natuurmonumenten, du Ministère des Affaires Étrangères néerlandais (Direction de la Coopération Internationale), du Programme International néerlandais pour la Biodiversité (BBI), de DLG Service Gouvernemental pour la Gestion des Sols et de l'Eau, du programme Dutch Partners for Water, des écologues consultants d'Altenburg & Wymenga et, tout particulièrement, du Ministère néerlandais de l'Agriculture, de la Nature et de la Qualité alimentaire (Département de la Nature) et du Ministère néerlandais des Transports, des Travaux Publics et de la Gestion de l'Eau (RIZA ; depuis 2007 Rijkswaterstaat Centre pour la Gestion de l'Eau).

Enfin, nous sommes reconnaissants envers Benoît Paepegaey qui a accepté de traduire en français les 270.000 mots de l'ouvrage anglais.

Crédits photographiques (g=gauche, d=droite, h=en haut, c= au centre, b= en bas)

Wibe Altenburg • 69h, 432-3

Corstiaan Beeke/Buiten-Beeld • 273g

Albert Beintema • 32b, 70h, 71, 106

Anne-Marie Blomert • 295

Bennie van den Brink • 143, 165, 166, 167hg, 184, 407, 410, 413, 415, 417, 473

Frank Cattoir/Buiten-Beeld • 236

Floris Deodatus • 14, 27, 39d, 40h, 46, 55bg, 58d, 59, 150d, 256

Nicolas Gaidet • 286, 287

Hans Gebuis/Buiten-Beeld • 267

Gerrit Gerritsen • 32hg, 151b, 354d, 392d

Wim de Groot/Buiten-beeld • 158

Wilfried Haas • 258, 259, 380-1, 467, 468-9

Johan Hanko/Buiten-beeld • 255h

Fred Hustings • 387

Hans Hut • 18, 44, 45, 51, 53hd, 89, 104, 127, 129, 130g, 13g, 136, 138, 157, 197, 198 (Gravelot pâtre), 206, 207, 208, 209, 213, 214, 215, 219, 253b, 255b, 257, 271, 293, 298, 308, 315hg, 316-7, 319g, 321, 322, 325, 349, 400, 421, 434b, 448, 453, 458, 471d, 484, 488l, 491

Jan van de Kam • 70b, 87, 90, 93hg+hr, 103, 114, 14gh, 153h, 167hd, 168, 178h+c, 183d, 185, 191g, 197bd, 198, 199 (sauf Gravelot pâtre et Pygargue vocifère), 226, 227g, 248, 249, 251, 260, 263, 268, 269, 276, 279, 282, 290, 307d, 331, 342, 346, 347, 348, 351h, 353, 363, 365, 367h, 371g, 374, 392g, 394, 403, 416, 440, 476, 501

Jan van der Kamp • 105, 108bg, 130d, 174, 197b, 299

Johannes Klapwijk/Buiten-beeld • 227d

Benny Klazenga • 180, 273d, 309, 336, 351g+d, 424, 425, 431, 442, 477, 478

Alexander Koenders/Buiten-beeld • 384

Dries Kuijper • 118hg

Ben Koks • 9h, 10, 12b, 13b, 38d, 39g, 55h, 210, 307g, 314h, 315d+b,318h, 319d, 320h, 488d

Alexander Kozulin • 361

Michel Lecoq • 204g

Willem van Manen • 77hd

Wim Mullié • 16d, 17d, 36, 40c, 53hg, 110-1, 116-7, 124, 125, 126, 140, 167c+cd+b, 172bd, 203, 204d, 211, 218, 220-1, 238, 241, 242, 243, 297, 320b, 371d, 376, 465, 471g, 479

Paul Scholte • 32hd, 58g+c, 144, 145, 150g, 151h, 152, 156

Guus Schutjes • 28l, 200, 201

Leen Smits • 318b

Onno Steendam • 310

Dirk Tanger • 475

Gray Tappan • 20, 28d, 30b, 42

Christiane Trierweiler • 314bg+bd

Patrick Triplet • 123g

Larry Vaughan • 217

Frank Willems • 253h

Jan Wijmenga • 40b, 75, 77hg, 101h, 102, 153c+b, 191d, 198 (aigle), 330b, 358

Eddy Wymenga • 108h+bc, 109, 118db, 119, 120, 123d, 132, 135b, 435d

Sergey Zuyonak /APB-BirdLife Belarus • 135h

Leo Zwarts • 6, 9b, 11, 12-13h, 16g, 17l, 24, 26, 30h, 34, 35, 38g, 43, 47, 48, 50, 53bg+bd, 55bc+bd, 56, 60, 63, 64, 65, 66, 67, 69b, 72, 73, 74, 76, 77b, 79, 81, 84, 92, 93b, 99, 101b, 114b, 148, 162, 170, 172h+l, 173, 175, 177, 178b, 183g, 222, 225, 231, 244, 245, 250, 274-5, 285, 301, 202, 303, 306, 330h, 333, 354g, 359, 367b, 382-3, 388, 398, 401, 404-5, 420, 422, 428, 434hg+hr, 435g, 438-9, 446, 455, 459, 460-1, 463, 481, 490, 493, 496, 498-9, 503

Précipitations

Si vous voyagez du sud de la Mauritanie à la Guinée-Bissau, soit un périple de seulement 500 km, vous serez surpris par la transformation du paysage, qui passe du désert sec teinté de rouges et d'ocres au monde luxuriant et verdoyant des arbres et des arbustes. Cette transition progressive fait forte impression. Les dunes de sable nues laissent place à des prairies sèches presque dépourvues d'arbres qui à leur tour se transforment en plaines diffusément boisées. Plus au sud, la densité d'arbres augmente pour finalement donner naissance aux forêts galeries qui, dans un passé pas si lointain, formaient des forêts tropicales. A chaque degré de latitude vers le sud (soit environ 110 km) entre la Mauritanie et la Guinée, les précipitations augmentent d'environ 45%. Elles sont multipliées par deux tous les 160 km. Zones montagneuses mises à part, peu d'endroits sur Terre offrent une telle vitesse d'évolution climatique. Les dunes sableuses de Mauritanie font partie de l'extrémité sud du plus grand désert du monde, le Sahara (8,5 millions de km^2, soit 25% du continent africain). La zone de transition au sud du Sahara est connue sous le nom de Sahel, une immense zone de 3 millions de km^2, formant une bande de 500 km de large et s'étendant sur 5500 km, de la côte atlantique à la Mer Rouge.

Introduction

La rapide augmentation des précipitations sur seulement 500 km du nord au sud, de moins de 100 mm annuels au nord à plus de 2000 mm au sud (Fig. 1), est due à la Zone de Convergence Intertropicale (ZCIT), une ceinture de basses pressions enserrant l'équateur. L'air chaud et humide situé immédiatement au nord et au sud de l'équateur s'élève, est entraîné dans la ZCIT et transporté à des altitudes de 10 à 15 km en direction du nord ou du sud. Pour compenser l'ascension de l'air dans la zone de convergence, un flux nordique, normalement localisé entre les latitudes 20°N et 30°N, descend dans la zone désertique. Cet air descendant se réchauffe avec l'augmentation de la pression atmosphérique, devient insaturé, et est responsable des ciels limpides et de l'aridité du Sahara. Cette circulation atmosphérique, connue sous le nom de cellule de Hadley, est affectée par la rotation de la Terre, qui explique que le vent dominant au Sahara, l'*Harmattan*, souffle toujours du nord-est et non du nord. L'*Harmattan*, un phénomène bien connu en Afrique occidentale, apporte de l'air sec et poussiéreux au Sahel et plus au sud. Durant l'été boréal, lorsque le soleil est localisé à l'aplomb du Sahara, une ceinture de basses pressions se forme sur le Sahel amenant son lot de nuages, de pluies, d'orages fréquents et une mousson depuis le sud-est.

La ZCIT se déplace selon les saisons, en fonction de la position du soleil, entre le Tropique du Cancer (le 21 juin) et le Tropique du Capricorne (le 21 décembre).[1] La limite nord des précipitations régulières dans le Sahel est définie par la position de la ZCIT (les nuages porteurs de pluie se situant en général à 150-200 km au sud de celle-ci). La ZCIT est le mécanisme atmosphérique responsable de la majorité des précipitations en Afrique et explique pourquoi le nord et le sud de ce continent sont secs alors que sa partie centrale est humide (Fig. 2). Elle explique également pourquoi il pleut au Sahel lors de l'hiver boréal et six mois plus tard en Afrique méridionale (Fig. 4).

Bien que la ceinture pluvieuse tropicale accomplisse un cycle annuel de part et d'autre de l'équateur, elle est sujette à des différences interannuelles responsables d'importantes variations des précipitations locales (Fig. 1). Le Sahel n'est pas seulement soumis à une rapide transition entre climats secs et humides. Depuis 1960, il a également souffert d'une diminution des précipitations sans précédent historique. Si l'on en croit Hulme (1996), il s'agit du plus important exemple de variabilité climatique jamais mesurée. De nombreuses recherches ont été menées pour tenter d'identifier le moteur de ce déclin.

L'hypothèse la plus évidente voulait que la diminution des précipitations au Sahel soit liée à un déplacement vers le sud de la ZCIT dans son ensemble. En effet, la ZCIT resta très au sud en 1972, la première des années extrêmement sèches de la Grande Sécheresse qui dura de 1972 à 1992 (Fontaine et Janicot 1996). Cependant, si l'on compare de longues séries d'années sèches et humides, le déplacement vers le sud de la ZCIT ne permet pas d'expliquer le déclin des précipitations en cours au Sahel. Aucune augmentation comparable des précipitations au sud de l'équateur ne fut remarquée. En revanche, il est apparu que l'action de la cellule de Hadley était devenue moins intense (Nicholson 1981a). Des recherches ultérieures ont confirmé que c'est tout simplement la circulation atmosphérique au Sahel qui est différente entre les années sèches et humides (Nicholson & Grist 2003). Il fallait donc trouver une autre hypothèse pour expliquer les variations de cette circulation atmosphérique. Depuis 1977, nous savons que les hauteurs de précipitations en Afrique dépendent largement des températures de surface des océans, bien que cette relation complexe (Hastenrath & Lamb 1977) le reste 30 ans plus tard (Balas *et al.* 2007).[2] Les sécheresses au Sahel ont lieu au cours des années où la température des océans équatoriaux est plutôt chaude et celle des océans subtropicaux plutôt froide. Etant donnée cette complexité, il n'est pas étonnant qu'il ait fallu plus de 25 ans de recherches intensives pour commencer à comprendre le lien entre les précipitations au Sahel et la répartition des températures dans les océans de part et d'autre du continent.

Les premières études portant sur les liens entre la température marine et les précipitations au Sahel n'expliquaient que partiellement la récente sécheresse en Afrique occidentale. Les modifications rapides de l'occupation du sol, de la couverture végétale du Sahel et des zones de végétation adjacentes semblaient offrir une explication

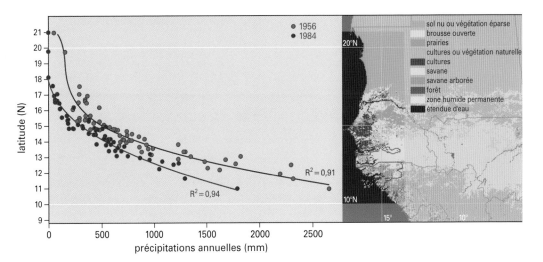

Fig. 1 Précipitations annuelles de 67 sites de Mauritanie, du Sénégal, de Gambie, de Guinée-Bissau et de Guinée lors d'années extrêmement humide (1956, en bleu) et extrêmement sèche (1984, rouge) à des latitudes variées au sein du rectangle (10-21°N et 13,5°-17,5°O) identifié sur la carte. La carte de végétation est basée sur la Fig. 22.

La bande entre le Sahara (ici illustrée par le sud de la Mauritanie) et les forêts galeries du sud du Sénégal (septembre 2007), épaisse de seulement 500 km, contient une variété surprenante d'habitats, dont le Sahel.

alternative pour les modifications de précipitations. Par exemple, près de 90% des forêts humides d'Afrique de l'Ouest ont disparu et celles qui restent sont très fragmentées et dégradées (Hennig 2006 ; Chapitre 5). Il n'est toutefois pas certain que cela ait contribué au déclin. Des études menées sur l'autre rive de l'Océan Atlantique ont révélé que la déforestation à grande échelle du bassin de l'Amazone n'avait pas été suivie par un déclin des précipitations, mais plutôt par des augmentations locales (Chu *et al.* 1994, Negri *et al.* 2004).

Une autre explication avancée fut que le changement climatique avait apparemment causé une avancée du Sahara dans le Sahel (Nicholson *et al.* 1998). La Convention des Nations Unies sur la Lutte contre la Désertification (CLD) suggéra que ce processus avait été accéléré par la « désertification », c'est-à-dire « la dégradation des milieux dans les zones arides, semi-arides, sèches et subhumides résultant de multiples facteurs parmi lesquels les variations climatiques et les activités humaines ». Charney (1975) fit l'hypothèse que cette perte de végétation avait causé une modification du flux d'énergie entre le sol et l'atmosphère. Des recherches ultérieures démontrèrent qu'il était peu probable que le changement de climat soit *provoqué* par la désertification elle-même (Nicholson, 2000), ce qui ne signifie pas pour autant que ces phénomènes de surface ne jouent pas un rôle dans la *prolongation* de la sécheresse. Wang *et al.* (2004) et Giannini *et*

précipitations annuelles (mm)

	1 – 25
	25 – 50
	50 – 100
	100 – 200
	200 – 300
	300 – 400
	400 – 500
	500 – 600
	600 – 700
	700 – 8000
	800 – 1000
	1000 – 1200
	1200 – 1400
	1400 – 1600
	1600 – 1800
	1800 – 2000
	2000 – 2500
	2500 – 3000

Fig. 2 Précipitations annuelles moyennes (mm) en Afrique, entre 1995 et 2005. Données collectées par le CPC-NOAA, extraites de http://www.fews.net.

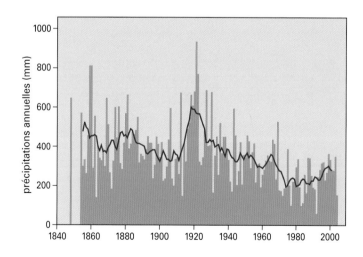

Fig. 3 Précipitations annuelles à Saint-Louis, Sénégal, entre 1848 et 2005. La courbe représente la moyenne glissante sur 9 années.

Déplacement de la zone des pluies entre le nord et le sud de l'Afrique au cours d'une année. Les figures montrent les précipitations des 10 jours médians de chaque mois lors de l'année 2005. Les couleurs (blanc->marron->vert clair->vert foncé->bleu clair-> bleu foncé->rouge clair->rouge foncé) indiquent l'intensité des pluies. Données collectées par le CPC-NOAA, extraites de http://www.fews.net.

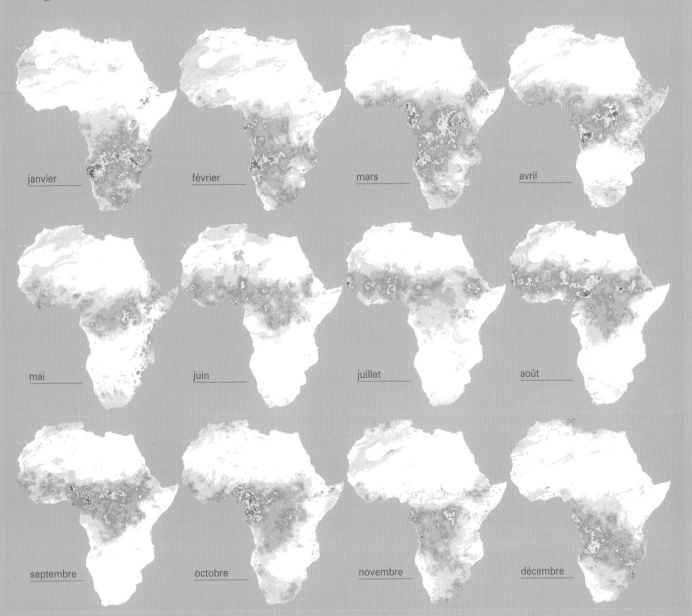

janvier

février

mars

avril

mai

juin

juillet

août

septembre

octobre

novembre

décembre

al. (2005) ont en effet observé que la dynamique végétale avait amplifié la sévérité de la sécheresse. Le climat régional pourrait également avoir été influencé par la présence de poussières dans l'atmosphère (Tegen & Fung 1995). Pendant la sécheresse des années 1970 et 1980, le nombre d'orages de poussière au Sahel augmenta fortement (Prospero *et al.* 2002). Maintenant que les modèles climatologiques modernes sont mieux adaptés pour étudier les variations des précipitations au Sahel en fonction des températures des océans, la part attribuée aux causes locales a diminué.

Mais quels sont donc les facteurs qui déterminent la variation des températures de surface des océans ? Si la température des mers est si importante, quels changements dans les océans peuvent expliquer les sécheresses persistantes au Sahel ? Et, si les sécheresses du Sahel ont un lien avec les gaz à effet de serre et le réchauffement climatique, que nous réserve le futur ? Nous reviendrons sur ces questions à la fin de ce chapitre, mais pour commencer, nous allons décrire les variations de précipitations au Sahel et analyser si des différences régionales dans les précipitations annuelles peuvent être distinguées au sein de la zone sahélienne.

Données

Le plus long historique de mesures des précipitations au Sahel est celui de Saint-Louis au Sénégal, où les précipitations annuelles, enregistrées depuis 1848, ont fluctué récemment entre 937 mm en 1921 et 59 mm en 1992 (Fig. 3). Cette variabilité extrême s'accompagne d'une tendance à la baisse au cours des 150 dernières années. La période pluvieuse dans le nord du Sahel est limitée à quelques mois, typiquement ponctués par des averses intenses et localisées et des orages tropicaux causant de telles variations locales des précipitations journalières que les valeurs de stations adjacentes peuvent différer très

fortement pendant la totalité de la saison des pluies. Cette variation à l'échelle locale a été brillamment quantifiée par Taupin (1997, 2003) qui a utilisé 25 pluviomètres répartis sur un km² et 98 autres dispersés sur 16.000 km².

L'existence de telles variations nécessite d'utiliser les données de nombreuses stations météorologiques afin de comprendre les variations annuelles des pluies sur l'ensemble du Sahel. Au 19ème siècle, seules quelques stations météorologiques étaient opérationnelles, tout d'abord uniquement sur la côte atlantique (p. ex. Lungi, Sierra Leone depuis 1875 et Banjul, Gambie, depuis 1884), puis plus tard dans l'intérieur des terres (p. ex. Tombouctou, Mali, depuis 1897). Depuis à peu près 1920, les précipitations ont été mesurées dans tout le Sahel, le nombre de stations de suivi ayant atteint un pic entre 1950 et 1990, mais diminuant depuis.

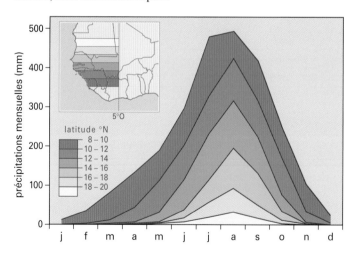

Fig. 5 Répartition mensuelle des précipitations dans l'ouest du Sahel entre la côte atlantique et 5°O, pour six latitudes différentes.

Nous avons sélectionné des stations météorologiques de Mauritanie, du Sénégal, de Guinée-Bissau, de Guinée, du Sierra Leone, du Mali, du Burkina Faso, du Niger et du Tchad, ainsi que d'autres situées au nord de la Côte d'Ivoire, du Bénin, du Ghana, du Nigéria, du Cameroun et de la République centrafricaine. Les données utilisées ici ont été principalement extraites des jeux de données produits par FAOCLIM.[3]

Un problème de taille se pose lors de l'utilisation de données de précipitations au Sahel : le nombre important, et en augmentation, de données manquantes. La solution la plus simple est de limiter l'analyse aux quelques mois couvrant la saison des pluies. Dans les faits, certaines publications n'utilisent que les données du mois d'août ou des mois de juillet, août et septembre. Le mois d'août contribue en moyenne à 42% de la hauteur annuelle totale de précipitations dans les franges du Sahara (18-20°N), mais à seulement 31% dans la zone la plus méridionale du Sahel (12-14°N) et à tout juste 20% plus au sud (8-10°N) (Fig. 5 ; voir également Nicholson, 2005 pour des données comparables pour le Sahel à l'ouest de 15°E). Lorsque juillet, août et septembre sont utilisés, ce sont alors 85% des pluies annuelles dans le nord du Sahel (14-20°N), 76% dans le sud du Sahel et 55% dans la zone 8-10°N qui sont prises en compte. Nous avons quant à nous décidé de ne prendre en compte que les stations qui n'avaient pas de données manquantes pendant la période humide de l'année, entre mai et octobre. Les données manquantes au cours des six mois secs de l'année ne biaisent pas de manière significative les hauteurs annuelles de précipitations.

Les données manquantes dans des séries de hauteurs moyennes de précipitations annuelles basées sur différentes stations affectent les résultats des analyses. Ce problème est généralement résolu par la standardisation des données de toutes les stations pluviométriques. Tout d'abord, les précipitations annuelles moyennes sont calculées. Puis, les précipitations de chaque année sont converties en un écart par rapport à la moyenne à long terme, divisé par l'écart-type. Le résultat est appelé « anomalie » ou « indice de précipitations ».

Les technologies satellitaires offrent d'autres alternatives pour le suivi des précipitations (Fig. 6). Le Centre de Prévision Climatique des Etats-Unis (CPC-NOAA) combine des estimations satellitaires de précipitations, fournies par la NASA (US National Aeronautics and Space Administration) avec la réalité du terrain mesurée par des pluviomètres (Xie & Arkin 1995). Leurs estimations journalières ont été combinées par décades à partir de juillet 1995 ; toutes les images sont disponibles sur http://www.fews.net. La Fig. 6 compare les précipitations de deux années. Au cours d'une année humide (1999), la zone soudanienne au sud du Sahel a reçu beaucoup plus de précipitations qu'au cours d'une année sèche (1996) et la ceinture des pluies est montée plus au nord (Fig. 6). Les images décadaires ont été découpées en grilles pour calculer les précipitations entre 1995 et 2005 au sein de zones couvrant 2° de latitude (de 8-10°N à 18-20°N). L'analyse de ces données montre par exemple que la quantité moyenne de précipitations en 1999 a été 38% plus élevée qu'en 1996 (Fig. 6).

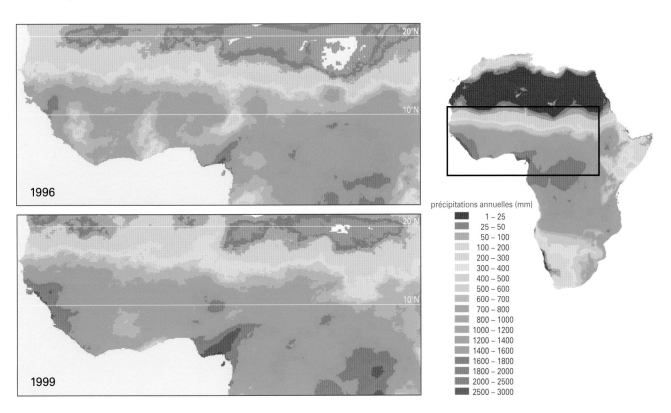

précipitations annuelles (mm)

	1 – 25
	25 – 50
	50 – 100
	100 – 200
	200 – 300
	300 – 400
	400 – 500
	500 – 600
	600 – 700
	700 – 800
	800 – 1000
	1000 – 1200
	1200 – 1400
	1400 – 1600
	1600 – 1800
	1800 – 2000
	2000 – 2500
	2500 – 3000

Fig. 6 Comparaison des précipitations annuelles en Afrique de l'Ouest entre une année sèche (1996) et une année humide (1999) : la moyenne à long terme est représentée à droite (d'après la Fig. 2). Données collectées par le CPC-NOAA, extraites de http://www.fews.net.

Evolution des paysages entre les saisons sèche et humide, du nord au sud du Sénégal : savane à *Acacia* (avec des nids communaux d'Alecto à bec blanc ; 1ère ligne), Dattiers du désert *Balanites aegyptiaca* épars sur sol sableux (2ème ligne), savane à arbres et arbustes sur sol rocailleux (3ème ligne) et boisement en Casamance (4ème ligne).

Variations interannuelles

L'un des points importants à traiter est celui des différences potentielles de variabilité interannuelle des précipitations à travers le Sahel. Cette question est particulièrement importante dans le contexte de l'analyse de la répartition hivernale au sein du Sahel des migrateurs d'origine paléarctique. Afin d'être représentative, une telle analyse doit reposer sur des données provenant d'un grand nombre de stations pluviométriques, afin de pouvoir prendre en compte les fortes variations locales. Entre 1960 et 1993, les précipitations au Sahel furent plutôt bien synchronisées entre les pays. En moyenne, les précipitations furent abondantes entre 1960 et 1969, et particulièrement rares en 1973, 1984, 1987 et 1990 (Fig. 7). Lorsque l'on compare les hauteurs annuelles de précipitations dans les différents pays, de fortes corrélations apparaissent entre pays voisins selon un gradient ouest-est : Mauritanie – Mali (R=+0,81), Mali – Niger (R=+0,80), Niger – Tchad (R=+0,78) et Tchad – Soudan (R=+0,79). Les corrélations sont également fortes selon un gradient nord-sud : Mauritanie – Sénégal (R=+0,79), Sénégal – Gambie (R=+0,94), Sénégal – Guinée-Bissau (R=+0,85). Elles diminuent en revanche à environ R=+0,70 entre deux pays non contigus. L'analyse de partitionnement montre que les liens mutuels sont forts entre les pays du Sahel et, à un degré moindre, avec les pays du Golfe de Guinée. On peut en conclure que les précipitations dans les pays du Sahel sont bien synchronisées (d'ouest en est), mais que cette synchronisation est moins marquée entre le Sahel et les zones soudanienne et guinéenne (du nord au sud).

Afin d'analyser plus précisément les variations interannuelles des précipitations au Sahel, les données pluviométriques relevées jusqu'en 1997 ont été combinées aux données satellitaires (1998-2003) et séparées selon des zones couvrant 2° de latitude, de 12-14°N à 18-20°N (Fig. 8A). Les précipitations annuelles ont fluctué en synchronie pour les bandes de latitudes 12-14°N, 14-16°N et 16-18°N, mais de manière beaucoup moins nette pour la bande de latitude désertique.[4] Ce constat apparaît très clairement dans la Fig. 8B, qui montre les précipitations standardisées, ou « anomalies », des différentes bandes de latitudes. Ainsi, pour le Sahel en lui-même (12-18° N), les variations interannuelles des précipitations sont très proches quelle que soit la latitude. Comme le montre la comparaison des mesures pluviométriques dans différents pays du Sahel (Fig. 7),

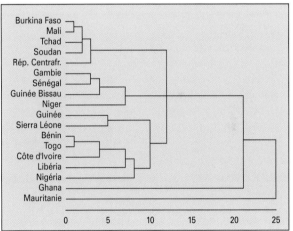

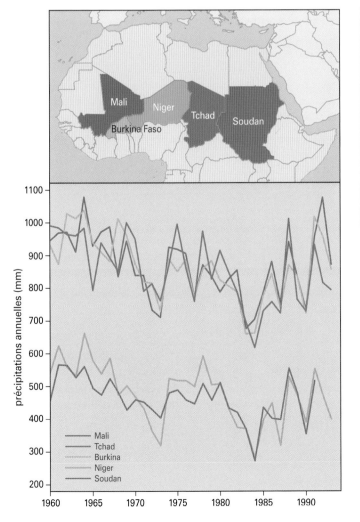

Fig. 7 Précipitations annuelles dans 5 pays du Sahel entre 1960 et 1993. Les moyennes sont calculées à partir d'un grand nombre de stations (Mali : n=177, Tchad : n=140, Burkina Faso : n=156, Niger : n=205, Soudan : n=51). Une analyse par regroupement hiérarchique a été menée sur cette même période pour 16 pays. Le dendrogramme montre que les corrélations entre pays voisins sont fortes dans les zones sahélienne, soudanienne et guinéenne, tout particulièrement au Sahel.

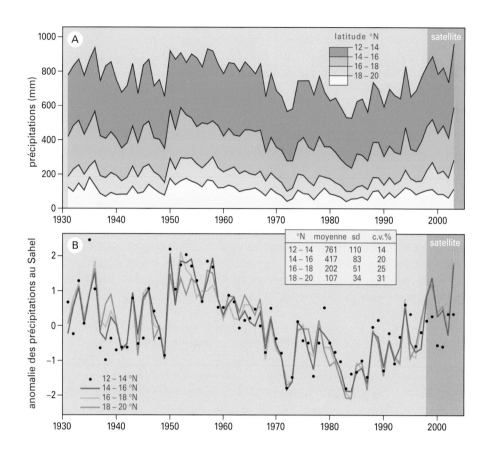

Fig. 8 Précipitations annuelles au Sahel (à l'ouest de 15°E) entre 1931 et 2005, exprimées séparément selon 4 bandes de latitudes (12-14°N,..., 18-20°N). (A) précipitations en mm, (B) mêmes données, mais standardisées (précipitations annuelles moins précipitations moyennes au 20ème siècle, divisées par l'écart-type). Données extraites de Nicholson (2005), composées de mesures pluviométriques jusqu'en 1997 et satellitaires depuis.

les précipitations sont également synchrones entre le Sahel occidental et le Sahel oriental.

Par cette analyse, nous souhaitions établir si les fluctuations pluviométriques au Sahel pouvaient être décrites par un indice pluviométrique unique ou, dans le cas contraire, identifier si des indices différents étaient nécessaires pour décrire le régime des pluies à l'est et à l'ouest du Sahel, ou à des latitudes différentes, ou dans les deux cas. Bien que les Figs 7 et 8 montrent de subtiles différences (voir également Nicholson 1986, 2005, Nicholson & Palao 1993, Balas *et al.* 2007), nous avons conclu que les précipitations dans la totalité du Sahel proprement dit peuvent être décrites de manière adéquate par un indice unique.

La Fig. 8 se base sur des données recueillies par des pluviomètres entre 1930 et 1997 et sur des données satellitaires pour 1998-2003. Bien que les données satellitaires, disponibles depuis 1995, aient été calibrées par rapport à des mesures de terrain, il est permis de douter que l'augmentation des précipitations autour de l'an 2000 ait été aussi importante que suggérée par la Fig. 8. En effet, les mesures satellitaires suggèrent des pluies exceptionnelles en 1999 et 2003, alors que les relevés pluviométriques réels montrent des cumuls moins importants (Dai *et al.* 2004)[5]. En nous basant sur les mesures de débit des rivières (chapitre 3) pour vérifier quel jeu de données était le plus proche de la réalité, il est devenu évident que les précipitations entre 1997 et 2005 présentées dans la Fig. 8 ont été surestimées. Par conséquent, nous utilisons les données des pluviomètres pour estimer les variations annuelles de précipitations au Sahel (Fig. 9).

Au cours du 20ème siècle, trois périodes de sécheresse peuvent être identifiées : les deux premières, en 1900-1915 et 1940-1949 furent suivies de périodes de précipitations supérieures à la moyenne. A nouveau, trente ans plus tard, une nouvelle sécheresse a eu lieu. Mais au lieu d'un retour à la normale, elle fut suivi d'un déclin supplémentaire jusqu'en 1984 (Fig. 9). Cette dernière période est connue en

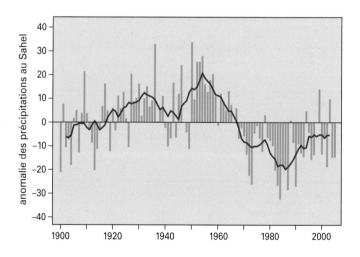

Fig. 9 Précipitations annuelles au Sahel (1900-2005) exprimées en pourcentage d'écart à la moyenne du 20ème siècle. La courbe représente la moyenne glissante sur 9 années.

Afrique sous le nom de Grande Sècheresse (1972-1992). Depuis lors, les quantités de précipitations se sont progressivement rétablies.[6]

Ce dernier épisode a soulevé des questions capitales. La Grande Sécheresse fut-elle un évènement unique ou des épisodes semblables ont-ils déjà eu lieu lors des siècles précédents ? A-t-elle été amplifiée par la désertification et la dégradation des territoires qu'elle a induite ? Les pluies dans le nord et le sud de l'Afrique fluctuent-elles en synchronie avec celles du Sahel ? Les changements climatiques globaux jouent-ils un rôle et, si tel est le cas, que se passera-t-il dans le futur si l'effet de serre devait continuer à s'amplifier ?

La réponse à la première question est facile : la Grande Sécheresse n'est pas un évènement unique. La diminution au cours des années 1980 est particulièrement évidente, car les quantités de précipitations à la fin des années 1950 étaient exceptionnellement élevées. La reconstitution de l'histoire climatique de l'Afrique, basée sur des sources météorologiques, hydrologiques et historiques (Nicholson 1981b, 1982, 2001), a permis d'identifier plusieurs évènements climatiques équivalents au cours des siècles précédents. Le développement, la prospérité et le déclin des royaumes sahéliens du Ghana, du Mali et du Songhay correspondent à ces longues périodes de précipitations abondantes ou de sécheresse (McCann 1999). La période s'étendant entre 800 et 1300 a probablement été relativement humide, mais fut suivie par une époque plus sèche entre 1300 et 1450, une nouvelle période humide jusqu'en 1800 et un déclin progressif depuis (Fig. 10).

La réponse à la deuxième question a déjà été donnée précédemment : la diminution des précipitations a causé une désertification temporaire, mais le phénomène inverse semble être limité : la dégradation des territoires en elle-même n'a que peu d'effets sur le climat.

La troisième question sur les liens entre les fluctuations pluviométriques dans le nord et le sud de l'Afrique et celles du Sahel peut être étudiée par la comparaison de trois régions : le Maghreb, la zone guinéenne (à l'est du Dahomey Gap, entre 4° et 8°N) et l'Afrique du Sud (Fig. 11). Les précipitations annuelles dans ces zones sont corrélées, mais faiblement. Dans le nord et le sud de l'Afrique, la tendance à long terme pour le 20ème siècle est au déclin des précipitations, comme au Sahel. Les informations apportées par la Fig. 11 sont

particulièrement pertinentes pour l'analyse des espèces d'oiseaux qui traversent l'Afrique du Nord et le Sahel pour hiverner dans la zone guinéenne et en Afrique du Sud, comme l'Hirondelle rustique.

La quatrième question, relative aux changements climatiques, vaut bien un paragraphe séparé.

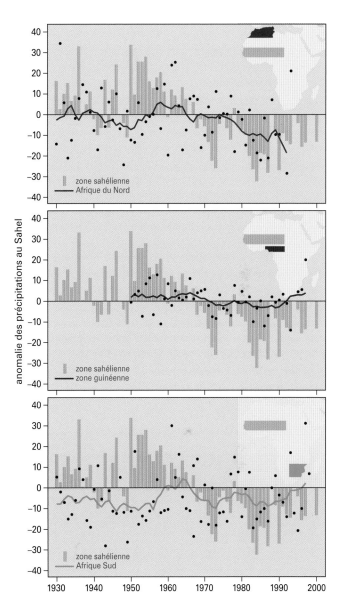

Fig. 11 Comparaison entre les précipitations annuelles en Afrique du Nord (Maroc, Algérie, Tunisie : 20 stations pluviométriques), dans la zone guinéenne entre le Nigéria et la République centrafricaine (45 stations) et dans le sud-est de l'Afrique, avec celles du Sahel (Fig. 9). D'après : Hulme *et al.* (2001) pour le sud-est de l'Afrique et la base de données FAOCLIM. Les points indiquent l'anomalie des précipitations et la courbe donne la moyenne glissante sur 9 années. Trop peu de stations de la zone guinéenne étaient disponibles avant 1950 pour calculer une anomalie fiable.

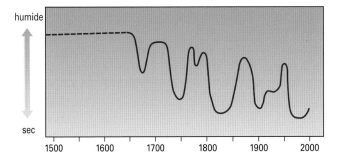

Fig. 10 Reconstitution du climat au Sahel, basée sur des données pluviométriques depuis 1850 et des recherches historiques pour les trois siècles précédents (p. ex. débit des rivières, récoltes). D'après Nicholson (1982)

Changements climatiques

Le réchauffement est un phénomène mondial, et la moitié nord de l'Afrique n'échappe pas à cette tendance (Fig. 12). Les six années les plus chaudes en Afrique du Nord depuis 1860 ont été enregistrées après 1998. La hausse de température depuis 1970 a même été plus rapide dans la zone du Sahara-Sahel que dans le reste du monde, avec une augmentation de 0,2°C par décennie dans les années 1980. Cette valeur a même atteint 0,6°C par décennie à la fin du 20ème siècle.

Les Modèles de Circulation Générale (MCG) prédisent la poursuite du réchauffement de l'Afrique au 21ème siècle, au rythme de 0,2 à 0,5°C par décennie (Hulme *et al.* 2001). Ce réchauffement devrait même être plus rapide au Sahel. Par conséquent, la température pourrait s'élever d'encore 2 à 7°C au cours des 80 prochaines années – une perspective effrayante !

Ces modèles fournissent également des prédictions de précipitations. Etant donné le rôle important exercé par les températures superficielles marines sur le régime des pluies en Afrique, le réchauffement à venir des océans tropicaux laisse envisager une poursuite de la diminution des précipitations en Afrique. Après avoir comparé quatre scénarios de changement climatique et sept Modèles de Circulation Générale, Hulme *et al.* (2001) ont conclu que le cumul annuel de pluies au Sahel occidental pourrait éventuellement être stable, mais qu'une diminution de 10 à 20%, voire 40%, était plus probable.

L'un des problèmes des Modèles de Circulation Générale est qu'appliqués au Sahel, ils sont incapables de reproduire la Grande Sécheresse. Toutefois, récemment, Held *et al.* (2005) ont présenté un modèle qui semble simuler de manière fiable les précipitations du 20ème siècle au Sahel. Leur modèle inclut les effets des gaz à effets de serre, des aérosols carbonés et volcaniques, de l'ozone, de l'irradiance solaire et de l'occupation du sol. Ils concluent que le déclin

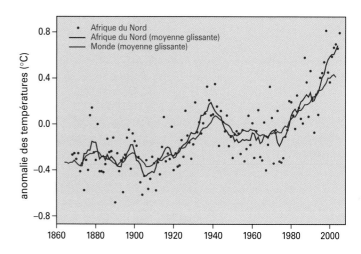

Fig. 12 Températures moyennes exprimées en écart par rapport à la moyenne 1961-1990 en Afrique du Nord (0-40°N, 20°O-60°E) et dans le monde (source : www.met-office.gov.uk/research/hadleycentre/CR_data/Monthly/HadCRUG.txt). La courbe représente la moyenne glissante sur 9 années.

des précipitations au Sahel dans la seconde moitié du 20ème siècle est le résultat d'un forçage d'origine anthropique, en partie lié à l'augmentation des concentrations d'aérosols et en partie à celle des gaz à effet de serre. Ils prédisent que les cumuls de précipitations vont rester à peu près au même faible niveau que lors des vingt dernières années du 20ème siècle jusqu'en 2020-2040, puis qu'ils diminueront d'environ 20% au cours des 50 à 100 années suivantes.

Planteuses de riz au travail malgré l'imminence des pluies. Casamance (Sénégal), septembre 2007.

Notes

1 La position journalière effective de la zcit peut être suivie en ligne via le site Internet du réseau fews (Famine Early Warning System - http://fews.net). Les données satellitaires sont collectées par le Centre américain de Prévisions Climatiques (cpc) de la National Oceanic & Atmospheric Administration (noaa). Le site de fews donne également les précipitations par décade depuis juillet 1995. La Fig. 3 illustre le déplacement de la ceinture de pluies entre janvier et décembre 2005, tel que décrit dans le texte.

2 La température de l'eau de mer dans l'Océan Atlantique Est affecte les précipitations au Sahel. Il pleut moins au Sahel lorsque l'Atlantique équatorial est relativement chaud (Folland *et al.* 1986, Palmer 1986, Rowell *et al.* 1995, Chang *et al.* 1997, Janicot *et al.* 1998, Thiaw *et al.* 1999, Zheng *et al.* 1999, Vizy & Cook 2001, Giannini *et al.* 2003, Messager *et al.* 2004, Giannini *et al.* 2005). Par ailleurs, les variations de températures dans les Océans Indien et Pacifique ont un effet à long terme sur la pluie au Sahel : à nouveau, des températures élevées dans ces deux océans ont tendance à induire une réduction des précipitations. L'effet de l'Océan Indien sur les précipitations au Sahel fut démontré par Latif *et al.* (1998), Bader & Latif (2003), Giannini *et al.* (2003) et Lu *et al.* (2005). Un effet équivalent de l'Océan Pacifique (*i.e* de l'oscillation méridionale El Niño – ENSO) fut prouvé par Palmer *et al.* (1992), Myneni *et al.* (1996), Latif *et al.* (1998) et Janicot *et al.* (1996, 1998, 2001). Pour rendre les choses encore plus complexes, les précipitations au Sahel ne dépendent pas uniquement des températures marines de la zone tropicale, mais des différences entre les températures des zones tropicales et subtropicales.

3 Les historiques de précipitations sont publiés dans les annales des organisations météorologiques nationales et autrefois, pour l'Afrique francophone, également dans les annales de l'orstom. Ces données ont été compilées par décades pour un certain nombre de stations clés par la Smithsonian Institution (1920-1940) et par le Département du Commerce (UAS) (1941-1960). Depuis 1961, les données sont publiées mensuellement par le Département du Commerce dans son bulletin « Monthly Climatic Data for the World ». Ces dernières données peuvent également être téléchargées à l'adresse www7.ncdc.noaa. gov/ips/ncdwpubs. Plusieurs instituts et organisations ont numérisé des données météorologiques historiques. Un jeu important de données a été collecté par l'Unité de Recherche Climatique (CRU) de l'Université de Norwich (UK). Elles sont disponibles sur http://www.cru.uea.ac.uk/. Une autre source est le Réseau Mondial de Climatologie Historique (ghcn ; ncdc.noaa.gov/pub/data/ghcn/vé), produit de la coopération du Centre National des Données Climatiques (NCDC) de l'Université de l'Etat d'Arizona (UAS) et du Laboratoire National d'Oak Ridge (ORNL). Le Centre National de Gestion des Catastrophes (ndmc) de l'Université de Witwatersrand (Afrique du Sud) et l'ORNL ont produit un fichier contenant les données mensuelles de précipitations en Afrique (sandmc.pwv.gov.za/safari2000/ansa/rain/cntrlist.asp), qui ont été extraites du ghcn. Le groupe d'Agrométéorologie de la fao a produit une base de données appelée « faoclim », qui contient les données de 28.000 stations météorologiques. Son interface est plus agréable que celle des sites mentionnés précédemment. Les données sont disponibles sur CD-ROM, mais peuvent également être téléchargées depuis le site ftp de la fao (ftp://ext-ftp.fao.org; voir http://www.fao.org/sd/2001/en1102_en.htm). Les données récentes ont été fournies par la Direction Nationale de la Météorologie pour le Mali et le Sénégal. Nous y avons ajouté des jeux de données sur les pluies sur de longues périodes obtenues d'organisations locales au Mali (IER, ON, ORS, ORM). Pour les autres pays du Sahel, nous avons consulté la version la plus récente du « Monthly Climatic Data for the World ». Les données de pluies pour les toutes dernières décennies peuvent également être obtenues auprès du Centre de Prévision Climatique (cpc) et du Centre de Climatologie des Précipitations Planétaires (GPCC) de la noaa, mais nous nous sommes abstenus de le faire, car ces données semblent provenir d'autres sources (comme Beck *et al.* 2004 et Nicholson 2005 l'ont déjà noté).

4 Les précipitations annuelles pour les bandes de latitudes 12-14°, 14-16° et 16-18°N sont fortement corrélées (R= +0,93 – 0,96), mais la corrélation entre les bandes 18-20°N et les bandes plus au sud est plus faible (16-18°N : R = +0,85, 14-16°N = +0,76 et 12-14°N = +0,78).

5 Pour toutes les années, l'anomalie découlant des données satellitaires (1997-2003 ; Fig. 8) est supérieure de 1 écart-type à celle des données des stations pluviométriques correspondantes (Fig. 9) ; la corrélation entre ces deux séries de données est fort ($R^2 = 0,90$).

6 De nombreux articles expriment les anomalies en fonction de la moyenne 1961-1990. La hauteur moyenne des précipitations au Sahel, calculée sur l'ensemble du 20ème siècle est supérieure de 10% à celle de la période 1961-1990 ; par conséquent, pour lire les données de la Fig. 9 selon la moyenne 1961-1990, il faut déplacer l'axe des ordonnées de 10% vers le bas. L'anomalie annuelle des pluies a été calculée par plusieurs auteurs. Les données présentées dans la Fig. 9 correspondent bien avec, par exemple, l'anomalie pour le Sahel calculée par Dai *et al.* (2004) ($R^2 = 0,944$) et l'anomalie moyenne pour la bande 14-20°N (Nicholson 2005, sur les années jusqu'à 1996 ; $R^2 = 0,950$). La corrélation est en revanche mauvaise ($R^2 = 0,545$) avec un autre indice des précipitations au Sahel, basé sur un nombre inférieur de stations pluviométriques (http://jisao.washington.edu/data_sets/sahel/). Malheureusement, cet indice est régulièrement utilisé dans la littérature ornithologique.

Fleuves et rivières

La Grande Sécheresse des années 1970 et 1980 fut une catastrophe majeure pour les populations du Sahel. Les précipitations étaient faibles et les débits des rivières l'étaient encore plus. De nombreuses personnes au Mali étaient convaincues que le récent barrage de Sélingué était responsable du faible débit du fleuve Niger. Les environnementalistes utilisèrent cet argument dans des colloques internationaux sur les barrages. Les hydrologues, au contraire, considéraient qu'il était impossible que des réservoirs relativement petits aient un impact si fort en aval. Cette position est sans aucun doute valable dans des conditions normales, mais pas forcément en période d'extrême sécheresse. Indépendamment de ce débat, les fortes variations des débits des cours d'eau au Sahel sont bien connues. Les raisons en sont à la fois naturelles et anthropiques. Ce chapitre a pour but de quantifier les variations naturelles de ces débits et l'impact sur celles-ci des ouvrages créés par l'homme.

Introduction

La zone côtière le long du Golfe de Guinée fait partie de l'une des zones les plus humides au monde, avec des précipitations annuelles dépassant les 3000 mm. L'essentiel de cette eau part directement dans l'océan, mais la géographie oblige certains cours d'eau à faire un détour par l'intérieur des terres. Les fleuves Sénégal et Niger, qui prennent tous les deux leur source en Guinée-Conakry, s'écoulent ainsi d'abord vers le nord-est. Le Sénégal oblique ensuite vers l'ouest, tandis que le Niger décrit une immense courbe vers l'est, traversant la bordure sud du Sahara, avant de se diriger vers le Nigéria au sud. Plus loin à l'est, le fleuve Chari et la rivière Logone se jettent dans le Lac Tchad. A eux trois, les bassins versants du Fleuve Sénégal, du Fleuve Niger et du Lac Tchad couvrent la quasi-totalité du Sahel occidental et central (Fig. 13) et ont une importance vitale pour les hommes et pour les oiseaux.

Le Fleuve Niger est long de 4184 km et son bassin versant couvre environ 2,2 millions de km². Le Fleuve Sénégal est long de 1800 km et draine une zone de 0,44 millions de km². Les bassins versants des fleuves Chari (1200 km) et Logone (965 km) couvrent la partie sud du Bassin du Lac Tchad (2,4 millions de km²). De nombreuses rivières indépendantes et, pour la plupart, de petite taille drainent la zone située entre l'Océan Atlantique et les bassins des fleuves Sénégal et Niger, mais certaines, tel le fleuve Gambie, sont importantes. Ce dernier est long de 744 km et draine le centre du Sénégal et le territoire de la Gambie (0,18 million de km²). La Volta Blanche (1800 km) naît sur le plateau Mossi et draine la partie est du Burkina Faso et du Ghana, soit une zone de 0,37 millions de km².

Les rivières d'Afrique de l'Ouest sont ponctuées par des centaines de barrages, dont la plupart ont de petits réservoirs, mais certains en ont de bien plus grands (Fig. 13). En particulier, le réservoir de stockage d'Akosombo au Ghana, qui fut achevé début 1966, est plus étendu (8482 km²) que tous les autres réservoirs d'Afrique de l'Ouest mis côte à côte. Les autres grands réservoirs sont localisés en Côte d'Ivoire (le Kosso, 1780 km²) et au Nigéria (le Kainji, 1250 km²). Dans le Sahel lui-même, il n'existe pas de grand réservoir, à l'exception de

Les inondations au cours de la saison des pluies apportent une grande quantité d'eau en peu de temps : des rivières à-sec ou presque peuvent entrer en crue en quelques heures ; Burkina Faso, août 1985.

celui de Manantali (477 km²) sur le Haut-Sénégal. Bien que les autres barrages de la zone sahélienne soient bien plus petits, leur impact sur le débit des rivières est relativement important, comme nous allons le démontrer dans ce chapitre.

Les rivières d'Afrique de l'Ouest sont sujettes à d'immenses variations saisonnières de leurs débits. Par exemple, le débit moyen du Niger à Koulikouro (S-O du Mali) en septembre est 80 fois plus fort qu'en avril. Ces variations sont causées par la courte, mais intense, saison des pluies qui atteint son maximum en août. Il faut du temps pour que toute cette eau s'écoule sur les faibles pentes jusqu'au Haut-Niger qui atteint normalement sa cote maximale en septembre ou octobre. Les rivières du Sahel, qui drainent des bassins versants de plaine, s'écoulent particulièrement lentement. Etant donnée la longueur du Niger, il faut 6 mois pour que l'eau tombée en Guinée atteigne l'océan.

Les rivières et leurs champs d'inondations ont une importance vitale, pour les populations locales, mais également pour les oiseaux aquatiques et le reste de la faune. Les zones inondables du Sahel représentent des oasis verdoyantes au milieu de vastes étendues arides (chapitres 6 à 10). Les variations annuelles des précipitations entraînent une forte variabilité du débit des rivières, ainsi que de l'étendue des inondations d'une année à l'autre. Le présent chapitre analyse ces variations annuelles de débits et tente d'identifier comment elles sont liées aux hauteurs de précipitations. Comme nous allons le montrer, le débit des rivières ne dépend pas uniquement des précipitations des derniers mois écoulés, mais également de celles des années précédentes. Ce système est compliqué par les réseaux d'irrigation et les réservoirs d'eau qui, en soustrayant ou détournant l'eau des rivières, interfèrent avec l'écoulement naturel des eaux.

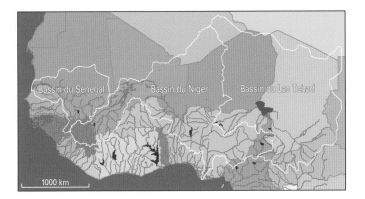

1000 km

Fig. 13 Les trois principaux bassins versants d'Afrique de l'Ouest : Sénégal, Niger et Lac Tchad. En violet, les 12 plus grands barrages réservoirs.

Le barrage de Diama, à l'embouchure du Fleuve Sénégal. Décembre 2008.

Le Fleuve Sénégal en période de hautes eaux, partiellement domestiqué par des digues et des canaux.

Le Bassin du Fleuve Sénégal

Le bras principal du fleuve Sénégal est le Bafing qui prend sa source dans les collines du Fouta-Djalon dans le centre de la Guinée. La moitié environ du débit du Sénégal provient du Bafing. Le Bakoye a pour origine le plateau Manding dans l'ouest du Mali et apporte environ un quart du débit total. Comme le Bafing, le Falémé débute dans les collines du Fouta-Djalon, mais suit un tracé orienté plus à l'ouest. Il contribue pour 10% au débit total du fleuve Sénégal. Les autres affluents sont pour la plupart bien plus petits (Fig. 14). La limite nord

du Bassin du Sénégal s'étend loin dans le Sahara. Son bassin versant est en effet déterminé par le relief, mais le peu de pluie qui tombe sur sa moitié nord représente un apport insignifiant pour le fleuve.

Afin d'étudier le lien entre le débit annuel du fleuve et les précipitations, nous avons sélectionné 10 stations météorologiques dans la partie humide du Bassin du Sénégal, dotées d'un historique de précipitations datant de 1920 environ (points rouges sur la Fig. 14). Les moyennes annuelles des précipitations enregistrées par ces stations ont été rapprochées des débits du fleuve au mois de septembre à Bakel (point bleu sur la Fig. 14), où ils sont mesurés depuis 1903.

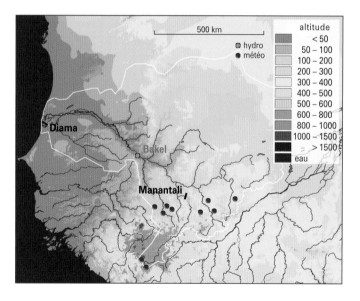

Fig. 14 Le Bassin du Sénégal. Deux barrages (Diama près de l'embouchure et Manantali sur le Haut-Sénégal), la principale station hydrologique (Bakel) et dix stations pluviométriques du Haut-Sénégal sont représentés.

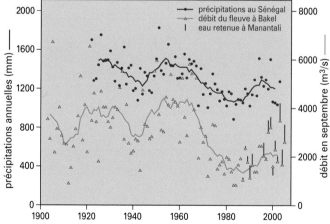

Fig. 15 Précipitations annuelles moyennes dans le bassin versant du Haut-Sénégal, calculées sur 10 stations pluviométriques (symboles violet, axe des ordonnées de gauche), et débit du fleuve en septembre à Bakel (symboles bleu clair, axe des ordonnées de droite). Les courbes donnent la moyenne glissante sur 9 années. Les barres rouges représentent l'effet du barrage réservoir de Manantali sur le débit du fleuve. Voir Fig. 14 pour la localisation de Manantali, Bakel et des stations pluviométriques.

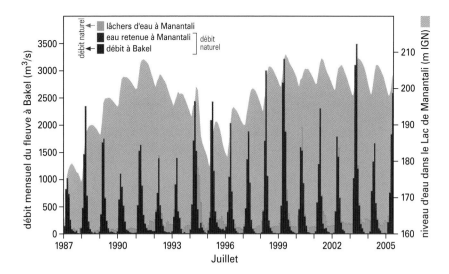

Fig. 16 Débits mensuels réels et naturels du Fleuve Sénégal (m³/s) à Bakel depuis juillet 1987, calculés à partir du débit entrant dans le Lac de Manantali, des lâchers et des volumes retenus par le barrage. La rétention a lieu presque chaque année en période de hautes eaux. L'ombrage gris indique les variations mensuelles du niveau d'eau dans le réservoir (en m par rapport au niveau de la mer (IGN) ; axe de droite). Données : OMVS.

Depuis 1922, des périodes de pluies abondantes et de forts débits (avant 1930 et entre 1950 et 1965) ont alterné avec des périodes de faibles précipitations et débits (vers 1940 et entre 1970 et 1990). Les précipitations varient moins fortement que le débit du fleuve (Fig. 15). Les précipitations au Haut-Sénégal varient habituellement entre 1100 et 1500 mm par an, alors que le débit du fleuve en septembre fluctue entre 1600 et 4000 m³/s. Depuis 1987, le débit du fleuve Sénégal à Bakel est en partie déterminé par les lâchers d'eau du barrage de Manantali. Le débit du fleuve en septembre est donc resté relativement faible depuis, malgré l'augmentation des précipitations dans le Haut-Sénégal.

Le lac de Manantali est né en 1987, lorsqu'un barrage en béton de 70 mètres de haut fut achevé à travers la vallée du Bafing, mais il fallut cinq ans pour le remplir. Le niveau d'eau y fut ensuite abaissé pendant quatre années, après lesquelles il fallut à nouveau quatre ans pour le remplir. Depuis 1998, le lac est plein et son niveau est maintenu entre 200 et 210 m au-dessus de la mer (Fig. 16). Le lac de Manantali peut stocker jusqu'à 11,3 km³ d'eau. Le débit annuel moyen à Bakel depuis 1928 (tous affluents confondus) est de 669 m³/s, soit 21,1 km³/an. En considérant une évaporation de 7 mm/jour sur le lac de Manantali, l'évaporation annuelle totale peut être estimée à 1,2 km³, soit 6% du débit annuel moyen. Les centrales hydroélectriques comme celle de Manantali modifient également les variations saisonnières de débit. La plupart de l'eau accumulée durant la période de crue est relâchée pendant la saison sèche. Les quantités d'eau collectées et relâchées sont connues avec précision, car le débit mensuel du fleuve à l'entrée du lac est enregistré, tout comme celui relâché par le barrage. Ces enregistrements permettent de reconstituer le débit naturel du fleuve tel qu'il serait si le réservoir de Manantali n'existait pas (Fig. 16). Dans cette situation sans intervention de l'homme, le débit serait proche de zéro pendant la saison sèche, mais en raison de l'existence du barrage, il descend maintenant très rarement sous les 100 m³/s. Dans les faits, l'eau prise au fleuve en période de débit maximum (moins les 1,2 km³ évaporés) lui est rendue durant la saison sèche. A l'exception de l'année 2000, un débit d'environ 500 m³/s est retenu au mois de

septembre, y compris lors des années sèches de 1990 et 2004 au cours desquelles les débits globaux sans le barrage de Manantali auraient été juste supérieurs à 1000 m³/s et 1500 m³/s respectivement.

Le débit du fleuve reconstruit sans le barrage de Manantali montre que le débit du fleuve Sénégal est revenu à ses niveaux antérieurs à la sécheresse depuis 1990, bien qu'il n'ait pas encore atteint les valeurs élevées de 1930 et 1950-1960 (barres rouges dans la Fig. 15), époque à laquelle les pluies étaient encore plus élevées. Le Chapitre 7 traitera des conséquences du barrage de Manantali sur l'aval de la vallée.

Le Bassin du Fleuve Niger

Le Niger et ses affluents, le Niandan, le Milo et le Sankarani prennent leurs sources dans les montagnes de Guinée (Fig. 17). La branche la plus au nord, le Tinkisso, naît au Fouta-Djalon. Le principal affluent du Niger est le Bani, qui draine le sud du Mali et le nord-est de la Côte d'Ivoire. Après la confluence du Bani avec le Niger près de Mopti, en limite sud du Delta Intérieur du Niger, il n'y a plus de nouvel apport à partir de l'est du Mali et du Niger. Par conséquent, l'évaporation diminue progressivement le débit du fleuve. Plus à l'aval, le débit du fleuve triple sur ses 500 derniers kilomètres, avant de se jeter dans le Golfe de Guinée. De grandes quantités d'eau y sont notamment apportées par le Bénoué, une grande rivière drainant les zones pluvieuses étendues de l'est du Nigéria.

La surface totale de collecte du Bani (129.000 km²) est presque aussi grande que le reste du bassin du Haut-Niger (147.000 km²). Pourtant, le débit du Bani ne représente même pas la moitié de celui du Niger, car son sous-bassin versant reçoit moins de précipitations que les autres sous-bassins versants du Haut-Niger. Nous avons donc étudié séparément la relation entre les précipitations sur le Haut-Niger et le débit du fleuve, et celle pour le Bani et le reste du Niger Supérieur. Pour cela, nous avons rapproché les données de 28 stations pluviométriques (losanges rouges – Fig. 17) sur le Haut-Bani et le débit à Douna (losange bleu – Fig. 17). Seules 15 stations possédant des données sur

Le Fleuve Niger joue un rôle important dans le transport des biens et des personnes, particulièrement lors de la saison humide. Port de Mopti, septembre 2006.

une période suffisante (points rouges – Fig. 17) existent sur le Haut-Niger. Afin d'augmenter la taille de l'échantillon, deux stations situées juste au-delà de la limite du bassin versant ont donc été incluse dans les calculs des précipitations annuelles moyennes. Ces données ont été comparées avec le débit à Koulikoro (point bleu – Fig. 17).

Les précipitations annuelles dans le bassin versant du Bani varient habituellement entre 1000 et 1200 mm (Fig. 18). Les périodes sèches et humides, traduites par les débits, coïncident très fortement avec celles identifiées pour le fleuve Sénégal (Fig. 15). Le débit du Bani en septembre a graduellement diminué de 3000 m³/s à seulement 250 m³/s pendant la sècheresse du début des années 1980 et s'est ensuite rétabli. Les effets à long terme d'années sèches consécutives sur son débit sont évidents. Les écoulements du Bani sont restés totalement naturels jusqu'en 2006, lorsque le barrage de Talo fut mis en service.

Depuis 1922, les précipitations annuelles moyennes sur le Haut-Niger ont varié entre 1300 et 1600 mm (Fig. 19). Leur tendance rappelle celles observées pour le Sénégal (Fig. 15) et le Bani (Fig. 18), mais alors que le Fleuve Sénégal et le Bani ont perdu 80% de leur débit lors de la Grande Sécheresse des années 1980, le Niger n'a subi qu'une

Le Fleuve Niger près de Gao (est du Mali) : exemple d'une section non domestiquée du fleuve.

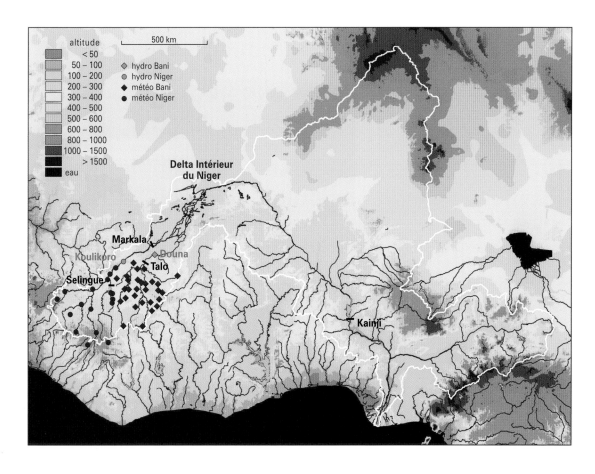

Fig. 17 Le Bassin du Niger. Quatre barrages (Sélingué et Markala sur le Haut-Niger, Talo sur le Bani et Kainji sur le Bas-Niger), les stations hydrologiques de Koulikoro et Douna et 45 stations météorologiques sur le Haut-Niger sont représentés.

baisse de 50%. Depuis 1982, le débit du Haut-Niger a partiellement perdu son caractère naturel, du fait de la construction du réservoir de Sélingué au Sankarani. Le réservoir de Sélingué couvre 450 km² lorsqu'il est rempli (2,1 km³). Les quantités d'eau y entrant et en sor-

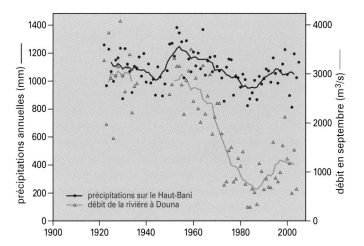

Fig. 18 Précipitations annuelles moyennes sur le Haut-Bani, calculées sur 28 stations pluviométriques de son bassin versant (symboles violet, axe des ordonnées de gauche) et débit en septembre à Douna (symboles bleu, axe des ordonnées de droite). Les courbes donnent la moyenne glissante sur 9 années. Voir Fig. 17 pour la localisation de Douna et des stations pluviométriques.

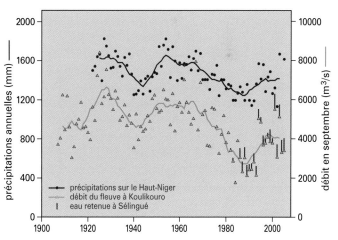

Fig. 19 Précipitations annuelles moyennes sur le Haut-Niger, calculées sur 17 stations pluviométriques (symboles violet, axe des ordonnées de gauche), et débit du fleuve en septembre à Koulikoro (symboles bleu, axe des ordonnées de droite). Les courbes donnent la moyenne glissante sur 9 années. Les barres rouges représentent l'effet du barrage réservoir de Sélingué sur le débit du fleuve. Voir Fig. 17 pour la localisation de Sélingué, Koulikoro et des stations pluviométriques.

La baisse des eaux du Logone fait émerger des bancs de sables ; janvier 1999. Les rivières Chari et Logone forment le principal affluent du Lac Tchad.

Le Logone prend sa source dans les montagnes de l'Adamaoua.

tant sont mesurées depuis sa mise en service. Les pertes annuelles y sont de 0,83 km³, dont 0,57 km³ par évaporation. Le reste s'infiltre et rejoint la nappe d'eau souterraine (Zwarts *et al.*, 2005a). Plus que les pertes d'eau, c'est la modification des variations saisonnières du débit qui a une influence importante. Le débit entrant (équivalent au débit naturel) est en effet amputé en moyenne de 61% en août et de 36% en septembre, afin d'assurer le remplissage du réservoir. A l'opposé, lorsque de l'eau est relâchée par le barrage durant la saison sèche, le débit observé entre février et avril atteint le triple de sa valeur normale. Pendant les premières années de son existence, le barrage de Sélingué n'a eu qu'un effet limité (barres rouges de la Fig. 19), car le lac n'était que partiellement vidangé au cours de l'année et n'était pas rempli en totalité.

Un autre barrage sur le Haut-Niger, à Markala, barre le cours du fleuve et est utilisé pour relever le niveau d'eau afin d'assurer l'irrigation des terres gérées par l'*Office du Niger*. Cette zone irriguée est située dans le *Delta mort*, un ancien bras du Niger.

Le barrage de Markala est opérationnel depuis 1947, mais il fallut attendre de nombreuses années avant que le réseau d'irrigation soit développé. En 2000, 740 km² de terres étaient irriguées et une extension portant sur 140 à 400 km² était en projet (Keita *et al.*, 2002, Wymenga *et al.*, 2005). Le prélèvement d'eau, selon l'*Office du Niger*, s'élève à 2,69 km³ par an, soit 86 m³/s. Malgré l'extension régulière de la zone irriguée, les prélèvements d'eau sont restés stables entre 1988 et 2006. Sur la même période, le débit annuel à Koulikoro a varié entre 624 et 1258 m³/s. Par conséquent, la consommation d'eau par l'*Office du Niger* ne dépasse pas les 6% du débit total lorsque le débit est élevé (1995), mais peut atteindre 16% lorsqu'il est réduit (1989). La consommation mensuelle d'eau par l'*Office du Niger* est de 60 m³/s en janvier, augmente progressivement jusqu'à 130 m³/s en octobre, puis diminue pour atteindre 90 m³/s en novembre et 50 m³/s en décembre. Le débit disponible varie quant à lui entre 100 m³/s en mars et 3200 m³/s en septembre. Par conséquent, 60% du débit est pompé en mars et seulement quelques pourcents en septembre. Les conséquences sur l'aval de ce prélèvement d'eau par l'*Office du Niger* sont discutées dans le Chapitre 6.

Le Bassin du Lac Tchad

La moitié nord du Bassin du Lac Tchad est sèche. Le lac est alimenté par les eaux ruisselant depuis le quart sud de son bassin versant. Trois ensembles de rivières peuvent y être identifiés. Le complexe Komadugu/Hadéjia/Yobé naît dans la partie orientale du Plateau de Jos et s'écoule vers l'est jusqu'à se jeter dans le nord-ouest du Lac Tchad. Le débit annuel qu'il déverse dans le lac, estimé à Diffa, est

Le barrage de Markala sur le Fleuve Niger près de Ségou, novembre 1999. Ce barrage est en service depuis 1947 et permet l'irrigation des rizières gérées par l'*Office du Niger* dans le *Delta mort*, un ancien bras du Niger.

faible par rapport à ceux mesurés en amont sur ces rivières. Il varie entre 4,5 m³/s en 1984 et 20,9 m³/s en 1986 (source : Global Run-off Data Centre, GRDC ; données extraites de http://grdc.bafg.be), alors que le débit annuel de la rivière Hadéjia à proximité de la ville du même nom, 300 km en amont de Diffa, varie entre 200 et 900 m³/s (Goes, 1997). Cette diminution de débit peut être attribuée à l'infiltration et à l'évaporation, principalement dans les plaines inondables d'Hadéjia-Nguru (Goes, 1999), mais au cours des dernières décennies, la construction de barrages a également joué un rôle. Les barrages de Tiga (1974), de la gorge de Challawa (1992) et d'Hadéjia (1992) retiennent respectivement 1,3, 1,0 et 1,2 km³ d'eau, tandis que le barrage de Kafin Zaki (2,7 km³) sur la rivière Jama'are est toujours en construction (Fortnam & Oguntola, 2004). Les volumes cumulés des réservoirs de Tiga et de la gorge de Challawa représentent 8% du débit total de la rivière Hadéjia pendant une année de fort débit (2,4/28,9 km³), mais atteignent 38% lors d'une année de faible débit (2,4/6,3 km³). Ces barrages ont donc un impact déterminant sur les débits des rivières à l'échelle locale. Cependant, leurs effets sur les débits entrant dans le Lac Tchad semblent limités. Selon Oyebande (2001, cité par Fortnam & Oguntola, 2004), seuls 10% des volumes d'eau collectés par les rivières Komadugu/Hadéjia/Yobé atteignaient le Lac Tchad avant leur construction. En d'autres termes, les barrages ont créé des réservoirs de stockage aux dépens de plaines inondables en aval, (voir également au chapitre 8), mais n'ont pas affecté le débit dans le cours aval des rivières.

Le bassin hydrographique des rivières Ngadda et Yedseram est de taille bien plus modeste. Ces rivières descendent toutes deux des montagnes de Mandara en direction du nord, mais se perdent dans des plaines inondables avant d'atteindre le Lac Tchad. Un seul bassin hydrographique alimente donc le Lac Tchad : le bassin du Chari-Logone. Le Logone prend sa source dans les montagnes de l'Adamaoua et conflue avec le Chari à N'Djamena. Le Chari quant à lui draine les collines de Mongo à la frontière entre le Tchad et la République centrafricaine. Afin d'étudier les liens entre précipitations et débit, nous avons comparé les débits cumulés du Chari et du Logone à N'Djamena aux précipitations annuelles moyennes de 24 stations météorologiques situées au sein du bassin versant de ces rivières (Fig. 20). Les variations interannuelles de précipitations y sont assez faibles en comparaison de celles du Haut-Sénégal (Fig. 15) et du Haut-Niger (Fig. 18 et 19). Pendant les années humides vers 1930 et 1950, les précipitations ont atteint 1300 mm. Elles ont ensuite décru jusqu'à 1200 mm durant les années 1940 et jusqu'à 1100 mm pendant la Grande Sécheresse des années 1980. Bien que les variations soient faibles, elles ont un impact important sur le débit. Pendant la Grande Sécheresse, le débit a diminué de 1400 à 500 m³/s. Lorsque les pluies sont redevenues plus abondantes après 1985, il est remonté à 900 m³/s, mais il est de plus en plus réduit par l'irrigation en amont.

Olivry et al. (1996) ont étudié les débits dans le bassin hydrographique du Lac Tchad entre 1953 et 1977 et ont estimé à 1,9 km³ (soit 60 m³/s) les prélèvements pour l'irrigation, soit 5% du volume annuel moyen écoulé. Vuillaume (1981) les a quant à lui estimés à 2,5 km³ (soit 79 m³/s) entre 1965 et 1977. Ces pertes par irrigation ont ensuite atteint 10 km³ (292 m³/s) en 1990-1991 (Coe & Foley, 2001) et entraîné un impact fort sur le débit à N'Djamena (ligne rouge sur la Fig. 21). En raison de l'absence de statistiques sur la consommation annuelle d'eau, cette ligne rouge part du principe qu'elle était nulle en 1953,

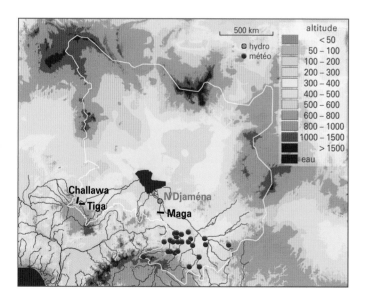

Fig. 20 Bassin du Lac Tchad. Trois barrages réservoirs (le Lac de Maga sur le cours du Logone, Lacs de Tiga et de Challawa sur des affluents de l'Hadéjia), la station hydrologique de N'Djamena et 24 stations météorologiques dans le bassin versant du Chari et du Logone sont représentés.

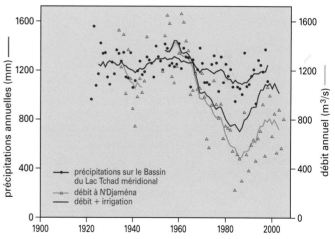

Fig. 21 Précipitations annuelles moyennes sur le bassin versant du Chari, calculées sur 24 stations pluviométriques (symboles violet, axe des ordonnées de gauche), et débit annuel moyen à N'Djamena (symboles bleu, axe des ordonnées de droite). Les courbes donnent la moyenne glissante sur 9 années. La courbe rouge représente le débit reconstitué du fleuve sans irrigation. Voir Fig. 20 pour la localisation de N'Djamena et des 24 stations pluviométriques.

Le Niger est un fleuve typique des zones arides, dont le niveau d'eau varie fortement selon les saisons. En aval de Mopti, 26 septembre 2006 et 8 février 2007.

égale à 79 m³/s en 1980 et à 292 m³/s en 1991. Les valeurs intermédiaires ont été interpolées. Nous n'avons trouvé aucune information relative à une extension des programmes d'irrigation et avons donc considéré que l'irrigation est restée identique entre 1991 et 2006. Le chapitre 9 en décrira les conséquences à l'aval.

Sécheresse hydrologique et sécheresse météorologique

La comparaison entre les précipitations et les débits (reconstitués) des différents bassins révèle des variations de débits bien plus fortes que celles des précipitations[1]. Ce constat définit une caractéristique écologique importante du Sahel. Il s'explique par l'effet cumulatif des précipitations sur les débits : les années sèches diminuent le débit, et il faut plusieurs années humides consécutives pour qu'il se rétablisse (voir Fig. 15, 18, 19 et 21). En d'autres termes, le débit des rivières n'est pas seulement corrélé aux précipitations de la dernière saison des pluies, mais également, dans une large mesure, à celles des précédentes[2].

Dans son étude sur le Fleuve Sénégal, Olivry (1987) fut le premier à remarquer la diminution du débit après une série d'années sèches.

Il supposa que le débit était insuffisant pour maintenir le niveau des nappes souterraines et que le faible niveau de ces nappes augmentait l'infiltration des eaux de surface. Dans le bassin versant du Bani, Mahé *et al.* (2000) ont effectivement démontré que les faibles débits sont liés à l'abaissement des nappes phréatiques. De la même façon, dans les plaines inondables d'Hadéjia-Nguru, Goes (1999) a montré que des inondations régulières sont nécessaires pour recharger les nappes souterraines. Selon Ngatcha *et al.* (2005), le niveau de la nappe dans les plaines inondables du Logone baisse de 3 à 10 mètres après une série d'années sèches. Les rabattements de nappes diffèrent apparemment entre bassins hydrographiques et sont plus prononcés dans ceux du Bani et du Chari/Logone que dans ceux du Sénégal et du Niger. L'explication la plus probable est que les échanges d'eau entre les rivières et les nappes varient en fonction du type de sol : ils sont plus faibles dans les secteurs rocheux et plus forts dans les sols sableux.

Les effets cumulés de faibles précipitations pendant plusieurs années sur les débits des rivières ont été dénommés « sécheresse phréatique » (Bricquet *et al.* 1997), afin de bien identifier le caractère spécifique de ce phénomène, bien différent d'une « sécheresse météorologique ». Les aquifères ayant un temps de réponse de plusieurs années après les changements climatiques, une sécheresse phréatique survient toujours avec un retard par rapport à une sécheresse météorolo-

gique. La restauration du régime hydrologique dure aussi longtemps qu'il a fallu pour atteindre son état de dégradation (Bricquet *et al.*, 1997). Ainsi, les sécheresses hydrologiques surviennent plus tardivement et durent plus longtemps que les sécheresses météorologiques qui les ont provoquées. Mais ce lien fonctionne également dans l'autre sens : les sécheresses hydrologiques induisent les sécheresses météorologiques, car l'évaporation diminue lorsque la surface en eau et l'humidité des sols diminuent (Nicholson, 2001). Ce phénomène explique en partie pourquoi les régions semi-désertiques peuvent subir des périodes humides ou sèches sur plusieurs années.

Les débits des rivières d'Afrique occidentale vont diminuer à l'avenir, en raison de la baisse attendue des précipitations (Chapitre 2). Même si les précipitations se maintenaient, les débits seraient plus faibles du fait de l'augmentation de l'évaporation causée par celle des températures. Une légère baisse des précipitations entraînerait une chute substantielle du débit des rivières, plus prononcé dans le cas des rivières de zones arides comme le Bani. De Wit & Stankiewicz (2006) ont comparé les précipitations et les débits des rivières africaines et confirmé ces conséquences. D'après leurs calculs, une diminution de 10% des précipitations entraînerait une réduction de 17% des écoulements dans les régions recevant 1000 mm d'eau par an et jusqu'à 50% là où les précipitations n'atteignent que 500 mm par an.

Notes

1 Le rapport entre les variations des débits et des précipitations, mesurés par leurs coefficients de variation (écart-type divisé par la moyenne), atteint un facteur 2 en faveur du débit pour le Chari/Logone et le Niger, un facteur 3 pour le Sénégal et un facteur 4,4 pour le Bani (Tableau 1).

Tableau 1 Précipitations et débits « naturels » reconstitués (sans les effets des barrages réservoirs et de l'irrigation) : moyennes (x), écarts-types (SD) et coefficients de variation exprimés en pourcentage (C.V.%), calculés sur la même période (1922-2005). Données extraites des Fig. 15, 18, 19 et 21. Notez que le débit correspond au maximum, atteint en septembre, sauf pour le Chari/Logone pour lequel il s'agit de la moyenne annuelle.

pays	précipitations, mm			débit naturel, m³/s		
	x	SD	C.V.%	x	SD	C.V.%
Sénégal	1298	193	14,9	2977	1311	44,0
Bani	1081	125	11,6	2007	1027	51,2
Niger	1467	170	11,6	5001	1292	25,8
Chari/Logone	1220	126	10,3	1039	230	22,1

2 L'analyse par régression linéaire multiple montre que le débit dépend des précipitations des quatre dernières années (au moins pour le Bani et le Chari/Logone). Pour le Sénégal et le Niger, les résultats ne sont toutefois pas significatifs.

Végétation Avec la participation de Paul Scholte

La répartition de la végétation au Sahel est avant tout déterminée par les précipitations. L'isohyète 50 mm est souvent considérée comme la limite entre le Sahara et le Sahel, car elle correspond à la hauteur de précipitations minimale permettant la pousse de la végétation et représente donc la limite nord des pâturages pour le bétail et les animaux sauvages. La seconde limite importante est l'isohyète 400 mm, en-deçà de laquelle l'agriculture non irriguée est rarement possible. Au Sahel, les céréales résistantes à la sécheresse (p. ex. le sorgho et le millet) sont cultivées dans les secteurs recevant entre 400 et 800 mm par an. Nicholson (2005) a déterminé la position des trois isohyètes clés (50, 100 et 400 mm) au Sahel occidental pour la période 1998-2003. La position de l'isohyète 50 mm a varié entre 19,3 et 27,0°N, soit dans une bande de 400 km. La variation a été plus faible pour l'isohyète 100 mm qui a fluctué entre 18,3 et 21,1 °N, dans une bande de 150 km. L'isohyète 400 mm s'est très peu déplacée au cours de ces six années entre les latitudes 15,1 et 15,8°N (moins de 40 km). Par conséquent, la superficie disponible pour le pâturage varie plus fortement que celle des terres cultivables. Bien que l'impact d'une année sèche sur la végétation annuelle soit immédiat, il est moins direct sur la végétation pérenne. Les vieux acacias épars survivant à la limite sud du Sahara sont des preuves vivantes d'un climat passé plus humide, même si la dernière sécheresse prolongée a eu raison de bon nombre d'entre eux.

Introduction

Cinq zones écoclimatiques sont habituellement distinguées en Afrique de l'Ouest : le Sahara, la zone saharo-sahélienne, le Sahel, la zone soudano-sahélienne et la zone guinéenne. La zone saharo-sahélienne est essentiellement constituée de sols dénudés, seulement recouverts de graminées pérennes dans les dépressions et les wadis. Jusqu'à ce que le soleil brûlant la dessèche, cette végétation éparse est pâturée par les bœufs, les moutons et les chèvres. Le Sahel peut être défini comme une savane dominée par les graminées annuelles, les buissons épineux épars et les acacias. Il est utilisé par des bergers sédentaires et nomades. Certaines dépressions permettent la culture du millet, qui reste toutefois hasardeuse. La zone soudano-sahélienne est également couverte de graminées annuelles, mais les acacias sont remplacés par d'autres espèces d'arbres. Les fermiers y cultivent le millet, mais aussi le sorgho. La zone soudanienne a une allure de parc avec sa biomasse plus importante, composée de graminées pérennes, d'arbustes et arbres. La saison de végétation s'y étend sur quatre mois, soit un de plus que dans la zone soudano-sahélienne. Les cultures y sont plus variées et incluent par exemple le maïs, l'arachide et le riz. La délimitation des grandes zones de végétation est intimement liée à la répartition des précipitations (Fig. 22).

La différenciation de ces diverses zones ne fait pas l'objet d'un consensus dans la littérature. Par exemple, le Sahel en lui-même est délimité selon les cas par les isohyètes 100-700 mm, 150-600 mm, 200-400 mm, 250-500 mm et 350-700 mm. Ce n'est toutefois pas une surprise, dans la mesure où la transition entre l'aride Sahara et l'humide zone guinéenne est progressive. La définition de ces zones est donc inévitablement arbitraire, d'autant plus que leurs limites varient entre les années en fonction des précipitations.

Au même titre que la pluie, les incendies constituent un facteur écologique majeur dans cette région, car ils éliminent de la savane les espèces sensibles au feu et favorisent la végétation herbacée (van Langevelde *et al.* 2003). Les fermiers et les bergers utilisent le feu comme un moyen de gestion. Ils bénéficient du supplément de nutriments qu'il génère et stimulent ainsi la croissance des plantes, mais les effets à long terme pourraient être négatifs en raison de la réduction de la fertilité des sols due à cette surexploitation.[1]

Indices de végétation

La production primaire au Sahel a été étudiée depuis les années 1980 par des techniques de télédétection qui permettent d'obtenir des données spectrales dans le rouge et le proche infrarouge (Tucker 1979, Tucker *et al.* 1985). Les informations satellitaires permettent d'étudier de grandes superficies et la biomasse foliaire présente l'avantage d'intégrer de nombreuses variables écologiques (Skidmore *et al.* 2003, Kerr & Ostrovski 2003, Turner *et al.* 2003, Seto *et al.* 2004, Pettorelli *et al.* 2005, Xiao et Moody 2005). Ce type de données est maintenant disponible sur de longues séries d'années.[2]

Les images de l'Indice de Végétation Normalisé (NDVI) montrent clairement le verdissement saisonnier du Sahel. Elles sont très différentes entre la mi-août, au plus fort de la saison des pluies, et deux à quatre mois plus tard (Fig. 23). Les différences annuelles peuvent être frappantes. Au cours de l'année 1984, extrêmement sèche, la partie sud de l'Afrique de l'Ouest était initialement plus verte que durant l'année 1999, plus humide. Chaque année, la végétation s'assèche progressivement jusqu'à la saison des pluies suivante, mais ce processus est amplifié pendant la saison sèche, si le déficit de précipitations de la précédente saison des pluies est supérieur à la moyenne (comparez octobre et décembre en 1984 et 1999 ; Fig. 23).

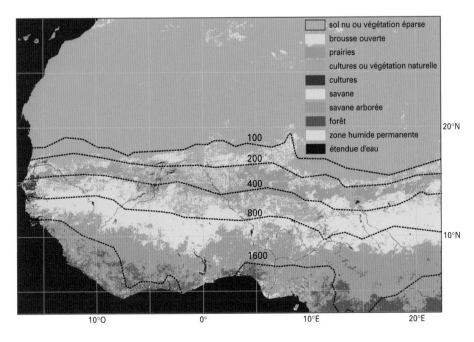

Fig. 22 Carte simplifiée de la végétation d'Afrique de l'Ouest avec les isohyètes 100, 200, 400, 800 et 1600, d'après la carte mondiale de l'occupation du sol, produite par le système d'information et de données du Programme International Géosphère et Biosphère (IGBP-DIS) à partir de données de télédétection de 1992-1993 (http://edcsns17.cr.usgs.gov/glcc/glcc.html). Isohyètes reproduits de la Fig. 2.

1984   1999

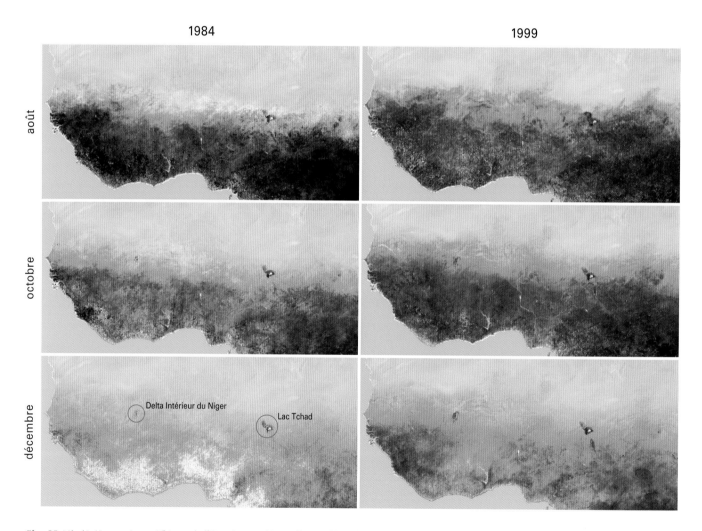

Fig. 23 Végétation verte en Afrique de l'Ouest en août, octobre et décembre d'une année très sèche (1984 ; à gauche) et d'une année relativement humide (1999 ; à droite). L'intensité du vert est basée sur les valeurs de NDVI mesurées par le NOAA-AVHRR. Images téléchargées depuis http://www. fews.net. L'indice de végétation n'a pas été mesuré pour le Sahara ; dans toutes les images, ce désert est représenté avec la même couleur sable.

A première vue, le Sahel peut sembler préservé des activités humaines, mais un regard plus attentif révèle que le paysage est façonné par l'élevage (moutons : Mali ; vaches : Niger), de l'agriculture (Mali) et des brûlis (Burkina Faso).

Variations saisonnières et annuelles du NDVI

Les données des Radiomètres Avancés à Très Haute Résolution[3] peuvent être utilisées pour étudier les variations saisonnières et annuelles de la densité de végétation. Pour nos analyses, nous avons divisé le Sahel en un secteur occidental (20-0°O) et un secteur oriental (0-20°E), chacun couvrant sept bandes de latitudes (8-10, 10-12, 20-22°N). Pour chacune de ces 14 zones, nous avons calculé les valeurs moyennes de NDVI pour les données décadaires disponibles. La variation saisonnière du NDVI du secteur occidental est forte. Le NDVI y est supérieur à 0,5 au cœur de la saison des pluies (indiquant une végétation verte dense), et inférieur à 0,2 en fin de saison sèche (indiquant une faible couverture de végétation encore verte). Les valeurs maximales et minimales annuelles de NDVI varient également fortement (Fig. 24).

Dans les bandes 12-14°N et 14-16°N, le pic de végétation est atteint début août. Il est un peu plus tardif (mi-août) dans les zones 8-10°N et 10-12°N. La pluie arrive plus tôt au sud (Fig. 5), ce qui explique que le NDVI commence à augmenter 1 à 3 mois plus tôt qu'au nord. Les valeurs de NDVI dans les régions les plus au nord diminuent jusqu'en mai.

Les valeurs de NDVI maximales diffèrent peu entre les bandes 8-10°N et 10-12°N, car la densité de végétation ne peut être mesurée que jusqu'à un certain niveau de saturation. L'évolution saisonnière du NDVI pour la bande 12-14°N du secteur occidental du Sahel se rapproche de celle de la bande 10-12°N du secteur oriental. Un autre décalage latitudinal du NDVI en Afrique de l'Ouest est visible entre la bande 14-16°N occidentale et la bande 12-14°N orientale (Fig. 27). Ces décalages suivent les zones de végétation qui ne sont pas strictement alignées sur les latitudes, comme montré par la Fig. 2. De la même manière, les isohyètes montrent que le Sahara progresse plus au sud dans la partie orientale de l'Afrique de l'Ouest (Fig. 2 et 22).

Depuis le début des mesures de NDVI en 1981, le Sahel a peu verdi jusqu'en 1994. Les années 1984 et 1993 ont été particulièrement

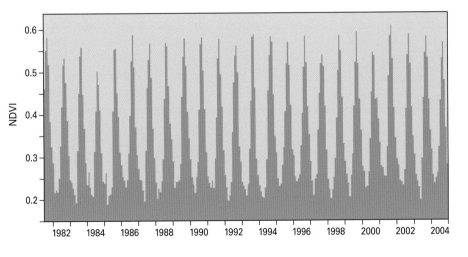

Fig. 24 Variations décadaires du NDVI dans les régions comprises entre 18 et 0°O et 12 et 14°N de juillet 1981 à décembre 2004 (846 mesures de NDVI correspondant aux données de 36 décades par an). D'après la NOAA.

Au Sahel, la saison sèche est marquée par l'abondance de la poussière qui obscurcit la visibilité et recouvre tout d'un film de fines particules de sable. Tempête de sable et tornade au Burkina Faso, août 1985 et au Sénégal (avec un baobab). Même lorsque le vent retombe après des jours agités, la poussière reste en suspension pendant un temps considérable. Le ciel bleu est un plaisir rare à la saison sèche : un voile jaunâtre le masque au cours des années sèches (Pélicans blancs dans le Delta Intérieur du Niger).

La désertification

Les sécheresses créent-elles les déserts ? Ou sont-elles engendrées par les déserts ? L'extension du Sahara entre 1970 et 1990 (Nicholson *et al.* 1998) a été largement attribuée aux dégradations irréversibles causées par l'homme. Le raisonnement était simple. Les hommes transforment des terres semi-arides en déserts du fait de la déforestation, de la surexploitation des pâturages et de l'épuisement des terres arables. Cette utilisation non durable des terres entraîne une diminution de la couverture végétale, de l'humidité des sols et du niveau des nappes phréatiques, en même temps qu'une augmentation de l'érosion éolienne et hydraulique et qu'une perte de nutriments. La sécheresse du Sahel au début des années 1970 et l'apparente avancée vers le sud du Sahara furent les déclencheurs qui ont permis la tenue de la Conférence des Nations Unies sur la Désertification (CNUD) à Nairobi en 1977. La poursuite des actions fut confiée au Programme des Nations Unies pour l'Environnement (PNUE). La Conférence des Nations Unies sur l'Environnement et le Développement (CNUED), réunie en 1992 à Rio de Janeiro, a conclu que la désertification concernait 70% des terres arides (PNUE 1993). Il fut donc décidé d'établir la Convention des Nations Unies sur la Lutte contre la Désertification (CNULD). La désertification fut définie par la conférence de Rio comme étant « la dégradation des terres dans les zones arides, semi-arides et sub-humides sèches par suite de divers facteurs, parmi lesquels les variations climatiques et les activités humaines ». La reconnaissance des variations climatiques comme étant l'une des causes de la désertification, a fait perdre au concept sa signification originelle de dégradation des terres irréversible et d'origine anthropique. (Mortimore & Turner 2005). Cette définition d'origine était basée sur l'idée fausse que les environnements arides sont en équilibre. Les annonces de désertification du Sahel étaient basées sur des observations et des données empiriques collectées au cours d'une période de diminution des précipitations.

Sur la base de données de télédétection et de travail de terrain au Soudan, il a pu être démontré que les changements étaient provoqués par la sécheresse, mais qu'il n'y avait aucune raison d'envisager un impact humain à plus long terme (Helldén 1991). Rasmussen *et al.* (2001), pour leur travail sur les dunes de sables fossiles du nord du Burkina Faso, ont combiné des photographies aériennes avec des données satellitaires récentes, des campagnes de terrain et des entretiens avec les populations locales. Le titre de leur article « la désertification à l'envers » esquisse déjà leur conclusion : la désertification apparente entre le début des années 1970 et le milieu des années 1980 s'est inversée pendant les années 1990 avec le retour des pluies. Tucker *et al.* (1991), Tucker & Nicholson (1998), Nicholson *et al.* (1999) et Prince *et al.* (1998) sont parvenus à la même conclusion pour le Sahel dans son ensemble. Ce qui avait été interprété comme une désertification d'origine anthropique n'était qu'une réponse naturelle d'un environnement semi-aride à un changement climatique. Ceci ne signifie pas que les hommes n'ont aucune influence sur l'environnement au Sahel. Il est indubitable qu'une déforestation a eu lieu et l'appauvrissement en nutriments des sols sera traité au Chapitre 5. Toutefois, nous allons d'abord nous pencher sur les effets de l'érosion des sols.

Les nuages de poussière chassés du Sahara et du Sahel par les vents semblent être des preuves irréfutables de la désertification. Les images satellitaires nous fournissent des illustrations spectaculaires de ces nuages, tels ceux du 11 février 2001 (Fig. 25). Sept études ont estimé le volume de poussières produit par an au Sahara et au Sahel à 130 millions de tonnes au minimum et 760 millions de tonnes au maximum (Goudie & Middleston 2001). Les émissions totales de poussières vers l'atmosphère varient, d'après cinq de ces études, entre 500 et 3000 millions de tonnes par an. Deux questions se posent. Quelle est la contribution du Sahara proprement dit, et celle du Sahel à ces nuages ? Et si l'érosion éolienne arrache une partie de la surface du sol au Sahel, dans quelle mesure est-ce dû à l'utilisation du sol par l'homme ?

Les mesures de visibilité sont une indication claire, bien qu'indirecte, que le Sahel est responsable d'une portion significative des nuages de poussières. La visibilité est une mesure standard de nombreuses stations météorologiques, dont celles du Sahel. Jusque vers 1970, il n'y avait que quelques « jours de poussière » par an, mais ils étaient bien plus nombreux durant les sécheresses. A Gao (est du Mali), le nombre de jours de poussière augmenta de

quasiment aucun au début des années 1950 à presque tous les jours au milieu des années 1980. Ce nombre de jours était négativement corrélé avec les précipitations des trois dernières années (N'Tchayi *et al.* 1994, 1997).

Darwin avait déjà noté en 1833, alors qu'il était à bord du *Beagle* près du Cap Vert, que l'atmosphère lourde devait être due à des poussières très fines expulsées d'Afrique par le vent. La visibilité a été étudiée et mesurée aux Caraïbes au cours des dernières décennies : à la Barbade, une corrélation linéaire a été trouvée entre les précipitations au Sahel et la visibilité locale (Nicholson *et al.* 1998). Les précipitations annuelles au Sahara étant toujours proche de zéro, il est peu probable que toute la poussière en provienne. N'Tchayi *et al.* (1994, 1997) ont suggéré qu'habituellement, l'essentiel de la poussière vient du Sahara, mais que durant la Grande Sécheresse, plus de la moitié de celle-ci provenait du Sahel. Tegen & Feng (1995) sont parvenus à la même conclusion et ont estimé que 20 à 50% de la charge totale en poussière provenait de « sols déstabilisés ». Ces résultats ont toutefois été remis en cause au cours des dernières années.

En utilisant des mesures infrarouges précises du satellite ME-TEOSAT, Brooks & Legrand (2000) ont décrit en détail les endroits et les périodes de production de poussières. Ils ont conclu que la quasi-totalité de la poussière est produite par le désert du Sahara, en particulier par l'ouest du Sahara entre 20 et 25°N (Mauritanie, Mali, Algérie) et plus à l'est entre 13 et 25°N. Malgré une forte corrélation entre la production de poussière et les précipitations d'une à deux années précédentes dans le nord de la zone sahélienne (15-17°N), ils n'ont trouvé aucune indication que la poussière pouvait provenir du Sahel.

Afin de détecter les aérosols, Goudie & Middleston (2001) et Prospero *et al.* (2002) ont utilisé les mesures d'UV réalisées par le spectromètre imageur d'ozone total (TOMS) embarqué sur un autre satellite. L'analyse de la production de poussière mondiale entre 1980 et 1992 a montré que le Sahara produit plus de poussière que l'ensemble des autres déserts et terres arides de la planète regroupés, et que le secteur de Bodélé au nord du Lac Tchad est de loin le plus grand producteur de poussières au monde (Prospero *et al.* 2002). C'est en raison de son sol argileux que la dépression de Bodélé, extrêmement sèche, produit tant de poussière. Il y a environ 10.000 ans, l'eau remplissait presqu'en totalité ce bassin d'alimentation du Lac Tchad. La puissance de l'*Harmattan* complète ce tableau idéal pour la production de poussière dans cette région inhospitalière. Goudie & Middleston (2001) et Prospero *et al.* (2002) rejoignent la conclusion de Brooks & Legrand (2000) selon laquelle la quasi-totalité de la poussière est produite dans des zones inhabitées recevant moins de 200 mm de précipitations par an. Bien que des sols fertiles aient été arrachés au Sahel par les vents pendant la Grande Sécheresse, l'hypothèse que les nuages de poussières du Sahara sont principalement dus à de la poussière produite au Sahel a désormais été éliminée avec certitude.

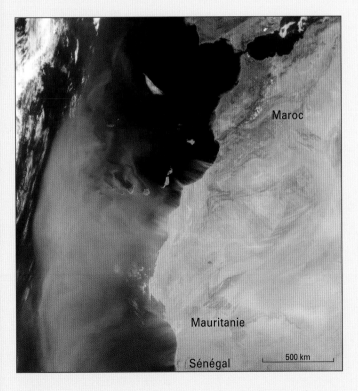

Fig. 25 Nuages de poussière du Sahara soufflés vers l'Océan Atlantique, 11 février 2001. Source : http://veimages.gsfc.nasa.gov.

Photographies jumelles de la zone sahélo-soudanienne du centre du Sénégal en 1984 et 1997 (en haut) montrant la progression des cultures (arachide et millet) et des d'arbres ; boisements d'acacias près de Dagana (nord Sénégal) le 14 octobre 1983 et le 31 janvier 1994 montrant le recul des arbres du fait des coupes (en bas).

Images satellites des environs de Dara (40 km au NE de Dakar, Sénégal) montrant la couverture arborée et arbustive plus dense en 1965 qu'en 2005. Le pâturage au Sahel atteint plus que la strate herbacée. A la saison sèche, le régime alimentaire des chèvres comprend des feuilles d'arbres et de buissons. Les chèvres peuvent normalement atteindre une hauteur de 120 cm (à gauche), mais elles grimpent parfois dans les arbres. Elles coupent avec dextérité les feuilles entre les longues épines d'*Acacia seyal* (au milieu). En raison de la pression de pâturage permanente, les branches et feuilles comestibles en-dessous d'1m20 sont systématiquement tondues (*Salvadora persica* ; à droite). (Nord du Mali, février 2009).

Végétation   43

Les feux de brousse pendant la saison sèche peuvent causer de grands incendies.

Sahel diffère entre les cultures et la forêt (Li *et al.* 2005) et entre les sols sableux et argileux (Kumar *et al.* 2002), en lien avec la variation d'humidité des sols. La végétation peut rester verte plus longtemps pendant la saison sèche, malgré le soleil brûlant, si l'humidité du sol ne diminue pas trop. Ceci explique pourquoi les variations saisonnières du NDVI sont bien plus faibles dans les plaines inondables que dans les terres arides environnantes, et pourquoi le Delta Intérieur du Niger et le Lac Tchad restent visibles telles des « oasis » vertes sur les images d'octobre et novembre (Fig. 23). Pour la même raison, le NDVI des prairies est plus variable que celui des écosystèmes dominés par les arbres (Chamberlin *et al.* 2007).

Les analyses des valeurs de NDVI au Sahel, habituellement basées sur des images satellites à haute résolution spatiale, pourraient montrer les effets à long terme des changements d'occupation du sol, de la déforestation, du surpâturage et de la dégradation des sols (Thiam

mauvaises (Fig. 26). Depuis 1993, le verdissement s'est nettement amélioré, suivant la tendance observée pour les précipitations (Fig. 26).

La pluie a un effet immédiat et important sur la végétation au Sahel (Hess *et al.* 1996, Olsson *et al.* 2005, Anyamba & Tucker 2005). L'analyse statistique montre que les précipitations de l'année précédente ont également une influence sur la végétation[4] (Camberlin *et al.* 2007). A plus long terme, les effets des changements climatiques sur la végétation sont encore plus marqués (Breman & Cissé 1977). Selon Olsson *et al.* (2005) le récent verdissement du Sahel ne peut pas uniquement être expliqué par l'augmentation des précipitations. Ils avancent d'autres facteurs tels que l'amélioration de la gestion des sols, l'augmentation de la productivité agricole et – facteur important à l'échelle régionale – l'abandon de terres du fait de l'instabilité politique et des conflits armés. Hermann *et al.* (2005) sont arrivés à la même conclusion.

Au-delà des précipitations, d'autres facteurs déterminent les variations du NDVI. Par exemple, l'évolution saisonnière du NDVI au

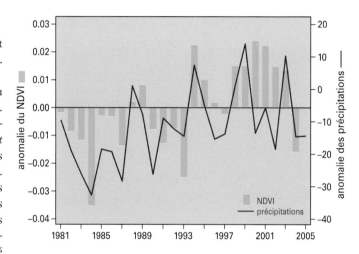

Fig. 26 Variations annuelles du NDVI (anomalies pendant la période septembre-février ; données provenant des Fig. 24 et 27 ; axe de gauche) et des précipitations (anomalie ; données de la Fig. 9 ; axe de droite) au Sahel. Source : NOAA.

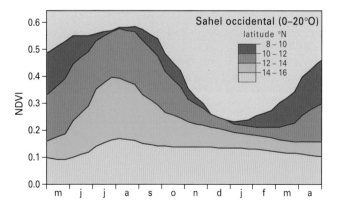

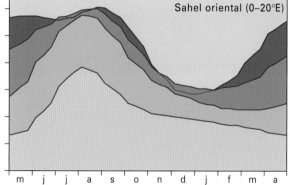

Fig. 27 Variations saisonnières de l'indice de végétation (NDVI moyen pour toutes les décades entre mai et avril sur 24 ans (1981-2004)), exprimées séparément pour le Sahel occidental et oriental et quatre bandes de latitudes différentes. Source : NOAA.

Coucher de soleil précoce à cause de la poussière dans l'atmosphère pendant la saison sèche.

2003, Li *et al.* 2005). L'Indice de Végétation Normalisé est un outil puissant pour décrire les variations de la biomasse végétale : les données synthétisées dans la Fig. 26 seront par conséquent utilisées dans les chapitres suivants en tant qu'indice du développement de la végétation.

Plaines inondables

Les principales plaines inondables africaines sont associées à des fleuves dont les débits varient très fortement selon les saisons (Denny 1993), tels que le Zambèze, le Nil, le Niger, ainsi que les rivières alimentant le Lac Tchad et leurs affluents. Le débordement de l'eau de ces fleuves par-dessus leurs berges vers les plaines inondables peut avoir lieu une ou plusieurs fois par an. La régularité des inondations, leur hauteur et leur durée déterminent les espèces végétales et animales qui fréquentent ces plaines (Denny 1993).

Les hauteurs maximales d'inondations déterminent également la production de biomasse aérienne des communautés de plantes vivaces au sein des prairies africaines régulièrement inondées (Scholte 2007). Dans les secteurs recevant d'importantes hauteurs d'eau, *i.e*

plus de 2 mètres, la biomasse herbacée aérienne peut atteindre 30 tonnes de matière sèche par hectare (Hiernaux & Diarra 1983), soit jusqu'à dix fois plus que dans les zones sèches environnantes (Le Houérou 1989). La qualité du pâturage dans ces plaines inondables, exprimée en contenu protéique, est en général corrélée négativement avec la biomasse aérienne. A la fin de la période d'inondation, ces plaines inondables sont recouvertes par une grande quantité de graminées d'une qualité insuffisante pour le pâturage (Breman & de Wit 1983 ; Hiernaux & Diarra 1983 ; Howell *et al.* 1988). La principale ressource pour le pâturage est fournie par la repousse, qui est de bien meilleure qualité. Cette repousse est obtenue par des techniques de pâturage sur brûlis, et devient disponible progressivement au cours de la saison sèche (Hiernaux & Diarra 1983 ; Howell *et al.* 1988 ; P. Scholte non publ.). Dans les plaines du Delta Intérieur du Niger, la biomasse de repousse est liée par une relation linéaire à la biomasse aérienne préexistante (Breman & de Ridder 1991) et donc indirectement à la hauteur maximum de la précédente inondation.

Notes

1 Le radiospectromètre MODIS embarqué dans la navette TERRA pourrait enregistrer simultanément les milliers d'incendies au Sahel, dont l'étendue et le nombre varie au cours de l'année ; voir http://terra.nasa.gov.

2 L'une des mesures fréquemment utilisée est l'Indice de Végétation Normalisé (NDVI), qui est calculé par la formule : NDVI = (NIR − VIS) / (NIR + VIS), dans laquelle NIR représente la radiation solaire dans le proche infrarouge et VIS la radiation solaire dans les longueurs d'ondes visibles. Le NDVI indique l'abondance et l'activité des pigments de chlorophylle des feuilles et est par conséquent représentatif de l'activité synthétique de la végétation terrestre. Lorsque de la végétation est présente, le NDVI est en général supérieur à 0,1. Des valeurs supérieures à 0,5 indiquent une végétation dense. Cet indice s'est révélé être une mine d'or pour les chercheurs. Les Radiomètres Avancés à Très Haute Résolution (AVHRR) embarqués dans les satellites de la NOAA et utilisés pour mesurer des données spectrales sont opérationnels depuis juillet 1981. Les données produites ont une résolution spatiale de 4 km, mais sont distribuées avec une résolution de 8 km. Avec cette dernière, la zone de transition Saharo-sahélienne est couverte par 360 lignes et 750 colonnes, soit 270.000 « pixels ». Ces données (valeurs maximales par décade) sont disponibles gratuitement et peuvent être téléchargées depuis le site http://www.fews.net. Le jeu de données NDVI du Sahel a fait l'objet de plusieurs études (p. ex. Tucker *et al.* 2005).

3 Afin d'analyser les variations annuelles du NDVI, nous avons calculé l'écart entre les valeurs décadaires moyennes, telles que présentées dans la Fig. 27 et les valeurs annuelles. Nous avons ensuite fait la moyenne de ces écarts entre septembre et février, soit sur 24 décades. Etant donné que les valeurs moyennes pour les différentes zones étudiées ne différaient pas entre les années, nous en avons fait la moyenne.

4 L'anomalie de végétation d'une année I (V_I) peut être décrite comme étant fonction de l'anomalie de précipitations (P_I) de la même année : $V_I = 0,00956 + 0,00082P_I$. La corrélation entre les précipitations et la couverture végétale, bien que significative (p<0,001) est loin d'être parfaite : $R^2 = 0,41$. Le lien se renforce significativement ($R^2 = 0,52$) si les précipitations de l'année précédente (P_{I-1}) sont introduites dans l'équation : $V_I = 0,01384 + 0,00075P_I + 0,00042P_{I-1}$.

Exploitation des terres

Avec la participation de Paul Scholte

L'Afrique est un continent dont les problèmes écologiques dépassent l'entendement, particulièrement au Sahel qui a été frappé par plusieurs désastres simultanés : perte de couverture végétale et d'humidité du sol, désertification, épuisement des terres arables, dégradation des terres, érosion des sols, déforestation... La liste semble sans fin, et ces problèmes se font de plus en plus pressants avec l'augmentation rapide de la population. Les questions relatives aux changements climatiques induits par l'homme et à la désertification ont déjà été abordées aux chapitres 2 et 4. L'idée que la Grande Sécheresse des années 1970 et 1980 était liée à la surexploitation des terres et à la perte de végétation au Sahel était universellement acceptée dans les années 1980 et 1990. Cette hypothèse a perdu son attractivité lorsqu'il est devenu évident que les précipitations au Sahel dépendaient fortement des variations de la température de surface des océans tropicaux et subtropicaux. La plupart des chercheurs pensent maintenant que l'exploitation des terres n'a pas induit, mais plutôt renforcé, le déclin des précipitations, empêchant le retour aux niveaux antérieurs à la sécheresse. Dans ce chapitre, nous étudions les changements dans l'utilisation du sol et les modifications concomitantes de la couverture végétale au Sahel, à la lumière de la croissance de la population humaine et de la demande croissante en nourriture, en eau et en énergie.

Les besoins en nourriture d'une population humaine en augmentation

Au début des années 2000, la population humaine de la plupart des pays africains augmentait d'environ 3% par an. D'après la FAO (FAOSTAT 2005), cette augmentation est la plus forte au Niger (3,15%) et en Gambie (3,41%) et atteint environ 2,5% dans les autres pays du Sahel. Avec une vitesse d'augmentation de 2,5%, la population double tous les 28 ans, alors qu'à 3%, ce doublement ne prend que 23,5 ans. De moins de 20 millions d'habitants au milieu du 20ème siècle, la population de huit pays sahéliens a atteint plus de 60 millions au début du 21ème siècle. Contrairement à la plupart des pays ayant une forte augmentation de leur population, cette croissance devrait s'accélérer encore dans les années 2010 (p. ex. 3,5% au Niger, d'après le Rapport sur le Développement Humain 2007-2008 du PNUD). La population sahélienne pourrait atteindre 130 millions d'habitants en 2030 (Fig. 28).

Cette augmentation diffère fortement entre les populations urbaines et rurales. Les chiffres pour la Mauritanie sont les plus frappants à cet égard : entre 1961 et 2003, de nombreuses personnes se sont déplacées vers les villes de Nouadhibou et Nouakchott, qui sont passées de 65.000 à 1,8 millions d'habitants. La population totale est passée de 1 à 2,9 millions, alors que la population rurale n'augmentait que de 10% à 1,1 million. Le constat est le même dans les autres pays du Sahel. En 1970, moins de 20% des habitants d'Afrique de l'Ouest étaient des citadins. Au début des années 2000, la moitié de la population vivait déjà dans les villes. Le taux de croissance étant deux fois plus rapide dans les villes que dans les campagnes, les citadins surpasseront nettement la population rurale en 2020.

Les changements d'occupation du sol auraient certainement été différents sans cette urbanisation. Les impacts environnementaux de celle-ci sont en effet nombreux. Tout d'abord, les habitants des cités sahéliennes utilisent du charbon au lieu de bois pour préparer leurs repas et, bien que les poêles à charbon soient plus efficaces que les

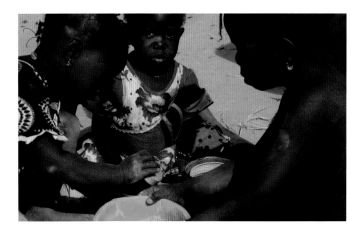

La population humaine au Sahel augmente de 3% par an.

poêles à bois, ce gain ne compense pas la perte de 75% de l'énergie du bois lors de la production du charbon (Ribot 1993). En conséquence, les citadins sénégalais à la fin des années 1980 (25% de la population) consommaient bien plus que la moitié de l'énergie totale issue du bois. Deuxièmement, la population urbaine croissante a besoin de toujours plus d'eau. Dakar (2,3 millions d'habitants en 2004) pompe son eau potable du Lac de Guiers, un grand réservoir créé le long du Fleuve Sénégal. Kano, au nord du Nigéria, n'aurait pas pu se développer jusqu'à atteindre 1,2 millions d'habitants sans les barrages construits sur les rivières proches. Troisièmement, la demande en énergie par habitant, bien qu'elle reste faible au Sahel, est plus élevée dans les villes qu'à la campagne. La raison principale de la création du réservoir de Sélingué sur le Haut-Niger était la production d'électricité pour Bamako, la capitale du Mali (1,7 millions d'habitants en 2007).

L'urbanisation a également des effets indirects sur l'utilisation des terres. En Afrique de l'Ouest, de nombreux citadins mangent du pain et du riz, alors que les ruraux consomment surtout du millet et du sorgho. L'urbanisation influe donc sur les choix de cultures. Par exemple, en Mauritanie, la production de millet et de sorgho a diminué de 30% entre le début des années 1960 et des années 2000 (FAOSTAT 2005). Afin de couvrir la demande en baguettes, les importations de blé ont augmenté dans ce pays de 11.000 tonnes au début des années 1960 à 300.000 tonnes au début des années 2000. Dans le même temps, la production de riz a explosé. Etant donné que le riz n'était pas produit en Mauritanie dans les années 1960, 10.000 tonnes étaient importées chaque année pour couvrir la demande. Quarante ans plus tard, 40.000 à 50.000 tonnes étaient produites localement pour compléter l'importation de 40.000 tonnes. Le millet, et à un moindre degré le sorgho, peuvent être cultivés dans des zones semi-arides, mais les racines des plants de riz doivent être dans l'eau. Le passage de la production de millet à celle de riz au Sahel a par conséquent nécessité la mise en culture des plaines inondables et la création de zones irriguées.

Les données mauritaniennes contenues dans le bilan alimentaire de la FAO montrent que la population y est majoritairement nourrie

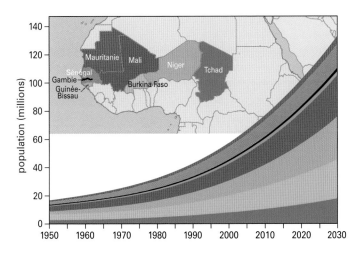

Fig. 28 Croissance de la population dans huit pays sahéliens d'Afrique de l'Ouest. Source : FAOSTAT (2005).

La nourriture de base de la population rurale est composée de sorgho et de millet, des cultures adaptées à un environnement sec. Les citadins, au contraire, préfèrent le riz et le pain, ce qui nécessite une augmentation des importations et la construction de réseaux d'irrigation.

de céréales et de lait importés. De la même manière, au Sénégal, la consommation de nourriture est de plus en plus couverte par les importations (Fig. 29). Le passage de la consommation de millet à celle de riz y a été partiellement couvert par une augmentation de

la production de riz de 50.000 tonnes en 1960 à 150.000 tonnes en 2000. Les importations ont augmenté plus rapidement, de 100.000 à 800.000 tonnes. A l'opposé, les autres pays sahéliens ont augmenté plus fortement leur production locale, comme par exemple le Mali (Fig. 29), et leurs importations sont limitées au blé et au riz. Les écarts de production de nourriture (mauvaises années en 1971-1973, 1982-1987 et 1990 ; bonnes années en 1978, 1988, 1994, 1998, 1999 et 2003) sont liés aux précipitations locales (Fig. 7 et 9). Le début des années 1970 et 1980 fut marqué par des famines, et une grande quantité de nourriture fut importée pour éviter un désastre plus important. Néanmoins, même lors de ces années de sécheresse, les productions locales étaient toujours bien supérieures aux importations.

Les années sèches et humides ont une influence directe sur la production de céréales. Les effets sur l'élevage durent plus longtemps, car il faut du temps pour reconstituer les troupeaux de bovins, de caprins et d'ovins. Néanmoins, la tendance est à l'augmentation des troupeaux depuis les années 1960. Pour les cinq pays du Sahel occidental combiné, la production de viande a augmenté de 250.000 à plus de 800.000 tonnes entre 1961 et 2003, juste un peu plus vite que la population humaine (Fig. 28). Durant cette période de 42 ans, la production de lait a doublé, de 750.000 à 1.500.000 tonnes, mais si l'on prend en compte l'importation de 300.000 à 400.000 tonnes de lait depuis les années 1980, la consommation de lait par personne est restée stable.

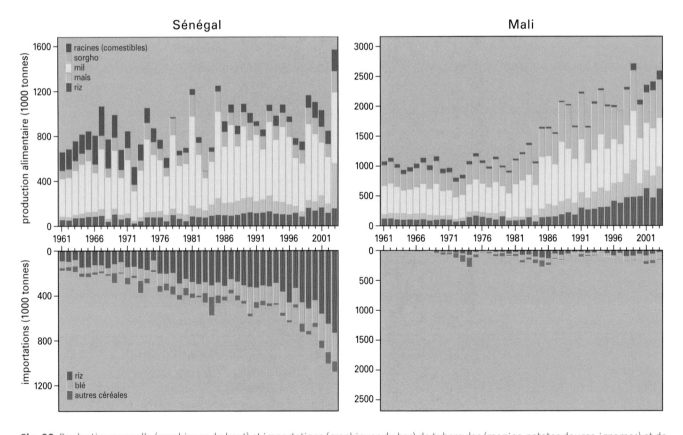

Fig. 29 Production annuelle (graphiques du haut) et importations (graphiques du bas) de tubercules (manioc, patates douces, ignames) et de céréales au Sénégal et au Mali. D'après les bilans alimentaires annuels de FAOSTAT.

Ces données montrent qu'à l'exception du Sénégal et de la Mauritanie, l'augmentation des productions agricoles est suffisante pour couvrir les besoins en nourriture d'une population croissante. Comment est-ce possible, alors qu'abondent les études décrivant la désertification, la dégradation des terres et la diminution de la fertilité des sols au Sahel ?

Les terres cultivées

Les sols du Sahel sont pauvres et son climat est peu favorable à l'agriculture (Breman *et al.* 2001). Néanmoins, la superficie couverte de millet dans les huit pays du Sahel occidental a doublé de 4,5 millions d'ha au début des années 1960 à 9 millions d'ha 40 ans plus tard. Durant la même période, le sorgho est passé de 3 à 5,5 millions d'hectares et le riz de 0,4 à 0,8 millions d'ha (Fig. 30). L'évolution des terres arables est variable selon les pays (tableau 2), avec un déclin en Mauritanie, de faibles augmentations au Sénégal, en Guinée-Bissau et au Tchad et de fortes augmentations en Gambie, au Mali et au Niger. La superficie de terres arables productives ne couvre qu'une faible part des pays du nord (Mauritanie, Mali, Niger), mais une fraction plus importante des pays du sud (Gambie, Guinée-Bissau, Burkina Faso). Une partie des terres arables n'est pas cultivée, mais laissée en jachère et, en particulier pendant les années sèches, les récoltes ne sont pas toujours au rendez-vous. D'après les statistiques de la FAO, la superficie totale des terres arables dans la plupart des pays et pendant la majorité des années représente le double des surfaces moissonnées. Les statistiques sur l'utilisation du sol collectée par la FAO reposent sur des données très globales, mais il existe plusieurs études détaillées qui ont quantifié la surface croissante de terres cultivées.[1]

Tableau 2 Superficies totales de sept pays et superficies utilisées pour la production de céréales (moyennes sur 1961-1963 et 2001-2003, en million d'ha). La dernière colonne donne le taux d'évolution moyen entre ces deux périodes (mêmes données que la Fig. 29, mais incluant la superficie en maïs, fonio et blé).

Pays	Superficie totale	Récolté 1961-1963	Récolté 2001-2003	Variation,%
Mauritanie	102,52	0,25	0,12	-1.3
Sénégal	19,25	1,01	1,16	0.4
Gambie	1,00	0,08	0,18	3.1
Guinee-Bissau	3,16	0,10	0,13	0.8
Mali	122,02	1,60	3,28	2.6
Niger	126,67	2,27	7,17	5.4
Burkina Faso	27,36	1,86	3,25	1.9
Tchad	126,00	1,27	1,89	1.2

Une autre façon d'augmenter la production de nourriture serait d'améliorer les rendements par ha. Avec les mêmes quantités de pluie, le rendement du millet après 1984 est supérieur de 5% à ce qu'il était avant (Fig. 31). Les fermiers ont apparemment légèrement augmenté leurs rendements, ce qui a été prouvé par plusieurs études (p. ex. Mortimore & Harris 2005, Rey *et al.* 2005). Jusqu'au milieu du 20ème siècle, ils utilisaient un système de rotation des cultures articulé autour des jachères, afin d'éviter l'appauvrissement des sols. La croissance de la population a causé un remplacement progressif de ce système par la mise en culture permanente. Malgré la baisse de fertilité des sols (Penning de Vries & Djitèye 1982, Breman & de Wit 1983), cette transformation se fit sans recours aux engrais (trop coûteux pour être utilisés à grande échelle) et mena inévitablement à une

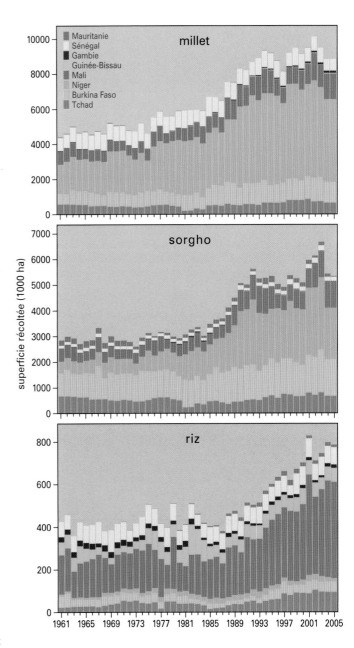

Fig. 30 Superficie totale de terres arables cultivées en millet, sorgho ou riz entre 1961 et 2005. D'après FAOSTAT.

Le millet est cultivé sur 1 million d'ha en Afrique de l'Ouest.

Le bétail

La population de bétail en Afrique en 2004 était estimée par la FAO à 254 millions d'ovins, 239 millions de bovins et 232 millions de caprins. Environ 60% des ovins et des bovins et jusqu'à 66% des caprins sont répartis dans les 21 pays situés entre le Sahara et la forêt tropicale, sur une zone entre 5° et 20°N (Fig. 32). Dans cette zone de transition entre le Sahara et la forêt tropicale, la distribution du bétail est généralement limitée à la zone où les précipitations annuelles varient entre 50 et 1000 mm. Avec moins de 50 mm par an, la végétation est trop rare pour le bétail autre que les dromadaires. Dans les régions recevant plus de 1000 mm de pluie, la mouche tsé-tsé pullule et la maladie du sommeil empêche l'élevage du zébu, ce grand bovin bossu. La vache N'Dama, sans bosse et à longues cornes, est résistante à la maladie du sommeil, mais moins bien adaptée au Sahel. Par conséquent, 80% du bétail dans cette zone de transition se trouve dans le Sahel, et 20% dans la zone soudanienne (Le Houérou 1980).

Les conditions de pâturage varient selon les saisons dans cette zone. Au début de la saison des pluies, les troupeaux commencent à partir vers le nord et atteignent les zones de pâturage les plus au nord deux mois plus tard. Les précipitations au nord du Sahel se limitent à des averses entre juin et septembre. Les pâturages y fournissent un fourrage de grande qualité, mais dès que la biomasse dépérit au début de la saison sèche, les bergers repartent vers le sud. Pendant la saison sèche, le bétail se nourrit de sous-produits de la moisson, d'herbes et de feuilles d'arbustes et d'arbres. Nombreux sont les bergers qui rejoignent les plaines inondables avec leurs animaux, à la recherche d'un fourrage de bonne qualité (Encadré 2). Ce rythme saisonnier, appelé transhumance, permet une exploitation temporelle et spatiale optimale des variations de qualité du fourrage.

Il y a toujours eu plus de fermiers que de bergers dans le Sahel, mais la superficie totale des zones de pâturage est bien plus grande que celle des cultures. En Mauritanie et au Tchad par exemple, les terres arables n'occupent respectivement que 1,3 et 7,5% de la surface totale, alors que dans les deux pays, 30% des terres sont utilisées pour le pâturage (source : FAO). Dans le nord du Sahel, où les pluies sont insuffisantes pour les cultures, il n'existe pas de compétition entre bergers et fermiers. Mais là où les précipitations dépassent 400 mm, le millet peut être cultivé, et les fermiers font tout ce qu'ils peuvent pour empêcher le bétail de brouter leurs cultures avant la moisson. Cette compétition directe est inexistante en dehors de la saison des pluies et de la moisson, car le pâturage sur les résidus de cultures offre du fourrage pour les troupeaux et fertilise les sols (Turner 2004). La situation est plus problématique dans les plaines inondables et

diminution du taux de matière organique dans le sol et à une perte de nutriments, comme l'ont démontré des études ultérieures (p. ex. Stoorvogel *et al.* 1993). Malgré le bilan négatif en nutriments, les rendements par ha augmentèrent au fil des ans (Ben Mohammed *et al.* 2002 ; Fig. 31). Ridder *et al.* (2004) ont analysé d'anciennes études et en ont conclu que la diminution de la fertilité des terres communales à l'écart des villages n'avait pas été aussi importante qu'estimée. Les terres proches des villages devinrent plus fertiles grâce l'usage plus fréquent de matière organique. Localement au moins, la dégradation des terres pouvait donc être évitée en combinant bétail et cultures (Rey *et al.* 2005, Mortimore & Turner 2005).

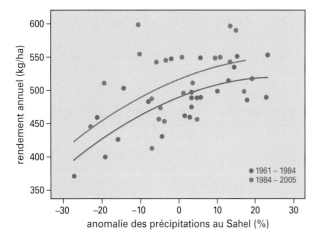

Fig. 31 Rendements annuels en millet combinés pour huit pays du Sahel occidental (kg/ha), avant et après 1984, en fonction des précipitations annuelles au Sahel exprimées en coefficient de variation par rapport à la moyenne du 20ème siècle (Fig. 9). Les courbes correspondent à des polynômes du second degré. D'après : FAOSTAT.

Fig. 32 Densité de bovins et d'ovins par km² en Afrique en 2004. Les zones indiquées comme impropres pour le bétail incluent les déserts, les forêts tropicales et les zones protégées (Fig. 35). D'après l'Atlas Mondial de la Production et de la Santé animales, produit par la FAO-AGA, en collaboration avec ERGO et le groupe de recherches TALA. Université d'Oxford, R.-U. (http://www.fao.org/ag/aga/glipha). Occupation des sols pour l'année 2000, d'après http://www.gem.jrc.it/glc2000).

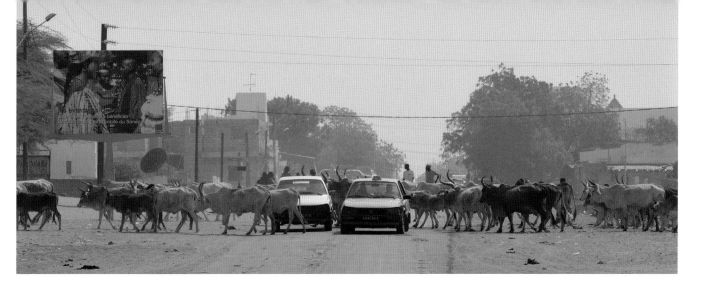

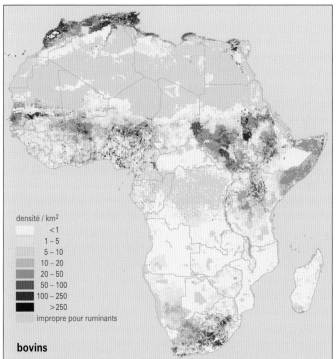

densité / km²
- < 1
- 1 – 5
- 5 – 10
- 10 – 20
- 20 – 50
- 50 – 100
- 100 – 250
- > 250
- impropre pour ruminants

bovins

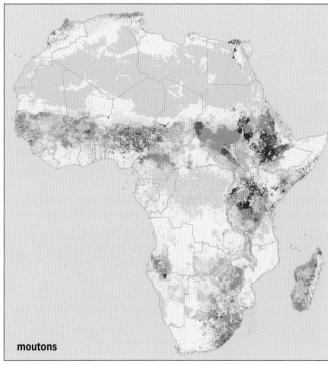

moutons

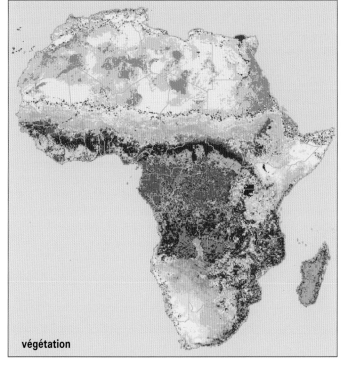

végétation

- roche nue
- forêt feuillue fermée
- forêt de plaine fermée, à feuilles persistantes
- prairie fermée
- terres cultivées (>50%)
- terres cultivées entrecoupées de végétation ligneuse
- zone arbustive avec arbres clairsemés
- boisement de feuillus
- forêt de plaine dégradée, à feuilles persistantes
- cultures irriguées
- mangrove
- forêt (sub)montagnarde (>1500 m)
- forêt/cultures mosaïque
- forêt/savane mosaïque
- zone arbustive ouverte avec arbres clairsemés
- prairie ouverte
- prairie ouverte à arbustes clairsemés
- désert et dunes de sable
- prairie clairsemée
- désert rocheux
- forêt submontagnarde (900–1500 m)
- taillis et prairies marécageux
- forêt marécageuse
- plans d'eau

L'importance des plaines inondables du Sahel pour le bétail et les animaux sauvages

Les immenses plaines inondables du Delta Intérieur du Niger, du Sudd et des marais du Lac Tchad abritent, une fois que les eaux se sont retirées, des millions de têtes de bétail. La situation est la même dans les plaines du Zambèze et des autres rivières principales d'Afrique, là où les maladies mortelles n'interdisent pas le pâturage du bétail. L'exploitation de ces plaines repose sur un système séculaire délicat et complexe de droits de passage, d'accès à l'eau et de taxes de gestion, menacé par les récents changements. En règle générale, les bergers utilisent les plaines lorsqu'ils le peuvent, *i.e* après le retrait des eaux, lorsqu'un fourrage de qualité suffisante est présent. L'accès à l'eau ne pose généralement pas de problème. La bonne qualité de la repousse est quant à elle assurée par le brûlis de la première pousse de végétaux, de faible qualité (chapitre 4).

Les plaines inondables du Sahel fournissent de quoi nourrir dix fois plus de bétail que les prairies sèches environnantes. Au plus fort de la saison sèche, un moment crucial pour la survie, les densités de bétail y sont 20 à 30% plus élevées que sur les terres sèches. Contrairement aux idées reçues, la condition physique du bétail y est la même que celle du bétail broutant sur terrain sec : ce n'est que le nombre important de bêtes dans les plaines inondables qui est remarquable. Une autre idée fausse est que ces plaines forment un refuge en temps de sécheresse : ce n'est pas le cas. Néanmoins, en leur absence, la capacité d'accueil du Sahel serait bien plus faible. L'intensification de l'exploitation des sols, par exemple pour la riziculture, nécessite l'utilisation des territoires et de l'eau utilisés par le bétail et touche ainsi le système d'élevage en son point le plus sensible. Elle réduit donc la capacité d'accueil du bétail de la région dans son ensemble.

Les plaines inondables du Sahel sont tout aussi importantes pour la faune sauvage. La chute des populations d'antilopes, comme le Topi (Encadré 4), suggère avec insistance que ces plaines sont devenues inhospitalières, notamment pendant la saison sèche. Lorsque les plaines inondables et les marécages ne sont pas encore exploités par le bétail, comme par exemple dans le Bassin de Bengweulu en Zambie, les antilopes y abondent : après le retrait des eaux, environ 30.000 Cobes de Lechwe *Kobus leche smithemani* quittent les forêts et sillonnent les prairies sans rencontrer de bétail ou d'humains (grâce à la mouche tsé-tsé). Les plaines inondables sont également importantes pour les oiseaux africains et paléarctiques (suite du chapitre 6). D'après Scholte & Brouwer (2008).

autres marais, où les cultures coïncident avec le pâturage de saison sèche (Encadré 2).

La tendance à la sédentarisation des bergers (Turner & Hiernaux 2008), et la rapide extension des terres arables depuis les années 1960 (au détriment des pâturages ; Fig. 30), n'ont pas empêché l'augmentation du nombre de bêtes. Les statistiques de la FAO montrent que dans les huit pays du Sahel occidental, le nombre de bovins a doublé entre 1961 et 2003 et l'augmentation du nombre d'ovins et de caprins a été encore plus forte. (Fig. 33). Les années sèches 1973 et 1984 ont tué un grand nombre de bovins, d'ovins et de caprins, mais après 1984, leur nombre a doublé en seulement vingt ans.

L'augmentation annuelle de la quantité de bétail est différente selon les pays (Fig. 33). La population de bovins en Mauritanie et au Niger a même diminué. Le nombre d'ovins et de caprins a augmenté plus vite que celui des bovins, peut-être en raison de l'augmentation des troupeaux de villages (par opposition aux nomades). Les ovins et les caprins ont moins augmenté dans les pays où le nombre de bovins a diminué, *i.e* en Mauritanie et au Niger. La rapide croissance du bétail au Burkina Faso, déjà remarquée dans les années 1950 (Le Houérou 1980) et la lente augmentation, voire le déclin en Mauritanie, au Niger et au Tchad, suggèrent que l'augmentation est biaisée en faveur du sud du Sahel, un effet collatéral potentiel de la baisse des précipitations depuis 1970 et de ses effets plus marqués sur le semi-désert que sur la zone soudanienne.

Il existe plusieurs explications à l'augmentation du bétail au Sahel durant la seconde moitié du 20ème siècle. La première est liée aux précipitations. Les années 1973 et 1984, extrêmement sèches, ont causé une mortalité massive du bétail. La reconstitution des troupeaux depuis 1984 a été facilitée par le retour progressif des pluies.

Deuxièmement, dans la seconde moitié du 20ème siècle, des milliers de forages et de puits furent créés au Sahel et ont permis l'accès à des secteurs sans point d'eau naturel. Dans le passé, les zones de pâturage ne s'étendaient pas au-delà de 15 km des rivières, des plaines inondables et des mares temporaires (Lind *et al.* 2003). La transhumance n'était donc pas contrainte uniquement par les variations spatiales et temporelles de la qualité du fourrage, mais aussi par la disponibilité de points d'eau. Les points d'eau créés par l'homme ont permis aux bergers d'emmener leurs troupeaux dans des zones et à des périodes jusque là inaccessibles. Cependant, bien que ces points d'eau aient créé une sécurité et une augmentation des zones potentiellement exploitables, ils ont également créé des troubles sociaux (Théboud & Batterbury 2001).

Troisièmement, l'éradication de la tsé-tsé a permis de rendre accessible une bonne partie des pâturages du sud. Dans les zones d'Afrique centrale infestées de mouches tsé-tsé, couvrant environ 10 millions de km² et appelées « le Désert Vert », ni les bovins, ni les chevaux ne peuvent survivre (Fig. 32). Les pesticides tels le DDT et, plus récemment, les technologies de stérilisation des insectes, ont éradiqué la mouche tsé-tsé de nombreux endroits, mais souvent de manière temporaire. Si de telles méthodes étaient mises en place avec succès à grande échelle, elles faciliteraient l'utilisation de grandes zones par le bétail et les hommes et supprimeraient les dernières concentrations d'animaux sauvages de l'ouest de l'Afrique centrale.

Bergers se déplaçant avec leurs bovins, caprins et ovins entre le nord du Sahel (de juillet à septembre) et la zone soudanienne (de novembre à avril)

Quatrièmement, les activités d'élevage et de culture ont été progressivement intégrées. Pendant la saison sèche, le bétail est maintenant nourri avec des compléments de fourrage, tels l'arachide, les tourteaux de coton et les fanes de niébé, parfois importés de très loin (Mortimore & Turner 2005). Les bergers du Delta Intérieur du Niger font pousser une plante aquatique flottante, *Echinochloa stagnina*, connue localement sous le nom de *bourgou*, afin de l'utiliser comme fourrage pendant la saison sèche (voir chapitre 6). Par conséquent, la quantité de bétail pourrait dépasser le maximum déterminé par la capacité d'accueil des pâturages (Mortimer & Turner 2005). La dichotomie entre bergers nomades et fermiers sédentaires s'est également estompée. Les fermiers possèdent de plus en plus souvent du bétail qui se nourrit dans le village et les bergers se sont diversifiés et possèdent des terres arables. De nombreux citadins engagent maintenant des bergers pour garder leurs troupeaux (Rey *et al.* 2005, Turner & Hiernaux 2008). Bien que ces changements aient amélioré l'efficacité du système, ils ont également causé des tensions, par exemple lorsque des accords vieux de plusieurs siècles autorisant le pâturage des troupeaux nomades sur les fermes ont été annulés afin de réserver l'exploitation des restes de cultures au seul bétail sédentaire (Théboud & Batterburry 2001, Turner 2004, Moritz 2002).

Les forêts

L'expansion des terres cultivées et l'augmentation du bétail ont été précédés par la coupe et la dégradation des boisements, où les coupes et abattages ont été supérieurs à la capacité de régénération. Il est lar-

Les autorités locales et les organisations non gouvernementales promeuvent la plantation d'Eucalyptus près des villages pour diminuer l'abattage des boisements naturels; Delta Intérieur du Niger, novembre 2008 (à gauche) et février 2007. Les Eucalyptus offrent moins de ressources de nourriture pour les oiseaux du Paléarctique que les arbres indigènes.

gement reconnu que le Sahel et la zone soudanienne ont subi une déforestation. Toutefois, Fairhead & Leach (1995) n'ont observé aucune « savanisation » près de Kissidougou (Guinée) et en ont conclu que ces histoires « éco-pessimistes » étaient exagérées, voire fausses (Fairhead & Leach 2000).

Des données quantitatives détaillées sur le changement d'occupation du sol et la déforestation sont disponibles pour le Sénégal. (Tappan *et al.* 2004, Wood *et al.* 2004). Tappan *et al.* (2004) ont montré que les changements d'utilisation des sols et la déforestation diffèrent selon les régions. Les forêts (zones couvertes par une canopée continue sur au moins 80%) couvraient 4,4% du pays en 1965 et 2,6% en 2000, soit un recul de 41% en 35 ans. Pour les savanes boisées et forêts combinées, la couverture a diminué de 78,1% en 1965 à 72,2% en 2000. Ce recul est essentiellement causé par l'extension des cultures. Il est toutefois bien plus étendu qu'indiqué par les chiffres ci-dessus. Par exemple, les zones agricoles bocagères dans le Saloum étaient couvertes à 40-70% d'arbres en 1943, mais seulement à 10-20% en 2000. En outre, dans le nord-Sénégal, de nombreux arbres sont morts pendant la Grande Sécheresse (Gonzalez 2001, Tappan *et al.* 2004), et l'ensemble des boisements sénégalais ont été éclaircis pour la production de charbon de bois. La production annuelle légale de charbon de bois a augmenté de quelques milliers de tonnes dans les années 1930 à 15.000 tonnes dans les années 1950 et 100.000 tonnes depuis 1970

(Ribot 1993). Selon le même auteur, le quota officiel ne couvrait que 50-67% des besoins urbains dans les années 1990. Par conséquent, la production a vraisemblablement à nouveau augmenté au cours de cette décennie. En 1950, le charbon de bois venait des forêts dans un rayon de 70 à 200 km autour de Dakar, mais en 1990, ce périmètre s'était étendu à 300-450 km de la capitale. En réalité, dans les années 1990 les producteurs de charbon avaient déjà atteint les frontières du pays. Il est évident que la déforestation du Sénégal est rapide, mais les calculs montrent que son rythme véritable est bien loin d'être annoncé dans les publications officielles et semi-populaires. Par exemple, Tappan *et al.* (2004) annoncent que le recul total de la couverture boisée au Sénégal atteint 333 km²/an, soit moins que l'estimation de 520 km²/an de la FAO. Ribot (1999) a conclu que la demande urbaine réelle en bois, bien que très élevée (Ribot 1993) ne confirmait pas les scenarios critiques des années 1980, qui prédisaient une pénurie de bois dans les années 1990 ou le début des années 2000. L'impact du prélèvement a été surestimé en tant que facteur de déforestation, car la régénération naturelle avait été sous-estimée et car les ruraux utilisaient souvent du bois d'arbres morts (Benjaminsen 1993, Thiam 2003).

D'autres études empiriques ont trouvé une déforestation inférieure à celle habituellement considérée. La plupart des études montre un déclin de la couverture boisée du fait du mitage par l'agriculture et du prélèvement de bois pour la production d'énergie, mais les données sont souvent issues d'études localisées et peuvent difficilement être synthétisées par des statistiques simples. En outre, la transition entre boisements et terres cultivées est souvent graduelle : la forêt devient forêt claire, puis bocage, terre agricole entrecoupée d'arbustes, et enfin terre exclusivement agricole, ce qui empêche la quantification directe du recul de la couverture boisée et complique les comparaisons entre études. Mortimore & Turner (2005) et Rey *et al.* (2005) ont montré que le taux de déforestation n'est pas constant au Sahel, car certains fermiers plantent des arbres autour de leurs champs ou de leurs maisons, et car certains arbres précieux ont été protégés lors de la coupe des forêts. Dans le nord du Ghana et le sud du Burkina Faso, Wardell *et al.* (2003) ont observé que 25% des forêts galeries ont été transformées en savanes arborées et 45% en bocage. Simultanément, une faible partie du bocage de 1986 était revenu à l'état de boisement, car la déforestation des boisements soudaniens avait facilité l'expansion de la mouche tsé-tsé et de la maladie du sommeil, forçant la population à se replier et permettant une reforestation naturelle.

Les zones protégées

L'UICN liste 26.832 zones protégées dans le monde, couvrant au total 7539 millions d'ha, dont 974 couvrant 175 millions d'ha en Afrique. Au sein du continent, plus de 60% des zones protégées sont situées dans sept pays, parmi lesquels deux possèdent plus de 10% du total africain : la Zambie, 13% (22,8 millions d'ha), et l'Ethiopie, 10% (17,6 millions d'ha). Les zones protégées sont essentiellement localisées dans l'est et le sud de l'Afrique (Fig. 35A). La superficie totale des zones protégées dans les pays de l'ouest et du sud du Sahel atteint

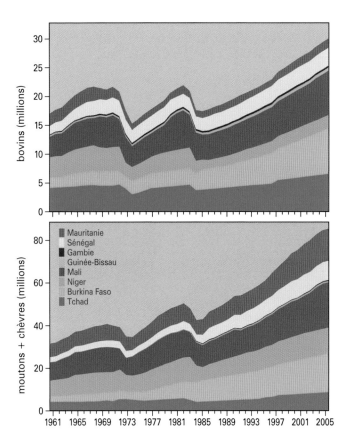

Fig. 33 Nombre de bovins et de caprins+ovins dans les pays du Sahel occidental et central de 1961 à 2005. D'après la base de données FAOSTAT.

24,9 millions d'ha, soit 14% de la surface totale des espaces protégés en Afrique.

Au total, 6,8% de l'Afrique possède un statut de protection. Les pays où la superficie protégée est relativement importante sont essentiellement localisés dans l'est et le sud de l'Afrique, à l'exception de la Guinée équatoriale (21%), de la République centrafricaine (12%), le Sénégal (11%) et le Tchad (9%). Dans les autres pays du Sahel, ce taux est faible, tout du moins en comparaison avec le reste de l'Afrique : 3% au Mali, 1,5% en Gambie, 1,3% au Soudan et 1,1% en Mauritanie. La plupart de ces zones protégées étant situées au sein du Sahara (Fig. 35), la zone sahélienne proprement dite n'est quasiment pas protégée.

Toutes les zones protégées n'ont pas le même statut. L'UICN en distingue huit catégories (Fig. 35A). Scholte *et al.* (2004) ont étudié l'efficacité de la gestion des 14 principales zones protégées, couvrant 14 millions d'ha au sein du Bassin du Lac Tchad. Quatre (représentant 71% de la surface totale) n'existaient que sur le papier, quatre avaient une efficacité faible à moyenne (21%), et quatre autres (4%), dont le Parc National Waza au Cameroun, une efficacité moyenne. La protection ne peut être considérée efficace que dans deux zones (4%) : le Lac Fitri (dont les règles strictes sont basées sur les traditions) et le Parc National de Zakouma. La conservation en Afrique occidentale et centrale dépend plus fortement de l'absence d'habitants (Fig. 35B) et de bétail (Fig. 32) que de statuts de protection déclarés. La densité de

Le Neem *Azadirachta indica* est originaire d'Asie du S-E et réputé pour ses propriétés antimicrobiennes. Il fournit des ingrédients efficaces pour la médecine, la cosmétique et la lutte contre les insectes. Cette espèce d'arbre a été plantée à grande échelle près des villages en Afrique de l'Ouest. Les densités d'insectes y sont très faibles, sauf pour les fourmis. (Niger (en haut), Burkina Faso (en bas à gauche), Mali (en bas au centre et à droite)).

L'exploitation des arbres exotiques et indigènes par les oiseaux du Paléarctique

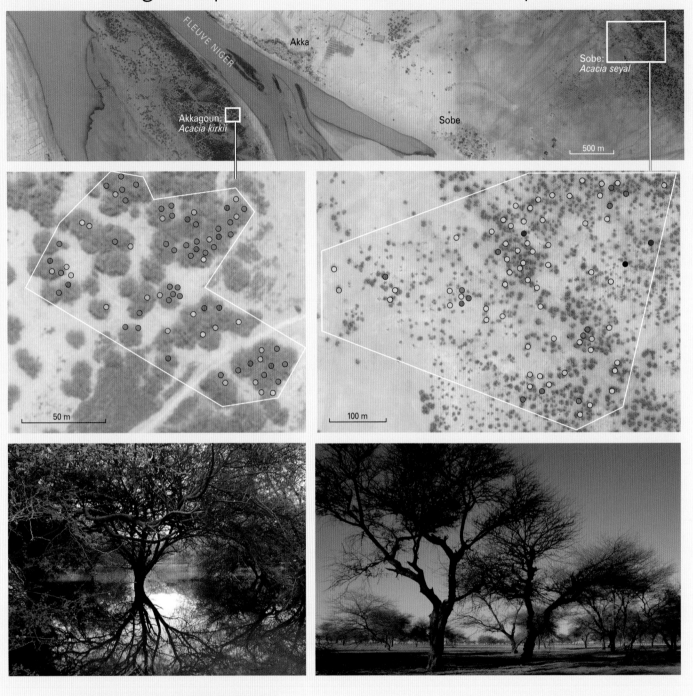

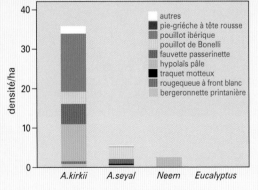

Fig. 34 Oiseaux forestiers comptés dans les forêts du sud du Delta du Niger Inférieur pendant 10 matinées entre le 13 et le 26 février 2007 et les 27-28 février 2008. Les deux cartes montrent la répartition des oiseaux les 27-28 février 2008 sur une image satellite Google. Le graphique donne les densités par ha de 9 espèces forestières avec *Acacia seyal* (4 parcelles ; 22,1 ha), *Acacia kirkii* et *Ziziphus mucronata* (3,72 ha ; 5 parcelles dans la forêt inondée d'Akkagoun et Dentaka), Neem *Azadirachta indica* (3 parcelles ; 4,48 ha) et *Eucalyptus* (1 parcelle ; 1,08 ha). La Locustelle tachetée, le Phragmite des joncs, l'Hypolaïs polyglotte et, la Fauvette grisette sont regroupés dans « autres espèces ». Noter la canopée continue avec *A. kirkii* par contraste avec les boisements clairs d'*A. seyal* (où la plupart des espèces forestières sont concentrées là où la canopée est assez dense).

La déforestation, telle que décrite dans ce chapitre et dans bien d'autres études, mesurée en perte de couverture boisée ne prend pas en compte la transformation au cours des dernières décennies de boisements naturels en plantation d'espèces exotiques comme *Eucalyptus camaldulensis* et le Margousier ou Neem *Azadirachta indica*. Ainsi, la surface totale de plantations forestières au Sénégal a augmenté de 2000 km² en 1990 à 3600 km² en 2005, soit respectivement 2,2 et 4,4% de la surface forestière totale. Au cours des 15 mêmes années, les forêts naturelles ont perdu 1600 km² (FAO 2006). Le déclin des forêts naturelles au Sahel est donc bien plus important que révélé par les études de télédétection. De la même manière, le reverdissement du Sahel dans les années 1990 peut partiellement s'expliquer par la plantation d'arbres exotiques qui présentent certes un intérêt pour les peuples locaux, mais n'ont qu'une faible valeur écologique par rapport aux espèces d'arbres indigènes. Les *Eucalyptus* et le Neem sont populaires grâce à leur croissance rapide, même sous le climat aride du Sahel et le Neem produit un bois excellent, résistant aux termites. Ils semblent en outre résistants aux insectes fléaux. En fait, le Neem et les *Eucalyptus* n'abritent quasiment aucun insecte, aucune chenille ou larve. Les feuilles et les amandes écrasées du Neem sont d'ailleurs utilisées comme insecticide.

Il existe deux études sur les densités d'oiseaux dans les forêts indigènes et exotiques d'Afrique. Stoate (1997) a calculé la densité d'oiseaux dans des plantations de Neem et sur des terres agricoles plantées d'acacias et de *Piliostigma reticulatum* indigènes dans le nord du Nigéria. La végétation naturelle accueillait des densités d'1,3 Fauvette grisette et 0,4 Fauvette passerinette par ha, alors qu'aucune fauvette n'a été observée dans les plantations de Neem. L'auteur a également quantifié la densité d'insectes et prélevé une grande variété de proies potentielles telles que des fourmis, cicadelles, punaises, chenilles, guêpes, araignées et mouches dans les arbres et arbustes indigènes, mais seulement des fourmis dans les Neem. John & Kabigumila (2007) ont observé que par rapport aux forêts naturelles, seules quelques espèces d'oiseaux nichaient dans les plantations d'eucalyptus, en faible concentration.

Nous avons étudié les densités d'oiseaux dans les forêts exotiques et indigènes dans le sud du Delta Intérieur du Niger en février 2007 et 2008. Dix forêts furent visitées tôt le matin et nous avons observé 280 individus appartenant à 14 espèces d'oiseaux du Paléarctique au sein des parcelles (surface totale : 30,5 ha). La plus forte densité fut trouvée dans les forêts inondables avec 35,5 oiseaux/ha, et où le Pouillot véloce (14,8/ha) et l'Hypolaïs pâle (9,4/ha) étaient les plus communs. La densité atteignait 5,3 oiseaux/ha, surtout des Pouillots de Bonelli (3/ha), dans les forêts sèches à *Acacia seyal*. Les densités des différentes espèces observées sont assez proches des données obtenus dans les forêts sahéliennes au Sénégal (Morel & Roux 1966b, 1973, Morel & Morel 1992) et dans le nord du Nigéria (Jones *et al.* 1966, Cresswell *et al.* 2007). Dans les forêts naturelles, nous avons trouvé de nombreux insectes dans la canopée, alors qu'il n'y en avait aucun et aucune vie animale dans la canopée des Neem, ce qui explique la faible diversité en passereaux. Les baies des Neem étaient consommées par le Bulbul des jardins, sédentaire, et la seule espèce migratrice dans ces arbres était l'Hypolaïs pâle (2,5/ha). Etant données les observations de Stoate (1997), cette espèce pourrait se nourrir de fourmis, qui sont d'ailleurs mentionnées par Cramp (1992) parmi les proies de l'Hypolaïs pâle. Ces données, bien que partielles, montrent clairement l'intérêt ornithologique des forêts d'acacias par rapport aux arbres exotiques.

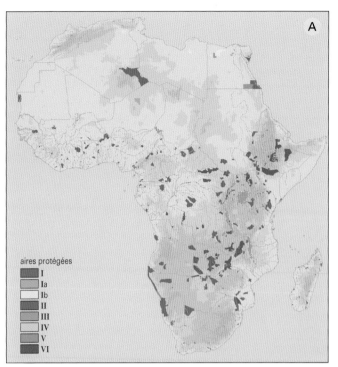

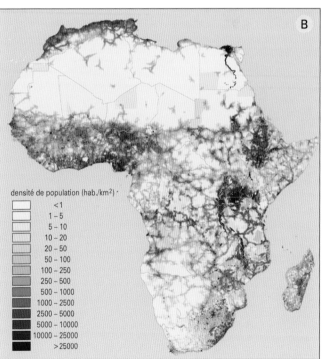

Fig. 35 (A) Zones protégées en Afrique. Huit catégories sont distinguées : I : Réserve Naturelle, Ia : Réserve Naturelle Intégrale, Ib : Zone de Nature Sauvage, II : Parc National, III : Monument Naturel, IV : aire de Gestion des Habitats ou des Espèces, V : Paysage Terrestre ou Marin Protégé, VI : Aire Protégée de Ressources Naturelles Gérées. D'après WDPA Consortium (2005) ; (B) densité de la population humaine en 2000 ; d'après Nelson (2004)..

Encadré 4

Le Sahel, ancienne zone de pâturage pour des millions d'herbivores sauvages

Les prairies sahéliennes sont aujourd'hui parcourues par 150 millions de bovins et 300 millions d'ovins et de caprins, là où d'immenses hordes d'antilopes d'autres herbivores se nourrissaient autrefois. Suivant un rythme migratoire saisonnier identique à celui adopté par le bétail, ces herbivores fertilisaient et entretenaient les prairies en y pâturant. Les observations des premiers explorateurs européens, telles celles citées par Spinage (1968) ne laissent aucun doute. Barth, qui traversa le Sahara en 1859, indiqua pour la région de l'Aïr... « aussi nu et désolé ce pays puisse-t-il paraître, il est couvert (...) de grands troupeaux de Bubales (*Antelope bubalis*) ; en 1871, Nachtigal observa des Addax *Addax nasomaculatus* au nord du Lac Tchad... « l'abondance de ces animaux était presque incroyable. Ils étaient présents dans toutes les directions, seuls, en petits groupes, ou en hordes par centaines » ; le Topi *Damaliscus korrigum* était encore si abondant au Sahel occidental en 1935 que « si les Topis pouvaient être comptés, il serait probablement démontré qu'ils possèdent la population la plus importante parmi les antilopes africaines » (Spinage 1968).

La Gazelle à front roux *Gazella rufifrons* est une espèce soudano-sahélienne, alors que les Gazelles dorcas *Gazella dorcas* et dama *Gazella dama* sont typiques du Sahel (Scholte & Hasim 2008). Les Addax, particulièrement la Gazelle leptocère *Gazella leptoceros*, habitent les zones les plus désertiques. Elles étaient autrefois abondantes et répandues, et ont aujourd'hui été quasiment exterminées, tout comme l'Oryx *Oryx dammah*, au cours des deux dernières décennies. L'élimination de la faune sauvage du Sahel occidental et de la zone soudanienne a été causée par les méthodes de chasse modernes (fusils et véhicules tous terrains), le dérangement et la compétition avec le bétail pour le pâturage et l'eau.

Les Cobes de Buffon *Kobus kob*, antilopes typiques des plaines inondables, étaient autrefois communes dans le Delta Intérieur du Niger, mais elles en ont disparu. Les girafes et crocodiles ne sont plus présents dans la région et, de toute la grande faune africaine, seuls quelques dizaines d'hippopotames subsistent (Wymenga *et al.* 2005). Dans les années 1920, les éléphants étaient encore communs dans le Delta Intérieur et largement répandus dans le sud du Mali. Il ne restait plus que quatre petites populations isolées au Mali en 1983, et une seule après la Grande Sécheresse (Blanc *et al.* 2003). Cette population, qui est passée de 550 individus dans les années 1980 à 322 en 2002 (Blake *et al.* 2003) est localisée dans le Gourma, à l'est du Delta Intérieur du Niger. Les stratégies migratoires de ces éléphants du désert ont été étudiées en détail par radio-tracking (Blake *et al.* 2002). Au cours d'une année, ces éléphants parcourent une route circulaire au sein d'une zone d'environ 30.000 km^2. Etant données les évolutions récentes, qui incluent la construction d'une nouvelle route, le futur de ces éléphants du désert semble incertain.

Le nord du Cameroun est le seul endroit du Sahel occidental et central où un grand nombre d'antilopes subsiste : le Parc National de Waza abritait 25.000 cobes dans les années 1960 et 5000 dans les années 1990 (Scholte *et al.* 2007) Ce parc national, avec ses girafes, ses éléphants et six espèces d'antilopes, donne encore une idée de ce à quoi les autres plaines inondables sahéliennes devaient ressembler. Il faut aller plus à l'est pour rencontrer plus d'animaux sauvages (Zakouma au Tchad et Gounda-Manovo en République centrafricaine).

Des populations encore plus importantes d'antilopes migrent encore saisonnièrement au sein et aux alentours des plaines du Sudd dans le sud du Soudan (chapitre 10). Au début des années 1980, le Parc National de Boma, proche de la frontière éthiopienne

Les grands animaux ont disparu ou sont devenus rares dans l'essentiel de l'Afrique de l'Ouest, suite à un siècle de compétition avec l'homme. La répartition de la Girafe (République centrafricaine), du Lion (Cameroun), de l'Hippotrague (Niger) et de l'Eléphant (Burkina Faso) au Sahel occidental est essentiellement limitée aux parcs.

accueillait plus de 800.000 Cobes à oreilles blanches *Kobus kob leucotis*, qui se déplaçaient entre les plaines inondables pendant la saison sèche et la savane pendant la saison humide. (Fryxell 1987). Cette antilope des marais a décliné jusqu'à atteindre 210.000 individus en 2001, d'après le comptage de la New Sudan Wildlife Conservation Organization. Etant donnée l'abondance des armes à feu à l'issue de la guerre civile entre 1983 et 2003, il était surprenant que tant de cobes soient encore présents. La population se révéla être encore plus importante au cours d'un comptage aérien réalisé en janvier 2007 par J.M.Fay (news.nationalgeographic.com). Dans les parcs nationaux de Boma et du Sud, et dans le secteur de Jonglei entre les deux, qui inclut le Sudd, son équipe dénombra entre 800.000 et 1.200.000 Cobes à oreilles blanches. Ce secteur abrite également d'autres antilopes, dont 160.000 Tiang *Damaliscus korrigum korrigum*, 250.000 Gazelles mongallas *Gazella thomsonii albonotata*, 13.000 Cobes des roseaux *Redunca redunca* et 4000 Cobes de Mrs Gray *Kobus megaceros*. Le comptage de 2007 montre que les animaux migrateurs qui passent une partie de leur vie dans les marais peuvent, au moins temporairement, échapper aux braconniers et aux rebelles. Mais les animaux plus sédentaires, en particulier les espèces se nourrissant en dehors des marais, furent sévèrement touchés. En 1976, 134.000 éléphants furent comptés dans le sud du Soudan, mais leur nombre avait chuté à 22.000 – 45.000 en 1991 (Blanc *et al.* 2003) et seulement 8000 en 2007. Des 60.000 buffles du Parc National du Sud (S-O du Soudan) et des 30.000 zèbres du S-E du Soudan présents avant le début de la guerre civile, aucun ne restait en 2007. Malgré le déclin de certains grands herbivores dans le sud du Soudan, les populations y restent exceptionnellement abondantes par rapport au reste du Sahel et de la zone soudanienne.

population moyenne en Afrique est de 27,5 habitants par km², avec des densités maximales dans le Delta du Nil, le Maghreb, l'Afrique de l'Ouest, les hauts-plateaux d'Ethiopie et les rives du Lac Victoria (Fig. 35B). Au sein du Sahel, la partie occidentale est plus densément peuplée que le centre et l'est (Fig. 35B), ce qui explique peut-être que le Sahel oriental accueille encore les grands herbivores qui ont maintenant disparu du Sahel occidental (Encadré 4).

Remarques conclusives

Les études empiriques montrent que la baisse de fertilité, l'érosion des sols et la déforestation progressent moins rapidement qu'on le pensait précédemment. Il n'en reste pas moins que, dans l'ensemble, la dégradation des milieux continue sous une forme ou une autre. Les espèces d'oiseaux dépendant des boisements naturels ou des zones de prairies subissent une importante diminution de leurs habitats. Ce sort est également promis aux oiseaux des zones en jachère, car le système de cultures tournantes est progressivement remplacé par une mise en culture permanente. L'extension des secteurs utilisés par le bétail, autrefois limités aux environs des points d'eau naturels, a augmenté la compétition pour les ressources locales, comme en témoigne la disparition des herbivores sauvages au Sahel occidental. Pour les oiseaux, les programmes de reforestation ne peuvent compenser le recul des forêts naturelles, car les arbres exotiques plantés abritent moins d'insectes que les arbres indigènes.

Notes

1   Chomitz & Griffiths (1997) ont observé une augmentation annuelle de 13% des terres cultivées dans la région du Chari-Baguirmi entre 1983 et 1995 (S-O du Tchad). Le taux d'augmentation correspondant s'est élevé à 5,31% dans le Fouta Djalon (Guinée) entre 1953 et 1989 (Gilruth & Hutchinson 1990), à 4,87% dans le nord du Burkina Faso entre 1955 et 1994 (Lindqvist & Tengberg 1993), à 2,59% dans le N-E du Burkina Faso entre 1945 et 1995 (Reenberg *et al.* 1998), à 2% dans le S-O du Niger entre 1956 et 1996 (Moussa 1999) et à 3,2% dans le sud du centre Sénégal entre 1973 et 1999 (Wood *et al.* 2004). De longues séries de données existent également pour Maradi (Niger) où la surface cultivée a augmenté de 3% par an entre 1957 et 1975 (Raynaut *et al.* 1988), puis ralenti à 1% par an entre 1975 et 1996 (Mortimore & Turner 2005). Les différences régionales sont donc fortes. L'une des explications est que la surface de terres encore disponibles pour la culture est variable. Par exemple, dans la région de Diourbel (Sénégal), 82% des terres avaient déjà été mises en culture en 1954. Les possibilités d'extension étaient donc limitées. Le taux de mise en culture y a augmenté de 87% en 1987 à 93% en 1999 (Mortimore & Turner 2005). A l'opposé dans la proche région « vierge » du Ferlo, les terres arables sont passées de 1% en 1965 à 13% en 1984 et 16% en 1999 (Tappan *et al.* 2004). Pour le Sénégal dans son ensemble, cette proportion a augmenté de 17% en 1965 à 19,8% en 1985 et 21,4% en 2000 (Tappan *et al.* 2004).

Le Delta Intérieur du Niger

Partout, les plaines inondables disparaissent comme neige au soleil. Les barrages, programmes d'irrigation et changements dans l'utilisation du sol font des ravages. Même les immenses plaines inondables du Delta Intérieur du Niger, vierges en apparence, sont menacées par la multiplication des barrages sur le fleuve Niger en amont et en aval du delta. Les barrages perturbent l'onde de crue de cet écosystème délicat. Le terme évocateur d'onde de crue – « flood pulse » - fut proposé par Junk *et al.* (1989) pour décrire les inondations saisonnières de la zone de transition entre milieux terrestres et aquatiques le long des rivières. Tel un magicien, cette onde de crue transforme les terres arides en un vaste marais temporaire, merveilleux à contempler et source de légendes et de mythes depuis des siècles. Dans le Delta Intérieur du Niger, la hauteur des inondations peut atteindre six mètres et recouvrir progressivement une surface de 400 km sur 100. La progression et le retrait de l'inondation y ont été mesurés sur un rythme journalier par plusieurs stations hydrologiques depuis plusieurs décennies, produisant ainsi des séries de données particulièrement intéressantes comme ce livre le montre. Habituellement, les crues de faible ampleur ne recouvrent la plaine que pendant quatre mois (octobre-février), alors que les grandes crues les inondent deux fois plus longtemps (septembre-avril). Les plaines inondables forment des marais très dynamiques qui attirent de grands nombres d'oiseaux d'eau et d'hommes. Le Delta Intérieur du Niger ne fait pas exception.

Introduction

Le Delta Intérieur du Niger forme l'une des plus grandes plaines inondables d'Afrique. Les cartes topographiques de l'Institut Géographique National (IGN) révèlent que la zone inondable s'étend sur 36.470 km², dont 5340 km² de digues, dunes et autres îles. Elles montrent également que la zone en eau diminue de 31.130 km² en période humide à 3840 km² en période sèche (Fig. 36). La totalité de ces plaines est comprise dans les 41.195 km² désignés comme zone humide d'importance internationale par la Convention de Ramsar en janvier 2004. Ce chapitre traite de l'importance ornithologique de cette zone, mais aborde tout d'abord les caractéristiques hydrologiques et écologiques du delta permettant de comprendre le fonctionnement de l'écosystème.

Nous décrivons tout d'abord les liens entre le débit du fleuve et les inondations, en nous basant sur des images satellites pour quantifier la superficie inondée en fonction des hauteurs d'eau. Une simple équation suffit pour prédire avec précision cette superficie en fonction des débits. La quantité d'eau soustraite par les barrages et l'irrigation étant connue, il est également possible d'évaluer l'impact que ces infrastructures ont sur les inondations. Les cortèges végétaux sont étroitement liés à la durée et à la hauteur des inondations. Nous avons eu recours à une modélisation informatique de l'inondation pour calculer les surfaces offrant des profondeurs d'eau optimales pour différents types de végétation. En cas de faible inondation, les plantes doivent coloniser des zones plus basses qui leur fournissent des conditions de développement optimales. Par conséquent, la réduction des inondations modifie la répartition des différentes communautés végétales. C'est en tout cas, ce qui se produit dans les systèmes entièrement naturels. Mais le Delta Intérieur est habité par un million de personnes qui dépendent largement de ses richesses naturelles. Ces hommes ont transformé les plaines inondables en un territoire semi-naturel. Dans le reste du chapitre, nous analysons les résultats des recensements d'oiseaux pour mettre en évidence l'importance de la zone pour un certain nombre d'espèces. Nous avons utilisé des comptages aériens couvrant la totalité du Delta Intérieur et des comptages d'oiseaux rejoignant leurs dortoirs nocturnes. Nous avons reporté les densités calculées dans les différents habitats sur une carte de la végétation et analysé la corrélation avec les résultats de la modélisation informatique des inondations afin d'estimer le nombre total d'oiseaux présents dans le Delta Intérieur du Niger.

Débits des rivières et inondations du Delta Intérieur du Niger

Par ses dimensions et sa dynamique, le Delta Intérieur du Niger inspire le respect. A partir de juillet, l'eau monte d'environ 4 m en 100 jours. Pendant les années de forts débits, le niveau maximal peut atteindre 6 m au-dessus du niveau de départ (Fig. 37). Les grandes variations interannuelles des inondations rendent ce système encore plus dynamique.

Les cartes topographiques représentent l'étendue maximale de la zone d'inondation (Fig. 36). Toutefois, la superficie effectivement inondée varie énormément d'une année à l'autre. Zwarts & Grigoras (2005) ont utilisé des images satellites pour produire une série de 24

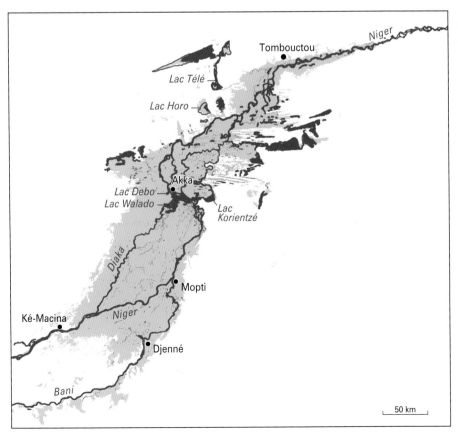

Fig. 36 Plaines inondables (en bleu clair) et plans d'eau permanents (en bleu sombre) du Delta Intérieur du Niger, d'après les cartes de l'Institut Géographique National. Ces cartes de 1956 sont basées sur des photographies aériennes et des campagnes de terrain du début des années 1950, période de fortes inondations.

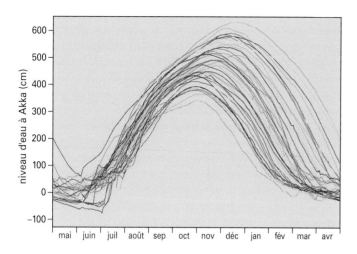

Fig. 37 Variations annuelles du niveau d'eau à Akka, du 1er mai au 30 avril, entre 1956 et 2007. D'après : Direction Nationale de l'Hydraulique (DNH).

cartes des zones en eau du Delta Intérieur, couvrant une gamme de niveaux entre -2 et +511 cm, tels que mesurés par l'échelle d'Akka dans les lacs centraux. Ces cartes permettent d'identifier le lien entre le niveau d'eau et le périmètre inondé. Elles ont été combinées pour produire une modélisation numérique des inondations. La hausse et la baisse des eaux ont été analysées indépendamment. Pour le retrait des eaux, deux modèles différents ont été créés : un pour les années de fortes inondations (couvrant une grande zone) et un pour les années de faibles inondations pendant lesquelles seules les plaines les plus basses connectées au fleuve ont été recouvertes. Voir Fig. 38 pour les deux extrêmes.

Sans expérience préalable des fortes variations annuelles d'inondations, il est difficile d'évaluer ce qu'elles représentent pour ceux qui dépendent de ce régime. La Fig. 39 est une tentative pour représenter graphiquement la différence entre une saison sèche (1984/85) et une saison plus humide (1999/2000). Pendant une année sèche, seul un tiers du sud du Delta a été inondé et le nord n'a même pas été atteint

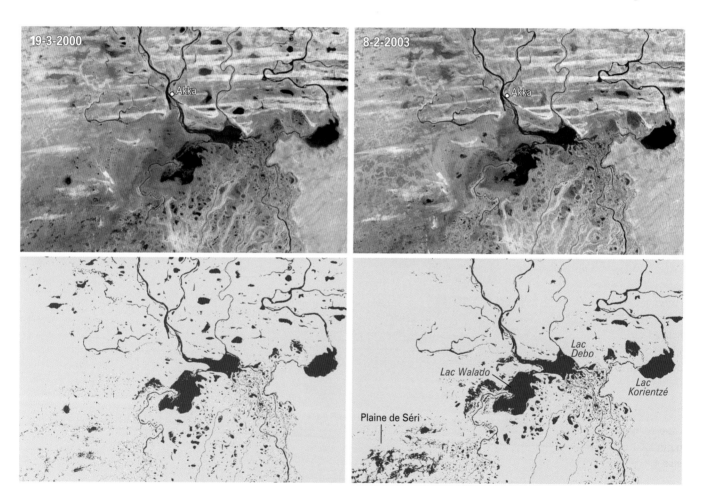

Fig. 38 Images en vraies couleurs (en haut) et cartes hydrographiques (en bas), obtenues d'après les mêmes images Landsat, de la partie centrale du Delta Intérieur du Niger (68x103 km), pendant la décrue avec le même niveau d'eau (86 cm) à Akka, lors d'une année de fortes (1999/2000 : 511 cm, à gauche) et de faibles inondations (2002/2003 : 411 cm ; à droite). Notez les nombreux lacs temporaires isolés sur l'image de gauche, absents sur celle de droite (l'inondation ne les a pas atteints). En revanche, l'image de droite ayant été prise 5,5 semaines plus tôt que celle de gauche, certaines plaines basses étaient encore inondées (p. ex. les plaines de Séri).

Fig. 39 Graphiques montrant les hauteurs d'eau journalières à Akka entre juin et mai en 1984/1985 (plus faible inondation jamais enregistrée) et 1999/2000 (l'une des plus fortes inondations depuis 1970, mais normale en comparaison de celles d'avant 1973). Les surfaces inondées en 1984/1985 et 1999/2000 ont été dérivées des niveaux d'eau grâce au modèle numérique de terrain de Zwarts & Grigoras (2005). Les cartes montrent les zones inondées lors du pic d'inondation à Akka et le 1er mars.

Lorsque les eaux se retirent, les bergers et leurs vaches doivent traverser le Niger pour atteindre les plaines qui se découvrent.

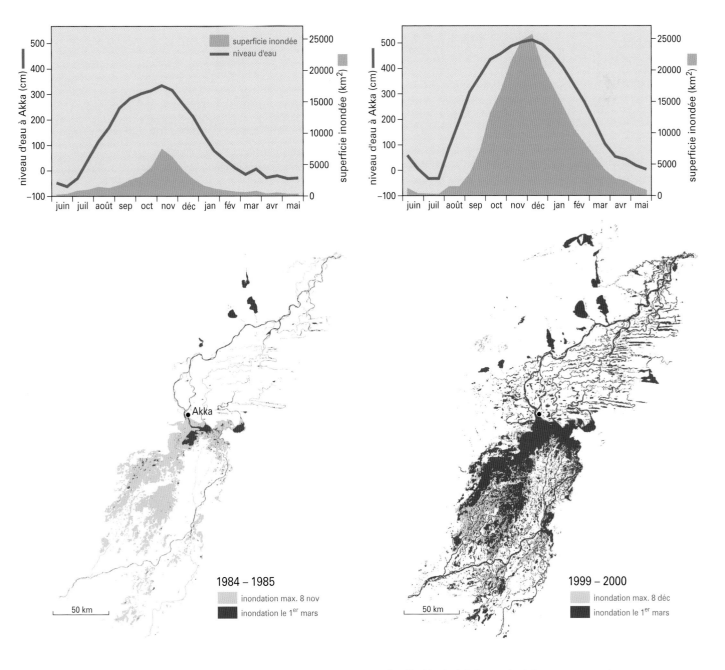

Des millions de têtes de bétail pâturent les plaines inondables du Delta Intérieur du Niger entre novembre et mai.

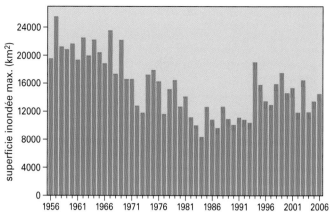

Fig. 41 Surface maximale inondée dans le Delta Intérieur du Niger entre 1956 et 2006. Les barres bleues représentent la surface réellement inondée. Les barres rouges indiquent les surfaces qui auraient été inondées s'il n'y avait pas de barrages sur le Haut-Niger. D'après Zwarts & Grigoras (2005).

par l'eau. A l'opposé, en 1999, le sud a été entièrement recouvert, tout comme une grande partie du nord, jusqu'à inclure plusieurs lacs au nord du Delta.

Pour les oiseaux migrateurs arrivant dans le Delta Intérieur du Niger en août, les conditions d'inondation ne sont pas très différentes d'une année à l'autre, car la crue n'est pas encore arrivée (Fig. 37). En revanche, plus tard dans la saison, les différences peuvent être majeures. Par exemple, entre décembre et février 1999/2000, la superficie des zones inondées a diminué de 17.400 à 6200 km², alors qu'en 1984/85, elle est passée de 1680 à 480 km² au cours des mêmes mois. Pendant le retrait des inondations, le niveau d'eau dans le réseau de rivières diminue de 2 à 3 cm par jour, alors que dans les lacs isolés de ce réseau, seul 1 cm s'évapore chaque jour. Lorsque le niveau d'eau à Akka passe de 300 cm à 100 cm, la moitié de la plaine inondable reste

connectée au réseau de rivières après une forte inondation (comme en 1999). A l'opposé, lors de la faible inondation de 1984, l'eau n'a pas atteint les nombreux lacs et dépressions, qui ont été privés de leur apport d'eau saisonnier. Un grand nombre de ces lacs sont susceptibles de s'assécher totalement s'ils ne sont pas remplis pendant plusieurs années. Comme nous allons le montrer plus loin, les implications pour les oiseaux d'eau migrateurs sont profondes.

L'ampleur des inondations du Delta Intérieur du Niger est déterminé par les débits des fleuves Niger et Bani qui pour leur part découlent de précipitations survenues entre 600 et 900 km au S-O. Les précipitations locales sont trop faibles pour avoir un quelconque effet. Par conséquent, les niveaux d'eau maximaux à Akka, habituellement atteints en novembre, peuvent être prévus de manière fiable d'après les

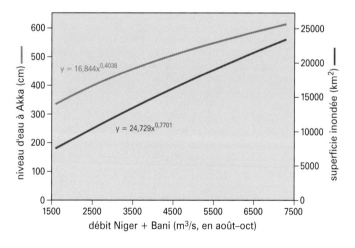

$$y = 16,844x^{0,4038}$$

$$y = 24,729x^{0,7701}$$

Fig. 40 Niveau d'eau le plus élevé (en cm ; axe de gauche) atteint à Akka en fonction des débits moyens cumulés du Niger (Ké-Macina) et du Bani (Douna) entre août et octobre. La courbe bleue donne la même relation pour la surface inondée (en km²). D'après Zwarts & Grigoras (2005).

L'impact des barrages du fleuve Niger sur le Delta Intérieur

Plusieurs barrages ont été construits sur le fleuve Niger depuis le milieu du 20ème siècle, et d'autres sont prévus.

Le réservoir de Sélingué est opérationnel depuis 1982. Il prélève plus de 2 km³ d'eau au fleuve, principalement en août et à un moindre degré en septembre, et relâche 1,2 km³ pendant la saison sèche (Zwarts et al. 2005a). Une telle gestion a des effets évidents sur les inondations du Delta Intérieur du Niger. Sans Sélingué, le niveau d'eau entre septembre et décembre serait 15 à 20 cm plus haut : le barrage cause ainsi une réduction de 600 km² de la zone inondée.

Le barrage de Markala, situé au débouché du fleuve Niger dans le Delta, fut construit entre 1943 et 1947. Son prélèvement d'eau est relativement constant : 2,69 km³ utilisés pour l'irrigation de 740 km² de terres. Les prélèvements mensuels varient entre 60 m³/s en janvier et 130 m³/s en septembre, tandis que le débit du Niger varie bien plus fortement, son débit en septembre pouvant être 80 fois supérieur à celui d'avril. La fraction d'eau prélevée est donc très faible entre août et octobre, mais atteint 50 à 60% entre février et juin. Dans les faits, le débit additionnel généré par le lac de Sélingué pendant la saison sèche est totalement utilisé pour l'irrigation près du barrage de Markala et n'atteint pas le Delta Intérieur du Niger. Cependant, au cours des années de forts débits, l'impact de l'irrigation est limité à une diminution du niveau de l'inondation de 5 à 10 cm et une diminution de 300 km² de la surface inondée. L'impact est plus fort entre décembre et février.

Le barrage de Talo, construit en 2005 sur le fleuve Bani, facilite l'irrigation. Bien que son lac réservoir soit petit (surface maximale 50 km² et volume maximal 0,18 km³), ses effets sur le Bani peuvent être considérables, en particulier pendant les années sèches, lorsque le débit de pointe de la rivière ne dépasse pas les 200 m³/s ou 155 km³ par mois (Fig.

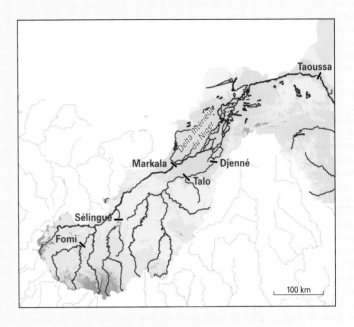

Fig. 42 Localisation des barrages existants (Sélingué, Markala et Talo) ou planifiés (Fomi, Djenné et Taoussa) dans le Bassin du Haut-Niger.

18). L'impact réel en aval dépend principalement de la quantité d'eau utilisée pour l'irrigation.

Deux autres barrages sont encore à l'étude : le barrage de Djenné sur le Bas-Bani et celui de Fomi sur le Haut-Niger. Le barrage de Djenné est prévu pour compenser les pertes d'eau causées par le barrage de Talo. En conséquence, le débit en aval de Djenné sera encore plus faible. Selon les estimations, les impacts de ce barrage sur le Delta Intérieur du Niger devraient être similaires à ceux du barrage de Markala. Le barrage de Fomi créera un réservoir près de trois fois plus grand que le réservoir de Sélingué, ce qui causera la réduction de la zone inondable du Delta Intérieur du Niger d'encore 1400 km².

En complément de ces barrages, un autre est prévu à l'aval du Delta Intérieur du Niger : le barrage de Taoussa. Ses effets hydrologiques potentiels sur le delta sont encore inconnus. Il n'affectera probablement pas l'étendue maximale des inondations, mais pourrait maintenir un niveau d'eau plus élevé pendant la saison sèche, au moins dans la partie nord du delta. Une telle réduction de la dynamique saisonnière engendre des effets écologiques et socio-économiques difficiles à évaluer sans une étude détaillée.

Pour résumer, la superficie des zones inondables dans le Delta Intérieur du Niger a été réduite en moyenne de 5% à cause du barrage de Sélingué et d'encore 2,5% par l'irrigation des terres de l'*Office du Niger*. La zone irriguée par l'*Office du Niger* étant amenée à s'étendre à l'avenir, un renforcement de l'impact à l'aval est attendu. La construction des barrages de Djenné et Fomi porterait la perte de superficie de plaines inondables à cause de barrages à 15-20%, soit 2500-3000 km². D'après Zwarts & Grigoras (2005).

Dans le Delta Intérieur du Niger, plus d'un demi-million de personnes dépendent de la pêche et de l'élevage.

débits combinés de ces deux fleuves, en août, septembre et octobre (Fig. 40, axe de gauche). Les forts débits sont responsables non seulement d'importantes hauteurs de submersion, mais également d'une plus grande surface d'inondation (Fig. 40, axe de droite). Depuis le milieu des années 1950, le débit moyen entre août et octobre pour le Bani et le Niger a varié entre 1850 et 7200 m³/s, soit des débits totaux atteignant respectivement 14,7 et 57,2 km³. En 1984, le niveau d'eau à Akka n'a pas dépassé 336 cm et la superficie inondée n'a atteint que 7800 km². A l'opposé, en 1957 et 1964, ce niveau a atteint la valeur très élevée de 600 cm, entraînant l'inondation de 22.000 km². Il faut noter que cette surface est toujours nettement inférieure aux 31.000 km² de plaines inondables représentées sur les cartes IGN (Fig. 36). Cette différence apparente est liée à la faible inclinaison vers le nord de la plaine inondable qui retarde de trois mois les inondations au nord. A ce moment, le sud de la plaine a déjà été drainé de ses eaux. Notre étude sur image satellite étant basée sur la surface en eau réelle, la surface inondée en un moment de l'année est toujours inférieure à la superficie totale inondée au cours de l'année.

Les hauteurs d'eau maximales montrent de grandes fluctuations interannuelles (Fig. 37). L'inondation étant étroitement liée aux débits entrant dans le Delta Intérieur du Niger, ces variations sont le re-

Les habitants coupent le *bourgou* pour nourrir le bétail ; cette plante flottante est plantée localement pour servir de fourrage.

flet des apports d'eau du Bani (Fig. 18) et du Niger (Fig. 19). Le déclin de 60% des inondations entre les années 1960 et 1980 était essentiellement dû à la diminution des apports du Bani (baisse de 80%) et du Niger (baisse de 55%). L'impact des barrages est plus modéré (barres rouges – Fig. 41), mais significatif et en augmentation (voir chapitre 3 et encadré 5).

Les zones de végétation

Le Delta Intérieur du Niger est peuplé d'espèces de plantes et d'arbres adaptées aux fortes fluctuations du niveau d'eau, à la submersion saisonnière et aux longues périodes de sécheresse. Les riz sauvages *Oryza barthii* et *O. longistaminata*, par exemple, produisent de longues tiges et occupent la zone où la colonne d'eau atteint jusqu'à 2 mètres. Une autre graminée, *Echinochloa stagnina*, également connue sous le nom de *bourgou*, possède des tiges atteignant 6 mètres et poussent là où la profondeur de l'eau est de 4 m en moyenne. Pendant les inondations, les riz sauvages, le *bourgou*, ainsi que *Vossia cuspidata* (connue en Afrique de l'Est sous le nom d'Herbe à Hippopotame et dans le delta sous celui de *didéré*), forment d'immenses herbiers flottants. Le *bourgou* possède une grande valeur nutritionnelle et est par conséquent également planté par la population pour être utilisé comme fourrage pendant la saison sèche. La production de *bourgou* augmentant avec la profondeur, les gens le plantent à des profondeurs supérieures à celles que le *bourgou* sauvage occupe normalement. Le *bourgou* planté risque donc d'être noyé lors des inondations les plus fortes, mais lors des années normales, ces plantations représentent un complément aux herbiers flottants naturels dans les plaines inondables les plus basses (Zwarts *et al.* 2005b).

La population cultive une proportion croissante des plaines inondables pour y faire pousser du riz. Le riz cultivé *Oryza glaberrima* a besoin de la même profondeur d'eau que le riz sauvage et les forêts inondées : son extension se fait donc au détriment des habitats naturels. Pour les mêmes raisons, les forêts, à l'exception de quelques fragments ont disparu.

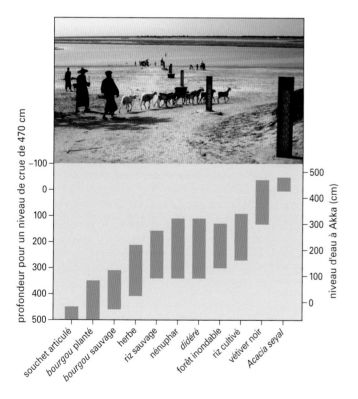

Fig. 43 Répartition de 11 types de végétation en fonction du niveau maximum des inondations dans le Delta Intérieur du Niger. Les sites possédant une végétation plus ou moins homogène ont été combinés dans la modélisation numérique des inondations pour déterminer la distribution de fréquence de la hauteur d'eau par type de végétation. Les barres montrent l'intervalle 10-90% des hauteurs d'eau. Données collectées à la fin des années 1990, alors que la hauteur maximale moyenne à Akka (voir photographie) était de 470 cm. D'après Zwarts *et al.* (2005b).

Vue depuis le Rocher de Soroba sur les herbiers flottants typiques du Delta Intérieur du Niger : le *bourgou* (vert sombre) pousse dans des eaux plus profondes (4 m) que le riz sauvage (vert clair ; environ 2 m). Janvier 2003.

Les plaines inondables les plus élevées sont occupées par une grande graminée, le Vétiver d'Afrique *Vetiveria nigritana*, et localement par des forêts d'*Acacia* séyal *Acacia seyal*. Les plus basses deviennent souvent vertes dès que la végétation dense, composée de graminées et de Souchet articulé *Cyperus articulatus*, émerge après le passage de la crue. Mais ces plaines verdoyantes sont temporaires et se transforment rapidement en une steppe poussiéreuse quasiment vierge de végétation sous les effets combinés du soleil brûlant et du pâturage intensif par le bétail. Vingt pourcent des 20 millions de chèvres et moutons et 40% des cinq millions de vaches du Mali sont concentrés dans le Delta Intérieur et ses alentours pendant la saison sèche.

La répartition des zones de végétation peut être décrite avec précision d'après la profondeur d'eau (Hiernaux & Diarra 1983, Scholte 2007 ; Fig. 43), mais du fait des fortes variations interannuelles des inondations, trois questions se posent : (1) les espèces de plantes colonisent-elles des zones différentes en fonction des niveaux d'inondation, et si tel est le cas, est-ce immédiat ou retardé, (2) ce changement de répartition se traduit-il par un changement de la surface couverte d'eau, et (3) quels sont les impacts humains sur ces modifications naturelles ?

Un changement dans la répartition du *bourgou*, du *didéré* et du riz a effectivement été constaté suite aux variations des hauteurs d'inondations. Par exemple, la végétation flottante du Lac Walado, situé à basse altitude, a toujours été restreinte à ses rives. Le lac fut colonisé par le *bourgou* en 1985 et 1986 après une série d'années de faibles inondations (Zwarts & Diallo 2002). Simultanément, en d'autres endroits, de grandes étendues de *bourgou* furent remplacées par le *didéré*. Pendant les années 1990 et le début des années 2000, nous avons cartographié les étendues de *bourgou* et avons calculé la profondeur maximale d'eau en utilisant les mesures à Akka et une modélisation numérique des inondations. Les résultats montrent clairement que cette plante pousse habituellement là où la profondeur maximale d'eau fluctue entre 4 et 5 m ; le *bourgou* s'adapte aux changements de hauteur d'eau conformément aux attentes, mais avec un retard d'environ deux ans.

En considérant une profondeur de 4 à 5 m, il est possible de calculer la superficie de l'habitat optimal du *bourgou* pour différentes hauteurs d'inondations en utilisant le modèle numérique (Fig. 44A). En 1984, alors que la hauteur d'eau totale n'a atteint que 336 cm, aucune des plaines inondables du Delta Intérieur du Niger n'avait

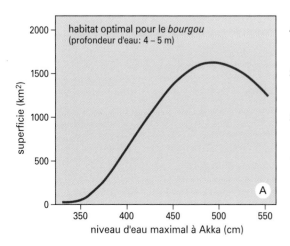

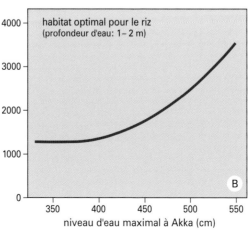

Fig. 44 Surface (km²) de plaines inondables du Delta Intérieur du Niger favorables (A) au *bourgou* (profondeur 4-5 m) ou (B) au riz (profondeur 1-2 m), en fonction du niveau d'eau à Akka. L'habitat optimal du *bourgou* disparaît lorsque les niveaux sont bas. Cet effet est moins prononcé pour le riz. D'après Goosen & Koné (2005), Zwarts & Grigoras (2005), Zwarts & Koné (2005b).

une colonne d'eau atteignant 4 m. Le *bourgou* est supplanté par d'autres espèces comme le *didéré* dans les habitats sous-optimaux avec moins de 4 m d'eau. Des modifications assez faibles des niveaux d'inondation dans le Delta Intérieur du Niger peuvent donc avoir un fort impact sur les espèces végétales adaptées à une faible gamme de profondeurs d'eau. Avec la réduction des hauteurs d'eau de 420 à 400 cm causée par la construction des deux barrages existants, la surface de la plaine inondable a été réduite de 12% (de 12.600 à 11.200 km²), mais l'étendue des habitats les plus favorables au *bourgou* a diminué de 45% (de 970 à 540 km²). Un déclin encore plus prononcé est prévisible avec la construction prévue d'autres barrages et la diminution des crues. Le cas du *bourgou* est particulièrement significatif, en raison de son importance écologique en tant que fourrage pour le bétail, nurserie pour le poisson et, comme nous le démontrons par la suite, habitat accueillant de fortes concentrations d'oiseaux d'eau.

Par rapport au *bourgou*, le riz cultivé pousse dans des eaux moins profondes, entre 1 et 2,5 m (fig. 44B). La surface où les hauteurs d'eau varient entre 1 et 2 m ne mesure que 800 km² pendant les faibles inondations (360 cm à Akka), mais atteint 4300 km² pendant les fortes inondations (580 cm). La profondeur d'eau n'est pas le seul critère utilisé par les fermiers pour choisir un secteur où cultiver le riz. La culture du riz est en effet restreinte aux secteurs avec des substrats plutôt argileux, ce qui explique que le riz soit presque absent de la moitié nord du delta, sableuse. La part d'argile dans les sols étant assez élevée dans la partie sud du delta, la majorité des champs de riz y est concentrée. La surface plantée de riz a augmenté de 160 km²

en 1920 à environ 1600 km² en 1980-2000 (Gallais 1967, Marie 2002, Zwarts & Koné 2005b).

Les cartes topographiques de l'IGN de 1950 déjà mentionnées montrent aussi la répartition des champs de riz cultivés, ce qui permet des comparaisons avec des cartes équivalentes datées de 1987 (Marie 2002) et de 2003 (Zwarts *et al.* 2005b). En 1952, la plupart des champs de riz se trouvaient dans des zones inondées lorsque la hauteur d'eau atteint 310 à 410 cm à Akka (382 cm en moyenne). La hauteur moyenne des inondations au début des années 1950 atteignait 580 cm. Par conséquent, les champs de riz étaient alors recouverts de 170 à 270 cm d'eau au maximum (en moyenne 198 cm). Au milieu des années 1980, les niveaux d'eau maximum ont décliné jusqu'à 360 cm, et la culture du riz s'est étendue sur des sites plus bas, inondés lorsque le niveau d'eau à Akka atteignait 230 à 360 cm (303 cm en moyenne, soit une baisse de 79 cm par rapport aux années 1950). Malgré ce déplacement, les inondations des champs de riz étaient faibles voire inexistantes, comprises entre 0 et 130 cm d'eau (Fig. 45A). Par conséquent, la production de riz dans le Delta Intérieur du Niger

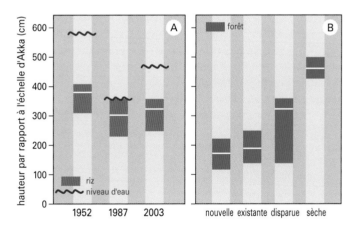

Fig. 45 (A) Lorsque le niveau maximum à Akka est passé de 580 cm en 1952 à 360 cm en 1987, les cultivateurs de riz durent se déplacer vers des plaines plus basses. Ils ont abandonné les sites les plus bas lorsque les inondations ont ré-augmenté en 2003 (470 cm). (B) Répartition de 35 forêts inondées dans le sud du Delta Intérieur du Niger (voir Fig. 46). Les nouvelles forêts sont situées dans les parties basses des plaines ; sur les terrains les plus élevés, les forêts ont été converties en forêts sèches en raison d'inondations plus faibles à la fin du 20ème siècle. Les barres représentent l'intervalle 20-80% et les lignes indiquent la moyenne. D'après Beintema *et al.* (2007), Zwarts & Grigoras (2005), Zwarts *et al.* (2005b).

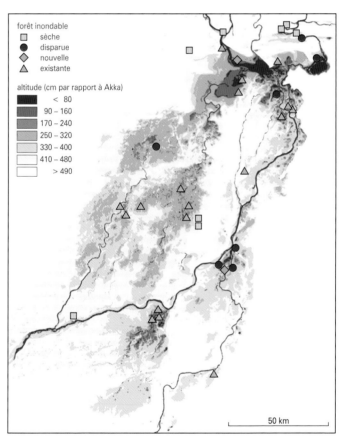

Fig. 46 Statut actuel de 35 forêts inondées du sud du Delta Intérieur du Niger : nouvelle (présente en 2000, mais pas dans les années 1980), présente (dans les années 1980 et en 2000), disparue (présente dans les années 1980, mais plus en 2000), sèche (inondable avant les années 1980, dorénavant sèche). Etendue des inondations indiquée pour différents niveaux d'eau.

De grandes étendues de *bourgou* sont traversées par des canaux de 1 à 2 m de large, créés par l'enlèvement de la végétation. Ces canaux permettent une pénétration aisée en pirogue dans les massifs denses pour y poser des filets et des pièges à poissons. Nous les avons utilisés pour réaliser des comptages en transects lorsque le niveau de l'eau dépassait la taille.

chuta de 100.000 tonnes au cours des années normales à seulement 20.000 tonnes au milieu des années 1980. Lorsque les niveaux d'eau se sont améliorés à la fin des années 1990 et au début des années 2000, les champs de riz habituels avaient été abandonnés au profit de champs inondés lorsque les niveaux d'eau atteignent 250 à 360 cm à Akka (321 cm en moyenne). La profondeur moyenne d'eau actuelle en période d'inondations est de 149 cm, bien meilleure pour la culture du riz que les 57 cm du milieu des années 1980, mais n'a toujours pas atteint les 180 cm des années 1950.

Dans les années 1980, les fermiers ont ajusté leur utilisation du sol aux conditions d'inondation en créant des champs de riz dans les basses plaines inondables. Le *didéré* et le riz sauvage furent arrachés et la plupart des forêts inondées restantes furent coupées. Des forêts encore présentes dans les années 1980, sept avaient disparu en 2005 et huit avaient été transformées en forêts sèches (Beintema *et al.* 2007). Seules 18 forêts subsistaient, la plupart dans un état dégradé. Deux nouvelles forêts sont apparues (Fig. 46). Au total, les forêts restantes ne couvrent pas plus de 20 km², soit une petite fraction des centaines de km² existant avant 1980, et une minuscule fraction de leur superficie de l'époque précoloniale.

Les forêts inondées transformées en forêts sèches étaient exclusivement situées sur des points hauts, hors d'atteinte de la plupart des inondations. Les forêts inondées disparues étaient situées sur des sites recouverts d'eau lorsque le niveau d'eau à Akka atteint 140 à 360 cm (320 cm en moyenne). Les quelques forêts restantes étaient confinées à des sites recouverts lorsque l'eau à Akka atteint 150 à 250 cm (190 cm en moyenne) (Beintema *et al.* 2007 ; sur la base d'un modèle numérique de terrain). Ces résultats s'accordent très bien avec nos connaissances sur la création de nouveaux champs de riz dans les années 1980 (Fig. 45A) ; n'ont persisté que les forêts situées dans les parties les plus basses des plaines inondables (120 à 220 cm sur l'échelle d'Akka), *i.e* hors d'atteinte de la culture du riz situées sur des terrains inondés entre 240 et 300 cm sur l'échelle d'Akka. De la même façon, les nouvelles forêts inondées sont situées uniquement dans les plaines les plus basses (120 à 220 cm). Si les niveaux d'inondation déclinent à nouveau, ces forêts seront en grand danger d'être converties en champs de riz.

La population

Le recensement national de 1998 a montré que le Delta Intérieur du Niger est habité par 1,1 million de personnes, dont 230.000 vivent dans des villes comme Djenné, Mopti et Tombouctou (Zwarts & Koné 2005a). Les 870.000 restants sont diffusément répartis sur environ

Vue depuis le Rocher de Gourao sur un herbier de *bourgou* planté pour augmenter la production de fourrage pour le bétail pendant la saison sèche.

Les villages du Delta Intérieur du Niger sont situés sur des buttes, comme Pora, dans le sud du delta. Novembre 1999, pendant une forte inondation.

50.000 km². Par rapport aux précédents recensements de 1976 et 1987, la population rurale est restée stable, ce qui est remarquable à la lumière de la croissance annuelle globale de la population de 2,3% entre 1976 et 1998 au Mali. De nombreuses personnes ont quitté le delta, particulièrement sa partie nord, où la population a diminué de 0,6% par an entre 1976 et 1998. La plupart ont gagné des villes de la région, ou du reste du Mali, ou sont partis à l'étranger. Ce déclin est la conséquence directe de la sécheresse et des faibles inondations (Fig. 41), qui rendent la survie difficile. Environ 40% des habitants du Delta Intérieur du Niger sont des fermiers, 30% des bergers et 30% des pêcheurs. Ensemble, ils exercent une forte pression sur les ressources naturelles et façonnent le paysage du delta.

Tous les biens des habitants sont transportés dans ces grandes pinasses.

Culture à grande échelle du riz dans les plaines du sud du Delta Intérieur du Niger. Novembre 1999.

La culture du riz Environ 1600 km² situés dans la moitié sud du delta (5,1% du total des plaines inondables) sont cultivés par des fermiers faisant pousser du riz. En complément, 680 km² sont des champs de riz gérés par « Opération Riz Mopti » et « Opération Riz Ségou ». Ces deux secteurs ne possèdent pas de réseau d'irrigation dynamique, mais utilisent des digues et écluses pour retarder les inondations et gérer les niveaux d'eau pendant la décrue. Cependant si l'inondation n'est pas assez importante, ces terrains restent secs. Cela signifie que la production, comme ailleurs dans les plaines inondables, dépend exclusivement des pluies locales et des crues. Des pompages sont utilisés localement, mais à petite échelle.

L'agriculture n'est pas facile dans le Delta Intérieur, particulière-

ment la culture du riz. Les fermiers font pousser une variété ouest-africaine d'*Oryza glaberrima*, connue sous le nom de riz flottant, bien adaptée pour pousser lorsque les niveaux d'eau montent. Idéalement, la graine germe avant l'arrivée de la crue. Les fermiers doivent semer avant les premières pluies, dans l'espoir que la pluie précèdera la crue, permettant ainsi au riz de germer avant que la crue arrive et que les eaux montent de plusieurs cm par jour. Les plants de riz peuvent pousser de 3 à 4 cm par jour et ne sont donc pas noyés. Leurs tiges peuvent atteindre 5 m, mais généralement, une longueur de 2 m suffit. Après trois mois d'inondation, le riz est récolté lorsque la crue se retire. Beaucoup de choses peuvent mal tourner pendant ce cycle imprévisible, et la production annuelle de riz varie donc entre 50.000 et 170.000 tonnes (Zwarts *et al.* 2005b). Les quelques rizières irriguées du Delta Intérieur du Niger ont une production plus stable, entre 40.000 et 60.000 tonnes par an. Le rendement en riz des plaines inondables est faible (1 à 1,5 tonne/ha) par rapport à celui des rizières irriguées (5 à 5,5 tonnes/ha), mais ces dernières représentent un coût d'investissement important, alors que les fermiers des plaines inondables n'ont que peu ou pas de frais.

Le bétail Deux millions de vaches et quatre millions de moutons et de chèvres pâturent dans les plaines inondables du Delta Intérieur du Niger pendant la saison sèche (Goossen & Koné 2005). Lorsque les inondations recouvrent la plaine, ces bêtes ne se nourrissent à proximité, mais dès que l'eau recule, des hordes de vaches, puis de moutons et de chèvres, les envahissent. Le silence du delta est alors rompu par les meuglements et les bêlements, et la poussière trouble l'éclat du soleil. Lors des faibles inondations, la plupart du bétail se concentre sur les parties les plus basses des plaines, où la densité de bovins peut atteindre 100 par km² et celle de moutons et de chèvres 30 par km², voire plus. Les zébus pesant 250 kg et les chèvres et moutons environ 20 kg, la pression de pâturage annuelle est d'environ 26

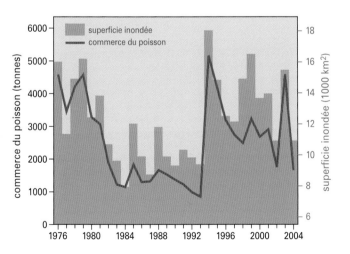

Fig. 47 Commerce annuel de poisson dans le Delta Intérieur du Niger et surface maximale des inondations de l'année précédente entre 1976 et 2005. D'après Zwarts & Diallo (2005, mis à jour avec les données récentes).

Pendant le retrait des eaux, la quasi-totalité des poissons sont capturés dans des trappes atteignant 5 m de long et 2 m de haut, stratégiquement placées dans les rivières et les canaux. Les poissons sont de plus en plus souvent capturés dans des filets de 10 mm de mailles entourant les grandes étendues de *bourgou*. Peu de poissons survivent à cette période et rares sont ceux qui vivent plus de 6 à 8 mois.

tonnes/km², ce qui est élevé par rapport à la moyenne de 2 à 4 tonnes constatées dans les prairies du Sahel occidental. (Penning de Vries & Djitèye 1982). Une telle intensité est rendue possible par la forte productivité des plaines agricoles (Encadré 2). La végétation recouvre les plaines qui émergent des inondations et les graminées aquatiques telles que le *didéré* et le *bourgou* deviennent peu à peu accessibles lorsque l'eau se retire.

Pendant les mois secs qui suivent, la végétation s'assèche et perd en qualité. Afin d'améliorer les conditions de survie de leur bétail en attendant la prochaine saison des pluies, les bergers brûlent la végétation restante pour stimuler la repousse. En outre, le *bourgou* – planté à grande échelle par les bergers – est utilisé comme fourrage

pendant cette période. Le *bourgou* est également fauché à la saison sèche pour stimuler sa germination. Toutefois, le pâturage intensif sur les jeunes pousses de *bourgou* entraîne sa disparition, comme au cours de la Grande Sécheresse des années 1980.

La pêche   Chaque année, les pêcheurs du Delta Intérieur du Niger attrapent entre 60.000 et 120.000 tonnes de poisson. Cette estimation de la FAO est basée sur plusieurs hypothèses non vérifiées, telle la prise en compte d'une consommation journalière par les pêcheurs, indépendante des prises, et sur une surestimation de l'augmentation annuelle du nombre de pêcheurs (Zwarts & Diallo 2005). Le volume

annuel commercialisé est compté : il a varié entre 10.000 et 50.000 tonnes entre 1977 et 2005. Cette variation est intimement liée au niveau des crues de l'année précédente (Fig. 47). En théorie, le nombre de pêcheurs étant passé de 70.000 en 1967 (Gallais 1967) à 225.000 en 1987 (Morand *et al.* 1991) et à 268.000 en 2003 (Zwarts & Diallo 2005), les ventes auraient dû augmenter dans les mêmes proportions. Cependant, après correction pour le niveau des crues, aucune augmentation n'est constatée. Lorsque 270.000 pêcheurs sont incapables de rapporter plus de poissons sur le marché que 70.000, cela suggère fortement que le nombre de captures est limité par la productivité biologique. L'analyse de la saisonnalité des prises permet d'arriver à la même conclusion. En moyenne, les prises journalières par pêcheur diminuent de 35 kg/jour début février à 7 kg/jour à la fin juin (Kodio *et al.* 2002). Cette diminution est cohérente avec un épuisement des stocks de poisson disponibles ; à la fin de la saison de pêche, presque tous les poissons ont été extraits des plaines inondables.

Les poissons vieux de plus d'un an sont devenus de plus en plus rares dans le delta (Laë 1995). Le seul moyen de survie pour une espèce de poisson est de se reproduire aussi tôt que possible. Et justement, Bénech & Dansoko (1994) ont montré que les espèces de poissons du Delta Intérieur du Niger se sont adaptées à ce niveau de prédation extrême en abaissant leur âge de reproduction. La reproduction chez la plupart des espèces est limitée à la saison des hautes eaux (Bénech & Dansoko 1994). Par conséquent, le stock de poissons annuel dépend complètement de la descendance produite par les rares poissons encore vivants à la fin de leur première année et par les très rares poissons vieux de plus d'un an.

L'arrivée des filets en nylon dans les années 1960 a conduit au quasi-épuisement des stocks de poissons dans le Delta Intérieur du Niger, et par conséquent transformé le système d'exploitation (Laë *et al.* 1994). Parallèlement à la rapide diminution de la taille des poissons capturés, la taille des mailles des filets en nylon s'est réduite : avant 1975, la plupart des filets avaient des mailles de 50 mm, qui ont diminué à 41-50 mm entre 1976 et 1983, puis à 33-41 mm entre 1984 et

1989 (Laë *et al.* 1994). Cette tendance s'est poursuivie : en 2007, nous avons mesurés de nombreux filets ayant une taille de mailles de seulement 10 mm.

La population de poissons dépend uniquement de la production d'alevins par les poissons ayant survécu à la précédente campagne de pêche. Par conséquent, les espèces dont la distribution est restreinte aux zones inondées ont reculé, alors que les espèces capables de se reproduire à l'âge d'un an sont devenues plus abondantes (Laë 1995). L'histoire de l'exploitation du poisson dans le Delta Intérieur du Niger est un exemple classique de surexploitation, mais également typique de la « tragédie des communs », où chaque individu tire un (petit) bénéfice au détriment de la communauté dans son ensemble. Le volume des prises annuelles est devenu beaucoup plus variable étant donné que la plupart des poissons ont dorénavant moins d'un an et que la population totale de poissons est déterminée par le niveau des inondations. L'avenir des pêcheurs paraît précaire : même en utilisant plus de filets, ils attraperont moins de poissons, de taille toujours plus petite.

On ne peut que faire des hypothèses sur les impacts écologiques du changement des méthodes de pêche et de la diminution des stocks de poissons. De nombreuses espèces d'oiseaux dépendent totalement des poissons qu'ils capturent dans les plaines inondables. Par le passé, les gens capturaient des Perches du Nil de 2 mètres et plus. De tels prédateurs étaient bien trop grands pour être mangés par les hérons et autres oiseaux piscivores, tout comme les autres poissons de grande taille. Selon la forme du poisson, les oiseaux piscivores peuvent avaler des poissons atteignant 20 à 25 cm. Aujourd'hui, les poissons de cette taille ou plus petits sont abondants dans les eaux du delta. La diminution de la taille des poissons peut donc sembler avantageuse pour les oiseaux piscivores. En outre, plusieurs espèces d'oiseaux profitent des objets installés par les pêcheurs et concentrent leurs activités autour des pièges à poissons ou aux endroits où les pêcheurs vident leurs filets. La diminution des stocks suggère toutefois que cet avantage n'est que temporaire. Dans tous les cas, les méthodes actuelles de capture du poisson ont également d'importants inconvénients. De nombreux oiseaux sont capturés et tués accidentellement dans les nasses et les filets et ceux qui sont victimes des hameçons sont encore bien plus nombreux. L'augmentation rapide du nombre de filets et de palangres doit constituer un facteur important et en augmentation de mortalité chez les oiseaux piscivores du Delta Intérieur du Niger (voir par exemple la Sterne caspienne, chapitre 31).

Le bois Le recul des forêts inondées a été décrit plus haut. Par le passé, le Delta Intérieur du Niger était entouré de grandes forêts, principalement d'*Acacia seyal*, brièvement inondées lors du pic d'inondations (Fig. 43), et d'*A. nilotica* et *A. albida* sur les terrains surélevés. Des reliques de ces forêts subsistent dans des sites sacrés, comme les cimetières traditionnels, ou dans les secteurs les moins habités du

Le bois (ici prélevé sur un *Acacia seyal* mort) est transporté sur des dizaines de km dans le Delta Intérieur du Niger pour être utilisé par les pêcheurs pour sécher et fumer le poisson.

Souvenirs d'un
passé révolu

A quoi ressemblait le Delta Intérieur du Niger il y a 50 ou 100 ans, et quels changements son avifaune a-t-elle subis ? Les rapports des premiers ornithologues ayant visité la zone, bien que passionnants, sont assez frustrants, car purement descriptifs. Les observations sont difficiles à comparer avec les données plus quantitatives disponibles depuis les années 1970. Certaines différences sont toutefois évidentes. Le Héron Goliath, l'Ombrette africaine, cinq espèces de cigognes (le Tantale ibis, le Bec-ouvert africain, la Cigogne d'Abdim, le Jabiru d'Afrique et le Marabout d'Afrique), ainsi que l'Ibis hagedash y ont été fréquemment rencontrés en 1931 par Bates (1933), en 1943-1944 par Guichard (1947), en 1954-1959 par Malzy (1962) et entre 1956 et 1960 par Duhart & Descamps (1963). Le Héron Goliath semble avoir disparu du Delta Intérieur du Niger dans les années 1960. L'Ibis hagedash, encore commun dans les zones boisées des vallées du Niger et du Bani en 1972-1974 (Curry & Sayer 1979) est rare depuis les années 1980 et ne semble plus nicher dans le secteur. La situation est la même pour les cigognes citées ci-dessus. Par exemple, la Cigogne d'Abdim était considérée abondante à la fin des années 1950 (Duhart & Descamps 1963), mais est devenue bien plus rare depuis les années 1980. Bien que Guichard (1947) considère la Grue couronnée comme « pas très commune et ne formant pas d'immenses groupes comme j'en ai vu à Bornu et près du Lac Tchad », des centaines ou des milliers devaient toutefois être présentes. A la fin des années 1950, Duhart & Descamps (1963) ont observé des vols de plusieurs centaines. En 2000, cette population avait chuté à seulement 50 grues, incapables d'élever des jeunes, car tous les poussins étaient systématiquement enlevés et vendus. Le Bec-en-ciseaux d'Afrique, décrit comme « rencontré en grands groupes » (Malzy 1962) et « commun le long des fleuves Bani et Niger, où l'espèce peut être rencontrée toute l'année » (Duhart & Descamps 1963), a désormais disparu du Delta Intérieur du Niger. Nous n'avons observé que deux fois un Bec-en-ciseaux dans cette région depuis que nous avons débuté notre travail de terrain au milieu des années 1980.

En ce qui concerne les rapaces, les ornithologues qui visitent le Delta Intérieur du Niger depuis les années 1980 rencontrent surtout le Busard des roseaux, et parfois le Busard cendré, le Balbuzard pêcheur ou le Pygargue vocifère. D'autres espèces de rapaces habitent les habitats secs ou boisés, mais en faible nombre. Que disent les rapports du passé ? Le Pygargue vocifère était mentionné par Duhart & Descamps (1963) comme étant « commun », ce qui doit indiquer la présence d'au moins 100 couples dans cette zone si étendue et dotée de nombreux sites de nidification. Au début du 21ème siècle, pas plus de 15 à 30 couples étaient estimés (van der Kamp *et al.* 2002a). Le Percnoptère d'Egypte était considéré « commun » par Guichard (1947), mais est rare depuis les années 1980, sauf pendant les années sèches de 1992 à 1994, où des groupes comptant jusqu'à 50-60 oiseaux ont fréquenté la zone de Debo. Le déclin des rapaces dans le delta est semblable au déclin généralisé

Milan à bec jaune sur le Rocher de Gourao. Janvier 2005.

dans le Sahel et la zone soudanienne d'Afrique de l'Ouest, quantifié par Thiollay (2006a) qui a vu par exemple 204 Percnoptères d'Egypte le long d'un transect de 3700 km de routes en 1971-1973 contre 1 seul en 2004.

L'Outarde arabe était « très commune » dans le Delta Intérieur du Niger à la fin des années 1950 (Duhart & Descamps 1963), mais n'y est plus rencontrée qu'exceptionnellement aujourd'hui. Au début des années 1970, Thiollay (2006b) a observé 152 Outardes arabes et 64 Outardes nubiennes le long de ses transects, mais aucune en 2004. Il considère que le déclin avait déjà débuté avec les années 1970.

Toutes les espèces mentionnées jusqu'à présent ont un point commun : elles sont grandes et constituent donc une cible attirante, ce qui peut en partie expliquer leurs déclins. Les rapports les plus anciens ne prêtent guère attention aux oiseaux plus petits, mais Duhart & Descamps (1963) et Curry & Sayer (1979) ont fait des remarques intéressantes à propos du Rougequeue à front blanc (« très commun dans les feuillus »), la Caille des blés (« très fréquente » et « dans toutes les zones sèches »), le Pipit rousseline (« commun, se rencontre en groupes », « rencontré dans la plupart des milieux »), la Tourterelle des bois (« en vols immenses »), la Gorgebleue à miroir (« en petit nombre dans de nombreux habitats différents ») et la Bécassine double (« très commune »). Trente ans plus tard, toutes ces espèces sont devenues moins communes, voire rares. Le Rougequeue à front blanc a perdu une grande partie de ses habitats boisés, et personne n'oserait le qualifier aujourd'hui de « très commun » dans les forêts restantes (voir encadré 3). La Bécassine double, autrefois commune, et dont nous estimons la population hivernante totale à 2000 oiseaux (Tableau 41), peut être qualifiée de « rare et très localisée ». Lors de nos sondages de densités, la Gorgebleue à miroir était 15 fois moins abondante que le Phragmite des joncs, alors qu'elle était plus commune que cette espèce à la fin des années 1960.

Tous ces rapports contiennent de nombreuses indications de profonds changements, dont aucun n'est positif. Nous ne saurons jamais avec certitude quelle a été l'ampleur des pertes.

delta. Les grandes forêts d'*A. seyal* ceinturant la partie nord-ouest du Delta Intérieur du Niger sont mortes pendant la sécheresse prolongée des années 1980. Les arbres morts furent coupés et vendus aux pêcheurs locaux pour le fumage du poisson, mais après 30 ans, cette ressource fut épuisée et le prix du bois commença à augmenter en 2006 et 2007. La pression sur les forêts restantes va donc probablement s'accroître, car 45% des captures de poisson (estimées à 56.000 tonnes en moyenne, d'après les rapports annuels de l'OPM 1977-2003. Zwarts & Diallo 2005) sont fumées au feu de bois. Etant donné que 2 kg de bois sont nécessaires pour fumer 1 kg de poisson (Dansoko & Kassibo 1989), la consommation de bois annuelle pour le fumage est estimée à 50.000 tonnes. La production de bois d'*A. seyal* est de 10 à 35 m³/ha sous une rotation de 10 à 15 ans (Hall 1994). En théorie, le poisson du Delta Intérieur du Niger pourrait être fumé de manière durable si le bois était collecté dans des forêts couvrant 2000 à 5000 ha. En pratique, les forêts le long des rivières et près des villages sont surexploitées, alors que les forêts les plus éloignées ne sont encore que rarement exploitées.

Une grande quantité de bois est également nécessaire pour la construction et l'entretien des milliers de bateaux. Chaque jour, les

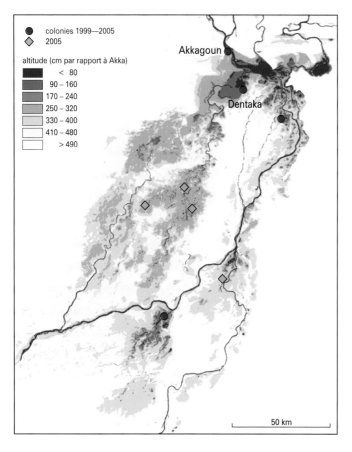

Fig. 49 Forêts inondées utilisées comme colonies de reproduction dans le delta depuis 1986. Les colonies comptées entre 1999 et 2005 et celles découvertes en 2005 sont indiquées séparément. La plupart des oiseaux nichent à Akkagoun et Dentaka. D'après van der Kamp *et al.* (2002c, 2005a, 2005c).

pêcheurs du Delta Intérieur utilisent leurs pirogues, ces petits bateaux élancés faits de planches épaisses de 3 à 3,5 cm et de 40 à 80 cm de large. Les pinasses, bien plus grandes, et utilisées pour le transport des biens et des personnes, sont faites de planches plus grandes. Pour construire de tels bateaux, il faut de grands arbres. Les bateaux du Delta Intérieur du Niger sont faits avec de très grandes espèces d'arbres, principalement *Khaya senegalensis*, l'Acajou du Sénégal qui peut atteindre 30 m de haut pour un diamètre d'1 m. La durée de vie des bateaux, bien que constitués de bois tropicaux, est d'environ 12 ans (Kassibo & Bruner-Jailly 2003). Etant donnée la présence de 25.000 petites pirogues (5 à 8 m de long), 1500 grandes pirogues (10-25 m de long) et 75 pinasses (30-50 m de long) dans le Delta Intérieur (Kassibo & Bruner-Jailly 2003), on peut estimer à 3000 le nombre de grands arbres à couper chaque année pour renouveler la flotte existante. Les grands arbres étant maintenant rares aux abords du delta, le bois est désormais importé de Côte d'Ivoire et du Ghana.

Le recensement des oiseaux dans le Delta Intérieur du Niger

Diverses méthodes de recensement ont été employées afin de déterminer les caractéristiques importantes de l'avifaune du Delta (Fig. 48). Tout d'abord, les comptages d'oiseaux nicheurs ont été concentrés sur les plus grandes espèces, et particulièrement celles qui nichent en colonies dans les dernières forêts inondées subsistantes. Ensuite, des comptages au dortoir ont été réalisés dans les mêmes forêts, afin de quantifier le nombre de cormorans, d'anhingas, de hérons, de spatules et d'ibis, surtout en dehors de la saison de reproduction. Le chapitre suivant concerne les comptages aériens des canards et oies hivernants. Pour la plupart des autres oiseaux d'eau, il n'existe pas de recensement portant sur la totalité des plaines inondables. Par conséquent, nous utilisons des comptages sur le secteur des lacs centraux, où de grands nombres de limicoles et d'autres oiseaux d'eau se concentrent pendant la décrue. Enfin, des sondages de densités sont utilisés pour estimer les populations hivernantes des passereaux et des espèces discrètes. Toutes ces méthodes de comptage entraînent, sans surprise, des problèmes d'interprétation sur un territoire si vaste, où la logistique est un cauchemar, et doivent donc être considérées avec prudence.

Afin de compter les oiseaux dans les plaines sans relief du Delta Intérieur du Niger, plusieurs méthodes complémentaires ont été utilisées, des suivis aériens ou au sol, aux comptages des dortoirs et à l'échantillonnage de parcelles. Pour compter les oiseaux se rendant vers leurs dortoirs nocturnes ou ceux présents dans les plaines inondables le jour, un grand champ de vision est nécessaire, et tous types de promontoires – d'origine humaine (pirogue) ou non (termitière) – sont utilisés pour améliorer la vue. L'échantillonnage, ici dans le riz sauvage, a été utilisé pour obtenir des données quantitatives sur les espèces d'oiseaux très dispersées.

Cormorans africains sur le Lac Debo.

Les oiseaux nicheurs

Les données quantitatives sur les oiseaux nicheurs dans les plaines inondables sont rares (voir ci-dessous). Les grands oiseaux d'eau co-loniaux, dont la reproduction est confinée aux forêts, ont été recensés par intermittence (Fig. 48). Le Delta Intérieur du Niger abrite toujours de grandes héronnières, même si de nombreuses forêts inondées ont disparu ou été converties en forêts sèches (Fig. 46). Les cormo-rans, anhingas, ibis et spatules nichent principalement dans la forêt

Fig. 48 Répartition des types de comptages réalisés dans le Delta Intérieur du Niger, incluant 62 suivis au sol de la zone des lacs centraux, 22 recensements aériens, 7 comptages systématiques des grands oiseaux aquatiques nichant en colonies, 17 comptages des dortoirs de hérons et autres oiseaux d'eau, et 1617 sondages de densité entre le 15 novembre et le 15 mars.

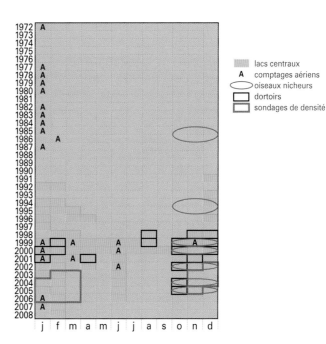

lacs centraux
A comptages aériens
oiseaux nicheurs
dortoirs
sondages de densité

de Dentaka le long de la rive orientale du Lac Walado, et à un degré moindre, dans la forêt d'Akkagoun dans la partie nord-ouest du Lac Debo. Deux colonies plus petites sont utilisées presque tous les ans dans les parties sud et est du delta. Quatre nouvelles colonies ont été découvertes en 2005 (Fig. 49) ; d'après les habitants, la nidification y avait déjà lieu plusieurs années avant la découverte.

Le recensement des oiseaux coloniaux dans le Delta Intérieur du Niger est chronophage, et un comptage complet doit s'étaler sur plusieurs mois. Les Hérons garde-bœufs commencent à nicher dans la seconde quinzaine de juin, alors que les cormorans et la plupart des autres espèces le font en août-septembre. Lorsque les inondations sont importantes, la saison de reproduction s'étend jusqu'en janvier, alors que lorsqu'elles sont faibles, les colonies sont désertées en novembre. Il n'est pas aisé d'obtenir des données quantitatives pendant le maximum des crues, car les forêts se dressent dans 2 ou 3 m d'eau (et pour compliquer les choses, *Acacia kirkii* et *Ziziphus mucronata* sont épineux). Ce n'est qu'à la fin des inondations qu'il est possible de marcher à travers la forêt pour compter les nids dans la canopée des espèces qui nichent lorsque le flot se retire (Hérons cendré et pourpré, spatules, ibis).

Skinner *et al.* (1987b) ont basé leurs estimations sur des comptages d'oiseaux revenant en vol sur leurs colonies en fin de journée.

Ces comptages avaient lieu pendant toute la saison de reproduction et prenaient en compte le stade de la reproduction (selon qu'un seul ou les deux parents rentraient le soir), afin d'obtenir des estimations valables. Pendant les années 1990, des comptages au dortoir ont été menés à la fin décembre et en janvier, particulièrement dans les forêts de Dentaka et d'Akkagoun, qui hébergent d'importantes colonies. Depuis 1999, ces comptages sont réalisés à la fin octobre et en novembre, au cours de suivis systématiques par bateau dans toute la moitié sud du delta. Ces deux périodes de comptage surviennent à la fin de la période de reproduction ou juste après, alors que la quasi-totalité des oiseaux font l'aller-retour entre leurs sites d'alimentation et de reproduction. Le nombre de couples nicheurs fut estimé en divisant les totaux comptés par trois (Delany & Scott 2006). Les résultats furent arrondis vers le haut, pour compenser les oiseaux manqués (ceux se nourrissant entre le point d'observation et la forêt) et pour ceux rejoignant le dortoir avant le début des comptages à 16h30 (en particulier les Cormorans africains). Les estimations pour les aigrettes (Grande, intermédiaire et garzette) ont plutôt été basées sur nombres comptés lors des dénombrements d'oiseaux d'eau sur les lacs du centre du delta, combinés aux observations sur les sites de reproduction. Le facteur diviseur (3, soit 2 adultes plus un juvénile) est fixe, car aucune information ou presque sur le succès de la reproduc-

Tableau 3 Nombre estimé de couples d'oiseaux d'eau coloniaux dans la moitié sud du Delta Intérieur du Niger entre 1986 et 2006 (les 4 mêmes colonies de 1986/1987 à 2005/2006, 8 colonies – dont 4 récemment découvertes – en 2005-2006* ; Fig. 49). Les aigrettes ont été regroupées dans les comptes de 2005/2006. Sources : Skinner *et al.* (1987b); van der Kamp *et al.* (2002a, 2005c).

Année	1986/87	1994-96	1999-2001	2002/03	2004/05	2005/06	2005/06*
Niveau d'eau maximal, cm	388	534	511	411	410	442	442
Cormoran africain x 1000	17-17.5	16-17	18-20	16-17	17-19	4.8	7.2
Anhinga d'Afrique	40-45	15-30	300-350	210-230	130-150	240-250	240-250
Héron cendré	10-15	30-50	1-10	0	0	?	?
Héron mélanocéphale	10	1-5	<5	<5	<5	<5	<5
Héron pourpré	0	2-10	0	0	0	0	0
Bihoreau gris	<10	100-300	1-10	<10	<10	?	<10
Aigrette ardoisée	200-250	150	130	80	<50	?	45-60
Héron garde-boeufs x 1000	63-65	65-90	50-60	55-60	40-50	65-70	110-115
Crabier chevelu	550-650	?	500	500	500		
Aigrette garzette	900-1000	500-1000	500-1000	1000	1500		
Aigrette garzette (phase noire)	80-110	?	80	80	50	3500	5000
Aigrette intermédiaire	800-875	>200	1700	?	1800		
Grande Aigrette	2800-3100	500-1000	1500-1800	800-1000	800-1000		
Bec-ouvert africain	30-40	0-1	0	0	0	0	0
Spatule africaine	300-350	50	100-150	?	100-150	?	?
Ibis falcinelle	0	150	0	0	0	0	0
Ibis sacré	30-40	50	200-250	?	100	?	?

Guifettes moustacs suivant une pirogue sur le Lac Debo.

Martin-pêcheurs pies.

tion n'est disponible. Walsh *et al.* (1989) l'ont étudié au cours d'une saison de la Grande Sécheresse (1986/87) pour le Héron garde-bœufs (1,87 jeune/nid), la Grande Aigrette (1,25) et l'Aigrette intermédiaire (1,13). Il est vraisemblable qu'il soit significativement plus élevé lors des années de fortes inondations. Ainsi, les Hérons mélanocéphales qui nichent sur de grands arbres dans le sud du delta (> 100 couples) ont eu en moyenne trois grands jeunes par nid pendant les importantes inondations de 1994, ce qui aurait nécessité un facteur diviseur de 5, plutôt que 3. Etant donné que nous ne pouvons adapter ce facteur avec les variations du succès de reproduction, le nombre de couples estimés est sous-estimé pendant les années sèches et surestimé pendant les années humides.

Les comptages systématiques montrent que plus de 100.000 couples d'oiseaux d'eau nichent en colonies dans les forêts inondées de la moitié sud du Delta Intérieur du Niger (Tableau 3). La forêt de Dentaka héberge la colonie la plus impressionnante, avec 16 espèces pour environ 60.000 couples. La présence d'une telle colonie ne doit toutefois pas être interprétée comme un signe que les oiseaux d'eau coloniaux se portent bien dans le delta. Au contraire, les oiseaux y sont concentrés en raison du manque de sites de reproduction disponibles et à l'abri des dérangements ailleurs dans la zone. Il est possible, mais peu probable, que des colonies existent encore dans la partie nord du delta, car les six forêts inondées connues ont disparu ou ont été transformées en forêts sèches, réduisant ainsi les possibilités de reproduction quasiment à zéro (Beintema *et al.* 2007). Parallèlement, les faibles niveaux d'inondation depuis 1973 ont réduit la superficie des zones d'alimentation potentielles (= zones inondées) dans le nord du delta bien plus que dans sa partie sud.

Le **Cormoran africain** est une espèce commune dans le Delta Intérieur du Niger. Malgré les importantes variations annuelles des inondations, la population nicheuse est restée plus ou moins stable entre 17.000 et 19.000 couples pendant au moins 20 ans (Tableau 3), mais a soudainement chuté en 2005. Pour des raisons encore inconnues, un grand nombre de cormorans adultes et juvéniles sont mort pendant le second semestre 2004. Des milliers d'oiseaux, principalement des cormorans, furent trouvés morts ou mourants sur les colonies,

à l'exception de celles situées sur le Niger en amont de Mopti (van der Kamp *et al.* 2005c). Une pénurie locale de nourriture pourrait avoir joué un rôle, car les premières mentions de quantités inhabituelles d'oiseaux mourants furent rapportées par des pêcheurs en juin-juillet, à la fin de la saison sèche et avant le début de la période de reproduction. Un épandage d'insecticides pourrait ensuite avoir aggravé la situation, mais cela semble peu probable, car les Hérons garde-bœufs, qui dépendent en bonne partie des criquets, n'ont pas été touchés.

L'**Anhinga d'Afrique** a une répartition restreinte en période de reproduction. Il y a plusieurs décennies, il se reproduisait à travers tout le delta, mais il n'existe plus qu'un seul site de nidification, dans la forêt de Dentaka. La population a fluctué entre 70 et 350 couples entre 1999 et 2007, comme le montrent les comptages matinaux en février, à la fin de leur période de reproduction. Plus les niveaux d'eau sont élevés, plus l'augmentation de population est importante (van der Kamp *et al.* 2005a, 2005c). Mais celle-ci est limitée par les prélèvements humains qui ont été excessifs en 2003 et 2007. D'après les locaux, des pêcheurs nomades prirent tous les œufs et les jeunes dans les nids. Sans les dérangements par l'homme, l'anhinga serait bien plus commun dans le delta qu'il ne l'est actuellement.

Plusieurs espèces de hérons et d'aigrettes nichent en petit nombre dans le Delta Intérieur du Niger (Tableau 3). Les populations nicheuses du Héron mélanocéphale, de l'Aigrette ardoisée, de la forme sombre de l'Aigrette garzette, du Bihoreau gris, du Crabier chevelu, de l'Ibis sacré et de la Spatule d'Afrique sur les lacs centraux sont principalement comptées pendant la phase finale des inondations, voire même entre avril et juin, lorsque le reste du delta est presque asséché. Le **Héron mélanocéphale** niche en très petit nombre à Dentaka (< 5 couples). Jusqu'à récemment, la nidification avait été observée principalement pendant les inondations, sur de grands fromagers *Ceiba pentandra* poussant sur des buttes sèches (les toguérés), mais en mai 2005 (Beintema *et al.* 2007), 80 nids furent trouvés sur *Acacia albida* dans le cimetière de Kadial et en juin 2006 (B. Fofana), plus de 35 oiseaux en plumage nuptial vus sur des *A. kirkii* de la forêt de Dentaka (alors asséchée).

Le **Héron pourpré** et l'**Ibis falcinelle**, qui n'avaient pas niché dans le Delta Intérieur du Niger depuis des décennies, ont recommencé à le faire pendant l'inondation de 1994, la première importante depuis 1972. Au même moment, les nombres de **Hérons cendrés** et de **Bihoreaux gris** étaient également exceptionnellement élevés (Tableau 3). Ces quatre espèces de migrateurs du Paléarctique pourraient avoir profité de cette inondation favorable pour se reproduire deux fois en 1994 (la première en début d'été en Europe, la seconde dans le delta en décembre). Une explication alternative ou complémentaire existe : ces nicheurs auraient été des subadultes pas encore repartis en Europe se reproduisant pour la 1ère fois, comme le suggère l'observation d'un Héron pourpré subadulte s'occupant d'un des nids. Lamarche (1981) avait également remarqué que pendant les années humides, les Hérons cendré et pourpré commençaient à construire des nids entre décembre et février. Aucune des grandes espèces coloniales locales, soit douze en tout, n'ont niché en plus grand nombre en 1994 (Tableau 3).

Les « aigrettes blanches » sont des oiseaux nicheurs communs. L'évolution des populations diffère selon les espèces : la **Grande Aigrette** est en déclin, l'**Aigrette intermédiaire** en progression et l'**Aigrette garzette** stable (Tableau 3). La population nicheuse de l'Aigrette garzette (1000 couples) ne constitue qu'une faible fraction du nombre d'oiseaux présents dans le delta, qui sont pour la plupart des migrateurs européens. L'oiseau d'eau colonial le plus commun dans le Delta Intérieur du Niger est le **Héron garde-bœufs**. Sa population a été remarquablement stable depuis la fin des années 1980, avec environ 60.000 couples dans les colonies bien connues. Certaines colonies n'ayant pas été comptées, il est possible que la population nicheuse ait compris jusqu'à 110.000 couples (Tableau 3).

Huit autres espèces de grands oiseaux d'eau ne sont plus nicheuses dans le Delta que de manière anecdotique. L'**Ibis falcinelle** pourrait avoir été localement un nicheur régulier lors des fortes inondations, comme celles des années 1950 et 1960. Morel & Morel (1961) l'ont trouvé nicheur dans le nord du delta en mars 1960. Aujourd'hui, il ne niche – en petits nombres – que lorsque l'inondation des sites de nidification s'étend jusqu'à la période janvier – mars, comme ce fut le cas en 1994-1995 (Tableau 3). La seule espèce de *Ciconia* qui niche dans le delta est la **Cigogne d'Abdim**, dont des sites de reproduction ont été identifié au bord des lacs centraux (Korientzé, Akka), dans l'extrême nord (Goundam, près de Tombouctou), et peut-être dans le « *Centre vide* ». Le **Marabout d'Afrique**, le **Tantale ibis** et le **Jabiru d'Afrique** ne sont plus nicheurs. Lamarche (1980) rapporte la nidification de cette dernière espèce dans le delta entre janvier et mars, mais les seules mentions au début des années 1990 sont deux immatures en juin : un oiseau de 3ème année en 2001 et un de 2ème année en 2003, les deux au Walado Debo.

Bien que mentionnée comme espèce nicheuse dans le tableau 3, le **Bec-ouvert africain** n'y a pas été vu nicheur depuis le milieu des années 1980. Les dernières observations, 2 à 3 oiseaux près de leur site de reproduction de Dentaka, datent de janvier 1992 et décembre 1993. Depuis, le Bec-ouvert africain n'a été vu qu'une fois, pendant un comptage aérien début mars 1999 (2 oiseaux, plaine de Séri). Son déclin a été noté à travers toute la partie occidentale de son aire de répartition ouest-africaine (Borrow & Demey 2001).

Les pélicans ne nichent plus dans le Delta Intérieur du Niger, tout du moins depuis les dernières décennies du 20ème siècle. Roux (1973) a mentionné la présence en captivité chez des pêcheurs de jeunes **Pélicans gris** et supposé que l'espèce pouvait encore être nicheuse quelque part dans le delta. Cependant, aucune preuve de reproduction n'est disponible. Au milieu des années 1980, J. Skinner et S. Konta (obs. pers.) ont cherché à obtenir la preuve de la reproduction présumée du **Pélican blanc** sur les montagnes tabulaires du pays dogon, à 80 km à l'est du Delta. Ils y ont observé l'espèce (en compagnie de Tantales ibis), mais n'ont pas réussi à atteindre le site de reproduction présumé. Les habitants des villages proches leur ont raconté que l'espèce avait disparu au début des années 1990 à cause du braconnage (van der Kamp *et al.* 2002c).

La **Grue couronnée** est dorénavant classée comme étant quasi-menacée (Koné *et al.* 2007). Dans le Delta Intérieur du Niger, cette espèce mérite certainement d'être classée « en danger (critique) », car seulement 50 adultes y survivaient en 2001. Presqu'aucun juvénile n'a été observé depuis le début des années 1990 (van der Kamp *et al.* 2002c). De 1999 à 2001, un seul oiseau de moins d'un an fut observé durant les comptages sur les lacs centraux, et aucun lors des comptages aériens, que ce soit au cours d'une recherche spécifique de l'espèce en mai ou pendant les recensements antérieurs. L'équipe de surveillance terrestre, qui comprenait le spécialiste régional des grues qui restait convaincu de la présence de plusieurs centaines d'oiseaux, ne put nous montrer plus que les 50 oiseaux recensés depuis les airs. Des recherches sur son statut au Mali au début des années 2000 permirent de recenser moins de 100 oiseaux sauvages dans le pays (Beilfuss *et al.* 2007), et 400 autres en captivité (Koné *et al.* 2007). Etant donné son succès de reproduction terriblement faible, principalement en raison du braconnage, la population sédentaire du Delta Intérieur du Niger semble vouée à l'extinction.

Une petite colonie de **Guifettes moustacs** a été découverte sur le Lac Debo en août 1991, ce qui constituait la première mention de re-

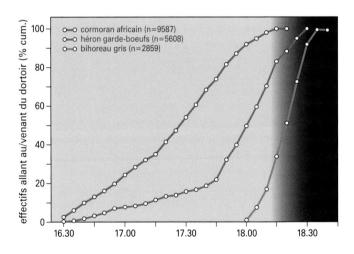

Fig. 50 % cumulés de Cormorans africains et de Hérons garde-bœufs arrivant, et de Bihoreaux gris quittant le dortoir de Dentaka, comptés devant Garouye le 22 janvier 2004 ; coucher du soleil à 18h15, crépuscules civil et nautique à 18h32 et 18h58 heure locale respectivement.

Alimentation en groupe chez l'Aigrette garzette et le Chevalier arlequin sur les plaines inondées émergentes plantées de *Ziziphus* épars.

production en Afrique de l'Ouest. Depuis lors, nous avons confirmé la reproduction annuelle sur les lacs centraux entre août et janvier. Les colonies comportent jusqu'à plusieurs dizaines de nids et les dates de pontes varient considérablement au sein d'une même colonie. Peu de jeunes ont été observés, peut-être en raison de la prédation naturelle et humaine. Cette population, estimée à environ 200-250 couples nicheurs en novembre 1999 (van der Kamp 2002c), est donc vulnérable. La reproduction de la **Sterne naine** a été observée presque annuellement sur le Lac Debo depuis qu'une petite colonie (7 couples nicheurs) y a été trouvée en mai 1999 (van der Kamp *et al.* 2002c).

Les dortoirs communautaires

Treize espèces de grands oiseaux d'eau (le Cormoran africain, l'Anhinga d'Afrique, la Spatule d'Afrique, 8 espèces de hérons, les Ibis falcinelle et sacré) exploitent le Delta Intérieur du Niger, mais se concentrent dans les quelques forêts inondées restantes pour y dormir. Ce comportement représente une excellente opportunité pour les compter, soit tôt le matin lorsqu'ils quittent le dortoir, soit lorsqu'ils y reviennent en fin d'après-midi (van der Kamp *et al.* 2002c). Toutes ces espèces dorment la nuit, à l'exception du Bihoreau gris, qui se nourrit la nuit et se repose le jour.

Les oiseaux se dirigeant vers le dortoir ou le quittant peuvent être comptés avec précision pendant les deux heures précédant l'obscurité ou au petit matin, dès le crépuscule civil. Cette méthode nécessite un important travail de terrain, car les dortoirs attirent des oiseaux venant de toutes les directions. Plusieurs postes d'observation sont donc souvent nécessaires pour couvrir l'ensemble des oiseaux arrivant sur la colonie ou la quittant. Pour que le recensement soit complet, les dortoirs doivent idéalement être comptés simultanément, une condition jamais rencontrée en raison des problèmes logistiques liés à l'immensité de la région. La plupart des oiseaux dorment dans la forêt de Dentaka sur la rive orientale du Lac Walado dans le centre du Delta Intérieur du Niger, mais afin d'obtenir des comptages complets, une douzaine d'autres dortoirs doivent également être recensés. Lorsque les niveaux d'eau sont hauts, les oiseaux sont plus régu-

lièrement distribués à travers le delta, et donc dans les différents dortoirs. Le comptage complet de tous les dortoirs prend plus de deux semaines. Van der Kamp *et al.* (2002c) ont réalisé des recensements mensuels plus ou moins complets des oiseaux au dortoir entre octobre et février pendant trois saisons (de 1998/1999 à 2000/2001). La même équipe est parvenue à reproduire ces comptages en octobre/novembre 2002, 2004 et 2005 (van der Kamp *et al.* 2005c).

Les nombres comptés sont souvent trop faibles. Tout d'abord, tous les oiseaux ne rejoignent pas un dortoir. Les Hérons pourprés, par exemple, restent de plus en plus longtemps sur leur site d'alimentation au fur et à mesure de la décrue. Deuxièmement, en raison du manque de temps ou de problèmes logistiques, il n'est pas toujours possible de compter tous les axes d'arrivée au dortoir. Troisièmement, les oiseaux qui se nourrissent juste à côté, voire dans la colonie, et les juvéniles qui restent sur place (qu'ils soient capables ou non de voler) ne peuvent pas être comptés. Les points de comptage sont toujours situés à une certaine distance des forêts afin de permettre une vue globale des mouvements. Enfin, les comptages commencent à 16h30, alors que les Cormorans africains peuvent revenir plus tôt (mais seulement en petit nombre, ce qui ne modifie pas l'ordre de grandeur ; Fig. 50). La plupart des espèces arrivent encore en nombre après le coucher du soleil, certaines bien après le crépuscule civil. Les Bihoreaux gris en particulier sont difficiles à compter, car la plupart quittent leur dortoir lorsque l'obscurité a considérablement réduit la visibilité. Si les comptages ne sont pas faits juste sous leur axe de vol, ces oiseaux sont souvent manqués (bien que leurs cris semblables à des croassements s'entendent de loin). Toutefois, un observateur bien positionné peut quand même compter les oiseaux quittant le dortoir avec précision, comme les 23-24 janvier 2004 près de Garouye : 2859 Bihoreaux gris furent comptés au départ du dortoir, et 2810 y retournant le lendemain matin. Les maxima donnés ici sont donc des approximations des nombres réels présents dans le Delta Intérieur du Niger. Van der Kamp (2002a) a estimé le nombre maximum de Bihoreaux gris dans le delta à 10.000 individus, mais nos comptages les plus récents donnent des totaux plus importants. 10.730 oiseaux ont ainsi quitté la forêt de Dentaka le 30 janvier 2005, et pas moins de 21.000 le 7 février 2008.

Jusqu'à 50.875 **Cormorans africains** furent comptés sur les dortoirs après la saison de reproduction (van der Kamp *et al.* 2002a, van der Kamp *et al.* 2005c), ce qui représente probablement la totalité de la population à cette époque (environ 1,3 fois le nombre de 18.000 à 20.000 couples nicheurs ; tableau 3). Le maximum de Hérons gardebœufs (335.377 oiseaux) fut compté en novembre 2005, et correspond à 1,5 fois la population nicheuse estimée (110.000 couples ; tableau 3).

Tout comme les oiseaux d'eau, certains passereaux se rassemblent en dortoirs nocturnes impressionnants. En 1991/92 et 1998-2000, les **Bergeronnettes printanières** se rassemblaient en immenses dortoirs près du Lac Debo. Un dortoir majeur se constituait dans le *bourgou* sur la rive est et accueillait 200.000 à 300.000 oiseaux à la fin novembre, dont 2500 à 5000 déjà présents dans la première quinzaine de septembre. Cette tendance saisonnière correspond plus ou moins à celle de l'**Hirondelle de rivage** sur le même site. A partir de septembre (100 à 500), leur nombre au dortoir augmente pour atteindre 500.000. Les deux espèces abandonnent le dortoir à la fin novembre/début début décembre, pendant les dernières semaines qui précédent le maximum de l'inondation. Trois campagnes en octobre-novembre dans le sud du delta ont permis de trouver très peu de Bergeronnettes printanières et Hirondelles de rivage, suggérant que la plupart des oiseaux restant dans le nord du delta en attendant l'amélioration des conditions d'alimentation au sud. A Mopti, leur nombre augmente dès que celui des dortoirs de Debo commence à décliner (van der Kamp *et al.* 2002a).

Les comptages aériens

Le Delta Intérieur du Niger est grand, pour ne pas dire immense. Même lorsqu'un avion volant lentement et bas est utilisé, il faut environ 50 h à deux ornithologues entraînés pour couvrir la totalité de la zone et obtenir une estimation grossière des quantités des grandes espèces bien visibles, telles que les canards et les grands hérons (Girard *et al.* 2004). Cette méthode est moins appropriée pour les plus petites espèces telles que l'Anserelle naine et les petits limicoles (Roux & Jarry 1984, Girard & Thal 1999, 2000, 2001 ; van der Kamp *et al.* 2002a ; Girard *et al.* 2004).

Grâce aux efforts du CRBPO, du WWF/UICN et de l'ONCFS, de longues séries de données de comptages aériens sont disponibles pour

Fig. 51 Répartition des 900.000 Sarcelles d'été dans le Delta Intérieur du Niger en janvier 1987; l'image satellite est plus ancienne (10 novembre 1984). Totaux sommés par carrés de 18x18 km. D'après Skinner *et al.* 1987b.

50 km

Tableau 4 Comptages aériens de 13 espèces d'oiseaux aquatiques dans le Delta Intérieur du Niger en janvier (février en 1987). D'après la base de données « Recensement des oiseaux d'eau d'Afrique » de Wetlands International. Sources d'origine : Roux (1973) pour les comptages de 1972, Skinner *et al.* (1989) pour les canards en 1977-1983, Trolliet & Girard (2001) pour le Combattant varié en 1977-1980, Roux & Jarry (1984) pour 1984, Skinner *et al.* (1987b) pour 1986 et 1987, Girard *et al.* (2004 ; 2006) pour 1999-2006 ; comptage de 2007 pré-publié dans le bulletin de l'African Bird Club 14 : 223-4 ; source originale du comptage de 1985 non trouvée. Le niveau d'eau au 15 janvier se réfère à l'échelle d'Akka.

Année	1972	1977	1978	1979
Niveau d'eau 15 jan., cm	372	459	227	368
Ibis falcinelle	?	?	?	?
Dendrocygne veuf	19267	16887	73647	40759
Dendrocygne fauve	300	2970	23075	1916
Anserelle naine	130	10	68	52
Canard à basse	2655	1193	19818	9196
Oie-armée de Gambie	1513	2476	1686	5545
Ouette d'Egypte	1729	730	1829	343
Canard souchet	10	2350	2207	588
Canard pilet	26788	100610	384685	65852
Sarcelle d'été	92427	306465	492917	112867
Fuligule nyroca	37	4000	892	4015
Barge à queue noire	20700	37300	19009	55060
Combattant varié	103705	185750	246850	75640

les oiseaux d'eau du Delta Intérieur du Niger pendant l'hiver boréal. Les nombres comptés sur 171 carrés de 18x18 km ont été additionnés (voir Fig. 51 pour la Sarcelle d'été en janvier 1987). Les 15 recensements de mi-hiver depuis 1972 (Fig. 48) ont montré la présence d'environ 1 million de canards et d'oies, parmi lesquels la Sarcelle d'été est toujours l'espèce la plus commune. Les résultats montrent de fortes variations annuelles, ce qui peut être partiellement lié à des problèmes méthodologiques. Girard *et al.* (2004) ont souligné combien il est difficile de réaliser un comptage complet : même depuis un avion, les oiseaux peuvent être facilement manqués ou mal identifiés, ce qui est certainement le cas pendant les fortes inondations lorsque

les oiseaux sont éparpillés dans le delta. Cependant, ils peuvent également être manqués lors des années très sèches, lorsqu'ils sont concentrés sur le Fleuve Niger, en dehors du delta (Roux & Jarry 1984).

Les comptages aériens ont été réalisés depuis des avions variés, à ailes hautes ou basses. Ceux à ailes hautes permettent une meilleure vision et ont par conséquent été utilisés lors des dernières années. Les vols avaient lieu à moins de 100 m au-dessus du sol à une vitesse moyenne de 150 km/h (Roux 1973, Trolliet & Girard 2001). Depuis cette altitude, les anatidés sont facilement repérés jusqu'à 400-500 m, voire plus loin, lorsque la végétation émergente est rare et les conditions de lumière favorables. Même dans ce cas, les groupes de canards se nourrissant sur les étangs couverts de nénuphars, si communs dans le centre du Delta Intérieur du Niger, sont difficiles à découvrir. Deux observateurs, un de chaque côté de l'avion, enregistraient les espèces et quantités avec un dictaphone, tout en repérant le trajet sur une carte et en notant l'heure toutes les 15 minutes. Le Delta était couvert en totalité. La distribution inégale des oiseaux ne justifie pas le recours à des estimations, qui n'ont pas été tentées.

Lorsque les totaux comptés sont rapportés au niveau d'eau (données du Tableau 4), aucune corrélation ne peut être trouvée chez aucune des 13 espèces, ce qui ne correspond pas avec notre hypothèse que des niveaux moindres correspondraient à un nombre d'oiseaux plus faible. Plusieurs explications peuvent être avancées à cette découverte inattendue. D'une part, les difficultés méthodologiques diffèrent entre les fortes et faibles inondations. D'autre part, alors que la plupart des recensements ont eu lieu en janvier, l'impact principal des faibles inondations sur la survie se matérialise plus tard, *i.e.* à la fin de la décrue, lorsque les sites de nourrissage et de repos se font rares. Enfin, les oiseaux d'eau peuvent se redistribuer en réponse aux changements de conditions dans le delta. Pendant les années sèches, une partie des oiseaux d'eau quitte le delta pour aller le long du fleuve Niger en aval de Tombouctou. Les comptages aériens le long du fleuve montrent des effectifs faibles pour toutes les espèces pen-

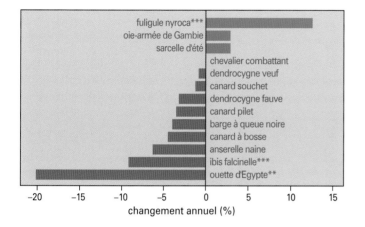

Fig. 52 Evolution des populations d'oiseaux d'eau recensées par comptages aériens dans le Delta Intérieur du Niger en janvier ou février de 1972 à 2007 (données du tableau 4). Le taux de variation annuel est dérivé d'une relation exponentielle entre les totaux dénombrés et les années. La signification de cette fonction est indiquée : p<0,01 = **, P < 0,001 = ***.

1980	1982	1983	1984	1985	1986	1987	1999	2000	2001	2006	2007
362	279	202	129	78	166	142	325	401	331	250	270
?	?	7735	25800	20224	12756	23548	4520	3517	6150	2630	2338
28755	19447	87245	37720	7153	10538	19839	7760	47310	70950	14739	?
2762	2470	72700	31720	13267	13246	1513	88	7733	2795	2039	?
0	62	0	63	50	0	0	0	5	12	23	?
7525	1725	765	1719	321	1939	6904	821	4299	627	1239	?
4193	5518	1063	5580	2094	18519	5579	2450	5760	3220	7804	6450
262	10	195	2145	612	724	297	6	67	0	14	?
554	50	160	200	20	25	35	0	200	195	13907	?
202536	149368	329400	129473	103153	79855	208792	41100	116650	164160	59379	10612
460105	506769	304960	156391	105882	484426	899916	209130	515680	744000	815800	226250
3805	924	1252	2928	6442	3312	5601	7800	13020	14300	13590	15066
4700	21904	13900	38964	41298	45353	40492	10077	3075	40280	10495	5990
110400	179665	91650	61665	30500	114135	175217	147936	135180	188095	80935	98265

Les Hérons garde-bœufs se nourrissant dans le *bourgou* sec sont souvent associés au bétail, et se nourrissent de criquets et sauterelles dérangés par les milliers de sabots.

dant les années plutôt humides (1972, 1977, 1979, 1990, 1999), alors que des nombres importants sont relevés pendant les années sèches, comme par exemple en 1983, où 29.000 Canards pilets, 26.000 Sarcelles d'été, 33.800 Dendrocygnes fauves, 3800 Ibis falcinelles, 1500 Barges à queue noire et 7565 Combattants variés furent comptés. Des nombres semblables, voire supérieurs, ont été observés pendant deux autres années sèches, 1978 et 1984 (p. ex. 4260 Barges à queue noire en 1984). Pendant ces années de sécheresse, de grands nombres peuvent également être comptés plus en aval, entre Gao et la frontière entre le Mali et le Niger (p. ex. 34.500 Sarcelles d'été en 1978, 28.500 Dendrocygnes fauves en 1983 et 19.700 Combattants variés en 1984). Cependant de tels nombres restent faibles en comparaison avec ceux du delta.

Fig. 53 Lacs centraux (Debo, Walado et Korientzé) en 4 dates (images composites en vraies couleurs basées sur des photos Landsat) avec des niveaux d'eau différents (niveau d'eau à Akka variant entre -2 et +511 cm). Le périmètre des comptages apparaît en trait vert clair.

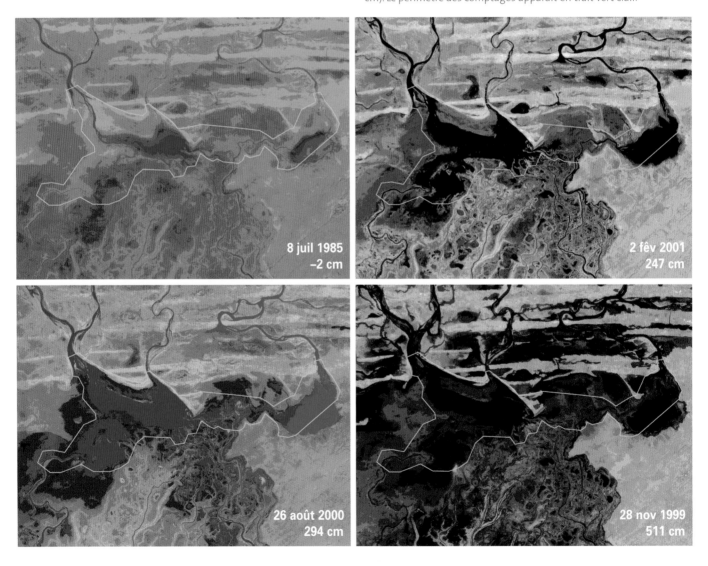

8 juil 1985
−2 cm

2 fév 2001
247 cm

26 août 2000
294 cm

28 nov 1999
511 cm

Tableau 5 Nombres maximum enregistrés pendant les 62 comptages de la zone des lacs centraux entre décembre 1991 et février 2007. D'après van der Kamp *et al.* (2002a, 2005a, 2005c).

Species	Maximum	mois	Species	Maximum	mois
Anhinga d'Afrique	493	juin 2002	Avocette élégante	86	janv 1994
Cormoran africain	13521	févr 1995	Bécassine double	140	mar 2001
Pélican blanc	4300	mai 2000	Pluvian fluviatile	753	août 2000
Héron cendré	6218	mar 2001	Rhynchée peinte	102	juin 2002
Héron mélanocéphale	94	juin 2004	Glaréole à collier	20904	janv 2005
Héron pourpré	4606	mar 2000	Vanneau à tête noire	16	sept 2000
Bihoreau gris	4620	avr 2001	Vanneau à éperons	5829	juil 2000
Crabier chevelu	1667	févr 2000	Vanneau du Sénégal	12	juil 2001
Aigrette à gorge blanche	261	avr 2000	Gravelot pâtre	13887	juin 2004
Aigrette ardoisée	390	mar 1999	Grand Gravelot	6073	févr 1998
Héron garde-boeufs	6098	juin 2006	Pluvier à collier interrompu	3	juin 2003
Aigrette garzette	11100	mar 2001	Petit Gravelot	36	févr 2007
Aigrette intermédiaire	1503	févr 2000	Gravelot à front blanc	791	août 1998
Grande Aigrette	5537	janv 2000	Pluvier argenté	7	févr03+ jan05
Spatule africaine	900	avr 2001	Barge à queue noire	37654	janv 2005
Spatule blanche	75	févr 2005	Courlis cendré	372	août 1998
Ibis falcinelle	15375	janv 1992	Bécasseau minute	38362	avr 2001
Ibis sacré	1160	avr 2001	Bécasseau cocorli	3754	mar 2000
Dendrocygne veuf	6643	janv 2005	Chevalier cul-blanc	2	mar 2001
Dendrocygne fauve	9500	déc 1991	Chevalier sylvain	755	avr 2001
Anserelle naine	664	janv 1995	Chevalier guignette	74	août 2000
Canard à basse	9124	déc 1993	Combattant varié	90470	janv 1992
Oie-armée de Gambie	11481	juin 2004	Chevalier gambette	8	févr 2006
Ouette d'Egypte	900	avr 1996	Chevalier arlequin	4557	févr 2004
Canard pilet	150100	janv 1994	Chevalier aboyeur	3031	févr 2007
Sarcelle d'été	273000	déc 1993	Chevalier stagnatile	138	févr 1998
Pygargue vocifer	5	févr94+janv97	Goéland brun	236	févr 2002
Balbuzard pêcheur	5	févr 2006	Mouette à tete grise	242	janv 1994
Milan à bec jaune	346	févr 2003	Mouette rieuse	33	févr 2000
Busard des roseaux	458	févr 2007	Sterne hansel	3896	févr 2007
Busard pâle	2	févr 2005	Sterne caspienne	3545	févr 2002
Busard cendré	26	juin 2003	Sterne naine	346	mar 2000
Grue couronnée	50	janv 1992	Guifette moustac	6679	févr 2005
OEdicnème du Sénégal	119	avr 1996	Guifette leucoptère	5874	janv 1997
Echasse blanche	299	févr 1994	Hibou du Cap	70	juin 2002

Sur une période de 35 ans, la plupart des populations d'oiseaux d'eau ont subi une évolution négative (Fig. 52). Ces déclins sont peut-être plus importants qu'indiqué, car les premiers comptages en 1972 et 1982 étaient incomplets (Roux & Jarry 1984). Les comptages aériens (Tableau 4) montrent que vers 1980, environ 500.000 **Sarcelles d'été** passaient l'hiver boréal dans le Delta Intérieur du Niger. Cette population chuta pendant les années sèches 1984-1985 à 100.000 à 200.000 oiseaux, mais entre 1999 et 2006, entre 200.000 et 900.000 individus furent comptés. Ces comptes suggèrent qu'il n'y a pas eu de déclin de l'espèce dans le delta, par contraste avec les effectifs sur les sites de reproduction (voir chapitre 23). Les 200.000 à 400.000 Canards pilets comptés avant la Grande Sécheresse furent réduits à 100.000 en 1984, puis la population resta à un niveau bas pendant les années suivantes (voir chapitre 22). Les **Canards souchets** furent présents en nombre surprenant en janvier 2006. Cette espèce, bien qu'observée pendant

tous les comptages aériens, l'était en nombres insignifiants dans le delta (Tableau 4). Des comptages récents ont montré l'augmentation du nombre de **Fuligules nyrocas**, avec des concentrations majeures sur les lacs Horo et Fati dans le nord du delta. L'espèce évite les plaines inondables et se nourrit sur les lacs aux eaux stagnantes qui restent en eau pendant tout leur séjour, y compris pendant la Grande Sécheresse. Les **Canards à bosse** ont décliné pendant la Grande Sécheresse et n'ont pas retrouvé leurs niveaux initiaux. Entre 74.000 et 87.000 **Dendrocygnes veufs** ont été comptées avant la Grande Sécheresse et des nombres équivalents en 2001. L'**Oie armée de Gambie** a aussi gardé une population stable pendant les 30 dernières années, les comptages aériens indiquant entre 3000 et 6000 oiseaux, avec un pic à 19.000 en 1986. L'**Ouette d'Egypte**, qui comptait environ 2000 individus jusqu'en 1984 a décliné jusqu'à quelques dizaines depuis. L'**Anserelle naine** montre également un net déclin. Le nombre le plus important (130 oiseaux) fut compté en 1972 au cours d'un recensement incomplet, ayant donné des nombres relativement faibles pour toutes les autres espèces. Les récents comptages aériens n'ont permis d'observer qu'entre 0 et 23 oiseaux, mais cette espèce est difficile à repérer depuis les airs (Roux & Jarry 1984 ; cf. tableau 5). L'**Ibis falcinelle** a souffert d'un déclin évident (voir aussi chapitre 21). Le nombre de **Barges à queue noire** et de **Combattants variés** a fluctué sans tendance claire.

Les comptages sur les lacs centraux

Au sein du delta, les lacs centraux (Lacs Debo, Walado et Korientzé ; Fig. 53), qui occupent une surface de 460 km², ont été couverts par des comptages systématiques depuis 1992 (van der Kamp et al. 2002a, 2002b, 2005a). Il faut 4 à 7 jours pour compter tous les oiseaux de cette zone. Selon le niveau d'eau, ces comptages sont réalisés depuis un bateau ou en marchant sur les berges (van der Kamp 2002a). Aucune tentative de corriger les comptages des espèces discrètes ou faciles à manquer n'a eu lieu. Par ailleurs, les petits passereaux comme la Bergeronnette printanière n'ont pas été inclus dans les comptages. Pour ces espèces, des estimations de densité ont été utilisées (voir ci-après). L'intérêt ornithologique de ces lacs est évident à la lecture du tableau 5. Les maxima de ce tableau n'étant pas très différents des quasi-maxima des autres comptages, ils ne sont donc pas aberrants. La plupart des espèces paléarctiques sont plus communes en février-mars, alors que les espèces locales connaissent souvent un pic en mai-juin.

Les comptages d'oiseaux sur les lacs centraux sont utilisés dans les chapitres 15 à 41, y compris pour la comparaison avec des sondages de densité. Nous traitons ici la question de l'interprétation des résultats des comptages sur les lacs centraux, qui couvrent environ 2% de la plaine inondable, mais qui comprennent 70% de l'eau disponible lorsque le niveau d'eau à Akka est de 0 cm. Le reste de cette eau se retrouve principalement dans les lacs à l'extrême nord du delta. Lorsque le niveau d'eau est inférieur à 300 cm, la zone des comptages couvre environ 20% des plans d'eau du Delta Intérieur du Niger. La faible altitude des lacs Debo, Walado et Korientzé explique

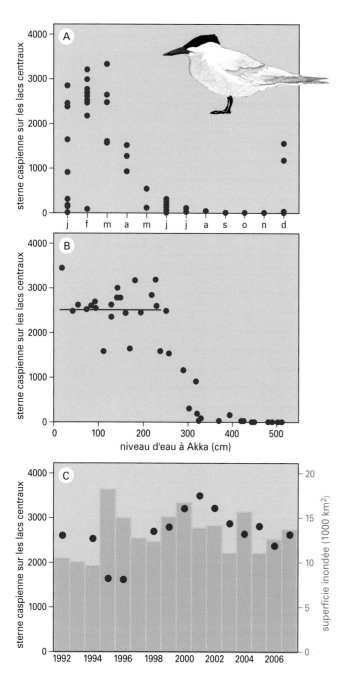

Fig. 54 Nombre de Sternes caspiennes sur les lacs centraux en 1991-2007 (voir Fig. 48 pour les mois de comptage et Fig. 53 pour le périmètre). (A) Totaux mensuels. (B) Nombres d'octobre à mars en fonction du niveau d'eau. (C) Nombre maximum par an entre janvier et mars (niveau d'eau inférieur à 250 cm ; axe de gauche) ; les barres représentent le niveau d'eau maximum lors des mois précédents (axe de droite).

De nombreuses espèces piscivores se regroupent dans les eaux peu profondes lorsque la crue se retire, tels le Cormoran africain, l'Aigrette ardoisée, l'Aigrette garzette, l'Echasse blanche, le Chevalier aboyeur et les Guifettes moustac et leucoptère.

pourquoi la plupart des oiseaux d'eau s'y regroupent : ailleurs dans le delta, seuls quelques rares lacs permanents, pour la plupart à eaux stagnantes, subsistent. Bien évidemment, les comptages mensuels ne peuvent pas être utilisés pour étudier les variations saisonnières d'abondance. Par conséquent, bien que ce périmètre ne soit pas représentatif de l'ensemble du Delta, nous utilisons ces comptages comme indicateurs des variations annuelles des populations d'oiseaux d'eau (comme illustré pour la Sterne caspienne, l'Echasse blanche et le Busard des roseaux).

Les **Sternes caspiennes** arrivent dans le Delta Intérieur du Niger en septembre-octobre, mais elles ne sont présentes en grand nombre sur les lacs centraux qu'entre janvier et leur départ en mars (Fig. 54A). Les premières y arrivent lorsque les niveaux d'eau descendent sous 300 cm (fig. 54B). Leur nombre augmente ensuite avec la baisse des eaux. A partir du moment où le niveau atteint 200 cm (il continue à diminuer rapidement), ils restent constants jusqu'au départ de l'espèce. Toutes les Sternes caspiennes hivernant dans le Delta Intérieur du Niger sont alors concentrées sur les lacs centraux, où elles se reposent sur les bords et bancs de sable découverts et se nourrissent

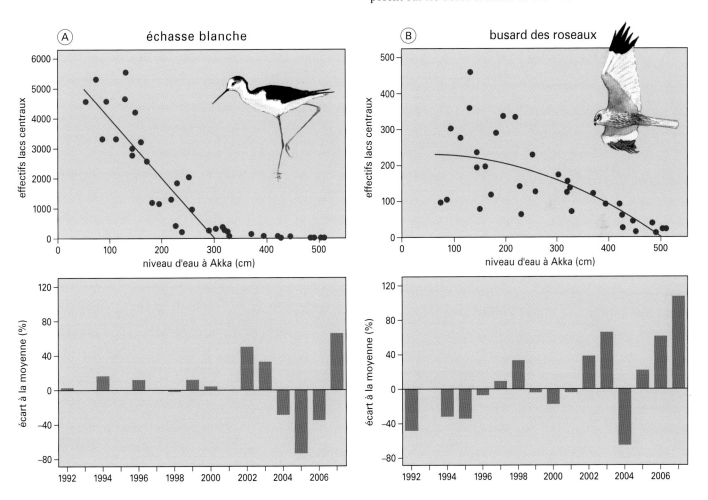

Fig. 55 Nombre d'Echasses blanches et de Busards des roseaux sur les lacs centraux du Delta Intérieur du Niger (Fig. 53). Graphiques du haut : nombres en fonction du niveau d'eau entre octobre et février ; graphiques du bas : abondance annuelle (pourcentage moyen d'écart par rapport à la ligne représentée sur les graphiques du haut. Note : pas de comptage en 1993.

An	1992	1994	1995	1996	1997	1998	1999	2000	2001	2002	2003	2004	2005
Akka, cm	86	75	239	113	303	55	44	97	21	181	196	230	150
Anhinga d'Afrique		59	20	38	52	14	18	82	106	109	119	14	18
Cormoran africain		4460	13521	4349	9337	2562	6681	12185	5957	5616	1014	2829	509
Héron cendré		795	885	3475	52	4167	3998	471	5663	2574	3501	2246	1847
Héron pourpré	848	850	1630	1523	766	795	2177	4171	1880	1913	1242	974	1425
Aigrette ardoisée		80	90	252	20	68	390	82	320	236	130	11	0
Héron garde-boeufs		3250	1600	1771	5054	1184	1054	351	625	339	99	624	978
Aigrette garzette		3520	1178	2831	226	3001	5285	4002	10915	2178	2418	5723	5340
Aigrette intermédiaire			309	35	450	510	98	1501	926	253	65	70	64
Grande Aigrette		1850	2469	612	19	1809	1205	5534	2386	2131	1158	1958	840
Spatule africaine	0	238	11	0	86	1	430	19	186	0	140	1	3
Spatule blanche	0	38	0	0	0	0	7	4	0	0	51	38	75
Ibis falcinelle	15375	4585	612	6125	131	6907	3149	1620	10651	6122	3554	252	8295
Ibis sacré	133	129	6	71	0	150	188	25	518	20	86	44	54
Dendrocygne veuf	340	1860	22	157	0	0	28	2	44	0	83	14	6643
Dendrocygne fauve	9500	5750	43	472	25	2	14	2	2	0	0	0	148
Anserelle naine	30	133	664	130	68	0	68	2	8	0	6	0	0
Canard à bosse	991	9124	27	129	0	50	13	12	458	902	0	2	178
Oie-armée de Gambie	82	105	2247	260	75	930	1951	1662	710	2001	208	685	110
Ouette d'Egypte	19	403	34	780	0	649	530	86	217	27	0	12	60
Canard pilet	140000	150100	130	0	0	10	0	0	0	0	0	0	0
Sarcelle d'été	95700	273000	4500	10000	10155	5316	49	144	3770	0	336	60	4525
Busard des roseaux	116	196	151	215	175	302	231	195	193	275	336	64	222
Grue couronnée	50	3	0	3	0	0	32	4	4	0	0	1	0
Gallinule poule-d'eau		17	0	0	124	0	41	9	35	59	0	0	186
Talève sultane		49	0	0	11	296	176	103	122	10	90	18	375
Echasse blanche	3291	5299	181	3306	300	4573	2758	371	2998	1078	1134	1775	3930
Pluvian fluviatile		68	100	107	63	57	59	71	139	95	71	57	48
Glaréole à collier	6270	8254	597	1136	2540	954	1417	1972	1515	1125	5257	538	20904
Vanneau à éperons		166	58	295	145	462	256	200	571	283	506	230	724
Grand Gravelot	251	911	534	2037	20	6073	3664	4696	3070	1048	4136	2694	1595
Barge à queue noire	25136	23561	16973	16759	300	20126	26852	7074	22444	29195	20261	9136	37650
Courlis cendré	164	339	69	129	4	258	245	137	212	87	91	140	57
Bécasseau minute	6900	13956	3165	6106	53	17666	11629	10962	10653	7472	6090	13032	4101
Bécasseau cocorli	426	714	530	2979	23	2770	2315	3754	1196	268	2475	1356	675
Chevalier sylvain	5	31	5	15	7	73	55	75	285	27	58	35	96
Combattant varié	90470	39050	17898	45958	1338	45075	26341	7671	47281	39646	26785	4262	31833
Chevalier arlequin	1776	3108	1040	419	11	3318	4431	807	1011	1956	2266	4557	1153
Chevalier aboyeur	297	421	413	685	34	892	1701	1811	1571	1364	403	2513	1416
Mouette à tete grise	170	242	181	40	88	60	12	2	19	0	1	0	0
Sterne hansel	465	1745	466	1564	100	1948	2364	2179	3344	1420	3086	1635	2080
Sterne caspienne	2585	2519	1596	1583	311	2685	2783	3193	3334	2999	2469	2586	2781
Sterne naine	325	160	172	136	84	133	140	346	283	86	51	31	179
Guifette moustac		1810	1721	1703	2403	2453	3494	3227	3146	2059	2046	2217	6679
Guifette leucoptère		102	1410	1239	5874	3104	3241	2233	2902	1906	4009	2588	2212

2006	2007	Akka		An		
130	132	R		R	b1	b2
20	67	-0,04		0	0,34	0,339
1369	1569	0,19		-0,68	-0,233	-0,257
1699	2202	-0,7		0,31	0,354	0,119
1213	946	-0,24		0,13	0,22	0,012
182	132	-0,56		-0,25	0,288	0,065
572	378	0,35		-0,68	-0,341	-0,375
4318	6176	-0,61		0,47	0,377	0,278
10	125	-0,3		-0,43	0,131	0,262
1369	843	-0,27		0,12	0,234	0,175
12	100	-0,39		0,17	0,047	0,051
61	55	0,12		0,62	0,672	0,681
3679	2403	-0,57		-0,05	0,034	-0,063
32	110	-0,67		0,12	0,116	0,118
0	14	0		-0,18	0,146	0,213
0	2	-0,27		-0,74	-0,468	-0,394
0	0	0,31		-0,79	-0,366	-0,438
0	0	-0,24		-0,55	-0,306	-0,356
120	0	0		-0,33	0,089	-0,099
17	0	-0,56		-0,38	-0,088	-0,172
0	0	-0,28		-0,73	-0,448	-0,351
0	3846	-0,25		-0,59	-0,435	-0,408
307	379	-0,19		0,35	0,513	0,393
0	0	-0,39		-0,51	-0,202	-0,243
210	9	0,16		0,28	0,373	0,404
147	9	-0,43		0,42	0,423	0,338
4343	5203	-0,61		0,22	0,208	0,119
44	51	-0,17		-0,48	0,056	-0,112
6315	947	-0,03		0	0,277	0,321
300	163	-0,34		0,43	0,528	0,394
1925	549	-0,44		0,32	0,355	0,221
26851	18252	-0,46		0,17	0,261	0,118
45	83	-0,74		-0,16	0,002	-0,067
9175	2021	-0,61		0.05	0.171	0.013
832	254	-0,39		0,05	0,178	0,013
31	59	-0,51		0,59	0,401	0,388
39098	55858	-0,56		0	0,076	-0,048
1193	3204	-0,24		0,23	0,333	0,166
1445	2899	-0,19		0,6	0,644	0,477
1	0	0		-0,9	-0,656	-0,651
3099	3510	-0,48		0,59	0,656	0,557
2165	2542	-0,67		0,27	0,369	0,198
157	92	-0,55		-0,41	0,119	0,022
5408	3104	-0,19		0,64	0,652	0,585
767	526	0,35		0,12	0,311	0,317

Tableau 6 Nombre maximum d'oiseaux comptés sur les lacs Debo et Walado en décembre – mars 1991-2007 (1 à 4 comptages par saison ; blancs en cas d'absence de comptage). Le niveau d'eau à Akka (2ème ligne) correspond au dernier comptage avant le 1er avril, qui enregistre généralement les nombres les plus élevés. Les 4 dernières colonnes donnent les précisions statistiques. R est la corrélation entre le nombre maximum compté sur une année et le niveau d'eau à Akka ou l'année (n=15). Une régression multiple a été réalisée sur les 35 comptages disponibles pour la période décembre-mars pour analyser les changements à long terme (nombre en fonction de l'année), en prenant en compte la relation entre le nombre d'oiseaux et le niveau d'eau (polynomiale du 3ème degré) et la hauteur d'inondation maximale de la saison (fonction linéaire) ; b1 est le coefficient standardisé du nombre en fonction de l'année (donc sans le niveau d'eau) et b2 l'équivalent incluant les quatre variables décrivant l'impact du niveau d'eau. Le niveau de signification est indiqué : P<0,05 = rouge : p<0,01 = vert, P<0,001 = bleu.

Héron pourpré dans le *bourgou*. Niger, janvier 2008.

Dendrocygnes veufs, Sarcelles d'été, Echasses blanches, Barges à queue noire et Combattants variés.

dans les eaux peu profondes à proximité. Les résultats des comptages réalisés lorsque le niveau d'eau est inférieur à 200 cm reflètent de manière fiable les nombres totaux présents dans le delta (et ayant survécu jusque là) au cours d'une année (Fig. 54C). Jusqu'en 2002, ces comptages montrent une augmentation graduelle de la population, suivie par un déclin au cours des dernières années (Fig. 54C) ; ceci est expliqué dans le chapitre 31. En général, les nombres sont plus élevés lorsque les inondations ont été fortes, signe d'un meilleur taux de survie.

L'**Echasse blanche** est présente sur les lacs centraux pour des niveaux d'eau inférieurs à 250-300 cm. Par opposition aux Sternes caspiennes, les nombres augmentent fortement avec la baisse des eaux, pour atteindre un maximum de 5500 oiseaux (Fig.55A), ce qui représente environ la moitié du nombre maximal de 12.000 individus comptés depuis les airs en 2006 et 2007 (tableau 4). Les premiers départs du delta sont observés début mars. Les échasses se nourrissent en eau peu profonde et peuvent être rencontrées dans des dépressions et lacs temporaires pendant la baisse des eaux jusqu'à ce qu'ils soient asséchés. Le nombre de lacs temporaires en eau diminue progressivement entre novembre et mars, ce qui explique que les nombres dans les lacs centraux continuent à augmenter pendant cette période. Pour chaque cm d'abaissement du niveau entre 300 et 0 cm, le nombre d'échasses sur les lacs centraux augmente de 20 individus (Fig. 55A). Afin d'estimer les variations annuelles, nous avons calculé la différence entre les nombres réels et prévisibles en fonction du niveau d'eau pendant le comptage. La population hivernante a été remarquablement stable entre 1992 et 2000, avec des nombres supérieurs aux moyennes en 2001-02 et 2007, et inférieurs aux moyennes en 2004-06 (Fig. 55A). Les 3258 Echasses blanches comptées par Tinarelli (1998) avec un niveau d'eau de 122 cm représentent une donnée 8% au-dessus de la moyenne (non incluse dans la Fig. 55).

Cette relation entre le niveau d'eau et les nombres sur les lacs centraux est, comme on pouvait s'y attendre, à peu près identique pour de nombreux autres oiseaux d'eau et espèces fréquentant les mêmes habitats, dont le **Busard des roseaux**, un prédateur dont les deux sexes choisissent des habitats différents dans le Delta Intérieur du Niger. Les femelles et les jeunes préfèrent les marais ; les mâles fréquentent les zones plus sèches (chapitre 25). Le nombre moyen de busards augmente lorsque les niveaux d'eau baissent (Fig. 55B). Environ 100 Busards des roseaux étaient présents sur les lacs centraux au début des années 1990, un nombre qui a progressivement augmenté pour atteindre 470 en 2007, avec des variations interannuelles importantes (Fig. 55B). Cette tendance à l'augmentation reflète l'évolution des populations européennes (chapitre 25).

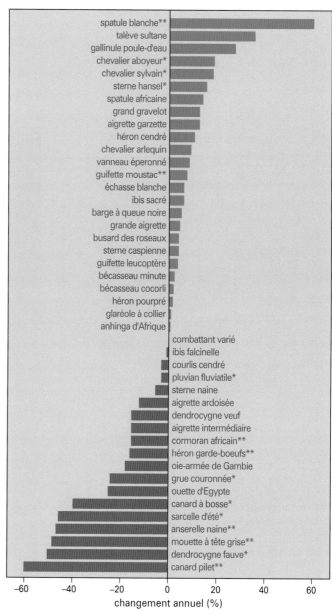

Fig. 56 Variation moyenne du nombre d'oiseaux d'eau comptés sur les Lacs Debo et Walado entre 1992 et 2007 (données du Tableau 6). La signification de cette fonction est indiquée : P<0,05=*, P<0,01=**, P<0,001=***.

L'importance des plaines inondables pour l'Ibis falcinelle et les limicoles se nourrissant de corbicules

Le niveau d'eau dans les plaines inondables du Delta Intérieur du Niger change continuellement, de crue en décrue, entraînant un cycle sans fin de transformation de terres arides en marais qui s'assèchent ensuite progressivement. Entre ces extrêmes, un certain nombre de stades intermédiaires offrent des conditions d'alimentation et de repos optimales pour les oiseaux associés à l'eau. Les oiseaux d'eau suivent la ligne de rivage lors de son retrait. Leur distribution change donc chaque jour (Fig. 57). Pour certaines espèces, ce changement de distribution s'accompagne d'une modification de régime alimentaire. Mais la plupart des espèces sélectionnent des proies différentes selon les sites, en fonction des possibilités offertes par le retrait de l'inondation. Par exemple, la Barge à queue noire et le Combattant varié passent des grains de riz, disponibles dans les rizières inondées, aux mollusques, lorsque le faible niveau d'eau les contraint à rejoindre les plaines les plus basses. Ils consomment plusieurs espèces de mollusques, dont le plus important est un bivalve de 3 à 14 mm de long, à coquille épaisse, et rappelant la coque, la Corbicule striolée *Corbicula fluminalis*. *Caelatura aegyptica*, un bivalve plus grand et à coquille mince (< 30 mm) et *Cleopatra bulinoides*, un petit escargot, ont une importance moindre. Ces proies ne sont pas seulement consommées par les Barges à queue noire et les Combattants variés, mais également par les Ibis falcinelles et les Echasses blanches. Nous avons étudié la sélection des proies et la consommation journalière chez ces espèces et comparé leur pression de prédation avec la quantité totale de nourriture disponible selon différentes profondeurs d'eau (van der Kamp *et al.* 2002b, van der Kamp & Zwarts non publié).

Ces oiseaux avalent la corbicule intacte et broient sa coquille dans leur gésier. Les Combattants ont un petit jabot et semblent sélectionner les petites corbicules, au moins lorsqu'ils l'avalent en entier (Fig. 58), mais beaucoup, comme d'autres limicoles, extraient la chair des valves ouvertes, une alternative simple étant donné que les corbicules meurent hors de l'eau. La plupart des Combattants se nourrissant de bivalves mourants sont des femelles, probablement car elles ont un jabot trop faible pour broyer les coquilles. Les Barges à queue noire et les Ibis falcinelles ignorent les petites corbicules consommées par les Combattants variés (Fig. 59).

La phase d'alimentation débute le matin à 7h et se poursuit jusqu'à 18h (lever du soleil à 6h45 et coucher à 18h15). Le comptage du nombre de proies consommées par des individus déterminés a permis de calculer la consommation journalière des différentes espèces : 5600 corbicules en moyenne pour une Barge et 9500 pour un Ibis falcinelle. Bien que les coquilles de corbicules soient broyées dans le jabot, l'umbo (l'endroit de la coquille qui relie les deux valves) reste intact. La largeur de l'umbo et la longueur de la coquille sont intimement liées, et la relation entre la taille et la quantité de chair suit une courbe exponentielle. Grâce à cette relation, il a été possible d'étudier les préférences des prédateurs en termes de taille et de déterminer le poids des proies d'après les umbos trouvés dans les crottes. La combinaison de ces données a permis d'estimer la consommation journalière individuelle.

Les populations de Combattants variés et de Barges à queue noire sont restées stables autour respectivement 40.000 et 30.000 oiseaux, alors que celle de l'Ibis falcinelle a chuté de 30.000 au début des années 1980 à 3000 en 2007 (chapitres 21, 27 et 29). Par conséquent, la pression

Fig. 57 Méthodes d'alimentations de différentes espèces d'oiseaux dans le Delta Intérieur du Niger en fonction de la hauteur d'eau (d'après van der Kamp *et al.* 2002b).

de prédation combinée a chuté de 650 millions de corbicules par jour dans les années 1980 à 450 millions par jour 25 ans plus tard, soit de 3,3 à 2,2 tonnes de matière sèche par jour. La Corbicule striolée étant la proie principale de ces espèces d'oiseaux pendant le dernier mois avant leur départ vers les sites de reproduction, la prédation annuelle totale atteint 100 tonnes de matière sèche. Quelle proportion de la quantité totale disponible ce total représente-t-il ?

Corbicula vit près de la surface et filtre l'eau qui la recouvre pour y puiser sa nourriture. Dans le Delta Intérieur du Niger, l'espèce se rencontre uniquement dans les plaines inondables couvertes d'eau pendant au moins 6 mois par an. Les plus fortes densités sont atteintes dans celles qui sont recouvertes d'eau pendant 8 à 9 mois. Ce mollusque est une proie primordiale pour les poissons (*Tilapia*), ainsi que pour les oiseaux pendant la décrue. Lorsqu'elles sont totalement hors de l'eau, les corbicules meurent. Les quelques individus qui survivent pendant la saison sèche produisent la génération de la prochaine inondation. Sur la base de 1311 échantillons prélevés en trois ans (de 1999 à 2001), nous avons estimé la quantité de nourriture totale (en matière sèche) dans les plaines inondables autour du Lac Debo entre janvier et mars à 26.000 tonnes de corbicules, 750 tonnes de *Caelatura* et 650 tonnes de *Cleopatra*. Les oi-

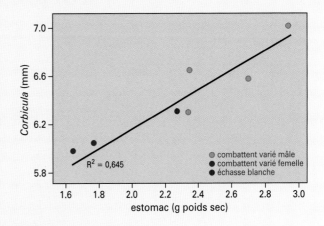

Fig. 58 Taille des corbicules trouvées dans six Combattants variés et une Echasse blanche en fonction de la taille de leur gésier.

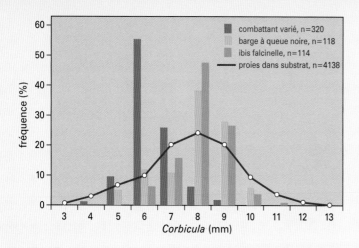

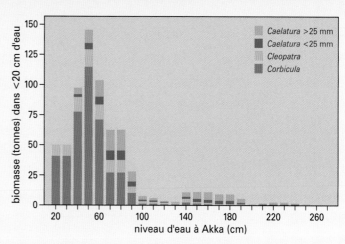

Fig.59 Classes de taille des corbicules sélectionnées par le Combattant varié, la Barge à queue noire et l'Ibis falcinelle comparée à la distribution de fréquence des bivalves présents dans le substrat.

Fig. 60 Biomasse (en tonnes de matière sèche) de proies en fonction du niveau d'eau (échelle d'Akka). *Caelatura* a été séparée en deux classes de tailles, car les bivalves >25 mm sont trop grands pour être mangés par l'Ibis falcinelle.

seaux en consomment 100 tonnes/an, soit moins de 0,4% de la masse totale disponible. Ceci ne signifie toutefois pas que cette source de nourriture est toujours exploitable, même si elle est abondante. Par exemple, l'Ibis falcinelle se nourrit dans les secteurs avec moins de 20 cm de profondeur d'eau, la Barge à queue noire préfère une profondeur de 15 cm et le Combattant varié, encore plus petit, se nourrit à des profondeurs inférieures à 5 cm. L'accessibilité de la nourriture varie donc lorsque les niveaux d'eau sont élevés et les proies meurent lorsque les plaines se sont asséchées. Pour estimer la quantité de nourriture disponible par jour, il nous fallait connaître la quantité présente sous de faibles profondeurs d'eau (< 20 cm). Le modèle numérique de terrain (dont la Fig. 46 donne une représentation simplifiée) montre que cette zone peu pro-

de proies. Lorsque les premières plaines inondables deviennent atteignables lors de la décrue, la densité de mollusques est encore très faible. Même lorsque le niveau des inondations est de 100 cm, la densité ne dépasse pas 15 *Corbicula*/m², 9,5 *Cleopatra*/m² et 3,8 *Caelatura*/m². Pendant la suite de la baisse des niveaux d'eau, ces densités augmentent rapidement et atteignent leur maximum à la cote 50 cm : 2400 corbicules/m², 281 *Cleopatra*/m² et 19 *Caelatura*/m², soit au total 16,9 g/m². Malgré la grande étendue des zones peu profondes à la cote 150 cm, la biomasse disponible est toujours très pauvre en raison de la faible densité de proies (Fig. 60). La nourriture la plus abondante apparaît lorsque les bancs denses de corbicules rencontrés avec des niveaux de 40 à 60 cm sont à portée des oiseaux. En considérant une consommation jour-

Combattants variés, Barges à queue noire et Ibis falcinelles se nourrissant de corbicules (centre gauche), *Caelatura* (centre droit). Les déjections (à droite) ont été analysées pour étudier les proies sélectionnées par les trois prédateurs de bivalves.

fonde s'étend sur 5 km² autour du Lac Debo lorsque le niveau d'eau à Akka est compris entre 200 et 250 cm. Cette zone atteint 23 km² pour une hauteur d'eau de 150 cm, mais diminue fortement jusqu'à 5 km² lorsque le niveau d'eau tombe sous les 90 cm.

La biomasse moyenne disponible pour les oiseaux se nourrissant des mollusques présents dans les secteurs recouverts de moins de 20 cm d'eau est déterminée par la surface correspondante et la densité

nalière de 3 tonnes par jour, la pression de prédation varie de 63% avec des niveaux d'eau de 100 à 200 cm à seulement 1,6% avec 50 cm d'eau. Cependant, le niveau d'eau diminue d'environ 3 à 5 cm par jour. Ainsi, une fois que les premiers Ibis falcinelles commencent à se nourrir dans une eau de 20 cm de profondeur, il faut encore 4 à 7 jours avant que les Combattants variés soient capables d'exploiter le même site. Même avec ce paramètre pris en compte, la prédation reste faible lorsque les grands

Combattants variés et Barges à queue noire se nourrissant de corbicules.

Ibis falcinelle se nourrissant de corbicules.

bancs de corbicules sont exploités. Cependant, lorsque le niveau atteint 100 cm, la pression de prédation calculée est supérieure aux ressources alimentaires estimées. Ceci implique que soit ces ressources sont sous-estimées, soit la pression de prédation est surestimée. Dans tous les cas, nous restons convaincus que les oiseaux épuisent totalement les stocks de proies à ce stade des inondations, car nos échantillonnages le long de transects dans des eaux profondes de 20 à 60 cm montrent que les proies sont totalement absentes des zones exposées, alors que quinze jours plus tôt, il en restait de fortes densités. Ces données suggèrent que les oiseaux se nourrissant de mollusques font face à un manque de nourriture pendant au moins 1 à 2 semaines après leur arrivée au Lac Debo à des niveaux d'eau de 150 à 200 cm. Ces observations posent question.

Premièrement, leur consommation de nourriture leur permet-elle d'accumuler des réserves, et si oui, à quelle vitesse ? Nous avons estimé la consommation brute journalière de nourriture d'une Barge à queue

noire à 650 KJ ; 20% de cette énergie n'est pas assimilée, ce qui réduit l'apport journalier en énergie à 520 KJ par jour. L'étude de barges captives a montré que pour maintenir une masse corporelle constante, cet oiseau a besoin de 360 KJ : 160 KJ sont donc disponibles pour constituer les réserves nécessaires pour la migration et augmenter leur masse corporelle d'environ 1,3% par jour (A.-M. Blomert & L. Zwarts, non publié). Ce taux est semblable à celui trouvé chez d'autres limicoles à la même latitude et à la même époque, au Banc d'Arguin (Zwarts et al. 1990). Les Barges rousses qui volent sans s'arrêter du Banc d'Arguin à la Mer des Wadden ont consommé 40% de leurs réserves corporelles prémigratoires (Piersma & Jukema 1990). Si l'on considère que les Barges à queue noire hivernant dans le Delta Intérieur volent également sur 4000 km sans

s'arrêter jusqu'à leurs sites de reproduction néerlandais (Chapitre 27), il leur faut environ un mois pour atteindre leur poids de départ. Notre estimation du taux d'engraissement est basée sur des Barges à queue noire se nourrissant sur des bancs de corbicules en février 1992. La consommation journalière était plus faible lors des deux mois précédents, lorsque les oiseaux capturaient principalement des *Caelatura*. Il n'est donc pas déraisonnable d'estimer qu'avec des niveaux d'eau plus élevés, le taux d'engraissement serait plus faible.

Deuxièmement, les corbicules sont-elles essentielles pour que l'Ibis falcinelle, la Barge à queue noire et le Combattant varié puissent accumuler des réserves dans le Delta Intérieur du Niger ? Sous le régime d'inondations qui a dominé pendant les 10 à 20 dernières années, les oiseaux ont exploité les bancs de corbicules entre février et leur départ en mars. Comment faisaient-ils lorsque les niveaux d'eau étaient plus élevés, comme dans les années 1950 ? Il s'agit d'une question difficile, car nous n'avons pas de données sur la distribution des corbicules avec des niveaux d'inondation différents. Il se peut qu'avec des niveaux d'eau plus élevés, la corbicule se rencontre plus haut dans les plaines inondables et qu'elle reste ainsi la nourriture de base pour ces oiseaux se nourrissant de mollusques. Dans le cas contraire, ils doivent faire des réserves grâce à d'autres ressources, tels que les grains de riz, comme ils le font dans les rizières côtières de Guinée-Bissau (Chapitre 27). Mais comment peuvent-ils engraisser lorsque les niveaux sont très bas et que les bancs de corbicules deviennent disponibles tôt en janvier et que quasiment aucun mollusque ne reste en février-mars ? Jusqu'à présent nous n'avons aucun indice suggérant que les oiseaux avancent leur constitution de réserves. Au contraire, les fortes sécheresses créent de sérieuses réductions des populations, comme nous l'avons constaté en 1984/1985, année la plus sèche du siècle au Sahel. Bien que les combattants femelles capturés fin mars aient été en pleine recherche de nourriture, elles n'avaient pas de réserves. En fait, le poids moyen de ces oiseaux était même inférieur à leur poids maigre. Une proportion importante de femelles furent incapables de quitter leur site d'hivernage (les mâles partent plus tôt que les femelles) et ont dû y périr (van der Kamp et al. 2002b ; Chapitre 27).

Troisièmement, la question précédente ramène à un phénomène plus global, discuté au chapitre 43 : la date de départ en migration est-elle invariable ou dépend-elle des variations interannuelles des quantités de nourriture qui sont déterminées par les niveaux d'inondations ou de pluies ? La principale conclusion de toutes les observations ci-dessus est que, même au sein d'une vaste zone de marais dynamique comme le Delta Intérieur du Niger, où les oiseaux paraissent avoir tant de possibilités de trouver des conditions d'alimentation optimales, la quantité de nourriture peut malgré tout parfois être un facteur limitant.

Les comptages d'oiseaux dans les lacs centraux peuvent donc être utilisés – après correction pour la hauteur d'eau – pour déterminer des tendances à long terme (Fig. 54C, graphiques du bas de la Fig. 55). Cependant, la situation n'est pas si simple.

Tout d'abord, les niveaux d'eau mesurés permettent de mesurer l'inondation du bassin par le fleuve, mais pas le nombre de plans d'eau qu'elle atteint. Plus les inondations sont fortes, plus le nombre de dépressions qui restent pleines d'eau lors du retrait des eaux est grand (Fig. 38). Par conséquent, le nombre d'oiseaux arrivant sur les lacs centraux à la cote 200 cm dépend également de la hauteur maximale atteinte par les inondations quelques mois plus tôt. Le nombre de sites alternatifs est moindre en cas de faibles inondations, et une proportion plus importante des oiseaux trouve refuge sur les lacs centraux. Si l'on étudie ces difficultés dans le détail, il apparaît que le niveau des inondations a bien un impact sur le nombre d'Echasses blanches (une espèce qui se nourrit sur les grèves) présent sur les lacs centraux, mais qu'aucun effet n'est constaté pour la Sterne caspienne. Pour cette dernière espèce, les petits plans d'eau isolés n'offrent vraisemblablement pas de bonnes conditions d'alimentation.

Deuxièmement, les comptages sur les lacs centraux révèlent de nombreuses anomalies par rapport aux comptages sur l'ensemble du delta, en particulier pour les canards et les oies dont les variations interannuelles sont imprévisibles et en partie déterminées par le niveau des inondations. Les canards se concentrent normalement sur les lacs des secteurs N-E et N-O du delta. Ce n'est que lorsque ces lacs restent secs pendant la saison sèche qu'ils sont obligés de se rendre sur les lacs centraux. Même dans ce cas, leur présence et leurs nombres, ainsi que les chances de les détecter et de les compter, dépendent fortement des dérangements par les hommes, qui sont plus forts sur les lacs centraux qu'ailleurs dans le delta. L'impact des dérangements humains sur les cormorans, les hérons et les limicoles est a priori plus faible que sur les canards et les oies. A cet égard, le déclin significatif du Héron garde-bœufs et du Cormoran africain sur les lacs centraux ressort car leurs populations nicheuses dans le Delta Intérieur du Niger sont globalement stables. Cela signifie-t-il que les lacs centraux et leurs réserves de nourriture se sont dégradés pour ces espèces, comme le suggère également la mortalité massive des Cormorans africains en 2004-2005 ?

Même si l'on prend en compte les importants biais lors des comptages d'oiseaux dans de grands écosystèmes dynamiques, les lacs centraux affichent une dichotomie claire entre l'évolution des populations d'oiseaux paléarctiques et africains : bien plus d'espèces paléarctiques sont stables ou en augmentation que d'espèces africaines, ces dernières étant souvent en rapide déclin (fig. 56). Alors que la présence saisonnière des espèces européennes dans le Delta Intérieur du Niger est essentiellement restreinte à l'hiver boréal et dépend donc de la hauteur des eaux, les espèces africaines affrontent les conditions locales toute l'année. Ces espèces peuvent échapper aux sécheresses en réalisant des mouvements intra-africains vers des régions moins sévèrement (ou pas du tout) affectées, mais il n'existe pas de solution alternative face à la perte d'habitats causée par l'homme, particulièrement marquée dans les zones humides et exacerbée par la croissance rapide de la population humaine (Fig.

28). Une étude récente sur les tendances des populations d'oiseaux d'eau africains a montré que 43% des espèces pour lesquelles des estimations étaient disponibles étaient en déclin (Dodman 2007). Les résultats obtenus sur les lacs centraux sont cohérents avec cette vision d'ensemble.

Les sondages de densités

Jusqu'à présent, les comptages se sont focalisés sur les grands oiseaux facilement repérables et souvent concentrés dans des zones bien définies. Même si l'on considère les nombreux biais possibles, nous sommes confiants dans les interprétations que nous faisons des données existantes. La situation est totalement différente pour les espèces discrètes, petites ou largement réparties. Un simple coup d'œil sur les grandes plaines inondables à l'ouest et à l'est du Diaka suffit pour apprécier l'étendue du problème. De grandes superficies de prairies identiques en apparence s'étendent à perte de vue, et se transforment en une mosaïque d'habitats dès que l'on y pénètre à pied. La densité d'oiseaux peut paraître insignifiante à petite échelle, mais sur l'immensité du Delta Intérieur du Niger, elle se traduit en quantités étonnantes, qui se matérialisent lorsque les nuages de Bergeronnettes printanières ou d'Hirondelles de rivage se rendent aux dortoirs en soirée. Et pourtant, ces espèces ne se rencontrent qu'occasionnellement et en petit nombre, voire pas du tout, durant la journée. Les immenses plaines inondables semblent accoucher d'interminables vagues d'oiseaux au crépuscule. Toute tentative de dénombrement est alors futile.

Pour y remédier, nous avons adopté une méthode de comptage alternative, i.e des comptages précis d'oiseaux dans des petits secteurs de taille déterminée. Un échantillonnage aléatoire étant logistiquement impossible, nous avons opté pour la seconde meilleure solution : un échantillonnage stratifié des principaux habitats du delta. La diversité des habitats dans le Delta Intérieur du Niger est faible, ce qui permet d'obtenir un jeu de sites d'échantillonnage représentatif de l'ensemble du Delta sans recours à une répartition aléatoire. Les habitats ont été définis par l'utilisation de cartes de végétation (basées sur des images satellites) et des informations obtenues par la modélisation numérique des inondations. De grandes parties du Delta Intérieur du Niger n'ont pas pu être atteintes, ou seulement leur périphérie, mais les habitats présents dans ces zones ont pu être correctement inventoriés ailleurs. Lorsque cela était possible, nous avons choisi des transects linéaires >1 km et perpendiculaires aux fleuves (Niger, Bani, Diaka). Dans le cas où la hauteur de la végétation, sa densité, ou la profondeur d'eau empêchaient un tel choix, nous avons divisé les transects en sous-parcelles. La longueur et la largeur des parcelles ont été mesurées avec des jumelles à visée laser, ou calculées d'après les positions GPS (vérifiées en comptant le nombre de pas de taille connue nécessaires pour les couvrir), ce qui nous a permis de calculer la surface des parcelles avec précision. Nous avons relevé le type d'habitat, la hauteur de végétation, sa densité, et la profondeur d'eau pour chaque plot sur des imprimés, ainsi que la date, l'horaire, les coordonnées, le type de recensement et le nom des participants.

Cette technique d'échantillonnage nécessitait le comptage de la totalité des oiseaux présents dans chaque parcelle. Afin d'atteindre cet objectif, plusieurs méthodes ont été utilisées, souvent accompagnées de cris, applaudissements et jets de boue dans la végétation pour s'assurer que tous les oiseaux étaient bien levés et comptés :

- Deux ou trois personnes marchant en parallèle, espacées de 20 à 50 m le long du transect. Les espacements dépendaient de la densité de végétation et de la hauteur.
- Un observateur parcourant la parcelle en zig-zag pendant que le second observait du bord et comptait les oiseaux.
- Après encerclement d'une petite surface, effarouchement des oiseaux en faisant du bruit ou en jetant de la boue.
- Pour les transects en bateau, nécessaires pour les profondeurs d'eau supérieures à 1,2 m, nous avons adapté la largeur des bandes de comptage (de 20 à 100 m) en fonction des espèces. Une Grande Aigrette peut en effet être observée de bien plus loin qu'un Phragmite des joncs.

Fig. 61 Localisation des 1617 sites du Delta Intérieur du Niger où des sondages de densités par parcelles ont été réalisés. D'après une image composite en vraies couleurs (Landsat, 16 octobre 2001, niveau d'eau à Akka 429 cm) couvrant une surface de 183 x 342 km.

Tableau 7 Nombre d'oiseaux estimé sur le Lac Télé en mars 2003 et mars 2004, d'après les sondages de densité sur 92 parcelles de 4,5 ha de moyenne.

Héron cendré	543
Héron pourpré	1202
Crabier chevelu	17646
Héron garde-boeufs	3144
Grande Aigrette	344
Aigrette intermédiaire	3611
Ibis falcinelle	291
Talève sultane	3843
Jacana nain	5765
Jacana à poitrine dorée	4115
Echasse blanche	875
Rhynchée peinte	545
Glaréole à collier	71
Bécasseau minute	516
Petit Gravelot	142
Chevalier sylvain	35166
Combattant varié	10060
Cochevis huppé	202
Bergeronnette printanière	71280
Phragmite des joncs	2490

Pendant le recensement des plots, les terrains voisins étaient tenus à l'œil, car l'effet d'effarouchement n'était pas limité au secteur recensé. Afin de compter les oiseaux avec précision, nous devions garder un œil sur ceux que nous avions déjà fait s'envoler, et noter les oiseaux s'envolant prématurément de la parcelle suivante dans la séquence. L'absence de relief dans le Delta Intérieur du Niger offre des vues dégagées, ce qui facilite le suivi des oiseaux déjà comptés. Après le dérangement d'un secteur, les équipes de comptage traversaient plusieurs centaines de mètres en silence sans compter, afin de reprendre leur travail là où tous les oiseaux étaient encore présents et où aucun des oiseaux dérangés précédemment n'était venu se poser. Il se peut que nous ayons introduit par inadvertance un biais dans la méthode lorsque nous avons rencontré de grands groupes posés devant nous, tels que des hérons ou des Glaréoles à collier. Nous avons en général évité ces groupes, ce qui peut avoir conduit à des sous-estimations.

Pour chaque parcelle, nous avons évalué de manière subjective si tous les oiseaux présents avaient été notés ou non. Les sondages de densité ont été considérés incomplets lorsque l'accès aux parcelles était impossible en raison d'une hauteur d'eau dépassant la taille ou d'une végétation impénétrable. Les nombres comptés sur ces parcelles n'ont pas été utilisés dans les calculs de densité par habitat. Tous les sondages de densité ont été réalisés entre le 1er novembre et le 15 mars 2001/2002, 2002/2003 et 2003/2004. Au total, 1617 comptages furent réalisés dans des parcelles d'une taille moyenne de 2,99

Tableau 8 Densité moyenne par km² de 46 espèces dans le Delta Intérieur du Niger au sein de six habitats différents. Mimosa = bourgoutière à *Mimosa pigra* ; bourgou = bourgoutière, riz-c = riz cultivé, riz-s = riz sauvage, nu/herbe = sans végétation (y compris eau libre ou couvert d'herbe, stagnant = Lacs Télé et Horo. La fiabilité des densités moyennes calculées est faible lorsque l'erreur-type est grande (SE>60% de la moyenne ; indiquée en rouge) et forte lorsque l'erreur-type est petite (<30% de la moyenne ; indiquée en vert). Les comptages sur les parcelles à sol sec ont été exclus (densité d'oiseaux très faible). *Anthus sp.* désigne les Pipits à dos uni ou africain.

Habitat	Mimosa	Bourgou	riz-c	riz-w	denude/herbe	stagnant
Nombre de comptages	15	790	137	67	93	86
Cormoran africain	0	85	0	1	1	34
Héron cendré	0	24	4	49	0	8
Héron mélanocéphale	0	0	30	0	0	0
Héron pourpré	19	49	3	4	1	30
Crabier chevelu	30	148	6	2	2	255
Héron garde-boeufs	0	105	306	169	14	78
Aigrette garzette	93	30	4	5	36	35
Aigrette intermédiaire	0	14	1	0	2	73
Grande Aigrette	0	10	0	0	1	12
Blongios nain	0	1	0	0	0	0
Butor étoilé	0	5	0	0	0	0
Ibis falcinelle	0	24	0	0	0	37
Gallinule poule d'eau	6	0	6	0	0	0
Gallinule africaine	56	1	0	0	0	0
Talève sultane	0	11	0	0	0	58
Jacana nain	0	13	1	5	0	104
Jacana à poitrine dorée	0	52	13	13	0	15
Echasse blanche	0	68	51	0	197	152
Bécassine double	20	1	5	0	10	0
Bécassine des marais	0	6	3	3	0	7
Rhynchée peinte	0	3	15	0	0	1
Glaréole à collier	0	86	319	39	150	6
Vanneau à éperons	0	28	38	19	100	3

Habitat	Mimosa	Bourgou	riz-c	riz-w	denude/herbe	stagnant
Nombre de comptages	15	790	137	67	93	86
Gravelot pâtre	0	55	17	0	117	0
Grand Gravelot	0	36	1	0	315	1
Barge à queue noire	0	111	6	26	19	4
Bécasseau minute	0	207	66	4	665	205
Bécasseau cocorli	0	7	0	0	385	5
Chevalier culblanc	0	2	0	0	0	0
Chevalier sylvain	87	271	94	74	180	823
Chevalier arlequin	0	1	6	0	6	0
Combattant varié	0	415	531	12	750	2215
Chevalier aboyeur	0	4	6	0	15	0
Chevalier stagnatile	0	5	0	0	11	0
Cochevis huppé	94	97	138	45	35	6
Pipit à gorge rousse	0	1	0	0	0	0
Pipit sp.	0	2	2	3	0	0
Bergeronnette printanière	649	661	241	186	294	1786
Gorgebleue à miroir	245	16	14	2	0	0
Locustelle luscinioïde	0	1	0	0	0	0
Phragmite des joncs	760	260	0	4	4	3437
Phragmite aquatique	0	0	0	0	0	0
Fauvette passerinette	40	0	0	0	0	0
Pouillot véloce	424	0	0	0	0	0
Prinia sp.	238	3	0	2	0	0
Cisticole des joncs	0	29	76	17	2	3
Total	**2818**	**3012**	**2006**	**684**	**3327**	**9461**

ha, presque tous localisés dans la moitié sud du Delta Intérieur du Niger et autour des lacs centraux (Fig. 61). Bien que les parcelles n'aient pas été déterminées aléatoirement, les comptages ont couvert un échantillon représentatif des principaux habitats, profondeurs d'eau et types de végétation présents dans le Delta Intérieur du Niger (van der Kamp *et al.* 2005a).

Nous avons également réalisé de tels comptages sur deux lacs du nord, le Télé (57 km²) et le Horo (139 km²), en mars 2003 et 2004. Nous avons estimé que 56 km² du Lac Horo étaient couverts de végétation flottante, composée d'une grande espèce connue localement sous le nom de *kouma* (*Polygonum senegalense*) et d'une petite appelée *loubou* (*Ludwigia stolonifera*). Seuls des Phragmites des joncs furent observés en train de se nourrir sur les tiges émergées. Ils y atteignent

des densités extrêmement élevées (comme Jarry *et al.* 1986 l'avaient déjà remarqué) : la densité moyenne y est de 103 oiseaux par ha, soit un total estimé de 575.000 Phragmites des joncs rien que dans cet habitat (intervalle de confiance à 95% : 393.000 – 756.000 ; n=29).

Pendant les deux visites, la partie S-O du Lac Télé était recouverte de végétation flottante composée de deux graminées appelées localement *horia* et *garsa* (27,5 km²). La Bergeronnette printanière y était l'espèce d'oiseau la plus commune (25,6/ha), mais les autres espèces y étaient également abondantes : Chevalier sylvain (12,4/ha), Crabier chevelu (6,4/ha), Jacana nain (2,1/ha), Jacana à poitrine dorée (1,5/ha) et Talève sultane (1,4/ha). Le Phragmite des joncs n'y atteignait pas une densité aussi forte que dans ses habitats à *Polygonum* (0,9/ha). En dehors des 51 comptages dans les étendues de végétation flottante (profondeur d'eau > 20 cm), nous avons réalisé 26 autres comptages le long des berges, là où la profondeur était inférieure à 20 cm, soit une bande de 25 km de long et 20 m de large (couvrant 0,5 km²). En regroupant ces données, nous sommes arrivés, par extrapolation à un total estimé de 162.000 oiseaux pour le Lac Télé (tableau 7).

Le nombre d'oiseaux dans les plaines inondables du Delta Intérieur du Niger fut estimé de la même manière. La profondeur d'eau et les types de végétation furent notés pour chaque parcelle. La profondeur d'eau est un paramètre majeur déterminant la présence et l'abondance de nombreuses espèces, allant des espèces des terres arides comme le Cochevis huppé à celles qui se nourrissent sur la végétation flottante en eau profonde, comme le Crabier chevelu. Cependant, la plupart des espèces d'oiseau atteignent leur densité maximale en eau peu profonde (Fig. 62). Tous les sondages de densité furent rangés dans cinq classes de profondeur d'eau (basées sur les mesures prises à l'échelle d'Akka : 0-100 cm, 100-200 cm, ..., 400-500 cm). Pour chaque hauteur d'eau, nous avons utilisé le modèle numérique décrit précédemment pour estimer la superficie des sols secs, des zones couvertes par moins de 20 cm d'eau, par 20 à 40 cm d'eau, et ainsi de suite. Malheureusement, le modèle numérique ne permettait pas de faire la différence entre les « sols humides » et les

« sols secs », une distinction écologiquement importante. Nous avons contourné ce problème en supposant que la largeur de la zone humide le long des berges était de 5 m en moyenne. La surface totale des sols humides peut alors être calculée, étant donné que la longueur totale des berges peut être calculée par le modèle numérique. Plus le niveau des inondations est haut, plus le linéaire de berges s'allonge, mais cette longueur augmente encore plus lors du retrait des eaux et atteint 80.000 km en raison de la présence de lacs et mares isolés. Les nombreux lacs temporaires avec des niveaux d'eau de 200-300 cm à Akka expliquent pourquoi la relation entre la longueur des berges et le niveau d'eau n'est pas une droite, mais une courbe. La superficie des sols humides est calculée d'après cette relation.

La végétation est un autre facteur majeur qui détermine la densité d'oiseaux. Nous avons distingué 14 types de végétation, qui ont été réduits dans l'analyse finale à six principaux types d'habitat. Le *bourgou*, le *didéré*, le *poro* et les nénuphars ont été regroupés sous le terme de « bourgoutière ». Les zones avec une végétation basse ou sans végétation, *i.e* l'eau libre (sans bourgoutière, riz ou nénuphars), ainsi que deux types de prairies ont également été regroupées. Troisièmement, tous les habitats des Lacs stagnants Télé et Horo ont été mis dans un même groupe. La plupart des sondages de densité ont été réali-

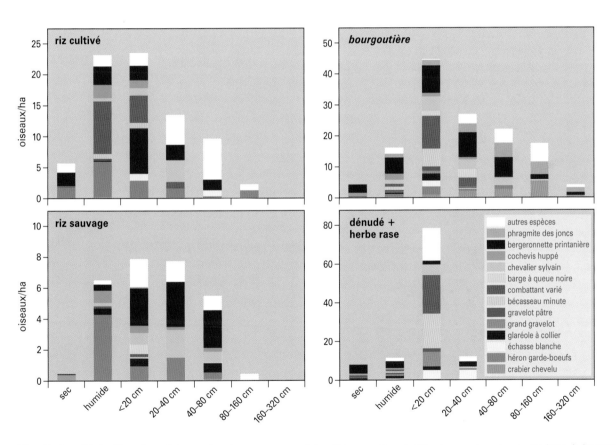

Fig. 62 Densité des 13 espèces d'oiseaux les plus communes et densités cumulées de 49 autres espèces sur un gradient de hauteur d'eau, du terrain sec à l'eau profonde dans quatre habitats principaux : riz cultivé (n=168 parcelles), bourgoutière (n=945), riz sauvage (n=160) et sol dénudé ou herbe rase (n=95). Toutes les données ont été collectées dans le Delta Intérieur du Niger (voir Fig. 48 et 61). Echelles différentes.

sés dans des bourgoutières, du riz sauvage, du riz cultivé et dans des zones avec une végétation courte ou absente. Les densités d'oiseaux sont remarquablement faibles dans le riz sauvage, élevées dans la bourgoutière et exceptionnellement élevées dans les eaux stagnantes (i.e à *Polygonum* émergeant) (Tableau 8). Les limicoles atteignent une densité élevée dans les parcelles avec des plantes rases ou sans végétation. Une grande partie de ces différences peut être attribuée aux niveaux d'eau (Fig. 62).

Dans les secteurs dénudés ou à végétation rase, les densités d'oiseaux maximales sont atteintes en eau peu profonde, alors que les secteurs profonds sont inoccupés. En revanche, des espèces variées se nourrissent dans les eaux profondes couvertes par les tiges flottantes de riz sauvage et, avec une fréquence supérieure, dans celles couvertes de *bourgou* (voir encadré 8). Certaines espèces, telle la Bergeronnette printanière, se rencontrent dans tous les types d'habitats, alors que d'autres, tel le Phragmite des joncs ont presque exclusivement été observées dans les bourgoutières. La composition spécifique diffère considérablement entre les quatre habitats : on trouve plus de hérons dans les étendues de riz et la bourgoutière et surtout des limicoles dans les zones peu profondes et dénudées. Les rizières cultivées exondées, mais pas encore asséchées, attirent de nombreux Combattants variés et autres oiseaux amateurs de riz.

La densité d'oiseaux ne dépend pas que de la profondeur et de la couverture végétale. Par exemple, la présence de vaches attire les Hérons garde-bœufs et entraîne leur augmentation, de 0,9 oiseau/ha (sans bovins) à 4,8 oiseaux/ha (avec bovins). Des différences de densité semblables ont été rencontrées pour la Bergeronnette printanière (de 2,9 à 12,1 oiseaux/ha). D'autres variables peuvent expliquer les variations, mais elles n'ont pas été quantifiées. La relation entre la densité, la profondeur d'eau et la végétation a été utilisée pour extrapoler le nombre total d'oiseaux présents dans les plaines inondables à partir des sondages de densités. La carte de végétation établie par Zwarts *et al.* (2005b) a été utilisée pour déterminer la superficie des principaux types de végétation. *Mimosa pigra* étant associé au riz sauvage ou au *bourgou*, il n'a pas pu être considéré comme un habitat distinct.

La carte de végétation couvre la zone inondable la plus basse (niveaux <360 cm à Akka), soit une zone de 5855 km², qui peut être divisée en :
- 1.040 km² de rizières cultivées (17,8%),
- 1.433 km² de riz sauvage et de riz sauvage entrecoupé de nénuphars (24,5%),
- 1.543 km² de bourgoutière (*bourgou*, *didéré*, parfois en association avec des nénuphars) (26,4%),
- 1.105 km² de terrains nus lorsqu'ils sont inondés, puis se transformant en prairies (18,9%),
- 735 km² d'eau libre pour un niveau d'eau de 86 cm (12,6%).

En combinant le modèle numérique de terrain et la carte de végétation, nous avons pu calculer la surface par tranche de profondeur d'eau pour chaque type de végétation. Ce calcul a été réalisé pour les cinq tranches suivantes : <100, 100-200, 200-300, 300-400 et 400-500 cm. Il a permis d'estimer le nombre total d'oiseaux présents dans les 5855 km² les plus bas des plaines inondables. N'ayant pas réalisé de

Les hérons et la végétation flottante

Les hérons piscivores capturent leurs proies par surprise en se tenant immobiles, puis en les harponnant ou en les chassant. Pour chaque espèce, la longueur du tarse détermine la profondeur d'eau des habitats qu'ils peuvent exploiter. Cette longueur différant entre espèces, on pourrait s'attendre à une ségrégation d'habitats entre les six espèces habitant dans le Delta Intérieur du Niger. Les Grandes Aigrettes devraient être capables de se nourrir jusqu'à 35 cm de profondeur, les Hérons cendrés jusqu'à 27 cm, les Hérons

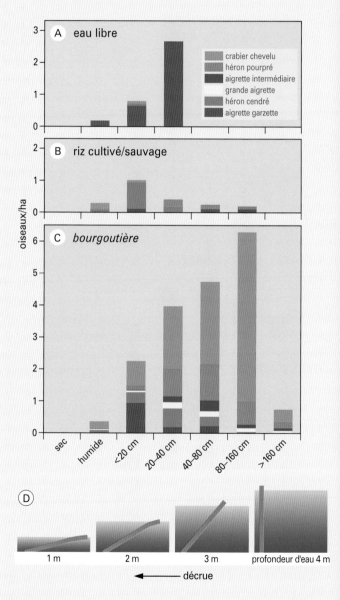

Fig. 63 Densité d'alimentation par ha de cinq espèces de hérons et d'aigrettes en fonction de la profondeur d'eau (A) en eau libre, (B) dans le riz sauvage ou cultivé, (C) dans la bourgoutière (*bourgou* ou *didéré*). Tous les sondages de densité ont été réalisés dans les plaines inondables du Delta Intérieur du Niger, entre le 15 novembre et le 1er mars. Les schémas (D) illustrent la position des tiges de *bourgou* en fonction du niveau d'eau.

Hérons pourprés se nourrissant dans le *bourgou* flottant dans environ 1 m d'eau.

pourprés jusqu'à 22 cm, les Aigrettes garzettes jusqu'à 19 cm et les Crabiers chevelus jusqu'à 11 cm. Les sondages de densité réalisés dans les eaux libres (Fig. 63) montrent que les hérons se nourrissent en eau peu profonde, en général profonde de moins de 40 cm, mais qu'ils exploitent les eaux plus profondes si une végétation flottant leur permet d'y marcher. La densité est moindre sur le riz flottant que sur la bourgoutière flottante (Fig. 63). Les deux aigrettes ne se rencontrent qu'occasionnellement sur le *bourgou* ou le riz.

Pourquoi la densité de hérons est-elle supérieure sur les bourgoutières que sur le riz flottant ? La réponse est liée aux propriétés physiques de ces plantes. Le *bourgou* pousse en eau profonde et forme des tiges de 4 m de long en moyenne. Lorsque le niveau d'eau baisse, les épaisses tiges de *bourgou* se plient vers l'horizontale. Lorsque l'eau descend de 4 m à 2 m, la flottabilité des tiges est apparemment insuffisante pour supporter un héron. Lorsque la hauteur d'eau n'est plus que d'1 m, les tiges sont suffisamment denses et entremêlées pour le supporter, et permettent ainsi l'exploitation de ces zones autrement inaccessible (voir encart). Le riz flottant est moins attractif pour les hérons, car les riz sauvages et cultivés poussent dans des eaux moins profondes et forment des tiges plus fines qui ne mesurent que 2,5 m de long. La flottabilité des tiges n'est probablement pas suffisante pour porter un héron. En outre, le riz flottant forme souvent un matelas dense qui couvre de grandes étendues d'eau. La localisation visuelle d'une proie qui nage y est impossible. L'enchevêtrement des tiges épaisses de *bourgou* permet au contraire aux hérons de localiser plus facilement les poissons.

Malheureusement, nous ne possédons pas de données sur la densité de poissons sous la végétation flottante. Nous ne pouvons donc pas éliminer la possibilité que le riz flottant abrite moins de poissons que la bourgoutière. Nous pourrions considérer que, comme constaté par d'autres études (p. ex. Wanink 1999, Wanink *et al.* 1999), la densité en poissons est plus faible dans les eaux peu profondes et que seuls les plus petits poissons s'aventurent dans les eaux les moins profondes. Ceci pourrait expliquer pourquoi la densité de hérons diminue lorsque la hauteur d'eau passe sous les

40 cm. L'Aigrette garzette est une exception. Au contraire des cinq autres espèces, elle se nourrit habituellement en groupe pour faciliter la capture des poissons nageant dans les hauts-fonds.

Si la flottabilité insuffisante des tiges peu entremêlées explique pourquoi les hérons évitent le *bourgou* en eau profonde, alors il paraît logique que les zones fréquentées par les espèces de hérons dépendent de leur poids plutôt que de la longueur de leurs tarses. Notre classification des profondeurs atteintes par les différentes espèces est assez basique, mais il est tout de même évident que le Crabier chevelu (moins de 300 g) atteint sa densité maximale sur le *bourgou* flottant dans une hauteur d'eau de 80 à 160 cm. Les Hérons pourprés (800-1000 g) sont plus communs pour des profondeurs de 40 à 80 cm, alors que les Hérons cendrés (1400 g) le sont dans des eaux peu profondes (20 à 40 cm). Cependant, la masse corporelle n'est pas la seule variable expliquant où et quand les hérons se nourrissent. Les Crabiers chevelus et les Hérons pourprés se déplacent plus adroitement sur les tiges que les aigrettes et les Hérons cendrés. A cet égard, il est frappant qu'un doigt de Crabier chevelu (67 mm) soit 18% plus long que son tarse (8% chez le Héron pourpré). Chez les quatre autres espèces, les doigts sont 30% plus courts que le tarse (Cramp & Simmons 1977). Ces longs doigts leurs permettent de mieux s'agripper à la végétation flottante et de répartir leur poids sur une zone plus large et sur un plus grand nombre de tiges.

En se nourrissant sur la végétation flottante, les hérons peuvent élargir considérablement leurs zones de pêche. Pour le Crabier chevelu, par exemple, en l'absence de végétation flottante, la zone de pêche est limitée aux zones profondes de moins de 10 cm. Pendant les fortes inondations (> 15.000 km^2 du Delta Intérieur du Niger inondés), cette zone couvre environ 1000 km^2. Elle diminue progressivement jusqu'à 100-150 km^2 lorsque les inondations ne s'étendent que sur 3000 km^2. La superficie de bourgoutière dans des eaux de 40 à 160 cm varie entre 300 et 700 km^2 selon l'importance des inondations. Grâce à l'exploitation des tiges flottantes de *bourgou* ou de *didéré*, les Crabiers chevelus doublent donc la taille de leurs zones d'alimentation potentielles.

Tableau 9 Nombre maximum d'oiseaux d'eau entre novembre et février dans la zone des lacs centraux (460 km² ; Fig. 53) et nombre moyen dans les plaines basses de la totalité du delta (5855 km² ; Fig. 39). Tous ces nombres concernent les plaines recouvertes par l'eau avec un niveau d'eau de 350 cm. Ils ont été calculés d'après les sondages de densités pour quatre niveaux d'inondation (0-100, 100-200, 200-300, 300-400 cm à Akka). La moyenne des 4 valeurs obtenues donne le nombre pour la totalité des plaines inondables. L'erreur-type correspond à la variation en fonction de la hauteur d'inondation. Pour les lacs centraux, nous donnons le nombre le plus élevé des 4 catégories, soit en général celui obtenu avec les plus faibles niveaux d'eau.

Espèce	Lacs centraux	Plaines basses du Delta	
	maximum	moyenne	SE
Héron cendré	3195	23915	8131
Héron pourpré	7179	50417	19273
Crabier chevelu	41218	183390	56496
Héron garde-boeufs	19118	314560	40276
Aigrette garzette	7611	37389	10039
Aigrette intermédiaire	2461	13009	4958
Grande Aigrette	1611	8879	3088
Butor étoilé	793	3852	1046
Talève sultane	1692	10844	4792
Jacana nain	2216	22310	11566
Jacana à poitrine dorée	16320	112664	55496
Bécassine double	109	2061	589

Espèce	Lacs centraux	Plaines basses du Delta	
	maximum	moyenne	SE
Rhynchée peinte	396	3667	2289
Vanneau à éperons	7222	72503	3736
Bécasseau minute	46243	164576	66468
Chevalier culblanc	243	558	122
Chevalier sylvain	38198	199448	52394
Combattant varié	77021	276834	70188
Chevalier stagnatile	891	2651	1138
Cochevis huppé	19593	193619	28879
Bergeronnette printanière	100999	960785	53807
Gorgebleue à miroir	2772	7030	2038
Phragmite des joncs	41027	248879	77393

sondage de densité sur les lacs, nous avons considéré que la densité d'oiseau y était nulle, ce qui est certainement vrai pour la plupart des espèces, mais ne l'est pas pour cinq espèces de sternes, le Busard des roseaux et d'autres espèces se nourrissant au-dessus des lacs. Ces espèces n'ont pas été prises en compte par les sondages de densité, mais ont fait l'objet de comptages directs.

Notre estimation du nombre d'oiseaux est limitée aux plaines situées sous la cote 360 cm à Akka. La taille maximale des plaines inondations varie entre 10.000 et 20.000 km² sur l'année. Le nombre d'oiseaux, ainsi que les espèces concernées, qui se rencontrent dans les plaines inondables les plus élevées varient en fonction du niveau. Si le niveau est inférieur à 360 cm, tous les oiseaux se nourrissant sur des sols humides et sur l'eau sont concentrés dans les 5855 km² couverts par notre étude. Le Héron garde-bœufs, le Gravelot pâtre, la Ber-

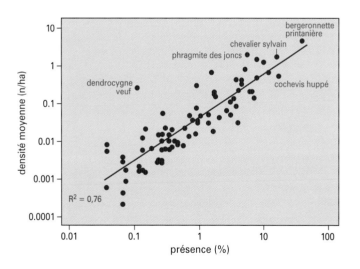

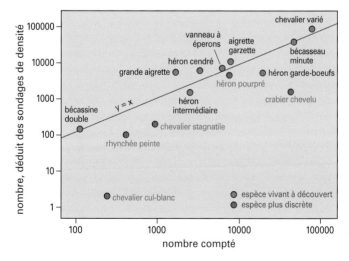

Fig. 64 Relation, pour 78 espèces d'oiseaux, entre la densité moyenne par ha et la proportion de parcelles fréquentées parmi 2999 parcelles couvertes par des sondages de densité au sein du Delta Intérieur du Niger et du Delta du Sénégal.

Fig. 65 Nombres maximum comptés sur les lacs centraux (Tableau 5) comparés aux nombres maximum estimés d'après les sondages de densité (Tableau 9).

Des lignes armées d'hameçons sont utilisées pour attraper les oiseaux (ici, trois Glaréoles à collier). Les oiseaux volant bas sont particulièrement vulnérables la nuit, et le moindre contact d'une rémige suffit pour qu'ils soient pris par les hameçons aiguisés comme des lames de rasoir. Lorsque ces lignes sont stratégiquement positionnées près des berges, de nombreux oiseaux s'y prennent en une seule nuit et leurs cris de détresse peuvent être entendus à grande distance.

geronnette printanière, le Cochevis huppé et d'autres espèces qui se nourrissent sur des sols nus (Fig. 62) peuvent alors se rencontrer dans les zones les plus élevées. Si le niveau d'eau dépasse 360 cm, une partie des espèces se nourrissant en eaux peu profondes s'y déplacent. Par conséquent, nos totaux estimés pour les zones basses (5855 km²) sont trop faibles lorsque les niveaux atteignent 400-500 cm. Afin de démontrer l'effet du niveau d'inondation sur le nombre d'oiseaux, nous avons estimé les nombres pour quatre hauteurs d'eau : <100, 100-200, 200-300 et 300-400 cm. Les erreurs-types données dans le tableau 9 concernent ces 4 estimations.

Afin que les sondages de densités puissent être extrapolés, il fallait que les oiseaux soient présents dans une proportion importante de parcelles (Fig. 64). La Bergeronnette printanière était à la fois l'espèce la plus présente (39,6%) et avec la plus grande densité (4,7/ha). Le Cochevis huppé et le Chevalier sylvain étaient présents dans environ 16% des parcelles, mais les densités moyennes de Cochevis huppé (0,5/ha) étaient plus faibles que celles du Chevalier sylvain (1,7/ha). Le Phragmite des joncs avait une densité plus forte que le Chevalier sylvain, mais n'était présent que sur 5,5% des parcelles. La variation de la fréquence d'observation est en partie liée aux habitats, car certaines espèces sont plus sélectives que d'autres. Par ailleurs, les oiseaux se nourrissant en groupe peuvent être irrégulièrement répartis. Le Dendrocygne veuf, qui fait partie des 15 espèces les plus communes, en est un parfait exemple : il n'a été rencontré qu'en 3 des 2999 parcelles dans le Delta Intérieur du Niger et dans des habitats similaires du Delta du Sénégal. Les sondages de densité ne sont clairement pas fiables pour les oiseaux se nourrissant en groupes. Nos analyses sont par conséquent limitées à 22 des 78 espèces observées (voir ci-dessous).

Pour plusieurs espèces, les totaux extrapolés peuvent être comparés avec ceux obtenus par les méthodes de comptage direct mentionnées précédemment. Notre extrapolation de 960.000 Bergeronnettes printanières n'est pas étonnante, étant donné les centaines de milliers comptées aux dortoirs. Mais comment valider une estimation de 183.000 Crabiers chevelus ? Par chance, les comptages sur les lacs centraux offrent cette possibilité. Nous disposons de 62 comptages complets et fiables dans cette région bien définie, qui nous permettent de vérifier les estimations dérivées des sondages de densité (Fig. 65). Dans l'ensemble, les totaux estimés correspondent relativement bien avec les comptages directs pour les espèces vivant à découvert, mais moins bien pour les espèces difficiles à détecter.

Par extrapolation, les sondages de densité nous ont permis de produire des totaux indicatifs pour la totalité du Delta Intérieur du Niger (Tableau 9) aux erreurs-types près. Ainsi, l'estimation de 314.000 Hérons garde-bœufs indique une population comprise entre 274.000 et 355.000 individus (proche des 335.000 comptés aux dortoirs). De manière logique, l'erreur-type est moindre pour les espèces communes et régulièrement réparties que pour les espèces à distribution irrégulière. Afin d'améliorer la précision des estimations, il aurait fallu un effort d'échantillonnage bien plus important et une distribution totalement aléatoire des parcelles, ce qui était impossible dans le temps imparti et avec la main d'œuvre disponible.

Les comptages directs ont montré que le Bécasseau minute et le Combattant varié sont les limicoles les plus abondants sur les lacs centraux (Tableau 5), mais l'échantillonnage a révélé que le discret Chevalier sylvain (150.000 à 250.000) est aussi commun que le Bécasseau minute (100.000 à 230.000). Les sondages de densité ont également montré que le Combattant varié est le limicole le plus commun dans les plaines inondables du Delta Intérieur du Niger avec 200.000 à 350.000 individus, soit bien plus que le total obtenu par comptage aérien (100.000 à 200.000 ; tableau 4). De nombreux combattants sont manqués lors des comptages aériens, car l'espèce est largement répartie dans le delta et peu visible en vol. Cependant, il se peut que notre extrapolation soit trop optimiste. Les Combattants variés ne se contentent pas d'eau peu profonde avec des zones dégagées pour se nourrir, mais ils se concentrent là où les *corbicules* – de petits bivalves – sont communs (encadré 7). Les *corbicules* étant particulièrement communes dans les plaines inondables avec du courant, il se peut

Hippopotames près de Diré, les seuls grands mammifères ayant survécu à la compétition de l'homme pour l'utilisation de l'espace dans le Delta Intérieur du Niger (janvier 2009).

La plupart des forêts inondées à *Acacia kirkii* ont disparu du Delta intérieur du Niger dans les années 1970 et 1980. Les forêts restantes sont primordiales pour les oiseaux nicheurs coloniaux, notamment le Cormoran africain, l'Anhinga d'Afrique, les hérons, les cigognes, la Spatule d'Afrique et l'Ibis sacré. Les Milans à bec jaune profitent des ces colonies (proies abandonnées, poussins morts) et peuvent atteindre de fortes densités. Akkagoun, février 2005.

que les densités de combattants soient plus élevés dans les plaines proches des rivières qu'au bord des lacs temporaires isolés. Nos données ne permettent pas de le vérifier, mais si cette hypothèse se vérifiait, alors notre estimation serait trop élevée, car le nombre de parcelles inventorié a été plus important le long des rivières et des lacs centraux. Le même raisonnement s'applique aux oiseaux piscivores, bien que nous n'ayons aucune indication que leurs densités soient différentes entre les plaines inondables connectées aux rivières et celles qui ne le sont pas. Tout ceci n'est que conjecture. Les totaux du tableau 6 représentent les meilleures estimations possibles.

Menaces et protection

Le Delta Intérieur du Niger est une immense plaine inondable qui attire des millions d'oiseaux aquatiques, provenant d'Europe, mais également d'Asie, d'aussi loin que la Sibérie orientale, comme nous le montrons dans les chapitres suivants. D'un point de vue hydrologique, cet ensemble peut être considéré comme relativement peu perturbé. Néanmoins, les inondations du delta ont progressivement diminué pendant la seconde moitié du 20ème siècle (Fig. 41), en partie en raison de l'irrigation près du barrage de Markala et de l'eau retenue par le réservoir de Sélingué. Un déclin supplémentaire est prévisible du fait de la construction du barrage de Talo sur le Haut-Bani, de projets de barrages près de Djenné, sur le Haut-Niger (Fomi) et en aval du delta (Taoussa), ainsi que de l'extension des zones irriguées de l'*Office du Niger*. Combinés, ces projets diminuent les inondations et réduisent la richesse écologique des plaines inondables. Le niveau d'eau a un impact direct sur la survie des oiseaux migrateurs

qui passent l'hiver boréal dans les plaines inondables : il est faible lorsque les inondations sont réduites et élevé lorsqu'elles sont fortes. Le Héron pourpré et la Sterne caspienne en sont de bons exemples (voir chapitres 16 et 31), mais bien d'autres espèces dépendent des niveaux d'eau dans le delta. La poursuite de la réduction permanente des plaines inondables entraînera des pertes irréversibles dans les populations d'oiseaux paléarctiques et africains dépendant de cet habitat pendant une partie de leur cycle annuel. Les jeux de données entre 1992 et 2007 montrent que les quantités d'oiseaux migrateurs sont restées stables jusqu'à présent (sauf pour le Canard pilet), mais que de nombreuses espèces africaines sont en déclin (Tableaux 4 & 6 ; Fig. 52 & 56).

Les inondations sont indispensables pour l'écologie du Delta Intérieur du Niger, mais également pour les activités humaines. Au fil des décennies, le delta a été converti en un habitat semi-naturel par ses habitants. Par exemple, la multiplication par dix de la surface de riz cultivée entre 1920 et 2000 (Zwarts & Koné 2005b) a entraîné le déclin du riz sauvage. Cependant, les oiseaux semblent avoir profité de ce changement, en particulier les oiseaux aquatiques, si l'on en juge par les densités rencontrées dans ces deux habitats : le riz cultivé semble préféré au riz sauvage (fig. 62). Les cultivateurs de riz sont également responsables du recul des forêts inondées, et de la perte de sites de nidification pour les hérons, aigrettes, ibis et cigognes. Les oiseaux coloniaux sont aujourd'hui concentrés dans les quelques forêts inondées restantes (Fig. 49), ce qui les rend vulnérables à la prédation humaine et leur interdit l'exploitation des zones d'alimentation situées trop loin de la colonie. Le déclin de la surface de forêts inondées et de forêts sur les points hauts et autour des plaines inondables, a probablement contribué au déclin des passereaux qui s'y concentraient pendant l'hiver boréal (voir encadré 3 et chapitre 37 : Rougequeue à front blanc). La zone est pâturée par un nombre toujours croissant de vaches, de chèvres et de moutons (6 millions en tout en 2000 ; chapitre 5). Cette pression de pâturage transforme les plaines inondables en pâtures couvertes d'une végétation basse et uniforme qui disparaît avant de pouvoir produire des graines ; voir chapitre 32 (Tourterelle des bois). L'absence de couverture et de nourriture qui en découle sont susceptibles d'avoir un impact sur les oiseaux du Delta Intérieur du Niger, bien qu'il n'ait pas encore été quantifié.

La pêche dans le delta pose un autre problème à multiples facettes. Les oiseaux ont probablement profité de la surexploitation, qui a entraîné une réduction de la taille moyenne des poissons au cours des 30 dernières années et par conséquent l'augmentation des classes de tailles favorisées par les oiseaux. Cependant, nombreux sont les oiseaux tués accidentellement par les filets et hameçons. Les lignes armées d'hameçons, ainsi que les vieux filets de pêche sont également utilisés pour capturer intentionnellement des oiseaux. La plupart de ces captures, volontaires ou non, ont lieu lorsque les niveaux d'eau sont bas et que les oiseaux et pêcheurs se concentrent dans les derniers points bas encore en eau (Koné *et al.* 2002). En cas de faible inondation, cette situation se produit dès janvier et soumet les oiseaux à une forte prédation pendant 2 à 3 mois avant le début de leur migration de retour vers leurs sites de nidification nordiques. La période de vulnérabilité est bien plus courte lorsque les inondations sont dans la norme et les dangers sont faibles, parfois même inexistants pendant les plus fortes inondations, comme avant les années 1970, lorsque les oiseaux restent très dispersés sur la totalité du Delta Intérieur du Niger jusqu'à leur départ vers les sites de nidification. Combinée à la nourriture disponible, il s'agit vraisemblablement de la raison principale du lien entre la mortalité annuelle et le niveau des inondations ; pour plus d'explications, voir les chapitres 23 (Sarcelle d'été) et 29 (Combattant varié).

La relation entre la mortalité annuelle et le niveau des inondations pourrait avoir été modifiée depuis les années 1990, en raison de l'intensification de la pêche. Les captures d'oiseaux ont également vraisemblablement augmenté. Alors que les oiseaux étaient auparavant surtout capturés pour la consommation locale, leur commerce, facilité par l'amélioration des routes (qui augmente la taille de la zone

dans laquelle les poissons et les oiseaux capturés sont transportés, jusqu'à Bamako) et l'utilisation de la glace pour congeler et conserver la nourriture, est en plein essor. Les intermédiaires ont professionnalisé les infrastructures marchandes. La première étape de ce processus débuta dans les années 1960, lorsque les filets bon marché en nylon ont permis la capture à grande échelle d'oiseaux tels que la Sarcelle d'été et le Combattant varié.

Il est encore possible d'empêcher le déclin prévisible des oiseaux dans le Delta Intérieur du Niger. La gestion des réseaux d'irrigation et des réservoirs de barrages pourrait être ajustée afin de réduire les dommages écologiques et socio-économiques à l'aval. Une protection effective des sites sensibles, semblable à celle mise en place dans le Delta du Sénégal (chapitre 7), serait très profitable. Le Delta Intérieur du Niger n'est toutefois pas entièrement dépourvu de zones protégées. Les deux plus grandes forêts inondées, Akkagoun et Dentaka sont gérées par des comités locaux de gestion, mais les accords obtenus avec les villages voisins sont souvent violés par des personnes étrangères, qui visitent fréquemment les immenses colonies d'oiseaux pour y collecter des œufs ou des poussins (Beintema *et al.* 2007). Ce type de dérangement et d'exploitation a un impact négatif fort sur les oiseaux d'eau coloniaux (encadré 12). Il est probable que l'extinction imminente, voire effective, de la Grue couronnée aurait pu être évitée si des zones protégées surveillées avaient été créées pour permettre à l'espèce de nicher en sécurité.

Alors que les oiseaux nicheurs locaux peuvent tirer partie de la création de zones sécurisées, il est peu probable que les espèces migratrices en profitent autant. Les migrateurs sont répartis sur la totalité du delta et leur distribution change sans arrêt en fonction du niveau d'eau. Il est crucial qu'ils aient accès à leur nourriture sans courir le risque de se faire abattre, capturer ou déranger. La période de 1 à 2 mois avant leur retour vers l'Europe est critique, car l'accumulation de réserves coïncide avec la diminution des ressources trophiques lors du retrait des eaux. Du fait des changements climatiques qui s'annoncent (diminution des précipitations sur le long terme), les plus grands dangers pour les migrateurs sont la poursuite de la diminution des niveaux d'inondations en raison d'évènements extérieurs au Delta Intérieur du Niger et l'augmentation de l'exploitation des oiseaux en son sein.

Les pêcheurs, tout comme les oiseaux d'eau, se concentrent sur les derniers plans d'eau lors du retrait des eaux. Lac Debo, février 1994.

Le Delta du Sénégal

Depuis des temps immémoriaux, le fleuve Sénégal est un axe vital pour les communautés locales, auxquelles il offre ses abondantes ressources en poisson, ses sols riches favorables à l'agriculture après la décrue et ses pâturages pour les bergers nomades. Assez rapidement au cours de l'histoire coloniale de la région, les français ont fait preuve d'un intérêt particulier pour le développement de cette vallée, mais ce n'est que dans les années 1960 que les infrastructures nécessaires pour l'irrigation furent installées ; à partir de ce jour, la mise en culture du delta a été rapide. Le programme de construction de barrages des années 1980 joua également un grand rôle dans les changements survenus dans le delta et modifia profondément la condition et le mode de vie des habitants, de façon préjudiciable pour la nature. Le développement à grande échelle du delta se poursuivit sans s'en soucier et mit une intense pression sur l'agriculture de décrue traditionnelle, sur le système d'élevage et sur les pêcheries locales, entraînant des conséquences socio-économiques fortes pour les communautés locales. Il n'est pas surprenant que le développement de l'irrigation et des inondations artificielles soit resté très en-deçà de ce qui était projeté. A l'heure où nous écrivons ces lignes, l'aménagement du delta estuarien en une zone irriguée destinée à la plantation du riz et d'autres cultures bat son plein. Malheureusement, ce processus s'accompagne des problèmes classiquement liés au développement de l'irrigation à grande échelle sous les tropiques : salinisation, mauvaises conditions d'hygiène pour les communautés locales et omniprésence des plantes invasives qui surclassent la flore indigène. Néanmoins, le delta conserve une grande importance socio-économique pour les peuples sénégalais et mauritaniens, car sa production de riz constitue une part substantielle de la production annuelle de riz. La domestication du Fleuve Sénégal et la transformation de son delta ont causé la disparition d'habitats d'importance majeure pour les oiseaux migrateurs et sédentaires et eu des impacts négatifs sur d'autres richesses biologiques. Au début des années 1960, les ornithologues français ont mis en évidence l'épée de Damoclès suspendue au-dessus du delta et ont plaidé pour la création de réserves (de Naurois 1965a). Puis des appels à la mise en place de mesures compensatoires furent lancés en préalable aux programmes de construction de barrages (GFCC 1980). Grâce à ces efforts, et la création effective de zones protégées, le delta a conservé une grande biodiversité et accueille toujours de grandes quantités d'oiseaux d'eau.

Introduction

Le Fleuve Sénégal prend sa source dans les montagnes du Fouta-Djalon en Guinée et s'écoule en direction du nord-ouest à travers le Mali, où il est renforcé par plusieurs affluents. Dans sa section centrale, la largeur de la vallée atteint de 25 à 35 km. Environ 150 km avant d'arriver à l'Océan Atlantique, le Sénégal traverse une large plaine alluviale dépourvue de relief, où il crée un immense delta estuarien, s'étendant à peu près de Richard Toll à Saint-Louis. Contrairement aux autres plaines inondables du Sahel, le Delta du Sénégal est ouvert sur l'océan. Autrefois, l'eau salée pénétrait dans le delta pendant la saison sèche et permettait l'existence d'une grande variété d'habitats et d'une importante biodiversité, mais la construction de digues et de barrages a affaibli ce système dynamique. Aujourd'hui, seule la zone estuarienne autour de Saint-Louis est toujours en contact avec l'Océan Atlantique.

Le développement historique du Fleuve Sénégal, y compris de la partie basse du delta, a été abondamment décrit (p. ex. Bernard 1992, Crousse et al. 1991, Engelhard & Abdallah 1986). Chacune de ces études identifie la construction de barrages dans les années 1980 comme étant l'évènement majeur dans l'histoire récente. Afin de comprendre la répartition et l'abondance des oiseaux, il est indispensable de comprendre les modifications hydrologiques majeures qui ont eu lieu (Triplet & Yésou (2000) et Hamerlynck & Duvail (2003)). En voici un bref aperçu.

Le delta avant la construction des digues et des barrages Le Sénégal se jette dans une zone dynamique, où les courants océaniques, la houle saisonnière et les mouvements du littoral créent des barrières sableuses sur la côte. Le cordon de dunes qui en résulte était constamment transpercé par le fleuve, dont l'embouchure principale s'est déplacée vers le sud au cours de l'histoire géologique récente (Barusseau et al. 1995, 1998). La lagune de Chat Tboul au nord constitue un exemple d'une ancienne embouchure et d'autres anciens débouchés sur l'océan peuvent être trouvés plus au sud. Au début du 19ème siècle, l'embouchure était située près de Saint-Louis, mais elle se déplaçait constamment. Ces mouvements, ainsi que celui des chenaux et la présence d'une bande de hauts-fonds près de l'embouchure ont entravé la navigation et le développement du commerce sur le fleuve au 19ème siècle (Bernard 1992).

Les précipitations entre juin et août transforment rapidement le paysage poussiéreux du Sahel en un magnifique décor verdoyant. Cette couverture verte disparaît presque aussi subitement lorsque les pluies s'éloignent, non sans avoir fait profiter auparavant les oiseaux de la floraison et – plus tard – de la fructification des plantes et des arbres.

Derrière l'étroit cordon dunaire, de vastes plaines alluviales estuariennes s'étendaient sur une superficie d'environ 3400 km². Au 19ème siècle, l'administration coloniale française élabora des plans pour leur mise en culture, mais les aménagements hydrauliques d'ampleur restèrent en suspens jusqu'au milieu du 20ème siècle. Les plaines inondables estuariennes naturelles étaient soumises à des conditions très dynamiques. Elles étaient inondées d'eau douce d'août à octobre, puis l'eau de mer y pénétrait au fur et à mesure de la décrue : les marais locaux s'étaient adaptés à ces fluctuations – à la fois intra- et interannuelles – ainsi qu'au gradient de salinité. Ces plaines inondables vierges étaient extrêmement riches en oiseaux et en poissons (de Naurois 1965a, Voisin 1983). Les groupes ethniques exploitaient ces ressources naturelles, mais la partie inférieure du delta restait peu peuplée. Les fortes inondations et les sols argileux, souvent riches en sel, empêchaient le développement d'une agriculture de décrue, alors que celle-ci était pratiquée depuis longtemps par les populations vivant plus à l'intérieur des terres, le long du cours moyen du fleuve.

La crue débutait en juillet et l'eau douce atteignait le delta à partir d'août. L'élévation du niveau d'eau commençait à remplir les lacs R'kiz (Mauritanie) et de Guiers (Sénégal), tous deux connectés au fleuve par de petits cours d'eau et des dépressions. Ces deux lacs, dont la surface combinée atteignait environ 285 km² (Bernard 1992), jouaient un rôle important pour l'écrêtement des crues. En aval de Richard Toll, la crue pénétrait dans le delta par un labyrinthe de ri-

Le barrage de Manantali abrite l'une des plus grandes centrales hydroélectriques de la région, et produit de l'électricité pour le Mali, la Mauritanie et le Sénégal. La rétention d'eau pour remplir le réservoir diminue significativement le débit du Fleuve Sénégal.

vières et de canaux bordés de levées, et remplissait les cuvettes (Fig. 66). Lors des fortes crues, l'eau douce recouvrait la totalité du delta, y compris le bassin du Ndiaël au sud et atteignait l'Aftout es Saheli au nord. L'eau salée remontait vers l'amont dans le fleuve Sénégal dès que le débit commençait à diminuer, principalement à partir de novembre, et remontait jusqu'à 200 km à l'intérieur des terres durant la saison sèche (Fournier & Smith 1981).

Le contrôle des crues Les premiers plans de gestion des eaux avaient pour objectif d'améliorer la navigation sur le fleuve et de développer la culture du coton pour soutenir l'industrie textile française. En 1824, le premier projet d'irrigation fut ébauché près de Richard Toll, mais l'hostilité de la population locale, entre autres choses, causèrent son abandon. Puis, en 1906, une petite zone proche de Richard Toll fut irriguée, afin d'y tester la culture du coton. D'autres initiatives identiques furent menées le long du cours moyen du fleuve. En juillet 1916, le Taoueye fut domestiqué par une écluse, qui supprima la connexion directe entre le Lac de Guiers et le fleuve Sénégal. Ce lac pouvait encore être rempli par la crue, mais l'eau ne pouvait plus s'en échapper lors de la décrue, ce qui empêchait l'entrée d'eau salée. L'adaptation de cette écluse prévue dans les années 1920 rencontra l'opposition de la population locale qui prétendait que les eaux stagnantes du lac avaient conduit à une invasion de « roseaux » (Bernard 1992), probablement sous la forme de massifs de phragmites *Phragmites australis* et de typhas *Typha australis*.[1] Cette protestation précoce fut un premier signe de l'une des principales perturbations écologiques dans le delta. Le Lac de Guiers devint – et reste aujourd'hui – la principale source d'eau potable pour Dakar.

En 1937, la Mission d'Aménagement du fleuve Sénégal (MAS) fut créée, à la suite de plusieurs reconnaissances exploratoires par des ingénieurs français. Il fut estimé que 85.000 ha étaient propices à l'irrigation (Bernard 1992), mais ce n'est qu'après la Seconde Guerre Mondiale que les premiers aménagements purent être réalisés. Près

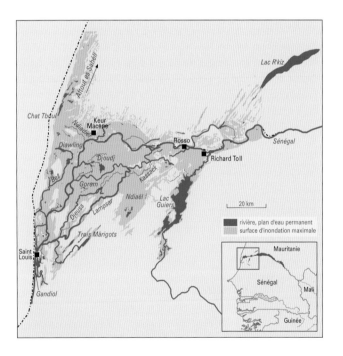

Fig. 66 Le Bas Delta du Sénégal, avec le Lac R'kiz au nord, le Lac de Guiers au sud et les principaux cours d'eau. La carte montre l'étendue maximale des inondations lors des fortes crues du passé. D'après la carte IGN 1 :200.000 (basée sur des photographies aériennes de 1954 et des relevés de terrain de 1957).

de Richard Toll, un complexe de riziculture de 6000 ha fut créé ; d'autres le furent le long du cours moyen du fleuve. Suite à l'indépendance du Sénégal en 1960, l'OAD (Organisation Autonome du Delta) remplaça la MAS et construisit une digue de 84 km le long de la berge sénégalaise du fleuve entre 1963 et 1965. Hamerlynck & Duvail (2003) considèrent que cet endiguement renforça les crues du côté mauritanien du fleuve. En 1965, la Société Nationale d'Aménagement et d'Exploitation des terres du Delta du fleuve Sénégal (SAED) fut créée, dans le but d'irriguer 30.000 ha supplémentaires de rizières en une décennie, mais au milieu des années 1970, seul un tiers de cet objectif avait été réalisé (Crousse *et al.* 1991). Dès lors, les cultures furent réalisées au sein de grands périmètres indépendants de 1000 ha ou plus, équipés de leur propre station de pompage et d'un réseau de canaux pour distribuer l'eau et assurer le drainage. Le long du cours

moyen du fleuve, de plus petits périmètres (d'environ 20 ha) furent créés et gérés par les villageois eux-mêmes.

En 1972, l'Organisation pour la Mise en Valeur du fleuve Sénégal (OMVS), nouvellement créée, élabora des projets d'irrigation de 375.000 ha^2, dont 240.000 ha au Sénégal, 126.000 ha en Mauritanie et 9000 ha au Mali (Crousse *et al.* 1991). Afin d'atteindre cet objectif, deux barrages furent créés afin de contrôler les crues du fleuve, l'un dans la partie inférieure du delta près de Diama et l'autre dans le bassin amont près de Manantali (Fig. 14). Le barrage de Diama avait pour objectifs d'empêcher l'intrusion d'eau salée et de créer un réservoir pour l'irrigation gravitaire. Le niveau d'eau élevé dans le réservoir devait également faciliter la navigation entre Saint-Louis et Kayes au Mali et assurer l'arrivée d'eau douce dans le Lac de Guiers. Il entra en service en juillet 1986. Le barrage de Manantali, construit en

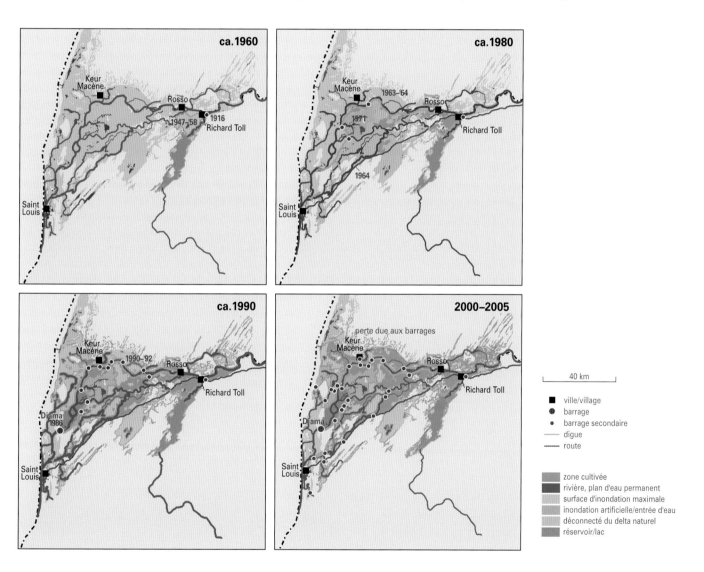

Fig. 67 Le Delta du Sénégal avec ses digues et barrages et leurs années approximatives de mise en service. D'après les cartes IGN et sources mentionnées dans le texte. La carte montre aussi la zone cultivée. D'après : carte IGN (relevés de 1957), Fournier & Smith (1981) et Wulffraat (1993) ; données et cartes fournies par l'OMVS et la SAED.

Pendant une très forte crue en octobre 2003, le cordon dunaire au sud de Saint-Louis fut artificiellement percé pour créer un exutoire vers l'océan et éviter des inondations de grande ampleur dans la ville. Le nouvel exutoire s'est rapidement élargi pour passer de 50 m de large en octobre 2003 à environ 1400 m en 2006.

amont sur un affluent, le Bafing, et achevé en 1987, servait à produire de l'électricité et à alimenter le réservoir de Diama en eau pendant la saison sèche. Cependant, il fallut encore cinq ans avant que ce réservoir soit achevé : des digues devaient être construites du côté mauritanien du fleuve Sénégal et surélevées du côté sénégalais. Pendant ce temps, de nouveaux secteurs de riziculture se développèrent de part et d'autre du fleuve (Fig. 67). En plus de ces travaux d'ingénierie au sein du delta, le lac R'kiz fut endigué dans les années 1980 afin d'y contrôler l'arrivée d'eau pour des raisons agronomiques, et un petit barrage fut construit en 1986 à Foum-Gleïta en Mauritanie dans la vallée du Gorgol Noir, un petit affluent du fleuve Sénégal. Selon les précipitations, ce petit réservoir retient entre 0,2 et 0,6 km³ d'eau utilisés pour irriguer 1950 ha de rizières.

Les inondations cessèrent sur une grande partie des plaines inondables du Fleuve Sénégal après la mise en service des barrages et du réservoir de Diama et ont entraîné une désertification et une très forte salinité dans les plans d'eau restant et à leurs abords (Hamerlynck & Duvail 2003). En prévision des impacts négatifs pressentis des barrages, GFCC (1980) recommanda la création d'un estuaire artificiel dans le delta ; en 1994, l'endiguement des bassins de Bell et du Diaouling a artificiellement restauré les inondations, grâce à l'arrivée d'eau depuis le réservoir Diama (Hamerlynck et al. 2002, Hamerlynck & Duvail 2003). La gestion hydrologique actuelle de ces bassins comprend la simulation d'une période sèche et l'arrivée d'eau salée pendant la saison sèche à Bell. Ces mesures de restauration furent couronnées de succès (Hamerlynck & Duvail 2003) et n'ont pas seulement restauré la biodiversité (voir la dernière section du présent chapitre), mais aussi permis l'utilisation des ressources naturelles par les communautés locales.

En résumé, la domestication des crues a fait perdre au Delta du Sénégal une grande partie de ses plaines inondables estuariennes, entraînant des conséquences environnementales, écologiques et socio-économiques profondes (p. ex. Salem-Murdock et al. 1994, Verhoeff 1996, Bousso 1997, Adams 1999, Jobin 1999, DeGeorges & Reilly 2006). Par ailleurs, les barrages ont affecté les processus géomorphologiques à l'embouchure. Le barrage de Diama a notamment causé l'envasement de l'estuaire (Barusseau et al. 1998), un phénomène qui a probablement joué un rôle clé dans les récentes inondations inhabituelles (1999 et 2003) des parties basses du delta, qui ont inondé une bonne partie de Saint-Louis (Kane 2002). Afin de limiter les dégâts lors de la crue de 2003, une brèche artificielle a été créée dans le cordon dunaire à Langue de Barbarie, pour créer un raccourci vers l'océan à environ 5 km au sud de Saint-Louis et 20 km au nord de l'embouchure naturelle. Cette brèche s'élargit rapidement de 50 m en octobre 2003 à environ 1400 m en 2006. L'augmentation soudaine de l'influence maritime modifia l'amplitude des marées, la sédimenta-

Différents stades de la culture du riz dans le Delta du Sénégal, de gauche à droite : (1) Des plates-bandes de semences sont utilisés pour protéger les plants de riz avant de les planter dans les rizières (juillet 2006) ; cette technique réduit la consommation des graines par les oiseaux et les rongeurs, (2) Rizières avec plants de riz ayant atteint leur taille maximale (novembre 2004) et (3) juste avant la récolte (décembre 2005) ; les limicoles paléarctiques comme la Barge à queue noire et le Combattant varié sont plus communs dans les rizières juste après la récolte lorsque de l'eau y est encore présente et que le riz perdu n'a pas encore été consommé par la multitude de granivores, (4) Après le battage, le riz est transporté vers les villages.

tion et la salinité dans le delta en aval de Diama (Mietton *et al.* 2007) ; une grande partie du lagon au sud de Saint-Louis fut exposée et s'as-sécha entre décembre et février (P. Triplet, par courrier). Les consé-quences écologiques de cette brèche artificielle sur l'environnement des bassins de Ntiallakh et Gandiol (mangroves, poissons) pourraient bien être profondes, mais doivent encore être évaluées (Mietton *et al.* 2007, mais voir Triplet & Schricke 2008). Les mangroves couvraient une partie de la zone intertidale et les crabes violonistes *Uca tangeri* y étaient abondants en décembre 2008 (E. Wymenga, obs. pers.).

La mise en culture du delta   La rive gauche du Delta du Sénégal a été endiguée dès le début des années 1960, mais il fallut attendre près de quatre décennies avant que le delta soit cultivé (Fig. 67), tout d'abord à proximité de sa rive gauche, sous la direction de la SAED. Sur la rive droite, en Mauritanie, la mise en culture débuta après l'achèvement du réservoir de Diama au début des années 1990, bien que certains projets pilotes y aient été menés par la Société Nationale de Dé-veloppement Rural (SONADER) dès les années 1970. En 1993, la zone cultivée côté mauritanien était estimée à 13.600 ha, mais se dégradait rapidement en raison des dysfonctionnements du réseau de drainage et du manque d'entretien (Peeters 2003).

Dès le début de la mise en culture du Delta du Sénégal, les rizières irriguées furent majoritaires, bien que de grands secteurs près de Richard Toll aient été convertis en plantations de canne à sucre au début des années 1970. Jusque dans les années 1990, la surface maxi-male cultivée en riz atteignait environ 10.000 ha, mais elle couvrait environ 15.000 ha en 2005, avec des fluctuations annuelles impor-tantes (Fig. 68). Cette surface ne correspond qu'à une partie de l'éten-due potentielle des rizières dans le delta et la vallée du fleuve. Les pro-blèmes de salinité et de manque de main d'œuvre en sont des causes probables. Par exemple, au cours de la saison 1995-1996, la zone potentiellement cultivable en riz atteignait 69.769 ha, alors que seuls 29.822 ha (42%) étaient effectivement plantés (SAED 1997, cité par Peeters 2003). Les principales contraintes rencontrées au début de la mise en culture du delta furent la faible productivité, la salinité, l'ina-daptation du réseau de drainage et l'inefficacité des financements (Crousse *et al.* 1991, Engelhard & Abdallah 1986). La clé de la réussite pour les cultures dans le delta est l'inondation régulière des rizières qui permet de repousser les eaux souterraines peu profondes et très salées, qui salinisent fortement les sols et obligent à l'abandon des terrains au bout de quelques années (Raes *et al.* 1995). Au cours des dernières années (2000-2005), l'essentiel de la partie mauritanienne du delta était cultivée, bien que de grands secteurs n'aient pas pu être utilisés pour la culture du riz pendant plusieurs années. Les secteurs abandonnés sont principalement localisés dans la partie occidentale du delta (Peeters 2003, voir Fig. 76), où la salinité est plus forte qu'ail-leurs. Au cours de cette période, les surfaces cultivées au moins une fois dans le Delta du Sénégal couvraient environ 102.000 ha, dont 35% utilisés annuellement pour la culture du riz, d'après une estimation sur images satellites. Cette surface était peut-être supérieure pendant certaines années, du fait des fortes fluctuations (Fig. 68) et des dépla-cements des rotations au sein de la zone cultivée.

Pendant la période 1990-2000, la production de riz dans la partie sénégalaise du delta et le long du cours moyen du fleuve atteignait 14.000 tonnes par an (données : SAED). Le rendement fluctuait entre 4 et 5 tonnes/ha. Sur la rive gauche, environ 5000 ha sont utilisés chaque année pour la production de riz en contre-saison, possible depuis la mise en service du réservoir de Diama dans les années 1990 (Fig. 68). De grandes zones proches de Rosso et Richard Toll accueillent des cultures plus variées, comme les tomates, les oignons et d'autres légumes. A l'est de Saint-Louis, plusieurs zones d'horticul-ture se rencontrent sur les points hauts. Les plantations de canne à sucre couvraient environ 11.000 ha en 2000-2005.

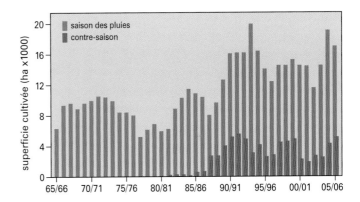

Fig. 68 Superficie annuelle (en ha) cultivée en riz pendant la saison des pluies et la contre-saison dans la région de Dagana, dans la partie sénégalaise du Delta. Source : SAED.

Débarquement du poisson à Saint-Louis, où l'offre et la demande se confrontent quotidiennement.

Avant l'avènement de l'irrigation, de grands secteurs de la partie basse du Delta du Sénégal étaient inutilisables pour l'agriculture. Des résidents temporaires fréquentaient peut-être les dunes végétalisées les plus hautes et les levées naturelles, en particulier des pêcheurs et des bergers, mais l'essentiel de la plaine estuarienne était inhabitée. Les puissantes inondations et les intrusions salines empêchaient le développement de l'agriculture de décrue. Cependant, l'inondation des plaines alluviales dans la vallée du cours moyen du fleuve (*waalo*) et les cultures sur les rives (*falo*) faisaient vivre une population assez dense (Jobin 1999). Les principales agglomérations du Delta du Sénégal, Saint-Louis, Rosso et Richard Toll, sont restées petites jusqu'à ce que le delta puisse être exploité. Saint-Louis était toutefois une exception, car cette ville joua un rôle majeur en tant que capitale de l'Afrique occidentale française (1895-1902), puis du Sénégal (1902-1958). Saint-Louis jouait le rôle de centre administratif tout en attirant pêcheurs, pasteurs et commerçants. La navigabilité limitée du Fleuve Sénégal et son embouchure dynamique ont probablement limité le développement de Saint-Louis en tant que port national assurant un accès vers l'intérieur des terres (Bernard 1992), une fonction que Dakar remplit depuis la fin du 19ème siècle au moins.

Suite aux endiguements, de nouveaux villages furent créés dans le delta à proximité des plus grandes rizières, tels Diadiem et Boundoum à proximité du Djoudj. Des villages tels que Ross-Béthio et Rosso devinrent d'importants centres ruraux dans les années 1980. Entre 1960 et 1988, la croissance annuelle de la population dans la région était modeste, mais augmenta clairement entre 1976 et 1988 (>3,8%).

A peu près au même moment, la population de Richard Toll explosait (croissance annuelle de 16%), grâce aux progrès agronomiques et aux usines de canne à sucre. Saint-Louis reste le principal centre urbain de la région ; après un développement lent au 19ème et au début du 20ème siècle, l'agglomération s'est rapidement étendue après 1950. En 2001, les recensements menés à Saint-Louis, Richard Toll et Dagana ont respectivement dénombré 154.000, 70.500 et 25.142 habitants (www.gouv.sn/senegal/population_chiffres.html). La majorité du delta (en 2008) est désormais transformée en zone agricole avec une forte activité humaine. Les zones protégées, en particulier les parcs nationaux, sont plus calmes et forment des refuges pour la faune.

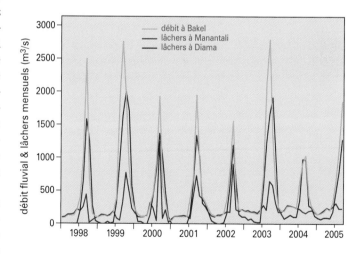

Fig. 69 Débit à Bakel et quantité d'eau relâchée des réservoirs de Manantali et de Diama en 1998-2005. D'après l'OMVS.

Inondations et débit du fleuve

Débit du fleuve et niveaux d'eau Le débit du fleuve en amont à Bakel est mesuré depuis 1950. Lors d'une saison pluvieuse dans les montagnes de Guinée (de mai à septembre), le débit commence à augmenter en juillet. Lors de 48 des 56 années (1950-2005), le débit maximum à Bakel a été atteint en septembre ; pendant 6 années particulièrement sèches ou humides, le maximum a été enregistré respectivement en août et octobre. Il faut environ un mois à la crue pour atteindre le delta à Richard Toll. Le débit du fleuve est soumis à de fortes fluctuations interannuelles. Les débits furent très faibles lors des sécheresses des années 1970 et 1980 (chapitre 3). Les précipitations se sont rétablies dans les années 1990, mais le réservoir de Manantali, en service depuis 1987, a un impact négatif sur le débit du fleuve. La retenue d'eau réduit le débit maximum de 11% en moyenne, mais de 36% lors des années sèches (Fig. 15). Le débit actuel du Sénégal est par conséquent déterminé par les précipitations et par les lâchers d'eau à Manantali. Les lâchers à Manantali génèrent une crue artificielle qui permet le maintien de l'agriculture de décrue sur les rives du cours moyen du fleuve. L'augmentation de la demande en hydroélectricité pourrait empêcher une telle gestion des eaux dans un futur proche (Salem-Murdock *et al.* 1994, Duvail *et al.* 2002, DeGeorges & Reilly 2006), si

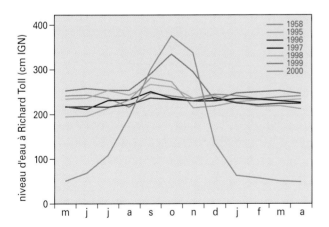

Fig. 70 Niveau d'eau à Richard Toll en 1995-2000 par rapport au niveau de la mer (cm IGN), après l'achèvement du réservoir de Diama. Le niveau d'eau en 1958 est un exemple d'une année assez humide avant la construction des digues et des barrages. D'après l'OMVS.

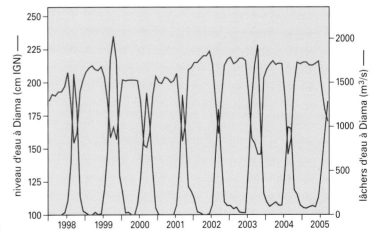

Fig. 71 Lâchers d'eau mensuels et niveaux d'eau en amont du barrage de Diama en 1998-2005. D'après l'OMVS.

l'on considère la retenue des pics de crue en 2004 et 2005 comme un indice fiable (Fig. 69).

Avant la construction des barrages, le niveau des crues dans le delta reflétait le débit du fleuve et atteignait un maximum en octobre, puis le niveau d'eau diminuait rapidement pendant la décrue. Depuis l'achèvement du réservoir de Diama, le niveau d'eau reste haut et stable toute l'année (Fig. 70). Le niveau du réservoir d'eau est maintenu à 200-250 cm (IGN) à Richard Toll. Ce niveau d'eau élevé est nécessaire à l'irrigation gravitaire et à l'obtention de deux récoltes par an. Juste en amont de Diama, le niveau d'eau est maintenu à environ 150 cm (IGN) pendant les crues et à 200 cm (IGN) le reste de l'année (Fig.

71). Pendant le pic de crue, le niveau d'eau est abaissé pour relâcher de l'eau et pour éviter une trop forte pression sur le barrage.

Restaurer les crues Les inondations non contrôlées des bassins les plus bas du delta ont eu lieu jusque dans le milieu des années 1960, bien que dès le début de cette décennie, l'inondation du bassin du Ndiaël était déjà entravée par la route entre Saint-Louis et Rosso qui se comportait comme une digue basse (de Naurois 1965a). Dans les années 1980 et 1990, la zone sujette à des inondations naturelles diminua rapidement (Fig. 67). Aujourd'hui (2008), seuls les bassins de Ntiallakh et Gandiol au nord et au sud de Saint-Louis conservent le fonctionnement des anciennes plaines inondables estuariennes, bien que même en cet endroit le fleuve soit strictement contrôlé. Ces bassins couvrent environ 330 km², soit 9,7% des plaines inondables originelles (3400 km²)[3].

Depuis sa transformation en terres agricoles, la plaine inondable du Delta du Sénégal n'est plus soumise à des inondations liées au débit du fleuve. Les données quantitatives sur la zone inondée avant les premiers endiguements sont rares. D'après Voisin (1983) et Triplet & Yésou (2000), le delta entre Richard Toll et l'océan couvrait environ 3200 km², dont un maximum de 1900 km² soumis aux inondations. De grandes plaines inondables (jusqu'à 6765 km²) sont présentes le long du cours moyen de la rivière entre Podor et Bakel (Diop *et al.* 1998).[4] Les inondations étant fonction du débit du fleuve (chapitre 3), leur étendue avant la construction des barrages a dû être reconstruite d'après les images satellites de la zone inondée et les débits maximum mesurés (Fig. 72), mais malheureusement ce type de clichés est rare pour la période antérieure à la construction des barrages. Nous avons pris l'année 1984 comme représentative d'une année avec un débit naturel très faible. La zone maximum inondée a été digitalisée d'après la carte IGN au 1 :200.000, datée de 1957 (Fig. 66). A l'exception des Lacs de Guiers et R'kiz et de la lagune côtière d'Aftout es Saheli au nord, le delta entre Richard Toll et l'océan est composé de 2900 km² de terrains bas, dont 1620 km² en rive gauche (Sénégal). Cette zone n'était inondée que lors des crues exceptionnellement fortes, comme en 1950. Nous avons obtenu une autre image exploitable pour le 29 octobre 1963 (monochrome, enregistrement stéréo ; http://www.edcsns17.cr.usgs.gov/EarthExplorer). Bien que les données soient très limitées, le lien entre le débit et les inondations est fort (Fig. 72).

La perte de surfaces inondables (Fig. 73, barres rouges) est lié à l'effet combiné des barrages (Fig. 15) et des aménagements (Fig. 67). La superficie qui aurait été inondée sans les digues et les barrages a été estimée en fonction du débit du fleuve. De la même manière, nous avons pris en compte l'augmentation des zones inondées après la restauration artificielle des crues dans le Parc National du Djoudj (depuis 1971) et le Parc National du Diaouling (bassins de Bell et du Diaouling) en Mauritanie (depuis 1994) (Fig. 73, barres bleu clair). Ces secteurs aujourd'hui protégés (en 2008) contribuent significativement au total des inondations dans le Delta du Sénégal (Fig. 73).

Les reconstitutions présentées dans la Fig. 73 ne reflètent pas totalement la réalité. Premièrement, une partie du débit est utilisée pour l'irrigation des rizières, ce qui diminue encore plus la surface

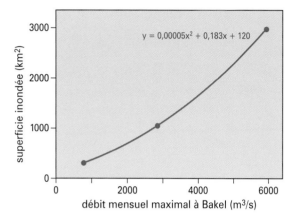

Fig. 72 Etendue des inondations dans le Delta du Sénégal en fonction du débit à Bakel dans des conditions naturelles, non contrôlées. En utilisant l'équation de cette figure et les données de débit du Chapitre 3, nous avons reconstitué les étendues annuelles d'inondations dans le Delta du Sénégal (Fig. 73). Sources : voir texte.

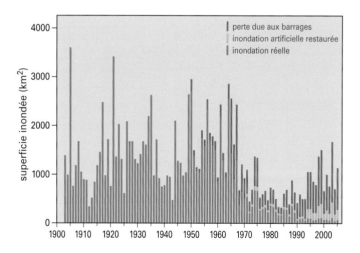

Fig. 73 Etendues des inondations reconstituées dans le Delta du Sénégal en fonction du débit du fleuve, de l'influence des digues et des barrages et de la restauration partielle de la plaine inondable. Le réservoir de Diama et les secteurs inondés au sein des zones endiguées ne sont pas incluses dans la zone du delta artificiellement inondée.

inondée dans la plaine inondable, bien que les endiguements aient pu entraîner des inondations additionnelles lors du pic de débit, un phénomène observé pendant quelques années après la construction du barrage de Diama (Triplet & Yésou 2000). Deuxièmement, dans les parties de la plaine inondable restaurées (PN du Djoudj, PN du Diaouling), l'arrivée d'eau n'est pas forcément proportionnelle au débit maximum du fleuve. Troisièmement, entre les crues, les zones entre les endiguements sont toujours partiellement inondées, en partie du fait des pertes et des rejets d'eaux de drainage des rizières. Enfin, certains bassins bas peuvent retenir les précipitations locales.

Pour avoir une idée de l'étendue réelle des inondations, nous avons estimé la surface inondée (incluant les secteurs endigués) d'après des images satellites correspondant aux périodes des pics de crue. Pour cela, nous avons utilisé 17 images issues du site www.glovis.usgs.gov. Bien que ces images soient partiellement obscurcies par la couverture végétale, elles donnent une impression assez juste des variations annuelles des inondations et de l'étendue des zones inondées et des plans d'eau peu profonds dans le delta (Fig. 74, qui exclut les rizières irriguées présentes sur la Fig. 76). Ces images montrent clairement les sécheresses dans les années 1970 (images de 1972 et 1973) et 1980

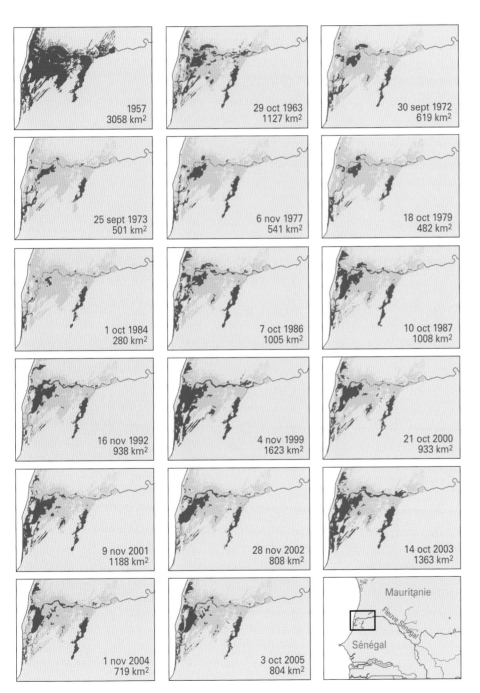

Fig 74 Etendues d'eau et superficie inondée dans le Delta du Sénégal, déduites des images satellites « quicklooks » (Landsat 1-7. Source : www.glovis.usgs.gov). Pour chaque image, la date et la superficie (en bleu sombre) sont données ; l'étendue maximale des inondations en 1957 est figurée en bleu pâle sur les autres cartes. Les rizières irriguées ne sont pas représentées.

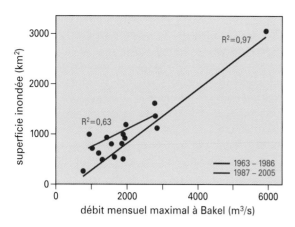

Fig. 75 Superficie inondée (humide) au moment de la crue maximale dans le Delta du Sénégal (en excluant le Lac de Guiers, l'Aftout es Saheli et les zones irriguées), en fonction du débit du fleuve pour les années 1963-1986 et 1987-2005 (d'après des images satellites ; Fig. 74).

(image de 1984). Pendant les sécheresses de 1983 et 1984, la quasi-totalité du delta est restée sèche et l'eau y était rare (Altenburg & van der Kamp 1985). Les images de 1987, 1999 et 2003 illustrent les inondations pendant des années humides, lorsque les bassins endigués retiennent également plus d'eau, peut-être en raison des effets combinés des précipitations locales et d'arrivées d'eau plus importantes pendant la crue. L'inondation anormalement importante de la partie mauritanienne du delta en 1987 fut causée en partie par la mise en eau du barrage de Diama en 1986, alors que les digues de la partie mauritanienne du réservoir n'étaient pas terminées. A partir de 1999, les images montrent les effets de la réhabilitation en 1994 des bassins du Diaouling et de Bell en Mauritanie. Notez également que Trois Marigots, qui était auparavant un important marais dans le delta, est devenu progressivement plus humide depuis 1990 (Triplet & Yésou 2000). La forte corrélation entre l'étendue des inondations et le débit du fleuve dans le passé (Fig. 72) est restée en partie intacte malgré les modifications du régime hydrologique (Fig. 75), mais l'ingénierie hydraulique a sérieusement impacté les communautés végétales dans les marais (voir section suivante).

Marais

Initialement, la plaine alluviale du Delta du Sénégal était composée d'une immense zone marécageuse connectée à d'autres zones humides, tels que le Lac de Guiers, le Lac R'kiz e l'Aftout es Saheli. De Naurois (1965a) décrit cette zone comme un vaste ensemble de lacs, ruisseaux, marigots et marais inondés soumis à d'importantes variations de niveau d'eau – intra- et interannuelles – et à une salinité variable, la zone saumâtre se déplaçant constamment : elle rentrait loin à l'intérieur des terres (jusqu'à Richard Toll), mais reculait jusqu'à proximité de la côte lorsque le débit du fleuve était à son maximum. Une grande partie des marais temporairement inondés, en particu-

Habitats estuariens – mangroves, vasières intertidales et plaines sableuses – telles qu'on les rencontre en aval du barrage de Diama. La plaine sableuse de la partie nord de l'estuaire n'est inondée que lors des fortes crues.

lier autour du Grand Lac (actuellement dans le PN du Djoudj), était formée de prairies de *Sporobolus robustus*, *Vossia cuspidata*, *Oryza longistaminata* et *Vetiveria nigritana* inondées, typiques des plaines inondables du Sahel. Les pâtures inondées, exploitées durant la saison sèche, s'étendaient vers le sud jusqu'aux bassins de Djeuss, de Lampsar et du Ndiaël. Des lagunes côtières et des marais enserraient les dunes. Des forêts inondées à *Acacia nilotica* se rencontraient le long du fleuve, de Richard Toll à Diama, mais étaient remplacées par des mangroves à *Avicennia* et *Rhizophora* en aval de Diama.

Au début des années 1960, le delta a perdu une importante superficie de marais. Le Ndiaël, qui abritait des dizaines de milliers de limicoles comme la Barge à queue noire et de canards au repos (Roux 1959b) dans les années 1950, est devenu partiellement sec entre 1962 et 1963. Cette perte d'habitats marécageux suivit la mise en œuvre de programmes de gestion hydraulique et la mise en culture du delta qui en a résulté (Fig. 67). En quelques décennies, la plupart des forêts inondées et de prairies humides à *Sporobolus* ont été converties en terres agricoles ou en plaines salées, qui ne recevaient d'eau que pendant la saison des pluies. Après l'achèvement du barrage de Diama, la partie nord de l'estuaire fut transformée en une zone désertique. Les marais inondés du centre du delta furent protégés grâce à la création du Parc National du Djoudj en 1971, mais son régime d'inondations est devenu artificiel et nourri par les eaux du barrage de Diama. La restauration des crues dans les bassins de Bell et du Diaouling en Mauritanie a permis la reconstitution d'habitat à *Sporobolus* et la réapparition d'herbiers flottants d'*Echinochloa colona* (Hamerlynck *et al.* 1999, Hamerlynck & Duvail 2003). La restauration du gradient de salinité, grâce à l'alimentation en eau douce du bassin du Ntiallakh depuis ceux de Bell et du Diaouling, a permis la repousse de la mangrove en aval. Les deux Parcs Nationaux – Djoudj et Diaouling – sont représentatifs, bien que gérés artificiellement, des marais originels du Delta du Sénégal (Encadré 9).

Habitats de zones humides Le delta est composé d'une grande variété d'habitats, dont un estuaire, des plaines inondables artificielles, des marécages, des lacs, le bassin Diama, des bassins endigués irrigués pour l'agriculture, des plaines salines et asséchées rappelant des sebkha et des marais épars dans les anciens affluents et dépressions de terrain (Fig. 76). Les marais sont temporairement inondés ou utilisés comme exutoires de drainage par l'agriculture irriguée. La plupart des habitats de zone humide dans le delta sont dégradés à cause d'inondations insuffisantes, de la présence de plantes invasives ou des activités humaines.

L'estuaire (35.000 ha) En aval du barrage de Diama, dans les bassins de Ntiallakh et de Gandiol, l'estuaire est composé du fleuve, de chenaux de marée, de vasières intertidales, de lagunes, de prés salés, de mangroves et – dans sa partie nord – de prairies à *Sporobolus*. Des

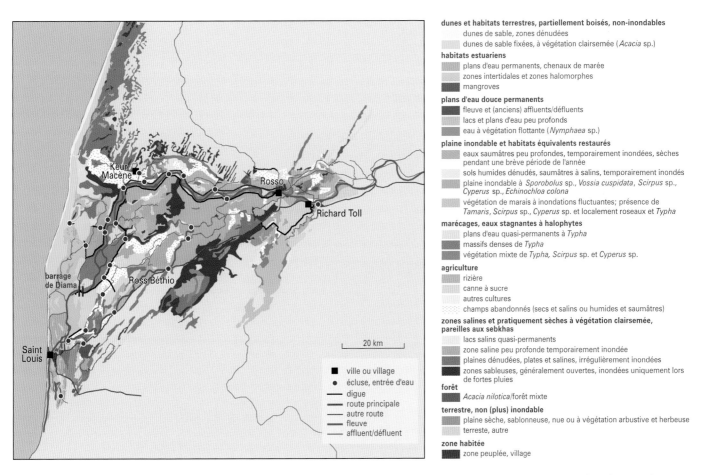

Fig. 76 Habitats de zones humides et utilisation de sol dans le Delta du Sénégal, basés sur des données de la SAED, Wulffraat (1993), Duvail & Hamerlynck (2003), Peeters (2003), images satellites et observations de terrain en 2003-2005 (E. Wymenga, non publ.). Les habitats sont séparés sur la base de critères hydrologiques et phytosociologiques.

Dans le PN du Djoudj, une grande variété de milieux humides peuvent être rencontrés dans la zone centrale, souvent avec des buissons de tamaris.

buissons de Tamaris *Tamarix senegalensis* ponctuent les levées et les points hauts de la zone inondable au sud du Gandiol. L'influence des marées atteint le barrage de Diama. Les plaines sableuses au nord, immédiatement au sud du bassin de Bell, sont inondées uniquement lors des crues les plus fortes (Fig. 74). De petites zones de mangroves subsistent le long des principaux marigots. Autrefois, ces mangroves couvraient des zones bien plus étendues, mais ont en grande partie disparu au cours des années 1980 et 1990 en raison des changements hydrologiques survenus dans le delta. Les crues artificielles liées aux lâchers d'eau depuis les bassins de Bell et du Diaouling ont restauré le gradient de salinité dans le bassin du Ntiallakh et permis une restauration partielle des mangroves (Z. E. Ould Sidaty, comm. pers.). La création récente d'une nouvelle embouchure du fleuve au sud de Saint-Louis a augmenté l'influence de l'océan (Mietton *et al.* 2007), et modifié l'environnement estuarien. La comparaison des comptages de janvier pendant les cinq années précédant et suivant l'ouverture de la brèche, ont révélé un déclin significatif de l'Echasse blanche, du Petit Gravelot, du Gravelot à collier interrompu, du Chevalier gambette et du Bécasseau minute, et une augmentation du Bécasseau maubèche, du Bécasseau sanderling et du Combattant varié (Triplet & Schricke 2008).

Les plaines et marais artificiellement inondés (34.000 ha) Les Parcs Nationaux du Djoudj et du Diaouling, situés en face l'un de l'autre, en rive gauche et droite du fleuve, sont inondés artificiellement depuis respectivement 1971 et 1994 (Fig. 67), selon un rythme qui reproduit les inondations naturelles. Pendant la crue, les bassins sont remplis à partir du réservoir de Diama, principalement en juillet et août (Djoudj) et de juillet à octobre (Diaouling). Les écluses sont fermées

le reste de l'année, ce qui entraîne un assèchement progressif jusqu'à ce que les bassins soient presque totalement asséchés en juin. Dans les zones les plus basses du Djoudj, l'étendue de l'assèchement est bien plus limitée, car la hauteur d'eau dans le bassin de Diama tend à empêcher leur drainage (Diop & Triplet 2006).

Les lacs et chenaux sont vierges de végétation dans leurs parties profondes, mais les zones peu profondes sont occupées par des plantes flottantes et submersibles comme le Cornifle immergé *Ceratophyllum demersum*, les Potamots *Potamogeton sp.*, le Liseron d'eau *Ipomoea aquatica*, et les nénuphars *Nymphea lotus* et *N. maculata*. Les herbiers flottants d'*Echinochloa stagnina* et *E. colona* ne couvrent que de petites surfaces. Autour du Grand Lac du Djoudj et dans les bassins du Diaouling et de Bell, on rencontre de grandes prairies inondables à *Sporobolus sp.* et *Vossia cuspidata*, contenant des souchets *Cyperus sp.* et des joncs *Scirpus[5] sp. Sporobolus robustus* est souvent l'espèce dominante, mais *Scirpus littoralis*, *S. maritimus*, *Eleocharis mutata* et *Cyperus sp.* peuvent être abondants là où la nature du sol, l'intensité de pâturage, la salinité et la durée des inondations le permettent (Wulffraat 1993). Dans le Djoudj, la végétation des marais est en général dominée par *Sporobolus* et *Scirpus*, mais parfois aussi par les massettes et les roseaux. Les tamaris et d'autres buissons sont présents sur les sols les plus secs, et son accompagnés sur les plus hautes levées par l'arbre brosse à dents *Salvadora persica*, dont les baies constituent une importante source de nourriture pour les passereaux migrateurs (Stoate & Moreby 1995). Alors que le paysage du Parc National du Diaouling est ouvert, celui du Djoudj est constitué d'une mosaïque de plaines ouvertes et de marais et levées plus densément végétalisés.

Le Lac de Guiers et le réservoir de Diama Le Lac de Guiers et le réservoir de Diama ont un niveau d'eau plus ou moins élevé et stable au cours de l'année (Fig. 71). Le Lac de Guiers sert de réservoir d'eau potable pour Dakar et est constamment alimenté en eau douce depuis le fleuve. Les rives du lac sont couvertes de massifs denses de typhas ; le lac en lui-même ne possède quasiment pas de végétation aquatique. La prolifération de la Salvinie géante *Salvinia molesta*, une plante aquatique invasive, dans les années 1990 a été contenue avec succès grâce à des techniques biologiques (Pieterse *et al.* 2003). Le réservoir de Diama couvre le fleuve et ses berges immédiates. Rapidement après sa création, les zones peu profondes ont été colonisées par les typhas, qui forment à présent des massifs denses sur une bonne partie d'entre-elles. Les massifs de typhas surclassent les autres espèces végétales à l'exception des roseaux et de la Salvinie géante, espèce flottante.

Les marais des bassins endigués Au-delà des rizières irriguées (121.000 ha, soit 35% du delta), les zones salines et arides à l'est et au sud du delta ont perdu leur caractère humide après les travaux d'endiguement. Elles peuvent encore être inondées après des pluies exceptionnelles, mais seulement pour une courte période ; elles restent normalement sèches (Fig. 74). Les plaines arides et salines à *Salsola baryosma* et salicornes *Salicornia* sp. constituent les secteurs les plus à l'écart et les plus élevés de la plaine inondable originelle, et leur aspect ouvert est maintenu par la salinité et par le pâturage. Au sein des terres irriguées, un réseau de mares couvertes de nénuphars et de typhas offre un abri aux oiseaux, aux amphibiens, au Varan du Nil *Varanus niloticus* et aux mangoustes. Les marais situés dans les zones endiguées sont alimentés en permanence ou temporairement par de l'eau douce ou saumâtre : ces eaux proviennent du réservoir de Diama, de cours d'eau canalisés, de bassins de drainage et de dépres-sions naturelles. La plupart des anciens affluents et des dépressions utilisées pour l'irrigation ou le drainage a été envahie par les typhas. Avant que les crues soient maîtrisées à Trois Marigots dans le sud du delta, les typhas se développpaient dans les zones d'eau stagnante les plus profondes, comme ailleurs dans le delta ; dans certains cas, les typhas sont associés à des roseaux et des joncs *Scirpus sp.* (Peeters 2003). Des zones d'eau libre peuvent être occupées par une végétation immergée ou flottante, comme les Utriculaires en étoile *Utricularia stellaris* et les nénuphars.

Dans les bassins saumâtres temporairement inondés, le typha est moins dominant. Dans le Ndiaël, un ancien marais important du delta jusqu'aux années 1950, seule la partie nord est en eau toute l'année. Ce bassin est alimenté par les eaux de drainage et retient les eaux tombées sur des terrains plus élevés. La nature saumâtre de l'eau se traduit par une végétation variée de joncs, carex et typhas. De nombreuses anciennes dépressions, inondées temporairement ou non, sont très salées ; à titre d'exemple, on peut citer les dépressions salées à l'est de Saint-Louis qui sont dépourvues de toute végétation. Des plaines nues et salées se rencontrent dans certaines parties du Ndiaël, de Trois Marigots et au nord-ouest de la partie mauritanienne du delta.

Les champs abandonnés sont souvent arides et salins, et irrégu-lièrement couverts de *Salsola baryosoma*. Des tamaris poussent sur les digues qui les ceinturent. Les parcelles de terre les plus basses à proximité des marais pourraient redevenir des zones humides si elles étaient inondées régulièrement. Les parcelles abandonnées qui deviennent inondées en permanence sont rapidement envahies de typhas ; seule la présence de berges et de digues abandonnées les dif-férencient des marais naturels à typhas. Les difficultés rencontrées pour la culture dans le delta ont entraîné l'abandon de nombreux

Les inondations dans le PN du Diaouling, grâce à l'arrivée d'en eau provenant du réservoir de Diama ont été artificiellement restaurées en 1994. La restauration des herbiers flottants d'*Echinochloa colona*, le retour de *Sporobolus* dans les plaines inondables et les lacs peu profonds qui sont apparus ont créé des conditions favorables pour les oiseaux d'eau.

La salinisation et d'autres contraintes ont entraîné l'abandon de surfaces significatives de champs de riz inondés. Les rizières inexploitées les plus basses sont retournées à l'état de marais, les autres sont devenues sèches et salines. Décembre 2005.

champs. D'après des images satellites récentes, nous avons estimé les surfaces de champs abandonnés à 35.000 ha (source : SAED, Peeters 2003), sans compter les petites parcelles abandonnées au milieu de grandes zones cultivées.

Les forêts (225 ha) Les forêts ne sont pas loin d'avoir disparu du delta. Les forêts inondées, ou *gonakeraies*, étaient composées principalement d'*Acacia nilotica*, dont la canopée atteint 20 m de haut. Elles étaient inondées entre 15 jours et deux mois par an. Le contrôle des crues, le pâturage et l'abattage des arbres se sont succédé pour faire disparaître les forêts, comme à l'extérieur du delta. D'après Camara (1995 cité par Peeters 2003), la surface forestière dans la région de Podor juste à l'est du delta a diminué de 74% : 64% entre 1954 (9055 ha) et 1986 (3294 ha) et encore 10% jusqu'en 1991 (2385 ha). Autrefois, le cours moyen de la vallée était planté d'importantes ripisylves

d'*Acacia nilotica*. Tappan *et al.* (2004) ont estimé qu'entre 1965 et 1992, la superficie de ces boisements a diminué de 39.357 ha à 9070 ha (-77%). Les forêts d'importance sont aujourd'hui (en 2008) confinées aux zones protégées (forêts classées). Leur existence est vitale pour que des espèces comme la Tourterelle des bois puissent se reposer (chapitre 3.2). Dans le delta, la couverture boisée est maintenant très réduite et essentiellement présente le long des chenaux du Parc National du Djoudj. Dans la Réserve Naturelle de Guembeul, au sud de Saint-Louis, le bois originel d'*A. tortilis raddiana* a été préservé en tant qu'habitat pour du gibier réintroduit.

Les plantes invasives Les bouleversements directs ou indirects causés par l'homme aux zones humides dans le monde entier, ouvrent la voie à l'implantation de plantes non-indigènes et le Sahel en général et le Delta du Sénégal en particulier ne font pas exception à la règle (Keddy 2002, Zedler & Kercher 2004). La Jacinthe d'eau *Eichhornia crassipes* et la Laitue d'eau *Pistia stratiotes* sont des envahisseurs

La construction du barrage de Diama a entraîné une stabilisation des niveaux d'eau et empêché le sel de s'infiltrer dans l'intérieur des terres. Ces conditions sont très favorables pour les espèces végétales non indigènes. En particulier, les typhas (à gauche) et la Salvinie géante (à droite) ont rapidement envahi les eaux libres et créé des herbiers flottants impénétrables pouvant atteindre un mètre d'épaisseur.

Massifs denses et étendus de typhas dans le Delta du Sénégal (réservoir de Diama) en décembre 2004. Les comptages par transects ont été réalisés en bordure de ces massifs, et des opérations de baguage réalisées perpendiculairement aux lisières.

agressifs qui peuvent rapidement recouvrir des habitats aquatiques. Ils forment d'épais matelas de végétation, surclassent les plantes indigènes et affectent la biodiversité végétale et animale (Zedler & Kercher 2004, Frieze *et al.* 2001). Dès le début du 20ᵉᵐᵉ siècle, les personnes habitant près du Lac de Guiers ont protesté contre la création d'une écluse, car elle avait entraîné une invasion de typhas (Bernard 1992). Le Delta du Sénégal est un exemple classique d'une zone humide déséquilibrée et infestée de plantes invasives (Fall *et al.* 2004), ce qui a déclenché de nombreuses recherches (Boubouth *et al.* 1999, Fall *et al.* 2004, Hellsten *et al.* 2002, Pieterse *et al.* 2001, Peeters 2003, Kloff & Pieterse 2006).

La construction du barrage de Diama a stabilisé le niveau des eaux souterraines et empêché les intrusions salines. Ce changement radical de l'écosystème a été immédiatement suivi d'un développement explosif du typha dans les eaux peu profondes du réservoir. Les massifs denses et monotypiques de typhas étaient réputés former un mur presque impénétrable entre les digues et l'eau libre (Kloff & Pieterse 2006). Le réservoir de Diama n'a pas été la seule source d'infestation ; la plupart des habitats d'eau douce furent également envahis.

Les typhas denses ont envahi les canaux et empêché l'accès aux zones de pêche. En outre, les mares dans les massifs de typhas ont procuré un habitat favorable aux escargots et mollusques qui jouent le rôle d'hôtes pour les parasites et les maladies hydriques (Boubouth *et al.* 1999, Jobin 1999, Kloff & Pieterse 2006).

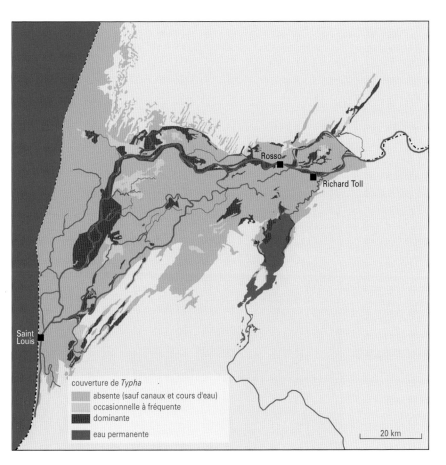

Fig. 77 Répartition et abondance relative des typhas dans le Delta du Sénégal, d'après les données de L. Manding (SAED, par courrier), de l'OMVS, de Peeters (2003), des images satellites et des campagnes de terrain en 2003-2005 (E.Wymenga, non publ.). NB : dans les zones où les typhas sont indiqués comme absents, ils sont en fait omniprésents dans les canaux permanents et peu profonds en eau douce.

couverture de *Typha*
absente (sauf canaux et cours d'eau)
occasionnelle à fréquente
dominante
eau permanente

20 km

Parmi les autres plantes invasives, proliférant dans les plaines inondables du Sahel, la Laitue d'eau, la Salvinie géante et la Jacinthe d'eau (Fall *et al.* 2004) représentent probablement les plus grands dangers. La Laitue d'eau est devenue abondante après le milieu des années 1990, alors que la Jacinthe d'eau l'était moins. La Salvinie géante fut introduite accidentellement dans le delta en 1999, mais en un an, elle avait envahi tous les habitats d'eau douce libre dans le réservoir de Diama, y formant des matelas denses, s'étendant de Rosso au barrage de Diama et bouchant les canaux d'irrigation. Dès 2000, la Salvinie géante avait formé des matelas flottants d'1 m d'épaisseur le long des massifs de typhas près des écluses et des barrages (Kloff & Pieterse 2006), mais en juin et juillet 2000, l'armée fut missionnée pour la retirer à la main des plus grands plans d'eau affectés. Cette mesure ne fonctionna que quelques mois (Pieterse *et al.* 2003, voir également Triplet *et al.* 2000, Diop & Triplet 2000, Diouf *et al.* 2001). La campagne de contrôle biologique qui fut ensuite lancée en utilisant le charançon *Cyrtobagous salviniae*, qui se nourrit exclusivement de Salvinie géante fut efficace (Pieterse *et al.* 2003). En 2005 et 2006, la Salvinie géante semblait être sous contrôle, bien qu'elle ait toujours été abondante dans la plupart des habitats d'eau douce, mais en densité bien plus faible.

L'omniprésence des typhas Aujourd'hui (2008), les typhas sont dominants dans le delta (Fig. 77) où l'on estime qu'il occupe 53.000 ha avec une forte densité et qu'il est abondant dans 21.600 ha supplémentaires, soit au total environ la moitié des marais du delta. Il est tout aussi dominant dans les canaux d'irrigation. Plusieurs méthodes ont été tentées pour réduire son étendue dans le delta : l'arrachage manuel ou mécanique, le curage des grands canaux, le fauchage ou le brûlis et, localement, le traitement au glyphosate (Hellsten *et al.* 1999, Peeters 2003), mais aucune n'offre de solution à long terme. Le GTZ a étudié la possibilité de le transformer en charbon, dans le but de le rendre profitable pour les communautés locales (Henning 2002 cité par Elbersen 2006), mais jusqu'à présent, cette étude n'a pas abouti à une méthodologie applicable à grande échelle.

La croissance prolifique des typhas dans le delta est liée à son écologie. Les typhas sont des espèces pionnières des marais peu profonds. Ils poussent sur les sols détrempés sur la tourbe, l'argile et le sable, jusqu'à une profondeur de 1,5 m. Ses graines n'ont pas besoin d'oxygène pour germer. Il est tolérant aux conditions anoxiques et sa grande tolérance écologique (eaux douces à saumâtres, mésotrophes à hypertrophes) sont les clés d'une colonisation rapide et bien souvent de sa domination sur une grande variété d'habitats marécageux. Dans le Delta du Sénégal, autrefois estuarien, la diminution des intrusions salines, l'eutrophisation (du fait des fertilisants utilisés pour l'agriculture) et le ralentissement des écoulements en amont de Diama offrent des conditions sur mesure pour les typhas et autres plantes invasives. La simplification par l'homme du fonctionnement écologique d'écosystèmes dynamiques stables crée des niches pour les espèces pionnières invasives entraînant une perte de biodiversité. Le Delta du Sénégal est loin d'être cas unique et, dans le monde entier, des espèces de typhas ont ainsi envahi nombre de marais (Frieze *et al.* 2001, Keddy 2000).

La création de zones protégées, en particulier le Parc National du Djoudj (1971) et le Parc National du Diaouling (1991), a permis de sauvegarder une part significative des richesses biologiques du delta. La gestion, la surveillance et la maintenance, indispensables pour une protection efficace, nécessitent de la main-d'œuvre et des financements.

Les femmes des villages voisins cueillent le *Sporobolus* dans les Parcs Nationaux du Djoudj et du Diaouling pour confectionner les tapis et paniers traditionnels, produits artisanaux réputés de cette région.

Les Parcs Nationaux du Delta du Sénégal : le Djoudj et le Diaouling

Au début des années 1960, de Naurois (1965a) anticipa le danger imminent que représentait l'irrigation à grande échelle pour les habitats naturels en proposant de sauvegarder certaines zones vitales du Delta du Sénégal. Le marais du Ndiaël avait alors déjà été transformé en un paysage semi-désertique. La création du Parc National du Djoudj (PNOD, Parc National des Oiseaux du Djoudj) en 1971 représenta une avancée majeure. Ce sanctuaire aviaire de 13.000 ha à sa création fut agrandi à 16.000 ha en 1976. Le parc devint un bastion pour les oiseaux d'eau afrotropicaux nicheurs. Grâce aux inondations artificielles, il attira également d'immenses quantités de canards et limicoles paléarctiques migrateurs. Au fil des ans, les communautés locales devinrent de plus en plus impliquées dans la gestion du parc (Beintema 1989, 1991), y compris par la promotion d'un éco-tourisme à petite échelle. A cet égard, le site de reproduction des Pélicans blancs était – et reste – particulièrement spectaculaire. Cependant, la gestion des inondations artificielles posent des problèmes écologiques croissants. Il est impossible de lâcher de l'eau pour abaisser le niveau d'eau dans le parc, car le niveau du lac de barrage est toujours bien plus élevé que celui des lacs centraux du parc (Diop & Triplet 2006). Il n'est donc plus possible de créer des conditions sèches, ce qui a pour effet de créer des habitats parfaits pour les espèces invasives.

La création du Parc National du Diaouling (PND) en Mauritanie a permis de stimuler une seconde fois la restauration d'habitats naturels dans le Delta du Sénégal. Il fallut plus de dix ans de débats avant que le parc ne devienne réalité (GFCC 1980, Hamerlynck 1997). Le PND fut créé en 1991 et couvre 16.000 ha, dont les bassins de Bell et du Diaouling. L'endiguement des bassins

et les arrivées d'eau depuis le réservoir de Diama ont facilité la restauration des crues, entamée en 1994 (Hamerlynck & Duvail 2003). Le succès de ce projet met en évidence la résilience des écosystèmes sahéliens. Les espèces de plantes invasives ont été tenues à l'écart grâce à la dynamique des crues (gérée artificiellement) et l'entrée d'eau salée dans le bassin de Bell pendant la saison sèche, des conditions proches de la situation naturelle. La restauration du gradient de salinité dans cette partie basse du delta a encouragé la reprise de la migration du mulet et à la restauration de la pêche. Les plaines à *Sporobolus* du Diaouling ont également été restaurées, ce qui a permis aux femmes de recommencer la production de tapis et d'autres objets traditionnels. Les communautés locales ont été étroitement associées au processus de restauration, ce qui fut crucial pour obtenir leur soutien (Hamerlynck 1997, Hamerlynck & Duvail 2003). Le succès du parc attirant de nombreux visiteurs, l'utilisation des ressources naturelles (poisson, crevettes, prairies et forêts) doit être modérée et demande une attention permanente. La situation est identique pour le pâturage dans le PN du Djoudj (Touré *et al.* 2001) et la chasse dans les franges du parc (chaque année, 5000 à 6000 Sarcelles d'été, 500 à 1000 dendrocygnes et quelques centaines de limicoles sont tués ; Peeters 2003). Les investissements internationaux dans les projets de conservation nationaux attirent souvent de nombreuses personnes recherchant des opportunités découlant des financements alloués aux parcs, ce qui met en péril l'efficacité des mesures de protection. On rencontre un exemple identique au Sahel avec le Waza Logone qui fut également remis en eau (Scholte 2003 ; Chapitre 9). Des taux de croissance de la population plus élevés ont été observés à proximité des zones protégées dans toutes les écorégions, tous les pays et tous les continents (Wittemyer *et al.* 2008).

Ces deux Parcs Nationaux couvrent environ 10% du total du delta et en retiennent 75% des eaux (zone soumise aux marées exclue) pendant la saison sèche. Les inondations artificielles ont restauré les gradients de salinité et régénéré des lacs saumâtres peu profonds et des plaines inondables à *Scirpus maritimus*, *S. littoralis*, *Sporobolus robustus* et *Echinochloa colona*. La plupart des oiseaux d'eau sont dorénavant concentrés dans les Parcs Nationaux. Les parcs abritent également une faune variée d'insectes, de poissons, d'amphibiens, de reptiles (le Crocodile du Nil *Crocodylus niloticus*, le Varan du Nil *Varanus niloticus*, le Python *Python sebae*) et des mammifères, petits et grands (comme les Patas *Cercopithecus patas* et les Phacochères communs *Phacochoerus aficanus*). Toutefois, des espèces telles que la Gazelle dorcas *Gazella dorcas* et la Gazelle à front roux *G. rufifrons*, qui devaient être communes autrefois restent au bord de l'extinction (Peeters 2003).

L'abondance des oiseaux dans le Delta du Sénégal impressionnait déjà les naturalistes par le passé (Neumann 1917) et attire toujours les ornithologues. Un demi-siècle plus tard, les naturalistes français ont commencé à quantifier l'importance ornithologique de cette partie de la côte ouest africaine (de Naurois 1965b, Roux 1959a&b, Morel & Roux 1966a&b, 1973).

Les comptages d'oiseaux Au début des années 1970, une période coïncidant avec le début de la Grande Sécheresse, le *Centre de Recherches sur la Biologie des Populations d'Oiseaux* (CRBPO) mit en place un protocole de suivi des oiseaux basé sur des comptages aériens en janvier, et se concentrant sur les canards et les oies du paléarctique hivernant dans le Delta du Sénégal (Roux 1973a&b, Roux & Jarry 1984). Les comptages aériens pendant la période 1974-1978 furent combinés à une étude des dynamiques de population (Roux *et al.* 1976, 1977, 1978). A partir des années 1980, et une expédition portant sur les spatules néerlandaises (Poorter *et al.* 1982), de nombreux recensements des limicoles et passereaux migrateurs ont été réalisés dans le Delta du Sénégal (p. ex. Altenburg & van der Kamp 1986, Meininger 1989a, OAG Münster 1989b, Tréca 1990, Beecroft 1991). Depuis 1989, les comptages d'oiseaux d'eau ont été repris par des organisations françaises: *l'Office National de la Chasse et de la Faune Sauvage* (ONCFS) et *Oiseaux Migrateurs du Paléarctique Occidental* (OMPO) en collaboration avec la *Direction des Parcs Nationaux* (DBN, Sénégal). Contrairement au Delta Intérieur du Niger au Mali, pour lequel des données couvrant tous les mois de l'année sont disponibles (chapitre 6), les recensements dans le Delta du Sénégal ont été principalement réalisés en milieu d'hiver (janvier) dans le cadre des comptages internationaux d'oiseaux d'eau (p. ex. Triplet & Yésou 1998, Schricke *et al.* 2001, Dodman & Diagana 2003 ; encadré 10).

Peu d'informations existent sur les oiseaux (d'eau) afrotropicaux, à l'exception des études sur l'exploitation des rizières par les canards (Tréca 1999, Triplet *et al.* 1995). Un aperçu de la diversité ornithologique et de l'importance pour les oiseaux du Delta du Sénégal peut être obtenu en lisant Morel & Morel (1990), la liste des oiseaux observés au Djoudj (Rodwell *et al.* 1996, Triplet *et al.* 2006) et les synthèses sur les oiseaux d'eau nicheurs dans le delta (Roux *et al.* 1976, Triplet & Yésou 1998, Schricke *et al.* 2001). Nous nous sommes concentrés sur l'impact sur les oiseaux d'eau de la transformation du delta, d'une plaine estuarienne inondable en une zone cultivée.

Les oiseaux d'eau nichant en colonies Les rares recensements d'oiseaux d'eau nicheurs à l'échelle du delta ont essentiellement porté sur les colonies et les grandes espèces. Les autres informations disponibles proviennent essentiellement d'observations anecdotiques.

La plaine inondable estuarienne du Delta du Sénégal constitue une zone de nidification attractive pour les oiseaux d'eau coloniaux. A proximité de la plaine inondable en elle-même, les zones côtières adjacentes offrent des zones d'alimentation riches et des sites de reproduction sûrs sur des îlots ou dans les mangroves. De Naurois (1969) a recensé 12 colonies de cormorans, hérons, ibis et spatules entre 1961

Encadré 10

Compter les oiseaux dans le Delta du Sénégal nécessite des efforts importants

Patrick Triplet & Vincent Schricke (OMPO & ONCFS)

De toutes les grandes plaines inondables du Sahel, le Delta du Sénégal est probablement la moins difficile à recenser. Les comptages aériens sont essentiels pour couvrir le Delta Intérieur du Niger, bien plus grand, ou le Bassin du Tchad, alors qu'il est possible de compter les oiseaux dans le Delta du Sénégal en utilisant simplement des voitures et des bateaux, bien qu'il faille pour cela du temps et de la main d'œuvre. Depuis 1989, les comptages de mi-hiver dans le delta ont été organisés chaque année par la *Direction des Parcs Nationaux* (DBN), *l'Office National de la Chasse et de la Faune Sauvage* (ONCFS) et *Oiseaux Migrateurs du Paléarctique Occidental* (OMPO). Des données de recensements antérieurs, datant de la fin des années 1950 sont également disponibles, ce qui fait probablement du delta l'un des sites les mieux suivis en Afrique.

Dans le Delta du Sénégal, les comptages ont portés sur les secteurs suivants :
- Parc National du Djoudj
- Zone de chasse du Djeuss
- Parc National de la Langue de Barbarie
- Réserve Spéciale Guembeul, lagunes et étangs attenants
- Réserves du Ndiaël et des Trois Marigots
- Lac de Guiers (seul un marais, proche du lac, a été compté : N'Der)
- Parc National du Diaouling et marais environnants.

Etant donnée la taille de la zone, les comptages sont organisés de manière hiérarchique, et commencent par les PN du Djoudj et du Diaouling. Lors de notre série de 20 comptages en janvier, le PN du Djoudj était le site principal d'hivernage pour les oiseaux d'eau, principalement des Anatidés pendant la journée. Cependant, le PN du Diaouling est devenu de plus en plus attractif pour d'autres espèces telles que le Pélican blanc et le Flamant nain, qui se déplaçaient d'un parc à l'autre, et nous a contraints à compter simultanément les deux parcs le 15 janvier. Tous les autres sites sont recensés pendant les deux jours suivants.

En dehors des erreurs de recensement (voir Chapitre 6 : le Delta Intérieur du Niger), les difficultés pratiques sont nombreuses, qu'elles soient d'origine humaine ou liées à l'environnement. Les problèmes logistiques sont variés, et vont des pannes de voiture et des chemins impraticables aux niveaux d'eau élevés empêchant l'accès des équipes à des postes de comptage importants dans le delta. Certains anciens chemins et points d'observation utilisés dans le delta peuvent avoir disparu en raison des modifications liées au développement des rizières, à la prolifération des typhas et aux variations des niveaux d'eau. Pendant les comp-

tages de janvier en particulier, les vents de sable posent un problème majeur. Parfois, la visibilité est tellement réduite que tout comptage est impossible pendant plusieurs jours. Le plus frustrant est certainement de n'avoir une bonne visibilité d'une zone que pendant les premières heures du jour (entre 7h30 et 9h30). Imaginez que vous avez à compter 400.000 canards sur le Grand Lac du PN du Djoudj en seulement deux heures ! Ce n'est pas une sinécure et la tâche serait impossible à réaliser sans l'aide de nombreux volontaires.

Afin de couvrir entièrement le PN du Djoudj, nous avons adopté des procédures strictes commençant par le regroupement de tous les participants à la station biologique du PN du Djoudj. Il faut sept équipes pour compter les oiseaux du Djoudj. Chaque équipe est composée d'un ornithologue expérimenté et de plusieurs (3 à 6) assistants. Le leader de l'équipe est responsable du comptage dans sa section, et doit connaître le terrain et la localisation habituelle des oiseaux. Actuellement (2008), seules quelques personnes sont suffisamment entraînées pour compter les oiseaux d'eau sur les principaux lacs (Grand Lac, Lac du

Les oiseaux d'eau du Delta du Sénégal sont comptés en milieu d'hiver (janvier) depuis deux décennies sans interruption. Le recensement annuel nécessite 30 à 40 participants, organisés en 7 équipes comptant chacune un sous-secteur du delta. Cet énorme effort est rendu possible par la coopération entre le DBN, l'ONCFS et l'OMPO.

Khar) dans la zone centrale du parc, où la plupart des reposoirs diurnes de canard sont situés. Il faut entre 27 et 30 personnes pour compter entièrement le PN du Djoudj, ainsi que 6 ou 7 voitures et trois bateaux.

Le site le plus difficile à recenser est le Lac du Lamantin, où l'équipe doit marcher dans l'eau pendant trois à quatre heures avant d'arriver au point d'observation principal. Depuis la fin des années 1990, les massifs de typhas ont empêché toute tentative d'atteindre le lac, ou plus précisément les quelques hectares d'eau libre qui subsistent. Un autre challenge, qui peut tourner au cauchemar, est le Grand Lac. Ce lac est très difficile à recenser pendant les deux heures après le lever du soleil lorsque la visibilité est adéquate. La chaleur et le vent empêchent tout comptage plus tard dans la journée, mais la situation est encore plus difficile lors qu'il n'y a pas eu de vent du tout lors de la nuit précédente. Dans un tel cas, et nous n'arrivons pas à l'expliquer, les canards se reposent sur des étangs isolés et inaccessibles à leur retour. Les nombres de canards, en particulier de Canards pilets et de Sarcelles d'été sont alors inévitablement sous-estimés, ce qui rend nécessaire la répétition des comptages pendant plusieurs jours pour obtenir une estimation fiable.

Le niveau d'eau varie constamment aux Trois Marigots, dont la plus grande partie est envahie de typhas et de roseaux, qui rendent les comptages encore plus difficiles. Néanmoins, un suivi annuel est nécessaire, car ce site non protégé accueille un petit groupe d'Anserelles naines, une espèce considérée comme un indicateur fiable de la qualité des marais.

Les lagunes proches de Saint-Louis attirent de grands nombres de limicoles côtiers, qui ne peuvent être comptés que depuis deux points d'observation : le premier est une digue séparant les lagunes de Saint-Louis et est un bon point de comptage lorsque les niveaux d'eau sont suffisamment élevés pour inonder ce secteur ; le second est proche du petit village de Leybarboye, où deux personnes peuvent compter, mais seulement le matin, car pendant l'essentiel de la journée, les oiseaux restent à grande distance. La présence de groupes composés de plusieurs espèces rend ces comptages encore plus compliqués.

Pendant la période de comptages systématiques (1989-2008), plus de cent personnes – des gardes, étudiants et écoguides – étaient entraînés et s'impliquaient dans le programme. Cependant, le *turnover* parmi les observateurs était très élevé, bien plus que celui de la population de limicoles ! Certains ne venaient tout simplement plus, d'autres étaient partis ou avaient obtenus des postes dans d'autres zones protégées et d'autres étaient décédés. En 2008, les chefs d'équipes des sites les plus difficiles sont toujours motivés, mais manquent de nouvelles recrues et il n'y a aucune garantie que le suivi des populations hivernantes et en halte d'oiseaux d'eau, en particulier en janvier, va pouvoir continuer pendant encore 20 ans avec le même degré de précision que celui atteint jusqu'à présent. Mais nous pouvons espérer que de jeunes ornithologues sénégalais vont relever le défi et continuer cette série unique de comptages d'oiseaux d'eau en Afrique de l'Ouest.

Situé sur un îlot du Marigot du Djoudj, le site de nidification des Pélicans blancs dans le Parc National du Djoudj est soumis à une intense érosion (Diop & Triplet 2006, I. S. Sylla comm. pers.).

et 1965 (Fig. 78). Une grande colonie de Pélicans blancs était située dans l'Aftout es Saheli, au nord du delta, où De Naurois (1965b) a également découvert une colonie de Flamants nains. Cette localité, irrégulièrement occupée, constitue le seul site de reproduction du Flamant nain dans cette partie de l'Afrique (Trolliet & Fouquet 2001). Pendant les années 1960, 17 espèces d'oiseaux coloniaux furent trouvées dans le Delta du Sénégal, en comptant le Pélican blanc, mais sans les goélands, mouettes et sternes, confinées à la zone côtière. Malgré les travaux d'endiguement au début des années 1960, le delta était alors dans un état largement naturel (de Naurois 1965a). La plupart des oiseaux d'eau coloniaux nichaient dans les arbres, particulièrement les tamaris et *Acacia nilotica* dans les parties est et nord du delta, et dans les mangroves (*Avicennia sp.*, *Rhizophora sp.*) dans la partie basse du delta.

Un second recensement au début des années 1980 a révélé d'importants changements dans le nombre et la distribution des colonies (Fig. 78). Alors que De Naurois (1969) n'avait rencontré aucune colonie dans la partie centrale du delta, jusqu'à 5 colonies étaient présentes au Djoudj en 1979-1980 : une colonie de Hérons pourprés nichant dans une roselière et les autres plurispécifiques dans des acacias. En 1975 la principale héronnière mixte était localisée dans le PN du Djoudj et comptait 8000 couples (Roux 1974). L'absence de colonies dans cette partie du delta dans les années 1960 s'explique par les mauvaises conditions d'alimentation et l'absence d'arbres pour la reproduction en raison d'une forte pression de pâturage (Voisin 1983). La création du Parc National en 1971 entraîna le départ du bétail, le retour des crues et la protection contre le braconnage. Ces mesures ont fait du Djoudj le principal secteur pour la reproduction des oiseaux d'eau dans le delta. Alors que les autres colonies du delta continuaient à disparaître, le Djoudj abritait des sites de reproduction importants pour au moins 15 espèces d'oiseaux d'eau coloniaux en 1985-1987 (Rodwell *et al.* 1996).

Entre 2000 et 2006, les colonies de reproduction dans le delta étaient principalement situées dans les Parcs Nationaux (Fig. 78), bien qu'en juillet 2006, des informations sur la reproduction du

Héron garde-bœufs près de Richard Toll furent obtenues (J. van der Kamp, non publ.). La répartition des colonies correspond aux secteurs propices à l'alimentation (marais peu profonds, estuaire) et aux sites favorables à la reproduction (sites protégés sur des îlots, arbres et buissons). Dans le Djoudj, 2 à 4 colonies mixtes de cormorans, aigrettes et hérons sont présentes, tout comme une colonie de Pélicans blancs au centre du parc.[6] Les autres sites de reproduction dans le delta sont dans le PN du Diaouling où, après la restauration des crues en 1994, les oiseaux d'eau coloniaux ont fait preuve d'une remar-

Tableau 10 Estimations de taille des populations nicheuses d'oiseaux d'eau coloniaux dans le PN du Diaouling (bassins du Diaouling, du Ntiallakh et de Tichllit) en 1993, 1999 (Hamerlynck & Duvail 2003) et en 2004 et 2005 (Direction Parc National du Diaouling, Diagana *et al.* 2006). Symboles : + = présent, - = reproduction non observée.

An	1993	1999	2004-2005
Anhinga d'Afrique	-	>25	1150
Cormoran africain	<50	>250	1300-1400
Grand Cormoran	<30	>500	4500-5000
Pélican blanc	-	1400	-
Pélican gris	-	5-10	
Bihoreau gris	<5	>100	20-30
Crabier chevelu	<50	>150	-
Héron garde-boeufs	<10	>250	50
Aigrette garzette	<25	>200	100-320
Grande Aigrette	-	>200	800
Spatule africaine	-	5	50-600
Ibis sacré	-	+	50-70

Le site de nidification des Pélicans blancs était – et reste – particulièrement spectaculaire, et attire les touristes vers le Parc National du Djoudj.

quable progression (Hamerlynck & Duvail 2003, Diagana *et al.* 2006 ; Tableau 10). Entre 2004 et 2006, le PN du Diaouling abritait 4 à 5 colonies mixtes, localisées sur des tamaris bas ou des mangroves. Les colonies de Grands Cormorans, d'Anhingas d'Afrique et de Grandes Aigrettes font partie des plus grandes connues en Afrique de l'Ouest.

Evolution des populations La création du PN du Djoudj en 1971 fut vitale pour la protection des oiseaux d'eau nicheurs dans le delta. L'augmentation des oiseaux d'eau coloniaux et nichant au sol au Djoudj et au Diaouling peut être attribuée à : (1) La restauration des crues (nouveaux sites d'alimentation) combinée avec un retour partiel des précipitations et des inondations. (2) Le retour des arbres et arbustes après la fermeture de la zone au bétail (nouveaux sites de reproduction). (3) La lutte contre le braconnage (zones sécurisées).

Les informations quantitatives sur les colonies de reproduction du delta du Sénégal pour les années 1960 et le début des années 1980 ne sont que des estimations grossières (tableau 11). Les données des années 1990 et ultérieures sont incomplètes pour le Djoudj. L'**Anhinga d'Afrique** et le **Cormoran africain**, très répandus dans les années

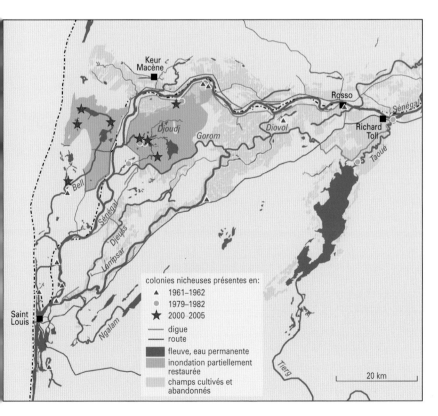

Fig. 78 Localisation des colonies de nidification des pélicans, cormorans, hérons, aigrettes, spatules et ibis dans le Delta du Sénégal dans les années 1960, 1980 et pendant la période 2000-2005. Données d'après de Naurois (1969), Voisin (1983), Diagana *et al.* (2006). La délimitation des secteurs soumis aux inondations artificielles (en vert) se confond largement avec les Parcs Nationaux du Djoudj et du Diaouling.[1]

Les Anhingas d'Afrique, nicheurs vulnérables dans les PN du Djoudj et du Diaouling, dépendent de la présence de sites de reproduction non dérangés proches de zones de pêche.

1960, ont subi un fort déclin pendant les années 1970 à 1990, en raison de la sécheresse et de la mise en culture de la plaine inondable (Voisin 1983, Yésou & Triplet 2003 ; Tableau 11). A partir de 1999, les deux espèces se sont rétablies de façon spectaculaire, grâce à la restauration des crues dans le Diaouling et probablement par une succession de fortes crues. Seuls quelques couples de **Grand Cormoran** étaient signalés dans les années 1960, mais l'espèce a progressé depuis (Yésou & Triplet 2003). En 2004-2006, de grandes colonies de cette espèce étaient présentes dans le PN du Diaouling. Le succès de reproduction des Anhingas d'Afrique et des cormorans dans le Diaouling était élevé (Diagana *et al.* 2006), mais pas suffisant pour expliquer cette rapide augmentation, ce qui indique un report depuis d'autre sites, dont le Djoudj. Les Cormorans africains et Grands Cormorans pourraient également être venus de sites de reproduction plus au nord sur le littoral ; du Banc d'Arguin par exemple, où le nombre de Cormorans africains nicheurs a été divisé par plus de deux entre 1997 et 2004 (Veen *et al.* 2006).[7]

Dans les années 1960, de Naurois (1969) a rencontré 11 espèces de hérons et d'aigrettes, qui furent confirmées par Voisin (1983). Le Héron garde-bœufs, la Grande Aigrette, le Bihoreau gris et le Crabier chevelu étaient de loin les espèces les plus nombreuses à cette

Tableau 11 Nombre d'oiseaux d'eau coloniaux dans le Delta du Sénégal (PN du Djoudj, PN du Diaouling et autres sites combinés) pendant les périodes 1961-1965 (de Naurois 1969), 1979-1981 (Voisin 1983) et 1987-1993 (Rodwell *et al.* 1996). Il n'existe pas de données récentes pour le PN du Djoudj ; pour le PN du Diaouling, voir Tableau 10. La localisation des colonies est donnée dans la Fig. 78.
Symboles (couples nicheurs) : + = jusqu'à quelques dizaines, ++ = centaines, +++ = milliers.

Période	1961-1965	1979-1981	1987-1993	2000-2005
Anhinga d'Afrique	400-500	> 60	++	>1150
Cormoran africain	>600 (>1500)[1]	>1200[2]	50 – 250	>1300-1400
Grand Cormoran	>10	?	660	>4500-5000
Pélican blanc	1500-2000[3]	8500[4]	+++	5000
Pélican gris			c. 10	+
Héron cendré	+	+	-	+
Héron pourpré	50	+	+	+
Bihoreau gris	>>500	>>50	>1375[5]	>20-30
Crabier chevelu	>>500	>>190	230[5]	+
Aigrette des récifs	>25	?	-	-
Aigrette ardoisée	>25	+	+	-
Héron garde-boeufs	>1500	>800	1960[5]	>50
Aigrette garzette	>50	+	>800[5]	>100-300
Aigrette intermédiaire	>100 (>300)[1]	>45	+	+
Grande Aigrette	>250 (>480)[1]	>600	1450[5]	>800
Héron strié	+	+	+	+
Tantale ibis	50?	>30	>>20	+
Spatule africaine	>100	>50	+	>50-600
Ibis sacré	>125	>26	+	>50-70
Total estimé	**>> 6500**	**>> 12000**	**?**	**?**

Notes:
[1] Morel (1968) mentionne des colonies près de Rosso en 1964 avec 1500 couples de Cormorans africains, 480 de Grandes Aigrettes et 300 d'Aigrettes intermédiaires.
[2] Roux (1974) mentionne 3000 couples pour le PN du Djoudj.
[3] Nidification dans l'Aftout es Saheli (de Naurois 1969b) ; en 1972, 1500 couples tentèrent de nicher dans le PN du Djoudj ; en 1976, 2000 couples nichèrent avec succès dans le PN (Roux 1974).
[4] Comptés en 1982 dans le Djoudj (Données : BirdLife International 2008, sans mention de source d'origine).
[5] D'après les nombres mentionnés par Kushlan & Hafner (2000) pour novembre 1988.

Dans le Delta du Sénégal, la richesse des lacs saumâtres peu profonds, tels que le Grand Lac et le Lac du Khar dans le PN du Djoudj et le bassin de Bell dans le PN du Diaouling, dépendent largement de leur protection face à l'exploitation par l'homme.

époque, et comptaient de plusieurs centaines à quelques milliers de couples. A l'exception des espèces présentes en petit nombre (informations insuffisantes), les autres espèces semblent avoir augmenté à la fin des années 1980 (nombres de novembre 1988, Kushlan & Hafner 2000 ; Tableau 11). Cette augmentation peut être portée au crédit des mesures de protection. Nous ne possédons pas d'estimations pour l'ensemble du delta pour les années 2000, bien que certaines espèces se soient réinstallées au Diaouling (Tableau 10). La plupart des espèces de hérons et d'aigrettes nichaient encore au Djoudj au milieu des années 2000, sauf les Aigrettes ardoisée et des récifs (Triplet *et al.* 2006). Le statut du Héron pourpré est incertain.

Le **Bihoreau gris** nichait en nombres considérables dans le Djoudj en 1988, comme Rodwell *et al.* (1996) le mentionnent pour 1985 et 1987 (« plusieurs centaines de nids » dans les héronnières de Poste de Crocodile et du Lac du Khar dans le PN du Djoudj). La population de **Crabiers chevelus** n'a jamais dépassé les 500 couples. L'**Aigrette garzette** et la **Grande Aigrette** sont en augmentation dans le delta, la seconde en particulier dans le Diaouling. Quelques milliers de couples de **Hérons garde-bœufs** nichaient au Djoudj à la fin des années 1980 (Kushlan & Hafner 2000). Morel & Morel (1990) ont observé de nombreuses colonies dans le Delta du Sénégal, mais nombre d'entre-elles ont été détruites ou ont disparu (voir ci-dessus).

Les populations nicheuses de cigognes, d'ibis et de spatules sont faibles, comme en 1960. Le **Tantale ibis** a toujours été noté nicheur en petit nombre au Djoudj, mais au mois de janvier entre 2002 et 2004, de 100 à 450 oiseaux non nicheurs y étaient présents (données de P. Triplet & V. Schricke). Le nombre d'**Ibis sacrés** a chuté dans les années 1980 et 1990. Le rétablissement dans les années 2000 est en grande partie dû à son augmentation dans le Diaouling. L'augmentation de

la population de **Spatules d'Afrique** dans le Diaouling doit être liée à l'arrivée d'oiseaux en provenance d'autres colonies d'Afrique de l'Ouest ; les comptages dans le passé ont rarement dépassé les 50 à 100 couples. Bien qu'il ait régulièrement été observé par le passé (Rodwell *et al.* 1996) et qu'il ait été trouvé nicheur en décembre 1981 (Dupuy 1982), le **Marabout d'Afrique** a été absent lors des dernières décennies (Triplet *et al.* 2006, P. Triplet par courrier) ; l'espèce est mentionnée par erreur comme nicheur récent par Groppali (2006).

Le **Pélican blanc** est un habitant emblématique du Delta du Sénégal. Le long de la côte ouest africaine, il n'est nicheur qu'en Mauritanie (jusqu'à 3800 couples en 1997 ; Isenmann 2006) et au Sénégal (Veen *et al.* 2006). Les nicheurs du Djoudj proviennent probablement de l'Aftout es Saheli (de Naurois 1969). La nidification a toujours lieu irrégulièrement dans l'Aftout (Peeters 2003, Diagana *et al.* 2006), comme ce fut le cas dans le Diaouling en 1995 et 1999 (Hamerlynck & Duvail 2003). Les Pélicans blancs du Djoudj se sont installés en 1976 (I. S. Sylla, *comm. pers.*). La colonie a été estimée à 8500 couples dans les années 1980 (Tableau 11) et comprenait entre 4000 et 5000 couples entre 2000 et 2008 (P. Triplet par courrier, I. Ndiaye par courrier). Un petit nombre de **Pélicans gris** se reproduit également sur ce site. Après la saison de reproduction, la population totale de Pélicans blancs dans le Delta du Sénégal, recensée en janvier, est en moyenne de 22.500 individus (1999-2004 ; Tableau 12). Le Djoudj et le Diaouling ne forment qu'un unique territoire d'alimentation pour les pélicans, si l'on en juge par les déplacements qu'ils effectuent. Depuis la restauration des inondations dans le Diaouling, le nombre de pélicans utilisant ces bassins a nettement augmenté (Diawara & Diagana 2006), ce qui reflète l'amélioration apparente des conditions d'alimentation.

	1972	1973	1974	1975	1976	1979	1983	1984	1985
Pélican blanc	8500	6580	4997	18904	8000	5380	10	35	
Pélican gris	270								
Ibis falcinelle	1150	346	92	200		40	1090	145	
Dendrocygne veuf	43000	11781	6800	54312	27000	13195	1970	2100	600
Dendrocygne fauve	400	754	100	6430	5000	2800	2410	100	400
Anserelle naine	4								
Canard à bosse	650	872	544	4580	1020	2050	2	30	62
Oie-armée de Gambie	1170	480	256	8514	4205	1378	1575	296	254
Ouette d'Egypte	250	1798	24	678	40	70	175	210	5
Canard pilet	55000	114716	90900	217675	78500	26930	1110	700	3908
Sarcelle d'été	135000	35000	86400	239977	120250	67570	9050	2800	17215
Canard souchet	2300	8000	2700	31840	7250	6040	16200	3800	2400
Grue couronnée	280	741		17			1	4	
Barge à queue noire	10500	23888	200	5600	7990		100	3000	
Combattant varié	500000	343960	20050	18450	5000	850	37000	500	80000

	1995	1996	1997	1998	1999	2000	2001	2002	2003
Pélican blanc	4536	10193	3349	10320	18251	20961	28368	18335	8888
Pélican gris	87	23	161	127					
Ibis falcinelle	42	430	305	427	397	512	177	146	467
Dendrocygne veuf	21530	12160	32273	36890	25204	51090	83207	51147	120683
Dendrocygne fauve	2458	3208	3029	1782	3612	1682	16096	3259	1995
Anserelle naine				8	17		78	2	39
Canard à bosse	41	132	1894	1675	733	1381	1529	799	1023
Oie-armée de Gambie	218	1598	1792	1556	1130	1846	707	545	709
Ouette d'Egypte	270	183	126	782	779	498	256	433	563
Canard pilet	87500	44993	53430	127608	107501	150127	133235	38266	32176
Sarcelle d'été	19940	61758	153394	269144	232017	296191	150000	93424	73240
Canard souchet	10829	23202	18229	12821	23948	13241	18992	8862	16672
Grue couronnée	549	171	148	79	69	384	110	111	152
Barge à queue noire	2210	6944	2495	2473	4000	5000	3800	1200	1200
Combattant varié	124060	38150	135929	160063	88515	22910	30307	1158	794

Le Delta du Sénégal et la dépression côtière voisine de l'Aftout es Saheli constituent les seuls marais ouest-africains où la nidification du **Flamant nain** a été prouvée. De Naurois (1965a) fut le premier à documenter la reproduction de l'espèce dans cette région ; en juillet 1956, il découvrit une colonie d'environ 800 nids dans l'Aftout. Les tentatives de nidification étaient apparemment déclenchées par un niveau d'eau suffisant, ce qui dépendait du débit du Fleuve Sénégal. Durant les années de fortes crues (années 1950 et 1960), l'espèce pourrait avoir niché régulièrement (de Naurois 1965a). Pendant la Grande Sécheresse des années 1970 et 1980, les conditions ne furent pas favorables à la reproduction en raison de crues insuffisantes pour inonder les sites de reproduction. Cependant, en 1999, lorsque les crues redevinrent fortes, la nidification fut suspectée dans le Diaouling (Hamerlynck & Messaoud 2000). En 2001, l'espèce se reproduisit avec succès au Chat Tboul (Peeters 2003). Environ 3200 oiseaux, dont 350 immatures furent observés l'année suivante. La reproduction reste peu fréquente, avec de longs intervalles sans nidification entre les tentatives. La plupart des années, la population fréquentant la totalité de la côte ouest africaine ne dépasse pas 10.000 à 15.000 oiseaux. Cependant, en 1990, des regroupements de tailles exceptionnelles furent notés au Djoudj (45.000 à 65.000 oiseaux), et en juin 2003, 36.000 Flamants nains furent comptés dans le Diaouling. Etant donnée la reproduction sporadique, les importantes fluctuations de la population semblent montrer l'existence d'échanges entre les po-

1986	1987	1988	1989	1990	1991	1992	1993	1994
			2234		12400	9162	4820	14328
						8	175	69
		186	258	633	370	330	257	
66410	43960	9015	22744	11960	4690	7064	10492	13649
30806	37760	942	1091	88	500	213	379	1165
398	1910	38	38	40	247	787	477	100
1370	945	2469	1059	1518	140	380	148	676
668	729		87	224	2662	365	388	602
247354	99132	39125	210000	44890	73801	72621	50000	77233
125550	183684	83417	85000	52011	77303	100990	118670	128631
8800	34236	437	15657	14185	19130	8740	11893	10024
			27	119	400	200	233	515
					332	5501	11110	4090
					178000	190000	192500	32072

2004	2005	2006	2007
39406		21925	22875
187			
113830			91609
2937			5388
314			
841			
715			
835			269
18778	68542	157456	177466
47314	188776	218182	41398
18560			
186		146	142
1000	2500	3191	5613
3457		7078	11423

Tableau 12 Comptages en milieu d'hiver (janvier) de 15 espèces d'oiseaux d'eau dans le Delta du Sénégal (en excluant l'Aftout es Saheli, les lacs de Guiers, R'kiz & Alèg et la vallée du fleuve à l'est de Podor). Données d'après Roux 1973, 1974, Roux *et al.* 1976, Roux & Jarry 1984, Schricke *et al.* 1990, 1991, Girard *et al.* 1991, 1992, Trolliet *et al.* 1993, Triplet & Yésou 1994, Yésou *et al.* 1996, Triplet *et al.* 1995, 1997, Schricke *et al.* 1998, 1999, Dodman & Diagana 2003, Trolliet *et al.* 2007, 2008 et des données complémentaires de la base de données AfWC de Wetlands International. Le comptage de 2007 a été publié dans le Bull. African Bird Club 14 : 223-4.

Les Pélicans blancs pêchent en groupes, une technique efficace pour pousser les bancs de poissons vers les eaux peu profondes où ils peuvent facilement être ramassés.

Les Spatules blanches nichant aux Pays-Bas, dans le NO de la France et en Espagne forment une population isolée qui suit la côte atlantique vers ses sites d'hivernage du Banc d'Arguin (Mauritanie) et du Delta du Sénégal (Mauritanie/Sénégal). Les eaux côtières peu profondes leur offrent une nourriture abondante toute l'année. Les oiseaux de 1er hiver restent en Afrique de l'Ouest pendant 3 ou 4 ans jusqu'à être sexuellement matures. Cette population n'a que peu ou pas de contacts avec les populations centrales et orientales. Des 48.000 contrôles de spatules néerlandaises baguées, moins de 1% proviennent de Méditerranée (principalement de Tunisie) (Smart et al. 2007).

pulations d'Afrique de l'Ouest et celles de l'est et du sud du continent (Trolliet & Fouquet 2001).

En dehors des nicheurs coloniaux, une grande diversité d'oiseaux d'eau niche dans le delta, dont des limicoles[8], des canards, des râles et des sternes, mais également les Outardes arabe et du Sénégal (Rodwell et al. 1996, Triplet et al. 2006). Un autre grand oiseau nichant au sol, la Grue couronnée, était autrefois très répandu, avec une population estimée à plusieurs milliers d'oiseaux dans le delta. Morel & Morel (1990) ont mentionné un déclin marqué dès le début des années 1980, mais en 1980, le nombre d'oiseau dans le delta était déjà réduit à 200 oiseaux (Poorter et al. 1982). Les comptages hivernaux lors de la dernière décennie ont permis de trouver 152 oiseaux en moyenne (janvier 1997-2007 ; Tableau 12). Dans le PN du Djoudj, la population de grues est faible, mais celle de Mauritanie a augmenté depuis la restauration des crues dans le Diaouling, et est passée de 2 couples en 1993 à plus de 30 en 1999 (Hamerlynck & Duvail 2003).

Les oiseaux d'eau hivernants et migrateurs   Entre juillet et avril, le Delta du Sénégal est une zone de repos important pour les oiseaux d'eau afrotropicaux et paléarctiques. Ce statut peut paraître surprenant si l'on considère les changements hydrologiques profonds des dernières décennies et la disparition de zones humides qui en a résulté. Cependant, il n'existe pratiquement pas de zone humide de repli dans cette partie du Sahel, même si les grandes dépressions mauritaniennes (p. ex. Mare de Mahmouda, R'kiz et Alèg) peuvent abriter de grandes concentrations d'oiseaux d'eau (principalement des canards et Combattants variés) lorsque les conditions sont favorables

(van Wetten et al. 1990, Dodman & Diagana 2003). L'abondance des oiseaux d'eau dans le Delta du Sénégal rappelle la rareté des zones humides dans cette région. Les comptages de janvier (Tableau 12) ne sont pas forcément représentatifs des populations hivernantes maximales. Certains migrateurs originaires du paléarctique ont en effet déjà entamé leur migration (Hötker et al. 1990 ; Chapitre 27, Barge à queue noire) et de nombreux oiseaux d'eau afrotropicaux peuvent avoir quitté le secteur en raison de l'assèchement graduel des zones inondées.

Les comptages aériens, complétés par des campagnes au sol à partir de 1989 (encadré 10) se sont concentrées sur les espèces grégaires et de grande taille (Tableau 12). Les espèces de petite taille, discrètes ou à répartition diffuse ont été couvertes par 149 sondages de densité

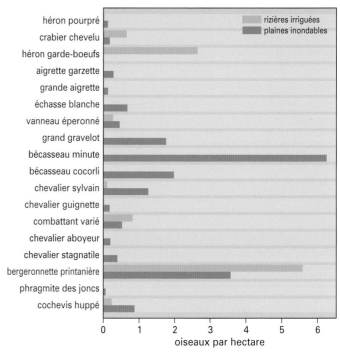

Fig. 79 Densité de quelques espèces d'oiseaux d'eau dans les rizières (113 parcelles) et les plaines inondables restaurées (36 parcelles dans le Djoudj et le Diaouling) du Delta du Sénégal en février et décembre 2005.

De grandes concentrations de canards paléarctiques, en particulier des Sarcelles d'été, des Canards pilets, des Canards souchets, et de canards afrotropicaux, principalement des Dendrocygnes veufs et fauves, utilisent le PN du Djoudj comme site de remise diurne. Après le coucher du soleil, ces oiseaux se dispersent vers des sites d'alimentation situés dans un périmètre plus large, et incluant des rizières.

en février et décembre 2005 (Fig. 79), soit une faible pression d'échantillonnage en comparaison du Delta Intérieur du Niger (Chapitre 6, également pour les méthodologies). Les densités d'oiseaux d'eau sur les plaines inondables restaurées étaient bien plus fortes que sur les rizières et la diversité était plus importante. Ces résultats sont cohérents avec ceux obtenus dans le Delta Intérieur du Niger (Wymenga *et al.* 2005, van der Kamp *et al.* 2005a). La plupart des hérons, aigrettes, limicoles et passereaux de marais sont abondants dans les habitats naturels et plus rares dans les rizières (comme observé ailleurs en Afrique de l'Ouest. Chapitre 11 ; Bos *et al.* 2006). Le Héron gardebœufs, la Bergeronnette printanière, le Combattant varié et le Crabier chevelu font toutefois exception.

Le Delta du Sénégal est un site d'hivernage important pour le **Bihoreau gris**. Les comptages les plus élevés sont de 5300 individus en 1993 (Trolliet *et al.* 1993), 5208 en 1997 (Triplet *et al.* 1997) et 7610 en 2002 (P. Triplet & V. Schricke *comm. pers.*). La proportion d'oiseaux originaires du paléarctique est inconnue, mais pourrait avoir augmenté dans les années 2000 étant donnée l'augmentation des populations nicheuses européennes (Chapitre 17). Le **Héron cendré** et le **Héron pourpré** sont principalement observés le long des cours d'eau et dans les marais peu profonds, où leurs densités atteignent 0,25 Héron cendré et 0,13 Héron pourpré par hectare (Fig. 79). En décembre

et janvier, le delta comprend entre 12.000 et 18.000 ha de marais peu profonds favorables[9], ce qui indique des populations respectives d'au moins 3000-4500 et 1560-2300 individus. Ces estimations sont prudentes, car les deux espèces sont également présentes sur les plans d'eau envahis de végétation et le long des cours d'eau du delta. La situation est la même pour l'**Aigrette garzette**, dont la population est estimée entre 4000 et 6000 individus en comptant les nicheurs locaux.

Le **Héron garde-bœufs** est le héron typique des rizières (Morel & Morel 1990). En 1985, Mullié *et al.* (1989) ont compté en moyenne 3,3 oiseaux/ha dans un échantillon de 21 rizières. En février et décembre 2005, nous avons trouvé une moyenne de 2,64 oiseaux/ha (113 parcelles, Erreur-type = 0,70 ; n = 96, en excluant les pépinières (quelques parcelles) et les terres agricoles abandonnées (quasiment aucun oiseau)). Etant donnée la superficie de rizières exploitées chaque année dans le delta (> 30.000 ha), la population après nidification doit être d'environ 55.000 oiseaux.

De faibles quantités d'**Ibis falcinelle** (309 oiseaux en moyenne entre 1994-2004), de **Cigogne noire** (35, 1990-1998) et de **Cigogne blanche** (34, 1994-2004 ; sources dans le Tableau 12) fréquentent des habitats plus ou moins naturels dans le delta au cœur de l'hiver, notamment les dépressions (Ndiaël), les lacs peu profonds et les marais à *Sporobolus* et *Scirpus*. Le statut du **Butor étoilé** est difficile à établir,

Les massifs de typhas entrecoupés de vasières temporaires et de mares avec de l'eau libre et des nénuphars accueillent une grande diversité d'espèces d'oiseaux (en particulier des limicoles et des canards), qui contraste fortement avec la pauvreté en oiseaux des grands massifs homogènes.

mais l'espèce pourrait être un visiteur paléarctique commun en hiver dans les marais autour du Grand Lac. Flade (2008) en a régulièrement levé au bord de mares peu profondes au cours de ses prospections en janvier et février 2007, et a estimé la population hivernante à plusieurs dizaines, voire centaines d'individus, ce qui ferait du Delta du Sénégal le deuxième site d'hivernage principal de l'espèce en Afrique de l'Ouest derrière le Delta Intérieur du Niger.

L'avifaune originaire du Paléarctique est particulièrement bien représentée par les canards, en particulier le **Canard pilet** et la **Sarcelle d'été**, et le **Canard souchet** à un degré moindre. Les populations de Canard pilet et de Sarcelle d'été atteignent respectivement jusqu'à 200.000 et 150.000 oiseaux (Tableau 12), ce qui signifie que le Delta du Sénégal abrite une proportion significative des populations nicheuses du Paléarctique occidental (Delany & Scott 2006). Les nombres étaient bien plus faibles pendant la Grande Sécheresse (en particulier en 1973, 1984 et 1985), mais les deux espèces ont reconstitué leurs populations lorsque les précipitations se sont rétablies. Les canards paléarctiques forment des remises diurnes en eau libre et peu profonde dans le PN du Djoudj (Grand Lac, Lac du Khar) et, depuis la restauration des inondations en 1994, également dans les bassins de Bell et du Diaouling. Environ 90% de ces canards se rassemblaient autrefois dans le PN du Djoudj, mais la restauration du Diaouling a entraîné une redistribution des effectifs en faveur de ce dernier (Triplet & Yésou 2000). En outre, la partie nord du Ndiaël et Trois Marigots peuvent servir de sites de remise et d'alimentation.

Les canards afrotropicaux sont principalement représentés par le **Dendrocygne veuf** (Trolliet *et al.* 2003), dont la population est progressivement passée de quelques dizaines de milliers à plus de 100.000 individus (Tableau 12). Le **Dendrocygne fauve** est moins abondant, et sa population en janvier est normalement de l'ordre de 1500 à 3000 oiseaux. D'autres canards et oies afrotropicaux sont présents en quantités bien plus faibles (Tableau 12).

Les limicoles sont également largement répandus et abondants dans le Delta du Sénégal. Jusqu'à la fin des années 1990, la population du **Combattant varié** pouvait atteindre jusqu'à 190.000 oiseaux au cœur de l'hiver (126.000 en moyenne dans les années 1990 ; Tableau 12), mais est dorénavant bien plus réduite (11.000 en moyenne dans les années 2000). De la même manière, la **Barge à queue noire** a fortement décliné entre les dizaines de milliers des années 1960 et 1970 et les 1000 à 5000 oiseaux restant dans les années 2000 (Chapitre 27). Les Barges à queue noire et les Combattants variés ont été principalement comptés pendant leurs déplacements entre les rizières et les grands marais (PN du Djoudj, Ndiaël) pour y boire et s'y reposer. Au-delà des variations de populations (Chapitre 27), les diminutions observées lors de la dernière décennie pourraient être liées aux modifications survenues dans la récolte du riz (P. Triplet, V. Schricke par courrier). Triplet & Yésou (1998) ont réalisé une synthèse du statut des limicoles dans le Delta du Sénégal en milieu d'hiver. Aux côtés du Combattant varié et de la Barge à queue noire, les autres limicoles présents en nombres importants sont l'Echasse blanche (313-1137), l'Avocette élégante (1342-4940), le Gravelot à collier interrompu (1624), le Bécasseau minute (5000-10.000), le Bécasseau cocorli (2000-4000) et le Chevalier arlequin (1200). Dans la partie estuarienne du delta (bassins du Gandiol et du Ntiallakh, en aval de Diama), plusieurs espèces de limicoles côtiers sont présentes (p. ex. le Pluvier argenté, la Barge rousse, le Bécasseau maubèche et le Courlis corlieu). En raison de la récente ouverture d'une brèche au sud de Saint-Louis, tant le nombre que les espèces de limicoles présentes changent (Triplet & Schricke 2008 ; voir ci-dessus).

Dans les plaines inondables peu profondes, certaines espèces de limicoles peuvent atteindre de fortes densités, comme le Bécasseau minute (4,50 ind./ha), le Bécasseau cocorli (1,56 ind./ha) et le Chevalier sylvain (1,21 ind./ha). Si l'on considère de manière prudente que ces habitats s'étendent sur 7500 à 11.000 ha[10], les nombreux totaux d'individus de ces espèces sont compris entre environ 10.000 (Bécasseau cocorli et Chevalier sylvain) et 50.000 oiseaux (Bécasseau minute), ce qui est 10 à 100 fois supérieur aux populations comptées dans le delta lors des comptages hivernaux (Triplet & Schricke 1998, 2008).

La diversité des habitats (marais peu profonds, prairies humides et rizières) attire une grande variété d'espèces d'oiseaux paléarctiques liés aux zones humides autres que les canards et les limicoles, certaines étant omniprésentes alors que d'autres, telles les Marouettes poussin et de Baillon, mènent une vie discrète dans la végétation, à l'abri des regards. Elles semblent relativement communes dans les marais du delta (Morel & Morel 1990, Triplet *et al.* 2006), mais leurs habitats préférentiels et leurs nombres étaient inconnus jusqu'à ce que l'utilisation de trappes en 2007 démontre la présence de la **Ma-rouette de Baillon** dans les marais à *Scirpus/Sporobolus* (Flade 2008), apparemment en grand nombre. L'objectif était d'attraper les passe-reaux vivant au sol, mais les cinq sites de captures (chacun constitués de 15 trappes) situés dans ces marais a permis de capturer 1 à 4 Marouettes de Baillon. Si l'on considère une densité d'1 ind./ha dans cet habitat, qui couvre entre 12.000 et 18.000 ha dans le Delta du Sénégal, on peut théoriquement considérer que celui-ci abrite une grande partie de la population européenne (Flade 2008). La **Marouette poussin** fut capturée en quantités plus faible, mais est également l'un des rares oiseaux paléarctiques rencontré dans les massifs de typhas.

Les Busards font partie des rapaces les plus courants du delta. Durant l'hiver 1992/1993, Arroyo & King (1995) ont découvert deux grands dortoirs de **Busards des roseaux** (accueillant chacun 300 à 350 oiseaux, à 4 km d'écart), et 3 à 5 de plus faible importance (<100 ind.) dans une même zone. Tous ces dortoirs étaient localisés dans des rizières asséchées, où le riz atteignait 80 cm de haut. La population hivernante dépassait donc probablement les 1000 oiseaux, étant donnée la densité de 10,6 ind./km² atteinte dans la zone visitée (94 km², dont une partie du PN du Djoudj et ses environs). Seuls 15% des 131 oiseaux dont l'âge a pu être déterminé étaient des mâles adultes. Plus récemment, un recensement le long du Fleuve Sénégal, entre Débi et Rosso a permis d'observer plus de 130 individus quittant un unique dortoir (14 décembre 2005) et des dizaines en chasse dans d'autres parties du delta entre le 11 et le 17 décembre 2005 (obs. : I. Ndiaye, D. Kuijper & E. Wymenga). Un recensement dans les rizières près de Rosso à la même date révéla 2,6 ind./km². Arroyo & King (1993) ont montré que les Busards des roseaux passent à peu près autant de temps au dessus des marais qu'au-dessus des rizières, si l'on exclut les dortoirs et pré-dortoirs. Les données sur les variations de la population hivernante manquent, mais il est vraisemblable que l'accroissement des populations européennes ait été suivi par une forte augmentation dans le Delta du Sénégal (bien qu'elle ne soit pas de la même ampleur, en raison de l'augmentation de l'hivernage en Europe du Sud ; Chapitre 25). Cette tendance contraste avec celle du **Busard cendré**, dont le nombre dans le Delta du Sénégal au cours des dernières décennies pourrait avoir chuté, en plus d'avoir fortement

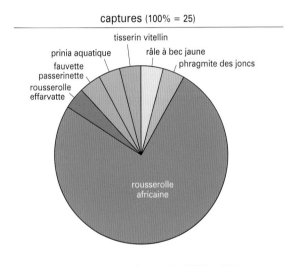

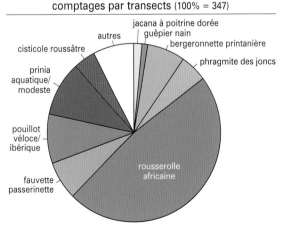

Fig. 80 Diagramme circulaire illustrant la composition du peuplement aviaire dans les massifs de typhas, basé sur des captures et transects. Les oiseaux associés aux tamaris dans les zones de lisières en sont exclus. D'après Bruinzeel *et al.* (2006).

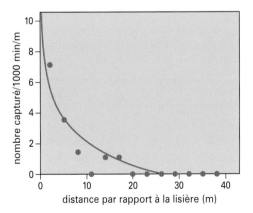

Fig. 81 Les Rousserolles africaines ont été notées dans les 20 premiers mètres des massifs de typhas ; les grands massifs uniformes n'abritaient aucune rousserolle loin des lisières. D'après Bruinzeel *et al.* (2006).

varié d'une année sur l'autre. En se référant aux années 1950 et 1960, Morel & Roux (1966a) ont considéré le Busard cendré « très commun » dans le Delta du Sénégal, avec notamment « de grandes quantités » près de Richard Roll. Les estimations actuelles sont comprises entre 200-250 en 1988/1989 (Cormier & Baillon 1991) et 150 en 1992/1993 (Arroyo & King 1995). Un dortoir à l'est de Débi accueillait 160 oiseaux le 15 février 1992 (Rodwell *et al.* 1996). Comparées aux 1000 oiseaux comptés en un seul dortoir entre M'Bour et Joal au sud de Dakar en 1988/1989 (Cormier & Baillon 1991), et aux 1300 oiseaux près de Darou Khoudoss, à 80 km au NE de Dakar le 2 février 2008 (Chapitre 26), ces effectifs sont plutôt faibles.

Les plaines enherbées inondables et les points hauts dans le PN du Djoudj et le PN du Diaouling, qui sont couverts d'herbes hautes et de buissons (particulièrement *Salvadora persica*), sont des sites d'hivernage importants pour une variété de passereaux paléarctiques (Morel & Roux 1966b, Beecroft 1991, Morel & Morel 1990, Flade 2008). La **Bergeronnette printanière** est l'un des passereaux paléarctiques les plus abondants, et atteint des densités supérieures à 5 ind./ha. Au sein des 70.000 ha de plaines inondables et de rizières abandonnées, la population pourrait atteindre des centaines de milliers d'oiseaux, ce qui est cohérent avec les mentions de dortoirs comptant 100.000 à 250.000 oiseaux en novembre 1991 et décembre 1992 (Rodwell *et al.* 1996) et avec l'estimation de 50.000 à 200.000 dans les marais à *Scirpus* en janvier et février 2007 (Flade 2008). De la même manière, les dortoirs d'**Hirondelles de rivage** comptent jusqu'à 2 millions d'oiseaux (Rodwell *et al.* 1996), et un tel ordre de grandeur a été vu en chasse au-dessus des plaines inondables du Grand Lac en janvier et février 2007 (Flade 2008). D'après les sondages de densité (Fig. 79) et les captures (Beecroft 1991, Flade 2008), le Delta du Sénégal abrite également des populations importantes de **Gorgebleues à miroir**, de **Locustelles tachetées**, de **Locustelles luscinioïdes**, de **Phragmites des joncs** et de **Rousserolles effarvattes**, mais également de **Phragmites aquatiques** (Encadré 11).

Les grands massifs de typhas du delta constituent un habitat important pour les insectes, les (petits) poissons et, potentiellement, pour les oiseaux. En Europe et en Amérique du Nord, où de nombreux marais naturels ont été drainés, les roselières et les massifs de typhas offrent des habitats de substitution à une grande variété d'espèces des marais. Jusqu'à récemment, on ne savait que peu de chose de la diversité aviaire dans les massifs de typhas d'Afrique de l'Ouest. Les massifs denses d'espèces invasives sont supposés réduire à la fois la diversité végétale et la diversité animale (Zedler & Kercher 2004, Frieze *et al.* 2001). Pour le Delta du Sénégal, Peeters (2003) cite les typhas comme habitat d'alimentation pour les hérons, les râles et les passereaux, et comme site de dortoir pour l'Hirondelle de rivage et la Bergeronnette printanière.

Une mission exploratoire réalisée en février 2005 dans le Djoudj et le bassin de Diama a montré que les massifs *denses* de typhas hébergent peu d'oiseaux en comparaison des autres habitats de marais doux du Delta du Sénégal (Bruinzeel *et al.* 2006). Par exemple, un habitat alternant touffes de typhas, vasières temporaires et trous d'eau avec des nénuphars, accueille des espèces (en particulier des limicoles et des canards) qui sont absentes des grands massifs monospécifiques. Les espèces d'oiseaux présentes dans les massifs denses de typhas du Delta du Sénégal sont peu nombreuses, comme le montrent les résultats de baguage et des transects de comptage (Fig. 80). Les densités d'oiseaux y sont plus fortes le long des lisières (Fig. 81). Dans les massifs de typhas, les **Rousserolles africaines** n'ont été capturées que jusqu'à 20 mètres des lisières. Des observations complémentaires n'ont pas permis d'y montrer la présence d'autres espèces. En janvier et février 2007, l'AWCT (Aquatic Warbler Conservation Team) a également réalisé des sondages dans les massifs de typhas à plus grande échelle et y ont également trouvé de faibles quantités d'oiseaux. Cependant, leurs résultats ont montré que cet habitat pourrait avoir une importance notable pour la Rousserolle effarvatte, la Rousserolle turdoïde et la Marouette poussin.

Impact des modifications d'habitat à grande échelle   De nombreuses études ont essayé d'identifier l'impact sur les oiseaux d'eau des modifications d'habitat dans le delta (Lartiges & Triplet 1988, Tréca 1992, Triplet *et al.* 1995, Triplet & Yésou 2000). Depuis les années 1960, environ 90% de la plaine inondable originelle ont été endigués et cultivés, ce qui a entraîné une modification majeure de la proportion et de la répartition des habitats (Fig. 82), toutefois rarement évidente. Par exemple : (1). L'étendue des inondations varie d'une année sur l'autre et plus les crues sont faibles, plus les surfaces restant hors d'eau dans l'estuaire et les plaines inondables sont importantes. (2). Une proportion importante des terres cultivées a été abandonnée et est devenue sèche, saline, ou transformée en marais à typhas. (3). Après des précipitations locales ou lorsque des bassins de drainage des terres irriguées sont créés, de petits marais indépendants du débit du fleuve peuvent se former.

Etant donné l'ampleur des modifications d'habitat montrées par la Fig. 82, il semble inévitable que les populations d'oiseaux aient également évolué. Les comptages d'oiseaux d'eau présents dans les années 1950 et 1960 (Roux 1959b, de Naurois 1965a, 1969, Morel &

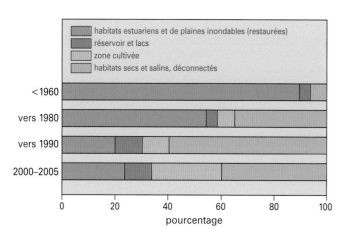

Fig. 82 Abondance relative de quatre grands types d'habitats dans le Delta du Sénégal (3400 km²), d'après la Fig. 67. Notez que l'étendue maximale potentielle des inondations est notée comme « habitats estuariens et de plaines inondables (restaurées) », mais que l'étendue réelle dépend de l'importance de la crue annuelle (Fig. 73).

Le Phragmite aquatique au Djoudj et dans le Delta Intérieur du Niger

En 2007, le PN du Djoudj fut identifié comme une (la ?) zone principale d'hivernage pour le Phragmite aquatique (Flade 2008). Au Djoudj, l'espèce fréquente en priorité les plaines inondables non pâturées dominées par les *Scirpus sp.* et *Sporobolus sp.*. L'absence de pâturage par le bétail est cruciale pour que ces plaines restent favorables à l'hivernage de l'espèce. Par exemple, les importantes plaines inondables du Delta Intérieur du Niger, que Schäffer *et al.* (2006) considéraient potentiellement plus importantes que le Djoudj pour l'hivernage de cette espèce, ne lui sont probablement pas favorables : lors de la décrue, des millions de têtes de bétail broutent la végétation disponible et transforment le Delta Intérieur du Niger en un « champ de bouses » sec. Malgré un travail de terrain annuel dans le Delta Intérieur du Niger, particulièrement aux alentours des lacs centraux, depuis 1991 (Fig. 48), nous n'avons observé le Phragmite aquatique qu'une seule fois sur les 1191 parcelles inventoriées, le 22 janvier 2005 près d'Akka (R. G. Bijlsma & W. van Manen, non publ.). Ce site était inondé à 100% (jusqu'à 20 cm d'eau) au moment de l'observation, et couvert de didéré *Vossia cuspidata* et d'*Aeschynomene nilotica* (hauteur 10-25 cm, densité 70%) et déjà pâturé par les vaches. Cette observation peut être interprétée de plusieurs manières. Si la parcelle était représentative de la bourgoutière, alors la densité moyenne de Phragmites aquatiques y serait d'1 ind./km^2 (Tableau 8, chapitre 6). La bourgoutière couvre environ 1540 km^2 dans le Delta Intérieur du Niger, et pourrait théoriquement accueillir 1500 Phragmites aquatiques. Cependant, la bourgoutière n'est disponible en tant qu'habitat d'alimentation que pendant une courte période de l'année pendant la décrue, et le Phragmite aquatique devrait être une espèce généraliste afin de s'adapter à la disparition progressive des différents types de végétation du fait du bétail. Cependant, les observations au Sénégal ne suggèrent pas que cette espèce s'adapte

Phragmite aquatique dans l'un de ses principaux sites de nidification : la cariçaie de Sporava en Biélorussie.

facilement, mais plutôt le contraire. Il est par conséquent plus probable que l'unique mention de Phragmite aquatique dans le Delta Intérieur du Niger se rapporte à un individu égaré, plutôt qu'elle indique que nous avons identifié un autre site important d'hivernage au Sahel. Flade (2008) a estimé la population hivernante du Delta du Sénégal à plusieurs milliers d'oiseaux, ce qui couvre une grande partie de la population nichant en Pologne, Ukraine et Biélorussie.

Les grandes plaines inondables à *Sporobolus* dans le PN du Djoudj, décembre 2006. Cette végétation d'apparence homogène s'est révélée être d'importance vitale pour les Phragmites aquatiques et marouettes d'Eurasie en hivernage.

Les Spatules africaines, qui ne doivent pas être confondues avec les Spatules blanches *balsaci* (ssp. africaine, confinée à la Mauritanie), s'associent aux Spatules blanches (nicheuses du NO et du SO de l'Europe) dans le Delta du Sénégal.

Roux 1966a&b, Roux & Morel 1966) suggèrent d'ailleurs que de nombreuses espèces d'oiseaux étaient (bien) plus nombreuses que dans les années 1990 et suivantes. Cependant le déclin des populations d'oiseaux d'eau entre ces deux époques ne peut pas être attribué uniquement aux modifications d'habitat. De nombreux autres facteurs ont joué un rôle déterminant dans le Delta du Sénégal, souvent de concert, et continuent à le faire :

1. Les années 1950 et 1960 ont été caractérisées par de fortes crues du Fleuve Sénégal (Fig. 15), qui ont joué un rôle déterminant sur les populations d'oiseaux d'eau ;

2. La Grande Sécheresse des années 1970 et 1980 a causé de forts déclins chez de nombreuses espèces d'oiseaux (d'eau) dépendant du Sahel, sans lien avec les modifications d'habitat causées par l'homme dans leurs sites d'hivernage ;

3. Les populations nicheuses de plusieurs migrateurs paléarctiques étaient bien plus grandes au milieu du 20ème siècle, comme par exemple chez la Barge à queue noire (Chapitre 28). Cependant, l'inverse pourrait être vrai pour des espèces dont les populations étaient bien plus faibles, ce qui peut expliquer les augmentations de population de la Spatule blanche (Encadré 26), du Busard des roseaux (Chapitre 25) et du Balbuzard pêcheur (Chapitre 24) ;

4. La perte d'un type d'habitat (telles les plaines inondables naturelles ou l'estuaire) peut être partiellement compensée par les espèces qui se reportent sur des habitats nouvellement créés (p. ex. les rizières, Tréca 1994 pour le Combattant varié) ;

5. La création d'un régime artificiel d'inondations a en partie annulé les impacts négatifs de la disparition des plaines inondables (voir ci-dessus), tandis que la restauration des marais dans le sud de la Mauritanie a permis de renforcer les populations d'oiseaux d'eau (Tableau 10) ;

6. La désignation des Parcs Nationaux (Djoudj en 1971 et Diaouling en 1994) a créé des sites de reproduction et de repos sécurisés, fait disparaître le pâturage par les bovins et amélioré la sécurité.

L'ensemble de ces facteurs pourrait expliquer pourquoi le Delta du Sénégal continue à abriter une grande diversité d'oiseaux en nombres importants, malgré les nombreuses modifications liées à l'homme qu'il a subies. Par exemple, Triplet & Yésou (2000) n'ont pas réussi à trouver une tendance claire dans l'évolution des populations de canards entre 1972 et 1996, sauf un déclin du Canard à bosse et une augmentation du Canard souchet. Dans l'ensemble, les quantités de canards paléarctiques et afrotropicaux montrent des variations interannuelles importantes, fortement liées aux conditions d'alimentation découlant des précipitations et des inondations (1972-1976 ; Roux *et al.* 1977) et aux reports vers d'autres zones humides sahéliennes (lacs mauritaniens Mal, Alèg et R'kiz). Plusieurs espèces de canards ont profité du développement de la riziculture dans l'ancienne plaine inondation, principalement dans les rizières peu entretenues (Tréca 1975, 1977, 1981, 1988, 1992). L'effet combiné de ces changements ne s'équilibre toutefois pas pour toutes les espèces. Les densités de Chevaliers sylvains par exemple, sont de 1,21 ind./ha dans les plaines inondables restaurées, mais proche de zéro dans les rizières (Fig. 79). SI l'on prend les surfaces représentées sur la Fig. 82 et si l'on considère que les densités estimées (+/- l'erreur-type) sont représentatives, (ce qui n'est probablement pas vrai à l'échelle de plusieurs années), la population de Chevaliers sylvains aurait atteint 106.000 ind (+/- 45.000) avant le contrôle des inondations, et seulement 13.600 (+/- 7550) entre 2000 et 2005, soit une diminution de 88%. Un calcul similaire pour le Héron pourpré donnerait 11.400 (+/- 7040) dans les années 1960 et 1740 (+/- 1190) entre 2000 et 2005. A travers le delta, les densités ne sont pas uniformes, car elles dépendent de la profondeur d'eau et de la couverture végétale (Chapitre 6). Les fortes erreurs-types montrent clairement le besoin de sondages de densité complémentaires (à travers un plus grand nombre d'habitats), d'une carte des habitats plus précise et d'informations détaillées sur les niveaux d'eau pour préciser les calculs.

Conclusions

Les plaines inondables estuariennes comme celles du Delta du Sénégal sont rares, tant en Afrique que dans le monde entier. En Afrique de l'Ouest, le Delta du Sénégal est unique du fait de la présence de plaines inondables fluviales et d'habitats estuariens. Le paysage plat, les sols riches et la présence d'eau douce a entraîné sa conversion en terres agricoles irriguées où les inondations naturelles sont contrôlées par des digues et barrages. La dégradation et la perte de superficie des plaines inondables (environ 90% entre 1950 et 2005) ont affecté la biodiversité, la production de poissons et la qualité des zones de pâturage. La réduction de la dynamique fluviale et la protection contre les intrusions salines a créé des niches pour les plantes invasives qui ont contribué à renforcer la perte de biodiversité. La Grande Sécheresse des années 1970 et 1980 a masqué ces changements à long terme. Lorsque les précipitations se sont rétablies dans les années 1990, la restauration complète à l'échelle du delta des populations d'oiseaux n'a pas été possible en raison de l'étendue des terres cultivées et des zones endiguées construites lors des décennies précédentes. Cependant, les variations globales des populations d'oiseaux d'eau depuis 1950 ont été plus faibles qu'attendues. Le rétablissement progressif des populations depuis les années 1990, après les sécheresses et pertes d'habitat des années 1970 et 1980, a coïncidé avec le retour des précipitations et des inondations.

Le Delta du Sénégal possède toujours une importance vitale pour les oiseaux d'eau. La clé de cette richesse est la présence de grandes zones protégées (env. 10% du delta est classé Parc National ou Réserve Naturelle). Ces secteurs offrent des sites de reproduction, d'alimentation et de repos sécurisés à une multitude d'oiseaux d'eau et d'autres animaux. La protection des marais évite également le surpâturage par le bétail. La chasse est interdite dans les zones protégées, mais la chasse au canard à l'aube et au crépuscule en limite des parcs nationaux annihile partiellement l'effet de la protection et est source de dérangements.

De nouveaux dangers s'annoncent pour le Delta du Sénégal et certains déjà existants pourraient se renforcer. Jusqu'en 2005, le régime hydrique du réservoir de Manantali a été géré en faveur de l'agriculture de décrue dans la vallée. L'augmentation de la demande en énergie pourrait faire augmenter la rétention d'eau dans le réservoir, ce qui limiterait la capacité du système de contrôle des crues à créer une dynamique d'inondations favorable. La poursuite de l'expansion des typhas, et des problèmes associés, est vraisemblable. Cependant, la restauration réussie du Diaouling montre la résilience potentielle des plaines inondables sahéliennes, une caractéristique qui pourrait servir pour la restauration future des plaines inondables disparues, des rizières abandonnées et des anciens marais du Ndiaël et Trois Marigots.

Notes

1 D'après Fall et al. (2004), les typhas des plaines inondables d'Afrique de l'Ouest sont essentiellement Typha domingensis, et à un degré moindre, Typha latifolia, à feuilles plus larges. D'autres mentionnent T. australis comme espèce dominante (Pieterse et al. 2003). T.domingensis et T.australis sont des espèces identiques, à petites feuilles, et occupent les mêmes habitats. Durand & Levêque

(1983) et Hepper (1968 ; Flora of West Tropical Africa) indiquent T.australis, que nous avons retenu dans ce livre.

2 Crousse et al. (1991) mentionnent une surface potentiellement irrigable de 375.000 ha, alors que d'autres indiquent des valeurs différentes (DeGeorges & Reilly 2006) : 255.000 ha pour le GFCC (1980) et 355.000 ha pour Bosshard (1999).

3 Cette superficie est supérieure de 200 km^2 à celle mentionnée par Voisin (1983) et Triplet & Yésou (2000) ; ces différences sont dues à la prise en compte de surfaces de terrains secs différentes.

4 La zone inondée maximum a été numérisée d'après des images satellites de la forte inondation de 1999, datées du 26/09/1999 (source : http://glovis.usgs.gov/). Les plaines inondables du cours moyen ont des caractéristiques différentes car les inondations y sont plus courtes et elles sont cultivées depuis longtemps.

5 Dans la littérature botanique, le genre Scirpus est aussi nommé Bolboschoenus.

6 Les colonies de nidification mixtes du Djoudj dans les années 1980 et au début des années 1990 étaient dans des buissons de tamaris proches de grands cours d'eau et lacs : Marigot du Djoudj, Grand Mirador (petits sites à cormorans), Canal de Crocodile et Lac du Khar (Rodwell et al. 1996). Dans les années récentes (2005-2008), les colonies de hérons, d'aigrettes et de cormorans le long du Canal du Crocodile existent toujours, mais la nidification n'a pas été confirmée dans la partie centrale du PN (I. Ndiaye, comm. pers.). Le site de reproduction des pélicans est un petit îlot à l'extrémité du Marigot du Djoudj, un site sujet à une forte érosion (Diop & Triplet 2006, I. S. Sylla, comm. pers.).

7 La population nicheuse du Cormoran africain au Banc d'Arguin était de 2460 couples en 1997, 2883 en 1998, 893 en 1999 et >622 en 2004 (Veen et al. 2006).

8 En 2004, l'Echasse blanche a été trouvée nicheuse pour la première fois dans la partie mauritanienne du delta (deux couples, Z. E. Ould Sidaty, comm. pers.). En juillet 2006, elle a niché du côté sénégalais de la rivière, ainsi qu'au Diaouling. Deux adultes protégeaient deux jeunes se nourrissant dans une mare salée à l'entrée du Djoudj (obs. I. Ndiaye, I. Diop, J. van der Kamp). Dix jours plus tard, tous les oiseaux avaient disparu. Début août, trois nids avec des œufs fraîchement pondus ont été trouvés dans les bassins d'eau douce du Diaouling (obs. Z. E. Ould Sidaty, J. van der Kamp). La nidification y avait été apparemment déclenchée par l'arrivée d'eau qui a débuté le 1er juillet.

9 La superficie totale des habitats liés aux plaines inondables, comprenant les habitats restaurés dans les PN du Djoudj et du Diaouling, couvre 34.000 ha (d'après la Fig. 76). Pour calculer les densités de limicoles et de hérons, les zones sèches et d'eau libre profonde (lacs dans le PN du Djoudj et grands bassins dans le PN du Diaouling) doivent en être exclues. La superficie restante de plaines inondables couvertes de végétation est de 21.000 ha. Si l'on y ajoute les zones ouvertes ou semi-ouvertes à typhas (où nous avons observé de nombreux oiseaux pendant notre travail de terrain, par exemple dans le Ndiaël en décembre 2005), elle atteint 24.000 ha. Cette zone s'assèche progressivement pendant la saison sèche jusqu'à ne plus être favorable aux oiseaux d'eau. Nous estimons qu'en décembre-janvier, 50 à 75% de cette zone est encore suffisamment couverte d'eau pour être utilisées comme zone d'alimentation, soit 12.000 à 18.000 ha. Les sondages de densité (Fig. 79) ont été réalisés dans ces habitats.

10 Les limicoles s'alimentent dans des habitats plus ou moins ouverts en eau peu profonde, alors qu'ils évitent en grande partie les marais et champs cultivés (à l'exception du Combattant varié ; Fig. 79). La superficie des habitats favorables dans le delta atteint 15.000 ha, si l'on exclut les habitats estuariens. En décembre-janvier, 50 à 75% de cette zone (soit 7500-11.000 ha) peuvent encore être utilisés pour l'alimentation (conditions humides ou eau peu profonde), mais ces habitats s'assèchent rapidement par la suite.

Les plaines inondables de Hadéjia-Nguru

Si Hadéjia-Nguru est célèbre, ce n'est pas chez les écologues ou les naturalistes, mais chez les socio-économistes. Ce site figure en effet en bonne place dans une étude sur la valeur économique cachée des zones humides. Les réseaux d'irrigation coûteux, rendus possibles par la construction de barrages en amont, y ont été déterminés comme étant économiquement à peine rentables. Les bénéfices nets associés y sont estimés à 20-31 $/ha de terre irriguée, soit 0,03-0,04 $ par million de litres d'eau. Ce calcul était toutefois inexact, car il ne prenait pas en compte la réduction du débit des cours d'eau et les pertes de revenus associés pour les pêcheurs, agriculteurs et populations vivant en aval. Barbier & Thompson (1998) ont conclu que « les bénéfices de l'extension de l'irrigation ne peuvent que partiellement couvrir les pertes économiques pour l'agriculture, la pêche et l'exploitation du bois de chauffage, dues à la réduction des plaines inondables à l'aval » et que par conséquent, « la poursuite de l'expansion de l'irrigation à grande échelle devrait être évitée ». Cependant, la réalité politique est que « l'attention portée aux oiseaux, qui ne constituent qu'un des éléments du HNWCP (Projet de Conservation des Zones Humides de Hadéjia-Nguru) a représenté un obstacle important pour presque tous les projets mis en place dans la région. Les officiels du gouvernement accusent en effet classiquement les programmes financés depuis d'autres pays de n'être intéressés que par les oiseaux européens et pas par le bien-être de la population locale. Cette position dogmatique n'est en rien justifiée par l'analyse de la littérature publiée ou non publiée concernant ces projets, mais utilisée en rhétorique politique, elle trouve une audience certaine parmi la population nigériane ».[1]

Hydrologie

Les plaines inondables de Hadéjia-Nguru sont localisées dans le bassin du Komadougou-Yobé au NE du Nigéria, le long des berges des rivières Hadéjia et Jama'are (Fig. 83). Ces rivières proviennent du Plateau de Jos et des collines autour de Kano. Entre 1960 et 2000, les précipitations annuelles dans le bassin versant correspondant ont varié entre 250 et 850 mm. Ces rivières sont saisonnières, avec un faible débit pendant la saison sèche, entre octobre et mai. En fonction des précipitations, le niveau de crue atteint entre 3 et 5 m entre début juillet et mi-septembre, puis décline entre octobre et février. L'étendue maximal des inondations en septembre a atteint au maximum 2500 à 3000 km² au cours des années 1960 et du début des années 1970, particulièrement humides, mais seulement 700 à 1000 km² par la suite, avec seulement 300 km² lors de la catastrophique année 1984 (Fig. 84). La superficie annuelle des plaines inondables de Hadéjia-Nguru varie en synchronie avec celles du Delta Intérieur du Niger.[2]

En amont des plaines inondables de Hadéjia-Nguru, 20 barrages existent dont deux grands, situés sur la partie amont de la rivière Hadéjia. Le barrage de Tiga (1974) fut construit pour alimenter en eau la ville de Kano et le projet d'irrigation de la rivière Kano (670 km² planifiés, dont 140 km² étaient réalisés en 2000). Le barrage de la Gorge de Challawa (1992) a été construit pour faciliter l'irrigation 200 km à l'aval, dans la vallée de l'Hadéjia (125 km² planifiés, dont 75 km² avaient été réalisés en 2000). Les deux réservoirs sont importants par rapport au débit annuel naturel de la rivière Hadéjia, même si les années 1960, humides, sont prises pour référence (2,7 km³ à Wudil) : la capacité de stockage est de 1,99 km³ pour celui de Tiga (mais a été réduite à 1,43 km³ par sécurité en 1992) et 0,97 km³ pour celui de la Gorge de Challawa. Le barrage de Tiga réduit le débit maximum de la rivière Hadéjia de 30 à 40% (Goes 2002). A cause de ces barrages, les marais de Hadéjia-Nguru ont perdu 200 à 500 km² de leur superficie (Hollis & Thompson 1993). L'impact relatif est plus important lors des années sèches. Ainsi, en 1984, la zone inondée n'atteignait que 300 km² au lieu de 600 km² si le barrage de Tiga n'avait pas existé. L'eau stockée dans les réservoirs est partiellement relâchée pendant la saison sèche. Dans les conditions naturelles, seuls 2% des eaux charriées par la rivière traversent la ville de Hadéjia entre novembre et mai, mais cette valeur a augmenté pour atteindre 16% après la mise en service du barrage de Tiga, et 32% après celle du barrage de la Gorge de Challawa (Goes 2002).

Aujourd'hui, les plaines inondables de Hadéjia-Nguru dépendent largement du débit de la rivière Jama'are, en particulier depuis les modifications hydrologiques sur l'amont de la rivière Hadéjia. La construction envisagée du barrage de Kafin Zaki, qui doit permettre la réalisation d'un grand projet d'irrigation près de Katagum, aura un impact considérable sur les débits de la rivière Jama'are.

Le régime hydrologique des marais de Hadéjia-Nguru a été profondément modifié par la création des barrages. La gestion de l'eau dans les deux barrages réservoirs récemment créés a réduit le pic de la crue, mais augmenté les niveaux d'eau en période sèche. Les marais saisonniers ont fortement reculé, pour être remplacés par des marais permanents occupés par des massifs denses de typhas, qui

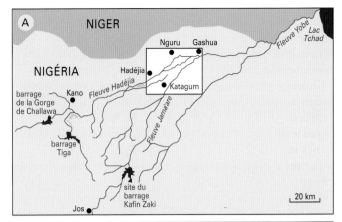

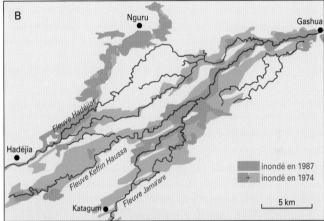

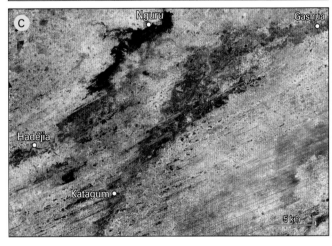

Fig. 83 Les rivières Hadéjia, Jama'are et Yobé dans le NE du Nigéria avec les barrages de Tiga, de la Gorge de Challawa et le projet de Kafin Zaki (carte du haut). L'étendue des inondations du Hadéjia-Nguru est représentée sur la carte du milieu pour des années avec fort (1974) et faible (1987) débits. D'après Hollis *et al.* (1993). L'image satellite Google Earth montre la même zone pendant le maximum d'inondation (24 septembre 2003). Notez les alignements parallèles (NE – SO) de dunes de sable fossilisées entre lesquelles les rivières font des méandres, et la plaine sèche le long du Kafin Hausa, qui était autrefois inondée même lors des années assez sèches.

ont bloqué l'entrée de la rivière Hadéjia dans les plaines inondables, entraîné une augmentation de l'étendue des eaux stagnantes et du débit en direction de la ville de Nguru, et aggravé la diminution des inondations dans le centre des marais de Hadéjia-Nguru.

Le débit annuel de la rivière Yobé à Gashua, juste en aval des plaines inondables représentait 24% du débit combiné des rivières Hadéjia et Nguru entrant dans les marais (Hollis & Thompson 1993).[3] Depuis le début des années 1990, la quantité d'eau entrant dans les plaines inondables depuis la rivière Hadéjia est insuffisante pour influer sur le débit sortant, qui dépend donc totalement du débit entrant depuis la rivière Jama'are (Goes 2002). En l'absence d'inondations régulières, la nappe souterraine est entre 5 et 10 m plus bas, ce qui affecte la totalité de la région de Hadéjia-Nguru (Hollis *et al.* 1993). Les deux barrages abaissent le niveau d'eau dans la nappe d'un mètre de plus, ce qui constitue un impact négatif de plus sur la valeur économique et écologique des zones situées en aval (Acharay & Barbier 2000, Barbier 2003).

Population et utilisation des terres

Les plaines inondables de Hadéjia-Nguru et leurs abords immédiats (5100 km²) sont densément peuplés : en 1997, 1,22 millions de personnes, soit une densité de 239 habitants/km² dans les marais, et de 168 habitants/km² pour la population rurale. (Thompson & Polet 2000). En utilisant les pratiques habituelles, les habitants ont transformé les marais en habitats semi-naturels. Dans les années 1980, la moitié de la zone était cultivée : les hauteurs étaient plantées de mil et de sorgho (34,8%), la zone inondée, de riz (13,8%) et les zones irriguées, de blé et de légumes (2,1%). La surface de cultures irriguées a augmenté après la distribution aux fermiers locaux par l'Etat de Kano de 70.000 pompes d'irrigation portatives (Hollis & Thompson 1993 ; Lemly *et al.* 2000). Les parcours pâturés par les vaches, moutons et chèvres couvraient 21,8% des plaines. Même à la fin des années

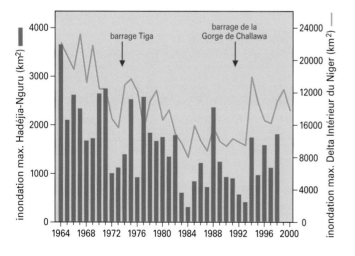

Fig. 84 Superficies maximales inondées dans les plaines inondables de Hadéjia-Nguru et le Delta Intérieur du Niger (Fig. 41). D'après Barbier & Thompson (1998) et Goes (2002).

1980, 27,5% des terres étaient encore occupées par des habitats plus ou moins naturels, *i.e* l'eau libre (2,4%) et la savane arborée (25,1%). L'*Acacia* seyal *Acacia seyal* et les jujubiers *Ziziphus sp.* tolèrent les inondations et sont par conséquent présents dans les plaines inondables les plus hautes ; d'autres espèces d'arbres, tels le Palmier doum *Hyphaene thebaica*, le Baobab *Andansonia digitata* et le Tamarinier *Tamarindus indica*, poussent sur les hauteurs. Les arbres situés dans les zones les plus accessibles des marais ont été coupés sans relâche, principalement comme bois de chauffage pour les villes alentours. Après que la Grande Sécheresse ait tué de nombreux arbres, la population commença a couper les arbres dans la Réserve de Baturiya (340 km²), le long de la rivière Kafin Hausa (Adams 1993, Thomas 1996). Il reste toujours des lambeaux de forêts dans les parties centrales peu accessibles des zones inondées.

Comme dans les autres zones humides sahéliennes, les pêcheurs utilisent des filets maillants, des sennes, des nasses, des trappes à poissons et des palangres. La population de poissons et la biomasse sont dominés par les poissons-chats *Clarias*, les cichlidés *Tilapia*, les characins *Alestes* et la Perche du Nil *Lates niloticus* (Neiland *et al.* 2000). Les poissons pêchés sont mangés frais localement (seulement 1% du marché du poisson (Thomas *et al.* 1993)), stockés pour être vendus après séchage (59%), fumage (34%) ou friture (6%). Les captures sont faibles en juillet et août avec 5 tonnes/jour, mais atteignent 33 tonnes/jour entre décembre et février lorsque les poissons se concentrent dans les derniers plans d'eau restants. Les prises annuelles en 1989/1990 étaient estimées à 6300 tonnes (Thomas *et al.* 1993). Depuis la fin des années 1980, les pêcheurs se plaignent du déclin des stocks de poissons (Thomas *et al.* 1993), principalement dus à la réduction des inondations (Fig. 84). Malgré la diminution des surfaces inondées, le nombre de pêcheurs a augmenté. Comme dans le Delta Intérieur du Niger, l'intensification de la pêche a entraîné une diminution de la taille des poissons et de leur diversité.

Les oiseaux

Elgood *et al.* (1966) ont mentionné la présence de grands effectifs d'oiseaux d'eau paléarctiques dans les marais de Hadéjia-Nguru,

Des dizaines de milliers de Dendrocygnes veufs et de Sarcelles d'été peuvent être présents dans les marais de Hadéjia-Nguru, mais seulement lorsque les inondations sont importantes. Les dendrocygnes sont très bruyants, et leurs sifflements trisyllabiques confèrent une ambiance sonore particulière aux marais africains, à l'image des cacardements d'oies en Europe du Nord-Ouest. Les dendrocygnes et les Sarcelles d'été sont particulièrement bruyants lors de leurs vols nocturnes depuis et vers leurs zones d'alimentation, qui génèrent des concerts impressionnants de froissements d'ailes, de sifflements, et de croassements stridents.

mais sans les quantifier. Ash (1990) a compté plusieurs milliers de Crabiers chevelus à Matara Nuku en novembre 1987. En hiver, l'Hirondelle de rivage est commune et forme des groupes atteignant 2000 individus (Elgood *et al.* 1994). A partir de janvier 1988, et pendant 11 ans, des comptages systématiques ont été réalisés en milieu d'hiver (Tableau 13). Les faibles totaux obtenus lors des premiers comptages sont en partie dus à la faible connaissance de la zone qu'avaient les observateurs. Les espèces communes sont la Sarcelle d'été, le Canard pilet, le Dendrocygne veuf, le Combattant varié et la Barge à queue noire (Tableau 13). Le rapide déclin du Fuligule nyroca est spectacu-

laire : 2100, 2120, 1830 et 2000 individus étaient respectivement présents lors des mois de janvier 1969 à 1972 (base de données AfWC ; Wetlands International), puis 1800 en 1988, mais il ne restait plus que quelques individus à la fin des années 1990 (Tableau 13).

Le nombre d'oiseaux hivernants semble lié aux variations de la surface inondée, comme le pensait Polet (2000). Les variations saisonnières du nombre d'oiseaux d'eau hivernants, si elles existent, n'ont pas été quantifiées, car les recensements ont uniquement lieu en janvier. Il n'est donc pas possible de dire si de faibles populations comptées lors d'un mois de janvier sec reflètent un départ précoce des oi-

Tableau 13 Comptages d'oiseaux d'eau dans les plaines inondables de Hadéjia-Nguru en janvier. D'après Polet (2000) pour les oies et les canards, et la base de données AfWC de Wetlands International pour l'Ibis falcinelle et les limicoles.

	1988	1989	1990	1991	1992	1993	1994	1995	1996	1997	1998
Superficie inondée (km2)	700	?	?	860	893	545	387	1728	967	1567	1107
Canard à bosse	225	2784	1763	678	1330	948	1163	2196	1287	1601	563
Oie-armée de Gambie	143	1682	1039	2177	1448	2265	1983	7332	1479	2022	1386
Ouette d'Egypte	0	3	0	0	0	0	1	0	0	0	175
Anserelle naine	11	0	17	35	16	0	3	31	6	27	8
Dendrocygne fauve	274	1234	1248	1160	4080	2565	197	3551	965	9510	237
Dendrocygne veuf	1608	3279	6329	6498	5019	10888	12112	47879	28430	58613	30053
Canard souchet	700	324	79	175	5	0	210	5	82	84	57
Canard pilet	13937	1745	20618	17323	20820	5950	25083	13520	12905	12565	34866
Sarcelle d'été	9235	8538	22458	11812	12395	36319	13271	98689	74570	145462	147563
Fuligule nyroca	1594	15	280	150	8	0	102	17	0	2	0
Ibis falcinelle	186	275	359	?	?	425	640	446	553	2565	567
Barge à queue noire	1609	324	530	?	?	150	845	615	2577	6474	357
Combattant varié	8529	27562	8676	?	?	3976	11405	70940	69317	59925	47618

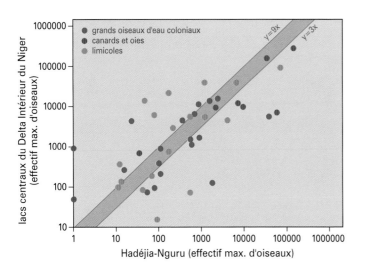

seaux (vers des sites inconnus, mais le proche Lac Tchad pourrait être candidat ; Coulthard 1991), ou un nombre plus faible d'oiseaux dès le début de l'hiver.

Si l'on compare les comptages dans les zones humides de Hadéjia-Nguru avec ceux des lacs centraux du Delta Intérieur du Niger, corrigés par la surface, l'ordre de grandeur des populations hivernantes est le même (Tableau 14, Fig. 85)[4], ce qui est remarquable, étant donné que les marais de Hadéjia-Nguru sont huit fois plus peuplés que le

Fig. 85 Nombres maxima comptés dans le Hadéjia-Nguru et les lacs centraux du Delta Intérieur du Niger : données d'après le Tableau 14. Notez les échelles logarithmiques. La zone grise représente le rapport attendu : de 3 à 9 fois plus d'oiseaux dans le Delta Intérieur du Niger que dans le Hadéjia-Nguru.

Tableau 14 Nombres maxima d'oiseaux comptés pendant 11 comptages en milieu d'hiver (Tableau 13) et 3 comptages réalisés en juillet (1995-1997) dans les Marais de Hadéjia-Nguru (MHN), comparés avec les maxima comptés sur les lacs centraux du Delta Intérieur du Niger (DIN). D'après la base de données AfWC de Wetlands International et le Tableau 5).

Espèce	HN	DIN
Cormoran africain	1511	13521
Pélican blanc	23	4300
Héron cendré	678	6218
Héron mélanocéphale	79	94
Héron pourpré	355	4606
Crabier chevelu	870	1667
Aigrette ardoisée	102	390
Héron garde-boeufs	37832	5571
Aigrette garzette	845	11100
Aigrette intermédiaire	549	1503
Grande Aigrette	518	5534
Tantale ibis	110	210
Cigogne blanche	1774	130
Spatule africaine	110	900
Spatule blanche	52	75
Ibis falcinelle	2447	15375
Ibis sacré	572	1160
Dendrocygne veuf	58613	6643
Dendrocygne fauve	9510	9500
Anserelle naine	35	664
Canard à bosse	2196	9124
Oie-armée de Gambie	7332	11481
Ouette d'Egypte	1	900
Canard pilet	34866	150000
Sarcelle d'été	147563	273000
Balbuzard pêcheur	12	5

Espèce	HN	DIN
Busard des roseaux	99	458
Grue couronnée	1	50
Echasse blanche	1210	5536
Avocette élégante	42	86
Bécassine double	13	140
Rhynchée peinte	11	102
Glaréole à collier	170	20904
Vanneau à éperons	551	5829
Vanneau à tête noire	92	16
Gravelot pâtre	48	13887
Grand Gravelot	80	6073
Barge à queue noire	6473	37654
Courlis cendré	12	372
Bécasseau minute	1231	38362
Chevalier sylvain	168	755
Chevalier guignette	533	74
Combattant varié	70845	90470
Chevalier arlequin	4065	4557
Chevalier aboyeur	214	3031
Chevalier stagnatile	70	185
Mouette à tete grise	269	242
Sterne hansel	174	3896
Sterne caspienne	8	3545
Sterne naine	430	346
Guifette moustac	988	6679
Guifette leucoptère	134	5874

Le Tantale ibis est largement distribué à travers l'Afrique subsaharienne, mais a disparu de plusieurs zones humides d'Afrique de l'Ouest. Cette espèce dépend des eaux peu profondes, où elle se nourrit principalement de poissons.

Delta Intérieur du Niger et par conséquent sujets à une exploitation plus intense. Les prélèvements d'oiseaux d'eau dans l'Hadéjia-Nguru expliquent le déclin des plus grandes espèces (cigognes, pélicans et grues ; Akinsola *et al.* 2000). Les espèces plus petites, tel le Combattant varié, sont capturées avec des palangres et des collets (Ezealor & Giles 1997). La Grue couronnée, oiseau national du Nigéria et autrefois commune dans le nord, « anciennement [...] dans les vallées des grandes rivières [...] par groupes atteignant 200 individus » d'après Elgood *et al.* 1994, a aujourd'hui disparu de Hadéjia-Nguru : aucune observation n'a pu être réalisée en 14 comptages.

Un dénombrement réalisé en 1991 a permis de trouver 7500 couples de grandes espèces d'oiseaux : 5575 de Hérons garde-bœufs, 661 de Cormorans africains, 493 d'Aigrettes intermédiaires, 291 de Crabiers chevelus, 332 d'Aigrettes garzettes et 137 de Grandes Aigrettes (Garba Boyi & Polet 1996).

Conclusion

Depuis 1964, la superficie des inondations dans les marais de Hadéjia-Nguru a fluctué entre 300 et 3600 km², principalement en raison de la variation des précipitations. Les barrages et réseaux d'irrigation en amont on réduit la zone inondée de 300 à 500 km², mais dans le même temps causé la présence permanente d'eau dans les basses plaines inondables. Ces marais sont aujourd'hui intensivement exploités par la population locale, qui a converti les plaines inondables en un habitat semi-naturel quasiment dépourvu d'arbres. Néanmoins, ces plaines hébergent toujours un grand nombre d'oiseaux d'eau, tout du moins lors des années humides.

Notes

1 R. Blench: http://www.old.uni-bayreuth.de/afrikanistik/mega-tchad-alt/Bulletin/bulletin2003/programmes/wetland.html

2 L'étendue des zones inondées de Hadéjia-Nguru est égale à 0,112x celle du Delta Intérieur du Niger (R^2=0,458). Sans les barrages, la corrélation entre les superficies inondées s'améliore (R^2=0,522) et le rapport augmente (0,128x).

3 Hollis & Thompson (1993) ont calculé le bilan hydrologique des marais de Hadéjia-Nguru sur la période 1964-1987. Le volume entrant moyen était de 4,39 km³, l'apport par les précipitations de 0,57 km³, l'évaporation de 2,83 km³, l'infiltration vers les nappes de 1,46 km³ et le volume sortant de 1,06 km³. Les réserves d'eau souterraine ont diminué pendant cette période de 10 à 5 km³, car le volume annuel sortant (5,35 km³) était supérieur à celui entrant (4,96 km³) pendant les 23 années.

4 Les étendues respectives d'inondations avec barrages dans le Delta Intérieur du Niger et dans le Hadéjia-Nguru diffèrent d'un facteur 8,9 (voir note 2, ci-dessus), mais comme 30 à 100% des oiseaux du Delta Intérieur du Niger se concentrent sur les lacs centraux lors de la décrue, nous nous attendions à ce que le nombre d'oiseaux sur les lacs centraux soit entre 3 et 9 fois plus important que dans le Hadéjia-Nguru. En moyenne, les nombres comptés dans le Delta Intérieur du Niger sont 4,93 fois plus élevés si toutes les espèces sont prises en compte. Pour les limicoles, la moyenne est de 6,76, pour les canards et les oies, de 5,55, et pour les hérons et autres grands oiseaux d'eau coloniaux, de 3,85 (Fig. 85). En d'autres termes, le Hadéjia-Nguru accueille un nombre relativement élevé de limicoles (p.ex. de Combattants variés), de canards (principalement la Sarcelle d'été et le Dendrocygne veuf), et relativement peu d'oiseaux d'eau coloniaux (à l'exception de l'abondant Héron garde-bœufs).

Le Bassin du Lac Tchad

Avec la participation de Paul Scholte

Un lac africain qui couvrait encore 26.000 km² dans les années 1960 (presque la taille de la Belgique), mais qui se rétracte et menace de disparaître dans un futur proche, voilà un sujet qui interpelle. L'attention internationale qui lui est portée augmente lorsque le niveau du lac baisse, mais s'en détourne lorsque le niveau se rétablit au cours des années suivantes. Par conséquent, le grand public est convaincu que la taille du Lac Tchad se réduit – voire, qu'il est sur le point de disparaître – et ceci pour une raison évidente : les changements climatiques. Le fait est que le Lac Tchad a toujours subi de grandes variations de son étendue et que le net déclin dans les années 1970 et 1980 était en partie dû à l'irrigation le long des fleuves qui l'alimentent. Pour les populations locales vivant sur les rives du Lac Tchad, les variations saisonnières et annuelles font partie du rythme de la vie, mais ce phénomène irrégulier semble difficile à comprendre pour les décideurs nationaux et internationaux. Pour eux, le Lac Tchad doit être domestiqué, avoir des variations de niveau régulières permettant la réalisation de grands projets d'irrigation sur ses rives. Si seulement, ils savaient ! Des réseaux d'irrigation existant depuis longtemps au Nigéria et au Tchad ont été effacés par les fortes inondations des années 1950, tandis que ceux qui ont été construits au cours des années 1960 n'ont pu être utilisés pendant les nombreuses années sèches qui se sont succédées depuis. L'ambitieux projet d'irrigation du Sud du Tchad (qui devait s'étendre sur 670 km²) utilisait un canal d'amenée qui pénétrait à l'origine de 24 km dans le lac, mais au cours de la période sèche des années 1980, la limite de l'eau était à près de 70 km du début du canal. Les fermiers locaux et les pêcheurs ont suivi le lac dans les années 1980, comme ils l'avaient fait, ainsi que leurs ancêtres, pendant les sécheresses précédentes. Mais les temps changent.

Le Lac Tchad et ses environs ont été répartis sur quatre Etats au cours du 20ème siècle. Après la fondation pendant les années sèches par des pêcheurs nigérians d'un village de l'autre côté de la frontière (au Cameroun), des escarmouches militaires eurent lieu. Les pêcheurs durent finalement quitter ce village après un jugement de la Cour Internationale de Justice de La Haye. Et les leçons n'ont pas porté leurs fruits : il existe même un projet grotesque de transformer le Lac Tchad en un lac au niveau plus ou moins constant en détournant le fleuve Oubangi depuis la République centrafricaine vers le Lac Tchad.

Introduction

Le Bassin du Lac Tchad, situé dans le nord de l'Afrique centrale, peut être considéré comme une cuvette entre les vallées du Niger et du Nil (Fig. 20), au fond de laquelle se trouve le Lac Tchad. Il y a environ 7000 ans, lorsque le Sahara était verdoyant (période du « méga-Tchad »), ses berges se trouvaient à plusieurs centaines de km dans les terres (Leblanc *et al.* 2006, Kröpelin *et al.* 2008). Pendant des milliers d'années, ce bassin a été dominé par le désert, se transformant progressivement en prairies sahéliennes et savanes arborées dans la partie sud. Ces territoires arides contrastent fortement avec les oasis de vie du bassin : les zones humides. En complément du Lac Tchad, les Lacs Fitri et Iro sont également en eau toute l'année. Le bassin accueille de grandes superficies de plaines inondables : les plaines de Hadéjia-Nguru dans le nord du Nigéria (300 km à l'ouest du Lac Tchad ; voir Chapitre 8), les larges plaines inondables le long des rivières Chari et Logone au Cameroun, au Tchad et en République centrafricaine, et les abords des trois lacs cités précédemment. Ces plaines s'assèchent généralement en décembre-janvier, et offrent des sites d'hivernage parfaits pour les oiseaux migrateurs. Il existe en outre de nombreux petites zones humides éphémères formées par les précipitations et le ruissellement local, en particulier dans la zone de transition entre le Sahel et la savane soudanienne. Pendant quelques semaines à quelques mois, surtout après la saison des pluies d'août à octobre,

elles contiennent de l'eau et de la végétation, et offrent fourrage et eau au bétail et aux animaux sauvages, alors que les autres marais sont inondés. Ces multiples zones humides se complètent en raison de leurs périodes d'inondation et d'assèchement, et constituent la clé de la survie des habitants du bassin, y compris pour les oiseaux.

Lac Tchad

Hydrologie   Le Lac Tchad forme un système clos, comprenant un seul exutoire de surface extrêmement humide au nord-est, constitué par la partie la plus basse du bassin, l'ancien « méga-Tchad ». Au moment des premières pluies, en juin, le niveau d'eau du Lac Tchad commence à augmenter de 5 à 6 cm par mois, en fonction des précipitations locales qui varient entre 9,4 et 56,5 cm par an (Vuillaume 1981) et du débit en augmentation des rivières Chari et Logone (Fig. 86). Lors d'une année sèche, avec une faible contribution des rivières, le niveau d'eau dans le lac atteint son pic en novembre, tandis que si les débits sont forts, l'eau continue à monter jusqu'en janvier, voire février. Après la saison des pluies, lorsque les débits des rivières diminuent fortement, le niveau du lac diminue progressivement, jusqu'à 6 ou 7 cm par mois en avril-mai. Le niveau d'eau varie d'environ 90 cm selon les saisons, mais de plus de 150 cm au cours de certaines années.

Les plaines inondables du Logone sont recouvertes de 50 cm d'eau pendant les inondations. Après la décrue, le pâturage transforme les marais verdoyants en une steppe pelée, presque dénudée en quelques semaines. Il faut attendre une autre inondation pour que ce cycle se répète.

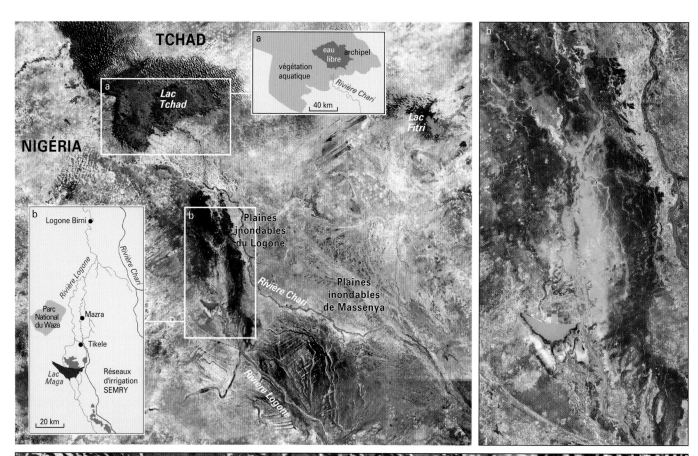

Au cours d'une année humide, le débit annuel entrant est supérieur à l'évaporation, ce qui permet au lac de s'étendre. A l'opposé, pendant un période de sécheresse, l'évaporation dépasse le débit et entraîne un déclin progressif du niveau d'eau. Le niveau d'eau dans le Lac Tchad, mesuré depuis 1908 à Bol (Fig. 87), était élevé au cours de la décennie relativement humide de 1950, mais est descendu de 5 mètres entre 1962 et 1987, avant d'augmenter légèrement dans les années 1990.

Avant 1973, la superficie maximale du Lac Tchad variait annuellement entre 15.000 et 25.000 km², mais elle est depuis passée sous les 10.000 km². Chaque année, le lac est environ 2000 km² plus petit en mai que lors des mois précédents, mais ce retrait atteint 3500 km² depuis 1973. Par conséquent, ce déclin de la surface totale du Lac Tchad s'est accompagné d'une augmentation substantielle des prairies inondables le long de ses berges (dont l'explication est donnée plus bas). Les changements sont toutefois plus profonds que les chiffres ne l'indiquent. Lorsque les niveaux d'eau sont élevés, le Lac Tchad ne possède pas d'îles, alors que des milliers de dunes de sable émergent sur son côté est lorsque le niveau d'eau descend, ce qui forme un grand archipel (Fig. 86).

Le Lac Tchad s'étend sur 24.000 km² lorsque le niveau d'eau à Bol est de 478 cm, mais seulement 9000 km² pour un niveau de 50 cm. En utilisant ces repères, les mesures à Bol pourraient être utilisées pour estimer la taille du Lac Tchad pour différentes hauteurs d'eau, s'il n'y avait pas une complication. Les moitiés nord et sud du lac se séparent lorsque le niveau d'eau descend sous les 100 cm, comme ce fut le cas en 1973. Au cours des années suivantes, le niveau d'eau ne put franchir la « Grande Barrière » entre Baga Sola et Baga Kawa (Fig. 88) et le bassin nord s'assécha.[1] Au même moment, les variations saisonnières du niveau d'eau passèrent de 90 à 150 cm dans le bassin sud (Fig. 87A), ce qui entraîna une augmentation de taille des plaines inondables de 2000 à 7000 km² (Fig. 89). La taille minimale du lac entre 1977 et 2006 a varié entre 6000 et 7000 km², et la taille minimale entre 7000 et 15.000 km² (Fig. 87B).[2] Pendant les crues assez fortes de 1994 et 1999, le niveau d'eau a de nouveau dépassé la barrière entre les bassins nord et sud, mais pas assez pour remplir le bassin nord (Lemoalle 2005).

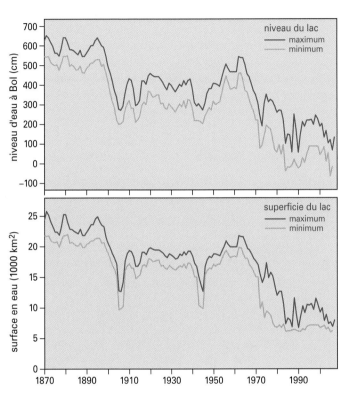

Fig. 87 (A) Variation annuelle des niveaux d'eau maximum et minimum du Lac Tchad entre 1870 et 2006. Ce niveau et le débit du Nil étant corrélés, les données de débit du Nil (disponibles depuis 1870) ont été utilisées pour estimer les niveaux d'eau du Lac Tchad avant 1908 lorsque les mesures ont débuté à la station de Bol. Les données pour 1980-1983 et 1987 ont également été estimées. Les données hydrologiques d'Olivry *et al.* (1996) (1870-1994) et de Coe & Birkett (2004) (1992-2000) ont été combinées avec l'altimétrie du Lac Tchad depuis 1992, mesurée par satellite (http://www.pecad.fas.usda.gov/croexplorer/global_reservoir; Crétaux & Birkett 2006). (B) Superficie du Lac Tchad, dérivée de fonctions décrivant la relation entre le niveau du lac et sa taille (Vuillaume 1981).

Fig. 86 (page précédente) : Lac Tchad, Lac Fitri et plaines inondables du Logone. Les plaines inondables du Logone et la partie sud du Lac Tchad sont agrandis (voir encadré dans la carte). Images satellites composites, Google Earth, décembre 2004.

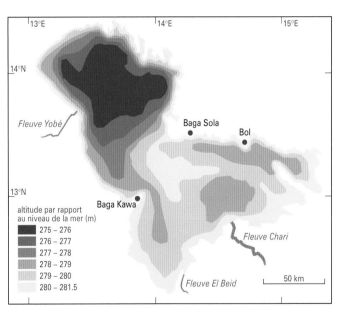

Fig. 88 Elévation du Lac Tchad par rapport au niveau de la mer ; 0 cm à l'échelle de Bol correspondent à 277,87 m au-dessus du niveau de la mer. Notez le secteur relativement élevé au sud de Baga Sola, qui fonctionne comme une barrière entre les bassins sud et nord lorsque le niveau du lac est bas. D'après Carmouze & Lemoalle (1983).

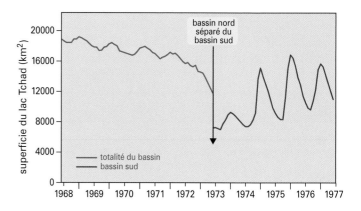

Fig. 89 Variations mensuelles de la taille du Lac Tchad entre mai 1968 et mai 1977. En mai 1973, le niveau d'eau est tellement descendu que les bassins nord et sud ont été séparés. En deux ans, le bassin nord s'est asséché (superficie non représentée), mais les variations saisonnières du niveau d'eau dans le bassin sud sont devenues plus fortes. D'après Olivry *et al.* (1996).

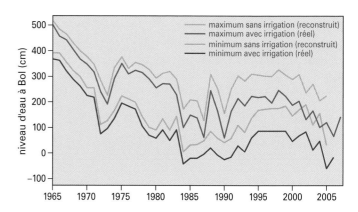

Lorsque le bassin nord s'est progressivement asséché après 1973, l'une des premières plantes à coloniser le sol nu fut l'Ambatch *Aeschynomene elaphroxylon*, un arbuste au bois souple et à l'écorce rappelant le liège. Les pêcheurs locaux d'autres plaines inondables (comme ces enfants dans le Delta Intérieur du Niger) coupent des tiges d'*Aeschynomene nilotica* pour les utiliser comme flotteurs pour leurs filets.

Fig. 90 Niveaux d'eau annuels observés maximum et minimum du Lac Tchad comparés aux niveaux simulés pour l'absence d'irrigation le long des fleuves Chari et Logone. L'impact de l'irrigation sur le débit des fleuves est présenté dans la Fig. 21.

Impacts de l'irrigation La diminution du niveau d'eau depuis 1962 ne peut que partiellement être attribuée à la diminution des précipitations dans les bassins de collecte des rivières Chari et Logone. Les réseaux d'irrigations ont prélevé de l'eau dans ces rivières depuis le début des années 1960 et cette quantité a augmenté depuis 1992 (Fig. 21). L'impact de cette réduction de débit a été modélisé, d'après des mesures mensuelles du débit des rivières, des précipitations locales, de l'évaporation et de l'infiltration (Vuillaume 1981 ; résumé dans Olivry *et al.* 1996).[3] Nous avons utilisé le lien étroit entre le niveau du lac et le débit entrant pour quantifier l'impact sur la taille du lac de l'irrigation le long des rivières Chari et Logone (Fig. 90). L'irrigation n'a eu qu'un faible effet sur le Lac Tchad avant 1985, mais celui-ci a augmenté jusqu'en 1992. Cet effet est dû en partie à l'augmentation des prélèvements (voir Fig. 21), mais également à une évaporation supérieure au débit en diminution des rivières. Les réseaux d'irrigation ont abaissé le niveau d'environ 1 mètre (Fig. 90). Vuillaume (1981) a utilisé son modèle hydrologique pour simuler la réduction du débit des rivières entraînée par l'irrigation entre 1954 et 1977, lorsque l'importance de l'irrigation était encore assez limitée. Néanmoins, il arriva à la conclusion que le niveau du lac aurait été 37 cm plus haut sans irrigation. Coe & Foley (2001), qui ont simulé le niveau du lac entre 1954 et 1995 ont observé qu'environ la moitié de la diminution du Lac Tchad depuis 1975 était due aux prélèvements d'eau par l'homme. Sans irrigation, le Lac Tchad aurait mesuré entre 12.000 et 16.000 km² dans les années 1990 et 2000, au lieu des 7000 à 11.000 km² observés (Fig. 87).

Végétation Jusqu'en 1973, le Lac Tchad était un grand lac peu profond avec jusqu'à 20.000 km² d'eau libre. Environ 2400 km², soit 12% de sa surface, étaient couverts de végétation aquatique avant cette année (Iltis & Lemoalle 1983). Là où la rivière Chari pénètre dans le lac, d'importants herbiers de *Vossia cuspidata* (environ 200 km²) – une plante connue en Afrique de l'Ouest sous le nom de *didéré* et confinée aux zones avec une profondeur d'eau entre 1 et 3 m – se développaient. Dans les eaux moins profondes, des Papyrus *Cyperus papyrus* et Roseaux *Phragmites australis* étaient présents, dominant la berge est du lac et abondants dans le secteur de la Grande Barrière, au point d'y former des îles flottantes. La salinité du Lac Tchad étant faible (1‰), mais plus forte au nord, le Papyrus est remplacé par les typhas dans la partie nord du lac.

Le bassin nord s'est progressivement asséché après 1973. L'eau libre s'est transformée en terrains secs, avec des mares temporaires pendant la saison des pluies. L'une des premières plantes à coloniser ces sols nus fut l'Ambatch *Aeschynomene elaphroxylon*, un arbuste à tiges souples au bois rappelant le liège. Le Mesquite *Prosopis juliflora*, une espèce d'arbre invasive d'Amérique centrale, s'est rapidement répandu. Au cours des années 1970 et 1980, il fut planté pour lutter contre la désertification. Il fixe les dunes mobiles et colonise les sols secs et sableux, mais commença également à envahir les zones plus fertiles. Une forêt de 10 ha, plantée en 1977, juste au nord du Lac Tchad, s'est répandue dans le bassin nord et couvrait déjà 3000 km² au début des années 2000 (Geesing *et al.* 2004).

Depuis 1973, le bassin sud a été transformé en une zone d'eau libre assez réduite (*ca.* 1500 km²), bordée de grandes plaines inondables saisonnières (3500 à 4000 km²). Une dense végétation d'Ambatch s'est développée sur les sols les plus secs, alors que l'augmentation des variations saisonnières du niveau d'eau de 50 cm à 150 cm dans les plaines inondables a favorisé le *didéré* aux dépens des roseaux et typhas. De la même manière, des tapis flottants de Laitue d'eau *Pistia stratiotes* et de Nénuphars *Nymphea lotus* sont apparus.

Population La population humaine dans le Bassin du Tchad a été estimée à environ 10 millions d'habitants en 1999, dont la plupart dans la partie sud-ouest (Fig. 35B). La densité de population autour du lac lui-même varie de moins de 5 hab./km² au nord à 25-50 hab./km² au sud.

Il existe au moins 20.000 pêcheurs professionnels sur le lac et la pêche est une activité à temps partiel pour au moins 300.000 autres habitants. Avant 1960, les pêcheurs utilisaient des techniques traditionnelles qui ne pouvaient être utilisées que sur les rivières, ruisseaux et dans les eaux peu profondes. Sur le lac en lui-même, il n'y avait pratiquement pas de pêche, mais tout cela changea après 1963 avec l'arrivée des filets en nylon (Carmouze *et al.* 1983). Les captures annuelles de poissons, estimées à 65.000 tonnes en 1969, ont augmenté pour atteindre 227.000 tonnes en 1974 (Durand 1983). En prenant en compte le déclin concomitant de la superficie du lac de 19.000 à 9300 km², l'augmentation des prélèvements fut encore plus forte, passant de 34 à 245 kg/ha. Les importantes captures du milieu des années 1970, étaient causées par l'assèchement progressif du bassin nord, qui permit aux pêcheurs de capturer les poissons piégés dans les eaux restantes. Durand (1983) en conclut qu'en 1977, mis à part le pic temporaire du milieu des années 1970, la production de poissons du Lac Tchad s'était stabilisée à environ 100-120 kg/ha. Par la suite, la taille du lac a probablement eu un impact sur les captures de poissons. Les données de Neiland *et al.* (2004) pour 1978-2001 montrent en effet que les captures annuelles totales ont varié entre 101.000 tonnes en 1978 et 22.000 tonnes en 1982, en lien avec la superficie du lac. Le rendement entre 1978 et 2001 a atteint 86 kg/ha, et a donc été inférieur à celui prédit par Durand (1983).

Les fermiers du Sahel cultivent leurs terres pendant la courte saison pluvieuse, mais dans les plaines inondables et le long des berges du Lac Tchad, ils utilisent également les sols humides pour faire pousser du sorgho et, à un degré moindre, du millet, ainsi que du maïs et des haricots dans le sud. Depuis des temps immémoriaux, les fermiers ont construit de petits barrages temporaires pour réguler le niveau d'eau dans les vallées entre les îles. Les images satellites montrent qu'au début des années 2000, de grands « polders » avaient été créés derrière des digues en béton.

Des groupes de pasteurs nomades de diverses ethnies (Arabes, Kredas, Bornos) suivent le lac lors de son retrait et, pendant la saison sèche, laissent des centaines de milliers de leurs bovins et moutons, paître la végétation du lit asséché du lac. Des bovins endémiques appelés Kouri, descendants de *Bos taurus* (les bovins «sans bosse ») avec d'immenses cornes « flottantes », sont présent en permanence dans les pâtures inondées, mais leur nombre décline rapidement. Aucun recensement du bétail n'a été réalisée sur l'ensemble de la zone, mais on peut considérer que la quantité de bétail a augmenté depuis la der-

Les Eléphants d'Afrique sont toujours présents dans les plaines inondables du Waza-Logone, où les forêts inondées d'*Acacia seyal* sont des sources de nourriture importantes (tout comme *Piliostigma reticulatum*, *Combretum* sp. et *Balanites aegyptiaca*). Le nombre d'arbres tués par ces pachydermes a doublé entre les années 1990 et le début des années 2000, mais l'impact principal des éléphants dans le Parc National Waza concerne la dynamique et la structure des *Acacia*s (Tchamba 2008).

Le Parc National du Waza-Logone attire plus de touristes que tous les autres Parcs Nationaux d'Afrique centrale. Pendant la saison sèche, les mammifères, oiseaux et touristes se concentrent près des derniers trous d'eau.

nière Grande Sécheresse, non seulement car il s'agit d'une tendance de fond au Sahel (Fig. 33), mais aussi parce que de nouveaux sites de pâturage sont apparus avec l'augmentation des surfaces de plaines inondables.

Autres zones humides

Le Lac Fitri est souvent considéré comme un « mini Lac Tchad » (Fig. 86). En fonction du débit de la rivière Batha, sa taille maximale, atteinte en novembre, varie entre 420 et 1300 km² (Keith & Plowes 1997). Il s'assécha totalement en 1973 et 1984. La rivière Batha ne coule que pendant 3 à 4 mois par an, avec des variations saisonnières de niveau de l'ordre de 150 cm (http://pecad.fas.usda.gov/cropexplorer/global_reservoir; Hughes & Hughes 1992). Les rives inondées sont couvertes par *Echinochloa stagnina* (appelé *bourgou* en Afrique centrale et de l'Ouest), le *didéré* et l'*Ambatch*. Les zones d'eau libre sont en partie couvertes de végétation flottante, principalement des Nénuphars et des Potamots *Potamogeton* sp. Le lac est utilisé de manière intensive par la population locale. Les captures annuelles de poissons y ont été estimées à 3000 tonnes (Hughes & Hughes 1992). Les fermiers cultivent leurs terres lors de la décrue et les plaines inondables sont intensivement pâturées par le bétail des nomades.

On ne sait que peu de chose des plaines inondables le long du Chari, dont la superficie a été estimée par Lemoalle (2005) à 7000 km² dans la zone autour de Massenya et à 50.000 km² pour le Salamat, principal affluent du Chari. La rivière Salamat s'écoule à travers le Parc National de Zakouma (3000 km²), l'un des derniers bastions de la faune sauvage dans l'ouest de l'Afrique centrale (Chapitre 5), et dans le Lac Iro, mal connu et légèrement plus petit que le Lac Fitri.

A l'opposé, de nombreuses études ont été réalisées sur les Yaérés,

le secteur de plaines inondables qui s'étend sur 8000 km² au sud du Lac Tchad (Fig. 86). La plupart se sont focalisées sur la partie sud-ouest, les plaines inondables du Logone dans le nord du Cameroun, et en particulier sur l'impact du barrage de Maga (Fig. 86). Ce barrage, construit en 1979, a créé un réservoir, le Lac Maga (dont le volume varie entre 0,28 et 0,68 km³ et la superficie entre 100 et 300 km²), et permis l'irrigation gravitaire et ainsi réduit le coût de la culture du riz. Des digues ayant été créées le long de la rivière Logone afin d'éviter les inondations, la zone en aval des secteurs de rizières n'est plus submergée et le niveau de la nappe souterraine a été abaissé de 3 à 10 m (Ngatcha *et al.* 2005). Cet effet est également visible sur les images satellites (Fig. 86) : la zone entre les rizières et le Tikélé est jaune au lieu de verte. Les effets du barrage de Maga ont été ressentis jusqu'au Parc National de Waza (1700 km²), 40 à 50 km en aval, où les graminées pérennes des anciennes plaines inondables (tel que le riz sauvage) ont été remplacées par des espèces annuelles, moins productives (Scholte 2007) et où la population de Cobes de Buffon a chuté de 20.000 à 2000 individus (Scholte *et al.* 2007).

L'impact négatif du barrage de Maga sur les basses plaines inondables était particulièrement important, car l'eau arrivant dans le réservoir qui ne pouvait y être stockée était dirigée directement vers le cours de la rivière Logone plutôt que vers les plaines inondables. Il était toutefois possible de restaurer les zones asséchées, sans dommages pour la culture du riz, en créant une ouverture dans la digue en aval des rizières. Cette brèche fut ouverte en 1994, après de nombreuses études et consultations, et permis le passage d'un débit de 20 m³/s. Une seconde brèche fut créée en 1997 (7-10 m³/s). La zone remise en eau s'étendait en moyenne sur 200 km² (Loth 2004). Qu'un aménagement de faible ampleur puisse avoir un tel effet s'explique par le fait que les plaines inondables du Logone ne sont couvertes que par 50 à 100 cm d'eau. La restauration de la plaine inondable ne connut toutefois pas le succès auquel elle semblait promise. Tout d'abord, le barrage de Maga fut construit en 1979, lors d'une année assez sèche, alors que l'ouverture de la digue eut lieu en 1994, pen-

La chute des populations d'antilopes dans le nord du Cameroun, de 20.000 dans les années 1960 à 2000 dans les années 1980 (suivie d'une légère augmentation jusqu'à 5000 dans les années 1990), s'explique plus par les contacts antilopes-bétail (qui provoquent la transmission de maladies comme la peste bovine pendant les sécheresses) que par le braconnage qui est resté assez stable. L'augmentation du nombre de têtes de bétail crée un danger sérieux pour les populations d'antilopes (Scholte *et al.* 2007a).

dant une année humide ; les importantes variations de la superficie inondée étaient donc partiellement dues à celles des précipitations. En outre, la zone remise en eau attira tant de personnes venues d'ailleurs que la restauration de la zone protégée fut mise en péril. Par

exemple, le nombre de têtes de bovins tripla entre 1993 et 1999, et limita fortement les ressources alimentaires disponibles pour le Cobe et les autres herbivores sauvages, dont les populations n'ont par conséquent pas augmenté (Scholte 2003).

Oiseaux

Dans les années 1970, le Lac Tchad fut transformé. Auparavant grand plan d'eau frangé d'une végétation des marais, il devint forêt dans sa partie nord et lac de taille modeste entouré de grandes plaines inondables dans la partie sud. Les répercussions pour les oiseaux ont dû être considérables.

Lorsque le lac était encore étendu, les comptages d'oiseaux d'eau réalisés par Vielliard (1972) montraient que le Canard souchet était l'espèce paléarctique la plus commune (8000 en 1969 et 11.000 en 1971). Des milliers de Sarcelles d'été et de Canards pilets, associés à des Anserelles naines, étaient concentrés sur les prairies inondées, où plusieurs dizaines de milliers de Dendrocygnes veufs étaient aussi présents. Ces comptages ont probablement fourni des totaux sous-estimés. Les comptages aériens des grands oiseaux d'eau sur le Lac Tchad en janvier et décembre 1999 et en décembre 2003 ont respectivement révélé la présence de 95.000 (en un jour), 388.000 (en 6 jours) et 537.000 (en 2 jours) oiseaux d'eau. Les comptages disponibles sont difficiles à comparer pour des raisons méthodologiques, mais il faut remarquer que seuls quelques centaines de Canards souchets ont été dénombrés, alors que 200.000 Sarcelles d'été et 38.000 Canards

Plaines inondables du Logone pendant la décrue. Cette étape du cycle offre d'excellentes conditions d'alimentation aux oiseaux et au reste de la faune, mais bien souvent pendant une période réduite, en particulier pendant les sécheresses. Janvier 1999.

Le nombre de Grues couronnées dans le Bassin du Lac Tchad a été estimé à 5000 oiseaux au début des années 1990 (Scholte 1996), à comparer avec moins de 50 dans le Delta Intérieur du Niger, 150 à 380 dans le Delta du Sénégal et 0 dans le Hadéjia-Nguru (Chapitres 6 à 8). Les activités humaines, à travers le braconnage et le dérangement des colonies de reproduction, sont la cause principale du déclin en Afrique de l'Ouest.

pilets étaient présents (d'après la base de données AfWC ; Wetlands International). Par rapport aux comptages de Vielliard en 1969-1971, l'importante augmentation de la Sarcelle d'été et du Canard pilet doit avoir été causée par l'augmentation de la taille des plaines inondables, étant donné qu'il s'agit de leur habitat préférentiel.

Une autre méthode de comptage fut utilisée par Van Wetten & Spierenburg (1998), qui ont compté 9046 oiseaux d'eau (49 espèces) dans trois parcelles dans des herbiers flottants le long de la bordure sud du Lac Tchad en janvier 1993. Leurs parcelles s'étendaient sur 17 km² au total et la densité d'oiseaux y était de 5,3 ind./ha. Une partie de ces parcelles était probablement déjà hors d'eau, comme le suggère la présence de nombres assez importants de Hérons garde-bœufs, de Vanneaux éperonnés et de Glaréoles à collier, espèces évitant les zones recouvertes d'eau. Cette explication vaut peut-être aussi pour expliquer la densité relativement faible d'oiseaux d'eau. Dans le Delta Intérieur du Niger, où la densité d'oiseaux d'eau (hors passereaux) dans les plaines inondables atteint 10 à 16 ind./ha, celle-ci n'est que de 1 à 3 ind./ha lorsque les plaines sont asséchées (Tableau 7 ; Fig. 62). En prenant en considération les différences méthodologiques, *i.e* de grandes parcelles au Lac Tchad (dans lesquelles les espèces de petite taille ou discrètes peuvent passer inaperçues) et de petites dans le Delta Intérieur du Niger (au sein desquelles les comptages sont plus précis, mais qui peuvent conduire à sous-estimer les espèces se nourrissant en groupes), l'abondance relative des différentes espèces paléarctiques dans les plaines inondables du Tchad et du Mali sont cohérentes, avec de nombreux Ibis falcinelles, Echasses blanches, Barges à queue noire, Combattants variés et Bécasseaux minutes dans les deux sites.

Sur la base d'investigations réalisées en 1979, Jarry *et al.* (1986) ont classé l'avifaune du Lac Tchad selon cinq types d'habitats. Les passereaux africains et peut-être les râles étaient abondants dans la végétation dense de papyrus, typhas et roseaux, mais les espèces paléarctiques (à l'exception de rares Locustelles luscinioïdes ou Gorgebleues à miroir) y étaient absentes. Peu d'oiseaux utilisaient les terres agricoles le long des rives du lac ou dans l'archipel. Les eaux libres du

lac n'étaient fréquentées que par des Mouettes à tête grise, des pélicans et des sternes. La plupart des espèces étaient présentes en grand nombre dans les herbiers flottants de *didéré* et de nénuphars et sur les vasières et plages émergeantes (Dejoux 1983). Ces résultats suggèrent que les conditions d'hivernage pourraient s'être améliorées pour les oiseaux d'Eurasie après la transformation en 1973 d'un grand lac stagnant aux eaux principalement libres en un marais saisonnier. Parallèlement, les conditions d'hivernage pour la plupart de ces espèces se sont dans l'ensemble dégradées dans les plaines inondables « complémentaires » ailleurs dans le Bassin du Lac Tchad (Logone, Lac Fitri). Vielliard (1972) avait déjà remarqué que la répartition des oiseaux d'eau variait selon les saisons, avec un report des plaines du Logone vers le Lac Tchad au cours du retrait des eaux, entre novembre et mars. De la même manière, Van Wetten & Spierenburg (1998), responsables du premier comptage systématique des oiseaux d'eau des plaines inondables du Logone en janvier 1993, étaient conscients de l'impact de la décrue sur les oiseaux utilisant les plaines inondables. Ils ont par exemple compté 12.000 Barges à queue noire en un seul dortoir en novembre, alors que quelques mois plus tard, seuls 371 oiseaux furent comptés dans l'ensemble de la région.

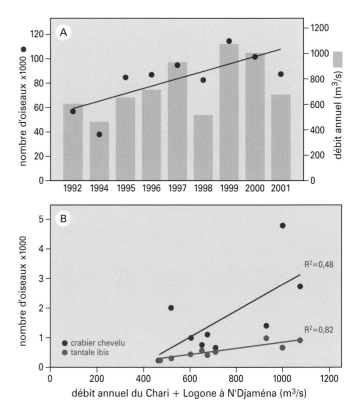

Fig. 91 (A) Nombre d'oiseaux d'eau comptés en janvier-février lors de dénombrements terrestres dans les plaines inondables du Logone (Cameroun ; rive occidentale) par rapport au débit annuel à N'Djamena (fleuves Logone et Chari combinés) au cours de l'année précédente. La corrélation est forte : R= +0,84. (B) Relation entre le nombre de Crabiers chevelus et de Tantales ibis et le débit du fleuve. D'après Scholte (1996) ; base de données AfWC de Wetlands International.

La Glaréole à collier hiverne en grand nombre près des plaines inondables du Sahel. On la rencontre habituellement en grands groupes peu visibles sur le sol desséché (on ne les repère que lorsqu'elles sont dérangées), ou en groupes chassant les insectes, haut dans le ciel. Dans ce dernier cas, ces groupes volent souvent si haut qu'ils évoquent des nuages de moustiques. Ce sont leurs cris de contact qui avertissent l'observateur de la présence de centaines d'oiseaux.

Les comptages aériens du Lac Tchad et des plaines du Logone confirment que les oiseaux quittent les plaines inondables du Logone pendant les années sèches, pour aller sur le Lac Tchad. Les comptages de 1984, 1986 et 1987 ont eu lieu pendant des années sèches (débit annuel du Chari entre 484 et 545 m³/s), et ceux de 2000 et 2004 pendant des années humides (débits de 998 et 891 m³/s). Pendant les trois années sèches, entre 312.000 et 553.000 Sarcelles d'été furent comptées sur le Lac Tchad et entre 200 et 6800 dans les plaines inondables du Logone. A l'opposé, pendant les deux années humides, le Lac Tchad abritait 400.00 Sarcelles d'été et les plaines du Logone 200.000. Le constat est le même pour le Canard pilet (<1% dans le Logone pendant les années sèches et 41 à 47% pendant les années humides) et les autres oiseaux d'eau.

La synthèse des comptages d'oiseaux d'eau dans la partie camerounaise des plaines inondables en janvier-février entre 1992 et 2000 montre une augmentation du nombre d'oiseaux d'eau afrotropicaux, mais des effectifs très fluctuants et sans tendance claire pour les espèces paléarctiques (Scholte 2006). L'augmentation des espèces afrotropicales peut être en partie attribuée à la restauration des plaines inondables près du barrage de Maga, qui ont permis la création de 200 km² de zones inondées et l'augmentation des niveaux sur 600 km² (Scholte 2006). Cet effet est toutefois difficile à distinguer de celui de l'augmentation concomitante des précipitations et du débit de la rivière. Les quantités d'oiseaux sont toujours plus élevées quand les débits sont forts, comme la Fig. 91 le montre pour deux espèces. Il existe deux exceptions : la Glaréole à collier et la Cigogne blanche. Ces espèces préfèrent les plaines inondables asséchées et évitent les parties inondées. Le nombre deux fois plus élevé d'oiseaux d'eau lors des années humides peut s'expliquer par des conditions d'alimentation globalement meilleures et par une mortalité réduite. Pour les oiseaux nicheurs locaux, le succès de reproduction est probablement plus élevé. La répartition des oiseaux est un autre facteur majeur : nombreux sont ceux qui restent dans les plaines inondables du Logone pendant les fortes inondations, mais se replient sur le Lac Tchad lorsque cette zone s'assèche.

Deux suivis au sol des oiseaux d'eau dans les plaines inondables du Logone, y compris dans la partie tchadienne le long de la rive est de la rivière Logone (Fig. 86), en février 2000 et 2001, montrent clairement que de très nombreux oiseaux s'y concentrent (Tableau 15). La comparaison avec le Delta Intérieur du Niger (Tableau 5) montre que les populations dans le Delta Intérieur du Niger sont trois fois plus élevées que dans la vallée du Logone. Ce résultat était attendu étant donné la différence de taille (facteur 3 à 4). Certaines espèces, principalement les espèces afrotropicales sédentaires, sont particulièrement nombreuses par comparaison avec le Delta Intérieur du Niger et le Delta du Sénégal :

- 1400 à 2200 Grues couronnées ont été comptées dans les plaines inondables du Logone. Une telle concentration ne se rencontre nulle part plus à l'ouest au Sahel. En revanche, des populations similaires sont présentes plus à l'est dans le Bassin du Lac Tchad (Lac Fitri et Parc National de Zakouma ; Scholte 1996), ainsi que dans les plaines inondables du Sudd (Chapitre 10).
- De très grands nombres de Hérons mélanocéphales, Aigrettes ar-

Tableau 15 Deux recensements terrestres d'oiseaux d'eau dans les plaines inondables du Logone (rives ouest et est combinées) et six comptages d'oiseaux aériens sur le Lac Fitri. D'après Ganzevles & Bredenbeek 2005 ; Beeren *et al.* 2001 (Logone); base de données AfWC, Wetlands International (Fitri).

Site	Logone; sol		Lac Fitri; comptage aérien					
Date	févr 00	févr 01	févr 84	févr 86	févr 87	févr 99	déc 99	déc 03
Cormoran africain	6304	2898				2	3013	13
Pélican blanc	105	151		21	202	450	80	33
Pélican gris	24	201	9	4	203		63	
Héron cendré	790	1096	17	50	86	60	1085	184
Héron mélanocéphale	3956	12323			1		15	141
Héron pourpré	161	125	4	2	19	11	507	21
Bihoreau gris	926	1896						
Crabier chevelu	7338	23211	85		400	3060	3546	373
Aigrette ardoisée	7264	858			20	105		35
Héron garde-boeufs	20895	24004	0	500		1130	9416	3378
Aigrette garzette	8643	2920						203
Aigrette intermédiaire	140	470						
Grande Aigrette	808	689				150	3626	1542
Tantale ibis	1077	1055			145	10	30	42
Bec-ouvert africain	1466	1705					100	17
Cigogne blanche	535	4242				1615	2331	61
Cigogne épiscopale	489	21						
Jabiru d'Afrique	30	8	5		2			
Marabout d'Afrique	1784	1860	17			20		6
Ibis falcinelle	1683	1382	21	93	243	113	4154	628
Ibis hagedash	174	62						
Ibis sacré	3126	3616	5	1056	148	138	1796	2270
Spatule africaine	43	304		1	500	900	696	1072
Dendrocygne veuf	41942	6275	16000	4400	24800	10740	95238	43945
Dendrocygne fauve	132	2	6600	350	11000	340	5469	1140

doisées, Ibis sacrés et Dendrocygnes veufs ont été observés, ainsi que de grands nombres de Bec-ouverts africains et Marabouts d'Afrique.

- Les Crabiers chevelus sont difficiles à compter dans la végétation dense. Les sondages de densité dans le Delta Intérieur du Niger suggèrent que les populations présentes peuvent être 25 fois supérieures à celles observées lors de comptages d'oiseaux d'eau classiques (Tableaux 5 à 9). Cependant, les nombres comptés dans le Logone pourraient être proches des nombres réels, car les plaines inondables sont en majorité sèches en janvier-février et les crabiers se concentrent dans les petites dépressions, les fossés et les mares restants.
- De grandes quantités de Glaréoles à collier (jusqu'à 11.353, Tableau 15) ont été comptées dans les plaines inondables du Logone, soulignant ainsi l'importante des plaines asséchées en janvier-février.
- De nombreuses espèces, principalement des migrateurs paléarc-

tiques, semblent être relativement rares dans les plaines inondables du Logone en janvier-février : alors que de grands nombres de Hérons pourprés étaient attendus, seuls 100 à 150 oiseaux étaient présents, un chiffre à rapprocher des 4600 du Delta Intérieur du Niger. Cependant, les transects réalisés plus tôt en saison en 1994 dans les plaines inondables du Logone, suggèrent la présence de nombres plus importants (« un millier »).
- Peu de Sarcelles d'été et de Canards pilets ont été comptés, mais nous savons grâce aux comptages aériens qu'un million de canards peuvent être concentrés sur les remises diurnes du Lac Tchad (Chapitres 22 et 23).
- A l'exception du Combattant varié, de l'Echasse blanche et de la Glaréole à collier, les limicoles sont dans l'ensemble peu nombreux, comme dans le Hadéjia-Nguru (Chapitre 8). Le contraste est fort par rapport au Delta Intérieur du Niger, où les conditions plus humides attirent un plus grand nombre de limicoles (Chapitre 6).
- Peu de sternes ont été observées quelle que soit la période de l'an-

Site	Logone; sol		Lac Fitri; comptage aérien					
Date	févr 00	févr 01	févr 84	févr 86	févr 87	févr 99	déc 99	déc 03
Anserelle naine	175	114	2		28	7		6
Canard à bosse	5939	1899	3350	4300	5200	2970	8295	2044
Oie-armée de Gambie	2407	1461	1450	116	1400	2195	1849	1295
Ouette d'Egypte	0	39	5	101	200	13	172	380
Canard souchet	452	1777	80	35	300	100	658	3165
Canard pilet	6213	271	32000	56000	35300	3380	36865	19760
Sarcelle d'été	3314	23869	17000	83000	21600	4040	97332	17100
Fuligule nyroca	0	0	40	300	500	1	3800	8450
Busard des roseaux	652	934		9	19	22	21	
Jacana à poitrine dorée	2560	3876						
Grue couronnée	1478	2313	300	20	51	134	441	164
Echasse blanche	3489	9147	11	76	48	48	1471	2770
Pluvian fluviatile	378	246						
Glaréole à collier	3693	11535						
Vanneau à éperons	2444	2753				35	557	45
Barge à queue noire	952	2318	4		200	220	950	2990
Bécasseau minute	1353	2212						
Chevalier sylvain	1212	2926						
Combattant varié	72544	146343	550	500	1200	1000	10503	4195
Chevalier arlequin	155	882						
Chevalier aboyeur	649	332						
Mouette à tete grise	906	56						
Sterne hansel	131	6						
Guifette moustac	956	1204						
Guifette leucoptère	1391	88						

née, peut-être car la profondeur d'eau ne dépasse que rarement 1 m (Scholte 2007).

En dehors des oiseaux d'eau, les plaines inondables du Logone et leurs alentours sont remarquables pour leurs fortes densités de rapaces paléarctiques, en particulier de Busards des roseaux et cendrés (Thiollay 1978). A l'exception du Faucon crécerelle, les populations de ces rapaces sont restées relativement stables depuis les années 1970, au contraire des vautours et grands aigles locaux qui ont subi un déclin dramatique (Thiollay 2006a).

Les six comptages du Lac Fitri (Fig. 86) sont aériens. Les espèces de petite taille ou discrètes ont donc été manquées ou sous-estimées. Le Lac Fitri héberge de nombreux oiseaux d'eau, en particulier des canards et cigognes afrotropicaux. Jusqu'à 8450 Fuligules nyrocas y ont été observés lors des deux derniers comptages. Cette espèce n'a pas été notée pendant les suivis aériens du Lac Tchad, mais Gustafsson et al. (2003) en ont vu respectivement 500 et 1000 les 19 et 21 octobre 2000 le long de la côte nigériane du lac.

Mullié et al. (1999) et Brouwer & Mullié (2001) ont démontré l'importance des 818 (estimation) petits marais isolés (54 ha en moyenne) au Niger, dont ceux de la partie occidentale du Bassin du Lac Tchad. La plupart n'ont été en eau que pendant quelques mois après la saison des pluies, mais suffisamment pour accueillir peut-être jusqu'à un million d'oiseaux d'eau paléarctiques et afrotropicaux. La comparaison avec les nombres observés sur le Fleuve Niger (à l'ouest de ce bassin) a montré leur caractère complémentaire : lors des saisons avec des précipitations abondantes, les canards paléarctiques ont tendance à être moins nombreux sur les eaux permanentes du Fleuve Niger, et préfèrent apparemment occuper les petits marais où une augmentation des nombres est notée (Mullié & Brouwer, comm. pers.). Il est probable que les eaux permanentes du Lac Tchad et des principales rivières jouent le même rôle.

Gustafsson et al. (2003) ont comparé leurs observations sur la partie nigériane du Lac Tchad entre 1997 et 2000 avec celles publiées par Ash et al. (1967), Dowsett (1968, 1969) et Elgood et al. (1994) qui remontent jusqu'à une trentaine d'année. Ils n'ont pas observé de Becs-en-ciseaux et de Balbuzards pêcheurs et rencontré moins de Bergeronnettes printanières et d'Hirondelles de rivage et beaucoup moins de Cailles des blés. Il est peu probable que leurs observations, qui portent sur la côte occidentale du Lac Tchad, puissent être extrapolées au reste du lac. Les Balbuzards pêcheurs, par exemple, sont toujours bien représentés le long de la rive sud du Lac Tchad. En revanche, les Becs-en-ciseaux étaient communs le long du Logone à la fin des années 1950, mais ils n'ont pas été observés dans le secteur relativement bien étudié du Waza-Logone depuis 1980 (Scholte et al. 1999).

Les comptages d'oiseaux montrent clairement que le Bassin du Lac Tchad accueille encore d'importantes populations. Les nombres élevés de grands oiseaux d'eaux afrotropicaux, tels que les Marabouts d'Afrique, les Ibis sacrés et les Dendrocygnes veufs, sont frappants en comparaison de leur quasi-absence du Delta Intérieur du Niger et des marais de Hadéjia-Nguru (Scholte 2006). Le nombre de Grues couronnées dans le Bassin du Lac Tchad a été estimé à 5000 oiseaux (Scholte 1996), contre moins de 50 dans le Delta Intérieur du Niger, 150 à 380 dans le Delta du Sénégal et 0 dans le Hadéjia-Nguru (Chapitres 6 à 8). De la même manière, les vautours y sont plus communs qu'ailleurs dans le Sahel occidental (Scholte 1998). Une explication possible est la plus faible densité de population, mais elle est peu convaincante, étant donnée la proximité de grandes villes telles que Kousseri (et N'Djamena). Environ 800.000 personnes vivent dans et aux alentours des plaines inondables du Logone (Mouafo et al. 2002), soit une densité de population supérieure à celle du Delta Intérieur du Niger. Plus probablement, des différences locales de prédation par l'homme, basées sur des habitudes culturelles, doivent jouer un rôle. L'exploitation commerciale à grande échelle des oiseaux d'eau, telle que rencontrée dans le Delta Intérieur du Niger (Koné 2006) est inconnue du Bassin du Tchad (bien que depuis plusieurs années, les Grues couronnées soient capturées pour être vendues comme animaux domestiques). En outre, les grands oiseaux d'eau coloniaux ne sont pas protégés dans le Logone (voir Encadré 12), mais leur sort semble meilleur qu'au Sahel occidental.

Les nombres présentés dans ce chapitre sont pour l'essentiel basés sur des comptages réalisés en milieu de saison sèche et ne permettent pas d'illustrer la dynamique des mouvements entre les divers marais du Bassin du Lac Tchad. Le niveau fluctuant du Lac Tchad atteint son maximum pendant la saison sèche, lorsque toutes les zones environnantes, y compris les plaines inondables, s'assèchent. Ces comptages ne montrent pas non plus l'importance des marais temporaires qui contiennent de l'eau plus tôt en saison. Nous imaginons que les échanges se font ainsi (Scholte et al. 2004) : pendant la saison des pluies entre juin et septembre, des centaines de petits marais pour la plupart temporaires, disséminés dans le Bassin du Lac Tchad, abritent de grandes quantités de canards et limicoles afrotropicaux, dont une bonne partie y niche. Quelques semaines plus tard, après la fin de la saison des pluies, une bonne partie de ces oiseaux gagnent les plaines inondables le long des rivières Chari, Logone et Komadougou Yobé, qui s'assèchent pendant la 1ère moitié de la saison sèche (décembre-février). Les oiseaux migrateurs européens, tels la Cigogne blanche, les aigrettes, les canards et les limicoles, se joignent aux oiseaux afrotropicaux. Plus tard au cours de la saison

Les effets d'une protection efficace des oiseaux

Les comptages réalisés chaque année en janvier montrent que le Héron mélanocéphale est devenu dix fois plus commun dans les plaines inondables du Logone entre 1992 et 2001. Dans le même temps, la colonie de nidification du village d'Andirni est passée de 742 nids en 1993 à 2479 en 2003. Ailleurs en Afrique de l'Ouest, les colonies de ce héron ne dépassent jamais les 150 couples. Comment expliquer la présence d'une si grande colonie ? L'histoire est simple. Les hérons nichent dans le village natal des guides du Parc National, dont la simple présence crée un havre de paix, au milieu d'un environnement dangereux du fait de la forte prédation par l'homme. Même dans le Parc National de Waza, dont la gestion n'est que modérément efficace (voir Chapitre 5), les colonies nicheuses de Marabout d'Afrique, de Tantale ibis et de Pélican gris sont régulièrement détruites par la population qui prélève les (grands) jeunes au nid.

Cette situation rappelle la persécution qu'ont subie les hérons en Europe au cours de la première moitié du 20ème siècle, illustrée par les

deux exemples suivants. En 1958, plus de la moitié de la population française de Hérons cendrés nichait dans une unique colonie bien protégée de 1300 nids. Avec la diminution des persécutions, cette grande colonie a éclaté en plusieurs nouvelles aux alentours. De la même manière, aux Pays-Bas en 1926, la population de Hérons cendrés (6500 couples) était répartie en 130 héronnières (implantées sur de très hauts arbres), alors qu'en 2000, 10.000 couples sont répartis sur 500 colonies. La taille moyenne des colonies aux Pays-Bas a décliné de 50 à 20 couples, et les grandes colonies regroupant 500 à 1000 couples ont disparu depuis les années 1950. A cet égard, la taille remarquable des deux colonies de reproduction des grands oiseaux d'eau dans le Delta Intérieur du Niger (Chapitre 6) en dit plus sur le statut de protection de ces espèces et le nombre de sites de reproduction disponibles que sur les conditions écologiques qu'elles rencontrent.

Ces observations peuvent être généralisées à toutes les espèces d'oiseaux en Afrique, particulièrement pour les espèces qui ont une valeur pour les populations locales. Les persécutions expliquent en grande partie le déclin des cigognes, des hérons, des anhingas, des grues, des canards et des oies, mais également celui des grands rapaces (Thiollay 2006a, 2006b). Le fait qu'il sera difficile de convaincre les populations locales d'arrêter d'exploiter les oiseaux est une mauvaise nouvelle. Mais la héronnière d'Andirni est porteuse d'une bonne nouvelle : une protection efficace portée par les populations locales peut permettre la survie de grandes populations d'oiseaux. D'après Scholte (2006).

Le Dendrocygne veuf est très commun sur le Lac Tchad et dans les marais environnants.

sèche, ces oiseaux se dispersent probablement vers le Lac Tchad, qui a alors atteint sa taille maximale, puis retournent en Eurasie. Les oiseaux d'eau afrotropicaux y restent jusqu'aux prochaines pluies. Des espèces telles que la Sarcelle d'été et l'Echasse blanche semblent préférer les marais temporaires, alors que les Dendrocygnes veufs ont une préférence pour les grands lacs, y compris le Lac Tchad et ses berges.

Conclusion

Le Lac Tchad et les marais associés ont subi d'immenses variations de taille au cours des millénaires, qui se poursuivent aujourd'hui. Avant 1973, le Lac Tchad couvrait une zone de 20.000 km², dont 12% étaient couverts par une végétation dense composée de roseaux, de papyrus et de typhas. Après 1973, la taille du lac a diminué jusqu'à n'atteindre que 7000 à 12.000 km². La moitié de ce déclin peut être attribué à la diminution des précipitations et l'autre moitié à l'irrigation le long des rivières Chari et Logone. Le bassin nord s'est asséché en 1973 et transformé en un boisement parsemés de mares temporaires. Les variations saisonnières du niveau d'eau dans le bassin sud ont augmenté de 50 à 150 cm, ce qui a fait passer la surface des plaines inondables de 200 à 5000 km². La densité d'oiseaux étant généralement faible en eau libre et dans la végétation dense des marais, nous supposons qu'après 1973, le Lac Tchad est devenu plus attractif pour de nombreuses espèces d'oiseaux d'eau. Les comptages aériens montrent en effet que d'immenses quantités d'oiseaux et de limicoles y sont présentes. Le Lac Fitri et les plaines inondables du Logone accueillent également de grandes quantités d'oiseaux d'eau, bien que probablement moins que par le passé, lorsque ces zones humides étaient plus étendues.

Notes

1   La quantité d'eau annuelle charriée par la rivière Yobé à son entrée dans la partie NO du Lac Tchad était de 0,5 km³ entre 1957 et 1977 (Vuillaume 1981), soit 1% du débit total entrant dans ce lac. Ce volume est bien trop faible pour inonder le bassin nord du Lac Tchad, lorsqu'il est séparé du bassin sud par des niveaux trop bas.

2   La taille du lac (y, en km²) est fonction du niveau d'eau à Bol (w, en m) : $y = 62,99x^3 - 418,4x^2 + 3658x + 8065$. Si la moitié nord du Lac Tchad devient séparée du bassin sud, une autre fonction doit être utilisée pour calculer la superficie du bassin sud : $y = 205,0x^3 - 65,55x^2 + 935,5x + 6479$. Ces fonctions ont été obtenues à partir des graphiques élaborés par Vuillaume (1981).

3   Les variables hydrologiques montrent une bonne corrélation. Par exemple, le niveau d'eau maximum peut être prédit avec précision, si l'on connaît le débit entrant et le niveau d'eau maximum de l'année précédente : prenez 63% du niveau maximum précédent (en cm) et ajoutez 15% du débit entrant (m³/s) pour obtenir le maximum prévu pour l'année en cours. De la même manière, le niveau d'eau minimum peut être déduit du débit entrant et du niveau d'eau minimum de l'année précédente. Toutefois, dans nos analyses, nous avons utilisé des fonctions curvilinéaires afin d'obtenir des prévisions plus fines. Le niveau d'eau maximal à Bol (en cm ; habituellement entre novembre et janvier) est fonction du débit annuel des rivières Chari et Logone (m³/s ; dépendant principalement du débit entre juillet et septembre) et du niveau d'eau maximum du lac au cours de l'année précédente (max_{-1}, en cm) : $0,01238max_{-1} + 0,000983max_{-1}^2 + 0,3063débit - 0,000078débit^2 - 20,391$ ($R^2=0,95$, N=72; P<0,001; 1934-2005). La corrélation est encore meilleure pour le niveau minimum du lac : $0,5117min_{-1} + 0.000543min_{-1}^2 - 0,1015débit + 0,000013débit^2 - 54,679$ ($R^2=0.97$, N=72; P<0,001; 1934-2005).

Le Sudd

Le Nil draine un territoire immense (3 millions de km², soit 10% de l'Afrique), mais son débit annuel (88 km³/an) correspond à celui de fleuves beaucoup plus modestes, comme le Rhin. Le Nil est un « fleuve du désert », dont l'effet d'axe vital est encore plus prononcé que pour les « fleuves de zone aride » que sont le Sénégal ou le Niger au Sahel occidental. Le débit du Nil est relativement faible pour plusieurs raisons : ses eaux subissent une intense évaporation dans la partie sud de son bassin, aucun affluent ne le renforce plus au nord lorsqu'il traverse le Sahara oriental et son débit naturel est fortement réduit par les barrages et l'irrigation à grande échelle. Cependant, le Nil est plus qu'un fleuve du désert. Le Nil Blanc en particulier est responsable de l'inondation de grands secteurs du sud du Soudan. Ces plaines inondables, connues sous le nom de Sudd, font partie des plus grandes zones humides au monde, et ont une importance primordiale pour les oiseaux et la faune terrestre. Pourquoi le Soudan n'est-il donc pas réputé comme d'autres merveilles naturelles, tel le Serengeti ? Tout d'abord en raison de son environnement rude et malsain. Les premières pluies des mois d'avril ou mai transforment son sol d'argile noire en « la boue la plus glissante qui soit » (Howell *et al.* 1988) pour sept ou huit mois, et faisant ressembler cette zone d'après les termes de Cobb (1981) et Nikolaus (1989) à « une mer de boue noire » où « tout travail de terrain est rendu pénible par les maladies et une grande diversité d'insectes piqueurs ». Les premiers voyageurs ont rencontré dans le Sudd une barrière insurmontable, où l'eau crée un réseau toujours changeant de canaux qui sont souvent bloqués par la végétation flottante, voire simplement non navigables. Cette inaccessibilité est la raison principale pour laquelle nous connaissons si peu de choses sur ses populations d'oiseaux, mais les périodes de guerre civile et de famine (1956-1972 et 1984-2005) qui ont ravagé le sud-Soudan depuis les années 1950 n'y sont pas étrangères non plus. Ces tragédies humaines ont souvent des impacts bien spécifiques et habituellement très négatifs sur la faune sauvage ; il est donc nécessaire de faire toute la lumière sur l'état actuel du Sudd et sur ses populations d'oiseaux.

Le Bassin du Nil

Le Nil est composé de deux bras principaux : le Nil Bleu qui draine la partie occidentale des plateaux éthiopiens et le Nil Blanc, dont les sources sont localisées sur les hauts-plateaux d'Afrique orientale près du Lac Victoria. Ces deux bras confluent près de Khartoum pour former le Nil proprement dit (Fig. 92). Les précipitations dans les zones montagneuses des bassins versants du Nil Blanc et du Nil Bleu atteignent 1000 à 1200 mm par an. Les 80% restants du Bassin du Nil sont semi-arides (la moitié nord du Soudan) ou arides (l'Egypte). En moyenne, 86% de l'eau du Nil provient des hauts-plateaux éthiopiens et les 14% restants des lacs équatoriaux. Les précipitations sur les hauteurs d'Ethiopie sont restreintes à une seule saison (juillet à septembre) : les crues du Nil ont donc lieu en fin d'été. L'alimentation depuis les lacs équatoriaux ne varie que très peu, car les immenses volumes stockés dans ces lacs effacent les effets des variations des débits et des précipitations régionales. Par conséquent, le Nil Blanc est le principal contributeur pendant la période de faibles débits entre novembre et juin. La fig. 93 montre les débits mensuels du Nil Blanc à Mongalla, où les marais du Sudd commencent. A 300 km à peine au nord, le débit sortant de ces marais n'est déjà plus que de 50% du débit entrant, en raison de l'évaporation et de la transpiration de la végétation des marais (voir ci-dessous).

Pendant le 20ème siècle, le débit annuel du Nil à Assouan atteignait 88 km^3 en moyenne, mais tout en variant entre 52 et 121 km^3. L'essentiel de ces variations était dû aux débits variables du Nil Bleu, de 50 km^3 en moyenne, mais qui variait entre 21 et 80 km^3. Les débits les plus faibles furent enregistrés en 1913 (20,6 km^3) et 1984 (29,9 km^3) alors que les précipitations sur les hauteurs étaient extrêmement faibles : elles étaient respectivement 20% et 17,7% sous la moyenne à long terme pour le 20ème siècle (Conway 2005, Conway et al. 2005). Au Sahel, 1913 et 1984 furent également des années extrêmement sèches (Fig. 9). A l'opposé, les années 1950 et 1960 furent relativement humides en Ethiopie, tout comme dans le Sahel occidental. L'indice des pluies du Sahel (Fig. 9) et les précipitations sur les hauteurs éthiopiennes sont en effet corrélées (R=+0,51 ; calcul sur 1955-2003 uniquement, car le nombre de pluviomètres en Ethiopie était limité avant 1955).

Le débit du Nil Blanc dépend du niveau d'eau du Lac Victoria, et donc des précipitations des années précédentes (Sutcliffe & Parks 1999a). Entre 1900 et 1960, le niveau d'eau du Lac Victoria a varié d'environ un demi-mètre, mais les précipitations extrêmement abondantes de 1961, une année d'El Niño (Birkett et al. 1999), ont fait monter son niveau de 107 cm en 1961, puis respectivement de 45 et 52 cm en 1962 et 1963, pour atteindre 2 m au-dessus du niveau des années 1920 et 1940 (Fig. 94). Le volume de stockage du Lac Victoria a augmenté de 151 km^3 au cours de ces trois années. Le débit sortant en 1961 (20,6 km^3) était à peine plus élevé qu'en 1960 (20,3

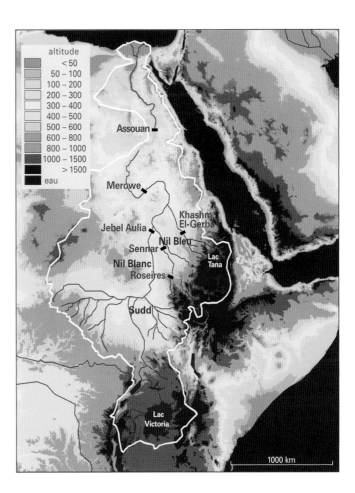

Fig. 92 Le Bassin du Nil, avec ses affluents et les six principaux barrages et réseaux d'irrigation : le barrage de Mérowé est toujours en cours de construction.

km³), mais il augmenta fortement au cours des trois années suivantes (38,7, 44,8, puis 50,5 km³ de 1962 à 1964), avant de décliner à nouveau lentement à partir de 1965 (Sutcliffe & Parks 1999). Après 1961, les précipitations ont continué à décliner et ont finalement chuté sous la moyenne à long terme dans les années 1980 (Conway 2005). Le niveau du Lac Victoria s'est abaissé progressivement de 150 cm entre 1965 et 1995 (Fig. 94). 1997 fut la première bonne saison des pluies depuis de nombreuses années, mais n'a pu que ralentir le déclin prononcé du niveau d'eau du lac. Les précipitations abondantes, telles celles de 1961, doivent être rares, car une étude historique n'a permis de trouver qu'une seule autre année (1878) avec un tel impact hydrologique au cours du dernier siècle et demi (Sutcliffe & Parks 1999).

Le débit annuel sortant du Lac Victoria (Sutcliffe & Parks 1999) est déterminé par son niveau d'eau (Fig. 94).[1] Cette figure illustre donc également les variations de débit du Nil Blanc. Le débit fut maximal en 1964 avec 51,1 km³ et minimal en 1922 (11,8 km³). Les conséquences de ces variations pour le Sudd sont discutées par la suite.

Le débit du Nil est perturbé par plusieurs barrages et réseaux d'irrigation. Ces barrages ont créé de grands lacs, dont la superficie totale est de 1000 km², et l'essentiel des eaux des réservoirs de stockage sont pompées pour l'irrigation. Trois barrages ont été construits avant 1933 en Egypte, afin de permettre l'irrigation. Le barrage originel d'Assouan, le plus grand de tous, supportait un lac de 45 km² retenant 5 km³ d'eau, mais dans les années 1960, le Haut barrage d'Assouan fut construit 6,5 km en amont et créa un immense réservoir, le Lac Nasser, d'une superficie de 163 km² et d'un volume équivalent à environ deux fois le débit annuel total du Nil. Le Lac Nasser étant situé dans un désert chaud, il subit une intense évaporation de 7 mm/j qui entraîne une perte annuelle de 10 km³ d'eau. Le Haut barrage d'Assouan fut créé pour produire de l'énergie hydroélectrique à grande échelle, mais le contrôle du débit n'a pas seulement marqué la fin des inondations annuelles de la basse vallée du Nil (où la recharge des sols fertiles a diminué à cause de la diminution des matières en suspension), mais il a également permis le développement des réseaux d'irrigation le long du fleuve. En 1997, l'Egypte commença à pomper chaque année 5 km³ d'eau du Lac Nasser pour les diriger vers la dépression de Toshka 100 à 250 km à l'ouest d'Assouan, pour créer « une seconde vallée du Nil » au milieu du désert.

Le barrage d'Hamdab près de Mérowé au Soudan servira également à la production d'hydroélectricité. Il créera un autre grand réservoir, environ 850 km en amont d'Assouan. Son lac mesurera entre 350 et 800 km² et il retiendra jusqu'à 12,5 km³ d'eau. Plus loin en amont, quatre autres barrages permettent au Soudan d'irriguer de grands secteurs : le Khashm El-Gerba (1964) sur la rivière Atbara, le Jebel Awlia (1937) sur le Nil Blanc à 50 km au sud-ouest de Khartoum, le Sennar (1926) sur le Nil Bleu à 300 km au sud de Khartoum

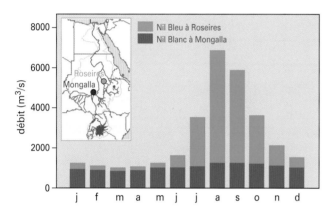

Fig. 93 Débits mensuels moyens du Nil Bleu à Roseires et du Nil Blanc à Mongalla au cours de la même période (1912-1982). Source : GRDC.

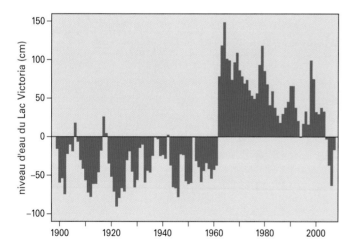

Fig. 94 Variations du niveau d'eau du Lac Victoria, en cm par rapport à la moyenne du 20ᵉᵐᵉ siècle. D'après Conway (2000) et, pour les données récentes : jeux de données altimétriques des satellites Topex/Poseidon/Jason (disponible sur le site « Crop Explorer » du Foreign Agricultural Service du Département Américain de l'Agriculture).

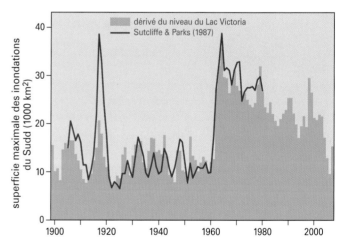

Fig. 95 Superficies maximales inondées dans le Sudd, d'après le modèle hydrologique de Sutcliffe & Parks (1987), pour la période 1912-1980. La surface inondée (entre 1894 et 2007), dérivée de la relation entre l'étendue des inondations dans le Sudd et le niveau d'eau du Lac Victoria est également représentée.

et le Roseires (1950) sur le Nil Bleu à 500 km au sud-est de Khartoum. La FAO a estimé la surface des terres irriguées au Soudan en 1995 à 19.000 km² et le prélèvement d'eau total à 17,8 km³ (http://www.fao.org/docrep/W4356E/w4356e0s.htm).

Dans les années 1930, un projet de création d'un canal pour le Nil Blanc, permettant de contourner les marais du Sudd, afin d'augmenter le débit du Nil dans les déserts d'Egypte et du nord du Soudan avait déjà été présenté. En 1974, ces deux pays se sont accordés pour construire le canal de Jonglei le long du Sudd. Bien que les travaux aient commencé en 1980, ils s'arrêtèrent au début de la guerre civile en 1983, alors que 260 des 360 km avaient été réalisés. Aucune tentative de finir le projet n'a été menée depuis.

Le Sudd

Hydrologie Le Sudd est une plaine inondable fluviale, où les niveaux d'inondation ne varient que d'environ 50 cm par an (Suttcliffe & Parks 1987) en raison des faibles variations saisonnières du débit (Fig. 93). Les fluctuations interannuelles des inondations sont bien plus fortes. Lorsqu'au milieu des années 1960, le débit entrant dans le Sudd augmenta par rapport à celui des décennies précédentes, le niveau d'eau relevé à l'échelle de Shambe, dans le centre du Sudd, augmenta de 3 m.

Sutcliffe & Parks (1987) ont créé un modèle de calcul du bilan hydrologique pour estimer les variations saisonnières et annuelles de la surface inondée dans le Sudd. Leurs estimations sont principa-

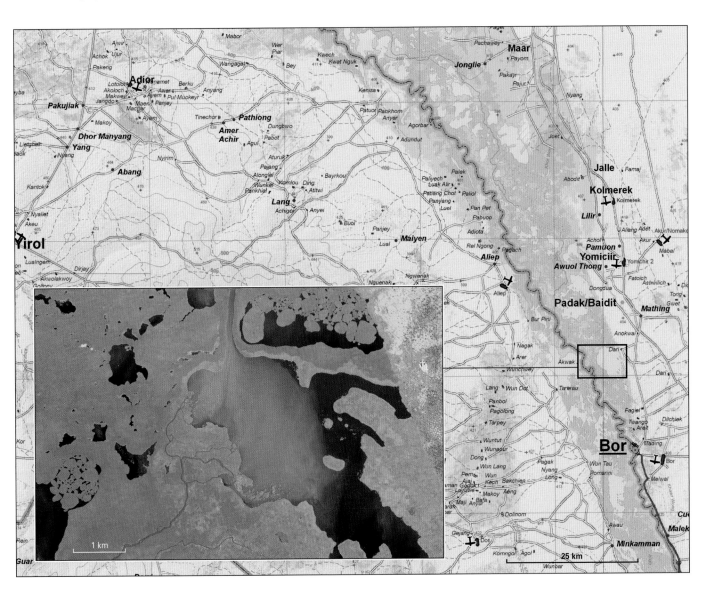

Fig. 96 Carte topographique du tiers sud du Sudd. L'insert photographique montre l'image satellite (du 10 novembre 2002) disponible sur Google Earth. Les formes circulaires correspondent à des îles de végétation flottante. La carte (échelle 1 : 500.000) a été publiée en octobre 2005 par l'unité de géo-traitement du Centre Interdisciplinaire pour le Développement et l'Environnement de l'Université de Berne (www.cde.unibe.ch).

Patrick Denny (à gauche), l'un des rares botanistes à avoir étudié la végétation dans le Sudd, entre des Papyrus *Cyperus papyrus* de 4,5 m de hauteur (Lac Naivasha, mars 2001). Le Papyrus est une graminée pérenne originaire d'Afrique, qui tolère des températures entre 20-30°C et un pH entre 6,0 et 8,5. En eau profonde, il forme des amas de végétation enchevêtrée appelés *sudd*. Les papyrus n'attirent que peu de migrateurs paléarctiques, mais hébergent toute une série d'espèces africaines spécialistes qui habitent les marais à l'abri des dérangements (Owino & Ryan 2006). Le Papyrus constitue également une protection efficace contre l'eutrophisation et favorise la croissance des alevins (Kiwango & Wolanski 2008). Les marais à papyrus sont dangereux à explorer à pied, en particulier lorsqu'ils sont implantés en eau profonde et sont également fréquentés par les crocodiles.

lement basées sur les données mensuelles de débit entrant dans le Sudd à Mongalla, de débit sortant à Malakal (diminué du débit de la rivière Sorbat), de précipitations locales et d'évaporation. Ils en ont conclu qu'entre 1900 et 1960, la surface inondée a globalement varié entre 7000 km² en mai et 12.000 km² en novembre. Au cours de cette période, 60% du Sudd étaient composés de marais permanents et 40% de marais saisonniers. La zone maximale inondée augmenta de moins de 10.000 km² en 1960 à près de 39.000 km² en 1964 (Fig. 95). Malheureusement, ce modèle hydrologique ne peut pas être utilisé

pour prédire la taille du Sudd depuis 1983, car les données hydrologiques nécessaires n'existent pas. La surface prévisible du Sudd dépend principalement du débit entrant mesuré à Mongalla[2], mais comme celui-ci représente 76% du débit sortant du Lac Victoria, la superficie des plaines inondables du Sudd peut également être déduite du niveau d'eau dans ce lac (fig. 94). Cette superficie a diminué progressivement de 39.000 km² en 1964 à 10.000-15.000 en 2005-2007, et a donc retrouvé ses valeurs normales de la période 1890-1960 (Fig. 95).[3]

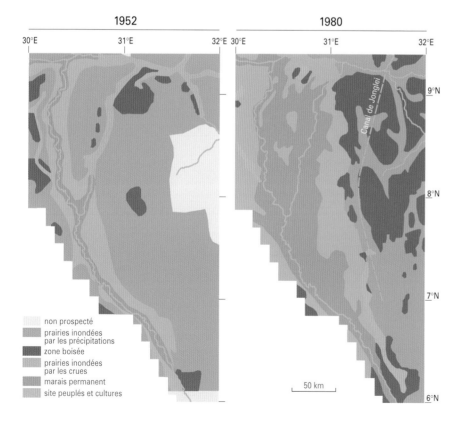

1952 — 1980

non prospecté
prairies inondées par les précipitations
zone boisée
prairies inondées par les crues
marais permanent
site peuplés et cultures

50 km

Fig. 97 (à gauche) : répartition de la végétation dans le Sudd en 1952 (faible inondation) et en 1980 (forte inondation). D'après Howell *et al.* (1988).

Fig. 98 (à droite) : Répartition des villages (huttes), du bétail, du Tiang (une antilope également appelée Topi) et du Bec-en-sabot dans le Sudd et ses environs pendant les saisons humide et sèche, d'après les comptages aériens réalisés en 1979-1981. D'après Howell *et al.* (1988).

Végétation Comme le Delta Intérieur du Niger et, avant que le fleuve ne soit domestiqué par des barrages, le Delta du Sénégal, le Sudd est une plaine inondable, mais qui présente une particularité essentielle : une grande partie de sa superficie est inondée en permanence. A cet égard, le Sudd se rapproche plus d'autres plaines inondables africaines telles que le Delta de l'Okavango (Sutcliffe & Parks 1989), les plaines de Kafoué (Howell *et al.* 1989) et le Delta du Sénégal après construction des barrages (Chapitre 7). Denny (1984) a décrit les zones de végétation des marais permanents du Sudd, et en 1983, une carte de la végétation du Sudd et de ses environs (69.000 km² au total) fut produite par la « Range Ecology Survey (RES) » et la « Swamp Ecology Survey (SES) », sur la base de relevés de terrain réalisés pendant la période 1979-1983. Toutes les données RES et SES ont été synthétisées par Howell *et al.* (1988). La description qui suit est basée sur ces sources.

Les rivières et les lacs du Sudd (1500 km²) sont partiellement couverts de Jacinthe d'eau *Eichhornia crassipes*, une plante flottante apparue dans le Sudd en 1957 et qui y couvrait 112 km² à la fin des années 1970 (Freidel 1979). Elle a largement remplacé la Laitue d'eau *Pistia stratiotes*. Les zones d'eau libre et profonde sont entourées d'autres espèces. Le *bourgou Echinochloa stagnina*, une espèce clé du Delta Intérieur du Niger poussant dans les sites inondés sous 3 à 5 m d'eau (Fig. 43) est restreinte dans le Sudd aux mares prairiales profondes, souvent saisonnières. En revanche, les espèces adaptées à des

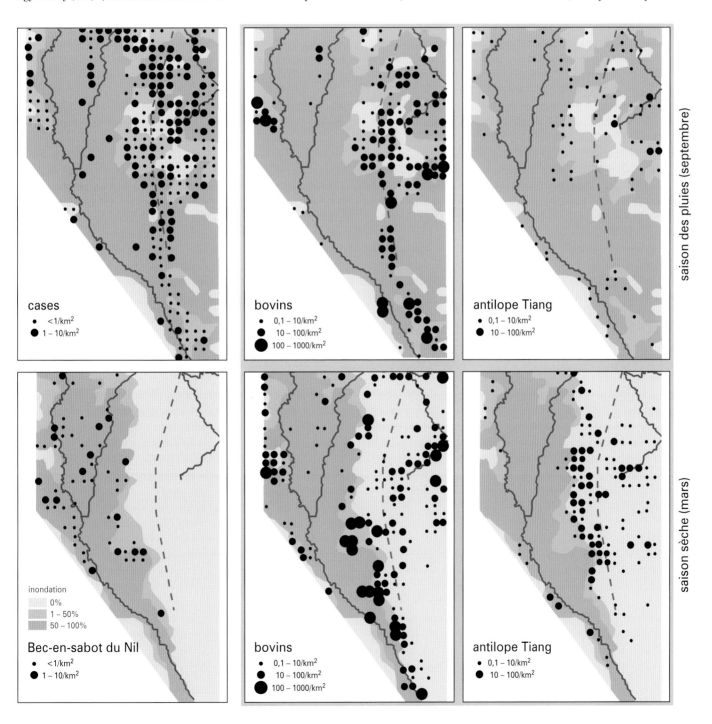

niveaux de submersion plus faibles, tel que *Vossia cuspidata* (connue sous le nom de *didéré* en Afrique de l'Ouest et d'herbe à hippopotame en Afrique de l'Est) sont communes dans le Sudd, mais limitées aux zones où les niveaux d'eau varient, présentes principalement dans le sud et qui couvrent 250 km². Le Papyrus *Cyperus papyrus*, qui peut pousser dans 2 m d'eau, couvre une grande superficie, 3900 km², mais est absent des zones à niveau d'eau variable. Il en est de même pour les typhas, qui poussent dans les eaux moins profondes, et sont principalement rencontrés dans les zones centrales et nord du Sudd où ils couvrent 13.600 km². La végétation géante des marais forme un mur dense, qui empêche tout accès aux hommes et toute vue sur le fleuve.

Cette végétation permanente est entourée de prairies saisonnières. Howell *et al.* (1988) ont distingué deux types de prairies à inondations saisonnières : l'une, dominée par le Riz sauvage *Oryza longistaminata* (13.100 km²), inondée pendant 5 à 9 mois par an, et l'autre, dominée par *Echinochloa pyramidalis* (3100 km²), inondée pendant 4 mois ou moins par an. Ces prairies envahies saisonnièrement par les eaux du fleuve sont à leur tour entourées de 3 types de prairies inondées par les précipitations (20.000 km²), dominées par *Echinochloa haploclada*, *Sporobolus pyramidalis* et *Hyparrhenia rufa*, toutes largement répandues en Afrique et ailleurs sous les tropiques. Bien que 90% de ces prairies soient brûlées annuellement pendant la saison sèche, des boisements subsistent sur les hautes plaines inondables et les terrains environnants. L'*Acacia* seyal *Acacia seyal* (5400 km²) est plus tolérant aux inondations que le Dattier du désert *Balanites aegyptiaca* (5300 km²).

Les superficies calculées correspondant aux types de végétation cités ci-dessus comprennent 16.900 km² de marais permanents et 16.200 km² de marais temporaires, mais ces superficies datent de la fin des années 1980, lorsque les plaines inondables étaient très étendues (Fig. 95). La répartition des marais était différente avant 1960, lorsque le Sudd était bien plus petit (Fig. 97). Les fortes inondations du début des années 1960 ont vu l'*Acacia* seyal et le Dattier du désert disparaître de sites qui n'étaient auparavant inondés au plus que quelques mois par an. Non seulement, le niveau maximum des inondations a augmenté rapidement au début des années 1960, mais le niveau minimum s'est également élevé. Par conséquent, une grande partie des prairies alluviales inondables devinrent des marais permanents. Le niveau plus élevé des crues permit aux typhas de s'étendre plus que toute autre espèce de plante, de 6700 km² en 1952 à 19.200 km² en 1980. Les prairies inondées saisonnièrement par le fleuve s'étendirent au détriment de celles soumises à des inondations dues aux précipitations.

Population, bétail, poissons et animaux sauvages Le Sudd et ses environs accueillaient entre 300.000 et 350.000 personnes entre 1950 et 1980 (annexe 6 de Howell *et al.* 1988). La plus grande ville de la zone est Malakal, qui est passée de 12.000 habitants en 1954 à 50.000 en 1981, mais à cette époque, l'essentiel de la population était rurale. Les fortes crues des années 1960 furent désastreuses pour les locaux, d'autant plus qu'elles coïncidaient avec la guerre civile. « Les inondations rendaient inhabitables de grandes zones et la guerre rendait

dangereux celles qui l'étaient » (Howell *et al.* 1998 : Chapitre 11).

Les comptages aériens entre 1979 et 1981 ont montré que les bergers possédaient environ un demi-million de bovins et 100.000 moutons ou chèvres, et que des afflux saisonniers depuis les hautes terres augmentaient ce cheptel à 800.000 bovins et 180.000 moutons et chèvres pendant la saison sèche. Les bergers se déplacent saisonnièrement avec leur bétail, mais ne pénètrent pas dans les marais permanents.

Les fermiers font surtout pousser du sorgho, mais aussi du maïs, du niébé, des arachides, du sésame, des citrouilles, du gombo et du tabac. Les terres cultivées, de l'ordre d'1 ha par famille, sont réparties autour des villages, car les cultures doivent être constamment protégées des oiseaux, principalement des tisserins granivores, mais aussi des tourterelles. La répartition de ces villages est montrée sur la Fig. 98. Bien évidemment, il n'existe que peu de villages au sein des plaines inondables, une observation qui a été confirmée par l'analyse d'images satellites à haute résolution (Google Earth).

Les bergers et les fermiers ne peuvent pas exploiter les zones inondées, mais les pêcheurs, qui ont toujours besoin de vivre près de leurs lieux de pêche, campent habituellement sur les grandes levées du fleuve. La pêche s'est développée assez récemment dans le Sudd – avant que les filets soient disponibles au début des années 1950, les eaux libres étaient rarement pêchées (Howell *et al.* 1988 : Chapitre 14). Passé ce cap, des pêcheurs provenant d'aussi loin que l'Afrique occidentale vinrent s'y installer. Ils séchaient le poisson au soleil et le salaient pour le stocker et le vendre. Les locaux ont appris à pêcher, pas en tant que pêcheurs professionnels, mais lorsque les fortes crues des années 1960 ont transformé leurs sites d'élevage traditionnels en marais, de nombreux fermiers et éleveurs n'eurent pas d'autre choix que de commencer à pêcher. Cependant, moins de 8000 canoës ont été comptés lors de trois comptages aériens du début des années 1980. Howell *et al.* (1988) estiment les captures annuelles dans le Sudd à environ 27.000 tonnes, une quantité qui pourrait être doublée si le Sudd subissait la même pression de pêche que les autres plaines inondables africaines.[4] Une bonne partie du Sudd, particulièrement les marais permanents, est rarement visitée par les locaux, ce qui est probablement la raison pour laquelle la zone abrite toujours de grands nombres d'herbivores. Les comptages aériens des années 1979-1981 ont donné les nombres maxima suivants : 460 Guibs harnachés, 10.200 Buffles d'Afrique, 3900 Eléphants d'Afrique, 66.000 Gazelles Mongallas, 6000 Girafes, 3500 hippopotames, 11.600 Cobes de Buffon, 2500 Cobes ougandais, 32.000 Cobes de Mrs Gray, 6000 Ourébis, 33.400 Cobes des roseaux, 4100 Antilopes rouannes, 1100 Guibs d'eau, 360.000 Tiang (ou Topi), 8900 Gnous et 3900 Zèbres (Meft-Babtie Srt 1983). La plupart des espèces sont des migrateurs saisonniers, qui arrivent dans les zones inondées lors de la décrue et retournent dans les hautes terres au début de la saison des pluies. La Fig. 98 donne par exemple la répartition du Tiang pendant les saisons humide et sèche. D'après Howell *et al.* (1988), la plupart des espèces sont confinées dans des marais plus denses qu'autrefois, en raison de la pression anthropique. L'importance des marais inaccessibles pour leur offrir la sécurité a certainement augmenté depuis (voir Encadré 4).

Le Bec-ouvert africain possède un régime alimentaire spécialisé, basé sur les escargots aquatiques et les moules d'eau douce. Un grand nombre d'entre eux a été compté dans le Sudd. Lorsqu'une opportunité se présente, comme pendant l'assèchement des lacs et rivières, ils arrivent du ciel en grands groupes, épuisent les ressources locales et disparaissent tout aussi brusquement. Ce cliché illustre cet instant sur la rivière Boteti près de Maun au Botswana, après la baisse du niveau d'eau en janvier 1994. Jusqu'à 172 Becs-ouverts africains (dont une partie du groupe en pêche est visible sur la photographie) ont épuisé la population locale de bivalves en moins de deux semaines, pendant que 770 Pélicans blancs en faisaient de même avec les poissons.

Oiseaux

Howell *et al.* (1988) ont décrit les prairies saisonnières entre novembre et avril comme étant « un habitat extrêmement favorable aux oiseaux, particulièrement aquatiques [...] essentiel pour des millions de migrateurs intra-africains. Des graminées mûres, des crustacés, des mollusques, des insectes aquatiques et une immense quantité de poissons contribuent à cette diversité et à la forte productivité de cet habitat ». Certaines espèces d'oiseaux furent comptées lors des suivis aériens entre 1979 et 1981 ; p.ex. le Bec-en-sabot du Nil (Fig. 98), une espèce confinée aux marais permanents.

Fishpool & Evans (2001) ont publié un tableau présentant les nombres maximum d'oiseaux recensés durant ces trois suivis aériens, mais les encyclopédies ornithologiques de Brown *et al.* (1982) et Del Hoyo *et al.* (1992) ne mentionnent pas ces données. Ces comptages ont pu être oubliés, ou tout simplement ignorés, car les populations de certaines espèces semblent anormalement élevées (Tableau 16). Afin d'interpréter ces données, une connaissance de la méthodologie employée est essentielle. Howell *et al.* (1988 : annexe 5) ont décrit en détail celle-ci. La zone d'étude était divisée en carrés de 10 x 10 km. Depuis l'avion, deux observateurs comptaient tous les animaux, les canoës et les villages, au sein des carrés par bandes étroites de 145 m de chaque côté de l'appareil, soit une méthode valable de transect linéaire aérien. Les grands troupeaux d'animaux étaient photographiés, afin de vérifier les estimations faites sur le terrain. Cette méthode de transects aériens, sur 700 km de long, permit de couvrir 3% du Sudd. Les estimations totales sont des extrapolations sur la totalité de 69.000 km².

Tableau 16 Résultats de trois comptages aériens des grands oiseaux du Sudd réalisés en 1979-1981 dans la zone illustrée sur les Fig. 97 et 98. D'après Howell *et al.* 1988. Le statut mentionné est tiré de Nikolaus (1989) : PC = peu commun, AC = assez commun, LC= localement commun, C = commun, TC = très commun.

mois	mi-sept	nov-déc	fin mars	
saison	inondé	début décrue	fin décrue	statut
Autruche d'Afrique	1486	4961	6240	PC
Cormorant africain	232	8883	6006	C
Pélican blanc	0	0	5643	R
Pélican gris	3649	6110	11187	C
Héron cendré	984	0	0	AC
Héron mélanocéphale	1652	1460	1716	C
Héron pourpré	2587	2091	5049	LC
Héron goliath	0	3819	3234	C
Crabier chevelu	3845	9402	18414	C
Héron garde-boeufs	172 359	65 253	86 724	TC
Grande Aigrette	75 806	9530	19 074	AC
Tantale ibis	0	3775	11 154	
Bec-ouvert africain	13 469	288 536	344 487	VC
Cigogne blanche	0	16500	0	PC
Cigogne d'Abdim	0	0	858	
Cigogne épiscopale	1350	2475	1485	R
Jabiru d'Afrique	3640	4017	4158	AC
Marabout d'Afrique	196	359 719	194007	C
Bec-en-sabot du Nil	6407	5143	4938	
Ibis falcinelle	787	1695 240	8778	PC
Ibis hagedash	697	429	231	C
Ibis sacré	16 201	4419	17 688	TC
Dendrocygne veuf	7150	0	51 810	C
Dendrocygne fauve	0	0	8775	AC
Canard à bosse	394	9611	9075	LC
Oie-armée de Gambie	1153	88 220	150 216	AC
Grue couronnée	36 823	22 715	14 685	C
Outarde arabe	299	945	728	AC
Outarde à ventre noir	944	396	297	AC

Les comptages de grands herbivores furent extrapolés de la même manière. Howell *et al.* (1988) donnent les erreurs-types de ces estimations. Par exemple, celle du Tiang (moyenne de 360.000 ind.) était de 95.000 et pour les autres espèces d'herbivores, elles représentaient de 30 à 50% de la moyenne. Malheureusement les erreurs-types ne sont pas données pour les espèces d'oiseaux, ce qui rend ces comptages difficiles à évaluer.

Nous pouvons estimer que ces comptages sont plus fiables pour les grandes espèces bien visibles (pélicans et cigognes) que pour celles

Le site de loin le plus important pour le Bec-en-sabot du Nil en Afrique est le Sudd, où il serait présent par milliers. De telles populations ne sont connues nulle part ailleurs. Cet oiseau imposant, de la taille d'un homme est associé aux prairies marécageuses bordant les étendues de papyrus. Marais de Bangweulu, Zambie, mars 2008.

qui sont difficiles à détecter (Ibis falcinelle). Pour la même raison, le nombre d'individus des espèces discrètes comme le Crabier chevelu et le Héron pourpré a dû être fortement sous-estimé. Les populations des espèces communes mais de petite taille, comme le Combattant varié, la Barge à queue noire et la Sarcelle d'été n'ont pas été comptées du tout. Nous pouvons également considérer que les extrapolations sont plus fiables pour les espèces à large répartition (p. ex. l'Ibis sacré et la Grue couronnée) que pour les espèces se nourrissant en groupes dans quelques endroits, comme l'Ibis falcinelle (dont seulement cinq grands sites de concentration ont été observés en décembre ; Mefit-Babtie Srl 1983). La même problématique se pose pour les espèces qui passent la journée en grands reposoirs (les canards).

La comparaison des trois comptages montre que des nombres comparables ont été comptés pour certaines espèces sédentaires, particulièrement pour les espèces solitaires (p. ex. 5000 à 6000 Becs-en-sabot du Nil, 2000 Cigognes épiscopales, 4000 Jabirus d'Afrique, 1500 Pygargues vocifères). Pour les autres espèces les totaux varient en fonction de la saison : les Autruches, Becs-ouverts africains et Marabouts d'Afrique arrivent lors de la décrue, comme la Cigogne blanche, mais celle-ci quitte les lieux à la fin mars. A l'inverse, la quan-tité maximale de Grues couronnées a été comptée en septembre, et les nombres ont diminué lors de la décrue.

Les nombres maximum de 37.000 Grues couronnées et de 1,7 million d'Ibis falcinelle sont extrêmement élevés. Même si par un hasard improbable, l'ensemble des Ibis falcinelles avaient été concentrés dans les 3% du territoire couverts par les transects, ce sont au moins 50.000 Ibis falcinelles qui auraient été présents, soit 1,5 fois plus que le nombre maximum compté dans le Delta Intérieur du Niger (Chapitre 6). Nikolaus (1989), qui réalisa des prospections de terrain au Sud Soudan entre 1976 et 1980, mentionne l'espèce comme étant un « visiteur hivernal assez peu commun en petits nombres dans les grands marais ». Pour les autres espèces, le statut attribué par Nikolaus est en accord avec les quantités comptées ; Tableau 16, dernière colonne.

Bien que le Bec-en-sabot soit une autre espèce pour laquelle des nombres incroyables furent comptés, des comptages équivalents furent obtenus pour les trois passages (4900 à 6400), ce qui les cré-dibilise. D'après Brown et al. (1982), la population africaine « ne doit pas dépasser 1500 oiseaux », mais Del Hoyo et al. (1992) sont arrivés à une estimation plus élevée, d'environ 11.000 oiseaux, dont 6000 dans le Sudd. Ce dernier chiffre est basé sur Nikolaus (1987) qui le

Les massifs denses de Typhas et de Papyrus offrent un habitat idéal pour les râles et quelques passereaux spécialisés, mais sont en grande partie évités par la plupart des oiseaux d'eau, sauf si des secteurs peu profonds d'eau libre sont présents dans ces marais touffus. Héron Goliath s'envolant de la lisière d'un massif de papyrus au Lac Naivasha (en haut, à droite) et Cormoran africain au repos dans les papyrus dans le Delta de l'Okavango, Botswana (en haut, à gauche). Hérons cendrés, Grandes Aigrettes, Spatules blanches et d'Afrique, Ibis sacré et falcinelles, Echasses blanches et Barges à queue noire dans les marais à typhas du Delta du Sénégal.

Les grands oiseaux sont particulièrement vulnérables à la prédation par l'homme, aux polluants chimiques et à la dégradation des habitats. Par exemple, l'Autruche, autrefois très répandue en Afrique de l'Ouest, a désormais disparu à l'ouest du Tchad. Comme les vautours, les aigles et les outardes, les Serpentaires (ci-dessus) ont décliné d'au moins 50 à 60% entre 1968-1973 et le début des années 2000 dans le nord du Sahel et dans les forêts de savane d'Afrique de l'Ouest (Thiollay 2006a-c). Le déclin pourrait être plus limité au Sahel oriental, où la pression anthropique n'a pas encore atteint le même niveau, mais aucune information sur l'évolution des populations n'est disponible. Les Hérons Goliath (en bas) sont encore assez communs en Afrique de l'Est, tel cet individu photographié sur le Lac Naivasha, dans une zone couverte de nénuphars en bordure d'un massif de papyrus.

mentionnait sans y joindre de référence, mais il est possible qu'il se soit basé sur les résultats des comptages aériens. Le Bec-en-sabot est limité aux marais permanents dans le Sudd (Fig. 98) et à des habitats similaires ailleurs en Afrique (del Hoyo *et al.* 1992).

Del Hoyo *et al.* (1989) considèrent le Bec-ouvert africain comme étant probablement l'espèce de cigogne la plus commune d'Afrique. La plus grande colonie connue (5000 couples) est localisée en Tanzanie. Les comptages aériens du Sudd suggèrent la présence de 300.000 individus pendant la saison sèche. Nikolaus (1987) considérait également l'espèce comme très commune au Sud Soudan.

Les comptages aériens suggèrent la présence de 15.000 à 36.000 Grues couronnées dans le Sudd, soit un total jamais atteint ailleurs en Afrique. La population africaine totale (pour les deux sous-espèces : occidentale et orientale) a été estimée entre 80.000 et 100.000 oiseaux dans les années 1980, dont la moitié au Soudan, mais la population a depuis fortement décliné, même si aucune estimation récente n'est disponible pour ce pays (Beilfuss *et al.* 2007).

Il est évident que le Sudd reste une zone extrêmement importante pour les oiseaux. Sa caractéristique la plus remarquable est la présence de grandes quantités de pélicans, d'aigrettes, de Hérons goliaths, de Grues couronnées et de sept espèces de cigognes. Il semble que ces oiseaux arrivent toujours à trouver des endroits reculés dans la végétation impénétrable des marais pour s'y reproduire, au contraire des plaines inondables d'Afrique de l'Ouest, où en l'absence de sites sûrs, ces mêmes espèces sont rares ou absentes (p. ex. Chapitre 6). Il faut toutefois noter que les comptages dans le Sudd ont été réalisés autour de 1980, alors que l'étendue des zones inondées était à son maximum (Fig. 95). Les nombres avant 1965 étaient probablement plus faibles, tout comme ceux des années 1990.

La plupart des espèces du Tableau 16 sont sédentaires, ce qui ne nous permet que de faire des hypothèses sur l'importance du Sudd pour les canards, limicoles et autres oiseaux d'eau européens et migrateurs. De grandes quantités de ces oiseaux sont vraisemblablement présentes, étant donnée la taille et la diversité des habitats du Sudd. En revanche, une grande partie du Sudd est couverte de typhas, qui est un habitat vierge d'oiseaux d'eau au Sénégal, à l'exception des gallinules, râles et de quelques rousserolles (Encadré 11) et de papyrus, qui d'après nos observations au Kenya, au Botswana et en Zambie, n'est guère plus riche en avifaune. Bien que ces grands habitats monotones n'aient qu'une faible valeur pour les oiseaux, leurs lisières en attirent un grand nombre. Les images satellites montrent clairement que de nombreux chenaux, mares et lagunes interrompent la monotonie de ces massifs (Fig. 96, mais la surface d'eau libre a progressivement diminué entre 1973 et 2002 en raison des niveaux d'eau plus faibles (Petersen *et al.* 2007a).

Nous ne savons pas vraiment quelles sont les espèces qui hivernent dans le Sudd et ne pouvons que faire des hypothèses sur leur évolution à long terme. Il est toutefois raisonnable de penser que les variations sur le long terme de la superficie inondée (Fig. 95) ont dû avoir des répercussions sur l'évolution des populations des espèces hivernants dans le Sudd. Si tel est le cas, alors l'évolution des populations hivernant dans le Sudd ont été différentes de celles hivernant ailleurs au Sahel entre 1960 et 2000, car les fortes inondations au Sudd dans les années 1970 ont coïncidé avec une période sèche au Sahel.

Conclusion

Le Sudd est à peu près deux fois plus grand que le Delta Intérieur du Niger, mais il n'accueille qu'une faible population par rapport au delta. La présence de nombreux grands herbivores et d'immenses quantités de grands oiseaux sédentaires est un signe évident d'une pression anthropique plus faible sur les habitats du Sudd. Les quelques données disponibles, datées des années 1980, suggèrent la présence de grands nombres de Hérons goliaths, de sept espèces de cigogne et de Grues couronnées. Cependant, les observations réalisées dans d'autres plaines inondables africaines indiquent que les densités d'oiseaux dans les marais permanents sont probablement faibles. Néanmoins, nous supposons la présence de grandes quantités d'oiseaux d'eau hivernants, en raison de la grande taille du Sudd et de la présence de grandes plaines inondables saisonnières. Le Sudd était très étendue dans les années 1970 et 1980 (et attirait probablement plus d'oiseaux), contrairement au reste du Sahel, qui subissait alors une période sèche.

Notes

1   Le débit sortant du Lac Victoria à Jinja varie linéairement par rapport au niveau du lac : km³ = 0,164 x niveau + 26,67 (R²=0,979, calculé sur la période 1956-1978 ; niveau exprimé en cm d'écart par rapport à la moyenne du 20ème siècle.

2   La superficie maximale inondée dans le Sudd (km²), calculée d'après Sutcliffe & Parks (1987) est étroitement corrélée au débit annuel (km³ ; données de la base de données GDRC) du Nil Blanc à Mongalla : superficie inondée = 708 x débit – 5791 (R²=0,949, calculé sur la période 1912-1980). La régression linéaire par rapport au niveau du Lac Victoria (en cm ; données de la Fig. 95) est la suivante : 103 cm + 17.520 (R²=0,479 : calculé sur la période 1912-1980). La faible corrélation est principalement due à 3 années inhabituelles, de 1917 à 1919, pendant lesquelles les inondations déduites du niveau du Lac Victoria étaient 46% plus faibles que celles déduites de la balance hydrologique.

3   Sutcliffe & Parks (1987) ont basé leur modèle hydrologique sur un taux d'évaporation mensuel variant entre 150 mm en juin et 200 mm en décembre-janvier, soit au total 2150 mm par an. D'après Mohamed *et al.* (2004), elle devrait être de 1355 mm, car l'hypothèse de Sutcliffe & Parks selon laquelle l'évaporation était identique pour l'eau libre et les marais était incorrecte (mais voir Sutcliffe 2005). Par conséquent, la zone inondée serait toujours plus importante qu'indiquée par Sutcliffe & Parks. L'erreur ne doit toutefois pas être importante, car la taille de la zone inondée donnée par le modèle de Sutcliffe & Parks, est cohérente avec les superficies estimées d'après les photographies aériennes de 1930-1931, les images satellites de février 1973, et la carte de végétation indiquant les marais permanents et saisonniers, basée sur des relevés de terrain, des photographies aériennes et des images satellites (Sutcliffe & Parks 1987).

4   En utilisant les données de Laë & Levêque (1999), Zwarts & Diallo (2005) ont calculé la relation entre les prises annuelles de poisson (en tonnes) et l'étendue maximale de la zone inondée (x ; km²) : tonnes/an = 52,986x⁰,⁶⁴⁶² ; R²=0,615). En utilisant cette relation, les prises annuelles estimées auraient pu atteindre 20.000 tonnes avant 1960 et jusqu'à 50.000 tonnes à la fin des années 1960 et dans les années 1970.

Les rizières

L'irrigation le long des fleuves du Sahel se fait souvent au détriment des plaines inondables naturelles. Le grand réseau d'irrigation de l'*Office du Niger* au Mali prélève tant d'eau dans le Fleuve Niger qu'il entraîne une réduction de la superficie des inondations d'environ 300 km^2 dans le Delta Intérieur du Niger, juste à l'aval. Les plaines inondables de la vallée du Logone et du Delta du Sénégal ont été endiguées et converties en terres irriguées. Les zones irriguées et les réservoirs pourraient être considérés comme étant des zones humides artificielles, compensant partiellement la disparition des plaines inondables. Les réseaux d'irrigation à grande échelle en Afrique de l'Ouest ont été construits dans la 2nde moitié du 20ème siècle, mais l'irrigation existe en Afrique depuis longtemps auparavant. Les fermiers qui cultivent le riz dans les zones gagnées sur la mangrove entre la Gambie et la Sierra Leone stockent les eaux de pluies dans des secteurs endigués, ce qui leur permet de repousser le sel qui entre dans l'estuaire, et d'empêcher ce sel de remonter par capillarité des couches plus profondes du sous-sol. Ils ne peuvent toutefois pas trop drainer leurs champs endigués, sous peine de rendre les sols acides en raison de la présence de fer et d'aluminium dissous. Les sols acidifiés font partie des environnements les plus hostiles connus, et rendent l'agriculture impossible. Ainsi, pour cultiver le riz avec succès, les fermiers doivent contrôler le sel et les niveaux d'eau douce, ainsi que l'acidité et la salinité des sols. Cependant, si tous les fermiers cherchaient à créer des conditions idéales pour la culture sur leurs propres parcelles, ils le feraient souvent au détriment de leurs voisins. Ils ont donc résolu ce problème par des accords mutuels qui rendent le système de gestion des eaux de Diolas en Casamance et des Balantas en Guinée-Bissau encore plus impressionnant. Lorsque les premiers Portugais ont atteint l'Afrique de l'Ouest au 15ème siècle, ils ont constaté que la population cultivait le riz dans des polders. Le Riz africain *Oryza glaberrima* avait déjà été domestiqué à partir du Riz sauvage *Oryza barthii* il y a 2500 ans, par les populations qui vivent dans ce qui est aujourd'hui le Delta Intérieur du Niger. La production annuelle des champs de riz dans les plaines inondables et la zone côtière s'élève à 1 à 2 tonnes par ha, à comparer aux 4 à 6 tonnes/ha obtenues dans zones d'irrigation à grande échelle. Alors que les coûts de la culture traditionnelle du riz sont presque nuls (à l'exception de la main-d'œuvre), le coût des systèmes modernes d'irrigation, bien que partiellement dissimulés, sont élevés. Dans les zones bénéficiant d'un réseau d'irrigation, les fermiers paient un loyer, qui n'est toutefois pas suffisant pour couvrir les coûts de la maintenance de celui-ci, sans parler de celui de sa construction. La production de riz par l'irrigation à grande échelle est donc fortement subventionnée. Néanmoins, le riz importé d'Asie est moins cher que celui produit localement. Les pays du Sahel protègent leurs fermiers en taxant le riz importé (taxes de 32,5% au Mali au début des années 2000). L'orientation générale des politiques est de rechercher la sécurité alimentaire, y compris pendant les années sèches, et de préserver l'autosuffisance du pays. Cette politique explique pourquoi les gouvernements seront favorables à la création de nouveaux réseaux d'irrigation, toujours plus grands, tant que les donateurs extérieurs continueront à payer pour ces projets de prestige.

Le riz dans les plaines inondables

Les fermiers des plaines inondables cultivent une variété de riz qui est bien adaptée pour pousser en suivant l'augmentation du niveau d'eau pendant les crues, mais la culture du riz reste compliquée dans ces zones. Idéalement, les graines doivent avoir germé lorsque la crue arrive, ce qui signifie que les fermiers doivent avoir planté le riz avant les premières pluies, dans l'espoir que la pluie arrive avant la crue. Les plants de riz peuvent pousser de 3 à 4 cm par jour et suivre ainsi l'augmentation du niveau d'eau pendant l'inondation. Les tiges peuvent atteindre 5 m, mais font généralement moins de 2 m de long. Après une période d'inondations d'environ 3 mois, le riz peut être récolté lors de la décrue. Beaucoup de choses peuvent mal se passer dans un tel système :

- S'il ne pleut pas avant que la crue recouvre les plaines inondables, les graines ne germent pas à temps,
- S'il a plu suffisamment pour que le riz germe, il lui faut encore de l'eau pour pousser. Par conséquent, la crue ne doit pas arriver plus de deux semaines après les dernières pluies,
- Si les pluies ont été suffisantes et au bon moment, mais l'inondation trop faible, les plants de riz poussent, mais la récolte sera mauvaise à cause d'une période de croissance trop courte. Une inondation durant au moins 3 mois est nécessaire,
- Si les pluies ont été suffisamment abondantes, mais que la crue est plus forte qu'attendue, la production sera faible. La profondeur d'eau optimale est d'environ 2 mètres,

- Si la culture du riz a été couronnée de succès, le grain mûri doit ensuite être protégé contre les oiseaux granivores.

La production d'environ 65.000 tonnes de riz est nécessaire pour nourrir les 800.000 habitants ruraux du Delta Intérieur du Niger, mais ce niveau de production pas été atteint lors de 4 des 16 années entre 1987 et 2002. La production annuelle de riz a varié entre 40.000

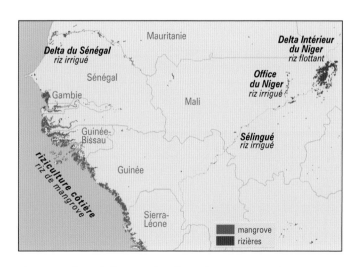

Fig. 99 La densité d'oiseaux dans les rizières a été mesurée en cinq endroits : les rizières côtières entre la Gambie et la Guinée, les rizières des plaines inondables du Delta Intérieur du Niger et les rizières irriguées du Delta du Sénégal, des abords du Lac Sélingué et du secteur de l'*Office du Niger*.

En 2002, les inondations dans le Delta Intérieur du Niger ont été suffisamment étendues pour permettre une récolte de riz supérieure à la normale en janvier 2003. Une bonne partie du travail dans les champs de riz est manuel et requiert de nombreux bras pour la plantation, la protection des cultures pendant le mûrissage et la récolte.

tonnes pendant les années sèches et 150.000 tonnes pendant les années humides (Zwarts & Koné 2005b). Afin d'augmenter la production de riz, des digues et des écluses ont été construites pour retenir l'eau si nécessaire. Ces barrages et écluses ont toutefois été inutiles, car les crues n'étaient pas aussi fortes que prévues pendant la plupart des années. Par conséquent, les zones endiguées (680 km², gérées par l'Opération Riz Mopti et l'Opération Riz Ségou) ne furent que partiellement inondées entre 1970 et 2005. La superficie totale cultivée en riz dans le Delta Intérieur du Niger a augmenté de 160 km² en 1920 à 3400 km² vers 1990, dont 140 km² sont activement irrigués (Zwarts & Koné 2005b).

Le riz côtier

Les polders de riziculture sont localisés dans les marais intertidaux et ont été gagnés sur la mangrove dans le secteur situé entre la Gambie et la Sierra Leone (Fig. 99). La surface totale des mangroves peut être estimée à 8800 km², dont 700 en Gambie, 1400 au Sénégal, 2500

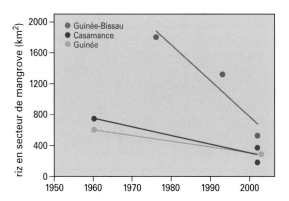

Fig. 100 Etendue des champs de riz dans les basses terres et les marais à mangrove en Casamance (sud du Sénégal), en Guinée-Bissau et en Guinée entre 1960 et 2003. D'après Bos *et al.* (2006) ; van der Kamp *et al.* (2008). Le déclin est probablement plus faible qu'indiqué (voir texte).

Rizières côtières enserrant la zone tidale et de mangrove : pendant la saison des pluies en Casamance où les rizières inondées apparaissent entre les points boisés et une vasière (septembre 2007 ; à gauche), et pendant la saison sèche où les rizières desséchées après la récolte contrastent avec la mangrove bordant un bras du Rio Mansoa en Guinée-Bissau. Noter la petite zone tidale le long du bras de rivière au centre (mars 2005). Ces deux sites illustrent la diversité et la petite taille des écotopes, qui attirent une grande diversité d'espèces et constituent de bons sites d'hivernage pour les migrateurs paléarctiques.

en Guinée-Bissau, 2600 en Guinée et 1600 au Sierra Leone (Bos *et al.* 2006). Le riz est cultivé entre août et janvier, mais la succession naturelle entraîne la pousse d'une végétation dense de graminées et de joncs pendant la saison des pluies. Cette grande végétation est coupée et déposée sur les petites digues qui entourent les parcelles. Une partie des mottes est utilisée pour améliorer ces digues et le reste est retourné sur place. Les fossés sont approfondis et la boue est déposée sur les digues. Par conséquent, le sol est complètement nu avant que le riz soit planté. Par la suite, les fossés peuvent devoir être encore approfondis et les billons être reconstruits.

Le riz est planté avec des intervalles de 10 à 13 cm, habituellement en rangées de 35 à 40 cm de large, formées de 3 à 4 plants côte à côte. Les petits fossés intercalés font entre 35 et 45 cm de large. Les rizières sont entourées par des petites digues de 30 à 50 cm de large. (Ces petites digues ont été particulièrement utiles pour réaliser les sondages de densité, comme ils le sont pour la population locale qui peut traverser les cultures sans écraser le riz.). La densité des plants de riz est de l'ordre de 20 à 40 par m². La plantation d'un hectare nécessite environ 200 heures, mais ne représente qu'une petite fraction du temps de travail nécessaire pour obtenir une récolte d'1 à 2 tonnes/ha (500 à 700 heures par an et par ha ; de Jonge *et al.* 1978). Clairement, les cultivateurs de riz travaillent dur pour survivre.

Bos *et al.* (2006) ont estimé la superficie de riziculture côtière à 1128 km², dont 88 en Gambie, 183 dans le sud du Sénégal, 530 en Guinée-Bissau, 287 en Guinée et 40 au Sierra Leone. Cette estimation est basée sur des données satellitaires complétées avec des investigations de terrain, et ne concerne que les cultures actives. Les estimations plus anciennes prenaient en compte la totalité de la zone de culture du riz, y compris les champs en jachère. Van der Kamp *et al.* (2008) ont estimé qu'environ la moitié de la superficie de rizières en Casamance était effectivement cultivée en 2007. Pendant nos investigations de terrain dans les années 1980, nous n'avons pas tenté de quantifier la proportion de terres en jachère ou abandonnées, mais elle était probablement inférieure à un quart. Le déclin de la surface des cultures de riz depuis les années 1960 pourrait donc être inférieur à ce que la Fig. 100 suggère. Néanmoins, l'étendue des rizières en 1980 était probablement le double de celle du début des années 2000. Les systèmes de riziculture traditionnelle de subsistance étant très demandeurs de temps, la réduction du nombre de cultivateurs entraîne inévitablement celle de la surface cultivée. Comme ailleurs en Afrique, les populations quittent la campagne pour les villes. A l'échelle locale, le dépeuplement est la règle, p.ex. dans la moitié nord du Delta Intérieur du Niger (Zwarts & Koné 2005a). La situation a dû être la même dans de nombreuses régions rizicoles côtières en raison de l'instabilité politique depuis le début des années 1980.

Les champs de riz abandonnés en zone intertidale pourraient revenir à l'état de mangrove ou se transformer en vasières ou étendues sableuses nues ou couvertes d'une végétation basse des milieux salés composée de joncs et graminées. Ceux qui sont abandonnés au-dessus de la ligne de marée haute pourraient être transformés en plans d'eau peu profonds couverts de nénuphars.

Le riz irrigué

Le riz a besoin de beaucoup d'eau. La culture du riz au Sahel est donc à certains égards une anomalie. Le climat du Sahel est bien évidemment plus adapté à la culture du mil et du sorgho, céréales résistantes

Avant la plantation, les femmes désherbent les champs avec une houe qui ressemble à une pioche effilée (*ebaraye* en Diola) ; les hommes utilisent une large bêche (*kadiandou* en Diola). Ce système de culture est contraint par les conditions locales et la disponibilité de la main d'œuvre.

L'irrigation le long des rivières du Sahel n'est pas seulement néfaste pour les plaines inondables naturelles, mais aussi pour les forêts. L'extension des rizières dans la zone de l'*Office du Niger* au Mali a conduit au défrichement à grande échelle des forêts locales ; juin 2005. Les défrichements à petite échelle sont souvent réalisés manuellement, ce qui peut paraître moins perturbant à première vue, mais le résultat à long terme est le même : un paysage anthropisé avec peu de forêts naturelles.

à la chaleur et à la sécheresse. Néanmoins, le riz est devenu la nourriture de base des populations du Sahel (Chapitre 5), ce qui a été rendu possible par les importations et la création de réseaux d'irrigation le long des fleuves Sénégal et Niger et des rivières Nguru et Logone (Chapitres 6 à 9). L'*Office du Niger* au Mali, qui gère le plus grand réseau d'irrigation d'Afrique de l'Ouest (740 km²), produit 330.000 tonnes de riz par an (situation en 2001 ; Wymenga *et al.* 2005), soit 40% de la production malienne de riz. Il agit comme le grenier à riz du Mali avec une production plus ou moins assurée, indépendante des précipitations et du débit du fleuve, et fait vivre 250.000 personnes (Bonneval *et al.* 2002). La contrepartie de cette production est le prélèvement d'eau par l'*Office du Niger* dans le Fleuve Niger, avant son entrée dans le Delta Intérieur du Niger, qui limite – entre autres effets – la réussite de la culture du riz dans les plaines inondables. Indépendamment du débit du fleuve, l'*Office du Niger* prélève 2,5 km³ d'eau par an, soit 6% du débit annuel d'une année humide (1995), mais jusqu'à 16% du débit d'une année sèche (1990). Par conséquent, en raison de l'irrigation en amont, le risque d'échec de la culture dans le Delta Intérieur du Niger a augmenté, particulièrement lors des années sèches.

La zone cultivée en rizière par l'*Office du Niger* s'est étendue, en moyenne, de 2,3% par an entre 1983 et 2001. Le prélèvement d'eau est resté stable pendant cette période, mais les rendements ont progressé pour atteindre 6 tonnes/ha. La quantité d'eau utilisée a diminué d'une quantité stupéfiante de 45.000 l/kg de riz au milieu des années 1980 à moins de 10.000 l/kg en 2000. Le plan de développement lancé par l'*Office du Niger* en 1998 envisage la poursuite de l'expansion sur au moins 140 à 230 km², et peut-être sur 300 à 400 km², en 2020 (Keita *et al.* 2002). Etant données les contraintes hydrologiques, cette extension ne pourrait être réalisée qu'en abaissant de 20% la consommation d'eau par hectare.

Les réseaux d'irrigation sont normalement composés de champs rectangulaires et de canaux rectilignes envoyant l'eau vers de plus petits canaux, et finalement vers les fossés d'irrigation à travers les parcelles de riz. Cependant, l'*Office du Niger* utilise d'anciens bras de rivières, appelés *fala,* pour diriger l'eau vers ses différents réseaux. Les *falas* et terrains adjacents ont été transformés en marais perma-

nents, principalement occupés par des typhas en densité variable. Les typhas sont également abondants le long des canaux et fossés, alors que les eaux peu profondes sont couvertes de nénuphars *Nymphea* sp., de Fougères aquatiques *Azolla* sp. et de *Polygonum senegalense*, ainsi que des envahisseurs récents comme la Jacinthe d'eau *Eichhornia crassipes* (depuis le début des années 1990) et la Salvinie

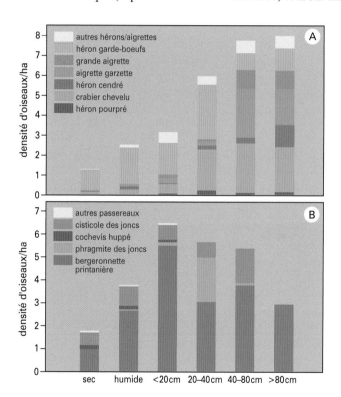

Fig. 101 Densité moyenne d'oiseaux en fonction de la profondeur d'eau dans les rizières : (A) hérons et aigrettes et (B) passereaux. Données collectées entre novembre et février 2002 à 2006, et combinées pour les plaines inondables, les zones irriguées et les rizières côtières du Mali, du Sénégal, de Guinée-Bissau et de Guinée.

Les cultivateurs de riz utilisent des lits de germination. Bien que cette technique soit plus longue, elle évite la prédation (notamment par la Barge à queue noire). Les jeunes plants sont transplantés vers les rizières où ils sont repiqués sur des billons dénudés pendant la saison des pluies. Les Barges à queue noire se nourrissent de préférence dans ces rizières fraîchement retournées et peuvent causer des dégâts aux plantules délicates.

géante *Salvinia molesta* (depuis la fin des années 1990). L'impression d'ensemble donnée par ce réseau d'irrigation est donc plus naturelle que pour la majorité des autres réseaux.

Les oiseaux et les rizières

La densité d'oiseaux dans les champs de riz cultivés a été mesurée dans les plaines inondables, les réseaux d'irrigation, les mangroves et la zone intertidale (Fig. 99). Ces données ont été utilisées pour estimer le nombre d'oiseaux d'eau présents dans :

- les champs de riz cultivés dans les plaines inondables (3300 km² dans le Delta Intérieur du Niger), sur la base de 169 sondages de densité (Chapitre 6) ;
- les champs de riz inondés, qui couvrent 900 km² au Mali (*Office du Niger*, Delta Intérieur du Niger, Sélingué) et 350 km² le long du Fleuve Sénégal) sur la base de 933 sondages de densité au sein de l'*Office du Niger* (Wymenga *et al.* 2005), 432 sondages de densité au Sélingué (van der Kamp *et al.* 2005b) et 113 sondages de densité dans le Delta du Sénégal (Chapitre 7) ;
- les champs de riz côtiers (1130 km²), sur la base de 1308 sondages de densité en Gambie, 80 dans le sud du Sénégal, 1108 en Guinée-Bissau et 558 en Guinée (Bos *et al.* 2006).

Au total, ce sont 4701 sondages de densité qui étaient disponibles sur la période novembre-février et 317 autres en juillet (champs de riz irrigués uniquement).

Ces prospections de terrain ont été réalisées en 2002-2006. Les parcelles mesuraient en moyenne 0,72 ha (voir Chapitre 6). Pour chaque parcelle, le type, la hauteur et la densité de végétation, et le niveau d'eau étaient notés. Les analyses ont montré qu'en dehors du type de végétation, le niveau d'eau était la variable la plus importante pour expliquer les variations de densité d'oiseaux (Fig. 101). Par exemple, les hérons et les Aigrettes garzettes préfèrent une profondeur d'eau d'au moins 20 cm, tandis que le Héron garde-bœufs évite les rizières avec plus de 40 cm d'eau. (Fig. 101A). Le Phragmite des joncs a été trouvé dans les rizières avec une faible profondeur d'eau, qui étaient également l'habitat préférentiel de la Bergeronnette printanière, bien que cette dernière puisse également être observée sur les champs secs et sur le riz en eau profonde (Fig. 101B). Les limicoles atteignent classiquement leurs plus fortes densités (4-6 ind./ha) en eau peu profonde.

Seuls 6% des parcelles situées dans les champs de riz des plaines inondables étaient à sec en novembre, mais jusqu'à 35% en janvier et 62% en février. La tendance est la même dans la zone côtière, bien que moins marquée : 6% en novembre, 16% en décembre, 32% en janvier et 38% en février. Elle n'existe en revanche pas dans les rizières irriguées : entre novembre et février, 50% des parcelles étaient sèches (mais seulement 24% en juillet). L'eau profonde est rare dans les champs de riz : moins d'1% des parcelles étaient sous une profondeur d'eau de plus de 80 cm, et seulement 3% sous 40 à 80 cm. Dans les analyses, nous avons regroupé les 1387 sondages sur des champs de riz asséchés et les 3321 sondages dans des champs humides ou inondés.

Tableau 17 Densité moyenne d'oiseaux par hectare dans trois types de champs de riz, sec ou mouillés (= terre humide ou inondée), entre novembre et février 2002 à 2006 (voir aussi Fig. 101). Les valeurs moyennes à forte erreur-type (SE > 60% de la moyenne) sont indiquées en rouge et celles avec une faible erreur-type (<30% par rapport à la moyenne) en vert ; la catégorie intermédiaire n'est pas colorée. Le nombre de comptages est donné dans la ligne du bas.

Oiseaux par ha	Plaine inondable		Irrigation		Côte	
	Humide	Sec	Humide	Sec	Humide	Sec
Héron cendré	0,037	0	0,015	0	0,158	0,042
Héron mélanocéphale	0,302	0	0,003	0	0,061	0,030
Héron pourpré	0,031	0	0,001	0,002	0,052	0,012
Crabier chevelu	0,060	0	0,293	0,006	0,700	0,212
Héron garde-boeufs	3,060	1,801	2,613	0,927	1,421	1,047
Aigrette garzette	0,040	0	0,130	0	0,630	0,080
Aigrette intermédiaire	0,006	0	0,258	0	0,022	0,006
Grande Aigrette	0	0	0,022	0	0,189	0,055
Héron strié	0	0	0	0	0,228	0,017
Ombrette du Sénégal	0	0	0,062	0	0,093	0,030
Jacana à poitrine dorée	0,131	0	0,167	0	0,181	0
Echasse blanche	0,513	0	0,277	0	0,186	0
Vanneau à éperons	0,384	0,248	1,652	0,466	0,742	0,272
Vanneau du Sénégal	0,012	0	0,589	0,083	0,378	0,429
Bécasseau minute	0,658	0	0,147	0,002	0,010	0
Chevalier culblanc	0	0	0,015	0	0,070	0
Chevalier sylvain	0,937	0	3,668	0,001	0,618	0,006
Chevalier aboyeur	0,061	0	0,061	0	0,300	0,015
Combattant varié	5,311	0	0,182	0,149	0,226	0
Chevalier arlequin	0,060	0	0	0	0,095	0
Chevalier guignette	0	0	0,023	0,001	0,371	0,034
Cochevis huppé	1,379	0,104	0,261	0,429	0,030	0,016
Bergeronnette printanière	2,409	2,194	8,784	1,522	2,767	0,411
Phragmite des joncs	0	0	0	0	0,298	0
Cisticole des joncs	0,759	1,273	0,138	0,218	0,933	0,764
autres espèces	3,493	0,049	0,414	0,033	0,436	0,157
Total	19,641	5,670	19,781	3,852	11,235	3,638
N	112	31	598	560	2332	718

Tableau 18 Densité moyenne d'oiseaux par ha de champ de riz dans les secteurs irrigués du Sahel entre novembre et février (assèchement progressif des rizières) et en juillet (à la fin de la saison sèche). Le choix des espèces s'est porté sur celles présentes en juillet. Les valeurs moyennes à forte erreur-type (SE > 60% de la moyenne) sont indiquées en rouge et celles avec une faible erreur-type (<30% par rapport à la moyenne) en vert. Une forte erreur-type indique une faible représentativité de la valeur donnée. Le nombre de comptages est donné dans la ligne du bas.

Espèce	nov-févr	juillet
Héron pourpré	0,002	0,005
Grande Aigrette	0,012	0,125
Héron garde-boeufs	1,852	0,189
Crabier chevelu	0,154	0,480
Héron strié	0,000	0,190
Jacana à poitrine dorée	0,086	2,155
Vanneau à éperons	1,077	0,742
Vanneau du Sénégal	0,344	0,051
Total	3,691	3,977
N	1160	318

La densité d'oiseaux d'eau atteint 11 oiseaux/ha dans les champs de riz côtiers en eau, et seulement la moitié dans les champs asséchés (Tableau 17). Ces densités sont du même ordre de grandeur que dans les plaines inondables et les rizières irriguées. La composition spécifique était à peu près la même dans les différents types de champs. L'espèce la plus ubiquiste, rencontrée dans tous types de champs, est la Bergeronnette printanière. Dans les champs côtiers et irrigués, les Bergeronnettes printanières sont communes dans les habitats en eau, mais rares dans les champs asséchés. En revanche, dans les plaines inondables, elles sont également abondantes dans les champs de riz asséchés. Les mouches accompagnant le bétail y offrent en effet une source de nourriture abondante (Chapitre 6).

Lorsque les champs de riz s'assèchent les uns après les autres au cours de l'hiver boréal, les oiseaux d'eau peuvent se concentrer sur les zones humides restants (sauf s'ils partent). En effet, les densités de Hérons garde-bœufs et de Crabiers chevelus, par exemple, doublent entre novembre et février. En revanche, la plupart des Chevaliers sylvains quittent les champs de riz dans le courant de l'hiver. La densité de Bergeronnettes printanières reste stable dans les champs de riz en eau entre novembre et février.

La concentration des oiseaux d'eau dans les quelques zones en eau restantes peut également être illustrée en comparant les champs de riz irrigués entre novembre et février et en juillet, à la fin de la saison sèche (Tableau 18). La densité de Jacanas à poitrine dorée, par exemple est 25 fois plus forte en juillet qu'en hiver. Des densités importantes en juillet sont également évidentes chez d'autres espèces, même chez le Héron pourpré et le Crabier chevelu, dont les populations sont pourtant renforcées par des oiseaux paléarctiques entre novembre et février. Ni le Héron garde-bœufs, ni les vanneaux, n'atteignent de fortes concentrations en juillet, probablement car ces espèces ne dépendent pas de la présence d'eau pour se nourrir. Toutefois, pour la plupart des oiseaux d'eau, les champs de riz irrigués font partie des très rares zones humides disponibles au Sahel à la fin de la saison sèche.

Comparé aux plaines inondables et aux champs de riz irrigués, les

Les fermiers, ou plutôt leurs enfants, passent beaucoup de temps à protéger les cultures, notamment lorsque la moisson approche et que le grain mûrissant constitue une source de nourriture attractive pour les oiseaux granivores comme ces Tisserins gendarmes (et bien d'autres espèces). Cris, lance-pierres, frondes et autres méthodes... l'imagination des cultivateurs pour protéger leurs cultures est sans limite.

champs côtiers attirent des densités relativement faibles, mais une forte diversité d'espèces (Tableau 17). Les champs de riz côtiers sont entrecoupés de jachères et entourés de mangroves et de vasières du haut-estran colonisées par la végétation aquatique. Ce mélange d'habitats attire une variété d'espèces dépassant largement les espèces typiques des champs de riz (Phragmite des joncs par exemple). En outre, ces champs de riz sont utilisés comme reposoirs de marée haute par les oiseaux se nourrissant sur les vasières intertidales à marée basse ; à l'inverse, les mangroves servent de sites de nidification et de repos pour les espèces se nourrissant dans les champs de riz. La richesse de l'ensemble est donc supérieure à celle de la somme des habitats pris séparément.

Les densités données dans le Tableau 17 peuvent être utilisées pour estimer le nombre d'oiseaux présents dans les trois types de champs de riz. Les champs irrigués du Delta Intérieur du Niger s'étendent sur 140 km² et ceux des plaines inondables sur 2000 km². En appliquant ces superficies, nous estimons que le nombre total de Bergeronnettes printanières fréquentant les champs de riz varie entre 460.000 (lorsqu'ils sont secs) et 600.000 individus (lorsqu'ils sont en eau). La différence est bien plus grande pour les autres espèces (Tableau 17). Etant donné le déclin progressif de la surface des champs de riz en eau de 94% en novembre à 36% en février, un déclin du nombre d'oiseaux présents dans les champs de riz est à attendre. Plus tard au cours de l'hiver, la plupart des oiseaux d'eau sont concentrés dans les champs de *bourgou*, qui restent couverts d'eau bien plus longtemps (Chapitre 6). Le nombre d'oiseaux présents dans les champs de riz

irrigués de l'*Office du Niger* (550 km² + 130 km² à proximité immédiate) et dans les champs de riz côtiers (1120 km²) atteint respectivement 0,73 et 1,16 millions (Tableau 19). Ces chiffres doivent être exploités avec précautions, car les erreurs-types sont grandes. Notre estimation de 76.000 Barges à queue noire, par exemple, correspond à l'intervalle 33.000 – 119.000. La raison de cette forte incertitude est que la Barge à queue noire se nourrit en groupes. L'espèce n'a été rencontrée que sur 20 parcelles, ce qui signifie que 99% des comptages n'ont pas révélé la présence de l'espèce. Les estimations basées sur des sondages de densité sont bien meilleures pour les espèces qui se nourrissent de manière diffuse à travers toute la zone. L'erreur-type associée à l'estimation de population de la Bergeronnette printanière n'est ainsi que de 8%.

Les champs de riz : des habitats de substitution aux marais naturels au Sahel ?

Les quantités importantes d'oiseaux dans les champs de riz (sous-entendu : en eau) pourraient suggérer que ces sites jouent un rôle de compensation écologique au recul de plaines inondables. Cependant, il est nécessaire d'être prudent face à cette conclusion. Comme Wymenga *et al.* (2005) le constatent, les espèces rares et en danger sont totalement absentes parmi les oiseaux se nourrissant dans les champs de riz cultivés (voir aussi le Tableau 19). La disparition des plaines inondables touche une bien plus grande diversité d'espèces

La conversion de zones humides naturelles en rizières : le cas européen

L'intérêt des rizières comme alternative aux marais naturels en Europe du Sud a été étudiée par Fasola *et al.* (1996) et Sànchez-Guzman *et al.* (2007). Ces auteurs concluent que les champs de riz sont des zones d'alimentation importantes pour les hérons, canards, limicoles, *laridés* et sternes. Dans plusieurs plaines et deltas, ces champs constituent les derniers sites d'alimentation disponibles pour les oiseaux d'eau, car 80 à 90% des marais méditerranéens originels ont disparu. Il existe toujours de grands marais naturels en Camargue, à côté des rizières. Cette situation a permis de comparer les choix réalisés par les oiseaux d'eau lorsque ces deux types de zones humides sont présents (Tourenq *et al.* 2001). Les marais naturels attirent des quantités bien plus importantes d'oiseaux et une plus grande diversité que les champs de riz. Là où le riz est cultivé depuis longtemps, le nombre d'oiseau est encore plus faible, en raison de l'impact négatif de la gestion des sols et des pesticides (Tourenq *et al.* 2003). En revanche, les marais naturels étant surtout inondés en hiver, les champs de riz inondés pourraient représenter une alternative lors de la saison de reproduction et pendant les migrations, en particulier durant les années sèches. Les rizières du sud de l'Europe peuvent également être laissées en eau pendant les mois d'hiver, afin de faciliter la chasse des canards et autres oiseaux d'eau qui se nourrissent de riz renversé dans les champs récoltés. Les Barges à queue noire, qui reviennent d'Afrique en janvier, utilisent les champs de riz au Portugal et en Espagne pendant quelques semaines comme site de halte. Pendant ce court séjour, leur alimentation est exclusivement composée de riz renversé (Chapitre 27).

d'oiseaux. Dans le Delta Intérieur du Niger, par exemple, la construction du barrage de Sélingué et du réseau d'irrigation de l'*Office du Niger* a entraîné une diminution de 12% des oiseaux d'eau hivernant (une diminution qui pourrait atteindre 44% d'après les estimations si le barrage prévu à Fomi est un jour construit). Les zones irriguées nouvellement créées ne compensent qu'une faible fraction de ces

Les champs de riz côtiers attirent une importante diversité de grands oiseaux d'eau, comme les Ibis sacrés et Spatules d'Afrique (en haut) qui y nichent par endroits. Les héronnières sont toujours situées sur les plus hauts arbres, à peu près à l'abri des hommes. Les Spatules d'Afrique qui nichent sur l'Ilha de Papagaios, Bissau, nichent également sur d'immenses arbres (au centre) ; pour prendre ce cliché, il ne faut pas être sujet au vertige, ni craindre les Mambas verts et autres serpents venimeux particulièrement abondants dans les héronnières. Les hauts arbres de Bissau, Ziguinchor et d'autres villes d'Afrique de l'Ouest proches des rizières côtières abritent également de grandes colonies d'Anhinga d'Afrique et de Grandes Aigrettes par exemple (image du bas ; Ziguinchor, septembre 2007).

Tableau 19 Nombres totaux estimés d'oiseaux d'eau présents dans les rizières de l'*Office du Niger* (et dans les autres secteurs de riz irrigués des environs immédiats. 680 km² au total; Wymenga *et al.* 2005) et dans les rizières côtières (1120 km² ; Bos *et al.* 2006) entre novembre et février. + = espèces présentes, mais dont les estimations ne sont pas fiables (erreur-type > 60% de la moyenne).

Espèce	Office du Niger total	SE	riziculture côtière total	SE
Cormoran africain			2927	876
Héron cendré	702	347	14605	5326
Héron mélanocéphale			6003	1709
Héron pourpré			4839	1191
Grande Aigrette			17632	4453
Aigrette intermédiaire	5806	3214	2033	611
Aigrette garzette	2019	951	56961	13435
Héron garde-boeufs	84295	19897	149257	21729
Crabier chevelu	4903	1706	65547	9640
Héron strié			20012	11831
Ombrette du Sénégal	+		8731	1835
Ibis sacré			445	257
Dendrocygne veuf			9775	5277
Jacana à poitrine dorée			15490	5478
Jacana nain			506	329
Echasse blanche	12189	4621	15913	3329
Glaréole à collier	7163	4565	1527	736
Rhynchée peinte			1404	665
Vanneau à éperons	87336	21612	70684	10190
Vanneau du Sénégal			43684	8608
Vanneau à tête blanche			3746	2545
Grand Gravelot			4270	1316
Petit Gravelot			1632	1067

Espèce	Office du Niger total	SE	riziculture côtière total	SE
Chevalier arlequin			8140	3800
Chevalier stagnatile			1336	859
Chevalier aboyeur	+		26109	4864
Chevalier culblanc	+		5951	1838
Chevalier sylvain	82082	18312	53105	6987
Chevalier guignette			32676	3340
Bécassine des marais	2058	1078	21369	3207
Bécasseau minute	+		855	468
Combattant varié	+		19382	7727
Barge à queue noire			76008	43249
Martin-pêcheur pie			7961	1814
Bergeronnette printanière	398082	88986	247708	19868
Pipit à gorge rousse			844	588
Pipit à dos uni			11684	2122
Sentinelle à gorge jaune			5552	2017
Phragmite des joncs			25531	13034
Locustelle luscinioïde			901	487
Gorgebleue à miroir			931	506
Cochevis huppé	27155	8747	3000	1032
Cisticole des joncs	9933	3014	100047	9873
Prinia sp.	3222	1736	230	145
Total	**732019**		**1168382**	
Number of counts	**716**		**3051**	

pertes (Wymenga *et al.* 2005 : p.217), estimée à un peu plus de 12% (mais seulement 4% avec le barrage de Fomi).

L'étendue des mangroves en Afrique de l'Ouest n'a pas beaucoup diminué au cours des dernières décennies, sauf dans le sud du Sénégal pendant la sécheresse des années 1980 (Bos *et al.* 2006), mais la superficie cultivée en riz semble en diminution, bien que les tendances diffèrent à travers la région (Fig. 100). Les nombres d'oiseaux estimés dans les champs de riz côtiers (Tableau 19) sont basés sur une superficie de 1120 km², soit probablement la moitié des superficies disponibles au début des années 1980. La poursuite de ce recul pourrait avoir des conséquences néfastes pour les oiseaux d'eau hivernant dans ces habitats, comme les Barges à queue noire d'Europe de l'Ouest (Chapitre 27). Les espèces africaines pourraient aussi souffrir, comme par exemple la Grue couronnée, qui est toujours présente en nombres considérables dans les champs de riz côtiers (Beilfuss *et al.* 2007).

Conclusion

Les champs de riz, surtout lorsqu'ils sont en eau, constituent un habitat important pour l'hivernage des oiseaux d'eau paléarctiques. La composition spécifique n'est pas très différente dans le riz des plaines inondables, les rizières irriguées ou dans les champs de riz côtiers de la zone intertidale et de mangrove. Les champs de riz côtiers abritent une plus grande diversité, en raison de la proximité des vasières intertidales et des mangroves. A la fin de la saison sèche, en juillet, les champs de riz irrigués retiennent encore de l'eau dans un Sahel pour le reste largement desséché. De grandes quantités d'oiseaux d'eau sont alors concentrées dans ces habitats créés de main d'homme. La plupart des espèces présentes dans les champs de riz irrigués appartiennent à des espèces (très) communes. La conversion des plaines inondables naturelles en champs de riz irrigués entraîne un déclin des populations d'oiseaux, car la création de ce nouvel habitat ne compense que partiellement les pertes subies dans les plaines inondables.

Les zones humides
du Sahel : synthèse

Les zones humides du Sahel ont beaucoup en commun, mais diffèrent également par certains aspects essentiels (Chapitres 6 à 11). Ces différences dépendent principalement de la dynamique des crues et du degré d'exploitation des ressources naturelles par l'homme. Le rythme et l'étendue des inondations ont été largement altérés par la création de réservoirs sur les fleuves et rivières qui sont responsables de la submersion du Delta du Sénégal, du Hadéjia-Nguru, du Logone et du Delta Intérieur du Niger (Fig. 102). Les inondations et l'exploitation par l'homme ont un impact sur la végétation et la faune, y compris sur les oiseaux.

La taille des plaines inondables   Les sept zones humides qui ont été décrites dans les chapitres précédents illustrent bien les fortunes diverses des inondations, de la végétation et de l'avifaune au cours des décennies passées (Fig. 103). La comparaison des superficies maximales inondées (Fig. 103A) dans les années 1960 et 2000 montre que le Sudd est devenu la plus grande zone humide d'Afrique, après quelques années de débits extrêmement élevés du Nil Blanc au milieu des années 1960 (où le débit a triplé en 4 ans). Il fallut près de 30 ans pour que le Sudd revienne à sa taille d'origine, de 10.000 km². Le Lac Tchad, à l'inverse, mesurait environ 25.000 km² avant 1973, mais ne couvre plus que la moitié de cette surface depuis. Les superficies inondées dans le Delta Intérieur du Niger, le Hadéjia-Nguru, le long du Logone et du Lac Fitri subissent d'importantes fluctuations annuelles en fonction des précipitations et du débit des rivières, mais – à l'exception du Lac Fitri – ont subi une réduction durable de leur taille en raison de la construction d'ouvrages hydrologiques en amont. La superficie annuelle inondée dans le Delta du Sénégal a varié encore plus fortement que dans les autres plaines inondables : entre 500 et 3500 km² avant le milieu des années 1960 (lorsque le fleuve était encore naturel) et entre 250 et 500 km² depuis 1990 (les digues et barrages ont progressivement réduit la taille de la plaine inondable). Sans les inondations artificielles des Parcs Nationaux du Djoudj et du Diaouling, la superficie des inondations serait encore réduite de 200 km². Au total, les plaines inondables et lacs du Sahel ont perdu plus de la moitié de leur superficie entre les années 1960 et 2000, principalement à cause de la diminution des précipitations, mais aussi de l'amplification causée par la construction des barrages et des digues. La réduction des plaines inondables du Waza-Logone, due à la création d'un réseau d'irrigation, a été partiellement corrigée par la réouverture d'une digue, qui a permis d'en restaurer 200 km².

La hauteur des inondations   La hauteur maximale d'inondation est atteinte dans le Delta Intérieur du Niger avec 4 à 6 m. Le Hadéjia-Nguru pouvait retenir jusqu'à 3,5 m d'eau avant que les réservoirs en amont n'aient réduit la taille des plaines inondables. La domestication du Fleuve Sénégal a fortement réduit les variations annuelles du niveau d'eau dans le Delta du Sénégal, de 3,5 à 0,5 m. En revanche, les variations saisonnières du niveau d'eau ont augmenté dans le bassin sud du Lac Tchad, alors que le bassin nord s'est asséché. Le niveau d'eau a moins fluctué au Fitri (jusqu'à 150 cm), au Logone (100 cm) et dans le Sudd (50 cm) (Fig. 130B).

La saisonnalité des inondations   La période pluvieuse s'étend entre juin et octobre dans toutes les zones humides, mais celle des crues et décrues est variable (Fig. 103C). Les rivières alimentant le Hadéjia-Nguru sont courtes, fortement pentues, et atteignent leur cote maximum dès septembre. Le Delta du Sénégal possède également un court bassin de drainage. Le débit du Fleuve Niger atteint normalement son maximum en novembre, mais le maximum survient un mois plus tôt s'il est faible et deux mois plus tard s'il est fort. En outre, le Delta Intérieur du Niger est tellement étendu que lorsque l'eau a déjà commencé à se retirer de la partie sud, le delta nord n'est pas encore inondé.

La taille des plaines inondables, permanentes et saisonnières   La superficie des plaines inondables immergées est six à dix fois supérieure à la superficie toujours en eau (Fig. 103D), sauf au Lac Tchad et au Sudd, où cette différence est bien plus faible. Dans le Sudd, plus de la moitié des marais sont en eau en permanence, quelle que soit la surface inondée. Au Lac Tchad, la superficie des abords inondés du lac est passée de 2000 à 5000 km² après 1973, à cause d'une chute du niveau d'eau du lac. Les digues et les barrages sur le Fleuve Sénégal ont transformé une grande partie du Delta du Sénégal d'une plaine inondable estuarienne en un lac et, derrière les digues, en terrains secs ou zones irriguées. La

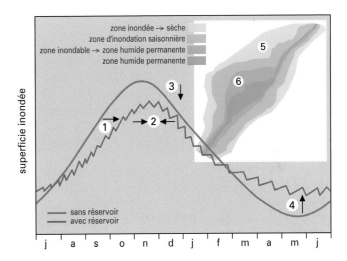

Fig. 102 Les réservoirs en amont impactent les plaines inondables de plusieurs façons. Lorsque le réservoir est rempli au début de la saison des pluies, il retarde l'inondation (1) et abaisse son niveau maximal (3), ainsi que son étendue (5). Quelques mois plus tard, lorsque le réservoir est vidé, le niveau d'étiage est augmenté (4), ce qui entraîne une extension des marais permanents (6). Ces changements anthropiques transforment les plaines inondables les plus hautes en terrains secs (5) et les plus basses en marais permanents (6). Les plaines inondées saisonnièrement restantes contiennent moins d'eau, moins longtemps (2). Les lâchers irréguliers d'eau depuis les réservoirs induisent des fluctuations irrégulières du niveau d'eau, contrastant avec l'augmentation et la diminution progressives dans des conditions naturelles.

présence de lacs permanents dans le Delta Intérieur du Niger dépend du niveau des inondations : lorsqu'elles sont basses, les lacs de la moitié nord du delta ne sont pas atteints et s'assèchent, mais ils sont à nouveau remplis lors des fortes inondations.

La végétation   La végétation des zones humides sahéliennes dépend avant tout de la profondeur d'eau et des fluctuations saisonnières. L'exploitation par l'homme est un autre facteur, en particulier le pâturage. Les Roseaux, Typhas et Papyrus ne poussent pas dans les plaines saisonnières, car ils sont incapables de survivre à la saison sèche pendant laquelle les plaines inondables deviennent semi-arides. Dès qu'une plaine inondable devient inondée en permanence, les typhas commencent à coloniser les eaux peu profondes. Ce phénomène a

lieu à grande échelle dans le Delta du Sénégal et localement dans le Hadéjia-Nguru. La tendance inverse est observée au Lac Tchad, où la végétation dense de typhas, roseaux et papyrus a disparu lorsque les fluctuations du niveau d'eau ont augmenté. Ces hélophytes ont été remplacées par des graminées, adaptées aux exigences de la dynamique des crues et caractéristiques des plaines inondables du Sahel (voir ci-dessous). Les plantes flottantes ne sont pas répandues dans les plaines inondables, à l'exception des nénuphars. Les lacs permanents peuvent être couverts par la Laitue d'eau et – depuis les années 1960 – par la Jacinthe d'eau ou des plantes aquatiques immergées comme les potamots. Le Delta du Sénégal est un exemple classique des impacts de la modification de la dynamique des crues sur l'équilibre écologique des plaines inondables, qui offrent des conditions

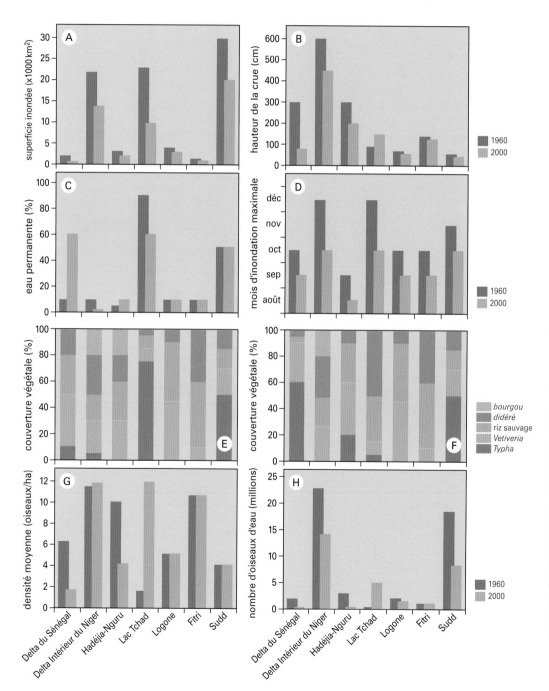

Fig. 103 Caractéristiques hydrologiques et écologiques de sept zones humides du Sahel, d'ouest en est, dans les années 1960 et 2000. (A) Superficie maximale annuelle des plaines inondables et des lacs ; (B) Hauteur de la crue par rapport au plus faible niveau d'eau ; (C) Pourcentage de marais inondés en permanence ; (D) Mois de plus forte inondation ; (E) Proportion des principaux types de végétation dans les années 1960 ; (F) Proportion des principaux types de végétation dans les années 2000 ; (G) Densité moyenne d'oiseaux dans les plaines inondables (en considérant une densité de 20 ind./ha dans le *bourgou* et le *didéré*, de 5 ind./ha dans le riz, de 2 ind./ha dans le Vétiver et de 0 ind./ha dans les Typhas, Papyrus et en eau libre) ; (H) Nombre d'oiseaux présents, obtenu en multipliant les densités par les surfaces de plaines inondables.

La Grue couronnée est un oiseau majestueux, qui utilise un perchoir digne de son rang pour lancer son cri d'unisson matinal – qui est en fait un duo soigneusement orchestré par les membres du couple – pour le plus grand bonheur de tous. L'absence de cette espèce dans une grande partie de l'Afrique de l'Ouest se fait sentir lorsque l'on visite les endroits où elle est encore abondante comme en Guinée-Bissau et en Casamance : son claironnement puissant laisse sans voix. Casamance, septembre 2007.

idéales aux plantes invasives comme les Typhas et la Salvinie géante.

Les plaines inondables saisonnières sont principalement couvertes de graminées qui supportent des niveaux et des durées d'inondation variables (Fig. 103E & F). Le *bourgou* pousse là où la profondeur d'eau atteint plusieurs mètres et où les inondations durent au moins la moitié du temps. Cette espèce est commune dans le Delta Intérieur du Niger, et était localement présente dans le Hadéjia-Nguru avant la réduction des inondations. Le *didéré* ou « herbe à hippopotame » est très répandu dans les plaines inondables africaines, où la profondeur d'eau varie entre 1 et 3 mètres. Il est en revanche rare lorsqu'il y a moins d'eau (p. ex. au Logone), et est remplacé par le riz sauvage (sous 1 m d'eau) ; dans les zones encore moins profondes, d'autres graminées comme *Sporobolus pyramidalis* et *S. robustus*, *Echinochloa pyramidalis* et le Vétiver d'Afrique *Vetiveria nigritana* prennent le relais. Dans une partie des plaines du Logone, le Vétiver, pérenne, a été remplacé par des espèces annuelles moins productives après la construction du barrage de Maga qui a réduit à zéro la hauteur d'eau dans certaines zones peu profondes.

Les densités d'oiseaux Les plus fortes densités d'oiseaux dans le Delta Intérieur du Niger ont été trouvée dans le *bourgou* et le *didéré* avec environ 30 ind./ha ; elles sont plus faibles dans le riz sauvage (7 ind./ha) et le Vetiver (2 ind./ha, mais estimation basée sur peu de comptages). Les quelques comptages réalisés dans les denses massifs de Typhas du Delta du Sénégal indiquent la densité d'oiseaux y est proche de zéro. L'extrapolation de ces densités aux surfaces des différents types de végétation aquatique des autres plaines inondables, pour les années 1960 et 2000, montrent un déclin de la densité globale d'oiseaux

dans le Delta du Sénégal et le Hadéjia-Nguru, lié à la réduction de la dynamique des crues qui a permis l'extension des Typhas au détriment du *bourgou* et du *didéré* (Fig. 103G). Entre les années 1960 et 2000, nous estimons que le nombre d'oiseaux associés aux zones humides a décliné d'environ 40% dans les sept zones humides du Sahel, étant donnés les changements d'habitats au cours de cette période et les densités moyennes d'oiseaux par type d'habitat (fig. 103H). Ce déclin a principalement été causé par la diminution de la taille des plaines inondables (Deltas Intérieur du Niger et du Sénégal, Sudd) et par la dynamique végétale (progression des typhas dans le Delta du Sénégal).

Ces estimations ne sont qu'au mieux indicatives. Premièrement, nous ne savons pas si les densités d'oiseaux dans le *bourgou* ou le riz sauvage diffèrent selon les zones humides. Deuxièmement, les densités d'oiseaux sont-elles indépendantes de la superficie des habitats disponibles ? Cette question présente un intérêt particulier au regard de la réduction des surfaces d'habitats favorables causée par la construction de barrages et de réseaux d'irrigation à l'amont. Par exemple, le barrage de Fomi, prévu sur le Haut-Niger, réduira de 10% la superficie des inondations dans le Delta Intérieur du Niger, mais le *bourgou* (inféodé aux eaux profondes) devrait perdre 60% de sa surface. Cet habitat peut-il supporter des densités d'oiseaux supérieures, compensant la perte d'habitat, ou les densités ont-elles déjà atteint leur maximum, auquel cas la diminution des herbiers de *bourgou* entraînera celle des espèces d'oiseau associées ? Nous pensons que cette seconde hypothèse est la plus probable, comme les chapitres suivants le montrent. L'évolution des populations de plusieurs espèces paléarctiques est corrélée avec l'étendue des inondations,

Les plaines de la Kafue et le Delta de l'Okavango

Les sept zones humides décrites jusqu'à présent peuvent être classées en fonction de leur dynamique d'inondation, de faible (Sudd) à forte (Delta Intérieur du Niger). Les autres zones humides africaines présentes des fonctionnements tout aussi variables.

Le Delta de l'Okavango au Botswana est, comme les marais du Sahel, situé dans une zone semi-aride soumise à une forte évaporation. Son inondation dépend des débits fluviaux. La saison des pluies y est plus longue qu'au Sahel et s'étend sur une période de l'année différente (novembre-avril). Le débit en sortie de ces marais n'est que de 5% du débit d'entrée, et donc très faible par rapport aux grandes zones humides du Sahel, où environ la moitié de l'eau est perdue par évaporation ou infiltration. Sutcliffe & Parks (1989) ont utilisé un modèle de bilan hydrologique pour calculer l'étendue mensuelle des plaines inondables de l'Okavango. Le niveau d'eau dans l'Okavango varie de moins de 100 cm et l'étendue des crues varie entre 6000 et 8000 km^2. Par conséquent, la majeure partie de l'Okavango est un marais permanent. Parmi les zones du Sahel, il se rapproche donc plus du Sudd, et est également couvert en grande partie par des Papyrus et Typhas.

Les plaines de la Kafue couvrent environ 6500 km^2 de plaines inondables et de marais en Zambie. La pente de la rivière Kafue est de moins de 5 cm/km, et il faut deux mois à l'eau pour parcourir les 250 km des plaines de la Kafue. Un barrage construit dans la Gorge de Kafue en aval des marais et un autre 270 km à l'amont ont profondément changé le fonctionnement hydrologique de l'ensemble. Le débit maximal a été réduit de 700 à 450 m^3/s, et le débit d'étiage a augmenté de 50 à 200 m^3/s (Fig. 102). Le *bourgou*, le riz sauvage et les nénuphars des plaines inondables ont été remplacés par une végétation des marais permanents, composée de Roseaux et Typhas. *Mimosa pigra* et l'Ambatch y ont colonisé d'immenses superficies (Mumba & Thompson 2005).

Le Delta de l'Okavango est une plaine alluviale de très faible pente, où la progression des crues est très lente. Près de 30% de sa surface est un marais permanent couvert de massifs de *Cyperus papyrus* et *Miscanthus junceus*. Cet habitat abrite peu d'oiseaux par rapport aux roselières. Trois transects en bateau de 5 km réalisés le 13 janvier 1994, jour de la prise de ce cliché, ont permis de trouver 292 individus de 36 espèces d'oiseaux d'eau dans les roselières à *Phragmites communis*, 208 individus de 15 espèces dans les associations de *Ficus verruculosa* et *Phragmites*, et seulement 28 individus de 8 espèces dans le Papyrus associé aux fougères d'eau (R. G. Bijlsma, non publ.).

ce qui indique clairement que les populations de certaines espèces d'oiseaux sont régulées par leurs conditions d'hivernage. La perte d'habitat peut cependant être compensée par la création de nouveaux habitats. Le réseau d'irrigation de l'*Office du Niger* en amont du Delta Intérieur du Niger, par exemple, a réduit l'étendue des crues dans la plaine inondable, mais également créé 700 km^2 d'habitats pour les oiseaux d'eau. La situation est similaire dans le Delta du Sénégal où 200 km^2 de plaines inondables ont été transformées en champs de riz. La densité moyenne d'oiseaux dans ces champs de riz atteint 11 ind./ha, ce qui démontre leur potentiel pour compenser en partie des pertes subies dans les plaines inondables.

Le raisonnement exposé jusqu'à présente s'est concentré sur l'influence des modifications des inondations et de la végétation naturelle causées par l'homme sur les populations d'oiseaux. Cependant,

les plaines inondables naturelles sont également intensivement exploitées par les populations locales. Les fermiers du Delta Intérieur du Niger ont remplacé le riz sauvage et les forêts inondées par du riz cultivé. Nombreuses sont les forêts ceinturant les plaines inondables qui furent coupées lors des années sèches des décennies 1970 et 1980. L'intensité du pâturage de millions de bovins, ovins et caprins a augmenté de manière fulgurante au 20ème siècle. L'exploitation du poisson s'est également intensifiée comme le montre la pléthore de trappes, filets, nasses et palangres. Les gros poissons sont devenus rares et la taille moyenne des poissons continue de diminuer.

L'impact sur les populations d'oiseaux De nombreuses espèces paléarctiques et afrotropicales dépendent des plaines inondables du Sahel pour leur survie. Les changements profonds survenus dans les

Les Echasses blanches, Guifettes moustacs et aigrettes se nourrissent en eau peu profonde et s'associent parfois dans les zones d'abondance temporaire de nourriture.

zones humides du Sahel au 20ᵉᵐᵉ siècle, du fait de l'homme ou du climat, ont eu un impact fort sur de nombreuses espèces d'oiseaux africains et paléarctiques. Les limicoles fréquentant le Delta du Sénégal ont subi une réduction importante de leurs nombres après la réduction des plaines inondables (de 3000 à 1000 km²) et le recouvrement par les Typhas est passé de 0 à plus de 50%. A l'opposé, ni les canards, ni les oiseaux piscivores n'ont subi de déclin, ce qui peut être dû – pour les canards – au fait qu'ils aient commencé à exploiter les champs de riz irrigués. Par ailleurs, les inondations artificielles dans le Djoudj et – tout particulièrement – dans le Diaouling ont créé des habitats estuariens qui attirent les canards et les oiseaux piscivores.

Pour ce cas particulier, le Delta du Sénégal dans son ensemble a pu conserver les effectifs d'oiseaux qu'il abritait avant l'immense réduction de superficie qu'ont subie ses plaines inondables. La conversion en densité des quantités du Tableau 20, en utilisant les superficies de la Fig. 103A, donne une densité d'oiseaux extrêmement élevée par rapport aux autres zones humides du Sahel.

L'impact des modifications mentionnées précédemment varie selon les espèces, mais est globalement plus fort sur les oiseaux nicheurs locaux que sur les visiteurs hivernaux. Les premiers perdent leurs sites d'alimentation et subissent des prélèvements en période de reproduction, sauf dans les zones efficacement protégées. Les seules zones strictement protégées au Sahel sont le Delta du Sénégal (PN du Djoudj, PN du Diaouling et d'autres secteurs) et, à un degré moindre, les plaines du Logone (PN de Waza) et le Lac Fitri. Le Djoudj abrite la seule colonie subsistante de Pélicans blancs dans le Sahel occidental (à l'exception du Banc d'Arguin). Les grandes espèces d'oiseaux offrent une source de protéines appréciable et facile à obtenir pour les locaux, particulièrement ceux qui nichent en colonies.

Cet impact est évident dans les zones humides densément peuplées (Delta Intérieur du Niger, Hadéjia-Nguru), mais est a priori moins dévastateur dans les zones peu peuplées (Sudd). Le cas de la Grue couronnée, qui niche au sol, illustre ce dernier point. Elle est toujours commune dans le Sudd (comme les grands herbivores), le Lac Fitri et le Logone mais a (pratiquement) disparu des autres zones humides sahéliennes. Elle peut tolérer une certaine pression anthropique lorsqu'elle dispose de refuge pour se reproduire, tels que les habitats estuariens (dont les mangroves) bordant les champs de riz côtiers du Sénégal et de Guinée-Bissau.

La résilience des zones humides du Sahel La domestication des crues a transformé le fonctionnement écologique des zones humides du Sahel, souvent au prix d'impacts négatifs sur l'avifaune. Cependant, les plaines inondables du Sahel sont depuis très longtemps des systèmes dynamiques soumis aux fortes variations interannuelles des inondations. Leurs communautés végétales et animales sont donc adaptées à des changements marqués des conditions locales. Cette capacité est illustrée par la remarquable recolonisation par les oiseaux coloniaux nicheurs et par la Grue couronnée à la suite de la réhabilitation des plaines inondables du PN du Diaouling, et de la prise de mesures de protection dans le Delta du Sénégal. La restauration écologique peut être couronnée de succès, à condition que la protection des oiseaux contre les prélèvements humains (collecte des jeunes, capture et chasse) soit garantie. Par ailleurs les mesures de protection et de restauration peuvent être rendues inutiles ou être menacées lorsque de nouveaux colons – avec une culture différente et bien souvent une ignorance des coutumes locales – sont attirés par les opportunités offertes par les nouvelles terres agricoles et les nouveaux pâturages créés.

sites	DIN	DS	HN	Logone	Fitri	Sudd	ON	côte	O Afrique	Afrique	Europe	O Asie	Total
type de comptage	variés	variés	au sol	au sol	aériens	aériens	dens	dens					
Pélican blanc	4300	39406	23	151	450	5643			600	2300			2900
Pélican gris	0	270		201	203	11187				500-1000			1000
Cormoran africain	50875	2837	1511	6304	3013	8883		2927	>1000	>1000			2000
Héron cendré	23915		678	1096	1085	984	702	14605		10000	4900		14900
Héron mélanocéphale	94		79	12323	141	1716		6003	3000				3000
Héron pourpré	50417		355	161	507	5049		4839		880	2300	250	3430
Bihoreau gris	12000	5300		1896		36823				1200	790	1000	2990
Crabier chevelu	183390		870	23211	3546	18414	4903	65547		4500	640	1000	6140
Héron strié	0							20012		10000			10000
Aigrette ardoisée	390			7264	105					1000			1000
Héron garde-boeufs	335377		37832	24004	9416	172359	84295	149257		14100	2800	1000	17900
Aigrette garzette	37389		845	8643	203		2019	56961	1000	5800	1300	580	8680
Aigrette intermédiaire	13009		110	470			5806	2033	1000				1000
Grande Aigrette	8879		518	808	3626	9530		17632		3000	470	1000	4470
Tantale ibis	0		110	1077	145	11154				890			890
Bec-ouvert africain	0			1705	100	344487				4000			4000
Cigogne épiscopale	0			489		2475				1000			1000
Jabiru d'Afrique	0			30	5	4158				250			250
Marabout d'Afrique	0			1860	20	359719				3500			3500
Bec-en-sabot du Nil	0					6407				65			65
Ibis sacré	1160	293	572	3616	2270	17688		445		3300			3300
Ibis falcinelle	15375	1150	2447	1683	4154	1695240				15000	570	1000	16570
Spatule blanche	75	6396	52							65	230		295
Spatule africaine	900	322	110	304	1072					1000			1000
Dendrocygne veuf	6643	120683	58613	41942	95238	51810		9775	6500	16500			23000
Dendrocygne fauve	9500	37760	9510	132	11000	8775			750	3400			4150
Canard à bosse	9124	4580	2196	5939	8295	9611			650	3900			4550
Oie-armée de Gambie	11481	8514	7332	2407	2195	150216			750	4000			4750
Ouette d'Egypte	900	2662	1	39	380				75	3600			3675
Canard pilet	150000	247354	34866	6213	56000							15000	15000
Sarcelle d'été	273000	296191	147563	23869	97332							25000	25000
Canard souchet	0	34236		1777	3165							4900	4900
Fuligule nyroca	0	230	0	8450								1500	1500
Grue couronnée	50	711		2313	441	36823			150	570			720
Talève sultane	10844								250	1100	250		1600
Echasse blanche	5536	1137	1210	9147	2770		12189	15913		1000	1270		2270
Avocette élégante	86	4940	42							1200	1200	250	2650
Pluvian fluviatile	753			378					350	700			1050
Glaréole à collier	20904		170	11535			7163	1527		1000	430	1000	2430
Vanneau à éperons	72503		551	2753	557		87336	70684		4000	1000		5000
Grand Gravelot	6073		80					4270			730	10000	10730
Gravelot pâtre	13887		48						350	3000			3350
Gravelot à front blanc	791								130	800			930
Barge à queue noire	37654	23888	6473	2318	2990			76008			3000	1000	4000
Chevalier arlequin	4557	1200	4065	882				8140			900	1000	1900
Chevalier aboyeur	3031		214				Pr	26109			2300	10000	12300
Chevalier stagnatile	2651		70	649				1336			270	750	1020
Bécasseau minute	164576	???	1231	2212			Pr	855			2000	10000	12000
Chevalier sylvain	199448	???	168	2926			82082	53105			10500	20000	30500
Combattant varié	276834	500000	70845	146343	10503		Pr	19382			12500		12500
Sterne hansel	3986		174	131						50	130	630	810
Sterne caspienne	3545		8						530	555	225		1310
Guifette moustac	6679		988	1204							1280		1280

Les populations d'oiseaux d'eau dans les grandes zones humides sub-sahariennes

% population d'Afrique et Eurasie							
DIN	DS	HN	Logone	Fitri	Sudd	ON	côte
1	14	0	0	0	2		
0	0			0	0	11	
25	1	1	3	2	4		1
2		0	0	0	0	0	1
0			4	0	1		2
15		0	0	0	1		1
4	2		1		12		
30		0	4	1	3	1	11
0							2
0		7	0				
19	2	1	1		10	5	8
4		0	1			0	7
13		0				6	2
2		0	0	1	2		4
0			1	0	13		
0			0	0	86		
0			0		2		
0			0		17		
0			1	0	103		
0					99		
0	0	0	1	1	5		0
1	0	0	0	0	102		
0	22	0					
1	0	0		1			
0	5	3	2	4	2		0
2	9	2	0	3	2		
2	1	0	1	2	2		
2	2	2	1	0	32		
0	1	0	0				
10	16	2	0	4			
11	12	6	1	4			
0	7	0	1				
0	0	0	6				
0	1		3	1	51		
7							
0	0	0	1	0		1	1
0	2	0					
1		0					
9		0	5			3	1
15		0	1	0		17	14
1		0		0			0
4		0					
1							
9	6	2	1	1			19
2	1	2	0				4
0		0					2
3		0	1				1
14	1	0	0				0
7	0	0				3	2
22	40	6	12	1			2
5		0	0				
3		0					
5		1	1				

L'importance majeure des marais sahéliens, y compris des champs de riz côtiers entre la Gambie et la Guinée et de ceux de l'*Office du Niger* au Mali, est démontrée par les populations maximales comptées, lorsqu'on les compare aux tailles des populations d'Afrique de l'Ouest, d'Afrique sub-saharienne (incluant l'Afrique de l'Ouest), d'Europe (incluant le bassin méditerranéen et donc l'Afrique du Nord) et d'Asie occidentale (Tableau 20).

Ce tableau n'est qu'indicatif. Les estimations des tailles de population sont souvent basées sur des données incomplètes, notamment pour les espèces nichant en Afrique. Les nombres maximum dans les différents marais ont également été obtenus par des méthodes différentes. Des sondages de densité et des extrapolations ont été utilisées pour les champs de riz côtiers, des comptages aériens pour le Lac Fitri, des sondages de densité et des comptages aériens pour le Delta Intérieur du Niger. Pour ce dernier, des comptages au sol et au dortoir sont également disponibles. Les populations pour le Sudd sont estimées d'après seulement trois sondages de densité systématiques depuis un avion. Les comptages pour le Logone ne sont basés que sur deux suivis au sol complets, contre de dizaines pout le Delta Intérieur du Niger. Nous pensons toutefois que ce tableau donne une vision juste de l'importance des marais du Sahel pour les grands oiseaux d'eau. Il est particulièrement important de noter que :

Les maxima pour le Sudd sont (presque) équivalents, voire supérieurs, aux populations totales du Bec-ouvert africain, du Jabiru du Sénégal, du Marabout d'Afrique et de l'Ibis falcinelle, ce qui indique que soit leurs populations mondiales sont sous-estimées, soit celles pour le Sudd sont surestimées, soit les deux. Delany & Scott (2006) ont estimé que 1,5 million d'Ibis falcinelles nichent dans le Sudd, ce qui est peu probable, car ce nombre a été compté en hiver, alors qu'aucun oiseau ou presque n'était présent en septembre et mars. Il est évident que le Sudd doit être une zone importante pour les oiseaux d'eau, mais les données actuelles sont d'une importance primordiale. L'estimation actuelle de la population mondiale de Grue couronnée (72.000), par exemple, inclut toujours les 37.000 oiseaux révélés par l'un des trois comptages aériens du Sudd en 1979-1981.

Le Delta Intérieur du Niger abrite un quart ou plus des populations mondiales de Cormorans africains, de Crabiers chevelus, de Canards pilets, de Sarcelles d'été et de Combattants variés, et 10% ou plus de celles de sept autres espèces d'oiseaux d'eau.

Les comptages dans les zones bien moins étendues de Hadéjia-Nguru, Fitri et Logone suggèrent que pour 10 espèces d'oiseaux, 1% ou plus des populations afro-européennes pourraient y être présentes. Ces trois zones combinées avec le Lac Tchad (non mentionné dans le tableau) sont aussi importantes, voire plus que le Delta Intérieur du Niger.

Le Delta du Sénégal est environ dix fois plus petit que le Delta Intérieur du Niger, mais les Canards pilets et les Sarcelles d'été (et autrefois les Combattants variés) y sont présents dans des quantités équivalentes à celles du Delta Intérieur. Il s'agit d'un site d'hivernage important pour les Spatules blanches et il abrite la plus grande colonie connue de Pélicans blancs.

Les zones de rizières irriguées attirent de nombreux oiseaux d'eau, comme le montre l'exemple de la zone de l'*Office du Niger* au Mali. Les champs de riz côtiers en arrière des mangroves entre la Gambie et le Sierra Leone sont encore plus importants, notamment pour les Barges à queue noire, les Vanneaux éperonnés et les Crabiers chevelus.

Tableau 20 Maxima comptés dans le Delta Intérieur du Niger (DIN ; Tableaux 4, 5 & 9), le Delta du Sénégal (DS ; Tableau 12), le Hadéjia-Nguru (HN ; Tableau 14), le Waza-Logone (Tableau 15), le Lac Fitri (Tableau 15), le Sudd (Tableau 16), les rizières irriguées de l'*Office du Niger* (ON ; Tableau 19) et les rizières côtières (côte ; Tableau 19), comparés aux tailles de population pour l'Afrique, l'Europe et l'Asie occidentale (Delany & Scott 2006). Les dernières colonnes indiquent les pourcentages des populations africaines, européennes et ouest-asiatiques combinées représentés par ces maxima.

Le rôle du Sahel pour l'hivernage des oiseaux d'Eurasie

Le Sahel, cette bande relativement étroite en latitude et s'étendant à la limite sud du vaste Sahara n'était pas inconnue avant de faire les gros titres de la presse occidentale au début des années 1970. Ernst Hartert n'avait que 24 ans quand il prit part à la célèbre expédition Flegel en 1885-1886 jusqu'au Nigéria, jusqu'alors inconnu en termes de faune et de botanique (Hartert 1886). Il collecta intensivement des spécimens dans le nord du Nigéria, malgré les attaques régulières de fièvre et la perte de sa poudre à canon dans des accidents de navigation. Nombreux furent les naturalistes à explorer cette région par la suite, et en 1947, Guichard (1947) avait déjà produit une synthèse détaillée sur les oiseaux du Delta Intérieur du Niger. Cependant, lorsque les suivis standardisés des populations nicheuses en Europe furent établis, les résultats obtenus permirent de détecter les variations de population des oiseaux hivernant au Sahel et conduisirent à se poser les questions du « comment ? » et du « pourquoi ? ».

Glue (1970), Berthold (1973, 1974) et Winstanley *et al.* (1974) furent parmi les premières à suggérer un lien entre les variations des populations nicheuses de la Fauvette grisette en Europe et les conditions au Sahel pendant l'hiver précédent. Ils notèrent des déclins soudains des populations allemandes et britanniques de plusieurs migrateurs transsahariens à partir de 1969, soit au début de cet évènement climatique qui fut ensuite connu sous le nom de Grande Sécheresse : une longue période de faibles précipitations (1972-1993), évènement qui n'avait pas été observé depuis plus de 40 ans. Parmi les espèces d'oiseaux les plus affectées se trouvaient l'Hirondelle de rivage, le Rougequeue à front blanc, le Phragmite des joncs et la Fauvette grisette. D'autres études vinrent confirmer les premières conclusions sur l'existence d'un système Paléarctique-Afrique, dans lequel les conditions hydrologiques au Sahel jouent un rôle déterminant dans l'évolution des populations. Par exemple, l'analyse par Cowley (1979) des vicissitudes de l'Hirondelle de rivage dans le Nottinghamshire (Grande-Bretagne) montra un lien évident avec les précipitations au Sahel, comme celles de Szép (1993, 1995a, 1995b) pour les Hirondelles de rivage nichant le long de la rivière Tisza en Hongrie. Une analyse plus détaillée des données du Nottinghamshire (Cowley & Siriwardena 2005) révéla également que le taux de survie de cette population était aussi corrélé aux précipitations dans la zone de reproduction pendant l'été précédent, et que les précipitations pendant la nidification avaient un impact sur la productivité. Chez le Héron pourpré, espèce complètement différente, den Held (1981) et Cavé (1983) ont observé que les tailles de plusieurs colonies néerlandaises fluctuaient en synchronie avec les débits combinés des Fleuves Niger et Sénégal. Une pléthore d'études suivit, plus précises et portant sur un nombre d'espèces, une étendue géographique et des paramètres hydrologiques et climatiques toujours plus nombreux. Bruderer & Hirschi (1984), par exemple, prirent le nombre d'oiseaux bagués en Suisse comme indicateur de l'évolution des populations et comparèrent les tendances obtenues avec les précipitations au Sahel, le débit du Fleuve Sénégal et le niveau d'eau du Lac Tchad. Svensson (1985) compara les tendances pour 13 espèces oiseaux en Finlande avec les précipitations au Sahel, un exercice reproduit par Marchant (1992) et Baillie & Peach (1992) pour 15 espèces nichant en Grande-Bretagne, en Suède, au Danemark, en Finlande et en Tchécoslovaquie. Ces études, ainsi que de nombreuses autres sont abordées dans les chapitres suivants.

Des hordes d'oiseaux paléarctiques entre Sahara et forêt tropicale

Jouer avec les chiffres et tenir des listes font partie des passe-temps favoris des ornithologues et scientifiques. L'étendue de l'invasion de l'Afrique par les oiseaux migrateurs paléarctiques n'a pas fait exception. Moreau (1972) dénombra 187 espèces eurasiennes migrant vers l'Afrique (K.D Smith cité par Moreau y ajouta 73 autres espèces, pour la plupart pélagiques, côtières ou accidentelles). Une réévaluation de cette liste par Walther & Rahbek (2002) lui fit atteindre 351 espèces, dont 240 traversent le Sahara.[1] Parmi ces 240 migrateurs transsahariens, 40 sont inféodés aux habitats marins (oiseaux pélagiques et côtiers) et certains des 200 oiseaux terrestres restants doivent être considérés comme accidentels. Le Sahel et la zone soudanienne accueillent une fraction notable de la totalité des espèces qui hivernent en Afrique (Fig. 104). D'ouest en est, la proportion d'espèces paléarctiques dans les avifaunes d'Afrique de l'Ouest atteint 29% en Sénégambie (Morel & Roux 1973, Barlow *et al.* 1997), 21% au Libéria (Gatter 1997b), 18% au Ghana (Grimes 1987), 18% au Togo (Cheke & Walsh 1996) et 19% au Nigéria (Elgood *et al.* 1994). Ces statistiques brutes témoignent d'une composante paléarctique importante dans l'avifaune d'Afrique de l'Ouest.

Le nombre d'espèces paléarctiques, en particulier européennes, en Afrique sub-saharienne décroît du nord (milieux ouverts) au sud (milieux plus humides et à végétation dense), en lien avec les précipitations et les habitats (Moreau 1972, Alerstam 1990, Newton 1996a). L'ornithologue européen visitant les savanes ou plaines inondables

africaines pendant l'hiver boréal se repère plus facilement à cette avifaune qu'à celle des forêts tropicales, où les rares espèces paléarctiques sont noyées dans les espèces africaines et souvent difficiles à voir dans la dense canopée. Cette image d'ensemble est typique d'Afrique occidentale et centrale et n'est pas valable en Afrique de l'Est, où deux saisons des pluies, la topographie et une répartition bien plus complexe des habitats attirent les migrateurs paléarctiques plus au sud en grandes quantités (Fig. 104).

Pour nos besoins, nous n'avons sélectionné que les espèces d'oiseaux paléarctiques qui sont, d'une manière ou d'une autre, étroitement liées aux conditions régnant dans les zones de végétation du Sahel occidental et central et de la zone soudanienne (Fig. 105)[2]. Notre liste définitive couvre 84 espèces fréquentant une grande variété d'habitats entre 10° et 20° N, du semi-désert, de la savane et de la brousse aux plaines inondables, et légèrement plus au sud, vers 15°N à la savane arborée. Vingt-quatre espèces fréquentent principalement le semi-désert et la savane, 17 la brousse et la savane arborée. En complément de ces 40 espèces de milieux secs, les zones humides attirent 35 autres espèces, dont 12 sont principalement présentes dans les plaines inondables. Huit espèces n'ont pu être attribuées à aucune catégorie, comme les Bergeronnettes grises et printanières, généralistes et omniprésentes, ou les espèces aériennes tel le Martinet pâle ou l'Hirondelle rustique. Toutes ces espèces ne dépendent pas du Sahel dans les mêmes proportions. Pour certaines, une fraction importante de leurs populations hiverne au nord du Sahara, alors que d'autres hivernent loin au sud de la limite de la végétation soudanienne, ou strictement le long des côtes. Seules 27 espèces peuvent être considérées comme totalement dépendantes du Sahel, ce qui signifie qu'elles ne peuvent éviter les conditions au Sahel qui, lorsqu'elles sont défavorables, sont responsables de goulots d'étranglements de population qui réduisent les chances de survie de l'espèce pendant l'hiver boréal. Les migrateurs paléarctiques qui présentent des déclins à long terme et réguliers font souvent partie de cette catégorie (Chapitre 44). Afin d'illustrer notre propos, nous avons sélectionné (Chapitres 15 à 41) un certain nombre d'espèces, afin d'identifier les raisons principales de leurs fluctuations numériques, parmi les stratégies migratoires, la répartition et le choix d'habitats en Afrique, et les modifications subies sur leurs sites de reproduction.

Avant d'étudier en détail le sort de chaque espèce hivernant au Sahel ou à proximité, il est essentiel de répondre à trois grandes questions :

- les oiseaux (individus ou espèces) d'Europe occidentale et orientale se mélangent-ils au Sahel, et si tel est le cas, dans quelles proportions ? Cette question n'est pas uniquement primordiale parce que les conditions de survie sont différentes dans les parties ouest et est du Sahel, mais également parce qu'il est plus facile d'échapper à des conditions défavorables le long de l'axe oriental, où la topographie et les habitats permettent l'accès à la ceinture pluvieuse équatoriale, alors que sur l'axe occidental, l'Afrique australe ne peut être atteinte qu'en traversant la barrière formée par la forêt équatoriale.
- Quelles sont les conditions qui ont une importance vitale pour la survie des oiseaux au Sahel ?
- Comment peut-on estimer la mortalité hivernale annuelle en Afrique, et peut-on déduire la mortalité hivernale au Sahel des suivis réalisés en Eurasie ?

Répartition au sud du Sahara et axes migratoires

La répartition des espèces paléarctiques à travers le Sahel n'est pas uniquement due à la présence de certains habitats, à la répartition

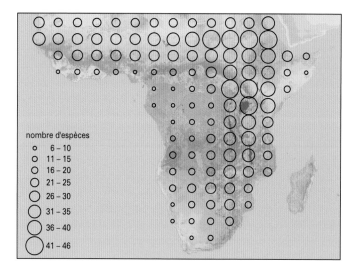

nombre d'espèces
- o 6 – 10
- o 11 – 15
- o 16 – 20
- O 21 – 25
- O 26 – 30
- O 31 – 35
- O 36 – 40
- O 41 – 46

Fig. 104 Nombre d'espèces d'oiseaux insectivores hivernant en Afrique sub-saharienne ; occupation du sol tirée de la Fig. 32. D'après Alerstam (1996) qui a basé sa Fig. 70 sur les cartes de répartition de Moreau (1972).

Jouer avec les nombres

Les nombres sont irrésistibles. Certains sont factuels, d'autres non, voire imaginaires, mais pas totalement. Estimer le nombre de migrateurs originaires du Paléarctique qui prennent la direction de l'Afrique est une entreprise décourageante, que Moreau avait abordée avec son humour et sa prose imagée. Laissons-le parler : « Jetons maintenant quelques nombres en l'air. J'utilise cette expression délibérément, car la dernière chose que je souhaite ici est d'être pris trop au sérieux et que les nombres que je vais évoquer soient considérés comme « solides » et cités comme tels. Mais quoi que je dise pour me discréditer, je sais d'expérience, j'en ai bien peur, qu'ils le seront. Néanmoins, la tentation de spéculer sur les nombres est irrésistible et on peut, je pense, être confiant qu'au moins l'ordre de grandeur du nombre d'oiseaux concerné peut être établi. »

Son pronostic, que l'estimation de 5000 millions de migrateurs paléarctiques arrivant en Afrique qu'il a avancée, soit prit à la lettre, fut à peu près atteint. Ce qui est le plus remarquable, c'est que ses calculs étaient basés sur des nombres faux. Son point de départ, l'étude détaillée de Einari Merikallio (1958) sur la distribution et le nombre d'oiseaux finlandais, était un bon choix, même s'il s'agissait du seul travail disponible à l'époque. Les ornithologues finlandais ont commencé à recenser les oiseaux nicheurs depuis le début du 20ème siècle, bien avant le reste de l'Europe, en utilisant des techniques (semi-)standardisées de cartographie basées sur des parcelles homogènes ou des transects stratifiés en fonction de l'habitat (Palmgren 1930, Koskimies & Väisänen 1991). L'étude de Merikallio donnait des estimations à l'échelle nationale pour tous les oiseaux nicheurs de Finlande, principalement calculées à partir de transects stratifiés par habitats parcourus entre 1941 et 1956 dans toute la Finlande. Moreau a utilisé cette étude en reprenant sa méthodologie pour estimer le nombre de migrateurs paléarctiques nicheurs par km² en Finlande, puis pour extrapoler les résultats dans le Paléarctique Occidental et Central. A cet effet, il a sommé toutes les estimations pour les espèces d'oiseaux hivernant en Afrique, supposé que la Finlande possédait 250.000 km² de terres, et ainsi obtenu une densité moyenne de 100 couples de migrateurs par kilomètre carré. Afin d'obtenir un nombre d'oiseaux, il multiplia le nombre de couples par 4 (le couple plus deux jeunes par couple en moyenne), puis décida que le total de 400 oiseaux/km² était trop élevé et que 200 oiseaux/km² serait un nombre plus raisonnable. La raison de cette réévaluation par le bas fut le Pouillot fitis, pour lequel les 5,7 millions de couples estimés en Finlande lui semblaient surestimés par rapport aux populations du reste de l'Europe. En utilisant 200 oiseaux/km², comme facteur multiplicatif, il obtint un total de 5000 millions de migrateurs entre le Paléarctique et l'Afrique pour la totalité du Paléarctique occidental et central (*i.e* 25 millions de km² dont 0,8 millions en Afrique du Nord, 10,4 millions en Europe et 14 millions en Asie à l'ouest de 90°E).

Le Courlis cendré est assez rare dans les plaines inondables d'Afrique de l'Ouest. Le long bec de ces deux oiseaux indique clairement une origine asiatique. Cette espèce niche en Eurasie entre 5°O et 120°E. Au sein de cette vaste étendue, la longueur du bec augmente graduellement d'ouest en est, de 115 à 140 mm chez les mâles et de 135 à 180 mm chez les femelles. La longueur moyenne du bec des Courlis cendrés capturés en Afrique de l'Ouest est de 137 mm chez les mâles et 176 mm chez les femelles (Zwarts 1988, Wymenga *et al.* 1990).

Pour différentes raisons, ces calculs sont faux. Tout d'abord, la Finlande s'étend sur 305.470km². Deuxièmement, en additionnant tous les migrateurs partant en Afrique de l'étude de Merikallio, on obtient une densité moyenne de 44 couples/km² (soit 176 oiseaux en incluant les jeunes ou 88 oiseaux si l'on suit le principe de Moreau de diviser le total par 2), ce qui donne un nombre total corrigé de 27 millions d'oiseaux (305.500 x 44 x 1/2 x 4), et non 50 millions (250.000 x 100 x 1/2 x 4). Mais est-ce suffisamment important pour créer le doute ? Tout dépend du contexte. A l'échelle du Paléarctique, l'estimation de Moreau aurait pu ne pas être très loin de la réalité, même si l'on prenait en compte la grande variabilité des communautés d'oiseaux en Eurasie. Rappelez-vous que Moreau a écrit : « on peut, je pense, être confiant qu'au moins l'ordre de grandeur du nombre d'oiseaux concerné peut être établi ». Or les nombres obtenus ont le même ordre de grandeur. Après tout, il ne s'agit que d'estimations. Parfois, il est utile de recalculer les anciennes estimations et tout cela montre que l'humour est bénéfique pour la science. Les estimations plus récentes comme les 3500 à 4500 millions de migrateurs paléarctiques (B.Bruderer cité par Newton 2008) et les 70.000 à 75.000 millions d'oiseaux africains (Brown *et al.* 1982) doivent être considérés avec la même légèreté que celle de Moreau lorsqu'il fit ses estimations. Pour information, la population finlandaise actuelle de migrateurs Paléarctique-Afrique est estimée à 21,1 millions de couples, soit 42,7% du nombre total de couples d'oiseaux nicheurs (Koskimies 2005), et non aux 13,5 millions supposés par Moreau. La différence est principalement liée à l'amélioration des techniques de comptage.

des ressources ou au hasard. Les chances qu'un Phragmite des joncs anglais arrive dans le Bassin du Tchad sont assez faibles, tout comme la présence d'un oiseau ukrainien dans le Delta du Sénégal paraîtrait étrange. Même si la plupart des espèces paléarctiques migrant sur un large front, plutôt qu'en se concentrant au niveau des détroits, les oiseaux d'Europe occidentale ont tendance à occuper l'ouest et le centre du Sahel, et ceux d'Europe orientale à occuper le centre et l'est du Sahel. La répartition au Sahel reflète celle des quartiers de reproduction et il n'existe que peu d'exceptions. Il s'agit bien entendu d'une vision d'ensemble, telle qu'elle a été révélée par le baguage (Fig. 106), et même la Cigogne blanche, dont la division du flux migratoire est toujours cité en exemple (Schüz 1971), s'est révélée avoir une stratégie migratoire plus variée qu'on ne le pensait : les populations de l'est et de l'ouest se rencontrent (Berthold *et al.* 2001a, 2002, 2004, Brouwer *et al.* 2003), suffisamment pour que certains individus utilisent la voie de migration orientale à l'automne et la voie occidentale au printemps (un comportement qui n'a, il est vrai, été observé que chez un individu, ne représentant peut-être pas une tendance dans la population ; Chernetsov *et al.* 2005).

Afin d'étudier le recouvrement sur toute la largeur de l'Afrique, de l'Océan Atlantique à la Mer Rouge, 6089 lectures de bagues d'oiseaux européens réalisées en Afrique entre 37°N (incluant l'essentiel de l'Afrique au nord du Sahara) et 4°N (jusqu'à la forêt équatoriale) ont été réparties en sept classes de longitudes correspondant au gradient est-ouest de nidification en Eurasie (Fig.106). Seules 142 données provenaient d'oiseaux nichant à l'est de 30°E, principalement dans la bande de longitudes 25-30°E. Afin d'avoir une indication du degré de recouvrement entre les zones d'hivernage pour les sept classes de longitudes, nous avons calculé la longitude moyenne des lectures en Afrique et leur écart-type associé. Cet exercice a montré que la répartition d'est en ouest en Afrique subsaharienne pouvait être en grande partie attribuée à celle des aires de reproduction en Eurasie, mais pas totalement. Par exemple, les populations de Sternes caspiennes de la Baltique et d'Ukraine ont des répartitions hivernales se recoupant totalement, et se concentrent toutes deux dans le Delta Intérieur du Niger et sur la côte ouest-africaine (Fig. 107) Le biais dans la répartition de l'effort de baguage en Eurasie est susceptible de perturber les comparaisons pour les espèces dont l'aire de répartition s'étend à l'est de 25°E. Ainsi, la faible variance expliquée pour la Barge à queue noire n'est qu'un artefact : la quasi-totalité des données proviennent des Pays-Bas, car peu de Barges à queue noire ont été baguées en Europe orientale. La comparaison est donc biaisée. De la même façon, les taux de remontée de l'information ne sont pas égaux dans toute l'Afrique, et sont généralement bien plus élevés en Afrique de l'Ouest que dans le Sahel central ou oriental. La densité de population plus élevée, la richesse (fusils plus répandus), la recherche ornithologique et l'absence de guerres favorisent l'obtention de données.

Le niveau de recouvrement dans les gradients de répartition est-ouest semble être identique quelle que soit la taille, qu'il s'agisse de passereaux ou non, et d'oiseaux d'eau ou terrestres (Fig. 107). Les résultats montrent l'existence de zones d'hivernage distinctes pour les oiseaux d'Europe de l'Ouest et de l'Est, mais avec des degrés variables de recouvrement dans le centre du Sahel. La seule espèce de la Fig. 107 qui ne pénètre en Afrique que par deux étroits corridors de part et d'autre de la Méditerranée, la Cigogne blanche, présente un très faible taux de recouvrement. Ces résultats sont cohérents avec les conclusions précédemment obtenues par le baguage (Schüz 1971), et ne sont dans l'ensemble pas contredits par les découvertes récentes obtenues grâce au suivi par satellite (Berthold *et al.* 2004) qui montrent que les populations hivernantes occidentale et orientale se rencontrent au Tchad et dans le nord du Nigéria et du Cameroun. Il est remarquable que les mêmes mouvements en forme de tenaille dans le Sahel aient été démontrés pour la Cigogne noire, qui suit les mêmes axes migratoires que la Cigogne blanche (Bobek *et al.* 2006). Pour les oiseaux d'eau qui dépendent des quatre zones humides majeures du Sahel, les recouvrements sont également probablement faibles. Le régime hydraulique particulier du Sudd, le niveau d'eau dans le Bassin du Lac Tchad et les inondations dans les deux plaines inondables du Sahel occidental sont asynchrones et ont des impacts très différents d'une année à l'autre sur les espèces d'oiseaux qui s'y concentrent.

Notre analyse se limite aux contrôles entre 4°N et 37° N (Fig. 107), mais si nous avions élargi cette zone vers le sud, nous aurions disposé de nombreux autres contrôles d'oiseaux d'Europe de l'Est, entre le Kenya et l'Afrique du Sud (voir p. ex. les donnés de baguage d'oiseaux bagués ou contrôlés en Afrique australe et orientale dans Dowsett 1980, Dowsett *et al.* 1998, Dowsett & Leonard 1999, Pearson *et al.* 1988, Underhill *et al.* 1999). Les espèces concernées sont principalement originaires d'Europe de l'Est, de Finlande et de Russie et renforcées par quelques espèces plus occidentales qui suivent un axe migratoire sud-est.

Fig 105 Répartition géographique de 84 espèces d'oiseaux selon un gradient nord-sud, du Sahara au nord à la forêt tropicale au sud. Les couleurs désignent les habitats préférentiels (d'après Borrow & Demey 2004). La fréquence de ces espèces en hivernage au nord du Sahara (« N »), au sud de l'équateur (« S ») et sur la côte (« C ») est également indiquée. Le degré de dépendance de l'espèce par rapport au Sahel est indiqué par la police : totale (gras), modérée (italique), faible (gris). La dernière colonne indique, pour 25 espèces, le numéro du chapitre dédié.

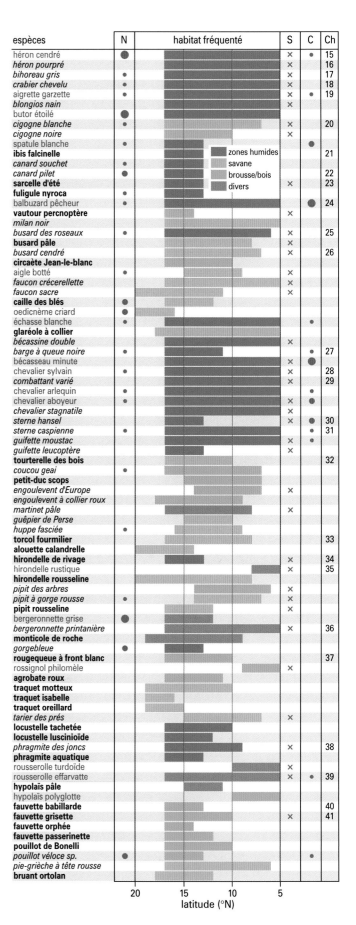

Variations annuelles des conditions d'hivernage

La compréhension des variations annuelles des conditions de vie des oiseaux passant l'hiver boréal au Sahel nécessite des informations quantitatives sur la qualité des habitats et la disponibilité en nourriture pour l'ensemble de cette région. Quelle est par exemple la variation temporelle et spatiale de la biomasse et de l'abondance de poissons, fruits et insectes ? Il est impossible d'obtenir les données pour répondre à ces questions, sauf sur de petites superficies et pendant de courtes périodes. Dans certains cas, il est possible de contourner le problème de l'absence de données en utilisant des indicateurs de l'abondance de nourriture. Les criquets et sauterelles constituent une source de nourriture importante pour les grands oiseaux et les passereaux (Chapitre 14). En utilisant les données relatives aux invasions de criquets, Dallinga & Schoenmakers (1989) ont réussi à expliquer en partie les fluctuations de population chez la Cigogne blanche. La quantité de poissons capturés par les pêcheurs du Delta Intérieur du Niger, suivie depuis 1966, est un autre exemple. Ces données fournissent, sous certaines conditions, des indications sur les variations annuelles de la biomasse piscicole dans un secteur où une part considérable des oiseaux piscivores du Sahel est concentrée.

Les variations des quantités de poissons capturés dans le Delta Intérieur du Niger sont fortement corrélée à la superficie des inondations (Chapitre 6), alors que l'échelle, le déroulement et la localisation de la reproduction et de la migration des criquets peuvent être prévus d'après la répartition des précipitations et les modifications annuelles de la couverture végétale. Pour rester simple, les précipitations, la végétation et les inondations sont des variables qui nous per-

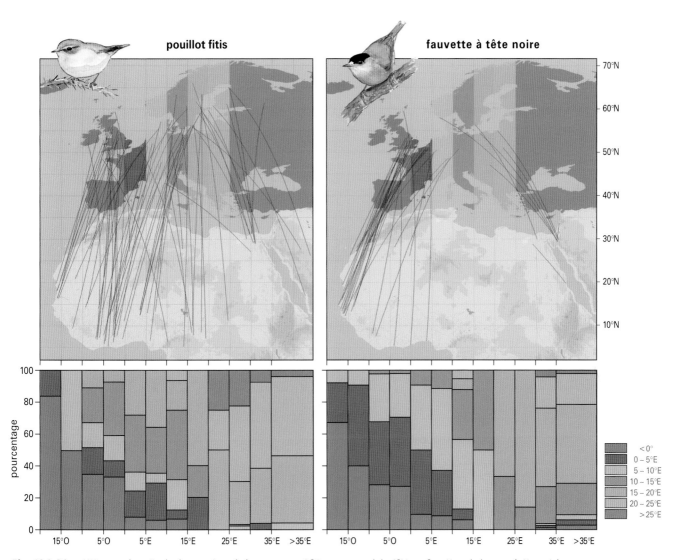

Fig. 106 Répartition par longitude des reprises de baguage en Afrique au nord de 4°N, en fonction de la population nicheuse d'origine, pour le Pouillot fitis (n=362) et la Fauvette à tête noire (n=1919). Les graphiques sont basés sur la totalité de ces données, mais afin de conserver des cartes lisibles, les reprises au nord de 30°N ne sont pas représentées. Plus de 80% des Pouillots fitis et près de 70% des Fauvettes à tête noire reprises sur la côte atlantique de la Mauritanie et du Sénégal (15-20°O) proviennent d'Europe, à l'ouest de Greenwich, alors que les oiseaux de Libye, Egypte, Tchad et Soudan (>20°E) proviennent principalement d'Europe du Nord-Est (>15°E).

mettent d'estimer les variations de la quantité totale de nourriture. Pour les espèces piscivores comme la Sterne caspienne, dont la population de la Baltique hiverne en grande partie dans le Delta Intérieur du Niger, cette approche se traduit par une forte corrélation entre le taux de survie et le niveau des inondations. Pour des espèces comme les fauvettes, qui sont très largement distribuées à travers le Sahel, sauf dans les plaines inondables, les précipitations constituent probablement le meilleur indicateur des conditions d'hivernage au Sahel ou, pour être plus précis, la conséquence des précipitations : le développement de la végétation (exprimée en Indice de Végétation Normalisé – NDVI ; Chapitre 4), qui se traduit en nourriture pour les espèces sous la forme de fruits et d'insectes. Les données de NDVI étant disponibles depuis 1981, nous avons utilisé les statistiques de précipitations pour comparer les conditions au Sahel avec les ten-

dances d'évolution des populations d'oiseaux nicheurs suivies avant 1981.

L'état de la végétation dépend clairement des précipitations des mois précédents, mais également de celles des années précédentes. Par conséquent, la couverture végétale varie moins que les précipitations (Fig. 26), et un délai existe entre celles-ci et le verdissement. Nous avons décrit un décalage temporel similaire pour les inondations (Chapitre 3) qui, dans le Delta Intérieur du Niger, dépendent du débit des fleuves (Fig. 40), eux-mêmes dépendants des précipitations sur le Haut-Niger pendant les mois et années précédents (Fig. 18 & 19). Cette succession d'évènements liés explique que les sécheresses hydrologiques soient toujours plus tardives que les sécheresses météorologiques (Fig. 108).

Au cours du siècle dernier, les précipitations et inondations du Sahel ont alterné des périodes de sécheresse et d'abondance (Fig. 108), comme c'est le cas depuis des temps immémoriaux. Il existe de nombreuses preuves montrant que ces périodes ont des effets directs sur les populations d'oiseaux car elles modifient le taux de mortalité. A cet égard, le déclin à long terme des précipitations au Sahel et des inondations du Delta Intérieur du Niger, du Delta du Sénégal et des plaines de Hadéjia-Nguru depuis les années 1970, fournissent une expérimentation grandeur nature pour les études de dynamique des populations. Contrairement aux précédentes sécheresses, nous disposons aujourd'hui de suffisamment de données ornithologiques pour évaluer correctement l'impact sur les oiseaux de ces évènements majeurs, qu'ils soient ou non causés par l'homme.

Les différences entre les taux de survie des espèces dépendant des plaines inondables et celles utilisant les zones plus sèches du Sahel pourraient ne pas être très importantes, car les inondations du Delta Intérieur du Niger sont fortement corrélées aux précipitations de l'année (Fig. 109). Toutefois, les inondations sont dorénavant, et de manière irréversible, plus faibles que par le passé, à cause de l'irrigation et des barrages. Les oiseaux dépendant du Delta Intérieur du Niger ont perdu 25% de leur habitat (chapitre 6). La perte de plaines inondables due à l'irrigation et aux barrages est proportionnellement encore plus forte pour les marais de Hadéjia-Nguru (Chapitre 8) et les plaines du Logone (Chapitre 9). En outre, les plaines inondables du Delta du Sénégal ont été endiguées et en grande partie transformées en rizières irriguées (Chapitre 7). Le débit actuel du Fleuve Sénégal n'a désormais plus d'effet sur les inondations dans ce secteur (Fig. 109). Cependant, même avant que le Fleuve Sénégal soit domestiqué, la corrélation entre les inondations et l'anomalie des précipitations (calculée pour l'ensemble du Sahel occidental) était déjà bien moins forte que pour le Delta Intérieur du Niger.[3]

En apparence, le Sahel peut sembler être un monde asséché (100-500 mm de précipitations par an), ce qu'il est en effet pendant l'hiver boréal, lorsque les effets des précipitations (juillet à septembre) se sont peu à peu estompés. Pendant la transition du vert au jaune, les quelques grandes zones humides situées au Sahel jouent un rôle vital pour la moitié des espèces d'oiseaux du Paléarctique qui fréquentent le Sahel (Fig. 105). Certaines espèces dépendent totalement de ces « paradis humides », d'autres pas du tout. La répartition des contrôles de bagues au sud du Sahara donne une indication grossière de l'uti-

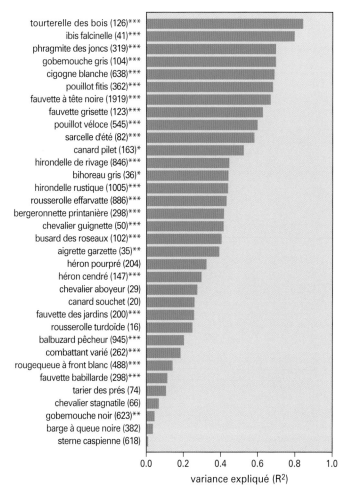

Fig. 107 La répartition d'ouest en est en Afrique (4-35°N) des oiseaux bagués dans 7 bandes de longitude en Europe (voir carte de la Fig. 106) varie entre un recouvrement total (Sterne caspienne) et quasiment aucun recouvrement (Tourterelle des bois). Représentation sous la forme de la variance expliquée dans une analyse de variance à un facteur, basée sur les reprises et contrôles (nombres entre parenthèses). Degrés de signification : * = P<0,05, **=P<0,01 et *** = P<0,001 ; non significatif si P>0,05.

lisation des habitats par les hivernants originaires du Paléarctique, et – à l'échelle de l'espèce – de leur degré de dépendance aux zones humides (Fig. 110). Pour prendre deux extrêmes dans une même famille, on peut citer l'Hirondelle de rivage, espèce typique des plaines inondables, et l'Hirondelle rustique, qui n'affectionne ni les plaines inondables, ni les rizières. Le Combattant varié se concentre dans les plaines inondables, mais est faiblement représenté dans les rizières côtières ou quasi-côtières du Sénégal, de Guinée-Bissau et de Guinée-Conakry (voir comptages, Chapitre 11), où une grande partie des effectifs de Barge à queue noire se retrouvent. Sans surprise, les canards et les hérons sont des espèces typiques des plaines inondables, alors que les fauvettes sont réparties dans la totalité de la zone sahélienne.

Toutes les zones humides sahéliennes ont donné lieu à de très nombreuses lectures de bagues, sauf une exception majeure, le Sudd, très peu représenté dans la base de données EURING. L'absence de données dans cette zone, malgré la présence de quantités immenses d'oiseaux d'eau (Chapitre 10), témoigne d'un taux de retour plus faible qu'ailleurs au Sahel, même si l'on prend en compte le fait que les proportions d'oiseaux bagués sont plus faibles en Russie et en Asie. Le même constat peut être fait pour le Bassin du Lac Tchad, où les reprises de bagues sont rares au regard des très nombreux oiseaux paléarctiques hivernants. Malgré les nombreux risques liés à l'utilisation des données de baguage, les résultats obtenus sur la répartition temporelle et spatiale ne sont pas très différents des impressions de terrain et des comptages réalisés.

Mortalité hivernale

Intuitivement, il semble logique que la mortalité des oiseaux hivernant au Sahel dépende des précipitations et de l'étendue des inondations. Tous ceux qui ont vécu la Grande Sécheresse de 1985 gardent en mémoire l'image du bétail agonisant et peuvent se rappeler le goût de la poussière. Les 27 femelles de Combattant varié capturées le 23 mars 1985 par Albert Beintema et Buba Fofana étaient émaciées au lieu d'avoir accumulé de la graisse pré-migratoire, et leurs chances de regagner leurs quartiers de reproduction étaient nulles. La mor-

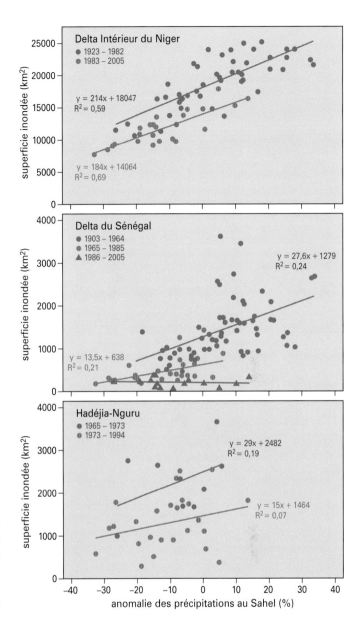

Fig. 109 Relation entre l'étendue des inondations dans le Delta Intérieur du Niger, le Bas Delta du Sénégal et les plaines de Hadéjia-Nguru et les précipitations annuelles au Sahel, exprimées en % d'écart à la moyenne du 20ᵉᵐᵉ siècle. La subdivision en plusieurs périodes permet de mettre en évidence l'impact des nouveaux barrages et réseaux d'irrigation sur l'étendue des inondations.

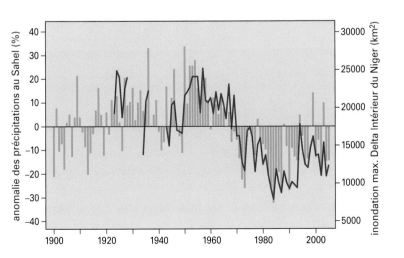

Fig. 108 Précipitations annuelles au Sahel (1900-2005) exprimées en % d'écart à la moyenne du 20ᵉᵐᵉ siècle (barres, axe de gauche ; données de la Fig. 9) et inondations dans le Delta Intérieur du Niger (ligne, axe de droite ; données de la Fig. 40).

talité a donc dû être élevée. Malgré le lien évident entre la mortalité et les conditions au Sahel, nous ne connaissons qu'une seul étude qui l'illustre directement : pendant les années de faibles inondations dans le Delta Intérieur du Niger, le nombre d'oiseaux d'eau capturés par les populations locales était plus élevé (Koné *et al.* 2002, 2005 ; Chapitre 23).

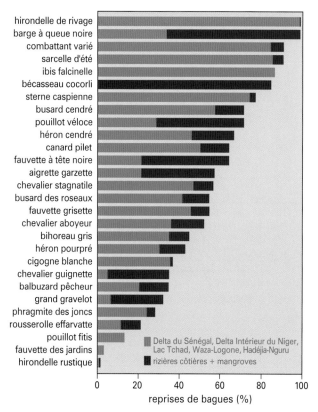

La mortalité hivernale au Sahel peut aussi être estimée indirectement d'après l'analyse des reprises de bagues. De nombreux programmes de baguage ont été intégrés dans la base de données EURING, mais cette base ne possède pas les informations sur le nombre de bagues posées par année, indispensables pour calculer la mortalité. Certains programmes de baguage ont numérisé ce type d'information (le Danemark, par exemple), mais dans le cas contraire, il est nécessaire de consulter les rapports annuels de différents programmes pour en extraire le nombre et l'âge des oiseaux bagués par an. Pour trois espèces – la Barge à queue noire aux Pays-Bas (43.000 oiseaux bagués), l'Ibis falcinelle en Ukraine (5000) et la Sterne caspienne en Baltique (65.000) – le nombre annuel d'oiseaux bagués était connu, ce qui a permis une analyse statistique des reprises, en fonction des précipitations et de la taille des inondations dans le Delta Intérieur du Niger.

Une méthode alternative et simple pour étudier si la mortalité au Sahel dépend des sécheresses, est de comparer le nombre de reprises au Sahel au nombre total annuel de reprises en Europe et en Afrique. Cependant, l'utilisation des reprises comme mesure de la mortalité est source de pièges. La variation possible des taux de retour des données dans le temps est un problème majeur. Par exemple, il semble que depuis les années 1960, les taux de retour depuis l'Italie pour les passereaux bagués en Allemagne aient diminué (Bezzel 1995, Schlenker 1995). Par ailleurs, les modifications de la réglementation et la prise de conscience environnementale du public ont pu entraîner une diminution de la chasse et du piégeage (Tucker *et al.* 1990, McCulloch *et al.* 1992, Barbosa 2001), bien que, comme mentionné précédemment, la diminution de la motivation pour remonter les données d'oiseaux tués (particulièrement dans le cas d'espèces protégées) aux stations de baguages ne peut être éliminée en tant que facteur contribuant à cette tendance. Il faut s'attendre à ce que le taux

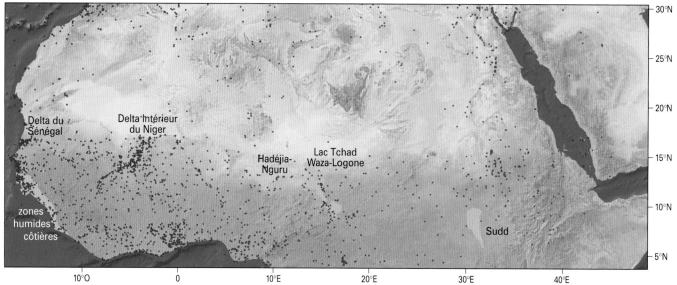

Fig. 110 Carte de répartition des oiseaux trouvés morts, capturés ou tués en Afrique entre 4° et 30°N. Les six grandes zones humides sont représentées. Le graphique montre la proportion d'oiseaux capturés, tués ou trouvés morts dans les plaines inondables et les rizières côtières (bleu clair) ; les autres ont été retrouvés dans des habitats complètement différents. Seules espèces avec plus de 10 reprises ont été sélectionnées. D'après EURING.

de retour atteigne zéro dans les régions dévastées par les guerres et les pays qui font face à l'augmentation de la pauvreté et de l'anarchie. De telles tragédies se sont produites dans plusieurs pays d'Afrique depuis les années 1980, mais pas encore dans les pays du Sahel occidental. Nous pensons, ou plutôt espérons, que les taux de retour dans les pays du Sahel sont restés plus ou moins stables grâce à l'apport d'ornithologues et de chercheurs depuis l'étranger, qui s'enquièrent régulièrement auprès des locaux des oiseaux tués ou trouvés morts portant des bagues.

Un autre problème fondamental est de savoir si les reprises de bagues peuvent être considérées représentatives de la mortalité hivernale au Sahel. La base de données EURING contient 3375 données relatives au Sahel, dont 2475 pour lesquels la cause de la mort est connue : 51,2% de ces oiseaux ont été tués à la chasse, 19,6% capturées et 16,3% tués accidentellement (en majorité des oiseaux piscivores comme le Balbuzard pêcheur, la Sterne caspienne et le Héron pourpré). Entre 50 et 90% des données relatives à de grandes espèces correspondent à des oiseaux tirés. Plus de la moitié des oiseaux plus petits ont été capturés (fig. 111). Seule une faible fraction des oiseaux signalés n'avaient pas été tués par l'homme. Pendant les sécheresses, un grand nombre d'oiseaux doivent mourir de faim, en particulier chez les petites espèces, mais très peu sont retrouvés : cette cause de mortalité est donc fortement sous-représentée dans les reprises. Les variations annuelles du nombre de reprises au Sahel nous apprennent donc plus sur les risques d'être tués ou capturés que sur ceux de mourir de faim.

La mortalité hivernale en Afrique peut également être obtenue d'après les données collectées sur les sites de reproduction en Europe. Si un nombre suffisant d'oiseaux nicheurs est capturé et recapturé, le taux de contrôle devient une mesure inversée du taux de mortalité. Cette méthode a été utilisée, par exemple, chez le Phragmite

Au cours des dernières décennies, un grand nombre de poussins de Balbuzard pêcheur ont été bagués en Europe. Rien qu'en Finlande, au cours de la période 1913-2005, les bagueurs bénévoles ont bagué 38.900 Balbuzards pêcheurs, et à présent 1200 à 1400 par an (Saurola 2006). Près de 50% de la population finlandaise niche aujourd'hui sur des nids artificiels mis en place par les groupes de baguage, afin de permettre (entre autres raisons) un accès (relativement) aisé et sûr aux nids de cette espèce qui a tendance à utiliser des arbres morts pour nicher. Sans surprise, cet intense effort de baguage a permis la collecte d'une pléthore de données en Europe, mais aussi en Afrique, où l'espèce a pu être recherchée spécifiquement grâce à sa grande taille. Dans certaines régions, comme les plaines inondables du Delta Intérieur du Niger, peu de Balbuzards pêcheurs survivent à un stationnement prolongé à cause de la prédation par l'homme.

Le tir au fusil des oiseaux, en particulier les petits, est trop cher pour la plupart des africains. Les cartouches de plomb coûtent 0,46€ (au Mali et au Sénégal en 2007), ce qui est l'équivalent du prix d'un oiseau de 0,5 kg sur le marché. Par conséquent, une multitude de pièges bons marchés a été inventée, à base de vieux filets de pêche, de palangres, de collets, de trappes, de lance-pierres et de frondes. Ce palet d'argile avec des collets de nylon est utilisé dans le Delta Intérieur du Niger pour capturer les petits oiseaux. Des tablettes de plus grande taille avec des grands collets sont utilisées pour capturer les hérons, jacanas, Butors étoilés et Talèves sultanes dans la végétation dense. Le grand nombre d'ailes trouvées dans les villages de pêche prouve l'efficacité et la profitabilité de ces techniques de chasse. Le don de l'homme pour la chasse est finalement bien mieux illustré par ces enfants chassant à la fronde ou au collet que par la confrérie des tireurs du bassin méditerranéen.

Pendant l'hiver boréal, l'avifaune d'Afrique de l'Ouest comprend une forte composante paléarctique : entre 18% (Ghana et Togo) et 29% (Sénégambie) des espèces proviennent du Paléarctique. Parmi les passereaux, nombreux sont ceux qui séjournent dans les zones sahélienne et soudanienne d'Afrique de l'Ouest, où ils arrivent après les pluies, et restent toute la saison sèche malgré la dégradation des conditions, avant de repartir vers leurs sites de reproduction. Certaines espèces, comme la Pie-grièche écorcheur, se dirigent vers le Kalahari et n'utilisent le Sahel qu'en halte avant de continuer leur vol vers l'Afrique australe (habituellement via l'Afrique de l'Est). Les Bergeronnettes printanières sont présentes dans toute l'Afrique à l'exception de la forêt équatoriale, mais en conservant une séparation entre sous-espèces (ici, la race-type *flava*). Les Tariers des prés, restent quant à eux majoritairement au Sahel et dans la zone soudanienne. Les Traquets motteux sont confinés au Sahel où ils sont très communs. Des Traquets motteux du Groenland occidental et du Canada, pesant 30 grammes et appartenant à la sous-espèce *leucorhoa*, traversent l'Océan Atlantique en un unique vol de 4000 km depuis leurs sites de nidification jusqu'à l'Afrique de l'Ouest (Thorup *et al.* 2006).

des joncs (Peach *et al.* 1991, Cowley & Siriwardena 2005) et l'Hirondelle de rivage (Szép 1995a & b). Le taux annuel de mortalité hivernale chez la Cigogne blanche (Kanyamibwa *et al.* 1990, 1993 ; Barbraud *et al.* 1999 ; Schaub *et al.* 2005) a même pu être évalué d'après les observations d'individus marqués avec des codes uniques.

Lorsque ce type d'informations n'est pas disponible, le changement de la taille de la population entre deux années peu être comparé à la situation de l'une ou l'autre variable du Sahel pendant l'hiver les séparant. La comparaison directe de la taille de la population pendant la saison de reproduction avec les conditions au Sahel pendant l'hiver précédent est un moyen moins pratique d'estimer la mortalité hivernale, car le rétablissement après une mortalité excessive est étalé au moins deux années, et souvent plus, en raison des limites de la capacité et des opportunités de reproduction. Pour cette raison, l'évolution de la population nicheuse entre années consécutives est le meilleur indicateur de la mortalité hivernale, mais cette approche souffre de deux désavantages. D'une part, la mortalité y étant considérée comme la variation entre deux années consécutives, l'estimation qui en résulte est basée sur deux estimations, ce qui augmente l'incertitude associée[4]. D'autre part, les espèces d'oiseaux ne se reproduisent pas tous pour la première fois au même âge et ont des durées de vie différentes. Une espèce comme l'Hirondelle de rivage se reproduit à l'âge d'un an, et la plupart des individus vivent moins de 2 ans. Chez cette espèce, la mortalité hivernale au Sahel peut être obtenue directement d'après les variations de population. A l'opposé, la Sterne caspienne, à longue durée de vie, ne se reproduit qu'à 4 ans. Les variations de la population nicheuse ne dépendent donc pas seulement de la mortalité hivernale de la dernière année, mais tout autant de celles des années précédentes.

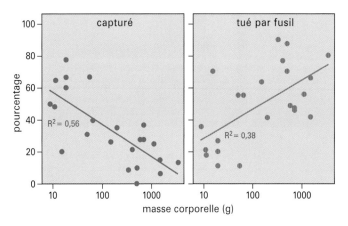

Fig. 111 Proportion d'individus de 23 espèces (pour lesquels plus de 10 causes de décès sont connues) tués au fusil ou capturés en Afrique entre 4° et 25°N en fonction de leur masse corporelle. D'après EURING.

Les oiseaux du Paléarctique sont dominants dans les plaines inondables d'Afrique de l'Ouest pendant l'hiver boréal. Ils sont bien plus communs que les espèces africaines qui y sont présentes : l'Aigrette ardoisée, le Gravelot pâtre, le Vanneau éperonné, le Pygargue vocifère, le Vanneau du Sénégal, l'Ibis sacré, le Pluvian fluviatile et le Jacana à poitrine dorée.

Les impacts des inondations, des précipitations et de l'étendue de la végétation sur les populations d'oiseaux étant différents, la mortalité hivernale qui en découle doit également être différente. Les migrateurs dépendant des plaines inondables doivent prospérer quand les inondations sont fortes, alors que la survie des migrateurs habitant les zones sèches du Sahel, doit plutôt être liée à la couverture végétale et aux précipitations. Cependant, la situation n'est pas aussi simple. Les oiseaux provenant d'Europe occidentale, centrale ou orientale suivent des axes de migration parallèles jusqu'à leurs zones d'hivernage en Afrique, et se retrouvent donc, malgré un certain recouvrement, dans ces parties différentes du Sahel. Les fluctuations des précipitations annuelles étant similaires au Sahel occidental et oriental (Fig. 7), il n'y a pas de raison de s'attendre à ce que les taux de survie des populations nichant en Europe de l'Ouest ou de l'Est soient systématiquement différents, à l'exception des espèces dépendant des plaines inondables. A l'Ouest, le Bas-Sénégal a perdu ses plaines inondables du fait des aménagements humains depuis le début des années 1960 (Chapitre 7), alors que le Delta Intérieur du Niger au Mali, bien plus grand, n'a pour l'instant perdu qu'une

part assez faible de ses plaines inondables du fait des barrages et de l'irrigation (Fig. 109). Nous nous attendons donc à ce que les espèces ouest-européennes concentrées dans les plaines inondables du Sénégal subissent un déclin plus fort pendant les faibles inondations, ou un rétablissement moins complet pendant les fortes inondations, par rapport à leurs congénères d'Europe centrale et orientale qui hivernent dans le Delta Intérieur du Niger, le Bassin du Tchad ou le Sudd. Pour toutes les espèces hivernant au Sahel, qu'elles dépendent ou non des plaines inondables, nous avons étudié les liens entre les tendances des populations nicheuses et les inondations (Bas-Sénégal et Delta Intérieur du Niger), les précipitations et l'Indice de Végétation Normalisé (NDVI – Sahel occidental). Par exemple, les oiseaux fréquentant les boisements du Sahel ou les terres en jachère peuvent être touchés par les effets à long terme de la déforestation ou de l'intensification de l'agriculture, et pas seulement par la répartition des précipitations et de la couverture végétale. Dans les Chapitres 15 à 41, nous avons également pris en compte les facteurs agissant sur les sites de reproduction, dont les effets peuvent être supérieurs à ceux subis sur les sites d'hivernage.

De faibles variations de précipitations suffisent pour créer de grandes différences au Sahel, ce qui est particulièrement évident dans les zones humides où les dépressions peuvent rester sèches et poussiéreuses ou être remplies d'eau de pluie. Les marais temporaires sont verts et riches en insectes et oiseaux d'eau. Ces sites peuvent être verts ou asséchés en fonction des précipitations. Les pluies variant d'année en année, les conditions d'hivernage pour les oiseaux migrateurs sont très variables. En revanche, la déforestation et le surpâturage engendrent une modification progressive du paysage sahélien quelles que soient les précipitations, et ont un effet prolongé et à long terme sur les oiseaux (Delta du Sénégal, décembre 2008).

Notes

1 Nous avons ajouté deux espèces à la liste de Walther & Rahbek (www.macroe-cology.ku.dk/africamigrants): les Bécasseaux maubèche et cocorli.

2 Nous avons trouvé 84 espèces d'oiseaux pour lesquelles la zone sahélo-souda-nienne est une zone d'hivernage importante. Dans la liste des migrateurs entre l'Eurasie et l'Afrique, nous avons fait l'impasse sur les accidentels, mais aussi sur certaines espèces communes comme la Sarcelle d'hiver, le Faucon crécerelle, la Bécassine des marais et la Bergeronnette grise, car seule une faible fraction de leur population traverse le Sahara. Par ailleurs, nous avons écarté les espèces hivernant en mer, telle la Guifette noire et les limicoles côtiers comme le Bécasseau sanderling, le Pluvier argenté et le Courlis corlieu, mais également d'autres limicoles, comme le Grand Gravelot et le Bécasseau cocorli. Bien que ces espèces puissent être rencontrées en nombre assez important dans les plaines inondables du Sahel (voir Chapitres 6 et 7), ceux-ci sont insignifiants si on les compare aux grandes quantités présentes dans la zone intertidale du Banc d'Arguin (Altenburg *et al.* 1982, Zwarts *et al.* 1998) ou de Guinée-Bissau (Zwarts 1988). Après avoir éliminé ces espèces, il en restait 133 pour lesquelles une fraction importante de la population hiverne au sud du Sahara. Ce total inclut 30 espèces qui passent la saison internuptiale en Afrique tropicale ou australe et ne sont présentes dans la zone sahélo-soudanienne que pendant leurs migrations : la Bondrée apivore, l'Aigle pomarin, l'Aigle des steppes, le Faucon kobez, le Faucon d'Eléonore, le Faucon hobereau, le Râle des genêts, la Glaréole à ailes noires, le Coucou gris, le Martinet noir, le Martinet alpin, le Guêpier d'Europe, le Rollier d'Europe, l'Hirondelle de fenêtre, le Rossignol progné, la Locustelle fluviatile, la Rousserolle verderolle, l'Hypolaïs des oliviers, l'Hypolaïs ictérine, la Fauvette épervière, la Fauvette des jardins, la Fauvette à tête noire, le Pouillot siffleur, le Pouillot fitis, le Gobemouche noir, Le Gobemouche à collier, le Gobemouche gris, le Loriot d'Europe, la Pie-grièche écorcheur, et la Pie-grièche à poitrine rose. Nous avons également écarté le Petit Gravelot, le Bécasseau de Temminck et les chevaliers culblanc et guignette dont les populations hivernant au Sahel sont faibles par rapport au total en Afrique. En continuant à restreindre notre liste aux espèces présentes dans les parties occidentale et centrale du Sahel et de la zone soudanienne, nous avons encore perdu 11 espèces : le Pélican blanc, la Buse des steppes (*vulpinus*), l'Epervier à pieds courts, les Grues cendrée et demoiselle, les Traquets pie et de Chypre, les Fauvettes de Rüppell et de Ménétries, la Pie-grièche masquée et le Bruant cendrillard. Parmi les Grues cendrées qui migrent à travers l'Europe de l'Ouest, un petit nombre traverse la Méditerranée, mais aucune le Sahara ; en Afrique de l'Est, en revanche, un grand nombre migre sur un large front vers l'Afrique de l'Est, où le Sudd est une importante zone d'hivernage. Les Pélicans blancs du Sahel occidental proviennent de colonies de reproduction dans le Delta du Sénégal et au Banc d'Arguin. Enfin, nous avons éliminé les Marouettes ponctuée, poussin et de Baillon, car rien ou presque n'est connu de leur distribution hivernale, bien qu'il soit probable qu'une part significative de leurs populations soient concentrées dans les marais du Sahel.

3 La faible corrélation entre l'indice des précipitations au Sahel et l'étendue des inondations du Fleuve Sénégal avant sa domestication peut être attribuée à : (a) un écart entre l'indice de précipitations du Sahel et les précipitations réelles dans le bassin versant du Fleuve Sénégal ; ces deux séries de données sont corrélées, mais assez faiblement ($R^2=0,59$) ; (b) le débit du fleuve, et par conséquent, la surface inondée, ne dépendent pas uniquement des précipitations dans le bassin versant, mais également des précipitations de l'année, voire des deux années, précédentes. Cet effet prolongé est relativement important dans le Fleuve Sénégal (Fig. 15 ; Tableau 1).

4 Supposons que pendant deux années consécutives, la population réelle est de 100, puis 80, mais que l'erreur potentielle sur cette estimation est de 10. Dans cet exemple, la population pourrait être sous-estimée pendant la 1ère année à 90 (100-10) et surestimée l'année suivant à 90 (80+10), ce qui réduirait à zéro la variation. A l'opposé, la population pourrait être surestimée à 110 durant la première année et sous-estimée à 70 l'année suivante : le déclin serait ainsi de 40. Par conséquent, bien que l'erreur moyenne d'estimation sur la taille de la population ne soit que de 10, l'erreur sur la variation interannuelle qui en est dérivée est automatiquement plus forte.

Les oiseaux, les locustes et les sauteriaux Wim C. Mullié

Il fait encore nuit noire lorsque nous prenons place dans la pirogue qui doit nous emmener jusqu'au dortoir découvert douze mois auparavant par Philippe Pilard de la *Mission Rapaces* de la LPO. Après cette traversée, nous avons encore plusieurs kilomètres de marche dans la boue devant nous. Les traces des Hyènes tachetées sont partout. Nous choisissons une position stratégique et attendons les premières lueurs du jour. Puis le spectacle commence... des milliers de Faucons crécerellettes s'élèvent du dortoir et disparaissent vers le nord-est. Puis de nuages encore plus denses de Nauclers d'Afrique apparaissent et prennent position au sommet des baobabs dans lesquels ils ont dormi. A l'aube, ce sont déjà 70.000 rapaces qui sont passés au-dessus de nous, dans un spectacle inoubliable. Mais une autre surprise nous attend. Sous les arbres du dortoir, nous trouvons un tapis de pelotes, par millions.

Lorsque nous les regardons de plus près, nous pouvons voir que les proies principales sont des criquets. Deux jours plus tard, nous avons pu localiser la principale zone de chasse des faucons. Malgré les conditions apparemment défavorables de la saison sèche, nous sommes surpris de rencontrer une quantité aussi importante de criquets...et de leurs prédateurs : non seulement des milliers de Faucons crécerellettes, de Busards cendrés, de Traquets motteux et de Rolliers d'Abyssinie, mais aussi de Cigognes blanches et de Marabouts d'Afrique. Des groupes comptant jusqu'à 500 Hérons garde-bœufs se déplacent rapidement dans la végétation sèche à la poursuite des criquets. Des centaines de Faucons crécerellettes font du surplace au-dessus de ces groupes en mouvement et attrapent les orthoptères qui s'enfuient : une association profitable s'il en est. Plus tard encore, nous localisons le plus grand dortoir de Busards cendrés jamais trouvé : plus de 1300 individus. Il ne nous faut pas plus de 15 minutes pour collecter 500 pelotes, également exclusivement constituées de restes de criquets. Tous ces oiseaux se nourrissent d'espèces de criquets sédentaires qui passent la saison sèche sous la forme d'adultes non reproducteurs, et non de criquets migrateurs d'apparition irrégulière, comme les ornithologues européens l'ont prétendu pendant des décennies. Il est temps de procéder à un réexamen.

Introduction

La prédation des criquets (locustes et sauteriaux) par les vertébrés, et en particulier les oiseaux, a attiré l'attention depuis des temps immémoriaux. Nevo (1996) cite de nombreuses sources historiques qui rapportent la prédation des locustes et des sauteriaux dans le bassin de la Méditerranée orientale, tel Eusèbe de Césarée (ca. 260-340, évêque de Césarée) qui raconte que les égyptiens vénèrent l'ibis car il détruit les serpents, les locustes et les chenilles. Pliny (23-79) explique que les prédateurs arrivent en réponse aux prières faites à Jupiter par la population de la région du Mont Cadmus (Jebel el Akra, en Turquie), lorsque les locustes attaquent leurs cultures. D'après ces sources, les oiseaux migrateurs détruisaient les invasions de locustes (Nevo 1996).

Au début du 20ème siècle, le Comité de Contrôle du South African Central Locust Bureau considérait la prédation par les oiseaux comme un mécanisme de contrôle important du Criquet nomade *Nomadacris septemfasciata* et du Criquet brun *Locustana pardalina*. Dans leurs rapports annuels, une attention particulière était portée à ce phénomène (Lounsbury 1909). Les termes « Locust Bird » ou « Sprinkhaanvoël » en Afrikaans (Van Ee 1995) étaient communément utilisés pour désigner les prédateurs considérés comme importants pour la destruction des locustes, comme la Cigogne blanche ou la Glaréole à ailes noires (Lounsbury 1909) et l'Etourneau caronculé (Meinertzhagen 1959). Ailleurs en Afrique (Moreau & Sclater 1938, Hudleston 1958, Schuz 1955) et en Inde (Husain & Bhalla 1931), les

oiseaux étaient également des ennemis naturels importantes des locustes et des sauteriaux. Dans la seconde moitié du 19ème siècle, les Martins tristes *Acridotheres tristis*, des acridivores du sous-continent indien, ont même été introduits à Madagascar pour contrôler le Criquet nomade, ce qu'il ne parvint pas à faire (Franc 2007). Les Etourneaux roselins ont également été cités comme prédateurs majeurs des locustes qui apparaissaient dans les steppes de Ciscaucasie, *i.e.* le Criquet migrateur *Locusta migratoria* (Belik et Mihalevich 1994) et probablement le Criquet marocain *Dociostaurus maroccanus*. Les invasions étaient particulièrement fortes pendant les années 1920, probablement en raison des vastes étendues de champs récemment abandonnés pendant et après la guerre civile (Znamensky 1926). Les Sangliers *Sus scrofa* vivant dans les steppes de Kizlyar et les roselières de la Caspienne se nourrissaient exclusivement de locustes pendant les invasions : jusqu'à 1,5 kg de locustes ont été trouvées dans un seul estomac (Heptner *et al.* 1989). Lorsque la fréquence des invasions diminua, le nombre d'Etourneaux roselins chuta, pour n'augmenter à nouveau que lors des invasions de Criquets italiens *Calliptamus italicus* (Belik et Mihalevich 1994).

L'utilisation à grande échelle des pesticides chimiques pour le contrôle des locustes et des sauteriaux depuis la Seconde Guerre Mondiale a détourné le regard de « l'ornithologie économique » (Kirk *et al.* 1996). Les services nationaux de protection des végétaux, les centres de lutte antiacridienne et les organisations internationales ont perdu tout intérêt dans les facteurs naturels contribuant à la régulation des populations d'acridiens, la famille de locustes et sauteriaux

Bandes larvaires de Criquet pèlerin au petit matin dans le Tamesna, Niger, octobre 2004. Les individus jaunes sont du 5ème stade larvaire, les roses sont des immatures.

Nuage de Criquets migrateurs *Locusta migratoria capito* sur le plateau Horombe à Madagascar en mai 1999, accompagné de Milans noirs et à l'occasion d'un Faucon concolore.

Essaim de Criquets pèlerins entre Rosso et Tiguent, Mauritanie, août 2004.

à laquelle les espèces causant le plus de dommages économiques appartiennent. Plus grave, la connaissance locale de l'existence de ces facteurs naturels a également disparu. Le contrôle chimique des locustes en Afrique a été considéré responsable du déclin des populations d'oiseaux en Afrique et en Europe (Naucler d'Afrique : Thiollay 2006a, b, c, Cigognes blanches : Dallinga & Schoenmakers 1984, 1989). Cependant, depuis que l'utilisation de composés organochlorés, comme la dieldrine, a été abandonnée pour laisser place à des insecticides organophosphorés hautement toxiques mais non persistants, les impacts sur les populations aviaires sont considérés comme étant moins probables, bien que pas impossibles.[1] La plupart des documents publiés sur la prédation des acridiens concerne les oiseaux présents pendant les invasions majeures de locustes. Ils valent la peine d'être lus. L'observation d'un essaim de locustes (adultes) ou de bandes larvaires (stades nymphaux) est certainement impressionnante, comme en a témoigné Meinertzhagen (1959) : « les immatures ailés étaient à Middelburg (province du Cap) et si nombreux que les trains prenaient du retard à cause des corps écrasés qui engraissaient les rails au point que les roues commençaient à glisser... ». Il n'est donc pas surprenant que plusieurs auteurs aient conclu que l'efficacité des prédateurs (aviaires) à lutter contre les essaims pendant les invasions était assez limitée (Dean 1964, Stower & Greathead 1969). Les relations entre les oiseaux et les sauteriaux (acridiens ne passant pas d'une phase solitaire à une phase grégaire et vice versa) ont été beaucoup moins étudiées en Afrique.

Les sauteriaux, et en particulier les espèces passant la saison sèche sous la forme d'adultes non reproducteurs (diapause imaginale), contrairement à ceux dont la diapause à lieu sous forme d'œuf (diapause embryonnaire), constituent une source de nourriture bien

Fig. 112 Abondance saisonnière du Criquet pèlerin en Afrique entre 1980 et 2008 par latitude entre 10° et 20°N. D'après les données du *Bulletin sur le Criquet pèlerin*, FAO.

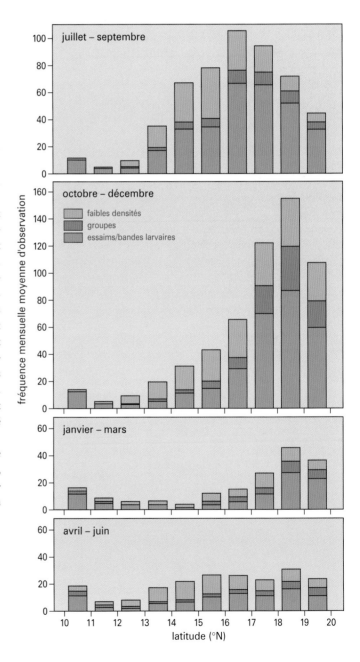

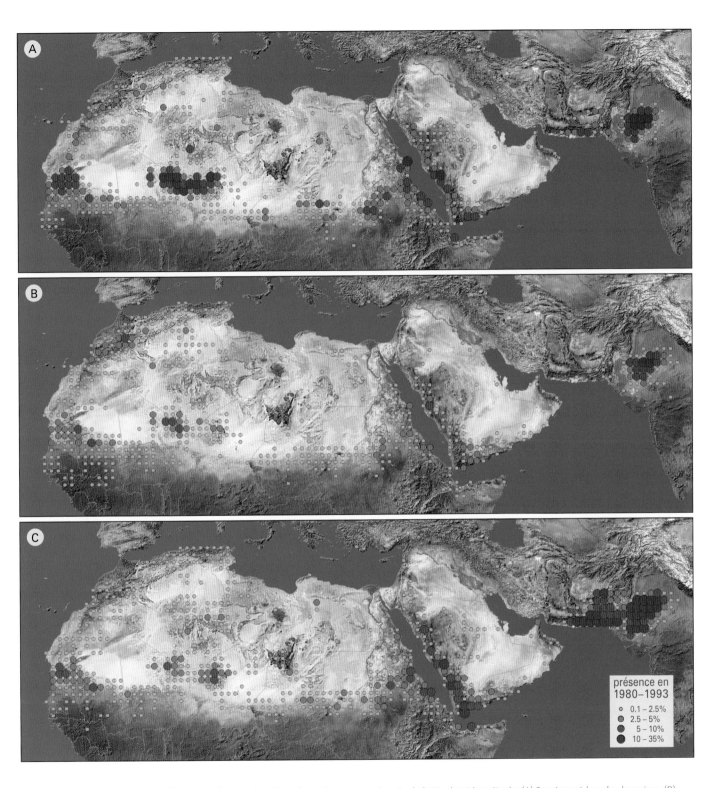

Fig. 113 Répartition du Criquet pèlerin en Afrique et en Asie du sud-ouest par degrés de latitude et longitude. (A) Essaims et bandes larvaires, (B) Groupes, (C) Faibles densités et individus isolés. D'après les données du *Bulletin sur le Criquet pèlerin*, FAO.

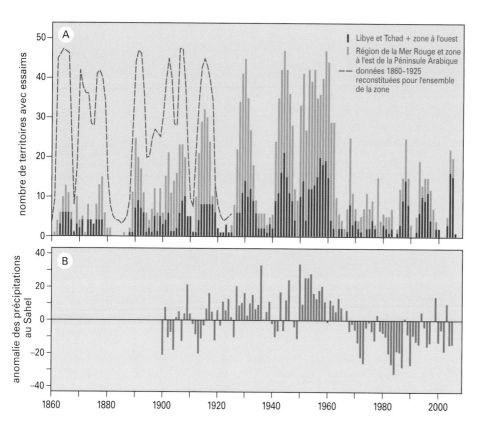

Fig. 114 (A). Le graphique du haut montre le nombre de territoires ayant signalé des essaims de Criquets pèlerins entre 1860 et 2006 (d'après Waloff 1976 ; modifié d'après Magor *et al.* (2007). Données fournies par la FAO, Joyce Magor par courrier). (B). Indice des pluies du Sahel (Fig. 9).

En janvier 2007, Philippe Pilard de la Ligue pour la Protection des Oiseaux a découvert un dortoir mixte de Faucons crécerellettes (28.600) et Nauclers d'Afrique (16.000) au Sénégal. La grâce absolue du Naucler d'Afrique est inégalable et observer des milliers d'entre eux arrivant et quittant le dortoir doit être une expérience inoubliable. Ce rapace insectivore reste encore très énigmatique. Peu d'informations, pour la plupart anecdotiques et anciennes ont été publiées sur sa biologie. Les dernières concernent l'adaptation de son comportement en réponse aux fortes densités de sauteriaux au Niger (Mullié *et al.* 1992). Les pelotes trouvées sous les arbres du dortoir au Sénégal contenaient exclusivement des restes d'acridiens (mars 2008, Sénégal).

plus fiable pour les oiseaux (migrateurs) hivernant au Sahel que les locustes migratrices. Cependant, ce n'est que récemment que ce concept a été reconnu (Mullié *et al.* 1995, Jensen *et al.* 2006). Le rôle de proie principale joué par *Ornithacris cavroisi* pendant la saison sèche au Sahel a été décrit pour le Naucler d'Afrique (Mullié *et al.* 1992, Pilard 2007), la Cigogne blanche (Mullié *et al.* 1995), le Crécerelle renard (Brouwer & Mullié 2000), la Cigogne d'Abdim (Falk *et al.* 2006), le Busard cendré (Chapitre 26) et le Faucon crécerellette (Pilard *et al.* 2008).

Ce chapitre constitue une courte introduction à l'écologie des locustes et sauteriaux au Sahel et dans le nord de la zone soudanienne, et décrit le rôle des oiseaux en tant que prédateurs. Le lien possible entre les récents changements d'occupation du sol au Sénégal, qui ont entraîné la création d'habitats favorables aux acridiens, et la présence d'importantes populations d'oiseaux acridivores dans ce secteur y est discuté. Des options alternatives de gestion des locustes et sauteriaux, utilisant des combinaisons de mécanismes de contrôle naturels et biologiques, y sont également présentées.

Les locustes

Comme indiqué précédemment, les locustes prises en compte dans cet ouvrage sont des orthoptères de la famille des acridiens. Les informations présentées dans ce chapitre sont principalement basées sur Steedman (1990) et Symmons & Cressman (2001). Les locustes sont en général de grands insectes qui ont la capacité de changer de mode de vie, de comportement et de physiologie lorsque leurs populations atteignent de fortes concentrations. D'êtres solitaires présents en faible densité, elles deviennent grégaires. Ce changement est accompagné par une modification de comportement, de couleur et de mode de reproduction. Les adultes ailés et les formes immatures forment des essaims et migrent sur de grandes distances. Les stades larvaires non ailés, appelés nymphes, forment des bandes larvaires. Ces bandes sont des agrégations d'insectes qui persistent tant que les conditions météorologiques et la prédation le permettent. Elles se déplacent dans une unique direction. Les sauteriaux, à l'inverse des locustes, n'adoptent généralement pas ce comportement. Plusieurs espèces de locustes fréquentent le Sahel, tels le Criquet pèlerin *Schistocerca gregaria*, le Criquet migrateur africain *Locusta migratoria migratorioides* et le Criquet arboricole du Sahel *Anacridium melanorhodon*. Les Criquets pèlerins fréquentent en général les zones arides à semi-arides, alors que les Criquets migrateurs africains sont en général rencontrés dans des milieux plus humides au Sahel, tels le Bassin du Lac Tchad et le Delta Intérieur du Niger (Mestre 1988).

La répartition des Criquets pèlerins suit un net rythme saisonnier (Fig. 112). La fréquence des signalements est faible entre janvier et juin, et atteint son maximum entre juillet et décembre. Cette situation est due à la migration circulaire réalisée par les essaims de Criquets pèlerins à partir de leurs zones de grégarisation en Mauritanie,

Algérie, Mali, Niger, Tchad et Soudan. La grégarisation est le procédé par lequel les locustes solitaires développent un comportement grégaire, lorsque les conditions météorologiques sont favorables sur des grandes superficies (FAO 1980). Les Criquets pèlerins forment alors des populations grégaires qui envahissent le Sahel pendant la saison des pluies. Lorsque les conditions favorables perdurent, ils se déplacent vers les zones cultivées, où ils peuvent causer d'importants dommages. Lors de la dernière invasion en Afrique de l'Ouest et du Nord-Ouest entre 2003 et 2005, environ 13 millions d'hectares ont été traités avec des insecticides chimiques pour réduire ou empêcher les dommages aux cultures et aux pâtures (Brader *et al.* 2006).

Pendant les récessions (périodes sans invasion étendue ou intense) ou les rémissions (périodes de fortes récessions marquées par l'absence complète de populations grégaires (FAO 1980), les Criquets pèlerins sont présents en très faible densité dans leurs habitats arides favoris (Fig. 113). Leur densités diminuent tellement (<25 individus

Faucon crécerellette tenant un criquet dans ses serres, Khelcom, centre du Sénégal, mars 2008.

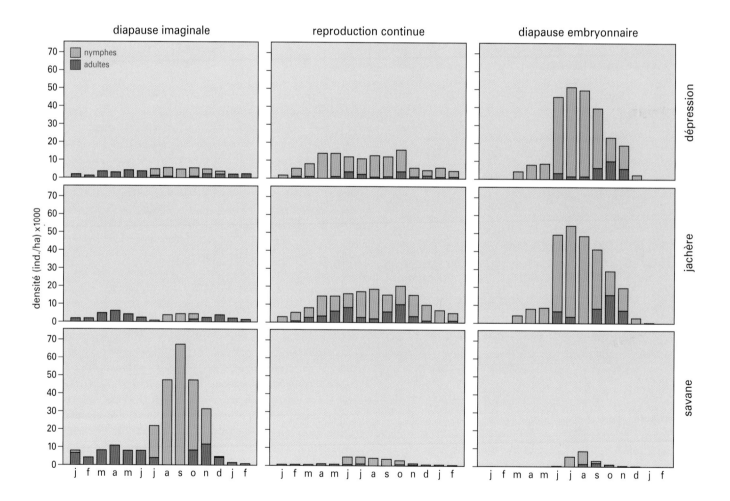

Fig. 115 Cycle annuel de la communauté de sauteriaux de Saria, Burkina Faso, dans trois habitats distincts : dépression subhumide, jachère et savane semi-aride et pour trois cycles de vie différents : diapause imaginale, reproduction continue et diapause embryonnaire. D'après Lecoq (1978) et M. Lecoq (*in litt.*).

Acorypha clara (à gauche), *Ornithacris cavroisi* (à droite). *O. cavroisi* est la proie favorite de nombreuses espèces d'oiseaux pendant la saison sèche.

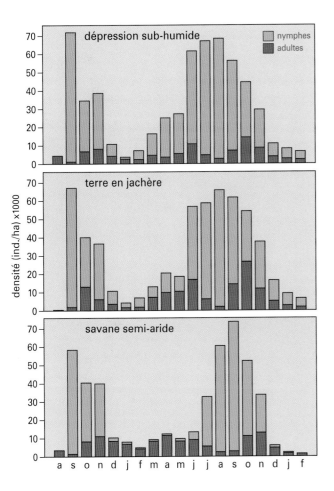

Fig. 116 Densités totales mensuelles de sauteriaux, tous cycles de vie confondus à Saria, Burkina Faso, dans trois habitats distincts : dépression subhumide, jachère et savane semi-aride. D'après Lecoq (1978) et M. Lecoq (*in litt.*)

par hectare) et leur comportement et leur coloration deviennent tellement cryptiques que les prédateurs vertébrés ne constituent alors plus une menace pour leur survie. Il a d'ailleurs été supposé que la forte prédation par les oiseaux est responsable d'une forte pression de sélection en faveur du cryptisme ou d'autres types de défenses anti-prédateurs, tel que la sélection de micro-habitats facilitant le cryptisme ou la fuite (Schulz 1981).

Pendant les invasions, qui résultent d'un fort succès de reproduction pendant plusieurs générations à partir d'une faible population initiale (Symmons & Cressman 2001), les Criquets pèlerins commencent à migrer au début de la saison des pluies. Dans le Sahel occidental, ils migrent vers le Maghreb. Dans la région de la Mer Rouge, ils se dirigent vers la Péninsule arabique, l'Ethiopie, l'Erythrée, mais également parfois jusqu'en Inde, au Pakistan ou au Kenya et en Tanzanie, où ils continuent à se reproduire. Dans la région occidentale, ils reviennent au Sahel vers la fin juin, et atteignent leur abondance maximale entre 17°N et 20°N entre octobre et décembre. La fréquence des invasions de Criquet pèlerin ne suit pas un rythme régulier, d'après les données recueillies depuis 1860. Au sein d'une ou plusieurs zones à Criquet pèlerin, les recrudescences commencent à la suite de plusieurs pluies saisonnières, plus étendues, plus fréquentes, plus fortes et plus longues qu'à l'habitude (van Huis *et al.* 2007). Au cours des deux dernières décennies, des recrudescences ont été signalées dans la région occidentale en 1992-1994 (Bulletin sur le Criquet pèlerin de la FAO) et en 2003-2005 (Brader *et al.* 2006). Une invasion majeure a eu lieu entre 1986 et 1988 (US Congress OTA 1990). Au cours d'une telle invasion, les pullulations de locustes sont très étendues et intenses, et le plus souvent causées par des essaims ou des bandes larvaires (Symmons & Cresssman 2001).

Depuis les années 1960, la circulation générale des vents est revenue à la situation qui prévalait avant 1890, marquée par des mouvements nord-sud de la Zone de Convergence Intertropicale (ZCIT) plus limités (Magor *et al.* 2007). Par conséquent, la répartition géographique et la durée des invasions de nymphes de Criquets pèlerins après 1965 sont bien plus limitées qu'avant 1965 (Magor *et al.* 2007 ; Fig. 114).

Les densités qui ont été observées pendant les invasions varient entre 20 et 150 millions d'individus/km² pour les adultes. Les densités maximales observées pour les 1ers stades larvaires sont de 30.000/m²

Pie-grièche à tête rousse ayant capturé un criquet, Diouroup, Sénégal, février 2008. Les Laniidés et les Coraciidés sont des acridivores spécialistes : plus de 85% des espèces africaines de ces genres se nourrissent d'acridiens.

et pour les 5èmes stades larvaires, de 1000/m². Cependant, les densités moyennes de grandes surfaces sont bien plus faibles, probablement de 50 à 100/m² pour les derniers stades larvaires (Symmons & Cressman 2001). Ces densités sont du même ordre que celles des nymphes de sauteriaux qui peuvent être rencontrées au Sahel en cas de conditions favorables.

Les sauteriaux

La plupart des sauteriaux du Sahel appartiennent également aux acridiens, bien que plusieurs autres familles soient présentes, notamment les Pyrgomorphidés. Le Criquet sénégalais est réputé adopter

un début de comportement grégaire et former des bandes larvaires. Ce qui a été décrit dans la littérature acridologique comme étant des « essaims » de Criquets sénégalais correspond probablement à des fortes concentrations d'individus au cours de périodes de forte abondance (Maiga *et al.* 2008). En général, les sauteriaux ne développent pas de comportement grégaire coordonné comme les locustes, et ne réalisent pas non plus de mouvements diurnes massifs (Maiga *et al.* 2008). Toutefois, le Criquet sénégalais développe trois générations d'individus par an et réalise d'importantes migrations nord-sud, déclenchées par les précipitations.

Les sauteriaux présentent des adaptations comportementales qui leur permettent de s'adapter aux rudes conditions environnementales du Sahel. Ils réalisent une reproduction continue, pondent des

Fig. 117 Superficie minimum envahie par les sauteriaux, en particulier les Criquets sénégalais au Sénégal, au Mali, au Niger et au Soudan entre 1989 et 2007. Basé sur des données fournies par Idrissa Maiga (Centre Régional Agrhymet, Niamey, par courrier) et les Directions Nationales de la Protection des Végétaux. Aucune donnée n'est disponible pour le Soudan avant 1999 et les données du Mali sont incomplètes. En cas d'absence de données, les superficies traitées avec des pesticides dans le cadre de la lutte contre les acridiens ont été utilisées comme substitut.

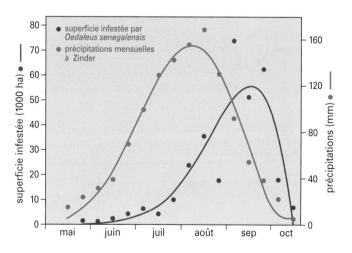

Fig. 118 Superficie mensuelle moyenne infestée par les Criquets sénégalais au Niger en fonction des précipitations mensuelles moyennes. Données fournies par Idrissa Maiga, Centre Régional Agrhymet, Niamey, par courrier.

Faucon lanier chassant les Criquets pèlerins dérangés par des dromadaires dans une végétation sèche composée de *Schouwia thebaica*, Aghéliough, nord du Niger, novembre 2005. Composition photographique de droite : Faucon lanier démembrant un Criquet pèlerin en vol.

œufs restant en diapause à la fin de la saison des pluies (diapause embryonnaire), ou survivent à la saison sèche sous la forme d'adultes en diapause (diapause imaginale). Les espèces à reproduction continue peuvent avoir 2 à 4 générations par an, les espèces à diapause embryonnaire de 1 à 3, et les espèces à diapause imaginale de 1 à 2. Une étude du cycle annuel de la communauté de sauteriaux de Saria (Burkina Faso : 12°16'N, 02°09'O) réalisée par Michel Lecoq (CIRAD) entre 1975 et 1977 a montré qu'après leur maturation, la plupart des espèces de sauteriaux qui passent la saison sèche sous la forme d'adultes immatures pondent des œufs après les premières précipitations importantes (env. 20 mm), puis meurent. Les espèces à diapause imaginale se reproduisent de préférence dans la savane, alors que les autres espèces habitent les dépressions ou les jachères (Fig.

115). Les œufs déposés à a fin de la précédente saison des pluies éclosent en même temps ; entre juin et septembre, la population est dominée par les nymphes. Vers la fin de la saison des pluies, les survivants sont devenus adultes. Leurs nombres atteignent un maximum entre septembre et novembre, alors que la population est majoritairement composée d'espèces qui vont pondre des œufs et mourir. Seules les populations à reproduction continue et celles à diapause imaginale ne le feront que pendant la prochaine saison des pluies.

Le déroulement de la ponte ou de l'éclosion et de la migration dans la zone sahélienne dépend de la position de la ZCIT : en allant vers le nord, la saison des pluies se raccourcit, car la ZCIT arrive plus tard et se retire plus tôt qu'à des latitudes plus méridionales (Fig. 5). Les espèces à large distribution peuvent se reproduire en continu dans

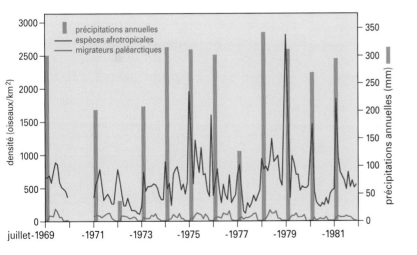

Fig. 119 Densités mensuelles d'oiseaux d'espèces afrotropicales et de migrateurs paléarctiques à Fété Olé, nord du Sénégal, entre 1969 et 1982. Données fournies par G.J et M.-Y. Morel (*in litt.*)

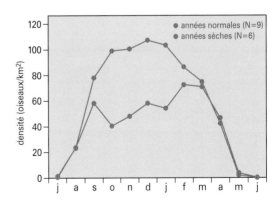

Fig. 120 Densités mensuelles moyennes de migrateurs paléarctiques pendant les années sèches et normales à Fété Olé, nord du Sénégal, entre 1960 et 1982. D'après Morel & Morel (1978) et G.J. et M.-Y. Morel (*in litt.*)

Tableau 21 Nombre et pourcentage d'espèces d'oiseaux par famille se nourrissant de locustes ou sauteriaux en Afrique. Les familles ont été groupées en fonction de la proportion d'espèces à régime acridivore en leur sein.

Afr : Nombre d'espèces de chaque famille connues en Afrique (d'après the Birds of Africa, Vol I-VII)

Acrid : Nombre d'espèces acridivores pour tout ou partie de leur régime alimentaire dans chaque famille

Pal : Nombre d'espèces d'oiseaux au sein d'**Acrid** d'origine paléarctique présumée

% : part représentée par **Acrid** dans **Afric**

Imp Rel : Nombre moyen d'espèces d'acridiens consommé par espèce d'oiseau dans chaque famille

Texte en orange : familles pour lesquelles chaque espèce consomme en moyenne au moins 1,5 espèce d'acridien.

Non-Passeriformes					
Famille	Afr	Acrid	Pal	%	Imp_Rel
75.0-100 %					
CORACIIDAE	8	7	1	87,5	2,00
BURHINIDAE	4	3	1	75,0	1,00
50,0 - 74,9 %					
NUMIDIDAE	6	4	0	66,7	1,75
OTIDIDAE	21	13	0	66,7	1,31
MEROPIDAE	19	12	0	63,2	1,50
CICONIIDAE	8	5	2	62,5	2,60
BUCEROTIDAE	24	13	0	54,2	1,31
CAPRIMULGIDAE	27	14	1	51,9	1,20
FALCONIDAE	24	12	5	50,0	2,17
25,0 - 49,9 %					
GRUIDAE	7	3	0	42,9	1,31
CHARADRIIDAE	34	14	7	41,2	1,14
PHOENICULIDAE	8	3	0	37,5	1,33
ALCEDINIDAE	22	8	0	36,4	1,88
THRESKIORNITHIDAE	11	4	1	36,4	1,50
TROGONIDAE	3	1	0	33,3	1,00
TURNICIDAE	3	1	0	33,3	1,00
GLAREOLIDAE	13	4	2	30,8	2,75
STRIGIDAE	46	14	1	30,4	1,14
ARDEIDAE	29	8	3	27,6	1,38
LARIDAE	26	7	4	26,9	1,29
CUCULIDAE	38	10	0	26,3	1,50
PHASIANIDAE	46	12	1	26,1	1,08
TYTONIDAE	4	1	0	25,0	2,00
0,1 - 24,9 %					
ACCIPITRIDAE	90	20	9	22,2	2,30
CAPITONIDAE	41	9	0	22,0	1,22
RALLIDAE	37	4	1	10,8	1,25
SCOLOPACIDAE	55	4	4	7,3	1,00
APODIDAE	29	2	1	6,9	1,00
COLUMBIDAE	46	2	0	4,3	1,00
ANATIDAE	68	2	1	2,9	1,00
Familes avec <3 espèces					
STRUTHIONIDAE	1	1	0	100,0	1,00
SAGITTARIIDAE	1	1	0	100,0	2,00
ROSTRATULIDAE	1	1	0	100,0	1,00
RECURVIROSTRIDAE	2	2	2	100,0	1,00
UPUPIDAE	1	1	1	100,0	2,00

la savane guinéenne, alors qu'elles réalisent une diapause embryonnaire ou imaginale au Sahel et dans les savanes nord soudaniennes (comme au Burkina Faso ; Fig. 115), car elles doivent faire face à une longue saison sèche. Un grand nombre de sauteriaux à reproduction continue ou à diapause imaginale descendent vers le sud lors du retrait de la ZCIT et les densités les plus faibles sont généralement rencontrées en janvier et février. Comme nous l'avons vu dans le paragraphe précédent, les Criquets pèlerins sont également largement absents du Sahel et de la zone soudanienne pendant cette période et la quantité de nourriture pour les oiseaux acridivores peut devenir critique.

Par conséquent, lorsque les migrateurs paléarctiques arrivent au sud du Sahara, ils peuvent parfois y trouver plus de 300.000 sauteriaux par ha. Ceux qui restent dans la zone sahélienne sont confrontés au déclin rapide des quantités d'acridiens, qui atteignent leur minimum en janvier et février (Fig. 115), ce qui est assez étonnant,

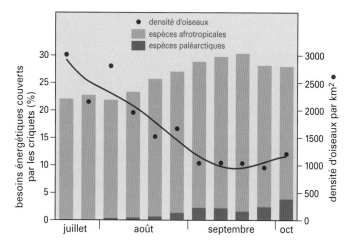

Fig. 121 Régime alimentaire des espèces d'oiseaux entre juillet et octobre 1989 dans le Ferlo occidental, nord du Sénégal, d'après le contenu des gésiers (Mullié, non publ.).

Passeriformes					
Famille	Afr	Acrid	Pal	%	Imp_Rel
75,0-100 %					
LANIIDAE	18	16	5	88,9	1,56
PRIONOPIDAE	8	6	0	75,0	1,00
50,0 - 74,9 %					
DICRURIDAE	8	4	0	50,0	1,25

25,0 - 49,9 %					
MOTACILLIDAE	41	19	4	46,3	1,21
MALACONOTIDAE	46	21	0	45,7	1,19
CAMPEPHAGIDAE	13	5	0	38,5	1,00
ALAUDIDAE	74	28	1	37,8	1,46
CORVIDAE	19	7	0	36,8	2,43
TURDIDAE	134	49	14	36,6	1,18
CISTICOLIDAE	94	34	0	36,2	1,03
STURNIDAE	52	17	1	32,7	1,59
MONARCHIDAE	19	6	0	31,6	1,00
EMBERIZIDAE	17	5	0	29,4	1,00
PLOCEIDAE	112	30	0	28,8	1,10
PASSERIDAE	24	6	1	25,0	1,50

0,1 - 24,9 %					
PLATYSTEIRIDAE	29	7	0	24,1	1,00
MUSCICAPIDAE	38	9	1	23,7	1,00
TIMALIIDAE	40	8	0	20,0	1,13
PYCNONOTIDAE	63	12	0	19,0	1,17
SYLVIIDAE	150	16	7	10,7	1,06
FRINGILIDAE	54	3	0	5,6	1,00
HIRUNDINIDAE	38	2	1	5,3	1,50
ESTRILDIDAE	78	1	0	1,3	1,00
NECTARINIIDAE	87	1	0	1,1	1,00

Familes avec <3 espèces					
PICATHARTIDAE	2	1	0	50,0	1,00
BOMYCILLIDAE	1	1	0	100,0	1,00

Héron garde-bœufs consommant *Acorypha clara*, Khelcom, centre du Sénégal, mars 2008.

car on s'attendrait plutôt à rencontrer les plus faibles nombres en fin de saison sèche. Il semble qu'il s'agisse de la conséquence de déplacements liés aux ressources alimentaires plutôt qu'à la natalité ou la mortalité. La ZCIT se déplaçant du sud au nord, puis en sens inverse, ces migrations ont lieu dans les deux directions, en fonction de la position de la ZCIT. Certaines espèces réalisent des mouvements plus nets que d'autres. Le cas des Criquets sénégalais a déjà été présenté pour la saison des pluies. Pendant la saison sèche, et en fonction de la latitude, *Ornithacris cavroisi* et *Harpezocatantops stylifer* réalisent des mouvements importants, alors qu'une espèce comme *Acorypha clara* réalise de plus courts déplacements (d'après Lecoq 1978). Entre janvier et avril, la communauté de sauteriaux des savanes de Saria au Burkina Faso était composée de 38,2 ±7,5% d'*O.cavroisi*, l'espèce la plus importante en termes de biomasse à cet endroit (Fig. 116). A des latitudes plus élevées *O.cavroisi* atteint également de fortes densités dans les habitats favorables pendant la saison sèche. *Ornithacris* montre une préférence pour les arbres et arbustes à larges feuilles persistantes, comme les Combretacés. Nous supposons que ce type d'alimentation rend l'espèce moins vulnérable au manque de nourriture pendant les années sèches. Il explique également pourquoi de nombreux oiseaux préfèrent *O.cavroisi* qui constitue une source de nourriture fiable et prévisible.

Comme pour les locustes, les pullulations de sauteriaux varient d'année en année (Fig. 117). Au Niger, la différence entre les années de faible et forte pullulations atteint un facteur 118. Les abondances apparentes dans les pays du Sahel semblent déconnectées, probablement en raison d'un manque de prospection, de remontée d'information, d'archivage, en raison de l'insécurité sur le terrain, du manque de carburant ou de la décentralisation. Pour les espèces qui survivent sous la forme d'imagos, de telles informations ne sont pas disponibles, mais nous pouvons être confiants dans le fait que les fluctuations à grande échelle sont la règle (p. ex. Lecoq 1978). L'étendue des pullulations montrent que le contrôle chimique annuel des sauteriaux pourrait avoir un impact environnemental plus fort que celui des locustes pendant les invasions.

Des Busards cendrés et des roseaux, des Faucons crécerellettes et des vautours (principalement le Vautour africain) ont été observés en train de boire dans cette source d'eau, Khelcom, centre du Sénégal, mars 2008. Il est courant d'observer les oiseaux boire au Sahel, mais rarement dans les régions tempérées.

Pendant les années antérieures à 1965, lorsque les Criquets pèlerins étaient très fréquents et très étudiés, les sauteriaux n'étaient considérés que comme des problèmes locaux (M. Lecoq, comm. pers.). Ce n'est que lors de la saison des pluies de 1974, alors que des dégâts aux cultures à grande échelle ont eu lieu deux ans après la sécheresse majeure de 1972/1973, que les sauteriaux ont commencé à être considérés comme nuisibles à la production agricole à l'échelle du Sahel (Launois 1978). L'espèce la plus importante, à la fois en tant que ravageur des cultures qu'en tant que proie pour les oiseaux, est le Criquet sénégalais. Entre 1974 et 1989, les pullulations de Criquets sénégalais et d'autres ayant les mêmes exigences écologiques et modes de vie ont eu lieu en 1974, 1975, 1977, 1978, 1980, 1985, 1988 et 1989 dans le centre du Sahel (Maiga et al. 2008). Les populations de Criquet sénégalais au Niger atteignent leur pic en moyenne un mois après le maximum des précipitations annuelles (données fournies par Idrissa Maiga, Fig. 118).[2]

Relations oiseaux-acridiens

Densités d'oiseaux et répartition Nous possédons de bonnes connaissances sur la répartition saisonnière des oiseaux dans les savanes du Sahel, grâce à une série remarquable de comptages par transects dans le nord du Sénégal réalisée par Gérard J. et Marie-Yvonne Morel (Morel 1968 ; Keur Mor Ibra, 16°20'N, 15°25'O), Morel & Morel (1973, 1978, 1980, 1983 ; Fété Olé, 16°13'N, 15°05'O, Fig. 119) et G.J.Morel (in litt. 1990 et 2008). Ces données ont été recueillies au cours de deux

périodes, 1960-1962 et 1969-1982, et couvrent neuf années de précipitations moyennes et six années sèches. Lorsque ces études furent menées, la densité d'arbres dans les parcelles était bien plus forte qu'aujourd'hui (p. ex. densité d'arbres au sommet des dunes à Fété Olé : 296/ha en 1976 (Poupon 1980), 147/ha en 1995 (Vincke 1995) et 109/ha en 1999 (Danfa et al. 2000)). Les populations d'acridiens, en particulier ceux associés aux milieux prairiaux et à la savane arborée dégradée, étaient probablement plus faibles. Gillon & Gillon (1974) ont mesuré la biomasse en arthropodes au-dessus du sol à Fété Olé en 1971 (202 mm de précipitations ; année sèche) et ont trouvé une biomasse d'acridiens de 2,66 g de matière sèche/100 m² en septembre 1971. D'après les données présentées par Balança & De Visscher (1990), on peut calculer que la biomasse moyenne d'acridiens en septembre 1989 près de Keur Mor Ibra (184 à 314 mm de précipitations ; moyenne de 235,5 mm) était de 38 g de matière sèche/100m², soit 14 fois plus qu'à Fété Olé.[3] Ceci montre, qu'en dehors des variations d'abondance des populations de criquets dues aux modifications de l'habitat (voir ci-dessous), il existe également d'importantes fluctuations naturelles de la disponibilité en proies, principalement fonction des précipitations annuelles (éclosion des œufs, intensité des migrations) et du développement de la végétation (survie des nymphes et des adultes).

Les migrateurs paléarctiques font preuve d'adaptations face à la sécheresse (Fig. 120). A leur arrivée en juillet et août, les densités d'oiseaux sont semblables au cours des années sèches ou normales, mais dès septembre une différence devient perceptible. D'octobre à février, les densités de migrateurs paléarctiques sont réduites d'un

criquets aux USA (Metcalf 1980). Une synthèse des travaux publiés et d'autres sources pertinentes réalisée pour le présent chapitre a révélé que 537 espèces d'oiseaux appartenant à 61 familles sont pour l'instant connues comme étant des prédateurs des locustes et des sauteriaux en Afrique (Tableau 21).

Plusieurs familles d'oiseaux tels les Coracidés et les Laniidés semblent être des acridivores spécialistes en Afrique. Une grande variété d'espèces d'acridiens fait partie du régime alimentaire des Ciconiidés, des Glaréolidés et des Corvidés. Les espèces d'oiseaux peuvent avoir des régimes variés à base d'acridiens comme p. ex. les Milans noirs et les Corbeaux pies, mais aussi les Cigognes blanches et d'Abdim, les Faucons crécerellettes et les Busards cendrés. Sur la base d'un important travail de terrain au Niger, Petersen *et al.* (2008) et Falk *et al.* (2006) ont découvert que les déplacements pré-migratoires des Cigognes d'Abdim sont en synchronie par les mouvements saisonniers des Criquets sénégalais.

A partir des données existantes, Elliott (1962) est parvenu à la conclusion que la prédation pendant les vraies pullulations, au cours desquelles les essaims de plus de 5 milliards d'insectes sont fréquents, pouvait représenter entre 0,25 et 6% de la biomasse d'acridiens. Sur la base des données de Smith & Popov (1953), Greathead (1966) calcula qu'environ 875.000 criquets d'un essaim de « plusieurs dizaines de millions » étaient consommés chaque jour par les prédateurs aviaires. La prédation journalière associée serait d'environ 4%. Les auteurs ont considéré cette situation comme exceptionnelle. Stower & Greathead (1969) ont calculé que sur une période de 23 jours, la prédation par les oiseaux atteignait environ 4% au total d'une population d'1,2 millions de locustes (0,17% par jour), soit un faible taux de prédation. Cheke *et al.* (2006) ont étudié l'impact de la prédation sur une population isolée de Criquets pèlerins par les Faucons crécerelle et lanier pendant un essai de terrain de l'entomopathogène *Metarhizium acridum* dans le nord du Niger. Ils ont observé que le taux de prédation augmentait de 0,05%/jour à 3,8%/jour en 36 jours, et que la population initiale de Criquets pèlerins avait chuté d'un million à 13.000 individus sous l'effet combiné du *Metarhizium* et des faucons. L'impact cumulé atteignait au maximum 26% de la population de locustes (Cheke *et al.* 2006). Il est intéressant de noter que les faucons ont continué à se nourrir de locustes, même après que leur densité ait chuté de 1700 à 20 par ha à la fin de l'étude. Cependant, on sait que les densités de locustes calculées d'après des comptages par transects sont sous-estimées de 25 à 50% (Magor *et al.* 2007).

Les bandes larvaires de Criquets pèlerins peuvent subir des pertes bien plus fortes à cause de la prédation aviaire. Ashall & Ellis (1962), au cours d'études sur le Criquet pèlerin en Erythrée, ont estimé qu'une population d'environ 15,2 millions de larves avait été réduite à 5,2 millions en seulement 14 jours, grâce notamment à un prélèvement de 8 millions d'individus par les oiseaux, ce qui correspond à 52% de la population initiale. En Mauritanie et au Niger, Wilps (1997) a trouvé que les oiseaux, en particulier le Courvite isabelle, le Moineau doré et le Moineau blanc, avaient consommé 97,5 à 99,5% d'une bande larvaire de Criquets pèlerins (2ème à 4ème stade) de 130.000 à 500.000 individus en 11 jours et 95% d'une bande larvaire de 1,1 millions d'individus. Culmsee (2002) suivit une bande larvaire

facteur deux pendant les années sèches. De mars à mai, les densités sont à nouveau semblables entre les années sèches et normales, ce qui traduit une migration vers le nord d'oiseaux ayant hiverné plus au sud, là où les conditions étaient plus favorables.[4]

La nourriture des prédateurs vertébrés dans le nord du Sénégal a été étudiée en 1989 par le biais des contenus de gésiers d'oiseaux, de mammifères et de reptiles (Fig. 121), et leurs demandes en énergie ont été calculées (Mullié, non publ.). Les criquets composaient la majeure partie du régime d'un grand nombre d'espèces. Fait intéressant, les engoulevents s'y révélèrent acridivores, ce qui fut également démontré au Niger (Brouwer & Mullié 1992). La proportion de la demande en énergie totale des oiseaux satisfaite par les criquets est passée de 22 à 30% à partir de la mi-août. Cette progression correspondait avec une augmentation du nombre de criquets dans les parcelles, en particulier à un afflux de Criquets sénégalais (d'une moyenne de 28.700 ind./ha le 5 septembre à 54.000 ind./ha le 16 septembre) en cours de migration vers le sud, à la suite du retrait de la ZCIT (Balança & Visscher 1990). A la fin septembre, le nombre de criquets déclina rapidement du fait de l'assèchement progressif de la végétation herbacée (Niassy 1990). La demande en énergie des migrateurs paléarctiques satisfaite par les criquets n'atteignait alors plus que 4% au maximum pour l'ensemble de la communauté aviaire. Les plus fortes densités de migrateurs paléarctiques ne furent atteintes à cette latitude qu'en décembre (Fig. 120), soit plusieurs mois après le pic d'abondance des criquets.

Les oiseaux, prédateurs des locustes et des sauteriaux Elliott (1962) mentionnait plus d'une centaine d'espèces d'oiseaux de 34 familles parmi les prédateurs des locustes en Afrique de l'Est. Husain & Bhalla (1931) en firent de même pour le sous-continent indien et obtinrent 35 espèces, alors que plus de 200 espèces d'oiseaux se nourrissent de

de 20.000 individus en Mauritanie et observa sa réduction jusqu'à moins de 5000 en dix jours du fait de la prédation aviaire, soit un taux de prédation journalier de 7,5%. De forts taux de prédation sur les nymphes de Criquets pèlerins, en particulier lors des essais de l'entomopathogène *Metarhizium acridum*, ont également été observés par Kooyman & Godonou (1997) et par Kooyman *et al.* (2005, 2007). Des bandes larvaires contenant de quelques dizaines à centaines de milliers d'individus en Algérie et en Mauritanie étaient en général éliminées par les oiseaux en moins d'une semaine. Au cours de ce dernier essai, le Moineau doré faisait partie des principaux ennemis naturels de larves de Criquet pèlerin de 4ème stade (données W.C. Mullié & C. Kooyman). Les Moineaux dorés sont considérés nuisibles pour le riz et le mil en maturation au Sahel et sont donc tués par millions avec des pesticides organophosphorés. Une controverse identique existe pour le Tisserin gendarme, qui est habituellement considéré comme nuisible pour les cultures, mais qui est également l'un des principaux consommateurs de Criquets sénégalais au Niger (Axelsen *et al.* 2009). Baddeley (1940) dans « The rugged flanks of Caucasus » raconte que les Etourneaux roselins étaient appelés Oiseaux de Mahomet ou Oiseaux sacrés en raison de leurs capacité de prédation des locustes, mais Oiseaux du diable lorsqu'ils dévastaient les fruits dans les vergers et les vignes deux mois plus tard.

Kooyman (in Bashir *et al.* 2007) a calculé que 1500 Bergeronnettes printanières se nourrissant de larves de 2ème stade de Criquet pèlerin en consommaient 225.000 par jour à Aitarba, 260 km au sud de Port Soudan, Soudan, le long de la côte de la Mer Rouge. En considérant une sous-estimation de 40%[5], ces oiseaux auraient consommé envi-ron 3% par jour des 12 millions de larves présentes. Le prélèvement total de larves par les oiseaux entre l'éclosion et l'envol fut estimé par Kooyman (in Bashir *et al.* 2007) de l'ordre de 30%, et pourrait même, d'après le calcul ci-dessus[5], être plus élevé.

Des travaux récents au Niger ont montré que les Hérons garde-bœufs réduisaient les densités locales de criquets (2,5 à 5 ind./m² initialement) de 55 à 85% (Petersen *et al.* cités par Kooyman 2006). Un travail équivalent au nord du Nigéria a mis en évidence que les Hérons garde-bœufs éliminaient 45% des criquets à une densité de 1,33 ind./m² (Amatobi *et al.* 1987). Dans les secteurs fréquentés par les Cigognes d'Abdim, les diminutions étaient encore plus prononcées : de 9,9 à 1,2 ind./m² pour les fortes densités et de 3,6 à 0,8 ind./m² pour les faibles densités (Petersen *et al.* 2008a). Bien que ces diminutions soient partiellement causées par la fuite des insectes face aux groupes d'oiseaux en chasse, il est évident que les oiseaux contribuent à affaiblir les densités de criquets.

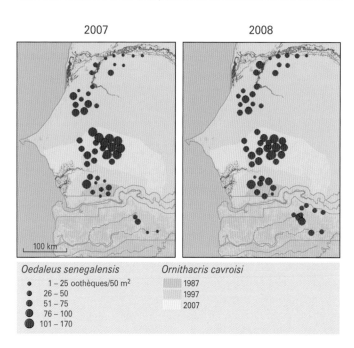

Fig. 122 Progression géographique entre 1987 et 2007 de *O. cavroisi* dans la partie orientale du bassin arachidier au Sénégal (d'après Alioune Beye, DPV, cité par Mullié (2007)) et densité d'oothèques de Criquets sénégalais au Sénégal en 2007 et 2008 (données fournies par Kemo Badji, DPV).

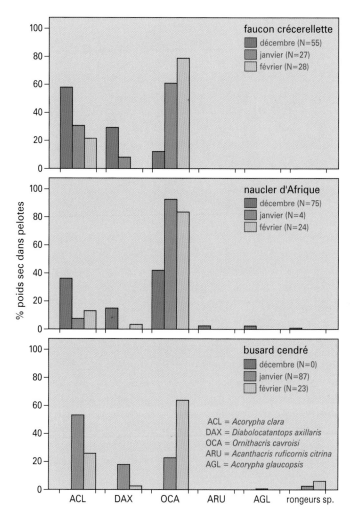

Fig. 123 Régime alimentaire du Faucon crécerellette, du Naucler d'Afrique et du Busard cendré au Sénégal, d'après l'analyse des pelotes de réjections collectées sous les dortoirs nocturnes. Données LPO (France), SWGK (Pays-Bas) et Mullié (non publ.)

Milans noirs et Corbeaux pies se nourrissant d'acridiens chassés par un feu de brousse, Khelcom, centre du Sénégal, novembre 2006.

Il faut noter que l'importance de la prédation ne peut pas être uniquement déduite des taux de prédation constatés lorsque la nourriture est rare pour les criquets (Belowsky *et al.* 1990). Dans de telles conditions, une compétition intra- et interspécifique peut se produire et la prédation peut avoir un effet compensatoire, *i.e.* les criquets tués par les prédateurs seraient de toute façon mort du fait de la compétition ou du manque de nourriture. Une situation identique se rencontre en fin de saison des pluies, lorsque les criquets qui ont pondu leurs œufs diapausants meurent quoi qu'il arrive. La prédation des oiseaux sur ces individus n'a aucune influence sur la taille de leurs populations.

Les Busard cendrés peuvent servir d'exemple d'une espèce d'oiseau dont la densité augmente lorsque les densités de sauteriaux ou de locustes sont élevées (réponse numérique), et dont la fréquence de capture d'acridiens augmente en cas de forte densité de locustes (réponse fonctionnelle). Lors de l'invasion de Criquets pèlerins de 1988, plus de 1000 Busards cendrés furent comptés dans un secteur infesté de locustes entre Mbour et Joal au Sénégal (Cormier & Baillon 1991). Un an plus tard, alors que les locustes étaient absentes, seuls 120 individus étaient présents dans la même zone (Baillon & Cormier 1993). Cette zone est toujours fréquentée par le Busard cendré, et en 2006-2007, leur nombre fut estimé à au moins 150 individus (Claudia Puerckhauer, pers. comm.). Les restes de nourritures trouvés dans les pelotes de réjection ramassées dans le centre du Sénégal contenaient jusqu'à 95% d'acridiens ; d'autres proies étaient présentes, mais en faible quantité : des petits passereaux, des mammifères et des reptiles. Les busards montraient une préférence pour les grandes espèces de criquets parmi la douzaine d'espèces présentes (W. C. Mullié, obs. pers.). Ces choix sont très différents de ceux réalisés pendant la saison de reproduction en Europe de l'Ouest, où les proies sont plus variées et où les vertébrés, en particulier les campagnols représentent une importante source de nourriture (Arroyo 1997, Underhill-Day 1993, Salamolard *et al.* 2000, Koks *et al.* 2007). Cependant, ils sont très proches de ceux réalisés dans le sud de l'Espagne (Corbacho *et al.* cités par Salamolard *et al.* 2000) et en Inde (Ganesh & Kanniah 2000).

Sur leurs sites d'hivernage, les Busards cendrés s'alimentent en milieu de matinée, lorsque les températures montent et que les criquets s'activent, et à la fin de l'après-midi, juste avant de se rendre sur leurs dortoirs nocturnes. Pendant les heures les plus chaudes de la journée, la plupart reste à l'ombre de buissons bas ou s'élèvent dans les ascendances thermiques. Ils sont souvent vus près des trous d'eau (Cormier & Baillon 1991, W.C. Mullié obs. pers.), un comportement probablement lié au besoin en eau par forte chaleur, car il n'est pas observé au sein de l'aire de reproduction européenne (Ben Koks, comm. pers.). Des fréquences de capture élevées ont été observés dans le nord du Sénégal (1 proie/4,5 min ; Arroyo & King 1995). A cette fréquence, le besoin journalier en énergie peut être atteint en trois (*Ornithacris*) ou quatre heures (*Schistocerca*) d'alimentation par jour. Juste avant leur migration automnale, les Cigognes d'Abdim de l'est du Niger couvrent 95% de leurs besoins énergétiques journaliers (hors engraissement pré-migratoire) en seulement une heure de chasse aux acridiens pendant une année de forte densité. Lorsque les densités de criquets sont de 60 à 65% inférieures aux précédentes, 70 à 75% de la demande énergétique est couverte en deux heures d'alimentation (Petersen *et al.* 2008a). Bien qu'en théorie les besoins énergétiques puissent être couverts en peu de temps, la capacité limitée du tube digestif (Kenward & Sibley 1977) et le temps nécessaire à la digestion nécessitent plusieurs phases d'alimentation dans la journée.

Expérimentations Plusieurs études basées sur des expériences d'exclusion ont démontré le potentiel de la prédation aviaire pour la régulation des populations de criquets. Au cours d'une étude de deux ans dans les prairies du nord Dakota, USA, Fowler *et al.* (1991) n'ont pas détecté de différence entre les parcelles avec des oiseaux et les parcelles d'où les oiseaux étaient exclus pour de faibles densités (ca. 1 ind./m²) au cours d'une année sèche ; en revanche, les densités de criquets étaient 33% plus faibles dans ces dernières parcelles au cours d'une année de précipitations normales, alors que les densités étaient d'environ 3 ind./m². Dans une autre expérience, Joern (1986) a observé une réduction de

Encadré 17

Les limites de la croissance ?

La dégradation des sols est un processus continu et, dans certains cas, irréversible s'il n'est pas stoppé à temps. Elle semble avoir créé – au moins temporairement – des habitats favorables pour le développement et l'augmentation des populations de sauteriaux au sein de la dernière extension du bassin arachidier dans le centre du Sénégal, où 55.400 ha des 73.000 ha de réserves agropastorales et de forêts protégées ont disparu depuis entre 1991 et 2004 pour la production d'arachide (Schoomaker Feudenberger 1991, Mullié et Guèye 2009). Sans surprise, cette région est devenue importante pour l'hivernage du Faucon crécerellette et du Busard cendré, et peut-être même pour le Traquet motteux. Cependant, il faut s'attendre à ce qu'à long terme, les conditions deviennent moins favorables : une forte érosion du sol sous l'effet du vent et de l'eau aura lieu si la présente utilisation du sol se poursuit sans modification. Les sols de cette zone font partie des plus vulnérables au Sénégal face à l'érosion éolienne (CSE 2003). La réduction des périodes de jachère, tendance visible partout au Sahel aura des impacts négatifs sur la biodiversité. Ce processus présente des points communs avec l'eutrophisation. Une faible augmentation des concentrations de nutriments augmente la biodiversité et la biomasse totale, mais lorsqu'un certain seuil est atteint, la richesse spécifique commence à décliner et le système s'effondre en faveur de quelques espèces généralistes. L'utilisation du sol dans les parties anciennes du bassin arachidier, qui sont cultivées depuis bien plus longtemps, peuvent servir d'illustration de ce à quoi il faut s'attendre. Il est tentant de penser à l'évolution du complexe sauteriaux-prédateurs en fonction de l'âge d'une zone mise en culture. Malheureusement, notre connaissance est encore rudimentaire. Il est toutefois déjà pertinent de se demander où sont les limites de la croissance.

27,4% du nombre de criquets dans des parcelles au Nebraska, USA, soumises à 40 jours de prédation aviaire, soit 0,7% de diminution par jour, alors que Joern (1992) a trouvé une réduction causée par les oiseaux de 25% en 3 ans. Dans des conditions sèches, aucune différence significative entre les parcelles avec et sans oiseaux n'a pu être détectée, en raison des déplacements de criquets entre les parcelles.

Au cours d'une expérience d'exclusion, des oiseaux ont limité le nombre de criquets dans des prairies semi-arides non pâturées du SE de l'Arizona, USA (Bock *et al.* 1992). A la fin de la dernière année d'étude, la densité de criquets adultes était plus de 2,2 fois plus forte, et la densité de nymphes plus de 3 fois plus forte, dans les parcelles d'où les oiseaux étaient exclus. Malgré leur impact, Bock *et al.* ont conclu que les oiseaux ne pouvaient pas être qualifiés de prédateurs clés, au moins à court terme.

Les premiers résultats d'une simulation du rôle des oiseaux et des prédateurs d'oothèques sur le Criquet sénégalais (Axelsen *et al.* 2009) ont montré que la prédation naturelle combinée causait une réduction d'entre 60 et 75%, dont 25 à 30% par les oiseaux (Jørgen Axelsen, comm. pers.). Ces diminutions sont du même ordre de grandeur que celles trouvées dans les expérimentations mentionnées plus haut. Le modèle incluait plusieurs taxons, dont des plantes (graminées indigènes du Sahel, millet), des criquets (Acrididés, *i.e. Oedaleus senegalensis*), des prédateurs d'insectes (Bombyliidés, Ténébrionidés) et des vertébrés (24 espèces d'oiseaux). Les paramètres du modèle ont été construits d'après des données de terrain collectées au Sénégal et au Niger en 2003 et 2004.

Les modifications de l'utilisation du sol au Sénégal ont-elles augmenté la quantité de criquets ? La principale ceinture agricole du Sénégal, également appelée le bassin arachidier, souffre de la pression d'une population humaine en augmentation sur ses ressources naturelles. Les changements dans l'utilisation du sol au Sénégal entre 1988 et 1999 ont été évalués d'après des images satellites (CSE 2003). L'une des zones d'étude, couvrant 515.673 ha dans la partie est du département de Kaffrine au sein du dernier secteur d'extension de l'agriculture du bassin arachidier (Tappan *et al.* 2004), a vu ses terres cultivées passer de 138.396 ha à 215.725 ha (de 26,8 à 41,8% de la superficie totale). Les sols dénudés sont passés de 62 à 2038 ha et la steppe de 25 à 39.671 ha. En contrepartie, les superficies de savane ont décliné de 370.267 ha à 256.954 ha. Seuls 37.659 ha, ou 10,2% de la savane de 1988, n'ont pas subi de changement.

En lien avec ces modifications, la répartition des criquets a été simultanément modifiée. Certaines espèces, tel *Ornithacris cavroisi*, a progressivement augmenté et envahi des zones où l'espèce était peu commune, particulièrement vers le NE (Mullié 2007 ; Fig. 122). Le constat est le même pour d'autres espèces présentant le même mode de vie, comme *Acorypha clara* et *Acanthacris ruficornis citrina*. Le défrichement des denses zones boisées au profit des jachères et des arbustes bas (principalement des Combretacés et des Acaciacés, avec parfois un baobab), ont créé des habitats favorables pour les espèces de criquets préférant les prairies parsemées d'arbustes bas ou les habitats chauds sur sols nus. La transformation de l'ancienne savane arborée en steppe interrompue par des cultures (arachide, millet, sorgho et maïs) semble également avoir créé des habitats favorables aux criquets à diapause embryonnaire, comme *Oedaleus senegalensis*, *Kraussella amabile* et *Cataloipus cymbiferus*. Les densités moyennes combinées d'adultes et de nymphes entre août et octobre atteignent maintenant souvent 40 ind./m², et parfois jusqu'à 120

La chasse en communauté des Hérons garde-bœufs et des Faucons crécerellettes à Khelcom, centre du Sénégal, février 2008, est un spectacle classique pendant la période où la densité d'acridiens est moyenne à forte.

Oiseaux retrouvés morts après des opérations de lutte contre le Criquet pèlerin au Niger et en Mauritanie. De gauche à droite : Rollier d'Abyssinie, Guêpier à gorge blanche, Moineau doré et Cratérope fauve.

ind./m² (W.C. Mullié et Y. Guèye, non publ.), ce qui est supérieur au seuil économique de déclenchement des traitements, tel qu'appliqué par la Direction de la Protection des Végétaux du Sénégal (DPV) (Mullié 2007). De récents comptages d'oothèques de Criquets sénégalais montrent qu'il ne s'agit pas que d'une hypothèse. Les densités d'oothèques trouvées sur le terrain dans cette zone pendant les saisons sèches de 2007 et 2008 étaient parmi les plus élevés rencontrées au Sénégal (Fig. 122).

Des augmentations des densités de criquets ont également été signalées ailleurs, associées à des modifications météorologiques/écologiques et d'origine anthropiques, tels que les sécheresses (Launois 1978), le pâturage par les ongulés (Merton 1960, Bock *et al.* 1992, Moroni 2000), les feux de brousse (Thiollay 1971) ou les changements d'utilisation du sol, particulièrement la réduction de la couverture forestière et la transition vers une mosaïque d'habitats (Merton 1960, Idrissa Maiga par courrier 2008).

L'étude de Franc (2007) est particulièrement importante. Elle permit de montrer un lien de cause à effet entre la récente déforestation dans le NO de Madagascar et le développement d'une nouvelle aire de grégarisation et de reproduction pour le Criquet nomade *Nomadacris septemfasciata*. Les Criquets nomades utilisent les corridors nouvellement créés par la déforestation, pour exploiter des biotopes favorables à la ponte. Franc (2007) a également montré que dans les conditions climatiques en vigueur, la succession dans les habitats nouvellement créés pourrait *in fine* rendre ces zones moins attractives pour la reproduction. Des mesures drastiques de protection prises en Thaïlande, où un tel lien entre le développement des acridiens et la déforestation a été découvert, ont permis de stopper les invasions qui s'y étaient produites pendant 25 ans (Roffey 1979).

Il existe des indications selon lesquelles les quantités de prédateurs vertébrés, et en particulier les oiseaux, ont augmenté. Nous supposons qu'il s'agit d'une réponse à la disponibilité des proies.

Nos suivis dans le centre du Sénégal depuis la fin 2006 montrent que les steppes et prairies nouvellement créées avec jusqu'à 15% et parfois 40% d'arbustes bas, dominés par *Guiera senegalensis* et *Combretum glutinosum*, attirent de très grands nombres d'acridivores, dont les Faucons crécerellettes (25.000-30.000 en un dortoir, mais des dizaines de milliers ailleurs), les Nauclers d'Afrique (35.000-40.000) et les Busards cendrés (7000-10.000 au moins)[6], répartis sur un terrain de chasse d'environ 3500 km². Au sein d'un secteur d'environ 550 km², les Rolliers d'Abyssinie et les Traquets motteux atteignent chacun des densités maximales d'environ 100 ind./km², alors que les Hérons garde-bœufs (4000-5000), les Cigognes blanches (3500), les Cigognes épiscopales et les Marabouts d'Afrique (dizaines) y sont communs. Les densités de Traquets motteux sont du même ordre de grandeur que celles observées dans le nord du Nigéria (Jones *et al.* 1996), alors que le nombre de Busards cendrés en chasse (>5.000 oiseaux ; confirmé par les comptages aux dortoirs) est parmi les plus élevés mentionnés dans la littérature. Les Alectos à bec blanc et les Guêpiers à gorge blanche en septembre-octobre, les Cigognes blanches, Milans noirs et Faucons crécerellettes en novembre et les Hérons garde-bœufs et Faucons crécerellettes entre janvier et mars s'associent souvent pour se nourrir, parfois en suivant des troupeaux de bétail (W.C Mullié, obs. pers.). Ces associations en réponse aux fortes densités d'acridiens sont bien documentées dans la littérature (p. ex. Smith & Popov 1953, Schüz 1955, Meinertzhagen 1959, Triplet & Yésou 1995).

Les analyses des restes de nourritures présents dans les pelotes de régurgitation collectées sous des dortoirs entre novembre 2007 et avril 2008 ont montré que les Faucons crécerellettes, Busards cendrées et Nauclers d'Afrique consommaient principalement des criquets (Fig. 123). Au cours de la saison sèche, le régime alimentaire de ces trois rapaces passe des petits *Acorypha clara* et *Diabolocatantops axillaris* au plus gros *Ornithacris cavroisi*. Nous n'avons pas assez de

données sur les densités de criquets et leur répartition pour expliquer ces changements. Les expérimentations indiquent que les oiseaux sélectionnent les plus grandes espèces de criquets présentes ou, au sein d'une espèce, le sexe le plus grand (femelles). Ce choix d'alimentation maximise l'apport d'énergie (Kaspari & Joern 1993). Les oiseaux observés tuaient en effet de préférence les plus grands criquets (Belovski & Slade 1993), même si les mâles se sont révélés plus vulnérables que les femelles en raison de leur comportement moins discret (Belovski *et al.* 1990).

Intégrer la prédation aviaire dans une approche alternative pour le contrôle des locustes et des sauteriaux   En observant les invasions de Criquets pèlerins depuis les années 1960 par rapport à la période précédente, et en prenant en compte l'avis d'acridologues reconnus (Michel Lecoq, CIRAD, et Joyce Magor, FAO, par courrier), on peut résumer la situation comme suit. L'introduction des mesures de prévention des invasions dans les années 1960, en particulier l'utilisation de la dieldrine (insecticide organochloré) pour des traitements en barrières, s'est révélée efficace pour éviter la constitution de populations grégaires. La dieldrine fut également mise en cause dans le déclin de diverses espèces d'oiseaux en Europe et en Amérique du Nord et soupçonnée d'avoir contribué au déclin des populations d'oiseaux paléarctiques et afrotropicaux (hivernant) en Afrique. Au cours des années 1980, la dieldrine fut remplacée par des insecticides organophosphorés et d'autres composés, à courte durée de vie et par conséquent coûteux. Des épandages complets et répétés étaient nécessaires pour obtenir le même résultat. Le fipronil, un composé assez persistant, devint disponible pour les traitements en barrières, mais il fut vite évident qu'il avait des inconvénients environnementaux majeurs (Danfa *et al.* 2000, Mullié *et al.* 2003, Peveling *et al.* 2003). Il n'est aujourd'hui plus recommandé pour le traitement à grande échelle du Criquet pèlerin (PRG 2004). Les pullulations depuis 1965 ont été traitées par l'utilisation massive d'insecticides organophosphorés, dont on a dit qu'ils avaient mis fin aux invasions et limité l'étendue de ce fléau.

Cependant, la répartition et l'abondance du Criquet pèlerin au cours des 40 dernières années peuvent également être expliquées par les changements de la circulation générale des vents et les modifications induites des mouvements de la ZCIT, qui ont entraîné une nette réduction géographique et de la durée des invasions de Criquets pèlerins, sans pour autant affecter la fréquence des pullulations (Fig. 114). Alors que certains experts prétendent que l'utilisation massive de pesticides a stoppé les invasions de 1986-1988 et 2003-2005, d'autres pensent que des conditions météorologiques inhabituelles et extrêmes sont responsables de leur fin. Avec les connaissances actuelles, il n'est pas possible d'identifier avec fiabilité le rôle de ces différents facteurs, mais les données fournis par Magor *et al.* (2007) indiquent que le climat et la météorologie ont probablement joué un rôle plus important que nous le pensions.

Pour les oiseaux, les conséquences sont sans équivoque. Les locustes migratrices, comme le Criquet pèlerin, n'ont jamais représenté une source de nourriture fiable. Les oiseaux attaquent les essaims et les bandes larvaires, mais la plupart du temps, le Criquet pèlerin possède une distribution limitée et n'est pas présent au Sahel lorsque les migrateurs paléarctiques y sont. En outre, après 1965, la reproduction dans les aires de prolifération a été géographiquement restreinte par rapport à la période précédente (Magor *et al.* 2007). Par conséquent, la probabilité de rencontre a diminué, et réduit l'importance des locustes comme source de nourriture pour les oiseaux. De la même manière, les opportunités de se nourrir de locustes traitées sont devenues moins fréquentes.

Au cours de la même période, les populations de sauteriaux ont commencé à ravager les cultures de subsistance au Sahel. Avant 1974, les sauteriaux étaient considérés comme un problème local. Cette situation a changé après la prolifération massive de 1974, et depuis, les sauteriaux représentent un facteur déterminant pour la production agricole au Sahel. Il existe des preuves, soulignées dans ce chapitre, que les changements dans l'utilisation du sol ont contribué à la création de conditions favorables pour le développement des populations de sauteriaux, et pour un changement de la composition spécifique dans des secteurs où ils n'étaient précédemment pas considérés

Pendant la décrue, le Delta Intérieur du Niger est envahi par environ un demi-million de Hérons garde-bœufs qui se nourrissent des innombrables locustes et sauteriaux. Lorsque la plaine est inondée, ces oiseaux se concentrent dans les champs de riz sauvage où leur régime alimentaire est également basé sur les acridiens. Novembre 2008.

comme des ravageurs des cultures. En raison de la rapide augmentation de la population humaine, la savane est défrichée et de nouvelles terres sont mises en culture. Les espèces de sauteriaux, en particulier celles qui réalisent une diapause imaginale, sont présentes toute l'année et constituent une source de nourriture fiable pour les oiseaux.

Les sauteriaux, comme les locustes, sont traités avec des insecticides chimiques et leur présence annuelle sur de vastes secteurs (Fig. 117) rend la lutte potentiellement plus dommageable pour l'environnement que celle contre les locustes. Un récent examen de l'entomopathogène *Metarhizium acridum* (Green Muscle®) a montré qu'il pourrait constituer une alternative crédible aux insecticides chimiques à large spectre, au moins limiter la prolifération d'un certain nombre d'espèces de sauteriaux et les nymphes de Criquet pèlerin dans le cadre d'une stratégie de contrôle préventif (van der Valk 2007). Bien que *Metarhizium* ait montré son efficacité sur le terrain contre les Criquets pèlerins adultes (Cheke *et al.* 2006), sa vitesse d'action relativement lente, en particulier lorsque la gamme de températures ambiantes est défavorable au développement des pathogènes, empêchera de l'utiliser contre les essaims et les méthodes de contrôle chimique continueront à être utilisées dans un futur proche. Cependant, le contrôle préventif empêchant la constitution des essaims, les besoins en traitements chimiques seront réduits.

Sur la base des informations disponibles, Mullié (2007b) a montré qu'il existe une synergie entre la prédation aviaire et le contrôle biologique des locustes et des sauteriaux. Cette synergie résulte de quelques différences fondamentales entre les mécanismes de contrôle biologique et chimique. La lutte chimique avec des insecticides à large spectre tue un grand nombre d'insectes, ciblés ou non, sur une courte période de temps, variant de quelques heures à moins d'un jour. Les oiseaux insectivores sont donc privés presque instantanément de leurs proies et doivent quitter en masse la zone. Mullié & Keith (1993) ont observé une réduction d'environ 50% des nombres d'oiseaux le jour suivant le traitement. Les insectes morts ne constituent pas des proies attractives et se décomposent. Les biopesticides ne tuent pas instantanément, mais affaiblissent leurs cibles jusqu'à ce qu'ils deviennent léthargiques et faciles à capturer. En outre, ils sont sélectifs et ne tuent pas les prédateurs et les parasitoïdes. Les oiseaux comprennent rapidement que des proies faciles sont disponibles et, au lieu de quitter le site de traitement, ils y sont attirés. Ces découvertes sont importantes pour comprendre la relation pathogène-prédateur dans le but de développement des stratégies intégrées de contrôle des ravageurs qui prennent en compte la réponse numérique des prédateurs aviaires et des autres ennemis naturels (p. ex. Thomas 1999).

Malgré les cas mentionnés dans le texte où les espèces aviaires acridivores causent également des dommages à l'agriculture au Sahel, les travaux de terrain et les expérimentations ont apporté des preuves irréfutables d'oiseaux supprimant les populations d'acridiens de taille faible à moyenne, et parfois même de taille importante. Comme le défendent Kirk *et al.* (1996), ce « service écologique » devrait être valorisé. Il faut donc se demander si le traitement chimique des stades larvaires des locustes et des sauteriaux soumis à une forte pression de prédation est toujours utile, en particulier lorsque les densités sont faibles, tout comme le traitement des bandes larvaires comptant jusqu'à plusieurs millions d'individus.

Remerciements

Wim Mullié est particulièrement reconnaissant envers la « Fondation Agir pour l'Education et la Santé (FAES, Sénégal, Président Mme Viviane Wade ; Première Dame du Sénégal) pour avoir financé l'écriture du Chapitre 14. Il dédie ce chapitre à Mme Wade. Il remercie sincèrement les personnes suivantes pour avoir apporté des données non publiées ou d'autres informations pour les premières versions du Chapitre 14, ou pour l'avoir commenté. Il s'agit, par ordre alphabétique de : Dr Mohamed Abdellahi Ould Babah (CNLA, Mauritanie), Kemo Badji (DPV, Sénégal, Projet PRELISS), Amadou Bocar Bal (Centre Régional Agrhymet, Niger), Sébastien Couasnet (Fondation AES, Sénégal), Harry Bottenberg (USAID, Ghana), Moussa (Baba) Coulibaly (DPV, Niger), Yves Dakouo (OPV, Mali), Meissa Diagne (DPV, Sénégal), Fakaba Diakite (UNLCP, Mali), Ousseynou Diop (DPV, Sénégal), Helena Eriksson (SLU, Suède), Ali Gado (OPV, Mali), Hans Hut (Foto Hut, Pays-Bas), Rabie Khalil (Locust Control Center, Soudan), Gerrit van de Klashorst (Pays-Bas ; ex-FAO, Dakar), Ben Koks (SWGK, Pays-Bas), Moussa Konate (DPV, Sénégal), Christiaan Kooyman (Fondation AES, Sénégal, et ex-IITA, Bénin), Michel Lecoq (CIRAD, France), Joyce Magor (FAO, Italie), Idrissa Maiga (Centre Régional Agrhymet, Niger), Gérard J. and Marie-Yvonne Morel (France; ex-ORSTOM, Sénégal), Bo Svenning Petersen (Orbicon, Danemark), Philippe Pilard (LPO France), Claudia Puerckhauer (Bayerisches Artenhilfsprogramm Wiesenweihe, Germany), Toumani Sidibe (UNLCP, Mali), Leen Smits (SWGK, Pays-Bas), Amadou Demba Sy (CNLA, Mauritanie), Harold van der Valk (Pays-Bas) , Larry Vaughan (Virginia Tech, USA).

Notes

1   Une évaluation des risques pour les oiseaux réalisée pour des campagnes de lutte contre le Criquet pèlerin et les sauteriaux au Sénégal a montré un risque significatif de mortalité aviaire dans 55% des secteurs traités pendant la campagne de 1986-1989 contre le Criquet pèlerin et dans 50% des sites pendant la campagne 1993-1995, dans les deux cas en raison de l'usage du fenitrothion (Mullié & Mineau 2004). D'autre part, une évaluation équivalente réalisée pour la campagne 2003-2005 contre le Criquet pèlerin a montré qu'entre 35 et 41% des zones traitées subissaient une mortalité aviaire (données : W.C. Mullié).

2   Il est intéressant de noter que les modèles mathématiques de Holt & Colvin (1997) et Colvin & Holt (1996) sur l'interaction entre la migration des Criquets sénégalais, leurs prédateurs et un habitat saisonnier indiquent qu'une sécheresse sévère et prolongée pourrait induire une prolifération en raison de la diminution de la prédation naturelle. Cependant nos analyses de régression des années de prolifération des Criquets sénégalais n'ont pas donné de résultat significatif lorsqu'elles ont été comparées à l'indice des précipitations au Sahel ou des précipitations nationales annuelles. Ce n'est pas totalement surprenant, car le Criquet sénégalais est une espèce migratrice, dont la dynamique de population dépend en partie des conditions écologiques rencontrées en dehors des zones où la première génération naît. Par conséquent, une telle analyse devrait plutôt être réalisée à l'échelle régionale que nationale, en prenant en compte les mouvements de l'espèce. Néanmoins, de récents progrès dans la modélisation des populations de Criquets sénégalais avec des modèles de précipitation et prenant en compte les multiples générations, les migrations et les mécanismes de contrôle naturels (Fisker et al. 2007, Axelsen et al. 2009, Jørgen Axelsen comm. pers. 2008) pourraient permettre d'obtenir des prévisions fiables.

3   Une étude réalisée à Khelcom, centre du Sénégal, en octobre 2008 a montré que la biomasse de sauteriaux maximale était de 600-1200 kg/ha, ce qui équivaut à 180-360 kg MS/ha. La biomasse moyenne était de 45-105 kg MS/ha (données W.C. Mullié et Y. Guèye non publ.). Les précipitations totales à Khelcom étaient de 931,5 mm en 2008, ce qui est exceptionnellement élevé (M. Sy, Direction de la Météorologie Nationale, Poste Khelcom, comm. pers.).

4   Les récentes études qui ont estimé les densités d'oiseaux dans le nord du Sénégal l'ont fait principalement pendant la saison des pluies (juillet-octobre : Keith & Mullié 1990, Mullié & Keith 1991, 1993 ; juillet-août : Petersen et al. 2007b). Les densités sont généralement comprises dans les valeurs que Morel & Morel (1973, 1978, 1980, 1983) ont trouvées à Fété Olé, mais elles étaient plus fortes en juillet et août 1989, en raison du grand nombre de Moineaux dorés sur les transects (Keith & Mullié 1990). Lorsque les densités le long de deux gradients de précipitation au Niger (entre les isohyètes 600 et 200 mm) et au Sénégal (entre les isohyètes 900 et 300 mm), du sud au nord, les densités étaient étonnamment semblables et variaient entre 475 et 762 (moyenne 663) ind./km² au Sénégal et entre 477 et 862 (moyenne 639) ind./km² au Niger (Petersen et al. 2007b). Une étude réalisée au nord du Nigéria (ca. 13°N) en décembre 1992 – janvier 1993 par Jones et al. (1996) a révélé des densités variant entre 1630 et 7890 oiseaux/km² dont 360-450 ind./km² étaient des migrateurs paléarctiques. Ces densités sont bien plus élevées que celles rencontrées au nord du Sahel, à des latitudes d'environ 16°N (Fig.119 & 120). Au centre du Sénégal, Mullié & Guèye (non publ.) ont trouvé des densités de 247 à 4308 (moyenne 1728) oiseaux/km² entre décembre 2008 et février 2009, dont 43 à 412 (moyenne 106) ind./km² étaient des migrateurs paléarctiques. Ces densités sont intermédiaires entre le N Sénégal et le N Nigéria.

5   Les calculs de Kooyman étaient basés sur la consommation de 9 g par jour et par oiseau, ce qui est conservateur, car leur activité métabolique journalière corrigée (d'après Nagy 2005) est de 100 kJ/jour, soit une consommation de 4,5 g de matière sèche de sauteriau (15g de matière fraîche) par jour. Les Bergeronnettes printanières ont de très faibles réserves de graisse pendant l'hivernage (Lundwall & Persson 2006), donc aucune correction n'a été réalisée pour l'engraissement pré-migratoire. Sur la base de ces hypothèses, nous estimons que la consommation réelle pourrait avoir été de 375.000 larves par jour.

6   Des sondages de densité régulièrement répétés (N=12) sur 19 km de transects à Khelcom, centre du Sénégal, entre septembre 2008 et février 2009, ont montré que les densités combinées de Busards cendré et des roseaux dans une zone d'étude de 550 km² augmentaient régulièrement de 3,9 ind./km² en septembre à 8,3 ind./km² en octobre, 14,2 ind./km² en janvier et 15,8 ind./km² en février. Des comptages crépusculaires simultanés sur trois dortoirs dans le même secteur en janvier 2009 ont montré qu'au moins 5000 Busards cendrés étaient présents (Wim Mullié remercie chaleureusement Ben Koks, Leen Smits, Jean-Luc Bourrioux, Thierry Printemps et Benoît van Hecke pour l'avoir aidé dans ses comptages). Les Busards des roseaux représentaient 10-15% des oiseaux observés en septembre, mais seulement 2-5% à la fin novembre et 1-2% en février. La majorité des Busards des roseaux n'utilisaient Khelcom que comme site de halte pendant leur migration vers le sud en septembre et octobre.

Héron cendré
Ardea cinerea

Recroquevillé sur la barge d'un cours d'eau gelé, le bec recouvert de glace, et dans l'attente d'une fin proche. Voici l'image qui nous vient à l'esprit quand nous pensons aux hivers rudes en Europe qui déciment nos populations de Hérons cendrés sédentaires. Tous les Hérons cendrés ne subissent toutefois pas ce sort, car l'espèce est partiellement migratrice. Ceux qui échappent aux frimas hivernaux en fuyant vers le sud troquent les dangers du froid contre ceux de la migration. Les migrateurs au long cours croisent des câbles téléphoniques, des lignes électriques et une multitude de chasseurs, et doivent également affronter les longues traversées de milieux hostiles : mers et déserts. Les Hérons cendrés qui atteignent les plaines inondables du Sahel tirent les bénéfices d'une abondance temporaire de nourriture telle qu'il ne leur faut qu'une faible partie de la journée pour s'alimenter. En Afrique, l'image typique du Héron cendré est plutôt celle de groupes au repos sur la terre ferme, à l'écart de l'eau. Ici, le danger vient de l'homme, soit des fusils, soit des milliers de lignes armées d'hameçons. S'il peut être payant d'échapper à l'hiver européen, ce n'est guère le cas lorsque les hivers doux prédominent sur les sites de reproduction. Le changement climatique pourrait donc augmenter la proportion des populations de Héron cendré sédentaires au sein de leur aire de reproduction occidentale.

Aire de reproduction

Le Héron cendré est présent dans toute l'Europe, où il est particulièrement abondant dans les secteurs de plaines inondables et de lacs dans les zones climatiques tempérées, océaniques et continentales, entre 45° et 60°N. La population européenne était estimée à 210.000-290.000 couples dans les années 1990, principalement localisés au Royaume-Uni, aux Pays-Bas, en Allemagne, en France, en Ukraine et en Russie (BirdLife International 2004a). De nombreuses populations sont sédentaires, à faible dispersion ou migratrices partielles.

Migration

En moyenne, les nicheurs les plus nordiques et orientaux ont tendance à migrer sur de plus longues distances que les nicheurs occidentaux et méridionaux (reprises en décembre-janvier, >75 km) : 1141 km pour les nicheurs de Kaliningrad, 917 km pour ceux de Suède et 841 km pour ceux du Danemark, contre seulement 454 km pour les néerlandais et 413 km pour les français (Rydzewski 1956).

La direction classique prise par les migrateurs au long cours d'Europe occidentale à l'automne est le sud-ouest, sauf pour les nicheurs norvégiens qui partent vers la Grande-Bretagne à l'ouest (Rydzewski 1956). Pour les oiseaux d'Europe orientale, la direction du vol migratoire est plus variable. Par conséquent, il existe une certaine ségrégation des populations occidentale et orientale en Afrique sub-saharienne (Fig. 124). Un important recouvrement existe toutefois dans le Delta Intérieur du Niger, où des oiseaux très occidentaux (France, Danemark, Pays-Bas) et très orientaux (Ukraine) se rencontrent. Certains oiseaux d'Europe centrale partent vers l'Afrique de l'Est (Fig. 124), mais les faibles taux de remontée des observations dans cette partie de l'Afrique masquent peut-être la fréquence de ce phénomène. Pour l'Egypte, Mullié *et al.* (1999) et Meininger *et al.* (1994) ont collecté huit données de Hérons cendrés bagués en ex-URSS entre 1948 et 1977, provenant pour la plupart des colonies le long de la Volga et de l'est de la Mer Caspienne. Ces données sont cohérentes avec celles de Skokova (1978) qui montre que les Hérons cendrés de la Volga, la Crimée, l'est de la Mer Noire et de la Mer Caspienne se

Attitude typique des Hérons cendrés dans les zones humides africaines : des oiseaux se reposant au bord de l'eau (ou même en terrain sec, bien loin de l'eau), ici en compagnie de Sternes caspiennes en reposoir et de Combattants variés se nourrissant. Dans les plaines inondables du Sahel, les Hérons cendrés sont rarement vus en pêche, ce qui indique l'abondance de nourriture (si l'on exclut la possibilité d'une alimentation nocturne). Delta Intérieur du Niger, février 2007.

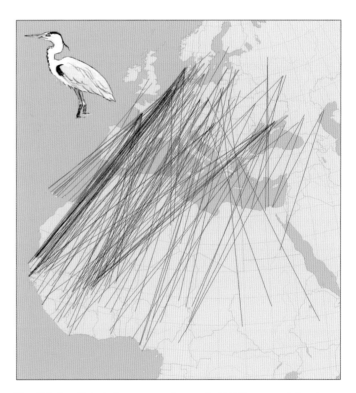

Fig. 124 Localités de baguage en Europe de 145 Hérons cendrés retrouvés en Afrique entre 4° et 20°N et en Egypte. D'après EURING, Mullié *et al.* (1989) et Meininger *et al.* (1994) pour l'Egypte.

dirigent vers le Delta du Nil d'où ils peuvent pénétrer plus au sud en suivant la vallée du Rift jusqu'au Lac Victoria.

Répartition en Afrique

L'immense majorité des oiseaux européens ne tentent jamais d'atteindre l'Afrique pendant leur migration, ce qui n'empêche pas que de grands nombres de Hérons cendrés aient été comptés dans le Delta Intérieur du Niger (environ 24.000 individus ; Chapitre 6) et dans les rizières voisines exploitées par l'*Office du Niger* (550 ind. ; Wymenga *et al.* 2005), dans les rizières côtières entre le Sénégal et la Guinée (environ 14.000 ; Bos *et al.* 2006 ; Chapitre 11), et au Waza Logone dans le nord du Cameroun (300-700 comptés en 1992-2000 ; Scholte 2006). Pour le Bassin du Tchad dans son ensemble, l'estimation est de 5000 oiseaux en 1993 (van Wetten & Spierenburg 1998). Au total, ce sont environ 45.000 Hérons cendrés qui sont présents dans ces sites, sans même prendre en compte la présence diffuse de l'espèce dans les petits marais et lagunes côtières de toute l'Afrique de l'Ouest. La population européenne totale dans les années 1990 atteignait 600.000 à 900.000 individus (voir précédemment), ce qui indique que potentiellement 10% des Hérons cendrés hivernent en Afrique de l'Ouest. La répartition par classes d'âge de 116 Hérons cendrés retrouvés en Afrique sub-saharienne montre que les migrations au long cours ne sont pas uniquement réalisées par les juvéniles. Les oiseaux âgés d'1, 2, 3, 4 et 5-17 ans représentent respectivement 34%, 26%, 11%, 10% et 19% du nombre total de reprises en Afrique. Les Hérons cendrés reportent leur retour vers les colonies de reproduction de 1 à 4 ans (Fernández-Cruz & Campos 1993), et la forte proportion de ces classes d'âge sur les quartiers d'hivernage africains semble être cohérente avec une reproduction retardée et l'esquive de la compétition avec les oiseaux plus âgés. De la même manière, 31 des 36 Hérons cendrés découverts morts depuis peu en Afrique sub-saharienne entre avril et août étaient âgés d'1 à 4 ans (EURING). Il n'est toutefois pas évident que l'estivage des jeunes oiseaux en Afrique augmente la survie, car le Héron cendré est un grand oiseau dépendant des zones humides, ce qui le rend attractif et facile à capturer pour les populations locales.

Deux Hérons cendrés se nourrissant avec une Grande Aigrette et des Aigrettes des récifs dans un canal bordant des rizières côtières. Guinée-Bissau, octobre 1989.

Evolution de la population

Conditions d'hivernage en Afrique   Les Hérons cendrés au Sahel sont concentrés dans les quelques plaines inondables, où le nombre annuel de reprises est clairement lié au niveau des inondations. Si l'on combine toute les années et les répartit entre années sèches (<12.000 km² inondés), intermédiaires (12.000-16.000 km²) et humides (>16.000 km²), le nombre de reprises pendant les années sèches est quatre fois plus élevé que lors des années humides, soit 4,7/an contre 1,1/an. Cependant ces chiffres pourraient être biaisés, car le nombre total d'oiseaux bagués, et donc de reprises, a fortement varié au cours des dernières décennies – la base de données EURING contient des données sur 20.329 Hérons cendrés morts sur la période 1947-2004, avec un nombre annuel variant entre 64 et 644. Pour la bande de latitude entre 4° et 20°N, qui couvre l'Afrique au sud du Sahara, un

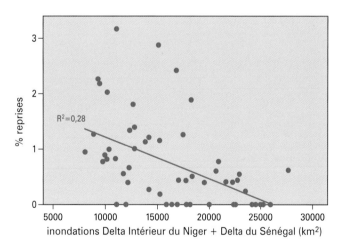

Fig. 125 Nombre annuel de reprises de bagues en Afrique (4-20°N) par rapport au nombre de reprises en Europe et dans toute l'Afrique (oiseaux morts uniquement) entre 1946 et 2004 (n= 59 années, P<0,001). D'après EURING.

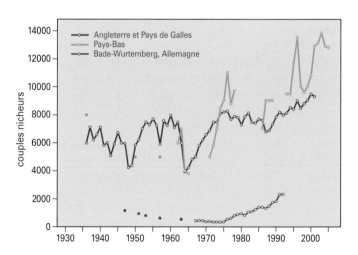

Fig. 126 Fluctuations du nombre de couples nicheurs de Hérons cendrés en Angleterre et au Pays-de-Galles (Marchant *et al.* 2004), aux Pays-Bas (Bijlsma *et al.* 2001, SOVON) et dans le Bade-Wurtemberg, Allemagne (Killian *et al.* 1993).

Héron cendré prenant un bain de soleil au milieu des Echasses blanches se nourrissant. Delta Intérieur du Niger, janvier 1994.

Les Hérons cendrés hivernant en Europe courent le risque de mourir de faim pendant les vagues de froid. Au 20ème siècle, chaque décennie a vu se dérouler entre 1 et 5 hivers froids, très froids ou extrêmement sévères (indice d'Hellman > 100, pour les Pays-Bas), soit une fréquence suffisante pour le maintien d'une tradition migratoire dans les populations de Héron cendré. Cependant, entre 1998 et 2008, tous les hivers, sauf deux qui ont été dans la moyenne ont été doux, très doux ou extrêmement doux. Ce changement pourrait entraîner une diminution de la part de Hérons cendrés hivernant en Afrique. Pays-Bas, décembre 2004.

total de 126 reprises est disponible (dont 10 oiseaux d'âge inconnu).

Les 126 reprises d'Afrique de l'Ouest représentent 0,62% du total des reprises, soit un total très inférieur à la proportion estimée de Hérons cendrés hivernant en Afrique de l'Ouest (10%). Deux explications sont possibles. Tout d'abord, seulement 1049 Hérons cendrés bagués en Europe de l'Est ont été repris, *i.e* seulement 5,19% du total européen. Or, 46 des 126 reprises africaines concernent des oiseaux orientaux. En comparaison, les 19.280 reprises d'oiseaux d'Europe de l'Ouest n'ont généré que 80 données africains, soit 0,41%. Si l'on prend en compte les tailles de population de l'Europe de l'Est et du reste de l'Europe (BirdLife International 2004a), multipliées par 3 (couple plus un jeune), on obtient environ 16.200 migrateurs transsahariens originaires d'Europe de l'Est (91%) et 1600 d'Europe de l'Ouest (9%). En réalité, les populations y sont cinq fois supérieures (voir précédemment), ce qui indique que les taux de remontée des reprises sont bien plus faibles qu'en Europe.

Malgré ces plus faibles taux de remontée des données, les variations interannuelles du nombre de reprises en Afrique de l'Ouest peuvent être utilisées pour estimer les variations annuelles de la mortalité hivernale. Celle-ci est en effet significativement plus forte pendant les années sèches (Fig. 125), même si l'on prend en compte qu'une forte variation est attendue en raison du faible nombre de reprises disponible par année (11 au maximum).

Conditions de reproduction Les populations européennes de Hérons cendrés ont été multipliées par cinq depuis les années 1970, puis se sont stabilisées dans les années 1990 (Hagemeijer & Blair 1997, BirdLife International 2004a). L'impact des rudes conditions hivernales est plus fort dans les populations plus ou moins sédentaires (comme en Grande-Bretagne ; Marchant *et al.* 1990), mais faible dans les populations d'Europe centrale (Marion 1980, Bauer & Berthold 1996).

Pendant les six premières décennies du 20ème siècle, les populations nicheuses en Europe sont restées bien en-dessous du seuil capacitaire, en grande partie à cause d'une persécution impitoyable exacerbée par la contamination de la chaine alimentaire dans les années 1950 et 1960. La reproduction et le taux de survie se sont nettement améliorés après la protection légale de l'espèce (Marion 1980, Kilian *et al.* 1993, mais voir Campos *et al.* 2001 pour la péninsule ibérique) et le bannissement des pesticides rémanents de l'utilisation à grande échelle en agriculture (Marchant *et al.* 2004). Les fluctuations actuelles sont relativement faibles et liées à des évènements, tels que les hivers rigoureux en Europe, et à des variables dépendant de la densité (Lande *et al.* 2002). Le rôle du Sahel pourrait être plus important pour les populations d'Europe orientale, dont une proportion plus forte d'oiseaux y hiverne, mais il n'existe malheureusement pas de jeux de données sur le long terme.

Conclusion

Chaque année, un grand nombre de Hérons cendrés juvéniles, immatures et adultes atteignent l'Afrique sub-saharienne depuis leurs sites de reproduction européens. Ils se concentrent dans les plaines inondables, en particulier dans le Delta Intérieur du Niger et le Delta du Sénégal. L'immense majorité de ces Hérons cendrés provient vraisemblablement d'Europe de l'Est, où la population est plus grande et la tendance migratrice plus forte. La mortalité hivernale annuelle est faible pendant les années humides au Sahel, mais forte pendant les années sèches. Cependant, à l'échelle de la population, les effets des faibles inondations en Afrique de l'Ouest sont secondaires par rapport à des facteurs agissant en Europe (persécution, pesticides, hivers rigoureux), car seulement 10% de la population de Hérons cendrés hiverne en Afrique de l'Ouest.

Héron pourpré
Ardea purpurea

Les Hérons pourprés sont présents en forte densité dans les plaines inondables d'Afrique de l'Ouest, où ils se répartissent sur la végétation flottante (appelée localement *bourgou*), sur les berges et les zones ouvertes. Un observateur peu averti pourrait n'en voir que quelques-uns à la fois. Mais en scrutant les champs de *bourgou* à la recherche de cous minces et de becs pointus sortant de la végétation dense, le résultat est bien meilleur. Lorsque les Busards des roseaux en chasse traversent les champs de *bourgou* de leur vol souple, le nombre réel de Hérons pourprés présents se révèle alors qu'ils s'envolent pour échapper au rapace. Une plaine inondable en particulier, le Delta Intérieur du Niger au Mali, accueille des dizaines de milliers de Hérons pourprés hors période de reproduction. Cette zone humide sahélienne constitue la plus importante zone d'hivernage en Afrique de l'Ouest (voir ci-après), et les Hérons pourprés sont par conséquent très sensibles aux changements qui peuvent y survenir, qu'ils soient d'origine anthropique ou naturelle.

Aire de reproduction

Dans le Paléarctique occidental, l'aire de reproduction du Héron pourpré est discontinue et largement restreinte aux marais d'eau douce et aux ceintures de roseaux des lacs au sud de la latitude 53°N, mais elle est plus continue à partir de l'Europe centrale et plus à l'est, du Danube au sud de l'Ukraine et de la Russie (del Hoyo *et al.* 1992, Bankovics 1997). La population européenne est estimée à 29.000-42.000 couples, dont 20.000 nichent en Russie et en Ukraine (BirdLife International 2004a). La totalité de la population est migratrice et hiverne principalement en Afrique occidentale tropicale et en Afrique de l'Est, à partir du Soudan et plus au sud (voir ci-après). Les populations nichant en Inde et dans le S-E de l'Asie et en Afrique de l'Est sont bien distinctes de celles du Paléarctique occidental (McClure 1974).

La nidification en Afrique de l'Ouest est limitée à de très petits nombres au Sénégal (80 nids en 1974, Djoudj ; Dupuy 1975) et au Mali (Lac Aougoundou ; Lamarche 1980). La nidification y est irrégulière, comme le montre l'exemple du Delta Intérieur du Niger, où elle n'a pas été enregistrée pendant de nombreuses années jusqu'à ce que la forte crue de 1994 (la première depuis 1972) permette la reproduction de 2 à 10 couples (Chapitre 6). L'année suivante, la nidification cessa. Le nombre de 1475 au Niger, cité par Kushlan & Hancock (2005) et basé sur Brouwer & Mullié (2001) correspond à des oiseaux non nicheurs locaux et migrateurs pendant la saison sèche et pas à des couples.

Migration

La répartition des oiseaux bagués aux Pays-Bas est significativement différente de celle des oiseaux bagués ailleurs en Europe (Fig. 127). Les oiseaux rencontrés au Sénégal, en Gambie et en Mauritanie sont exclusivement issus des populations néerlandaises et françaises. A l'opposé, le Mali accueille des Hérons pourprés originaires de toute l'Europe, alors que comme l'a démontré Voisin (1996), la présence de Hérons pourprés originaires d'Europe de l'Est n'a jamais été prouvée en Sénégambie. Nous considérons que ceci révèle une distribution en moyenne plus orientale en Afrique de l'Ouest des Hérons pourprés d'Europe de l'Est. De nombreux Hérons pourprés originaires de Russie traversent la Grèce et la Turquie, puis l'Egypte et l'Erythrée, pour hiverner en Afrique de l'Est, en particulier au Soudan et plus au sud (Kushlan & Hancock 2005). Cependant, des oiseaux russes ont été retrouvés plus à l'ouest, jusqu'au Nigéria (Elgood *et al.* 1994) et au Bénin (Cheke & Walsh 1996), et il est possible qu'une part significative des oiseaux russes hiverne en Afrique de l'Ouest.

Répartition en Afrique

Au moins 91 Hérons pourprés bagués en Europe ont été tués, capturés ou trouvés morts en Afrique de l'Ouest, entre 17°N et les régions côtières à 4°N. La majorité de ces données ont été extraites de la base de données EURING (Fig. 127). Les reprises sont réparties à travers les zones de végétation sahélienne, soudano-sahélienne et soudanienne

(Chapitre 4), *i.e* dans les prairies, les cultures, la savane, la savane arborée, la forêt et les marais côtiers et insulaires. 22 oiseaux ont été repris dans un même site, le Delta Intérieur du Niger au Mali, et 11 dans les marais côtiers (incluant les rizières) entre le sud du Sénégal et la Sierra Leone. Seulement 4 reprises proviennent d'une autre plaine inondable, le Delta du Sénégal. La répartition des reprises montre qu'au sein de la zone sahélienne, la plupart des Hérons pourprés sont localisés dans les plaines inondables, le reste étant plus ou moins également réparti dans les autres milieux humides de la zone de végétation soudanienne.

Le fait que la plupart des reprises aient été obtenues au sud de 10°N pourrait laisser penser que les Hérons pourprés hivernent dans la zone soudanienne plutôt qu'au Sahel. Nous pensons qu'il s'agit d'un artefact de distribution lié à la densité de la population humaine (et donc de la pression de chasse) : 45% des reprises au sud du Sahara présentées sur la carte concernent des oiseaux tués à la chasse. Cette proportion varie toutefois par pays et est particulièrement forte au Libéria (86%, n=7) et en Sierra Leone (75%, N=8). Dans d'autres pays le long du Golfe de Guinée, 50% des oiseaux repris avaient été tués à la chasse (n=18). Dans les pays du Sahel à faible densité de population que sont la Mauritanie, le Sénégal, le Mali, le Niger et le Burkina Faso, 6 oiseaux ont été tués et 13 trouvés morts (en incluant les piégeages accidentels). On peut en conclure que les Hérons pourprés sont plus souvent chassés dans la zone soudanienne qu'au Sahel, et que les

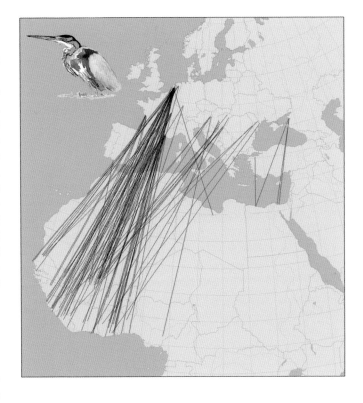

Fig. 127 Localités européennes d'origine de 102 Hérons pourprés retrouvés en Afrique entre 4° et 20°N et en Egypte (EURING), 23 d'après Voisin (1996), 1 d'après Grimes (1987) et 4 d'après Mullié *et al.* (1989).

Le déplacement des Hérons pourprés en Afrique

Jan van der Winden, Martin J.M. Poot & Peter van Horssen

Jusqu'à présent, les reprises de baguage n'ont permis d'obtenir que des informations limitées sur les axes de migration et le comportement du Héron pourpré en Afrique. Bien que la corrélation entre la taille des inondations dans les plaines inondables du Sahel et la survie du Héron pourpré soit claire, les mouvements réels des Hérons pourprés entre les zones humides d'Afrique restent une énigme. Une question majeure se pose : les Hérons pourprés sont-ils dépendants du Sahel ou se déplacent-t-ils plus largement en Afrique de l'Ouest si nécessaire ? Plus précisément : les Hérons pourprés se dispersent-ils vers le sud lorsque le Sahel est frappé par la sécheresse ? Les taux de reprises assez élevés d'oiseaux néerlandais dans les zones soudaniennes et guinéennes d'Afrique de l'Ouest (Fig. 127) suggèrent soit que l'hivernage est régulier au sud du Sahel, soit des mouvements au sein de l'Afrique de l'Ouest pendant l'hiver boréal. La superficie couverte par les hérons néerlandais en hivernage est au moins 80 fois plus grand que celle de leur zone de reproduction. Au sein de cette vaste zone, les plaines inondables s'affirment comme étant des sites d'hivernage réguliers, mais l'effort de baguage limité aux Pays-Bas ne permet pas l'identification d'autres zones d'hivernage importantes.

Au cours de l'été 2007, cinq Hérons pourprés adultes et trois juvéniles ont été équipés d'émetteurs satellites. Nous espérions remédier partiellement à notre ignorance sur le comportement des hérons sur leurs sites d'hivernage et collecter des informations sur l'utilisation de l'habitat et les rythmes journaliers entre alimentation, repos et migration. Nous avons utilisé deux types de transmetteurs : des transmetteurs GPS fournissant des données précises et régulières sur la localisation (pour les études d'utilisation de l'habitat) et des transmetteurs PTT pour étudier les mouvements en Afrique. Tous les oiseaux ont débuté leur migration après la nidification, mais deux juvéniles ont commencé une dispersion vers la France avant de commencer leur migration un mois plus tard. Les pertes pendant la migration ont été importantes : deux adultes sont morts dans des tempêtes de sable au Sahara et un juvénile a été tué à la chasse au Maroc. Un autre juvénile, désorienté, est mort dans l'Océan Atlantique non loin du Brésil. Bien que malheureux, ces évènements illustrent quelques-uns des nombreux dangers que les Hérons pourprés rencontrent pendant leur migration.

Les axes de migration révélés sont analysés en conjonction avec les informations basées sur les reprises de baguage. Tous les oiseaux sont partis vers le sud-ouest et ont traversé la Péninsule ibérique, en franchissant pour la plupart les Pyrénées par l'ouest, puis on continué au Maroc ou en Algérie vers le Sahara. La plupart des oiseaux on traversé la Mer Méditerranée à l'extrémité sud de la Péninsule ibérique, là où la traversée est la plus courte.

Quatre Hérons pourprés juvéniles camarguais, équipés d'émetteurs satellites en 2004 ont en partie utilisé la même route pendant leur migration vers le sud (Jourdain *et al.* 2008).

Deux de nos adultes et un juvénile ont atteint leurs zones d'hivernage dans les bassins des fleuves Sénégal ou Niger. Les deux adultes ont continué vers le sud après un ou plusieurs arrêts au Sahel, pour atteindre respectivement la Côte d'Ivoire et la Guinée. Celui de Côte d'Ivoire a hiverné le long d'une petite vallée et d'un lac artificiel. Malheureusement, son émetteur est tombé en panne en novembre 2007. L'autre adulte s'est dirigé directement vers la Guinée et a hiverné dans une zone de rizières bordées de mangroves près de la côte. Le juvénile a commencé son hivernage dans les zones humides proches du Niger, au Mali et a continué vers le sud jusqu'en Côte d'Ivoire en janvier-février. Ce déplacement a coïncidé avec le retrait saisonnier des inondations dans le Delta Intérieur du Niger.

Trop peu d'oiseaux ont pu être suivis pour obtenir des conclusions valables. L'aire d'hivernage des Hérons pourprés néerlandais pourrait bien être immense, comme les reprises de baguage l'indiquent. Peut-être le Héron pourpré juvénile « Lena », qui a atteint l'Afrique tropicale en fin d'hiver illustre-t-il l'hypothèse de déplacements intra-africains en période sèche.

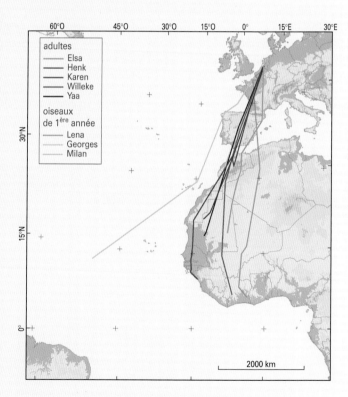

Fig. 128 Routes migratoires suivies par huit Hérons pourprés équipés de transmetteurs satellites.

chances de reprises sont donc plus fortes en zone soudanienne. La relative rareté des Hérons pourprés dans la zone soudanienne est confirmée par son statut « peu commun » au Libéria (population hivernante estimée à 1000-1500 oiseaux ; Gatter 1997b), au Ghana (Grimes 1987), au Togo (Cheke & Walsh 1996) et au Nigéria (Elgood *et al.* 1994). En comparaison, nous estimons la population hivernante dans le Delta Intérieur du Niger (Mali) à 30.000-70.000 individus (Chapitre 6). Il s'agit de loin de la plus importante zone d'hivernage en Afrique de l'Ouest.

Evolution de la population

Conditions d'hivernage   En moyenne, deux reprises de bagues par an sont réalisées dans la bande de latitude 4°-20°N, avec des variations entre 0 et 10. Afin de corriger l'effet de la densité de baguage, nous avons calculé le % de reprises africaines par rapport au total annuel. Il existe 850 données de reprises dans la base EURING, dont 8% proviennent d'Afrique. Le pourcentage pendant les années de fortes inondations est toujours inférieur à 10%, mais il peut atteindre 20 à 80% pendant les années où les zones inondées sont réduites (Fig. 129). Il s'agit d'une indication claire que la mortalité hivernale dépend de l'étendue des inondations.

Den Held (1981), Voisin (1996) et Gatter (1997b) ont suggéré que les Hérons pourprés hivernant en Afrique de l'Ouest se déplaçaient vers le sud pendant les années sèches, ce qui n'est pas confirmé par notre analyse des données de baguage. Par rapport aux analyses précédentes, nous disposons d'un plus grand jeu de données couvrant une longue période. En limitant l'analyse à la période avant 1980, nous trouvons également, comme Den Held (1981), plus de reprises dans la zone de végétation soudanienne pendant les années relativement sèches. Cependant, ce constat est uniquement dû aux 7 Hérons pourprés tués au Libéria en 1973 pendant une année extrêmement

sèche. Nous ne pouvons pas complètement exclure la possibilité que les Hérons pourprés puissent temporairement se replier de zones affectées par la sécheresse vers des régions moins touchées. Une telle stratégie a été spécifiquement mentionnée pour le Libéria, où J. v.d. Linden (in Gatter 1997b) a observé de plus grands nombres de Hérons pourprés pendant les hivers très secs de 1983/1984 et 1984/1985 que pendant les hivers précédents et suivants. La question de la capacité des Hérons pourprés à se déplacer vers des zones d'hivernage plus au sud pendant les hivers secs, et l'ampleur éventuelle de ces mouvements reste en suspens. Ni les données de baguage, ni les observations directes ne sont pour l'instant suffisantes pour y répondre (mais voir Encadré 18).

Depuis l'étude originale de Den Held (1981) relative à l'impact de la sécheresse dans les zones d'hivernage sur les populations nicheuses de Hérons pourprés aux Pays-Bas, les études suivantes sont globalement parvenues aux mêmes conclusions (Cavé 1983, Fasola *et al.* 2000, Barbraud & Hafner 2001). Nous avons prolongé les études existantes en utilisant des jeux de données plus longs et en utilisant les populations nicheuses de tous les pays/régions pour lesquels elles étaient disponibles (Fig. 130).

Les tendances d'évolution des populations dans les pays d'Europe sont relativement bien synchronisées.[1] Ceci suggère que les fluctuations de populations ne sont que partiellement déterminées par les modifications des conditions locales (voir ci-après) et qu'il existe un dénominateur commun qui a un impact prédominant sur le niveau des populations : les conditions d'hivernage dans les plaines inondables d'Afrique de l'Ouest. La réduction de l'étendue des plaines inondables du Delta Intérieur du Niger au début des années 1970, le rétablissement dans les années suivantes, puis les inondations de nouveau faibles à partir de 1983 sont clairement visibles dans l'évolution numérique des populations. Cependant, les comptages

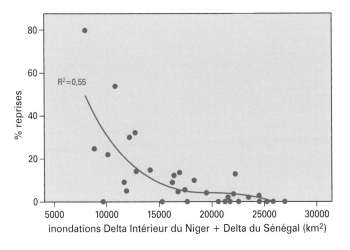

Fig. 129 Nombre annuel de reprises entre 4° et 20°N en Afrique par rapport au nombre total de reprises la même année (oiseaux morts seulement) entre 1953 et 1987 (n=35 années, P<0,001). D'après EURING.

montrent également que le nombre de Hérons pourprés a arrêté de décliner malgré une décennie de faibles inondations entre le milieu des années 1980 et 1994.

Les Hérons pourprés en Afrique de l'Ouest ne sont jamais totalement regroupés dans les zones de plaines inondables (voir également les reprises de bague ci-dessus). Des centaines, voire des milliers, hivernent le long des berges des cours d'eau, des rives de lacs d'eau douce, des réservoirs et des lagunes (Grimes 1987, Elgood *et al.* 1994, Cheke & Walsh 1996, Gatter 1997b). Ces habitats sont bien plus sensibles aux variations annuelles de précipitations que les plaines inondables et leur capacité d'accueil pour les Hérons pourprés en hiver varie donc. Une analyse statistique[2] montre clairement que pour les Hérons pourprés hivernant en Afrique de l'Ouest, les plaines inondables sont bien plus importantes que les lacs temporaires et les marais éphémères. Le degré d'importance est expliqué ci-dessous.

La relation étroite entre la taille des populations d'Europe de l'Ouest et l'étendue des inondations implique qu'un nombre plus important d'oiseaux meurent pendant la diminution de taille des plaines inondables, ce qui a par ailleurs été détecté par l'analyse des reprises de baguage (Fig. 129). Les variations des populations nicheuses entre deux années consécutives peuvent être utilisées pour estimer la mortalité. La population augmente en effet pendant les fortes inondations, mais les changements de population sont également liés à sa taille : la population tend à décroître lorsqu'elle est à un niveau élevé et à augmenter lorsqu'elle est à un faible niveau.[3] Si les estimations annuelles des populations sont peu précises, alors les erreurs d'échantillonnage génèrent automatiquement une telle corrélation négative. Bien qu'une telle erreur ne puisse être totalement exclue, les estimations des populations néerlandaises et, de plus en plus, européennes, sont très précises. Nous concluons donc que la tendance d'une faible population à augmenter et d'une forte population à diminuer doit être interprétée comme un mécanisme dépen-

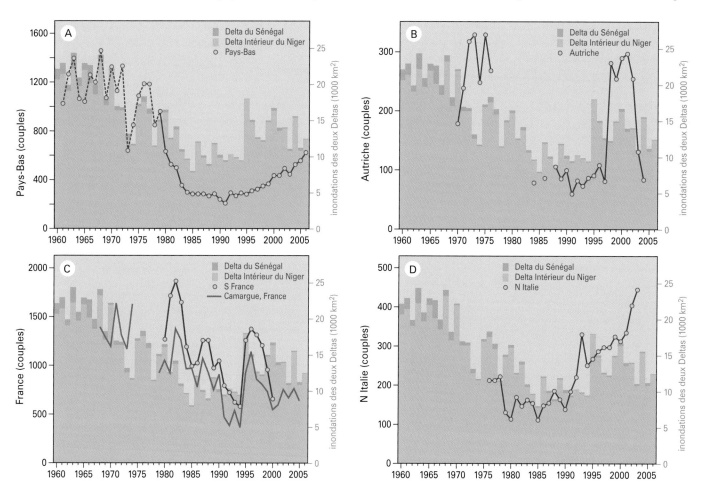

Fig. 130 Tendances d'évolution des populations de Hérons pourprés dans des secteurs de 4 pays européens en fonction de l'étendue des inondations dans le Delta Intérieur du Niger et dans le Delta du Sénégal au cours de l'année précédente. D'après den Held 1981, van der Kooij 1982-2007 (Pays-Bas), Grüll & Ranner 1998 pour les années 1970 ; Dvorak comm. pers. depuis 1984 (Autriche, Neusiedlersee ; nombres entre 1984 et 1997 sous-estimés), Barbraud & Hafner 2001, Kayser *et al.* 2003, tourduvalat.org (France), et Fasola cité par Kushlan & Hafner 2000 et par BirdLife International 2004b (N-O de l'Italie). Toutes les colonies néerlandaises sont comptées depuis 1980, mais seules deux grandes colonies ont été comptées (Nieuwkoop et Maarssen) pendant la période 1961-1979. Ces deux colonies représentaient 41% de la population néerlandaise au cours des années suivantes : nous avons donc utilisé cette proportion pour calculer la population néerlandaise totale entre 1961 et 1979 sur la base des chiffres de Nieuwkoop et Maarssen.

dant de la densité. Parallèlement, on sait que la population augmente pendant les fortes inondations dans les plaines inondables d'Afrique de l'Ouest (voir ci-dessus). La mortalité annuelle, déduite des variations de population, dépend de la densité, mais également de la superficie inondée dans les plaines inondables d'Afrique.

Conditions de reproduction L'interaction majeure entre les inondations dans les zones humides d'Afrique de l'Ouest et les populations nicheuses en Europe n'exclue pas la possibilité que des facteurs locaux sur ou à proximité des colonies de reproduction puissent avoir un impact numérique. De nombreux exemples de telles variations de la taille des colonies sont connus, parmi lesquelles la perte d'habitat favorable au profit de l'agriculture, du développement industriel, du tourisme et de l'urbanisation est la plus préjudiciable en raison de son caractère permanent (Kushlan & Hancock 2005). Des déclins à court terme ont été observés à la suite d'une utilisation excessive de pesticides (Delta de l'Ebre, Espagne, années 1960 ; Prosper & Hafner 1999), d'une modification des niveaux d'eau et de l'exploitation commerciale des roseaux (Camargue, France ; Deerenberg & Hafner 1999), et de l'atterrissement des roselières (centre de la France ; Broyer *et al.* 1998).

De nombreux autres facteurs influencent la qualité des sites de reproduction et d'alimentation (synthèse par Kushlan & Hafner 2000). Aux Pays-Bas, par exemple, les Hérons pourprés nichent principalement dans des roselières dans les zones de marais tourbeux, où ils se nourrissent dans les fossés des prairies voisines (rarement dans les marais peu profonds). La perte de la dynamique naturelle des niveaux d'eau (haut en hiver, bas en été) et l'industrialisation des terres agricoles ont entraîné des modifications défavorables des habitats de reproduction et d'alimentation. Les Hérons pourprés se sont adaptés en changeant d'habitat, en modifiant leur alimentation et en choisissant d'autres sites de nidification (van der Kooij 1991a, 1995a, 1997a, van der Winden & van Horssen 2001, van der Winden *et al.* 2002).

Des améliorations locales des conditions peuvent entraîner des augmentations supérieures à la moyenne, comme pour la colonie du Zouweboezem dans les années 1990, où grâce une gestion conservatoire spécifique, la population a explosé, passant de 5 couples en 1990 à 174 en 2006 (30% de la population néerlandaise). En revanche, la population totale des Pays-Bas, en incluant le Zouwe, n'a que doublé pendant cette période (van der Winden *et al.* 2002, van der Kooij 1991 à 2007) (Fig. 131). La rapide croissance de la colonie du Zouwe ne peut pas uniquement être expliquée par le succès de reproduction local, et des oiseaux provenant d'autres colonies néerlandaises ont dû la rejoindre (van der Winden *et al.* 2002). La principale question est de savoir quelle serait la taille de la population néerlandaise sans la création du Zouwe. Une réponse simple serait de considérer que les oiseaux ont eu l'opportunité de coloniser un nouvel habitat qui, s'il était créé dans d'autres zones favorables, permettrait à nouveau à la population néerlandaise d'augmenter de 30%. Cependant, si la taille de la population du Héron pourpré est principalement déterminée par les conditions sur les sites d'hivernage, la création d'un nouveau site de reproduction n'entraînerait qu'une redistribution des oiseaux, et aucune augmentation. Nous savons maintenant que, bien que la population est largement régulée par les conditions d'hivernage, l'amélioration des sites de reproduction a une influence et que la réalité se situe donc probablement entre ces deux extrêmes.

Conclusion

Les tendances des populations européennes de Hérons pourprés sont en grande partie déterminées par les conditions climatiques dans leurs principaux quartiers d'hiver, *i.e.* les plaines inondables de l'Afrique occidentale sahélienne. Les populations sont élevées lors des fortes inondations, alors qu'elles déclinent en cas de faibles inondations. Cet effet est particulièrement visible lors des longues sécheresses, comme dans les années 1970 et 1980. Dans la plupart des pays européens, les effets dévastateurs des sécheresses des années 1970 et 1980 n'ont été que partiellement compensés dans les années 1990. Cet effet majeur sur les populations se combine à des variations plus faibles des populations nicheuses liés à des modifications des conditions sur les sites de reproduction.

Notes

1   Les tendances des trois plus longues séries sont bien corrélées : Autriche/Pays-Bas : R=+0,62 (n= 26 années) et France/Pays-Bas : R=+0,63 (n=34).

2   Lorsque la taille de la population néerlandaise est comparée aux précipitations au Sahel, la corrélation est significative (R^2=0,285), mais bien moins qu'avec l'étendue des inondations (R^2=0,688). Si l'on combine les précipitations et les inondations dans une équation de régression, les inondations sont le facteur dominant. La contribution additionnelle des précipitations est faible (R^2= 0,042) et peu significative (P=0,017).

3   Une régression multiple montre que les variations de la population néerlandaise sont liées de manière significative (P<0,001) avec la taille de la population de l'année précédente (ß=+0,820) et avec l'étendue des inondations (ß=+0,817) ; R^2 = 0,604.

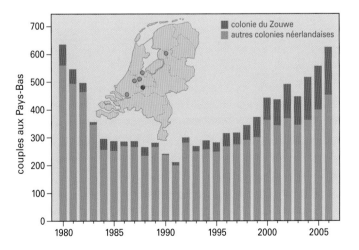

Fig. 131 Evolution de la population néerlandaise de Hérons pourprés. La colonie du Zouwe est indiquée d'une autre couleur. D'après van der Kooij 1982-2007, SOVON.

Bihoreau gris
Nycticorax nycticorax

Le silence règne sur le Delta Intérieur du Niger, seulement troublé par le frottement régulier des branches contre les pirogues en le bois glissant sur l'eau – un cri, puis de nouveau le silence. Les aigrettes et hérons solitaires pêchent le long des cours d'eau ; d'autres se rassemblent là où les pêcheurs ont construit des barrages pour piéger le poisson quand le niveau de l'eau descend. Nous ne rencontrons que rarement le Bihoreau gris en plein jour, et lorsque c'est le cas, il s'agit en général d'un juvénile, accroché dans l'une des milliers de lignes hameçonnées qui jonchent le bord de l'eau – le moindre contact suffit pour se faire hameçonner, comme nous en avons fait la douloureuse expérience. De jour, le Bihoreau gris est énigmatique, mais son mystère commence à se lever au crépuscule, lorsque depuis de nombreuses directions, de longues et silencieuses files de hérons diurnes et de cormorans commencent à rentrer au dortoir, ondulant lentement dans le ciel et disparaissant à nouveau dans l'horizon qui s'assombrit. Peu après, le silence du delta est perturbé par les sinistres croassements de grands vols de Bihoreaux gris qui quittent leurs dortoirs diurnes. Il reste si peu de lumière que ce mouvement massif pourrait passer inaperçu si ces oiseaux ne criaient pas. Des milliers de Bihoreaux gris se répartissent dans le delta la nuit, arpentant les cours d'eau que les aigrettes et les hérons viennent juste de quitter. La plupart des oiseaux exploitant les abondantes ressources de nourriture de ce paysage aquatique viennent d'Europe, ne faisant qu'un séjour dans le delta.

Aire de reproduction

En Europe, le Bihoreau gris est réparti dans les zones humides à faible altitude, en petites colonies dispersées le long de la limite nord de son aire de répartition et plus souvent en grandes colonies dans les basses vallées des fleuves comme le Rhône, le Po, le Danube, le Dniestr, la Volga, la Terek et la Koura. La population européenne est estimée à 50.000-75.000 couples (Marion *et al.* 2000) et l'Italie accueille des effectifs particulièrement élevés (fluctuant entre 14.000 et 20.000 couples en 1985-1990, et entre 12.000 et 14.000 en 1995-2002 ; Brichetti & Fracasso 2003). Des populations importantes sont aussi présentes en Russie (10.000-15.000 couples), Roumanie (diminution de 47% entre 1974-1975 et 1987-1989 ; 3100 couples en 1986), France (4176 couples en 1994) et Ukraine (3645-5000 couples en 1986). Malgré de fortes fluctuations, les populations sont considérées comme étant plus ou moins stables dans les années 2000 (Kushlan & Hancock 2005).

La nidification du Bihoreau gris en Afrique de l'Ouest est peu commune. Pour le Delta Intérieur du Niger, Skinner *et al.* (1987a) mentionnent jusqu'à 10 couples, nichant entre août et mars. Dans la forêt de Dentaka, il se peut qu'il niche chaque année en très petit nombre, d'après les observations de juvéniles avec du duvet sur la tête en février et mars. En février-mars 1995, 100-300 couples de Bihoreaux gris ont été comptés dans la forêt de Dentaka ; en mars 1995, plusieurs dizaines de juvéniles fraîchement envolés prouvaient le succès de cette reproduction (van der Kamp *et al.* 2002c). Depuis lors, le nombre de couples est revenu à 1-10 par an dans le Delta Intérieur du Niger (Chapitre 6). Ailleurs en Afrique sub-saharienne, les colonies reproductrices sont habituellement petites (pas plus de quelques centaines) et très dispersées, comme par exemple au Nigéria (trois colonies, jusqu'à 200 couples, Elgood *et al.* 1994), au Togo (sédentaire pas rare depuis Lomé jusqu'à Dapaon au Nord ; Cheke & Walsh 1996), au Ghana (env. 40 couples à Weija, pas tous les ans ; Grimes 1987), et au Libéria (quelques sédentaires à la centrale électrique d'Harper ; Gatter 1997b). L'espèce est plus commune dans le Delta du Sénégal où jusqu'à 1375 nids ont été comptés dans le Parc National du Djoudj en novembre 1988 (Kushlan & Hafner 2000) ; en 1985 et 1987, plusieurs centaines de nids avec des œufs ont été comptés rien qu'à Poste de Crocodile et au Lac de Khar (Rodwell *et al.* 1996).

Migration

La répartition des reprises de baguage en Afrique de l'Ouest montre une concentration dans le Delta Intérieur du Niger, véritable métropole pour les Bihoreaux gris de la France à l'Ukraine. Les oiseaux d'Europe centrale, depuis la Hongrie jusqu'au Balkans, ont été retrouvés dans des directions diverses, entre l'ouest et le sud-est (Schmidt 1978, Nankinov 1978). Les oiseaux orientaux hivernent en moyenne plus à l'est en Afrique que ceux d'Europe méridionale (Sapetin 1978b). Certains Bihoreaux gris bagués dans des colonies le long des côtes nord et est de la Mer Noire, et sur la Mer Caspienne, ont été retrouvés en Afrique, du Lac Tchad et du Congo-Brazzaville jusqu'au Nil au Sou-

dan (Fig. 132). Des oiseaux bagués en Azerbaïdjan ont été trouvées en migration en Italie, au Liban et en Irak, ce qui indique que cette population migre également sur un large front vers des sites d'hivernage dans le centre de l'Afrique de l'Ouest et l'Afrique de l'Est (Sapetin 1978b, Patrikeev 2004).

Des plus grandes plaines inondables du Sahel, seul le Delta Intérieur du Niger se distingue avec 7 reprises, alors que le Delta du Sénégal et le Waza Logone au nord du Cameroun ne sont représentés que par une reprise. Les reprises en Algérie, Libye et Egypte indiquent que les Bihoreaux gris traversent le Sahara sur un large front. Les oiseaux le long du Nil en Egypte et au Soudan pourraient être en route vers leurs zones d'hivernage en Afrique de l'Est (Fig. 132).

La cause de la mort de 18 oiseaux trouvés en Afrique est connue : 9 ont été tirés, 6 capturés (dont 4 par des lignes hameçonnées au Mali) et 3 sont morts naturellement (EURING). Les Bihoreaux gris sont particulièrement vulnérables à la prédation humaine sur leurs sites d'hivernage, non seulement parceque leurs sites de dortoir sont peu nombreux, traditionnels et fréquentés par de nombreux oiseaux, mais aussi parce que leur manière de s'alimenter en arpentant les eaux peu profondes les rend vulnérables aux lignes hameçonnées, en particulier si elles sont appâtées.

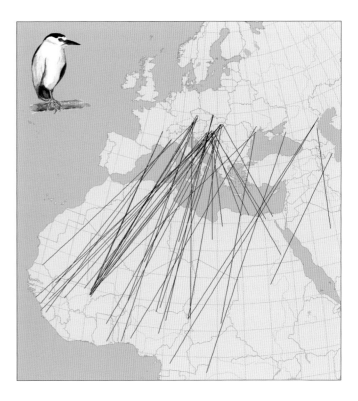

Fig. 132 Localités de baguage en Europe de 46 Bihoreaux gris repris en Afrique entre 4°N et 30°N (incluant l'Egypte). D'après : EURING (31), Wetlands International (Mali, 5), Mullié *et al.* 1989 (Egypte, 6), Sapetin 1978b (Mers Noire et Caspienne, 4), J.Brouwer comm. pers. (Niger, 1).

Les Bihoreaux gris du sud de l'Europe se nourrissent de l'Ecrevisse de Louisiane *Procambarus clarkii*, introduite. Cette proie prolifère dans les habitats perturbés, dont les champs de riz. Son abondance actuelle dans le sud de l'Europe a favorisé la reproduction et l'hivernage d'une grande variété d'oiseaux piscivores, dont le Butor étoilé (l'abondance relative de l'écrevisse explique 56% des variations interannuelles de la densité de Butors étoilés dans le sud de la France ; Poulin *et al.* 2007), les hérons et les Cigognes blanches (Chapitre 20). Albufera, Espagne, mai 2008.

Répartition en Afrique

Moins d'1% de la population européenne de Bihoreau gris hiverne dans le sud de l'Europe. Les principales zones d'hivernage sont situées au sud du Sahara, notamment dans les plaines inondables du Sahel dans les zones humides d'Afrique de l'Ouest. La population hivernant en Afrique de l'Ouest est estimée à 70.000-100.000 oiseaux, avec de fortes concentrations dans le Delta du Sénégal (10.000, année non précisée, Kushlan & Hancock 2005 ; 5200-7600 en 1993-2002 ; Chapitre 7), le Delta Intérieur du Niger (11.000-12.000 au début des années 2000 et 21.000 en 2008, d'après les comptages au dortoir ; Chapitre 6) et le Waza-Logone dans le nord du Cameroun (jusqu'à 4779 en 2000 ; Scholte 2006). Une forte proportion des juvéniles pourraient y passer plusieurs années (Kushlan & Hancock 2005), ce qui renforce l'importance des zones humides sahéliennes pour cette espèce.

Evolution de la population

Conditions d'hivernage   Si l'on sépare les reprises de baguage en trois catégories selon l'étendue des inondations du Delta Intérieur du Niger, on observe que les reprises sont plus fréquentes pendant les années sèches, et moins pendant les années humides : 0,36 reprise/an lorsque plus de 16.000 km² étaient inondés, contre 0,91 lorsque les inondations s'étendaient sur moins de 12.000 km² et 0,81 pour des inondations intermédiaires. Cette tendance, même si elle repose sur un faible échantillon, est valable à la fois pour la zone de végétation soudanienne et pour le Sahel. Nous devrions constater que l'étendue des inondations influence le taux de mortalité, comme les effectifs des populations nicheuses en Europe l'indiquent, ou plus précisément un effet retard, car les Bihoreaux gris ne se reproduisent qu'à l'âge de 2 ou 3 ans (Kushlan & Hafner 2000). Cette hypothèse peut être testée sur les données du sud de la France, pour lesquelles de longues séries de données sont disponibles : la population nicheuse y reflète fidèlement les variations annuelles du niveau d'eau dans les plaines inondables d'Afrique de l'Ouest (Fig. 133A).[1] Les Bihoreaux gris hivernant étant concentrés dans les plaines inondables, nous nous attendions à ce que l'étendue des inondations soit bien plus importante que les précipitations. L'impact direct de l'inondation passée sur la population nicheuse une demi-année plus tard fut une surprise. Apparemment, lors des hivers secs, la mortalité des adultes est suffisamment forte pour avoir un effet immédiat sur les populations nicheuses. Sur les 34 années de suivi en Camargue, la population a subi des progressions et des diminutions, mais aucune tendance claire ne se dégage (Fig. 133A).[2]

Il est nécessaire que les programmes de suivi couvrent au moins plusieurs décennies afin d'indiquer des tendances fiables, de manière à ce que les variations d'effectifs locaux à court terme puissent être évalués. Ils doivent également prendre en compte le fait que le suivi d'un unique site peut être trompeur : c'est le cas de données relatives aux colonies de Bihoreaux gris le long du Dniestr en Ukraine (Fig. 133B). Les oiseaux ukrainiens semblent suivre la même évolution que ceux de France, avec des chutes au milieu des années 1970 et dans les années 1980 et des nombres plus élevés entre ces périodes, mais les tendances sont différentes. Cependant, à la fin des années 1980 et au début des années 1990, les conditions de reproduction locales se sont améliorées après que les effets de la construction de barrages aient été traités (Schogolev 1996b) et la population s'est rétablie. Comme Fasola *et al.* (1996) l'avaient déjà montré, la taille de la population ukrainienne et l'indice des précipitations au Sahel sont significativement corrélés (voir aussi Fig. 133B), avec un effet retard de 1 à 2 ans.[3] Cette situation diffère de la réponse immédiate de la population camarguaise.

D'autres jeux de données, comme ceux du Parc Naturel d'Albufera, Espagne (39°20'N, 00°20'O, 1982-1993 ; Prosper & Hafner 1996) et du NO de l'Italie (1976-1997 ; Fasola cité par Kushlan & Hafner 2000) montrent de la même manière de faibles niveaux de population dans les années 1980, coïncidant avec la période de sécheresse au Sahel. Les colonies de la partie ukrainienne du Delta du Danube ont également vu leurs effectifs chuter en 1985 (conditions très sèches au Sahel), puis un rétablissement en 1986-1988 et des nombres plus faibles dans les années 1990 avant une forte progression en 2002 (Platteeuw *et al.* 2004). Dans la partie roumaine du delta, les populations étaient faibles dans les années 1980 et ont commencé à augmenter dans les années 1990. Au total, le Delta du Danube accueillait 2140 couples

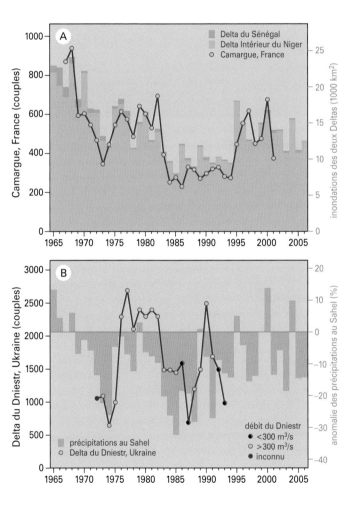

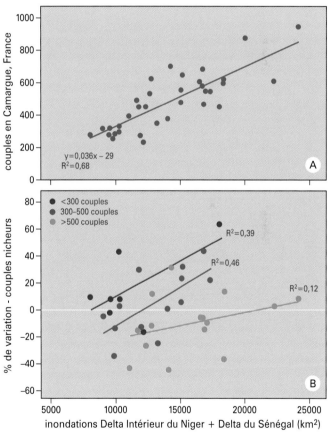

Fig. 133 (A) Variations de la population nicheuse de Bihoreaux gris en Camargue en fonction de l'étendue des inondations dans le Delta Intérieur du Niger l'hiver précédent. D'après Kayser *et al.* 2003 et www. tourduvalat.org. (B) Variations de la population nicheuse dans le Delta du Dniestr, Ukraine, en fonction de l'indice des précipitations au Sahel pendant l'année précédente. D'après Schogolev 1996b.

Fig. 134 Taille de la population nicheuse en Camargue entre 1967 et 2000. (A) Nombre de couples. (B) % de variation de la population en fonction de l'étendue des inondations dans les Deltas Intérieur du Niger et du Sénégal pendant l'année précédente. Même données que Fig. 133A, divisées entre trois niveaux de population.

Des milliers de Bihoreaux gris se reposent en journée dans une forêt de tamaris du Parc National du Djoudj, Delta du Sénégal, janvier 2008. Les dortoirs non dérangés sont aussi importants que les sites de reproduction non dérangés.

en 2001 et 2964 en 2002 (Platteeuw *et al.* 2004). D'après Kushlan & Hafner, la population du Delta du Danube comptait 3100 couples en 1986 et a diminué de 47% entre 1974-1975 et 1987-1989, en lien avec les sécheresses au Sahel.

Le lien entre la taille des populations nicheuses et l'étendue des inondations dans leurs zones d'hivernage africaines (Fig.134A) implique que la mortalité hivernale augmente lorsque les plaines inondables du Delta Intérieur du Niger et du Delta du Sénégal sont peu étendues (voir aussi Fig. 133). Les variations numériques entre années consécutives au sein d'une population utilisées comme indicateur de la mortalité n'ont pas mis en évidence une telle relation. Cependant, une analyse approfondie a montré que la taille de la population joue un rôle important. Les nombres en Camargue ont tendance à rester stables si la population est forte (>500 couples). Dans ces conditions, l'étendue des inondations semble avoir peu ou pas d'effet sur la taille de la population. En revanche, si la population est faible (<300 couples), l'augmentation numérique est significativement plus forte si la superficie inondée a été étendue pendant l'hiver précédent (Fig. 134B).[4] On obtient la même conclusion d'après la Fig. 135, qui illustre l'évolution annuelle de la population, cette fois en fonction de sa taille.

Les Fig. 133 à 135 démontrent clairement que l'étendue des inondations dans les plaines inondables d'Afrique de l'Ouest détermine en grande partie la taille de la population lors de la saison de reproduction suivante. La taille de la population camarguaise a tendance

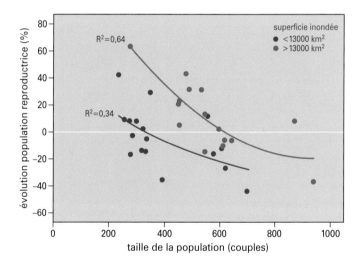

Fig. 135 % de variation de la population camarguaise en fonction de la taille de la population de l'année précédente, séparés selon l'étendue des inondations au Sahel pendant l'année précédente (plus ou moins de 13.000 km²). Les données de la Fig. 134B ont été reprises dans ce graphique pour montrer différemment la dépendance à la densité et l'effet du Sahel.

à rester stable à 600 couples lorsque l'étendue des inondations est forte, ce qui indique des effets dépendant de la densité sur les sites d'hivernage (si l'on considère que la Camargue constitue un échantillon représentatif de la population du Bihoreau gris).

Conditions de reproduction   Comme en Camargue, les autres populations françaises ont atteint un point bas en 1974 (Voisin 1994), suivi selon les endroits par une poursuite du déclin ou de fortes augmentations locales.[5] De fortes fluctuations, avec une tendance générale au déclin sont également relevées en Espagne (Fernández-Cruz *et al.* 1992), en Croatie (D. Munteanu cité par Kushlan & Hafner 2000) et dans la partie ukrainienne du Delta du Danube (Platteeuw *et al.* 2004). Nombre de ces variations sont causées par des variations locales des conditions hydrologiques, particulièrement dans le sud de l'Europe, où la disponibilité des sites de reproduction et d'alimentation dépend des niveaux de précipitations. De la même façon, comme dans le cas des colonies du Dniestr (voir ci-dessus), la construction de barrages peut détruire de manière permanente des sites de reproduction primordiaux et affecter négativement les ressources alimentaires, si un régime hydrologique permettant des inondations naturelles n'est pas maintenu (Schogolev 1996b). Toutefois, les barrages créent parfois de nouveaux sites d'alimentation et de reproduction pour le Bihoreau gris (p. ex. Leibl 2001).

Conclusion

Malgré la rareté des données de suivi à long terme disponibles sur les sites de reproduction européens et de reprises de baguage en Afrique de l'Ouest, les informations existantes suggèrent que : (1) Le Bihoreau gris hiverne majoritairement sur les plaines inondables du Sahel ; (2) L'étendue des inondations au Sahel pendant l'hiver boréal, déterminée par les précipitations, détermine en bonne partie la taille de la population de la saison de reproduction suivante ; (3) L'impact des conditions locales de reproduction sur la taille de la population est faible par rapport à celle de longues périodes de sécheresse ou de conditions humides sur les sites d'hivernage, ces dernières jouant un rôle déterminant dans l'étendue des zones d'alimentation et donc sur la survie.

Notes

1   La dispersion autour de la droite de régression sur la Fig. 134A ne peut être attribuée ni à l'étendue des inondations des plaines inondables d'Afrique de l'Ouest pendant les deux ou trois années précédant la saison de reproduction, ni aux précipitations au Sahel. Bien que ces variables soient significativement corrélées à la taille de la population nicheuse (par exemple, pour la pluie : $R^2=0,41$, $P<0,001$), aucune n'augmente la variance expliquée par le niveau des inondations au cours de l'année précédente.

2   Une régression multiple montre que les populations de Camargue dépendent totalement de l'étendue des inondations en Afrique de l'Ouest ($R^2=0,68$) et pas de l'année (qui augmente R^2 de 0,1). La faible dispersion autour de la droite de régression de la Fig. 134A ne peut donc être attribuée à une évolution à long terme.

3   Les précipitations au Sahel pendant l'année précédente ont un impact significatif sur la taille de la population ukrainienne ($R^2=0,28$). La variance expliquée augmente à $R^2=0,54$ si les précipitations des deux années avant cet hiver sont ajoutées dans l'analyse. Etonnamment, le niveau de la population ukrainienne n'est que faiblement corrélé aux inondations dans le Delta Intérieur du Niger ($R^2=0,11$).

4   Une régression multiple montre que le pourcentage de variation de la population du Bihoreau gris (BG%) est significativement corrélé ($P<0,0001$) avec la taille de la population (P), et avec l'étendue des inondations dans le Delta Intérieur du Niger (DIN) ($R^2=0,52$). BG%=-6,40 − 0,131P + 0,005DIN.

5   Il y a eu des déclins (Les Dombes : 400 couples en 1968, 215 et 1974, 81 en 1986, 0 en 1989), des augmentations (Loire, Allier et Cher : 256 en 1974, 502 en 1978, 680 en 1982, 450 en 1985 ; Aquitaine : >80 en 1974, 99 en 1980, 313 en 1989 ; Vendée : 15 en 1974, 51 en 1989) et de fortes augmentations (vallées de la Durance et du Rhône : 0 en 1974, 25 en 1981, 248-253 en 1989, et surtout en Midi-Pyrénées : 275 en 1974, 1000 en 1981, 1665 en 1989, environ 2000 en 1991).

Crabier chevelu
Ardeola ralloides

Imaginez le désert du Darb el Arba'in, ce secteur extrêmement aride du Sahara oriental (<5 mm de précipitations annuelles), où le sable s'étend à perte de vue, simplement interrompu ponctuellement par de petites formations gréseuses (Goodman & Haynes 1992). De très nombreux oiseaux traversent cet endroit inhospitalier deux fois par an, en passant pour la plupart inaperçus pour les Faucons laniers locaux, dont les perchoirs favoris sont des épaves militaires abandonnées après les opérations militaires de l'armée britannique et de la Force de Défense du Soudan en 1941, pendant lesquelles des convois de camions ravitaillaient l'oasis de Kufra en Libye, récemment conquise. Cette bande de 20 à 30 km de large, débutant à Wadi Halfa au Soudan, traverse la frontière entre l'Egypte et le Soudan et reste jonché de signaux pour convois, de camions et d'autres véhicules, de bidons et de jerricans d'essence abandonnés. Le Faucon lanier commence à nicher alors que peu d'oiseaux migrateurs sont présents et se nourrit alors presque exclusivement de locustes. Plus tard, lorsqu'il lui faut nourrir ses jeunes, il peut compter sur les oiseaux migrateurs épuisés ou au repos, principalement des Cailles des blés et des Tourterelles des bois, mais également des Crabiers chevelus.

Les Crabiers chevelus sont souvent difficiles à détecter dans la végétation touffue des marais, sauf lorsqu'ils sont perchés en évidence sur des plantes aquatiques comme les nénuphars et la Laitue d'eau. Delta du Sénégal, décembre 2005.

Aire de reproduction

Le plus rare des hérons européens possède une distribution limitée en Europe du Sud, où une augmentation de sa population a eu lieu depuis la fin des années 1990 (Kushlan & Hancock 2005). Des populations plus importantes sont présentes en Europe orientale, mais les grandes colonies et les sites de reproduction principaux sont situés encore plus à l'est, en Turquie, Iran et Transcaucasie. En Azerbaïdjan, par exemple, la population à la fin des années 1980 et au début des années 1990 était estimée à 15.000-18.000 couples, mais jusqu'à 84.500 couples ont été comptés en 1964 dans la seule réserve de Kizil Agach (Patrikeev 2004). La population européenne a été estimée à 14.300-26.800 couples (Kushlan & Hancock 2005), nichant principalement en Russie (35%), Turquie (32%), Bulgarie (11%) et dans le Delta du Danube en Roumanie (10%).

L'espèce niche dans de nombreux marais d'eau douce d'Afrique de l'Ouest, de la Mauritanie, Sénégambie, Sierra Leone, Mali, Ghana et Nigéria jusqu'au Tchad. De faibles nombres nichent dans le Delta du Sénégal (Chapitre 7). Les populations nicheuses sont apparemment stables dans le Delta Intérieur du Niger au Mali, où Skinner *et al.* 1987a) mentionna 550-650 couples en 1985 ; 500 couples y furent trouvés en 1999-2001, principalement dans la forêt de Dentaka mais aussi, en novembre 2000, à Akkagoun (90 nids) et dans la forêt dégradée de Pora (plusieurs dizaines de nids) (van der Kamp *et al.* 2002c, Chapitre 6). Si on les compare avec le statut de l'espèce au début du 20ème siècle, la distribution actuelle de l'espèce en Afrique de l'Ouest est plus étendue et la population est plus importante (Kushlan & Hancock 2005).

Migration

De faibles nombres hivernent dans la région Méditerranéenne, mais la plupart des Crabiers chevelus sont migrateurs et traversent le Sahara pour hiverner au sud du Sahara, au sud de la Mauritanie, en Sénégambie, en Guinée-Bissau et plus à l'est. La base de données EURING ne contient que cinq mentions d'oiseaux bagués en Europe : deux oiseaux de l'ex-Yougoslavie, bagués en 1912 et retrouvés au Nigéria en 1914 ; un de France, bagué en 1968 et retrouvé en Sierra Leone en 1969 ; un autre français bagué en 1969 et retrouvé en Guinée en 1970 et un dernier provenant de Grèce, bagué en 1992 et retrouvé au Ghana en 1993. Rodwell *et al.* (1996) mentionnent l'observation d'un oiseau avec marquage alaire provenant de Camargue, France, en janvier 1990 au Djoudj, Sénégal. Pour le Nigéria, Elgood *et al.* mentionnent un troisième oiseau d'ex-Yougoslavie, ainsi qu'un oiseau bulgare. La migration se produit vraisemblablement sur un large front à travers la Mer Méditerranée et le Sahara, comme en témoigne la vaste répartition des restes de Crabiers chevelus consommés par le Faucon lanier dans le désert égyptien.

Répartition en Afrique

Les Crabiers chevelus sont abondants dans les plaines inondables d'Afrique de l'Ouest. Ash (1990) a mentionné la présence de plusieurs milliers d'entre eux en une seule localité au sein des plaines inondables de Hadéjia-Nguru (Matafa Uku) en novembre 1985. Bien

Les Crabiers chevelus sont discrets au sol, mais bien repérables lorsqu'ils s'envolent. Leurs comptages sont susceptibles d'être biaisés en fonction des méthodes de recensement.

que leur plumage cryptique les camoufle bien dans leur habitat, ils sont très visibles à l'envol. Nos sondages par parcelles dans le Delta Intérieur du Niger ont permis d'obtenir une estimation de 41.000 Crabiers chevelus sur les lacs centraux Débo et Walado au début des années 2000 et de 200.000 en milieu d'hiver pour la totalité du Delta Intérieur du Niger, Lac Télé compris (Tableaux 6 et 8).

En dehors des plaines inondables, les Crabiers chevelus sont généralistes et se rencontrent partout ou de l'eau douce ou salée est présente avec une couverture végétale proche suffisante. Dans la plupart des pays d'Afrique de l'Ouest, il est considéré comme étant un migrateur paléarctique commun ou localement commun entre octobre et mars, rencontré sur les lacs, réservoirs d'eau, stations d'épuration, champs de riz, mares, marais côtiers et berges des lagunes (Grimes 1987, Elgood *et al.* 1994), Cheke & Walsh 1996). Au Libéria, les effectifs hivernants sont estimés à 1000 dans l'intérieur et quelques centaines le long de la côte. (Gatter 1997b).

L'importance des rizières pour les Crabiers chevelus hivernants a été mise en évidence par des sondages de densité par parcelle au Sénégal, en Gambie, en Guinée-Bissau et en Guinée-Conakry pendant les hivers 2004 et 2005 (Bos *et al.* 2006 ; Chapitre 12). La densité dans les rizières permit d'y estimer leur nombre à 71.000 (95% confidence, intervalle 50.000-92.000) pour les 120.000 ha de ce type d'habitat dans les pays cités. Avec le même type de comptages au Mali en 2002-2004, van der Kamp *et al.* ont obtenu 200 Crabiers chevelus dans les rizières irriguées du Lac Sélingué, et Wymenga *et al.* (2005) à 4000 au sein du périmètre irrigué de l'*Office du Niger* pendant l'hiver (voir aussi Chapitre 11). Les comptages par parcelle ont révélé qu'en juin-juillet, ces deux zones accueillaient quatre à cinq fois plus de Crabiers chevelus qu'entre décembre et février, *i.e.* 900 à Sélingué et 21.000 dans les terres de l'*Office du Niger*. De nombreux oiseaux de ce dernier site étaient en plumage nuptial (van der Kamp, obs. pers.) et certains

s'installaient pour nicher dans les anciens bras de rivières (Falas) et les habitats à *Acacia* (Wymenga *et al.* 2005). La plupart des marais sahéliens s'assèchent pendant la période sans pluie entre novembre et juin, ce qui explique que tant de Crabiers chevelus soient concentrés dans les rizières humides en juin-juillet.

Lorsqu'on les combine, les comptages hivernaux dans les plaines inondables et les rizières d'Afrique de l'Ouest ont permis d'évaluer à 350.000 la population au début des années 2000. Ce nombre dépasse à toutes les estimations en Europe et en Afrique, ce qui indique non seulement une sérieuse sous-estimation des effectifs nicheurs (cette espèce est en effet difficile à recenser sur ses sites de reproduction ; Hafner *et al.* 2001), mais également l'arrivée substantielle d'oiseaux provenant de sites de reproduction asiatiques.

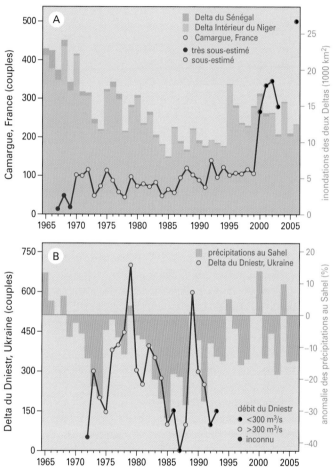

Fig. 136 (A) Population nicheuse de Crabiers chevelus en Camargue, France, par rapport à l'étendue des inondations dans les Deltas Intérieur du Niger et du Sénégal l'année précédente. Le suivi des colonies françaises s'est amélioré après 2000 et était inexact entre 1967 et 1969. D'après: Kayser *et al.* (2003), www.tourduvalat.org. (B) Population nicheuse du Delta ukrainien du Dniestr en fonction de l'indice des pluies au Sahel. D'après Schogolev (1996b).

Crabier chevelu sur une berge occupée par les typhas et de l'inévitable flip-flop (omniprésente dans la plupart de marais africains, même les plus reculés). Delta du Sénégal, décembre 2005.

Evolution de la population

Conditions d'hivernage   Le suivi des couples nicheurs en Camargue montre des fluctuations au cours des années 1970 et 1980, suivies par une augmentation jusqu'à 100 couples depuis le début des années 1990 et même jusqu'à 500 couples en 2006 (Fig. 136A). La méthodologie de recensement a été modifiée deux fois (Hafner *et al.* 2001), et les comptages antérieurs à 2000 sont désormais considérés comme étant des sous-estimations (www.tourduvalat.org). Pendant la période 1970-1998, la population a augmenté en moyenne de 1,4% par an. Les variations interannuelles ont en revanche varié entre -47% et +50%. Cette variation est faiblement corrélée avec l'étendue des inondations en Afrique de l'Ouest.[1]

La population ukrainienne dans le Delta du Dniestr a subi d'importantes fluctuations, en partie liées aux variations des débits des cours d'eau locaux et à la construction d'un barrage hydro-électrique 700 km en amont en 1983 ; l'impact négatif du barrage fut réduit en 1988 lorsque des crues naturelles furent rétablies dans le delta (Schogolev 1996b ;points noirs sur la Fig. 136B). La tendance du Dniestr suit, avec un léger retard, les inondations dans le Delta Intérieur du Niger, mais possède une meilleure corrélation avec l'indice des précipitations au Sahel.[2]

En complément de ces deux populations, il existe plusieurs recensements à l'échelle nationale ou régionale, avec des tailles d'échan-

tillons plus importantes, en Italie (Brichetti & Fracasso 2003), Espagne (Prosper & Hafner 1996) et Azerbaïdjan (Patrikeev 2004), réalisés par intermittence sur de grandes périodes. Ces données, bien qu'elles puissent reposer sur des sous-estimations, montrent que les conditions hydrologiques en Afrique de l'Ouest ont une influence majeure sur les populations de Crabiers chevelus. En particulier, les sécheresses sévères se traduisent par des déclins rapides sur les sites de reproduction. Entre 1940 et 1960, la population du Paléarctique Occidental a augmenté d'environ 30% (Kushlan & Hafner 2000). Entre 1970 et 1990, période marquée par des sécheresses sévères en Afrique de l'Ouest, les deux-tiers des populations européennes ont décliné d'au moins 20%. Ce déclin a été particulièrement prononcé en Europe de l'Est et en Russie. En Grèce, par exemple, la population nationale atteignait 1400 couples en 1970, puis plus que 1100 couples entre 1970 et 1984 et seulement 201-377 couples en 1985-1986 (Crivelli *et al.* cités par Kushlan & Hafner 2000). De la même manière, à Kopacki Rit, site de reproduction croate, le nombre de couples est passé de 478 en 1954 à 190 en 1970 et moins de 50 au milieu des années 1990 (Mikuska cité par Kushlan & Hafner 2000). Un déclin encore plus prononcé a été enregistré dans le Delta de la Volga, où 7000 couples nichaient en 1970 et seulement 300 dans les années 1990 (Kushlan & Hancock 2005). Cependant, depuis la fin des années 1990, les populations d'Europe méridionale ont recommencé à augmenter. La population italienne est passée de 270 couples en 1981 à environ

Près de 350.000 Crabiers chevelus passent l'hiver boréal en Afrique de l'Ouest, dont 200.000 dans le Delta Intérieur du Niger ; dès que de l'eau peu profonde (avec de la végétation) est disponible, l'espèce est omniprésente. Janvier 2003, rivière Diaka, Delta Intérieur du Niger.

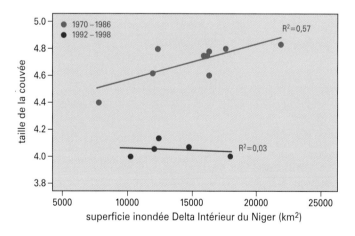

Fig. 137 Taille moyenne des pontes des Crabiers chevelus nichant en Camargue en fonction de l'étendue des inondations dans le Delta Intérieur du Niger pendant l'hiver précédant la saison de reproduction, pour les périodes 1970-1986 et 1992-1998. Le nombre de nids a varié entre 15 et 57 (29 en moyenne). Données d'après Hafner *et al.* (2001).

400 en 1985-1986 et 550-650 en 1995-2002 (Brichetti & Fracasso 2003), et l'espagnole de 204 couples en 1986 à 822 en 1990 (Diaz *et al.* 1996).

Conditions de reproduction   Pour la population camarguaise, qui montre une tendance à l'augmentation, les augmentations et diminutions du nombre de nicheurs sont corrélées avec les précipitations printanières dans le sud de la France (Hafner *et al.* 2001). Malgré la progression numérique, la taille des pontes et des nichées a diminué significativement entre 1986 et 1992, et est restée faible dans les années 1990. Ce déclin a eu lieu en parallèle d'une forte augmentation du nombre de Hérons garde-bœufs nichant dans les arbres, dont l'habitat et l'alimentation coïncident largement avec ceux du Crabier chevelu. Même si aucun lien de cause à effet n'a été prouvé, un approfondissement des analyses est nécessaire (Hafner *et al.* 2001). Il est également possible que la diminution de taille des pontes soit liée à l'augmentation de la culture du riz en Camargue. Le déroulement de ce changement d'utilisation du sol est concomitant à l'augmentation des Hérons garde-bœufs, qui se nourrissent souvent dans les champs de riz. Les Crabiers chevelus se nourrissent moins dans ces habitats, et pourraient avoir été affectés par la perte de leurs sites d'alimentations préférés et par les polluants associés à la production du riz, qui auraient affecté les populations de leurs proies à l'extérieur des parcelles cultivées. Aucune de ces hypothèses n'a pu pour l'instant être vérifiée (Hafner *et al.* 2001).

Nous proposons également une troisième explication : lorsque les inondations sont faibles en Afrique, les oiseaux arrivent en mauvaise condition sur leurs sites de reproduction et déposent des pontes plus limitées (Fig. 137). La corrélation entre l'étendue des inondations dans le Delta Intérieur du Niger et la taille des pontes pendant la saison de reproduction suivante est très significative, mais uniquement jusqu'en 1987. La taille des pontes a été bien plus faible au cours des années récentes, et la corrélation avec les inondations a disparu, ce qui suggère que la taille des pontes dépend de plus d'un facteur.

France mise à part, les rizières sont utilisées par les Crabiers chevelus en fonction de leur disponibilité dans le sud de l'Europe. Les vitesses d'ingestion des adultes se nourrissant dans les rizières sont plus élevées dans le N-O et le N-E de l'Italie que dans le Delta de l'Ebre (Espagne), dans le Delta de l'Axios (Grèce) et dans le Delta du Rhône (France) (Fasola *et al.* 1996). La culture sur sol sec du riz étant de plus en plus répandue en Italie et en Espagne, la disponibilité des sites d'alimentation devrait diminuer, ce qui pourrait avoir des conséquences négatives sur les populations (Fasola *et al.* 1996).

Les densités de Crabiers chevelus peuvent être élevées pendant les premiers stades de la décrue, lorsque la superficie des eaux peu profondes est encore réduite ; cette étendue de *didéré* flottant (environ 20 x 30 m) en accueillait 17 individus (novembre 2008, Delta Intérieur du Niger).

Conclusion

Les sondages de densité suggèrent la présence d'au moins 350.000 Crabiers chevelus en Afrique de l'Ouest. Ce nombre étant plusieurs fois supérieur aux populations européennes et ouest-africaines cumulées, la majorité de ces oiseaux doivent provenir de zones de reproduction asiatiques, même si l'on considère que les populations européennes sont largement sous-estimées. Le suivi sur le long terme de populations dans le sud de la France et en Ukraine fournit la preuve de l'impact des inondations ou des précipitations en Afrique de l'Ouest sur les effectifs. La taille des pontes dans le sud de la France était corrélée avec les niveaux d'inondations en Afrique de l'Ouest jusqu'au milieu des années 1980, mais plus par la suite, lorsqu'elle a diminué pour des raisons inconnues. Les études à plus grande échelle, mais sur la base de séries de données incomplètes montrent que les populations européennes ont subi un fort déclin dans les années 1970 et 1980, suivi par une augmentation depuis lors. Ces fluctuations sont synchronisées avec les niveaux d'inondation en Afrique de l'Ouest, où le Delta Intérieur du Niger joue un rôle particulièrement important. Les conditions sur les sites de reproduction peuvent avoir des impacts significatifs à l'échelle locale, comme le montre l'exemple des colonies sur le Dniestr en Ukraine, où la construction d'un barrage a engendré des conditions de sécheresse et un déclin prononcé.

Notes

1 La variation de population annuelle est faiblement corrélée au niveau des inondations (R^2=0,18, P=0,02) : une diminution est constatée pendant les faibles crues et une augmentation pendant les fortes crues. Cependant, ces oiseaux sont difficiles à compter. La relation est donc peut-être partiellement masquée par des sous-estimations variables de la population.

2 L'analyse de régression entre la taille de la population et les précipitations au Sahel montre que la variance expliquée augmente de R^2=0,34 à R^2=0,47 si les années avec de faibles débits dans le Dniestr (<300 m^3/s) sont exclues.

Aigrette garzette
Egretta garzetta

La pêche en communauté n'est pas l'apanage exclusif des humains. Dans les plaines inondables d'Afrique de l'Ouest, au moins sept espèces d'oiseaux la pratiquent couramment, en exploitant des niches partiellement différentes. Les Cormorans africains et les Pélicans blancs sont particulièrement adaptés pour chasser les poissons dans des eaux profondes jusqu'à la taille. Leur frénésie attire presque immédiatement l'attention des Guifettes moustacs et leucoptères qui manœuvrent habilement au-dessus de la masse des cormorans en attendant de pouvoir obtenir leur part. Lorsque les niveaux d'eau diminuent encore et que seules des eaux peu profondes restent, le paradis des Aigrettes garzettes, Aigrettes ardoisées, Chevaliers aboyeurs et arlequins prend forme. Les Aigrettes garzettes sont normalement confinées aux berges et aux eaux peu profondes à végétation immergée (où les poissons ont moins de chance d'échapper aux aigrettes solitaires), mais les plaines en cours d'assèchement offrent d'excellentes occasions de chasser en communauté les poissons fraîchement éclos dans une eau de moins de 10 cm de profondeur. En outre, les plaines inondables d'Afrique de l'Ouest ne sont pratiquement pas fréquentées par les goélands kleptoparasites qui, ailleurs, perturbent les aigrettes chassant en communauté. Les inévitables guifettes qui se joignent aux aigrettes ne capturent que les plus petits poissons. Habituellement, le chahut se termine rapidement : soit les poissons se sont réfugiés dans des eaux plus sûres, soit le banc a été épuisé. Les Aigrettes garzettes recommencent alors à se nourrir seules, mais en gardant un œil sur leurs voisins, au cas où.

Aire de reproduction

L'Aigrette garzette possède une répartition étendue mais discontinue dans le sud de l'Europe (au sud de 48°N), depuis la Péninsule ibérique jusqu'en Ukraine et au sud de la Russie. Elle préfère les bassins des grands fleuves et les concentrations les plus fortes se rencontrent dans les grandes zones de rizières d'Italie du Nord (Hagemeijer & Blair 1997). Récemment, l'espèce s'est répandue vers le nord en progressant le long de la côte atlantique en France (<8.000 hivernants en 2000/2001 ; Voisin *et al.* 2005) jusqu'en Belgique (33 couples au Zwin en 2006, > 200 oiseaux en juin-août en Flandres ; Natuur.oriolus 73 :66), aux Pays-Bas (94 couples en 2005 ; van Dijk *et al.* 2007), en Irlande (12 couples en 1997, 32 en 1999, 55 en 2001 et >112 en 2003 ; www.birdwatchireland.ie) et dans le sud de l'Angleterre (>1.650 individus présents en septembre 1999, Musgrove 2002 ; 354-357 couples en 2004, British Birds 100 : 337-338).

La population européenne était estimée à 68.000-94.000 couples en 1990-2000 (dont 15.000-16.000 en Italie et 10.000-20.000 en Espagne ; BirdLife International 2004a), mais dépasse aujourd'hui certainement cette taille étant données les augmentations en Espagne, France, Italie et dans le N-O de l'Europe (Brichetti & Fracasso 2003, Kayser *et al.* 2003, Voisin *et al.* 2005).

En Afrique du Nord, les Aigrettes garzettes nichent sur des sites disséminés le long des côtes nord du Maroc (200-750 couples dans les années 1980, Thévenot *et al.* 2003), d'Algérie (> 140 couples, Isenmann & Moali 2000) et de Tunisie (centaines de couples, Isenmann *et al.* 2005). Les populations nicheuses au Sénégal et en Mauritanie dépassent les 1000 couples, avec plusieurs milliers d'oiseaux (correspondant à un nombre inconnu de couples) nichant dans le Saloum (Kushlan & Hancock 2005), 250 couples dans le Parc National du Diaouling en 2005 (Chapitre 7) et un nombre inconnu dans le Djoudj (Chapitre 7). Le nombre de couples nicheurs dans le Delta Intérieur du Niger au Mali pendant la période 1985-2005 a varié entre 500-1000 couples au minimum en 1994-1996 et 1500 couples au maximum en 2005 (Chapitre 6). Des quantités bien plus faibles nichent irrégulièrement au Ghana (Grimes 1987) et au Nigéria (17 nids en février à Malamfatori ; Elgood *et al.* 1994).

Migration

Selon les populations concernées, l'espèce est sédentaire ou effectue des mouvements de dispersion ou de migration, et une proportion significative de la population traverse la Méditerranée pour aller hiverner en Afrique. Du fait de l'extension de la répartition, de l'augmentation des populations et des hivers plus cléments (en moyenne) en Europe de l'Ouest dans les années 1990 et 2000, une part plus importante des Aigrettes garzettes restent maintenant en Europe pendant l'hiver (Hafner *et al.* 1994, Bartolome *et al.* 1996, Voisin *et al.* 2005).

Les reprises de baguage au sud de la Méditerranée sont trop peu nombreuses pour définir clairement les sites d'hivernage en Afrique de l'Ouest (Fig. 138). Néanmoins, les reprises dans le Delta du Sénégal, les rizières côtières, les zones intertidales et les mangroves entre le Sénégal et la Guinée, dans le Delta Intérieur du Niger et en Mauritanie correspondent aux régions et aux habitats ou les observations ont révélé la présence de grandes quantités d'Aigrettes garzettes (Chapitres 6 & 11).

Dix-sept oiseaux bagués en Camargue, dans le sud de la France ont été découverts sans vie en Afrique de l'Ouest, entre les Îles Canaries et le sud du Tchad, mais principalement au Sénégal (7 oiseaux) et au Mali (4). Ces oiseaux ont peut-être en partie suivi la côte sud de la Mer Méditerranée vers l'ouest jusqu'en Espagne pour descendre ensuite la côte atlantique vers le sud. D'autres ont apparemment emprunté un autre trajet, via l'Italie, d'où ils ont traversé vers la Tunisie (Voisin 1985). Ces oiseaux sont restés sur la côte sud de la Méditerranée (de la Tunisie à l'Egypte en passant par la Libye) ou ont continué leur voyage vers le sud à travers le Sahara vers le Delta Intérieur du Niger (Voisin 1985). Le franchissement du Sahara par l'Aigrette garzette est attesté par de nombreuses observations et captures à l'automne (oasis en Algérie, comme Beni-Abbès et El Goléa, ainsi que près d'Adrar dans le Grand Erg inhospitalier début novembre 1970 ; Voisin 1985) et au printemps (6 le 31 mars 1971 près d'Amenas et 20 sur les lacs salés d'Ouargla les 2-3 avril 1971 ; Haas 1974).

Il est possible que les Aigrettes garzettes nichant dans les Balkans quittent aussi l'Europe par l'Italie. L'individu bagué en Serbie le 16 juin 1912 et tiré au Nigéria en janvier 1914 constituait l'une des pre-

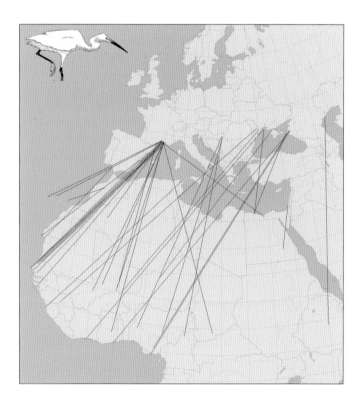

Fig. 138 Localités de baguage de 37 Aigrettes garzettes retrouvées entre 4° et 30°N et en Egypte. 26 proviennent d'EURING et 11 de Grimes (1987), Nankinov & Kistchinskii (1978), Sapetin (1978a), Mullié *et al.* (1989) et Meininger *et al.* (1994).

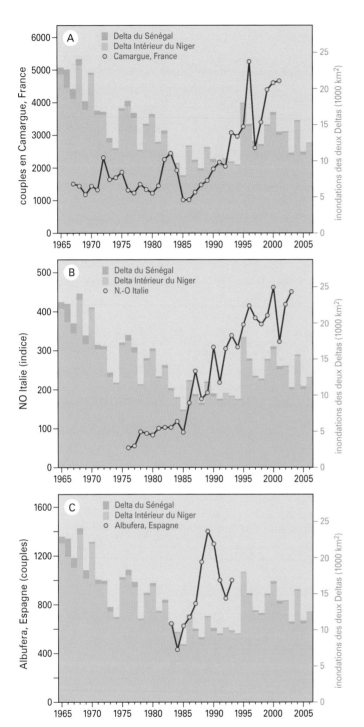

Fig. 139 Evolution des populations d'Aigrettes garzettes dans 3 pays d'Europe par rapport à l'étendue des inondations du Delta Intérieur du Niger et du Delta du Sénégal pendant l'hiver précédent. D'après Kayser *et al.* 2003, www.tourduvalat.org (France), Prosper & Hafner 1996 (Espagne), Fasola cité par Kushlan & Hafner 2000 et BirdLife International 2004b (Italie).

mières mentions d'un oiseau bagué en Europe. Par une coïncidence improbable, un Crabier chevelu bagué dans la même héronnière le lendemain, 17 juin, avait été tué sur le même site nigérian le 12 novembre 1912 ! D'autres Aigrettes garzettes originaires des Balkans ont été retrouvées en Sierra Leone et au Libéria, révélant une migration vers le S-O (Nankinow & Kistchinski 1978).

Les oiseaux des colonies installées le long du Dniestr et de la Volga au nord de la Mer Noire et de la Mer d'Azov suivent des directions variant entre le S et le S-O et ont été retrouvés le long du Fleuve Niger au Mali, au Niger, en Guinée, au Ghana et au Nigéria (Sapetin 1978a ; Fig. 138). Les Aigrettes garzettes nichant à l'est de l'Ukraine, par exemple celles d'Azerbaïdjan et de la côte ouest de la Mer Caspienne, semblent suivre un axe plus orienté vers le sud, avec des reprises provenant de Pekhlevi en Iran, des marais près de Basra en Irak (Patrikeev 2004, Sapetin 1978a), du centre de l'Arabie Saoudite (Sapetin 1978a) et d'Ethiopie (Fig. 138). Ces reprises suggèrent des axes migratoires parallèles pour les différentes populations d'Eurasie, sauf celle de France qui se disperse plus largement à travers l'Afrique de l'Ouest et le sud du bassin méditerranéen.

Répartition en Afrique

Bien que les recensements d'aigrettes hors période de reproduction ne fassent pas la différence entre les Aigrettes garzettes et les formes blanches de l'Aigrette des récifs *Egretta gularis*, moins de 1% des Aigrettes des récifs de la sous-espèce nominale présente au Sénégal, en Gambie et en Mauritanie sont blanches, ce qui rend ce problème hypothétique dans un contexte ouest-africain (Dubois & Yésou 1995).

Dans la région sahélienne, les Aigrettes garzettes sont confinées aux zones humides, aux rivières et aux cultures irriguées. Les recensements de janvier 1993 dans les plaines inondables du Waza Logone et le long de la rive sud du Lac Tchad ont été utilisés pour calculer le nombre total de 10.700 individus pour la totalité du Lac Tchad (van Wetten & Spierenburg 1998). Pour le Delta Intérieur du Niger au Mali, nous avons utilisé les sondages de densité du début des années 2000 pour atteindre un total de 37.000 oiseaux pendant l'hiver boréal, ce qui nous semble être nettement sous-estimé (Chapitre 6). La popu-

Les aigrettes garzettes dans le Delta Intérieur du Niger se nourrissent régulièrement en collectivité, associées à d'autres espèces piscivores, en général d'autres aigrettes, des Cormorans africains, des Aigrettes ardoisées, des Guifettes leucoptères et moustacs et des Chevaliers aboyeurs et arlequins. Les Aigrettes garzettes se rencontrent également près des filets et trappes à poissons où l'accès au poisson leur est facilité.

lation hivernante totale du Delta Intérieur du Niger a augmenté au cours de cette période (Tableau 6 ; Fig. 56). Un total de 1650 oiseaux a été estimé pour les rizières de l'*Office du Niger* au centre du Mali (Chapitre 11). Les Aigrettes garzettes sont très répandues dans cette région et sont présentes partout où de l'eau peu profonde est présente, mais jamais en grande concentration. Le nombre total d'oiseaux au Mali est certainement plus élevé que la somme des totaux régionaux ci-dessus.

La population hivernant dans le Delta du Sénégal a été estimée à 6000 oiseaux (Chapitre 7). Les sondages de densité réalisés dans les rizières côtières du Sénégal, de Gambie, de Guinée-Bissau et de Guinée arrivent à un total de 8200 Aigrettes garzettes (Bos *et al.* 2006 ; Chapitre 11). Sur le Banc d'Arguin en Mauritanie, 2700 Aigrettes garzettes ont été comptées en janvier-février 1980 (Altenburg *et al.* 1982), 3400 en janvier-février 1997 (Zwarts *et al.* 1998) et 3912 en janvier 2000 (Hagemeijer *et al.* 2004). Entre 3800 et 10.150 (moyenne 7166)

Aigrettes garzettes locales ou migratrices ont été estimées pour les zones humides du Niger entre janvier et mars. Cette estimation est basée sur des comptages de 1994-1997 (Brouwer & Mullié 2001). Au Burkina Faso voisin, l'espèce est bien représentée en faible nombre pendant l'hiver boréal (Weesie 1996), mais est bien plus rare pendant la saison des pluies (près de Ouagadougou, rare en juillet-août et absente en septembre ; Thonnerieux *et al.* 1988).

Pour les pays d'Afrique de l'Ouest au sud du Sahel, il n'existe d'estimation que pour le Libéria : 3000 à 4000 au cœur de l'hiver, principalement au bord des lacs et dans les rizières de l'intérieur (Gatter 1997b). Au Ghana, elle est « sédentaire et pas rare » sur les lagunes, salines et réservoirs le long de la côte et près des barrages pour l'irrigation (Grimes 1987). Un statut globalement identique a été mentionné pour le Togo (espèce sédentaire commune, abondante après l'arrivée des migrateurs paléarctiques en août » ; Cheke & Walsh 1996) et pour le Nigéria (« commune dans tous types de zones humides » ; Elgood *et al.* 1994). L'arrivée des migrateurs paléarctiques commence à la fin juillet dans le nord et devient perceptible dans le sud en octobre. La plupart de ces visiteurs sont partis avant début avril.

Si l'on regroupe toutes ces informations, et si l'on prend en compte l'absence de données quantitatives pour de nombreux pays ouest-africains, un minimum de 90.000 Aigrettes garzettes pourrait être présent au cœur de l'hiver, dont 80% au Sahel. La population locale pourrait ne pas dépasser 6850 couples, soit environ 20.000 oiseaux (en considérant un jeune par couple en moyenne), ce qui indique l'arrivée d'environ 70.000 migrateurs paléarctiques, soit 18 à 35%

de la population européenne. Depuis les années 1990, la proportion d'Aigrettes garzettes restant en Europe pour hiverner a augmenté (*cf.* Thibault *et al.* 1997 pour la Camargue).

Evolution de la population

Conditions d'hivernage   La population de Camargue est suivie depuis 1968. Jusqu'au début des années 1990, la tendance d'ensemble était stable avec de fortes fluctuations. Après 1991, les populations ont triplé (Fig. 139A), suivant une tendance également notée ailleurs en Europe du Sud (Kuslan & Hancock 2005) et dans le N-O de l'Europe (voir précédemment). L'augmentation dans certaines colonies italiennes a ainsi commencé au début des années 1990 et abouti à un doublement de la population en moins d'une décennie (Fig. 139B). Les données espagnoles ne couvrent pas une période assez longue pour révéler une tendance (Fig. 139C). L'augmentation des populations suivies en France et en Italie est très significative. Indépendamment de cette tendance d'ensemble, les inondations du Delta Intérieur du Niger ont un impact significatif sur les fluctuations en France, mais non significatif pour celles du NO de l'Italie. L'impact de l'étendue des inondations en Afrique de l'Ouest sur la taille des populations d'Europe du Sud est cohérent avec l'importance du Delta Intérieur du Niger comme site d'hivernage pour les Aigrettes garzettes en Afrique de l'Ouest et avec nos calculs selon lesquels au moins 18 à 35% de la population européenne hiverne au Sahel.

Conditions de reproduction   A la suite de l'hiver rude de 1984/1985 en Europe, la population nicheuse de Camargue a été quasiment divisée par deux. Hafner *et al.* (1994) ont conclut que cet hiver inhabituel avait causé le déclin. Coïncidence, toutefois, ce même hiver fut marqué par une sécheresse sévère au Sahel, et il est plus probable que les conditions d'hivernage en Europe et en Afrique ont agi de concert pour produire un tel déclin, qui fut suivi par un redressement régulier. Dans cette population, le nombre de nids est fortement corrélé avec la productivité de l'année précédente (mais pas des années antérieures), là où elle a été affectée par les précipitations locales (Hafner *et al.* 1994). Les années humides sont plus productives. Le nombre d'Aigrettes garzettes hivernant localement constitue un indicateur fiable de la population nicheuse de l'année suivante. Peu d'oiseaux camarguais étaient supposés migrer sur de longues distances (Hafner *et al.* 1994), comme c'est le cas en Espagne (Bartolome *et al.* 1996), mais il se peut qu'il s'agisse d'une évolution récente liée à l'évolution du climat. La sédentarité ou la dispersion à faible distance sont également confortés par les résultats obtenus dans les années 1990 dans l'ouest de la France, où les épisodes hivernaux rigoureux n'ont pas déclenché de mouvements vers le sud, mais au contraire provoqué une dispersion vers des zones proches, à la recherche de sites de nourrissage alternatifs (Voisin *et al.* 2005). Depuis le début des années 1990, les températures en augmentation et le climat plus doux dans une bonne partie de l'Europe de l'Ouest ont entraîné une modification radicale de la répartition et de l'abondance temporelle de l'Aigrette garzette. L'hivernage en Europe est devenu commun, jusqu'en Grande-Bretagne et aux Pays-Bas (Musgrove 2002, Voisin *et al.* 2005). Cette stratégie implique que les conditions hivernales rigoureuses peuvent provoquer une forte mortalité, comme ce fut le cas lors des hivers 1984/1985 et 1996/1997 dans l'ouest de la France (Voisin *et al.* 2005) et en Grande-Bretagne en 1996/1997 (Musgrove 2002). Les effets de telles chutes de population sont limités dans le temps, à condition que des hivers plus doux prédominent (Hafner *et al.* 1994). L'étude d'Aigrettes garzettes baguées couleur en Camargue entre 1987 et 1995, au cours d'une période sans hiver rigoureux, a révélé un taux de survie des adultes constant, mais des variations de celui des juvéniles, sans lien avec la sévérité des hivers ou les conditions d'alimentation à l'envol (Hafner *et al.* 1998).

Les conditions hydrologiques dans les colonies et à proximité des sites d'alimentation sont des facteurs majeurs du succès de reproduction. Les sécheresses causées soit par le déficit de précipitations (Hafner *et al.* 1994), soit par des modifications dues à l'homme (comme le long du Dniestr en Ukraine, où la construction d'un barrage a supprimé les inondations printanières du delta ; Schogolev 1996b) peuvent causer des pénuries de nourriture et un stress qui induisent une faible productivité (comme observé en Nouvelle-Galles du Sud, Australie, Maddock & Baxter 1991).

Enfin, la destruction des habitats, la chasse et la surexploitation sont des facteurs de menace pour l'existence des héronnières, y compris celles accueillant l'Aigrette garzette, lorsqu'elles ne sont pas efficacement protégées (Albanie, voir Vangeluwe *et al.* 1996).

Conclusion

Les sécheresses sahéliennes ont un impact négatif immédiat sur les populations d'Aigrette garzette dans le sud de l'Europe. Lorsque les hivers suivants sont humides, les populations se rétablissent. L'augmentation de la population, peut-être liée au climat plus doux en Europe pendant les dernières années, a entraîné une expansion concomitante et rapide du nombre d'individus hivernant en Europe. Les hivers les plus sévères y causent une mortalité supérieure à la normale. Les facteurs locaux pourraient donc expliquer les variations d'abondance et de succès de reproduction à court terme.

Cigogne blanche
Ciconia ciconia

Les Cigognes blanches sont des oiseaux faciles à observer, qui pèsent 3,5 kg et dont l'envergure atteint 2 m. Chaque année, elles parcourent jusqu'à 23.000 km entre l'Europe et l'Afrique. Afin d'éviter les longues traversées en mer, la plupart des Cigognes blanches traversent la Méditerranée par le Détroit de Gibraltar ou la contournent en passant par la Turquie et le Moyen-Orient, où un demi-million de Cigognes blanches (et un million de rapaces) transitent par le goulet d'étranglement que représente Israël (Leshem & Yom-Tov 1996). Ce spectacle impression-nant, pas seulement pour les ornithologues, mais pour tous ceux qui observent les vols de cigognes prenant de la hauteur dans les ascendances thermiques avant de partir en glissant pour poursuivre leur route.

Selon les termes de David Lack (1966), la Cigogne blanche est « l'oiseau préféré des européens. Elle niche sur leurs maisons et leurs tours, mais aussi sur des plateformes disposées à son attention, et dans toute son aire de répartition actuelle en Europe du Nord, elle n'est pas protégée uniquement par la loi, mais aussi par un sentiment universel. » Et pourtant, tout cela n'a pas suffi à enrayer le déclin catastrophique de ses populations nicheuses d'Europe du Nord-Ouest pendant le 20ème siècle. L'espèce a disparu de Belgique (1895), de Suisse (1949), de Suède (1954), d'Italie (1960), des Pays-Bas (1991) et du Danemark (1998). Des efforts considérables ont été engagés pour sa réintroduction. De jeunes oiseaux élevés en captivité ont été relâchés pour qu'ils nichent à l'état sauvage. Les premiers « sites de nidification » furent créés en Suisse en 1948 et ont permis l'établissement du premier couple libre en 1960. De tels sites ont également été créés en Belgique (1957), en Alsace, France (1962), dans le Bade-

Wurtemberg, Allemagne (1968) et aux Pays-Bas (1970). Les programmes de réintroduction furent couronnés de succès, mais ont également été l'objet de débats passionnés sur leur pertinence pour la conservation d'espèces protégées. L'un des arguments des détracteurs était qu'il était inutile d'investir dans des programmes de réintroduction alors que la mortalité hivernale des cigognes en Afrique restait forte. Aujourd'hui, nous savons que les mesures de protection doivent être mises en œuvre là où les oiseaux passent une partie importante de leur cycle biologique, mais surtout là où ils souffrent d'une mortalité élevée. Bien que la majorité des Cigognes blanches migrent encore chaque année vers l'Afrique, un nombre croissant, mais encore limité d'entre-elles ne traversent plus le Sahara : elles hivernent dans le bassin méditerranéen ou sont devenues sédentaires. Néanmoins, l'avenir de l'espèce continue de se jouer à des milliers de kilomètres de ses plateformes de reproduction.

Aire de reproduction[1]

L'aire de reproduction de la Cigogne blanche se présente sous la forme d'un grande triangle incluant une bonne partie de l'Europe à l'ouest d'une ligne Saint-Pétersbourg, Moscou, Crimée, ainsi que le nord-ouest de l'Afrique, le Moyen-Orient et la Turquie. Depuis au moins le milieu du 19ème siècle, des extensions ont été observées dans les secteurs est et nord-est de cette aire (Schulz 1998), alors que sans les programmes de réintroduction, l'espèce aurait disparu d'Europe du Nord-Ouest à la fin du 20ème siècle. En 2000, la population européenne était estimée à 200.000 couples, avec des bastions au Portugal et en Espagne (22.000 couples), en Pologne (45.000), en Ukraine (30.000) et dans les pays baltes (25.000) (BirdLife International 2004a).

Migration

Depuis 1901, plus de 300.000 Cigognes blanches ont été baguées, ce qui a permis d'obtenir une pléthore de reprises qui, dès les années 1950, ont permis de révéler les caractéristiques principales de sa migration (synthétisé dans Schüz 1971), l'existence d'une séparation du flux migratoire entre les populations orientales et occidentales (« Zugscheide », Schüz 1953), et la répartition en Afrique pendant l'hiver boréal (synthèse dans Schüz 1971, Bairlein 1981). Les études de suivi par satellite réalisées depuis 1991 ont apporté des informations permettant d'affiner ces découvertes (p. ex. Berthold *et al.* 2001a, 2004).

Sans même un battement d'aile, la séquence ascendance – vol plané est répétée sans interruption, ce qui permet aux cigognes de parcourir des centaines de kilomètres chaque jour en dépensant un minimum d'énergie. Vague de Cigognes blanches en vol plané – 2043 individus pour être exact – se dirigeant vers le nord au-dessus du Parc National Kasanka en Zambie à la fin mars 2007 (en bas) et Cigognes blanches et noires gagnant de la hauteur en Israël (en haut).

La ligne de séparation des flux migratoires entre les populations occidentales et orientales s'étend des Pays-Bas à la Suisse (Fig. 140A). Les 120.000 oiseaux occidentaux migrent par l'Espagne et le Maroc vers le Sahel occidental, où ils se mêlent aux Cigognes blanches d'Afrique du Nord-Ouest. La population orientale migre par la Turquie et le Moyen-Orient vers l'Afrique orientale et australe (550.000 oiseaux). Environ 2000 oiseaux traversent la Méditerranée entre la Tunisie et l'Italie.

Les individus équipés de transmetteurs satellite confirment les caractéristiques de la migration des cigognes déduites du baguage, mais – sans surprise – révèlent également la grande variation individuelle des stratégies. Par exemple, un oiseau russe a traversé la Méditerranée entre la France et la Tunisie, où il a passé son premier hiver et l'été suivant. Lors de son 2ème hiver, il s'est déplacé vers une zone proche du Lac Tchad, puis s'est dirigé vers l'Espagne pour y passer son 3ème été et 3ème hiver, vers la Pologne durant son 4ème été, pour enfin retourner au Lac Tchad pour son 4ème hiver (Chernetsov *et al.* 2005). Cet oiseau a donc fréquenté successivement les axes migratoires de Méditerranée centrale, occidentale et orientale, et fait preuve d'une étonnante adaptabilité dans ses choix migratoires.

La distance journalière moyenne migratoire étant de 200 à 300 km, il faut théoriquement 2 à 3 semaines aux Cigognes blanches pour parcourir les 4000 km entre l'Europe du Nord-Ouest et le Sahel, et environ 2 mois pour couvrir les 11.000 km entre l'Europe et l'Afrique australe, mais ces durées sont rallongées lorsque les conditions météorologiques obligent les oiseaux à faire des haltes prolongées. La migration postnuptiale dure plus longtemps que la prénuptiale, car les cigognes ont l'habitude d'utiliser des haltes plus nombreuses et pour des durées plus longues pendant l'automne. Ainsi, la population orientale utilise le Sahel oriental comme site de halte pendant 4 à 6 semaines avant de poursuivre son périple vers l'Afrique australe.

Les Cigognes blanches quittent leurs sites de reproduction entre début août (sud de l'aire de répartition) et fin août (nord de l'aire). Les oiseaux d'Europe de l'Ouest arrivent pour la plupart au Sahel occidental avant décembre et repartent en février. L'arrivée sur les sites de reproduction est progressive du sud au nord : février au Maghreb, février/mars dans la Péninsule ibérique et 1ère quinzaine d'avril dans le N-O de l'Europe. Les oiseaux de l'axe oriental passent moins de trois mois sur leur site d'hivernage, mais restent en tout plus de six mois en Afrique. En moyenne, le pic de passage en Israël est atteint les 21 août et 28 mars. Les suivis satellitaires montrent que la durée des haltes dans le Sahel oriental à l'automne varie d'une année sur l'autre.

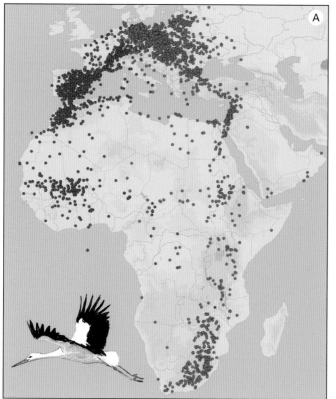

Fig. 140 (A) Reprises de Cigognes blanches mortes, originaires d'Europe occidentale (en rouge ; n=2.757 ; Belgique, France, Suisse, Portugal et Espagne) et d'Europe orientale (en vert ; n=3.592 ; ancienne Allemagne de l'Est, Hongrie et pays plus à l'est). Les oiseaux bagués au Danemark, en Suède, aux Pays-Bas et en Allemagne de l'Ouest ne sont pas représentés : ils peuvent utiliser les deux axes migratoires (n=4.620). (B) Reprises de Cigognes blanches mortes au Sahara, Sahel et dans les zones soudanienne et guinéenne. Ces oiseaux évitent les forêts (en vert) et les maquis (en marron) et fréquentent principalement les prairies (en jaune) et les cultures (en rose) ; pour la légende complète de l'occupation du sol, voir Fig. 32. D'après EURING.

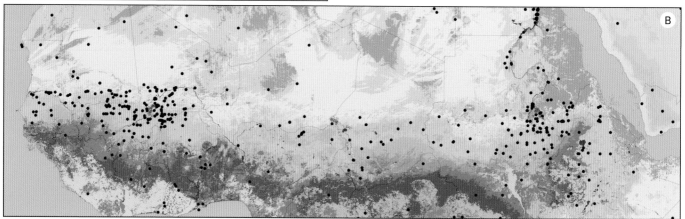

Dépendantes des ascendances thermiques, les Cigognes blanches ne migrent que pendant la journée. Les conditions météorologiques défavorables peuvent les obliger à se poser dans des endroits très variés, comme dans ces étangs de pêche asséchés en Israël (en bas) ou dans le désert à Sharm-el-Sheikh, Egypte (22 février 2002).

Les Cigognes blanches hivernent de plus en plus souvent au nord du Sahara, y compris en Europe (Gordo & Sanz 2008, Archaux *et al.* 2008). Avant les années 1950, aucune donnée de reprise de bague n'existe en Europe du Sud ou en Afrique du Nord en décembre et janvier. En revanche, après 1970, les reprises au Maroc et en Algérie sont devenues aussi courantes en plein hiver que le reste de l'année (16% du total, n=503). De la même manière, la proportion de Cigognes blanches reprises au Portugal et en Espagne en décembre et janvier est passée à 6,3% (n=1.374) après 1970 et à 5,4% en France, Suisse, Belgique et Pays-Bas (n=1.064) et à 2,2% en Allemagne (n=2.120). Les suivis réalisés en Espagne, au Portugal et en France montrent qu'un nombre toujours plus grand d'oiseaux y reste en hiver : jusqu'à 3000 Cigognes blanches ont été comptées au début des années 1990 dans le sud de l'Espagne, 1100 dans le sud du Portugal et plus de 1000 en France en 2004, dont 50% près de décharges (Merle & Chapalain 2005). Les nombres réels sont certainement plus élevés. Ainsi, Tortosa *et al.* (2002) ont observé 31% (15 sur 49) de leurs oiseaux marqués dans le sud de l'Espagne pendant l'hiver. Si cette proportion était applicable à l'ensemble de la péninsule ibérique, la population hivernale doit être importante. Les Cigognes blanches du sud de la Péninsule ibérique utilisent également largement les décharges (Blanco 1996, Tortosa 2002) et les champs irrigués pour s'y nourrir ; aucun suivi complet de ces sites et habitats n'a pour l'instant été tenté. Les champs irrigués sont devenus particulièrement attractifs pour l'espèce, car une espèce introduite, l'Ecrevisse de Louisiane *Procambarus clarkii*,

y a proliféré au point de devenir la source de nourriture principale de la Cigogne blanche. Ainsi, le sol sous les dortoirs nocturnes dans les eucalyptus près de Montijo au Portugal, était couvert d'un tapis rouge de pelotes (25 décembre 1991 – A.M. Blomert & R.G. Biljsma, non publ.), ce qui illustre l'importance primordiale de ce crustacé pour les Cigognes blanches locales.

Comme leurs congénères occidentaux, les oiseaux de la population orientale montrent une tendance à hiverner plus au nord qu'avant.

Il n'existait aucune donnée d'oiseau hivernant en Israël jusqu'à la fin des années 1950, alors qu'environ 3000 le faisaient au début des années 1990. Toutefois, à la fin des années 1990, seul un faible pourcentage de la population orientale hivernait en Europe du Sud-Est, en Turquie ou au Moyen-Orient, soit une proportion bien plus faible que les 10% ou plus d'oiseaux occidentaux hivernant dans le NO de l'Afrique ou le SO de l'Europe.

Répartition en Afrique

Si l'on exclut les 20.000 individus hivernant au nord du Sahara, mais si l'on inclut les 40.000 individus de la population nichant au Maghreb, ce sont 140.000 Cigognes blanches qui passent l'hiver dans le Sahel occidental et central. Le Delta Intérieur du Niger a pour réputation d'être l'une des zones principales d'hivernage de l'espèce et il est évident qu'il existe un nombre important de reprises de bagues dans le centre du Mali (Fig. 140B). Toutefois, nos suivis terrestres dans le centre du Delta Intérieur du Niger n'ont pas permis de trouver plus de 208 individus et les comptages aériens réalisés sur la totalité des plaines inondations n'ont dénombré que 3657 oiseaux. Duhart & Descamps (1963) mentionnent des groupes de 10 à 100 individus sur les zones à végétation basse récemment découvertes pendant la décrue, en particulier dans les secteurs riches en criquets. Les Cigognes blanches semblant éviter les plaines inondables, il se peut que ces oiseaux se nourrissent en dehors du périmètre de nos recensements, ce qui est probablement également le cas dans les autres plaines inondables du Sahel (données : base de données African Water Bird Census de Wetlands International). Les plaines inondables de l'Hadéjia-Nguru abritent en général à peine 10 à 200 Cigognes blanches (avec un maximum inhabituel de 1747 individus en janvier 1997). Les comptages sont plus élevés dans le Bassin du Lac Tchad : 4349 individus en décembre 1999 (dont 2331 autour du Lac Fitri) et 6090 en janvier 1999 (dont 2745 à Waza et 1615 autour du Lac Fitri). La synthèse faite par Mullié *et al.* (1995) indique la présence de milliers de Cigognes blanches dans les zones humides du Tchad, du Niger et du Cameroun avant 1970, mais de seulement quelques centaines dans les années 1980 et 1990. Des déclins ont également été signalés dans le Delta du Sénégal (de plus de 4000 à la fin des années 1950 ; Morel & Roux 1966) et au Nigéria (Fry 1982).

Les méthodologies standard de comptage des oiseaux d'eau sont inadaptées au dénombrement des Cigognes blanches en Afrique, car ces oiseaux se nourrissent dans un habitat très répandu : les terrains secs à végétation basse. L'espèce utilise toutefois les zones humides pour se reposer et boire, afin d'assurer sa thermorégulation pendant les heures les plus chaudes du jour. Les nombreuses zones humides permanentes ou semi-permanentes dispersées à travers le Sahel jouent donc peut-être un rôle clé dans le cycle biologique de l'espèce en période hivernale (Goriup & Schulz 1991, Mullié *et al.* 1995, Brouwer *et al.* 2003).

La répartition des reprises de bagues (Fig. 140B) suggère que les Cigognes blanches sont moins communes dans la partie centrale du Sahel, ce que contredisent les inventaires de terrain (Mullié *et al.*

Les Cigognes blanches se déplacent habituellement en groupes, et les individus isolés peuvent paraître un peu égarés, particulièrement au milieu de Grues couronnées et de Dendrocygnes veufs (nord du Cameroun, 1992).

1995, Brouwer *et al.* 2003). Ce constat a été confirmé par Berthold *et al.* (2001a) qui ont comparé les sites de halte de 26 oiseaux suivis par satellite (11 au Tchad et 15 au Soudan) avec la répartition des données de baguage (4 au Tchad et 155 au Soudan). La rareté des reprises de bagues dans le Sahel central pourrait donc être attribuée à un faible taux de remontée des informations sur les oiseaux tués ou capturés au Tchad et au Niger. La situation est la même pour le Sudd, secteur de halte important (accueillant 16.500 Cigognes blanches ; Tableau 16), qui n'a fourni que trois données de baguage.

Berthold *et al.* (2002) ont suivi en tout 120 individus. Ces oiseaux n'ont montré aucune fidélité à leurs sites de halte migratoire ou d'hivernage. Un individu, qui a été suivi pendant neuf ans, a certaines années migré jusqu'en Tanzanie, et d'autres années jusqu'à la Province du Cap en Afrique du Sud (Berthold *et al.* 2004). Ce comportement est confirmé par les comptages de Cigognes blanches hivernantes en Afrique du Sud : le nombre total y varie entre quelques individus et 200.000. Seuls de petits nombres atteignent l'Afrique du Sud au cours des années où leur proie préférée, la Chenille légionnaire africaine *Spodoptera exempta*, une chenille qui se nourrit de graminées et de céréales, est abondante en Afrique de l'Est. Ainsi, en 1987, 100.000 Cigognes blanches (et 40.000 Cigognes d'Abdim) ont été comptées dans le nord de la Tanzanie (Schulz 1998).

La préférence de l'espèce pour les terrains secs en Afrique est liée à la répartition et à l'abondance des locustes, sauteriaux et autres

En Europe de l'Est, les allées de nids de Cigognes blanches le long des rues et sur les toits, sont monnaie courante. Cette rue abritait 10 nids alignés. (Pologne, juin 2008).

3,5 kg en juin-juillet et 4,5 kg en décembre-janvier, avec jusqu'à un kg de graisse dans le dernier cas. Berthold *et al.* (2001b) et Michard-Picamelot *et al.* (2002) considèrent que la masse corporelle est régulée de manière endogène. Soumis à une photopériode correspondant à la mi-hiver sur les quartiers d'hivernage africains, des individus captifs en Europe présentaient la même masse corporelle que des individus libres. Il n'existe pas de données sur la masse corporelle des Cigognes blanches au Sahel, mais Berthold *et al.* (2001b) ont observé que les Cigognes blanches hivernant en Afrique du Sud et en Tanzanie sont très grasses, ce que confirment les observations de L. Hartmann (in Schüz 1937) qui notait que la région d'Iringa en Tanzanie (7°48'S, 84°50'N) avait vécu une « pluie » de Cigognes blanches au cours de l'hiver 1937 et que... « les locaux ramenaient sans arrêt des cigognes transpercés par des lances, ainsi que des jeunes épuisés par leur vol ; ces derniers se remettaient parfois, ou mouraient. Pour les locaux, c'était : beaucoup à manger, très bon et beaucoup de graisse. Ils semblaient considérer les cigognes comme une manne tombée du ciel. »

Pour constituer des réserves, les Cigognes blanches doivent augmenter leur apport calorique, ce qu'ils commencent à faire à leur arrivée en Afrique en octobre, à la fin de la saison des pluies, alors que les grands insectes sont encore relativement abondants. Il est intéressant de relever qu'Holger Schulz, qui a étudié les Cigognes blanches pendant cette période au Soudan fut surpris de remarquer que « ... même lorsque les locustes sont abondantes, il faut bien plus de temps et d'énergie aux cigognes pour les attraper que pour se nourrir en Europe. Au Soudan, les cigognes devaient s'activer pendant l'essentiel de la journée pour atteindre leurs besoins caloriques, alors qu'en Allemagne de l'Ouest, elles ne se nourrissaient que pendant des périodes de 20 à 120 minutes entrecoupées de longues pauses consacrées au repos et à la toilette » (Goriup & Schulz 1991). Il est probable que ces oiseaux n'avaient pas de difficulté à atteindre leurs besoins journaliers, mais qu'ils augmentaient leur quantité de nourriture absorbée pour constituer des réserves de graisse. Nous pensons qu'après leur arrivée au Sahel, les Cigognes blanches augmentent leurs réserves afin d'être prêtes à affronter des conditions défavorables plus tard. Les mois de l'hivernage sont peut-être critiques pour les Cigognes blanches, mais la période d'accumulation de réserves qui les précède l'est tout autant. Le Sahel joue un rôle essentiel de station de ravitaillement, pas uniquement pour les populations occidentales qui y restent pendant tout l'hiver boréal, mais aussi pour les oiseaux qui continuent leur migration pour passer l'hiver en Afrique orientale et australe.

gros insectes. Les locustes peuvent représenter une proie abondante au cours des années d'abondance, alors que les populations de sauteriaux constituent une source de nourriture plus prévisible, notamment pendant la saison des pluies (Chapitre 14), qui se termine au moment de l'arrivée des cigognes au Sahel (à partir de septembre). La population occidentale doit trouver une source de nourriture alternative pendant la saison sèche, alors qu'en Afrique de l'Est, il n'existe aucune barrière géographique qui empêche les oiseaux de se déplacer vers les habitats de substitution disponibles en Afrique australe au cours des années où la nourriture se fait rare au Sahel.

L'Afrique n'est pas vraiment une terre d'abondance pour la Cigogne blanche. La quantité de nourriture y est très variable, à la fois dans le temps et dans l'espace. Les Cigognes blanches sont opportunistes dans leur recherche de sites d'alimentation. Ainsi, elles suivent les fronts pluvieux, s'approchent du bétail ou des herbivores sauvages et capturent les insectes mis en fuite par les incendies, mais ces techniques sont parfois insuffisantes pour assurer leur besoin énergétique journalier. Le fait que les Cigognes blanches hivernantes conservent d'importantes réserves de graisse suggère qu'elles sont préparées à de longues périodes de disette. Berthold *et al.* (2001b) et Michard-Picamelot *et al.* (2002) ont observé d'importantes variations saisonnières de la masse corporelle[2], tout comme Hall *et al.* (1987) et Michard *et al.* (1997). Les oiseaux maintenus en captivité en Europe, tout comme les oiseaux libres en Europe et en Israël, pèsent environ

Evolution de la population

Conditions d'hivernage   La population européenne de la Cigogne blanche a augmenté de 136.000 couples en 1984 à 166.000 couples en 1994/1995 (+22%) et à 230.000 couples en 2004/2005 (+39%) (Schulz 1999 ; K.-M. Thompson cité par http://berghusen.nabu.de). Cette augmentation a été particulièrement spectaculaire pour la population occidentale : +75% au cours de la première période (de 16.000 à 28.000 couples) et +89% au cours de la seconde (de 28.000 à 53.000

couples). Une grande partie de la population occidentale niche en Espagne, où les effectifs ont explosé entre 1984 (6750 couples) et 2004 (33.200 couples). Les petites populations périphériques d'Europe du Nord-Ouest se sont vite rétablies après leur quasi-extinction des années 1980, en partie grâce à l'immigration (p. ex. Barbraud *et al.* 1999). A la fin des années 1990, elles étaient plus nombreuses qu'elles n'avaient jamais été au cours du 20ème siècle. L'augmentation de la population orientale fut également soutenue : de 120.000 couples en 1984 à 138.000 en 1994-1995 (+15%) et à 177.000 en 2004-2005 (+28%).

Les fluctuations de la population occidentale pourraient être attribuées aux précipitations au Sahel, mais, comme montré dans la Fig. 141, le lien est loin d'être évident (Fig. 142A). Dans une certaine mesure, les invasions de Criquets pèlerins ont coïncidé avec l'augmentation des populations de Cigognes blanches en Alsace (fig. 142B). Ce lien a également été démontré pour d'autres populations par Dallinga & Schoenmakers (1984, 1989).

L'augmentation des Cigognes blanches dans le Bade-Wurtemberg et aux Pays-Bas depuis les années 1980 ne semble pas liée aux préci-

pitations au Sahel. Au début, la croissance annuelle de la population était rapide (+22% au Bade-Wurtemberg, +25% aux Pays-Bas), puis elle diminua progressivement jusqu'à +7% au Bade-Wurtemberg et +9% aux Pays-Bas, probablement en raison de la saturation des sites de

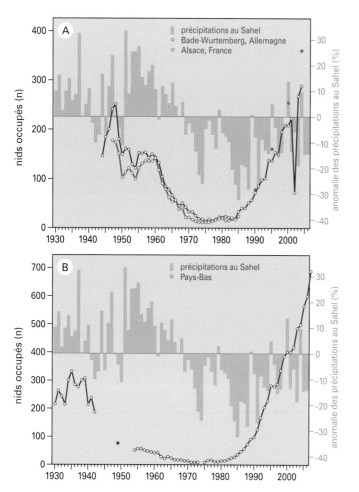

Fig. 141 Evolution des populations de Cigognes blanches dans (une partie de) trois pays européens (courbes, axe de gauche) comparée aux précipitations au Sahel (histogramme). D'après Bairlein 1991, NABU (Bade-Wurtemberg), Bairlein 1991, LPO (Alsace, France), van der Have & Jonkers 1996, SOVON (Pays-Bas).

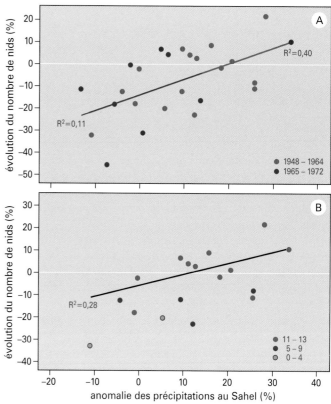

Fig. 142 Variation annuelle de la population alsacienne de Cigogne blanche en fonction des précipitations au Sahel pendant l'année précédente, (A) pour deux périodes, (B) pour trois niveaux de densité de Criquets pèlerins différents (*i.e.* le nombre de pays du Sahel touchés par des invasions de locustes, 1948-1964). Une variation positive est notable quand les locustes sont largement répandues au Sahel. Données alsaciennes d'après Fig. 141, données sur les locustes d'après Fig. 114.

Ces Cigognes blanches se reposant en plein désert semblent épuisées ; approchées, elles s'envolèrent sur seulement 100 m avant de se poser à nouveau (Amenas, Algérie, 1er avril 1971 ; à gauche). Les locaux empêchent les Cigognes blanches capturées vivantes de s'enfuir en leur cassant les os des ailes. Elles peuvent alors aussi jouer le rôle de compagnons de jeu (Ghardaia, Algérie, 31 mars 1966 ; au centre). Deux Cigognes blanches momifiées et ensablées, probablement mortes depuis 1 à 3 mois, mais abritant encore de l'humidité et des larves vivantes de dermestidés. (Tanezrouft, 17 avril 1973). D'après Wilfried Haas (comm. pers.).

reproduction. Contrairement aux attentes, ce rétablissement rapide coïncida avec des années extrêmement sèches au Sahel. L'inverse, c'est-à-dire un effet positif des années humides au Sahel sur la tendance n'a pu être démontré (après un regroupement en blocs de dix ans).

L'absence de corrélation entre les tendances d'évolution des populations et les précipitations au Sahel n'implique pas forcément que les conditions d'hivernage n'influent pas sur la survie. En effet, les Cigognes blanches baguées sont plus fréquemment retrouvées dans la bande 4°N-20°N pendant les années sèches que pendant les années humides (Fig. 143). Cette observation est valable pour les populations occidentales et orientales, bien que la répartition saisonnière diffère, particulièrement lors des années sèches. Au Sahel occidental, la plupart des cigognes sont trouvées entre décembre et février, alors qu'au Sahel oriental, bon nombre de données sont datées de

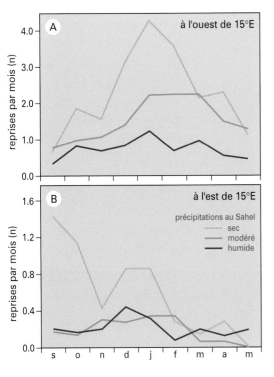

Fig. 143 Répartition mensuelle des reprises de bagues entre 4°N et 20°N de 1953 à 2005, séparée entre l'ouest (Lac Tchad et plus à l'ouest) et l'est. Les moyennes sont données séparément pour les 7 années les plus sèches (indices des pluies <-20%), pour les 26 années de précipitations moyennes et pour les 20 années les plus humides (index >0%). Données fournies par EURING.

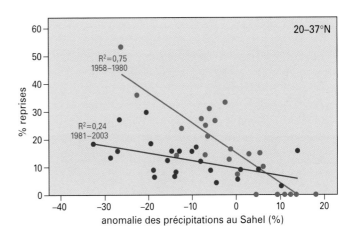

Fig. 144 Nombre annuel de reprises de bagues dans l'ouest du Sahara (20°-37°N, à l'ouest de 15°E) entre janvier et mai, exprimé en % du nombre total de reprises en Europe et Afrique entre juillet et juin, en fonction des précipitations au Sahel. Les données concernent des oiseaux morts, bagués poussins en France, au Portugal et en Espagne (n=1.924). Données fournies par EURING.

septembre et octobre. Le Sahel oriental joue le rôle de site de halte pour les cigognes qui se dirigent vers des sites d'hivernage plus au sud, alors que les cigognes du Sahel occidental y restent pendant tout l'hiver (Fig. 140). Dans le Sahel oriental, il est habituel que le nombre de reprises soit plus élevé au cœur de l'hiver boréal pendant les années sèches (Fig. 143), probablement car la mortalité est plus forte qu'à l'habitude chez les oiseaux qui n'ont pas poursuivi leur migration. Les oiseaux orientaux qui hivernent au Sahel souffrent autant des sécheresses que ceux de l'ouest. En plus d'entraîner une mortalité par famine, les sécheresses rendent les cigognes plus faibles et donc plus faciles à capturer pour l'homme. Grâce aux outils simples que sont les lances, les frondes, les pierres, les boomerangs, les collets, les bâtons, voire même à main nue, des milliers de Cigognes blanches sont tuées chaque année au Sahel par les populations locales, soit pour varier leur alimentation (Soudan ; Schulz 1988), soit pour obtenir une nourriture riche en protéines (Niger et Nigéria ; Giraudoux & Schüz 1978, Akinsola *et al.* 2000). Tuer les cigognes par loisir est également une habitude au Sahel, particulièrement pour

Par rapport à d'autres espèces les cigognes, (et les grands oiseaux planeurs à larges ailes en général) sont fréquemment victimes des lignes à haute tension (Bevanger 1998). Parmi les 5624 données de la base EURING pour lesquelles la mortalité est connue, 46,5% des Cigognes blanches sont mortes électrocutées et 9,9% après une collision avec des câbles.

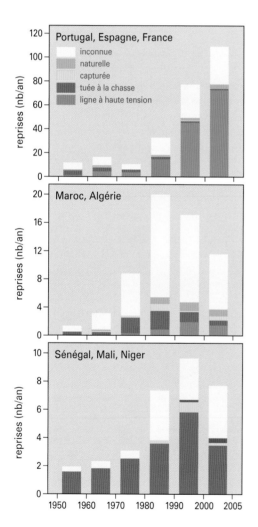

Fig. 145 Nombre annuel moyen de données de Cigognes blanches mortes au cours de six décennies (la dernière ne courant que les années 2000 à 2005 inclus). Des échelles différentes ont été utilisées dans les trois histogrammes. Données EURING.

les riches arabes (G.Nikolaus cité par Schulz 1988) et les européens qui réalisent des safaris (Giraudoux & Schüz 1978). Les informations disponibles sont trop parcellaires pour établir la moindre corrélation entre la mortalité liée à l'homme et les précipitations au Sahel.

Les variations annuelles du nombre de reprises printanières dans l'ouest du Sahara sont corrélées avec les précipitations au Sahel dans les mois précédents (Fig. 144), mais ce lien est moins évident après 1980.[3] Les causes de mortalité sont inconnues pour la plupart des reprises d'Afrique du Nord, mais nous supposons que ces oiseaux ont été tués au fusil. La mortalité apparemment plus importante dans le NO de l'Afrique après les hivers secs au Sahel pourrait traduire une condition physique plus précaire des oiseaux, due à une pénurie de nourriture au moment de leur départ du Sahel. Malheureusement, aucune donnée n'est disponible sur l'état physique des cigognes en migration. Toutefois, on sait que les Cigognes blanches arrivent plus tard sur leurs sites de reproduction après les années sèches au Sahel (Dallinga & Schoenmakers 1989), ce qui indique une vitesse de migration plus lente, un plus grand nombre de haltes de durées plus importantes, un départ plus tardif des sites d'hivernage (mais les reprises au Maroc n'indiquent pas de modification de la date moyenne du passage en fonction des précipitations au Sahel), ou une combinaison de ces facteurs.

Le nombre d'oiseaux tués au Maghreb est en déclin depuis les années 1980, ce qui est remarquable étant donnée la forte augmentation de la population total (baguée) concomitante (Fig. 145). Il reste à déterminer si cette diminution reflète la diminution de la chasse ou de la motivation pour faire remonter l'information de la mort d'un oiseau bagué (voire de la modification de la cause de mortalité en une cause plus politiquement correcte). Au cours des années 1950, aucune des reprises au Maroc ou en Algérie ne portait la mention « mort naturelle », contre 12% dans les années 2000. Une évolution équivalente des causes de mortalité a eu lieu au Portugal, en Espagne et en France, où la proportion d'oiseaux tués au fusil parmi les reprises a diminué de 44% à 2% dans la seconde moitié du 20ème siècle, alors que les « causes naturelles » ont augmenté de 1,8% à 10,5%.

Schaub & Pradel (2004) ont estimé que chaque année, 25% des juvéniles et 7% des adultes de la population suisse mouraient de collisions avec des lignes électriques à haute tension. Garrido & Fernández-Cruz (2002) ont trouvé des proportions tout aussi étonnantes dans le centre de l'Espagne en 2000 : un taux moyen d'électrocution de 3,9 oiseaux par km de lignes électrique, à ajouter aux 0,39 oiseaux électrocutés par pylône, principalement en dehors de la saison de reproduction et à proximité des décharges. Les collisions représentent respectivement environ la moitié et moins d'un tiers des taux de mortalité annuelle des juvéniles (50-60%) et des adultes (ca. 25%).

La production d'électricité en Europe occidentale a triplé entre 1975 et 2006, soit une augmentation de 3,5% par an. La longueur totale des lignes à haute tension a augmenté dans les mêmes proportions, passant par exemple de 176.000 à 217.000 km entre 2000 et 2007.[4] Il n'est donc pas étonnant que les lignes à haute tension soient devenues une cause majeure de mortalité chez la Cigogne blanche en si peu de temps, malgré les efforts réalisés pour réduire la mortalité en les rendant plus visibles grâce à des sphères colorées.

Les variations annuelles de population et le nombre de reprises de bagues pourraient être utilisés pour évaluer la mortalité, mais des mesures de mortalité directes, basées sur l'observation d'oiseaux marqués, sont également disponible pour les oiseaux nichant en Alsace (1957-1995 ; Kanyamibwa et al. 1990), trois sites allemands (1957-1969 ; Kanyamibwa et al. 1993), le SO de la France (1986-1995 ; Barbraud et al. (1999), la Pologne et l'est de l'Allemagne (1983-2002 ; Schaub et al. 2005) et les Pays-Bas (Doligez et al. 2004). Ces études ont montré que la mortalité annuelle dépend des précipitations au Sahel. Pour les cigognes suisses, l'Indice de Végétation Normalisé (NDVI), qui mesure le verdoiement de la végétation africaine, a été utilisé

à la place des précipitations (Schaub et al. 2005). L'utilisation des données de NDVI d'Afrique orientale et australe ne permettait pas d'expliquer les variations temporelles de mortalité, probablement en raison du caractère nomade des Cigognes blanches hivernant dans ces régions, qui ne dépendent pas des ressources de nourriture limitées et en déclin comme c'est le cas au Sahel (Schaub et al. 2005). Notre analyse des données de Schaub, en utilisant les précipitations au Sahel, en Afrique orientale et australe, à la place du NDVI, a abouti aux mêmes conclusions : la survie annuelle est plus faible lorsque les précipitations au Sahel sont faibles (voir la Fig. 146A pour les adultes) et l'impact des précipitations en Afrique orientale et australe sur la survie n'est pas significatif.[5] Ce résultat est décevant, car une analyse précise de Schüz (1937) et Lange & Schüz (1938), basée sur les précipitations mois par mois relevées sur le terrain et les difficultés rencontrées par les cigognes signalées par de nombreux informateurs, a montré que les cigognes d'Afrique australe et orientale pouvaient également être en danger, malgré leur comportement nomade. Près de 70 ans plus tard, Sæther et al. (2006) ont confirmé ces résultats oubliés.

Le déclin du taux de survie entre les années 1950 et 1980 a commencé bien avant les sécheresses des années 1970 et 1980 au Sahel. Le rétablissement des taux de survie après les années 1980 est également bien plus fort qu'attendu au vu de la légère augmentation des précipitations au Sahel (Fig. 146B). Il est évident que la régulation des populations de Cigogne blanche dépend des interactions d'un faisceau de facteurs (Fig. 148).

Effets induits   La mortalité plus élevée des Cigognes blanches dans le NO de l'Afrique pendant la migration prénuptiale (Fig. 143) pendant les années suivant un hiver très sec au Sahel est un bon exemple d'effet induit : les conditions rudes sur les sites d'hivernage ont une

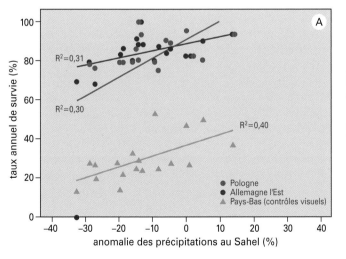
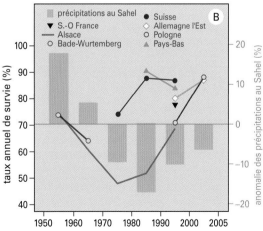

Fig. 146 (A) Taux de survie annuel des Cigognes blanches adultes (>1 an, reprises de bagues) de Pologne et de l'est de l'Allemagne entre 1985 et 2002 et des Pays-Bas entre 1983 et 2000 (observations, principalement au nid), en fonction des précipitations au Sahel au cours de l'année précédente. (B) Taux de survie annuel par décennie dans sept régions d'Europe en fonction des précipitations moyennes au Sahel pendant les mêmes périodes. Données de survie, basées sur les reprises de bagues de Schaub et al. 2005 (est de l'Allemagne et Pologne), Bairlein 1991 (Bade-Wurtemberg, Alsace), Kanyamibwa et al. 1990 (Alsace), Barbraud et al. 1999 (SO de la France), Schaub et al. 2004 (Suisse), Doligez et al. 2004 (Pays-Bas).

influence sur les performances des oiseaux survivants au cours de la migration qui suit. Ces effets induits étaient connus chez la Cigogne blanche et avaient été décrits par Ernst Schüz bien avant que le terme s'impose dans la littérature scientifique. Ainsi, en 1937, l'arrivée des Cigognes blanches sur leurs sites de reproduction européens fut retardée de 3 à 4 semaines, de nombreux nids sont restés inoccupés et le nombre de poussins par nid fut bien en-dessous de la moyenne (Schüz 1937). D'après les informations récoltées par Schüz, les conditions météorologiques en Afrique orientale et australe avaient été extrêmes : bien plus humides que d'habitude (en février) ou bien plus sèches (en janvier), ce qui avait entraîné une forte mortalité et une migration prénuptiale très tardive (des centaines d'oiseaux n'ont même pas pu réaliser leur migration).

De nombreuses séries de données sur le nombre de couples nicheurs et non nicheurs et leurs succès de reproduction sont disponibles. Ainsi, les données collectées par A. Schierer pour l'Alsace (1947-1984), par R. Tantzen pour Oldenburg en Basse-Saxe (1928-1963) et par le doyen de la recherche sur les Cigognes blanches, E. Schüz en Europe centrale, furent utilisées par Lack (1966), Bairlein (1991) et d'autres pour leurs analyses. Pour un bon nombre de populations européennes, Dallinga & Schoenmakers (1984, 1989) ont comparé les *Störungsjahren* (années désastreuses ou perturbées) et plusieurs paramètres de reproduction avec les précipitations et la quantité de nourriture disponible en Afrique. Ils ont montré que les Cigognes blanches arrivent en moyenne une semaine plus tard en Alsace après les hivers secs au Sahel et, encore 5 jours plus tard en l'absence d'invasion de locustes au Sahel. Au cours des années d'abondance des locustes, les Cigognes blanches d'Oldenburg sont arrivées sur leurs sites de reproduction en avril, alors que lorsque les locustes étaient rares, elles revenaient plus tard en avril ou en mai, parfois même seulement en juin. L'analyse de Dallinga et Schoenmakers a abouti à des conclusions presque parfaitement identiques à celles de Schüz (1937), un demi-siècle plus tard.

Notre analyse des données de l'évolution sur le long terme des populations de Cigognes blanches a été facilitée par la mise à disposition des valeurs annuelles des paramètres de reproduction des populations allemandes, par Naturschutzbund Deutschland (NABU, http://bergenhusen.nabu.de). Nous avons utilisé ces données pour vérifier si la variation annuelle de la proportion de couples échouant dans leur reproduction était identique selon les régions, ce qui s'est révélé être le cas des *Länder* du Schleswig-Holstein, de Basse-Saxe, de Saxe, de Saxe-Anhalt et du Mecklembourg-Poméranie-Occidentale, mais pas du Bade-Wurtemberg.[6] A l'exception des oiseaux du Bade-Wurtemberg, qui migrent vers le Sahel occidental, tous les autres font partie de la population qui migre vers l'Afrique orientale et australe par la voie de migration orientale. Ceci suggère que cette dichotomie de synchronisation ne peut pas être expliquée par un facteur commun à toute l'Afrique : ainsi, un fort taux d'échec dans la population orientale ne se retrouve pas forcément dans la population occidentale la même année. Par exemple, 1997 fut une année normale pour la population occidentale. Les oiseaux de l'Est revinrent en revanche en retard de plus d'un mois et la moitié des couples habituels ne se reproduisit pas. Ce retard avait été causé par des conditions météo-

rologiques extrêmement froides en Turquie, qui ont même forcé les cigognes à faire temporairement demi-tour (Berthold *et al.* 2002).

Une analyse de régression menée sur le pourcentage de couples échouant dans leur reproduction par rapport aux précipitations au Sahel, en Afrique de l'Est et du Sud-Est montra des tendances remarquablement proches pour tous les états fédéraux : le nombre de couples entamant leur reproduction est plus faible après une année sèche au Sahel, alors qu'aucune influence des précipitations en Afrique de l'Est et du Sud-Est n'a été trouvée.[7] Ce résultat est valable à la fois pour la population orientale (à l'image du Schleswig-Holstein ; Fig. 147) et la population occidentale (Bade-Wurtemberg). La proportion de couples non nicheurs au Schleswig-Holstein, où ailleurs en Allemagne, n'a pas connu d'augmentation ou de diminution claire au cours du 20ème siècle.

Le nombre de jeunes par couple n'est pas lié aux précipitations de l'hiver précédent en Afrique de l'Est et du Sud-Est et, pour la plupart des régions, l'impact des précipitations au Sahel n'était pas non plus significatif. La variation du nombre de jeunes à l'envol est en revanche fortement synchronisée pour les différentes sous-populations allemandes, bien que la corrélation soit moins forte pour le Bade-Wurtemberg.[8]

Il n'existe aucun doute que les précipitations au Sahel ont un impact sur la reproduction, comme en témoignent les dates d'arrivée, de ponte et les proportions de couples non nicheurs dans les populations orientales et occidentales, mais quels peuvent être les mécanismes en jeu ? Pendant les années sèches, les Cigognes blanches hivernant au Sahel occidental n'ont peut-être pas pu accumuler suffisamment de réserves pour traverser le désert (Fig. 146), ou pour arriver à l'heure sur leurs sites de reproduction. Ce raisonnement est facile à comprendre pour la population occidentale, qui reste au Sahel pendant tout l'hiver, mais pas pour la population orientale, pour laquelle le Sahel n'est qu'une étape en septembre, octobre et novembre, sur le chemin de ses quartiers d'hiver d'Afrique orientale et australe.[9] Les effets induits par les précipitations en Afrique orientale et australe sur la reproduction ne sont pas très prononcés, probablement car les oiseaux peuvent facilement se déplacer d'une zone à l'autre pour profiter des conditions locales les plus favorables. Pendant la migration prénuptiale, ils traversent le Sahel assez rapidement, ce qui implique que les effets du Sahel ont forcément lieu à l'automne. Il est évident que des études de terrain complémentaires en Afrique sont nécessaires (à l'image de celles décrites pour le Busard cendré au Chapitre 26).

Conditions de reproduction   En plus d'affronter des conditions hivernales difficiles les Cigognes blanches doivent également faire face aux conditions locales sur leurs sites de reproduction. Les données de NABU montrent qu'une proportion plus importante de couples commence à nicher lorsque mai et juin sont chauds et secs. Dans ces conditions, le nombre de jeunes par couple est également plus élevé. L'impact des précipitations et températures locales sur les paramètres reproductifs reste significatif après correction par les autres variables qui opèrent simultanément (montrées dans la Fig. 148). Le nombre de jeunes par couple se reproduisant avec succès, plus important et indépendant des autres variables, a diminué depuis

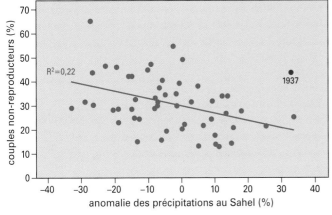

R²=0,22

1937

couples non-reproducteurs (%)

anomalie des précipitations au Sahel (%)

Fig. 147 Le nombre de couples de Cigognes blanches est plus faible dans le Schleswig-Holstein (1930-2005) lorsque les précipitations ont été faibles au Sahel durant l'année précédente. D'après : http://bergenhusen.nabu.de.

L'anomalie de l'année 1937 (fortes précipitations, mais forte proportion de non nicheurs) a été expliquée par Schüz (1937) et Lange et al. (1938). Les précipitations en Afrique orientale et australe avaient été proches de la moyenne, mais des sécheresses et de violents averses localisées avaient perturbé la recherche de nourriture et la migration. En outre, les locustes étaient rares ou absentes dans une grande partie de leur aire de répartition d'Afrique orientale et australe. Les premiers signes de difficultés pour les cigognes furent notés en février et mars, lorsque de nombreux oiseaux en mauvais état furent notés d'Afrique du Sud au Kenya. Des centaines, peut-être des milliers furent capturées (région de Limpopo, où le nombre d'oiseaux est habituellement faible) car elles étaient extrêmement peu farouches (sous-entendu : probablement émaciées). Le nombre de reprises d'oiseaux bagués en 1937 fut bien plus élevé que d'habitude (principalement des juvéniles). De grandes quantités de cigognes restèrent en Afrique au sud de l'Equateur en mai et juin. Apparemment, ce type de conditions ne se produit pas souvent.

les années 1930 au Schleswig-Holstein ainsi qu'en Basse-Saxe, dans le Bade-Wurtemberg, aux Pays-Bas (Dallinga & Schoenmakers 1984) et dans le NE de la France (Bairlein 1991), mais pas en Allemagne orientale.[10] Cette différence n'est pas étonnante, car la qualité des habitats de reproduction en Europe du NO s'est détériorée du fait de l'intensification de l'agriculture, ce qui n'est pas le cas en Europe orientale où les prairies, terres cultivées et vallées inondées offrent aux cigognes un habitat d'alimentation de premier choix, contenant une grande variété de proies, et avec un nombre suffisant d'individus de chaque catégorie de proie pour garantir des ressources alimentaires suffisantes entre l'arrivée et le départ (pour un couple avec un jeune, les besoins sont estimés à 179,4 kg de nourriture au cours de cette période de 30 jours ; Kosicki *et al.* 2006). En Pologne, les invertébrés constituent une source majeure de nourriture. Les vers de terre, poissons, amphibiens et micromammifères constituent une nourriture d'appoint lorsqu'ils sont disponibles (Kosicki *et al.* 2006). Les Cigognes blanches étudiées dans la vallée de l'Obra ont produit plus de jeunes dans les secteurs abritant une forte densité de Campagnols des champs *Microtus arvalis* (Tryjanowski & Kuzniak 2002). L'alimentation à base de campagnols permet d'atteindre des vitesses d'ingestion élevées (Böhning-Gaese 1992). L'intensification de l'agriculture,

telle qu'observée en Europe de l'Ouest, a appauvri les habitats des cigognes et fait diminuer leurs proies. Ainsi, les Cigognes blanches néerlandaises étudiées dans les années 1980 dépendaient fortement des vers de terre (van der Have & Jonkers 1996), alors cette proie est normalement marginale en raison de son faible apport calorique (en moyenne 461 kJ/h, contre 1431 kJ/h pour les campagnols ; Böhning-Gaese 1992).

Un exemple récent des effets de la détérioration de la qualité de l'habitat est fourni par la modification de l'occupation des sols dans l'ouest de la Pologne depuis le milieu des années 1990. L'augmentation des surfaces en monocultures aux dépens des prairies, liée à la mécanisation et à l'intensification, a entraîné la disparition de 16 à 24% des sites de reproduction de la Cigogne blanche en Silésie et Lubuskie. Dans d'autres secteurs de Pologne, pour l'instant à l'écart

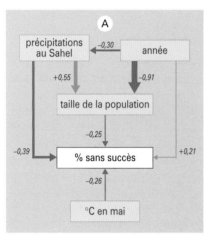 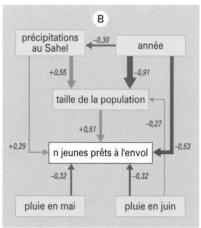 

Fig. 148 Dynamique des populations de Cigogne blanche au Schleswig-Holstein, nord de l'Allemagne, montrant les corrélations entre des variables explicatives et : (A) la proportion de couples échouant à se reproduire ; (B) le nombre de jeunes à l'envol par couple se reproduisant avec succès. Les flèches indiquent l'existence d'un lien de causalité, le rouge et le vert indiquent respectivement une corrélation négative ou positive. Le degré de corrélation est indiqué par l'épaisseur de la flèche. Les corrélations ont été calculées sur 53 années d'observation entre 1930 et 2005, est sont en italique si elles ne sont pas significatives (P>0,05) ; les flèches n'apparaissent pas si R<0,20. D'après http://bergenhusen.nabu.de. Notes explicatives : de nombreux couples échouent dans leur reproduction lorsque le Sahel est sec pendant l'hiver précédent et lorsque les conditions en mai sont froides. La proportion d'échecs a augmenté pendant la période d'observation, mais cet effet non-significatif disparaît si l'on prend en compte la tendance à l'assèchement du Sahel. Le nombre de couples subissant un échec diminue quand la population augmente, ce qui est l'inverse de l'évolution attendue en raison de la compétition entre couples pour les meilleurs sites. Cette corrélation n'est toutefois pas significative, et la corrélation partielle est très faible (R=0,06) si l'on la corrige avec les précipitations au Sahel (qui sont positivement corrélées avec la taille de la population).
Le nombre de jeunes à l'envol par couple réussissant sa reproduction a diminué pendant la période d'observation. Indépendamment de ce déclin, les précipitations en mai et juin ont un impact négatif. Deux corrélations contre-intuitives ont été trouvées : plus la population est forte et plus le Sahel est sec, plus le nombre de jeunes mené à l'envol est grand. Cette corrélation inversement dépendante de la densité disparaît toutefois si l'on introduit l'année comme variable (la corrélation partielle devient R=+0,13), tout comme pour l'effet des précipitations au Sahel (corrélation partielle : R=+0,02). Conclusion : le pourcentage de couples échouant dans leur reproduction est réduit lorsque les précipitations ont été fortes au Sahel l'année précédente et lorsque les conditions météorologiques ont été chaudes sur les sites de reproduction en mai. Le nombre de jeunes à l'envol par couple ayant réussi sa reproduction augmente si le temps est sec pendant la période de reproduction. Indépendamment de la météorologie, le succès de reproduction (jeunes par couple se reproduisant avec succès) a significativement diminué entre 1930 et 2005. Aucun autre facteur n'agit de manière significative.

de l'intensification agricole, les populations de Cigogne blanche sont restées stables ou ont augmenté (Kosicki *et al.* 2006). La diminution du nombre de jeunes par couple et l'augmentation de la mortalité ont renforcé le déclin des populations de cigognes dans le NO de l'Europe au moins jusqu'à la fin des années 1980. Si l'on considère que l'appauvrissement des terres agricoles s'est poursuivi depuis, voire accéléré, le rétablissement rapide des populations locales depuis les années 1980 est très surprenant. Plusieurs facteurs ont pu y contribuer. Premièrement, les programmes de réintroduction ont augmenté le nombre d'oiseaux et apporté de la nourriture dans des secteurs pauvres en nourriture. Deuxièmement, le taux de survie s'est amélioré et compense aujourd'hui la diminution du nombre de jeunes à l'envol (Schaub *et al.* 2004). Troisièmement, la dispersion depuis les noyaux de population a permis une rapide colonisation de secteurs situés jusqu'à 200 à 300 km (Barbraud *et al.* 1999, Skov 1999, Bijlsma *et al.* 2001). Enfin, une proportion croissante de Cigognes blanches a arrêté de migrer et est devenue résidente (comme les oiseaux suisses, bien qu'ils n'aient pas un succès reproductif supérieur à celui des migrateurs ; Massemin-Challet *et al.* 2006), ou a pris l'habitude de s'arrêter dans le bassin méditerranéen où elle profite (pour l'instant, car les règles plus strictes de l'UE pourraient changer la donne) des grandes décharges. Tous ces changements, en partie dus à l'homme et en partie comportementaux, expliquent cette explosion inattendue des populations dans les plaines intensivement cultivées d'Europe de l'Ouest, généralement considérées comme des déserts biologiques.

Conclusion

Les Cigognes blanches nichant en Europe du SO et dans une petite partie de l'Europe du NO, constituent la population occidentale, qui hiverne au Sahel occidental. Les cigognes nichant à l'est de la ligne de séparation des flux migratoires hivernent principalement en Afrique orientale et australe ; pour ces oiseaux, le Sahel oriental joue le rôle de site de halte. Les deux populations subissent de fortes mortalités hivernales lorsque les pluies sont faibles au Sahel. Les taux de survie se sont améliorés depuis les années 1980, principalement en raison de la diminution du nombre d'oiseaux tirés en migration. Cependant, la mortalité liée aux collisions avec les lignes électriques est forte et a fortement augmenté du fait de l'augmentation de la consommation électrique en Europe. Après les années sèches au Sahel, le nombre de Cigognes blanches de la population occidentale qui meurent en traversant le Sahara est bien plus fort que lors des années humides ; les années sèches au Sahel retardent également l'arrivée sur les sites de reproduction et le nombre de couples pondant des œufs est plus faible. Ces effets induits existent à la fois dans la population occidentale et orientale. En Europe du NO, le nombre de jeunes à l'envol par couple a fortement diminué depuis le milieu du 20ème siècle au moins, principalement en raison de la détérioration des habitats. Plusieurs raison expliquent le rétablissement de cette population : les programmes de réintroduction, l'augmentation du taux de survie des adultes et une immigration depuis les fortes populations d'Europe du SO et de l'Est.

Notes

1 Bien qu'aucune référence ne soit donnée, cette affirmation est basée sur la synthèse de Schulz (1998).

2 Les Cigognes blanches n'accumulent pas de graisse avant leur migration et n'augmentent pas la taille de leurs muscles de vol (Berthold *et al.* 2001b, Michard-Picamelot *et al.* 2002). Le vol à voile est une façon de migrer peu demandeuse en énergie, et la faible charge alaire et la finesse élevée des cigognes leur permet de couvrir de grandes distances sans battre des ailes lorsque de fortes ascendances thermiques sont disponibles. La charge alaire (masse/surface des ailes) est de 6,3 kg/m² chez la Cigogne blanche (Shamoun-Baranes *et al.* 2003) et la finesse (la distance sur un plan horizontale qu'un oiseau atteint en planant par mètre d'altitude perdu) de 15 pour 1 (Alerstam 1990).

3 La corrélation entre les précipitations au Sahel et le nombre relatif de reprises au Sahara occidental (Fig. 144) était fortement significative avant 1980 (P<0,001) et l'est faiblement depuis (P<0,02).

4 Les données proviennent du bilan annuel de « l'Union pour la Coordination du Transport de l'Electricité » ; voir www.ucte.org.

5 Le taux de survie annuel des adultes (en combinant les oiseaux de Pologne et d'Allemagne orientale) était significativement corrélé à l'indice des pluies au Sahel (Fig. 9 ; R=+0,491, P=0,002), mais pas aux précipitations en Afrique du SE (Fig. 9 ; R=0,06 ; P=0,760) ou en Afrique orientale (Hulme *et al.* 2001 ; R=0,228 ; P=-0,226). Une régression multiple a montré que les précipitations au Sahel restaient significatives et que la contribution des autres variables était marginale.

6 Les % de couples échouant dans les différents états fédéraux étaient fortement corrélés. Par exemple, la corrélation entre le Mecklembourg-Poméranie-Occidentale et la Basse-Saxe était R=+0,91 (n=23), celle avec la Saxe R=+0,64 (n=14), avec la Saxe-Anhalt R=+0,85 (n=15) et avec le Schleswig-Holstein R=+0,80 (n=23). La corrélation entre ces *Länder* et le Bade-Wurtemberg était négative mais non significative (p. ex. R=-0,19 avec la Basse-Saxe (n=13) et R=-0,36 avec le Schleswig-Holstein). La corrélation moyenne entre ces séries de données (Bade-Wurtemberg excepté) était R=0,45.

7 Le % de couples échouant dans les différents états fédéraux était corrélé aux précipitations au Sahel pendant l'année précédente : Bade-Wurtemberg (R=-0,43, P=0,03, n=25), Bavière (R=-0,12, P=0,56, n=26), Mecklembourg-Poméranie-Occidentale (R=-0,423, P=0,05, n=23), Basse-Saxe (R=-0,40, P=0,02, n=34), Saxe (R=-0,11, P=0,71, n=14), Saxe-Anhalt (R=-0,63, P=0,01, n=15), Schleswig-Holstein (R=-0,62, P=0,003, n=53).

8 Les nombres annuels de jeunes à l'envol par couple réussissant sa reproduction étaient fortement corrélés entre les différents états. Par exemple, la corrélation entre le Mecklembourg-Poméranie-Occidentale et la Basse-Saxe était R=+0,58, celle avec la Saxe R=+0,68, avec la Saxe-Anhalt R=+0,53, et avec le Schleswig-Holstein R=+0,27. La corrélation moyenne entre les séries de données (Bade-Wurtemberg exclu) était R=+0,45 ; n donnés dans la note 6.

9 Le Sudd est peut-être le seul site d'hivernage de l'est du Sahel, avec jusqu'à 16.500 oiseaux au cœur de l'hiver ; Tableau 16. L'importance du Sudd pour les Cigognes blanches et d'autres oiseaux nécessite vraiment d'être étudiée, car aucune information récente n'est disponible.

10 Le nombre annuel de jeunes à l'envol par couple se reproduisant avec succès dans les différents états fédéraux a diminué au Bade-Wurtemberg (R=-0,61, P=0,0005, n=24), en Basse-Saxe (R=-0,35, P=0,04, n=34) et au Schleswig-Holstein (R=-0,53, P<0,0001, n=53) ; la tendance était négative mais pas significative en Bavière (R=-0,22, P=0,30, n=24) et positive mais non significative dans le Mecklembourg-Poméranie-Occidentale (R=+0,31, P=0,13, n=34), en Saxe (R=+0,11, P=0,71, n=14) et en Saxe-Anhalt (R=+0,35, P=0,15, n=19).

Ibis falcinelle
Plegadis falcinellus

Plat comme la main, gorgé d'eau et silencieux : telles sont les impressions que laisse le Delta Intérieur du Niger. Même les omniprésents pêcheurs, éleveurs et villageois – plus d'un million – sont comme perdus dans l'espace, et leurs conversations se perdent dans l'immensité. Ce silence contraste avec le vacarme qui règne trop souvent dans un grand nombre d'autres zones humides, en particulier dans la région méditerranéenne, où les chasseurs se font une joie de troubler la quiétude par leurs coups de fusils et où la grenaille de plomb, dorénavant bannie, continue à empoisonner toute la chaîne alimentaire. Dans le Delta Intérieur du Niger, chaque coup de fusil semble assourdissant, car ils y sont rares. Si l'on y prête attention, il s'avère souvent qu'il s'agit d'un villageois armé d'un fusil traditionnel qui a visé un groupe d'Ibis falcinelles. Ces ibis se nourrissent habituellement en groupe assez denses et ont tendance à se concentrer dans les lacs centraux lorsque le niveau d'eau diminue dans le delta. Avec son poids de 500 à 700 g, l'Ibis falcinelle est une proie de choix, à plus forte raison lorsqu'un coup de feu permet d'en abattre plus d'un. Voici peut-être pourquoi tant d'Ibis falcinelles bagués ont été repris dans le Delta Intérieur du Niger, malgré la rareté de ces actes de braconnage. Des neuf oiseaux repris dans le delta pour lesquels la cause de la mort est connue, une part importante (six) ont été tués au fusil.

Aire de reproduction

L'aire de nidification de l'Ibis falcinelle en Eurasie est discontinue et principalement restreinte à la Roumanie, la Turquie, la Russie et l'Ukraine. Ces pays abritaient plus de 95% des 21.000 à 23.000 couples européens en 1978-1998 (Heath *et al.* 2000), un total qui avait légèrement diminué en 2000 avec 16.000 à 22.000 couples (BirdLife International 2004a). Des nombres bien plus faibles, quelques dizaines ou moins, sont présents dans d'autres pays d'Europe de l'Est ou du Sud. L'Ibis falcinelle a disparu en tant que nicheur dans le sud de l'Espagne dans les années 1950, mais est réapparu dans les années 1990 et y a rapidement prospéré pour atteindre au moins 1100 couples en 2004 (García-Novo & Marín 2006). En Afrique, la reproduction a essentiellement lieu dans l'est du continent. En Afrique occidentale, la reproduction occasionnelle de petites quantités est connue dans le Delta Intérieur du Niger (Mali), avec 150 couples en 1994-1995 (Chapitre 6).

Migration

Les reprises, qui concernent principalement des oiseaux bagués poussins dans les colonies du delta du Dniestr le long de la côte ouest de la Mer Noire (Schogolev 1996a), montrent une répartition diffuse autour de la Mer Méditerranée et une concentration dans les plaines inondables du Sahel (Fig. 149). La grande majorité des oiseaux hivernent apparemment dans le Delta Intérieur du Niger, à 4600 km de leurs colonies ukrainiennes.

Les reprises en Europe et en Afrique du Nord concernent principalement des migrateurs. Les adultes des colonies du Dniestr les quittent en général en juillet-août, et rejoignent leurs sites d'hivernage en Afrique de l'Ouest via la Méditerranée orientale. Pendant les trois premiers mois de leur vie, les juvéniles volent d'abord 200 à 250 km pour se mêler aux juvéniles du Delta du Danube. Certaines données indiquent qu'une partie de ces oiseaux volent vers l'ouest, traversent la Méditerranée centrale via l'Italie, arrivent en Afrique par la Tunisie et l'Algérie, puis prennent la direction du sud pour traverser le Sahara et enfin atteindre les mêmes sites d'hivernage que les adultes (Fig. 149 ; Schogolev 1996a). Toutefois, un effort de baguage plus important est nécessaire pour confirmer cette stratégie migratoire et évaluer son importance par rapport à la route orientale. Des observations réalisées dans les années 1970-1990 en Tunisie (Isenmann *et al.* 2005), en Algérie (Isenmann & Moali 2000) et au Maroc (Thévenot *et al.* 2003) indiquent que : (1) des centaines d'individus passent à l'automne ; (2) le nombre d'oiseaux observé à l'automne est généralement plus importante que celui du printemps ; (3) les nombres ont augmenté depuis la fin des années 1980, au moins au Maroc, où l'espèce est devenue occasionnellement sédentaire depuis 1994 (Thévenot *et al.* 2003). Cette dernière évolution est probablement liée à la forte augmentation en Espagne, comme le montre l'observation de six oiseaux différents bagués en Espagne (C. Bowden cité par Thévenot *et al.* 2003).

Il est intéressant de constater que des données anciennes in-

Ces Ibis falcinelles observés le 24 avril 2004 à Lesbos, Grèce, en compagnie d'Echasses blanches, ont peut-être passé l'hiver dans l'une des plaines inondables du Sahel. Pendant le 20ème siècle, la population grecque a subi un déclin, comme ailleurs dans le sud-est de l'Europe et en Asie occidentale, mais à l'opposé de l'augmentation en Espagne.

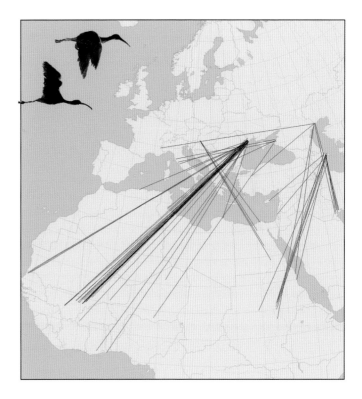

Fig. 149 Localités européennes de baguage de 62 Ibis falcinelles retrouvés en Afrique (17 données proviennent de la base EURING, 25 de Schogolev (1996a), 17 de Sapetin (1978c) et les 3 dernières de Mullié *et al.* (1989) (Egypte), Thonnerieux (1988) (Niger) et Wetlands International (Mali).

Les Ibis falcinelles suivent le retrait des eaux pendant la décrue dans le Delta Intérieur du Niger. Ils se nourrissent de petits bivalves qu'ils avalent en entier ; la coquille est écrasée par le gésier (voir Encadré 7).

diquent que l'Ibis falcinelle hivernait couramment dans le nord-est de l'Afrique et au Moyen-Orient. Dans les années 1970 et 1980, jusqu'à 500 hivernaient en Israël avant que la population nicheuse n'augmente des 50-100 couples des années 1980 jusqu'à plus de 300 de 1992 (Shirihai 1996). En revanche, l'hivernage régulier en grand nombre n'a pas pu être confirmé en Egypte (Goodman & Meininger 1989), où jusqu'à 6 oiseaux ont été vus en décembre et janvier. L'importante population nicheuse d'Azerbaïdjan (des dizaines de milliers de couples dans les années 1950 et 1960) était censée hiverner en Afrique du Nord-Est (Vinogradov & Tcherniavskaya cités par Patrikeev 2004). Toutefois, la répartition des reprises d'oiseaux bagués dans les grandes colonies de la réserve de Kizil Agach (Azerbaïdjan), i.e. dans les plaines de Lenkoran (Azerbaïdjan), dans la région d'Astrakhan et au Dagestan (Russie), en Iran (3, tués au fusil), dans le sud de l'Irak et de l'Israël au Soudan, indiquent un hivernage en Afrique de l'Est plutôt que du nord-est (Patrikeev 2004). Au Soudan, un passage important a été noté le long et à l'est du Nil, mais la plupart passent l'hiver plus au sud (Nikolaus 1987). En Arabie Saoudite, l'Ibis falcinelle est un migrateur automnal et printanier, mais 300 à 400 oiseaux ont été trouvés en hivernage dans le sud-ouest du pays (Rahmani & Shobrak 1992). Ces oiseaux pourraient provenir de colonies proches de la Mer Caspienne. De la même manière, des oiseaux du Delta de la Volga (au nord de la Mer Caspienne) ont été signalés en Afrique orientale (principalement dans le Sudd) et en Inde (Sapetin 1978c). Ce dernier cas concerne deux oiseaux bagués en 1931 et 1941 et retrouvés 8 mois plus tard de part et d'autre du nord de l'Inde (McClure 1974).

Répartition en Afrique

Les grandes plaines inondables d'Afrique de l'Ouest aimantent les Ibis falcinelles. La majorité des oiseaux européens se concentrent dans le Delta Intérieur du Niger, qui en a accueilli jusqu'à 35.000 en 1981. Deux comptages aériens du Lac Tchad et de ses abords (base de données de l'AfWC) ont permis de trouver 23.000 Ibis falcinelles

en décembre 1999 et 4300 en décembre 2003. Le second comptage a également révélé la présence de 630 individus sur le Lac Fitri. Entre 1988 et 1998, la population hivernante des zones humides de Hadéjia-Nguru a varié entre 200 et 2600 oiseaux (Tableau 13). Les 23 comptages en milieu d'hiver dans le Delta du Sénégal suggèrent un déclin : les nombres les plus élevés ont été comptés en 1972 (1150) et 1983 (1090), alors que seuls 100 à 500 furent comptés de 1984 à 2003 (Tableau 12). Toutefois, des nombres plus importants sont comptés à l'occasion : ca. 1000 dans le Djoudj en 1991-1992 (Rodwell et al. 1996) et 2600 sur le Lac de Guiers en février 1984 (Sauvage & Rodwell 1998).

L'importance des plaines inondables est corroborée par les reprises de bagues (Fig. 149). A l'écart de ces plaines, de petits groupes d'Ibis falcinelles peuvent être rencontrés là où les marais offrent des eaux peu profondes bordant des berges vaseuses où ils peuvent se nourrir, surtout dans la zone sahélienne. Ainsi, près de Garoua, dans le nord du Cameroun, des groupes de 10 à 20 oiseaux arrivent après les premières pluies à la fin mai ou en juin, et 50 ibis ou plus visitent le secteur pendant le retrait des eaux en septembre-octobre (Girard & Thal 1996). Au Niger, à l'embouchure du Mékrou et le long du fleuve Niger, de petits groupes de plusieurs dizaines sont régulièrement présents entre décembre et février, mais 160 étaient présents le 4 janvier 1983 et 280 étaient au dortoir près de Saga en mars-avril 1983. Les nombres comptés au Niger fluctuent fortement : les maxima sont enregistrés pendant les sécheresses, comme en 1983 (Giraudoux et al. 1988), probablement en raison de la concentration dans les secteurs en eau. Au Burkina Faso, Oursi est le site le plus important et abrite habituellement de 100 à 250 hivernants, mais jusqu'à 691 en 1998 (AfWC). Dans le centre du Tchad, l'Ibis falcinelle est un visiteur régulier pendant la saison humide dans la réserve de Ouadi Rime – Ouadi Achim, où les premiers oiseaux arrivent après la mi-août et où les maxima sont atteints entre les 13 et 30 septembre avec 300 à 400 individus qui se concentrent sur les plus grands plans d'eau (Newby 1979). Des nombres assez importants ont été signalés lors des comptages de mi-hiver sur les lacs du sud de la Mauritanie : en général moins de 100 au Lac Mal en 1975-2001 (mais 460 en 2000) et 100 à 600

au Lac Alèg (mais 1040 en 2001 et 2380 en 2000). Les comptages sur le Lac Mahmouda montrent que de fortes concentrations peuvent s'y rencontrer : 2600 en 1990 et 4800 en 1991 (AfWC). Le Sudd pourrait être, ou avoir été, un site d'hivernage important (Chapitre 10).

Dans la zone soudanienne et le long de la côte atlantique, les quantités sont en général plus faibles et dépassent rarement quelques dizaines à la fois, comme dans le sud du Nigéria (Elgood *et al.* 1994), au Togo (Cheke & Walsh 1996), au Ghana (de 1 à 4 dans les marais et les salins ; Grimes 1987), en Côte d'Ivoire (16 près de Dabou en février : Thiollay 1978a) et au Libéria (rare ; Gatter 1997).

L'ensemble de ces données suggère que vers l'an 2000, la population hivernant en Afrique occidentale pouvait être estimée entre 30.000 et 40.000 oiseaux. Il n'existe aucune indication que le déclin dans le Delta Intérieur depuis le début des années 1980 soit lié à un déplacement vers des zones humides ailleurs en Afrique de l'Ouest, ce qui signifie que la population hivernante totale a dû diminuer.

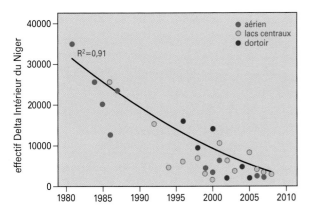

Fig. 150 Nombre d'Ibis falcinelles dans le Delta Intérieur du Niger en janvier ou février, d'après trois méthodes de comptage différentes. Données d'après le Tableau 4 (comptages aériens), le Tableau 6 (comptages au sol sur les lacs centraux) et van der Kamp *et al.* 2002 & 2006 (comptages au dortoir). Chacune de ces méthodes étant susceptible de sous-estimer les totaux, la ligne de tendance est basée sur les totaux annuels les plus élevés.

Une portion significative de la population hivernant dans le Delta Intérieur du Niger y reste pendant l'été. Les deux reprises de bagues en juin et juillet concernent des oiseaux âgés d'1 et 2 ans. S'il s'avérait que tous les oiseaux restaient sur leurs sites d'hivernage pour les deux premiers étés de leur vie, la population estivante atteindrait 30 à 40% de la population hivernale. Le nombre d'oiseaux comptés en juin 1999-2006 sur les lacs centraux, où les Ibis falcinelles se concentrent pendant l'été, atteignait en moyenne 28% des nombres comptés en janvier et février de la même année (van der Kamp *et al.* 2002a, non publ.). Cette proportion est plus faible pendant les sécheresses, car les oiseaux doivent quitter la zone après l'assèchement de leurs sites d'alimentation (voir Encadré 7 pour la description de leur méthode d'alimentation). En retirant les trois années les plus sèches du jeu de données, le nombre d'estivants atteint 40% du nombre d'hivernants.

Evolution de la population

Déclin des populations   Le nombre d'Ibis falcinelles hivernant dans le Delta Intérieur du Niger a subi un fort déclin atteignant environ 90% en moins de 30 ans (Fig. 150). L'organisation des comptages a permis de réaliser une couverture totale de la partie sud et de la partie centrale du Delta, mais pas de la partie Nord. Ceci n'empêche pas la tendance d'ensemble d'être fiable.

En Europe, un seul suivi de population s'étend sur plus de 20 ans, dans le Delta du Dniestr en Ukraine, au nord-ouest de la Mer Noire (Fig. 151). Les reprises de baguage montrent que les oiseaux qui nichent sur ce site forment une sous-population séparée de celles du Delta du Danube, du Delta du Dniepr, du Delta du Kouban, de Crimée et du Tylihoul (Schogolev 1996b). Les fluctuations de la population nichant dans le Delta du Dniestr semblent être partiellement déterminées par les variations locales du niveau d'eau (Fig. 151). Au-delà des variations causées par l'homme, un déclin sur le long terme a eu lieu entre 1972 et 1993.[1]

D'autres sites abritant des colonies importantes, comme le Kis-Balaton en Hongrie, le Delta d'Evros en Grèce, divers sites bulgares, le Delta du Danube en Roumanie et l'Azerbaïdjan, n'ont été dénombrés que par intermittence au cours du siècle passé. Même en considérant la faible fidélité de l'espèce à ses sites de reproduction, et par conséquent la faible fiabilité des comptages sur des sites uniques et sur une seule année (Bauer & Glutz von Blotzheim 1966), l'impression d'ensemble est celle d'un déclin tout au long du 20ème siècle. Le nombre de couples du Kis-Balaton a augmenté de 50 en 1912 à 1000 en 1922, 1923 et 1926, puis chuté jusqu'à 2-3 en 1953 et 0 en 1954 (Warga cité par Bauer & Glutz von Blotzheim 1966). A la fin des années 1980, jusqu'à 20 couples ont recommencé à nicher dans des sites disséminés ailleurs dans le pays (Heath *et al.* 2000). Les colonies grecques ont compté jusqu'à 1100-1500 couples en 1971-1973. Un fort déclin a été noté au début des années 1970 : le Delta d'Evros est passé de 1000-1200 couples en 1971 à 400-500 en 1973 et a continué : 50 à 71 couples en 1984-86, puis aucun en 1995 (Handrinos & Akriotis 1997). Les colonies de la partie roumaine du Delta du Danube ont été estimées à 1200 couples en 1976-1977, puis 2000 couples en 1995, 2055 en 2001 et 3340 en 2002 (Platteeuw *et al.* 2004). En Bulgarie, le nombre de couples nicheurs a varié entre 100 et 700 au cours des années 1970 et 1980. Depuis lors, l'espèce a fortement décliné et seuls 52-57 couples restaient en 2006 (Shurulinkov *et al.* 2007).

En Azerbaïdjan, un déclin marqué a été noté au 20ème siècle (Patrikeev 2004). Au Lac Aggel, dans le bassin Koura-Araxe, le nombre de couples a chuté de plus de 10.000 au milieu des années 1960 à 8300 à la fin de la décennie, puis 6000 à 8000 en 1988-1990. Au sud-est de ce bassin, le Lac Mahmudchala a été déserté dans les années 1940, puis recolonisé à la fin des années 1980 (11.000 couples). Un déclin y a depuis été noté (5500-6000 couples en 1990). Dans la réserve de Kizil-Agach, peut-être pas loin de 50.000 couples nichaient au milieu des années 1950, contre seulement 450 en 1972. Depuis lors, la colonie s'est partiellement rétablie : 1500 couples en 1973, 2500 en 1975, 2000 en 1976 et 900-3000 en 1982 (Patrikeev 2004).

La colonisation du sud de l'Espagne, et l'augmentation de population qui a suivi dans les années 1990, contrastent fortement avec le déclin en Europe de l'Est.

Conditions d'hivernage Les travaux de Schogolev (1996a), qui a bagué 5000 poussins d'Ibis falcinelle entre 1972 et 1982 dans les colonies du Dniestr (surtout en 1977), ont permis une comparaison entre le nombre réel de reprises par an et le nombre attendu, en fonction de l'âge de 45 oiseaux repris. Les Ibis falcinelles les plus âgés de ce groupe ont atteint respectivement 15, 17 et 22 ans, mais la plupart des oiseaux tués au fusil ou trouvés au Sahel n'avaient pas plus de 4 ans. Des Ibis falcinelles toujours en vie au 1er septembre de leur première année, 75% seraient encore en vie après 1 an, 64% après 2 ans, 55% après 3 ans et 49% après 4 ans. La mortalité adulte moyenne est de 10% par an, si l'on considère une mortalité constante chez les adultes. Nous avons utilisé ces informations pour estimer le nombre de reprises attendues par année au sud du Sahara et comparé ces résultats avec le nombre réel de reprises (Fig. 152). L'écart entre les nombres de reprises attendus et observés a été corrélé au niveau des inondations dans le Delta Intérieur du Niger. Parmi les 31 reprises, 40% dataient des huit années les plus sèches, soit bien plus que les 22% attendus. Pendant les 8 années avec des inondations dans la moyenne (10.000-12.000 km²), les taux de reprises attendues et observées étaient équivalents autour de 30%, tandis que les nombres observés étaient plus faibles que ceux attendus pendant les années humides (>12.000 km² ; insert dans la Fig. 152). Malgré cet effet caractérisé de la sécheresse sur les effectifs d'Ibis falcinelles, la population hivernale a décliné régulièrement, y compris pendant les années humides (Fig. 150). Ce déclin est peut-être dû à l'augmentation de la pression humaine (chasse) dans un environnement où les conditions de vie des hommes sont difficiles et en cours de détérioration (Chapitre 6) : les 121 et 165 Ibis falcinelles mis respectivement en vente sur les marchés locaux du Delta Intérieur du Niger en 1999 et en 2000 (Koné *et al.* 2002) ne représentent qu'une fraction du nombre d'oiseaux tués chaque année.

Conditions de reproduction L'Ibis falcinelle est une espèce difficile à étudier en période de nidification à cause de sa faible fidélité à ses sites de reproduction. Néanmoins, le déclin global observé au 20ème siècle semble réel. L'augmentation récente en Espagne est plus énigmatique. Le drainage à grande échelle des marais en Grèce et ailleurs, ont peut-être joué un rôle important dans ce déclin. L'extension et l'intensification de l'agriculture et de la pisciculture dans les deltas ont privé les oiseaux de sites majeurs d'alimentation et de reproduction (Tucker & Heath 1994, Schogolev 1996b, Platteeuw *et al.* 2004).

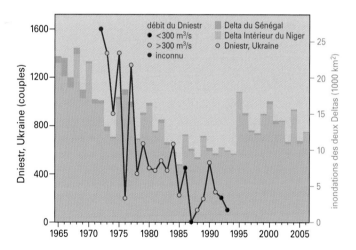

Fig. 151 Population nicheuse d'Ibis falcinelles dans le Delta du Dniestr, Ukraine (axe de gauche) en fonction de l'étendue des inondations du Delta Intérieur du Niger et du Delta du Sénégal au cours de l'hiver précédent (histogramme bleu, axe de droite). D'après Schogolev (1996b). Les années de faibles débits du Dniestr (<300 m³/s) sont indiquées par des points noirs.

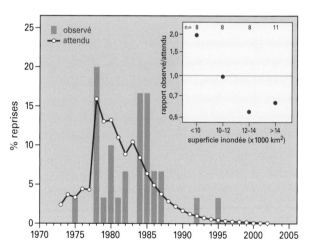

Fig. 152 Pourcentage de reprises d'Ibis falcinelles en Afrique subsaharienne par an (n=31), en fonction du nombre attendu d'après le taux de survie moyen calculé pour la même cohorte. L'insert montre (selon une échelle logarithmique) le rapport entre le nombre de reprises observées et attendues pour des années avec des niveaux d'inondation différents dans le Delta Intérieur du Niger ; n = nombre d'années.

Le vol des Ibis falcinelles est une merveille à contempler. L'alternance du vol battu et du vol plané à différentes altitudes crée une vague qui se propage comme un fluide à travers le groupe (janvier 2008, Niger).

Dans le Delta du Dniestr, en Ukraine, la construction d'un barrage hydroélectrique 700 km en amont en 1983 a été particulièrement perturbante : elle a stabilisé les niveaux de crue, causé des sécheresses pendant la saison de nidification et affecté les principales ressources alimentaires, jusqu'à la restauration partielle des crues en 1988 (Schogolev 1996b).

Conclusion

L'Ibis falcinelle a subi un déclin prononcé au cours du 20ème siècle, principalement dû à la perte d'habitat à cause du drainage. La plupart des nicheurs européens hivernent dans les plaines inondables du Sahel, où le Delta Intérieur du Niger et le Lac Tchad ont un rôle particulièrement important. Le taux de survie annuel est étroitement lié au niveau des inondations dans les plaines inondables d'Afrique de l'Ouest : il est plus faible pendant les années sèches et plus fort lors des années humides. Les variations de population à court terme sont largement dues aux inondations dans les plaines inondables d'Afrique de l'Ouest. La population hivernante dans le Delta Intérieur du Niger a décliné d'environ 90% depuis le début des années 1980. Ce déclin n'a pas été compensé par des augmentations ailleurs dans les marais d'Afrique de l'Ouest.

Notes

1 Le déclin constaté est linéaire ($R^2=0,59$, $P<0,001$). Le nombre de couples nicheurs est aussi positivement corrélé à l'étendue des inondations dans le Delta Intérieur du Niger ($R^2=0,33$), mais une analyse de régression multiple n'a pas permis de montrer une augmentation de la variance expliquée due à l'étendue des inondations. Le nombre de couples n'est apparemment pas corrélé au débit du Dniestr ($R^2=0,03$).

Canard pilet
Anas acuta

En 1946, Buss introduisit son article dans la revue *Auk* par un soupir désabusé, « pendant la guerre, des échos radars soudains et mystérieux firent se ruer les soldats vers leurs postes, envoyer des avions de chasse en reconnaissance, annoncer aux vigies des avions non identifiés plongeant dans la mer, lancer plusieurs alertes navales, déclencher au moins une alarme d'invasion et mirent à l'épreuve le vocabulaire de nombreux capitaines. » Apparemment, lors de la Seconde Guerre Mondiale, la plupart des opérateurs radar, souvent des marins ou des aviateurs, n'avaient pas connaissance ni d'un rapport anglais daté de 1941, informant que « les oiseaux peuvent réfléchir les ondes radios avec une puissance suffisante pour être détectés par les radars », ni d'aucun guide permettant d'interpréter de tels échos (Lack & Varley 1945). Buss (1946) connaissait non seulement l'existence d'échos radars chez les oiseaux en vol, mais connaissait également le potentiel des radars pour mesurer la vitesse de vol des oiseaux. Il mentionne par exemple un vol de 50 Canards pilets volant au-dessus de la mer à une vitesse régulière de 29 nœuds (54 km/h). Un demi-siècle après les articles de Buss et Lack & Varley, chacun peut suivre le trajet parcouru chaque jour par des Canards pilets entre l'Alaska et la Californie (www.werc.usgs.gov/pinsat). Depuis les années 1990, des centaines de Canards pilets ont été équipés d'émetteurs radio, afin d'étudier leurs choix d'habitats en période nocturne, leurs distances de vol journalières et même leur taux de mortalité (p. ex. Cox & Afton 1996, Fleskes *et al.* 2002, 2005). La télémétrie par satellite a également permis de révéler que leur vitesse moyenne au sol, 77 km/h (Casazza *et al.* 2005) et légèrement plus élevée que les 54 km/h mesurés par Buss avec des technologies moins avancées. Qui pourrait avoir imaginé les résultats de ces recherches ? Certainement pas Tom Lebret qui, pendant la Seconde Guerre Mondiale, et en se cachant des occupants allemands, parcourut, nuit après nuit, les champs inondés du nord des Pays-Bas pour estimer les distances de vol parcourues chaque jour par les canards hivernants (Lebret 1959).

Le Canard pilet préfère se nourrir en eau peu profonde, où il filtre l'eau pour se nourrir (p. ex. de larves de moucherons, de graines,...) près de la surface. Les plaines inondables du Sahel lui offrent des conditions d'alimentation particulièrement favorables, sauf lors des sécheresses.

Aire de reproduction

Le Canard pilet est, avec le Canard colvert et la Sarcelle d'hiver, l'un des canards présentant la plus vaste aire de répartition : une large ceinture holarctique à travers l'Eurasie et l'Amérique. En hiver, cette espèce est tout aussi largement répandue, mais à des latitudes plus basses. La population américaine a décliné de 5 à 7 millions d'individus avant les années 1980 à moins de 2 millions depuis environ 1985, année depuis laquelle la population est plus ou moins stable (Miller & Duncan 1999, Miller *et al.* 2001). La population eurasienne a été estimée à 2 millions d'oiseaux, dont 0,5 à 1 million en Russie européenne, et des quantités bien inférieures dans le reste de l'Europe (Berndt & Kauppinnen 1997, Delany & Scott 2006).

Migration

Les Canards pilets peuvent voler sur 10.000 km entre leurs sites de reproduction et d'hivernage. Des oiseaux bagués pendant leur mue dans les marais du Delta de la Volga ont été retrouvés au sein d'une immense bande s'étendant du sud de l'Inde au cercle arctique, et de la côte atlantique de l'Afrique à la côte de l'Océan Pacifique en Sibérie orientale. Le baguage et la télémétrie par satellite ont montré que les oiseaux hivernant en Asie peuvent se rendre en Alaska en été, et que les oiseaux qui hivernent en Amérique du Nord peuvent nicher en Asie (Henny 1973, Miller *et al.* 2005, Dobrynina & Kharitonov 2006). Des 7555 reprises de Canards pilets bagués en Eurasie présentes dans la base de données EURING, 90 proviennent d'Afrique, dont 72 au nord du Sahara et 18 au sud (Fig. 153A). Cette base de données ne comprend pas les nombreux Canards pilets bagués ou repris en Asie (voir Dobrynina & Kharitonov 2006).

Les 18 reprises au sud du Sahara, complétées par 3 autres concernant des oiseaux bagués au Mali et au Sénégal (dont 2 ont été tués à la chasse en Eurasie, fig. 153A), ne représentent qu'1% des 2719 reprises hivernales. Un nombre assez réduit de Canards pilets hiverne en Europe (60.000 d'après Delany & Scott 2006), et la proportion relativement importante d'oiseaux tués en France (n=531) et ailleurs dans le NO de l'Europe (n=1.252) témoigne de la plus forte probabilité pour un canard d'être tué et signalé en Europe qu'en Afrique. Les oiseaux hivernant en Afrique traversent massivement le sud-est de l'Europe en mars-avril, alors que la migration postnuptiale s'effectue vers l'Europe de l'Ouest, puis vers l'Afrique de l'Ouest (Fransson & Pettersson 2001, Wernham *et al.* 2002). Cette stratégie de migration semble être confirmée par la répartition des reprises, avec un nombre important de données dans le NO de l'Europe entre juillet et octobre (n=949) et un faible nombre au printemps (mars-avril, n=149). Pour l'Europe du SE, la situation est inversée (119 au printemps et 46 en automne). Les nombreuses données russes en avril (n=530) et en mai (n=531) indiquent qu'à leur arrivée sur les sites de nidification, les Canards pilets ne sont pas à l'abri des chasseurs.

Une nette dichotomie est visible dans la répartition des reprises de Canards pilets bagués dans le NO de l'Europe (août à février, dont 47% en septembre-octobre ; Fig. 153B) et de ceux bagués dans le Delta de la Volga (principalement en juillet-août, 40% des reprises ; Fig. 153C). Les oiseaux d'Europe du NO repris en Afrique l'ont été au Maroc (11), en Algérie (6), en Tunisie (2), au Sénégal (5) et au Ghana (1), soit exclusivement dans la moitié ouest du continent. Les oiseaux du Delta de la Volga, au contraire, ont été retrouvés en Egypte (29), en Tunisie (11), en Algérie (9) et jusqu'au Maroc (1) et semblent donc fréquenter toute l'Afrique du Nord, avec une majorité toutefois dans la partie orientale. Les données provenant de l'aire subsaharienne confirment cette image, avec 1 en Ethiopie, 1 au Soudan, 1 au Tchad,

Fig. 153 (A) Origines en Eurasie de 90 Canards pilets repris en Afrique et origine en Afrique de 2 individus repris en Eurasie. (B) Répartition des reprises d'oiseaux bagués en Europe du NO (n=3.563) et (C) dans le Delta de la Volga (n=3.026). Données EURING.

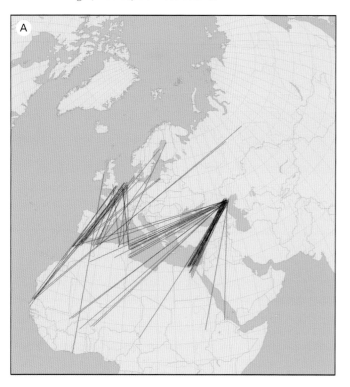

2 au Niger, 1 au Burkina Faso et 2 au Mali. Les oiseaux du Delta du Sénégal migrent à travers l'Europe du NO, mais également en partie par l'Europe du SE en direction du sud de la Russie. Ce dernier axe est majoritaire chez les oiseaux hivernant dans le centre et l'est du Sahel. (Fig. 153B). Les reprises en Russie et en Sibérie montrent également que les oiseaux migrant par l'Europe du NO nichent en général plus au nord que ceux qui fréquentent le Delta de la Volga. Ces données issues d'EURING semblent contredire l'idée d'échanges, à la fois sur les sites d'hivernage (des Canards pilets fréquentant successivement différentes zones humides au Sahel en fonction des précipitations et de la taille des inondations ; voir répartition hivernale) et sur les sites de reproduction (Henny 1973, Millet *et al.* 2005, Dobrynina & Kharitonov 2006).

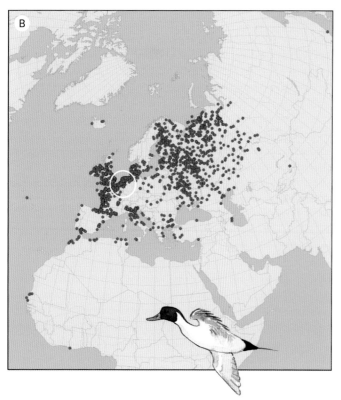

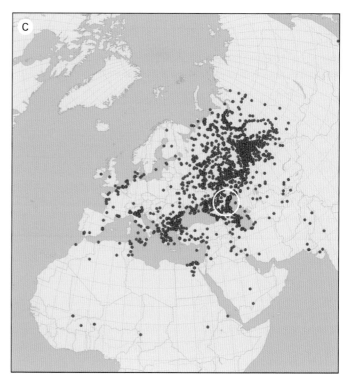

Les mares dans les plaines inondables du Sahel et les rizières sont habituellement recouvertes de nénuphars qui fleurissent de septembre à janvier. A partir de décembre, leurs graines constituent une part importante de l'alimentation des canards de surface, tels les Sarcelles d'été et les Canards pilets. Des analyses de contenus stomacaux ont montré qu'au moins en novembre-décembre, les Canards pilets du Delta du Sénégal se nourrissent principalement de ces graines, qui composaient 89% du contenu des estomacs de 34 individus. Les graines de cypéracées complètent leur régime. (Tréca 1993).

Répartition en Afrique

Les Canards pilets hivernant en Afrique de l'Ouest sont concentrés sur quelques grandes zones humides (Fig. 154). Ils s'y nourrissent la nuit et se concentrent sur des reposoirs durant la journée. Des études télémétriques réalisées en Amérique du Nord ont montré que les Canards pilets volent quotidiennement entre 8,7 et 24,4 km entre leur reposoir et leurs zones d'alimentation (Cox & Afton 1996), et même jusqu'à 43 km (Fleskes *et al.* 2005). De telles distances de vol leurs permettent de couvrir des sites d'alimentation distants depuis un unique dortoir. Ainsi, dans le Delta du Sénégal, le Grand Lac du Parc National du Djoudj offre aux Canards pilets un site de repos sécurisé

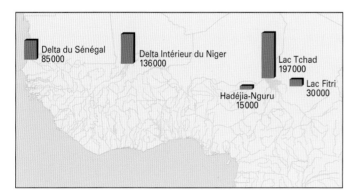

Fig. 154 Nombre moyen de Canards pilets (1972-2007) présents dans 5 zones humides d'après les comptages aériens réalisés en milieu d'hiver. D'après les données présentées dans la Fig. 155.

qu'ils quittent 10 à 20 minutes après le crépuscule pour gagner des sites d'alimentation dans le sud de la Mauritanie (région de Keur-Macène, à environ 10-12 km), dans le Marigot de Diar au Djoudj (12 km) ou au sud-ouest dans les plaines inondables au-delà des limites du parc, *i.e.* Djeuss et Lampsar (20 km) et Trois Marigots (30 km) (Roux *et al.* 1978, Triplet *et al.* 1995).

Dans le Delta Intérieur du Niger, dont les dimensions sont bien plus grandes, les Canards pilets utilisent des lacs permanents et temporaires dans et autour des plaines inondables pour se reposer dans la journée (Lamarche 1980), et gagner les rizières inondées et autres eaux peu profondes la nuit. Les oiseaux hivernant sur le Lac Tchad et aux alentours, dans les marais de Hadéjia-Nguru et sur le Lac Fitri (Vieillard 1972) utilisent probablement des stratégies de déplacement tout aussi variées.

Dans les principales zones humides du Sahel, les variations interannuelles de populations sont immenses (Fig. 155). Par exemple, le Delta du Sénégal a accueilli entre 1000 et 247.000 individus entre 1972 et 2007, tandis que le Delta Intérieur du Niger en a reçu entre 11.000 et 385.000. Si l'on additionne les comptages dans ces deux zones, les totaux varient moins, mais les variations sont toujours considérables (entre 90.000 et 410.000). Le nombre de Canards pilets sur le Lac Tchad semble avoir diminué depuis les années 1980, mais peu de comptages sont disponibles.

La population totale de l'ensemble des grandes zones humides d'Afrique de l'Ouest a diminué de 600.000 en moyenne au début des années 1980 à 400.000 un quart de siècle plus tard. Les fortes variations interannuelles sont peut-être partiellement dues à des erreurs de comptage, mais la diminution constatée lors des années sèches du milieu des années 1980 (430.000 en 1984 et 480.000 en 1986 sur les quatre plus grandes zones humides) est probablement réelle. Le

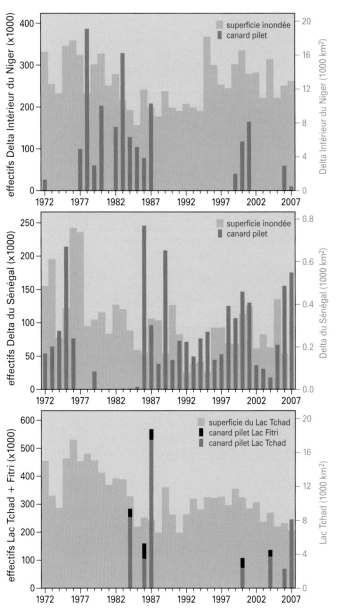

spectaculaire rétablissement de population suggéré par un comptage de 880.000 individus sur les trois plus grandes zones humides en 1987 est toujours débattu (voir Chapitre 23).

Evolution de la population

Conditions d'hivernage   La population finlandaise (20.000 à 30.000 couples) est supposée être en déclin (Koskimies 2005), mais elle a atteint un minimum au cours des années de sécheresse au Sahel et a commencé à augmenter lorsque les surfaces d'inondation ont recommencé à s'étendre (Fig. 156). Malheureusement, ce suivi n'a pas été réalisé lors des années les plus sèches, en 1984 et 1985. On peut supposer qu'en 1986, la population finlandaise avait déjà récupéré de la sécheresse, qui pourrait avoir atteint les deux tiers de la population eurasienne de Canard pilet si l'on en croit les comptages de janvier dans le Delta du Sénégal et le Delta Intérieur du Niger (Fig. 155) : 288.000 en 1983, 147.000 en 1984, 109.000 en 1985, 325.000 en 1986 et 311.000 en 1987. Les Canards pilets du Delta Intérieur du Niger sont particulièrement vulnérables lorsqu'ils se concentrent sur les dernières plaines inondables lors de la décrue. Pendant les années sèches, les habitants en capturent des quantités plus importantes, car les oiseaux doivent se concentrer sur un plus petit nombre de sites. Le déclin de la population en 1985 peut être expliqué par la prédation par l'homme (Tréca 1989), mais également, comme chez la Sarcelle d'été, par une forte mortalité due à une famine (voir Chapitre 23).

Fig. 155 Nombre de Canards pilets en milieu d'hiver dans le Delta du Sénégal, dans le Delta Intérieur du Niger, sur le Lac Tchad et sur le Lac Fitri. Données issues de la base de données AfWC de Wetlands International, Trolliet *et al.* 2007 (voir les Chapitres 6 à 9 pour les détails). L'histogramme bleu montre l'étendue des inondations dans le Delta Intérieur du Niger ou le Delta du Sénégal et la taille maximale du Lac Tchad (d'après les Chapitres 6, 7 et 9).

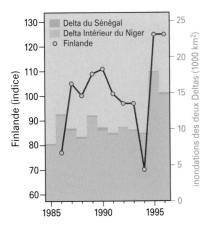
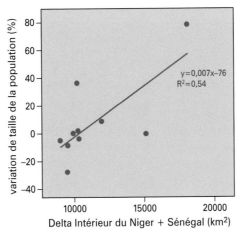

Fig. 156 Evolution de la population nicheuse finlandaise de Canards pilets en fonction de l'étendue des inondations dans le Delta Intérieur du Niger et le Delta du Sénégal (à gauche). Les variations de population (en %) entre deux années sont représentées par rapport à l'étendue totale des inondations (à droite). Données d'après Väisänen *et al.* (2005).

Conditions de reproduction Comme en Eurasie, le Canard pilet est une espèce gibier de choix en Amérique du Nord. Elle a par conséquent été étudiée dans le détail. La fluctuation des populations semble être principalement liée aux conditions régnant sur les sites de reproduction nordiques (p. ex. Henny 1973, Miller & Duncan 1999, Miller *et al.* 2001). D'après ces études, les fortes variations interannuelles de la population hivernale peuvent être attribuées à l'abondance des précipitations dans la partie nord des grandes prairies américaines, car les Canards pilets produisent moins de jeunes pendant les années sèches. Lorsque les grandes prairies sont sèches, ils continuent plus au nord, mais cette stratégie ne leur permet pas d'améliorer leur succès de reproduction. L'alternance années sèches-années humides dans les prairies ne permet pas d'expliquer le déclin sur le long terme, pour lequel la conversion des prairies en terres cultivées semble être responsable.

Il ne semble pas possible que les Canards pilets d'Eurasie aient souffert d'une telle perte d'habitats, bien que le drainage et la canalisation des cours d'eau aient pu avoir un impact fort, au moins localement (p. ex. Stanevicius 1999). Les effets de l'alternance des années sèches et humides sur la population nicheuse de Russie sont inconnus. Nous ne pouvons par ailleurs faire que des hypothèses sur l'impact de la chasse sur les populations. La chasse n'a en effet probablement pas d'impact si les oiseaux qui sont tués sont ceux qui seraient morts de toute façon avant la prochaine saison de reproduction. Toutefois, de nombreux Canards pilets sont également tués lors de la migration printanière et à l'arrivée sur les sites de reproduction. L'impact sur la population est alors bien réel.

Conclusion

La population eurasienne de Canard pilet qui hiverne dans l'ouest du Sahel a décliné entre 1980 et 2006, de 600.000 à 400.000 oiseaux. L'influence du Sahel sur cette évolution n'est pas prouvée. La population, qui a chuté lors des années sèches au Sahel au milieu des années 1980, s'est partiellement rétablie lors des années suivantes, puis a diminué de nouveau. Cette tendance est identique à celle remarquée sur les sites de reproduction d'Amérique du Nord, où les modifications d'habitat causées par l'homme sont considérées responsables du déclin.

Sarcelle d'été
Anas querquedula

Des centaines de milliers de Sarcelles d'été de la population sibérienne passent l'hiver dans les plaines inondables du Sahel après avoir parcouru 10.000 km ou plus. Pourquoi donc voler aussi loin pour atteindre le Delta du Sénégal, le Delta Intérieur du Niger et le Lac Tchad alors que les zones humides en apparence aussi attractives sont légion en Asie du sud et centrale (où de nombreuses Sarcelles d'été hivernent également) ? En Afrique, les Sarcelles d'été sont inféodées aux plaines inondables et aux lacs du Sahel, où elles se concentrent dans les grandes zones humides, se reposent sur des plans d'eau à l'abri des dérangements le jour et vont se nourrir sur des sites d'alimentation situés à 10-15 km une fois le crépuscule arrivé (Roux *et al.* 1978, Triplet *et al.* 1995). Le passage régulier de vagues de Sarcelles d'été poussant leurs cris râpeux dans le désert plongé dans l'obscurité, où le silence règne habituellement et où l'on s'attend juste à entendre au loin le jappement d'un chacal, est une expérience inoubliable. Pendant les années sèches sur leurs sites d'hivernages, ces oiseaux se retrouvent dans des situations désespérées, car la rareté des sites d'alimentation dans les plaines inondables limitent leur capacité à accumuler des réserves pour effectuer le voyage de retour vers la Sibérie. La compétition pour la nourriture est alors intense. Habituellement, lors de la décrue, les Sarcelles d'été se concentrent sur les lacs et étangs peu profonds, où ils se gavent de graines de nénuphars, ce qui les rend facile à attraper : il suffit de placer en soirée de vieux filets de pêche là où des nénuphars sont présents en eau peu profonde et de revenir le matin pour retirer les oiseaux pris dans les filets. Les pêcheurs Bozo du secteur de Djenné dans le sud du Delta Intérieur du Niger procèdent de cette manière depuis au moins la fin du 19ᵉᵐᵉ siècle (Tréca 1989). Les photographies des pages 286-287 illustrent cette tradition. Les piégeurs d'oiseaux Bozo ont été engagés par Guy Jarry, Francis Roux (CRBPO)[1] et Bouba Fofana (Eaux & Forêts, Bamako) de janvier à mars entre 1977 et 1979 pour attraper et baguer de grands nombres de Sarcelles d'été, dont une a été reprise en Sibérie orientale à près de 12.000 km de son site de baguage. En février 2007, Nicolas Gaidet (CIRAD)[2] et son équipe ont à nouveau fait appel à leurs services pour attraper des Sarcelles d'été, et leur fixer des émetteurs satellites. Habituellement, les piégeurs tranchent la gorge des oiseaux capturés et vendent leurs prises journalières aux marchands de poissons locaux, qui transportent les oiseaux dans la glace avec le poisson. Lors de l'engraissement pré-migratoire, les Sarcelles d'été augmentent leur masse corporelle d'environ 40% en février, et voient leur prix augmenter d'autant sur le marché de Mopti, de l'équivalent de 0,62 € en janvier à 1,10 € vers le 1ᵉʳ mars au début des années 2000. Une telle quantité de graisse permet à ces oiseaux de voler sur plusieurs milliers de kilomètres sans avoir à s'alimenter, mais les rend également très prisés par les Maliens.

Aire de reproduction

La Sarcelle d'été niche dans une large ceinture couvrant l'Eurasie de l'Océan Atlantique à l'ouest à l'Océan Pacifique à l'est, entre les latitudes 40° et 65°N. Au sein de cette immense zone d'environ 10.000 km sur 2500, elle atteint ses plus fortes densités entre 50 et 55°N et entre 15° et 105°E, soit une zone de 6000 km sur 550 comprenant l'est de l'Allemagne, la Pologne, la Lituanie, la Biélorussie, l'Ukraine, le sud de la Russie, le nord du Kazakhstan et le nord de la Mongolie (Farago & Zomerdijk 1997, Fokin *et al.* 2000).

Vers 1990, la population nicheuse de Russie européenne était estimée à 570.000 – 960.000 couples, et celle du reste de l'Europe à 79.000 – 92.000 couples (30.000 en Biélorussie, 28.000 en Ukraine ; Farago & Zomerdijk 1997). Pour les années 1990, Fokin *et al.* (2000) sont arrivés à environ un demi-million de couples dans l'ex-URSS, dont 100.000 dans la partie asiatique et 400.000 dans la partie européenne.

Migration

La base de données EURING contient 2347 reprises de Sarcelles d'été baguées en Eurasie, dont 68 proviennent d'Afrique. Vingt-cinq autres oiseaux parmi ceux bagués en Afrique de l'Ouest ont été repris, dont 13 en Eurasie (Fig. 157A). Ces dernières données sont particulièrement instructives. Quatre oiseaux, tous des mâles adultes, bagués entre le 30 janvier et le 3 mars 1978 dans le Delta Intérieur du Niger, ont été tués entre un et neuf ans plus tard sur leurs sites de reproduction présumés (en mai ou juin). Un mâle a été repris en Biélorussie (30°E, à 5367 km du Delta Intérieur du Niger), mais les autres l'ont été en Sibérie orientale (à 83°, 101° et 127°E, soit respectivement 8830 km, 10.144 km et 11.846 km de leur lieu de baguage), ce qui suggère (comme développé plus loin) que les oiseaux qui hivernent au Mali proviennent de sites de reproduction orientaux.

La plupart des reprises concernent des oiseaux tués à la chasse pendant la migration (voir Fig. 158). Les reprises en mai et juin sont attribuées à des oiseaux sur leurs sites de nidification, et coïncident

approximativement avec les régions où les densités de nicheurs sont fortes (Fokin *et al.* 2000). Les reprises pendant la migration printanière (mars-avril) proviennent essentiellement d'Europe méridionale et orientale, ce qui contraste avec les données automnales (juillet à octobre) qui sont concentrées à la fois en Europe occidentale et orientale (avec peu de données en Europe méridionale). Ainsi, 69% des reprises en Italie datent de mars et seulement 10% d'août-septembre (100%=486). A l'opposé, aux Pays-Bas, aucune n'est du mois de mars et 79% d'août-septembre (100%=163). Cette différence est peut-être biaisée par les durées des saisons de chasse et par les différences de pression de chasse, mais les comptages et observations d'oiseaux en migration suggèrent également qu'en mars, les oiseaux qui ont

L'envol des Sarcelles d'été est l'une des expériences inoubliables des plaines inondables du Sahel, où elles sont présentes par centaines de milliers. Elles sont difficiles à détecter sans l'aide d'un avion, et même alors difficiles à compter, mais elles se matérialisent de manière inattendue sur l'horizon comme un nuage de moustiques lorsqu'elles ont été dérangées.

hiverné en Afrique migrent via l'Europe orientale (Vogrin 1999), alors que les mouvements postnuptiaux traversent largement l'Europe occidentale en direction de l'Afrique occidentale (Impekoven 1964, Farago & Zomerdijk 1997).

Les oiseaux qui hivernent en Afrique orientale migrent par l'Egypte (Urban 1993). Les observations le long de la côte du nord du Sinaï ont révélé un passage important en août et septembre (années 1970 et 1980), avec par exemple plus de 221.000 entre le 16 août et le 24 septembre 1981 (Goodman & Meininger 1989). Le peu de reprises dans cette zone indique une origine russe ou d'encore plus à l'est, car les Sarcelles d'été n'ont été baguées qu'à l'ouest du Delta de la Volga (Mullié *et al.* 1989). Les sites d'hivernage des populations orientales et occidentales en Afrique sont dans l'ensemble distincts, avec toutefois un recouvrement au Mali. La fidélité des Sarcelles d'été à leurs sites d'hivernage est inconnue, car la plupart des données de baguage concernent des oiseaux tués à la chasse. Toutefois, l'une des cinq Sarcelles d'été baguées au Sénégal en 1974 a été capturée au Mali dix ans plus tard.

De nombreux nicheurs sibériens muent dans le Delta de la Volga. Ceux d'Europe muent soit dans ce delta, soit, plus souvent, en Europe du Nord-Ouest (Fig. 157C), bien que les sites de mue en Europe soient dorénavant dispersés et de petite taille. Cependant, par le passé, de grandes concentrations de mâles étaient connues dans le NO de l'Europe, dans l'ancien Zuiderzee, une baie peu profonde de la Mer du Nord (5000 km²) aux Pays-Bas, qui abritait de nombreux mâles à partir de la fin mai, puis de « très grandes quantités » après la mi-juin (ten Kate 1936). Après la fermeture et l'endiguement du Zuiderzee en 1932, le nombre de Sarcelles d'été a chuté sur les quelques lacs restant à environ 10.000 en 1957-1962, 2500 en 1963-1969 et moins de 200 dans les années 1970 et 1980 (Gerritsen & Lok 1986). D'autres

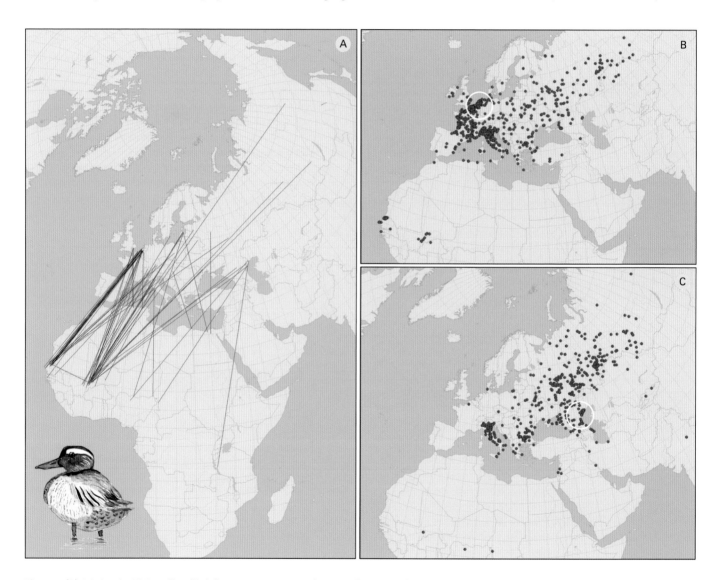

Fig. 157 (A) Origine de 68 Sarcelles d'été d'Eurasie reprises en Afrique et de 13 Sarcelles d'été baguées en Afrique et reprises en Eurasie, (B) Reprise d'oiseaux bagués en Europe du NO (n=1.101), (C) Reprises d'oiseaux bagués dans le delta de la Volga et aux alentours (n=500). Données EURING.

petits nombres (quelques centaines, de mi-mai à juillet) muent dans le Schleswig-Holstein dans le nord de l'Allemagne (Kuschert & Ziesemer 1991) et en Basse-Saxe dans le nord-ouest de l'Allemagne, où des groupes comptant jusqu'à 200 oiseaux en mue ont été notés en juin-juillet (Seitz 1985). Ailleurs en Europe du NO, la présence de petits nombres de mâles en mue sur les sites favorables est la règle. Les reprises de Sarcelles d'été en mai-juin, a priori obtenues sur les sites de reproduction, présentent une longitude moyenne de 60°E pour les oiseaux bagués pendant leur mue dans le Delta de la Volga (n=119), alors que pour les oiseaux bagués en automne dans le NO de l'Europe, la longitude moyenne est de 38°E (n=47), soit 1500 km plus à l'ouest.

Les reprises d'oiseaux de la Volga en Chine (1), au Kirghizistan (2), en Inde (1), en Iran (3) et au Moyen-Orient (2), indiquent que le Delta de la Volga est un lieu de rencontre entre oiseaux hivernant en Afrique et en Asie. Des centaines de Sarcelles d'été baguées en Inde ont été reprises en Russie (elles ne sont pas inclues dans la Fig. 157A), pour la plupart en Sibérie occidentale entre 60° et 90°E (McClure 1974, Dobrynina & Kharitonov 2006). Cette répartition recouvre partiellement la zone de reproduction des oiseaux hivernant en Afrique, ce qui pose la question de l'existence d'échanges entre les sites d'hivernage asiatiques et africains.

Répartition hivernale

Les Sarcelles d'été passent rarement l'hiver au nord du Sahara, que ce soit en Espagne (Díaz *et al.* 1996), en France (Yeatman-Berthelot 1994, Guillemain *et al.* 2004), en Italie (Brichetti & Fracasso 2003), en Afrique du Nord (Thévenot *et al.* 2003), Isenmann & Moali 2000, Isenmann *et al.* 2005) ou en Egypte (Goodman & Meininger 1989). Les sites d'hivernage comprennent les plaines inondables et les lacs du Sahel, du Sénégal au Soudan et, en Afrique orientale, au sud jusqu'au Kenya (où la population hivernante a été estimée à 20.000 individus au début des années 1980 ; B.S. Meadows cité par Lewis & Pomeroy 1989) et

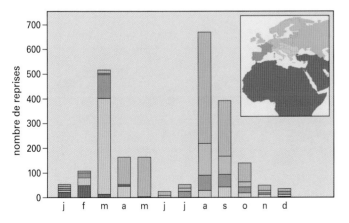

Fig. 158 Nombre total de reprises par mois en Afrique (en incluant le Proche et le Moyen-Orient) et en Europe du SO, du SE, du N et de l'E. Mêmes données que Fig. 157.

en Ouganda (« 27 novembre, plusieurs milliers sur le Lac Wamala, et encore de belles quantités le 27 avril » ; G. Archer cité par Bannerman 1958). Cette dernière observation indique que les sites d'hivernage d'Afrique orientale sont utilisés par des oiseaux provenant de la partie la plus orientale de l'aire de nidification (Asie centrale, Primorié-Yakoutie), où les dates moyennes d'arrivée printanière s'étalent du 10 au 20 mai (Fokin *et al.* 2000).

Urban (1993) estime entre 95.000 et 181.000 le nombre de Sarcelles d'été en Afrique orientale, principalement au Soudan (70.000 à 120.000), alors qu'un nombre bien plus élevé est présent en Afrique occidentale (Fig. 159). Le Parc National du Djoudj offre un reposoir diurne non dérangé dans le Delta du Sénégal. Dans le Delta Intérieur du Niger, les Sarcelles d'été doivent être plus flexibles et changent de reposoirs diurnes fréquemment en réponse aux activités des pêcheurs et à la décrue. Le caractère prévisible de l'utilisation des sites d'alimentation nocturnes est mis à profit par les piégeurs qui savent ainsi où et quand poser leurs filets en fonction du niveau d'eau. Selon les analyses menées sur 185 oiseaux capturés entre 1973 et 1977, le régime alimentaire dans le Delta du Sénégal varie selon les saisons, en fonction de la disponibilité (Tréca 1981a, 1993). Les graines du Pied de coq méridional *Echinochloa colona* ont la préférence à partir d'octobre jusqu'à leur épuisement. Elles sont alors remplacées par les graines de nénuphars en janvier, les graines de cypéracées en décembre et février et le riz sauvage ou cultivé en mars. Dans le Delta Intérieur du Niger, les Sarcelles d'été se nourrissent principalement dans les champs de nénuphars lorsque les niveaux d'eau sont bas ; la répartition irrégulière de ces champs rend l'espèce particulièrement vulnérable à la prédation par l'homme.

Nos connaissances actuelles sur la répartition et le nombre de Sarcelles d'été en Afrique de l'Ouest sont largement basées sur les travaux de Francis Roux et Guy Jarry (Roux 1973, Roux & Jarry 1984) et, par la suite, de plusieurs autres ornithologues français (voir Chapitres 6, 7 et 9), qui ont sillonné les immenses plaines inondables en janvier lors des 35 dernières années, à bord d'avions volant à basse altitude (Fig. 159). En moyenne, une majorité des Sarcelles d'été hivernant en Afrique de l'Ouest (43%) étaient localisés dans le secteur du Lac Tchad, en y incluant le Waza-Logone, alors qu'environ 37% fréquentaient le Delta Intérieur du Niger. Un nombre plus faible d'oiseaux utilisent le Delta du Sénégal et de faibles quantités sont présentes dans les marais de Hadéjia-Nguru et au Lac Fitri. Bien que les quantités varient considérablement d'une année sur l'autre, ce sont en moyenne un million de Sarcelles d'été qui sont comptés dans les plaines inondables du Sahel, ce qui correspond plutôt bien avec les quantités comptées en janvier 2000, seule année où ces cinq zones humides ont fait l'objet de comptages simultanés qui ont permis de dénombrer 1,3 million de Sarcelles d'été (Fig. 160).

Les fluctuations pourraient indiquer l'existence d'échanges d'oiseaux hivernants entre les grandes zones humides africaines. Les comptages suggèrent en tout cas que ce pourrait être le cas entre le Lac Fitri et le Lac Tchad voisin.[3] Roux & Jarry (1984) ont suggéré qu'en 1984, le Lac Tchad a pu subir un afflux depuis le Delta du Sénégal et le Delta Intérieur du Niger, où le nombre d'hivernants était très faible. Monval & Pirot (1989) suggèrent également que des mouvements im-

Les Sarcelles d'été au Sahel se nourrissent la nuit et se reposent le jour. Seuls les lacs calmes, souvent isolés et temporaires, et à l'abri des pêcheurs et chasseurs sont utilisés comme sites de reposoir. (Lac Debo, Delta Intérieur du Niger, Janvier 1994).

portants pourraient avoir lieu entre ces zones humides, mais ceux-ci pourraient même concerner le bassin du Nil, plus à l'est (Urban 1993). Bien qu'une telle stratégie d'hivernage soit de l'ordre du possible, car l'étendue des plaines inondables et des lacs varie de manière indépendante (voir Fig. 160), nous n'avons trouvé aucun indice réel prouvant l'existence à grande échelle de tels mouvements.[4]

Les comptages sur le Lac Tchad et le Lac Fitri sont trop irréguliers pour permettre d'esquisser une tendance. La population du Delta Intérieur du Niger, qui varie entre 100.000 et 800.000 individus, semble plus ou moins stable à long terme. Dans le Delta du Sénégal, les quantités varient entre 40.000 (et même moins pendant les sécheresses) et 300.000, à nouveau sans tendance à long terme marquée. Dans les marais de Hadéjia-Nguru, le nombre d'individus dépend de la taille des plaines inondables, et a augmenté régulièrement entre 1988 et

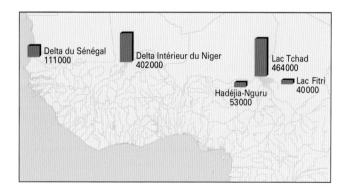

Fig. 159 Nombre moyen de Sarcelles d'été présentes dans cinq zones humides d'importance majeure pendant les comptages aériens de milieu d'hiver entre 1972 et 2007. D'après les données de la Fig. 160.

Compter les oiseaux depuis les airs

Le nombre de Sarcelles d'été compté dans les plaines inondables du Sahel montre de fortes variations interannuelles (Fig. 160). Ces différences sont partiellement liées à des erreurs de comptage. Dervieux *et al.* 1980) ont conclu que les groupes d'oiseaux d'eau comptés en Camargue depuis un avion étaient sous-estimés de 20% en moyenne, mais il n'est pas certain que ce pourcentage d'erreur soit applicable aux comptages aériens dans les plaines inondables du Sahel. Rappoldt *et al.* (1985) ont pour leur part trouvé un pourcentage d'erreur indépendant de la taille des groupes, de l'ordre de 17% pour les oiseaux en vol et de 37% pour les oiseaux en reposoir. Les Sarcelles d'été ont la « mauvaise » habitude de se concentrer pendant la journée sur quelques grands reposoirs : les erreurs de comptage sur de multiples petits groupes ont tendance à s'annuler, alors qu'une erreur de comptage sur un groupe immense a des conséquences importantes sur la qualité du recensement. Ainsi, en janvier 2007, les Sarcelles d'été présentes sur le Lac Tchad étaient presque toutes regroupées sur un unique reposoir couvrant une zone de 5 km de diamètre et accueillant environ 600.000 individus (Trolliet *et al.* 2007). L'erreur d'estimation pour le Lac Tchad, et au cours de cette année pour l'ensemble de l'Afrique de l'Ouest, dépendait en grande partie de l'erreur de ce seul comptage. Un groupe d'une telle taille est difficile à manquer, ce qui n'est pas le cas des petits groupes de Sarcelles d'été, particulièrement lors des années très sèches ou très humides, lorsque les oiseaux ont une répartition plus disséminée et variable. Un certain nombre de comptages, pour la plupart anciens, dans le Delta Intérieur du Niger (1972, 1974, 1982) sont incomplets pour cette raison (Roux & Jarry 1984).

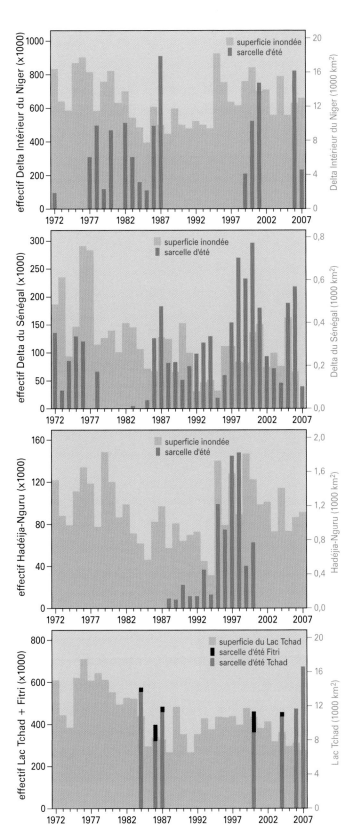

1998, de 9000 à 148.000 individus. En 1999 et 2000, un nombre de Sarcelles d'été plus faible (environ 50.000) y était présent (voir également le Chapitre 8).

Si l'on combine les comptages simultanés dans le Delta du Sénégal, le Delta Intérieur du Niger et le Lac Tchad, on obtient les totaux suivants (en millions) : 0,71 en 1984, 0,93 en 1986, 1,54 en 1987, 1,17 en 2000, 1,5 en 2006 et 0,94 en 2007.

Evolution de la population

Déclin des populations Très peu de tendances à long terme sont disponibles pour la Sarcelle d'été, qui est une espèce assez secrète sur ses sites de reproduction. Toutefois, les estimations passées et récentes des populations permettent une évaluation qualitative des tendances dans la plupart des pays européens, qui ont été compilées par BirdLife International (2004a et éditions précédentes), Fokin *et al.* (2000), et de nombreuses avifaunes régionales ou nationales et atlas (voir par exemple Bauer & Berthold 1996 pour une synthèse sur l'Europe centrale). Ces sources montrent un déclin de la Sarcelle d'été, souvent marqué, depuis les années 1970 au moins (exemples dans la Fig. 161). La population eurasienne dans les années 1990 peut être estimée à environ 1,5 million d'oiseaux. Pendant les années 1980, la population de l'ancienne URSS était estimée à 4 fois celle des années 1990, mais les statistiques sur la chasse en Russie suggèrent que le déclin avait vraisemblablement déjà commencé avant les années 1980 (Fokin *et al.* 2000). Cette conclusion est cohérente avec la tendance en Biélorussie (déclin significatif, malgré des fluctuations ; Nikiforov 2003) et en Lituanie (en déclin depuis les années 1960 ; Stanevicius 1999).

La population hivernante peut être estimée à 1,6-2,2 millions d'oiseaux, dont environ 1 à 1,5 million en Afrique de l'Ouest, 0,1 à 0,2 million en Afrique de l'Est et environ 0,5 million en Asie du Sud (Brown *et al.* 1982, Lewis et Pomeroy 1989, Urban 1993, Delany & Scott 2006). Le rapide déclin sur les sites de nidification européens (Fig. 161) ne se retrouve pas dans les comptages en Afrique de l'Ouest, ce qui suggère non seulement que le fort déclin des petites populations bien connues d'Europe de l'Ouest ne reflète pas la tendance d'ensemble en Eurasie, mais également que le sentiment de Fokin *et al.* (2000) d'un « déclin généralisé dans la seconde moitié du 20ème siècle » dans l'ancienne URSS nécessite d'être prouvé. Contrairement aux populations nicheuses d'Eurasie, les populations hivernant au Sahel montrent des signes de fluctuation, mais pas de déclin ou d'augmentation à long terme depuis les années 1970 (Fig. 160). Toutefois, plu-

Fig. 160 Nombre de Sarcelles d'été en milieu d'hiver dans le Delta Intérieur du Niger, le Delta du Sénégal, l'Hadéjia-Nguru, le Lac Tchad et le Lac Fitri. Les sources des différents comptages sont données dans les Chapitres 6 à 9. L'histogramme bleu indique l'étendue maximale des inondations des trois secteurs de plaines inondables et du Lac Tchad (d'après les Chapitres 6 à 9). La taille des plaines inondables de Hadéjia-Nguru est connue pour les années récentes et estimée pour les autres (voir Chapitre 8).

L'engraissement pré-migratoire des Sarcelles d'été dans le Delta Intérieur du Niger

En février et mars 2007, Nicolas Gaidet du CIRAD et les femmes du marché du Mopti nous ont autorisé à peser les Sarcelles d'été qui avaient été capturées lors de la nuit précédente. Nous avons pesé 206 femelles et 221 mâles (voir graphique). A la mi-février, le poids moyen d'un mâle était de 375 g, puis augmentait progressivement jusqu'à 485 g le 15 mars, soit une augmentation de 29%. La tendance était similaire pour les femelles qui passaient de 335 à 410 g, soit une augmentation de 22%. Si l'on compare les poids à la mi-mars à ceux de la mi-hiver (voir ci-dessous), l'augmentation est encore plus nette.

Les oiseaux capturés à la mi-mars faisaient partie des derniers oiseaux présents, car la majorité avait déjà quitté le Delta Intérieur du Niger au cours de la quinzaine précédente. Le 14 mars, plus de 60% des oiseaux pesaient plus de 480 g. Nous supposons que les oiseaux qui atteignent ce poids sont prêts à partir. Les oiseaux qui avaient atteint ce poids plus tôt dans la saison auraient probablement commencé leur migration à une date plus précoce. En moyenne, le poids moyen d'un mâle augmente de 340 g en milieu d'hiver à 480 g au moment du départ, soit une augmentation de 40%. Pour les femelles, nos calculs montrent une augmentation avec 320 g à la mi-hiver et 440 g au moment du départ. (Pour une discussion approfondie sur les erreurs associées au calcul du taux d'engraissement, voir Zwarts *et al.* 1990).

Les limicoles côtiers du Banc d'Arguin (Mauritanie) augmentent également leur masse corporelle de 40% (Zwarts *et al.* 1990), ce qui leur permet de voler sans s'arrêter jusqu'en Europe du NO, soit une distance de 4300 km (Piersma & Jukema 1990). Les Sarcelles d'été font de même. Parmi les 400 Sarcelles d'été capturées au Sénégal par Jarry & Larigauderie entre les 2 et 17 mars 1970, 7 ont été tuées en Italie du nord au cours du même mois, dont une, seulement 5 jours après avoir été baguée (Morel & Roux 1973).

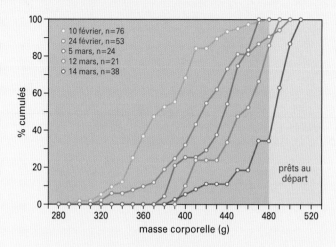

Fig. 162 Augmentation du poids des mâles de Sarcelle d'été dans le Delta Intérieur du Niger entre le 11 février et le 15 mars 2007. Les poids sont indiqués en fréquence cumulée selon des intervalles de 5 jours au cours de cette période. Données collectées par M. Diallo, J. van der Kamp & L. Zwarts.

Lorsque les conditions au Sahel sont normales, les Sarcelles d'été qui quittent le Delta du Sénégal ou le Delta Intérieur du Niger ont accumulé suffisamment de réserves de graisse pour être capables de voler directement jusqu'à leurs sites de reproduction en Europe occidentale ou centrale. A la vitesse moyenne de 50 km/h (Bruderer & Boldt 2001), elles parcourent environ 1200 km par jour. Si l'on considère qu'il n'y a ni vent de face, ni vent de dos, il leur faut en moyenne 3,5 jours pour couvrir cette distance. La date moyenne d'arrivée en Camargue, dans le sud de la France, sur 11 années entre 1954 et 1966 était le 1er mars (M. Guillemain, non publ.), ce qui indique que ces

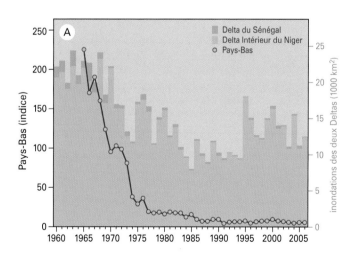

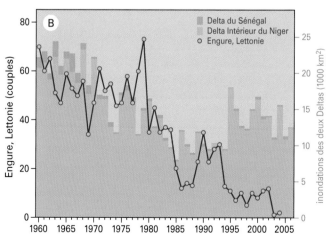

Fig. 161 Population nicheuse de Sarcelles d'été aux Pays-Bas (graphique de gauche) et au Lac Engure (Lettonie, graphique de droite) en fonction de l'étendue des inondations dans le Delta Intérieur du Niger et dans le Delta du Sénégal. Données d'après Bijlsma *et al.* 1993, van Dijk *et al.* 2008 (Pays-Bas), Viksne *et al.* 2005 (Lettonie).

oiseaux avaient quitté leurs sites d'hivernage au Sahel aux alentours du 25 février. Cependant, le poids des Sarcelles d'été qui quittent le Mali est insuffisant pour un vol sans arrêt jusqu'aux sites de reproduction sibériens. Ces nicheurs orientaux doivent donc refaire des réserves en Russie européenne ou dans la région de la Mer Noire.

Les dates d'arrivée en Camargue permettent d'étudier si les oiseaux ajustent le calendrier de leur engraissement pré-migratoire en fonction des conditions hydriques au Sahel. Les informations en provenance des quartiers d'hiver suggèrent que pendant les années sèches, les Sarcelles d'été ont de grandes difficultés à prendre du poids, et même à trouver assez de nourriture pour survivre (Tréca 1993). Le taux d'engraissement est donc vraisemblablement plus lent, ou nul, pendant ces années. Il est toutefois possible que ces oiseaux partent plus tôt pendant les années sèches en réponse à la disparition des sites d'alimentation et à la diminution des ressources alimentaires. Les données camarguaises (Guillemain *et al.* 2004 ; comm. pers.) suggèrent des retours plus tardifs lors des années sèches au Sahel, mais la relation est loin d'être significative.

Pour l'instant, nous ne pouvons donc que conclure que la date des départs n'est pas liée à l'étendue des inondations.

Etant donné leur poids moyen lorsqu'elles partent du Mali, il n'y a aucune raison que les Sarcelles d'été aient besoin de refaire des réserves en Afrique du Nord ou en Europe du Sud. D'après les captures de Sarcelles d'été en Camargue au mois de mars, Guillemain *et al.* (2004) ont estimé que leur masse corporelle (les mâles pesaient en moyenne 345 g) leur permettait encore de voler entre 1800 et 2000 km au-delà de la Camargue avant d'avoir épuisé leurs réserves. La masse corporelle des oiseaux capturés en Camargue ne montrait pas de tendance significative à l'augmentation dans le temps, c'est-à-dire en fonction du nombre de jours après l'arrivée des premiers migrateurs. Le gain moyen n'était que de 0,27 g/jour pour 316 mâles et de 0,68 g/j pour 56 femelles (Guillemain *et al.* 2004). Si l'on considère que ces résultats sont extrapolables à l'ensemble des Sarcelles d'été faisant halte en Camargue, on peut se demander pourquoi ces oiseaux choisissent d'y faire halte. Pour les Canards souchets, la réponse est a priori connue : ces canards arrivent de leurs sites d'hivernage africains sans être appariés et repartent en couples (Zwarts, données non publiées de Camargue, février 1967). Il est possible que la Camargue joue également le rôle de site de rencontre pour la Sarcelle d'été début mars, car elles y paradent tout aussi intensément que les Canards souchets en février (voir également Amat 2006, *contra* J.-Y Pirot cité par Guillemain *et al.* 2004).

Les mâles de Sarcelle d'été capturés dans le Delta de la Volga en octobre, juste avant leur départ, pèsent entre 400 et 600 g (Cramp & Simmons 1977, Fokin *et al.* 2000), soit 100 g de plus que leur poids au départ de leur migration prénuptiale depuis le Mali. Il est donc logique que les Sarcelles d'été quittant le Delta de la Volga parcourent des distances plus longues sans s'arrêter, ce qu'elles font en atteignant le Lac Tchad (5000 km) ou le Delta Intérieur du Niger (6000 km) en une seule étape.

sieurs des premiers comptages aériens réalisés en hiver sont incomplets (Encadré 19). L'évaluation de la tendance d'évolution à long terme des populations ne peut donc être qu'approximative.

La Sarcelle d'été est un gibier très prisé en Europe. Le tableau de chasse annuel a été estimé par Schricke (2001) entre 37.500 et 62.500 pour la totalité de la Communauté Européenne, tandis que Rutschke (1989) arrive à plus de 500.000 pour l'ensemble de l'Europe, en particulier en Russie, Ukraine et Pologne (voir également Fokin *et al.* 2000). Contrairement aux Canards pilets, la plupart des Sarcelles d'été sont tuées à l'automne et pas au printemps ou en période de reproduction (Fig. 158). Rapportés à ces totaux, le nombre d'oiseaux tués chaque année par les populations maliennes pendant les années sèches (voir ci-dessous) semble moins significatif.

Conditions d'hivernage Indépendamment des évolutions de population à long terme, les sécheresses au Sahel ont un impact direct sur la taille de la population. Ainsi, lors de l'année 2004, extrêmement sèche, moins de 5% de la population hivernante habituelle du Delta du Sénégal y est restée. Ce n'est qu'après le rétablissement des inondations pendant plusieurs années consécutives au milieu des années 1990 que le nombre de Sarcelles d'été hivernant sur ce site a augmenté significativement (Fig. 160 ; Trolliet *et al.* 2003). Les déclins liés aux sécheresses peuvent être dûs à un report sur des sites voisins moins touchés par la sécheresse (mais les indices sont rares ; voir précédemment), mais l'augmentation de la mortalité du fait de la famine et de la chasse pourraient également jouer un rôle plus ou moins important et il existe des indices allant dans ce sens.

Bien que de nombreuses Sarcelles d'été aient été baguées, il n'existe que peu de reprises en Afrique sub-saharienne (Fig. 157) et 40% des années depuis 1946 n'ont donné lieu à aucune reprise. Afin de masquer la variation du nombre total de reprises, les quantités au Sahel ont été exprimées en pourcentage du total (Fig. 163). Malgré la faible taille de l'échantillon, la tendance est claire : le nombre de données est plus important lors des années sèches.

La détérioration des conditions pendant les sécheresses sévères, et notamment l'assèchement des mares, lacs et eaux peu profondes, réduisent le nombre de sites d'alimentation et entravent la fructification et la production des graines qui constituent la nourriture principale des Sarcelles d'été. L'espèce est alors forcée d'élargir son régime alimentaire (en y incluant des aliments moins caloriques, comme les tubercules de nénuphars), de se nourrir de jour et de se concentrer sur un nombre toujours plus restreint de sites. Ces solutions de repli sont moins efficaces, comme le prouvent les poids moyens de 345 g (n=3) et 359 g (n=11) enregistrés respectivement en janvier et mars 1973, lors d'une année très sèche. Ces faibles masses corporelles sont à comparer aux 419 g (n=19) et aux 452 g (n=3) calculés pour les mêmes mois entre 1974 et 1978, lors d'années d'inondations normales (Tréca 1981a). Sans engraissement pré-migratoire, les Sarcelles d'été sont incapables d'entreprendre de longs vols sans escale jusqu'à leurs sites de nidification (voir également Encadré 20). Lorsque leur condition physique est dégradée, les oiseaux sont également moins prudents, ce qui augmente les risques de prédation. Ainsi, lors de l'hiver sec 1972/1973, Tréca (1981a) put s'approcher à découvert jusqu'à 2 mètres de Sarcelles d'été en train de se nourrir.

Lors des années normales ou humides, les Sarcelles d'été attendent l'obscurité avant de s'envoler vers leurs sites d'alimentation et reviennent sur les reposoirs dans l'obscurité du petit matin.[5] Lors de l'hiver sec 1972/1973, la faible disponibilité des ressources a forcé ces oiseaux à étendre leur période d'alimentation en journée, parfois

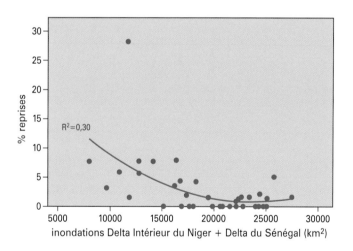

Fig. 163 Au cours des années de faibles inondations, une plus forte proportion de Sarcelles d'été ont été reprises dans les plaines inondables d'Afrique de l'Ouest (4°-20° N) que pendant les années avec de bonnes inondations, ce qui suggère une meilleure survie lorsque les inondations sont étendues. Le taux de reprise est exprimé sous la forme du pourcentage de reprises en Afrique de l'Ouest par rapport au nombre total de reprises en Europe et Afrique (oiseaux morts uniquement) au cours de 36 années avec plus de 10 reprises (1950-1985) (P<0,01). Données EURING.

En utilisant de vieux filets de pêche montés sur des piquets, les piégeurs d'oiseaux du Delta Intérieur du Niger peuvent attraper jusqu'à plus de 1000 Sarcelles d'été par nuit. Les oiseaux sont stockés dans de la glace et transportés au marché de Mopti pour y être vendus. La photographie au marché a été retouchée, car la vendeuse a demandé à ne pas être reconnaissable.

dès 15h ou 16h (Tréca 1989). L'alimentation de jour, qui entraîne une augmentation des risques de prédation, a également été notée dans le Delta du Sénégal en 1985 (Tréca 1989) et dans le Delta Intérieur du Niger (janvier-février 1992 et 1994, jusqu'à 16h-17h ; J. van der Kamp & L. Zwarts non publ.). La famine pendant ces années sèches a probablement été généralisée, car des déclins de 50% ont été notés sur les sites de nidification après ces sécheresses au Sahel (Fig. 161).

L'impact de la chasse sur les populations est moins équivoque. Non seulement, la Sarcelle d'été est un gibier prisé en Europe (où elles sont tirées), mais c'est également le cas dans certaines parties de l'Afrique (où elles sont piégées et tirées). Les prises annuelles dans les filets du Delta Intérieur du Niger varient entre 1800 et 27.000 individus (Koné *et al.* 1999, 2002, 2005, Beintema *et al.* 2002, Koné 2006). Ces variations d'un facteur 10 s'expliquent par la variation des niveaux d'eau : le nombre d'oiseaux capturé est plus fort lors des années sèches (1999 et 2005) et plus faible lors des années humides

(2000 et 2004). Pour capturer des Sarcelles d'été dans les filets, il faut que le niveau d'eau dans les plaines inondables soit inférieur à 200-250 cm à l'échelle d'Akka. En outre, après la fin février, les oiseaux commencent à partir pour l'Eurasie et les prises diminuent rapidement. La fenêtre de capture est donc limitée à la dernière quinzaine de février lors des années humides (2004), alors qu'elle couvre trois mois lors d'une année sèche (2005). Pour compliquer encore les choses, le nombre d'oiseaux capturés lors des nuits de pleine lune est plus faible que lors des nuits sombres.

Le nombre d'oiseaux capturés est estimé d'après des comptages dans quatre cercles (Djenné, Mopti, Tenenkou, Youvarou) couvrant la moitié sud du Delta Intérieur du Niger (Fig. 164). Quatre enquêteurs ont rendu visite aux chasseurs et vendeurs, et parcouru les marchés aussi souvent que possible pendant les trois mois d'hiver concernés, mais les quantités qu'ils ont relevées sous-estiment probablement les prises réelles dans cette immense zone. Pour les jours sans comp-

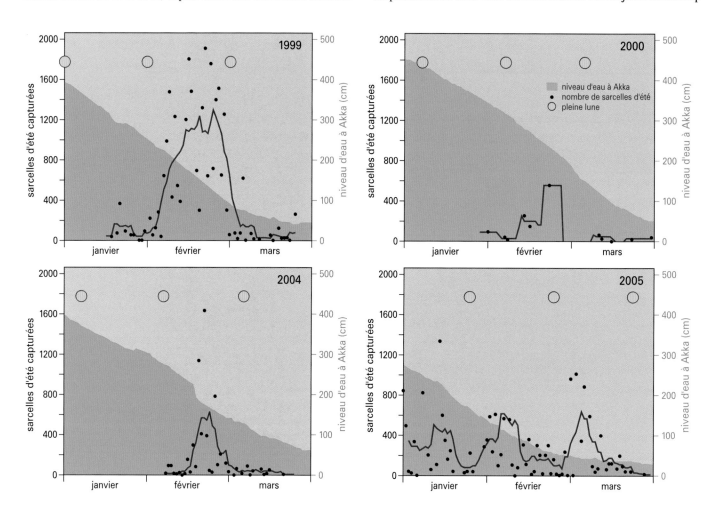

Fig. 164 Nombre de Sarcelles d'été capturées par jour dans le sud du Delta Intérieur du Niger au cours de quatre années différentes pendant la période 1er janvier – 1er avril. La comparaison directe entre années est limitée aux périodes pour lesquelles des données sont disponibles. La ligne montre la moyenne glissante sur 7 jours. La diminution du niveau d'eau est représentée en bleu (valeurs sur l'axe de droite), et la période de pleine lune est indiquée. Si le niveau d'eau est de moins de 200 cm à Akka et si la nuit est noire, le nombre d'oiseaux capturés est bien plus élevé que pendant la pleine lune. Cette observation se vérifie jusqu'au départ des oiseaux à la fin février et début mars. D'après Koné *et al.* (2002-2005), Koné (2006).

tage, nous avons utilisé le nombre journalier moyen de captures dans le cercle concerné au cours de la même semaine (Fig. 165). Le nombre d'oiseaux capturés lors d'une année sèche (comme en 2005) est six fois plus élevé que celui d'une année humide (comme en 2000).

L'équation de régression de la Fig. 165 peut être utilisée pour prédire le nombre d'oiseaux capturé chaque année depuis 1956, si l'on considère que le niveau d'eau à Akka à la mi-février est un indicateur fiable du nombre total de prises. S'il l'est, alors le nombre de Sarcelles d'été capturées dans le sud du Delta du Niger a varié entre 0 lors des années humides et 60.000 à 70.000 lors des années sèches (Fig. 166). Les quantités réelles sont probablement plus élevées, pour deux raisons : (1) l'extrapolation est basée sur les quantités enregistrées et vendues sur les marchés, et ne prend pas en compte la consommation locale ; (2) l'estimation se base sur les données collectées dans le sud du Delta Intérieur du Niger et néglige les quantités plus faibles capturées dans la partie nord.

Bien qu'il soit tout à fait possible de capturer 1000 Sarcelles d'été dans cent filets de 12 mètres en une seule nuit noire, cela ne vaut le coup que s'il est sûr qu'elles peuvent être vendues et rapidement transportées ou stockées dans de la glace. Aujourd'hui, les vendeurs de poissons peuvent gérer de telles quantités, mais dans les années 1980, le commerce des oiseaux n'avait pas atteint un tel niveau d'organisation, qui n'est en place que depuis à peu près l'an 2000. Avant 1999, toutefois, il existait d'autres raisons de rechercher des captures massives. Ainsi, lors des années sèches de la décennie 1980, les productions de poisson et de riz étaient très faibles, ce qui a obligé les habitants à trouver des ressources alimentaires alternatives pour éviter la famine. Seydou Bouaré (comm. pers.), qui a observé les captures et le commerce des Sarcelles d'été lors de ces années sèches, estime qu'il est possible que des quantités supérieures aux 70.000 individus estimés (Fig. 166) aient été capturées chaque année.

A priori, les Sarcelles d'été étaient rarement capturées dans les années 1950 et 1960, lorsque les inondations étaient étendues (Fig. 1966). Bien que les années 1940 aient été relativement sèches, les prises de Sarcelles d'été ont probablement été réduites, car les filets de nylon légers et bon marché ne sont disponibles en Afrique de l'Ouest que depuis les années 1960.

Bernard Tréca fut également témoin des captures de Sarcelles d'été au Mali en janvier et février 1985, après l'année la plus sèche du siècle. Il a noté que les Sarcelles d'été avaient abandonné leurs zones d'alimentation habituelles du sud du Delta Intérieur du Niger pour les champs de riz irrigués près de Markala et Dioro, juste au sud-ouest du delta. Il a estimé que dans cette seule zone, (128 km²), 50 piégeurs ont attrapé 11.000 à 11.500 Sarcelles d'été (et 3500 à 4000 Canards pilets) (Tréca 1989). Le piégeage dans le delta en lui-même a probablement continué dans le même temps, car il a pu observer 200 à 300 filets tendus depuis les airs lors des comptages du milieu d'hiver, ce qui indique que toutes les Sarcelles d'été n'avaient pas quitté les plaines inondables.

L'estimation de 60.000 à 70.000 Sarcelles d'été tuées annuellement dans le Delta Intérieur du Niger entre 1983 et 1994 correspond au tiers du nombre compté à la mi-janvier lors de ces années. Au sein du Sahel, le piégeage à grande échelle des Sarcelles d'été semble être limité au Delta Intérieur du Niger. Les filets ne sont pas utilisés dans le Delta du Sénégal et pas à grande échelle autour du Lac Tchad. La population de Sarcelle d'été hivernant à l'ouest (Sénégal + Mali) subirait donc des pertes annuelles variant entre 0 et 15% du fait du piégeage dans les filets, en fonction des conditions hydrologiques au Sahel.

Les données EURING montrent également que les Sarcelles d'été sont chassées au Sahel. Selon Schricke (2001), plus de 10.000 sont tuées chaque année dans le Delta du Sénégal. Au Niger, Abdou Malam (2004) obtient un total annuel de 1000 à 8000 Sarcelles d'été tuées dans 29 zones humides, en considérant la présence de 12 à 80 chasseurs sur 4 hivers différents et un tableau de chasse de 80 Sarcelles d'été par chasseur et par hiver. Ceci ne représente qu'une faible proportion de la population hivernant sur place. Dans certaines zones humides du Burkina Faso (Sâ-Sourou, Pama-Sud, Pama-Nord, Kon-

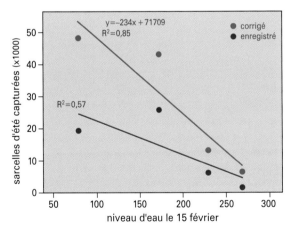

Fig. 165 Nombre enregistré et nombre extrapolé de Sarcelles d'été capturées par année dans le sud du Delta Intérieur du Niger en 1999, 2000, 2004 et 2005 en fonction du niveau d'eau le 15 février. Voir également la Fig. 164 pour les nombres enregistrés. L'extrapolation compense les jours manquants.

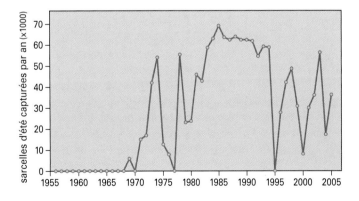

Fig. 166 Nombre annuel de Sarcelles d'été capturées dans le Delta Intérieur du Niger, d'après l'équation de régression des nombres corrigés de la Fig. 165.

kombouri, Oudalan-Fleuve, Béli, Nazinga), on estime que 300 Sarcelles d'été (entre 30 et 446) ont été tuées chaque année au cours des hivers 2000/2001 à 2003/2004 (Koné 2006). Ces données semblent indiquer que la chasse au fusil n'est pas un facteur de mortalité im-

portant au Sahel, mais les effets de cette chasse pourraient être plus importants que le simple prélèvement d'individus, car elle cause des dérangements importantes dans les quelques zones humides favorables à l'alimentation et au repos des Sarcelles d'été. Bien que le piégeage dans le Delta Intérieur du Niger ait lieu à une échelle plus grande que la chasse sur d'autres sites, les dérangements associés sont plus limités.

Deux questions restent en suspens. La première concerne le piégeage des Sarcelles d'été dans les filets dans le Delta Intérieur du Niger : la pression de capture va-t-elle augmenter à l'avenir (pour des niveaux d'eau équivalents), lorsque les techniques de conservation et de transport s'amélioreront ? Il est important de relever que si le déclin des prises de poisson par pêcheur continue (Chapitre 6), les populations se tourneront probablement vers d'autres sources de nourriture et de revenus. Le 15 février 2007, nous avons peut-être été les témoins d'un aperçu de l'avenir. Sur cette seule journée, nous avons vu arriver 3500 Sarcelles d'été sur le marché de Mopti. Même en prenant en compte les circonstances idéales pour la capture de ces oiseaux (niveau d'eau bas et nouvelle lune le 17 février), ce total journalier était près de deux fois plus élevé que le maximum constaté entre 1999 et 2005 (Fig. 164). La poursuite du suivi des captures de Sarcelles d'été semble nécessaire pour déceler une modification à long terme du nombre de captures.

La seconde question concerne les impacts cumulés du piégeage et des famines sur la mortalité hivernale. Les taux de capture les plus élevés étant obtenus lors des années sèches, alors que les conditions de survie sont difficiles et que la mortalité par famine est forte, la ques-

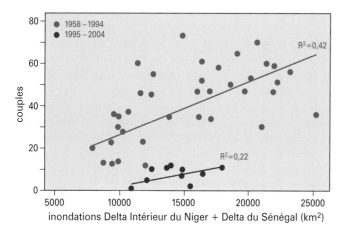

Fig. 167 Population nicheuse de Sarcelle d'été au Lac Engure, Lettonie (Viksne *et al.* 2005) en fonction de la superficie des zones inondées dans le Delta Intérieur du Niger et le Delta du Sénégal. Deux périodes (avant 1994 et après 1994) sont individualisées : cette année marque le début du bannissement progressif du contrôle des prédateurs au Lac Engure, ainsi qu'un changement de l'habitat de reproduction dû à la modification de la gestion de la végétation.

tion est de savoir si le piégeage augmente la mortalité globale, et dans quelle mesure. Nous estimons que pendant les années sèches, environ 30% de la population locale est prélevée, mais nous n'avons aucune idée du nombre d'oiseaux qui dans ces circonstances ne peuvent retourner sur leurs sites de nidification, soit parce qu'ils ne peuvent accumuler des réserves, soit parce qu'ils meurent de faim. Il est probable que le piégeage concerne en partie des oiseaux qui seraient autrement morts de faim, mais cette fraction est peut-être faible, car les captures atteignent leur maximum pendant les quelques semaines avant le départ. Nous considérons donc que les captures concernent des oiseaux qui avaient survécu à l'hiver sec et qui se préparaient pour leur voyage de retour vers les sites de nidification.

Le rétablissement de la fin des années 1980 suite à la sécheresse montre que la population de Sarcelle d'été peut se reconstituer lorsque les conditions d'hivernage s'améliorent, mais à l'avenir, les facteurs évoqués précédemment influenceront-ils ce processus ? Par ailleurs, le déclin à long terme constaté sur les sites de nidification, malgré des niveaux d'inondation et de précipitations satisfaisants depuis les années 1990, est source d'inquiétude.

Conditions de reproduction   Au cours du 20ᵉᵐᵉ siècle, la plupart des plaines inondables et des rivières d'Europe ont été domestiquées, ce qui a entraîné la disparition des inondations saisonnières et privé la Sarcelle d'été de ses sites de reproduction favoris. L'intensification de l'agriculture (p. ex. par le drainage) a entraîné des pertes supplémentaires d'habitat. Aucun endroit n'illustre mieux ces transformations que les Pays-Bas, où les zones favorables ont diminué de plus de 95% depuis les années 1960 (Bijlsma *et al.* 2001). Des programmes de drainage ont été menés dans toute l'Europe occidentale (Bauer & Berthold 1996), mais aussi en Europe orientale, où l'impact sur la population mondiale de l'espèce est bien plus fort (Fokin *et al.* 2000, Dobrynina & Kharitonov 2006).

D'autres facteurs locaux peuvent influencer la reproduction comme le contrôle des prédateurs (prouvé par des observations circonstanciées) et l'évolution de la végétation (envahissement des marais par les roseaux et les buissons), comme au Lac Engure en Lettonie (Viksne *et al.* 2005). Sur ce site, la régulation du Busard des roseaux, du Grand Corbeau et du Vison d'Amérique *Mustela vison* était intensive au cours de la période 1975-1993, puis a progressivement cessé après 1994 et est restée faible depuis (jusqu'en 2005). Il est intéressant de constater que les fluctuations de population jusqu'en 1994 correspondaient bien aux niveaux d'inondation dans le Delta Intérieur du Niger et le Delta du Sénégal, mais moins par la suite (Fig. 167).

La gestion adaptée des réserves naturelles peut inverser la tendance négative sur les sites de nidification, comme l'illustre la réserve naturelle de Vejlerne dans le nord-ouest du Jutland, au Danemark (60 km²). La hausse des niveaux d'eau sur les marais au printemps et en été, ajoutée à un pâturage et une fauche contrôlés, a permis une augmentation marquée : d'un minimum de 4 couples/mâles en 1985, la population a atteint entre 82 et 184 couples entre 1998 et 2003 (Kjeldsen 2008). D'autres oiseaux en ont également profité, tels la Barge à queue noire et le Combattant varié (voir également Chapitre 44, Encadré 29).

Conclusion

La Sarcelle d'été est en fort déclin en Europe occidentale depuis des décennies, et de plus en plus en Europe orientale et en Russie. L'une des causes principales de ce déclin est la perte d'habitat, plus forte en Europe occidentale qu'orientale. Le Sahel occidental et central héberge entre 1 et 1,5 million de Sarcelles d'été. Etonnamment, le nombre d'hivernants au Sahel semble être assez stable à long terme, ce qui contraste avec le sort de l'espèce sur ses sites de nidification. Des déclins importants sur les sites de nidification sont liés avec les sécheresses au Sahel, pendant lesquelles les Sarcelles d'été se regroupent sur les plaines inondables restantes et les grands lacs. Pendant les sécheresses, environ 30% de la population hivernante du Delta Intérieur du Niger est piégée, ce qui accroît probablement la mortalité liée à la famine.

Notes

1   CRBPO : Centre de Recherches par le Baguage des Populations d'Oiseaux.

2   CIRAD : Centre de Coopération Internationale en Recherche Agronomique pour le Développement.

3   Le Lac Fitri et le Lac Tchad tout proche ont fait l'objet de comptages simultanés à cinq reprises (Fig. 160). Les effectifs sur le Lac Fitri, qui varient entre 4000 et 97.00 oiseaux, sont négativement corrélés aux effectifs sur le Lac Tchad (R=- 0,84), peut-être en raison d'échanges entre ces deux sites, qui abritaient au total environ 500.000 Sarcelles d'été au cours de ces cinq hivers entre 1984 et 2006 (Fig. 160).

4   Bien que les populations comptées dans le Delta du Sénégal et le Delta Intérieur du Niger (qui sont positivement corrélées : R=+0,54, N=12) puissent suggérer une corrélation négative avec celles du Lac Tchad (respectivement N=7 et R=-0,57, N=6 et R=-0,45), aucune corrélation n'est significative.

5   Dans le Delta Intérieur du Niger, par exemple, les 22 et 23 janvier 2005, des dizaines de milliers de Sarcelles d'été sont passées en vol près d'Akka entre 18h25 et 18h28 et entre 5h44 et 5h50 (crépuscule civil respectivement à 18h59 et 5h58), alors que l'obscurité était si intense que seuls les oiseaux directement au-dessus des observateurs pouvaient être discernés (R.G. Bijlsma non publ.).

Balbuzard pêcheur
Pandion haliaetus

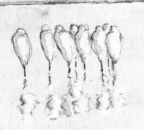

Lorsque Kees Goudswaard débuta son travail de biologiste piscicole au Ghana en 1991, il devait réaliser de nombreux longs trajets en bateau sur le Lac Volta. Afin de se divertir, il se mit à compter et à localiser tous les Balbuzards pêcheurs qui en fréquentaient les berges. Il découvrit ainsi que pendant 4 hivers consécutifs, le lac accueillait 420 oiseaux. Chaque Balbuzard étant individualisable, il s'aperçut que ces oiseaux étaient strictement fidèles à leur site d'hivernage. Les Balbuzards pêcheurs du Lac Volta semblaient se nourrir principalement d'un poisson-chat, *Hemisynodontis membranacea*. Les poissons-chats se nourrissent habituellement au fond de l'eau, mais comme d'autres espèces des genres *Mochokiella* et *Synodontis*, ce poisson-chat a également l'habitude de se nourrir sur le dos d'insectes et de plancton à la surface de l'eau ou à faible profondeur, ce qui rend la vie facile aux Balbuzards pêcheurs locaux. L'évolution a doté ces poissons-chats d'une coloration inversée qui leur permet de se fondre dans le décor lorsqu'ils sont sur le dos (Chapman *et al.* 1994). Les bénéfices de ce camouflage contre les prédateurs sur les faces ventrale et dorsale sont toutefois limités par leur besoin d'avoir recours à la respiration aquatique lorsqu'ils sont à la surface, ce qui les oblige à nager sans interruption pour maintenir leur position. Ces mouvements ne manquent pas d'attirer l'attention des Balbuzards pêcheurs aux aguets depuis des arbres morts. Le Lac Volta est le plus grand lac d'origine humaine sur terre. Sa superficie est de 8500 km^2 et son volume de 148 km^3. En Afrique de l'Ouest, de nombreux réservoirs ont été créés et ont un impact économique et écologique considérable et malheureusement rarement positif dans le deuxième cas, surtout si les effets à l'aval sont pris en compte. Toutefois, le Balbuzard pêcheur a sans aucun doute bénéficié de la création des lacs et réservoirs, où les arbres morts qui dépassent de la surface leur fournissent des perchoirs au beau milieu de leurs zones de pêche. Mais une fois que le dernier arbre sera tombé ou aura été coupé par la population locale pour être brûlé, l'espèce devra fournir plus d'efforts pour se nourrir.

Les Balbuzards pêcheurs et les Pygargues vocifères passent une bonne partie de la journée posés sur des perchoirs. Selon les mots de Leslie Brown (1970), à propos des Pygargues vocifères : « ...il s'agit en général d'oiseaux assez inactifs qui n'ont aucune difficulté pour attraper leur nourriture quotidienne. Leur oisiveté était adapté à mon humeur et s'accordait bien avec ces journées passées allongé sur des coussins dans un bateau qui se balançait doucement, en prenant des notes de temps en temps. »

Aire de reproduction

Le Balbuzard pêcheur est répandu à travers l'ensemble des continents à l'exception de l'Amérique du Sud et des régions polaires, à condition que des eaux riches en poisson soient disponibles. Au 19ème et au début du 20ème siècle, la persécution par l'homme a fortement réduit la taille de la population et la répartition en Europe. Ce déclin fut aggravé par la contamination de la chaîne alimentaire par les pesticides organochlorés au cours des années 1950-1970 (Poole 1989). Lorsque la persécution s'arrêta (sur les sites de reproduction) ou diminua (en migration ; Saurola 1995) et lorsque la pulvérisation de pesticides rémanents sur les terres agricoles fut interdite, le Balbuzard pêcheur s'est rapidement rétabli et a recolonisé dès les années 1970 les secteurs abandonnés en Europe. La population européenne nicheuse était estimée entre 7600 et 11.000 couples en 2000 (BirdLife International 2004a), dont 3400 à 4100 en Suède, 1150 à 1330 en Finlande et 2000 à 4000 en Russie.

Migration

Les émetteurs satellite ont été souvent utilisés pour suivre des Balbuzards pêcheurs (Hake *et al.* 2001, Kjellén *et al.* 2001, Dennis 2002, Saurola 2002, Triay 2002, Thorup *et al.* 2003, Alerstam *et al.* 2006, Strandberg & Alerstam 2007). Dans certains cas, les déplacements ont pu être suivis avec précision et ont mis en évidence les choix de certains individus avec une précision de l'ordre d'une heure. Les déplacements de plusieurs Balbuzards pêcheurs d'Ecosse et de Finlande ont été publiés sur Internet et ont montré en détail comment ces individus se déplaçaient dans le paysage, comment ils sélectionnaient leurs haltes, dortoirs ou perchoirs de chasse et combien de temps ils y restaient : www.roydennis.org, www.fmnh.helsinki.fi.

La migration a lieu sur un large front à travers l'Europe, la Méditerranée et l'Afrique du Nord, selon des directions variant entre le SO et le SE. Les déplacements de chaque individu sont entrecoupés de haltes en chemin (Hake *et al.* 2001, Kjellén *et al.* 2001, Schmidt & Roepke 2001). La durée de ces haltes peut s'étendre jusqu'à 35 jours en automne, mais est réduite à 1 à 5 jours au printemps, lorsque les oiseaux sont pressés pour arriver au moment opportun sur leurs sites de nidification. Ce trajet de 5800 à 7500 km entre la Suède et l'Afrique de l'Ouest prend en moyenne 39 jours en automne (dont 25 de vol à la vitesse de 254 km/jour) et 26 jours au printemps (dont 22 de vol, à la vitesse de 294 km/jour). Afin de réaliser de plus longues distances en 24 heures, les balbuzards ont recours au vol nocturne, surtout au printemps. D'une année sur l'autre, les trajets des oiseaux suivis par satellite sont souvent séparés de 120 à 405 km, avec un écart est-ouest maximal de 1400 km. Ces résultats indiquent une absence de fidélité au trajet et le non recours aux repères paysagers connus pour s'orienter, car les écarts entre les différents trajets sont bien supérieurs à la distance normale de visibilité depuis une altitude de migration normale (Alerstam *et al.* 2006).

Les Balbuzards pêcheurs européens hivernent en Afrique subsaharienne, à l'exception de quelques individus qui restent dans le bassin méditerranéen. La plupart des oiseaux arrivent en Afrique de l'Ouest, mais ceux de Finlande (Saurola 1994, 2007), de Suède à l'est de 23°E (Fransson & Pettersson 2001) et de Russie (Österlöf 1977) hivernent également en Afrique orientale et australe (Fig. 168) où les populations sont réduites en comparaison de l'Afrique de l'Ouest. Un recouvrement important entre les différentes populations nicheuses existe sur les quartiers d'hivernage, mais un cline est-ouest existe toutefois. Les Balbuzards pêcheurs de Finlande hivernent en moyenne plus à l'est (1°57'E, n=531 ; équivalent au Nigéria) que ceux de Suède (4°48'O, n=318) et d'Allemagne (8°43'O, n=65). Les oiseaux écossais

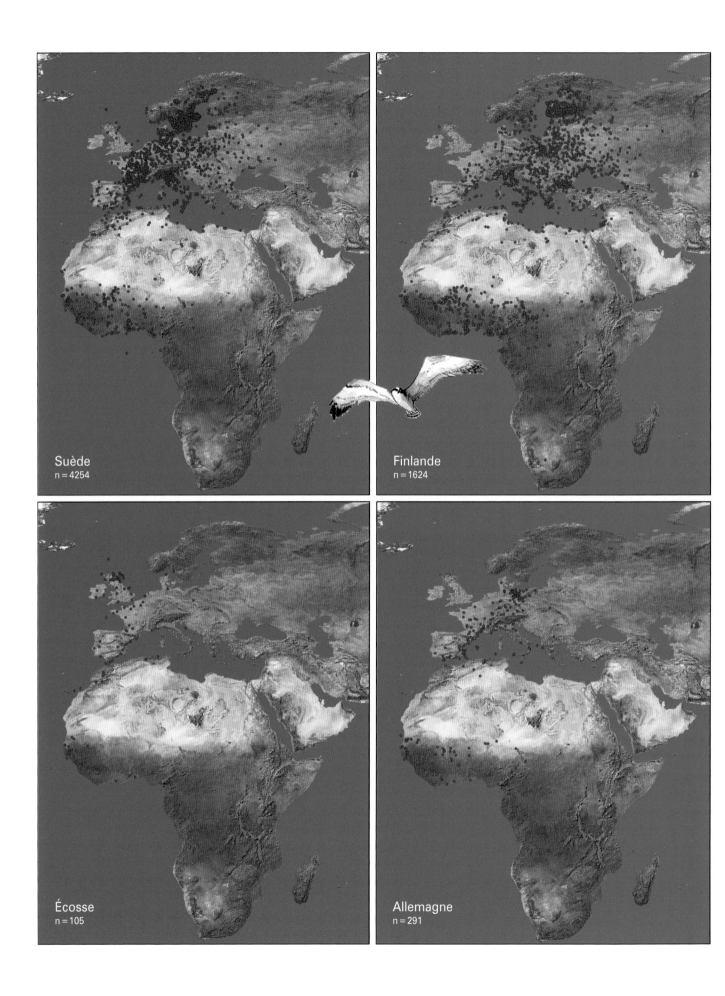

Suède
n = 4254

Finlande
n = 1624

Écosse
n = 105

Allemagne
n = 291

se rencontrent dans les parties les plus occidentales de l'Afrique de l'Ouest (14°N17'O, n=36), principalement à proximité de la côte atlantique entre le Sénégal et le Ghana.

Répartition en Afrique de l'Ouest

Comptages[1] En Afrique de l'Ouest, tous les plans d'eau de grande taille et un bon nombre de ceux de petite taille, y compris dans les eaux salées ou saumâtres de la zone côtière, sont occupés par le Balbuzard pêcheur pendant l'hiver boréal. La répartition et la densité dans les aires d'hivernage dépend de la localisation et du type d'habitat, et varie entre une faible densité d'individus répartis le long des plages exposées, à des groupes lâches dans les estuaires. Dans les mangroves, la répartition est régulière. En Afrique, les Balbuzards se font remarquer par leur présence le long des eaux salées et saumâtres, alors que sur les sites de reproduction européens, rares sont ceux qui se nourrissent en eau salée, même lorsqu'elle est présente (Leopold *et al.* 2003, Marquiss *et al.* 2007). Cette différence est plus probablement causée par les différences de turbidité de l'eau (bien plus forte dans les zones côtières d'Europe de l'Ouest), que par des variations de la température de surface de l'eau (comme proposé par Marquiss *et al.* 2007).

Les lacs d'eau douce dans les terres sont parsemés de Balbuzards pêcheurs, même si les densités sont plus faibles que sur la côte. La densité moyenne atteinte est d'un balbuzard pour 12 km², quelle que soit la taille du lac (Fig. 169).[2] La droite de régression donnée dans la Fig. 169 permet de prédire le nombre présent dans les 192 autres réservoirs d'Afrique de l'Ouest : sur la superficie totale de 17.500 km², un total de 1127 Balbuzards pêcheurs est théoriquement présent.[3]

Les densités sont habituellement faibles le long des rivières (Tableau 22), mais un nombre exceptionnel de 153 Balbuzards pêcheurs a été compté en mars 1976 sur le Fleuve Niger au Mali, entre Macina et Mopti (175 km). L'année suivante, à la même époque, seuls 13 individus étaient présents (Lamarche 1980). En mars, les Balbuzards pêcheurs sont normalement en migration vers leurs sites de reproduction, mais dans les secteurs où les plans d'eau sont rares, ils effectuent souvent des écarts par rapport au trajet direct pour se nourrir. Ce phénomène pourrait expliquer des concentrations temporaires, telle que celle signalée par Lamarche (1980) le long du Niger.

L'espèce est relativement rare dans les plaines inondables si l'on compare avec les zones côtières et les réservoirs d'eau douce, et ce malgré l'abondance de poissons lorsqu'elles sont inondées. Par exemple, au cours des années 2000, de très petites quantités étaient présentes dans la plus grande zone de plaines inondables du Sahel, le Delta Intérieur du Niger. Les comptages aériens y ont montré un déclin de respectivement 18, 23 et 14 individus en 1972, 1974 et 1978, à seulement 8, 1 et 6 entre 1999 et 2001. En outre, les comptages menés au sol sur les lacs centraux entre 1992 et 2008 n'ont pas permis

Poissons jaillissant hors de l'eau à l'approche d'un poisson carnivore (Archipel des Bijagos, Guinée-Bissau). De nombreuses zones côtières sur la côte ouest-africaine ont une eau cristalline et abritent de fortes densités de poissons, ce qui rend étonnante l'absence de nidification du Balbuzard pêcheur en Afrique de l'Ouest.

de trouver plus de 5 Balbuzards pêcheurs. Les plaines inondables de Hadéjia-Nguru, de taille bien plus modeste, abritaient respectivement 7, 12 et 8 Balbuzards pêcheurs en 1994, 1995 et 1998. Le nombre de Balbuzards pêcheurs dans le Delta du Sénégal, au contraire de celui du Delta Intérieur du Niger, a atteint ses maxima au cours d'années récentes, *i.e.* 21, 15, 6, 9, 25 et 14 par an entre 1999 et 2004. La construction du barrage de Diama a entraîné la conservation des plaines inondables en amont en un lac, ce qui a vraisemblablement amélioré les conditions pour les balbuzards. Les comptages aériens du Lac Tchad et des plaines inondables proches n'ont permis de repérer que très peu de Balbuzards pêcheurs (base de données AfWC). Par conséquent, le nombre total de Balbuzards pêcheurs dans les plaines inondables et le Bassin du Lac Tchad est probablement inférieur à 100, soit une broutille par rapport aux quantités hivernant sur les lacs, sur les rivières et sur la côte.

Les Balbuzards pêcheurs qui hivernent en Afrique préfèrent les habitats côtiers, y compris les estuaires et les mangroves, aux lacs d'eau douce, aux rivières et aux plaines inondables. Plusieurs explications peuvent être formulées quant à ces différences de densité entre habitats, aucune d'entre elle n'étant exclusive : la ressource alimentaire, la turbidité de l'eau, la disponibilité des perchoirs et le dérangement par l'homme. Le Bonga *Ethmalosa fimbricata*, étant la principale proie des pêcheurs qui utilisent des sennes de la Mauritanie au Cameroun (Jallow 1994), est également la proie la plus fréquente des Balbuzards pêcheurs en Mauritanie (K. Goudswaard, comm. pers.). Les Balbuzards pêcheurs côtiers au Sénégal se nourrissent d'espèces de poisson variées, mais sur chaque site, une espèce en particulier est recherchée, qu'il s'agisse du Mulet cabot *Mugil cephalus* ou du Mulet blanc *Mugil curema*, du Mulet à grandes nageoires *Liza falcipinnis* ou du Bonga (Prévost 1982).

Les balbuzards côtiers passent très peu de temps à pêcher. Il ne leur faut que 30 minutes et la capture de 1 à 3 poissons pour un total

Fig. 168 Contrôles de bagues de Balbuzards pêcheurs bagués au nid en Suède, Finlande, Ecosse et dans l'est de l'Allemagne. Données EURING.

de 300-350 grammes pour remplir leurs besoins énergétiques. L'énergie dépensée pour la chasse et le vol n'atteint que 134 kJ/jour (Annexe 3 de Poole 1989). Le succès de la pêche dépend du type de poisson, de la marée, de l'heure du jour, de la force du vent, de la turbidité, des interactions sociales et de l'âge (Simmons 1986, Poole 1989, Strandberg *et al.* 2006). Malgré le faible taux de succès des Balbuzards pêcheurs côtiers et semi-côtiers en Afrique (Prévost cité par Poole 1989, Simmons 1986) – seuls 30 à 32% des tentatives aboutissent – l'espèce ne passe que 3 à 5% de la journée à pêcher, ce qui démontre clairement qu'elle mène une vie oisive sur ses quartiers d'hivernage, comme le suivi d'individus par satellite le montre en effet (Triay 2002, Alerstam *et al.* 2006, www.roydennis.org, www.fmnh.helsinki.fi).

La diversité des poissons et la productivité des lacs d'eau douce et des rivières diffèrent fortement en fonction de leur connectivité (les deux sont plus fortes lorsque des échanges sont possibles ; Adite & Winemiller 1997), de leur caractère naturel ou de la présence de barrages (les barrages ont en général un impact négatif sur la diversité), de la superficie des eaux peu profondes près de la berge et de la pré-

Tableau 22 Densités de Balbuzards pêcheurs hivernant dans les habitats d'eau salée, saumâtre et douce d'Afrique, selon des transects (en km) ou des comptages par parcelle (km²). D'après Altenburg *et al.* 1982 (Banc d'Arguin, Mauritanie), Prévost 1982 (Sénégambie), Altenburg & van der Kamp 1991 (Guinée), wiwo 2005 (Sierra Leone), Schepers & Marteijn 1993 (Gabon), Gatter 1997 (Libéria), Lamarche 1980, J. van der Kamp, R.G. Bijlsma non publ., base de données AfWC (Mali), Ambagis *et al.* 2003 (Niger), base de données AfWC (Cameroun).

Pays	Habitat/fleuve	An	Mois	Transect/parcelle	No.	Densité
Eau salée et saumâtre						
Mauritanie	côtier	1980	jan-févr	265 km	50-100	0,19-0,38/km
Sénégambie	estuaire	1979-80	hiver	26 km	70	2,69/km
Sénégambie	mangrove	1979-80	hiver	2650 km²	179	0,1-0,3/km²
Sénégambie	côtier	1979-80	hiver	457 km	221	0,42/km
Guinée	mangrove	1990	jan	294 km	26	0,09/km
Sierra Leone	estuaire	2005	jan-févr	337 km²	30	0,09/km²
Gabon	côtier	1992	jan-févr	90 km	28	3,21/km
Eau douce (rivières)						
Libéria	Cavalle, Dube, Cestos	?	hiver	380 km	14	0,04/km
Mali	Niger (Mopti-Macina)	1976	mar	175 km	153	0,87/km
Mali	Niger (Mopti-Macina)	1977	mar	175 km	13	0,07/km
Mali	Niger (Tamani-Mopti)	1998	nov	360 km	6	0,02/km
Mali	Niger (Bamako-Mopti)	1999	jan	400 km	5	0,01/km
Mali	Niger (Mopti-Debo)	2004	jan	150 km	1	0,01/km
Mali	Diaka	2005	jan	18 km	0	0,00/km
Mali	Niger (Gourma-Bourem)	1978	jan	180 km	11	0,06/km
Niger	Koro Gungu-Boumba	1995-99	hiver	75 km	0-2	0,00-0,03/km
Niger	Mékrou	1995-99	hiver	15 km	0-2	0,00-0,13/km
Cameroun	Logone (Pouss-Tikelé)	2001	jan	23 km	3	0,13/km
Total (sauf Mali 1976)				**1418 km**	**49**	**0,035/km**

Les pêcheurs utilisent des sennes au Sénégal pour capturer le bonga et le mulet, deux proies importantes du Balbuzard pêcheur. Lorsque l'eau est claire, ces espèces de 20 à 45 cm de long (>300 g), riches en gras, sont normalement largement dispersées en eau profonde pendant la journée, mais peuvent former des bancs sur les hauts-fonds sableux et vaseux dans les régions côtières et les lagons, à la limite de la marée montante (Lowe-McConnell 1987, Abou –Seedo *et al.* 1990). Les Balbuzards pêcheurs capturent les rapides mulets à la surface en volant près de la surface et en plongeant, serres en avant et selon un angle peu prononcé, mais ils repèrent les sardines *Sardinella* spp. et les poissons-volants *Cheilopogon* spp. au large en cerclant à une hauteur de 100 à 300 m au-dessus de l'eau, parfois à plusieurs kilomètres au large (Prévost cité par Poole 1989).

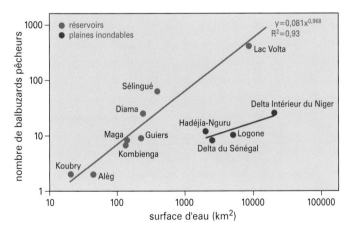

Fig. 169 Nombre de Balbuzards pêcheurs en janvier-février sur les réservoirs (Lac Volta au Ghana (1991-1995), Maga au Cameroun (1993), de Guiers au Sénégal (2003), Alèg en Mauritanie (1997), Sélingué au Mali (2003, 2004), Koubry (1988 et 1997) et Kombinenga (2003) au Burkina Faso) et sur les plaines inondables d'Afrique de l'Ouest (Delta Intérieur du Niger (1978), Delta du Sénégal (1973), Hadéjia-Nguru (1997). Notez l'utilisation d'une double échelle logarithmique. D'après P.C. Goudswaard (Volta : non publ.), van der Kamp *et al.* 2005b (Sélingué) et base de données AfWC (autres sites).

sence d'arbres morts. Ce dernier facteur est particulièrement important pour la production de périphyton, qui est une source d'alimentation majeure pour les invertébrés et donc pour les poissons (www.dams.org). Le Lac Volta est bordé d'arbres morts qui sont exploités pour la production d'énergie et la construction lorsque le niveau d'eau est bas, et disparaissent donc rapidement. Les Balbuzards pêcheurs du Lac Volta se nourrissent de poissons-chats (P.C. Goudswaard non publ.) qui se rencontrent uniquement dans la Volta et dans quatre de ses affluents. En 1995-1996, les pêcheurs du Lac Volta ont capturé des poissons-chats pour la plupart âgés de moins de 2 ans, ce qui est un signe de surpêche, sachant que l'espérance de vie de l'espèce est d'environ 5 ans (Ofori-Danson *et al.* 2001). Les populations de poissons dans les lacs de barrages sont en général appauvries, mais certaines espèces deviennent plus abondantes, notamment celles qui se nourrissent de plancton (www.dams.org). Les plans d'eau des réservoirs constituent un nouvel habitat d'importance pour les Balbuzards pêcheurs en Afrique, mais les données manquent sur les impacts négatifs de ces barrages sur les Balbuzards pêcheurs qui fréquentent les rivières (où les densités sont habituellement faibles, peut-être en raison d'une forte turbidité et de la mortalité causée par l'homme).

Les faibles densités de Balbuzards pêcheurs dans les plaines inondables représentent une énigme, étant donnée l'importante production de poissons. Le Delta Intérieur du Niger est un cas d'école : dans les années 2000, moins de 10 Balbuzards pêcheurs occupaient ces plaines inondables qui mesurent 400 km sur 80. Il est évident que

Les photographies jouent un rôle important pour raconter des histoires que les mots ne peuvent traduire. De nombreux photographes, comme Hans Hut, ici en action au Niger, ont fourni gratuitement leur travail.

Des dizaines de milliers de jeunes Balbuzards pêcheurs ont été bagués en Europe, en particulier en Fennoscandie. Cet oiseau bagué a été observé dans le Djoudj, Delta du Sénégal, en janvier 2007. Sa bague couleur permet de savoir qu'il provient de l'est de l'Allemagne.

Lorsque le Lac Sélingué a été créé en 1982, 1,2 million d'arbres ont été noyés, dont une bonne partie étaient encore debout en 2007, et offraient une multitude de perchoirs aux Balbuzards pêcheurs.

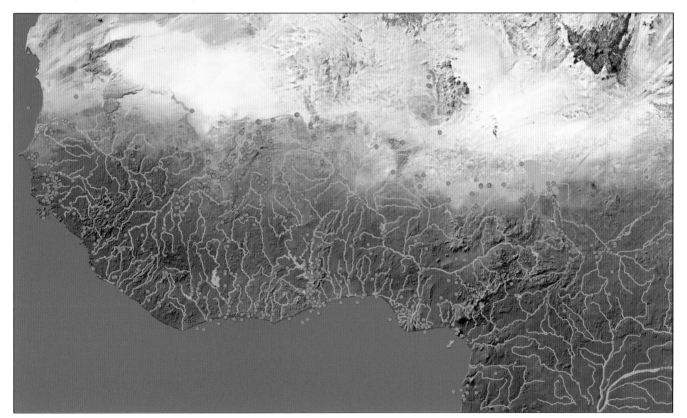

Fig. 170 Contrôles de bagues de Balbuzard pêcheur en Afrique de l'Ouest entre 4° et 20°N (n=1086). Données EURING.

l'abondance de poisson n'est pas en soi le seul facteur déterminant les densités de Balbuzards pêcheurs. Les plaines inondables diffèrent des autres plans d'eau, car la présence d'eau y est saisonnière, les perchoirs sont rares, la taille moyenne des poissons y décline à cause de la surpêche (la taille moyenne des poissons capturés par les pêcheurs est de 10 à 20 cm, contre plus de 30 cm sur le Lac Sélingué ; van der Kamp 2005b), l'eau y est très trouble et la pression anthropique y a augmenté. Nous avons d'ailleurs la preuve que les plaines inondables représentent un habitat risqué pour les Balbuzards pêcheurs, et qu'elles forment une population-puits (voir ci-dessous).

Nombre d'individus Dans les années 1990, la population européenne de Balbuzard pêcheur comprenait entre 7600 et 11.000 couples, soit entre 22.800 et 33.000 oiseaux (nombre de couples x 3). L'Afrique de l'Ouest est l'aire d'hivernage principale de ces oiseaux, comme en témoignent les quantités observées par rapport aux autres parties de l'Afrique (et la répartition des reprises de baguage ; Fig. 170). Des comptages ou extrapolations sont disponibles pour un grand nombre de sites en Afrique de l'Ouest. Les quantités les plus importantes se rencontrent près des côtes. Sur le Banc d'Arguin, en Mauritanie, le nombre d'oiseaux a légèrement augmenté, de 92 en 1980 et 72 en 1997, à 121 en 2000 et 123 en 2001 (Hagemeijer *et al.* 2004). Sur la Langue de Barbarie (nord du Sénégal), entre 12 et 43 Balbuzards pêcheurs étaient présents entre 2000 et 2004. Un nombre encore plus important est présent dans le Delta du Sine Saloum, au Sénégal : 415 en 1997, 227 en 1998, 488 en 2000 et 326 en 2003. Au cours de l'hiver 1977/1978, Prévost (1982) y a estimé le nombre de balbuzards à 145, avec des groupes lâches comptant jusqu'à 34 individus en janvier. Dans le sud du Sénégal, Altenburg & van der Kamp (1986) en ont compté « plusieurs centaines » fin 1983, et des quantités équivalentes ont été estimées pour la Guinée-Bissau et la Guinée (275 à 300 dans les mangroves) par Altenburg & van Spanje (1989) et Altenburg & van der Kamp (1991). Pendant l'hiver 2005, Van der Winden *et al.* (2007) ont compté 53 balbuzards le long de la côte de la Sierra Leone, et Gatter (1988) mentionne 30 à 70 individus le long de la côte et 300 le

long des rivières du Libéria. La base de données AfWC mentionne des dizaines d'autres sites le long du Golfe de Guinée, accueillant chacun 1 à 10 balbuzards. Au total, ce sont au moins 2500 à 4000 Balbuzards pêcheurs qui hivernent le long de la côte atlantique de l'Afrique, entre la Mauritanie et le Nigéria.

Environ 1100 autres Balbuzards pêcheurs fréquentent les réservoirs dans l'intérieur des terres (voir ci-dessus). L'importance numérique des rivières en tant que site d'hivernage pour les balbuzards est de l'ordre de 1000 oiseaux, si l'on multiplie la longueur totale des rivières d'Afrique de l'Ouest[4] par une densité moyenne de 0,035 Balbuzard par km.

Cette estimation minimale de 6000 Balbuzards pêcheurs pour l'Afrique de l'Ouest est bien trop faible, car elle ne représente qu'environ 20% de la population européenne totale. Il est probable que le nombre d'individus présent sur les côtes et le long des rivières d'Afrique de l'Ouest soit sous-estimé.

Reprises de bagues En 2006, ce sont au total 1086 reprises de bagues en Afrique qui étaient disponibles, dont 90% provenaient de la zone entre 4° et 30° N (20 à 50 reprises par an entre 1977 et 2005). Au sein de cette zone, la plupart des données proviennent des rivières (45,3%), des sites côtiers (26,6%), des plaines inondables (10,9% du Delta Intérieur du Niger, 2,8% du Delta du Sénégal, 0,7% des marais de Hadéjia-Nguru) et des lacs (p.ex. 6,8% du Lac Volta, 5,1% du Lac Tchad). La répartition des reprises selon les habitats est différente de l'abondance réelle révélée par les comptages. Ainsi, une proportion bien plus importante de Balbuzards pêcheurs hiverne le long des côtes que ne l'indiquent les reprises de bagues (environ 75% contre 27%). Par ailleurs, des dizaines hivernent dans le Delta Intérieur du Niger et des centaines sur le Lac Volta. Avec un nombre si faible d'hivernants dans le Delta Intérieur du Niger, le grand nombre de reprises de bagues

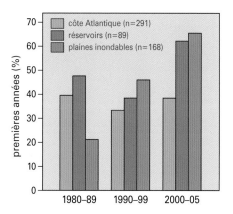

Fig. 171 Pourcentage de contrôles de Balbuzards pêcheurs de 1ère année dans les plaines inondables, réservoirs et sur la côte atlantique du Sahel. Même données que la Fig. 170.

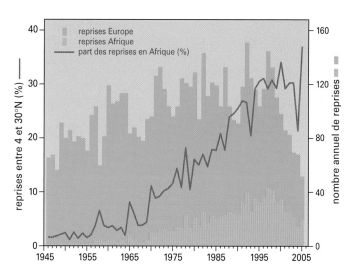

Fig. 172 Proportion de Balbuzards pêcheurs contrôlés en Afrique entre 4° et 30°N (courbe et axe de gauche) par rapport au nombre total de contrôles lors de la même année en Afrique et en Europe (histogramme et axe de droite). Données EURING.

Le Balbuzard pêcheur hiverne le long de la Casamance (à gauche) et du Fleuve Gambie (à droite), mais il n'est commun que dans les estuaires (septembre 2008).

est surprenant. Enfin, les reprises le long des rivières indiquent une présence importante, malgré les faibles densités observées (Tableau 22, Fig. 169).

Dans le Delta Intérieur du Niger, où la population hivernante a décliné depuis les années 1970, le nombre annuel de reprises a augmenté : de 2,7 par an entre 1977 et 1997, il est passé à 3,7 par an entre 1998 et 2006. Cette augmentation est le reflet d'une meilleure remontée des données depuis 1998, grâce aux activités de Wetlands International dans la région. La variabilité du taux de remontée des données est l'explication la plus prudente qui peut être formulée pour ces écarts entre abondance de l'espèce et fréquence des reprises de bagues.

Estivage en Afrique de l'Ouest   Près de 10% (89 sur 949) des reprises en Afrique présentes dans la base de données EURING concerne les mois de juin à août, dont trois oiseaux nés dans l'année. La répartition par classes d'âge des 86 autres données donné 52 individus d'un

an (60%), 13 de deux ans (15%), 9 de trois ans et 12 de plus de quatre ans. Les Balbuzards pêcheurs qui restent en Afrique pendant l'été ne sont donc pas que des oiseaux de 1ère année (Österlöf 1977), mais également des adultes. La répartition des oiseaux en été ne diffère pas de celle constatée en hiver. Les données proviennent majoritairement du Mali (22%), du Sénégal (16%) et de Côte d'Ivoire (11%).

Mortalité dans les zones humides du Sahel   Les plaines inondables du Sahel n'ont qu'une importance mineure pour l'hivernage du Balbuzard pêcheur. Actuellement, le nombre de Balbuzards pêcheurs vus vivants dans le Delta Intérieur du Niger et le long du Fleuve Niger est

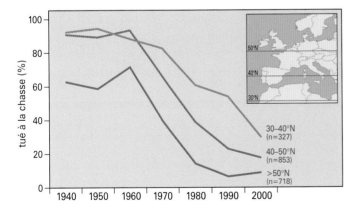

Fig. 173 Pourcentage de Balbuzards pêcheurs tués à la chasse dans trois bandes de latitude, par rapport au nombre total de reprises pour lesquelles la cause de la mort est connue. Données EURING.

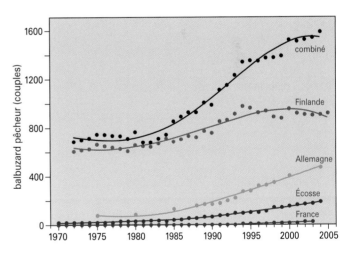

Fig. 174 Tendance d'évolution à long terme des populations de Balbuzard pêcheur dans plusieurs pays européens. Les courbes de tendances représentées sont des polynomiales du 2nd ou du 3ème degré, expliquant 94 à 99% de la variance des différentes tendances. D'après Dennis & McPhie (2003) et les rapports annuels dans British Birds pour l'Écosse ; Saurola (2007) pour la Finlande ; Wahl & Barbraud (2005) pour la France ; Schmidt & Roepke (2001) et Mebs & Schmidt (2006) pour l'Allemagne.

Certaines rivières de Guinée-Bissau, comme le Rio Geba (à gauche) sont bordées de grandes rizières. D'autres, comme le Rio Grande de Buba, le Rio Corubal et le Rio Cumbijã (de gauche à droite), sont bordées d'importantes ripisylves. Le débit et la turbidité diffèrent entre rivières, entre tronçons de rivière et en fonction des saisons. La détectabilité du poisson s'en ressent : le Balbuzard pêcheur se rencontre partout où les conditions locales sont favorables à la pêche (septembre 2008).

à peu près égal au nombre d'oiseaux morts signalés chaque année aux centres de baguage européens. Etant donné le rapport habituel d'1 oiseau repris sur 10 bagués (peut-être plus faible en Afrique), ce nombre équivalent entre les observations et les reprises suggère que ces plaines inondables constituent un piège pour de nombreux Balbuzards pêcheurs. Le nombre relativement important de reprises en provenance du Lac Tchad, où très peu d'autres espèces d'oiseaux ont fourni des données de reprises, montre que d'autres populations-puits existent dans les zones humides du Sahel. Des 490 Balbuzards pêcheurs retrouvés morts au Sahel, 49% était dans la 1ère année de leur vie. Sur les réservoirs et le long des côtes, le pourcentage de juvéniles parmi les reprises est respectivement de 43% et 38%. Cette proportion a fortement évolué depuis les années 1980 (Fig. 171), où seuls 21% des oiseaux repris au Sahel étaient des juvéniles (alors que le nombre d'hivernants dans le Delta Intérieur du Niger était plus important). Elle atteint désormais 65%. Dans les zones côtières, la part des juvéniles est restée stable à 38%. Ces données indiquent-elles que l'importance du Delta Intérieur du Niger en tant que site d'hivernage s'est encore marginalisée ? C'est possible, car l'exploitation intensive des stocks piscicoles par la population a entraîné la disparition des poissons les plus âgés et les plus gros et une diminution de la taille des poissons (Chapitre 6). Ainsi, l'exploitation par les Balbuzards pêcheurs des poissons présents dans le Delta Intérieur du Niger pourrait être devenue moins rentable que par le passé. En outre, les Balbuzards pêcheurs sont remarquablement fidèles à leurs sites d'hivernage (Prévost cité par Poole 1989, Alerstam *et al.* 2006), et la forte proportion de juvéniles retrouvés morts dans le Sahel pourrait également suggérer une forte mortalité, comme l'indique le ratio de 1 pour 1 entre les observations et les reprises d'oiseaux morts. Les Balbuzards pêcheurs qui hivernent dans le Delta Intérieur du Niger ont une probabilité non négligeable de capturer un poisson pris à l'hameçon, tout comme ceux qui patrouillent le long du Fleuve Niger courent un risque im-

portant de se faire tirer. Si l'on exclut les 228 oiseaux dont la cause de décès est inconnue, 39% des Balbuzards pêcheurs repris entre 4° et 30°N ont été tirés, 20% capturés et 36% tués accidentellement par des palangres. Ces proportions n'ont pas varié dans le temps. Les différences selon les régions sont toutefois fortes : 46% des oiseaux côtiers ont été tirés contre seulement 20% dans les zones humides du Sahel. Pour les oiseaux capturés, intentionnellement ou accidentellement, c'est l'inverse : 39% le long de la côte, 63% dans le Delta Intérieur du Niger et 76% dans le Delta du Sénégal et au Lac Tchad.

La plupart des Balbuzards pêcheurs hivernent le long de la côte atlantique. L'impact du Sahel sur les populations devrait donc être limité, s'il existe. Les populations nicheuses ne varient d'ailleurs pas en lien avec les années sèches ou humides au Sahel. L'augmentation de la part des reprises en Afrique (4°-30°N) depuis les années 1980 (fig. 172) ne reflète pas les conditions météorologiques dans cette région, mais plutôt la diminution des tirs (signalés) en Europe. Cette tendance avait déjà été identifiée par Pertti Saurola (1995) et se retrouve dans la diminution du nombre de bagues renvoyées (Fig. 173).

Evolution de la population

A travers tout le Paléarctique, le nombre de Balbuzards pêcheurs a augmenté depuis les années 1970 ou 1980. En Suède, la population a doublé entre 1971 et le milieu des années 1990, de 2000 à 3400 – 4100 couples, puis est restée stable (Svensson *et al.* 1999). De la même manière, la population finlandaise, qui était stable dans les années 1970, a augmenté environ 3% par an entre 1982 et 1994 pour atteindre 1200 couples (les nombres dans la Fig. 174 concernent les couples suivis chaque année) et s'est à nouveau stabilisée ces dernières années (Saurola 2007). Les autres populations ont connu un démarrage plus lent et n'ont pas encore atteint la stabilité. Ainsi, en Allemagne,

le nombre de couples a plus que doublé entre 1988 et 1998 (de 147 à 346 couples ; Schmidt & Roepke 2001, Fig. 174), alors que la population écossaise a pris longtemps pour prendre son élan (Fig. 174). Les populations récentes, comme celle du centre de la France, ont encore beaucoup de chemin à parcourir (Wahl & Barbraud 2005).

La population européenne a doublé depuis le début des années 1970. L'augmentation en Finlande a été accompagnée d'une amélioration de la productivité (1,37 poussin âgé/territoire occupé dans les années 1970, 1,65 entre 1996 et 2005 ; Saurola 2007) et d'une diminution des persécutions en Europe centrale et méridionale depuis les années 1970 (Saurola 1995). A l'inverse, le succès de reproduction en Allemagne ne s'est pas amélioré sur la période 1988-1998 et l'augmentation dans ce pays est attribuée à une diminution de la mortalité pendant la migration et à l'apport de nids artificiels (Schmidt & Roepke 2001).

Conclusion

Il a été calculé qu'à la fin du 20ème siècle, un minimum de 4100 à 6100 Balbuzards pêcheurs hivernaient en Afrique de l'Ouest, ce qui représente environ 20% de la population européenne (Russie comprise). Cette valeur est probablement très sous-estimée, étant donnée la prédominance de l'Afrique de l'Ouest dans les reprises de bagues. Environ 55% des balbuzards y résident le long de la côte, 20% au bord des réservoirs, 20% le long des rivières et le reste dans les plaines inondables. Le taux de survie des Balbuzards pêcheurs au Sahel est faible, en raison des tirs et du piégeage, mais étant donné que seule une faible fraction de la population y hiverne, l'impact sur la taille des populations est négligeable. L'augmentation du nombre de Balbuzards pêcheurs depuis les années 1970 est due à sa protection en Europe et au bannissement des pesticides rémanents, deux facteurs qui ont permis à l'espèce de recoloniser des secteurs d'où elle avait disparu, et d'augmenter sa densité dans ses bastions. L'amélioration de la productivité et la diminution de la mortalité due à l'homme ont permis le doublement de la population européenne entre 1970 et 2000.

Notes

1 Sauf mention contraire, les données proviennent de la base de données AfWC (Wetlands International) et concernent des comptages de janvier.

2 Ce résultat peut paraître surprenant. Les Balbuzards pêcheurs étant liés aux berges des lacs, on pourrait s'attendre à ce qu'une partie de la superficie du lac soit trop loin des berges pour être exploitée lorsque la taille du lac augmente, ce qui devrait entraîner une densité plus faible sur les plus grands lacs. Si les lacs étaient circulaires ou carrés, le nombre de Balbuzards pêcheurs devrait être fonction de la racine carrée de la surface du lac. Aucun des réservoirs inclus dans la Fig. 169 n'est circulaire ou carré. Tous sont de longues et étroites anciennes vallées de rivières. Le Lac Volta, par exemple, est long de 520 km, mais n'est large que de 6 à 12 km et contient de nombreuses îles. Son linéaire de berges atteint 4800 km et offre de multiples opportunités aux Balbuzards pêcheurs pour s'alimenter partout sur le lac.

3 La liste complète des barrages d'Afrique peut être trouvée sur www.fao.org/ nr/water/aquastat/damsafrica/african_dams060908.xls. Il existe 192 réservoirs en Afrique l'Ouest ; pour 70 d'entre eux, la superficie (S) et le volume (V) sont donnés. En utilisant l'équation $S=1{,}199V^{0{,}839}$ ($R^2=0{,}914$), nous avons estimé la surface de 123 petits réservoirs de superficie inconnue en fonction de leurs volumes (en y ajoutant le Foum Gleïta dans le sud de la Mauritanie, et en corrigeant les erreurs, comme le volume du Lac Shiroro, à 2,5 km³). L'addition des superficies mesurées et estimées permet d'atteindre un total de 17.700 km².

4 Avec ses 4200 km, le Niger est le plus long fleuve d'Afrique de l'Ouest. Le Bani (1100 km) et la Bénoué (1400 km) sont ses principaux affluents. Les autres grands fleuves sont : le Sénégal (1800 km), la Volta Noire (1350 km), la Volta Blanche (1150 km), l'Hadéjia + Jama'a re + Komodougou (1100 km), la Gambie (1100 km), le Logone (1100 km) et le Chari (1000 km). Entre la Gambie et le Delta du Niger, il existe environ 30 fleuves d'environ 300 km de long. Si l'on considère un total de 6000 km pour l'ensemble des autres rivières et affluents, on obtient un total de 30.000 km. En considérant une densité d'1 Balbuzard pêcheur pour 28,6 km, 1000 seraient présents le long des rivières d'Afrique de l'Ouest. Les rares comptages disponibles (Tableau 22) suggèrent un déclin de la densité de Balbuzards pêcheurs présents le long des rivières du Sahel entre les années 1970 et les années 1990 et 2000.

Busard des roseaux
Circus aeruginosus

Pour les générations actuelles d'ornithologues, il est difficile d'imaginer à quoi l'Europe pouvait ressembler jusqu'à une période aussi récente que les années 1950. De nombreux marais, alors encore parfaitement préservés, ont depuis été détruits par l'agriculture et l'étalement urbain. Il peut donc paraître surprenant que les immenses roselières de ces marais n'aient abrité que quelques rares Busards des roseaux, sans aucun doute à cause de la persécution liée à la protection « rationnelle » du gibier, comme l'a proposé Henning Weis (1923) en faisant référence au Danemark, mais qui était certainement semblable dans une grande partie de l'Europe. Les persécutions répétées ont donné au Busard des roseaux la réputation d'un oiseau très discret lors de la nidification. Le vote de lois protégeant l'espèce pendant le 20ème siècle n'a pas fait cesser les destructions. Aux Pays-Bas, par exemple, les gardes-chasses ont tiré et empoisonné au moins 400 Busards des roseaux dans le Noordoostpolder en 1951, où leur nombre avait explosé suite à l'endiguement de l'IJsselmeer en 1942 (Bijlsma 1993). Cette volonté exterminatrice fut renforcée par la mise en culture à grande échelle des marais, qui diminua la surface d'habitats de reproduction, et par l'utilisation massive de pesticides rémanents par l'agriculture dans les années 1950 et 1960. Le nombre de Busards des roseaux est resté faible en Europe jusqu'à très récemment. Notre génération est la première depuis plus de 100 ans à pouvoir voir et entendre des Busards des roseaux parader, partout où l'habitat leur est favorable. Cette abondance doit vraisemblablement se traduire par des densités plus importantes sur les sites d'hivernage, et notamment au Sahel.

Aire de reproduction

Les plaines européennes, que ce soient les polders sous le niveau de la mer aux Pays-Bas, le nord et l'ouest de la France, la plaine du nord de l'Allemagne, la Pologne, les Pays baltes, la Biélorussie et une bonne partie de la Russie, sont parsemés de marais, marécages et lacs, souvent bordés de roselières denses et autre végétation herbacée. Cette ceinture de terrains peu élevés abritait environ 80% de la population européenne du Busard des roseaux dans les années 1990-2000 (93.000 à 140.000 couples). Un pays comme l'Ukraine, avec ses grands deltas, est également très favorable à l'espèce (13.800 à 23.600 couples). Au nord et au sud de cette ceinture, les densités diminuent, sauf dans le sud de la Suède, qui accueille une population de bonne taille (1400 à 1500 couples) (BirdLife International 2004a). La nidification en Afrique est limitée au Maroc (répandu et commun ; Thévenot *et al.* 2003), à l'Algérie (plusieurs dizaines de couples ; Isenmann & Moali 2000) et à la Tunisie (50 à 70 couples ; Isenmann *et al.* 2005), qui accueillent des populations sédentaires.

Migration

La tendance à migrer chez le Busard des roseaux diminue du nord au sud et d'est en ouest à travers l'Europe. Les oiseaux nicheurs de Fennoscandie et d'Europe de l'Est abandonnent complètement leurs sites de reproduction au début de l'automne, pour aller principalement hiverner en Afrique sub-saharienne. L'hivernage est également rare en Allemagne, alors qu'en Grande-Bretagne (Oliver 2005) et aux Pays-Bas (Zijlstra 1987, Clarke *et al.* 1993), il est régulier. La grande population de l'ouest de la France est considérée sédentaire (Bavoux *et al.* 1992), ce qui pourrait également être le cas des petites populations d'Espagne, du Portugal (sauf les oiseaux nichant dans le nord ; Rosa *et al.* 2001) et en Italie. La fréquence d'hivernage en Europe occidentale semble être en augmentation au cours des dernières années (Oliver 2005), particulièrement chez les juvéniles (probablement surtout des femelles ; Clarke *et al.* 1993). Les recensements menés sur le long terme aux Pays-Bas montrent des variations locales et temporelles du nombre d'hivernant, avec des maxima respectifs au début du 20ème siècle (Zuiderzee ; ten Kate 1936), entre 1977 et 1982 (Flevoland ; Zijlstra 1987), au début des années 1960, à la fin des années 1980 et au début des années 1990 (nord de la Zélande ; Ouweneel 2008), et depuis les années 1990 (sud de la Zélande ; Castelijns & Castelijns 2008).

Les busards, dont le Busard des roseaux, traversent la Mer Méditerranée sur un large front, comme le traduisent les faibles quantités comptées sur les goulets migratoires de part et d'autre de la Méditerranée (Bijlsma 1987). Les observations directes en Italie (Agostini *et al.* 2003, et références citées), les études radar sur la côte sud de l'Espagne (Meyer *et al.* 2003) et les suivis par satellite (Strandberg *et al.* 2008a) ont en effet montré que les Busards des roseaux traversent volontiers la mer, même au crépuscule et pendant la nuit, principalement par vent portant et dans des conditions météorologiques stables. L'axe de migration étant principalement orienté vers le sud-

ouest depuis les sites de reproduction vers l'Afrique sub-saharienne (comme le montrent les reprises de bagues ; Fig. 175), un certain degré de séparation entre les populations orientales et occidentales existe sur les quartiers d'hiver, ce que révèlent les 95 reprises de bagues connues au sud du Sahara. Les oiseaux d'Europe occidentale hivernent principalement à l'ouest de la longitude 5°O, tandis que les oiseaux orientaux sont principalement répartis à l'est de 0°E. Les populations intermédiaires sont principalement présentes entre ces deux zones, bien qu'elles se mélangent considérablement avec la population occidentale (p. ex. dans le Delta Intérieur du Niger). Ainsi, parmi 35 Busards des roseaux bagués dans l'est de l'Allemagne, 9 ont été retrouvés au Mali et seulement 3 au Sénégal, parmi 19 bagués aux Pays-Bas, le rapport est inversé : 3 au Mali contre 9 au Sénégal. Ces populations ne nichent qu'à 400 ou 500 km l'une de l'autre, mais hivernent séparément, ce qui montre la segmentation des zones humides sub-sahariennes entre les différentes populations européennes.

Au printemps, le départ des sites d'hivernage a lieu entre le 11 février et le 17 avril pour les adultes, comme l'ont montré des oiseaux suédois suivis par satellite (Strandberg *et al.* 2008a). Cette étude a également montré que ces migrateurs transsahariens traversent la Méditerranée entre le 18 mars et le 29 avril. La vitesse moyenne de migration prénuptiale est de 219 km/jour chez les mâles et 233 km/jour chez les femelles, soit à peine plus qu'à l'automne (respective-

Fig. 175 Localités de baguage en Europe de 102 Busards des roseaux repris en Afrique de l'Ouest entre 4° et 20°N. D'après la base de données EURING, sauf une donnée récente du Mali (Wetlands International).

Busards des roseaux en vol vers leurs dortoirs nocturnes dans le Delta Intérieur du Niger, 18 février 2007, 18h14, heure locale. Cette vision est typique du delta lors de la dernière heure du jour, lorsque les busards provenant de toutes les directions se rendent vers leur dortoir d'un vol rectiligne très différent de leur vol de chasse rasant et irrégulier. Lorsqu'ils atteignent le dortoir, les busards descendent et s'installent à l'abri des regards, dans la végétation haute. De temps en temps, tous les busards présents s'envolent simultanément – comme s'ils répondaient à un ordre – et commencent à tournoyer. Ce comportement ne se répète pas le matin lorsque les busards s'envolent avant l'aube pour se rendre directement sur leurs sites de chasse.

ment 204 et 221 km/jour). Les vitesses de déplacement juvéniles à l'automne sont bien plus réduites que celles des adultes, avec une moyenne de 146 km/jour. Ils parcourent également une distance totale bien plus courte : 1757 km en moyenne contre 5093 km chez les adultes). De nombreux juvéniles ne migrent pas jusqu'aux zones humides sub-sahariennes, et restent en Europe.

Répartition en Afrique

Parmi les 95 reprises de bagues au sud du Sahara, nombreuses sont celles qui proviennent des grandes plaines inondables (21 du Delta Intérieur du Niger, 9 du Delta du Sénégal), des grands marais côtiers entre le Sénégal et la Sierra Leone (notamment du Sine Saloum, Sénégal, et de Gambie), de la Lagune de Keta, du Fleuve Volta et du Bassin d'Oti au Ghana (ce dernier s'étendant jusqu'au Togo ; Cheke & Walsh 1996). Au moins 45 de ces reprises (47%) proviennent de grandes zones humides. Les 50 autres oiseaux étaient répartis à travers la zone sahélienne (n=20) et la zone soudanienne (n=30), où l'espèce fréquente une grande variété d'habitats, principalement associés à l'eau (réservoirs, lacs, rivières, rizières) mais également les forêts de montagne, où l'espèce a été vue en train de chasser dans la canopée (Libéria ; Gatter 1997) et dans les trouées couvertes d'herbe à éléphant *Pennisetum* dans les forêts d'altitude, où il recherche les dortoirs d'Hirondelles rustiques (SE du Nigéria ; Bijlsma & van den Brink 2005).

Les grandes plaines d'inondation en abritent de grandes quantités pendant l'hiver boréal. En 1992/1993, la population hivernante du Delta du Sénégal (94 km² en comptant le Djoudj) a été estimée à plus de 1000 individus (Arroyo & King 1995) et les comptages du milieu d'hiver ont révélé la présence de 99 oiseaux dans les plaines inondables de Hadéjia-Nguru (Chapitre 8), 22 sur le Lac Fitri et 237 dans les plaines inondables du Logone (Chapitre 9). Bien plus étendu, le Delta Intérieur du Niger doit en accueillir entre 1000 et 2000, dont 470 sur les lacs centraux (2007 ; Chapitre 6). Les observations de busards en chasse dans le Delta Intérieur du Niger en janvier-février 2004 et 2005 ont montré que 77% des 387 Busards des roseaux chassaient au bord des lacs, dans les étendues de *bourgou* et le long des berges des rivières (R.G. Bijlsma & W. van Manen, non publ.). La chasse sur terrain sec était plus rare chez les femelles et les juvéniles (respectivement chez 14% de 35 individus et chez 12% de 214 individus) que chez les mâles (26% de 126 individus). Sans prendre en compte ces différences entre sexes, la préférence marquée pour les zones de marais chez le Busard des roseaux est évidente par rapport aux Busards cendrés et pâles, dont respectivement 63% (n=72) et 71% (n=14) ont été observés en chasse au-dessus de milieux secs de type savane ou de rizières à sec (voir Fig. 61 pour la répartition des parcelles d'inventaire dans le Delta Intérieur du Niger par rapport aux zones humides). Une fréquentation similaire de ces différents habitats a été observée dans les plaines inondables du nord du Cameroun entre Léré et N'Djaména au début des années 1970 : les Busards des roseaux occupaient les milieux les plus humides et les Busards pâles, les milieux les plus secs (Thiollay 1978b).

Dans les zones humides du Sahel, les Busards des roseaux hivernants forment des dortoirs communautaires dans les champs de riz

Les Busards des roseaux qui hivernent en Afrique de l'Ouest sont principalement confinés aux marais. Les mâles (page opposée) fréquentent en général des habitats plus secs que les femelles et les juvéniles (ci-dessous). Dans les zones les plus sèches du Sahel, où les Busards cendrés et pâles sont bien plus nombreux, les Busards des roseaux vont souvent boire dans les mares (Sénégal, février 2007). Les Busards des roseaux mâles, légèrement plus agiles que les femelles, chassent des tisserins, des petits mammifères et des criquets dans les terrains secs et le long des bordures des marais (Delta Intérieur du Niger, janvier 2005), alors que les femelles et les juvéniles se nourrissent d'oiseaux plus gros, de poissons, de charognes et de détritus (ici dans le *bourgou*, Delta Intérieur du Niger, janvier 2005 ; extrême droite).

asséchés (Djoudj, Sénégal ; Arroyo & King 1995, Rodwell *et al.* 1996), dans le riz sauvage et le *didéré* (Delta Intérieur du Niger, Mali ; R.G. Bijlsma & W. van Manen non publ.) et dans les prairies sèches (Casamance, Sénégal ; 2 décembre 2005 ; R.G. Bijlsma non publ.). La taille de ces dortoirs varie selon la saison et la localisation, de quelques dizaines à 390 individus (Arroyo & King 1995, Rodwell *et al.* 1996, Strandberg & Olofsson 2007). Les grands dortoirs sont souvent monospécifiques, même si quelques rares Busards cendrés ou pâles s'y joignent parfois. A l'écart des zones humides, les Busards des roseaux vivent une vie plus solitaire, et dorment souvent seuls, là où ils en ont la possibilité. Ainsi, près du Mont Afi, dans le SE du Nigéria, un mâle solitaire passait la nuit dans l'herbe à éléphant de clairières forestières (Bijlsma 2001).

Les Busards des roseaux mâles suivis par satellite ont fait preuve d'une forte fidélité à leurs sites d'hivernage et de halte migratoire, à la fois au sein d'une même saison et d'une année à l'autre. Les mouvements post-migratoires peuvent être associés à des variations locales de l'abondance de nourriture. Ainsi, une pénurie de nourriture peut entraîner des déplacements jusqu'à 811 km (avec retour sur le site de stationnement d'origine). En fait, la fidélité au site d'hivernage des six adultes suivis entre 2004 et 2007 était même plus forte que la fidélité au site de reproduction (Standberg *et al.* 2008a).

Evolution de la population

Conditions d'hivernage Parmi les oiseaux retrouvés au sud du Sahara et dont la cause de mortalité est connue (n=48), la plupart ont été tués au fusil (n=21) ou piégés (n=17) sur un nombre assez restreint de sites. Lorsque l'étendue des inondations dans le Delta Intérieur du Niger est inférieur à 12.000 km², les reprises sont au nombre moyen de 4 par an, contre seulement une par an lorsque les inondations

Busard des roseaux mâle traversant le Sahara. Il s'agit probablement d'un migrateur précoce en route vers ses quartiers de nidification (Mauritanie, février 2006).

dépassent les 16.000 km², et deux lorsqu'elles sont entre ces deux valeurs. Afin d'éliminer l'influence du nombre total d'oiseaux bagués, le nombre de reprises en Afrique sub-saharienne (0 à 8 par an) est exprimé en pourcentage du nombre total de reprises dans l'année (qui varie entre 8 et 84). Comme le montre la Fig. 176, le taux de mortalité au Sahel est plus élevé pendant les années sèches. Il est probable que le risque d'être tué soit plus fort lorsque les oiseaux sont concentrés sur les quelques secteurs restant en eau lorsque les conditions sont sèches, que lorsqu'ils sont largement répartis sur la totalité du delta sous des conditions humides.

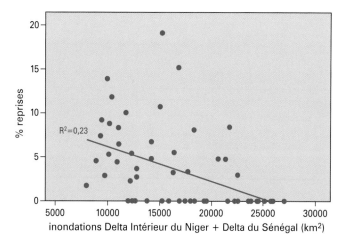

Fig. 176 Nombre annuel de reprises en Afrique (0°-20°N) en % du nombre total au cours de la même année (oiseaux morts uniquement) entre 1946 et 2004 (n=58 années, P<0,001), en fonction de l'étendue des inondations. Données EURING.

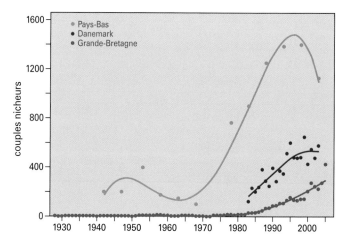

Fig. 177 Tendances d'évolution à long terme des populations d'Europe du NO. D'après Grell 1998 et Heldbjerg 2005 (Danemark), Underhill-Day 1984, 1998 ; Rare breeding birds in the UK, British Birds (Grande-Bretagne), Bijlsma 1993, 2006b (Pays-Bas).

Déboires et répits temporaires du Busard des roseaux

Jusque dans les années 1950, les effectifs du Busard des roseaux en Europe étaient bien inférieurs à la capacité d'accueil des pays abritant des nicheurs. La perte d'habitat et le classement de l'espèce comme « nuisible » sous prétexte de protection du gibier, en étaient la cause. Ces populations en souffrance furent fortement touchées dans les années 1950 et 1960 par l'utilisation massive en agriculture de composés organochlorés ou à base de mercure, qui ont contaminé la chaîne alimentaire, causé une diminution du succès de reproduction, et augmenté la mortalité (Odsjö & Sondell 1977). Le déclin s'est alors accéléré pour atteindre des effectifs inquiétants. Pendant des décennies, l'influence des conditions d'hivernage au Sahel sur les populations nicheuses est passé inaperçu sur les sites de reproduction.

Etonnamment, de fortes augmentations ponctuelles ont également été notées pendant ce long épisode, en particulier aux Pays-Bas, qui, en 1900, était un pays qui ne couvrait que 32.000 km², dont environ la moitié sous le niveau de la mer. Le besoin en terres pour le développement économique étant très fort au 20ème siècle, alors que la densité moyenne atteignait 466 habitants/km², et a débouché sur l'endiguement du Zuiderzee en 1932. Au cours des années suivantes, plusieurs fractions successives de ce lac nouvellement créé, appelé l'IJsselmeer, furent comblées : le Noordoostpolder en 1942 (480 km²), Oostelijk Flevoland en 1957 (540 km²) et Zuidelijk Flevoland en 1968 (430 km²). Après chaque poldérisation, il fallut jusqu'à 10 ans, afin que le sol vierge soit transformé en terres agricoles, parcouru d'in-

frastructures, ou urbanisé. Au cours de ces années, ces nouveaux polders ont été le théâtre d'une croissance luxuriante de végétaux pérennes, notamment *Phragmites australis*, qui était semé par avion ou par hélicoptère pour éviter la colonisation par les mauvaises herbes. L'apparition soudaine de centaines de kilomètres carrés d'habitat favorable à la reproduction, combinée avec l'explosion des populations de Campagnol des champs *Microtus arvalis* et de Rat des moissons *Micromys minutus*, a attiré le Busard des roseaux qui y a rapidement atteint des effectifs jamais vus aux Pays-Bas ou dans le reste de l'Europe. Dans le Noordoostpolder, par exemple, près de 1200 étaient présents en août 1948. (Limosa 23 : 306, 1950). Ces effectifs ont servi d'argument aux chasseurs locaux pour tuer au moins 400 busards en 1951. Après la mise en culture de ces terres, le nombre de Busards des roseaux est pratiquement tombé à zéro dans le Noordoostpolder et à Oostelijk Flevoland. La création d'une grande réserve naturelle à Zuidelijk Flevoland, Oostvaardersplassen, a empêché une disparition totale, bien que le nombre de couples y ait fortement décliné, de plus de 300 à 35-48 au début des années 2000 (Fig. 178), principalement du fait de la perte d'habitat de reproduction et d'alimentation. Il faut noter que les fortes augmentations constatées lors des poldérisations ne peuvent être attribué à un recrutement local. Une partie des oiseaux étaient probablement des immigrants, particulièrement au cours des premières années, et les sites voisins ont peut-être vu leurs populations s'y reporter, au moins pendant les 5 à 7 premières années (Dijkstra *et al.* 1995). A Zuidelijk Flevoland, une émigration nette s'est établie à la fin des années 1970 et au début des années 1980 : les oiseaux ont commencé à (re)coloniser des sites de reproduction ailleurs aux Pays-Bas (et peut-être en Grande-Bretagne ; voir Fig. 177). Cette hypothèse est confortée par les tendances régionales aux Pays-Bas, où les populations n'ont commencé à augmenter réellement qu'au début des années 1980. Le fait que les poldérisations précédentes, comme celle du Noordoostpolder et d'Oostelijk Flevoland n'aient pas eu les mêmes effets à long terme est probablement à attribuer aux destructions, et particulièrement, à l'impact négatif des semences enrobées et des organochlorés sur la mortalité et le succès de reproduction.

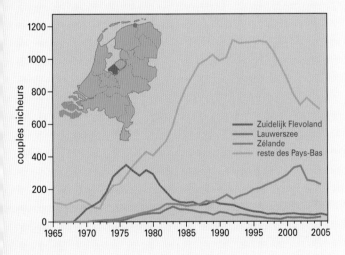

Fig. 178 Tendances d'évolution à long terme du Busard des roseaux dans plusieurs régions des Pays-Bas, en fonction de la tendance dans le reste du pays. Zuidelijk Flevoland et le Lauwersmeer furent respectivement endigués en 1968 et 1969, puis mis en culture. Les habitats estuariens de Zélande ont été transformés en marais d'eau douce à partir de 1969 suite à la construction de barrages. D'après Bijlsma *et al.* 2001 (complété).

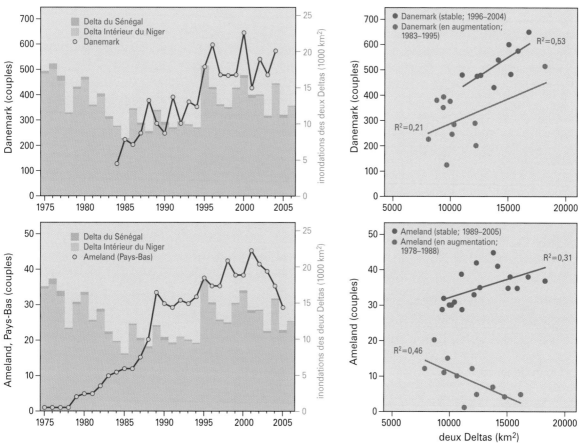

Fig. 179 Tendances d'évolution à long terme du Busard des roseaux au Danemark et sur l'île d'Ameland au nord des Pays-Bas, en fonction de l'étendue des inondations au Sahel (graphiques de gauche) ; notez la meilleure corrélation entre la taille des populations et l'étendue des inondations une fois que le niveau de saturation est atteint sur les sites de reproduction (graphiques de droite). D'après Krol & de Jong cités par Bijlsma 2006 (Ameland) et Grell 1998 & Heldbjerg 2005 (Danemark).

Un seul Busard des roseaux suffit à provoquer l'envol de 33.000 Barges à queue noire juste après leur arrivée dans les rizières près de Samora, Portugal, où elles se nourrissent de riz tombé au sol pendant la journée. Les oiseaux quittent leur dortoir à l'aube et arrivent sur leurs sites de chasse lorsque les températures sont encore basses (ici, -5°C). En début de matinée, les Barges à queue noire sont plus nerveuses que quelques heures plus tard, quand elles s'alimentent de manière plus frénétique. Le passage d'un busard ne fait alors décoller que les barges les plus proches (janvier 2008).

Une tendance à l'augmentation de la population du Busard des roseaux a été détectée dans tous les pays d'Europe. Tôt ou tard, après la fin d'une phase de repeuplement, la population se stabilise et subit des fluctuations plus fortes que celles observées lors des décennies précédentes, même si la taille moyenne de la population est généralement inférieure à celle d'origine (Fig. 177). Cette évolution est déjà perceptible en Suède (depuis le début des années 1990 ; Lindström & Svensson 2005), au Danemark (après 1995 ; Fig. 177), aux Pays-Bas (après 1995 ; Fig. 177), en Allemagne (depuis la fin des années 1980 ; Kostrzewa & Speer 2001, Mammen & Stubbe 2006), en France (depuis la fin des années 1980 ; Thiollay & Bretagnolle 2005), en Espagne (depuis les années 1990 ; Díaz *et al.* 1996) et en Italie (depuis la fin des années 1990 ; Brichetti & Fracasso 2003). A l'inverse, le Busard des roseaux est toujours en phase de progression au Royaume-Uni (Fig. 177).

Après s'être rétablie suite à leur effondrement dû aux pesticides, les populations ont fait preuve de fluctuations qui reflètent plus ou moins l'étendue des inondations dans les plaines inondables d'Afrique de l'Ouest, comme cela a été démontré pour le Danemark et Ameland (Pays-Bas) (Fig. 179). Ces observations sont cohérentes avec la diminution du nombre de reprises de bagues lors des années de fortes inondations au Sahel (Fig. 176), et indiquent un taux de survie plus faible pendant les sécheresses. Les conditions au Sahel sont particulièrement cruciales pour les populations d'Europe du NO et du N, qui sont entièrement migratrices, à l'exception de quelques centaines d'oiseaux hivernant en Belgique, aux Pays-Bas et dans le sud de l'Angleterre (Zijlstra 1987, Bijlsma *et al.* 2001, Oliver 2005). Les populations de l'ouest de la France et du sud de l'Europe sont partiellement ou totalement sédentaires (voir ci-dessus) et sont tout au plus faiblement affectées par les conditions au Sahel. La répartition hivernale en Europe et en Afrique étant dépendante du sexe et de l'âge des oiseaux, avec des sites d'hivernage en moyenne plus au nord et dans des habitats plus humides pour les femelles et les jeunes (Clarke *et al.* 1993, Bijlsma *et al.* 2001, Panuccio *et al.* 2005), et la fidélité aux sites d'hivernage étant forte dans l'ouest de l'Afrique, les sécheresses dans les zones humides du Sahel pourraient affecter inégalement les deux sexes et les différentes classes d'âge.

Conditions de reproduction   Les persécutions humaines ont réduit le nombre de couples nicheurs à des niveaux bien inférieurs aux capacités d'accueil des habitats (Bijleveld 1974). La situation a changé dans les années 1980, avec le renforcement de la législation, de son application et l'interdiction successive des pesticides organochlorés rémanents, puis des semences enrobées, qui ont permis à l'espèce de se rétablir rapidement (Newton 1979).

Les populations ont été multipliées entre 2,4 (Allemagne) et 14 fois (Pays-Bas), avec un minimum vers 1970 et un maximum suivi d'une stabilisation entre 1995 et 2000 (exemple dans les Fig. 177 et 179). Les populations de Suède, de Finlande, du Danemark (Jørgensen 1989), de République Tchèque, d'Allemagne (Kostrzewa & Speer 2001), des Pays-Bas (Biljsma *et al.* 2001), de Flandres et de France (Thiollay & Bretagnolle 2005) ont été multipliées en moyenne par un facteur 4,1 entre la fin des années 1960 et la fin des années 1990. Le Busard des roseaux a fait encore mieux au Royaume- Uni : de 1 à 3 couples en 1969-1972 à 429 en 2005 (Underhill-Day 1998, complété par les données du rapport *Rare Breeding birds in the UK*, publié dans le magazine *British Birds*).

Conclusion

La persécution sans relâche du Busard des roseaux par l'homme au 20ᵉᵐᵉ siècle, aggravée par l'utilisation à grande échelle des organochlorés et du mercure en agriculture dans les années 1950 et 1960, a presque réduit à néant ses populations européennes. Les effectifs étaient si faibles, que les conditions en période de reproduction étaient prédominantes par rapport aux conditions hivernales. Les augmentations soudaines aux Pays-Bas dans les années 1950 et 1960 ne furent que ponctuelles et liées à des conditions favorables temporaires liées à des travaux d'endiguement. L'impact potentiel de l'étendue des inondations au Sahel n'est devenu apparent qu'après le rétablissement des populations nicheuses européennes, et nous supposons que cet impact est plus fort pour les populations nordiques, entièrement migratrices (et dont les adultes font preuve d'une forte fidélité à leur site d'hivernage en Afrique de l'Ouest), que pour les populations majoritairement sédentaires du sud de l'Europe.

Busard cendré
Circus pygargus

Christiane Trierweiler & Ben J. Kok

Aborder le sujet du Busard cendré, c'est à la fois traiter de l'agriculture, de la protection des nids et du bénévolat ; ou, dans le cas des Pays-Bas, c'est évoquer l'ondulation des céréales, la floraison du colza et de la luzerne couverte de papillons. Ces zones de « vide », qui sont loin d'être vides, mais représentent les derniers endroits isolés d'un petit pays ailleurs densément peuplé d'êtres humains. La protection des nids demande une détermination de la part des agriculteurs et des bénévoles. Des centaines de personnes ont aidé au fil des ans et ont laissé une trace dans notre cœur, voire même donné leur nom aux Busards cendrés porteurs d'émetteurs satellites (www.grauwe-kiekendief.nl). Parmi ceux-ci, Rudi Drent occupe une place bien particulière dans nos mémoires. Retraité après une carrière de biologiste animalier au Centre d'Etudes pour l'Ecologie et l'Evolution (Université de Groningue), il a continué à superviser les recherches sur le Busard cendré. Rudi était un collègue parfait, capable de garder une vision d'ensemble au milieu des détails, d'identifier des pistes de recherche prometteuses et d'exploiter les données avec une grande finesse. Sa mort, le 9 septembre 2008, fut un choc pour chacun d'entre nous.

Aire de reproduction

Le Busard cendré possède une large répartition discontinue à travers l'Europe, et jusqu'aux plaines de la Caspienne, au Kazakhstan et au Haut-Ienisseï (93°E) à l'est. Les dernières estimations de la population européenne, Russie comprise, s'élèvent à 35.000 – 65.000 couples, avec une tendance stable ou une légère augmentation dans les années 1990 (BirdLife International 2004a, mais voir ci-dessous).

Sites d'hivernage

Dans le sous-continent Indien, et particulièrement dans le NO de l'Inde, de grands dortoirs abritant plusieurs milliers d'oiseaux ont été découverts (Clarke 1996a, 1998). Ces oiseaux proviennent vraisemblablement des sites de reproduction orientaux. Une partie de cette population passe peut-être également l'hiver en Afrique orientale ou australe, étant donné le nombre important de Busards cendrés observés en Géorgie au début de l'automne 2008 (B. Verhelst, non publ.), et les directions de migration moyennes des individus retrouvés le long du Dniepr, du Don et à l'est de la Volga (Mihelsons & Haraszthy 1985). Si cette interprétation est correcte, le Sahel (Tchad/Nigéria et plus à l'est), l'Afrique orientale et l'Afrique australe accueillent un mélange de populations de Busards cendrés, provenant de la Fennoscandie à l'ouest (10°E) jusqu'à au moins 55°E à l'est. Trois oiseaux bagués au printemps ou en automne à Dzjambul au sud du Kazakhstan (45°50'N, 71°25'E) ont été retrouvés dans l'ouest de l'Asie à des distances de 674, 1209 et 1594 km vers le NE ou NNE (Mihelsons & Haraszthy 1985). Ces oiseaux pourraient avoir hiverné en Inde, en contournant probablement en chemin les impressionnantes montagnes du Tien Shan.

Au Kenya, l'espèce est un visiteur assez commun dans les prairies et les autres habitats ouverts des hauts plateaux et du sud-est (Lewis & Pomeroy 1989). De nombreux individus s'aventurent plus au sud dans les semi-déserts, prairies, savanes et terres en jachère de Tanzanie et de la moitié est de l'Afrique australe, mais leur nombre décroît lorsqu'on progresse vers le sud (Brown *et al.* 1982, Harrison *et al.* 1997). Les oiseaux européens sont quant à eux essentiellement concentrés dans l'étroite bande formée par le Sahel en Afrique de l'Ouest.

Stratégies migratoires

En 2008, après près d'un demi-siècle de baguage, les fichiers d'EURING contenaient 46 reprises africaines de Busards cendrés bagués

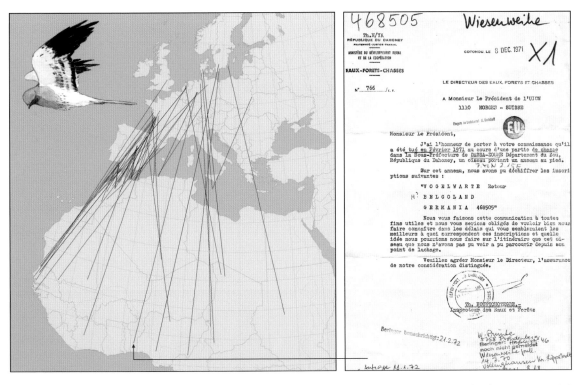

Fig. 180 Localités européennes de baguage des Busards cendrés repris en Afrique (n=47) et à Malte (n=2), dont 15 au sud du Sahara. Données EURING et García & Arroyo (1998). Le Busard cendré bagué juvénile près de Lippstadt, Allemagne par W. Prünte le 4 juillet 1970, et tué dans le district de Dassa-Doumé au Bénin en février 1971 (indiqué par la flèche), est l'un des Busards cendrés retrouvés bien au sud des quartiers d'hivernage habituels au Sahel occidental. La lettre envoyée pour signaler cet oiseau est un bon exemple des nombreux obstacles qu'il faut franchir pour faire part de la reprise de bague au bureau du centre de baguage. Il n'est guère étonnant que de nombreuses bagues retrouvées en Afrique ne fassent pas l'objet d'un signalement. D'après : Vogelwarte Helgoland, Wilhelmshaven.

Pour capturer un Busard cendré adulte, nous utilisons un Autour des palombes naturalisé et un filet à larges mailles positionné à proximité du nid. Cette femelle (Karen) fut capturée près de Ballum au Danemark en juillet 2008, et s'est avérée avoir été baguée en migration lors de sa première année calendaire en République Tchèque en 2000. Il est intéressant de relever que deux des femelles suivies par satellite ont pris la direction de la République Tchèque lors de leur migration automnale (Fig. 181).

en Europe (Fig. 180). Le motif qui émerge de ces données est celui d'une connectivité migratoire : les oiseaux des Pays-Bas, de Grande-Bretagne, de France et d'Espagne se rendent principalement dans la partie occidentale du Sahel, les oiseaux du nord de l'Allemagne et de Suède convergent dans le Sahel central. Des exceptions notables existent toutefois, et montrent que certains oiseaux d'Europe de l'Ouest peuvent hiverner dans le Sahel central (Fig. 180).

Les informations obtenues grâce à la télémétrie par satellite et les observations visuelles en Méditerranée centrale, ont fortement modi-fié nos connaissances sur la migration du Busard cendré, par rapport à la synthèse réalisé par García & Arroyo (1998) à partir des données de baguage.

En automne   La dispersion pré-migratoire, suite à l'échec de la re-production ou peu après l'envol des jeunes, peut durer jusqu'à 73 jours avant le début de la migration effective (données personnelles,

Les activités menées en faveur du Busard cendré ont eu lieu des Pays-Bas à l'ouest jusqu'à la Biélorussie à l'est. Les amateurs de rapaces, comme Dmitri Vintchevski (qui porte une brochure sur les oiseaux et traduit les informations données par ce couple d'agriculteurs de l'ouest de la Biélorussie), ont été très utiles pour nous guider vers les habitats favorables au Busard cendré dans leurs pays.

Le baguage des poussins de Busard cendré en Europe de l'Ouest est généralement une activité sociale, qui implique l'agriculteur et sa famille (tenant ici fièrement « leurs » poussins), les ornithologues et coordinateurs locaux (représentés par Martha Rasmussen du Dansk Ornitologisk Forening) et les amis du Busard cendré (représentés par Ben Koks et Aletta Buiskool des Pays-Bas). Ce nid localisé dans un champ cultivé près de Skærbæk au Danemark contenait cinq poussins, soit plus que la moyenne (juillet 2008).

Ce Busard cendré mâle de deuxième année calendaire, photographié près de Khelcom, Sénégal, le 3 février 2008 (à gauche), puis à nouveau le 28 janvier 2009 (à droite) sur le même site, a été bagué et marqué d'une plaque alaire lorsqu'il était poussin dans les Deux-Sèvres (ouest de la France) en 2007. Cet oiseau fait partie des 1524 poussins bagués en France en 2007 dans le cadre d'un grand effort à l'échelle européenne pour améliorer nos connaissances sur leur dispersion et leur migration (www.busards.com).

Limiñana *et al.* 2008). Pendant ces déplacements, à moins d'être bloqués par de vastes étendues d'eau, les nicheurs espagnols se dirigent dans des directions aléatoires, faisant de courts déplacements entre les sites où la nourriture est abondante. Ils peuvent également fréquenter les territoires de reproduction de leurs congénères nichant

La capture d'un Busard cendré ne représente pas une finalité en soi : les relâcher en bonne santé après les avoir mesurés et leur avoir posé une bague, une plaque alaire ou un transmetteur satellite est l'étape suivante dans la suite d'évènements qui s'enchaînent pour chaque individu. Ce mâle adulte bagué couleur est relâché par Assia Kraan, une volontaire néerlandaise. Le marquage et le baguage couleur sont utilisés dans l'espoir d'augmenter le nombre d'observations, ce qui est largement préférable à une reprise de bague (indiquant habituellement que l'oiseau est mort). Ce magnifique mâle a été bagué près de Cuxhaven, Allemagne (juillet 2008).

jusqu'à 500 ou 1000 km (Trierweiler *et al.* 2007a, Limiñana *et al.* 2008). Ce comportement pourrait servir à prospecter des sites de nidification potentiels pour l'année suivante, être dû à l'effet du vent sur les déplacements ou consister en une brève visite sur leur site de naissance.

En général, la migration automnale s'effectue sur de larges bandes parallèles orientées vers le SO ou le S. Malgré un certain recouvrement, les oiseaux occidentaux hivernent en moyenne en Afrique de l'Ouest et les oiseaux orientaux plus à l'est (Fig. 181 ; Limiñana *et al.* 2007). L'hypothèse précédemment avancée que les Busards cendrés franchissent principalement la Mer Méditerranée en quelques endroits privilégiés où la traversée est courte, comme au Détroit de Gibraltar, par les îles de Méditerranée centrale, ou par le Proche-Orient (García & Arroyo 1998), n'a pas été confirmée par les trajets des oiseaux suivis par satellite, pas plus qu'elle n'est décelable dans les études par radar dans le sud de l'Espagne (Meyer *et al.* 2003) ou les observations visuelles en Méditerranée centrale (Panuccio *et al.* 2005). Les observations par radar sur la côte sud de l'Espagne, 25 km à l'est de Malaga à l'automne 1996, ont montré que 74% des Busards cendrés continuaient leur vol vers le sud sans hésiter lorsqu'ils atteignaient la côte. La Méditerranée n'est large que de 150 km en cet endroit. En automne, à la vitesse moyenne au sol de 11,6 m/s ou 42 km/h, il ne leur faut que 4 heures pour la traverser (Meyer *et al.* 2003). La charge alaire extrêmement faible de 2,05 (masse corporelle en kg/ surface de l'aile en m², soit 0,300/0,1463), qui est la plus faible rencontrée parmi les 36 rapaces chez qui elle a pour l'instant été mesurée (Bruderer & Boldt 2001), et le fort allongement des ailes étroites permettent au Busard cendré d'alterner le vol à voile, le vol glissé et le vol battu entrecoupé de glissades, et de migrer dans des conditions thermiques et de vent peu favorables (Spaar & Bruderer 1997). Le fait

que les Busards cendrés soient capables de faire de longues traversés en mer est prouvé par les oiseaux suivis par satellite (voir Fig. 181, oiseaux traversant le Golfe de Gascogne et l'est de la Méditerranée entre la Grèce et la Crète).

Pendant la migration automnale, la distance journalière moyenne parcourue par nos oiseaux suivis par satellite était de 153 km, soit une distance très proche de celle des autres rapaces migrateurs.[1] L'un de nos mâles a réalisé un vol sans interruption depuis les Pays-

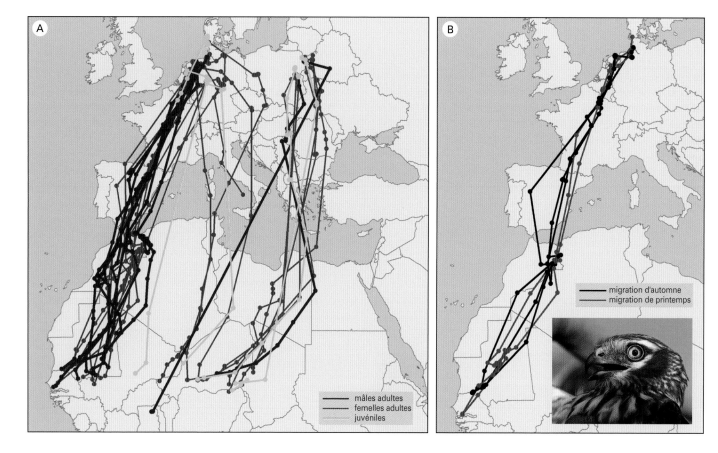

Fig. 181 (A) Tracé de 34 trajets migratoires suivis par 25 Busards cendrés équipés d'émetteurs satellites, pendant la migration postnuptiale entre 2005 et 2008, montrant des oiseaux des Pays-Bas (10), d'Allemagne (5), du Danemark (2), de Pologne (4) et de Biélorussie (5) ; d'après la Fondation néerlandaise pour le Busard cendré, Vogelwarte Helgoland, l'Université de Groningue et Deutsche Bundesstiftung Umwelt. (B) Trajets migratoires successifs pendant les automnes 2006-2008 et les printemps 2007-2008, d'après le suivi satellite de Merel, femelle de Busard cendré nommée en l'honneur de Merel Schothorst, la plus jeune des bénévoles agissant pour le Busard cendré aux Pays-Bas. Les lignes représentent les trajets les plus courts entre les positions enregistrées (points) et pas forcément le trajet réel (Trierweiler *et al.* 2007a, 2008).

5 mai 2009. La femelle Cathryn est revenue sur son site de nidification près de Nieuw Scheemda dans le nord des Pays-Bas. Il s'agit d'un oiseau exceptionnel. Tout d'abord capturée en 2004, après avoir échoué dans sa reproduction à cause d'une période de conditions météorologiques défavorables, elle fut équipée d'un émetteur satellite en 2006, alors qu'elle était au minimum dans sa cinquième année calendaire. Depuis lors, nous avons pu suivre de près ses déplacements. En 2006 et 2008, il ne lui a fallu respectivement que 20 et 25 jours pour atteindre ses quartiers d'hiver, soit près de deux fois plus vite que la moyenne chez les Busards cendrés. Entre 2006 et 2008, elle a débuté sa migration avec la précision d'une horloge suisse, vers le 19 mars. Sa fidélité aux sites qu'elle fréquente est également remarquable, à la fois au Sénégal et aux Pays-Bas. L'écart entre la position de son nid entre 2006 et les années suivantes était respectivement de 0 km, 2,3 km et 3,5 km. Au Sénégal, elle fréquente les environs de M'bour, le plus grand dortoir de Busards cendrés, qui a été identifié lors de la vérification sur le terrain des positions transmises par l'émetteur satellite de Cathryn.

Bas jusqu'au nord de l'Espagne en 2006, et montré que le vol de nuit était possible. Les Busards cendrés semblent voler plus vite lorsqu'ils traversent le Sahara. Une femelle adulte suivie en 2005 a parcouru en moyenne 623 km par jour lors de sa traversée (Trierweiler *et al.* 2007a). Les Busards cendrés espagnols suivis par satellite adoptent apparemment une stratégie différente, car leur vitesse journalière moyenne diminue considérablement après leur première étape de traversée du désert au Maroc (plus de 450 km en un jour). Ces oiseaux prennent ensuite jusqu'à 2 semaines pour couvrir les 1000 à 1500 km restant jusqu'à leurs quartiers d'hiver, en couvrant des distances journalières moyennes entre 93 et 219 km. Ils ne volent pas la nuit (Limiñana *et al.* 2007). Cette stratégie implique que les oiseaux chassent le long de leur trajet, bien qu'il soit difficile de comprendre comment ils arrivent à le faire dans le Sahara.

Au printemps Jusqu'à présent, la plupart des suivis par satellite ont clairement montré que les oiseaux d'Europe orientale hivernent à l'est des oiseaux d'Europe occidentale, avec un recouvrement au Mali

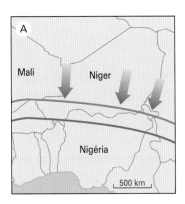
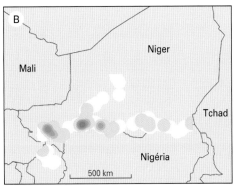
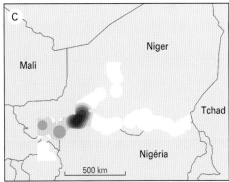

Fig. 182 (A) Représentation schématique des déplacements hivernaux des Busards cendrés dans le centre du Sahel. Les flèches indiquent les routes d'arrivée des Busards cendrés en automne (d'après le suivi par satellite). La ligne bleue représente la latitude où la concentration est la plus forte au début de la saison sèche (octobre à décembre), et la ligne rouge indique le déplacement vers le sud lié à l'avancement de la saison sèche (principalement entre janvier et mars), d'après les suivis par satellite et les observations de terrain. Adapté de : Trierweiler *et al.* 2008. (B) Abondance relative des criquets dans les transects de recherche de proies et (C) Abondance du Busard cendré le long de transects routiers dans le sud du Niger et le nord du Bénin en janvier-février 2007, représenté selon un gradient de densité. Les couleurs les plus intenses correspondent aux densités les plus fortes (Trierweiler *et al.* 2007b).

Un transect linéaire réalisé dans ce paysage magnifique près de Hombori, au Mali, a révélé la présence de cinq Busards cendrés en plumage de 2ème année calendaire, d'un Busard pâle et d'environ 100 Crécerelles renards en janvier 2008. Cet assortiment de prédateurs aviaires est une indication de l'abondance des criquets dans le secteur.

et au Niger, et peu de déplacements à travers le Sahel pendant l'hiver, à l'exception possible des oiseaux du Sahel central (voir ci-dessous). Une fois installés au Sahel, la plupart des individus restent sur place ou dans le secteur (à quelques centaines de km) pour le reste de l'hiver. Les Busards des roseaux réalisent des mouvements circulaires

L'émetteur satellite du Busard cendré "Franz", bagué aux Pays-Bas, a permis d'obtenir des localisations si précises que ce dortoir près de Mopti, Mali, a pu être localisé en janvier 2008. Une recherche méticuleuse a permis de trouver 70 pelotes de réjection.

d'ampleur limitée dans le sens des aiguilles d'une montre en Afrique de l'Ouest, en particulier entre les latitudes 20°N et 35°N. Cette boucle se rétrécit vers le nord jusqu'au croisement entre les routes automnales et printanières dans le nord de l'Espagne (Klaassen *et al.* 2008b). En Afrique de l'Ouest, l'écart le plus important entre le trajet automnal et le trajet printanier est atteint à 20°N, avec un peu plus de 400 km. Aucun des Busards des roseaux suédois suivis n'a cherché à traverser la Mer Méditerranée par sa partie centrale au printemps (axe Cap Bon – Sicile), ce qui est cohérent avec la boucle migratoire réalisée par ces oiseaux qui hivernent en Afrique de l'Ouest (Klaassen *et al.* 2008b). Jusqu'à présent, les Busards cendrés d'Europe du NO n'ont pas non plus tenté de traverser la Méditerranée centrale au printemps (www.grauwekiekendief.nl). Ils ont en revanche parcouru leur trajet automnal en sens inverse, sauf en Afrique de l'Ouest, où ils se sont légèrement déplacés vers l'est ou vers l'ouest de ce tracé. Au printemps 2008, les oiseaux d'Europe orientale ayant hiverné dans le Sahel central, ont réalisé une boucle migratoire dans le sens des aiguilles d'une montre, qui les a contraints à traverser la Méditerranée centrale lors de leur migration prénuptiale. Ces déplacements n'avaient aucun lien avec des mouvements d'essaims de locustes. Ces Busards cendrés étaient en effet restés plus ou moins sédentaires sur leurs quartiers d'hiver, où ils se nourrissaient de sauteriaux sédentaires (les locustes migratrices n'occupent une part dominante dans leur régime alimentaire que lors des invasions ; voir ci-dessous). En

Mâle mélanique (à gauche, mars 2008) et individu portant une bague espagnole (à droite, janvier 2009) s'abreuvant dans une mare temporaire à Khelcom, Sénégal. Parmi le millier de Busards cendrés présents au dortoir près de Dara (Khelcom), 30 individus mélaniques étaient présents.

outre, tous les mouvements associés à l'abondance de criquets détectés ont eu lieu selon un axe nord-sud (comme les suivis par satellite de Busards cendrés l'ont montré ; Trierweiler *et al.* 2008), suite au retrait de la Zone de Convergence Intertropicale (ZCIT). Il reste à prouver que cette migration circulaire a lieu chaque année. La suggestion de Klaassen *et al.* (2008b), selon laquelle la migration en boucle des Busards des roseaux en Afrique de l'Ouest est influencée par les vents dominants au printemps (principalement des vents d'est, plus forts au printemps qu'à l'automne ; voir également Chapitre 42) pourrait également être valable pour le Busard cendré (mais voir le trajet de la femelle « Merel » sur la Fig. 181). En Méditerranée centrale, la migration du Busard cendré au printemps est bien plus visible qu'à l'automne (au contraire de Gibraltar, où l'intensité migratoire est à peu près la même aux deux périodes ; Tableaux 3 & 4 de Finlayson 1992), mais les quantités sont très faibles en comparaison du nombre total de Busards cendrés migrateurs (Panuccio *et al.* 2005). Si ce motif migratoire existe réellement en Méditerranée centrale, il doit donc concerner les Busards cendrés du nord, et surtout de l'est de l'Europe, qui entrent en Afrique par la Méditerranée orientale ou centrale et la quittent après une boucle migratoire au printemps. Cinq oiseaux bagués au Cap Bon, Tunisie, au printemps, ont d'ailleurs été retrouvés en Hongrie, en Bulgarie (2), en Ukraine et dans la région de Voronej (SO de la Russie), soit des directions de migration variant entre NNE et ENE (reprises dans la même année ou jusqu'à six ans plus tard ; Mihelsons & Haraszthy 1985).

Fidélité aux sites d'hivernage

Pendant l'hiver boréal, de nombreux Busards cendrés (probablement la majorité) sont confinés au Sahel et au nord de la zone soudanienne (Fig. 181), mais jusqu'à présent, nous ne savions presque rien sur l'évolution temporelle de leur répartition et sur les mouvements au sein des quartiers d'hiver. Le caractère prépondérant des insectes dans le régime alimentaire du Busard cendré suggère une dynamique de répartition liée non seulement aux invasions de locustes et de sauteriaux, mais aussi à la saisonnalité et aux mouvements des espèces d'orthoptères locales, qui dépenden de la ZCIT (voir Chapitre 2). En d'autres termes, ces oiseaux pourraient être obligés d'exploiter des parties différentes du Sahel et du nord de la zone soudanienne chaque année et de réaliser des mouvements saisonniers selon les années (comme suggéré par Thiollay 1978c).

Déplacements interannuels Trois oiseaux marqués, qui ont pu être suivis pendant trois saisons consécutives, sont retournés sur les mêmes sites d'hivernage au Mali et au Sénégal (voir Fig. 181 le cas d'une femelle adulte). Cet échantillon est bien entendu trop réduit pour conclure que l'espèce est fidèle à ses sites d'hivernage en Afrique. A l'échelle de la population, la forte connectivité migratoire démontrée par les reprises de bagues et le suivi par satellite d'oiseaux d'Europe occidentale indique la fidélité des Busards cendrés à des parties restreintes du Sahel et de la zone soudanienne adjacente (García & Arroyo 1998 et nos données). La même conclusion peut être obtenue d'après les données de baguage des Busards des roseaux (Chapitre 25), une espèce chez qui la télémétrie par satellite a révélé une fidélité plus forte aux sites de halte et d'hivernage qu'aux sites de reproduction (Strandberg *et al.* 2008a).

Déplacements hivernaux Les premiers résultats obtenus grâce à nos oiseaux suivis par satellite indiquent qu'à leur arrivée sur les sites d'hivernage, les oiseaux restent pendant plusieurs semaines ou mois dans un périmètre de quelques km autour de l'endroit où ils se sont d'abord installés. Un déplacement progressif vers le sud débute avec l'avancée de la saison sèche, sur environ 200 à 250 km, une distance

Le Busard cendré peut former des pré-dortoirs au sol, d'où ils s'envolent collectivement lorsque l'heure est venue de rejoindre le site du vrai dortoir (Fatick, Sénégal, février 2008).

due à plusieurs facteurs : l'étroitesse de la ceinture sahélienne, le renforcement progressif de la sécheresse au Sahel entre septembre et les premières pluies en mai, et les variations d'abondance des oiseaux et des sauteriaux en fonction du déplacement vers le sud de la « ceinture verte » (Fig. 182, voir également Chapitre 14, Jones 1999). Cette évolution explique les déplacements de Busards cendrés vers la zone soudanienne.

Utilisation des habitats[2]

En Afrique, le Busard cendré est essentiellement un oiseau des terrains secs parsemés d'arbres. Au cours de transects routiers en Afrique de l'Ouest entre 1967 et 1973, Thiollay (1977) a observé un gradient d'abondance clair en fonction de la latitude chez le Busard cendré. Parmi ses données, on trouve : une absence de l'espèce dans les régions forestières autour de 6°N en Côte d'Ivoire, une quasi absence dans la zone guinéenne fortement boisée (0,02 individu/100 km), de fortes densités au Sahel (incluant les zones inondables des fleuves Niger et Sénégal : 0,79 - 3,11 oiseaux/100 km avec une préférence pour la savane sèche par rapport aux plaines inondables – voir Chapitre 25 pour la description des niches utilisées par les différents busards dans le Delta Intérieur du Niger), et enfin, des densités déclinant rapidement, jusqu'à atteindre zéro dans le nord du Sahel, à proximité du Sahara (près de 20°N).

Au sein du Sahel, les densités sont très variables, a priori en fonction de l'abondance des proies (acridiens) et du type d'habitat. Nos comptages depuis les routes au Niger en 2006-2007 ont montré que de grands secteurs sont vides de Busards cendrés. Les transects linéaires réalisés ont souvent abouti au constat de l'absence totale de sauteriaux dans ces secteurs. Le Busard cendré a été le plus souvent rencontré là où les sauteriaux étaient abondants (Fig. 182c).

Au Niger, au Mali et au Sénégal, le Busard cendré évite les habitats très dégradés (rares arbres et arbustes subsistants et surpâturage) et les régions couvertes de grands arbres, et préfèrent les secteurs arbustifs légèrement dégradés et les terres agricoles. Ces derniers habitats, qui ont souvent conservé des restes d'habitats naturels, accueillent les plus fortes densités d'oiseaux et de sauteriaux, une découverte cohérente avec les densités d'oiseaux dans le nord du Nigéria (Hulme 2007). Au Niger, la brousse tigrée est un habitat important pour le Busard cendré, mais cette communauté végétale qui alterne alignements d'arbres et de buissons séparés par un sol nu ou faiblement végétalisé, cède rapidement la place aux cultures. Le remplacement à grande échelle des habitats naturels par une alternance d'habitats

Fig. 183 Nombre cumulé de Busards cendrés entrant au dortoir près de Darou Khoudouss, Sénégal, le 3 février 2008 jusqu'à 19h14 (heure locale) ; coucher du soleil à 18h32, crépuscule civil à 18h56, crépuscule nautique à 19h23.

dégradés (moins d'arbres, plus de buissons et couverture herbacée basse) et de terres cultivées (avec des buissons et des arbres) a pu favoriser l'espèce. Toutefois, ce type de paysage est dans un état instable. La progression des cultures et l'augmentation de la pression anthropique entraîne une dégradation forte et irréversible. La disparition des arbres et des buissons et l'appauvrissement des communautés d'oiseaux et d'insectes sont aujourd'hui évidents dans une bonne partie du Sahel. Cette évolution a durement touché la quasi-totalité des espèces de rapaces au Mali, au Niger et au Burkina Faso, et notamment le Busard cendré (Thiollay 2006a, 2006c).

Le trésor des dortoirs [3, 4]

Reposoirs diurnes Pendant les heures les plus chaudes du jour, de nombreux Busards cendrés se réfugient à l'ombre d'arbres ou d'arbustes, seuls ou en petits groupes. Un reposoir de ce type a été trouvé par hasard en janvier 2007 près de Birni N'Konni au Niger. Vers 14h, nous avons repéré 12 Busards cendrés occupant chacun un buisson différent, et sans végétation herbacée à son pied, sur une pente montant vers un plateau. Sous certains de ces buissons, nous avons trouvé des pelotes et des déjections, mais en quantité si faible que nous avons supposé que ce site n'était utilisé qu'en journée. En février 2008, un autre reposoir diurne typique fut trouvé près de Kaolack au Sénégal, à proximité d'un lac salé. La journée avait été très chaude, et nous cherchions désespérément de l'ombre. Notre recherche de buissons offrant un ombrage nous fit découvrir une femelle de Busard cendré posée sur le sol dans un coin d'ombre. Sur ce site, nous avons trouvé environ 20 restes d'un sauteriau, *Ornithacris cavroisi*, ainsi que des plumes d'une Bergeronnette printanière fraîchement tuée. La seule espèce de rapace que nous avons observée à cet endroit étant le Busard cendré, nous avons considéré que ces restes de repas lui appartenaient.

Dortoirs nocturnes La méthode habituelle pour trouver un dortoir est d'observer les Busards cendrés se déplaçant d'un vol direct et rectiligne avant l'aube ou après le crépuscule (Fig. 183). Habituellement, ce type de vol atypique, et très différent du vol de chasse, est observé chez plusieurs oiseaux. Le vol de chasse est en effet plus irrégulier, louvoyant, à faible altitude et entrecoupé de fréquents changements de direction et surplaces. Le vol vers le dortoir est clairement orienté vers une direction. Cependant, pour trouver les dortoirs, il faut un nombre important d'observateurs disséminés dans un secteur, et idéalement en contact entre eux (avec des talkies-walkies), afin d'identifier les directions de vol prises par les oiseaux. Les dortoirs peuvent alors être localisés soit en effectuant une triangulation grâce aux trajets extrapolés, soit en poursuivant les oiseaux. Cette méthode a plus de chance d'être efficace pour les grands dortoirs (plus le nombre de busards est important, plus les chances de croiser un individu en vol vers son dortoir augmente).

Grâce au suivi des Busards cendrés porteurs d'émetteurs satellites, et à l'utilisation des localisations les plus récentes transmises, nous avons pu localiser ces dortoirs d'une manière totalement différente et qui nous a conduits vers des endroits où nous ne serions pas allés autrement, car les conditions d'accès nous auraient paru insurmontables. Grâce à la télémétrie, nous avons pu découvrir que certains oiseaux, comme cette femelle adulte polonaise hivernant à l'est de Niamey au Niger, changeait chaque jour de dortoir. Nous avons réussi à en atteindre certains et avons trouvé des restes d'un *O. cavroisi* récemment dévoré sur l'un d'entre eux. Une femelle juvénile originaire des Pays-Bas nous a permis de trouver, près de Niamey, un plateau de 700 ha abritant un dortoir fréquenté par 2 ou 3 Busards cendrés. Près de Mopti, au Mali, nous avons fait la découverte spectaculaire d'un dortoir de 30 Busards cendrés et 5 Busards des roseaux dans un secteur agricole fortement boisé et dominé par les hautes herbes, qui ne correspond pas vraiment au type d'habitat dans lequel nous nous attendions à trouver l'espèce. Sur certains sites localisés par télémétrie,

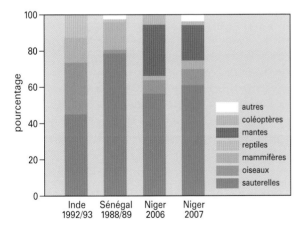

Fig. 184 Répartition de la fréquence des catégories de proies dans les pelotes de Busard cendré au Gujarat, NO de l'Inde (n=134 pelotes ; Clarke 1993), au Sénégal (n=113 ; Cormier & Baillon 1991), et au Niger (n=41 en 2006, n=28 en 2007 ; Koks *et al.* 2006, Trierweiler *et al.* 2007b).

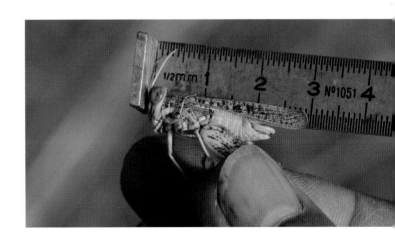

Ce criquet de taille assez réduite, *Acorypha clara*, était la principale proie des Busards cendrés, des Hérons garde-bœufs, des Faucons crécerellettes, des traquets et des Pie-grièches à tête rousse dans le centre du Sénégal en février 2008.

La présence de prédateurs, comme le Chacal doré *Canis aureus*, est peut-être l'une des raisons pour lesquelles les Busards cendrés préfèrent se regrouper en dortoirs dans les hautes herbes (comme c'est le cas pour les Busards des roseaux en Inde ; Verma & Prakash 2007), et préfèrent une vue dégagée lorsqu'ils se reposent ou boivent en journée comme ce mâle (Khelcom, Sénégal, mars 2008).

nous avons trouvé des pelotes avant même d'y voir un busard, mais le 24 janvier 2008 entre 18h50 et 19h40, nous avons observé des Busards cendrés arrivant de toutes les directions. A 19h30, Franz, un mâle de 7ème année calendaire, arriva ensuite avec son émetteur satellite bien visible sur le dos. L'observation dans un décor malien de cet oiseau néerlandais qui avait niché l'été précédent dans un champ de luzerne que nous avions protégé avec succès, fut une magnifique récompense de nos efforts. En bonus, nous avons pu collecter 70 pelotes sur ce site, dont le contenu à base de petits mammifères, de reptiles, d'œufs de passereaux et de quelques petits criquets, n'était pas très différent des pelotes trouvées lors d'une année classique dans le NO de l'Europe.

Les données satellites ont révélé la présence de trois dortoirs au Sénégal. Deux d'entre eux ne comprenaient « que » 100 à 200 individus, alors que le troisième était énorme. Cet immense dortoir fut d'abord détecté par Wim Mullié le soir du 25 novembre 2006. Bien que sa localisation précise n'ait pu être obtenue, il vit entre 500 et 1000 oiseaux voler vers leur dortoir juste avant le crépuscule près de Darou Khoudoss. Les environs de ce site furent revisités en soirée le 2 février 2008 et un pré-dortoir de 90 oiseaux sur un sol agricole nu fut repéré. Bien que la lumière ait manqué, le dortoir en lui-même fut estimé à environ 1000 oiseaux. Le lendemain, entre 17 h40 et 19h10, nous avons compté plus de 1000 individus (Fig. 183). A 19h14, il faisait presque

nuit, mais la chance était avec nous et tous les oiseaux se mirent à tournoyer à nouveau juste avant que l'obscurité n'empêche l'observation, ce qui nous permit de repérer 300 nouveaux individus sur le versant d'une colline que nous n'avions pas prospectée. Nous avons donc compté 1300 Busards cendrés au total, plus quelques Busards des roseaux. Il est possible que 1500 individus aient été présents. Il est impossible d'être plus précis, car des oiseaux arrivaient encore juste avant que l'obscurité soit totale et nous avons dû quitter le site pour des raisons de sécurité.

Jusqu'à récemment, les plus grands dortoirs signalés en Afrique n'excédaient pas 70 à 160 individus au Sénégal (Arroyo & King 1995, Rodwell *et al.* 1996) et plus de 200 individus au Kenya (principalement des Busards cendrés ; Meinertzhagen 1956). Il existait toutefois une exception, le 8 février 1989 avec un dortoir dans le secteur de M'Bour et Joal (Delta du Sine Saloum, Sénégal) accueillant entre 800 et 1000 Busards cendrés. Ce grand dortoir était lié à une invasion de Criquets pèlerins *Schistocerca gregaria* (Cormier & Baillon 1991). En février 2008, les Busards cendrés du dortoir de Darou Khoudouss profitaient de l'abondance d'un orthoptère de taille moyenne, *Acorypha clara* (densités maximales : 3 à 5 ind./m²). Les pelotes contenaient presque exclusivement les restes de cette espèce. En mars, *O. cavroisi*, plus grand, était devenu la proie principale du Busard cendré (Fig. 123 ; Chapitre 14).

Depuis le milieu des années 1980 au moins, des dortoirs de Busards cendrés encore plus grands ont été trouvé dans le sous-continent Indien par Clarke (1996), qui a observé jusqu'à 2000 oiseaux dans le district de Bhavnagar dans le NO de l'Inde. Ce dortoir fut estimé à 3000 individus le 6 décembre 1997. Il était composé à 15% de Busards pâles, ainsi que de quelques Busards des roseaux, mais la grande majorité des oiseaux étaient des Busards cendrés (Clarke *et al.* 1998).

Le rôle des sauteriaux sédentaires

La littérature et les quelques données collectées sur le terrain suggèrent que les locustes *Locusta migratoria* et *Schistocerca gregaria* représentent une source de nourriture cruciale pour les oiseaux acridivores, dont le Busard cendré (Brown 1970, Thiollay 1978c, Cormier & Baillon 1991 ; voir également le Chapitre 14). Ces locustes sont sans aucun doute abondantes au cours de certains années et sur certains sites, mais les indices disponibles montrent que les espèces sédentaires sont bien plus importantes pour le Busard cendré, principalement grâce à leur abondance plus prévisible selon les saisons et d'une année sur l'autre. Ils constituent donc une ressource fiable pour les acridivores. Les locustes ne pullulent en revanche que très irrégulièrement et sont présents en très faible quantité, voire sont absents, au cours de leurs longues périodes de récession ou de rémission. En outre, la fréquence des pullulations a été fortement réduite depuis 1965 (Fig. 144), et se produit souvent en dehors de la période de présence des migrateurs paléarctiques. Ainsi, la fréquence de signalement de *S. gregaria* au Sahel est maximale entre juillet et décembre (Chapitre 14).

Au Niger, tant en 2006 qu'en 2007, les proies les plus fréquemment consommées étaient des orthoptères, principalement l'espèce sédentaire *O. cavroisi*, mais de manière surprenante, les mantoptères formaient également une part importante des proies (Fig. 184). Le nombre d'oiseaux et de mammifères est insignifiant, mais comme ils sont bien plus lourds qu'un simple criquet, ils représentent une part non négligeable de la biomasse consommée. Une forte présence d'*O. cavroisi* dans les pelotes de Busards cendrés a également été trouvée en 2008 (Niger, Sénégal, analyses en cours), ce qui atteste de l'importance des sauteriaux sédentaires de taille moyenne (3-7 cm) à grande (> 7 cm) pour le Busard cendré (et d'autres espèces d'oiseaux acridivores, comme la Cigogne blanche ; Brouwer *et al.* 2003).

Les Busards cendrés hivernant dans le Sahel central et occidentale sont assez versatiles dans leurs choix de proies. Ainsi, en février 2008, nous avons trouvé de fortes différences dans le choix des proies selon les régions, probablement du fait des différences locales de disponibilité. Les pelotes collectées au Niger, au Mali et au Sénégal contenaient de petits insectes (termites, coléoptères), des orthoptères de toutes tailles, des rongeurs, des passereaux, des œufs et des reptiles (voir également Fig. 123).

Nos données montrent que le régime alimentaire du Busard cendré est bien loin d'être dominé par les locustes. Tout comme dans le NO de l'Inde, les Busards cendrés du Sahel font avec ce qu'ils

trouvent.[5] Sur les sites de reproduction européens, le Busard cendré se nourrit également d'une grande variété de proies, principalement des passereaux en Grande-Bretagne (Clarke 2002), des campagnols et des passereaux aux Pays-Bas (Koks *et al.* 2007) et en France (Millon *et al.* 2002) et des oiseaux et des insectes en Espagne (Sánchez-Zapata & Calvo 1998). Toutefois, les différences interannuelles sont substantielles, en Europe comme en Afrique. La prédominance des locustes dans le régime alimentaire du Busard cendré au Sénégal en 1988/1989 était peut-être une exception plus que la règle. Même cette année-là, malgré l'abondance des locustes, les rongeurs restaient une proie importante (Fig. 184). La contribution réelle des locustes au régime des oiseaux acridivores en Afrique nécessite clairement d'être réévaluée, afin de prendre en compte l'importance des sauteriaux sédentaires (voir également Chapitre 14 pour un approfondissement du sujet) et des autres proies.

Variations de population

Conditions d'hivernage   Le déclin du Busard cendré en hivernage au Sahel a été démontré par des comptages depuis les routes au Mali, au Burkina Faso et au Niger réalisés en 1969-1973 et en 2003-2004 (baisse de 74% dans les secteurs non protégés et les Parcs Nationaux combinés ; Thiollay 2006a). Un tel déclin avait précédemment été suggéré en Afrique de l'Est par Leslie Brown (1970) : « Je n'ai guère de doute qu'un désastre a frappé la population qui avait l'habitude d'hiverner en Afrique de l'Est ». Des indices allant dans le même sens existent pour l'Afrique australe. Dans la plaine inondable de la rivière Nyl au Transvaal, Tarboton & Allan (1984) ont observé huit individus entre 1959 et 1970 et aucun entre 1975 et 1981. Les informations collectées par Clarke (1996b) semblent suggérer qu'un certain rétablissement de population a eu lieu depuis. Cependant, selon Simon Thomsett (*in litt.*) « les grands dortoirs de Brown n'existent plus. » En Afrique australe, l'espèce est maintenant assez rare partout dans la région, sauf au Botswana où elle est assez commune dans le nord (Harrison *et al.* 1997).

L'abondance passée de l'espèce en Afrique de l'Est est révélé par les observations de Meinertzhagen (1956) au Kenya.[6] Le 17 janvier 1956, il a observé 17 busards (principalement des cendrés) pendant un voyage motorisé de 200 miles entre Isiolo et Marsabit (5,3 ind./100 km), et 11 autres en février sur un autre voyage motorisé de 140 miles dans la vallée du Rift (4,9 ind./100 km). Au Sahel, de telles densités ont rarement été rencontrées, sauf dans les meilleurs habitats, et il y a bien longtemps (Thiollay 1977). Ainsi, nos transects routiers dans le sud du Niger en janvier et février 2006 et 2007 ont révélé des densités respectives de 0,43 (sur 4172 km) et 0,52 ind./100 km (sur 4950 km). Les transects routiers réalisés par Thiollay (2006a) dans l'ouest du Sahel en 2003 et 2004 ont révélé la présence de 0,7 à 0,9 Busards cendrés pour 100 km.

Les populations européennes hivernant dans le Sahel occidental fluctuent indépendamment de la quantité de pluie au Sahel (Fig. 185), alors qu'il s'agit de la variable déterminant le verdoiement et donc l'abondance des ressources alimentaires du Busard cendré. La ten-

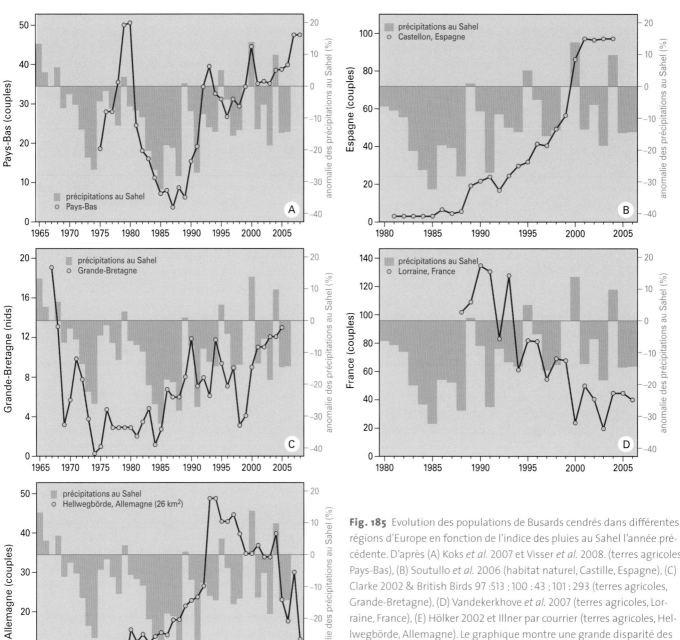

Fig. 185 Evolution des populations de Busards cendrés dans différentes régions d'Europe en fonction de l'indice des pluies au Sahel l'année précédente. D'après (A) Koks *et al.* 2007 et Visser *et al.* 2008. (terres agricoles, Pays-Bas), (B) Soutullo *et al.* 2006 (habitat naturel, Castille, Espagne), (C) Clarke 2002 & British Birds 97 :513 ; 100 : 43 ; 101 : 293 (terres agricoles, Grande-Bretagne), (D) Vandekerkhove *et al.* 2007 (terres agricoles, Lorraine, France), (E) Hölker 2002 et Illner par courrier (terres agricoles, Hellwegbörde, Allemagne). Le graphique montre une grande disparité des tendances, en grande partie déterminées par les conditions locales sur les sites de reproduction. Toutes les études concernent des régions où les nids sont protégés si nécessaire.

dance suivie par les populations néerlandaises suggère un effet des précipitations au Sahel, mais il s'agit d'un artefact lié aux conditions sur les sites de reproduction (voir ci-dessous). Nous n'avons par ailleurs pas réussi à retrouver la corrélation positive entre le nombre de nids de Busards cendrés trouvés en Grande-Bretagne et l'anomalie des précipitations en Afrique de l'Ouest (Clarke 2002), en prenant en compte une période plus longue et l'évolution relative du nombre de nicheurs d'une année sur l'autre. Malgré la dégradation de son habitat à grande échelle au Sahel (Thiollay 2006a, 2007) et ailleurs en Afrique

(Fishpool & Evans 2001), nous n'avons guère d'indication que les variations des populations européennes soient pour l'instant influencées par les conditions sur les sites d'hivernage. Cette situation pourrait toutefois changer avec la poursuite des destructions d'habitats.

Conditions de reproduction   Le Busard cendré fait partie des rapaces les mieux étudiés en Europe. Une bonne partie des études n'a commencé que dans les années 1970 ou ultérieurement (exemples dans la Fig. 186). Les conclusions établies sur des tendances à court terme

Busard cendré mâle patrouillant les terres agricoles battues par les vents de Groningue dans le nord des Pays-Bas, avec le village de Noordbroek en arrière-plan (5 mai 2009). Ces dernières années, les oiseaux équipés d'émetteurs radio ont montré que les parcours de chasse ne sont pas choisis au hasard, et que les oiseaux préfèrent les délaissés et les champs fraîchement moissonnés, où les campagnols sont plus abondants et repérables que dans les champs voisins.

(comme une augmentation entre 1970 et 1990 ; BirdLife International 2004a, voir Encadré 27 au Chapitre 44) peuvent induire en erreur s'ils ne sont pas mis en perspective avec des données historiques. Ainsi, aux Pays-Bas, la population était estimée entre 500 et 1000 couples dans la première moitié du 20ème siècle, mais elle n'atteignait plus qu'une poignée de couples à la fin des années 1980 (Bijlsma 1993). L'augmentation qui a suivi jusqu'à un total supérieur à 40 couples en 2000 montre que ce rétablissement, quoiqu'encourageant, ne représente qu'une faible part d'une population autrefois importante. La population néerlandaise a atteint son minimum pendant la Grande Sécheresse au Sahel (années 1980), sans toutefois y être liée. Une analyse fine des données indique en effet que l'évolution de la population aux Pays-Bas est liée aux conditions sur les sites de reproduction. Ainsi, l'endiguement du Zuidelijk Flevoland en 1968 a créé un habitat favorable et riche en nourriture, ce qui a entraîné un pic d'abondance vers 1980, mais la mise en culture de cette zone dans les années qui ont suivi ont entraîné une perte d'habitat et un fort déclin du Busard cendré qui a atteint le seuil de l'extinction au début des années 1990. Toutefois, un rétablissement soudain de la population eut lieu après l'introduction des jachères comme mesures pour lutter contre la surproduction agricole (dans le cadre de la Politique Agricole Commune ; Pain & Pienkowski 1997). L'augmentation qui a suivi aux Pays-Bas a été soutenue par la protection des nids et la mise en place de mesures agri-environnementales (Koks & Visser 2002, Trierweiler *et al.* 2008).

Dans de nombreuses régions d'Europe, les habitats naturels de reproduction ont disparu et contraint le Busard cendré à se reporter sur les terres agricoles, où à cause de dates de pontes tardives, ses nids sont menacés par le début de la récolte des céréales et de la luzerne (Corbacho *et al.* 1999). La protection des nids est nécessaire pour éviter l'échec à grande échelle de la reproduction, particulièrement en Europe de l'Ouest où la période de la moisson des céréales a été avancée, p. ex. d'environ deux semaines en Lorraine, France, entre 1988 et 2006 (Vandekerkhove *et al.* 2007) et d'un mois aux Pays-Bas entre 1968 et 2008 (Bijlsma 2006c, non publ.). Sans la protection des nids dans les zones agricoles, la productivité des couples ne pourrait pas permettre aux populations concernées de se maintenir à leur niveau actuel (Koks & Visser 2002, Millon *et al.* 2002, Vandekerkhove *et al.* 2007). En moyenne, ce sont 60% des nids implantés dans des champs qui seraient détruits en l'absence de protection, avec des variations entre 41% et 98% dans 14 régions de France, du Portugal et d'Espagne (Arroyo *et al.* 2002, Millon *et al.* 2002).

Le temps investi à travers l'Europe pour la protection des nids est énorme. Ainsi, en France, 40 à 50 groupes répartis dans 60 départements participent chaque année à cette action. Leurs efforts combinés ont permis de préserver 11.000 nids de la destruction, et l'envol de 22.000 jeunes entre 1976 et 2001 (Pacteau 2003). Cet investissement massif concerne selon les années entre 7,5 et 17% de la population française de Busard cendré, mais est apparemment insuffisant pour stopper le déclin dans une grande partie de la France (Pacteau 2003, Thiollay & Bretagnolle 2004).

Même pour la minuscule population des terres agricoles néerlandaises (entre 16 et 48 couples entre 1990 et 2008), dont les nids sont protégés chaque année lorsqu'il le faut, ces actions, ainsi que les efforts d'améliorations de l'habitat suffisent à peine à la maintenir stable (Koks & Visser 2002). Le baguage couleur a permis de montrer que des échanges existent entre les noyaux de populations aux Pays-Bas et dans le nord et l'est de l'Allemagne (Visser *et al.* 2008). La dispersion pré-migratoire pourrait être l'un des mécanismes permettant à l'espèce d'explorer et d'évaluer les habitats de reproduction potentiels au sein d'un large périmètre (Limiñana *et al.* 2007, Trierweiler *et al.* 2007a). L'abondance de nourriture, en particulier du Campagnol des champs *Microtus arvalis* (ou en Grande-Bretagne, du Campagnol agreste *M. agrestis*) et des petits passereaux, serait alors le facteur déclenchant l'installation (Salamolard *et al.* 2000, Arroyo *et al.* 2007, Koks *et al.* 2007). La rareté, dans les champs cultivés par l'agriculture intensive en Europe, de proies anciennement abondantes rend encore plus précaire le statut européen de l'espèce. La protection des nids doit donc être complétée d'une amélioration de l'habitat pour les busards dans les plaines agricoles (Millon *et al.* 2002, Koks *et al.* 2007), en parallèle de la préservation des habitats naturels de reproduction, où la productivité est meilleure que dans les champs cultivés, au moins en Espagne (Limiñana *et al.* 2006).

Conclusion

La progression du Busard cendré enregistrée en Europe entre 1970 et 1990 n'a comblé qu'une faible proportion des pertes subies plus tôt au 20ème siècle. La destruction des habitats naturels de reproduction et le report vers les terres agricoles ont eu un effet majeur sur le destin de l'espèce au 20ème siècle. Les moissons empêchent bien souvent les couples nichant dans les cultures de mener à bien leur reproduction, sauf lorsque les nids sont protégés. L'agriculture moderne a également eu un effet dévastateur sur l'abondance des proies (particulièrement les campagnols et les passereaux). Sans amélioration des habitats, la protection des nids en secteur agricole est insuffisante pour stopper le déclin.

Le Busard cendré hiverne principalement au Sahel, où sa répartition d'ouest en est correspond à sa répartition longitudinale sur les sites de reproduction. Pendant cette période, ils peuvent être forcés à se déplacer vers le sud du Sahel ou vers le nord de la zone soudanienne à cause de l'assèchement progressif du Sahel. Leurs proies principales sont des sauteriaux sédentaires (ayant chacun une phénologie différente et répartis irrégulièrement, avec des pullulations locales), qui forment une source d'alimentation fiable pendant toute la saison sèche. Ils complètent leur régime avec des passereaux, des mantes et des petits mammifères. Les invasions de locustes migratrices ne constituent qu'une ressource alimentaire rare qu'ils exploitent de manière opportuniste. De grands regroupements de busards peuvent se former là où les sauteriaux, les locustes ou les petits mammifères sont abondants. La dégradation en cours des habitats au Sahel est susceptible de s'étendre, mais favorise pour l'instant les sauteriaux et par conséquent le Busard cendré. L'impact des précipitations et de la dégradation des habitats au Sahel sur le Busard cendré est donc masqué par les changements d'utilisation des terres bien plus profonds qui ont eu lieu en Europe au 20ème siècle.

Notes

1 De nombreuses espèces de rapaces de taille moyenne à grande ont maintenant été suivies par satellite, ce qui a permis d'obtenir des informations sur la vitesse de migration en fonction du sexe, de l'âge et de la saison (voir tableau). En moyenne, les oiseaux atteignent leurs vitesses maximales lors de la migration printanière (voir le cas de la Buse de Swainson ci-après), et les adultes se déplacent plus vite que les juvéniles et les immatures. La vitesse au-dessus des déserts est supérieure à celle au-dessus des territoires hospitaliers (Bondrée apivore, Circaète Jean-le-Blanc, Busard des roseaux). Le poids du corps est exprimé en grammes (poids moyen pour le mâle et la femelle ; Dunning 1993). La distance est la distance en km et dans un seul sens entre les sites de reproduction et d'hivernage (pour des oiseaux suivis par satellite), au départ du site de reproduction. Les distances de migration journalières (en km) sont données pour la totalité des périodes de migration vers le nord ou vers le sud (en incluant les haltes), et le nombre d'individus est indiqué entre parenthèses. L'Aigle de Wahlberg est la seule espèce qui ait été suivie dans l'hémisphère sud et pour laquelle la migration postnuptiale a lieu vers le nord.

2 Convaincus par le travail de Jean-Marc Thiollay en Afrique de l'Ouest, nous avons adopté la méthode des transects routiers pour détecter les variations spatiales et temporelles d'abondance du Busard cendré. En roulant à la vitesse maximale de 60 km/h, nous avons systématiquement compté tous les rapaces vus depuis la route (Trierweiler *et al.* 2007b). Lorsqu'un Busard cendré était trouvé, nous nous arrêtions pour vérifier s'il y avait d'autres oiseaux, mais si tel était le cas, ils n'étaient pas comptés dans les transects. Depuis le début de ces transects, au Niger pendant l'hiver boréal 2005/2006, nous avons couvert plus de 15.000 km de transects routiers au Niger, au Mali et au Sénégal. Nous avons également utilisé ces transects pour noter les types d'habitats (tous les 5 km) et leur degré de dégradation (notée ainsi : absente, faible ou forte, chaque catégorie correspondant à des valeurs prédéterminées de recouvrement végétal, d'érosion ou d'abattage des arbres). En complément, nous avons collecté des données sur les densités de proies en réalisant des transects pédestres d'au moins 30 m de long, et en y notant les oiseaux (espèces et quantités, jusqu'à 20 m de part et d'autre), les terriers de petits mammifères occupés (rongeurs, ouvertures <3 cm et > 3 cm de diamètre, jusqu'à 1,5 m de part et d'autre), reptiles (jusqu'à 1,5 m de part et d'autre). Des échantillons de sauteriaux étaient collectés sur place, afin d'être identifiés ultérieurement et utilisés comme référence. Nous avons utilisé ces données pour calculer l'abondance relative des proies. Entre 2006 et 2008, nous avons collecté des données sur les proies sur plus de 1100 transects (Trierweiler *et al.* 2007b, non publ.).

3 « Dortoir » signifie ici un lieu où un ou plusieurs individus passent du temps pour se reposer ou paresser, de nuit ou de jour.

4 Trouver des dortoirs, et par suite des pelotes, est essentiel pour étudier le régime alimentaire des Busards cendrés sur leurs sites d'hivernage. Les grands dortoirs (centaines d'oiseaux) sont plus faciles à trouver que les petits (quelques oiseaux, parfois un seul). Cependant, en ne recherchant que les grands dortoirs, les résultats seraient biaisés, car ces rassemblements sont signes d'une grande abondance de nourriture, et donc d'une alimentation moins diversifiée que dans les secteurs où la nourriture est moins abondante. Dans les derniers, les Busards cendrés ont en général une alimentation plus variée. Le peu de littérature disponible sur le régime alimentaire des Busards cendrés en hivernage est fortement biaisé par l'observation des grands dortoirs dans des secteurs soumis aux invasions de *Schistocerca gregaria* (Cormier & Baillon 1991, Arroyo

Espèce	poids	distance	origine	sud	nord	source
Balbuzard pêcheur	1486	6393	Suède	162 (12)	244 (8)	Alerstam *et al.* 2006
Balbuzard pêcheur	1486	5260	Ecosse	168 (7)	236 (3)	Dennis 2008
Balbuzard pêcheur	1486	4958	Etats-Unis	241 (52)	-	Martell *et al.* 2001
Bondrée apivore	758	6709	Suède	148 (8)	-	Hake *et al.* 2003
Vautour percnoptère	2120	4160	France, Bulgarie	194 (3)	-	Meyburg *et al.* 2004a
Circaète Jean-le-Blanc	1703	4365	France	234 (1)	-	Meyburg *et al.* 1996, 1998
Busard cendré	316	5000	Europe*	153 (16)	-	C. Trierweiler non publ.
Busard des roseaux	628	4243	Suède	127 (23)	161 (13)	Strandberg *et al.* 2008a
Petite buse	455	6998	Amérique du Nord	69 (3)	105 (1)	Haines *et al.* 2003
Buse de Swainson	989	12728	Amérique du Nord	188 (27)	150 (19)	Fuller *et al.* 1998
Aigle pomarin	1370	8725	Europe central	164 (5)	177 (3)	Meyburg *et al.* 1995a, 2001, 2004b
Aigle de Wahlberg	640	3520	Namibie	214 (1)	185 (1)	Meyburg *et al.* 1995b
Faucon hobereau	240	9635	Suède	151 (4)	-	Strandberg *et al.* 2008b
Faucon d'Éléonore	390	8600	Italie, Sardaigne	134 (1)	293 (1)	Gschweng *et al.* 2008
Faucon pèlerin	780	3841	Russie, Kola	190 (2)	-	Ganusevich *et al.* 2004
Faucon pèlerin	780	8436	Amérique du Nord	172 (22)	198 (7)	Fuller *et al.* 1998

* Oiseaux en Allemagne et Pays-Bas (12), Pologne (2) et Biélorussie (2).

& King 1995). Ce biais est souvent renforcé par les faibles tailles d'échantillons et de période d'étude. Les techniques utilisées pour étudier le régime alimentaire représentent un autre biais : analyse des pelotes, ramassage des reliefs de repas, observations visuelles ou enregistrements vidéo des nids. Chaque méthode induit une surreprésentation ou une sous-représentation de certaines catégories de proies (Schipper 1973, Simmons *et al.* 1991, Underhill-Day 1993, Sánchez-Zapata & Calvo 1998, Redpath *et al.* 2001, Koks *et al.* 2007). La combinaison de plusieurs méthodes permet de limiter les biais. Nos études au Sahel sont largement basées sur l'analyse des pelotes.

5 Le témoignage oculaire de Chris Magin peut illustrer le fait que le Busard cendré en Afrique est capable de profiter d'une abondance soudaine de nourriture. En rentrant vers Addis Abeba depuis Lalibella en Ethiopie, à la fin janvier/début février 2008, il prit la route de plaine depuis Dese, descendant vers les plaines Afar. « Alors que nous descendions vers le sud et le Parc National d'Awash, nous avons traversé le Parc National Yangudi Rasa, qui s'étend de part et d'autre de la route principale. La végétation des plaines était très développée (*i.e.* les pluies avaient été extrêmement abondantes lors des mois précédents) et la végétation herbacée regorgeait de rongeurs. Chaque pas semblait en faire fuir un. Je ne peux pas dire avec certitude de quelle espèce il s'agissait. Le ciel était rempli de rapaces, quasi uniquement des busards. J'étais tellement impressionné par leur nombre qu'à un moment j'ai tenté un comptage approximatif, en couvrant un arc de 90° très doucement avec mes jumelles Zeiss Jenoptem 10x50 et en comptant tous les busards au-dessus de l'horizon. J'en ai compté 125 dans ce quart d'horizon, et j'ai donc estimé qu'il y en avait environ 500 visibles depuis là où j'étais. Je pouvais voir assez loin (bien qu'en milieu de journée, c'était la saison douce, et il y avait peu de brumes de chaleur) et pouvait probablement voir les busards jusqu'à 3 ou 4 km. Comme il n'y avait pas de locustes ou de grands sauteriaux et que la plupart des busards chassaient au ras du sol, j'ai considéré qu'ils s'étaient rassemblés pour se nourrir de cette « explosion » de la population de rongeurs. Les busards étaient entre le hameau de Gewane et la jonction avec la route de Dese. Je pense également qu'ils étaient à l'intérieur des limites du PN Yangudi, en particulier parceque l'abondance de la végétation aurait attiré des hordes de nomades et leurs troupeaux, si nous avions été en dehors du parc. Ces busards devaient être des Busards pâles et cendrés, qui sont communs dans le secteur. »

6 La réputation de Richard Meinertzhagen, qui était un extraordinaire ornithologue à son époque, comme source fiable d'information s'est ternie au cours des dernières années (synthèse dans Garfield 2007). Des recherches minutieuses réalisées par Alan Knox, Robert Prys-Jones, Pamela Rasmussen et Nigel Collar ont montré qu' « une bonne partie de ce qu'il nous a laissé ne peut pas être considéré comme étant véridique » (Knox 1993). Sa note sur les busards au Kenya, en revanche, semble crédible, car elle a été publiée quelques mois après l'observation. Ce qui est confirmé par la remarque de Simon Thomsett (*in litt.*), qui est né et a grandi au Kenya et en connaît parfaitement les rapaces : « dans le cas de cette note, je crois Meinertzhagen. » Garfield (2007) démontre que la plupart des fraudes ont eu lieu longtemps après l'évènement, mais concède que « ses écrits ornithologiques, même s'ils sont parfois clairement faux, sont en général plus sérieux et plausibles – et donc moins irritants – que ses écrits militaires et politiques. »

Barge à queue noire
Limosa limosa

Sous un ciel nuageux, des groupes de fermiers labourent la terre. Une grosse averse vient juste de tomber. Soudain, l'air s'emplit d'un son familier et saisonnier : des Barges à queue noire descendent presqu'en chute libre de leur vol si typique pour se poser à proximité. Après une absence de cinq mois pendant laquelle elles se sont reproduites dans le nord-ouest de l'Europe, elles sont de retour sur leurs sites d'hivernage principaux le long des côtes d'Afrique de l'Ouest. Ici, dans les champs de riz de Casamance, les fermiers jettent des coups d'œil irrités en direction des barges. Elles y sont considérées nuisibles, car elles peuvent causer des dégâts aux cultures récemment semées. A l'autre extrémité de leur voie de migration, aux Pays-Bas, les agriculteurs les accueillent comme des messagers du printemps. Les prairies humides sous le niveau de la mer y sont devenues un milieu de substitution aux habitats naturels en rapide déclin que sont les marais inondés, les tourbières et les landes, particulièrement depuis que l'utilisation des fertilisants artificiels a augmenté la quantité de nourriture disponible pour les Barges à queue noire. Cependant, ce paradis apparent est un enfer pour la reproduction. A la fin du 20ème siècle, les pratiques agricoles intensives, qui ont depuis longtemps remplacé les techniques traditionnelles, ont dégradé cet habitat de reproduction. Dans ces prairies, qui paraissent favorables au printemps, et incitent les barges à y nicher et à y pondre leurs œufs, le taux de succès de reproduction a fortement chuté, car la date de la première fauche a été avancée d'au moins trois semaines. Ce faible succès de reproduction, associé à d'autres problèmes liés à l'agriculture moderne, représente de nos jours le quotidien des Barges à queue noire sur leurs sites de reproduction.

Aire de reproduction

L'aire de nidification de la Barge à queue noire s'étend de l'Europe occidentale à la Sibérie orientale, où elle occupe les plaines tempérées et boréales, approximativement entre 45° et 60°N (Cramp & Simmons 1983). La population européenne est composée de deux sous-espèces : la race-type *L. l. limosa*, qui niche presqu'exclusivement sur le continent et *L. l. islandica*, qui possède une population géographiquement séparée en Islande, en Ecosse (en très petit nombre) et dans le NO de la Norvège (Thorup 2006). La population de Barges à queue noire islandaise est prospère et combine une forte augmentation numérique avec une extension de son aire de reproduction en Islande (Gunnarsson *et al.* 2005). La croissance de cette population est attribuée au changement climatique qui bénéficie à l'espèce, principalement sur ses sites de reproduction (Gunnarsson, *en préparation*). En hiver, les barges islandaises sont confinées aux habitats côtiers d'Irlande, de Grande-Bretagne, des Pays-Bas, de France et de la Péninsule Ibérique, alors que les barges continentales hivernent principalement en Afrique sub-saharienne (Fig. 186 ; Beintema & Drost 1986, Gill *et al.* 2002). Les Barges à queue noire de Sibérie orientale (à l'est du Fleuve Ienisseï) forment une sous-espèce distincte, *L. l. melanuroides*, et hivernent dans les zones côtières d'Inde, d'Asie du SE et d'Australie (Cramp & Simmons 1983, del Hoyo *et al.* 1997).

Les barges continentales nichent à travers l'essentiel des plaines européennes, mais leur bastion est situé aux Pays-Bas (ca. 45.000 – 50.000 couples au début des années 2000 ; SOVON), avec des quantités plus faibles dans le nord de l'Allemagne (ca. 6000 couples ; Hötker *et al.* 2007). Ces barges nichent dans des prairies humides utilisées pour l'élevage laitier. En Europe centrale et orientale, les barges occupent principalement des habitats semi-naturels, comme des pâtures humides et des plaines inondables. Des populations importantes sont présentes en Biélorussie (8500 couples), en Ukraine (7500 à 14.000 couples) et dans l'ouest de la Russie européenne (15.000 à 32.000 couples ; BirdLife International 2004a, Thorup 2006). P. Tomkovich (*in* Thorup 2006) signale une autre population au Kazakhstan, où jusqu'à 5500 oiseaux en mue ont été observés dans la région de Tengiz-Korgalzhyn (Wassink & Oreel 2007).

Répartition en Afrique

Avant qu'Haverschmidt (1963) rédige sa monographie sur la Barge à queue noire, et avant que des ornithologues français pionniers publient leurs observations dans les zones humides d'Afrique de l'Ouest (Roux 1959a & b, Morel & Roux 1966a & b), la communauté ornithologique pensait que les Barges à queue noire d'Europe du NO hivernaient dans le bassin méditerranéen, en Afrique du NO (Witherby *et al.* 1940, Bannerman 1960). Elles le faisaient (et continuent à le faire), mais l'aire d'hivernage de l'immense majorité d'entre elles fut bientôt découverte en Afrique sub-saharienne où elle fréquente les zones humides ouvertes, douces ou salées, et où de grands vols peuvent être rencontrés en eau peu profonde, dans les plaines inondables en cours d'assèchement et dans les rizières. Les Barges à queue noire s'y nourrissent majoritairement de grains de riz (Tréca 1975, 1977, 1984), mais également de graines d'*Echinochloa sp.* et de *Cyperus sp.* (Guichard 1947), d'ostracodes, de petite macrofaune et d'insectes (Tréca 1984, Altenburg & van der Kamp 1985, van der Kamp *et al.* 2006. Dans le Delta Intérieur du Niger, l'engraissement pré-migratoire dépend largement de la consommation de petits bivalves (*Corbicula*, voir Encadré 7).

Les zones d'hivernage les plus importantes sont les rizières de la zone côtière du sud du Sénégal (Casamance) et de Guinée-Bissau, le

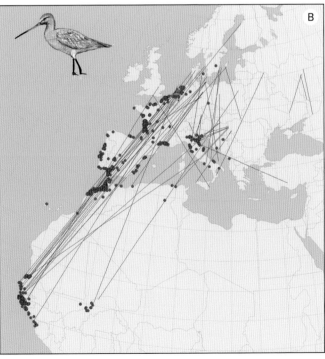

Fig. 186 Localités de baguage et de reprise de: (A) 358 Barges à queue noire *L.l.islandica* (baguées principalement le long des côtes britanniques en hiver)[2], (B) Barges à queue noire *L.l.limosa* (principalement baguées poussin aux Pays-Bas). Afin d'éviter une surcharge de la figure, les axes de déplacement des 1582 oiseaux néerlandais n'ont pas été représentés. A la place, des points indiquent les sites de reprise. Les 224 reprises d'oiseaux bagués hors des Pays-Bas sont représentées par des traits. Données EURING complétées par le Centre néerlandais d'Etude de la Migration et de la Démographique Aviaire pour les données néerlandaises récentes jusqu'en 2006.

Delta Intérieur du Niger et le Bassin du Lac Tchad. Toutes les reprises EURING concernant l'Afrique sub-saharienne, sauf 14, proviennent des zones côtières d'Afrique de l'Ouest (Figs. 186, 187).

Les Barges à queue noire nichant en Europe de l'Est hivernent a priori dans la partie orientale du Sahel et en Afrique de l'Est (Glutz von Blotzheim *et al.* 1977, Beintema & Drost 1986). Les données fiables sur les quantités d'hivernants en Afrique centrale et orientale sont rares. Moreau (1972) mentionne des « quantités immenses entre octobre et décembre » dans le Bassin du Tchad. Les comptages de barges en milieu d'hiver dans les plaines inondables du Logone ont révélé entre 50 et 2700 oiseaux, avec des variations liées à l'étendue des zones inventoriées (OAG Münster 1991b, van Wetten & Spierenburg 1998, Dijkstra *et al.* 2002, Ganzvles & Bredenbeek 2005, Scholte 2006). Les comptages aériens de la totalité du Bassin du Tchad, y compris des plaines inondables du Logone et le Lac Fitri, ont révélé la présence de 13.976 oiseaux en 1984, 30.365 en 1986 et 8411 en 1987 (Roux & Jarry 1984 ; base de données AfWC). Un recensement aérien réalisé en janvier 2007 par Trolliet *et al.* (2007) a permis de compter 36.528 individus pour une estimation totale de 40.000 (B.Trolliet par courrier), soit le total le plus élevé jusqu'à présent. Ces comptages ne suggèrent pas l'existence d'un déclin. Pour autant que l'on sache, la Barge à queue noire n'hiverne pas en grand nombre au Soudan, où elle est « un visiteur peu commun en petit nombre ; présent dans les prairies humides du Sudd » (Nikolaus 1989) et « commune le long des rivières du nord » (Cave & Macdonald 1955).

D'autres concentrations de Barges à queue noire dans le Sahel central sont connues des plaines inondables de Hadéjia-Nguru (6000 individus en 1997, voir chapitre 8). Au Niger, au Nigéria et au Burkina Faso, l'espèce est généralement rencontrée en petits groupes de 10 à 100 oiseaux dans les zones humides (Giraudoux *et al.* 1988, Thonnerieux *et al.* 1988), bien que la base de donnée AfWC de Wetlands International contienne quelques données remarquables comme 1075 oiseaux à Mare d'Oursi (Burkina) le 30 mars 2004 et 10.500 le 22 janvier 1984 dans le lit du Niger près de Niamey (Niger). Cette dernière observation est particulièrement intéressante, car elle indique que pendant les sécheresses, les barges peuvent se déplacer vers des sites d'alimentation alternatifs qui ne sont habituellement pas fréquentés ; ceci a aussi été établi chez la Sarcelle d'été (Chapitre 23) et le Combattant varié (Chapitre 29).

Dans le Sahel occidental, les barges se concentrent dans les plaines inondables du Delta Intérieur du Niger et du Delta du Sénégal. La population hivernante maximale du Delta Intérieur du Niger fluctue autour de 40.000 oiseaux (Fig. 188) et, comme pour le Bassin du Tchad, ne montre pas de signe de déclin entre 1971 et 2007. Ce constat contraste avec la chute des effectifs dans le Delta du Sénégal et dans les rizières côtières. Les comptages de janvier dans le Delta du Sénégal ne totalisent pas plus de 5000 individus au cours de la plupart des années depuis 1991. Pendant les années 1970 et 1980 des nombres aussi faibles n'étaient comptés que pendant les années de sécheresse (Fig. 189A). Le nombre d'oiseaux s'est encore réduit, à seulement 1000 à 3000 individus entre 2001 et 2006 (Fig. 189A ; Kuijper *et al.* 2006). Ces chiffres sont bien loin des dizaines de milliers qui étaient présents avant 1973 (Morel 1973). Les estimations attei-

Pendant la décrue du Delta Intérieur du Niger, les sites d'alimentation favorables sont de plus en plus restreints. Les Barges à queue noire finissent par être regroupées sur les lacs centraux (ici au Lac Debo, 10 mars 2005). L'alimentation des barges est une course contre la montre, car les ressources alimentaires locales, des bivalves enfoncés dans la vase en eau peu profonde, ne peuvent être atteints que pendant quelques semaines avant que l'eau se soit totalement retirée (ou que le stock de bivalves soit épuisé ; voir Encadré 7).

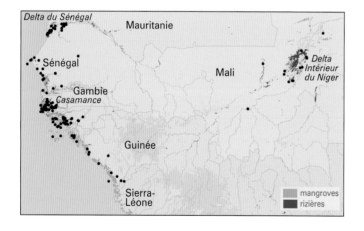

Fig. 187 Reprises de Barges à queue noire en Afrique de l'Ouest. Pour l'ensemble des reprises sur la totalité du couloir migratoire, voir Fig. 186.

Le plumage des Barges à queue noire sur leurs quartiers d'hiver est un assemblage de différentes teintes de gris. Cette apparence terne, mais néanmoins remarquable, s'efface soudain lorsqu'elles prennent leur envol et révèlent leur queue noire et blanche. Le plumage gris est dominant chez les barges pendant tout l'hiver, comme illustré ici pour la Casamance (septembre 2007, page opposée) et le Delta Intérieur du Niger (début février 1994, au centre). Il est intéressant de noter qu'au Portugal, les barges commencent à acquérir leur plumage nuptial roux dès la mi-janvier (1993, à droite). Ces oiseaux arrivent sur leurs sites de reproduction en Europe de l'Ouest en février. Le calendrier de la mue et de la migration prénuptiale des oiseaux hivernant dans le Delta Intérieur du Niger est bien plus tardif, ce qui constitue une autre indication que ces oiseaux appartiennent à la population d'Europe de l'Est.

gnaient alors 15.000 à 20.000 oiseaux entre 1973 et 1979 (Tréca (1984) et *ca.* 10.000 en décembre 1980 (Poorter *et al.* 1982). La plus grande concentration jamais enregistrée dans le Delta du Sénégal date d'octobre 1958, lorsque Roux (1959b) observa « plusieurs centaines de milliers ». Cette quantité inhabituelle d'oiseaux fut présente pendant 2 à 3 semaines et pourrait avoir concerné des oiseaux profitant de la crue exceptionnelle de cette année pendant leur migration vers le sud (Roux 1959b, Tréca 1984).

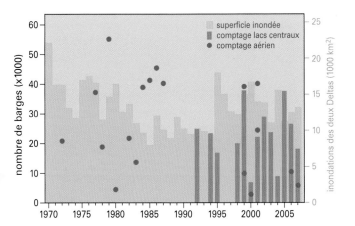

Fig. 188 Nombre de Barges à queue noire dans le Delta Intérieur du Niger, compté depuis les airs (totalité du delta) ou depuis le sol (lacs centraux uniquement). Pendant les fortes inondations, de nombreux oiseaux sont manqués pendant les comptages au sol des lacs centraux (2000, 2004), et les comptages aériens pourraient également être incomplets. Nous concluons donc qu'entre 35.000 et 40.000 Barges à queue noire passent l'hiver dans le Delta Intérieur du Niger. Des explications complémentaires sont données au Chapitre 6.

Les données ci-dessus démontrent clairement un déclin progressif du nombre de Barges à queue noire hivernantes dans la dernière partie du 20ème siècle (Fig. 189A), même sans prendre en compte la donnée hors du commun de 1958 (Trolliet & Triplet 1995). Cette tendance est corroborée par une chute semblable du nombre de reprises dans le Delta du Sénégal (Fig. 189B). Le déclin a commencé bien avant la construction des grands barrages dans le Bassin du Fleuve Sénégal en 1983 et 1987 (Tréca 1984, 1992) et doit donc partiellement être lié à la mise en culture des terres au début des années 1960 et renforcé par les sécheresses récurrentes des années 1970 et 1980. Ces deux facteurs ont réduit la superficie de la zone inondable (Chapitre 7). A l'exception des 11.000 oiseaux comptés en janvier 1993 (Trolliet & Triplet 1995), les quantités sont restées faibles pendant la totalité des années 1980 et 1990. La poursuite du déclin dans les années 1990 et 2000 n'est pas liée aux inondations dans le delta (1991-2005 : R^2=0,13) et reflète donc plus probablement le déclin de la population nicheuse d'Europe de l'Ouest. Il est également possible qu'un glissement vers des sites d'hivernage plus au Sud en Casamance et en Guinée-Bissau ait eu lieu du fait de la perte d'habitat dans le Delta du Sénégal. Nous n'avons toutefois pas de données illustrant cette hypothèse.

L'importance de la Guinée-Bissau pour les Barges à queue noire a d'abord été soulignée par Poorter & Zwarts (1983), qui y ont observé de grands nombres se nourrissant dans les rizières et ont estimé la population hivernante entre 100.000 et 200.000 oiseaux en décembre 1982. Les suivis à grande échelle réalisés en 1983/1984 (Altenburg & van der Kamp 1985) et 2005/2006 (Kuijper *et al.* 2006) ont prouvé que les barges étaient principalement réparties dans la zone côtière d'Afrique de l'Ouest, du sud du Sénégal (Casamance) à la Guinée, la Guinée-Bissau constituant clairement leur bastion. En Casamance, la population est bien plus élevée en début de saison (juillet à octobre) qu'entre novembre et janvier, lorsque les rizières ont été moissonnées et se sont desséchées (Tableau 23), ce qui suggère des mouvements vers le sud, dépendants des précipitations et de la culture du riz. En dehors de la zone principale d'hivernage, de faibles quantités sont présentes dans le Sine Saloum et en Gambie, ainsi que dans les zones de rizières et de mangrove de Guinée (Tableau 23). Les suivis en Guinée ont montré la présence inattendue de l'espèce dans la zone tidale, où elle se nourrit au-delà des mangroves, sur les vasières. Le nombre d'oiseaux y était estimé à 17.400 en 1990 (Altenburg & van der Kamp 1991), mais des comptages réalisés au cours de cinq hivers consécutifs entre 1997/1998 et 2001/2002 n'ont permis de trouver que moins de 10% des effectifs de 1990 (Trolliet & Fouquet 2004 ; Tableau 23).

Il n'y a pas eu de changement dans la répartition des barges durant la période internuptiale entre les années 1980 et 2000 en Guinée-Bissau et en Casamance (Kuijper *et al.* 2006 ; Fig. 190), dans un secteur où l'habitat privilégié est constitué des rizières gagnées sur les mangroves (Chapitre 11). A partir de juillet, les barges qui arrivent en Casamance et en Guinée-Bissau se nourrissent dans les champs où le riz

a été semé ou planté (van der Kamp *et al.* 2006, 2008). Après la récolte (novembre à janvier), les barges récupèrent les grains tombés au sol (Tréca 1984, Altenburg & van der Kamp 1985).

La superficie des cultures de riz en Guinée-Bissau, mesurée au début des années 2000, atteint 65.000 ha, dont environ 53.000 ha composés de riz des mangroves marécageuses et de riz de plaine alimenté par les pluies, qui constituent tous deux des habitats favorables pour les barges (Bos *et al.* 2006 ; Chapitre 11). En 1983/1984, la surface de rizières des mangroves et de plaine dépassait les 75.000 ha (Altenburg & van der Kamp 1985). Le suivi réalisé couvrait 15.590 ha (21%), ainsi que 6730 ha (9%) de rizières intérieures moins favorables (et n'accueillant que quelques barges). En utilisant ces données, et en réalisant une extrapolation prenant en compte la qualité de l'habitat, la population de Barge à queue noire en Guinée-Bissau fut estimée entre 110.000 et 120.000 oiseaux en décembre 1983. Kuijper *et al.* (2006) ont couvert 22.000 des 65.000 ha (41%) en 2005/2006 et ont abouti à une estimation de 35.000 à 40.000 oiseaux, ce qui suggère un déclin d'environ 67%. Un déclin similaire (60%) a été constaté dans les rizières le long du Rio Mansoa, compté début janvier 1983 (17.000 individus, L. Zwarts non publ.) et en décembre 2005 (3500, Kuijper *et al.* 2006). Dans d'autres secteurs de l'aire d'hivernage le long de la côte d'Afrique de l'Ouest, des diminutions équivalentes ou plus fortes ont été notées (Tableau 23).

Migration et hivernage

Pour les oiseaux nichant en Europe centrale et orientale, les corridors migratoires sont largement hypothétiques, car les reprises sont rares et s'étalent de la Turquie (individu bagué dans le Delta du Pô) à la Camargue (France). Très peu de reprises relient les barges d'Europe orientale et centrale à leurs quartiers d'hiver : la base de données EU-RING contient une reprise sub-saharienne qui concerne un oiseau polonais retrouvé dans le Delta Intérieur du Niger, au Mali. Deux autres oiseaux bagués ou contrôlés dans le sud de l'Ukraine, et originaires d'Estonie et de Lituanie esquissent peut-être un axe migratoire oriental (Diadicheva & Matsievskaya 2000).[2]

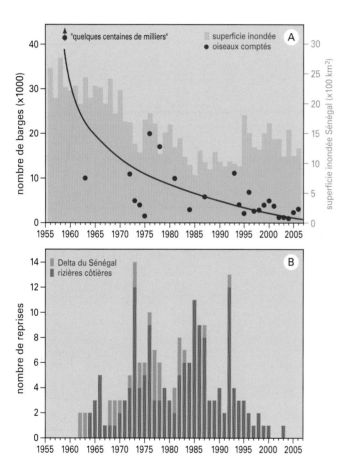

Fig 189 (A) Nombre maximum de Barges à queue noire dans le Delta du Sénégal entre décembre et février 1958-2006. Le nombre exceptionnel de 1958 est pointé par une flèche (Roux 1959b ; voir texte). D'après les sources données dans le Chapitre 7. (B) Fréquence annuelle de reprises de bagues de Barges à queue noire dans le Delta du Sénégal et dans les rizières côtières et les mangroves d'Afrique de l'Ouest. Même source que la Fig. 186.

Tableau 23 Nombre maximum de Barges à queue noire en novembre-décembre sur les côtes d'Afrique de l'Ouest entre 1983 et 1990 et entre 2001 et 2005. Sources : Altenburg & van der Kamp (1985, 1991), Trolliet & Fouquet (2004), Kuijper *et al.* (2006), van der Kamp *et al.* (2006) et base de données de l'AfWC (Wetlands International). L'année d'évaluation est donnée entre parenthèses. Le recensement de 1983 dans le Sine Saloum et en Casamance a eu lieu dans des conditions très sèches.

Région /bassin	1983-1990	2000-2005
Delta du Sénégal	3300 (oct 1983)	2000 - 2500 (déc 2005)
Sine Saloum (Sénégal)	4500 - 5000 (1983, estimation)	390 - 629 (2005)
Gambie	5000 -10.000 (1980s, estimation)	65 (2004)
Casamance (Sénégal)	1400 - 1700 (nov 1983 - sec)	329 (2005)
	>2000 - 3000 (nov 1982)	>9000 (sep 2006)
Guinée-Bissau	110.000 - 120.000 (1983)	35.000 - 40.000 (2005)
Guinée (vasières intertidales)	17.400 (1990)	1480 (2001)

Les Barges à queue noire nominales d'Europe de l'Ouest utilisent peut-être plusieurs sites de halte le long de leur trajet vers et depuis leurs quartiers d'hivernage africains, mais en plus faible nombre lors de la migration automnale (*contra* Beintema & Drost 1986). Ces sites comprennent la côte atlantique française (Vendée), le Portugal (estuaires du Tage et du Sado), le nord du Maroc et, à un degré moindre, des sites des deltas du Rhône (France) et du Pô (Italie). La plupart des Barges à queue noire néerlandaises quittent le pays en juillet. Les adultes précèdent les juvéniles. Le déroulement de la migration en Europe centrale est plus ou moins identique (János 1996), mais pourrait durer jusqu'en septembre dans l'est (Dementiev *et al.* 1969).

D'après les observations réalisée sur les dortoirs communautaires

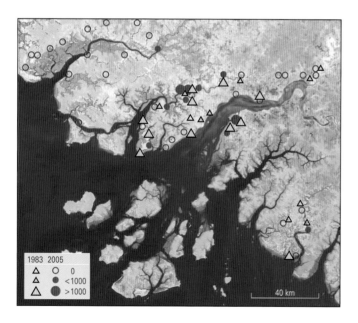

Fig. 190 Répartition de la Barge à queue noire en décembre 1983 (Altenburg & van der Kamp 1985) et en novembre-décembre 2004 ou décembre 2005 – début janvier 2006 (Kuijper *et al.* 2006) dans les rizières de Guinée-Bissau. Les sites visités et le nombre de Barges à queue noire sont indiqués.

qui sont utilisés avant et après la reproduction (van Dijk 1980, Piersma 1983, Gerritsen 1990 ; Fig. 192), nous avons des preuves indirectes que le déroulement de la migration postnuptiale aux Pays-Bas a été avancé de plus d'un mois depuis la fin des années 1960. Au cours des années 1960 et du début des années 1970, les quantités recensées aux dortoirs étaient maximales à la mi-juillet.[3] Au début des années 2000, les maxima ont été comptés au début ou à la mi-juin (Fig. 193). Cette avancée du calendrier est plus rapide que celle de la reproduction (Beintema *et al.* 1985) et illustre l'augmentation du nombre de nicheurs ayant échoué dans leur reproduction. Le fauchage plus précoce, une tendance qui a commencé au début du 20ème siècle et se poursuit continuellement de nos jours, affecte progressivement une part plus importante de la population nicheuse en tuant les poussins (directement, ou indirectement en supprimant la végétation) avant qu'ils puissent voler (Kruk *et al.* 1997, Wymenga 1997, Groen & Hemerik 2002, Kleefstra 2005, Schekkerman *et al.* 2008). Les nicheurs qui échouent ont tendance à quitter les sites de nidification tôt et à se concentrer à proximité des dortoirs communautaires sur des sites d'alimentation favorables, mais leur nombre représente désormais une part importante de ceux qui tentent de nicher. La formation plus précoce des regroupements postnuptiaux est illustrée par la reprise le 11 mai 2007 en Guinée-Bissau d'une femelle baguée couleur, qui avait été observée sur son site de nidification en Frise le 11 avril 2007 (J. Hooijmeijer, comm. pers.). La validité de l'avancée de la date des regroupements postnuptiaux comme indicateur d'une migration postnuptiale plus précoce a été confirmée de manière inattendue par l'expérience des cultivateurs de riz de Casamance, qui se plaignent que les barges arrivent désormais dans leurs champs de riz dès début juillet (van der Kamp *et al.* 2008).

Le vol de l'Europe occidentale à l'Afrique occidentale peut être interrompu à mi-distance en France, dans la Péninsule Ibérique et/ou au Maroc, comme annoncé par Beintema & Drost (1986). Nous sommes toutefois convaincus que seul un faible nombre de juvéniles (85% des barges tuées en France en juillet sont des juvéniles ; Fig. 194) et un nombre d'adultes encore plus réduit utilisent cette option. Les comptages montrent qu'à la fin de l'été, les sites de halte d'Europe du SO n'attirent que de très faibles quantités (Le Mao 1980, Díaz *et*

Le rapide engraissement des barges après la période de reproduction

Immédiatement après la saison de nidification, les Barges à queue noire se concentrent en grands vols pour s'alimenter et forment des dortoirs communautaires encore plus grands pour la nuit. En juin, juste après l'envol des jeunes, ils passent près de 17 heures sur les sites d'alimentation (prairies), où ils consomment principalement des larves de la Tipule des prairies *Tipula paludosa*. A l'œil nu, l'observateur expérimenté peu voir les oiseaux engraisser en regardant le bombement du profil abdominal.

Pour prendre du poids, les oiseaux doivent manger bien plus que d'habitude, ce qu'ils accomplissent en se nourrissant de larves de tipules de l'aube au crépuscule, mais en se reposant souvent (pen-

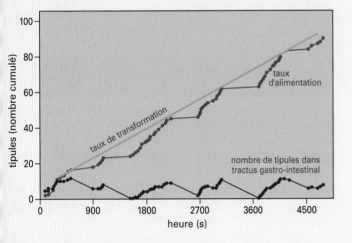

Fig. 191 Nombre cumulé de tipules mangés par une Barge à queue noire femelle pendant 5000 secondes d'observation continue. Sa vitesse d'alimentation ne peut pas être supérieure à sa vitesse de digestion (*i.e.* au taux de défécation multiplié par le nombre de tipules par fèces). Le nombre de tipules dans son jabot, son estomac et son intestin peut être déterminé par la différence entre vitesse d'alimentation et de digestion. Cet individu a saturé son système digestif après avoir avalé environ 11 tipules.

dant 30 à 40% de la durée du jour) afin de faire des pauses digestives pendant lesquelles la digestion rattrape la vitesse d'alimentation (Fig. 191). La consommation journalière par individu chez les barges en cours d'engraissement varie entre 1100 et 1300 larves de tipules, ce qui correspond à 1600 à 2000 kJ. Etant donné que 80% de cette énergie est assimilée, le gain net d'énergie est à peu près deux fois plus élevé que la quantité nécessaire pour maintenir un poids constant (mesurée sur des barges captives). Les barges peuvent donc augmenter leur poids de 10 g par jour, soit 3 à 4% de leur masse corporelle en période de reproduction. Après une quinzaine de jours à ce rythme, elles ont stocké suffisamment d'énergie pour voler jusqu'en Afrique sans s'arrêter. L'observation de cette préparation à un vol intercontinental est exaltante, tout comme elle paraît l'être pour les oiseaux. Habituellement, 2 à 3 heures avant le coucher du soleil, par une soirée ensoleillée, et après plusieurs faux départs, et dans un grand vacarme, les barges s'élèvent et disparaissent dans le ciel bleu dans la direction de leur destination (comme Piersma *et al.* 1990 l'ont décrit pour d'autres limicoles). Les prairies néerlandaises, qui étaient autrefois d'excellents sites de reproduction pour les barges, constituent encore de très bons sites d'alimentation, et permettent à l'espèce de doubler son rythme d'alimentation avant de partir en migration. Les adultes ont besoin d'environ deux semaines pour accumuler suffisamment de réserves adipeuses. Bien qu'il n'existe pas d'information équivalente pour les juvéniles, il est probable que leur rythme d'alimentation soit plus faible et qu'il nécessite une plus longue période d'accumulation de réserves. Une hypothèse alternative est qu'ils partent avec moins de réserves et volent sur de plus courtes distances. La proportion de juvéniles dans les dortoirs augmente de 0% en juin à presque 100% en septembre (Timmerman 1985, Wymenga 1997). Il est donc probable qu'il leur faille plus de temps pour accumuler des réserves que les adultes. L'engraissement préalable à la migration printanière, en Afrique est plus complexe, car il repose sur l'exploitabilité de différentes proies et sur la hauteur des inondations (voir Encadré 7). D'après L. Zwarts & A.-M. Blomert non publ.).

al. 1996, Trolliet par courrier, R. Rufino comm. pers.). Entre juillet et septembre, les zones humides marocaines en abritent un grand nombre (3000 à 5000 ; Kersten & Smit 1984, D. Tanger comm. pers.), mais qui ne représente toujours qu'une part insignifiante de la population totale.

L'arrivée des Barges à queue noire en Afrique de l'Ouest est assez bien documentée. Les sources anciennes mentionnent la présence des barges en juillet-août dans le Delta du Sénégal, où les nouveaux arrivants se mêlent aux oiseaux estivants (Morel & Roux 1966a, Tréca 1975, 1977, 1984). L'arrivée des juvéniles début août est confirmée par plusieurs reprises d'oiseaux néerlandais dans le Delta du Sénégal

et en Casamance (Morel & Roux 1966a, 1973 ; Fig. 194). Récemment, van der Kamp *et al.* (2006, 2008) ont conclu que les oiseaux de Casamance avaient avancé leurs dates d'arrivée à la première quinzaine de juillet, ou même à la fin juin, au cours des 10 au 20 années précédentes. Dans le Delta Intérieur du Niger, le nombre de barges est resté modeste entre juin et août de 1998 à 2005 (van der Kamp *et al.* 2005). Les comptages du mois de juin n'ont mis en évidence que la présence des estivants en plumage d'hiver, mais un groupe d'oiseaux, supposés être des nouveaux arrivants en plumage nuptial partiellement mué, a été observé fin juin 2004 dans la zone de l'*Office du Niger*, juste à l'ouest. Il n'est pas encore prouvé si cette observation est un signe

Barges à queue noire dans un dortoir communautaire après la saison de reproduction. Cette photographie peut rendre nostalgique : l'époque où 10.000 individus se regroupaient en dortoir en Frise (où ce cliché a été pris en juillet 1990) est révolue (Fig. 192).

avant-coureur d'un avancement des dates d'arrivée, comme au Sénégal. Les premières arrivées dans le Bassin du Tchad dans les années 1970 ont été enregistrées début août, et un passage considérable avait lieu en septembre (Newby 1979). Au regard de l'avancée récente des dates d'arrivée en Afrique de l'Ouest (d'oiseaux d'Europe de l'Ouest), il serait intéressant de connaître les récentes dates d'arrivée dans le Bassin du Tchad. Les barges qui hivernent en Afrique centrale étant vraisemblablement originaires d'Europe de l'Est, où l'avancement de

la fauche du fait des méthodes modernes d'élevage laitier n'est pas encore une pratique à grande échelle, un tel décalage dans le temps semble peu probable.

La découverte que les barges quittent prématurément leurs sites de reproduction d'Europe de l'Ouest (Fig. 193) est un indice d'un fort taux d'échec permanent de la reproduction, qui induit des arrivées

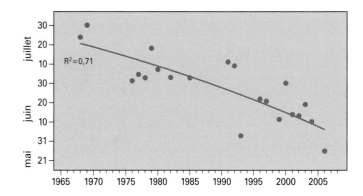

Fig. 193 Date moyenne à laquelle le nombre maximum de Barges à queue noire est présent sur les dortoirs postnuptiaux de Frise, principale région de reproduction de la Barge à queue noire aux Pays-Bas. D'après 44 séries de comptages de dortoirs entre mai et septembre 1968-2006. Sources : Mulder 1972, Koopman & Bouma 1979, Kuijper *et al.* 2006, Kleefstra 2005, 2007, Wymenga 2005 et données non publ. de E. Wymenga, It Fryske Gea et J.Hooijmeijer.

Fig. 192 Nombre moyen de Barges à queue noire dans cinq dortoirs majeurs et à trois périodes différentes le long de la côte frisonne de l'IJsselmeer aux Pays-Bas. Aucune donnée n'est disponible pour les années intermédiaires. Source : van der Burg & Poutsma (2000) et base de données It Fryska Gea, compilée par J. Hooijmeijer.

plus précoces sur les sites d'hivernage, un risque potentiel plus important de dommages sur les champs de riz et dont un risque plus élevé pour les oiseaux d'être tirés par les fermiers locaux (van der Kamp *et al.* 2008). La chasse est (a été ?) un facteur important de mortalité au cours de la période internuptiale (voir « Evolution des populations »).

La migration vers le nord des Barges à queue noire hivernant dans les rizières et les mangroves d'Afrique de l'Ouest commence à la fin décembre. Les observations en Guinée-Bissau montrent que les champs de riz sont rapidement désertés début janvier, ce qui coïncide avec la fin de la récolte du riz et l'assèchement des rizières (Altenburg & van der Kamp 1985, données non publ. J. van der Kamp). Le calendrier de présence des barges le long de leur corridor migratoire suggère que la plupart des oiseaux volent directement jusqu'à leurs sites de haltes principaux au Portugal et en Espagne, où d'immenses concentrations sont notés à partir de début janvier (Fig. 195 et Encadré 26 ; Leguijt *et al.* 1995, Kuijper *et al.* 2006, Lourenço & Piersma 2008). Le Delta du Sénégal a une moindre importance comme site de halte, mais connaît quelques afflux en janvier : 2000 à 2500 oiseaux en décembre 2005 (1736 comptés, Kuijper *et al.* 2006) et 2961 en janvier 2006 (P. Triplet par courrier). De la même manière, le rôle de halte des marais marocains est aujourd'hui réduit, ce qui pourrait être dû à la

dégradation des zones humides côtières du pays (Green 2000) qui a coïncidé avec la création de grandes zones de rizières au Portugal et en Espagne, qui représentent une alternative séduisante (Kuijper *et*

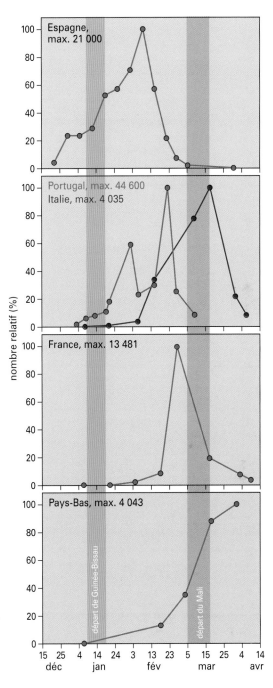

Fig. 195 Nombre relatif de Barges à queue noire sur les sites de halte en Espagne, au Portugal, en Italie, en France et aux Pays-Bas pendant des comptages simultanés au printemps 2006 (d'après Kuijper *et al.* 2006). Les nombres sont exprimés en fonction du nombre maximal compté. La date de départ de Guinée-Bissau et du Mali est figurée par des barres et estimée d'après les comptages et les observations de vols sur le départ (Guinée-Bissau en 1983, 1984, 2006 et Mali entre 1992 et 2007).

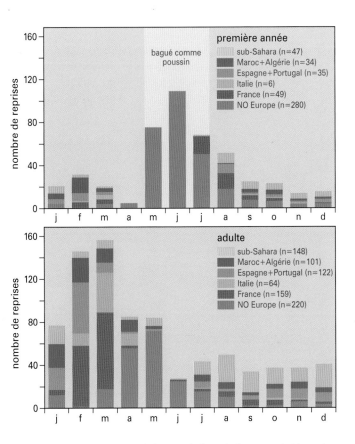

Fig. 194 Reprises par mois de barges de l'année (entre mai et le mois d'avril suivant ; graphique du haut) et d'adultes (graphique du bas) dans six zones d'Europe et d'Afrique. Europe du NO = Pays-Bas, Belgique, Allemagne et Royaume-Uni. Même source que la Fig. 186.

al. 2006). En janvier 2006, le nombre d'individus ne dépassait pas les 5000 (Kuijper *et al.* 2006), contre plus de 10.000 dans les années 1970 et 1980 (Zwarts 1972, Kersten & Smit 1984) et un afflux exceptionnel de 80.000 à 120.000 en janvier 1964 à la Merja Zerga (Blondel & Blondel 1964), alors que les alentours de cette lagune tidale étaient inondés. Ces observations montrent que le Maroc a dû autrefois être un site de halte printanière important, ce qui est également illustré par le nombre important de reprises au printemps à cette époque (Fig. 194).

Dans le Delta Intérieur du Niger, des Barges à queue noire ont été vues sur le départ entre la fin février et la mi-mars, avec un pic marqué après la première décade de mars. D'après leur rythme d'alimentation lors de la période pré-migratoire, ces barges sont capables d'entreprendre un vol sans arrêt de plus de 4000 km en seulement quelques jours, ce qui leur permet d'atteindre tous les sites de halte majeurs d'Europe, y compris les sites de reproduction aux Pays-Bas (Encadré 7). Début mars, les barges qui utilisent les sites de halte espagnols, portugais et français les ont quittés pour rejoindre leurs sites de reproduction. En revanche, le calendrier des départs dans le Delta Intérieur du Niger s'accorde parfaitement avec le déroulement de la migration en Italie (Fig. 195), bien que les totaux recensés en Italie à cette époque soient marginaux par rapport à la population hivernant dans ce delta (Fig. 195 ; Serra *et al.* 1992). Ces observations concordent avec notre hypothèse selon laquelle l'essentiel des oiseaux quittant le Mali volent directement vers une grande variété de zones humides favorables, soit dans le bassin méditerranéen, soit en Europe centrale (Kube *et al.* 1998, van der Have *et al.* 1998), sans oublier les sites de reproduction néerlandais. Les reprises d'oiseaux néerlandais au Mali (Fig ; 186) montrent qu'il existe en effet un lien, mais le calendrier global des départs du Mali, seulement trois semaines avant que les premières pontes soient déposées aux Pays-Bas, suggère que la majorité des oiseaux hivernant au Mali doivent être

originaires d'Europe centrale ou orientale. Les observations réalisées dans le Delta Intérieur du Niger par van der Kamp (1989), qui n'a pas observé la moindre barge baguée parmi 1000 individus en janvier 1989 et parmi 799 individus en février 2008 confortent cette hypothèse. La part des oiseaux néerlandais dans la population malienne doit être très faible, car 1 individu sur 150 portait une bague dans la population néerlandaise dans les années 1980 et 1 sur 120 dans les années 2000 (Beintema & Drost 1986 ; J. Hooijmeijer comm. pers.). En Europe orientale et plus à l'est, très peu de Barges à queue noire ont été baguées, p. ex. seulement 62 dans l'ex-Union soviétique et en Russie entre 1979 et 1999 (Gurtovaya 2002, et rapports antérieurs du Centre Russe de Baguage des Oiseaux).

Nous n'avons pas encore résolu l'énigme des oiseaux de 1ère année, dont une proportion inconnue reste en Afrique lors de sa première année de vie (Haverschmidt 1963, Beintema & Drost 1986). Dans le Delta du Sénégal, Morel & Roux (1966a) ont observé environ 5000 individus le 22 mai et 1000 le 30 mai, mais des quantités bien plus faibles entre le 11 juin et le 17 juillet (de quelques dizaines à environ 300). Il existe peu d'informations relatives à un estivage de l'espèce dans le Delta du Sénégal. Les quantités dans le Delta Intérieur du Niger entre avril et juin 1999 à 2006 étaient habituellement très faibles, sauf en juin 2002 (1958 oiseaux) et juin 2005 (1770 oiseaux ; van der Kamp *et al.* 2005 et non publ.). Il n'existe donc pas de preuve que les oiseaux de 1ère année se déplacent depuis les côtes d'Afrique de l'Ouest vers le Delta Intérieur du Niger pendant la saison sèche, comme Beintema & Drost (1986) en avaient précédemment fait l'hypothèse. Enfin, l'estivage a également été signalé dans le Bassin du Tchad, où Bates a tué deux oiseaux les 6 et 7 juin et en a vu plusieurs autres (en 1927, cité par Grote 1928).

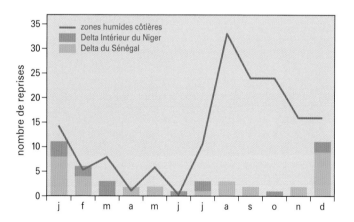

Fig. 196 Reprises par mois dans les zones humides côtières de Gambie et de Sierra Leone (ligne rouge), comparée à celles du Delta du Sénégal et du Delta Intérieur du Niger. La différence est représentative de périodes de vulnérabilité à la prédation par l'homme liées au type d'habitat : plantation du riz en août-septembre contre assèchement des plaines inondables entre décembre et février.

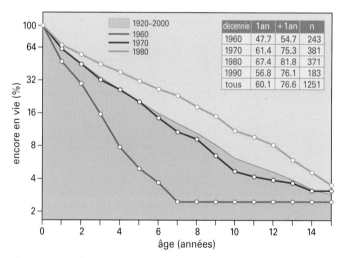

Fig. 197 Taux de survie des Barges à queue noire baguées au nid aux Pays-Bas (fond bleu). Les trois courbes montrent que le taux de survie s'est amélioré depuis les années 1960. Le taux de survie est représenté selon une échelle logarithmique. Le tableau donne le taux de survie annuel moyen (en %) pour les oiseaux de 1ère année et les plus âgés. Données fournies par le Centre néerlandais pour l'Etude des Migrations et de la Démographie Aviaire.

Evolution de la population

Conditions d'hivernage   La grande majorité des reprises de Barges à queue noire au Sahel concerne des oiseaux tués au fusil (91%, n=213). Au contraire des migrateurs comme le Combattant varié et la Sarcelle d'été qui sont capturés en grands nombres avec des filets dans le Delta Intérieur du Niger (Koné *et al.* 2002, 2006), les Barges à queue noire sont rarement exploitées commercialement. Leur vol irrégulier, fait de plongeons presque verticaux et en zig-zag depuis de grandes hauteurs, empêche toute tentative de capture sur les dortoirs ou les sites d'alimentation. Le tir est la seule méthode fiable pour obtenir des barges. Ainsi, en 2003, les touristes chasseurs dans le Delta du Sénégal ont tué 214 Barges à queue noire, alors que seulement 3 l'avaient été en 2002 (Baldé 2004). Le nombre réel était probablement plus élevé.

Le net pic du nombre de reprises entre décembre et février dans les plaines inondables témoigne de la vulnérabilité des oiseaux à cette période, lorsqu'ils se concentrent sur les derniers secteurs en eau au fur et à mesure de l'avancée de la saison sèche (Fig. 196). Ils se concentrent dans les mêmes endroits que les pêcheurs et les bergers. Dans les champs de riz côtiers, la plupart des reprises ont lieu entre août et octobre et sont dues à des mesures de protection des cultures pendant les semis et la récolte. Les dommages causés sont doubles : la consommation des grains de riz semés dans les lits de semences et le piétinement des plantules (Tréca 1977, 1984). Van der Kamp *et al.* 2008) ont montré que les barges sont toujours tirées pour les mêmes raisons que celles mises en évidence par Bernard Tréca. Pendant les années relativement sèches, le nombre d'oiseaux tués dans les rizières est deux et demi fois plus élevé que pendant les années humides (van der Kamp *et al.* 2008). Comme dans les plaines inondables, les oiseaux sont plus vulnérables pendant les périodes sèches, car ils se concentrent dans les secteurs encore en eau. Des

entretiens menés avec des chasseurs en Basse Casamance nous ont permis d'estimer avec prudence le tableau de chasse à 5% de la population locale de barges entre 2005 et 2007 ; van der Kamp *et al.* (2008).

L'impact des conditions au Sahel sur la survie ne peut pas être estimé directement à partir du nombre de reprises, car le nombre de barges baguées était élevé dans les années 1960 et faible dans les années 1990. Une façon simple de corriger ce biais serait de calculer la part des reprises provenant d'Afrique sub-saharienne chaque année. En procédant ainsi, nous observons que pour les années où les précipitations étaient inférieures d'au moins 20% à la moyenne du 20ème siècle, entre 4 et 12% des reprises annuelles provenaient d'Afrique sub-saharienne. Au cours des années avec des précipitations au-dessus de la moyenne, cette proportion variait entre 0 et 3%.

Les barges ont des durées de vie étonnamment longues (Encadré 23). Nous avons utilisé les reprises néerlandaises de Barges à queue noire baguées poussin pour calculer les taux de survie. 60,1% des jeunes survivent jusqu'à leur seconde année. Pour les oiseaux âgés de 2 à 3 ans, le taux de survie annuel est de 76,6%, puis reste ensuite à peu près constant (Fig. 197). Etonnamment, malgré le fort déclin de la population, le taux de survie des barges a augmenté dans le temps (Fig. 197). Quels sont les autres facteurs en jeu ?

Nous avons calculé le nombre attendu de reprises de bagues en déterminant pour chaque année de baguage le nombre de reprises attendues au cours des années suivantes, en fonction du nombre d'oiseaux bagués et de l'espérance de vie moyenne (sur fond bleu dans la Fig. 197). Le nombre annuel de reprises attendues, a suivi le nombre d'oiseaux bagués chaque année (comparer les lignes bleue et rouge dans la Fig. 198). Ce graphique n'est toutefois basé que sur 216 reprises, ce qui explique les importantes variations. Néanmoins, au cours des années très sèches, le nombre de reprises au Sahel était 2 à 3 fois plus élevé qu'attendu. La corrélation négative entre le taux de mortalité et l'indice des pluies au Sahel est significative (Fig. 199,

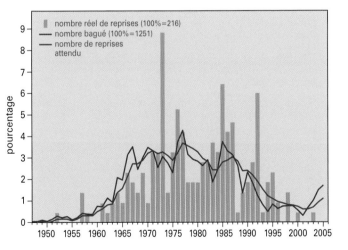

Fig. 198 Nombre réel et nombre attendu de reprises (en %) au Sahel. Le nombre attendu est dérivé du nombre annuel d'oiseaux bagués aux Pays-Bas, en considérant que le taux de survie est identique chaque année. Même source que la Fig. 186.

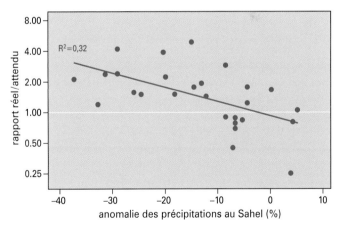

Fig. 199 Taux de survie relatif (rapport entre les nombres de reprises réels et attendus, calculé d'après la Fig. 198) en fonction des précipitations au Sahel (d'après la Fig. 9). Seules les années 1968-1992 ont été utilisées, car la proportion d'oiseaux bagués était suffisamment importante pour que le nombre de 4 reprises par an (ou 2% dans la Fig. 198) soit atteint.

P<0,001). Les taux de survie relatifs avant et après 1980 (correspondant en moyenne respectivement à une période humide et à une période sèche) suggèrent qu'un déclin du taux de survie peut avoir lieu à l'échelle de la population. Cependant, l'augmentation globale du taux de survie contredit cette attente, et élimine le Sahel de la liste des facteurs significatifs de déclin de la population.[4]

La plupart des reprises de Barges à queue noire concernant des oiseaux tirés, la variation dans le temps de la pression de chasse peut expliquer une partie du mystère entourant la survie des barges. Les données disponibles suggèrent que le nombre de barges tuées est plus faible que par le passé, ce qui est cohérent avec la diminution de la pression de chasse en Europe et la protection des sites de halte printanière (Kuijper *et al.* 2006). La réduction de la chasse au sein du corridor migratoire se traduit par la diminution progressive du nombre d'oiseaux tirés depuis environ 1980 (Fig. 200A). Cette tendance apparemment claire pourrait être biaisée par une diminution de l'envoi par les chasseurs des données d'oiseaux bagués tués. Toutefois, la réglementation a certainement permis d'améliorer le sort des barges en Europe. En Italie, la clôture de la saison de chasse aux limicoles au printemps a d'abord été avancée au 31 janvier, puis leur chasse a été totalement interdite depuis 1997. La chasse au printemps des limicoles est maintenant également interdite au Maroc, au Portugal, en Espagne et en France, mais d'autres espèces comme la

Bécassine des marais, qui occupe les mêmes sites de halte reste une espèce gibier (Kuijper *et al.* 2006). Le tir, qu'il soit légal ou illégal n'est plus considéré comme une menace importante pour les barges, au moins pour les pays situés le long du corridor migratoire occidental (Kuijper *et al.* 2006). Trolliet (*in litt.*) estime que le tableau de chasse français de Barges à queue noire est passé sous les 200 individus en 2000-2006. La diminution de l'impact de la chasse est donc l'explication vraisemblable du déclin du nombre de reprises en Europe et en Afrique du Nord (Fig. 200B). Si l'on considère que les autres causes de mortalité n'ont pas changé, la diminution de la pression de chasse doit avoir eu un impact positif sur la survie, en particulier après 1985, et le déclin de la population ne peut donc être lié à la chasse.

Un déclin continu La population de la race nominale suit une tendance négative, particulièrement en Europe de l'Ouest, où le déclin est préoccupant depuis des décennies (Thorup 2006, BirdLife International 2004a). La population néerlandaise a atteint un maximum probable de 125.000 à 135.000 couples dans les années 1950 et 1960 (Mulder 1972), puis a décliné jusqu'à 85.000 – 100.000 couples dans les années 1980 (van Dijk 1983, Piersma 1986) et 45.000 – 50.000 au milieu des années 2000 (Thorup 2006). La tendance au déclin montré dans la Fig. 201B s'est renforcée, de 1,5% par an dans les années 1970 à 2% dans les années 1980, 3,5% dans les années 1990 et 4% dans les années 2000 (Altenburg & Wymenga 2000, Teunissen & Soldaat 2006).

La population allemande, dix fois plus petite, a décliné en moyenne de 2,4% par an entre 1977 et 2006, bien que le déclin entre 1976 et 1985 ait atteint 3,5% par an, alors que la population a été plus stable entre 1995 et 2005 (Fig. 201A).

Malgré le déclin d'ensemble de la population européenne, les petites populations de Grande-Bretagne (Fig. 201C), des Flandres (Vermeersch *et al.* 2004), de France (B. Trolliet par courrier*)* et des côtes allemandes (Hötker *et al.* 2007) ont été stables, ou en légère augmentation au cours des dernières années. Les données fiables sur les populations nicheuses d'Europe centrale et orientale sont rares. En Ukraine et en Russie européenne, la Barge à queue noire est supposée être en déclin (Belik 1998, Lebedeva 1998, Zubakin 2001, BirdLife International 2004a, Thorup 2006), mais les populations polonaises semblent avoir été stables entre 1951 et 2000, après une augmentation avant 1950 (Tomiałojć & Głowaciński 2006). Nikiforov & Mongin (1998, cités par Thorup 2006) ont mentionné un déclin en Biélorussie de 15.000-17.000 couples en 1990 à 6000-8500 couples en 1998. Les barges estoniennes ont décliné de 10 à 50% entre 1970 et 1990, puis sont restées stables autour de 600 à 1000 couples de 1991 à 2002 (Elts *et al.* 2003).

La population nicheuse d'Europe de l'Ouest a diminué de moitié entre 1983 et 2005. Les juvéniles composaient 17% de la population hivernale dans les années 1980 et presque zéro dans les années 2000 (Fig. 202), par conséquent, le déclin de la population hivernale attendu aurait dû atteindre 57% (de 240.000 à 100.000 oiseaux), au cours de cette période de 22 ans, alors que le déclin réel observé est d'environ 70%.[5]

Les conditions d'hivernage au Sahel n'ont pas eu d'impact significatif sur les cinq tendances présentées dans la Fig. 201, sur les variations annuelles des populations, ou sur l'écart par rapport aux droites

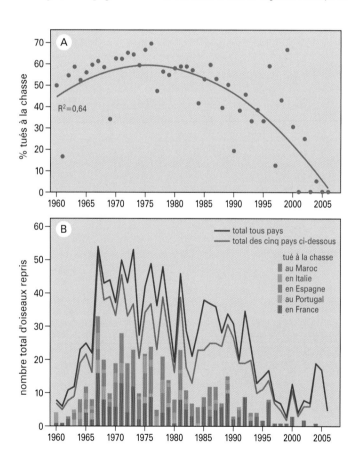

Fig. 200 (A) Pourcentage d'oiseaux tués au fusil par année vis-à-vis du nombre total de reprises. (B) Nombre de reprises concernant des oiseaux tués au fusil dans 5 pays comparé au nombre total de reprises dans ces pays. Même source que la Fig. 186.

de régression données dans la Fig. 201 (afin de corriger pour le déclin global). Nous en concluons donc que le déclin observé ne peut pas être attribué aux conditions d'hivernage.

Conditions de reproduction　Puisque ni les conditions d'hivernage en Afrique ni la mortalité n'expliquent le déclin de la population, alors l'échec de la reproduction est un candidat idéal. Nous avons déjà fait allusion à ce scénario dans notre analyse de l'évolution des regroupements pré-migratoires dans le temps, en particulier en lien avec l'avancement des dates de création des dortoirs postnuptiaux (Fig. 193). Même en prenant en compte les nombreux facteurs en jeu dans le calendrier des regroupements postnuptiaux, comme l'avancement

des dates de ponte et l'utilisation différenciée des dortoirs en fonction de l'âge, les constats sont les suivants : (1) aujourd'hui, les reposoirs postnuptiaux sont occupés bien avant qu'un seul jeune ait pu prendre son envol, et (2) très peu de jeunes barges sont observées.

Les données de reprises d'oiseaux baguées indiquent en effet un déclin à long terme du nombre d'oiseaux de 1ère année dans la population, surtout après les années 1960 (Fig. 202). Ce déclin n'a pas été causé par une réduction de l'effort de baguage, mais est réellement la conséquence d'une diminution du nombre de poussins disponibles pour le baguage. Ainsi, aux Pays-Bas, entre 1966 et 1974, entre 1006 et 1442 poussins étaient bagués, contre 125 à 377 par an entre 1995 et 2005, malgré un effort de baguage plus important. Cet indicateur

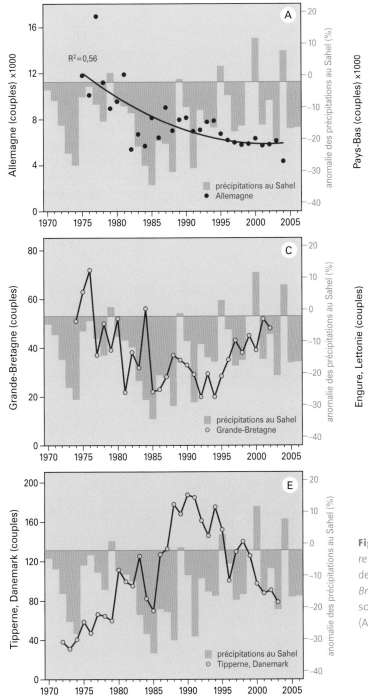

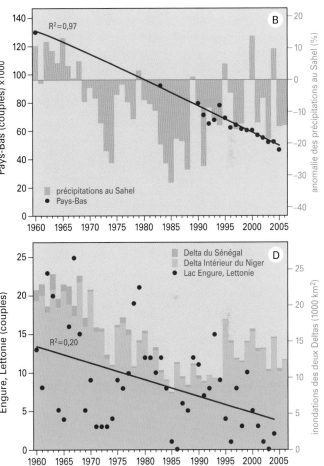

Fig. 201 Evolution des populations de Barges à queue noire dans différents secteurs de cinq pays en fonction des précipitations au Sahel ou de l'étendue des inondations dans le Delta Intérieur du Niger. D'après *British Birds* 97, 2004 (Grande-Bretagne), Mulder 1972, van Dijk 1983, SOVON (Pays-Bas), Thorup 2004 (Tipperne, Danemark), Hötker *et al.* 2007 (Allemagne), Viksne *et al.* 2005 (Lettonie, Lac Engure, 42 km²).

Un déclin masqué : la lente disparition d'un oiseau à longue espérance de vie

Les fermiers et les ornithologues néerlandais savent depuis longtemps que la Barge à queue noire est en déclin. Haverschmidt (1963) se souvenait de la disparition d'une colonie occupant une lande au Leersumsche Veld, qu'il connaissait et visitait depuis les années 1920. A l'âge de 13 ans, il traversait illégalement la lande, car sa demande d'étudier le site avait été refusée, jusqu'au début des années 1940, où le site devint le terrain de chasse des troupes allemandes d'occupation. Lors de sa dernière visite en mai 1942, il « rencontra un homme à l'apparence toute teutonne, habillé d'un costume chasse allemand typique, armé d'un fusil et accompagné d'un chien de chasse, ce qui n'augurait rien de bon en plein milieu de la saison de reproduction. » Lorsqu'il s'y rendit à nouveau 13 ans plus tard, en 1955, « la lande était morte et presque sans vie aviaire. Les barges avaient disparu... » Plusieurs décennies plus tard, et particulièrement depuis le milieu des années 1970, des histoires similaires, mais sans chasseur allemand, circulent parmi les ornithologues qui suivent les prairies, habitat par excellence des barges au 20ème siècle. Certaines de ces histoires sont accompagnées de preuves chiffrées. Au sein de parcelles de 11 à 125 km² dans la province de Drenthe, comptées irrégulièrement entre 1958 et 1980, le déclin a atteint 25% entre 1958 et 1974, et 27% entre 1975 et 1980 (van Dijk & van Os 1982). En 2000, le déclin depuis la fin des années 1960 avait atteint 82%, soit un taux de diminution annuel de 6% depuis la fin des années 1980 (van Dijk & Dijkstra 2000).

Les Barges à queue noire ont une longue espérance de vie. Le record est détenu par un individu enregistré dans la base EURING, mort à l'âge de 30 ans. Il avait été bagué poussin dans une prairie néerlandaise en 1976 et à nouveau capturé sur son nid en 2006 à quelques kilomètres seulement. Un autre oiseau bagué poussin en 1969 a été tué en Guinée-Bissau 29 ans plus tard. L'échec de la reproduction, même lorsqu'il se répète année après année comme c'est le cas actuellement, n'est détectable à l'échelle de la population que lorsque les vieux oiseaux commencent à mourir. Si les barges avaient eu une aussi faible espérance de vie que les Alouettes des champs, un déclin supérieur à 90% serait apparu très rapidement sur de grandes étendues de terres agricoles.

d'un échec de la reproduction est soutenu par les études néerlandaises sur le succès de nidification (Beintema & Müskens 1987) et la production de jeunes (Groen & Hemerik 2002, Schekkerman & Müskens 2000, Schekkerman et al. 2008). Depuis le début de la modernisation de l'agriculture, et en particulier depuis l'introduction des fertilisants artificiels au début du 20ème siècle, les conditions de vie des barges se sont améliorées grâce à l'augmentation des ressources alimentaires, mais la poursuite de l'intensification a entraîné une perte d'habitat, abaissé le niveau des nappes phréatiques, réduit la diversité de plantes et d'arthropodes, et avancé et raccourci les cycles de fauche (Beintema & Müskens 1987, Bijlsma et al. 2001, Schekkerman et al. 2008, 2009, voir aussi Verhulst et al. 2007). Ces changements ont entraîné un appauvrissement et une fragmentation des habitats prairiaux favorables, et par suite un très faible recrutement ainsi qu'une augmentation des risques de prédation (Wymenga 1997, Schekkerman & Müskens 2000, Teunissen et al. 2005, Schekkerman et al. 2008, 2009). En dehors des améliorations locales grâce à une gestion innovante (Oosterveld et al. en préparation), les tentatives réalisées pour améliorer les conditions de vie des oiseaux habitant dans les prairies de fauche, dont la Barge à queue noire, n'ont pour l'instant pas été efficaces (Kleijn & Sutherland 2003, Verhulst et al. 2007, Schekkerman et al. 2008). Le déclin non étudié des barges en Europe de l'Ouest n'apporte pas de réponse à ce problème. Les populations de barges d'Europe de l'Est semblent être loin d'avoir un avenir radieux. La diminution des habitats d'élection des oiseaux nicheurs des prairies de fauche est causée par : (1) l'intensification de l'élevage laitier, (2) l'utilisation croissante des fertilisants artificiels, (3) le drainage des zones humides et des prairies humides, (4) l'avancée des dates de fauche dans les prairies de production, et (5) l'abandon dans les plaines inondables des prairies de fauche et prairies semi-naturelles qui demandent trop de main d'œuvre pour être rentable (P. Pinchuk par courrier, Báldi et al. 2005).

L'un des nombreux problèmes rencontrés aujourd'hui par les Barges à queue noire nichant dans leur bastion aux Pays-Bas est le drainage de leurs sites de nidification. Cet oiseau montre clairement jusqu'où son bec peut (ou doit) pénétrer dans le sol pour capturer des tipules ou des vers de terre. Aujourd'hui, l'alimentation dans des sols bien plus secs nécessite d'atteindre une plus grande profondeur pour accéder aux proies profondément enterrées. Lors des printemps secs, le sol peut être simplement trop sec pour que les barges puissent enfoncer leur bec.

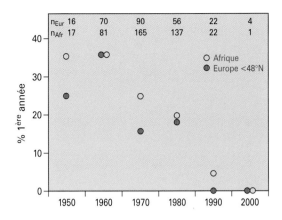

Fig. 202 Pourcentage de barges de première année dans les reprises depuis 1950 jusqu'aux années 2000, en Afrique et en Europe au sud des secteurs de nidification (*i.e.* en France, en Espagne et en Italie). Les valeurs numériques indiquent le nombre de reprises par décennie. Même source que la Fig. 186. Données EURING.

Conclusion

Au rythme actuel de déclin de 4% par an, la population d'Europe de l'Ouest de Barges à queue noire, qui constitue encore plus de 50% de la population européenne totale, se dirige vers ses plus bas niveaux historiques. La situation en Europe centrale et orientale est moins sombre, mais pourrait se détériorer rapidement du fait de la modernisation et de l'évolution de l'agriculture. Après une augmentation dans la première moitié du 20ème siècle, la tendance au déclin de la population de barges a débuté dans les années 1960-1970, et s'est accélérée dans les années 1990, principalement à cause de l'échec de la reproduction, du fait des changements de pratiques agricoles. Ironiquement, malgré ces circonstances, l'augmentation du taux de survie entraîne un vieillissement de cette population dont les espoirs de reproduction sont faibles. En effet, une part considérable de la population nicheuse ne peut accomplir son cycle de reproduction, principalement en raison de l'avancement d'environ un mois des dates de fauche au cours du 20ème siècle. Par conséquent, la plupart des barges repartent plus tôt vers leurs sites d'hivernage en Afrique de l'Ouest, souvent dès juin. Les rizières de Guinée-Bissau forment le bastion hivernal des barges d'Europe occidentale, comme depuis des décennies, alors que le Delta du Sénégal, qui était auparavant un site d'hivernage important a perdu beaucoup de son intérêt. Un facteur important pour l'espèce en Afrique de l'Ouest est le sentiment qu'ont les populations locales que les barges causent des dommages aux cultures, et en particulier au riz, en juillet-août, ce qui entraîne le tir d'un grand nombre d'oiseaux. En moyenne, la survie en Afrique de l'Ouest est meilleure lors des années humides que lors des années sèches, ce qui suggère que l'impact des tirs au cours des années sèches, alors que les barges sont vulnérables en raison de la réduction du nombre de sites d'alimentation, pourrait être significatif. Sur le long terme, cet impact est toutefois masqué par l'augmentation des taux de survie, probablement grâce au renforcement de la réglementation sur la chasse en Europe et en Afrique du Nord, qui a entraîné un déclin de la pression sur l'espèce.

La population hivernant dans le Sahel occidental a décliné de près de 70% entre 1983 et 2005, soit plus que le déclin de 50% estimé sur les sites de reproduction au cours de la même période. Dans le Delta Intérieur du Niger (près de 40.000 individus depuis les années 1990) et au Lac Tchad, un tel déclin ne se fait pas sentir. Ces populations proviennent essentiellement de sites de reproduction plus orientaux, où le déclin des populations n'a pas atteint le niveau de celui des populations d'Europe occidentale.

Notes

1   Afin de séparer les oiseaux islandais (*L. l. islandica*) des oiseaux nicheurs continentaux (*L. l. limosa*), toutes les barges baguées ou reprises en Islande ou le long des côtes d'Europe du NO entre octobre et février ont été considérées comme appartenant à *L. l. islandica*. Toutes les autres reprises dans la base ont été attribuées à *L. l. limosa*. Sauf mention contraire, les données présentées dans ce chapitre ne concernent que les populations continentales. Des informations complémentaires sur la migration des Barges à queue noire islandaises, basées sur de nombreuses observations d'oiseaux porteurs de bagues colorées, sont fournies par Gill *et al.* (2002).

2   Par ailleurs, une observation étonnante de 300 à 400 barges se nourrissant en volant sur place de sorgho à moitié mûr dans les champs inondés du sud-ouest de l'Arabie saoudite les 8 et 9 février 1992 suggère un passage d'oiseaux en route vers leurs sites de reproduction (Rahmani & Shobrak 1992), voire une petite population hivernante. Newton (1996) a montré que plusieurs espèces migratrices du Paléarctique hivernent régulièrement dans le sud-ouest de l'Arabie, mais sa liste ne comprend pas la Barge à queue noire. Les grands projets d'irrigation qui y ont été menés ont pu améliorer les conditions d'hivernage aux cours des dernières décennies.

3   Entre 1968 et 1970, L. Zwarts (données non publ.) a pu être le témoin du départ en migration dans le N et le SO des Pays-Bas (Encadré 22) : 13 groupes sont partis entre les 17 et 30 juillet, et des groupes isolés les 5 juillet et 14 août. Des dates de départ similaires ont été relevées dans le nord des Pays-Bas, *i. e.* le 20 juillet 1978 et le 3 août 1979 (van Dijk 1980). Ces dates coïncident avec une diminution habituelle du nombre d'oiseaux visitant les reposoirs (Fig. 192).

4   Récemment, deux analyses du taux de survie des Barges à queue noire néerlandaises ont été réalisées. Van Noordwijk & Thompson (2008) ont trouvé une forte variation du taux de survie annuel. Cette variation (voir leur Fig. 7) ne semble pas être liée aux précipitations au Sahel lors de l'année précédente. Roos Kentie (en prép.) a de nouveau analysé les mêmes données et introduit l'indice des précipitations au Sahel dans son modèle. Elle a trouvé qu'une faible part de la variation annuelle du taux de survie des adultes pouvait être expliquée par les fluctuations annuelles des précipitations au Sahel.

5   Les comptages de milieu d'hiver en 1983/1984 ont révélé la présence d'environ 150.000 à 170.000 oiseaux dans le Delta du Sénégal et les rizières côtières (Tableau 23). Au début des années 1980, la population d'Europe occidentale comptait 97.000 couples, soit l'équivalent d'une population hivernale de 233.000 oiseaux, en considérant une production de 0,4 jeune par couple (Fig. 202). Ainsi, 73% de la population avait été trouvée en milieu d'hiver. On peut considérer que les oiseaux manquants étaient mélangés aux oiseaux d'Europe orientale hivernant dans le Delta Intérieur du Niger, où étaient localisés dans les rizières non visitées de Guinée et de Sierra Leone. La population hivernale en 2005/2006 peut être estimée à 100.000 oiseaux, dont 50.000 dans les sites d'hivernage côtiers (Tableau 23).

Chevalier sylvain
Tringa glareola

Quelques jours après la fonte de la neige, à la mi-mai ou peut-être quelques jours plus tard, les tourbières du nord de la Finlande s'animent suite au retour récent des Chevaliers sylvains. Les tourbières minérotrophes, ces zones marécageuses qui reçoivent les nutriments des terrains environnants par ruissellement, s'étirent du nord de la Finlande jusque loin en Sibérie. La formation de ces tourbières a débuté il y a environ 9000 ans, à la fin du dernier âge glaciaire. Avec une accumulation de tourbe de moins de 0,6 mm par an, ces tourbières se transforment très lentement en tourbières boisées. Ce processus est habituellement ralenti par les importantes inondations au printemps. Les mammifères, y compris l'homme ont d'extrêmes difficultés à traverser les tourbières, à cause de la présence de trous d'eau. Dans ce paradis relativement protégé, les Chevaliers sylvains de Laponie atteignaient des densités élevées, de 13 à 18 couples par km^2 dans les années 1800 et au début des années 1900, mais les chiffres actuels indiquent un déclin, peut-être lié au drainage des tourbières. Entre les sites de nidification et d'hivernage, séparés par 7000 km, le drainage fait également diminuer les sites de halte dont dépendent les Chevaliers sylvains. Ils y accumulent les réserves de graisse nécessaires pour traverser la Méditerranée et le Sahara. Comme pour de nombreuses espèces migratrices, leur vie devient de plus en plus difficile.

Aire de reproduction

Le Chevalier sylvain est une espèce monotypique qui niche à travers le nord de l'Eurasie, de l'ouest de la Fennoscandie, des Pays Baltes et du nord de l'Ukraine jusqu'à l'est de la Sibérie, en Anadyr, au Kamchatka et dans les Kouriles du nord. Au sud, il atteint la limite sud de la toundra dans le sud de l'Oural, les steppes kirghizes, l'Altaï russe, le nord de la Mongolie et le cours du fleuve Amour.

La population d'Europe du NO est estimée entre 285.000 et 407.000 couples, principalement en Finlande, ce qui représente entre 0,86 et 1,22 million d'individus. Si l'on reporte les densités finlandaises en Russie européenne, on obtient entre 0,6 et 0,9 million de couples en plus (Stroud *et al.* 2004). La population nichant en Sibérie occidentale était inconnue, mais probablement très important, car il s'agit du limicole le plus abondant dans la zone de toundra boisée (Rogacheva 1992). Cette population est estimée à plus de 2 millions d'oiseaux (Stroud *et al.* 2004).

Migration

Le Chevalier sylvain est entièrement migrateur et hiverne en Afrique au sud du Sahara. Les oiseaux nicheurs du nord et du centre du Paléarctique, à l'ouest de 40°E, hivernent en grande partie en Afrique de l'Ouest sub-saharienne. Les oiseaux d'Europe du NO suivent un axe sud-sud-ouest à travers l'Europe (Fig. 203). Le baguage intensif a permis de montrer qu'en fin d'été, les Chevaliers sylvains migrent d'abord vers le sud en faisant de courtes étapes, en ne restant que quelques jours sur leurs sites d'alimentation et en n'accumulant que peu de graisse. Sergei Timofeevich Aksakov, maître dans l'art de la prose et chasseur hors pair de la région d'Orenburg, avait déjà en 1852 indiqué dans ses « Notes d'un sauvaginier de province », que « fifi », le nom onomatopéique local du Chevalier sylvain « n'est jamais gras. Ils partent si tôt qu'ils n'ont pas le temps d'accumuler de réserves ».

Les adultes migrent avant les jeunes, et transportent en moyenne plus de graisse. Cette stratégie migratoire par courtes étapes laisse place à des haltes plus longues dans le sud de l'Europe, qui permettent l'accumulation des réserves d'énergie suffisantes pour un vol sans arrêt au-dessus de la Méditerranée et du Sahara (Scebba & Moschetti 1996, Wichmann *et al.* 2004). La Camargue, où de grandes quantités de Chevaliers sylvains se rassemblent en automne, joue ce rôle (Hoffmann 1957). Sur certains sites d'Europe du Nord et centrale, les Chevalier sylvains accumulent suffisamment de réserves d'énergie pour parcourir de longues distances, comme dans le sud de la Suède (Persson 1998), à Jeziorsko dans l'ouest de la Pologne (Włodarczyk *et al.* 2007) et à Münster dans l'ouest de l'Allemagne (sur une station d'épuration ; Anthes *et al.* 2002). D'autres individus utilisent des sites de halte régulièrement répartis en Europe, et accumulent des réserves en chemin (Leuzinger & Jenni 1993, Meissner 1997). Les oiseaux qui ont accumulé suffisamment de réserves peuvent voler sans s'arrêter jusqu'aux sites de halte en Europe du Sud, notamment dans le Delta du Rhône, où ils peuvent reconstituer leurs réserves. Un oiseau bagué à Münster a été tué le lendemain dans les Bouches-du-Rhône (à 1000 km ; Anthes *et al.* 2002). De nombreux oiseaux de Fennoscandie prennent une direction sud-est à travers les Balkans, ou via l'Ukraine (avec Sivash comme site de halte) et la région des Mers d'Azov et Noire. Les oiseaux bagués en Ukraine ont été observés au Tchad et au Nigéria, dans un secteur où un recouvrement avec l'aire d'hivernage des oiseaux d'Europe du NO existe. (Lebedeva *et al.* 1985, Nankinov 1998, Diadicheva & Matsievkaya 2000). Les Chevaliers sylvains de Russie et de l'ouest de la Sibérie migrent principalement vers l'Afrique orientale et australe (Lebedeva *et al.* 1985), Vandewalle 1988, Oschadleus 2002, Stroud *et al.* 2004).

La vitesse de migration printanière est plus élevée qu'à l'automne dans la plupart des régions et les haltes sont plus courtes. Le faible poids mesuré chez les oiseaux atteignant le sud de l'Europe et le Moyen-Orient (Akriotis 1991, Yosef *et al.* 2002) est rapidement corrigé par une alimentation frénétique pendant les haltes. Le poids augmente progressivement au cours de la migration vers le nord. Dans le sud de la Suède, les oiseaux atteignent un poids moyen de 71 g (entre 56 et 86 g, n=43 ; Persson 1998). Dans le nord et le nord-est de la Pologne, la moyenne est de 67 à 70 g, ce qui atteste également d'un bon engraissement (Remisiewicz & Wennerberg 2006). Même pressés, les Chevaliers sylvains sont clairement capables d'accumuler des réserves en route (Remisciewicz *et al.* 2007, Muraoka *et al.* 2009).

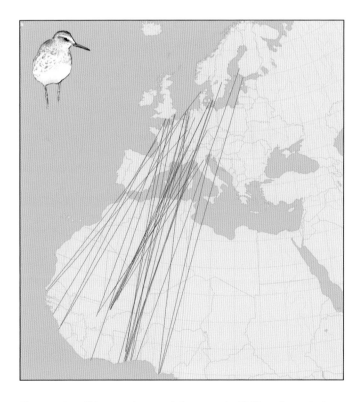

Fig. 203 Localités européennes de baguage de 69 Chevaliers sylvains repris ou capturés en Afrique de l'Ouest. Données EURING.

Les sondages de densité réalisés dans des parcelles de taille connue ont montré que 240.000 Chevaliers sylvains passent l'hiver boréal dans le Delta Intérieur du Niger, et plus de 100.000 dans les rizières d'Afrique de l'Ouest et dans le Delta du Sénégal. Dans les plaines inondables, les densités varient considérablement, en fonction du type de végétation et de la partie en eau. Des densités plus fortes sont rencontrées dans le *bourgou* (2,2/ha), comme illustré ici dans le Delta Intérieur du Niger (janvier 1994), que dans le riz sauvage (0,5/ha), mais au-delà de l'habitat, c'est la présence d'une faible profondeur d'eau (<20 cm) qui attire avant tout l'espèce (4,5/ha). (voir Chapitre 6 pour les détails).

Répartition en Afrique

Les Chevaliers sylvains sont très répandus en Afrique de l'Ouest en hiver, et sont présents partout où de l'eau peu profonde, douce, saumâtre, ou même salée est présente, mais ils atteignent rarement de fortes concentrations.

La base de données EURING contient 60 reprises et 9 captures, concentrées au Mali (n=24, dont 22 dans le Delta Intérieur du Niger), au Ghana (n=15), dans le Delta du Sénégal (n=9) et dans les champs de riz côtiers du Sénégal et de Guinée-Bissau (n=6) (Fig. 203). La plupart des oiseaux repris avaient été bagués en Suède (n=21) et en Finlande (n=15) entre le 14 juin et le 29 août, ce qui est cohérent avec la provenance principalement fennoscandienne des oiseaux hivernant en Afrique de l'Ouest. Les oiseaux provenant d'ailleurs en Europe avaient été bagués au cours de la migration printanière (du 23 avril au 9 mai, n=7) ou en fin d'été (du 5 août au 5 septembre ; n=17). Les oiseaux de Finlande et de Suède partagent les mêmes sites d'hivernage, quel que soit leur axe migratoire (sud-ouest ou sud). Les concentrations apparentes de reprises de baguage dans le Delta Intérieur du Niger (Mali), au Ghana et dans le Delta du Sénégal sont signe de biais liés à la pression de chasse (n=22) et de capture (8 au Mali, 7 au Ghana).

Sondages de densité   Jusqu'à récemment, seuls des estimations très imprécises du nombre de Chevaliers sylvains hivernant dans les différentes parties de l'Afrique (synthétisées par Stroud *et al.* 2004) étaient disponibles. L'espèce est ubiquiste et fréquente de multiples sites éparpillés dans cette région. La réalisation d'estimations à l'échelle de la région n'est donc possible que par l'utilisation de techniques d'échantillonnage stratifié (voir Chapitre 6 pour les détails).

Sur la base d'un échantillonnage par parcelles, un total de 300.000 Chevalier sylvains a été estimé dans le centre du Mali dans les années 1990 et au début des années 2000, dont 200.000 dans les plaines inondables du Delta Intérieur du Niger (2,2/ha ; Chapitre 6), 66.000 dans le secteur d'irrigation de l'*Office du Niger* dans le centre du pays (1,2/ha ; Chapitre 11) et 40.000 sur la végétation flottante du Lac Télé (soit une concentration exceptionnelle de 12,7/ha ; Chapitre 6).

Les plaines inondables du Delta du Sénégal, qui ont été converties en champs de riz irrigués, ont perdu une grande partie de leur attrait pour les Chevaliers sylvains. Les récents sondages de densité y ont révélé une densité moyenne de 1,2/ha, avec des variations entre 0,13/ha dans les champs de riz irrigués et 2,4/ha dans la végétation flottante à *Sporobolus*, ce qui amène le total estimé à 36.000 individus (Chapitre 7).

Ailleurs en Afrique de l'Ouest, les champs de riz attirent de grands nombres de Chevaliers sylvains, comme par exemple 5100 dans les secteurs irrigués près du barrage de Sélingué (4,0/ha ; Chapitre 11) et 55.000 dans les rizières côtières entre la Gambie et la Guinée (0,5/ha ; Chapitre 11). Cette dernière estimation est du même ordre de grandeur que les 25.000 à 50.000 dans les 180.000 ha de rizières de Guinée-Bissau en 1983 (Altenburg & van der Kamp 1986). Le nombre d'oiseaux dans le Bassin du Tchad, qui couvre 10.000 km^2 a été estimé à un peu plus de 9000 individus (van Wetten & Spierenburg 1998), ce qui est peut-être sous-estimé.

Au total, plus de 400.000 individus sont concentrés dans les plaines inondables et les rizières du Sahel, soit entre 25 et 40% de la population européenne estimée à 1-1,5 million d'oiseaux, mais le Chevalier sylvain fréquente également les petites zones humides. Nous considérons donc qu'une grande partie de la population européenne est confinée à l'Afrique de l'Ouest en hiver. Il s'agit de l'une des espèces d'oiseau du Paléarctique les plus fréquemment rencontrés dans les secteurs d'eau peu profonde.

La plupart des Chevaliers sylvains qui hivernent en Afrique de l'Ouest nichent en Fennoscandie et en Russie.

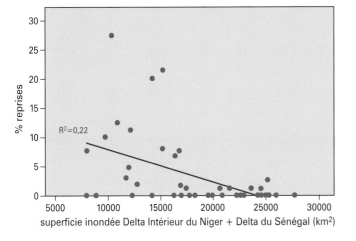

Fig. 204 Au cours des années de faibles inondations, une part plus importante des Chevaliers sylvains est reprise dans les plaines inondables d'Afrique de l'Ouest (4°-20°N) que lors des années de fortes inondations, ce qui suggère un meilleur taux de survie lors de ces dernières années. Le taux de reprise est exprimé en pourcentage du nombre de reprises en Afrique de l'Ouest par rapport au nombre total de reprises en Europe et en Afrique (oiseaux morts uniquement) pour les 44 années avec plus de 10 reprises entre 1947 et 2001 (P<0,001). Données EURING.

Evolution de la population

Pour une espèce intimement associé aux zones humides de tous types, on peut s'attendre à un taux de reprise plus élevé dans les zones d'hivernage africaines lors des années sèches, ce qui est globalement le cas (Fig. 204).[1]

Au Sahel, le nombre total de reprises augmente au cours de la période d'hivernage : 1 en novembre, 8 en décembre, 12 en janvier et 15 en février. Cette augmentation ne se retrouve pas dans la zone soudanienne : 4 en décembre, 6 en janvier et 3 en février. Les oiseaux hivernant au Sahel, au contraire de ceux de la zone soudanienne, font face à une diminution régulière à la fois de l'étendue des zones inondées et de celle des dépressions alimentées par les pluies au cours de l'hiver. Ils se concentrent donc progressivement dans un plus petit nombre de sites. A la même époque, les pêcheurs et les bergers se concentrent également dans ces zones, ce qui augmente les risques pour les Chevaliers sylvains d'être tirés ou capturés. L'augmentation du risque de prédation contribue à la différence entre années humides et années sèches (Fig. 204). Les années de faibles inondations obligent les oiseaux à se concentrer dans un plus petit nombre de sites, mais avancent également la période de formation de ces

Les Chevaliers sylvains se nourrissent en eau peu profonde et sur terrain humide. Les secteurs couverts de végétation haute sont évités, comme les étendues complètement dénudées. Les habitats de type mare ont leur prédilection dans toute l'Afrique, mais cette espèce n'atteint jamais de fortes densités, ce qui suggère qu'elle défend ses sites d'alimentation contre ses congénères. Ses habitats de prédilection sont utilisés par une multitude d'oiseaux d'eau, dont l'Ibis sacré et l'Aigrette garzette.

concentrations, ce qui allonge la période à risque (Chapitres 6 et 23).

Les populations nicheuses sont suivies en Finlande depuis 1982 (Väisänen *et al.* 1998, Väisänen 2005) et depuis plus longtemps encore (1975) en Suède (Lindström & Svensson 2005). La population finlandaise montre une diminution significative de 1% par an en moyenne[2], mais cette tendance n'est pas corrélée avec des paramètres liés au Sahel. Le drainage des zones humides finlandaises, particulièrement dans le sud, est probablement responsable de ce déclin (Väisänen *et al.* 1998). La situation est toutefois complexe, car l'espèce a augmenté en Laponie (elle a presque doublé entre 1984 et 2006 dans la Réserve Naturelle de Varrio ; http://veli.pohjonen.org). Dans la Réserve Naturelle de Laponie, dans le NO de la Russie, une augmentation progres-

Fig. 205 Evolution de la population de Chevalier sylvain en Suède et en Finlande (indices TRIM, points de comptage estivaux) en fonction de l'étendue des inondations dans le Delta Intérieur du Niger et le Delta du Sénégal pendant l'année précédente. D'après Lindström & Svensson 2005 (Suède) et Väisänen 2005 (Finlande).

sive a également été enregistrée sur la période 1972-1991 (Gilyazov 1998), mais avec des fortes fluctuations annuelles. La taille de la population nicheuse de Suède n'est que faiblement corrélée à l'étendue des inondations dans le Delta Intérieur du Niger et dans le Delta du Sénégal (Fig. 205).[3]

tomnale et printanière, les Chevaliers sylvains dépendent d'une succession de sites de halte disséminés entre leurs sites de reproduction d'hivernage, et accumulent des réserves en route vers l'une ou l'autre de ces destinations.

Conclusion

La majorité des Chevaliers sylvains européens hivernent en Afrique de l'Ouest, où les sites en eau peu profonde sont privilégiés. Les rizières et les plaines inondables du Delta Intérieur du Niger sont particulièrement importantes. L'évolution des populations de Chevalier sylvain en Fennoscandie n'est pas, ou seulement faiblement, corrélée aux conditions d'hivernage au Sahel, malgré la plus forte mortalité observée lors des années sèches au Sahel. Pendant les migrations au-

Notes

1 Le nombre relatif de reprises est significativement corrélé à l'étendue des inondations (Fig. 204), mais pas avec l'indice des pluies du Sahel (R^2=0,06, P=0,10), ce qui était attendu, car une grande partie des Chevaliers sylvains est concentrée dans les plaines inondables.

2 Le déclin de la population finlandaise est significatif (R^2=0,15).

3 La corrélation entre l'étendue des inondations et la population nicheuse suédoise est R=+0,35, P<0,05.

Les querelles de frontière entre Chevaliers sylvains défendant leurs territoires d'alimentation le long des berges, sont bien connues des ornithologues qui passent du temps avec eux. Les Echasses blanches, en revanche, tout comme les Combattants variés et les Barges à queue noire, se nourrissent en groupes et ne sont pas territoriales sur leurs sites d'alimentation. La fréquence et la vigueur des querelles chez le Chevalier sylvain indiquent que les sites d'hivernage peuvent jouer un rôle significatif dans la régulation de leur population, particulièrement lors des sécheresses.

Combattant varié
Philomachus pugnax

5 mars 1905. Dans un journal frison, le Leeuwarder Courant, un tendeur se plaignait, dans la rubrique « courrier des lecteurs », de la nouvelle réglementation sur la capture des limicoles en hiver, qui interdisait l'utilisation de filets après le 31 mars. Il posait la question suivante : pourquoi limiter la capture des Combattants variés lorsqu'ils sont si abondants, pendant la migration en avril ? A cette époque, environ 100.000 ha de prairies du centre de la Frise, au nord des Pays-Bas étaient inondés pendant l'hiver et une bonne partie du printemps. Ces prairies inondées accueillaient une importante population de Combattants variés et une quantité immense de migrateurs printaniers. Ils y étaient capturés par les tendeurs locaux, et représentaient une source de revenu complémentaire aux profits tirés de la vente des 20.000 à 40.000 Pluviers dorés qui étaient tués chaque année en milieu d'hiver (Jukema *et al.* 2001a). Cette complainte du tendeur était, avec le recul, dépassée, car peu après le commerce légal du Combattant varié cessa totalement. Au cours du 20ème siècle, les plaines inondables de Frise ont été asséchées (Claassen 2000) et en 2007, à peine 2000 hectares de l'ancienne zone inondable subsistaient. Le Combattant varié a cessé d'y nicher lors de la seconde moitié du 20ème siècle, mais les prairies humides de Frise représentent toujours des sites de halte importants lors de la migration printanière (Wymenga 1999).

Les Combattants variés sont faciles à capturer, en raison de leur habitude de suivre les lignes du paysage lorsqu'ils approchent leurs sites de repos et d'alimentation. Cette méthode est peut-être efficace pour éviter les prédateurs aviaires, mais elle est inutile face aux filets posés par les tendeurs. A plus de 4000 km au sud de la Frise, les pêcheurs du Delta Intérieur du Niger ont également appris que les Combattants sont des proies faciles et une source complémentaire de revenu pendant les temps difficiles. Avec la Sarcelle d'été, le Combattant varié fait partie des espèces les plus fréquemment capturées, et des milliers sont vendus chaque année sur le marché de Mopti. Le drainage des plaines inondables sur les sites de reproduction a eu par le passé – et a toujours aujourd'hui – un impact négatif sur les populations de Combattant varié, tout comme les captures actuelles au Mali durant l'hiver boréal.

Aire de reproduction

En période de reproduction, le Combattant varié fréquente une large bande à travers l'Eurasie, de la Scandinavie à la Sibérie orientale, principalement au nord de 60°N dans les secteurs de pâtures humides, de plaines inondables, de tourbières et de toundra (sub-)arctique (Hagemeijer & Blair 1997, Lebedeva 1998). Au cours de la seconde moitié du 20ème siècle, le Combattant varié a déserté une bonne partie de son territoire en Europe de l'Ouest (Zöckler 2002), tout comme ses sites de reproduction les plus méridionaux de Hongrie, de Pologne, d'Ukraine et de Russie (Thorup 2006).

Les populations principales sont localisées en Scandinavie et dans la toundra russe. Cette dernière zone abrite environ 95% de la population totale (Zöckler 2002). La population nicheuse des toundras et des tourbières de Fennoscandie est estimée entre 60.000 et 90.000 femelles et la population russe entre 140.000 et 420.000 femelles (BirdLife International 2004a, Thorup 2006). La population nicheuse européenne a été estimée entre 0,2 et 0,5 millions de femelles (Thorup 2006), ce qui équivaut à une population hivernante de 0,5 à 1,3 million d'oiseaux (étant donné que 22,7% des oiseaux en hiver sont âgés de moins d'un an et que la population est composée de 40 à 50% de mâles). La population eurasienne de Combattants variés doit être comprise entre 2,3 et 2,8 millions d'oiseaux (Zöckler 2002).

Répartition en Afrique

Les principaux sites d'hivernage sont situés en Afrique et en Inde, avec des sites plus périphériques en Europe de l'Ouest (jusqu'à 2100 dans les années 1980, jusqu'à 3150 dans les années 1990 et jusqu'à 900 entre 2000 et 2008 dans le SO des Pays-Bas ; Castelijns 1994, non publ.), dans le Bassin Méditerranéen (probablement plus de 6000 ;

van Dijk *et al.* 2006, Meininger & Atta 1994), sur la côte arabique et parfois dans les zones humides à l'est de l'Inde (Li Zuo Wei & Mundkur 2004). Pendant l'hiver, l'espèce est grégaire et occupe toutes sortes de zones humides ouverts, douces ou saumâtres : plaines inondables, rizières, berges de lacs, lits de rivières et plans d'eau peu profonds. Même les plus petites mares temporaires peuvent l'attirer. Comme les Barges à queue noire, les Combattants variés sont principalement granivores sur leurs sites d'hivernage, à la fois en Afrique (Tréca 1975, 1977) et en Europe (Castelijns *et al.* 1994). Le riz (Oryza sp.) représente 80% de leur régime, qui est complété par des graines de graminées, du mil, du sorgho, des invertébrés variés et des larves de chironomes (Tréca 1993, Stikvoort 1994).

Les Combattants variés sont communs dans les zones humides d'Afrique, particulièrement dans les plaines inondables du Sahel. Ces plaines inondables ressortent clairement de la répartition des oi-

Combattants variés mâles en plumage nuptial paradant sur un lek. Les leks sont souvent situés sur des endroits légèrement surélevés dans des prairies humides, telles que les berges des cours d'eau et des fossés.

seaux bagués repris en Afrique (EURING) : 183 des 217 reprises (84%) proviennent des principales plaines inondables, dont 123 du Delta Intérieur du Niger, 53 du Delta du Sénégal, 4 des plaines au sud du Lac Tchad et 3 du Sudd. Un total de 16 autres combattants a été repris dans les rizières côtières et seulement 18 proviennent d'ailleurs en Afrique de l'Ouest.

Les premières tentatives pour dénombrer les Combattants variés dans les plaines inondables du Sahel datent des années 1960 et 1970 et n'étaient au mieux que de vagues estimations. Roux (1973) a estimé la population hivernante du Delta du Sénégal en janvier 1972 à 500.000 individus, alors qu'en février 1972, la présence d'un million d'oiseaux a été évoquée (signalés par G. Jarry ; Roux 1973). Pendant la même étude, Francis Roux compta 110.000 Combattants variés dans le Delta Intérieur du Niger, mais souligne que des « millions » pouvaient avoir été présents. Dans le Delta du Fleuve Yobe, le long de la berge occidentale du Lac Tchad, Ash et al. (1967) ont réalisé des comptages journaliers le long d'une longueur de berge fixe d'un mile (environ 1,6 km) pendant une heure, et des observations ponctuelles des mouvements de retour aux dortoirs en soirée, pour arriver à une estimation de 500.000 Combattants variés en mars-avril 1967. Ils ont estimé qu' « il pourrait y en avoir eu un million dans un périmètre de 15 km autour de l'embouchure du Fleuve Yobe ». Pour le Sudd, nous ne savons quasiment rien, en dehors des observations de Nikolaus (1989) qui, entre 1976 et 1980 mentionna que l'espèce « est présente en très grands nombres sur les prairies marécageuses ouvertes ». Ces observations montrent qu'au moins pendant les années 1960 et 1970, les Combattants variés hivernant au Sahel devaient être des millions. En reste-t-il de telles quantités au Sahel ?

Le dénombrement des oiseaux d'eau des plaines inondables du Sahel par l'ONCFS (p. ex. Triplet & Yésou 1998, Trolliet & Girard 2001) suggère que ce n'est pas le cas (Fig. 206). Les plus grandes concentrations ont été rencontrés dans le Delta Intérieur du Niger et le Bassin du Tchad, qui abritent tout au plus quelques centaines de milliers d'oiseaux chacun. Les populations actuelles dans le Delta du Sénégal sont très loin des millions de Combattants variés du début des années 1970, et les sécheresses, endiguements et le contrôle des crues n'y sont pas étrangers (Chapitre 7). Cependant, jusqu'en 1998,

de grandes quantités y étaient encore occasionnellement présentes (en moyenne 135.500 individus entre 1989 et 1998), se nourrissaient dans les rizières et se reposaient dans les zones humides restants et sur les bords des lacs (Trolliet et al. 1992, Trolliet & Girard 2001). Depuis lors, la population hivernante a considérablement diminué (Fig. 206), même si l'on prend en compte le caractère incomplet de certains comptages (Triplet & Yésou 1998, Trolliet et al. 2007).

En dehors de ces sites principaux, des concentrations de Combattants variés ont été signalées dans les plaines inondables de l'Hadéjia-Nguru au Nigéria (50.000 à 70.000 entre 1994 et 1998 ; Chapitre 8), à Mare de Mahmouda (44.000 le 19 janvier 2001) et au Lac R'kiz (22.000 le 15 janvier 2001) dans le sud de la Mauritanie (base de données de l'AfWC ; Wetlands International). En Afrique orientale et australe, les comptages de milieu d'hiver ont montré la présence d'au moins 19.000 Combattants variés sur les lacs de la vallée du Rift (1975-1985 ; Summers et al. 1987) et de 50.000 à 500.000 en Afrique australe (Underhill et al. 1999).

Les fortes fluctuations des quantités dans les plaines inondables peuvent être partiellement attribuées aux erreurs de comptage lors des suivis aériens (l'espèce est réputée pour être difficile à détecter depuis un avion) et à des modifications de répartition en fonction des précipitations et des inondations. Pendant les années sèches, de nombreux Combattants variés quittent les plaines asséchées pour gagner les mares temporaires, les lits des rivières et les berges des lacs, d'où ils sont habituellement absents. Ainsi, en janvier 1984, alors que les plaines inondables contenaient peu d'eau, 47.000 Combattants variés ont été comptés au barrage de Gaya-Kanji au Nigéria et 28.000 dans le lit du fleuve entre Labbezanga, Niamey et Gaya (base de données AfWC). Pendant la même saison, en décembre 1983, Altenburg & van der Kamp (1986) ont trouvé le Delta du Sénégal quasiment vide de combattants. Les oiseaux ont peut-être poursuivi leur route vers le sud pendant cette année particulièrement sèche, afin de gagner les rizières et les mangroves du Sine Saloum et de Guinée-Bissau, où en décembre 1983, se tenaient respectivement 20.000 à 25.000 et 50.000 à 75.000 individus (Altenburg & van der Kamp 1986). Dans le Sine Saloum, les quantités sont habituellement bien plus faibles (Dupuy & Verschuren 1978 ; Chapitre 11).

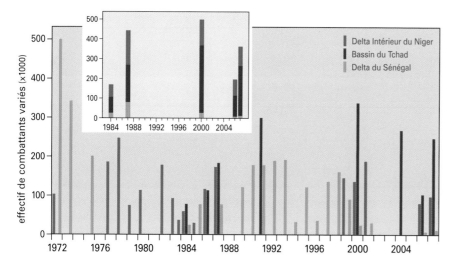

Fig. 206 Nombre de Combattants variés dans le Delta du Sénégal, le Delta Intérieur du Niger et le Bassin du Tchad, d'après les comptages aériens (et des comptages au sol au Sénégal). L'encart montre les totaux cumulés pour les années où les trois plaines inondables ont été recensées simultanément. D'après les Tableaux 4, 5, 12, 16.

En Afrique de l'Ouest, les Combattants variés se nourrissent habituellement en eau peu profonde avec les Echasses blanches et les Barges à queue noire (Delta Intérieur du Niger, février 1994).

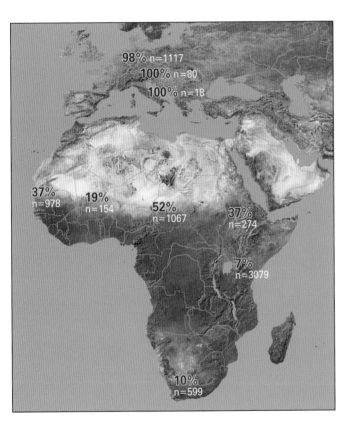

Fig. 207 Sexe-ratio (% de mâles et taille de l'échantillon) des Combattants variés en Europe et en Afrique en milieu d'hiver (novembre à février, sauf mars pour l'Italie), d'après les captures pour le baguage et les observations de terrain. D'après Schmitt & Whitehouse (1976), Pearson (1981), Castelijns *et al.* (1988), van der Kamp (1989), OAG Münster (1991b, 1996), Wymenga (1999, 2003), Jukema *et al.* (2001b), Dijkstra *et al.* (2002), Wijmenga & Komnotougo (2005), H. Henson par courrier (Italie, mars 1999), J. Naber par courrier (Autriche, février 2004).

Différences de répartition hivernale entre les sexes Afin d'obtenir des sexes-ratios représentatifs sur les quartiers d'hiver, la détermination des sexes doit avoir lieu entre novembre et février, car les mâles commencent leur migration plus tôt que les femelles, *i.e.* à la fin février (OAG Münster 1989b, Wymenga 1999). En outre, l'échantillonnage doit couvrir tous les types d'habitats et toutes les heures du jour, afin de prendre en compte les préférences d'habitat liées au sexe et les rythmes diurnes (OAG Münster 1991b, E. Wymenga non publ.).

Les mâles, plus grands que les femelles, hivernent en moyenne plus au nord que ces dernières (OAG Münster 1996). La faible quantité d'hivernants en Europe est presque exclusivement composée de mâles. En Afrique australe et orientale, les femelles sont bien plus nombreuses que les mâles (Tree 1985, Fig. 207). Au Sahel, où la majorité des Combattants variés d'Eurasie hivernent, les mâles constituent en moyenne 36% de la population (malgré de larges variations ; SD = 0,20, n = 16 études). Etant donné l'importance du Sahel comme site d'hivernage pour l'espèce, le nombre de femelles dans la population globale est probablement plus élevé que le nombre de mâles.

Migration

Origine des oiseaux Le Combattant varié traverse la totalité de l'Afrique et de l'Eurasie (Fig. 208). Un oiseau bagué dans le Cap-Oriental, en Afrique du Sud, a été repris dans le bassin de la Kolyma (164°E), à 15.392 km de son lieu de baguage (trajet sur le grand cercle), soit la plus grande distance parcourue par un oiseau terrestre (Underhill *et al.* 1999). La migration du Combattant varié entre l'Eurasie et l'Afrique se fait selon plusieurs axes principaux (Fig. 208A) d'après les reprises de baguage et les lectures de bagues colorées (Viksne & Michelson 1985, OAG Münster 1989a) :

1. Les Combattants variés de Sibérie orientale volent vers l'ouest à travers les bassins de la Léna, du Ienisseï et de l'Ob, puis traversent le Kazakhstan jusqu'aux Mers Caspienne et Noire, d'où ils s'avancent jusqu'à la vallée du Rift via le Moyen-Orient pour atteindre leurs sites d'hivernage en Afrique orientale et australe.

La capture et le baguage des oiseaux sur leurs sites d'hivernage a largement contribué à nos connaissances sur les oiseaux migrateurs (Delta Intérieur du Niger, mars 2001). Au printemps 1985, les ornithologues à travers toute l'Europe et l'Afrique du Nord ont recherché les Combattants capturés et colorés en jaune sous les ailes dans le Delta du Sénégal (OAG Münster 1989b). Au sein d'un regroupement, 15 d'entre eux ont été vus au milieu de dizaines de milliers de Combattants variés. Les sous-alaires jaunes se sont révélées être des marques très efficaces au milieu des nuages de Combattants variés. La photographie de droite montre les combattants capturés juste avant qu'ils soient relâchés, ici avec la poitrine colorée en jaune.

Une partie de ces oiseaux peut dépasser les Mers Caspienne et Noire et arriver en Europe, ce qui pourrait expliquer la reprise d'un oiseau bagué en Allemagne dans le Cap-Occidental, en Afrique du Sud (Underhill *et al.* 1999). Une proportion inconnue des oiseaux de Sibérie orientale vont en Inde, où ils se mélangent aux oiseaux de Sibérie centrale. Plusieurs reprises de bagues suggèrent des échanges entre les sites d'hivernage indiens et sud-africains.

2. Une partie des oiseaux nichant en Sibérie centrale se dirigent plus ou moins vers le sud et hivernent dans le sous-continent indien. Une autre partie hiverne en Afrique, où elle se mélange largement avec les oiseaux européens dans les plaines inondables du Sahel occidental (McClure 1974, Zöckler 2002). Les Combattants variés de Sibérie centrale pourraient se rendre et revenir d'Afrique via l'Europe de l'Ouest (Rogacheva 1992).

3. Les oiseaux bagués dans le nord et l'ouest de l'Europe prennent la direction du sud-ouest et traversent la partie occidentale de la Méditerranée au cours de leur vol vers leurs quartiers d'hivernage ouest-africains, en particulier le Delta du Sénégal et le Delta Intérieur du Niger (Fig. 208A).

4. De nombreux Combattants variés de Fennoscandie et de Russie s'orientent vers le sud et le sud-est, ce qui les amène à traverser la Méditerranée centrale ou orientale. Ce dernier axe recoupe celui des oiseaux sibériens, particulièrement dans la région de la Mer Noire et au Moyen-Orient (Fig. 208A).

L'étendue du recouvrement des quartiers d'hiver des populations orientale et occidentale atteint son maximum au Sahel, où des Combattants variés provenant de longitudes entre 10° et 160°E ont été trouvés. La connectivité migratoire est relativement faible, bien que les Combattants variés hivernant au Sénégal proviennent en moyenne de sites de nidification plus à l'ouest que ceux du Delta Intérieur du Niger et des environs du Lac Tchad (Fig. 208). Le Sahel occidental est donc un point de rencontre entre les oiseaux européens et de Sibérie centrale, comme le démontrent les oiseaux capturés en Italie pendant leur migration (Fig. 208C). Des oiseaux bagués en Suède et en Finlande ont été retrouvés dans tout le Sahel, où ils se mélangent largement aux populations sibériennes (provenant d'aussi loin que la Kolyma à 160°E ; Viksne & Michelson 1985 ; Fig. 208B).

Répartition saisonnière   Entre juillet et septembre, les Combattants variés provenant de Sibérie, jusqu'à 160°E, traversent l'Europe sur le chemin vers leurs quartiers d'hivernage africains. Le calendrier de ce passage montre des vagues successives, mais avec un certain recouvrement, qui voient d'abord défiler les oiseaux occidentaux, puis des oiseaux d'origines de plus en plus orientales (Fig. 209). Les déplacements postnuptiaux incluent plus de haltes et sont plus lents que les mouvements prénuptiaux, ce qui permet aux adultes de réaliser une mue partielle en Europe (Koopman 1986, OAG Münster 1989a, 1991a).

Le déroulement de la migration prénuptiale en Europe occidentale, comme ailleurs (p. ex. au Biélorussie ; Karlionova *et al.* 2007), est identique à celui de l'automne : vague après vague, les Combattants variés atteignent les sites de halte principaux, afin d'y reconstituer leurs réserves pour pouvoir continuer leur migration, en commençant par les oiseaux occidentaux. Les Combattants variés sibériens font partie des derniers à passer (Wymenga 1999 ; Fig. 209). Les oiseaux de Sibérie orientale ne passent normalement pas en Europe occidentale au printemps et empruntent une route plus orientale (via l'Italie ou le Moyen-Orient), car ils suivent un trajet direct vers leurs sites de reproduction. Cet axe migratoire est à l'origine des nombreuses reprises dans le secteur de la Mer Noire, où de nombreuses

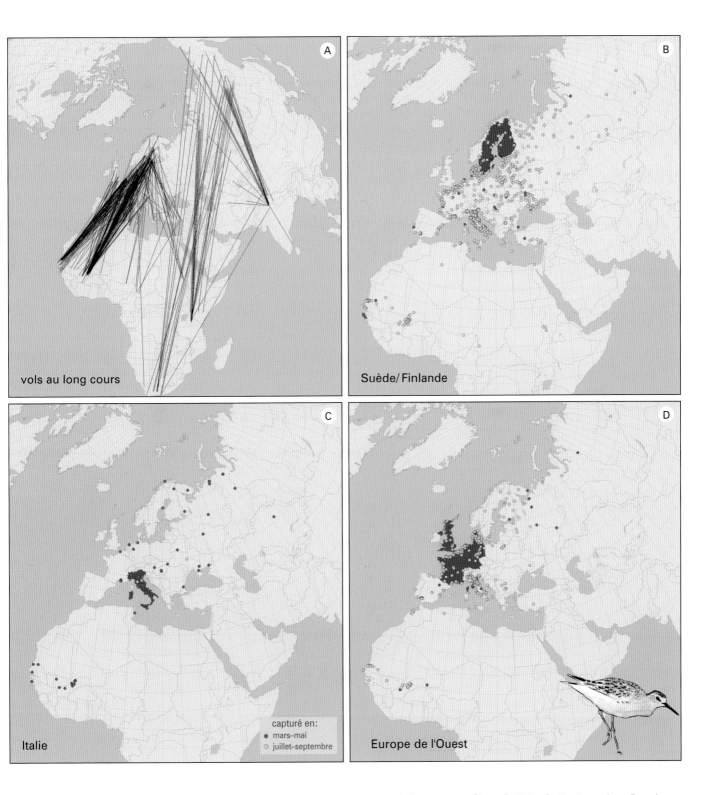

Fig. 208 (A) Origine en Eurasie de 243 Combattants variés repris en Afrique et sites de baguage en Afrique de 15 Combattants repris en Eurasie, représentés par des traits, complétés des sites de reprise de 21 oiseaux capturés dans le nord de l'Inde. (B) Reprises de Combattants variés bagués en Suède et Finlande entre mars et mai (n=64) et entre juillet et septembre (n=857), (C) même graphique que B, pour l'Italie (92 en mars-avril et 3 entre juillet et septembre) et (D), même graphique que B pour l'Europe du NO (n=226 en mars-avril et 496 entre juillet et septembre. Données EURING, sauf pour ceux bagués en Afrique du Sud (Underhill *et al.* 1999), au Kenya (Pearson 1981), en Inde (McClure 1974) et certains oiseaux de Sibérie (Viksne & Michelson 1985) et au Soudan (Nikolaus 1989).

zones humides favorables sont présentes au printemps (Kube *et al.* 1998).

Le passage tardif des combattants sibériens, qui arrivent sur leurs sites de reproduction en Sibérie centrale lors de la dernière semaine de mai (Rogacheva 1992), est dû à l'arrivée tardive du printemps en Sibérie. Ainsi, Henry Seebohm, lors de son voyage de 1877, dut attendre le 31 mai avant la débâcle du Fleuve Ienisseï (à la latitude 65°N), et observa pendant son séjour l'arrivée des oiseaux migrateurs entre le 31 mai et le 18 juin (Seebohm 1901). A ce moment de l'année, les premiers poussins étaient déjà la recherche d'insectes dans les prairies néerlandaises.

Contrairement à la migration postnuptiale, la migration prénuptiale est assez courte. Depuis leurs sites d'hivernage africains, les oiseaux ne font qu'un unique vol jusqu'aux sites de halte européens. Le gain de poids pré-migratoire maximum de 40% atteint par l'espèce dans les plaines inondables du Sahel lui permet de couvrir une distance de 4000 à 5000 km, ce qui met tous les principaux sites de transit en Europe à sa portée (OAG Münster 1989b, 1998, Zwarts *et al.* 1990), *i.e.* en Italie, en Hongrie, aux Pays-Bas, sur la Mer Noire et en Biélorussie.

Des 1988 Combattants variés au plumage peint dans le Delta du Sénégal en 1985 et 1987, 27 ont été observés aux Pays-Bas et 9 en Italie (OAG Münster 1989b) ; malgré des observations coordonnées en Afrique de Nord et en Europe, aucun ne fut vu entre ces deux endroits. Certains oiseaux pourraient même atteindre en un seul vol les côtes turkmènes de la Mer Caspienne, où les 8 oiseaux attrapés entre le 24 mars et le 24 avril étaient tous « très affaiblis » (Khokhlov 1995).

Stratégies migratoires selon le sexe Les mâles hivernent plus au nord que les femelles, et leur phénologie migratoire est plus précoce (van Rhijn 1991).[1] Les Combattants variés mâles du Delta du Sénégal commencent à augmenter de poids à partir de la mi-janvier et partent en migration vers début mars. Les femelles font de même trois semaines plus tard (OAG Münster 1989b). Le départ précoce des mâles est cohérent avec leurs dates d'arrivée en Europe, où ils sont dominants sur la totalité des sites de halte principaux pendant la première partie de la migration printanière. En Frise, dans le nord des Pays-Bas, parmi les milliers qui arrivent autour de la mi-mars, 80% sont des mâles. Cette fraction reste élevée jusqu'à la mi-avril, après quoi les femelles sont majoritaires (Wymenga 1999, 2005 ; Fig. 210). Le déroulement est identique dans les plaines inondables de la Prypiat en Biélorussie (Karlionova *et al.* 2007), dans la vallée du Pô, Italie (Serra *et al.* 1990) et sur les stations d'épuration près de Münster, Allemagne (OAG Münster 1989a).

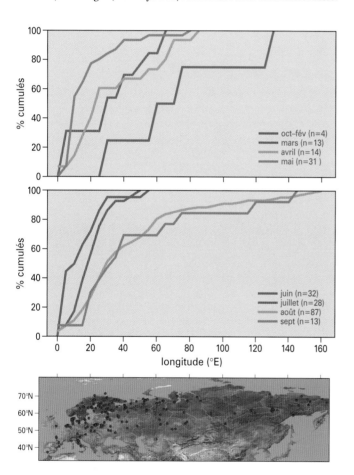

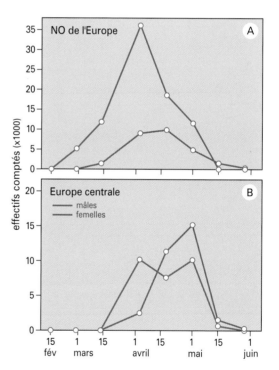

Fig. 209 Origine en période de nidification (°E) de Combattants variés capturés en Europe occidentale au cours de différents mois. La carte présente une sélection des individus repris en mai ou juin (points rouges sur la carte) ; les recaptures ne sont pas prises en compte.

Fig. 210 Calendrier de la migration prénuptiale des Combattants variés mâles et femelles (A) en Europe du NO (Frise, Pays-Bas) et (B) en Europe centrale (Biélorussie, République Tchèque et le Syvash, Ukraine), d'après les sexes-ratios et comptages sur les reposoirs. Données issues du Projet Combattant varié du WSG en 1998 (Wymenga 1999).

La comparaison entre les sites de halte en Europe montre des sexes-ratios très différents, pour lesquels plusieurs explications ont été avancées. Harengerd (1982, cité par Melter 1995) a noté un renou-vellement tous les 16 jours pour les mâles et tous les 9 jours pour les femelles près de Münster, Allemagne, ce qui induit un sexe-ratio plus déséquilibré. Deuxièmement, les femelles semblent emprunter un axe migratoire plus oriental au printemps, via le bassin Méditer-ranéen et le secteur de la Mer Noire, ce qui induit un sexe-ratio plus élevé sur les sites de halte occidentaux (Wymenga 1999).[2] Enfin, les sexes-ratios sont différents selon les populations, et montrent un déclin d'ouest en est. Au global, les femelles sont probablement plus nombreuses que les mâles.

Evolution de la population

Mortalité   De tous les oiseaux repris dans les années 1960, 95% avaient été tirés et 2% capturés (100%=598). Ces chiffres ont évolué pour atteindre respectivement 64% et 14% après 1990 (100%=84) (Fig. 211). Après le début des années 1970, le nombre d'oiseaux bagués (et repris) a fortement diminué, en raison notamment de la chute bru-tale de la population nicheuse d'Europe de l'Ouest.

En Europe et en Afrique du Nord, le pic des reprises à lieu lors des périodes prénuptiale (mars-mai) et postnuptiale (août-septembre), lorsque les oiseaux se rassemblent en grands nombre sur les sites d'alimentation et de repos (Fig. 212A). En Italie en particulier, de grandes quantités étaient tuées au printemps, mais bien moins lors de la migration postnuptiale. La chasse printanière des limicoles y est interdite depuis 1992. La chasse des limicoles, dont le Combattant varié, est toujours pratiquée en Europe du NO et du NE (Russie). Un nombre bien plus faible d'oiseaux est repris au sud du Sahara, proba-blement en raison des faibles taux de remontée de bagues en Afrique (Fig. 212B).

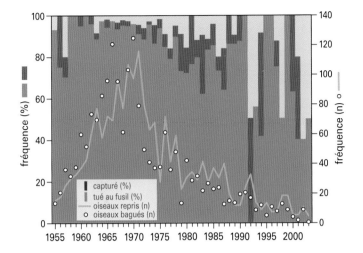

Fig. 211 Nombre relatif de Combattants variés tirés ou capturés par année (axe de gauche) et nombre de Combattants bagués et repris (axe de droite ; le nombre total d'oiseaux bagués fait uniquement référence à l'année de baguage des oiseaux repris. Données EURING.

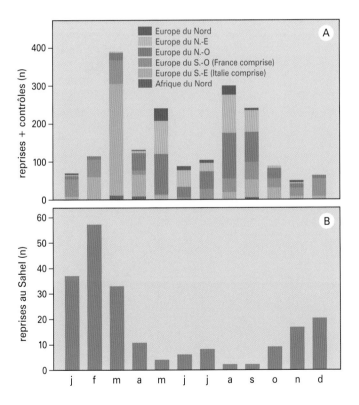

Fig. 212 Nombre mensuel de reprises et de contrôles (A) en Europe et Afrique du Nord (1840 au total) et (B) au Sahel (206 au total). Données EURING.

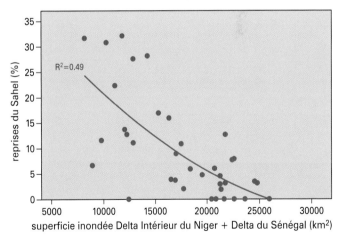

Fig. 213 Pourcentage de reprises de Combattants variés au Sahel par rapport au nombre annuel total de reprises en fonction de la taille des plaines inondables (Delta intérieur du Niger + Delta du Sénégal). Seules les années 1956-1988 au cours desquelles plus de 20 reprises par automne étaient enregistrées ont été sélectionnées. Données EURING.

Impact des conditions d'hivernage   Entre octobre et mars, les Combattants variés sont abondants à travers tout le Sahel. Les reprises montrent un pic marqué en février, soit juste avant le départ des oiseaux vers leurs sites de reproduction. Cette tendance saisonnière est extrêmement semblable à celle observée chez d'autres espèces d'oiseaux d'eau qui dépendent des plaines inondables, comme par exemple la Sarcelle d'été (chapitre 23) et la Sterne caspienne (chapitre 31). Vers la fin de l'hiver boréal, la décrue force les oiseaux à se concentrer dans ce qui reste de zones humides, et ils deviennent des proies faciles pour les locaux. Le risque de prédation par l'homme est particulièrement élevé dans le Delta Intérieur du Niger, où pendant la décrue, un grand nombre de Combattants variés est capturé avec

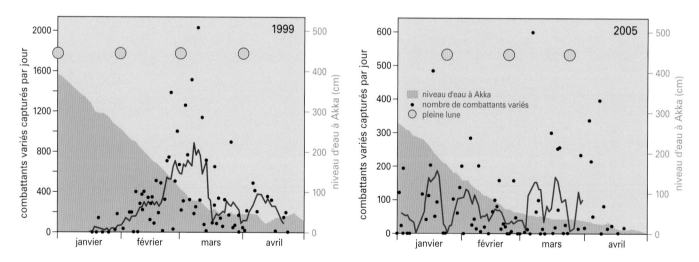

Fig 214 Nombre journalier de Combattants variés capturés dans le sud du Delta Intérieur du Niger en 1999 et 2005. La courbe montre la moyenne glissante sur 7 jours. La diminution du niveau d'eau est figurée en bleu (axe de droite), et la période de la pleine lune est indiquée. Si le niveau d'eau est inférieur à 250-300 cm et si la nuit est sombre, de nombreux oiseaux sont capturés, jusqu'à ce que la majorité soient partis en mars-avril. Données : Koné *et al.* (2002, 2005), Koné 2006.

De nombreux Combattants variés sont capturés dans le Delta Intérieur du Niger pour y être mangés ou être vendus sur les marchés. Notez la forte adiposité des oiseaux plumés (marché de Mopti, 5 mars 2001).

de vieux filets de pêche (Koné *et al.* 2002). La capture des oiseaux à grande échelle comme dans le Delta Intérieur du Niger ne se rencontre nulle part ailleurs au Sahel (Koné 2006). Ainsi, dans le Delta du Sénégal, les reprises concernent principalement des oiseaux tirés (n=50) plutôt que capturés (n=11). La chasse n'est pas une pratique courante dans le Delta Intérieur du Niger (van der Kamp *et al.* 2005), et lorsqu'elle l'est, c'est principalement par des citadins ou des touristes, qui sont plus susceptibles de signaler un oiseau bagué que les pêcheurs locaux. Ceci explique pourquoi le nombre de Combattants variés signalés tués à la chasse (n=33) est presque aussi élevé que celui des oiseaux capturés (n=37), malgré le nombre bien plus élevé d'individus pris dans les filets.

La dynamique des inondations explique les variations saisonnières du nombre de reprises dans le Sahel, ainsi que les variations interannuelles. Au cours des années 1960, humides, peu d'oiseaux bagués morts ont été repris, alors que les années sèches de 1973 et 1984 ont respectivement fourni 20 et 11 reprises. Le nombre total de reprises est toutefois à considérer avec circonspection, car le nombre de combattants bagués a augmenté progressivement jusqu'au début des années 1970, puis diminué plus fortement jusqu'au début des années 2000 au moins (Fig. 211). Nous avons donc exprimé le nombre annuel de reprises au Sahel en pourcentage du nombre total de reprises. Cette correction montre clairement que jusqu'à 30% des reprises proviennent du Sahel pendant les années sèches, alors que la proportion est proche de zéro lors des années humides (Fig. 213).

L'accroissement de la mortalité lors des années sèches est dû en grande partie à la capture des oiseaux. Cette affirmation peut être illustrée par les données collectées au Mali entre janvier et avril 1999, lorsque quatre enquêteurs ont visité autant de marchés et rencontré autant de tendeurs qu'ils le pouvaient. Leur enquête a montré qu'au moins 24.482 Combattants variés avaient été capturés et vendus dans la moitié sud du Delta. Après correction prudente des données manquantes, nous arrivions à un total de captures de 40.800 Combattants variés (voir également Chapitre 23 : la Sarcelle d'été). Cet exercice a été répété en 2000, 2004 et 2005, où moins d'oiseaux ont été capturés, avec des totaux comptés de 6133, 2463 et 6305 (corrigés respectivement à 31.000, 9100 et 13.600).

Comme pour la Sarcelle d'été, le nombre de Combattants variés peut s'expliquer par le niveau des inondations (plus d'oiseaux capturés lors des faibles inondations), le cycle lunaire (plus d'oiseaux capturés lors des nuits sans lune), et la saison (moins d'oiseaux capturés après fin février en raison du début des départs). Contrairement aux Sarcelles d'été, les captures journalières montrent de fortes fluctuations, mais pas de tendance saisonnière (Fig. 214). Ce fait pourrait s'expliquer par une consommation locale plus forte, alors que la plupart des Sarcelles d'été sont vendues sur les marchés, car leur valeur est supérieure (poids de 300 à 500 g, par rapport à 70 à 220 g pour le combattant). Cette consommation locale n'a pas été quantifiée et n'est donc pas incluse dans les calculs. Le nombre annuel total de captures dans le Delta Intérieur du Niger est estimé entre 10.000 et 40.000 par an, mais il est possible que le nombre réel soit plus proche du double (20.000 à 80.000). Ce total représente entre 15 et 60% de la population totale hivernant dans le secteur, soit une proportion très importante, d'autant plus qu'elle n'inclut pas la mortalité naturelle par famine.

La capture des Combattants variés dans le Delta Intérieur du Niger concerne majoritairement des femelles. Vers le 10 mars, très peu de mâles sont encore présents dans les zones humides du Sahel, mais les captures continuent jusqu'au départ des dernières femelles en avril. Etant donné la proportion de mâles, qui n'est que de 19% (Fig. 207), plus de 80% des Combattants capturés doit concerner des femelles lors des années sèches (les captures commencent à partir de décembre). Cette proportion atteint presque 100% lors des années humides (les captures ne commencent qu'à la fin février). Même lorsque seulement 15% (le taux minimum) des oiseaux hivernants sont capturés, la capture sélective des femelles doit avoir un impact considérable sur les populations.

Accumulation de réserves pendant les années sèches   L'augmentation des risques de prédation lors des années sèches n'est que l'un des problèmes qui se posent. Un second est lié à la quantité de nourriture disponible et au besoin qu'ont les oiseaux d'accumuler des réserves avant leur migration prénuptiale. La plupart des combattants mâles commencent à prendre du poids dans la première quinzaine de février. Les données présentées par Pearson (1981) pour le Kenya suggèrent que les Combattants variés hivernant en Afrique de l'Est commencent 3 à 4 semaines plus tard, tant chez les mâles que chez les femelles. Etant donnée la prédominance des oiseaux sibériens, ce calendrier n'est pas surprenant. Les poids hivernaux moyens des combattants capturés en Guinée-Bissau (1986/1987), au Sénégal (1984/1985, 1986/1987), au Mali (1998/1999, 2004/2005) et au Cameroun (1990/1991, 2000/2001) ne sont pas significativement différents d'un hiver à l'autre, ni pour les mâles ni pour les femelles. Les taux d'accumulation de réserves sont également très semblables entre les sites et les années. En moyenne, les mâles sont 40% plus lourds en mars qu'en milieu d'hiver. Ce surpoids est justifié par les besoins énergétiques pour voler d'Afrique de l'Ouest jusqu'en Europe (comme c'est le cas dans l'autre sens ; Koopman 1986). Les femelles partent plus tard, et n'accumulent donc des réserves qu'à partir de la

fin février (Fig. 215). Après engraissement, les poids moyens respectifs des mâles et des femelles sont de 246 g et 145 g (Melter & Sauvage 1997).

Dans des conditions classiques au Sahel, les mâles arrivent à augmenter leur poids de 1% par jour. Il leur faut donc environ 5 semaines avant d'être prêts, vers début mars. Si l'on considère une accumulation de graisse identique chez les femelles, elles sont prêtes à partir vers le 1er avril. Cependant, en 1985, année très sèche, à la mi-mars, 82% des femelles capturées dans le delta du Sénégal avaient encore leur poids de milieu d'hiver. Clairement, ces oiseaux n'arrivaient pas à accumuler des réserves pré-migratoires (bien qu'ils aient passé plus de temps à se nourrir durant les années sèches : Tréca 1983). La situation était encore plus critique dans le Delta Intérieur du Niger en 1985, lorsque fin mars, des milliers de femelles ont été vues posées inactives en terrain sec sous un soleil de plomb. Au vu des poids de 27 femelles capturées en mars de cette année exceptionnelle, qui étaient très inférieurs aux valeurs de milieu d'hiver (Fig. 215), ces oiseaux étaient affaiblis et promis à la mort (ce qui fut le cas d'un grand nombre). Le prix payé par l'espèce aux conditions sèches au Sahel doit donc être élevé, particulièrement chez les femelles. Les comptages réalisés sur un reposoir près de Valle Zavelea dans le Delta du Pô en Italie, où passent au printemps les Combattants variés qui ont hiverné au Sahel occidentale (Fig. 208) n'ont révélé la présence que de 2000 oiseaux en 1985, contre 10.000 en 1983 (Serra et al. 1990). Que ces chiffres cinq fois plus faible soient le reflet réel de la mortalité hivernale lors d'une année sèche au Sahel reste à prouver, mais cette hypothèse est séduisante.

En dehors de la mortalité sur place, nous avons des preuves que même les années modérément sèches au Sahel ont un impact sur les Combattants variés après leur départ des plaines inondables. D'une part, les oiseaux arrivent avec des masses corporelles inférieures à la moyenne sur les sites de halte en Europe et, d'autre part, le taux de survie des juvéniles est plus faible. Ces résultats sont basés sur la capture et le baguage pendant la migration printanière sur les sites de haltes principaux de Frise, dans le nord des Pays-Bas (Jukema et al. 1995, 2001b) et dans la vallée inondable de la Pripiat, au sud de la Biélorussie (Pinchuk et al. 2005, Karlionova et al. 2007). Le taux d'accumulation de réserves sur ces sites varie selon les années (Fig. 216). En Frise, la variation du poids n'est pas corrélée aux précipitations locales ($R^2=0,00$) ou aux températures en avril ($R^2=0,04$; données météorologiques de www.knmi.nl), des variables qui ont une influence sur l'abondance de nourriture dans les prairies. En revanche, si le gain de poids est rapporté à la taille des inondations au Sahel lors de l'hiver précédent, on trouve un impact positif, tant pour les mâles que pour les femelles, à la fois en Frise (Fig. 216C) et en Biélorussie (Fig. 216D). Le nombre d'années est toutefois insuffisant pour que cette tendance soit significative. D'autres données sont nécessaires, afin d'évaluer l'effet induit des années sèches au Sahel sur les dates et poids à l'arrivée en Europe, et sur l'influence qu'elles peuvent avoir sur la reproduction et la survie ultérieure.

La proportion d'oiseaux de 1ère année parmi les migrateurs capturés sur les sites de halte est élevée pendant la migration postnuptiale (53,1% entre juillet et octobre, n=538), bien plus faible sur les

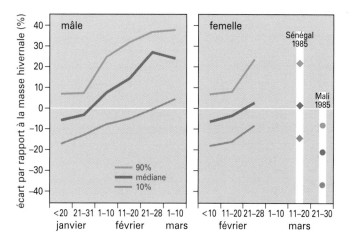

Fig. 215 Distribution de fréquence des poids corporels en fonction du poids moyen en hiver (ramené à 0) par décade pour les mâles et les femelles.[3] Ces oiseaux ont été capturés dans le Delta du Sénégal (fév.-mars 1985, nov.-déc. 1986, janv.-fév. 1987 ; n=1.398), dans le Delta Intérieur du Niger, Mali (mars 1985, janv. 1999, mars 2001, fév. 2005 ; n=120), les plaines inondables du Waza-Logone (janv. 2001 ; n=60) et en Guinée-Bissau (janv.-fév. 1987 ; n=29). Les données respectivement antérieures au 20 janvier et au 10 février pour les mâles et les femelles ont été regroupées, car l'engraissement débute plus tard. Pour les femelles, les données ne couvrent que le début de la période ; l'effort de capture par la suite fut limité à des cas exceptionnels. Mars 1985, d'après OAG Münster (1989a-b, 1991b, 1998), A. Beintema (non publ.), G. Gerritsen (non publ.), B. Spaans (non publ.), J.Wijmenga (non publ.), données personnelles. Le poids des oiseaux au Mali en mars 1985 concerne des oiseaux mourants.

sites d'hivernage d'Afrique de l'Ouest (22,3% entre le 1er novembre et le 20 février, n=2.149) et encore plus réduite lors de la migration prénuptiale (13,3% entre le 21 février et le 31 mai, n=5.412). Cette diminution reflète probablement une mortalité supérieure chez les oiseaux de 1ère année que chez les adultes. En outre, la proportion de jeunes oiseaux parmi les migrateurs capturés sur les sites de halte des Pays-Bas (Frise) au printemps montre d'importantes fluctuations annuelles, de 2,8% à 18,5% entre 2003 et 2007. En moyenne, moins de juvéniles reviennent après une année sèche au Sahel, mais la corrélation (R=+0,33), basée sur un échantillon limité à cinq années, n'est pas significative.

Les prairies inondables non gérées offrent un habitat de reproduction important pour le Combattant varié. De tels écosystèmes existent encore en Europe de l'Est. Le calendrier et l'étendue de la fauche dépend de la phase de croissance de l'herbe et de l'accessibilité des prairies, et est raccourci lors des années humides. Le foin coupé est séché en meulettes, (voir en bas à gauche) et habituellement transporté sur les meules des mois plus tard sur la glace. Si elles ne sont pas coupés au moins une fois par an, ces prairies s'enrichent rapidement et sont envahies par les aulnes et redeviennent des forêts inondables (Biélorussie, juillet 1998).

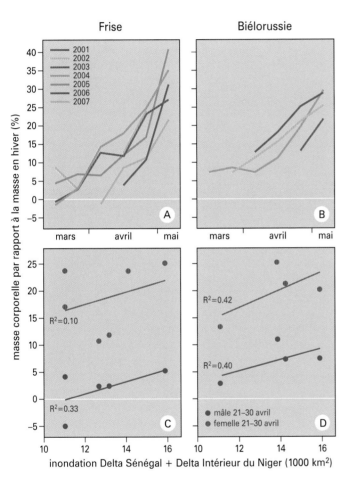

Fig. 216 Prise de poids (en %) des combattants mâles au printemps entre mi-mars et mai (A) en Frise (Pays-Bas) et (B) dans la vallée de la Prypiat (Biélorussie) en fonction de leur poids en hiver. Poids moyen des mâles et femelles à la fin avril (C) en Frise et (D) en Biélorussie au cours de différentes années, en fonction de l'étendue des inondations dans le Delta du Sénégal et le Delta Intérieur du Niger au cours de l'hiver précédent. D'après J. Hooijmeijer, Y. Verkuil & T. Piersma (non publ.) pour la Frise et Karlionova *et al.* (2007) et N. Karlionova (non publ.) pour la Biélorussie.

Conditions de reproduction Le suivi du nombre de couples nicheurs est complexe chez le Combattant varié : le système d'appariement variable (monogame ou polygyne), la variation des sexes-ratios (excès de mâles au nord-ouest, excès de femelles à l'est), l'absence de territorialité et la discrétion, en saison de reproduction, des femelles défient toutes les méthodes habituelles de recensement. Les estimations du nombre de nicheurs sont souvent basées sur le comptage du nombre de femelles nuptiales ou de mâles sur les leks, et doivent donc être considérés comme grossières. La synthèse réalisée par Zöckler (2002) sur les estimations de populations et les tendances, qui inclut de nombreux sites russes et sibériens, montre un tableau contrasté entre des déclins, mais également des populations localement stables ou en augmentation. La grande majorité des Combattants variés nichent sur des tourbières et toundras (sub-)arctiques isolées et relativement préservées, où les quantités sont stables ou seulement en léger déclin sur le long terme (Zöckler 2002). Tout changement de densité sur ces sites reflète probablement les conditions météorologiques locales et les conditions sur les sites d'hivernage plus que l'évolution des habitats dans la toundra. En effet, la densité de nicheurs sur la Péninsule de Yamal montre de fortes fluctuations interannuelles, synchronisées avec la taille des plaines inondables du Sahel, situées à 8000 km de là, lors de l'hiver précédent. Le printemps très froid de 1983 a entraîné une arrivée tardive sur cette péninsule et une plus faible densité de nicheurs (Fig. 217). Pour les populations de la toundra, il est supposé qu'une diminution de l'aire de répartition pourrait se produire si les changements climatiques actuels se poursuivent au même rythme (Zöckler 2002). Huntley *et al.* (2007) ont déduit des prévisions sur le changement climatique que la répartition future potentielle simulée du Combattant varié serait réduite de 58%, avec un gain limité vers le nord et une forte régression dans la partie sud de son aire de répartition.

Dans les secteurs occidentaux et méridionaux de son aire de nidification, le Combattant varié niche dans des prairies humides en secteur agricole ou dans les vallées. Ces habitats ont subi d'importantes modifications causées par l'homme au cours du 20ème siècle, du fait du contrôle des crues, du drainage et de l'utilisation de fertilisants, ce qui a conduit à l'abandon de nombreux anciens bastions de l'espèce (van Rhijn 1991, Hagemeijer & Blair 1997). Le déclin en Allemagne et aux Pays-Bas au cours de la seconde moitié du 20ème siècle a atteint

14% par an. En 2000, l'espèce était au bord de l'extinction dans ces deux pays (Fig. 217). Au Danemark, où le Combattant varié était une espèce commune et largement répartie, la population a chuté à 1219 « couples » entre 1964 et 1972, 750 « couples » au milieu des années 1980, 500 au milieu des années 1990 et 150 femelles en 2000-2002 (Thorup 2004). Dans ce pays, le déclin a été bien plus faible dans les réserves bien gérées qu'ailleurs. La modification de la gestion a également eu un rôle décisif sur le sort des Combattants variés nichant au Lac Engure en Lettonie, où la fin du pâturage des prairies en 1957 a favorisé l'évolution de la végétation et entraîné une perte d'habitat de reproduction pour les limicoles (Viksne *et al.* 2005). Les variations liées à l'évolution des habitats en Europe sont si profondes et durables que tout effet du Sahel sur les populations est masqué.

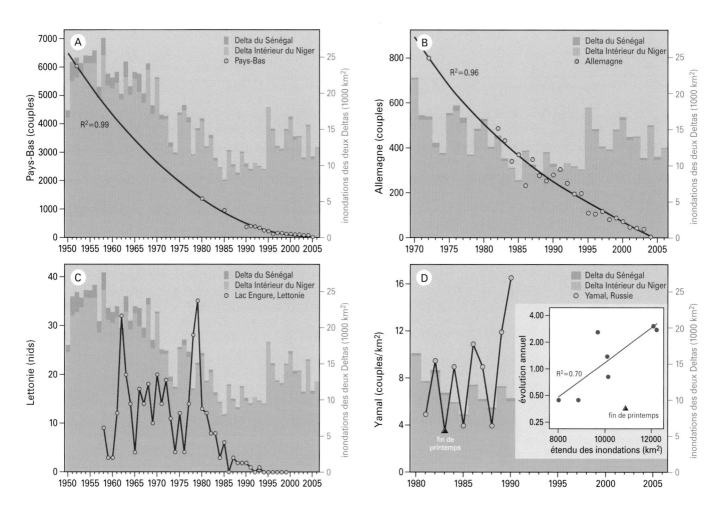

Fig. 217 Evolution des populations de Combattants variés (A) aux Pays-Bas, (B) en Allemagne, (C) en Lettonie (Lac Engure) et (D) sur la Péninsule de Yamal (Russie) comparée à l'étendue des inondations dans le Delta du Sénégal et le Delta Intérieur du Niger. Le pourcentage de variation de la densité sur la Péninsule de Yamal entre deux années successives est positif en cas de fortes inondations au Sahel lors de l'hiver précédent et négatif après de faibles inondations. En 1983, les températures en mai sur Yamal étaient 4°C en-dessous de la moyenne (mesures dans trois stations météorologiques proches). La tendance, si l'on exclut 1983, est significative (p<0,01). D'après Bijlsma *et al.* 2001, sovon (Pays-Bas), Hötker *et al.* 2007 (Allemagne), Viksne *et al.* 2005 (Lettonie), Ryabitsev & Alekseeva 1998 (Yamal).

De nombreux Combattants variés de Tchoukotka, à l'extrémité nord-est de l'Asie (à droite) passent l'hiver boréal en Afrique australe ou orientale, alors que la plupart des Combattants variés de Fennoscandie (à gauche) hivernent au Sahel occidental.

Conclusion

La grande majorité des Combattants variés d'Eurasie hivernent en Afrique, notamment dans les plaines inondables du Sahel. Les variations de population sur la Péninsule de Yamal reflètent celles de l'étendue des inondations dans les plaines inondables du Sahel lors de l'hiver précédent. Les sécheresses en Afrique de l'Ouest augmentent la vulnérabilité des Combattants variés hivernants face à la prédation humaine, car les faibles inondations obligent les oiseaux à se concentrer sur un nombre réduit de zones humides plus tôt dans l'hiver. En outre, l'accumulation pré-migratoire de réserves est rendue plus difficile (moins de nourriture sur un nombre limité de sites). La prédation par l'homme sur le Combattant varié dans le Delta Intérieur du Niger varie entre 10% et 60% de la population hivernante (lors des années 1990 et 2000), avec un taux plus élevé lors des années sèches. Les femelles sont bien plus touchées lors des sécheresses, car les mâles accumulent des réserves et partent plus tôt (à partir de la mi-février) ce qui les rend vulnérables sur une période plus courte. En outre, les femelles subissent pleinement les effets des sécheresses, car elles doivent accumuler des réserves dans des conditions très défavorables. Certaines années, comme en 1985, une mortalité massive peut avoir lieu à cause de la prédation par l'homme et de la famine. Les effets induits des sécheresses se traduisent par des arrivées retardées et des poids inférieurs à la moyenne sur les sites de halte en Europe. Un rapide déclin du Combattant varié en Europe de l'Ouest s'est produit lors du 20ème siècle, principalement à cause de la perte des sites de reproduction, et sans lien avec les conditions au Sahel. Au début du 21ème siècle, moins de 10% de la population d'Europe de l'Ouest subsiste. Globalement, les populations eurasiennes de Combattant varié pourraient être en déclin, comme le montre la diminution des populations comptées dans les plaines inondables du Sahel depuis les années 1970.

Notes

1 Pourquoi les mâles mènent-ils le bal lors de la migration printanière ? Plusieurs explications ont été avancées pour expliquer ce décalage temporel entre sexes à grande échelle (p. ex. Myers 1981, Cristol *et al.* 1999, Tøttrup & Thorup 2008). L'une d'entre elles est que la ségrégation latitudinale et le départ précoce des mâles démontre un avantage sélectif à hiverner près des sites de reproduction (Myers 1981). Pour les mâles, l'arrivée précoce sur les sites de halte, à mi-chemin vers les sites de reproduction, pourrait être particulièrement importante, car ils y effectuent leur mue vers le plumage nuptial avant de continuer vers le nord pour commencer à parader sur les sites de reproduction (Jukema *et al.* 1995, Jukema & Piersma 2000, Jukema *et al.* 2001b). La mue vers le plumage nuptial sur les sites d'hivernage n'est pas une solution intéressante pour les mâles, car la nourriture est rare et à peine suffisante pour permettre l'accumulation de réserves pré-migratoire. Il leur est donc profitable de différer le coût énergétique de la mue des plumes de contour après la première partie de leur trajet migratoire. Sur les sites de halte des zones tempérées, la nourriture est abondante et la compétition limitée. Au contraire des mâles, les femelles ne sont pas pressées, car la nourriture sur les sites de reproduction n'est accessible qu'à partir de mai. A l'échelle de l'espèce, cette migration différentielle peut également réduire la compétition sur les sites d'hivernage et de halte.

2 Les données relatives aux oiseaux bagués en Frise (Pays-Bas), en Biélorussie (Karlionova *et al.* 2007) et en Italie indiquent les pourcentages suivants de mâles par mois : en Frise entre 2003 et 2007, 97,5% en mars, 84,1% en avril et 72,7% en mai ; en Biélorussie entre 2001 et 2004, 100% en mars, 70,7% en avril et 47,5% en mai et en Italie en 1985, 1988 et 1989, 61,1% en mars et 33,9% en avril (Serra *et al.* 1990).

3 Afin d'éliminer les différences de masse liées à la taille du corps, une régression de la masse corporelle (MC) en fonction de la longueur de l'aile (L) a été réalisée. Les oiseaux capturés en Afrique de l'Ouest entre le 1er novembre et le 20 janvier (mâles ; n=895, pesant 175,6 g en moyenne) ou entre le 1er novembre et le 10 février (femelles ; n=225, pesant 103,8 g en moyenne) ont été sélectionnés. L'équation de régression est différente selon le sexe : chez les mâles, $MC=0{,}003328\ L^{2{,}067}$ ($R^2=0{,}994$) et chez les femelles, $MC=0{,}09257\ L^{0{,}929}$ ($R^2=0{,}929$). Ces régressions portent sur les poids moyens en fonction des longueurs d'ailes classées par mm.

Sterne hansel
Gelochelidon nilotica

Nous sommes le 5 octobre 1988. Dans le désert au nord d'Iouik au Banc d'Arguin, un observateur survolant la scène aurait vu le paysage mauritanien se mettre à trembler, mais au niveau du sol, ce mouvement se serait révélé être un phénomène éphémère parmi les plus spectaculaires que la nature peut offrir : une migration massive de papillons dans un paysage sans arbres. D'innombrables Belles Dames *Vanessa cardui* passaient en migration vers le sud en formant un ruban ininterrompu pendant trois heures. Aussi loin que l'œil pouvait voir : des papillons en abondance. Afin d'avoir une idée de l'échelle de ce phénomène, nous avons réalisé le comptage suivant : sur une bande de 50 m de large, une moyenne de 231 papillons passaient toutes les 5 minutes. Cette scène paisible changea toutefois soudainement. Le vent tourna au nord, le ciel devint noir d'encre et des rafales de vent annonciatrices d'un puissant orage se levèrent. Une fois l'orage passé, d'abord un, puis brusquement des quantités immenses de Criquets pèlerins dérivaient avec le vent du désert en direction de la côte atlantique et au-delà. A cette occasion, le cliché du « ciel littéralement assombri de criquets » était justifié. Tant de criquets ! Les plages et les vasières du Banc d'Arguin étaient recouvertes d'insectes vivants, mourants ou déjà morts, qui s'entassaient en limite des vagues. Il fallut plusieurs jours avant que de nombreux Courlis corlieux et Tournepierres à collier, ainsi que quelques Pluviers argentés ne commencent à exploiter cette profusion de proies faciles. Les autres espèces de limicoles les ignorèrent, et continuèrent à se nourrir de minuscules vers comme à leur habitude. Mais pour les Sternes hansels, il s'agissait d'une manne tombée du ciel ! Sans aucune hésitation, elles abandonnèrent la poursuite de leurs proies habituelles, les crabes violonistes, et commencèrent immédiatement à démembrer et à avaler les locustes, comme si elles étaient leur nourriture quotidienne ! En Afrique de l'Ouest, les Sternes hansels sont très flexibles en termes de choix de proies et d'habitat. En Guinée-Bissau, elles se nourrissent de crabes violonistes lorsque les vasières tidales sont découvertes (Stienen *et al.* 2008), et patrouillent les cours d'eau dans les mangroves à marée haute où elles pêchent ou attrapent des insectes en vol, dans la végétation ou sur le sol nu. Si l'on devait définir une sterne par son caractère piscivore, alors la Sterne hansel n'entrerait plus dans cette famille, que ce soit sur ses sites d'hivernage en Afrique ou sur ses sites de reproduction. Mais une telle adaptabilité n'a pas pu pour autant empêcher son rapide déclin dans une grande partie de son aire de répartition.

Aire de reproduction

La population mondiale de Sterne hansel était estimée à 55.000 couples (del Hoyo *et al.* 1997), dont 10.000 à 12.000 en Europe et en Afrique entre 1980 et 2000 (Sánchez *et al.* 2004, corrigé pour le récent déclin sur le Banc d'Arguin, Isenmann 2006). L'espèce a presque disparu de la partie nord de son aire de reproduction au Danemark et en Allemagne (50 à 60 couples), mais a augmenté dans le sud de l'Europe : en Italie (325 à 450 couples), dans le sud de la France (250 à 300 couples) et en Espagne (3000 à 3500 couples). Ajoutés aux 180 à 1000 couples de Mauritanie et des quantités bien plus faibles ailleurs en Afrique du NO, ces nicheurs forment la population occidentale (4660 à 4850 couples). La population orientale de Grèce, Turquie et Ukraine peut être estimée entre 5200 et 6800 couples.

Migration

Les reprises de bagues et les observations de migration active suggèrent que les oiseaux nicheurs d'Europe du SO hivernent en Afrique de l'Ouest, et que les oiseaux hivernant en Afrique de l'Est proviennent des Balkans et d'Europe orientale (Møller 1975c ; Cramp & Simmons 1983). Il existe très peu de reprises en Afrique subsaharienne pour confirmer cette séparation : une donnée d'un oiseau danois en Casamance (sud du Sénégal) et une autre de Mauritanie. Une expédition ornithologique en Guinée-Bissau (Wymenga & Altenburg 1992) a capturé 112 Sternes hansels en 1986/1987, dont 4 étaient déjà baguées. Trois l'avaient été en tant que poussin sur un même site (Lucia del Cangrejo au Coto Doñana, Espagne), et leur recapture fut une parfaite surprise pour leurs bagueurs ! Le 4ème oiseau, en revanche, portait une

Sterne hansel avec un gros crabe violoniste, sa principale proie en période d'hivernage le long des côtes d'Afrique de l'Ouest.

bague russe (Moscou) et avait été bagué poussin en Ukraine sur la côte de la Mer Noire. Le fait que certains oiseaux d'Europe orientale hivernent en Afrique occidentale a été confirmé, dans des circonstances remarquables, par la seule reprise dans le Delta Intérieur du Niger. Cet individu avait été bagué en Ukraine, mais exactement sur le même site (85 km à l'est d'Odessa) et le même jour (14 juin 1983) que l'autre donnée « orientale » !

Les oiseaux non nicheurs pourraient quitter l'Afrique et errer à travers le sud de l'Europe pendant l'été boréal (Møller 1975c ; Cramp & Simmons 1983). Toutefois, les comptages réalisés dans les zones humides africaines suggèrent que de nombreux individus non nicheurs restent au sud du Sahara. En moyenne, 503 oiseaux (entre 111 et 1190) ont été comptés lors de 8 comptages réalisés en juin sur les lacs centraux du Delta Intérieur du Niger, entre 1999 et 2006, ce qui représente en moyenne 21% des quantités dénombrées lors des mois de janvier à mars précédents. Si tous les oiseaux hivernants âgés de moins de 3 ans restaient dans cette zone pendant l'été, la population estivante devrait correspondre à environ 40% de la population hivernante. Au cours de deux des huit années, la proportion a d'ailleurs atteint 38% et 39%, mais elle a été plus faible pendant toutes les autres années.

Répartition en Afrique[1]

La répartition hivernale de la Sterne hansel en Afrique est discontinue. Des concentrations se rencontrent en Afrique de l'Ouest (principalement sur la côte, mais avec des quantités non négligeables dans les plaines inondables du Sahel) et en Afrique de l'Est (principalement autour du Lac Victoria) (Fig. 218).

Les comptages coordonnés réalisés le long des côtes d'Afrique de l'Ouest indiquent une population hivernante de 11.000 à 15.000 Sternes hansels. Ces oiseaux sont strictement localisés dans la zone tidale, à l'exception peut-être de ceux de la Langue de Barbarie, une plage à 25 km au sud de Saint-Louis, où il semble qu'ils se nourrissent au large. 5000 à 8000 Sternes hansel passent l'hiver boréal dans les plaines inondables et sur les lacs d'Afrique de l'Ouest.

La Sterne hansel hiverne au Banc d'Arguin, Mauritanie, en quantité assez faible, avec entre 61 et 860 individus lors des comptages de milieu d'hiver (Hagemeijer *et al.* 2004). Après la saison de reproduction,

la plupart des oiseaux désertent leurs colonies car la proie principale de l'espèce, le Crabe violoniste *Uca tangeri* ne sort de ses terriers en hiver que lors des vives-eaux, et est donc la plupart du temps inaccessible (Zwarts 1990). Au Sénégal, le nombre d'hivernants compté sur la Langue de Barbarie est sujet à de fortes variations : 800 en 2001, 4135 en 2003. Dans le Sine Saloum, le nombre de Sternes hansels a varié entre 612 en 1997, 540 en 2000, 517 en 2003 et 233 en 2004 (le comptage de 2003 était complet, alors qu'il existe une incertitude sur les autres). Nous n'avons pas trouvé de résultats de comptages pour le Fleuve Casamance et seulement des comptages partiel pour le Fleuve Gambie (maximum de 86 en 1999).

Les vasières tidales entre la Guinée-Bissau et la Sierra Leone attirent environ 7200 Sternes hansels, dont 4000 en Guinée-Bissau (3 ind./km² de vasières ; Zwarts 1988, Wymenga & Altenburg 1992), 2400 en Guinée-Conakry (3,5 ind./km² ; Altenburg & van der Kamp 1991) et 833 en Sierra Leone (3,8 ind./km² ; van der Winden *et al.* 2007). Plus au sud et à l'est le long de la côte atlantique d'Afrique de l'Ouest, il n'existe pas de grandes vasières tidales, mais des petites zones humides côtières qui sont aussi prisées par l'espèce, comme le canal de Vidri près d'Abidjan, Côte d'Ivoire (914 en 1999 et 1000 en 2000), la lagune de Kéta au Ghana (maximum de 448 entre 1986 et 1994 ; Piersma & Ntiamoa-Baidu 1995) et le delta du fleuve Mono au Bénin (110 en 1999 et 90 en 2000).

Les plaines inondables et les grands lacs du Sahel sont également fréquentés par la Sterne hansel. Les comptages de milieu d'hiver dans le Delta du Sénégal entre 1988 et 2004 ont permis de trouver entre 23 et 162 individus et ceux des plaines inondables de Hadéjia-Nguru (nord du Nigéria) entre 31 et 174 (entre 1994 et 1998). Au cours d'un comptage aérien du Lac Tchad en 1987, 210 Sternes hansels ont été comptées, ce qui est probablement sous-estimé, car 426 oiseaux ont été vus dans la seule partie nigériane du Lac Tchad (nord-est du lac) en mars 2001, 143 dans les plaines inondables de Waza en 1996 et 220 le long du Fleuve Chari en amont de N'Djaména en décembre 2003. L'espèce n'est toutefois pas commune, et les expéditions WIWO au Waza-Logone et sur les rives sud du Lac Tchad en 1999 et 2001 n'ont trouvé qu'entre 30 et 110 individus (Dijkstra *et al.* 2002 ; rapport WIWO non publ.). En janvier 1993, l'extrapolation de transects, de comptages sur des rivières et des comptages au dortoir ont permis d'obtenir une estimation de 500 oiseaux dans le Bassin du Tchad et de 460 autres le long du Fleuve Logone (van Wetten & van

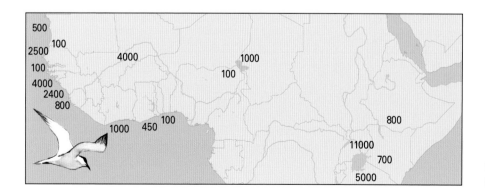

Fig. 218 Répartition hivernale de la Sterne hansel en Afrique.

La Sterne hansel (en haut) et la Guifette moustac (en bas) hivernent en grand nombre dans le Delta Intérieur du Niger.

Spierenburg 1998). Nous considérons donc qu'environ 1000 Sternes hansels hivernent au Lac Tchad et dans ses environs.

Les comptages aériens réalisés en hiver depuis 1972 dans le Delta Intérieur du Niger ont révélé entre 102 et 3990 oiseaux, avec des maxima en 1972 (3990) et 2001 (3725). Toutefois, nous pensons que les premiers recensements étaient incomplets. Les suivis au sol sur les lacs centraux (situés au cœur du delta ; Chapitre 6) dans les années 1990, ont donné un total de 1750 Sternes hansels, mais depuis, le nombre y a fortement augmenté pour atteindre 3900 oiseaux en février 2007 (maximum annuel dans le Tableau 6). Il est toutefois peu probable que cette augmentation soit représentative de l'ensemble du Delta du Niger. Entre 1992 et 1994, un total estimé de 6000 à 7000 Sternes han-

sels, en comptant les oiseaux dénombrés pendant la journée, se rassemblaient au crépuscule sur les lacs centraux. Beaucoup arrivaient du nord et de l'ouest, probablement de sites d'alimentation localisés dans la zone aride au-delà des lacs. Les pelotes trouvées sur les dortoirs contenaient principalement des restes de coléoptères, mais également de sauteriaux et de locustes, et témoignaient d'un régime principalement insectivore pendant ces années sèches. Dans les années 2000, lorsque les conditions sont devenues plus humides, ces vols provenant du nord et de l'ouest concernaient moins d'oiseaux, probablement car la plupart des Sternes hansels étaient concentrées sur les lacs centraux, où elles se nourrissaient de poissons. Ceci semble indiquer que la population hivernant sur les lacs centraux du

Delta Intérieur du Niger a diminué de 40% (de 6000 – 7000 à 3900), plutôt qu'augmenté comme le suggèrent les comptages. Même si l'on tient compte des 100 à 200 Sternes hansels présentes au début des années 2000 dans le Delta Intérieur du Niger hors du secteur des lacs centraux, le déclin reste marqué.

En Afrique de l'Est, les Sternes hansels se rencontrent principalement sur le Lac Victoria et sur les plans d'eau disséminés le long de la vallée du Rift. La somme des comptages de milieu d'hiver varie entre 1705 en 1992 et 14.634 en 1998. Cette variation peut être en bonne partie attribuée à la couverture incomplète des zones humides concernées. Le maximum de 1998 repose principalement sur les 10.958 oiseaux comptés en Ouganda, lorsque cinq équipes ont couvert l'ensemble des zones humides, y compris la moitié nord du Lac Victoria. Cette même année, 2241 Sternes hansels ont été comptées en Tanzanie, 760 en Ethiopie et 675 au Kenya. Le maximum compté en Tanzanie (4992) l'a été en 1995, année du seul comptage complet des oiseaux d'eau dans ce pays au cours des années 1990. En assemblant toutes ces informations, on peut estimer qu'environ 17.000 Sternes hansels passent l'hiver en Ethiopie, en Ouganda, au Kenya et en Tanzanie.

Parmi les espèces hivernant en Afrique, la Sterne hansel est l'une des rares dont la répartition numérique est assez bien connue : 11.000 à 15.000 le long des côtes d'Afrique de l'Ouest, 4000 dans le Delta Intérieur du Niger, 1000 au Lac Tchad et 17.000 dans la vallée du Rift, soit un total de 33.000 à 37.000 oiseaux. Ce total est semblable à la population nicheuse d'Europe et d'Afrique, qui compte 10.000 à 12.000 couples, soit l'équivalent d'une population en milieu d'hiver de 30.000 à 36.000 oiseaux.[2]

La répartition numérique à travers l'Afrique est un autre indice que les Sternes hansels qui hivernent en Afrique de l'Ouest doivent venir en partie d'Europe orientale. En effet, le ratio entre la population occidentale (en incluant l'Afrique du NO) et la population orientale est de 44 à 56, alors que le ratio des populations hivernant en Afrique occidentale et orientale est d'environ 52 à 48. SI l'on considère que 100% de la population occidentale hiverne en Afrique de l'Ouest, alors environ 15% des oiseaux d'Europe de l'Est doivent également y hiverner.

Evolution de la population

La Sterne hansel est en déclin dans une grande partie de son aire de répartition européenne (Sánchez et al. 2004). Les raisons expliquant la variation des tendances selon les régions ne sont toutefois pas claires. La population danoise, qui a fluctué entre 300 et 500 couples avant 1950 a presque disparu dans les années 2000 (Møller 1975b, Rasmussen & Fischer 1997, Fig. 219). Une petite partie de cette population s'était déplacée du Jutland à la Mer des Wadden (côté Allemand) à la fin des années 1980. La fluctuation des effectifs nicheurs au Danemark et en Allemagne semble être corrélée avec les inondations dans le Delta Intérieur du Niger (Fig. 219A). Cependant, si l'on prend en compte le déclin moyen de 4% par an, l'effet des inondations disparaît.[3] Si l'étendue des inondations au Sahel avait un impact sur la population, le déclin attendu serait important lors des

années sèches et faible lors des années humides, or ce n'est pas le cas. Nous en concluons donc que le déclin n'est pas lié aux conditions hivernales au Sahel, et en particulier pas à l'étendue des inondations dans le Delta Intérieur du Niger.

La tendance en Europe du SO est très différente. Les Sternes hansels de Camargue, France, se sont montrées particulièrement résilientes après un fort déclin lors des années 1950 et 1960 et ont recommencé à augmenter au début des années 1970 (Fig. 219B). Cette augmentation s'est poursuivie sans ralentissement pendant la Grande Sécheresse au Sahel dans les années 1980. Il est donc peu probable que l'évolution de cette population soit liée aux conditions d'hivernage au Sahel. Les populations d'Italie et d'Espagne, montrent en moyenne des tendances positives depuis les années 1990 mais le nombre fluctue fortement sur certains sites du sud de l'Espagne : entre 0 et 2200 (Coto Doñana) et entre 0 et 1600 (Fuentepiedra) (Sánchez et al. 2004).

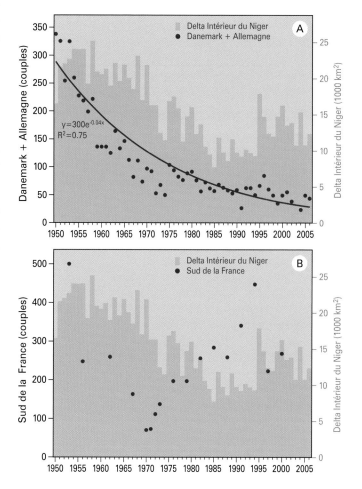

Fig. 219 Taille des populations nicheuses au Danemark + Allemagne et dans le Sud de la France en fonction de l'étendue des inondations dans le Delta Intérieur du Niger. D'après Møller 1975b, Dybbro 1978, Rasmussen & Fischer 1997 (Danemark) ; Eskildsen & Hälterlein 2002 (Allemagne), K. Koffijberg (comm. pers. ; Danemark et Pays-Bas depuis 1992) ; Kayser et al. 2003 (Sud de la France).

Le déclin supposé en Turquie, le long de la Mer Noire et de la Mer d'Azov est difficile à confirmer avec les données disponibles (BirdLife International 2004a, Sánchez *et al.* 2004), et pourrait concerner de courtes périodes (comme dans la Réserve de la Biosphère de la Mer Noire avec entre 1989 et 1993, respectivement 520, 340, 127, 170 et 183 couples ; Rudenko 1996) ou de fortes fluctuations typiques des espèces de sternes se reproduisant dans des habitats instables.

Les colonies de reproduction du Banc d'Arguin ont apparemment été stables pendant des décennies. Les données collectées par De Naurois (1959, voir également 1969 pour un correctif et ses notes de terrain) indiquent un total de 1500 couples en 1959 (et non 6500 comme cité par Møller 1975b).[4] Les recensements suivants sont peu différents : 1600 couples en 1974 (Trotignon 1976) et 1180 en 1984-1985 (Campredon 1987), mais depuis, la population nicheuse a décliné jusqu'à 660 couples en 1995 (Gowthorpe *et al.* 1996), puis 180 en 1997, bien qu'elle se soit ensuite rétablie à 1000 couples en 1999 (Isenmann 2006).

Les déclins à long terme sont principalement attribués à un faible succès de reproduction (Rasmussen & Fisher 1997) et une perte d'habitat durable sur les sites de reproduction (Sánchez *et al.* 2004). Il n'y a pas eu de modification d'habitat négative à grande échelle sur les sites d'hivernage africains que sont les plaines inondables du Sahel et les zones côtières et littorales de l'Océan Atlantique. L'impact de la chasse en Afrique de l'Ouest est probablement plus faible que chez les espèces de sternes côtières, bien que dans le Delta Intérieur du Niger, les locaux arrivent à capturer des Sternes hansels sur leurs dortoirs nocturnes.

Conclusion

Pendant une bonne partie du 20ème siècle, les Sternes hansels européennes ont subi un déclin. Cette tendance les a pratiquement fait disparaître en tant que nicheur au Danemark et en Allemagne. Les quartiers d'hiver sont principalement localisés en Afrique de l'Ouest (côte atlantique et plaines inondables de l'intérieur) et sur les lacs de la Vallée du Rift (en particulier le Lac Victoria). Environ 15% de la population d'Europe orientale semble hiverner en Afrique de l'Ouest. Depuis les années 1980, un rétablissement de population a été noté en Espagne, dans le sud de la France et en Italie. Aucune de ces évolutions ne semble être liée aux conditions d'hivernage au Sahel.

Notes

1 Toutes les données synthétisées dans ce chapitre concernent des comptages en janvier, tirés de la base de données AfWC (Wetlands International), sauf mention contraire.

2 Le multiplicateur appliqué (nombres en hiver = 3 x nombre de couples) est basé sur : (1) Un nombre de jeunes à l'envol de 0,8 par couple (Cramp & Simmons 1983, Molina & Erwin 2006) ; (2) Un taux de mortalité de 52% pendant la 1ère année et de 23% par an par la suite (Møller 1975a) ; (3) La moitié de la mortalité post-reproduction a lieu avant janvier ; (4) La première reproduction a lieu à l'âge de 3 ans (Møller 1978).

3 La taille de la population germano-danoise est fortement corrélée à l'étendue des inondations dans le Delta Intérieur du Niger et le Delta du Sénégal (R^2=0,62 ; polynomiale du 2nd degré ; P<0,001). La corrélation est bien meilleure (R^2=0,75, P<0,001 ; Fig. 219A) si l'on considère que la population a subi un déclin constant de 4% entre 1950 et 2007. L'étendue des inondations ne permet pas d'expliquer l'écart par rapport à cette tendance à long terme.

4 Møller (1975b) se réfère à De Naurois (1959) pour son chiffre de 6500 couples au Banc d'Arguin. Toutefois, De Naurois (1959) mentionne 2000 à 3000 nids sur l'île de Zira et moins de 500 ailleurs sur le Banc d'Arguin (quelques dizaines sur 2 îlots et 100 à 200 sur trois autres îles), ce qui donnerait un total de 2500 à 3500 couples nids en 1959. Dans son bilan détaillé publié 10 ans plus tard, De Naurois (1969) synthétise ses données de terrain de la période 1959-1965. Toutes les colonies n'ayant pas été visitées chaque année, il est difficile d'en déduire des totaux annuels, mais il ne retrouva pas de grandes colonies comme celle de Zira en 1959. Il mentionne 400 à 500 nids comme étant la taille moyenne de la colonie sur Zira. En outre, il abaisse son estimation précédente pour Zira à 1000 nids, ce qui rend cette donnée plus cohérente avec ses autres données de terrain (la superficie de Zira est de 4 ha, et la colonie de sternes, selon sa carte, n'en couvrait qu'une partie avec des distances minimales entre nids voisins estimées entre 2,5 et 10 m). Par conséquent, le total d'environ 1500 couples nicheurs au Banc d'Arguin en 1959 semble plus réaliste que 6500.

Sterne caspienne
Sterna caspia

Juste en face d'Akka, sur la plage sableuse de Youvarou, un petit enfant enfonce des bâtons dans le sol à environ 30 cm du bord de l'eau et à 10 m l'un de l'autre. Quel âge a-t-il ? 8 ans ? 9 ans ? Il n'est clairement pas en train de jouer, mais s'affaire à un travail bien plus sérieux : capturer des oiseaux pour se nourrir. Sur chacun de ces bâtons est attachée une ligne de pêche de 30 à 50 cm, armée d'un unique hameçon sur lequel est empalé un petit poisson. Ce poisson est délicatement déposé en eau peu profonde, presque entièrement submergé, mais bien visible d'en haut. A proximité du garçon, absolument pas dérangées par sa présence, de grandes sternes patrouillent entre 5 et 25 m au-dessus de la surface de l'eau. Elles poussent de temps en temps un cri bruyant, râpeux et étiré. Elles font des allers retours en vol, leur bec rouge pointé vers le bas, et plongent parfois dans l'eau ou frôlent la surface de l'eau peu profonde pour attraper une proie en plongeant le bec. Des Sternes caspiennes ! Dans le monde où les laridés sont rares, la présence de Sternes caspiennes dans le Delta Intérieur du Niger peut sembler anormale. Et pourtant, cette zone humide est l'un des sites les plus importants, bien que dangereux, pour l'hivernage des nicheurs baltes et ukrainiens. Ce petit garçon qui pose des lignes de pêche appâtées représente un danger très réel pour les Sternes caspiennes qui sont particulièrement vulnérables à de tels pièges.

De nombreuses îles situées le long de la côte ouest-africaine représentent des sites de nidification sûrs pour les sternes, qui sur le continent seraient victimes de prédateurs comme les chacals. Les Sternes caspiennes sont principalement concentrées sur le Banc d'Arguin, Mauritanie (10.900 couples en 1998), mais elles nichent également sur l'Archipel des Bijagos, en Guinée-Bissau (à gauche ; novembre 1992). Les Sternes royales forment d'immenses colonies dans l'estuaire du Fleuve Gambie (à droite ; février 2004), avec 43.000 couples en 1999, ainsi qu'au Banc d'Arguin (15.000 couples en 2004) (données d'après Isenmann 2006).

Aire de reproduction

La Sterne caspienne niche presque dans le monde entier en populations géographiquement isolées et fréquente également des sites de reproduction disjoints en Europe. Les plus grandes colonies de reproduction sont concentrées dans le nord de la Caspienne (Delta de la Volga, 3000 à 5500 couples entre 1984 et 1988) et 250 à 800 couples le long de la côte nord de la Mer Noire (Heath *et al.* 2000). En dehors de 2 ou 3 colonies en Turquie (totalisant environ 300 couples ; Heath *et al.* 2000, BirdLife International 2004a), la seule autre population importante en Europe niche en Baltique. En Finlande, Suède et Estonie, 1500 à 1600 couples étaient présents à la fin des années 1990 et au début des années 2000 (Hario *et al.* 1987, Svensson *et al.* 1999, Hario & Stjernberg 1996, T. Stjernberg comm. pers.).

Le Banc d'Arguin (Mauritanie) abrite de grandes colonies (10.900 couples en 1998 ; Isenmann 2006). De faibles quantités ont niché occasionnellement en Tunisie, à la fin du 19ème siècle, dans le milieu des années 1950 (23 nids au maximum) et des années 1990 (Isenmann *et al.* 2005). La population égyptienne, qui niche sur les îles à l'embouchure du Golfe de Suez et en Mer Rouge, était estimée entre 250 et 350 couples dans les années 1980 (Goodman & Meininger 1989).

Migration

Les forts taux de reprises de Sternes caspiennes en Afrique, basés sur des décennies de baguage intensif en Mer Baltique et en Mer Noire (dans les années 1970, environ 50% des 1000 couples suédois portaient une bague ; Staav 1979), ont permis la réalisation de plusieurs analyses détaillées de la répartition et des chances de survie de l'espèce en dehors de la période de reproduction (Shebareva 1962, Soikkeli 1970, Staav 1977, Staav 2001, Kostin 1983, Kilpi & Saurola 1984). Le nombre de reprises a augmenté depuis. Pour notre analyse, nous avons utilisé 640 reprises de bagues d'Afrique sub-saharienne au nord de l'Equateur. La grande majorité de ces oiseaux ont été tués. Seuls 7 ont été capturés et relâchés.

Contrairement à la plupart des autres espèces de sternes, la Sterne caspienne vole régulièrement au-dessus des terres en Europe et en Afrique, lorsqu'elle se rend et revient de ses sites d'hivernage. Le Sahara n'est clairement pas un obstacle infranchissable, comme le montrent des reprises du 24 août (Tunisie), du 7 septembre (Mali) et du 15 octobre (Algérie). La population balte, augmentée des oiseaux de la Mer Noire et peut-être de la Caspienne (Voinstvenskiy 1986), se concentre fortement dans le Delta Intérieur du Niger, où elle profite de l'explosion saisonnière des ressources alimentaires dans la zone d'inondation (Fig. 220). Le débit du Fleuve Niger atteint son maximum en septembre, inonde le Delta Intérieur du Niger et convertit temporairement jusqu'à 20.000 km^2 en immenses frayères pour les poissons, au moment où les Sternes caspiennes de la Baltique ont débuté leur migration vers le sud à travers les terres pour atteindre la Méditerranée centrale en septembre et octobre (Staav 2001). En novembre, la plupart des oiseaux ont traversé le Sahara pour atteindre leurs quartiers d'hivernage au Mali (Kilpi & Saurola 1984, Staav 2001).

Les oiseaux de la Mer Noire et de la région de la Volga quittent leurs sites de nidification à partir de la mi-août et jusqu'en octobre, arrivent en Méditerranée centrale ou orientale en octobre et atteignent les sites d'hivernage le long du Golfe de Guinée et dans le Delta Intérieur du Niger en novembre (Voinstvenskiy 1986, Patrikeev 2004).

L'importance du Mali est tout aussi primordiale pour les Sternes caspiennes nichant en Suède, en Finlande et en Ukraine. 78% des reprises africaines d'oiseaux finlandais et 74% de celles des oiseaux suédois en proviennent. Même sur échantillon de faible taille, la prépondérance du Mali est évidente : 8 des 9 reprises d'oiseaux ukrainiens en Afrique viennent du Mali. La répartition hivernale des populations de la Baltique et de la Mer Noire au sud du Sahara ne présente pas de gradient est-ouest : la concentration dans les plaines inondables est prépondérante, même si des reprises éparses ont été obtenues du sud du Tchad jusqu'au Sénégal. Nous avons également cherché à savoir si les oiseaux du nord de la Baltique hivernaient plus au sud que ceux du sud de la Baltique, mais n'avons pas trouvé de différence.

La plupart des reprises proviennent du Sénégal (n=20), du Ghana (49), d'Egypte (89) et du Mali (383). Parmi ces dernières, 352 ont été obtenues rien que dans le Delta Intérieur du Niger. Il est étonnant que des 24 reprises d'oiseaux baltes avant 1950, 23 proviennent d'Egypte et seulement 1 du Mali. Le Delta du Nil pourrait avoir été un site d'hivernage plus important pour la Sterne caspienne qu'il ne l'est aujourd'hui suite à la réduction des zones d'alimentation. Cette hypothèse est soutenue par la part des reprises entre novembre et février par rapport à celles entre mars et octobre : 15 des 23 reprises (65%) obtenues avant 1950 provenaient du Delta du Nil, contre 22 sur 68 (32%) après 1950.

Malheureusement, très peu de données existent pour confirmer les reprises de bagues, notamment avant 1950. Meinertzhagen (1930) considérait l'espèce peu commune pendant ses migrations printanière et automnale et encore moins en hiver.

La migration prénuptiale depuis le Delta Intérieur du Niger débute dans les lacs centraux à la fin mars/début avril, période à laquelle les concentrations de Sternes caspiennes chutent brutalement. Ce phénomène n'a en réalité jamais été observé malgré des années d'observations au Lac Debo depuis les années 1980, ce qui suggère un départ nocturne. Le trajet a probablement lieu sans interruption jusqu'en Europe étant donnée la rareté des observations printanières dans les eaux entre le Lac Débo et Tombouctou et la quasi-absence d'observations au Maroc à l'est du Détroit de Gibraltar (Thévenot et al. 2003), en Algérie (Isenmann & Moali 2000) et en Tunisie (Isenmann et al. 2005), sur des sites où l'espèce est régulière à l'automne. Peu d'observations sont également réalisées en Europe au printemps (Cramp 1985). L'arrivée sur les sites de reproduction, d'après la synthèse dans Glutz von Blotzheim & Bauer (1982) a lieu en moyenne le 10 avril dans le sud de la Suède (1ère le 1er avril), le 12 avril en Estonie (entre le 4 et le 22 avril ; Leibak et al. 1994), le 17 avril dans le sud de la Finlande (entre le 12 et le 26 avril), le 22 avril dans le sud-ouest de la Finlande (Turku, entre le 14 et le 29 avril) et le 4 mai dans le nord du Golfe de Bothnie (Finlande, Oulu, entre le 28 avril et le 10 mai). Les oiseaux de la Mer Noire doivent arriver début avril sur leurs sites de reproduction, et comme la formation des couples a lieu immédiatement, les premiers œufs sont habituellement pondus autour du 20-25 avril, avec un maximum 5 à 10 jours plus tard. Au début du printemps 1978, la ponte avait déjà débuté vers les 10-15 avril (Voinstvenskiy 1986). Le délai d'environ une semaine entre les départs du Mali et l'arrivée en Baltique et sur la Mer Noire suggèrent un vol jusqu'aux sites de reproduction au-dessus des terres, direct, et presque sans halte.

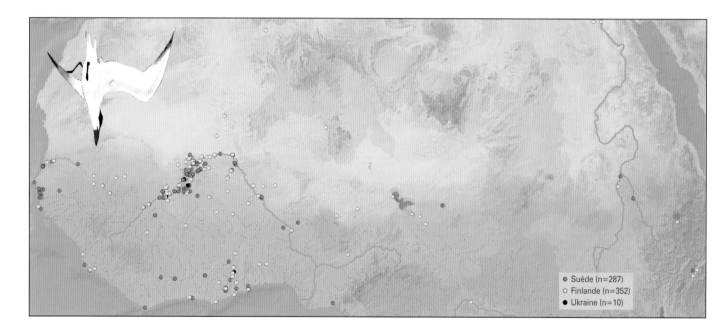

Fig. 220 Localités de baguage de 518 Sternes caspiennes reprises ou capturées en Afrique entre 4° et 33°N. Données EURING, sauf 11 oiseaux du Mali (Wetlands International).

Répartition en Afrique[1]

Les comptages de la mi-hiver suggèrent la présence d'entre 25.000 et 35.000 Sternes caspiennes le long des côtes atlantiques d'Afrique de l'Ouest. Les plus fortes concentrations se rencontrent dans la Baie d'Arguin (1920 en 1997), au Banc d'Arguin (5059 en 1997), à Bell (1543 en 1999), à El Ain (2400 en 2004), à la Langue de Barbarie (669 en 2004), au Sine Saloum (2788 en 2001) et sur le Fleuve Gambie (8674 en 1998). 2900 Sternes caspiennes ont été comptées en Guinée-Bissau en 1986, mais le nombre total a été estimé à 5000 (Wymenga & Altenburg 1992). De plus faibles quantités ont été observées en Guinée (2500 en 1988, Altenburg & van der Kamp 1991) et en Sierra Leone (44 en 2005 ; van der Winden *et al.* 2007). Les deux comptages réalisés en milieu d'hiver en Côte d'Ivoire ont donné des résultats équivalents : 1374 en 2001 et 1290 en 2002.

Les quantités sont bien plus faibles à l'intérieur des terres. Les comptages de milieu d'hiver dans le Delta du Sénégal (hors partie estuarienne) ont permis de trouver 100 à 150 oiseaux ; 76 ont été vues lors des comptages aériens sur le Lac Tchad en décembre 2003 et une moyenne de seulement 8 a été comptée en milieu d'hiver dans les plaines inondables de Hadéjia-Nguru entre 1994 et 1998. Les comptages aériens du Delta Intérieur du Niger donnent de meilleurs résultats : 2414 en 1979, 2467 en 1994, 2956 en 1996, 2917 en 2003 et 2606 en 2004, soit une stabilité remarquable. La plupart de ces oiseaux sont concentrés sur les lacs centraux, où 2500 à 3500 ont été comptés lors de suivis au sol entre 1992 et 2007 (Fig. 54).

Les nombreuses reprises dans le Delta Intérieur du Niger et les rares de la côte atlantique (Fig. 220) suggèrent que les oiseaux du Mali proviennent d'Europe et que ceux de la côte atlantique sont principalement des nicheurs locaux.

Evolution de la population

Mortalité hivernale Notre base de données comprend 640 reprises et captures en Afrique du Nord, dont 633 concernent des oiseaux tués ou trouvés morts. Entre leur baguage au stade poussin et leur reprise en Afrique, 16 oiseaux ont été revus plus d'une fois sur leurs sites de nidification. Ainsi, un oiseau bagué poussin en Finlande en 1970 a été contrôlé sur son nid en Suède en 1981, 1982, 1983, 1985 et 1988, et n'a été tué qu'à l'âge de 20 ans au Ghana en janvier 1990. Un autre oiseau finlandais, bagué poussin en 1968 a été observé au nid en 1976, 1977 et 1989, avant d'être tiré dans le Delta Intérieur du Niger en février 1992 à l'âge de 24 ans. Un oiseau suédois, capturé dans le Delta Intérieur du Niger par une palangre le 1er avril 1997, avait été bagué poussin 31 ans plus tôt en juin 1966 et avait été contrôlé au nid en 1977 et 1984. Ce dernier oiseau, s'il a réellement fait chaque année le trajet entre la Suède et le Mali, soit une distance de 6000 km, avait couvert au moins 360.000 km en migration pendant sa vie.

Les nombreuses reprises dans le Delta Intérieur du Niger permettent une analyse en fonction des variations annuelles des inondations entre septembre et mars. La plupart des reprises ont été enregistrées pendant la sécheresse entre 1973 et 1994, et en particulier de l'hiver particulièrement sec de 1984/1985 (par la suite, « hiver 1985 ») (Fig. 221). Le nombre de reprises est plus faible lors des années humides qui ont précédé ou suivi cette période. Afin de calculer le taux de survie, il est nécessaire de prendre en compte la mortalité en fonction de l'âge et de faire l'hypothèse qu'elle ne varie pas d'une année sur l'autre. Ce calcul est possible à partir des 505 Sternes caspiennes baguées poussins reprises au sud du Sahara (âge exact connu, mais excluant les oiseaux de 1er hiver morts en route vers leurs sites d'hivernage). Selon ces principes, le taux de survie calculée lors de la 1ère année est de 68,5%. Il est de 76,6% pour les oiseaux de 2ème année, de 80,4% pour ceux de 3 ans, et de 82,3% pour les oiseaux plus âgés. Le taux de survie ne varie plus au-delà de trois ans. Si l'on applique ces résultats à tous les oiseaux bagués entre 1947 et 2002 en Finlande et en Suède (n=64.997 ; voir ligne bleue de la Fig. 221) et repris dans le Delta Intérieur du Niger, la somme de toutes les probabilités de survie permet d'obtenir la courbe rouge de la Fig. 221.[2] Entre 1950 et 1970, les chances de trouver une Sterne caspienne baguée ont progressivement augmenté, se sont stabilisées à un niveau élevé jusqu'en 1990, puis ont diminué.

La Fig. 221 semble indiquer que de faibles niveaux d'inondation dans le Delta Intérieur du Niger entraînent une augmentation du taux de reprises. Afin de vérifier cette conclusion, nous avons déterminé le ratio entre les reprises observées et attendues pour 7 catégories d'inondations (Fig ; 223) et avons trouvé des taux de reprises au-dessus de la moyenne dans le cas de faibles inondations (< 16.000 km²), alors que des taux de reprises 30% en-dessous de la moyenne ont été trouvés au-delà de 16.000 km². En d'autres termes, la mortalité traduite par les taux de reprises est plus faible lorsque les inondations sont fortes.

Si les variations annuelles du nombre de reprises sont fortes (Fig. 221), c'est également le cas des variations saisonnières, avec un pic

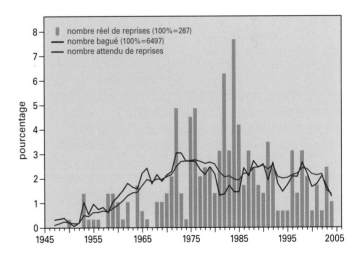

Fig. 221 Nombres totaux annuels et attendus (en %) dans le Delta Intérieur du Niger (100% = 287 oiseaux pour lesquels la date de reprise est fiable à 6 mois près). Le nombre attendu est dérivé du nombre annuel d'oiseaux bagués en Baltique en prenant en compte un taux de survie dépendant de l'âge (voir texte).

marqué en décembre-janvier (Fig. 224). Le faible nombre de reprises entre avril et août est logique, car la plupart des Sternes caspiennes s'en vont nicher en Europe et les plaines ne sont pas encore inondées. La suite de l'analyse est donc restreinte à la période de septembre à mars. Au cours de celle-ci, les oiseaux font face à de fortes variations annuelles de la position et de la taille de leurs sites de pêche dans les plaines inondables du Delta Intérieur du Niger. Lorsque les inondations sont fortes, l'inondation atteint son maximum en décembre, et une grande partie de la zone est encore couverte d'eau lorsque les oiseaux partent en Europe autour du 1er avril. A l'opposé, lors d'une année sèche, le pic de l'inondation a lieu en novembre et les plaines inondables sont en grande partie asséchées dès février, à l'exception du Fleuve Niger, de ses affluents et des lacs permanents en leur centre (Fig. 37-39).

Nous avons calculé la taille des plaines inondables pour chaque mois entre septembre et mars et pour chaque année (d'après les données présentées dans le Chapitre 6). La comparaison entre le nombre mensuel moyen de reprises et la taille des plaines inondables montre clairement que cette superficie est inversement corrélée au nombre de reprises (Fig. 223). Afin de vérifier si ce résultat est robuste, du fait de la variation du nombre de Sternes caspiennes baguées au cours des 60 dernières années, nous avons répété l'analyse par périodes de 10 ans, et même si la variabilité a augmenté, la tendance est restée

identique au sein de toutes ces périodes : moins les inondations sont étendues, plus les reprises sont fréquentes. En bref, la mortalité de la Sterne capsienne dans le Delta Intérieur du Niger est forte à la fin de la période d'hivernage, particulièrement lors des années sèches.

Nos calculs montrant que la mortalité est plus forte lorsque les inondations sont limitées, on pourrait s'attendre à une variation de la taille de la population hivernante en fonction de l'étendue des inondations dans le Delta Intérieur du Niger. Aucun comptage complet de la Sterne caspienne sur l'ensemble du Delta Intérieur

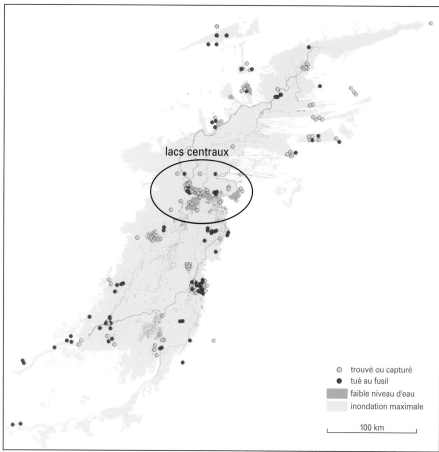

Fig. 222 Répartition dans le Delta Intérieur du Niger des Sternes caspiennes tirées, capturées ou trouvées mortes. La plupart des oiseaux capturés ou trouvés morts l'ont été là où l'espèce est présente en grand nombre, alors que les reprises en limite des plaines inondables ou près des villes concernent le plus souvent des oiseaux qui ont été tirés.

lacs centraux

○ trouvé ou capturé
● tué au fusil
■ faible niveau d'eau
■ inondation maximale

100 km

n'est disponible, mais dès que le niveau d'eau à Akka (lacs centraux) atteint 200 cm ou moins, les Sternes caspiennes commencent à se concentrer sur les lacs centraux et leur présence y est plus ou moins ininterrompue pendant le reste de la période d'hivernage, malgré la baisse continue du niveau d'eau lors de la décrue. Comme expliqué au Chapitre 6, les lacs centraux deviennent une zone refuge lorsque les plaines inondables s'assèchent. Nous disposons de comptages de Sternes caspiennes sur ces lacs (avant le 15 mars) pour 15 années différentes pour un niveau d'eau à Akka inférieur à 200 cm (Chapitre 6). Avant 1994, lors des années sèches avec des inondations limitées, la population hivernante était faible avec moins de 2200 oiseaux, alors qu'avec les inondations plus bien étendues des années suivantes, les quantités sont devenues bien plus élevées, autour de 3500 individus (Fig. 54C).

La Sterne caspienne étant une espèce à longue espérance de vie, qui ne niche pour la première fois qu'à l'âge de 6 ans (Staav 2001), la taille de la population dépend de la mortalité hivernale durant la décennie précédente et pas uniquement durant l'année précédente. Ainsi, un faible niveau d'inondation au cours d'un hiver n'a pas d'effet immédiat sur la taille de la population. En revanche, la population hivernante du Delta Intérieur du Niger fait preuve de variations progressives. Néanmoins, l'augmentation de la mortalité hivernale lors des hivers secs, révélée par les reprises de bagues peut être confirmée indirectement sur les oiseaux de première année qui estivent dans le Delta Intérieur. Le nombre d'oiseaux estivant au cours de la période 1999-2006 a varié entre 54 et 282, ce qui représente entre 1,9 et 10,1% des totaux comptés six mois plus tôt. Cette variation est attribuable au niveau des inondations : plus les inondations étaient importantes six mois plus tôt (au cours de l'hiver), plus le nombre d'oiseaux encore en vie en juin est important (Fig. 226). Nous en concluons donc que la mortalité plus élevée au cours des années sèches (Fig. 223, 225, 226) a bien les répercussions attendues sur la population hivernante du Delta Intérieur du Niger.

Le plus long suivi d'une population nicheuse de Sternes caspiennes concerne les îles Krunnit (Finlande, Golfe de Bothnie), où la population a augmenté dans les années 1960, mais a plongé au début des années 1980 (Fig. 227A). La population finlandaise dans son ensemble a fait l'objet d'estimations ou de recensements à plusieurs reprises au cours du 20ème siècle, puis un suivi annuel a débuté en 1984 (Fig. 227B). Elle a fortement augmenté de 200 couples en 1930 à 500 dans les années 1950 et 1200 à 1300 en 1971 (Väisänen et al. 1998). La population a ensuite décliné jusqu'être estimée à 850 couples en 1984. Ce déclin s'est poursuivi pendant la fin des années 1980, avant une stabilisation autour de 700 à 750 couples entre 1990 et 1997, puis une légère augmentation jusqu'à 800 à 870 couples en 2005. Une tendance similaire a été observée en Suède, où les 900 couples de 1971 ont également représenté un maximum, avant un déclin jusqu'à 600 à 700 couples en 1984 et une stabilisation autour de 400 à 500 couples entre 1984 et au moins 1996 (Staav 1985, Staav 1988, Svensson et al. 1999). En Estonie, où quelques couples nichaient irrégulièrement jusqu'au début des années 1950, la première grande colonie s'est établie en 1953 et a été suivie d'une augmentation dans les années 1950 et 1960 jusqu'à 360 couples en 1971. Contrairement à la situation en Finlande et en Suède, la population estonienne était toujours élevée en 1984 (estimée à 400 couples) et 1988 (360 couples), mais elle a ensuite décliné jusqu'à 300 couples en 1990 et 225 à 250 en 1993 (Hario et al. 1987, Leibak et al. 1994).

Les populations de Sterne caspienne régulièrement suivies ont subi des évolutions cohérentes avec celles attendues pour des populations principalement régulées par le niveau des inondations dans les sites d'hivernage : niveau élevé en 1971 (juste avant la sévère sécheresse de 1973-1974), niveau bien plus faible dans les années 1980 (où des hivers extrêmement secs ont marqué le milieu de la décennie) et augmentation après 1994 (augmentation des étendues des inondations). La taille des populations de Sterne caspienne est donc majoritairement liée aux conditions sur les sites d'hivernage.

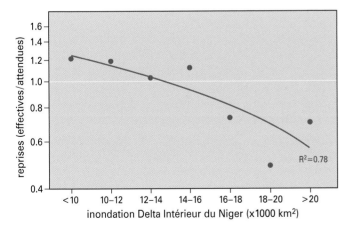

Fig. 223 Rapport entre les nombres annuels de reprises observés et attendus (données de la Fig. 221), pour 7 niveaux d'inondations différents. Notez l'utilisation d'une échelle logarithmique.

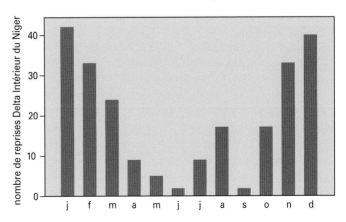

Fig. 224 Nombre mensuel de reprises dans le Delta Intérieur du Niger. Mêmes données que les Fig. 221 et 223, mais avec des dates de reprises fiables à 6 semaines près ou moins (n= 233).

Les poissons, habituellement capturés après un plongeon, sont avalés en vol (Djoudj, décembre 2005). Des observations réalisées à l'automne 1981 dans le Golfe de Suez ont montré que de 61 tentatives de plongeons réalisés par des Sternes caspiennes, seulement 25 allaient à terme, dont 16 débouchaient sur une prise observable (Bijlsma 1985a). Les plongeons avortés avant d'atteindre la surface de l'eau permettent d'économiser de l'énergie quand l'oiseau juge que les chances de capture sont faibles.

Conditions de reproduction   Les colonies de reproduction des Sternes caspiennes étant localisées sur des îles, elles sont vulnérables à la modification de leurs sites d'accueil. Autrefois, la prédation par l'homme constituait un facteur important de réduction des populations, à la fois en Baltique (Hario & Stjernberg 1996) et en Mer Noire (Voinstvenskiy 1986), mais depuis qu'une protection légale a été établie, ce facteur est devenu mineur. Ainsi, la Sterne caspienne fait désormais partie du Livre Rouge en Ukraine (Rudenko 1996). En Baltique, la prédation par les visons pose des soucis (Hario & Stjernberg 1996). Dans le nord de la Mer Noire, les Sternes caspiennes qui nichent dans la Baie de Tendra en Ukraine sont exposées à la pollution par les pesticides rejetés par les systèmes d'irrigation de Krasnoznamenskaya. Le succès de reproduction d'espèces telles que le Goéland railleur et la Sterne caugek a décliné au début des années 1990 (« nombreux œufs infertiles », Rudenko 1996).

La construction du Canal de Crimée du Nord en 1963 a temporairement induit une augmentation de la population sur les îles Chongarskie et Lebyazh'i (Fig. 227C). Par ailleurs, l'augmentation de la population au début des années 1980 serait liée à la création de fermes piscicoles à proximité des sites de reproduction (Voinstvenskiy 1986).

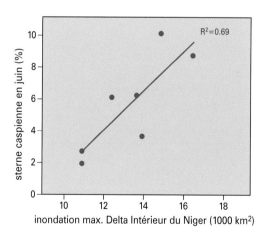

Fig. 226 Nombres de Sternes caspiennes comptées en juin entre 1999 et 2006 sur les lacs centraux du Delta Intérieur du Niger, exprimés en pourcentage des nombres comptés en janvier ou février de la même année, en fonction de l'étendue maximale des inondations lors de l'année précédente (p < 0,01). Le comptage de juin 2004 a été exclu en raison d'un niveau d'eau exceptionnellement faible (4 cm à Akka) qui avait conduit tous les oiseaux sauf 13 à quitter la zone.

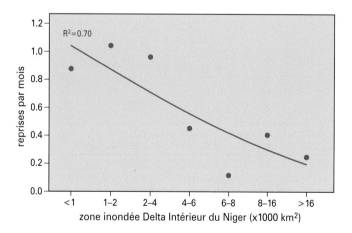

Fig. 225 Nombre mensuel de reprises dans le Delta Intérieur du Niger en fonction de l'étendue des inondations au cours du même mois, entre septembre et mars (p < 0,01). Mêmes données que la Fig. 224.

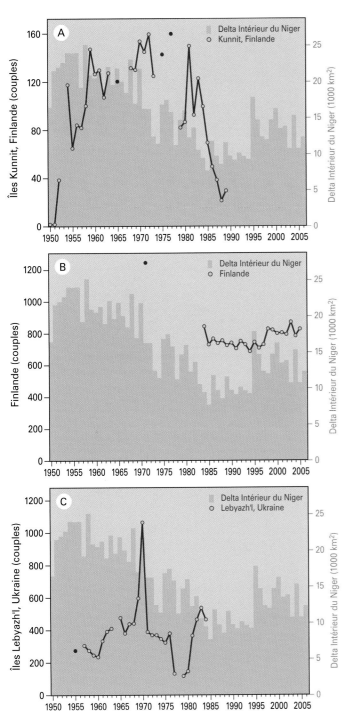

Conclusion

Les Sternes caspiennes européennes nichent en populations disjointes en Baltique, Mer Noire et dans le Delta de la Volga. Ces populations ont augmenté au cours du 20ème siècle et atteint un maximum vers 1970. Depuis, elles ont diminué, puis se sont partiellement rétablies à la fin des années 1990. Les fluctuations au cours de la seconde moitié du 20ème siècle sont fortement liées aux conditions hydrologiques dans leur site d'hivernage principal, le Delta Intérieur du Niger au Mali, où les années de fortes inondations correspondent à une faible mortalité. Les Sternes caspiennes du Delta Intérieur du Niger sont fortement vulnérables à la prédation par l'homme lors des faibles crues, lorsqu'elles sont forcées de se concentrer sur les derniers plans d'eau.

Notes

1   Sauf mention contraire, toutes les données se réfèrent aux comptages de milieu d'hiver, extraits de la base de données AfWC de Wetlands International.

2   Il existe 352 reprises dans le Delta Intérieur du Niger, mais nous avons restreint notre analyse aux dates de reprises précises à 6 mois près (n=287 ; Fig. 221) ou à 6 semaines près (n=233 ; Fig. 224), lorsque nous nous intéressions respectivement au nombre réel de reprises par année ou par saison.

Fig. 227 Tendances d'évolution des populations de Sternes caspiennes des îles Krunnit (Finlande), de la Finlande dans son ensemble et des îles Lebyazh'i sur la Mer Noire, en Ukraine. D'après Väisänen *et al.* 1998 (Krunnit), Hario *et al.* 1987, Hario & Stjernberg 1996 et T. Stjernberg comm. pers. pour les années 1997 à 2005 (Finlande) et Voinstvenskiy 1986 (Ukraine).

Tourterelle des bois
Streptopelia turtur

« Des quantités indénombrables, certainement plus d'un million d'oiseaux, sont passées au-dessus de la rivière près de Kaur le 6 mars. D'immenses vols passaient constamment au-dessus de nos têtes alors que notre bateau remontait le fleuve et ce pendant plus d'une heure avant le crépuscule. De très grandes quantités passaient également au-dessus du marais de Jakhaly le lendemain soir, toutes en vol vers l'ouest ». Un peu plus loin : « Je n'ai jamais vu autant d'oiseaux passer au-dessus de ma tête en un défilé aussi long et sur un front d'au moins 10 km de large... ». Ces lignes vous évoquent John Muir décrivant l'arrivée dans son enfance des Pigeons migrateurs dans le Wisconsin au printemps dans les années 1800. Vous n'y êtes pas ! Il s'agit d'un témoignage oculaire des vols de retour au dortoir des Tourterelles des bois en Gambie dans les années 1970, que nous devons à Michael Gore (1982). Au cours de ces décennies passées, la zone sahélienne abritait d'immenses quantités de Tourterelles des bois (dans les années 1960, plusieurs millions dans le nord du Sénégal ; Morel & Morel 1979). Même si, aujourd'hui, de grands vols peuvent encore être rencontrés, ils sont bien plus réduits que ceux de l'époque. Le « Pigeon migrateur » européen est en déclin, et bien que son écologie et son comportement diffèrent fortement de ceux de son cousin disparu d'Amérique, qui était une espèce coloniale qui comptait des milliards d'individus, la jolie Tourterelle des bois a vu ses populations se réduire dans une grande partie de l'Europe à une faible part de ce qu'elles étaient. Son abondance passée n'est plus qu'histoire.

Aire de reproduction

La Tourterelle des bois niche dans les zones climatiques tempérées, méditerranéennes, steppiques et semi-désertiques du Paléarctique occidental, principalement au sud de 55°N. Elle préfère les boisements secs et ensoleillés et est en grande partie absente d'Europe du Nord et des secteurs en altitude dans les régions montagneuses. Au cours de la période 1990-2002, la population était estimée entre 3,5 et 7,2 millions de couples (BirdLife International 2004a), mais elle a continué à diminuer et est maintenant bien moins abondante. Cette espèce qui est le seul colombidé européen migrateur au long cours, hiverne au Sahel et dans les secteurs adjacents de la zone soudanienne sur toute la largeur de l'Afrique.

Migration

A partir de fin juillet ou début août, la Tourterelle des bois commence soudainement à se rassembler en groupes, abandonnant même les pontes et les nichées en cours (Murton 1968, Bijlsma 1985b) ; Les secteurs où la nourriture est abondante peuvent en attirer de grandes quantités, parfois des centaines, qui accumulent des réserves en se nourrissant de graines variées ou de grain perdu (Glutz von Blotzheim & Bauer 1980, Browne & Aebischer 2003a). Les Tourterelles des bois nichant en Grande-Bretagne on raccourci leur cycle de reproduction de 12 jours sur la période 1963-2000, principalement du fait d'une date de départ automnale avancée de 8 jours (Browne & Aebischer 2003c). Cette population étant en marge de l'aire de répartition, il n'est pas possible de savoir si ce phénomène concerne la totalité de la population européenne. Les oiseaux capturés lors de la migration automnale (août-septembre) pèsent en moyenne 126 g (juvéniles) et 152 g (adultes) en Camargue et 124 g au Portugal, soit des poids peu différents de ceux du milieu d'été (Glutz von Blotzheim & Bauer 1980).

La migration automnale en Europe de l'Ouest est très discrète et a lieu en petits groupes volant bas et vite ; elle est probablement essentiellement nocturne. Ainsi, au pied des Préalpes dans le sud de l'Allemagne, seuls 8 oiseaux répartis en 7 journées différentes ont été comptés en 30 ans de comptages systématiques de la migration automnale (Gatter 2000) ! Par ailleurs, les quantités observées en automne lors de comptages systématiques de la migration aux Pays-Bas et en Grande-Bretagne sont normalement très inférieures à celles vues au printemps (LWVT/SOVON 2002, Browne & Aebischer 2003c), malgré la mortalité hivernale qui a forcément un effet sur les quantités entre ces deux périodes. La perception de la migration dans le sud de l'Europe est assez différente ; « copieuse » (nord de l'Espagne, arrivées du Golfe de Gascogne sur un large front), « fort passage » (au-dessus de Valence), « immenses quantités » (Portugal, concentration le long de la côte par vent d'Est), « milliers au cours des bonnes matinées » près d'Oporto au Portugal et « l'un des migrateurs les plus visibles sur l'ensemble de la Méditerranée lorsque les oiseaux vont vers leur quartiers d'hivernage ou en reviennent » (Tait 1924, Moreau 1953, Bannermann 1959). Toutefois, ces observations ont été réalisées lors de la première moitié du 20ème siècle, lorsque l'espèce était

encore abondante. Murton (1968) dans son analyse approfondie de la migration à travers la France et la Péninsule Ibérique a suggéré que les oiseaux de 1ère année soient plus enclins à être déportés vers l'ouest, ce qui expliquerait l'âge ratio déséquilibré en faveur des juvéniles dans l'ouest de la Péninsule Ibérique.

Comme en Europe centrale et méridionale, une migration diurne intense a également été observée plus à l'est, mais pas récemment : « vols immenses » sur la plaine d'Alfold à l'est de Tisza, Hongrie (A. Keve cité par Ash 1977) ; des échantillonnages réalisés par J.S. Ash (1977) le 9 septembre 1965 (entre 13h et 15h15 heure locale) juste à l'ouest de Karçag dans la plaine d'Hortobagy en Hongrie ont révélé le passage de 10.450 Tourterelles des bois vers le sud en un unique front de 400 m de large et à moins de 15 m au-dessus du sol. En Irak, Marchant (1963) a décrit de la même manière le passage automnal au début des années 1960 comme étant spectaculaire, avec de grandes quantités volant vers l'ouest près de Bagdad pendant tout le mois de septembre. Il est intéressant d'analyser cette observation en détail. Environ 40 oiseaux par minute sont passés à travers une section de 1000 m de large du front migratoire pendant 4 heures à partir de 6h heure locale, avant que le mouvement ne s'arrête ou ne diminue. En considérant une estimation prudente (d'après Marchant) de la largeur du front de l'ordre de 100 km de large et une moyenne horaire de 4 oiseaux par heure (ce taux faible permet de prendre en compte les journées de faible migration en septembre), il obtient un passage automnal total dans cette région de trois millions d'oiseaux. Cette

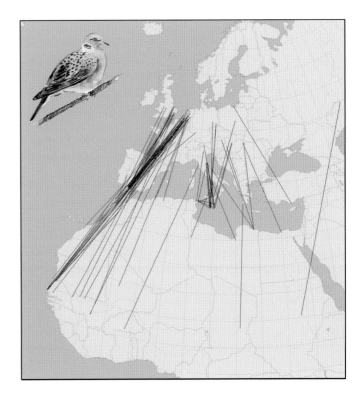

Fig. 228 Localités d'origine de 124 Tourterelles des bois reprises ou capturées entre 4° et 37°N, dont 28 au sud du Sahara. Données EURING.

Les Tourterelles des bois sont parmi les espèces d'oiseaux migrateurs les plus couramment rencontrées dans le désert (avec l'Hirondelle rustique, le Traquet motteux et l'Alouette calandrelle). Un trajet entre Bordj-Moktar et Reggane dans le désert algérien (650 km) les 17 et 18 avril 1973 a permis d'observer 74 oiseaux en migration vers le nord par groupes de 2 à 4 (maximum 8) en vol bas en zigzag. D'autres ont été trouvées à l'abri du soleil et du vent à l'ombre de véhicules de guerre abandonnés au bord de la route (Haas 1974). Un trajet identique entre Reggane et Tessalit (795 km) entre les 16 et 19 avril 1977 a révélé 394 Tourterelles des bois en migration, ainsi que des individus fatigués (5), déshydratés (48) ou morts depuis peu (9) (Haas & Beck 1979). Les oiseaux morts récemment étaient très gras, mais leur teneur en eau était assez faible, ce qui indique qu'ils étaient morts de déshydratation et pas d'un épuisement de leurs réserves (Haas & Beck 1979).[1] Le Sirli du désert du cliché de gauche, espèce sédentaire du secteur, a été vu attaquer les Tourterelles des bois.

estimation prend en compte l'hypothèse que l'essentiel du passage, au moins dans cette région, a lieu au niveau du sol en journée. Ses observations réalisées entre 1960 et 1962 ne peuvent probablement pas être répétées de nos jours, sauf si les populations orientales ont mieux résisté que celles de l'ouest – or il existe des preuves que le déclin pourrait localement ne pas avoir aussi catastrophique qu'à l'ouest. Par exemple, en Azerbaïdjan (86.600 km²), l'espèce a été récemment décrite comme étant très commune (> 100.000 couples ; Patrikeev 2004) et en Israël (Shirihai 1996) et en Egypte (Goodman & Meininger 1989), elle est listée comme migrateur commun en septembre avec un pic constaté aux dortoirs au cours de la première semaine de septembre.

Les Tourterelles des bois traversent le Sahara sur un large front, ce que confirment les restes de proies trouvées dans les nids de Faucons laniers dans le désert extrêmement aride de Darb el Arba'in dans le sud-ouest de l'Egypte (Goodman & Haynes 1992). Parmi les 19 espèces de migrateurs comprises dans le régime du Faucon lanier, les Tourterelles des bois représentent 34% de 108 proies identifiées. Seule la Caille des blés est capturée plus souvent, alors que toutes les autres espèces d'oiseau sont représentées dans de plus faibles proportions (0,9 à 3,7%). Les Faucons laniers ont clairement une perception différente de l'abondance de la Tourterelle des bois que celle qu'avait Moreau (1961) lorsqu'il décrivait « la rareté des Tourterelles des bois à Tripoli et dans l'est du Sahara lors des deux passages » comme étant « assez bien documentée » (mais son œuvre majeure de 1972 comprenait plusieurs témoignages visuels du contraire).

La migration printanière démarre à partir de début mars. Au mar-

ché de Damietta en Egypte (31°26'N, 31°48'E) en 1990, un total de 634 Tourterelles des bois fut proposé à la vente, avec la première le 7 mars. Aucune n'avait été mise en vente pendant les mois d'hiver précédents. Des migrateurs y furent contactés au moins jusqu'au 6 mai (Meininger & Atta 1994). Avant la migration printanière, les oiseaux accumulent des réserves juste au sud de la limite du désert et augmentent leur masse corporelle d'un minimum hivernal de 100-120 g à 200 g en mars (Morel 1986, Morel & Morel 1988). Ce niveau de réserves leur permet de traverser le Sahara, l'Afrique du Nord, la Mer Méditerranée et une bonne partie de l'Europe du Sud en un seul vol. L'importance de l'eau pendant la migration semble être confirmée par des observations près de Khartoum où les Tourterelles migrant vers le nord étaient strictement confinées à la mince ceinture de végétation le long des Nil Blanc et Bleu. Les observations, réalisée quotidiennement en alternant les périodes aube - 14h et 10 h – crépuscule ont abouti à un total de 6180 Tourterelles des bois en vol nord entre le 12 février et le 12 avril 1961 (Mathiasson 1963). Au Maroc, l'essentiel du passage visible au printemps suit la côte atlantique et les vallées des rivières, avec une première vague de migrateurs arrivant à mi-mars (dans le sud-ouest) ou début avril (dans le sud-est) (Thévenot et al. 2003). Le pic migratoire dans l'oasis marocaine de Defilia (32°07'N, 01°15'O, alt. 930 m) au printemps 1963 fut enregistré entre les 2 et 8 mai, avec encore des quantités notables entre les 9 et 14 mai (Smith 1968). Dans une grande partie du bassin méditerranéen, la migration a lieu entre début avril et mi-mai avec un pic fin avril. Habituellement durant la migration prénuptiale, les quantités observées sont plus importantes que pendant la migration postnuptiale, notamment en

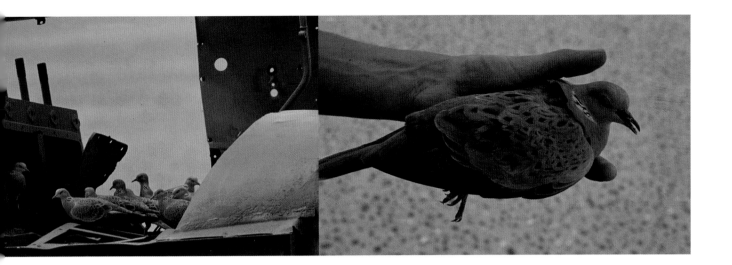

Grèce (Handrinos & Akriotis 1997), en Corse (Thibault & Bonaccorsi 1999) et au Détroit de Gibraltar (Finlayson 1992). Les stratégies migratoires adoptées doivent donc être différentes entre les saisons : les Tourterelles des bois semblent voler à plus faible altitude et plus souvent de jour au printemps, ce qui n'est peut-être pas surprenant après la traversée du Sahara et de la Mer Méditerranée. Plus au nord, un effet de concentration a lieu en Gironde (SO de la France), où au cours de la période 1984-2004, de 13.500 à 46.000 individus ont été comptés entre mi-mars et mi-mai (Ligue pour la Protection des Oiseaux, France).

La migration postnuptiale est principalement orientée entre le sud-ouest et le sud sur toute l'aire de répartition de l'espèce, ce qui devrait induire une séparation selon la longitude entre les populations occidentales et orientales, avec un recouvrement dans la partie centrale. Les reprises en Afrique présentes dans la base de données EURING semblent confirmer cette hypothèse, malgré la rareté des données concernant des oiseaux orientaux (Fig. 228). Les oiseaux d'Europe occidentale sont répartis entre la Sénégambie et le Mali, alors que ceux d'Europe centrale et orientale se rencontrent a priori du Mali et du Burkina Faso jusqu'au Soudan et à l'Ethiopie à l'est. La supposition que les juvéniles suivent un parcours plus occidental, comme par exemple chez les oiseaux anglais (Murton 1968, Wernham *et al.* 2002), est corroborée par les reprises de bagues (EURING) : des 7 oiseaux repris au Mali et au Burkina Faso, aucun n'était juvénile, alors que 3 des 9 oiseaux repris sur la côte au Maroc, au Sahara occidental, en Mauritanie et au Sénégal l'étaient. Toutefois, entre les 5 et 13 mars 1990, des 265 Tourterelles des bois capturées avec trois types de filets différents dans un dortoir de la forêt de Nianing (500 km au SSE de Dakar, Sénégal), 47,9% étaient en plumage de 1er hiver (Jarry & Baillon 1991).

Répartition en Afrique

En Afrique, les Tourterelles des bois se concentrent classiquement dans les régions où : (1) la nourriture est abondante, (2) de l'eau est disponible pour s'abreuver, (3) de grands arbres et des boisements offrent un abri pour le repos et la formation de dortoirs (Jarry & Baillon 1991). L'absence de l'une des conditions ne permet qu'une fréquentation temporaire, sauf lorsque les oiseaux se préparent pour leur migration prénuptiale au début du printemps à la limite nord du Sahel, où ils utilisent également les secteurs sans couverture arborée (voir ci-dessous : Mali et Nigéria).

Au **Sénégal**, les premières Tourterelles des bois arrivent à la fin juillet, puis tout au long des mois d'août et septembre (Morel & Roux 1966b). Elles fréquentent les champs de riz pour s'y nourrir de graines de graminées et, plus tard en saison, de riz tombé au sol. Au cours des années de précipitations abondantes, un grand nombre de Tourterelles des bois peut se rassembler entre octobre et décembre dans la région habituellement aride du Ferlo au sud du Fleuve Sénégal, où elles trouvent des trous d'eau remplis par les pluies (Morel & Morel 1979), mais la plupart s'installent dans les secteurs d'hivernage en Gambie et plus au sud dans les boisements de la savane arborée entre la Gambie et le Cameroun jusqu'à 9°N (Morel 1985, Morel & Morel 1988). A partir de février, elles débutent un mouvement vers le nord, qui concernait un très grand nombre d'oiseaux dans les années 1970, comme par exemple plus d'un million d'oiseaux se rendant au dortoir le 6 mars près de Kaur (Gore 1982). Les oiseaux se dirigent vers le nord du Sénégal où ils exploitent en grands groupes les graines tombées au sol en se concentrant dans les rizières récoltées dans les plaines inondables et aux abords des dépressions remplies par les pluies. Là, en limite nord du Sahel, ces oiseaux finissent leur mue (Morel 1986, Jarry & Baillon 1991) et se préparent pour leur traversée du Sahara en accumulant des réserves (Morel & Roux 1966a, 1973). Les Tourterelles des bois se rassemblaient autrefois par milliers dans le Delta du Sénégal, comme au cours des années 1960, où au moins 150.000 (mais probablement 3 fois plus) fréquentaient 6000 ha de rizières près de Richard Toll (Morel & Roux 1966b) et où 450.000 ont été estimés dans un dortoir proche le 13 mars 1973 (G. Jarry cité par Morel & Roux 1973). Il est probable que le nombre total fréquentant le Delta du Sénégal ait atteint plusieurs millions d'oiseaux dans les années 1970 (Morel & Morel 1979), mais au cours des années 1980, la

Bien que les graines de graminées constituent la principale source d'alimentation des Tourterelles des bois en début d'hiver, le riz sauvage (page opposée) est également consommé. Toutefois, lorsque le riz cultivé devient atteignable après la récolte (grains tombés au sol), elles préfèrent ce dernier. Les populations locales défendent vigoureusement le riz en train de mûrir contre les bandes de tisserins et d'autres granivores qui, contrairement aux Tourterelles des bois, s'accrochent aux tiges de riz et avalent les graines. Les enfants ont la lourde charge de chasser les bandes de tisserins.

rareté des graines de riz sauvage ou cultivé en raison de la sécheresse a fait fortement diminuer ce nombre (M.-Y. Morel citée par Skinner 1987). Un maximum de 32.100 individus au dortoir dans la forêt de Nianing a été obtenu en mars 1990 (Jarry & Baillon 1991), bien loin des centaines de milliers présents dans le nord du Sénégal dans les années 1970. Morel (1987) alerta rapidement sur la diminution de l'espèce en hivernage au Sahel dès les années 1970, malgré l'augmentation de sa source principale de nourriture, le riz, en raison de l'extension des cultures dans le nord du Sénégal (voir Chapitre 7). Le programme de construction de barrages le long du Fleuve Sénégal avait réduit les inondations et permis la conversion progressive des plaines inondables en rizières cultivées, mais entraîné par la même occasion la disparition de la végétation des plaines inondables, tels que le riz sauvage et *Acacia nilotica*. Le premier constitue une source de nourriture importante en hiver pour les Tourterelles des bois européennes, maintenant surpassée par le riz cultivé, tandis que le second fournit les sites de repos et de dortoir essentiels pour l'espèce.

Cette situation a été déséquilibrée par les sécheresses des années 1970 et 1980, qui ont réduit la production de graines de graminées et de riz (Morel 1987). La coupe des arbres, comme par exemple dans la forêt protégée de Nianing-Balabougou (Jarry & Baillon 1991), n'a fait qu'ajouter aux difficultés rencontrées par l'espèce.

Dans le Delta Intérieur du Niger au **Mali**, les Tourterelles des bois étaient abondantes dans les secteurs cultivés de l'*Office du Niger* ou *Delta mort*, au nord de Ségou, d'où elles se déplaçaient ensuite vers le nord vers la zone de transition et les parties les plus élevées dans la plaine inondable lors de la décrue. Elles se nourrissaient dans les secteurs sans arbres, soit parmi les touffes d'herbe, soit sur les terrains steppiques nus, et y restaient toute la journée (Curry & Sayer 1979). Curry (1974, cité par Morel 1987) a compté 700.000 oiseaux dans les dortoirs du Delta Intérieur du Niger. Lamarche (1980) fait mention de

centaines de milliers de Tourterelles des bois, principalement dans les dunes boisées qui bordent le delta à la latitude de Mopti et Erg de Nianfunké (d'après Curry 1974, ou ses propres observations des années 1970 ?). L'espèce se nourrissait (probablement de riz tombé à terre) parfois en compagnie des groupes de Combattants variés et des Gangas à ventre brun sédentaires, mais s'associait rarement avec les tourterelles et pigeons africains (Curry & Sayer 1979). Depuis la Grande Sécheresse des années 1980, le nombre d'hivernants dans les plaines inondables a chuté, d'abord jusqu'à quelques milliers (maximum de 5000 en janvier 1987), mais normalement des groupes infé-

Curry & Sayer (1979) n'ont peut-être pas réalisé leur chance lorsqu'ils ont observé des vols immenses de Tourterelles des bois se nourrissant avec des Combattants variés dans les champs de riz récemment découverts dans le Delta Intérieur du Niger au début des années 1970. Lorsque nous avions étudié l'avifaune de ces plaines inondables dans les années 1990 et 2000, les Tourterelles des bois y étaient devenues extrêmement rares.

rieurs à 100 individus ; Skinner 1987), puis jusqu'à n'atteindre plus que quelques dizaines (observations au cours de 700 jours de terrain pendant l'hiver boréal lors de la période 1992-2007 : J. van der Kamp & L. Zwarts), soit un déclin de 95 à 99%. Aujourd'hui, les Tourterelles des bois sont presque totalement concentrées dans les rizières cultivées de l'*Office du Niger*, à l'ouest du Delta Intérieur du Niger (population estimée à 100.000 individus ; van der Kamp *et al.* 2005c) et près du Lac Télé (plus de 4000 individus). Comme au Sénégal, la chasse des Tourterelles des bois au dortoir et au bord des plans d'eau où elles boivent est une pratique courant, facilitée par les agences de voyages européennes spécialisées dans les séjours garantissant des tableaux de chasses journaliers. Les tireurs se positionnent près des dortoirs sous l'axe de vol des Tourterelles s'y rendant. Le 15 février 2004, un groupe de sept européens ont ainsi encerclé un petit bois près de Kogoni. Entre 16h55 et 18h05 heure locale, 40.000 Tourterelles des bois furent comptées à leur arrivée, et 623 coups de fusils furent tirés, dont 101 pendant les cinq minutes du pic d'arrivée des tourterelles (van der Kamp *et al.* 2005c). L'efficacité de ces tirs fut impossible à quantifier, mais le dérangement (qui se répétait vraisemblablement chaque soir) devait être immense. Ce boisement contenait également une héronnière, mais un an plus tard, tous les arbres avaient été coupés ou brûlés : le dortoir de tourterelles et la héronnière n'existaient plus. La rareté actuelle des boisements rend les sites de dortoirs potentiels rares et espacés, ce qui rend les Tourterelles des bois de plus en plus vulnérables à ce type de chasse.

La zone sahélienne du **Burkina Faso** est un secteur d'hivernage important pour la Tourterelle des bois. A la fin octobre 1986, près de 100.000 oiseaux volant à basse altitude ont été vus près du marais d'Oursi (14°30'N, 0°30'E). Entre janvier et mars, un déplacement vers le nord se produit et les oiseaux se concentrent le long du Béli, dans les marais d'Oursi et de Djibo pour boire et près des bosquets d'*Acacia* seyal pour y dormir. Plus à l'ouest, ils préfèrent les rizières et les marais de la vallée du Kou (janvier 1983 ; Y. Thonnerieux & J.F. Walsh cités par Morel 1987).

A l'opposé, la Tourterelle des bois est rare, voire absente, du **Niger**, même dans les régions où des habitats apparemment favorables sont présents, comme le long du Fleuve Niger et près du Lac Tchad (Giraudoux *et al.* 1988). En janvier 2005 et 2006, aucune Tourterelle des bois n'a été observé pendant les recherches de Busards cendrés dans la partie sud du pays (B. Koks comm. pers.).

Dans l'extrême nord du **Nigéria**, la Tourterelle des bois est un visiteur hivernal assez commun de Sokoto au Lac Tchad, où des vols se rassemblent avant de traverser le Sahara. Les oiseaux qui hivernent dans les zones les plus arides juste au sud du désert sont parfois obligés de partir plus au sud avec l'avancée de la saison sèche (Elgood *et al.* 1966). Des groupes supérieurs à 1000 oiseaux ont été signalés à Kazaura (12°39'N, 8°23'E) en janvier (Elgood *et al.* 1994). Comme au Mali, des centaines peuvent se nourrir ensemble dans les plaines ouvertes vers midi, même en l'absence de couverture arborée et d'ombre (Elgood *et al.* 1966). S'agit-il d'une stratégie pour éviter la compétition des espèces locales de pigeons et de tourterelles qui restent à l'ombre à cette heure de la journée (Morel & Morel 1973), où d'une nécessité pour accumuler suffisamment de réserves pré-migratoires aussi près de la limite du désert ?

Au **Cameroun**, les Tourterelles des bois étaient autrefois localement communes entre 11° et 13°N, où elles résidaient apparemment dans la zone de végétation soudanienne, et se concentraient près des trous d'eau et des cours d'eau (Moreau 1972). Plus de 60.000 ont été vues dans le Parc National de Waza dans le nord du Cameroun à la fin novembre 1969 (Fry 1970). A la fin mars 1969, Broadbent (1971) les y a également observées en grand nombre. Ces données suggèrent que les Tourterelles des bois traversent le nord du Cameroun principalement en octobre-novembre et en février-mars, et qu'elles sont présentes en petit nombre en dehors de ces mois (Pettet 1976). La progression vers le sud a été particulièrement marquée au cours de l'hiver 1971/1972 à la suite d'une mauvaise saison des pluies. Lors des années de fortes précipitations, les Tourterelles des bois restent en plus grande quantité dans le nord du Cameroun. Pettet (1976) suggère que la rareté relative des Tourterelles des bois dans le Parc National de Waza pendant la saison sèche est liée à la rareté de l'ombre et de la nourriture. Sa seule observation entre les 24 et 28 décembre 1971 concerne un groupe d'environ 100 oiseaux dans un bosquet

Les Tourterelles des bois sont granivores et doivent donc boire régulièrement. Au Sahel, elles se nourrissent sur des terrains secs près des sites où elles boivent. En complément d'un accès à l'eau, la présence d'arbres constitue une autre exigence de la Tourterelle des bois au Sahel. L'ombre et une couverture boisée sont essentiels pour leur permettre de digérer leur nourriture et de se reposer à l'ombre sans être dérangées. De tels sites ne sont pas si communs au Sahel, d'où la présence en nombre de l'espèce dans de rares localités.

de *Balanites – Acacia polyacantha* près d'un trou d'eau, et quelques oiseaux en dehors de la réserve dans des groupements végétaux à *Balanites – Acacia seyal* en bordure des marais. *Balanites, Mitragyna* et *Anogeissus*, bien qu'encore en feuilles, en avaient perdu une grande quantité, et l'ombre près des trous d'eau devenait rare. La disponibilité des graines pouvait également être limitée suite aux importants incendies de prairies. Cette année-là, dans le nord de la réserve, le sorgho n'a mûri qu'en décembre (Pettet 1976).

Peu d'informations sont disponibles sur la partie orientale du Sahel. Au **Soudan**, la Tourterelle des bois est considérée abondante en hiver dans les forêts d'acacias et près de l'eau entre 11° et 15°N, et à l'est de 30°E (Nikolaus 1987). Des dortoirs comptant jusqu'à 100.000 oiseaux ont été signalés à Sennar (13°30'N, 33°37'E, 425 m) et au barrage de Roseires (11°40'N, 34°25'E, 460 m), mais aucune autre information n'est disponible. Le témoignage de Hartmann (1863), qui a traversé la steppe de Bayuda le 17 avril 1860 (aujourd'hui appelée *désert* de Bayuda, ce qui est particulièrement révélateur) en chameau d'El Debbah à Khartoum est fascinant. Juste au sud de 17°N, le désert se transformait en une savane partiellement dominée par des touffes d'*Andropogon* et des bosquets d'acacias, avec des *Balanites*, câpriers et *Ficus*. Les terrains les plus bas, bien irrigués par les averses estivales, accueillaient des boisements bien verts. Dans l'un de ces sites, « des millions de Tourterelles » (Tourterelles de bois et Tourterelles mail-

lées) étaient regroupées dans les boisements denses d'*Acacia seyal* et d'*A. tortilis* près d'un point d'eau. Ce site était bien connu des bédouins, qui l'appelaient « dortoir ou terrain de jeu des tourterelles ».

Nourriture et alimentation au Sahel   Les Tourterelles des bois arrivent au Sahel en août et septembre et les mares temporaires au Sénégal s'assèchent généralement entre décembre et février (Morel 1975). Pour un granivore par excellence, cette évolution implique une dépendance croissante envers un nombre de plus en plus réduit de points d'eau. Les Tourterelles des bois doivent maintenant s'adapter à un environnement contenant un grand nombre d'espèces de tourterelles locales. Les sons des pigeons (roucoulements étouffés, plaintifs, emphatiques, chevrotants, railleurs, flûtés et étirés, gargouillis, ronronnements et gloussements typiquement africains) peuvent être entendus même en pleine journée ou pendant la nuit alors que la plupart des autres oiseaux sont silencieux. Le bruit de fond créé par les chants incessants des tourterelles crée une ambiance soporifique. Tous ces pigeons sont granivores, tout comme la Tourterelles des bois. La compétition pour l'accès à la nourriture devient critique pour la survie et plus la sécheresse est intense, plus la nourriture est rare. Toutefois, le comportement des Tourterelles des bois est assez différent de celui des espèces de pigeons locales, car il correspond à celui d'une espèce grégaire et pas à celui des espèces sédentaires et soli-

Tableau 24 Principales sources de nourriture d'espèces de tourterelles proches dans le nord du Sénégal pendant les années sèches ou humides, d'après l'analyse des contenus d'estomacs et de déjections (Morel & Morel 1973, Urban *et al.* 1986).

Espèce	Année humide	Année sèche
Tourterelle masquée *Oena capensis*	80% *Panicum laetum*	50% Panicum; *Dactyloctenium aegyptium*, rhizomes de *Fimbristylis*
Tourterelle pleureuse *Streptopelia decipiens*	50% Panicum, 50% *Dactyloctenium* & *Tribulus terrestris*	Presque exclusivement *Tribulus*
Tourterelle vineuse *Streptopelia vinacea*	Jusqu'à 80% *Panicum* & *Brachiaria*	Surtout *Zornia glochidiata* & *Alysicarpus*
Tourterelle rieuse *Streptopelia roseogrisea*	75% *Panicum*; céréales et grains de laîche	Jusqu'à 80% *Tribulus*
Tourterelle maillée *Streptopelia senegalensis*	70-80% *Panicum*	70% *Gisekia pharnacoides* & *Tribulus*
Tourterelle des bois *Streptopelia turtur*	Surtout *Panicum*	Surtout *Oryza*

taires. La répartition de la ressource permet à la Tourterelle des bois d'exploiter efficacement les rares ressources alimentaires en période de sécheresse (voir ci-dessous). Son cycle journalier a été étudié dans la région de Nianking, Sénégal, à la mi-mars 1990 (Jarry & Baillon 1991).[2] On sait très peu de choses sur les variations saisonnières de ce cycle, mais le besoin de s'alimenter toute la journée, tel que noté dans le Delta Intérieur du Niger et le nord du Nigéria (détaillé précédemment) indique que le stress induit par la chaleur peut être toléré si nécessaire (pour l'accumulation de réserves pré-migratoire, en cas de disette, ou d'absence de grosses graines). La période d'alimentation en fin de journée est plus longue, et permet peut-être aux oiseaux d'emporter une plus grande quantité de nourriture jusqu'au dortoir (maximum de 14 g de matière sèche dans le jabot et l'intestin ; Morel 1987) que celle qu'il pourrait utilement collecter en début d'après-midi. En effet, la digestion d'une grande quantité de nourriture n'est possible que pendant les longues nuits, et il serait intéressant de déterminer si le temps de rétention est également plus long la nuit afin d'augmenter la digestibilité et par conséquent le gain d'énergie (voir Prop & Vulink 1992 pour cette adaptation chez les oies). Un tel procédé améliorerait fortement l'accumulation de réserves pré-migratoire.

Les choix alimentaires ont été étudiés à la fois au cours d'années sèches et humides à Richard Toll dans le nord du Sénégal (Morel 1987). Des échantillons ont été prélevés en soirée au cours des années 1970 et en matinée dans les années 1980. La taille de l'échantillon est très variable selon les années et les saisons (de 1 à 144 tourterelles). Des graines, des rhizomes (de 5 espèces de Cyperacées) et des fruits (*Salvadora persica* et *Cocculus pendulus*) appartenant à au moins 33 espèces de plantes de 16 familles différentes ont été trouvées. Toutefois, 80 à 100% de la nourriture était composée de trois espèces de graminées (*Panicum laetum*, le riz sauvage *Oryza barthii* et le riz cultivé *O. sativa*) et du Tribule terrestre *Tribulus terrestris*. Le riz sauvage est abondant dans les plaines inondables, ainsi que dans les mares alimentées par les pluies et pénètre largement dans la savane boisé. Les graines de riz sauvage deviennent accessibles lors de la décrue

et de l'assèchement des mares, à partir de novembre. La valeur calorique de *O. barthii* est à peine inférieure à celle de *Panicum*, *i.e.* 12 kJ/g contre 14,6 kJ/g (Morel 1987). *Panicum laetum* est une graminée annuelle basse et ramifiée typiquement rencontrée près des marais saisonniers et sur sol humide dans la savane boisée. Il couvre souvent 100% du sol et ses petites graines sont accessibles à partir de septembre. La production de graines est particulièrement forte lorsque les pluies sont précoces et abondantes. Lors des années sèches, *Panicum* ne produit pas de graines. Le jabot et l'intestin d'une Tourterelle des bois peuvent contenir jusqu'à 15.000 graines de *Panicum* (Morel 1987), ce qui correspond à la prise d'un graine par seconde pendant 4 heures d'alimentation continue. Pendant les années sèches, telles celles du début des années 1970 et 1980, ni les graines de *Panicum*, ni celles du riz sauvage ne sont disponibles en quantité suffisante pour les Tourterelles des bois, qui recherchent alors le riz cultivé et le Tribule terrestre. Ce dernier est une graminée annuelle qui forme des tapis denses et pousse sur les sols remaniés, enrichis en azote (habituellement des bouses de vaches). Elle possède un cycle végétatif court et est tolérante à la sécheresse. Les graines contenues dans son fruit épineux ont une faible valeur calorique (7,1 kJ/g ; Morel 1987) et représentent une ressource alimentaire pauvre, mais un substitut disponible en abondance lorsque les autres graines sont rares pendant les périodes de faibles précipitations, comme en 1970/1971 et 1972/1973 (Morel 1987). De même, le riz cultivé est une source de nourriture importante en cas de sécheresse. Sa forte valeur calorique et l'abondance des graines tombées au sol après la récolte de décembre en font une source de nourriture très utile ; pendant les années extrêmement sèches de 1983 et 1984, 99 à 100% de la nourriture des Tourterelles des bois pendant la période d'engraissement pré-migratoire entre début mars et début mai était composée de riz cultivé (Morel 1987). Dans les terrains de l'*Office du Niger*, au Mali, la forte augmentation du riz cultivé a permis de maintenir une quantité de nourriture suffisante pour les Tourterelles des bois dans un environnement frappé par la sécheresse.

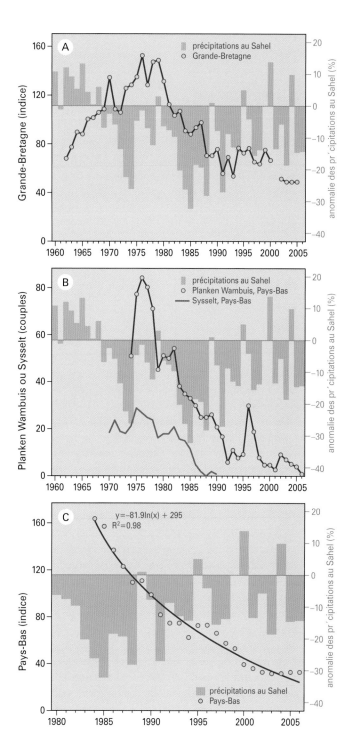

Fig. 229 Evolution des populations de Tourterelles des bois en fonction des précipitations au Sahel au cours de l'année précédente. D'après (A) BTO pour la Grande-Bretagne. (B) Bijlsma 1985, *et al.* 2001 et non publ. pour les boisements de Planken Wambuis (2000 ha) et Sysselt (350 ha). (C) SOVON pour la totalité des Pays-Bas.

Au cours des années d'abondance de nourriture, lorsque les précipitations ont été abondantes et les inondations fortes, il n'y a pas de compétition entre les Tourterelles des bois et les tourterelles et pigeons sédentaires, en raison de la surabondance des graines de *Panicum* et de céréales cultivées comme le sorgho *Sorghum spp.* et le riz. Toutefois, la rareté de la nourriture en période de sécheresse induit une spécialisation de l'alimentation des différentes espèces (Tableau 24). Les Tourterelles des bois se nourrissent presqu'exclusivement de grains de riz tombés, une spécialisation qui semble avoir acquis un caractère plus permanent après la Grande Sécheresse des années 1980, si l'on considère que le comportement des oiseaux hivernant au Mali est représentatif. Sur ce site, les grands groupes présents dans le sud du Delta Intérieur du Niger ont fondu comme neige au soleil ; seuls quelques petits groupes contenant jusqu'à 30 individus sont connus près du Fleuve Niger et du Mayo Dembé où ils boivent et se nourrissent dans les petites rizières villageoises. La seule concentration importante de Tourterelles des bois au Mali est celle des rizières de l'*Office du Niger* et concerne au moins 100.000 individus (Wymenga *et al.* 2005).

Evolution de la population

Mortalité hivernale   Très peu de données sur les tendances d'évolution à long terme sont disponibles pour les pays européens. La plus longue série concerne la petite population marginale de Grande-Bretagne. Les Tourterelles des bois britanniques ont fait preuve d'une augmentation entre 1961 et 1976, puis ont diminué entre 1976 et le début des années 1990. Depuis lors, les indices restent faibles (Fig. 229A). La reconstitution de l'historique de la population en Grande-Bretagne au cours des 19ème et 20ème siècles faisait penser Holloway (1996) que l'espèce a atteint un maximum d'abondance à la fin des années 1960 et au début des années 1970. Entre 1968 et 1998, elle a décliné de 69% en nombre et son aire de répartition s'est contractée de 25% (Browne & Aebischer 2004).

Aux Pays-Bas, des quantités importantes étaient présents pendant l'essentiel du 20èm siècle. Dans les années 1930, l'espèce était « nicheuse très commune et répandue », et son chant pouvant être entendu « partout », même dans les villes (Eykman *et al.* 1941). Il ne s'agit pas d'une exagération : un unique bagueur a pu capturer et baguer 561 poussins et 477 adultes dans un petit verger du centre des Pays-Bas entre 1932 et 1937 (Eykman *et al.* 1941) et même lors de la période 1977-1981, 143 nids ont été trouvés dans 300 ha de forêts de conifères près de Wageningen (Bijlsma 1985b). Tout cela appartient au passé. Les Tourterelles des bois néerlandaises ont subi un fort déclin à partir du milieu des années 1980, date à laquelle leur suivi à l'échelle nationale a débuté, avec un nouveau déclin notable en 1991. La population n'a pas récupéré et l'espèce est désormais devenue assez rare dans l'essentiel du pays (Fig. 229B). Ce scénario est confirmé par les recensements pour les atlas locaux d'oiseaux nicheurs, qui montrent des déclins entre 30 et 97%. L'ampleur du déclin dépend de l'habitat, de la région et de l'échelle de temps (Bijlsma *et al.* 2001, Hustings *et al.* 2006). Les recensements dans les forêts de conifères

Les ornithologues européens nés après 1970 peuvent ne pas réaliser à quel point la Tourterelle des bois était commune. Leurs références, commençant au milieu des années 1980, correspondent avec une chute dont la population de l'espèce ne s'est jamais remise. L'un d'entre nous, né en 1955, a cherché, et trouvé, des centaines de nids au cours des années 1960 et 1970 aux Pays-Bas, un score impossible à reproduire à la fin des années 2000, faute d'oiseaux. L'espèce est devenue peu commun, et l'écoute de son doux roucoulement aujourd'hui nous apporte autant de joie que de nostalgie de temps révolus. (6 août 2008 ; Milsbeek, Pays-Bas).

des Pays-Bas montrent que la Tourterelle pourrait avoir été en déclin depuis au moins la fin des années 1970, et est toujours inférieur à 10% des effectifs de la période 1975-1979 depuis le début des années 1990 (Fig. 229C). Même plus récemment, le déclin semble s'être prolongé. Par exemple, dans les riches boisements de feuillus et mixtes à sous-bois dense dans les polders récemment asséchés du centre des Pays-Bas (sols argileux et limoneux), la densité de Tourterelles des bois est passée de 8,0-18,3 territoires/100 ha entre 1989 et 1994 à 0,0-6,2 territoires/100 ha entre 1995 et 2000 (van Manen 2001). De la même façon, dans la province du Limbourg, les populations locales ont décliné en moyenne de 40% pendant les années 1990 et le début des années 2000, après avoir déjà chuté de 90% entre les années 1970 et le début des années 1990 (Hustings *et al.* 2006). Ces données suggèrent que le déclin annoncé de 75% entre 1973-1985 et 1998-2000 a été sous-estimé. Au cours de cette période, la répartition de l'espèce s'est réduite de 26% (SOVON 2002).

Ailleurs en Europe, les suivis sont plus courts et montrent des variations : augmentation en Suisse depuis un minimum au milieu des années 1980 (1985-2000 ; Schmid *et al.* 2001), indices plus ou moins stables sur les sites de capture du programme de Suivi Temporel des Oiseaux Communs en France entre 1989 et 2001 (Boutin *et al.* 2001) et léger déclin (-10%) sur les sites points d'écoute du Suivi Temporel des Oiseaux Communs entre 1989 et 2007 (Jiguet 2007), légère augmentation en Espagne (comptages ponctuels entre 1996 et 2005 ; www. seo.org). Toutefois, la comparaison avec les données des années 1970 à 1990 montre qu'un déclin à long terme a probablement eu lieu en

Europe de l'ouest et du sud-ouest (Tucker & Heath 1994). Les populations d'Europe centrale sont considérées stables au cours des années 1970 à 1990, mais montrent de fortes fluctuations (Bauer & Berthold 1996). Celles d'Europe orientale semblent avoir légèrement décliné (Tucker & Heath 1994). Toutefois, peu de données quantitatives existent pour confirmer les conclusions ci-dessus.

Le fort déclin perçu est donc principalement basé sur la population britannique, bien connue, mais marginale, et sur la population moins connue et également marginale des Pays-Bas. Les variations annuelles de population en Grande-Bretagne et aux Pays-Bas sont en partie synchronisées (R=0,77), ce qui suggère l'existence d'un ou plusieurs facteurs communs. Les fluctuations des populations nicheuses sont souvent opposées à celles des précipitations sur les sites d'hivernage (Fig. 229). Le déclin des populations est plus important lors des années sèches que lors des années humides, mais dans l'ensemble, ces différentes ne sont significatives pour aucune des deux populations. Bien qu'il puisse y avoir une influence des précipitations au Sahel sur la dynamique des populations, elles ne peuvent être considérées exclusivement responsables, selon nous, du fort déclin de l'espèce.[3]

Conditions de reproduction   Les études approfondies de Stephen Browne et Nicholas Aebischer en Grande-Bretagne ont concerné plusieurs paramètres qui pouvaient être liés au déclin au cours des dernières décennies. En ce qui concerne la biologie de la reproduction de l'espèce, aucune tendance n'a pu être détectée au cours de la période 1941-2000 pour la hauteur du nid, la première date de ponte, la taille des pontes et des nichées ou le succès de reproduction (Browne & Aebischer 2005). En revanche, la migration automnale au cours des dernières années a lieu en moyenne 8 jours plus tôt que dans les années 1960 (un départ plus précoce fut également noté à l'échelle locale à Oxford entre 1971 et 2000 ; Cotton 2003) et la saison de reproduction a été raccourcie de 12 jours par rapport au milieu des années 1960 (Browne & Aebischer 2003a). De récents travaux de terrain sur la biologie de reproduction de la Tourterelle des bois à 30 et 80 km de Carlton, où Murton (1968) a réalisé ses études dans les années 1960 avant la chute des populations, ont montré que les Tourterelles des bois ont une saison de reproduction plus courte et produisent moitié moins de nichées et de jeunes par couple que dans les années 1960 (Browne & Aebischer 2004). Le taux de déclin de la productivité, s'il était constant, entraînerait une diminution de population de 17% par an, alors que le déclin actuel est de 4,6% en zones agricoles et boisées entre 1965 et 1995 ; Browne *et al.* 2004). L'analyse de la disponibilité des habitats de reproduction dans le temps a montré que le déclin de la densité de nicheurs était lié à la perte d'habitat, en particulier les haies, les buissons et les lisières de boisements (Browne *et al.* 2004). L'alimentation de l'espèce a également été significativement modifiée entre les années 1960 et la fin des années 1990. Les graines (principalement de la fumeterre) composaient 95% de l'alimentation des oiseaux adultes dans les années 1960, mais seulement 40% entre 1998 et 2000, et respectivement 75% et 31% pour les juvéniles. Aujourd'hui, les Tourterelles des bois britanniques se nourrissent principalement de plantes cultivées, *i.e.* de graines de colza et de blé. Ce

L'habitat préféré des Tourterelles des bois dans le Delta Intérieur du Niger (à gauche) comprend des arbres matures, qui offrent de l'ombre aux oiseaux qui se reposent pendant leur digestion, et des points d'eau proches des champs de riz fauchés où du grain est tombé au sol. Les millions de Tourterelles des bois qui y régnaient font malheureusement partie du passé. L'eau et les champs de riz sont toujours là (à droite), mais les arbres ont disparu d'une bonne partie du Delta Intérieur du Niger, à l'exception de quelques troncs sans branches (novembre 2008).

changement peut être bénéfique en termes de valeur calorique, mais la période d'accessibilité du grain est mal synchronisée avec la saison de reproduction de l'espèce (Browne & Aebischer 2003a). En outre, la diminution des graines d'adventices est une conséquence inévitable de l'agriculture moderne en Europe, où des décennies d'utilisation des herbicides ont éradiqué des espèces communes à grande échelle (Bijlsma *et al.* 2001, Newton 2004).

Le fait que les Tourterelles des bois d'Europe de l'Est aient apparemment subi des déclins moins drastiques que leurs cousines occidentales (Tucker & Heath 1994 ; BirdLife International 2004a) pourrait tout à fait être directement lié avec le maintien d'activités agricoles moins intensives en Europe de l'Est et en Russie, ainsi qu'avec les moindres pertes d'habitat, pas encore aussi désastreuses qu'en Europe occidentale. Malheureusement des modifications rapides ont commencé à s'y produire depuis les années 1990, par exemple en Pologne et en Lettonie (respectivement Tomiałojć & Głowaciński 2005 et Aunins & Priednieks 2003). L'impact différentiel des modifications climatiques pourrait également être différent de celui ressenti en Europe de l'Ouest. Toutefois, jusqu'à présent, les dates d'arrivée légèrement plus précoces, à la fois en Pologne (Tryjanowski *et al.* 2005) et en Moravie (Hubalek 2004) ne sont pas significatives dans le temps par rapport à la taille et aux tendances de population. L'évolution n'est donc pas statistiquement différente de celle des dates d'arrivée en Europe de l'Ouest, qui sont stables (Browne & Aebischer 2003a).

L'impact de la chasse   Dans la région méditerranéenne, les Tourterelles des bois sont tuées en grand nombre depuis très longtemps (Woldhek 1980, Magnin 1991). Malgré les lois européennes l'interdisant, la chasse printanière continue en Espagne, au Portugal, en France, à Malte, en Italie et en Grèce. Dans l'essentiel des Balkans,

la chasse reste légale. En Serbie, par exemple, le tableau de chasse annuel dans la province nordique de Vojvodine, principalement réalisé par des chasseurs étrangers, est estimé entre 10.000 et 50.000 oiseaux entre 1996 et 2000 (www.dravanews.hu, 19 mars 2007). A Malte, pays célèbre pour sa non-application des directives européennes sur la chasse qu'il a pourtant acceptées, le tableau de chasse annuel a été estimé à 20.000 à 200.000 individus (Woldhek 1980), 100.000 à 200.000 (G. Magnin cité par Fenech 1992), 160.000 à 480.000 (Fenech 1992, en fonction du nombre de chasseurs et d'un tableau individuel variant entre 10 et 30) et 100.000 (Hirschfeld & Heyd 2005), principalement en période printanière. Dans le Sud-Ouest de la France, essentiellement dans le Médoc, secteur anciennement constellé de plateformes de chasse, le tir au printemps a continué, malgré les lois l'interdisant (Directive Européenne 79/109). Dans ce secteur, les tourterelles volent bas et sont canalisées vers le Médoc pendant leur migration par la géographie de la Gironde. Les membres de la Ligue pour la Protection des Oiseaux ont compté le passage de la Tourterelle des bois à la Pointe de Grave en avril et mai depuis 1984. Une étude détaillée réalisée en 1999 a montré qu'entre 600 et 800 braconniers ont tué cette année-là 51.000 Tourterelles des bois sur un total de 67.500 oiseaux ayant traversé le Médoc, soit un total de 76%. La centaine de policiers patrouillant la zone n'a dressé que 50 procès-verbaux, soit 0,08% du nombre réel de violations de la loi (Fournier 2001). Plus récemment, la situation s'est améliorée : le nombre d'associations de chasse impliquées est passé de 43 à 8 en 2002, et le nombre de plateformes a chuté (littéralement dans un bon nombre de cas), de 3000 à 226 (www.kjhall.org.uk/lponews2002.htm).

Le nombre total d'oiseaux tués en Europe chaque année ne peut qu'être grossièrement estimé. Les tableaux de chasse ne sont habituellement pas centralisés et la déclaration n'est pas toujours obligatoire ou fiable. Le tableau de chasse total pour les pays de l'Union Européenne a été estimé entre 2 et 4 millions d'oiseaux par Boutin (2001) et à 2,36 millions (UE plus Norvège et Suisse) par Hirschfeld & Heyd (2005). Ces deux estimations sont basées sur une coopération volontaire et sur des données non validées transmises par les sociétés de chasse des pays concernés, et ne prennent pas en compte le braconnage.

Alors que les efforts ont été portés sur la chasse illégale au printemps en Europe, peu d'attention a été prêtée à la chasse en Afrique de l'Ouest, où les possibilités de renforcement des lois sont bien plus limitées qu'en Europe du Sud, et la motivation bien plus faible. Les chasseurs étrangers en provenance d'Europe causent des ravages chez les Tourterelles des bois en prenant pour cibles les dortoirs et les mares où elles viennent boire. Au Sahel, les Tourterelles des bois font face à de nombreuses difficultés pour survivre, qu'il s'agisse de la rareté de la nourriture ou des sites de dortoir, exacerbées par les dérangements par l'homme (pas uniquement du fait de la chasse), des sécheresses, de la rareté de l'eau douce et de leur besoin de presque doubler leur poids avant de traverser le Sahara au printemps. Cette dernière épreuve ne peut être réussie que si elles peuvent se nourrir pendant au moins 8 heures par jour et si elles peuvent disposer de longues périodes en journée pour se reposer et boire. Les tirs incessants au dortoir, observés au Mali (voir précédemment) et au Sénégal (voir précédemment), ont probablement un impact sur leur survie, non seulement du fait de la mortalité directe, mais également en privant les oiseaux de sites de quiétude au cours de leur période d'accumulation de réserves pré-migratoire.

Conclusion

Depuis les années 1970, la Tourterelle des bois a subi un déclin de 70 à 90% dans une bonne partie de l'Europe de l'Ouest. Ailleurs en Europe, des déclins plus modérées ont été signalés, mais les données quantitatives sont rares. Les conditions défavorables sur les sites de reproduction ont joué un rôle majeur dans cette évolution, en particulier l'évolution des techniques agricoles : l'utilisation des herbicides, l'intensification et la destruction des habitats de reproduction ont entraîné la diminution de la nourriture disponible et la perte de sites d'alimentation. Sur les sites d'hivernage au Sahel, les conditions ont commencé à se détériorer pendant la longue sécheresse des années 1980, pendant laquelle la quantité de nourriture a fortement baissé et les boisements d'acacias (nécessaires pour la digestion et le repos) ont rapidement disparu. Malgré la légère amélioration des précipitations depuis le milieu des années 1980, les vols et dortoirs de Tourterelles des bois de plus de 100.000 oiseaux semblent avoir totalement disparu. Sur les dortoirs restants, les tourterelles sont fréquemment persécutées par des chasseurs européens, et ces dérangements impactent également l'accumulation de réserves pré-migratoire. La chasse de printemps en Europe du Sud est toujours répandue, même si elle diminue (si l'on inclut la chasse automnale, le nombre de Tourterelles des bois tuées au sein de la seule Union Européenne atteint entre 2 et 4 millions).

Notes

1 Les oiseaux analysés par Haas & Back (1979) avaient une masse de graisse de 79,5 g et une masse corporelle sèche hors graisse de 72,5 g. Leur poids total moyen était de 244 g, dont 92 g d'eau. Les réserves adipeuses atteignaient 32% du poids total, ce qui était suffisant pour voler sur plusieurs milliers de km. Leur teneur en eau était toutefois assez faible : 62,8% du poids sans graisse, alors qu'il devrait être situé entre 65 et 70%.

2 Le rythme journalier observé à la mi-mars est fortement lié au lever et au coucher du soleil (respectivement 7h19 et 19h20 heure locale le 15 mars). Les premiers oiseaux ont quitté le dortoir communautaire monospécifique à 7h15, puis le pic de départ a eu lieu vers 7h25 et les retardataires sont partis vers 7h30. Avant de se rendre sur leurs sites d'alimentation situés à environ 1 km, les tourterelles ont visité un point d'eau pour y boire rapidement. Arrivés sur leurs sites d'alimentation, les oiseaux ont atterri dans des arbres avant d'en descendre et de commencer à se nourrir (en moyenne vers 7h30). Après un dérangement leur ayant fait perdre 40 minutes d'alimentation, les oiseaux sont partis pour le repos diurne entre 10h et 10h45 (11h15 pour le dernier), en s'arrêtant à nouveau brièvement pour boire. Les premières tourterelles sont revenues se nourrir à 14h, mais la majorité sont arrivées entre 15h et 15h30 (toujours en ayant bu auparavant). Elles se sont alimentées au moins jusqu'à 17h30, mais la plupart des tourterelles sont parties vers le dortoir bien plus tard et l'ont atteint entre 19h10 et 19h30 (Jarry & Baillon 1991). Elles se sont donc alimentées pendant deux périodes d'environ 185 et 285 minutes, soit un total de 8 heures d'alimentation sur 12 heures de jour. L'intervalle entre les périodes d'alimentation est probablement utilisé pour la digestion de la nourriture accumulée dans le jabot (pour les granivores, il faut en général entre 40 et 100 minutes), le soin du plumage et le repos pendant la période la plus chaude de la journée.

3 En utilisant des données de capture-recapture du sud-ouest de la France entre 1998 et 2004, Eraud et al. (2009) ont trouvé un lien entre le taux de survie moyen des Tourterelles des bois adultes et la production annuelle de riz, de mil et de sorgho au Mali et au Sénégal. Ni les précipitations, ni l'indice de végétation normalisé (NDVI) n'ont permis d'expliquer significativement les variations du taux de survie. En revanche, la production du mil en Afrique de l'Ouest est liée à l'indice des précipitations au Sahel (Fig. 31), ce qui laisse la possibilité que les précipitations aient un effet indirect sur la survie, lié à la production de nourriture. La superficie plantée de mil, de sorgho et de riz en Afrique de l'Ouest a plus que doublé depuis la fin des années 1980 (Fig. 30), mais cette augmentation n'a pas permis d'éviter la chute des populations d'Europe occidentale de la Tourterelle des bois jusqu'à de faibles densités, avec peu de signes de rétablissement depuis. Les chances de survie ne semblent pas avoir changé au cours des dernières décennies. Elles ont été estimées entre 0,48 et 0,53 (selon le mode de calcul) en Grande-Bretagne jusqu'en 1960 (Murton 1968), entre 0,525 et 0,623 pour les adultes et 0,185 et 0,222 pour les 1ères années (tendances respectivement stable et en déclin) en Grande-Bretagne entre 1962 et 1995 (d'après les données reprises de bagues : Siriwardena et al. 2000) et en moyenne à 0,51 pour les adultes dans le sud-ouest de la France entre 1998 et 2004 (Eraud et al. 2009). Ces données suggèrent que des facteurs autres que le taux de survie sont responsables de l'évolution des populations.

Torcol fourmilier
Jynx torquilla

L'énigmatique Torcol fourmilier est un bon exemple des nombreux problèmes posés par les études de corrélation. La plupart des recherches menées sur cette espèce ont été réalisées sur des populations se reproduisant dans des nichoirs artificiels, dans les secteurs les plus occidentaux et nordiques de sa vaste aire de répartition. En dehors de ces zones, peu d'informations sur l'évolution de ses populations sont disponibles. Les Torcols fourmiliers se rendent en Afrique par millions après la période de reproduction, mais semblent y disparaître complètement. Seules de rares informations ont été publiées sur ses habitats préférentiels, sa nourriture et son comportement sur ses quartiers d'hiver, il nous faut donc nous poser la question de leur fiabilité. Il est peut-être étonnant que l'impact des précipitations au Sahel ait un impact plus déterminant que les modifications profondes qui affectent les sites de reproduction de l'espèce, qui ont été quantifiés par plusieurs études qui paraissaient convaincantes. Est-ce réellement le cas ? Afin de répondre à cette question de manière satisfaisante, il nous faudrait plusieurs années rapprochées de fortes précipitations au Sahel comme ce fut le cas dans les années 1950 et 1960. Les populations de Torcol fourmilier se rétabliraient-elles alors et l'espèce recoloniserait-elle les sites de reproduction qu'elle a déserté depuis longtemps ? A notre avis, c'est tout à fait probable.

Aire de reproduction

La répartition européenne du Torcol fourmilier couvre les zones méditerranéenne, tempérée et boréale, et pénètre en Eurasie et en Afrique du Nord. Sa limite nord atteint presque 65°N en Fennoscandie, en Russie européenne et jusqu'en Asie orientale. Dans l'essentiel de son aire de répartition, l'espèce est un nicheur commun, sauf en Europe occidentale et du sud-est, où elle est assez rare et fait preuve de larges fluctuations en plus d'un déclin à long terme tout au long du 20ème siècle. Dans les années 1990, la population européenne était estimée à 580.000 – 1.300.000 couples, dont plus de la moitié en Russie (BirdLife International 2004a).

Migration

Pendant la migration postnuptiale en août et septembre, les nicheurs européens de la race-type se déplacent sur un large front à travers l'Europe selon des axes orientés entre le SO et le SE (Reichlin et al. 2009). Les oiseaux norvégiens partent dans des directions variées, et les reprises à grande distance indiquent qu'ils partent principalement vers le SO et le SSO en direction de la Péninsule ibérique (Bakken et al. 2006). Les oiseaux se préparant au départ gagnent rapidement du poids, au rythme d'environ 3 g par jour chez les oiseaux recapturés sur l'Île de May (automne : Langslow 1977), ce qui suggère qu'ils sont capables de voler sans s'arrêter depuis cette île jusqu'à la Péninsule ibérique, mais en réalisant apparemment de courtes traversées sur mer (Wernham et al. 2002). Ce taux de prise de poids est cohérent avec les résultats obtenus à Ottenby (sud de la Suède) pendant la migration automnale, où la masse corporelle était en moyenne de 37,5 g (n=28, valeurs entre 31,2 et 45,0) et celle des dépôts adipeux de 4,2 en moyenne (entre 0 et 6, avec un maximum de 38% du poids maigre). Les masses corporelles de torcols capturés dans le nord de l'Algérie entre le 24 septembre et le 1er novembre 1985 à l'Oued Fergoug (35°32'N, 0°03'E), variaient entre 28,8 et 48,7 g (moyenne de 34,8 ± 5,4 g, n=15), et ne concernaient vraisemblablement que des migrateurs (Bairlein 1988). Ces données suggèrent que les Torcols fourmiliers volent sans s'arrêter jusqu'en Europe du Sud ou en Afrique du Nord, et qu'après y avoir refait leurs réserves, ils réalisent un vol direct à travers le Sahara jusqu'au Sahel et aux régions plus au sud.

Nous en savons encore moins sur la migration prénuptiale. Les premières observations au printemps 1966 à Tripoli, en Libye, ont été réalisées les 27 et 30 mars, puis entre 1 et 5 oiseaux étaient présents chaque jour entre les 5 et 10 avril, et 15 chaque jour entre les 25 et 27 avril. Les quantités réelles peuvent avoir été bien plus élevées, car l'espèce est très discrète en migration. L'effort représenté par la traversée du Sahara implique que le poids des oiseaux en Afrique du Nord est nettement plus faible que celui des oiseaux accumulant des réserves au Nigéria juste avant leur traversée du désert.[1] Le poids des migrateurs printaniers en Camargue varie entre 22,5 et 53,8 g (moyenne de 33,2 g, n=135), et comprend apparemment un mélange d'oiseaux maigres juste arrivés et d'autres en train d'accumuler des réserves pour le prochain trajet jusqu'aux sites de reproduction

(Glutz von Blotzheim & Bauer 1980). Les poids pré-migratoires mesurés au Nigéria sont suffisants pour la traversée à la fois du désert et de la Méditerranée.

Les oiseaux en halte en Afrique du Nord avaient encore beaucoup de réserves (Tripoli) ou pas (Maroc), ce qui reflète probablement les conditions lors de l'accumulation des réserves au Sahel ou les conditions climatiques lors de la traversée du désert, toute situation défavorable étant susceptible de nécessiter des arrêts supplémentaires.

Répartition en Afrique

Les oiseaux d'Europe et d'Asie occidentale migrent vers l'Afrique, où ils hivernent au Sahel et dans les secteurs les plus secs de la zone de végétation soudanienne sur toute la largeur de l'Afrique. Même en hivernage, le Torcol fourmilier est secret et solitaire, et la plupart des observations concernent des rencontres imprévues avec des oiseaux se nourrissant au sol ou des captures au filet. La rareté des données rend difficile l'évaluation de l'habitat préférentiel de l'espèce en hiver. Les habitats cités sont très variés : « paysage ouvert, tel le taillis, le steppe et les arbres morts dans les savanes ouvertes, mais également boisements et forêts tropicales de transition » (Curry Lindahl 1981). Au sein du Sahel et de la zone soudanienne, le Torcol fourmilier préfère la savane à acacias, les boisements fragmentés, les zones cultivées, les clairières forestières et la savane secondaire (habitats ressemblant à une savane, là où la forêt tropicale a été coupée depuis longtemps) au sud de la savane guinéenne, jusqu'à 2500 m d'altitude (Nicolai 1978, Fry et al. 1988).

Plusieurs camps de baguage successifs dans la basse vallée du Fleuve Sénégal ont permis de capturer 43 torcols entre 1987 et 1993, dont un a été recapturés sur le même site au cours de trois hivers différents (à seulement 400 m de sa 1ère capture lors du 2ème hiver) (Sauvage et al. 1998). Sur l'île de Ginak en Gambie (13°34'N, 16°32'O), des oiseaux ont été recapturés au cours du même hiver, mais le nombre (n=12 captures initiales) est trop faible pour juger de la fidélité au site d'hivernage (King & Hutchinson 2001). De la même manière, seulement deux oiseaux ont été capturés dans le Parc National de la Comoé en Côte d'Ivoire (8°30'N-9°40'N, 3°00'O-4°30'O ; savane nord guinéenne) du printemps 1994 au printemps 1997 ; aucun ne fut recapturé (Salewski et al. 2000). Près d'Enugu dans l'est du Nigéria, au cours de trois jours consécutifs (du 24 au 26 novembre 1971), Nicolai (1976) a observé un Torcol fourmilier se nourrissant au sol de fourmis et de termites. Dans la même région, Serle (1957) a vu un unique individu cherchant des insectes dans les arbres d'une savane arbustive récemment incendiée. Un mâle de la race nominale capturé à cet endroit le 26 janvier 1955 était en pleine mue.

Evolution de la population

Conditions d'hivernage Le Torcol fourmilier est bien connu pour le caractère fluctuant de ses populations nicheuses. Des abondances soudaines peuvent être suivies de déclins tout aussi abrupts (Glutz von

Le Torcol fourmilier est répandu, mais jamais commun, au Sahel. Bien que rarement vu, il a été capturé partout où des expéditions de baguage se sont rendues, par exemple dans le Delta du Sénégal (à gauche) et en Mauritanie (à droite). On ne sait presque rien de leur mode de vie hivernal.

Blotzheim & Bauer 1980, Bijlsma *et al.* 2001). Malgré ces fluctuations, l'espèce était autrefois assez commune dans l'essentiel de l'Europe, et même abondante au 19ème siècle. Partout en Europe, des déclins ont été observés à la fin du 19ème siècle, et ils se sont accélérés au début du 20ème siècle. La population périphérique de Torcol fourmilier en Grande-Bretagne, qui était largement répandue dans les secteurs de basse altitude à la fin du 19ème siècle, ne comptait plus que de faibles quantités de nicheurs isolés dans les années 1960 (Peal 1968), et a finalement disparu à la fin du 20ème siècle (Holloway 1996). Un résultat identique a été observé aux Pays-Bas au début des années 2000, malgré de fortes fluctuations au cours du siècle précédent (résumées par Bijlsma *et al.* 2001, Fig. 230D). Des déclins prononcés sont également décelables dans les indices de population finlandais à partir de la fin des années 1960 (Linkola 1978), puis à nouveau au début des années 1980 et 1990 (Väisänen 2001, 2005 ; Fig. 230B). Ailleurs, le nombre de nichées baguées en Suède entre 1962 et 2001 (Ryttman 2003 ; Fig. 230E), les études sur les nichoirs dans le nord et le centre de la Suisse (1988-1999 ; Schmid *et al.* 2001), les études sur les nichoirs et le nombre de poussins bagués à Braunschweig (Berndt & Winkel 1979, Winkel 1992), en Bavière, dans le Bade-Wurtemberg, en Sarre et en Rhénanie du Nord – Westphalie, Allemagne, depuis la fin des années 1960 (Fiedler 1998, Fig. 230A), et les indices de population nicheuse en République Tchèque (1982-2006, avec des valeurs constamment faibles depuis 1999 ; Reif *et al.* 2006, Fig. 230F) ont également montré des tendances au déclin. Cette évolution se retrouve partout en Europe du Nord et de l'Ouest (BirdLife International 2004a), et aussi dans la diminution du nombre de captures dans les stations de suivi standardisé par le baguage à la fois au printemps et à l'automne, à Falsterbø (sud de la Suède ; Karlsson *et al.* 2004), au Danemark (Lausten & Lyngs 2004), et à Mettnau (sud de l'Allemagne ; Berthold & Fiedler 2005), ainsi que sur les stations de baguage moins standardisées d'Helgoland (Fig. 230C) et le long de la côte du Schleswig-Holstein dans le nord de l'Allemagne (Busche 2004).

Le déclin bien documenté et la disparition partielle du Torcol four-milier en Europe de l'Ouest se retrouve partiellement dans l'évolution de l'espèce en Europe orientale. Ainsi, en Pologne, la population de Torcol fourmilier était considérée stable entre 1850 et 1950, mais elle a ensuite régulièrement décliné jusqu'au moins en 2000 (Tomiałojć *et al.* 2006). En Estonie, une population stable avec des déclins locaux a été notée entre 1971 et 1990, suivi par un déclin de plus de 50% au cours de la période 1991-2002 (Elts *et al.* 2003). Les tendances considérées stables dans les pays plus à l'est (BirdLife International 2004a), qui abritent l'essentiel de la population, pourraient refléter la non-dégradation des sites de reproduction, mais nous pensons que la rareté des données quantitatives masque vraisemblablement un déclin.

Si l'on regroupe les tendances locales et régionales en moyennes européennes sur cinq ans, on obtient des indices de population élevés à la fin des années 1950 et dans les années 1960, puis un déclin rapide et continu jusqu'à des indices stables dans les années 1990 et au début des années 2000 à hauteur de 30% des valeurs d'origine (Fig. 231). Ce déclin ayant été avéré dans toute l'Europe, il est vraisemblable qu'un dénominateur commun en soit responsable en premier lieu, plutôt que des facteurs locaux. Les précipitations au Sahel, secteur majeur pour l'hivernage du torcol, pourraient être ce facteur commun. En effet, les variations de population suivent assez bien l'évolution de l'anomalie des précipitations au Sahel, et les changements positifs sont associés aux fortes précipitations (Fig. 232). L'amélioration des précipitations dans les années 1990 et au début des années 2000 a peut-être amélioré la survie hivernale et arrêté le déclin, mais elle été insuffisante pour que le Torcol fourmilier reconstitue ses populations des années 1950 et 1960 (Fig. 232 : noter la différence entre les précipitations des deux périodes). La déforestation rapide et à long terme du Sahel ne joue probablement pas de rôle, bien que la différence de tendance possible entre les populations occidentales et nordiques d'une part et les populations orientales d'autre part puisse être interprétée comme révélatrice de variations au sein du Sahel de l'étendue de la déforestation.

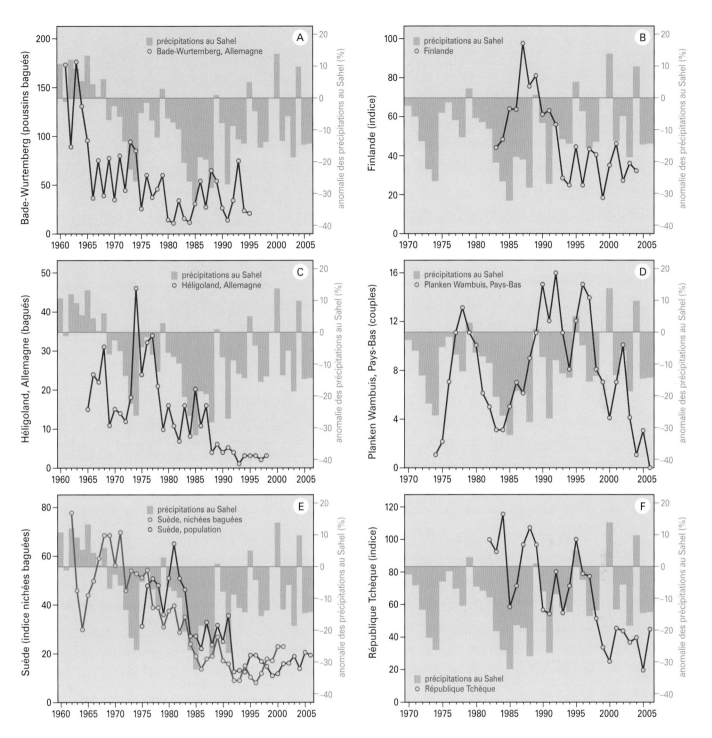

Fig. 230 Tendances d'évolution des populations de Torcol fourmilier dans différentes régions d'Europe en fonction des précipitations au Sahel au cours de l'année précédente. D'après : (1) Fiedler (1998) pour le Bade-Wurtemberg (Allemagne) ; (B) Väisänen *et al.* (2001, 2005) pour la Finlande ; (C) Busche (2004) pour Héligoland (Allemagne) ; (D) Bijlsma *et al.* (2001 ; non publ. pour les années récentes) pour Planken Wambuis (Pays-Bas) ; (E) Ryttman (2003) et Lindström *et al.* (2008) pour la Suède ; (F) Reif *et al.* (2006) pour la République Tchèque.

Conditions de reproduction Des sols légers, une couverture végétale discontinue, une forêt ouverte et de fortes densités de fourmis, voici quelques-unes des exigences du Torcol fourmilier quant à son habi-tat en période de reproduction. L'intensification de l'utilisation de l'espace et l'eutrophisation entraînent la perte d'habitats, l'augmen-tation du recouvrement du sol et la réduction des densités de fourmis.

La quasi-totalité des études à long terme réalisées en Europe l'ont été sur des oiseaux nichant dans des nichoirs, ce qui pourrait avoir dans une certaine mesure biaisé les résultats des expériences et des analyses sur le choix d'habitat et la performance reproductive (Wesolowski & Stańska 2001, Møller 2002). Cependant, notre connaissance de la biologie du Torcol fourmilier sur ses sites de reproduction est très poussée, si on la compare à l'état des recherches en Afrique (qui sont inexistantes), ce qui explique peut-être pourquoi toutes les études suggèrent sans détour que le déclin de l'espèce est causé par des facteurs agissant en Europe.

Ces changements ont été particulièrement dévastateurs en Europe de l'Ouest et du Nord au cours de la seconde moitié du 20ème siècle, sous l'effet de l'industrialisation, de l'agriculture et de la sylviculture. De nombreuses preuves existent que la perte d'habitat et la diminution des ressources alimentaires qui y est liée ont probablement contribué au déclin du Torcol fourmilier de l'Allemagne (Epple 1992) et des Pays-Bas (Bijlsma *et al.* 2001) jusqu'à la Suisse (Weisshaupt 2007), à la Suède (Ryttman 2003) et à la Finlande (Väisänen 2001). Les méthodes d'alimentation, la croissance des poussins et leur survie dans la haute-vallée du Rhône en Suisse sont affectées par les conditions météorologiques locales défavorables (fortes précipitations, températures élevées ou basses), particulièrement lorsqu'elles durent (Geiser *et al.* 2008), ce qui pourrait rendre les populations périphériques d'Europe du Nord et du NO plus sujettes au déclin et à des réductions d'aire de répartition, ce qui a en effet été constaté.

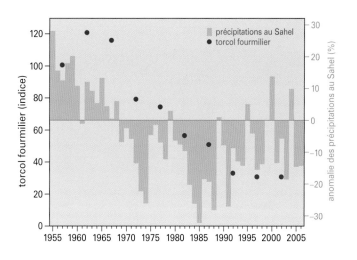

Fig. 231 Déclin moyen par périodes de 5 ans en Europe, d'après 26 séries de données provenant de 19 études[2]. Les séries les plus longues sont présentées dans la Fig. 230. L'indice de la période 1955-1960 est basé sur 2 études allemandes et 1 néerlandaise (Berndt & Winkel 1979, Winkel 1992, H. Stel & J. van Laar (non publ.)). Tous les autres indices sont une moyenne entre 15 et 26 séries de données, sauf entre 2000 et 2005 (8 séries).

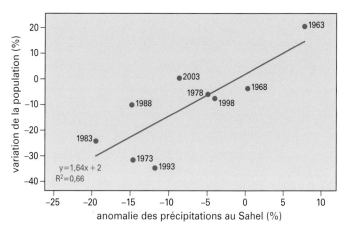

Fig. 232 Variation de population pendant neuf périodes de cinq ans (données de la Fig. 231) en fonction des précipitations au Sahel ; n=9 ; P<0,01 ; les valeurs sont prises au milieu des périodes de cinq ans : ainsi, 1973 indique la variation de population entre 1971-1975 et 1966-1970.

Conclusion

Le sort du Torcol fourmilier au 20ème siècle est fortement lié à l'évolution des précipitations au Sahel. Les sécheresses des années 1970, 1980 et du début des années 1990 ont entraîné de forts déclins, qui ont été aggravés par la destruction des habitats de reproduction en Europe de l'Ouest et du Nord.

Notes

1   Par exemple, un Torcol fourmilier capturé à Vorn sur le Plateau de Jos dans le centre du Nigéria pesait 45,5 g le 23 mars 1964 et 52,5 g le 31 mars (pesées à 9h), soit un gain de poids de 0,83 g/j (Smith 1966). A Tripoli, toutefois, les masses corporelles moyennes étaient de 31,5 g (SD=4,58, n=5) et 29,4 g (SD=3,81, n=4) respectivement entre les 1er et 19 avril et les 25 et 29 avril 1966. Des oiseaux recapturés avaient augmenté leur poids de 1,7 et 2,8 g en 24 heures, de 3,5 g en 30 heures et de 6 grammes en 82 heures (Erard & Larigauderie 1972). Des poids légèrement plus faibles ont été obtenus dans l'Oasis de Defilia dans le SE du Maroc (32°7'N, 1°15'O) entre les 5 et 9 avril 1965, avec une moyenne de 27,4 g (n=35). Ces chiffres incluent des oiseaux capturés pendant une vague de froid (Ash 1969). Dans cette oasis, les torcols capturés en matinée (5h-12h) pesaient un peu plus que ceux pesés dans l'après-midi et plus tard (12h-24h), avec respectivement 28,1 g (n=15) et 27,5 g (n=26). Cette halte n'était pas utilisée pour l'alimentation (ou seulement marginalement), ce que l'absence de gain de poids chez les oiseaux recapturés prouve (et ce, malgré des poids déjà assez faibles). Deux oiseaux capturés près de Shakshuk dans le Fayoum, en Egypte, les 14 et 15 avril 1990 pesaient 27,7 et 28,5 g (Meininger & Atta 1994).

2   La Fig. 231 est basée sur les études suivantes : Affre 1975, Becker & Tolkmitt 2007, Berndt & Winkel 1979, Berthold & Fiedler 2005, Busche 2004, Fiedler 1998, Hustings 1992, Karlsson *et al.* 2002, Lausten & Lyngs 2004, Østergaard 2003, Reif *et al.* 2006, Schmid *et al.* 2001, SOVON, H. Stel & J. van Laar non publ., Winkel 1992, Linkola 1978, Väsiänen *et al.* 1998, Väsiänen 2005, Winkel & Winkel 1985.

Hirondelle de rivage
Riparia riparia

Il y a des siècles, les grands fleuves d'Europe étaient bien souvent incontrôlables. Des inondations catastrophiques, arrachant des ponts, des maisons, ou parfois des villages entiers, créaient de nouvelles berges. A cette époque, l'Hirondelle de rivage portait un nom ne pouvant être plus approprié, et aujourd'hui encore, les grands fleuves et rivières d'Europe de l'Est, comme le Bug, la Narew, la Vistule, le Danube et la Tisza en abritent d'immenses colonies le long de leurs berges. Le doux gazouillis de l'Hirondelle de rivage continue d'animer les bords des cours d'eau, mais aujourd'hui, dans l'essentiel de l'Europe occidentale, l'Hirondelle de rivage est associée aux gravières et aux sablières d'où sont extraits le sable et le gravier, et où elle niche même lorsque les engins de chantier sont en action tous les jours. Ironiquement, la croissance économique a fait prospérer l'habitat de l'Hirondelle de rivage qui niche rarement dans des falaises sableuses naturelles dans cette partie de son aire de répartition. Ce changement d'habitat a par la suite entraîné la parution de revues et de manuels décrivant comment protéger l'Hirondelle de rivage, comment créer des falaises sableuses artificielles, et même comment construire des murs en ciment abritant des terriers préfabriqués. La protection de son habitat de reproduction n'est toutefois pas suffisante, car ce sont les précipitations en Afrique qui sont déterminantes pour la survie de l'espèce.

Aire de reproduction

L'Hirondelle de rivage est commune et largement répartie dans l'essentiel de l'Europe et en particulier dans les plaines inondables et les basses terres d'Europe occidentale et orientale. Les grandes zones humides représentent des sites d'alimentation et de dortoir importants. L'espèce réalise plusieurs pontes lorsqu'elle peut débuter rapidement sa reproduction. Au printemps, elle fait partie des premiers migrateurs insectivores à revenir en Europe, mais elle peut devoir différer sa reproduction en cas de conditions météorologiques défavorables, que ce soit pendant sa migration ou sur ses sites de nidification, voire arriver tard si les conditions hivernales ont été difficiles. Sa fidélité à son site de reproduction est variable et des déplacements de plusieurs centaines de kilomètres ont été notés entre saisons et au sein même d'une saison (même lorsque le 1er site de reproduction était resté intact ; Leys 1987). La population européenne dans les années 1990 était estimée entre 5,4 et 9,5 millions de couples (BirdLife International 2004a). L'Hirondelle de rivage est entièrement migratrice et hiverne en Afrique sub-saharienne (populations occidentales) ou en Afrique de l'Est (populations orientales).

Migration

Les Hirondelles de rivage qui nichent en Europe occidentale, centrale et dans une bonne partie de l'Europe du Nord migrent généralement vers le SO ou le S, alors que les populations plus orientales migrent vers le S ou le SE. Elles n'évitent ni la traversée de la Méditerranée, ni celle du Sahara. Les reprises en Algérie et en Libye montrent que le Sahara est traversé sur un large front (Fig. 233).

Etant données les directions principales de migration des oiseaux d'Europe du nord, centrale et orientale (Fig. 233), le Sahel central, du Delta Intérieur du Niger au Lac Tchad, semble être une zone d'hivernage majeure pour ces populations, mais il en existe également une seconde en Afrique orientale et australe. Il existe très peu de reprises dans ces régions qui permettent de prouver cette hypothèse : un oiseau suédois a été repris au Mali (Fig. 233) et des oiseaux norvégiens ont été repris au Sénégal (1), en Mauritanie (1), au Nigéria (1), au Congo (1) et en Afrique du Sud (11) (Bakken *et al.* 2006). Les reprises en République centrafricaine (un oiseau finlandais, un suédois et un danois) suggèrent que comme le montrent les données norvégiennes, une bonne partie des nicheurs nordiques continuent leur migration au-dessus de l'Afrique jusqu'en Afrique du Sud. Les Hirondelles de rivage russes et ukrainiennes hivernent probablement principalement en Afrique orientale et australe (Cramp & Simmons 1988).

D'après les données de baguage, les oiseaux d'Europe de l'Ouest, en particulier ceux de Grande-Bretagne, se rendent dans l'extrême ouest de l'Afrique, notamment dans le Delta du Sénégal. Parmi plus de 15.000 Hirondelles de rivage baguées au Sénégal (Sauvage *et al.* 1998), 86 ont été reprises en Grande-Bretagne, 20 en Irlande et 11 aux Pays-Bas. D'autres reprises ont eu lieu au Portugal, en Espagne, en France, en Allemagne et au Danemark. Cramp & Simmons (1988) et Wernham *et al.* (2002) ont suggéré que l'Hirondelle de rivage était

systématiquement nomade, et que les oiseaux britanniques se déplaçaient vers l'est depuis les sites côtiers du Sénégal vers le Delta Intérieur du Niger au Mali au cours de l'hiver, et qu'ils débutaient leur migration printanière de ce site. Ce mouvement présumé de la population hivernante a été proposé pour expliquer la large répartition des reprises de bagues à travers l'Afrique du Nord en mars et avril (Wernham *et al.* 2002), mais il est contredit par une répartition tout aussi large des données automnales en Europe (du SO au SE), qui suggère qu'une part inconnue de la population britannique vole directement jusqu'au Mali pour y hiverner.

L'utilisation de plusieurs sites de mue bien distincts en Afrique, suggérée par les résultats des analyses isotopiques des plumes (Szép *et al.* 2003b, Fox & Bearhop 2008), indique au contraire l'utilisation de sites d'hivernage fixes. L'environnement africain est plus riche en certains métaux que les sites de reproduction européens, ce qui permet une analyse plus fine de la composition en éléments traces des plumes qui ont poussé en Afrique, et renforce l'hypothèse de Szép *et al.* (2003a) que les Hirondelles de rivage utilisent des sites de mues distincts pendant l'hiver. Leur analyse des éléments traces dans les plumes a montré que les populations espagnole, danoise, britan-

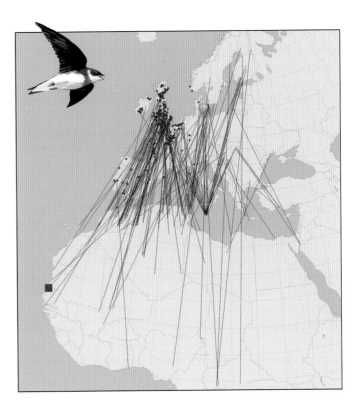

Fig. 233 Localités de baguage en Europe de 870 Hirondelles de rivage reprises (n=132) ou baguées (n=738) entre 4° et 37°N (données EURING). Afin de ne pas surcharger la figure, les lignes correspondant aux oiseaux bagués ou capturés dans le Delta du Sénégal ne sont pas représentées. Les carrés rouges représentent les sites de baguage des oiseaux contrôlés au Sénégal (n=123) ou des oiseaux bagués au Sénégal et contrôlés ultérieurement en Europe (n=473).

Trois espèces d'hirondelles abondantes du Paléarctique, l'Hirondelle rustique, l'Hirondelle de rivage et l'Hirondelle de fenêtre, passent l'hiver boréal en Afrique sub-saharienne, où elles occupent des niches différentes (respectivement les terrains secs, les zones humides et haut dans le ciel) dans différentes régions du continent. Les Hirondelles de rivage sont particulièrement abondantes près des plaines inondables et des lacs du Sahel, où elles chassent les insectes au milieu des Bécasseaux minutes et des Grands Gravelots, au-dessus des mares en cours d'assèchement dans le Delta Intérieur du Niger au Mali (février 2008).

nique et hongroise présentaient des compositions élémentaires très différentes, qui ne peuvent être obtenues que si ces populations utilisent des sites de mue différents en Afrique. En utilisant les plumes caudales d'un même individu au cours de ses deux premières années, ils ont constaté que la composition élémentaire est assez similaire, ce qui suggère une fidélité au site d'hivernage. Il s'agit d'une découverte intéressante dans le cadre des recherches pour déterminer si l'espèce est nomade en hiver ou non. Il n'y avait pas de différence significative dans la composition élémentaire des plumes qui ont poussé en Afrique entre les mâles et les femelles d'un même site de reproduction, ce qui indique que les deux sexes utilisent les mêmes sites ou habitats d'hivernage (Szép *et al.* 2003b).

Répartition en Afrique

Les zones humides du Sahel constituent une zone d'hivernage majeure pour les Hirondelles de rivage. De grandes quantités se concentrent dans les plaines inondables, en particulier dans le Delta du Sénégal, le Delta Intérieur du Niger au Mali et sur le Lac Tchad. Pendant la journée, elles sont largement dispersées et se nourrissent en groupes épars au-dessus des zones humides riches en insectes, mais également parfois au-dessus de terrains secs.

Dans le Delta du Sénégal, les Hirondelles de rivage sont très abondantes entre fin octobre et avril, et une population estimée à 2 millions d'individus hiverne au Parc National du Djoudj et dans ses environs immédiats. Les oiseaux dorment dans les roselières et se reposent souvent au sol en journée (Rodwell *et al.* 1996, Peeters 2003). De grands nombres ont été bagués dans des dortoirs, dont la localisation varie fréquemment, parfois de 20 km, au cours d'un même hiver (Sauvage *et al.* 1998).

Des dortoirs de plus d'un demi-million d'oiseaux ont été trouvés début décembre 1999 sur les lacs centraux du Delta Intérieur du Niger (van der Kamp *et al.* 2002a). Après l'arrivée des oiseaux, un mouvement progressif a lieu du nord vers le sud du Delta Intérieur. Dans la partie nord, les quantités sont maximales entre septembre et novembre, avant qu'elle soit inondée. Au cours de ces mêmes mois, seuls quelques oiseaux sont présent dans le sud du Delta, entièrement inondé (Lamarche 1980, van der Kamp *et al.* 2002a).

Le long de la rive ouest du Lac Tchad, un million d'Hirondelles de rivage ont été estimées entre le 21 mars et le 13 avril 1967. Entre 100.000 et 175.000 oiseaux/heure ont été vus en vol nord en fin d'après-midi et en soirée, mais il n'a pas été possible de dire s'il s'agissait de vols migratoires ou de retour au dortoir (Ash *et al.* 1967). Des groupes de 2000 oiseaux ont été signalés en milieu d'hiver dans les plaines inondables de Hadéjia-Nguru (Elgood *et al.* 1994).

Au nord du Sahel, l'hivernage est supposé être rare, par exemple dans le Delta du Nil et la Vallée du Nil, où de faibles quantités sont signalées. Le 10 novembre 1981 au Lac Manzala dans le Delta égyptien, la présence d'un regroupement de centaines de milliers d'oiseaux devait comprendre des oiseaux d'Eurasie et pourrait avoir concerné des oiseaux encore en route vers la région sub-saharienne (Goodman & Meininger *et al.* 1989).

Dans les zones soudanienne et guinéenne, l'espèce est principalement migratrice, ce que la rareté des reprises de bagues dans la zone de végétation soudanienne confirme peut-être. L'oiseau portugais bagué sur la lagune de Keta, au Ghana, les 10 et 11 décembre 1996 (parmi 12 captures et moins de 100 oiseaux observés, B. van den Brink comm. pers.) est la seule dans cette région. Les autres reprises réalisées plus à l'est dans la même zone concernent des migrateurs utilisant les dortoirs d'Hirondelles rustiques (Fig. 233).

Evolution de la population

Conditions d'hivernage Des recensements à long terme d'Hirondelles de rivage sont disponibles dans de nombreuses régions d'Europe, qu'il s'agisse de suivis de colonies à l'échelle locale ou de recense-

Des dortoirs mixtes

Les Hirondelles de rivage et rustique ne se fréquentent presque pas en Afrique, sauf lors des périodes de migration au cours desquelles des vols mixtes de grande taille peuvent être rencontrés. Les exigences alimentaires de l'Hirondelle de rivage la confinent habituellement aux grandes zones humides du Sahel et d'Afrique orientale. Elles n'ont été trouvées qu'exceptionnellement dans des dortoirs d'Hirondelles rustiques (Tableau 24). Cette dernière se nourrit au sein d'immenses zones pendant la journée, souvent près des habitations humaines et au-dessus d'habitats secs, puis se rassemble en dortoir dans les roselières, l'herbe à éléphant et les champs de canne à sucre dans la zone de végétation soudanienne et plus au sud jusqu'au Botswana, en Namibie et en Afrique du Sud. En revanche, les dortoirs d'Hirondelles de rivage sont souvent mélangés à ceux de la Bergeronnette printanière. Ainsi, nous avons observé des vols mixtes à basse altitude en direction des dortoirs comprenant des dizaines de milliers d'individus des deux espèces entre le 27 janvier et le 5 février 2004 sur les lacs centraux du Delta Intérieur du Niger entre 6h20 et 7h10 heure locale et à nouveau entre 17h50 et 18h10.

Tableau 25 Proportion d'Hirondelle de rivage dans différents dortoirs d'Hirondelle rustique en Afrique (n= nombre capturé).

Pays	Période	Hirondelle rustique (n)	Hirondelle de rivage (n)	% Hirondelle de rivage	Source
Ghana	déc/jan 1996/97	1828	0	0,00	van den Brink *et al.* 1998
Ghana	déc 1997	983	0	0,00	Deuzeman *et al.* 2004
Nigéria	févr 2001	7362	1	0,01	B. van den Brink comm. pers.
Zambie	nov/mar 2007/08	6358	241	3,65	B. van den Brink comm. pers.
Botswana	déc/jan 1992/93	5761	9	0,16	van den Brink *et al.* 1997
Botswana	déc/jan 1993/94	10 069	19	0,19	van den Brink *et al.* 1997
Botswana	déc/jan 1994/95	2594	19	0,73	van den Brink *et al.* 1997
Botswana	jan-févr 2003	4503	7	0,16	B. van den Brink comm. pers.

ments nationaux (Fig. 234). Dans le temps, la plupart des tendances montrent une stabilité, mais avec des fluctuations importantes (variant d'un facteur 3 à 6). Les tendances négatives ou positives détectées concernent en général des suivis assez réduits, ce qui montre que les suivis doivent couvrir plusieurs décennies avant que les tendances à long terme puissent être séparées des fluctuations à court terme (Encadré 27). En outre, pour une espèce comme l'Hirondelle de rivage, qui vit en colonies éparpillées dans des environnements souvent instables, le périmètre de recensement doit être suffisamment grand pour prendre en compte les déplacements de colonies, faute de quoi les risques que la colonie sorte des limites de la zone étudiée sont importants ; voir par exemple la tendance en République Tchèque : Reif *et al.* 2006, www.birdlife.cz, J. Reif (comm. pers.).

Cowley & Siriwardena (2005) ont conclu que l'indice des précipitations au Sahel est corrélé de manière significative avec l'abondance des Hirondelles de rivage dans le Nottinghamshire (Angleterre), en fonction de leurs observations sur la population totale de mâles bagués (indicateur de la taille de la population totale). D'autres études ont également montré que les fortes augmentations ou diminutions sont nettement liées au niveau des inondations dans le Delta Intérieur du Niger et le Delta du Sénégal, ou avec les précipitations au

Sahel (Fig. 234). En général, de faibles inondations, et des précipitations réduites en Afrique de l'Ouest induisent un déclin du nombre d'Hirondelles de rivage.

Un nombre si important d'Hirondelles de rivage étant concentré en hiver dans les plaines inondables, on pourrait s'attendre à ce que le nombre d'oiseaux soit plus corrélé avec l'étendue des inondations qu'avec les précipitations ou l'indice de végétation normalisé, ce qui n'a pas toujours été le cas.[1] La Fig. 234 donne cinq tendances en exemple, représentatives des nombreux suivis à long terme disponibles. Les variations sont synchronisées entre les différentes populations : toutes ont décliné au milieu des années 1980, lorsque les précipitations au Sahel étaient plus de 25% inférieurs à la moyenne et ont augmenté lors des années humides des années 1990 (Tableau 25). Toutefois, il est étonnant que les populations de Suède et du Danemark n'aient que peu augmenté suite à l'amélioration des précipitations au Sahel dans les années 1990.

Les Hirondelles de rivage furent durement touchées par les sécheresses sévères au Sahel : en moyenne, le déclin au cours de la période 1981-1985 fut de 69% dans les régions mentionnées dans le tableau, avec un minimum de 60% en Suède et un maximum de 85% dans le SE de la France. La population peut regagner environ 20% après

Hirondelles de rivage quittant leur dortoir nocturne à l'aube dans le Delta du Sénégal (à gauche) et dans le Delta Intérieur du Niger (à droite), où des millions d'individus sont concentrés.

une année humide sur ses sites d'hivernage. L'absence de réponse positive immédiate, comme par exemple en Westphalie centrale en Allemagne, et le long de la Haute-Tisza en Hongrie, est souvent due à des conditions locales défavorables. Ainsi, la population le long de la Tisza en Hongrie a doublé entre 1999 (10.528 couples) et 2000 (21.365 couples), bien qu'elle soit restée faible le long de la Haute-Tisza entre 1998 et 2000, suite à des inondations catastrophiques (Szép *et al.*

2003a). Le lien entre la taille de la population et les précipitations au Sahel est assez simple. Par exemple, la population britannique commence à décliner dès que les précipitations au Sahel sont 5% inférieures à la moyenne des précipitations au 20ème siècle (Fig. 235A). Dans de telles circonstances, le taux de retour des mâles adultes est encore de 35% comme l'a montré une étude dans l'Oxfordshire (Holmes *et al.* 1987). En revanche, si les précipitations diminuent de

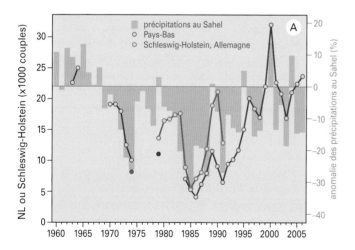

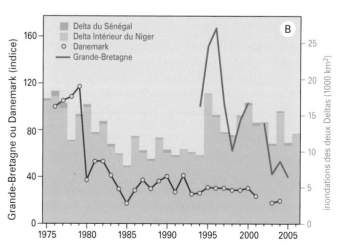

25% par rapport à la moyenne à long terme au Sahel (comme en 1983), le taux de retour chute à 14% chez les mâles et 7% chez les femelles. Quasiment aucun jeune ne revient lorsque les conditions sont si défavorables : seulement 3,3% en 1983 (Fig. 235B). Des résultats semblables ont été obtenus pour les adultes en Hongrie (Szép 1993, 1995a, 1995b) et dans le centre de l'Angleterre (Cowley & Siriwardena 2005).

Ces trois études ont trouvé un taux de survie inférieur (mesuré en fonction des taux de retour ou de capture-recapture) chez les femelles. Cette différence de mortalité en fonction du sexe reste mys-

térieuse. Elle ne s'explique probablement pas par un hivernage dans des régions différentes (Szép *et al.* 2003b). En outre, les données de la base EURING concernant des oiseaux capturés en hivernage (principalement au Sénégal) montrent un sexe-ratio de 50/50, avec 76 mâles et 77 femelles. Il est difficile d'imaginer que les mâles puissent être plus performants dans leur recherche de nourriture que les femelles, étant donné l'absence supposée de territorialité chez ces insectivores aériens. Histoire de rendre les choses plus mystérieuses encore, les études élégantes de Jones (1987) et Bryant & Jones (1995) ont montré que les Hirondelles de rivage les plus petites (mesurées selon la longueur de leur bréchet, invariable chez un individu et qui peut probablement être hérité, contrairement à la longueur de l'aile ; Bryant & Jones 1995), survivaient mieux aux sécheresses du Sahel. Lors de la chute de population en 1983-1984, le taux de survie plus élevé des petits individus fut évident, et signe d'une mortalité plus forte chez les grands individus entre deux saisons de reproduction (Bryant & Jones 1995), mais cette sélection par la taille semble être la norme dans toutes les conditions et pour les deux sexes. Bien que les différences de taille entre les sexes ne soient pas significatives

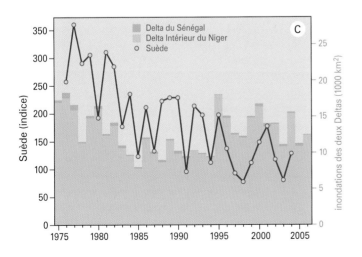

Fig. 234 Tendance d'évolution des populations européennes d'Hirondelle de rivage, en fonction de l'étendue des inondations ou des précipitations au Sahel. D'après : (A) Berndt *et al.* 1994 (Allemagne), Leys 1987 & SOVON (Pays-Bas). (B) BTO (Grande-Bretagne), Heldbjerg 2005 (Danemark). (C) Lindström & Svensson 2005 (Suède).

Tableau 26 Pourcentage de variation des populations européennes d'Hirondelle de rivage entre 1981 et 1985 (années extrêmement sèches entre 1983 et 1985 en Afrique de l'Ouest), entre 1994 et 1995 (hiver dans l'intervalle extrêmement humide en Afrique de l'Ouest par rapport aux douze années précédentes) et entre 1999 et 2000 (hiver très humide). Les indices des pluies sont exprimés en fonction de la moyenne du 20ème siècle.

Pays	1981-1985	1994-1995	1999–2000	Source
Anomalie des précipitations au Sahel (%)	-26,36	+ 7,47	+ 1,07	
Suède	-60,0	+75,9	+34,2	Lindström & Svensson 2005
Danemark	-67,9	+23,1	+10,7	Heldbjerg 2005
Allemagne, Schleswig-Holstein	-67,4		+17,2	Berndt et al. 1994
Allemagne, Westphalie		-26,1		Loske & Laumeier 1999
Allemagne, Basse-Saxe		+2,4	+12,9	Zang et al. 2005
Allemagne, Hannover		+38,5	+12,0	Zang et al. 2005
Pays-Bas		+28,8	+31,2	Leys 1987, SOVON
Belgique, Flandre		+14,3	+18,3	Vermeersch et al. 2004
Grande-Bretagne		+52,0	+18,0	BTO News
France, vallée de Durance	-85,2			Olioso 1991
Suisse (Fribourg, Berne, Soleure)	-64,3	+14,6	+27,6	Weggler 2005
Hongrie, Haut Tisza		-5,6	-5,1	Szép 1993, 1995a, 1999, Szép et al. 2003a
Espagne			+53,8	www.ebcc.info
Moyenne	**-68,96**	21,79	21,25	
Ecart type		**9,61**	29,25	16,17

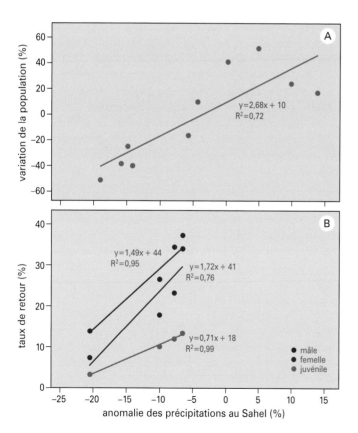

(Cramp & Simmons 1988), les femelles sont en moyenne légèrement plus grandes. A cet égard, il est intéressant de noter que les femelles sont touchées particulièrement durement lors des sécheresses marquées en Afrique sub-saharienne (taux de retour inférieur du moitié à celui des mâles ; Fig. 235B). Mais encore une fois, il reste à comprendre comment expliquer cette mortalité dépendante de la taille du corps. Nous n'avons aucune preuve que les petites Hirondelles de rivage aient une capacité ou des performances reproductrices plus faibles, seulement qu'elles semblent moins désavantagées que les plus grandes en cas de sécheresse en Afrique. Lorsque les conditions hydriques en Afrique reviennent à la normale, la taille moyenne du corps a tendance à revenir à la moyenne précédant la sécheresse, ce qui suggère que d'autres facteurs sélectifs deviennent alors dominants.

Fig. 235 (A) Variation annuelle de la population britannique d'Hirondelle de rivage en fonction des précipitations au Sahel entre 1995 et 2006 ; mêmes données que la Fig. 234B. (B) Taux de survie annuel des mâles, des femelles et des juvéniles en fonction des précipitations au Sahel, déterminées par Holmes et al. (1987) en utilisant la méthode de capture-recapture pour calculer le taux de retour des oiseaux nichant dans l'Oxfordshire entre 1980 et 1983 ; la régression pour les femelles n'est que faiblement significative (P=0,02) au contraire des deux autres qui sont fortement significatives (P<0,001).

Il est évident que les précipitations au Sahel ont un impact majeur sur la dynamique des populations d'Hirondelle de rivage, mais il reste à apporter une réponse à une question importante : la proportion d'oiseaux qui meurent est-elle plus élevée si la taille de la population est grande ? En d'autres termes : le taux de survie est-il proportionnellement plus élevé lorsque la population est faible et que la compétition entre individus l'est donc aussi ? La Fig. 236A montre que cette dernière hypothèse est probable. La population néerlandaise d'Hirondelles de rivage augmente après un hiver humide et diminue après un hiver sec, mais si les précipitations au Sahel ne changent pas, un nombre plus faible d'individus revient l'année suivante si la population est importante. Ce facteur dépendant de la densité peut également être démontré autrement. Si l'on représente les variations de population en fonction de la taille de la population, la population

Les Hirondelles de rivage nichent dans les berges des rivières, mais en Europe occidentale, une part de plus en plus importante de la population niche dans des falaises sableuses artificielles.

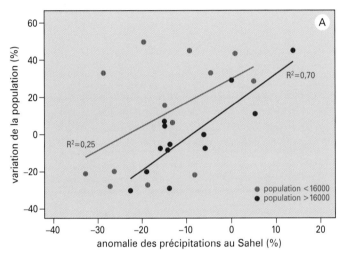

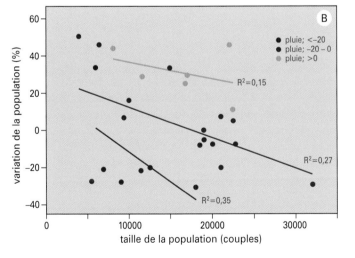

Fig. 236 Evolution de la population néerlandaise d'Hirondelle de rivage par rapport à l'année précédente en fonction de : (A) les précipitations au Sahel, pour deux niveaux de population, et (B) la taille de la population de l'année précédente, pour trois niveaux de précipitations au Sahel. Mêmes données que la Fig. 234A.

a tendance à augmenter si elle part d'un niveau faible et à diminuer si elle part d'un niveau élevé, mais les variations globales de population dépendent avant tout des précipitations au Sahel (Fig. 236B).[2]

Conditions de reproduction   Là où les Hirondelles de rivage continuent de nicher dans les écosystèmes naturels que sont les rivières non domestiquées à berges abruptes, les fortes crues peuvent avoir des impacts positifs ou négatifs sur le succès de reproduction. Avant la saison de reproduction, ces crues ont un effet positif car elles suppriment les parasites des nids des années précédentes et renouvellent les falaises. Les crues plus tardives, qui surviennent pendant le cycle de reproduction peuvent avoir des impacts négatifs divers. Les premiers oiseaux de retour peuvent être obligés de se reporter sur des sites de reproduction où les dangers naturels ou humains sont plus importants. En cas de crues encore plus tardives, les premières nichées peuvent être détruites, comme cela s'est produit le long de la Tisza en Hongrie en 1998 dans le périmètre d'étude de Tibor Szép (Szép *et al.* 2003a). Bien que la fréquence des crues inhabituelles ait historiquement été faible, elle a augmenté récemment, tout du moins en Hongrie, peut-être en raison du changement climatique.

En dehors de tels désastres naturels, des dommages importants peuvent être causés par des erreurs humaines. Entre janvier et mars 2000, la totalité du cours de la rivière Tisza en Hongrie a souffert de la rupture de réservoirs appartenant à des mines d'or roumaines en amont, en raison d'un stockage et d'un traitement des déchets d'exploitation (acides, cyanure et métaux lourds, Szép *et al.* 2003a) défaillants et non surveillés. Par chance, la pollution eut lieu au cours de la période d'activité biologique la plus faible de l'année et fut partiellement diluée par une forte crue printanière qui permit de compenser les pertes infligées aux populations d'invertébrés et de poissons.

Sur les sites nordiques de nidification de l'Hirondelle de rivage, comme la ceinture subalpine de bouleaux en Laponie suédoise, le dé-

Le Bayahonde *Proposis juliflora* et les *Eucalyptus*, des arbres exotiques plantés sur les berges orientales du Lac Horo (Mali) offrent aux Hirondelles de rivage des conditions d'alimentation idéales quand souffle l'Harmattan : d'immenses quantités de petites mouches sont concentrées à l'abri de leurs branches le long du rivage. Nous avons estimé à environ 130.000 le nombre d'individus se nourrissant le long de la rive orientale du lac en février 2009 (13 km de long à 10.000 par km).

but de la ponte est corrélé à la date à laquelle 50% du sol est déneigé, qui a lieu normalement un mois avant la date de ponte. Lorsque les températures moyennes sont inférieures à 5-7°C ou les températures maximales inférieures à 10-12°C, le début de la ponte est retardé. Ces variables sont vraisemblablement liées à l'abondance d'insectes un mois plus tard. Bien que la taille des pontes diminue de 0,2 œuf par semaine entre années, la taille des premières et dernières pontes est à peu près identique au sein d'une même année, et indépendante du début de la période de ponte (Svensson 1986). Ces données indiquent que la neige et les températures n'affectent que le début de la ponte, et n'ont pas de conséquences sur le succès de reproduction.

L'impact bien établi des conditions hydrologiques sur les sites d'hivernage (voir précédemment) ne se traduit pas par un impact similaire des précipitations sur les sites de reproduction. Une étude réalisée dans le Nottinghamshire, Angleterre, entre 1967 et 1972 a montré que les précipitations de l'été précédent étaient fortement et négativement corrélées avec les taux de survie, soit un impact inverse de celui des précipitations au sud du Sahara. Toutefois, il faut garder en mémoire que la situation pourrait être différente en Europe centrale et orientale, où le climat continental génère des conditions estivales moins humides que le climat océanique de la Grande-Bretagne. Les précipitations sur les sites de reproduction et d'hivernage ont des impacts différents sur l'abondance des insectes aériens. Les précipitations sur les sites de reproduction, particulièrement au cours de la période critique du début de la reproduction, réduisent la disponibilité en insectes volants. Ce facteur ne réduit normalement pas le taux de survie des adultes, mais il augmente le stress lié à l'élevage d'une nichée et pourrait réduire la capacité des adultes à réussir leur migration et leur hivernage. En outre, les poussins et les juvéniles peuvent mourir à cause de l'incapacité des parents à trouver assez de nourriture (Cowley & Siriwardena 2005). En revanche, au Sahel, les précipitations favorisent la pousse de la végétation et augmentent la quantité d'insectes, ce qui améliore les conditions d'alimentation.

Conclusion

Les sécheresses au Sahel ont un impact négatif direct sur la taille des populations d'Hirondelles de rivage en Europe. Elles impactent directement le taux de survie, et leurs effets sont visibles sur les sites de reproduction à travers les faibles taux de retour. Les sécheresses exercent également une mortalité sélective sur les grands individus, et peut-être sur les femelles. Au contraire, lors des années humides au Sahel, les taux de survie sont supérieurs et l'espèce se remet des pertes subies lors des sécheresses. Le rétablissement complet des populations après les sécheresses sévères nécessite plusieurs années de précipitations normales ou abondantes en Afrique sub-saharienne. Les variations interannuelles de population sont liées aux précipitations en Afrique, mais sont également dépendantes de la taille de la population. Des facteurs environnementaux agissant sur les sites de reproduction peuvent générer des évolutions qui diffèrent du pattern d'ensemble, mais uniquement à court terme ou à l'échelle locale. Un autre facteur impactant la taille de la population pourrait être les précipitations de l'été précédent : les fortes précipitations entraînent un déclin (constaté en Grande-Bretagne). La validité de cette relation dans les conditions climatiques d'Europe continentale n'a pas encore été étudiée.

Notes

1   Les corrélations entre la taille de la population néerlandaise d'Hirondelles de rivage (n=31) et l'étendue des inondations (R=+0,684) ou les précipitations (R=+0,647) ne diffèrent pas et sont toutes deux très significatives (P<0,001). La taille de la population du Schleswig-Holstein (n=14) est corrélée aux précipitations (R=+0,682, P = 0,007), mais seulement légèrement à l'étendue des inondations (R=+0,399, P=0,157). Dans les 17 études disponibles, la corrélation entre la taille de la population et les précipitations était à 10 reprises plus importante, et à 7 reprises moins importante, que la corrélation entre la taille de la population et l'étendue des inondations.

2   La variation annuelle de population des Hirondelles de rivage néerlandaises dépend des précipitations au Sahel (P<0,001) ainsi que de la taille de la population (R²=0,52, P=0,003, N=27).

Hirondelle rustique
Hirundo rustica

« Les Hirondelles rustiques qui arrivèrent au début de la vague de froid de 1965 montrèrent rapidement des signes de fatigue et il était clair qu'elles ne trouvaient pas de nourriture. Elles se concentraient autour du Poste de Secours, le seul bâtiment du secteur, sur et dans lequel elles se posaient sur divers perchoirs pour se reposer... Environ 300 étaient présentes le 6 avril, mais plus que 150 le lendemain, apparemment sans nouvelles arrivées. Trois perchoirs principaux étaient utilisés. Sur ceux-ci, les hirondelles se regroupaient en amas : des rangées d'hirondelles se perchaient les unes sur les autres, jusqu'à atteindre 4 rangées d'épaisseur. Il semblait évident qu'il s'agissait d'un comportement volontaire, probablement utilisé pour conserver leur chaleur pendant ces conditions inhabituellement froides. Lorsqu'ils étaient dérangés, les oiseaux revenaient très rapidement, et pouvaient être observés à quelques centimètres de distance tandis qu'ils se blottissaient les uns contre les autres, certains avec la tête vers l'intérieur, d'autres avec la tête vers l'extérieur. Des oiseaux mouraient dans cette position, surtout pendant la nuit, mais également en journée. Sur les deux étagères les plus larges, les morts gisaient où ils avaient rendu l'âme, alors que ceux qui mouraient sur l'étroite poutre tombaient au sol et leur place était occupée par des oiseaux vivants. » Cette description imagée de J. S. Ash (*in* Smith 1968) est l'un des nombreux témoignages de la mortalité massive des Hirondelles rustiques en cas de conditions météorologiques défavorables. Ces oiseaux avaient tout juste franchi le Sahara, un exercice déjà périlleux, et étaient confrontés à une vague de froid à la frontière du Maroc et de l'Algérie. Les Hirondelles rustiques étant insectivores et volant toujours à basse altitude, sont particulièrement vulnérables aux conditions météorologiques. Les conditions défavorables sur les sites de reproduction, pendant la migration et en Afrique sont particulièrement meurtrières, en particulier lorsqu'elles durent, comme les sécheresses en Afrique australe et au Sahel l'ont abondamment montré. Les conséquences des épreuves passées continuent à influencer la vie des Hirondelles rustiques survivantes bien longtemps après la fin de ces évènements.

Environ 200 millions d'Hirondelles rustiques rejoignent l'Afrique depuis l'Europe. Les grands rassemblements pré-migratoires et en pré-dortoir sont communs en Europe, et la même scène peut être vue en Afrique, comme ici au ranch de Mafundzalo près de Kabwe en Zambie (fin novembre 2007). Ces rassemblements bruissent de vie : gazouillis, chants, toilettage, panique à l'approche d'un prédateur.

Aire de reproduction

L'Hirondelle rustique niche à faible altitude dans l'ensemble de l'Europe et atteint ses densités maximales dans les secteurs ruraux d'Europe occidentale, centrale et orientale. Elle est fortement associée aux activités humaines, et notamment à l'agriculture. L'intensification de l'agriculture, principalement dans la seconde moitié du 20ème siècle, a entraîné un déclin en Europe occidentale et peut-être ailleurs. La population européenne, en comptant la Russie, l'Ukraine et la Biélorussie, était estimée entre 16 et 36 millions de couples en 1990-2000 (BirdLife International 2004a), soit une population après la période de reproduction de 128 à 288 millions d'oiseaux (sur la base de 6 jeunes à l'envol par couple et par an ; Turner 2006).

Migration

Au cours des dernières décennies, de grandes quantités d'Hirondelles rustiques ont été baguées, à la fois sur les sites de reproduction et dans les zones au sud du Sahara où elles passent l'hiver boréal.[1] Au début des années 2000, Szép *et al.* (2006) ont montré que chaque année, environ 90.000 Hirondelles rustiques étaient baguées en Europe occidentale ou du nord (corridor migratoire occidental), et environ 37.300 en Europe orientale (en incluant la Finlande), ce qui correspond respectivement à 1,58% et 0,09% de la population totale. A l'autre bout des corridors migratoires, du Ghana, du Nigéria, de la République centrafricaine et du Congo-Kinshasa jusqu'au Botswana et à l'Afrique du Sud, des centaines de milliers ont été baguées au dortoir (Oatley 2000, van den Brink *et al.* 2000).

Pour un passereau de cette taille (17-20 g), les sites d'hivernage en Afrique sont relativement bien connus grâce aux reprises de bagues.

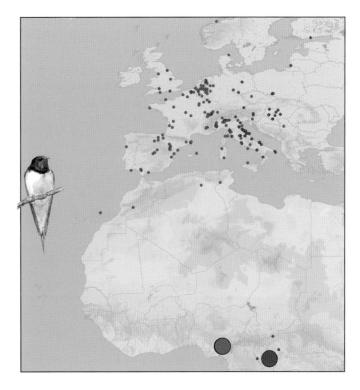

Fig. 237 Reprises et origines des Hirondelles rustiques capturées dans le SE du Nigéria (points bleus ; n=300) ou en République centrafricaine (points rouges ; n=117). Données EURING et de P. Micheloni (comm. pers.).

Toutes les Hirondelles rustiques sont des migratrices transsahariennes, mais leur sites d'hivernage diffèrent fortement en fonction de leurs origines géographiques. Les sites d'hivernage en Afrique sont atteints par des vols plus ou moins directs depuis les sites de reproduction. La répartition en fonction de la latitude en Afrique est l'image dans un miroir de celle notée en Eurasie : les oiseaux occidentaux à l'ouest, les oiseaux orientaux à l'est. Cette répartition est bien illustrée par les reprises sur deux sites en Afrique centrale, situés à seulement 800 km l'un de l'autre (Encadré 25) : les oiseaux hivernant ou passant par le SE du Nigéria proviennent de régions d'Europe plus occidentales que celles de République centrafricaine qui viennent plutôt d'Europe centrale (Fig. 237). La migration automnale débute sur un front assez large, sans concentrations notables lors des courtes traversées en mer. Par conséquent, la quantité de graisse des

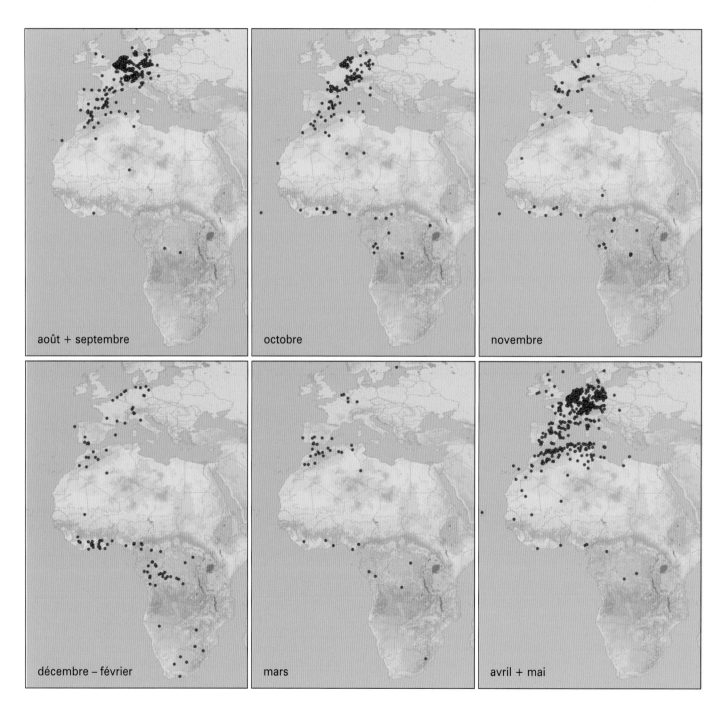

Fig. 238 Reprises de bagues d'Hirondelles rustiques en Afrique entre septembre et avril concernant des oiseaux d'Europe occidentale continentale (Pays-Bas, Belgique, Allemagne, Suisse, France, Espagne, Portugal ; n=451 ; à gauche) ou de Grande-Bretagne (n=383 ; à droite). Données EURING.

Hirondelles rustiques qui quittent l'Italie en automne est supérieur de 1,5 à 2 g à celle des oiseaux ibériques, en raison de la plus longue traversée qui attend les oiseaux italiens qui se dirigent plein sud (800 km contre 400). Les réserves adipeuses suffisent probablement aussi à traverser le Sahara sans qu'ils aient besoin de reconstituer des réserves en Afrique du Nord (Rubolini *et al.* 2002).

Répartition hivernale en Afrique

Les populations d'Europe du Nord et du Royaume-Uni migrent au-delà de celles d'Europe centrale et méridionale (Fig. 237 – 239) et occupent des zones d'hivernage dans le tiers sud de l'Afrique (principalement l'Afrique du Sud et le Botswana, mais aussi le Zimbabwe et la Zambie ; Oatley 2000). Des grands dortoirs traditionnels comptant

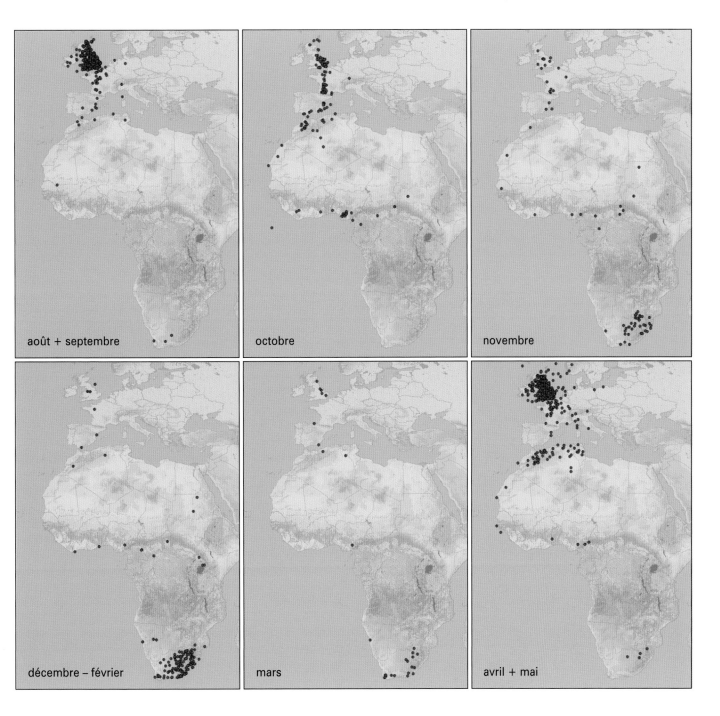

En dehors de la période de reproduction, les Hirondelles rustiques préfèrent les roselières comme sites de dortoir, et peuvent voler jusqu'à 75
km pour rejoindre un site favorable. En l'absence de roseaux, presque
toutes les espèces végétales de structure équivalente peuvent être utilisées : maïs, canne à sucre, herbe à éléphant, typhas et même des arbres
(Parc National de Kasanka, Zambie, début novembre 2007).

jusqu'à plusieurs millions d'oiseaux y sont connus dans des roselières
(Harrison *et al.* 1997). En l'absence de roselières, les bosquets d'acacias peuvent également être utilisés, avec par exemple 1 à 2 millions
d'oiseaux à Jwaneng (24°35'S, 24°43'E) le long de la bordure du Kalahari au Botswana en janvier et février 2003, et les années précédentes
(van den Brink *et al.* 2003). Au moins dans le secteur aride du Karoo,
dans le SO de l'Afrique, les Hirondelles rustiques forment également
de nombreux petits dortoirs (rarement plus de 1000 oiseaux par dortoir) qui sont fortement éloignés les uns des autres et qui se déplacent probablement dans le temps et dans l'espace (Szép *et al.* 2006).
Les Hirondelles rustiques britanniques et d'Europe du Nord (dont le
Danemark) ont tendance à passer principalement l'hiver dans l'ouest
et le sud de l'Afrique du Sud (si l'on prend en compte l'effort de baguage bien plus élevé dans la partie orientale du pays et les taux de
remontée des données plus élevés dans l'est de l'Afrique du Sud ; Oatley 2000, Szép *et al.* 2006). Les oiseaux provenant de l'ouest de l'Oural
(y compris de Finlande) sont principalement retrouvés dans le Transvaal et au Botswana (van den Brink *et al.* 2003), mais peuvent hiverner
plus au nord, jusqu'au Congo-Kinshasa (de Bont 1962). L'immense
population nichant à l'est de l'Oural, symbolisée par une reprise d'un
oiseau bagué dans le Transvaal au-delà du Ienisseï à 92°E (Rowan
1968), hiverne dans la Province du Cap-Oriental et au KwaZulu-Na-
tal, et plus au nord jusqu'au Zimbabwe, au Botswana et en Zambie
(Harrison *et al.* 1997, Oatley 2000, Dowsett & Leonard 2001). L'un des
plus grands dortoirs connus en Afrique du Sud est situé sur le Mont
Moreland près de Durban (2 à 3 millions d'oiseaux en décembre,
diminuant jusqu'à 500.000 en avril) et est utilisé au moins depuis le
début des années 1980 (Piper 2007).

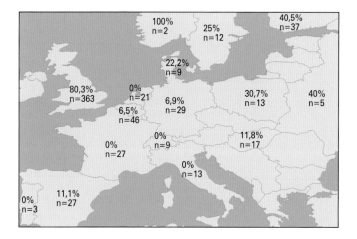

Fig. 239 Pourcentage de reprises de bagues en Afrique australe (au sud
de 20°S) par rapport au nombre total de reprises sub-sahariennes ;
n= nombre de reprises sub-sahariennes. Données par pays, mais
regroupées pour les pays de l'ex-URSS. Données EURING.

Les Hirondelles rustiques d'Europe centrale et méridionale hivernent en moyenne plus au nord en Afrique, principalement dans la zone de forêt équatoriale de la Guinée au Congo-Kinshasa en passant par le Nigéria, le Cameroun et la République centrafricaine (voir également Moreau 1972). La forêt tropicale en elle-même est globalement évitée, et les Hirondelles rustiques se concentrent dans des bandes assez étroites en limite nord et sud (Fig. 238) où les dortoirs bordent la savane voisine et/ou les plaines inondables des grandes rivières (entre 4-6° de part et d'autre de l'équateur). D'immenses dortoirs rassemblant jusqu'à plusieurs millions d'individus sont également localisés sur les versants montagneux avec des parcelles d'herbe à éléphant *Pennisetum purpureum* au milieu de la forêt équatoriale, par exemple à Boje-Ebbaken dans le SE du Nigéria (Loske 1996, Bijlsma & van den Brink 2005). L'hivernage en Afrique centrale est limité aux régions forestières, où les typhas, le manioc *Manihot esculenta* et l'herbe à éléphant sont utilisés comme dortoirs (de Bont 1962 ; Encadré 25). Les sites de dortoirs en Afrique occidentale et centrale sont utilisés par les Hirondelles rustiques en transit vers ou depuis l'Afrique australe (Fig. 238). Comme dans le Karoo (Szép *et al.* 2006), des dortoirs de petite taille sont utilisés partout dans la zone forestière, comme par exemple au Ghana, où entre janvier et novembre 1996/1997, des dortoirs comprenant de quelques dizaines à 11.000 individus ont été trouvés (van den Brink *et al.* 1998), ainsi qu'un seul grand dortoir de plus de 200.000 individus le 30 novembre 1996 près d'Essaman (A. P. Møller cité par van den Brink *et al.* 1998). Les petits dortoirs sont rarement traditionnels et se déplacent en fonction des conditions locales.

Evolution de la population

Conditions d'hivernage
Les précipitations et la végétation sur les sites d'hivernage ont un impact profond sur la condition physique, la durée de la mue, le calendrier de la migration, les dates d'arrivée sur les sites de reproduction et la survie. Au Botswana, les sécheresses ont un effet négatif sur l'abondance des insectes ainsi que sur la disponibilité et la qualité des dortoirs. Au cours des années de précipitations abondantes ou normales, le renouvellement des primaires prend entre 120 et 130 jours, contre 155 à 190 jours pendant les sécheresses (van den Brink *et al.* 2000). La masse corporelle des juvéniles et des adultes à la fin décembre et en janvier était inférieur de 10% lors de l'année sèche de 1995 à celle de l'année 1993, humide (Fig. 240). L'année 1995 s'est également distinguée par un nombre plus faible d'Hirondelles rustiques et une forte proportion d'oiseaux émaciés (van den Brink *et al.* 1997). Si la mue est retardée au point de chevaucher les périodes de migration, elle peut diminuer la performance migratoire et avoir des conséquences sur la condition physique (Pérez-Tris *et al.* 2001).

Il a pu être montré que la mortalité au sein d'une petite population danoise, en migration ou sur ses quartiers d'hivernage en Afrique, était corrélée avec les précipitations en Afrique du Sud (Møller 1989), ce qui est cohérent avec les observations réalisées sur les sites d'hivernage. L'impact suggéré aurait toutefois pu être erroné,

car Møller avait utilisé des données des stations météorologiques de Pretoria et Johannesburg dans le NE de l'Afrique du Sud, alors que des recherches ultérieures ont montré que les hirondelles danoises hivernent probablement surtout dans le Karoo au SO de l'Afrique du Sud (Szép *et al.* 2006).[2] D'ailleurs, la tendance à long terme identifiée par Møller et la tendance à l'échelle du Danemark, indicée sur la base de comptages ponctuels entre 1976 et 2004 (Heldbjerg 2005), ne sont pas corrélées aux régimes de précipitations en Afrique du Sud, basés sur 65 stations météorologiques à travers toute l'Afrique du Sud et sur des données couvrant la totalité du 20ème siècle (Fig. 241H).[3]

Les hauts et les bas des Hirondelles rustiques finlandaises (Väisänen *et al.* 2005 ; Fig. 241D), qui passent également l'hiver boréal en Afrique australe, ne sont pas corrélées avec les précipitations en Afrique du Sud.[4] Comme Robinson *et al.* (2003a), nous n'avons pas non plus réussi à établir un lien entre les variations de la population nicheuse britannique (Fig. 241A) et les précipitations en Afrique australe (la zone principale d'hivernage des hirondelles britanniques).[5]

Ces découvertes contre-intuitives (voir Fig. 240) demandent une analyse approfondie. Les 463 reprises réalisées en Afrique ont été utilisées pour vérifier si la mortalité hivernale est reliée aux variations annuelles des précipitations. Afin de supprimer la variation à long terme du nombre d'hirondelles baguées, le nombre annuel de reprises africaines (entre 0 et 29°S et 0 et 11°N par rapport à l'équateur) a été exprimé en pourcentage du nombre total de reprises lors de la même année (qui varie entre 11 et 150). Les nombres relatifs de reprises en Afrique au sud et au nord de l'équateur sont corrélés respectivement aux précipitations en Afrique australe et au Sahel. L'influence des précipitations en Afrique du Sud sur les hirondelles britanniques paraît évident dans ce jeu de données (Fig. 242A).[6] Nous en concluons donc que les conditions en Afrique doivent avoir un impact à l'échelle de la population, et que l'absence de corrélation de certaines des tendances est partiellement liée aux données peu fiables chez cette espèce difficile à suivre (Fig. 241).

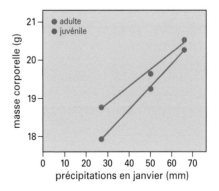

Fig. 240 Masse corporelle des Hirondelles rustiques capturées près du Delta de l'Okavango (Botswana) en janvier 1993 à 1995 comparée aux précipitations au cours du même mois. D'après van den Brink *et al.* (1997). Les données pluviométriques proviennent de la station proche de Maun (23°25'S et 19°59'E).

A la pêche aux hirondelles Pierfrancesco Micheloni

La chasse de subsistance est très répandue dans la zone forestière d'Afrique occidentale et centrale. La viande de brousse est très prisée, mais la recherche de protéines va bien au-delà des mammifères et concerne tous les animaux, des insectes aux poissons et aux oiseaux. Les hirondelles sont un cas particulier. Avec le poids de seulement 17 g, elles peuvent difficilement être considérée comme des proies intéressantes pour l'homme. A la nuance près qu'elles sont présentes en grand nombre et en fortes concentrations. En Afrique, des méthodes ingénieuses, et étonnamment différentes selon les régions géographiques, ont été développées pour exploiter de telles aubaines alimentaires.

Dans le SE du Nigéria, près des communautés d'Ebbaken-Boje-Ebok (6°38'N, 9°00'E), les hirondelles forment des dortoirs immenses sur les pentes des collines escarpées couvertes d'herbe à éléphant au milieu de la forêt tropicale. En milieu d'hiver, le nombre d'oiseaux peut atteindre 1,5 million (Ash 1995, Bijlsma & van den Brink 2005). Le nombre total d'oiseaux utilisant ce dortoir pendant l'hiver boréal doit être bien plus élevé, car en automne et au printemps, les oiseaux d'Europe du Nord et du Royaume-Uni y passent en chemin vers l'Afrique australe, puis lors du retour vers leurs sites de reproduction (Nikolaus *et al.* 1995, Oatley 2000). Les villageois attrapent les hirondelles pendant les nuits éclairées par la lune, en utilisant des balais enduits de glu, en forme de pissenlit, et rayonnant à partir de l'extrémité de branches de palmier de 4 à 5 mètres de long. Les Hirondelles sont capturées à la descente, après la fin des dérangements, en agitant le dispositif de capture au-dessus de l'herbe, afin de prendre les oiseaux voltigeant à basse altitude avec les brindilles collantes (60 à 80 cm de long). Les prises pour une nuit moyenne sont d'environ 100 oiseaux par piégeur, avec un record de 4425 hirondelles attrapées par 30 personnes le 10 mars 1995 (Nikolaus *et al.* 1995). Le total capturé par saison (normalement entre janvier et avril) a été estimé entre 100.000 et 200.000 individus (Ash 1995, Loske 1996).

Une version plus basique de cette technique de capture est pratiquée près d'Atta (6°28'N, 11°19'E), le long de la frontière nigériane au Cameroun, à 150 km à l'est d'Ebbaken (Micheloni 2000). Là, les hirondelles sont capturées au dortoir dans l'herbe à éléphant avec de longs bâtons enduits de glu à leur extrémité, c'est-à-dire sans les efficaces balais en forme de parapluies. Les captures y sont par conséquent bien plus limitées qu'à Ebbaken, en raison également du pâturage de la végétation pendant la saison sèche. La continuité de la présence du dortoir n'est en effet pas assurée du fait de l'absence de protection contre le pâturage et les incendies.

Dans le sud-ouest de la République centrafricaine, les Hirondelles rustiques sont également présentes en quantités immenses mais les dortoirs – a priori le long de la rivière de Lobaye, qui marque la transition entre la forêt guinéo-congolaise tropicale de N'Gotto au sud et la savane au nord – n'ont pas encore été localisés par les habitants (« la ville cachée des hirondelles) (Micheloni 2000). Par conséquent, une technique différente a été développée pour mettre la main sur les oiseaux. Cette technique est mise en œuvre à la fin de la saison des pluies (d'octobre à début décembre, mais surtout en novembre) : il faut des averses plutôt qu'une pluie continue, peu de soleil et des termites volants. Les termites s'envolent après de fortes pluies, particulièrement lorsque le soleil ne tape pas trop fort (un soleil trop fort empêche l'envol). Après les averses, les hirondelles sont présentes en immenses quantités et se nourrissent des termites qui s'envolent. Les piégeurs d'hirondelles relâchent un à un les termites qu'ils ont collectés la nuit précédente et conservé dans des bocaux, en perçant l'abdomen de chacun d'un petit hameçon attaché à une perche par un fil de pêche. Ces termites se mélangent à ceux qui s'envolent et sont capturés par les hirondelles qui sont alors « pêchées » comme des poissons dans une rivière. Les hameçons sont faits à la main, et du nylon est maintenant utilisé pour les lignes (mais la technique était déjà utilisée avant l'arrivée du nylon). L'efficacité de cette stratégie est révélée par les sacs de 50 kg pleins d'hirondelles qui sont transportés vers le marché, et contiennent des milliers d'hirondelles, ainsi que de nombreux martinets, guêpiers et des Hirondelles de rivage et de fenêtre et quelques espèces d'hirondelles locales. En 1999, les Hirondelles rustiques étaient vendues au prix de 100 francs CFA (=0,15 €) sur le marché de Boda (Micheloni 2000). Au cours d'un suivi de 25 villages en République centrafricaine, centré sur une région de 50x50 km le long de la Lobaye près de Boda (4°19'N, 17°26'E) en octobre-novembre 2000, des entretiens réalisés avec la population ont montré qu'entre 25 et 8545 Hirondelles rustiques étaient capturées par village et qu'entre 11 et 1021 personnes par village participaient à cette pêche à l'hirondelle. Certains villages en bordure de savane, où l'abondance d'hirondelles en chasse était remarquable attiraient des chasseurs provenant des secteurs plus boisés. Les prises moyennes par personne variaient entre 2 et 25 hirondelles par jour de capture. Pendant l'étude, un total de 58.754 Hirondelles rustiques capturées a

Conditions de migration au printemps Les nombreux témoignages d'une mortalité massive pendant la migration illustrent la vulnérabilité de l'Hirondelle rustique aux conditions climatiques défavorables. Même lorsqu'il n'y a pas de conditions particulières, la mortalité est probablement de toute façon élevée, particulièrement pendant la migration printanière, lorsque les conditions au Sahel, au Sahara et en Afrique du Nord sont souvent défavorables (sécheresse, forts vents de face, coups de froid). Au printemps, le nombre d'oiseaux a déjà atteint son minimum et toutes les pertes complémentaires ont un impact direct sur la taille des populations sur les sites de reproduction (Newton 2007). A cet égard, nous nous sommes particulièrement intéressés aux rôles joués par le Sahel et le Sahara, qui représentent de vastes étendues d'habitats inhospitaliers, où aucune Hirondelle rustique n'hiverne, mais où des millions d'individus doivent toutefois passer au printemps. Nous avons vérifié si les tendances d'évolution des populations sur les sites de reproduction étaient liés aux

Alors que la nuit tombe, les Hirondelles rustiques entrent au dortoir en tourbillon. L'horaire (le plus tard possible), l'extrême méfiance à s'aventurer seul dans la végétation, la synchronisation de la descente et le grand nombre d'oiseaux impliqué suggère que la principale force sélective ayant façonné ce comportement est le risque de prédation (Winkler 2006). (Parc National de Kasanka, Zambie, début novembre 2007).

été enregistré, mais le nombre réel était probablement dix fois plus élevé. La zone suivie couvre le cœur du secteur de pêche à l'hirondelle. Les villageois vivant en dehors de cette région ont répondu par la négative aux questions qui leur étaient posées sur les hirondelles.

L'impact de ce type de chasse de subsistance sur les populations d'Hirondelle rustique est difficile à estimer. Par rapport à la population globale de 170 millions d'oiseaux, la capture d'un million d'entre eux peut paraître insignifiante, en particulier si l'on considère que la plupart des prises en République centrafricaine ont lieu en automne et en début d'hiver (alors que l'essentiel de la mortalité hivernale n'a pas encore eu lieu). Toutefois, les données de reprises de 130 bagues parmi 58.754 Hirondelles rustiques tuées en République centrafricaine (taux de reprise de 0,22/100 individus) ont montré que ces oiseaux provenaient d'un secteur restreint en Europe, principalement d'Italie, de Serbie, de Croatie, de Slovénie et de Hongrie, entre 10 et 18°E (mais avec des reprises vers le nord jusqu'en Lituanie et en Finlande et vers l'ouest jusqu'aux Pays-Bas et au Royaume-Uni). L'impact de cette mortalité due à la chasse est donc probablement restreint à une faible partie de la population européenne, qui compte entre 3,6 et 6,3 millions de couples (en excluant les pays baltes et la Finlande ; BirdLife International 2004a), soit entre 14,4 et 25,2 millions d'oiseaux. La prédation par l'homme, même à l'échelle de la République centrafricaine, semble donc constituer un facteur de mortalité de faible importance par rapport à la mortalité causée par la sécheresse sur les quartiers d'hivernage et aux pertes subies lors de la traversée du Sahel et du Sahara au printemps.

variations des précipitations annuelles au Sahel et au Maghreb, la zone au nord du désert du Sahara (voir Fig. 11).

L'analyse des reprises en Afrique du Nord montre que le nombre de reprises d'Hirondelles rustiques est bien plus élevé au printemps qu'à l'automne, ce qui est cohérent avec la forte mortalité attendue du fait de conditions météorologiques plus défavorables au printemps (Chapitre 42 ; Fig. 258). Le nombre de reprises est négativement corrélé aux précipitations dans le Sahel au cours des six mois précédents (Fig. 242B).[7] En d'autres termes, le taux de survie a tendance à diminuer lorsque le Sahel subit une sécheresse. Une relation identique a été identifiée pour la Grande-Bretagne (Robinson *et al.* 2003a) et l'Italie (Saino *et al.* 2004).

Les conditions en Afrique australe, au Sahel et au Sahara peuvent se cumuler chez les Hirondelles rustiques qui ont passé l'hiver en Afrique australe, notamment celles de Grande-Bretagne, du Danemark et de Fennoscandie. L'impact des conditions au Sahel est donc

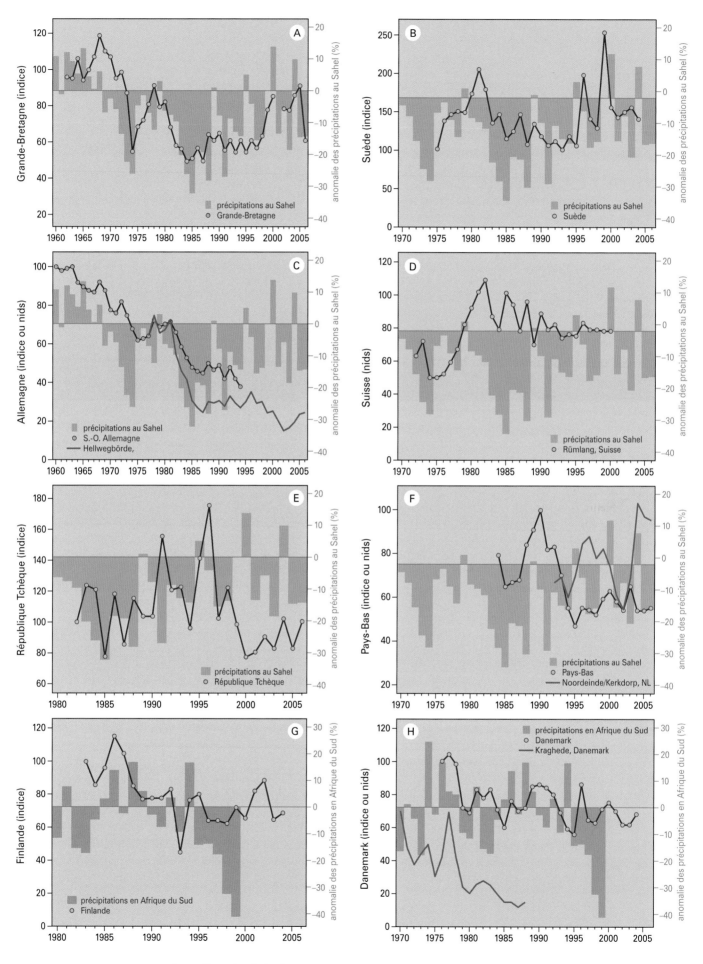

Sur les quartiers d'hiver africains, les juvéniles (au centre) peuvent être facilement distingués des adultes grâce à leur gorge plus brune et tachetée et à leur front clair. Une fois qu'ils ont fini leur mue, habituellement en mars, ils ressemblent aux adultes. Les femelles (à gauche) diffèrent des mâles (à droite) par leurs filets caudaux plus courts, sauf lorsqu'ils sont en mue (ranch de Mafundzalo, Kabwe, Zambie, fin novembre 2007).

probablement plus important sur ces populations nordiques, que sur les oiseaux d'Europe occidentale et centrale qui hivernent dans les forêts des zones de végétation soudano-guinéennes et guinéo-congolaises en Afrique centrale, où le régime des précipitations est plus stable (Fig. 11). L'évolution des populations britanniques d'Hirondelle rustique est plutôt bien corrélée aux précipitations au Sahel, mais les tendances en Suède, en Finlande, au Danemark, en Allemagne, en Suisse, en République Tchèque et aux Pays-Bas semblent fluctuer indépendamment de ces pluies (Fig. 241) et de celles du Maghreb.[8]

Fig. 241 Evolution des populations d'Hirondelle rustique dans plusieurs pays européens en fonction de l'indice des précipitations au Sahel ou en Afrique du Sud. Données de (A) BTO (Grande-Bretagne), (B) Lindstöm & Svensson 2005 (Suède), (C) Hölzinger 1999 (SO de l'Allemagne) et Loske 2008 (Hellwegbörde), (D) J. Muff cité par Schmid et al. 2001 (Rümlang, Suisse), (E) Reif et al. 2006 (République Tchèque), (F) SOVON (Pays-Bas), van den Brink 2006 (Noordeinde + Kerkdorp, Pays-Bas), (G) Väisänen 2005 (Finlande), (H) Heldbjerg 2005 (Danemark), Møller 1989 (Kraghede, Danemark). Il faut noter qu'il est difficile de réaliser un suivi fiable de l'Hirondelle rustique, sauf en comptant le nombre de nids dans des parcelles fixes (comme à Kraghede, Hellwegbörde, Noordeinde + Kerkdorp). Les tendances aux Pays-Bas, comme illustrées par des cartographies de territoires et des comptages de nids, montrent à quel point les résultats peuvent différer, probablement en grande partie pour des causes méthodologiques.

Les comparaisons entre pays montrent qu'en dehors de l'Allemagne et de la Suisse qui sont bien corrélées, les populations des autres pays européens fluctuent largement en plus d'être en déclin sur le long terme (pour la plupart des pays ; Fig. 241).[9] Le dénominateur commun à ce déclin à l'échelle européenne pourrait être l'évolution des pratiques agricoles, mais l'asynchronie des variations devrait alors être liée à des facteurs plus locaux ou régionaux.

Conditions de reproduction   A un niveau plus local, les tendances à long terme sont souvent très variées, comme c'est le cas en Angleterre où le déclin dans l'est et le sud-est contraste avec l'augmentation dans l'ouest (Robinson et al. 2003b, Evans et al. 2003). De telles différences reflètent les variations de l'utilisation du sol (terres arables ou prairies, degré de perte de sites de nidification et peut-être intensification de l'agriculture). L'étendue des déclins est masquée par le manque d'informations sur la première moitié du 20ème siècle. En 1930, le village agricole de Labenz près de Hambourg dans le nord de l'Allemagne était composé de 62 maisons qui abritaient 350 habitants (qui étaient décrits comme « im ganzen gutmütiger Gesinnung », c'est-à-dire « bien disposés envers la nature » et donc respectueux des animaux). Ce village abritait 110 nids d'Hirondelle rustique, qui ont élevé 210 nichées et 1024 jeunes. Un total impressionnant de 66% des maisons abritait un ou plusieurs nids (Matthiessen 1931). De telles densités sont inconnues de nos jours.[10] Par exemple, Berthold (2003) a comparé les communautés aviaires de deux villages du sud de l'Allemagne entre le milieu des années 1950 et le début des années 2000 (Möggingen) et entre le milieu des années 1970 et le début des années

2000 (Billafingen). Ces deux villages ont subi des déclins de l'ordre de 75%. Des déclins régionaux de 28 à 78% ont été trouvés par Turner (2006) pour différentes régions d'Europe occidentale, principalement depuis les années 1960. Les programmes de suivi qui ont débuté dans les années 1970 montrent souvent des fluctuations sans déclin clair ou marqué (voir également Fig. 241), probablement car la plupart des populations avaient déjà décliné jusqu'à des niveaux bas avant le début du programme. La perte d'habitat, de sites de reproduction et la réduction des populations d'insectes en secteur agricole ont tous été mentionnés comme étant des raisons principales de déclins de population et des variations régionales dans l'étendue de ces déclins (Evans & Robinson 2004, Turner 2006). Von Vietinghoff-Riesch (1955) fait clairement référence à ces facteurs dans sa monographie.

Les variations de tendances à court terme et le succès de reproduction peuvent être influencées par les conditions météorologiques locales. Loske & Lederer (1987) ont, par exemple, noté un impact négatif marqué des longues périodes de précipitations et de températures

Sur leurs sites de reproduction, les Hirondelles rustiques font preuve d'un fort commensalisme avec l'agriculture. Les systèmes agricoles traditionnels ont probablement fait croître les populations au cours des 19ème et 20ème siècles, mais l'agriculture industrielle actuelle offre bien moins d'opportunités pour l'espèce (tant pour l'alimentation que pour la reproduction), à tel point qu'un déclin à grande échelle a eu lieu en Europe occidentale.

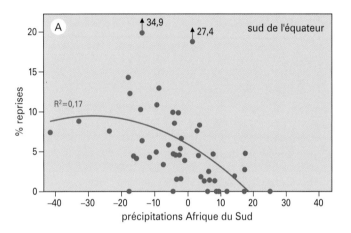

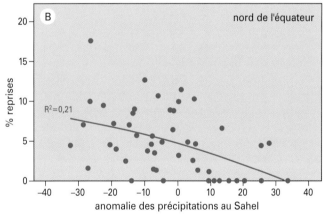

Fig. 242 Le nombre annuel relatif de reprises d'oiseaux britanniques en Afrique, calculé séparément pour les terres au sud (A) et au nord (B) de l'équateur, montre un lien avec les précipitations en Afrique du SE (d'après la Fig. 11) ou au Sahel (d'après la Fig. 9). D'après 6136 reprises d'Hirondelles rustiques mortes (pas de recaptures), dont 463 en Afrique : 208 au sud et 155 au nord de l'équateur. Données EURING.

faibles sur l'éclosion des œufs et la survie des poussins dans l'Hellwegbörde dans l'ouest de l'Allemagne. Le succès de reproduction et les tendances locales étant corrélées, et la productivité annuelle étant fortement dépendante du succès de la première nichée, les conditions climatiques à la fin mai et en juin sont particulièrement cruciales. A partir de 1981, la fréquence des évènements météorologiques défavorables dans leur aire d'étude a augmenté au cours de cette période, et sont probablement en partie responsables du déclin à long terme (Fig. 241). Ces facteurs locaux sont susceptibles de se combiner avec la mortalité en hivernage et avec l'effet induit des conditions d'hivernage (voir Chapitre 43).

Conclusion

Les Hirondelles rustiques d'Europe du Nord et de l'Est, ainsi que celles de Grande-Bretagne vont hiverner plus loin que les oiseaux d'Europe occidentale et orientale, et atteignent le tiers sud de l'Afrique. Les oiseaux d'Europe occidentale, centrale et méridionale passent principalement l'hiver dans une étroite bande entre 4 et 6°N dans la zone de transition constituée par les zones de végétation soudanienne et guinéenne. Pendant leur migration, les différentes populations se mélangent au sein de dortoirs communautaires. Les Hirondelles rustiques britanniques font preuve d'une corrélation négative avec le régime des pluies en Afrique du Sud (reflété par le nombre relatif d'oiseaux repris par année), et avec l'indice des précipitations au Sahel (à

un degré moindre). Ni les précipitations au Sahel, ni celles du Maghreb ne sont corrélées aux fluctuations de populations en Europe du Nord et de l'Ouest. La prédation par l'homme sur les dortoirs, bien que représentant des quantités importants d'oiseaux au Nigéria, au Cameroun et en République centrafricaine, n'a probablement pas d'impact sur l'évolution des populations. La tendance générale au déclin dans une grande partie de l'Europe est probablement due à des facteurs locaux liés à l'évolution des pratiques agricoles, mais le régime des précipitations en Afrique du Sud, au Sahel et au Sahara peuvent également influencer cette tendance à travers le taux de survie et des effets induits.

Notes

1   Bien entendu, il peut paraître étrange de parler « d'hivernage en Afrique du Sud », alors que les hirondelles profitent en décembre-janvier des conditions estivales australes. Afin de rester bref toutefois, « hiver » est utilisé ici pour désigner l' « hiver boréal », en prenant le risque d'être taxé d'eurocentrisme.

2   La corrélation entre l'indice des pluies d'Afrique du Sud (Fig. 11) et les stations pluviométriques individuelles est plutôt bonne, ce qui suggère que les précipitations sont synchronisées dans une grande partie de l'Afrique du Sud. Les précipitations à Johannesburg et Pretoria ne sont toutefois pas corrélées à celles du Karoo et de ses environs.

3   La corrélation entre les précipitations en Afrique du Sud et l'indice de population au Danemark est R=+0,325, P=0,121, N=24 et la corrélation avec l'indice de Kraghede est R=-0,016, P=0,949, N=19. La corrélation entre les précipitations en Afrique du Sud et le logarithme (variation de population) pour la population danoise est R=+0,350, P=0,154, N=23, et pour Kraghede, R=+0,051, P=0,817, N=18.

4   La corrélation entre les précipitations en Afrique du Sud et l'indice de population en Finlande est R=+0,434, P=0,082, N=17 et celle avec le logarithme (variation de population) est R=+0,168, P=0,534, N=16.

5   La corrélation entre les précipitations en Afrique du Sud et l'indice de population en Grande-Bretagne est R=-0,192, P=0,248, N=38 et celle avec le logarithme (variation de population) est R=-0,110, P=0,515, N=17.

6   La fonction polynomiale est très significative (P=0,004, N=48). Les précipitations au Sahel n'ont pas d'impact sur le nombre relatif de reprises au sud de l'équateur (P=0,815). Nous n'avons pas trouvé d'explication pour les valeurs aberrantes en 1968 et 1970.

7   La fonction polynomiale est très significative (P=0,003, N=54). Les précipitations en Afrique du Sud n'ont pas d'impact sur le nombre relatif de reprises au nord de l'équateur (P=0,27).

8   La population britannique est significativement corrélée aux précipitations au Sahel (R²=0,580, P<0,001, n=48), et faiblement corrélée aux précipitations en Afrique du Nord (R²=0,121, P=0,044, n=33) avec un déclin linéaire significatif (R²=0,312, P<0,001, n=48). Dans une analyse de régression multiple progressive, où l'année est analysée en premier, l'impact du Sahel reste significatif (P<0,001), mais pas la contribution des précipitations en Afrique du Nord (résultat pour année + Sahel : total : R²=0,523, P<0,001). Le déclin de la population allemande est toujours plus prononcé que celui de la population britannique (R²=0,969, P<0,001, n=34). L'impact du Sahel est également significatif (R²=0,502, P<0,001, n=34). Si l'on considère qu'il existe un déclin linéaire global, l'impact additionnel du Sahel reste présent, mais sa contribution devient faiblement significative.

9   Il existe au total 110 corrélations entre les 11 séries montrées dans la Fig. 241, dont 16 sont significativement positives et 2 significativement négatives. Les autres corrélations, bien que positives pour la plupart ne sont pas significatives. Huit des 11 séries montrent un déclin net, qui explique déjà pourquoi certaines des séries sont positivement corrélées. Ainsi, les tendances d'évolution des populations n'ont pas grand-chose de commun, à l'exception du déclin. En outre, la matrice de corrélations avec les logarithmes (variations de population) révèle de nombreuses corrélations non significatives, avec quelques exceptions. Par exemple, les fluctuations en Suisse et sur les deux sites allemands sont significativement corrélées, tout comme les tendances au Danemark et en Suède.

10 Fridtjof Ziesemer a signalé que les oiseaux nicheurs de Labenz ont été à nouveau cartographiés en 1995 (Jeremin K. 1999. Brutvögel des Dorfes Labenz in 1931 und 1995 – Wandel von Dorfstruktur und Vogelwelt. Corax 18 : 88-103). La densité moyenne d'oiseaux nicheurs est passée de 130 territoires/10 ha à 149/10 ha, principalement en raison de l'urbanisation. En revanche, l'Hirondelle rustique a décliné à 53 nids, contre 117 en 1931.

Bergeronnette printanière
Motacilla flava

La transhumance au Sahel a une importance particulière pour les Bergeronnettes printanières. Des milliers de groupes de bergeronnettes suivent les bovins, les chèvres et les moutons lorsqu'ils traversent les plaines, les savanes et le désert pour profiter des variations saisonnières des ressources alimentaires. La région fréquentée par les 110 millions d'herbivores du Sahel occidental est grossièrement répartie entre les zones qui reçoivent moins de 100 mm de précipitations (insuffisant pour la pousse de l'herbe) et celles qui reçoivent plus de 1000 mm (où la mouche tsé-tsé règne). Dans cette zone, les plaines inondables fournissent un formidable banquet temporaire, lorsque la végétation pousse à vitesse accélérée lors de la décrue. Entre décembre et avril, en fonction de la hauteur des inondations, le paradis des pêcheurs se transforme en un rêve de pasteur. L'arrivée des grands troupeaux dans les zones hors d'eau est accompagnée d'un afflux de Bergeronnettes printanières, dont les cris aigus sont facilement audibles au milieu des souffles, des grognements et du piétinement du bétail. Alors qu'elles ne sont particulièrement abondantes nulle part en journée, les bergeronnettes deviennent soudainement innombrables juste avant le crépuscule, lorsqu'un flux continu se met en route en direction des dortoirs. Aussi loin que l'œil peut voir, c'est une véritable invasion. Il est presque impossible de les dénombrer, car le flux passe principalement quand il fait presque noir. L'échelle de cette migration quotidienne, donne en revanche une bonne impression des populations abritées par l'immensité de l'Eurasie où les bergeronnettes nichent, et vers où elles se préparent à repartir, malgré les nombreux périls rencontrés en route.

Aire de reproduction

La Bergeronnette printanière niche dans toute l'Europe, jusqu'à l'isotherme 10°C au nord, et occupe toutes les zones climatiques entre la toundra arctique et la Méditerranée. Les densités les plus fortes se rencontrent en Europe boréale et orientale. Les dernières estimations de population pour l'Europe donnent entre 8 et 14 millions couples nicheurs à la fin des années 1990, principalement en Europe de l'Est, en Biélorussie, en Russie et en Turquie (BirdLife International 2004a). Plusieurs sous-espèces sont reconnues, parmi lesquelles la sous-espèce égyptienne *M.f.pygmaea* est sédentaire et endémique et la population marocaine de *M.f.iberiae* l'est partiellement (Thévenot *et al.* 2003). En Europe, toutes les populations sont migratrices et hivernent à travers l'Afrique au sud du Sahara (*i.e. flavissima, flava, thunbergi, cinereocapilla, feldegg, beema* et *lutea*). La reprise la plus orientale d'un oiseau bagué en Afrique provient de l'Ob en Sibérie occidentale à environ 77°E (Zink 1975). Cet oiseau devait appartenir à la sous-espèce *M.f.thunbergi*, dont une grande partie de la population hiverne en Afrique (et le reste dans le sous-continent indien).

Migration

La répartition et abondance de la Bergeronnette printanière au sud du Sahara est un sujet complexe, avec des variations raciales dans la répartition, des variations du sexe-ratio selon la latitude et des fluctuations de population en fonction des saisons (Wood 1992, Bell 1996, 2007a, 2007b). Les informations disponibles indiquent un gradient de répartition d'ouest en est des différentes sous-espèces identique à celui constaté au sein de l'aire de reproduction (Zink 1975 ; Fig. 243A. Les Bergeronnettes printanières d'Europe de l'Ouest, appartenant à la race *M.f.flavissima*, hivernent principalement en Sénégambie, de la Guinée-Bissau et de la Guinée jusqu'à la Sierra Leone. Les races *flava* et *thunbergi*, qui proviennent de sites de reproduction entre 10° et 30°E, hivernent largement en Afrique de l'Ouest entre le Delta Intérieur du Niger et le Lac Tchad. Les oiseaux de la moitié est du Sahel et d'Afrique orientale sont composés d'un mélange des races d'Europe du Nord et de l'Est, comme *thunbergi, flava, feldegg* et *lutea*. Les oiseaux bagués au Kenya ont été principalement repris en Europe à l'est de 30°E en Russie (Zink 1975). Les Bergeronnettes printanières russes et kazakhes qui nichent à l'est de la Mer Caspienne hivernent en partie dans le sous-continent indien (McClure 1974), mais *M.f.lutea* est également un visiteur hivernal très répandu en Afrique de l'Est (Keith *et al.* 1992). Au sein de la zone sahélienne, les oiseaux britanniques hivernent en moyenne 1000 km plus à l'ouest que les oiseaux suédois, et les oiseaux finlandais en moyenne 1350 km plus à l'est que les oiseaux suédois (Fig. 243). Cette séparation n'est que très grossière, et il existe en réalité un fort recouvrement entre les sites d'hivernage dans tout le Sahel, et même au sein d'entités géographiques plus réduites, comme au Nigéria (Wood 1975).

En plus de ce gradient de répartition ouest-est au sud du Sahara en fonction de l'origine des oiseaux, les Bergeronnettes printanières les plus nordiques migrent au-delà des populations plus méridio-nales pour hiverner plus au sud (Wood 1975, 1992, Bell 1996). Ainsi, au Nigéria, *thunbergi* (originaire de Scandinavie) hiverne au sud de *cinereocapilla* (Italie), *feldegg* (Balkans) et *flava* (Europe centrale), qui occupent les parties centrales et nordiques du pays de Vom à Nguru et au Lac Tchad (Fry *et al.* 1970, Wood 1975 & 1992, Bell 2006). Les indications fournies par le baguage indiquent une variation du sexe-ratio en fonction de la latitude, avec un hivernage en moyenne plus au nord chez les mâles que chez les femelles (Wood 1992).

Répartition en Afrique

En Afrique sub-saharienne, les Bergeronnettes printanières font partie des migrateurs insectivores originaires du Paléarctique les plus ubiquistes. Le Pipit à dos uni *Anthus leucophrys* est l'un des quelques insectivores locaux qui utilisent la même niche, mais il est largement dépassé en nombre par les millions de Bergeronnettes printanières. Il existe peu d'habitats en Afrique qui n'accueillent pas de Bergeronnettes printanières, en dehors des secteurs urbains surpeuplés et des forêts denses, mais les densités sont très variables.

D'après les densités trouvées lors des sondages par parcelle dans différents habitats d'Afrique de l'Ouest (Chapitre 11), nous avons estimé que la Bergeronnette printanière est le visiteur hivernal le plus commun dans les rizières de Sénégambie, de Guinée-Bissau et de

Fig. 243 Origines en Europe de 354 Bergeronnettes printanières reprises entre 4° et 37°N. Données EURING. Afin d'éviter de surcharger la figure, les axes ne sont pas représentés pour les reprises dans le sud de l'Espagne et l'Afrique du NO.

Guinée-Conakry. La densité moyenne au cours des hivers 2004/2005 et 2005/2006 était de 2,37 ind./ha, ce qui amène à un total de 268.000 individus hivernant au sein des 1120 km² de rizières dans ces pays (Bos *et al.* 2006 ; Chapitre 6). Les îlots de végétation naturelle au sein des rizières abritaient une densité bien plus faible, de l'ordre de 0,9 ind./ha. En utilisant également des sondages de densité, Wymenga *et al.* (2005) sont arrivés à un total de 320.000 Bergeronnettes printanières dans les rizières irriguées de l'*Office du Niger* au Mali (700 km²).

L'échantillonnage par parcelles dans le Delta du Sénégal au début des années 2000 a permis d'obtenir une estimation d'environ 500.000 Bergeronnettes printanières en hiver (Chapitre 7). Pour la totalité du Delta Intérieur du Niger, la population hivernale est estimée à un million d'oiseaux dans les plaines inondables (Tableau 8), mais comme l'espèce se rencontre également sur les plaines émergées environnantes, le total pourrait atteindre 1,5 million d'oiseaux. Au sein des plaines inondables, il s'agit du migrateur paléarctique le plus abondant, qui occupe 40% des parcelles échantillonnées avec une densité moyenne de 5,4 ind./ha lorsqu'il est présent. Les plus fortes densités ont été rencontrées dans les champs de riz humides, dans les herbiers de *bourgou* et les prairies ou eaux stagnantes avec moins de 80 cm d'eau. En général, les zones sèches accueillent des densités plus faibles, sauf si du bétail est présent. Les densités de Bergeronnettes printanières lorsqu'elles sont associées au bétail sont cinq fois plus fortes que dans des habitats identiques sans bétail (Chapitre 6). Il est possible que le doublement du nombre de vaches et le triplement du nombre de moutons et de chèvres au Sahel occidentale entre 1985 et 2005 (Chapitre 5) ait créé des sites d'alimentation additionnels en hiver pour les Bergeronnettes printanières.

Stratégies d'hivernage au Sahel

Les Bergeronnettes printanières se nourrissent au sol où elles font de petits bonds. Au Sahel, elles sont souvent associées aux zones humides ou aux secteurs agricoles. Leur commensalisme avec les mammifères herbivores, qui attirent et dérangent les insectes en se nourrissant, est typique de cette région, mais également ailleurs en migration (Källander 1993). La préférence pour les insectes comme les coléoptères, hémiptères, hyménoptères et orthoptères est clairement révélée par l'analyse des contenus stomacaux d'oiseaux collectés dans le centre du Nigéria (Vom, 9°42'N, 8°45'E ; Wood 1976). A cet égard, les Bergeronnettes printanières sont clairement désavantagées par rapport à des nombreuses espèces de fauvettes qui consomment principalement des fruits, car la biomasse d'arthropodes décline fortement au cours de la saison sèche (entre octobre et mars), en raison de la diminution du taux d'humidité dans le sol. Les insectivores arboricoles ou aériens sont moins susceptibles de souffrir que les insectivores terrestres, car la sévérité des conditions peut être atténuée par la présence d'arbustes et d'arbres qui, grâce à leur capacité à pomper l'eau dans le sol, sont capables de garder leurs feuilles et d'abriter des arthropodes pendant toute la saison sèche (Morel 1968, 1973). Les insectivores terrestres dépendent totalement de la disponibilité en insectes au sol, où l'impact de la sécheresse est le plus fort. Le déclin de la biomasse au cours de la saison se reflète dans la diminution du succès d'alimentation de 25% par mois au fur et à mesure de l'avancée de la saison, parallèlement

Les millions de Bergeronnettes printanières utilisent une large gamme d'habitats en Afrique, de très secs à humides. Les abords de l'eau, qui abritent quantité d'insectes, sont préférés. Les oiseaux y défendent souvent des territoires, même lorsque les sites d'alimentation ne sont disponibles que pour de courtes périodes. Les mâles chassent les femelles et les juvéniles.

à une diminution de 57% par mois de la biomasse d'arthropodes sur les sites d'alimentation (près de Vom, centre du Nigéria ; Wood 1978). Les Bergeronnettes pourraient donc se trouver dans des conditions particulièrement difficiles juste avant la migration prénuptiale, à une période où elles passent plus de 75% des heures de jour à se nourrir activement (Wood 1992). Alors qu'elles n'ont en moyenne besoin que de 6,5 pas entre deux captures successives fin novembre, ce chiffre augmente progressivement jusqu'à atteindre 22,6 pas fin mars (Wood 1979), ce qui est un signe clair qu'elles éprouvent des difficultés grandissantes à attraper leur nourriture. Il faut toutefois noter que ces chiffres ne nous renseignent pas sur l'apport alimentaire. Les Bergeronnettes printanières peuvent en partie contourner le problème en se dispersant vers des régions plus favorables vers le sud, bien que les données de baguages semblent montrer que cette stratégie est assez rare. L'alternative, qui serait une mortalité sur place par famine de l'ordre de 68% (d'après les quantités restantes à Kano, nord du Nigéria, 12°00'N, 8°30'E ; Ashford 1970), n'est pas très probable. La diminution de 64% de la taille du dortoir à Vom dans le centre du Nigéria a donc été attribuée à la fois à la mortalité et au déplacement des oiseaux vers d'autres dortoirs, peut-être plus au sud (Wood 1992).

Accumulation de réserves pré-migratoires et stratégies de départ au Sahel

Les Bergeronnettes printanières accumulent des graisses jusqu'à hauteur de 40% de leur poids maigre avant leur départ vers les sites de reproduction (Ward 1964, Smith & Ebbutt 1965). Au Nigéria, les oiseaux hivernant dans le nord accumulent des réserves et partent les premiers, alors qu'ils n'ont pas vu la moindre pluie au cours de la dernière partie de leur hivernage. Il s'agit d'un paradoxe, si l'on considère la diminution de la disponibilité alimentaire au cours de l'hiver. Celles qui hivernent plus au sud, *i.e.* les populations d'Europe du Nord qui hivernent plus loin des sites de reproduction que celles d'Europe centrale et méridionale, suivent progressivement et ne partent pas pour l'Europe avant que quelques semaines se soient passées après les premières pluies de la saison humide dans les zones soudanienne et guinéenne. L'accumulation de réserves a lieu environ 25 jours plus tard que dans le nord du Sahel (Wood 1992, Bell 2007b). En moyenne, les femelles hivernent plus au sud que les mâles et accumulent des réserves plus tardivement (à cause d'un accès aux ressources limité par la dominance des mâles ?). La quantité de réserves accumulée par les Bergeronnettes printanières suffit tout juste à traverser le Sahara en un vol ininterrompu d'environ 70 heures (Wood 1982). L'accumulation de graisse pré-migratoire commence juste avant la fin de la mue prénuptiale partielle, habituellement à la mi-mars dans le nord du Sahel, fin mars ou début avril dans le sud du Sahel et vers la mi-avril dans la zone soudanienne (Bell 2007a). Les Bergeronnettes printanières hivernant dans la zone soudanienne, principalement des *thunbergi*, pourraient profiter des précipitations qui débutent en mars, mais – lorsqu'elles se déplacent vers le nord et la bordure du Sahara avant d'effectuer leur long périple à travers le désert – rencontrent quand même une terre desséchée dans le nord du Sahel où la pluie a été absente pendant plus de sept mois d'affilée. A cet instant, les populations de Bergeronnettes printanières d'Europe du Sud et centrale ont déjà quitté la région, et les ressources alimentaires locales sont au plus bas (Wood 1979, Bell 2007b). Le besoin de voler sur une distance supérieure à celle nécessitée par la traversée du désert, qu'il soit causé par la sécheresse ou la dégradation des habitats, pourrait être un facteur critique agissant sur la capacité des oiseaux à atteindre leurs sites de reproduction en Europe. Cet obstacle additionnel affecterait particulièrement les oiseaux d'Europe du Nord (en raison de leur stratégie et de leur calendrier migratoire ; Bell 2007a) et les femelles (qui hivernent plus au sud que les mâles). Un problème identique se poserait en cas d'extension vers le nord ou vers le sud du Sahara du fait d'une modification à long terme des précipitations (Chapitre 4). Ce phénomène étant peut-être déjà en cours du fait des modifications si importantes de l'occupation du sol, comme par exemple dans les plaines inondables de Hadéjia-Nguru dans le nord du Nigéria, où en raison de la réduction de la dynamique des crues, la prolifération des typhas envahit d'immenses zones et réduit les surfaces cultivées (Chapitre 8). Lorsque les secteurs agricoles constituent les principales zones d'alimentation, comme c'est le cas près de Nguru, une telle perte d'habitat pourrait expliquer non seulement le retard observé dans l'accumulation de réserves et l'augmentation des densités (et donc des comportements agressifs), mais aussi l'intense compétition pour l'obtention de ressources en diminution (Bell 2006). Ces signes de stress fournissent des indications circonstanciées d'une mortalité dépendante de la densité causée par une condition physique précaire, et peut-être également d'une diminution du succès de reproduction, si le retard de la migration printanière empêche les oiseaux de défendre des sites de reproduction face aux oiseaux qui ont hiverné ailleurs. En outre, il faut noter que les résultats obtenus près de Nguru suggèrent que les Bergeronnettes printanières sont prisonnières de leurs sites d'hivernage, et ne sont apparemment pas capables de se déplacer pour répondre à la diminution de taille de leurs sites d'hivernage traditionnels (Bell

Une analyse phylogénétique a montré l'existence de trois clades au sein de l'espèce traditionnellement reconnue, *Motacilla flava*, chacun étant reconnu comme espèce à part entière (Pavlova *et al.* 2003). Le groupe occidental couvre l'Europe et l'Asie du Sud-Ouest et hiverne principalement en Afrique. Parmi les nombreuses sous-espèces hivernant en Afrique, *flava* (ici un mâle adulte au Sénégal en janvier 2007) et *thunbergi* sont très répandues et abondantes. L'identification subspécifique n'est pas toujours aisée, comme l'a remarqué Brian Wood (1975), qui a étudié de manière intensive les Bergeronnettes printanières au Nigéria en 1973-1974.

2006). A plus grande échelle, ceci signifierait que la perte d'habitat sur les sites d'hivernage sub-sahariens, en particulier en bordure sud du Sahara (Chapitre 6 et 7) peuvent potentiellement contribuer au déclin global des populations (voir les tendances en Fennoscandie ci-après). Toutefois, dans une grande partie de l'Europe, cet impact est indiscernable, car les choix d'habitats des Bergeronnettes printanières en Afrique sont suffisamment diversifiés (par exemple, en secteur agricole, l'accompagnement du bétail et l'utilisation des plaines inondables et des réservoirs d'eau) pour qu'elles échappent aux effets immédiats des sécheresses, à moins que celles-ci ne soient durables et très étendues.

Evolution de la population

Conditions d'hivernage   Il existe 58 reprises de Bergeronnettes printanières au sud du Sahara, ce qui représente 3% des 1910 reprises de Bergeronnettes printanières mortes dans la base de données EURING, mais un nombre bien plus important (231, soit 12,1%) ont été reprises au Sahara et au Maghreb. Le nombre relatif de reprises en Afrique varie d'année en année, et est significativement plus élevé lors des années sèches au Sahel (Fig. 244). L'impact est peu significatif pour la région au sud du Sahara, mais l'échantillon est de petite taille (Fig. 244, graphique du haut). L'impact significatif du Sahel sur les reprises au Sahara et au nord de celui-ci (qui datent presque toutes du printemps) suggère que pendant les années sèches au Sahel, les Bergeronnettes printanières n'arrivent pas à accumuler suffisam-

Pendant la décrue, le Delta Intérieur du Niger au Mali accueille temporairement des millions de bovins, de chèvres et de moutons. Les troupeaux sont suivis d'immenses groupes de Hérons garde-bœufs et de Bergeronnettes printanières. Ce cliché a été pris de Gourao et montre le seul autre point haut, Soroba, au sein d'une plaine autrement sans relief (janvier 2007).

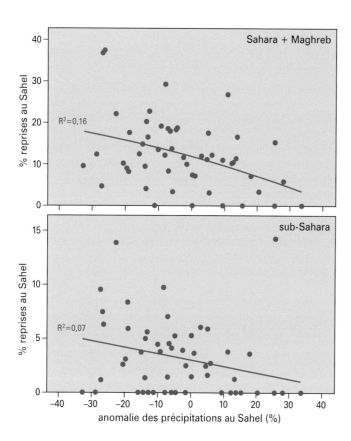

Fig. 244 Nombres annuels de reprises de Bergeronnettes printanières au Sahara et au Maghreb (au-dessus de 20°N) et au sud du Sahara (4°-20°N) exprimés en pourcentage du nombre total repris en Europe et en Afrique (oiseaux morts seulement) entre 1949 et 2002 (respectivement P<0,001 et P<0,05 ; 54 années avec plus de 10 reprises sélectionnées). Données EURING.

ment de réserves corporelles pour traverser le désert (Fig. 244 ; graphique du bas). Ce sujet est discuté plus longuement au Chapitre 42.

Parmi les nombreuses tendances publiées aux échelles locale, régionale et nationale, dans huit pays d'Europe, celles de Grande-Bretagne (Fig. 245A), des Pays-Bas (Fig ; 245B), de Finlande (Fig. 245E), de Suède (mais pas de Laponie où une forte augmentation a été notée depuis les années 1960 ; Enemar *et al.* 2004 ; fig. 245C), d'Allemagne (Fig. 245D) et de Pologne indiquent un déclin au cours de la fin du 20ème siècle, malgré des stabilisations temporaires. Les fluctuations des populations britanniques, néerlandaises et fennoscandiennes semblent être synchronisées.[1]

A quel point ces fluctuations de la taille des populations sontelles liées aux conditions d'hivernage en Afrique sub-saharienne ? Et quelles sont les facteurs les plus importants en hivernage ? Pour répondre à ces questions, nous avons pris en compte le fait que les Bergeronnettes printanières sont largement répandues dans de nombreux types d'habitats, secs ou humides, des plaines inondables à la savane arborée, avec ou sans bétail, et dans les zones de végétation sahélienne, soudanienne et guinéenne. De grands effectifs étant concentrés dans les plaines inondables (Chapitre 6), on peut s'attendre à ce qu'un lien existe entre la taille des plaines inondables et la taille de la population. De la même manière, de grandes quantités fréquentent également la savane secondaire en s'associant aux herbivores, et l'on peut donc s'attendre à une corrélation avec les précipitations et la couverture végétale (Indice de Végétation Normalisé, NDVI).

Les populations nordiques migrant plus loin vers le sud, et quittant le plus tard leurs sites d'hivernage, elles font face aux pires condi-

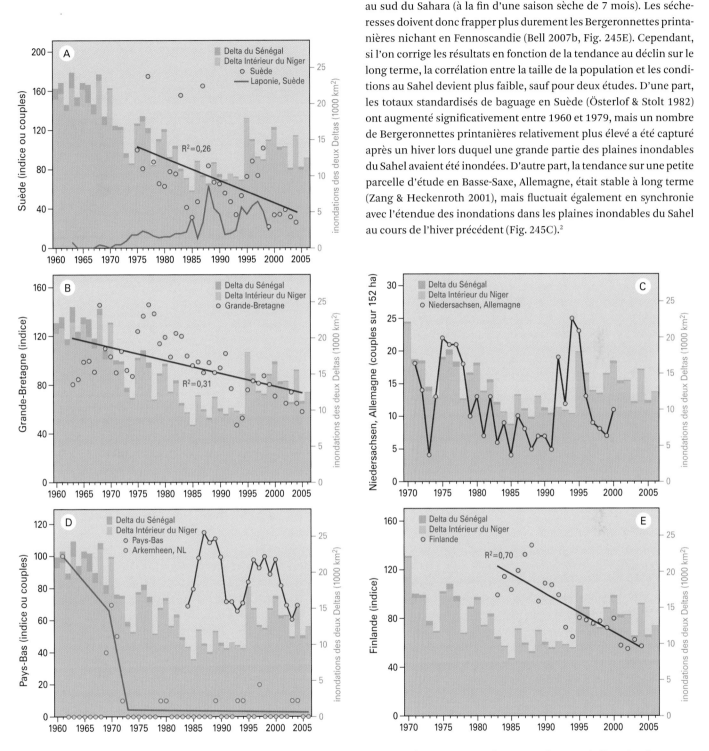

tions lors de leur migration prénuptiale sur leurs sites de départ juste au sud du Sahara (à la fin d'une saison sèche de 7 mois). Les sécheresses doivent donc frapper plus durement les Bergeronnettes printanières nichant en Fennoscandie (Bell 2007b, Fig. 245E). Cependant, si l'on corrige les résultats en fonction de la tendance au déclin sur le long terme, la corrélation entre la taille de la population et les conditions au Sahel devient plus faible, sauf pour deux études. D'une part, les totaux standardisés de baguage en Suède (Österlof & Stolt 1982) ont augmenté significativement entre 1960 et 1979, mais un nombre de Bergeronnettes printanières relativement plus élevé a été capturé après un hiver lors duquel une grande partie des plaines inondables du Sahel avaient été inondées. D'autre part, la tendance sur une petite parcelle d'étude en Basse-Saxe, Allemagne, était stable à long terme (Zang & Heckenroth 2001), mais fluctuait également en synchronie avec l'étendue des inondations dans les plaines inondables du Sahel au cours de l'hiver précédent (Fig. 245C).[2]

Fig. 245 Tendances d'évolution des populations de Bergeronnettes printanières dans plusieurs régions d'Europe en fonction de l'étendue des inondations dans le Delta Intérieur du Niger et le Delta du Sénégal au cours de l'hiver précédent. Le nombre de couples à Arkemheen a été multiplié par 10 pour être visible. D'après : (A) Lindström & Svensson 2005 (Suède, indice), Enemar *et al.* 2004 (Laponie, couples), (B) вто (Grande-Bretagne), (C) Zang & Heckenroth 2001 (Allemagne, Basse-Saxe, SE Hitzäcker), (D) sovon (Pays-Bas), van den Bergh *et al.* 1992, van Manen 2008 (Pays-Bas, Arkemheen) et (E) Väisänen 2005 (Finlande).

Tableau 27 Contraction de l'aire de reproduction dans différents pays européens depuis les années 1960 et 1970.

Pays	Carrés occupés	% change	Source
Finlande			
1974-79	2867		
1980-89	2668	-6.9	Väisänen *et al.* 1998
Danemark			
1971-74	770		
1993-96	521	-32.2	Grell 1998
Suisse			
1972-76	57		
1993-96	31	-45.6	Schmid *et al.* 1999
République tchèque			
1973-77	279		
2001-2003	217	-22.2	Šťastný *et al.* 2005
Pays-Bas			
1973-77	1416		
1998-2000	1287	-9.1	Hustings & Vergeer 2002
Grande-Bretagne			
1968-72	1155		
1988-91	1047	-9.4	Gibbons *et al.* 1993

Les immenses changements subis au cours des dernières décennies par les paysages agricoles en Europe occidentale, illustrés ici par des pâtures utilisées pour l'élevage laitier en Frise, Pays-Bas, ont eu un impact majeur sur l'évolution des populations de nombreux oiseaux, y compris sur des migrateurs au long cours hivernant au Sahel (mai 1992).

L'absence d'impact indiscutable des inondations et des précipitations sur la taille des populations dans la plupart des études suggère que d'autres facteurs peuvent être prédominants, notamment ceux liés aux habitats sur les sites de reproduction (voir ci-après).

Conditions de reproduction   En tant que passereau insectivore de plus en plus confiné à des habitats de reproduction en secteur agricole, la Bergeronnette printanière est susceptible d'être avant tout influencée par des modifications à long terme des pratiques agricoles en Europe, plus que par les impacts du Sahel, notamment dans les pays d'Europe du Nord, de l'Ouest et du centre de l'Union Européenne (Finlande, Suède, Allemagne, Grande-Bretagne et Pays-Bas). [3]

Des déclins, en particulier dans les secteurs prairiaux (voir les données d'Arkemheen, Fig. 245D), sont connus dans les pays d'Europe de l'Ouest et du Nord depuis les années 1950 au moins. Ces déclins pourraient avoir été masqués par l'augmentation simultanée des terres arables (Bauer & Berthold 1996). Le déclin le plus documenté est celui qui a eu lieu en Grande-Bretagne, où la population a chuté de 40% entre 1968 et 1998 (d'après les données des suivis d'oiseaux communs ; BTO) et de 14% entre 1994 et 2002 (données du suivi des oiseaux nicheurs ; BTO). Parallèlement, l'aire de répartition s'est réduite de près de 10% entre 1968-1972 et 1988-1991 (Tableau 27). Simultanément à ces déclins, un report des prairies humides vers les terres arables occupées par des cultures à semis printaniers a eu lieu (Chamberlain & Fuller 2000). Les déclins dans les prairies humides

des basses terres d'Angleterre et du Pays-de-Galles ont atteint en moyenne 65% entre 1982 et 2002 (Wilson & Vickery 2005). Bien que les mécanismes régissant ces modifications ne soient pas totalement compris, les modifications des pratiques agricoles, telles que le drainage, l'utilisation de fertilisants, les régimes de fauche et l'application d'herbicides sont susceptibles d'avoir réduit la qualité et l'étendue des sites d'alimentation et de nidification (Vickery *et al.* 2001, Newton 2004).

L'expérience britannique n'est pas très différente de celles qui ont eu lieu dans une grande partie de l'Europe, où l'agriculture s'est intensifiée à un degré identique, voire même supérieur (Bauer & Berthold 1996, Pain & Pienkowski 1997). Des contractions d'aires, révélées par les atlas d'oiseaux nicheurs successifs montrant la présence ou l'absence dans des carrés fixes, ont eu lieu en Finlande, au Danemark, en Suisse, en République Tchèque et aux Pays-Bas (Tableau 27). Les augmentations apparentes de la présence entre un premier et un second atlas, comme en France (1970-1975 puis 1985-1989 ; Yeatman 1976, Yeatman-Berthelot & Jarry 1994) et en Slovaquie (1973-1977 puis 1985-1989 ; Šťastný *et al.* 1987, Danko *et al.* 2002), peuvent être attribuées à une meilleure couverture lors de la seconde enquête. Le report des pâtures et prairies de fauche vers les terres cultivées lors de la seconde moitié du 20ème siècle a été démontré pour la Suisse (Schmid *et al.* 2001), les Pays-Bas (Hustings & Vergeer 2002), les Flandres (Vermeersch *et al.* 2004) et la France (Yeatman-Berthelot & Jarry 1994), et s'est accompagné d'un déclin dans les secteurs prairiaux et d'une augmentation dans les zones cultivées. Cependant, l'intensification

des pratiques dans les terres cultivées entraîne également un déclin, observé notamment en Pologne (Tryjanowski & Bajczek 1999) et en Europe centrale (Bauer & Berthold 1996).

Il faut noter que la grande majorité des Bergeronnettes printanières européennes nichent dans sa moitié est, en particulier en Biélorussie, en Russie et en Ukraine, pays qui abritent plus de 60% des nicheurs européens (BirdLife International 2004a). Très peu d'informations sont disponibles sur l'évolution des populations à l'est de la Pologne, à l'exception du fait que l'espèce reste l'un des oiseaux nicheurs les plus communs, comme elle l'était au début du 20ème siècle (Zedlitz 1921, Tomiałojć & Głowaciński 2006), dans des habitats relativement peu perturbés.

Conclusion

La vision d'ensemble pour les populations d'Europe occidentale, centrale et du Nord est assez claire : de forts déclins et d'importantes contractions d'aires, principalement associés à l'intensification de l'agriculture dans la deuxième moitié du 20ème siècle. Le sort des oiseaux d'Europe de l'Est est inconnu, à la fois en Afrique, où ils hivernent, et sur les sites de reproduction, où les changements ont probablement été moins profonds que dans le reste de l'Europe. Nous supposons que les précipitations et les inondations au Sahel affectent le processus d'accumulation de réserves pré-migratoire au printemps, car le nombre d'oiseaux capables de franchir le désert est plus faible lors des années sèches. Lors de ces années, une contraction vers le sud du Sahel a lieu en Afrique de l'Ouest, qui oblige les oiseaux à effectuer au printemps des vols ininterrompus plus longs que prévus. L'impact global du Sahel sur l'évolution des populations est toutefois limité et masqué par les modifications des conditions de reproduction en Europe.

Notes

1   L'indice des populations britanniques, qui représente la plus ancienne série de données, varie de manière concordante avec ceux de Suède (R=+0,673, P=0,031), de Finlande (R=+0,714, P<0,001) et des Pays-Bas (R=+0,442, P=0,051). Toutefois, si l'on cherche à rapprocher les variations annuelles, les corrélations ne sont plus significatives, sauf pour la Grande-Bretagne et la Finlande (R=+0,532, P=0,016, N=20).

2   Une régression multiple des totaux standardisés de baguage en Suède entre 1960 et 1979 (Österlof & Stolt 1982) montre une relation significative avec l'année (P<0,001) et l'étendue des plaines inondables au Sahel (P=0,029) ; N=19 ; R^2= 0,512. Pour le jeu de données d'Allemagne entre 1971 et 2000 (Fig. 245D), seule l'étendue des inondations est significativement corrélée (P=0,008 ; année : P=0,732) ; N=29 ; R^2=0,260. La variation expliquée est plus faible lorsqu'à la place de l'étendue des inondations, on utilise les précipitations ou l'indice de végétation (NDVI) dans l'analyse.

3   Le déclin des populations de Bergeronnette printanière est fortement significatif en Finlande, en Suède et en Grande-Bretagne, et non significatif aux Pays-Bas (Fig. 245). La tendance est également significativement à la baisse dans l'ouest de la Pologne (R=-0,892, P<0,001, N=11 ; Tryjanowski & Bajczyk 1999). Les tendances à long terme en Allemagne (Flade & Schwarz 1996), à SE Hizhacker, Basse-Saxe, Allemagne (Zang & Heckenroth 2001), à Gampel et Grossen Moos, Suisse (Schmid et al. 2001), et au Zürcher Weinland (Schümperlin 1994) ne sont pas significatives. Deux tendances sont significativement en augmentation : Thurgau & Zürcher Weinland, Suisse, entre 1989 et 2001 (R=+0,589, n=13, P<0,001 ; Schmid et al. 2001) et en France entre 1983 et 2000 (R=0,872, N=13, P<0,001 ; www.mnhn.fr/mnhn/crbpo/fiches_especes/caille.htm).

Rougequeue
à front blanc
Phoenicurus phoenicurus

Lorsque Gerrit Wolda, professeur de mathématiques aux Pays-Bas débuta ses recherches sur les « phénomènes physiologiques chez certaines espèces d'oiseaux » lors de l'hiver 1909 en posant 100 nichoirs dans les boisements entourant le sanatorium « Oranje Nassau's Oord » près de Wageningen, il ne pouvait pas rêver de l'ampleur de l'impact que son initiative aurait sur l'ornithologie et l'écologie (Bijlsma 2006a). Par « phénomènes physiologiques », il entendait fidélité au site de reproduction, choix du partenaire, et stratégie de reproduction (plus précisément : nombre de nichées par an ; Wolda 1918). Son approche nichoirs fut étendue au Hoge Veluwe en 1921 par H.N. Kluijver (Kluijver 1951) ; une étude qui est toujours en cours (Both *et al.* 2006) et a été depuis copiée partout en Europe. Un effet secondaire inattendu de cette étude fut l'utilisation des nichoirs par le Rougequeue à front blanc et le Torcol fourmilier. Ces derniers étaient considérés représenter un tel danger pour les autres espèces nichant dans les nichoirs (en raison de leur habitude de déloger les nids et les pontes de mésanges et de rougequeues) qu'il fut conseillé de les chasser des nichoirs (ce qui arriva également au Moineau friquet un demi-siècle plus tard). Etant donné qu'il était avant tout un naturaliste curieux, Wolda n'appliqua pas ces conseils, mais choisit au contraire d'étudier le Torcol fourmilier, puisque l'occasion s'en présentait, et fournit involontairement un fantastique calibrage pour les études sur cette espèce au cours de sa phase de déclin à la fin du 20ème siècle (Bijlsma *et al.* 2001). Pour en revenir aux Rougequeues à front blanc à l'époque de Wolda, et même bien plus tard, lorsque Ruiter (1941) réalisait ses études sur Oranje Nassau's Oord au milieu des années 1930, ils constituaient la deuxième espèce la plus commune après la Mésange charbonnière. Que le monde a changé depuis !

Aire de reproduction

Le Rougequeue à front blanc occupe les zones boréales et tempérées d'Eurasie, principalement entre les isothermes 10°C et 24°C de juillet (Hagemeijer & Blair 1997). Les densités augmentent du sud vers le nord. La population européenne a été estimée entre 6,8 et 16 millions de couples pour la période 1990-2002 (BirdLife International 2004a).

Migration

La plupart des reprises de bagues en Afrique proviennent du Maroc et des côtes méditerranéennes d'Algérie et de Tunisie (Fig. 246). Au total, 291 oiseaux ont été repris dans l'Atlas et la zone relativement humide au nord de ces montagnes, dont 16,5% pendant la migration printanière (du 21 mars au 31 mai), 65,7% pendant la migration automnale (du 21 août au 20 novembre) et seulement 7,4% au cours des 13 semaines hivernales entre ces deux périodes. Un nombre étonnamment élevé (n=116) de données provient du désert du Sahara, où elles concernent également principalement des migrateurs : 74,7% au printemps, 14,1% à l'automne et 9% en hiver.

Sur les sites d'hivernage proprement dits, les reprises de bagues sont assez rares. Deux oiseaux britanniques furent capturés en Sénégambie le 23 octobre et le 26 novembre. Un oiseau bagué au Tchad fut contrôlé au même endroit un mois plus tard en novembre. Un oiseau bagué sur la côte nord de la Mer Noire le 1er octobre 1991 fut repris sur une petite île de la Mer Rouge le 25 avril 1996.

Les reprises en Europe montrent que les Rougequeues à front blanc s'orientent généralement vers le sud-ouest à l'automne (en arc entre l'OSO et le SSO), sauf les oiseaux anglais qui semblent d'abord s'orienter plus au sud jusqu'à ce qu'ils atteignent la Péninsule ibérique (Zink 1981, Wernham *et al.* 2002). La Méditerranée est traversée sur un large front, comme en témoignent les nombreuses captures dans le nord de l'Egypte (60 près d'Alexandrie entre le 8 septembre et le 13 octobre 1965, masse corporelle entre 11,5 et 20,7 g, moyenne de 16,9 g ; Moreau & Dolp 1970) et dans le nord-ouest de l'Algérie (52 entre le 18 septembre et le 19 novembre 1985, masse corporelle entre 11,9 et 19,0 g, moyenne de 14,7 g ; Bairlein 1988). Cette dernière étude a montré que 40% des oiseaux capturés pour la première fois n'avaient pas de réserves ; ceux capturés entre 2 et 23 jours plus tard avaient augmenté leur poids moyen de 13,8 à 17,4 g. Chez les Rougequeues à front blanc capturés dans les oasis entre l'Afrique du Nord et leurs quartiers d'hiver, les masses corporelles moyennes étaient bien supérieures aux valeurs pré-migratoires mesurées dans le SO de l'Allemagne (Bairlein 1992), ce qui leur permettait de continuer leur migration sans avoir à refaire des réserves au cours de ces haltes.

Répartition en Afrique de l'Ouest

La répartition hivernale au Sahel suit probablement plus ou moins le même gradient est-ouest que sur les sites de reproduction (Fig. 246). Dans la partie la plus occidentale du Sahel, *i.e.* en Sénégambie, deux oiseaux anglais ont été repris, mais cette région pourrait accueillir un mélange d'oiseaux d'Europe de l'Ouest et du sud de la Fennoscandie (Fig. 246 ; Bakken *et al.* 2006). Bien que cela ne soit pas confirmé par des reprises de bagues, il est probable que les oiseaux d'Europe centrale et orientale hivernent plus à l'est au Sahel (Glutz von Blotzheim & Bauer 1988).

Les premiers Rougequeues à front blanc arrivent sur leurs quartiers d'hiver au Sénégal dans la 1ère quinzaine de septembre, mais il faut encore un mois avant que l'espèce n'y soit abondante (Morel & Roux 1966b). Ce calendrier correspond aux dates de passages notées dans le NO de l'Algérie (mi-septembre à mi-octobre, avec un pic début octobre ; Bairlein 1988). L'espèce est éclectique dans son choix d'habitat, de la savane broussailleuse très sèche à acacias, aux fourrés d'*Acacia nilotica* plus humides et luxuriants, au sous-bois impénétrable, et aux forêts ouvertes de la zone de végétation soudanienne. Les Rougequeues à front blanc sont absents lorsqu'aucune végétation ligneuse n'est présente (Morel & Roux 1966b).

Morel & Roux (1966b) ont suggéré que le Rougequeue à front blanc faisait preuve d'une forte fidélité à son site d'hivernage à partir de la mi-octobre, car un nombre constant d'oiseaux avec la même répartition d'âge était noté sur un site au Sénégal, qui était utilisé par l'espèce au cours de plusieurs hivers successifs. Toutefois, des 136 Rougequeues à front blanc bagués au Sénégal entre 1957 et 1977, seuls 2 ont été recapturés et encore moins parmi les oiseaux bagués entre 1985 et 1993 dans le Djoudj : aucun sur les 140 capturés (Sauvage *et al.* 1998). Sur l'île côtière de Ginak, en Gambie, la fidélité au site était significative au sein d'un hiver, mais pas entre hivers. Le taux de récurrence – contrôles au sein d'une aire d'étude d'1 km de diamètre

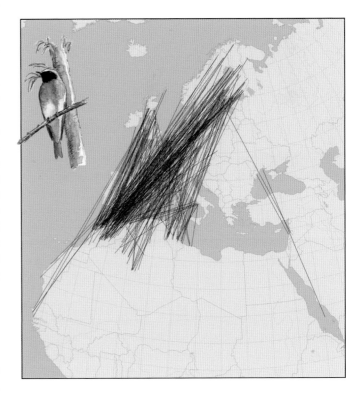

Fig. 246 Origine européenne de 502 Rougequeues à front blanc repris ou recapturés entre 4° et 37°N. Données EURING.

Les fleurs d'acacia sont riches en nectar et attirent de nombreux insectes. En Afrique sub-saharienne, les Rougequeues à front blanc et autres passe-reaux insectivores profitent des floraisons successives des arbres indigènes. *Acacia nilotica* (à gauche) et *A.* (=*Faidherbia*) *albida* (ci-dessus) fleurissent au début de la saison sèche (octobre-novembre), tandis qu'*Acacia seyal* (au centre et à droite) fleurit dans la seconde moitié de la saison sèche (janvier-mars). L'*A.albida* présenté est un arbre isolé le long du Fleuve Niger. Cet arbre est utilisé comme dortoir par les Hérons garde-bœufs depuis le début des années 1990, ce qui explique la couleur blanche. (Levées du Delta Intérieur du Niger, Mali, mi-février 2007).

– était modéré, mais 4 des 17 oiseaux récurrents avaient été bagués et contrôlés au printemps, ce qui suggère un séjour de transit (King & Hutchinson 2001). Un faible taux de récurrence a été noté à Kano, dans le nord du Nigéria : 2 oiseaux capturés sur 90 (Moreau, d'après des données de R.E. Sharland).

Dans le Djoudj, Sénégal, les analyses de fèces ont révélé qu'en mars 1993, les Rougequeues à front blanc se nourrissaient principalement d'arthropodes (85% en poids) et moins souvent de fruits (15%). Ce dernier aliment est une source de nourriture importante pour les sylviidés paléarctiques lorsqu'ils accumulent des réserves avant la migration printanière (Stoate & Moreby 1995). L'indice moyen de graisse (0,72) était bien plus faible que chez 4 espèces de fauvettes du genre Sylvia présentes simultanément (4,00 à 5,84). Soit les rougequeues commencent à accumuler des réserves plus tardivement, ou ailleurs, soit ils migrent vers le nord en faisant des étapes plus courtes que ces fauvettes (Stoate & Moreby 1995). Cette observation fait écho au constat de Fry (1971) qui avait noté que les rougequeues sur le départ à Zaria (11°01'N, 7°44'E) au Nigéria n'accumulaient pas de réserves au printemps, et le faisaient apparemment plus au nord, où à ce moment de la saison sèche, seules des baies de *Salvadora* pouvaient être disponibles (Moreau 1972). Cependant, à Vom, dans le centre du Nigéria (9°50'N, 8°50'E), trois mâles capturés une première fois entre le 12 mars et le 2 avril au milieu des années 1960 avaient augmenté leur poids lorsqu'ils ont été recapturés quelques jours plus tard (Smith 1966). Deux oiseaux collectés le 11 mars 1962 aux environs de Maiduguri dans le NE du Nigéria, près de l'extrémité sud du Lac Tchad et à 250 km au sud du désert, pesaient 15,5 et 17,5 g et contenaient respectivement 14% et 20% de graisse (en pourcentage du poids maigre ; Ward 1963). Les arrivées printanières au Maroc, à la frontière algérienne, (oasis de Defilia, 32°7'N, 1°15'E) atteignent un pic à la fin mars ou début avril (Smith 1968) ; au printemps des années 1963-1966, les oiseaux pesaient entre 10,6 et 17,1 g (moyenne de 13,2 g chez 66 mâles et de 13,0 g chez 44 femelles ; Ash 1969). Pour le trajet entre le nord du Sahel et l'Afrique du Nord, ces faibles masses corporelles pourraient signifier que de nombreux oiseaux périssent pendant la traversée du Sahara. Sur cinq oiseaux rencontrés le long de 975 km de pistes entre Reggane et Tessalit (Algérie-Mali) entre les 16 et 19 avril 1973, les 16 et 19 mars 1977 et les 16 et 21 avril 1977, trois étaient morts (masse d'un oiseau : 9,74 g), mais les deux autres étaient apparemment en bonne condition physique. En outre, les oiseaux attirés au sol par leur chant, dans un wadi à 500 km à l'intérieur des terres en Mauritanie (20°59'N, 11°40'E), et repris plus tard au cours du printemps 2003, étaient capables d'accumuler 0,25 g de réserves par jour en moyenne (Herremans 2003). Les oiseaux capturés dans l'oasis d'El Goléa en Algérie (30°35'N, 2°51'E) pesaient en moyenne 11,37 g (Haas & Beck 1979, voir également Haas 1974). Bien évidemment, les oiseaux qui tentent la traversée du Sahara vers le nord par courtes étapes ont besoin d'accumuler des réserves en route, ce qu'ils arrivent apparemment à faire quand les conditions le permettent.

Evolution de la population

Conditions d'hivernage Comme la Fauvette grisette et l'Hirondelle de rivage, le Rougequeue à front blanc est souvent considéré comme un indicateur fiable pour détecter les changements de régime climatique au Sahel (Berthold 1973, 1974). Les protocoles de suivis contemporains ont montré une chute sans équivoque de la population pendant les sécheresses sévères, contribuant au déclin du rougequeue de 68 à 88% entre 1968 et 1973 en Allemagne (Fig. 247C) et en Grande-Bretagne (Fig. 247D). Ce changement du régime des précipitations dans la région sahélienne eut également un impact sur les populations en Suisse (Fig. 247C), en Suède (Fig. 247B) et aux Pays-Bas (Fig. 247A), qui ont chuté à la fin des années 1960 et au début des années 1970 et sont restées faibles depuis.

Dans d'autres pays, une faible augmentation a été notée depuis le milieu des années 1970 (Grande-Bretagne ; Fig. 247D) ou les années 1980 : Danemark (Heldbjerg 2005), Finlande (Fig. 247F) et République Tchèque (Reif *et al.* 2006). Dans le cas de la Grande-Bretagne, la population actuelle tourne autour des niveaux antérieurs à la chute du début des années 1960. Contrairement aux attentes, ce rétablissement apparent après le crash des années 1970 n'a pas ralenti au cours de la Grande Sécheresse au Sahel dans les années 1980, mais une stabilisation a été notée lorsque les précipitations se sont légèrement améliorées sur les sites d'hivernage dans les années 1990 (Fig. 247D). Les augmentations au Danemark (Heldbjerg 2005), en Finlande (Fig. 247F) et en République Tchèque (Reif *et al.* 2006) sont peut-être des reconstitutions de populations suite au crash des années 1969-1973, car les anomalies de précipitations négatives au Sahel dans les années 1980 et au début des années 1990 ont entraîné des déclins ou des niveaux faibles, avant une amélioration suite au rétablissement partiel des pluies au Sahel.

Néanmoins, ces augmentations sont limitées par rapport à l'ampleur du déclin dans une grande partie de l'Europe (Fig. 247, Bauer & Berthold 1996, Sanderson *et al.* 2006). D'immenses réductions de population ont été notées : par exemple, en Basse-Saxe (d'après une cartographie, dans le NO de l'Allemagne : -63% dans les années 1970 par rapport aux années 1960, -39% dans les années 1980 et -54% entre 1991 et 2002 ; Zang *et al.* 2005 ; Fig. 247E), dans une population se reproduisant dans des nichoirs à Steckby en Saxe-Anhalt (forte chute dans les années 1968-1970, pas de rétablissement ; Dornbusch *et al.* 2004) (Fig. 247E), sur le site de baguage standardisé de Mettnau dans le sud de l'Allemagne (très peu de captures à partir de 1975 ; Berthold & Fiedler 2005 ; Fig. 247G), dans les états fédéraux de Sarre, de Rhénanie-Westphalie, de Bade-Wurtemberg et de Bavière en Allemagne (un déclin en cours du nombre annuel de poussins, de jeunes à l'envol et d'adultes bagués, surtout à partir des années 1970 ; Fiedler 1998) et en Suisse (-58% entre 1990 et 2004 ; Zbinden *et al.* 2005 ; Fig. 247C). Le suivi des forêts subalpines de bouleaux en Laponie suédoise ont montré que l'espèce a atteint de fortes densités au milieu des années 1960, subi un déclin de 28 à 33% au cours des années 1970 et 1980 (avec des chutes particulièrement sévères en 1969-1970 et 1983-1985, années de sécheresses sévères au Sahel) et augmenté à nouveau au cours des années 1990 (pour atteindre seulement 15% de moins que dans les années 1960 ; Enemar *et al.* 2004 ; Fig. 247B).

L'étendue du déclin et l'échelle de temps sur laquelle il a eu lieu, sont particulièrement manifestes dans les études portant sur des nichoirs. Ainsi, aux Pays-Bas, plusieurs études de ce type ont montré de forts taux d'occupation dans les années 1910 et 1930, un fort déclin à la fin des années 1930 et dans les années 1940 et une augmentation dans les années 1950 et 1960 (sans jamais atteindre le taux d'occupation constaté au début des années 1900). Depuis lors, l'espèce a pratiquement disparu en tant que nicheur dans les nichoirs posés dans les forêts de conifères, une tendance qui n'est pas liée à une modification de la forme des nichoirs (H. Stel, comm. pers.). La Fig. 247A montre le déclin au Hoge Veluwe, mais des tendances semblables ont été constatées ailleurs aux Pays-Bas (Jonkers & Maréchal 1990), bien qu'une petite population utilisant des cavités naturelles sub-

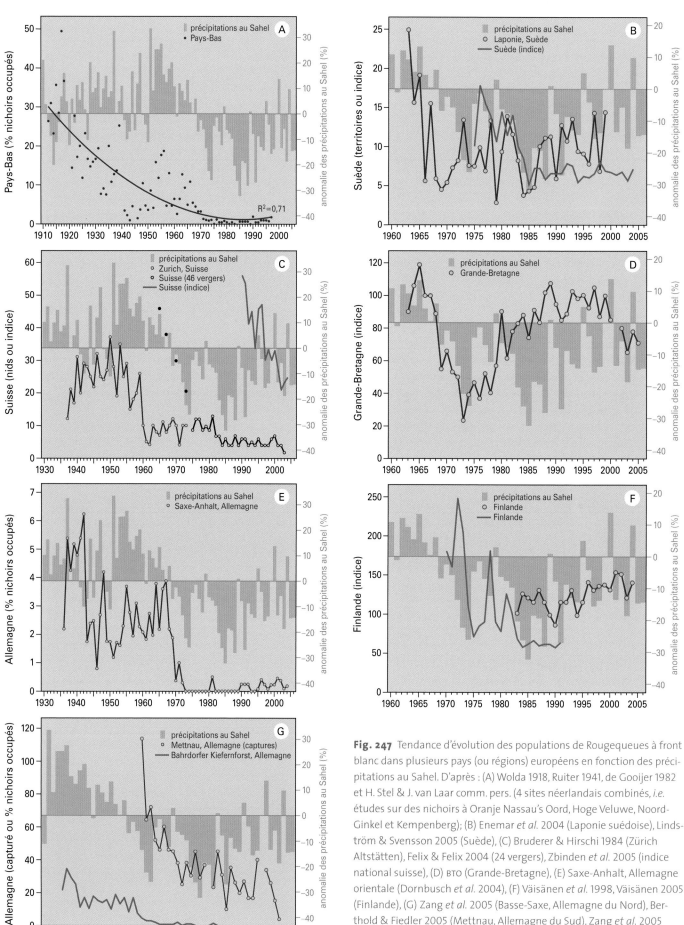

Fig. 247 Tendance d'évolution des populations de Rougequeues à front blanc dans plusieurs pays (ou régions) européens en fonction des précipitations au Sahel. D'après : (A) Wolda 1918, Ruiter 1941, de Gooijer 1982 et H. Stel & J. van Laar comm. pers. (4 sites néerlandais combinés, *i.e.* études sur des nichoirs à Oranje Nassau's Oord, Hoge Veluwe, Noord-Ginkel et Kempenberg); (B) Enemar *et al.* 2004 (Laponie suédoise), Lindström & Svensson 2005 (Suède), (C) Bruderer & Hirschi 1984 (Zürich Altstätten), Felix & Felix 2004 (24 vergers), Zbinden *et al.* 2005 (indice national suisse), (D) вто (Grande-Bretagne), (E) Saxe-Anhalt, Allemagne orientale (Dornbusch *et al.* 2004), (F) Väisänen *et al.* 1998, Väisänen 2005 (Finlande), (G) Zang *et al.* 2005 (Basse-Saxe, Allemagne du Nord), Berthold & Fiedler 2005 (Mettnau, Allemagne du Sud), Zang *et al.* 2005 (Bahrdorfer Kiefernforst, Allemagne du Nord).

Au cours du 20ème siècle, une révolution a eu lieu dans la culture des fruits en Europe. Les pommiers classiques des vergers ont été progressivement remplacés par des arbres à moitié nains (à partir de 1940), puis nains (à partir des années 1960). Les majestueux arbres anciens, plantés avec une densité de 75 à 100 par hectare, ont disparu du paysage agricole, et ont été remplacés par des rangées interminables d'arbres nains plantés à des densités de 1000 à 3300 par ha. Cette conversion a supprimé un habitat important pour le Rougequeue à front blanc, et – au moins en Suisse où l'espèce niche essentiellement dans les vergers – a empêché tout rétablissement de population après la fin des sécheresses au Sahel (Felix & Felix 2004). Aux Pays-Bas, où le déclin de la surface couverte par les arbres fruitiers classiques a atteint 74% entre 1967 et 1977 (Schimmel & Molenaar 1982) et a continué sans ralentir, les Rougequeues à front blanc ont presque disparu des secteurs agricoles.

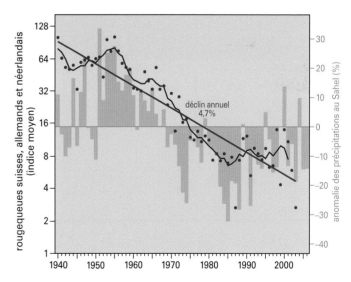

Fig. 248 Déclin moyen du Rougequeue à front blanc sur trois sites suisses, trois allemands et quatre néerlandais entre 1940 et 2003, d'après les données présentées dans les Fig. 247A, C, E et G. Afin de rendre les suivis comparables, toutes les quantités ont été converties en pourcentage par rapport au nombre en 1940, fixé à 100. Les courbes indiquent la moyenne glissante sur 5 ans. Notez l'utilisation d'une échelle logarithmique.

siste au 21ème siècle (et montre des signes d'un léger rétablissement depuis la fin des années 1990 dans les forêts de conifères, tout en restant presque totalement absente des zones agricoles et des forêts de feuillus ; Bijlsma *et al.* 2001). Une désertion globalement identique des nichoirs a été décrite en Suisse (Bruderer & Hirsch 1984) et pour la Hesse, en Allemagne (500 nichoirs près d'Oberursel accueillaient jusqu'à 4 Rougequeues à front blanc dans les années 1950 et 1960, mais aucun depuis 1965 ; Mohr cité par Gottschalk 1995). Bien que la disparition des rougequeues dans les nichoirs ait coïncidé avec l'aug-

Au milieu des années 1980, les cultivateurs de riz ont coupé presque toutes les forêts inondées d'*Acacia kirkii* dans le Delta Intérieur du Niger pour faire pousser du riz sur les plaines inondables les plus basses (Chapitre 6) et ont ainsi réduit la superficie de ces forêts de plusieurs centaines de kilomètres carrés à moins de 20 km². La forêt d'Akkagoun a été créée à la même époque, lorsque les locaux, soutenus par l'UICN, ont planté et semé des *A.kirkii*. Lorsque cette photographie a été prise (novembre 1999), Akkagoun et les champs de *bourgou* environnants étaient couverts de 2 à 3 m d'eau. Notez la grande héronnière (arbres blancs au centre). Les forêts d'*A.kirkii* attirent de nombreux passereaux insectivores, dont le Pouillot véloce, l'Hypolaïs pâle et la Fauvette passerinette, mais également le Rougequeue à front blanc ; voir Fig. 34).

mentation de leur occupation par les Moineaux friquets dans les années 1970, à la fois en Suisse (Bruderer & Hirsch 1984) et aux Pays-Bas (Both *et al.* 2002), une relation de cause à effet semble improbable, puisque la disparition tout aussi soudaine des Moineaux friquets dans les années 1980 n'a pas entraîné le retour des Rougequeues à front blanc. La forte augmentation de l'utilisation des nichoirs par les Gobemouches noirs en Europe occidental et centrale n'est pas non plus une explication qui semble tenir pour expliquer la désertion par les rougequeues (du fait d'une compétition pour les sites de nidification), car les deux espèces vivaient l'une à côté de l'autre et utilisaient les mêmes nichoirs avant que les rougequeues ne commencent à disparaître (Bruderer & Hirsch 1984, de Gooijer 1982).

Ces données suggèrent : (1) un déclin global à long terme de la population continentale de 4,7% par an en moyenne (Fig. 248) ; (2) un fort déclin au cours des années sèches au Sahel et une stabilisation au cours des années humides au Sahel ; (3) des points de départs différents pour les différents déclins européens, certains ayant été apparents dès les années 1950 et jusqu'au milieu des années 1960 ; (4) un rapide déclin synchronisé à la fin des années 1960 et au début des années 1970 ; (5) un rétablissement partiel dans certaines régions d'Europe à la fin des années 1990.

La tendance en Grande-Bretagne est anormale, car un rétablissement a eu lieu au cours des sécheresses sévères au Sahel dans les années 1980 (associé à une amélioration du succès reproductif ; Baillie

et al. 2007, voir également plus loin), alors que toutes les autres populations restaient faibles ou déclinaient. Ce constat pose la question de savoir si les oiseaux britanniques, qui hivernent probablement en grande partie dans l'extrême ouest de l'Afrique, rencontrent moins d'épreuves que les oiseaux continentaux, qui subissent une multitude de difficultés dans tout le Sahel. Si l'on combine les tendances à long terme en Suisse, en Allemagne et aux Pays-Bas, on peut en conclure que ces populations étaient environ 20 fois plus importantes dans les années 1950 qu'au cours des années 2000 (Fig. 248), ce qui est probablement également vrai dans une bonne partie de l'Europe occidentale et centrale (Sanderson *et al.* 2006) et peut-être en Europe du Nord (Fig. 247). Toutefois, la plupart des programmes de suivi ont débuté trop tard pour prendre en compte l'ampleur du déclin survenu au 20ème siècle.

En tant qu'habitant typique des boisements et des fourrés du Sahel, le Rougequeue à front blanc devrait subir une évolution liée à celle des conditions au Sahel. Et en effet, les sécheresses sévères comme celles de la période 1969-1974 et des années 1980 ont, à quelques exceptions près, entraîné des déclins dans les populations européennes. A l'opposé, les périodes de précipitations supérieures à la moyenne au Sahel, comme les années 1920, 1930 et 1950, ont en moyenne généré des densités plus élevées de Rougequeues à front blanc. L'impact des précipitations au Sahel est toutefois réduit par rapport à la tendance de long terme au déclin[1], ce qui pose la question des autres facteurs qui ont pu être responsables du déclin rapide et pérenne de l'espèce en Europe depuis le début des années 1970 (voir ci-après pour les facteurs locaux sur les sites de reproduction, qui n'ont pas eu un rôle décisif).

Les Rougequeues à front blanc fréquentent la savane arborée, mais alors que la plupart des passereaux d'Eurasie liés à cet habitat hivernent dans la zone soudanienne, le rougequeue est un habitant typique du Sahel. Nous pensons que l'explication du fort déclin de l'espèce réside dans cette particularité. La déforestation continue à un rythme soutenu en Afrique de l'Ouest (Chapitre 5), mais avec des taux variés : elle est plus rapide dans le nord du Sahel que plus au sud. De nombreux arbres sont morts dans le nord du Sahel au cours de la Grande Sécheresse du milieu des années 1980. En outre, la plupart des ripisylves d'*Acacia nilotica* le long du fleuve Sénégal ont été coupées, à hauteur de 90% entre 1954 et 1986 (Morel & Morel 1992) et de 77% entre 1965 et 1992 (elles sont passées de 394 km² à 91 km² ;

Nous avons observé des Rougequeues à front blanc au Mali dans les forêts inondées d'*A.kirkii*, ainsi que dans les denses forêts d'*Acacia tortilis raddiana* plus au nord (à gauche) et dans les *Faidherbia alba* isolés, mais la plupart des individus ont été observés dans des jardins, irrigués (à droite) ou non (page opposée, à gauche). Dans ces sites, le Rougequeue à front blanc se nourrit souvent au sol ou bas dans les arbres, et utilise les branches mortes comme perchoir. Ces trois clichés ont été pris près de Goundam, Mali, où des Rougequeues à front blancs séjournaient en février 2009. Les jardins au Sahel ressemblent à l'habitat dans lequel l'espèce niche en nombre (en quantité bien plus importante par le passé) : un bocage avec des petites parcelles, créant un paysage cloisonné par des haies âgées (est de la Frise, Pays-Bas, juin 2007 ; page opposée, à droite).

Tappan *et al.* 2004). Avant les années 1980, les forêts d'*Acacia seyal* entourant le Delta Intérieur du Niger couvraient plus de 1000 km², dont seuls de rares fragments subsistaient dans les années 1990. Des forêts entières sont mortes dans le nord du delta lors des faibles inon-

Le Rougequeue à front blanc niche dans les parcs, les jardins, les vergers, les forêts de feuillus ouvertes, mais aussi dans les forêts de conifères (Pologne, mai 2007).

dations du milieu des années 1980 (Chapitre 6). Pendant les années 1980, dans les zones humides de Hadéjia-Nguru, la population a commencé à couper les arbres de la forêt de Baturiya (340 km²), dont une bonne partie était déjà morte pendant la sécheresse (Chapitre 8). Partout, les plaines inondables se sont transformées en plaines presque sans arbres.

Les Rougequeues à front blanc ont donc perdu une grande partie de leur habitat d'hivernage à cause de la déforestation, et une pression supplémentaire s'exerce sur l'espèce du fait de la réduction de la densité et de la diversité des arbres dans les forêts restantes, qui sont maintenant fortement dégradées. Cresswell *et al.* (2007) ont comparé les densités d'arbres et les densités d'oiseaux dans la forêt de Watucal (nord du Nigéria) en 1993 et en 2001. Au cours de cette courte période, la densité d'arbres a décliné de 82%, et l'espèce d'arbre la plus commune en 1993, *Piliostigma reticulatum*, a presque totalement disparu. En 1993, six espèces d'arbre étaient présentes avec des densités supérieures à 20 arbres/ha, alors qu'en 2001, il n'en restait plus qu'une, *Balanites aegyptiaca*. Cette dégradation a eu lieu bien que la forêt de Watucal soit classée réserve forestière. La densité de Rougequeues à front flanc a diminué de 67% à Watucal pendant ces 8 années (Cresswell *et al.* 2007), et les déclins dans les forêts non protégées du Sahel doivent avoir été plus forts encore. La plantation à grande échelle d'arbres non indigènes n'offre pas une solution alternative satisfaisante pour les Rougequeues à front blanc. (Encadré 3).

Conditions de reproduction   En Suisse, des déclins significatifs ont été notés à partir du milieu des années 1950, alors que les Rougequeues

à front blanc prospéraient ailleurs. Les plus affectés furent ceux qui vivaient dans les vergers utilisés simultanément comme prairies de fauche, où des déclins de 50% furent courants entre les années 1950 et le début des années 1970 (Bruderer & Hirsch 1984). Même au sein de cette population réduite, le crash de 1969 fut discernable. A peu près à la même époque, au milieu des années 1960, les Rougequeues à front blanc commencèrent à diminuer de façon alarmante dans les secteurs agricoles jusqu'à ce qu'une stabilisation à un faible niveau de population soit observé dans les années 1980 et se maintienne jusqu'à aujourd'hui (Felix & Felix 2004, Schmid *et al.* 2001). Dans d'autres régions, l'espèce a continué à décliner, par exemple dans le district de Zürich (17 en 1984-1988, 4 en 1999), malgré la création de « zones de compensation écologique » depuis 1990 (Wegler & Widmer 2000).

En Europe occidentale, les modifications des pratiques agricoles ont inclus le subventionnement par l'Union Européenne de l'arrachage des vergers de haute tige en faveur de vergers intensifs (qui a entraîné l'abattage de nombreux vieux arbres à cavités dans les zones agricoles), l'arrachage des haies, l'utilisation massive de pesticides et d'herbicides et la rationalisation sans fin des pratiques agricoles, qui ont entraîné l'extinction à grande échelle d'espèces d'animaux sauvages et effectifs très faibles dans les zones agricoles (Bezzel 1982, O'Connor & Shrubb 1986, Pain & Pienkowski 1997, Shrubb 2003).

Etonnamment, les Rougequeues à front blanc britanniques ont amélioré leurs performances reproductrices (taille des pontes et des nichées) et progressivement avancé leurs dates de ponte (ce qui s'explique en partie par les récents changements climatiques) depuis le milieu des années 1970, parallèlement à un rétablissement de la population (Baillie *et al.* 2007). Un avancement de la date de ponte, de 15 jours sur la période 1986-2004, est également apparent aux Pays-Bas, mais sans augmentation des performances reproductrices depuis 1962, en dehors des fluctuations annuelles (van Dijk *et al.* 2007). Dans les forêts de pin de République Tchèque, une étude sur des nichoirs entre 1983 et 2002 n'a pas permis de révéler de changement des dates

de début de ponte et du succès de nidification (Porkert & Zajíc 2005), et les résultats d'une étude sur des nichoirs à Braunschweig, dans le nord de l'Allemagne, n'a pas non plus montré de changements significatifs entre les périodes 1954-1961 (5,2 jeunes/nid), 1962-1969 (5,19) et 1970-1977 (5,23) (Berndt & Winkel 1979). Les variations des performances reproductrices n'ont donc probablement pas eu d'effet notable sur la diminution des populations européennes.

Conclusion

Parmi les oiseaux nicheurs répandus et communs en Europe, le Rougequeue à front blanc est l'un de ceux qui a subi le déclin le plus dramatique et retentissant. Dans l'essentiel de l'Europe, les populations actuelles sont très inférieures à celles des années 1950 et précédentes. Bien que des facteurs locaux sur les sites de reproduction aient pu contribuer à ce déclin, les causes principales doivent être recherchées au Sahel, où les sécheresses longues et sévères de la période 1969-1974 et des années 1980 ont entraîné des pertes catastrophiques, suite auxquelles rares sont les populations à s'être rétablies. Un rétablissement complet est improbable, car ces oiseaux ont dorénavant perdu une importante proportion de leur habitat d'hivernage, les forêts du Sahel, et car les forêts restantes se dégradent rapidement.

Notes

1 Le déclin exponentiel (4,7% par an) entre 1940 et 2003 (montré dans la Fig. 248) explique 81% de la variance. Pour une analyse de régression multiple considérant les précipitations et l'année, la variance expliquée atteint 88%, dont 7% attribuables aux précipitations, 38% à l'année et 43% à l'une des deux variables. Les impacts de l'année et des précipitations sont tous deux très significatifs (P<0,001). Si l'on corrige les résultats en fonction de l'impact des précipitations, la diminution annuelle de population décroît de -4,7% à -3,6%.

Phragmite des joncs
Acrocephalus schoenobaenus

Jusqu'en 1961, année lors de laquelle Moreau publia son travail novateur sur les problèmes relatifs à la migration des oiseaux en Méditerranée et au Sahara, il n'existait que très peu d'indices de la présence en grand nombre de migrateurs paléarctiques en Afrique de l'Ouest. On savait que le Phragmite des joncs hivernait à l'est du Tchad, et ce n'est que parce qu'il était à certaines saisons largement réparti en Méditerranée occidentale que l'on considérait « quasiment certain » qu'il hivernait à travers toute l'Afrique au sud du Sahara. Le baguage à grande échelle sur les sites de reproduction, particulièrement avec l'utilisation des filets japonais à partir des années 1970, commença à combler cette immense lacune dans nos connaissances, mais seulement par bribes, car même avec le baguage de plus d'un million de Phragmites des joncs, dont plus de 600.000 rien qu'en Grande-Bretagne (Wernham *et al.* 2002), peu de reprises en Afrique de l'Ouest ont été obtenues (Zink 1973, Glutz von Blotzheim & Bauer 1991). Au cours des années 1960, l'avènement des camps de baguage sur les sites d'hivernage afin d'y étudier les espèces, augmenta substantiellement les chances de contrôles. En outre, ces camps fournirent de nombreuses données sur l'utilisation des habitats, les stratégies de haltes migratoires, le calendrier d'accumulation de réserves et les dates de départ. Ces camps se poursuivent aujourd'hui. L'utilisation récente des techniques isotopiques permettant de mesurer les proportions d'éléments traces et de fournir des informations sur la localisation des sites de reproduction, de halte et d'hivernage, est un progrès majeur pour l'étude de la répartition dynamique des populations et des changements (Hobson *et al.* 2004). Ces techniques ont le potentiel pour révolutionner nos connaissances sur les déplacements des migrateurs, en particulier pour ceux chez qui les chances de reprises sont faibles.

Aire de reproduction

L'aire de reproduction du Phragmite des joncs s'étend des îles britanniques au Fleuve Ienisseï en Sibérie occidentale, principalement entre 45° et 65°N. Les limites correspondent aux isothermes 12° et 30° en juillet et incluent les zones climatiques boréales, tempérées, méditerranéennes et steppiques. Au début des années 1990, la population européenne était évaluée entre 4,4 et 7,4 millions de couples, principalement dans les pays du nord et de l'est du continent, en particulier en Russie (BirdLife International 2004a). La totalité de la population hiverne en Afrique au sud du Sahara.

Migration

Le Phragmite des joncs, qui n'élève en général qu'une seule nichée est, à partir du moment où les jeunes ont atteint leur indépendance, un oiseau très pressé. Il commence à quitter ses sites de reproduction à partir de fin juillet – début août (sites finlandais et suédois ; Koskimies & Saurola 1985, Hall 1996), ou un peu plus tard (mi-août, Europe centrale ; Procházka & Reif 2002). En moyenne, le pic de migration des adultes a lieu entre 4 et 7 jours (jusqu'à 22 jours au cours de certaines années) avant celui des juvéniles à travers toute l'Europe (Insley & Boswell 1978, Bibby & Green 1981, Røstad 1986, Litérak *et al.* 1994, Gyurácz & Csörgö 1994, Basciutti *et al.* 1997, Bermejo & de la Puente 2002, Zakala *et al.* 2004). Les juvéniles pourraient commencer par se disperser dans toutes les directions, y compris vers le nord, avant de prendre le chemin des sites d'hivernage (Gyurácz & Csörgö 1994, Basciutti *et al.* 1997, Procházka & Reif 2002). Les adultes, dont les masses corporelles restent constamment supérieures à celles des juvéniles, se dirigent directement vers leurs sites d'hivernage et préfèrent trouver des opportunités d'accumulation de réserves en route. L'une de leurs proies principales, les pucerons, subissent de forts déclins saisonniers, à tel point que le nombre de pucerons en Europe du Sud n'est déjà plus suffisant pour être exploité par les Phragmites des joncs lorsqu'ils commencent à migrer (Bibby & Green 1981). En outre, l'abondance des pucerons est très variable selon les sites et les années, et peuvent être presque absents ou surabondants (Bibby & Green 1981, Bargain *et al.* 2002). L'expérience des adultes pour localiser et exploiter des ressources alimentaires inégalement réparties pourrait améliorer leur vitesse de migration et leur augmenter leur efficacité pour accumuler des réserves. Cependant, considérer que les pucerons sont la seule source de nourriture du Phragmite des joncs serait abusif. A Bouche d'Ognon près du Lac de Grand-Lieu en France, Bibby & Green (1983) considéraient que les Phragmites des joncs accumulant des réserves en consommant des éphémères étaient une exception, mais Chernetsov & Manukyan (2000) sur l'Isthme de Courlande ont démontré sans ambiguïté que l'espèce consomme un grande variété de petits invertébrés associés aux milieux aquatiques ou humides et aux roselières, comme des chironomes, des coléoptères, des araignées, des pucerons et des consommateurs des pucerons (principalement des petits parasites et des prédateurs). En fonction des variations saisonnières d'abondance, l'espèce change faci-

lement de proie favorite. Les Phragmites des joncs sont clairement efficaces pour trouver des sites d'alimentation imprévisibles, riches en arthropodes et pour s'adapter à la phénologie de ces complexes écologiques (Chernetsov & Titov 2001). Il devrait en résulter une faible fidélité aux sites de halte, comme le suggère Bibby (1978), mais des exceptions existent : dans une roselière près de Madrid dans le centre de l'Espagne, des individus ont été contrôlés fréquemment au cours des migrations automnales et printanières, ce qui indique une fidélité à ce site (Bermejo & de la Puente 2002). La vitesse de migration plus élevée que celle des Rousserolles effarvattes (55 km par jour contre 39) et la plus faible accumulation de réserves au départ (sud de la Suède, Bensch & Nielsen 1999) indiquent que les Phragmites des joncs doivent accumuler des réserves d'énergie sur leur trajet vers le sud, comme cela est avéré dans l'ouest de la France (Bibby & Green 1981, Bargain *et al.* 2002) et suspecté dans les Plaines de Basse-Pannonie en Europe centrale (Gyurácz & Csörgö 1994, Procházka & Reif 2002). Les réserves de graisses accumulées par les juvéniles dans le sud de la Hongrie pendant leur migration leur suffit en théorie pour couvrir 1400 km, et pour réaliser un vol sans arrêt jusqu'à la Méditerranée (Gyurácz & Bank 1996). Toutefois, les oiseaux scandinaves capturés dans le nord de l'Italie n'avaient qu'une charge adipeuse modérée ou faible (Basciutti *et al.* 1997). Des prises de poids très limitées

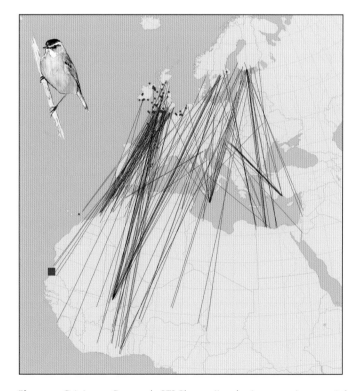

Fig. 249 Origine en Europe de 372 Phragmites des joncs repris ou contrôlés entre 4° et 37°N. Afin d'éviter de surcharger la figure, les axes relatifs aux oiseaux bagués ou contrôlés dans le Delta du Sénégal (carré rouge) ne sont pas représentés ; à la place, des points rouges indiquent les sites de baguage de 33 oiseaux contrôlés au Sénégal et de 107 oiseaux bagués au Sénégal et contrôlés par la suite en Europe. Données EURING.

Un grand nombre de Phragmites des joncs passe l'hiver dans le Delta Intérieur du Niger, y compris sur le Lac Télé, qui est couvert de végétation flottante (à gauche) et sur le Lac Horo. Les massifs denses d'*Aeschynomene nilotica*, connue localement sous le nom de *poro, foro* ou *gadal* (à droite) accueillent également de fortes densités de Phragmites des joncs (20 à 40 ind./ha dans les secteurs inondés, mais moins de 2/ha dans le *poro* sec ; février 2009). Les champs de *poro* couvrent une grande partie des plaines inondables du nord du Delta Intérieur du Niger.

ont été notées dans cette région. Il n'y a donc pas de doute que ces oiseaux doivent utiliser des sites plus au sud en Italie ou en Afrique du Nord pour y accumuler des réserves. Cette stratégie par courtes étapes migratoires pourrait être typique des Phragmites des joncs utilisant l'axe migratoire oriental (Schaud & Jenni 2000a & b). La traversée de l'Afrique du Nord et du Sahara est une énigme, car les masses corporelles des Phragmites des joncs en migration dans le sud de l'Europe sont seulement un peu plus élevées que celles des oiseaux capturés plus au nord (Schaub & Jenni 2000b). Soit ces oiseaux forment une cohorte qui n'a pas encore accumulé suffisamment de réserves pour réaliser la traversée et qui vont donc échouer, soit ils doivent accumuler des réserves en Afrique du Nord avant de s'engager au-dessus du Sahara. Jusqu'à présent, il n'existe que peu d'indications en faveur de l'une ou l'autre option (Bairlein 1988, Biebach *et al.* 1991), mais la seconde est plus problématique, car la ceinture végétale en Afrique du Nord est très étroite et diminue en largeur d'ouest en est, particulièrement à l'est de la Tunisie. En outre, cette zone ne reçoit habituellement pas de précipitations avant octobre, et est donc dans son état de dessèchement maximum en automne (Moreau 1961) et donc peu à même d'offrir d'abondantes ressources alimentaires.

La migration printanière est précédée d'une accumulation de réserves sur les sites d'hivernage sub-sahariens à partir de la mi-mars, mais qui se prolonge jusqu'à la fin mai près du Lac Tchad (Fry *et al.* 1970, Aidley & Wilkinson 1987). Un étalement de dates aussi marqué a été constaté chez les oiseaux hivernant en Afrique de l'Est : au Kenya, des milliers d'oiseaux étaient présent à la fin avril et début mai 1972, et ils y sont restés entre 1 et 3 semaines, mais des oiseaux sans réserves ont continué à arriver du sud pendant une bonne partie du mois de mai. Les taux d'accumulation de réserves atteignaient respectivement 0,31 et 0,64 g/jour sur le Lac Nakuru et sur la rivière Athi. Les masses au départ étaient comprises entre 16 et 21 g, ce qui

permettait un vol sans arrêt jusqu'au Moyen-Orient (Pearson 1979). Les masses corporelles des Phragmites des joncs bagués en migration printanière à Eilat en Israël montrent des variations annuelles considérables entre 1984 et 2001, d'une moyenne de 9,51 g en 1984 à 13,1 g en 1998 –Yosef & Chernetsov 2004). D'après la répartition temporelle des oiseaux capturés à Eilat, il est tout à fait possible que deux populations distinctes passent successivement par la région, et que chacun y accumule des réserves (Yosef & Chernetsov 2004). Plusieurs vagues de migrateurs, représentant peut-être des populations différentes peuvent également traverser la région sub-saharienne où Fry *et al.* (1970) ont noté une répartition bimodale des poids (maxima atteints fin mars-début avril et entre mi et fin mai). Sur chaque site de halte, les Phragmites des joncs tentent a priori d'accumuler des réserves de manière opportuniste, et il n'est pas surprenant que les oiseaux capturés à la fin avril et en mai à Rybachy le long de l'Isthme de Courlande pèsent 13 à 14 g lors de leur départ (Bolshakov *et al.* 2001), soit un niveau de réserves qui leur permet de réaliser une étape de 500 km sans halte pour atteindre leurs sites de nidification plus au nord, où les conditions d'alimentation sont imprévisibles si tôt en saison (Chernetsov 1996). Un excès de réserves peut représenter un moyen de survivre en cas de situation critique (Bolshakov *et al.* 2001).

Des camps intensifs de baguage ont eu lieu au Nigéria (à partir de 1967), au Mali (1979-1982), au Ghana (1987), au Sénégal (1984-1993, avec de nombreuses équipes qui ont bagué un total de 82.468 oiseaux, dont 1460 appartenant à 31 espèces paléarctiques ont été contrôlés au cours d'au moins un hiver ou une période migratoire ultérieure ; Sauvage *et al.* 1998), au Djoudj, Sénégal (18 janvier au 10 février 2007 : 1963 oiseaux paléarctiques capturés, appartenant à 22 espèces ; Flade 2008), au Niger (2002-2004) et en Mauritanie (printemps et automne 2003 : 9467 migrateurs appartenant à 55 espèces ; Herremans 2003) et ont fourni une multitude de contrôles et au moins 41 reprises en

Au Lac Horo, l'un des lacs de la partie nord du Delta Intérieur du Niger, les Phragmites des joncs atteignent une densité extrêmement élevée de 103 ind./ha dans la végétation flottante composée de *Polygonum senegalense* (à gauche, mars 2003 et 2004), connue localement sous le nom de *kouma*. Sur ce seul lac, nous avons estimé le nombre de Phragmites des joncs hivernants (ou présents en fin de décrue) entre 390.000 et 750.000. Des densités bien plus faibles, mais toujours considérables, ont été rencontrées dans les fourrés de *Mimosa pigra* (au milieu) et dans les radeaux flottants de *bourgou* (à droite) du Delta Intérieur du Niger, avec respectivement 6,5 et 5,8 ind./ha.

Europe (Fig. 249). Les reprises de baguage indiquent clairement que la population de Phragmite des joncs d'Europe occidentale hiverne dans l'ouest du Sahel (la totalité des 20 reprises irlandaises et des 6 reprises belges proviennent du Sénégal, ainsi que 24 des 28 oiseaux français par exemple). Les oiseaux du sud de la Scandinavie et d'Europe centrale et occidentale sont principalement localisés dans la partie centrale du Sahel (9 des 10 oiseaux suédois proviennent du Mali et du Niger), et les oiseaux de l'extrême nord et de l'est de l'Europe (dont la Russie) sont présents dans le Delta Intérieur du Niger et plus à l'est. Les données de baguage suggèrent une forte connectivité migratoire, avec une séparation des axes migratoires en Europe centrale (voir ci-dessous).

Les oiseaux de Grande-Bretagne et d'Irlande migrent le long de la côte atlantique jusqu'à leurs sites d'hivernage en Sénégambie (et peut-être plus au sud). Les reprises d'oiseaux bagués au Sénégal proviennent principalement de Grande-Bretagne et d'Irlande (30), avec des données isolées en France, Belgique et aux Pays-Bas (Fig. 249). Cependant, des Phragmites des joncs anglais ont été repris jusqu'au Mali et au Burkina Faso à l'est, et jusqu'au Libéria, à la Sierra Leone et au Ghana au sud, ce qui indique qu'ils sont présents en Afrique de l'Ouest au sein d'une bande plus large que la seule bande côtière. Les oiseaux des Pays-Bas prennent des directions entre le SO et le SSE et atteignent donc probablement l'Afrique via la Péninsule ibérique et l'Italie (Zink 1973). Ceux d'Europe centrale prennent des directions tout aussi variées, du SO au SE, avec une tendance de plus en plus marquée à se diriger vers le SE pour les populations nichant dans la partie orientale de cette région (Litérak *et al.* 1994, Trocińska *et al.* 2001, Procházka & Reif 2002, Zehtindjiev *et al.* 2003). Ils aboutissent pour la plupart dans la partie centrale du Sahel (et de la zone soudanienne), du Delta Intérieur du Niger au Bassin du Tchad et peut-être en Afrique de l'Est.

Les oiseaux du sud de la Scandinavie et des Pays Baltes migrent dans des directions comprises entre le SO et le S, et hivernent principalement dans le Delta Intérieur du Niger, dans le Bassin du Tchad et plus au sud (Fig. 249). Les populations de Phragmites des joncs du nord de la Scandinavie, d'Europe orientale et de Russie suivent des axes vers le sud ou le sud-est et la plupart hivernent dans le Delta Intérieur du Niger et plus à l'est et au sud, jusqu'en Afrique orientale et australe (Koskimies & Saurola 1985, Dowsett *et al.* 1988, Yosef & Chernetsov 2004).

Répartition en Afrique

Le Phragmite des joncs hiverne rarement en Afrique au nord du Sahara (il est par exemple irrégulier en Egypte ; Goodman & Meininger 1989), mais des millions se dispersent dans le Sahel et plus au sud, où ils se concentrent dans les zones humides fortement végétalisées et les marais.

Dans les plaines inondables du Delta Intérieur du Niger au Mali, plus de 250.000 sont présents en hivernage, et ils atteignent leurs densités maximales dans le *bourgou* (5,8/ha) et dans les fourrés de *Mimosa* (6,5/ha). Au total, dans le Delta Intérieur du Niger, la population hivernante doit être bien supérieure à un million d'oiseaux (Chapitre 6).

Les Phragmites des joncs sont rares ou absents dans les rizières irriguées. Dans les rizières côtières entre la Gambie et la Guinée, la densité n'atteint que 0,08/ha. Dans cette immense zone, moins de 10.000 individus hivernent (Bos *et al.* 2006). L'espèce n'a pas été rencontrée dans les parcelles d'échantillonnage localisées dans plusieurs grandes régions de culture irriguée du riz au Mali, comme dans le secteur de l'*Office du Niger* (Wymenga *et al.* 2005), à Sélingué (van der Kamp *et al.* 2005), ou dans le Delta du Sénégal (Chapitres 6 et 7).

Toutefois, des Phragmites des joncs ont fréquemment été observés dans tous les types de végétation arbustive entre ces rizières : *Typha*, *Cyperus*, *Phragmites* ou *Scirpus*.

Un grand nombre hiverne au sud du Sahel dans la zone de végétation soudanienne, où chaque étendue d'eau bordée de végétation dense accueille, avec une distance de séparation variant entre 10 et 50 m, des Phragmites des joncs territoriaux qui chantent parfois en début de matinée (entendu dans les *Typha* du Lac Bosomtwi, 6°38'N, 1°25'O, entre le 17 décembre 1996 et le 2 janvier 1997 ; van den Brink *et al.* 1998). Par exemple, le Lac Volta au Ghana, créé en 1966 et qui s'étend sur 8500 km², possède une végétation macrophyte bien développée qui fournit un habitat approprié au Phragmite des joncs (Walsh & Grimes 1981). De la même manière, la construction de milliers de petits barrages et réservoirs d'eau dans toute l'Afrique sub-saharienne depuis les années 1960 a créé de nombreuses surfaces d'habitats pour les oiseaux d'eau (Claffey 1999) et les passereaux paludicoles. Il est toutefois peu probable que cette extension d'habitat soit supérieure aux pertes de zones humides causées en aval des barrages.

Tableau 28 Pourcentage de variation de la population entre les années 1970 et 1985, après une série d'années extrêmement sèches en Afrique de l'Ouest, et entre 1994 et 1995, années entre lesquelles l'hiver fut très humide par rapport aux 14 années précédentes. Toutes les études concernent des inventaires sur les sites de reproduction, sauf en France, dans le Sud de l'Allemagne et une étude suédoise pour lesquels les données sont basées sur les stations permanentes de baguage.

Pays	1985 vs. 1970-80	1995 vs. 1994	Source
Suède	-79,2	+50,9	Lindström & Svensson 2005
Finlande	-71,2	+12,6	Väisänen 2005
Suède (migrateurs)	-51,2		Karlsson *et al.* 2002
Danemark		+17,3	Heldbjerg 2005
Pays-Bas		+45,5	SOVON
Grande-Bretagne, terre agricole	-59,1	+27,0	BTO
Allemagne, Basse-Saxe	-63,2	+30,2	Zang *et al.* 2005
Allemagne sud (reproduction+migration)	-75,0	+46,6	Berthold & Fiedler 2005
France (reproduction+migration)		+90,7	www.mnhn.fr/mnhn/crbpo/fiches_especes/caille.htm
Moyenne ± écart type	**-66,5 ± 10,5**	**+40,1 ± 24,7**	

Evolution de la population

Conditions d'hivernage   Bien qu'ils soient présents dans toute l'Afrique de l'Ouest pendant l'hiver boréal, les Phragmites des joncs sont en grande partie confinés aux habitats humides ou en eau et à végétation dense. Il en résulte la présence de fortes concentrations au sein de la zone sahélienne (principalement dans les plaines inondables, où un quart des reprises a été réalisé), et une répartition plus éparse dans la zone soudanienne.

Les précipitations en Afrique de l'Ouest ont été identifiées comme étant le facteur principal influençant les populations britanniques (Peach *et al.* 1991) et néerlandaises (Foppen *et al.* 1999). La totalité de la population nicheuse est susceptible d'être affectée lorsque les conditions climatiques en Afrique de l'Ouest sont particulièrement sévères. En 1972, les précipitations réduites et les inondations limitées au Sahel paraissaient défavorables à l'espèce : le nombre de captures sur les sites de baguage réguliers dans le sud de l'Allemagne a baissé de 23% (Berthold & Fiedler 2005) et le nombre d'oiseaux ba-

gués sur les stations standardisées en Suède ont montré un déclin de 58% (Österlöf & Stolt 1982). Les taux de survie des oiseaux adultes en Grande-Bretagne ont chuté de 35-41% en 1970-1972 à 13-28% en 1973-1975 (Green 1976, Bibby 1978). La Grande Sécheresse des années 1983-1984 a causé des difficultés encore plus fortes aux populations hivernantes et entraîné des déclins compris entre 51 et 79% par rapport aux années pluvieuses précédentes (Tableau 28). Le taux de survie des adultes du sud de l'Angleterre a été estimé à moins de 4% (entre 0,6 et 22,3%, intervalle de confiance asymétrique de 95%). Même si l'on considère le taux de fidélité au site généralement faible (Bibby 1978), qui peut biaiser ce résultat vers le bas, la mortalité causée par la sécheresse dévastatrice au Sahel en 1983 doit avoir été énorme. La mortalité des oiseaux de première année est très difficile à estimer, mais une tentative réalisée par Staffan Bensch sur environ 16.000 oiseaux bagués juvéniles à Kvismare dans le sud de la Suède depuis 1961 a abouti à un taux de survie moyen d'environ 10% (*in* Glutz von Blotzheim & Bauer 1991 : 331). Mieux vaut ne pas imaginer ce qu'il a pu être lors de la sécheresse de 1984...

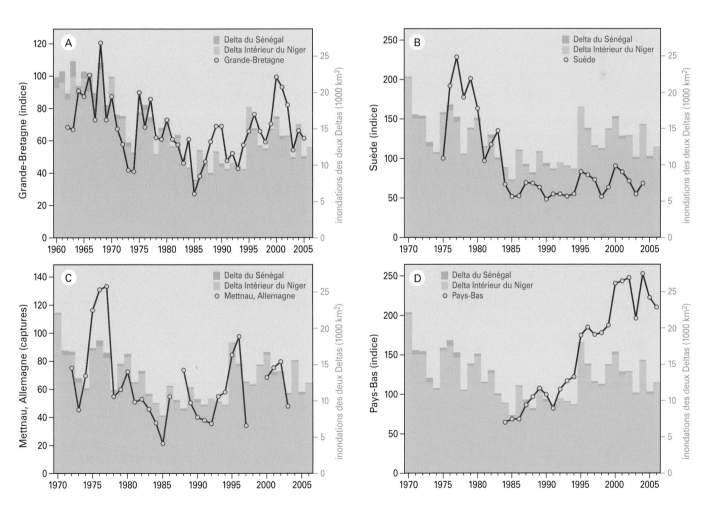

Fig. 250 Tendance d'évolution des populations de Phragmites des joncs dans quatre pays européens en fonction de l'étendue des inondations dans le Delta Intérieur du Niger et le Delta du Sénégal pendant l'hiver précédent. D'après : (A) BTO (Grande-Bretagne), (B) Lindström & Svensson 2005 (Suède), (C) Berthold & Fiedler 2005 (Allemagne, Mettnau), (D) SOVON (Pays-Bas).

Phragmite des joncs sur un Iris jaune.

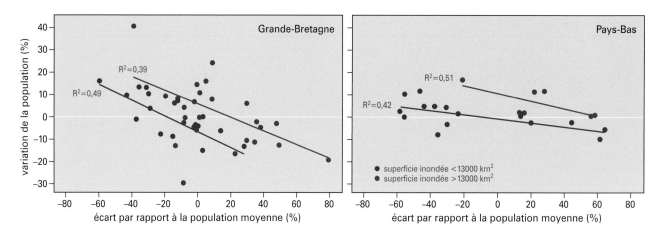

Fig. 251 Variations de populations entre années consécutives en fonction de la taille de la population de l'année précédente, séparées selon l'étendue des inondations dans les plaines inondables du Sahel, pour les populations néerlandaise (en haut) et britannique (en bas). Afin de rendre les deux séries de graphiques comparables, les indices moyens (67 en Grande-Bretagne entre 1962 et 2006 et 155 aux Pays-Bas entre 1984 et 2006) ont été ramenés à 100 et tous les autres indices ont été exprimés en écart par rapport à cette moyenne.

Alors que les sécheresses ont un effet dévastateur sur les populations de Phragmite des joncs, les années humides en Afrique de l'Ouest permettent des rétablissements rapides. Après l'année humide de 1974, la population a augmenté immédiatement de +42%

en Suède et de +103% dans le sud de l'Allemagne (captures, y compris en période de migration) et de +116% en Grande-Bretagne. En 1994, suite à une longue série d'hivers secs en Afrique de l'Ouest, les précipitations furent à nouveau abondantes et les rétablissements de population ont varié entre +10% et +91,7% (Tableau 28).

Le rôle central joué par les conditions d'hivernage sur la taille de population reproductrice peut être testé en regardant les résultats des suivis de population à long terme à travers l'Europe (Fig. 250). Tout d'abord, on s'attendrait à ce que les suivis réalisés dans des pays différents montrent des fluctuations synchronisées, ce qui est le cas : tous les suivis à long terme montrent de fortes corrélations.[1] Par ailleurs, la population hivernante est-elle avant tout régulée par les précipitations au Sahel (comme supposé implicitement par Peach *et al.* 1991 et Foppen *et al.* 1999) ou par l'étendue des inondations au Sahel ? Les analyses statistiques montrent que l'étendue des inondations est le facteur prédominant.[2]

La variation annuelle du nombre de nicheurs est fortement corrélée à l'étendue des inondations, mais il ne faut pas négliger le fait qu'une bonne partie de la variation est liée à la taille de la population : lorsque celle-ci est forte, les populations ont tendance à décroître, alors qu'elles ont tendance à croître lorsqu'elles partent d'un niveau bas. L'état d'équilibre pour les populations britannique (Fig. 250A) et néerlandaise (Fig. 250D), correspondant à une absence de variation interannuelle (Fig. 251), est situé à un niveau plus élevé si l'étendue des inondations au cours de l'hiver précédent au Sahel était importante.[3]

Conditions de reproduction   Pour une espèce aussi dépendante des conditions hydrologiques en Afrique sub-saharienne, il est normal que les fluctuations de population soient synchronisées. Toutefois, indépendamment de l'étendue des inondations au Sahel, la population néerlandaise a augmenté (Fig. 250D), alors que la population suédoise (Fig. 250B) et, à un degré moindre, la population britannique (Fig. 250A), ont diminué. Les données du sud de l'Allemagne ne montrent pas de variation à long terme en dehors des fluctuations liées aux conditions au Sahel (Fig. 250C).[4] La tendance au Danemark est également plus ou moins stable (Heldbjerg 2005). Ces populations fréquentent des sites d'hivernage qui se chevauchent, les conditions locales sur les sites de reproduction doivent également jouer un rôle.

L'assèchement des zones humides, l'intensification de l'agriculture et la gestion de l'eau ont tous entraîné la disparition de grands secteurs de l'habitat de reproduction préférentiel de l'espèce dans toute l'Europe, en particulier dans la première moitié du 20ème siècle (Bauer & Berthold 1996). Ainsi, en Basse-Saxe, la densité actuelle de Phragmites des joncs n'est plus que l'ombre de ce qu'elle était dans le passé (Zang *et al.* 2005). En Europe occidentale, les zones humides subsistantes sont mieux protégées aujourd'hui, bien que les régimes hydrauliques dynamiques, qui jouaient autrefois un rôle important dans leur fonctionnement soient devenus excessivement rares. De nombreux marais se transforment donc progressivement en marais boisés, selon un processus renforcé par l'eutrophisation et les importants besoins de gestion renforcée. Il est probable que ce soit ce processus de modification de l'habitat du fait de sa dégradation, qui ait causé la disparition du Phragmite des joncs dans de nombreux sites secondaires en Europe, plutôt que la fragmentation en elle-même (*contra* Foppen *et al.* 1999). A cet égard, les évolutions à venir en Europe orientale procureront un test à échelle réelle particulièrement intéressant, notamment dans les pays qui ont récemment rejoint l'Union Européenne, et qui sont soumis aux mêmes types de problèmes environnementaux causés par les modifications de l'utilisation du sol que ceux subis par l'Europe occidentale depuis les années 1960.

Conclusion

Les sécheresses au Sahel causent une forte mortalité au sein des populations de Phragmites des joncs, et entraînent des déclins substantiels dans toute l'Europe. Les populations se rétablissent rapidement après les hivers humides en Afrique. Les variations annuelles des populations nicheuses sont plus fortement corrélées à l'étendue des inondations dans les plaines inondables du Sahel lors de l'année précédente qu'aux précipitations. L'étendue des inondations modifie également la taille de population pour laquelle un équilibre est atteint (variation nulle entre deux années consécutives), qui est plus importante après les hivers marqués par de fortes inondations dans les plaines inondables du Sahel. Les facteurs locaux sur les sites de reproduction expliquent pourquoi les tendances entre différents pays et différentes régions ne sont pas totalement synchronisées.

Notes

1   Les corrélations entre indices nationaux sont fortement significatives : Grande-Bretagne – Pays-Bas : R=+0,71 (n=22), Grande-Bretagne – Sud de l'Allemagne (R=+0,588, n=29). Les corrélations avec la Suède et la Finlande dépassent également R=+0,50.

2   Les corrélations entre les indices de population et les paramètres liés au Sahel sont significatives, sauf les précipitations et l'indice de végétation (NDVI) pour la Suède. Les corrélations les plus fortes sont celles relatives à l'étendue des inondations et les plus faibles, celles avec le NDVI : Grande-Bretagne (R=+0,68 pour la pluie, +0,72 pour le NDVI, +0,72 pour les inondations; N=44, mais N=24 pour le NDVI); S Allemagne (R=+0,45 pour la pluie, +0,62 pour le NDVI, +0,75 pour les inondations; N=29, mais N=19 pour le NDVI), Pays-Bas (R=+0,60 pour la pluie, +0,68 pour le NDVI, +0,73 pour les inondations; N=23, mais N=22 pour le NDVI), Suède (R=+0,29 pour la pluie, +0,22 pour le NDVI, +0,55 pour les inondations; N=30, mais N=23 pour le NDVI).

3   La variation annuelle de la population du Phragmite des joncs aux Pays-Bas dépend de l'étendue des inondations (P<0,001) ainsi que de la taille de la population (P=0,003) (N=27, R²=0,52). Pour la Grande-Bretagne : étendue des inondations (ß=+0,600, P<0,001), taille de la population (ß=-0,769, P=0,001), R²=0,532 ; pour le Sud de l'Allemagne : étendue des inondations (ß=+0,716, P<0,001), taille de la population (ß=-0,789, P<0,001), R²=0,591 ; pour la Suède : étendue des inondations (ß=+0,600, P<0,001), taille de la population (ß=-0,614, P<0,005), R²=0,472.

4   Une analyse de régression multiple de la taille de la population par rapport à l'étendue des inondations et à l'année a montré une forte corrélation avec l'étendue des inondations, mais également que la tendance à long terme varie et peut être positive ou négative : Grande-Bretagne (ß=+0,400, P=0,003), S Allemagne (ß=-0,066, P=0,622), Suède (ß=+0,837, P=0,018), Pays-Bas (ß=+0,772, P<0,001).

Rousserolle effarvatte
Acrocephalus scirpaceus

Les ornithologues européennes savent qu'ils sont loin de chez eux lorsqu'ils voient un Palmiste africain attraper des crabes violonistes, un Héron goliath en train de pêcher dans une rivière tidale et des martins-pêcheurs exotiques resplendir dans la mangrove. Cependant, après une nuit sans sommeil passée en compagnie des serpents venimeux qui abondent dans cet habitat, lorsqu'ils s'éveillent en entendant les cris et les bribes de chant des Rousserolles effarvattes, des Hypolaïs polyglottes, des Fauvettes à tête noire et d'autres espèces typiques des sites de reproduction européens, l'environnement sonore leur donne alors l'impression d'être à la maison. Sous leurs pieds, des bactéries anaérobies produisent de l'azote gazeux, des composés ferriques solubles, du phosphate inorganique et du méthane, ce qui contribue largement à l'odeur particulièrement caustique qui s'élève des sols détrempés, et leur rappelle l'Europe et la joie de se frayer un chemin dans les roselières à la recherche de nids de Rousserolles effarvattes, une expérience qui, d'après les mots de Brown & Davies (1949), n'a rien à voir avec « les souvenirs nostalgiques de douces brises crépusculaires qui peuvent, ou non, sortir des entrailles de la Terre (alors que dans les roselières, il n'y a rien de mystérieux dans ce qui monte de ces entrailles : une odeur nauséabonde d'hydrogène sulfuré). »

Aire de reproduction

La Rousserolle effarvatte est présente dans les plaines de latitude moyenne du Paléarctique occidental et central, où elle est fortement associée aux roselières. La limite nord de son aire atteint le sud de la Scandinavie. BirdLife International (2004) a estimé la population européenne entre 2,7 et 5 millions de couples, soit une population hivernale de 8 à 14 millions d'individus, d'après la proportion de 42% d'oiseaux de première année capturés sur les sites d'hivernage au sud du Sahara (voir ci-dessous).

Migration

Contrairement à de nombreux migrateurs transsahariens, la Rousserolle effarvatte réalise habituellement des étapes courtes, à la fois pendant la migration postnuptiale (Bibby & Green 1983) et pendant la migration prénuptiale (Bolshakov *et al.* 2003). Au sein de la région méditerranéenne, les Rousserolles effarvattes augmentent la durée de leurs haltes lorsque la saison progresse, de 6,1 jours à la fin juillet à 11,1 jours à la fin octobre. Le taux d'accumulation de réserves augmente également, de 0,29 g par jour pendant le pic migratoire (fin septembre) à 0,40 g par jour à la fin octobre (Balança & Schaub 2005), ce qui suggère qu'en fin de saison, les sites sont plus espacés et que les oiseaux doivent faire de plus longues étapes. A Eilat, en Israël, le taux de prise de poids moyen est de 0,157 g par jour, à la fois à l'automne et au printemps. Au printemps, particulièrement en fin de saison, les oiseaux sont pressés et accumulent rapidement des réserves (Yosef & Chernetsov 2005). Ces derniers migrateurs sont peut-être des oiseaux de sites de reproduction plus lointains. Il est remarquable que plus de la moitié des oiseaux arrivant au printemps à Rybachy sur l'Isthme de Courlande en Baltique, aient des réserves énergétiques suffisantes pour continuer leur migration pendant au moins une autre nuit (Bolshakov *et al.* 2003). Apparemment, au printemps, les Rousserolles effarvattes entament une migration nocturne massive quand de l'air chaud d'origine méditerranéenne remonte doucement vers le nord, ce qui génère de légers vents portants favorables au vol et une augmentation des températures, qui entraîne une amélioration des conditions d'alimentation en route. En recourant à une succession de courts vols migratoires de 4 à 6 heures chacun, les rousserolles traversent l'Europe en maintenant une balance énergétique positive grâce à de longues haltes (Bolshakov *et al.* 2003).

Répartition en Afrique

Les reprises et contrôles de Rousserolles effarvattes en Afrique au nord de 4°N (Fig. 252) suggèrent une large répartition dans les zones sahélienne et soudanienne, sans concentration dans les plaines inondables du Sahel. En effet, l'espèce a été étonnamment rare pendant les 1630 sondages de densité réalisés dans les basses plaines inondables du Delta Intérieur du Niger au Mali (Chapitre 6) et aucune n'a été observée au cours des 1365 sondages de densité dans

les rizières irriguées ailleurs au Mali (Chapitre 11). Pendant l'hiver boréal, l'espèce doit être absente ou rare dans ces habitats humides, étant donné que les observateurs étaient particulièrement attentifs à l'identification de tout oiseau qui n'était pas un Phragmite des joncs, espèce particulièrement abondante dans les plaines inondables, mais moins dans les rizières. Les Rousserolles effarvattes sont également assez rares (9 ind./km²) dans les rizières côtières entre la Gambie et la Guinée (Chapitre 11).

Alors que l'apparition d'une Rousserolle effarvatte est presque surprenante dans les zones humides du Sahel, l'espèce est très commune dans les habitats plus secs plus au sud et dans les mangroves salines de Guinée-Bissau (Altenburg & van Spanje 1989). Si la densité minimale de 5,7 ind./ha estimée dans les mangroves est valable pour la totalité de la zone de mangrove entre le Sénégal et la Sierra Leone (8000 km²), alors environ 4,5 millions de Rousserolles effarvattes pourraient y passer l'hiver boréal, soit une part significative de la population européenne estimée. L'importance des mangroves comme habitat d'hivernage n'est apparemment pas confirmé par les 438 Rousserolles effarvattes reprises ou contrôlées dans la zone sahélienne (Fig. 252), puisque seules 16 données proviennent de la zone

Fig. 252 Origine en Europe de 1167 Rousserolles effarvattes reprises ou contrôlées entre 4° et 37°N. Afin d'éviter de surcharger la figure, les axes relatifs aux oiseaux bagués ou contrôlés au Maroc ou dans le nord de l'Algérie et les oiseaux bagués dans le Delta du Sénégal (carré rouge) ne sont pas représentés ; à la place, des points rouges indiquent les sites de baguage de 84 oiseaux contrôlés au Sénégal et de 56 oiseaux bagués au Sénégal et contrôlés par la suite en Europe. Données EURING, sauf 18 d'après Mullié *et al.* (1989), Meininger *et al.* (1994).

Les grandes mangroves le long des côtes ouest-africaines, ici en Guinée-Bissau, sont presque impénétrables à pied, et ont par conséquent été peu étudiées par les ornithologues. En utilisant le MS Knud W comme base entre décembre 1986 et février 1987, une équipe néerlandaise a étudié la communauté aviaire des mangroves de Guinée-Bissau en cartographiant les chanteurs et en utilisant des filets japonais. Le nombre d'espèces d'oiseaux paléarctiques était faible, mais les densités de Rousserolles effarvattes, de Pouillots fitis et d'Hypolaïs polyglottes étaient élevées (Altenburg & van Spanje 1989). L'importance des mangroves pour l'hivernage des Rousserolles effarvattes et des Hypolaïs polyglottes est sous-évaluée et nécessite d'être reconsidérée.

de mangroves, et si l'on exclut les oiseaux recapturés, la mangrove ne représente qu'un faible 10% des captures. Toutefois, il existe un argument contre-intuitif qui soutient l'hypothèse d'une concentration dans les mangroves : cet habitat est dense et inaccessible à pied, ce

qui justifie que les reprises de bagues soient moins nombreuses que dans les terrains secs. Pendant la migration postnuptiale, les Rousserolles effarvattes utilisent progressivement des secteurs plus secs composés d'herbes sèches et de buissons, un changement d'habitat

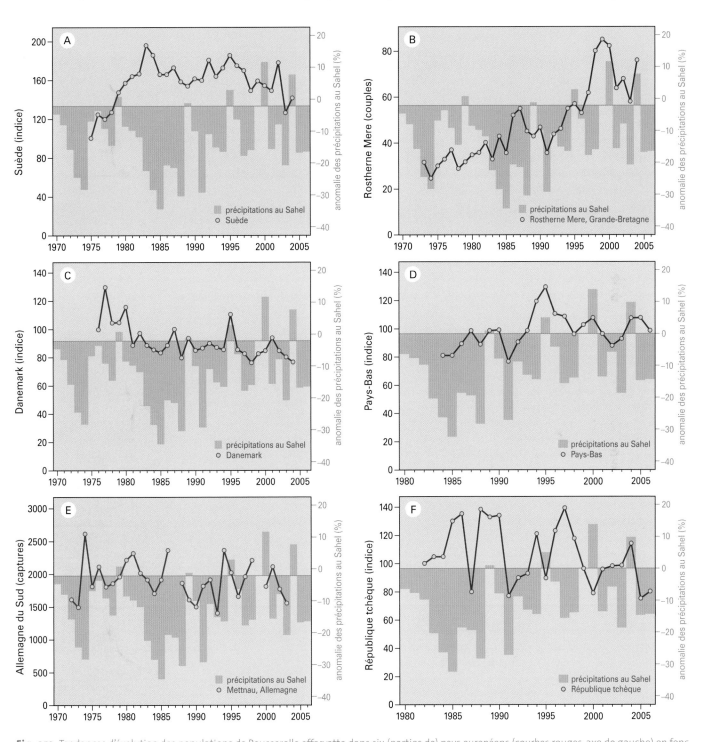

Fig. 253 Tendances d'évolution des populations de Rousserolle effarvatte dans six (parties de) pays européens (courbes rouges, axe de gauche) en fonction de l'anomalie des précipitations (histogramme). D'après : (A) Londström & Svensson 2005 (Suède), (B) Calvert 2005 (Rostherne Mere, Grande-Bretagne), (C) Heldbjerg 2005 (Danemark), (D) sovon (Pays-Bas), (E) Berthold & Fiedler 2005 (Allemagne, Mettnau), (F) Reif *et al.* 2006 (République Tchèque).

Au cours d'une période de 16 jours pendant un séjour de 3 mois dans la zone de mangroves de Guinée-Bissau en 1986/1987, Altenburg & van Spanje (1987) ont capturé 50 Rousserolles effarvattes, 23 Hypolaïs polyglottes, 22 Bergeronnettes printanières, 12 Fauvettes passerinettes, 6 Pouillots fitis, 2 Pouillots véloces et 2 Phragmites des joncs. Les sondages de densités réalisés sur six parcelles de 5 ha suggèrent la présence d'un nombre moyen (minimum !) par hectare de : 5,7 Rousserolles effarvattes, 4,3 Hypolaïs polyglottes, 2,6 Pouillots fitis ou véloce, 1,0 *Sylvia sp.*. et 1,0 Bergeronnette printanière. Si l'on multiplie ces chiffres par les 880.000 ha de superficie de mangrove dans la zone entre le Sénégal et la Sierra Leone (Bos *et al.* 2006), on se rend facilement compte de la quantité immense d'oiseaux de la zone tempérée qui s'y concentrent en hiver.

qui devient plus prononcé sur les sites d'hivernage. Leur absence quasi-totale dans les marais doux peut servir à éviter une compétition avec leurs congénères, les Rousserolles africaines (Dowsett-Lemaire & Dowsett 1987).

Les Rousserolles effarvattes qui hivernent le long de la côte atlantique de la Sénégambie, à l'ouest de 12°O, nichent principalement en Europe du Nord-Ouest, et migrent via la Péninsule ibérique (Fig. 252). 82% des 87 reprises réalisées au Sénégal concernent des oiseaux de Grande-Bretagne, et le reste des oiseaux espagnols (n=7), français (n=6), néerlandais (n=1) et, seule exception, un oiseau italien (1). En revanche, entre 12°O et 10°E, seule l'une des reprises était britannique. Les Rousserolles effarvattes reprises au Mali avaient été baguées en Allemagne (n=7), en France (n=5), en Belgique (n=3) et en Suède (n=3), ce qui confirme la forte connectivité migratoire même au sein de la population migrant vers le SO (Procházka *et al.* 2008). Les oiseaux d'Europe du Nord, jusqu'à la région de Kaliningrad à l'est, suivent une direction SO ou SSO, avec un changement graduel d'orientation de l'ouest vers l'est : les reprises au cours d'une même année et entre 400 et 4500 km des sites de baguage, montrent une direction moyenne à l'automne de 195° en Norvège (n=60), 216° en Suède (n=669) et 226° en Finlande (n=110) (Franson & Stolt 2005). A leur arrivée en Afrique, un changement de direction moyenne est effectué, probablement sous contrôle endogène (comme chez la Fauvette des jardins ; Gwinner & Wiltschko 1978). Les traversées plus courtes du Sahara qui en résultent entraîne les oiseaux directement

vers les sites d'hivernage du Mali et plus au sud dans la zone soudanienne d'Afrique de l'Ouest, tout en conservant une répartition ouest-est reflétant celle des sites de reproduction (Fransson & Stolt 2005, Bakken *et al.* 2006, Procházka *et al.* 2008). Le recours à la repasse dans l'ouest du Sahara et le long de la côte mauritanienne semble indiquer que les adultes et les juvéniles pourraient utiliser des stratégies différentes pour traverser le Sahara à l'automne : les adultes migreraient avant les juvéniles et voyageraient par l'intérieur du Sahara, alors que les jeunes se concentreraient le long des côtes. Peu de Rousserolles effarvattes ont été capturées à l'intérieur des terres pendant la migration printanière, probablement parce qu'elles migrent alors par vent portant à grande altitude au-dessus des cisaillements de vents (Herremans 2003).

Les recherches de Dowsett-Lemaire & Dowsett (1987), Schlenker (1988) et Yosef & Chernetsov (2005) ont montré que la disparité des directions migratoires des nicheurs d'Europe centrale, entre le SO et le SE était révélatrice de l'existence d'une séparation de flux migratoires. Les oiseaux de Serbie, de Hongrie, de l'est de l'Autriche et de la République Tchèque migrent vers le sud-est, selon un axe qui est presque l'image dans un miroir des directions suivies par les populations d'Europe du Nord et de l'Ouest. Ces oiseaux passent par la Grèce, Chypre, la Turquie et le Levant, puis continuent vers le sud jusqu'en Afrique de l'Est. Certains individus, peut-être nombreux, peuvent dévier de ce trajet pour arriver dans le Sahel central et dans la zone soudanienne du Nigéria, du Cameroun et du Tchad, probablement pour y hiverner. Une explication alternative serait que ces oiseaux se dirigent vers le sud depuis l'Europe centrale, hypothèse partiellement soutenue par quelques reprises en Italie (Fig. 252, voir aussi Procházka *et al.* 2008). La question reste en suspens. Les sept oiseaux repris à proximité du Lac Tchad provenaient d'Europe centrale, mais deux oiseaux français retrouvés au Tchad prouvent qu'il existe un recouvrement avec les populations d'Europe occidentale.

Les Rousserolles effarvattes provenant de plus loin à l'est en Europe appartiennent à la sous-espèce *fuscus*, et traversent probablement l'Arabie saoudite en direction de sites d'hivernage en Afrique de l'Est (Dowsett-Lemaire & Dowsett 1987). Leur passage au Soudan en septembre et octobre est légèrement plus tardif que celui de la sous-espèce nominale *scirpaceus* qui se déroule en août (G. Nikolaus cité par Dowsett-Lemaire & Dowsett 1987).

Evolution de la population

Impacts des conditions d'hivernage   La répartition des Rousserolles effarvattes en Afrique de l'Ouest contraste fortement avec celle des Phragmites des joncs. Alors que ce dernier est confiné aux zones humides, la Rousserolle effarvatte fréquente soit des habitats plus secs, soit des mangroves intertidales. Les impacts négatifs des sécheresses en Afrique de l'Ouest doivent donc être plus faibles chez les Rousserolles effarvattes, particulièrement sur la population d'Europe du NO, qui hiverne en partie dans les mangroves. Et en effet, aucune des tendances à long terme en Europe n'a révélé de lien avec les quantités de précipitations en Afrique de l'Ouest, sauf l'étude menée entre 1973 et 2004 par Malcolm Calvert (2005) à Rostherne Mere près de Manchester, Angleterre : sur ce site, les précipitations au Sahel étaient corrélées au nombre de couples pendant la saison de reproduction suivante (R^2=0,157, p<0,01), et avec le pourcentage de variation entre années (R^2=0,113, p<0,02). L'hiver extrêmement sec de 1973 n'a toutefois pas affecté le nombre habituel d'oiseaux capturés l'année suivante en Suède (Österlöf & Stolt 1982) ou en Belgique (Nef *et al.* 1988). Le nombre de nicheurs sur deux parcelles en Allemagne du Nord (Zang *et al.* 2005) est resté stable entre 1971 et 2003. Dans le sud de l'Allemagne, les captures de Rousserolles effarvattes ont atteint leur maximum sur les sites de baguage standardisés en 1974 (Berthold & Fiedler 2005). La Grande Sécheresse du début des années 1980 n'a pas non plus entraîné de diminution de population en Allemagne (Berthold & Fiedler 2005, Zang *et al.* 2005), aux Pays-Bas (SOVON), en Suisse (Weggler 2005) ou en République Tchèque (Reif *et al.* 2006). Les tendances d'évolution à long terme en Suède ont montré une augmentation pendant les années 1970 et une stabilité depuis lors. Les tendances sont plus ou moins stables dans les autres pays européens, mais avec des fluctuations d'origine locale (Fig. 253). Chez deux populations britanniques à Gosforth Park et Wicken Fen, la variation des précipitations au Sahel n'était corrélée ni aux modifications du taux de retour (combinaison de taux de survie réel et de l'émigration permanente), ni avec l'abondance des Rousserolles effarvattes dans les sites de baguage standardisés du Royaume-Uni (Thaxter *et al.* 2006).

Conditions de reproduction   L'absence de corrélation avec les précipitations au Sahel indique que la productivité locale et les variations climatiques pendant la saison de reproduction sont des indices plus fiables de l'évolution des populations. Une bonne qualité des habitats est importante pour la survie et le stationnement des oiseaux nicheurs (Schulze-Hagen 1993). La coupe des roseaux selon une rotation régulière est favorable aux Rousserolles effarvattes, particulièrement lorsqu'elle est accompagnée d'une exportation de la litière morte. La repousse vigoureuse fournit alors des ressources alimentaires plus abondantes et des tiges plus solides pour l'accrochage des nids (Poulin *et al.* 2002, Thaxter *et al.* 2006). La croissance de la population au sein d'une petite population de 15 à 20 couples à Gosforth Park, Angleterre, pourrait avoir été plus fortement influencée par le taux de retour des Rousserolles effarvattes adultes que par le recrutement naturel et l'immigration, mais le lien entre le taux de retour et les précipitations au Sahel n'est pas significatif (Thaxter *et al.* 2006). Des variations à court terme des quantités d'oiseaux pourraient être dues à une mauvaise reproduction, qui dépend elle-même de la qualité de l'habitat (Calvert 2005, Thaxter *et al.* 2006). Les différences de qualité des habitats à travers l'Europe représentent donc probablement un facteur expliquant les différentes tendances rencontrées.

Entre 1970 et 2006, les Rousserolles effarvattes du SO de la Pologne ont significativement avancé leur date de ponte de 18 jours (date moyenne de ponte du 1er œuf) en lien avec l'augmentation des températures en avril et mai, mais ce changement est moins rapide que celui de la phénologie des roseaux (ce qui peut être un avantage, du fait d'une meilleure couverture végétale). En revanche, la date de fin de ponte n'a pas significativement varié. Globalement, la période de ponte s'est donc allongée, ce qui a permis à un plus grand nombre de couples d'initier une seconde ponte. Dans les années 1970-1980, seuls 0 à 15% des couples produisaient une seconde ponte, contre jusqu'à 35% entre 1994 et 2006 (Halupka *et al.* 2008). L'augmentation de la fréquence de seconde nidification et la meilleure protection des nids précoces devrait impacter positivement le nombre total de jeunes produits et donc la capacité reproductrice de l'espèce.

Conclusion

Les Rousserolles effarvattes passent principalement l'hiver boréal dans la zone soudanienne et les mangroves intertidales. Par conséquent, il est peu probable que les variations de population soient causées par les conditions au Sahel. D'ailleurs, la quasi-totalité des tendances d'évolution des populations européennes ne montrent pas de lien entre les précipitations au Sahel et les fluctuations du nombre de couples nicheurs. Cette quantité est probablement déterminée par la qualité des habitats. La phénologie printanière a été avancée depuis les années 1970, ce qui entraîne une première ponte plus précoce, une fréquence plus élevée de secondes nichées et une productivité par couple supérieure en Pologne, par exemple. L'amélioration de la capacité reproductrice pourrait entraîner des augmentations de population, comme celles qui ont déjà été constatées dans plusieurs pays européens.

Fauvette babillarde
Sylvia curruca

Dans sa correspondance avec H. Freiherr Geyr von Schweppenburg (1930), le Baron Snouckaert van Schauburg indiquait qu'il pensait que la Fauvette babillarde n'était pas un nicheur commun aux Pays-Bas : « Entre 1887 et 1896, j'ai vécu dans une propriété entre Haarlem et Leiden, la même où le vieux Temminck avait vécu. Dans mon jeune âge, j'y ai collecté des oiseaux en quantité, et ai réuni une belle collection d'oiseaux locaux. J'ai rencontré *curruca* pour la première fois en 1895, après huit années de séjour, lorsque j'ai trouvé une femelle morte sur le sol le 18 mai, puis tué le mâle correspondant le 23 mai. Et c'est tout ! » Sa seule observation dans sa propriété près de Doorn entre 1903 et 1912, où l'espèce est aujourd'hui un nicheur commun, est celle de deux oiseaux le 3 août 1905 : « et, apparemment en migration, que j'ai tués tous deux ». A cette époque, il était déjà connu que les Fauvettes babillardes européennes hivernaient en Afrique de l'Est, où par exemple, Robert Hartmann (1863) en avait rencontré un grand nombre dans les « acacias impénétrables du Nil », juste au nord de Dongola le 25 mars 1860. Des études ultérieures ont montré que l'espèce est particulièrement abondante dans les boisements denses et semi-ouverts dominés par les acacias au Soudan et en Ethiopie. D'ailleurs, la seule étude autécologique de l'espèce dans ses sites d'hivernage, réalisée par Sven Mathiasson (1971) en janvier-février 1961 et 1964, l'a été dans cette zone de végétation. Les dernières décennies ont entraîné des changements profonds au sein de l'aire principale d'hivernage de l'espèce, particulièrement au Darfour, dans l'ouest du Soudan. Bien que Schlesinger & Gramenopoulos (1996) n'aient pas trouvé d'indice d'une modification liée au climat de la végétation ligneuse entre 1943 et 1994, la sécheresse persistante des années 1980 a entraîné la désertification et des problèmes écologiques, qui ont été les ferments du conflit qui a mené à la guerre du Darfour en 2003 (ayant abouti à un génocide et à un dépeuplement), et qui ont entraîné un bouleversement des méthodes traditionnelles d'exploitation des sols et des pertes de bétail immenses. Ces bouleversements ont entraîné un retour de la végétation au Darfour (particulièrement évident en 2007), mais l'impact négatif du déplacement des populations sur la végétation est clairement visible dans l'est du Tchad (Schimmer 2008). Le Darfour d'aujourd'hui est très différent de celui visité par Gerhard Nikolaus (1987, observations entre 1976 et 1984) et l'amiral Lynes (1924-1925, travail de terrain en 1920). Suffisamment différent pour impacter les populations de Fauvette babillarde ? Nous ne le savons pas encore.

Aire de reproduction

La répartition vaste et continue des sous-espèces de Fauvette babillarde qui hivernent en Afrique sub-saharienne s'étend de façon irrégulière vers le sud jusqu'à 37-43°N, et vers l'est jusqu'en Russie et au-delà. Encore plus à l'est, d'autres sous-espèces sont présentes. Les plus fortes densités de nicheurs sont présentes en Europe occidentale, centrale et orientale, jusqu'en Finlande au nord. La population européenne est estimée entre 1,8 et 4,4 millions de couples.

Migration

La totalité de la population européenne migre vers le sud ou le sud-est et converge au Moyen-Orient avant de continuer vers ses sites d'hivernage en Afrique de l'Ouest centrale et en Afrique de l'Est (Wernham *et al.* 2002, Fransson *et al.* 2005 ; Fig. 254). Certains oiseaux s'aventurent jusqu'au Sénégal à l'ouest, où Rodwell *et al.* (1996) mentionnent 30 données entre le 30 octobre et le 22 mars 1984-1994 au Djoudj. Une donnée remarquable concerne un oiseau danois (bagué le 24 avril 1994) recapturé en Guinée le 16 octobre 1994 (EURING ; Fig. 254). La présence en faible nombre de la Fauvette babillarde en Afrique de l'Ouest est confirmée par les rares observations au Maroc, ou seules 4 observations automnales et 30 printanières ont été documentées (Thévenot *et al.* 2003), et par deux oiseaux en Mauritanie en 2003 (16 avril et 14 octobre ; Salewski *et al.* 2005).

La dispersion post-juvénile des oiseaux britanniques débute normalement à l'âge de 30 à 38 jours, alors que les oiseaux sont encore en mue active des couvertures (Norman 1992). Les taux de réserves avant le départ des sites de reproduction sont habituellement inférieurs à 10% de la masse corporelle, comme par exemple à Gotland, Suède (Ellegren & Fransson 1992), ce qui permet un vol sans halte d'un peu plus de 300 km. Les adultes accumulent significativement plus de réserves que les juvéniles. Par ailleurs, le taux de réserves augmente au fil de l'automne. Les oiseaux les plus gras, a priori ceux qui sont sur le départ, sont capables de voler pendant deux nuits successives, ce qui représente un vol sans interruption de 770 km, bien qu'un maximum de 1270 km soit possible (Ellegren & Fransson 1992). Si les oiseaux britanniques suivent une stratégie identique lors de la migration automnale, ils peuvent atteindre le nord de l'Italie, qui est précisément l'endroit où une concentration de reprises a effectivement été relevée (Wernham *et al.* 2002). Une seconde étape identique emmènerait les oiseaux jusqu'en Grèce, d'où l'espèce traverse la Méditerranée sur un front assez large, étant données les nombreuses reprises sur la côte

libyenne, dans le delta égyptien et à Chypre (Fig. 254, Fransson *et al.* 2005). Il est évident que de nombreux oiseaux utilisent cette région pour reconstituer leurs réserves, car tous les oiseaux capturés dans le nord-ouest de la Jordanie en automne montraient une augmentation de leur masse corporelle de l'ordre de 4,45% par jour (Khoury 2004). Les activités de baguage menées entre le 8 septembre et le 13 octobre 1965 près de Bahig, 32 km au sud-ouest d'Alexandrie, Egypte, et à 8 km de la côte Méditerranéenne, n'a pas révélé la présence d'oiseaux affaiblis, malgré une forte variation de la masse corporelle, de 9,5 à 15,5 g (Moreau & Dolp 1970). Plus loin en Afrique, dans l'ouest du désert égyptien, à 170 km au sud de la côte Méditerranéenne et à 150 km à l'ouest du Nil, la Fauvette babillarde était le migrateur le plus commun après le Pouillot fitis, parmi les 28 espèces capturées en septembre-octobre 1983 et en septembre 1985, et représentait 11,4% des 1028 oiseaux (Biebach *et al.* 1991). Une telle abondance pose la question du nombre d'oiseaux qui traversent le Sahara à l'ouest du Nil. Les axes de migration en Afrique de l'Est ne sont pas très bien connus, mais il est probable que la majorité des oiseaux continuent vers le

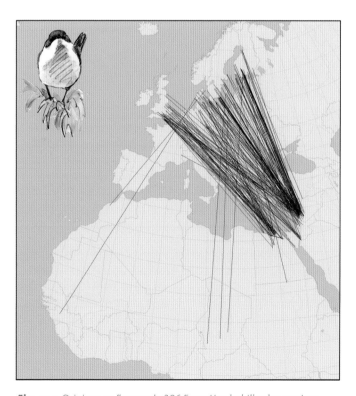

Fig. 254 Origines en Europe de 306 Fauvettes babillardes reprises entre 4° et 37°N. Données EURING, Mullié *et al.* (1989) et Meininger *et al.* (1994).

sud pour atteindre leurs quartiers d'hiver au Soudan, en Erythrée et dans le nord et le centre de l'Ethiopie. Les données de Fauvettes babillardes en hivernage plus à l'ouest dans le Sahel, jusque dans le nord du Nigéria (Urban *et al.* 1997, Wilson & Cresswell 2006), indiquent que la sous-espèce nominale pourrait continuer sa migration sur un axe NE – SO depuis ses sites de reproduction autour de la Mer Caspienne (Zink 1973). Toutefois, il est également possible que ces oiseaux soient des migrateurs européens qui changent de direction et s'orientent vers le SO après avoir atteint Israël, l'Egypte ou la Lybie, ou qu'il s'agisse d'oiseaux effectuant une dispersion vers l'ouest au cours de l'hiver, à travers le Sahel, après avoir atteint la limite orientale de leur répartition au Soudan et en Ethiopie (voir les reprises au Tchad, Fig. 254).

La migration printanière au Moyen-Orient a lieu plus à l'est que la migration automnale (Zink 1973, Glutz von Blotzheim & Bauer 1991, Wernham *et al.* 2002), et contourne apparemment la Méditerranée par l'Egypte (principalement à l'est du Nil), l'Israël, le Liban et la Turquie. Le nombre de reprises au Moyen-Orient au printemps dépasse en effet largement celui de l'automne : février (8), mars (49), avril (9) et mai (1), par rapport à septembre (3), octobre (2), novembre (1) et décembre (3). Les Fauvettes babillardes contrôlées en Jordanie au printemps 2002 effectuaient de courtes haltes (2 jours en moyenne) et n'augmentaient leur poids que de 1,24% en moyenne par jour. Un peu plus de 50% des oiseaux augmentaient de poids et la plupart des oiseaux avaient une quantité moyenne de réserves et ne faisaient apparemment que se reposer (Khoury 2004). La date moyenne du passage à Eilat, Israël entre 1984 et 2003 est le 2 avril (N=13.691 ; Markovets & Yosef 2004). Le calendrier de la migration printanière à Christiansø dans la Mer Baltique, révélé par le baguage standardisé, montre un avancement non significatif des dates entre 1976 et 1997 (Tøttrup *et al.* 2006).

Répartition en Afrique

La zone d'hivernage principale est composée de la savane sèche et des forêts semi-ouvertes à basse altitude au Tchad, au Soudan, en Erythrée et dans le nord et le centre de l'Ethiopie, au nord de 8°N (Zink 1973, Urban *et al.* 1997). La base de données EURING ne contient que quatre reprises au sud du Sahara, trois dans le sud du Tchad et un oiseau en dehors de la zone d'hivernage habituelle, en Guinée (Fig. 254). Les reprises au Tchad concernent des oiseaux de Suède, de Pologne (mi-janvier) et de Finlande (9 avril).

Dans l'aire d'hivernage principale en Afrique de l'Est, les Fauvettes babillardes sont abondantes dans la savane arborée. Une étude réalisée le long du Nil, à environ 17 km au sud de Wadi Halfa (21°55'N, 31°20'E), entre le 10 février et le 10 avril 1964, a révélé que l'espèce était particulièrement abondante (en moyenne 8,0 à 12,9 ind./jour), en bordure du désert, là où les buissons de tamaris et les prairies sont mélangés à des acacias, dans des transects d'1 km de long couvrant cinq types d'habitats différents. L'espèce était absente des roselières en bordure d'eau, presque absente dans le désert total (0,0 à 0,3 ind./jour) et rare dans la brousse (0,9 à 1,5 ind./jour), mais assez commun

dans un jardin avec des palmiers, des acacias et des buissons de tamaris (1,3 à 5,8 ind./jour). Seules 4 des 167 Fauvettes babillardes ont été recapturées sur le site de baguage, ce qui montre la faible fidélité de l'espèce à ses sites d'hivernage. Des agressions intraspécifiques ont également été observées, particulièrement lorsque les oiseaux étaient proches ou lorsque la densité était élevée (Mathiasson 1971, S. Mathiasson, comm. pers.). L'espèce était particulièrement abondante dans les boisements à faible altitude en zone de savane le long de la frontière éthiopienne entre les rivières Rahad et Dinder, mais bien moins à la même latitude près d'Asmara en Erythrée (Mathiasson 1971). Dans le Sahel entre 14° et 17°N à l'ouest du Nil, où la végétation est composée d'une couverture maigre et discontinue de courtes herbes annuelles et pérennes, les zones de buissons épineux le long des wadis et des canaux de drainage étaient remplies de Fauvettes babillardes (Hogg *et al.* 1984). *Capparis decidua*, un buisson épineux dont les graines sont particulièrement riches en acide oléique (Sen Gupta & Chakrabarty 1964) était particulièrement recherché (Hogg *et al.* 1984).

Des comptages ponctuels réalisés sur 16 sites dans le nord du Nigéria entre Alagarno (13°19'N, 13°33'E) et Nguru (12°52'N, 10°27'E) entre octobre et décembre 2001 et en novembre et décembre 2002 ont montré que l'abondance des Fauvettes babillardes était plus importante sur les sites avec une densité d'acacias faible à moyenne et une forte densité d'arbres (Wilson & Cresswell 2006). L'espèce occupait des sites avec des Dattiers du désert *Balanites aegyptiaca* plus grands que ceux fréquentés par la Fauvette passerinette (qui utilise plus ou moins le même micro-habitat ; Wilson & Cresswell 2007), mais était moins abondante lorsque *Salvadora persica* atteignait des densités moyennes à élevées (au contraire des Fauvettes passerinettes et à lunettes). Les Fauvettes babillardes partent au printemps avant le pic de fructification de *Salvadora* ; par conséquent, l'accumulation de réserves prénuptiale dépend probablement de l'abondance d'invertébrés, qui décline en automne et en hiver dans les acacias, mais reste constante chez les espèces à feuillage persistant comme *Balanites* et *Salvadora* (Wilson & Cresswell 2006). Les études réalisées au Soudan (Mathiasson 1971) et dans le nord du Nigéria en décembre et janvier 1993/1994 (Jones *et al.* 1996) ont obtenu des résultats cohérents, avec des densités élevées dans les boisements denses du Sahel non dégradés (ou partiellement dégradés), mais de faibles densités (ou une absence) dans les sites dégradés dans les secteurs à faible recouvrement arbustif, et dans les habitats désertiques. Au Soudan, des Fauvettes babillardes ont été observées en train de se nourrir intensivement d'insectes (et même d'une libellule de 5 cm de long, le 21 mars), en complément d'une consommation de nectar dans les fleurs d'acacia. Ce dernier comportement alimentaire est également mentionné par Hogg *et al.* (1984) près du Nil. En février et mars, les fruits du Tamarinier *Tamarindus indica* sont également consommés régulièrement dans le nord du Soudan (Mathiasson 1971). La perte et la dégradation des habitats, particulièrement dans le nord du Sahel, où les oiseaux accumulent des réserves avant leur départ printanier, peuvent les obliger à partir depuis plus loin au sud. Si tel était le cas, une cascade de conséquences négatives en découlerait : élargissement de l'obstacle représenté par le Sahara, augmentation de la mortalité

en migration, arrivées retardées sur les sites de reproduction (dont nous n'avons pas trouvé de preuve ; 7 des 13 études européennes ont au contraire montré que l'espèce avait tendance à arriver plus tôt à la fin du 20ème siècle. Seules trois études ont abouti à une conclusion inverse, mais sans être significatives ; Lehikoinen *et al.* 2006) et moins bonne condition physique des oiseaux à l'arrivée sur les sites de reproduction (Wilson & Cresswell 2006).

Evolution de la population

Conditions d'hivernage   Les tendances européennes montrent de fortes variations (Fig. 255) : elles sont stables (Suède), en augmentation significative (Finlande, République Tchèque) ou en déclin significatif (Grande-Bretagne, Danemark, Pays-Bas, sud de l'Allemagne). Aucune de ces tendances ne montre de corrélation avec les précipitations au Sahel, à l'exception d'une basée sur des oiseaux capturés pendant la migration automnale dans le sud de l'Allemagne (Fig. 255C). Cette absence de corrélation reste valable si les tendances sont comparées à l'indice des pluies en Ethiopie, sauf la tendance suédoise qui devient significative.[1]

La comparaison avec la Fauvette grisette, une autre fauvette du genre *Sylvia* qui hiverne principalement au Sahel, montre des tendances identiques pour deux études allemandes (Wangerooge et sud de l'Allemagne) et une en Finlande, mais les tendances pour ces deux espèces sont opposées aux Pays-Bas (Fig. 255).[2] Des tendances proches devraient être observées si les populations de ces espèces étaient régulées par des mécanismes communs.

La localisation des mécanismes de contrôle des populations de l'espèce, au Sahel ou ailleurs est difficile à détecter dans les tendances d'évolution des populations, bien que l'impact des précipitations sur les sites d'hivernage soit évident dans l'analyse des taux de retour des Fauvettes babillardes en Grande-Bretagne, qui varie chez les adultes entre 6,7% en 1985 (après l'hiver le plus sec du 20ème siècle au Sahel) et environ 20% lors des années normales (Fig. 256).[3] Le taux de retour des juvéniles est toujours faible et à peine corrélé aux précipitations au Sahel.

L'étude réalisée dans le nord du Nigéria par Wilson & Cresswell (2006, 2007) semble montrer que la Fauvette babillarde préfère se nourrir à des hauteurs faibles ou intermédiaires dans les secteurs à forte densité et diversité de grands arbres, soit un habitat hivernal recoupant largement celui de la Fauvette passerinette (mais aucune information n'est disponible sur les taux d'alimentation et la compétition interspécifique). Elles semblent moins résistantes à la dégradation de ses habitats que la Fauvette grisette, et seraient donc plus menacées par la dégradation progressive de la savane boisée au Sahel (Chapitre 5). Il existe quelques indications que les programmes de remplacement des arbres coupés ou mourants par des espèces exotiques ou des cultivars à plus forte productivité en termes de fruits et de bois (Augusseau *et al.* 2006, Ouédraogo *et al.* 2006) ne seront pas favorables à la Fauvette babillarde, qui dépend d'insectes dont la niche écologique est limitée aux arbres indigènes.

Conditions de reproduction   Les études à long terme sur la Fauvette babillarde sur ses sites de reproduction sont rares. L'espèce préfère les grands bosquets denses. La succession végétale est donc susceptible d'affecter les populations à l'échelle locale. L'interférence de la compétition interspécifique avec la Fauvette grisette, bien que mentionnée par Cody (1985) semble peu susceptible d'avoir un impact significatif sur les populations, car les deux espèces utilisent le même habitat de manière séquentielle plutôt que simultanément. D'ailleurs, une étude réalisée dans le Lincolnshire a montré que les nombres de territoires chez ces deux espèces étaient positivement corrélés (Boddy 1994), ce que la tendance globale à l'échelle de la Grande-Bretagne ne confirme toutefois pas (Fig. 255A).

Conclusion

Les tendances d'évolution des populations sont différentes selon les pays d'Europe, et ne sont ni synchronisées, ni contradictoires, ce qui semble indiquer que les conditions au Sahel oriental, qui constitue leur zone d'hivernage principale, n'ont pas d'impact déterminant sur la taille de la population. Néanmoins, la seule étude réalisée sur les

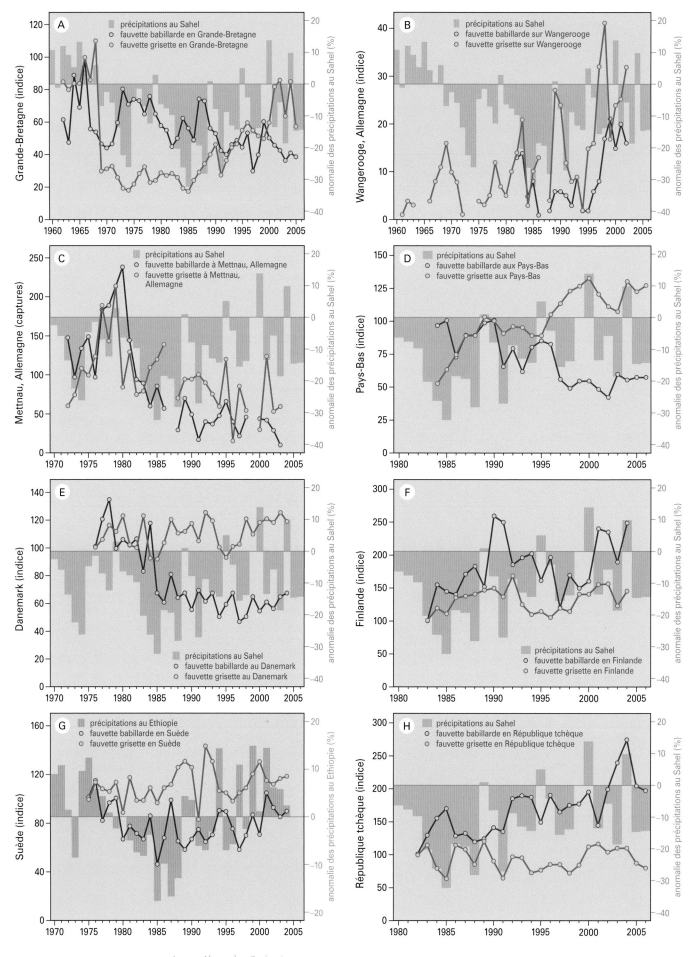

Les ailes du Sahel

Le Dattier du désert *Balanites aegyptiaca* (à gauche) et le Tamarinier *Tamarindus indica* (à droite) sont les espèces d'arbres favorites de la Fauvette babillarde. Notez que les branches du dattier ont été coupées, soit pour en faire du bois de chauffage, soit pour l'alimentation des chèvres, des moutons et des bovins. (Delta Intérieur du Niger, janvier/février 2006).

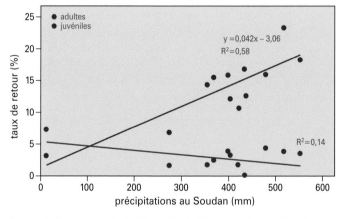

Fig. 256 Taux de survie des Fauvettes babillardes adultes et juvéniles en fonction des précipitations au Soudan, d'après Boddy (1994) qui a utilisé la technique de capture-recapture pour calculer le taux de retour des oiseaux nichant dans le Lincolnshire entre 1982 et 1992. La régression est fortement significative (P<0,005) pour les adultes, mais non-significative pour les juvéniles.

Fig. 255 (page opposée) : Tendances d'évolution des populations de Fauvettes babillardes dans des régions de sept pays d'Europe en fonction des tendances d'évolution des populations de Fauvettes grisettes et de l'indice des pluies au Sahel ou des précipitations en Ethiopie (G). Note : le nombre de Fauvettes grisettes dans le sud de l'Allemagne a été multiplié d'un facteur 5 pour permettre une comparaison avec la Fauvette babillarde. D'après : (A) вто (Grande-Bretagne), (B) Zang *et al.* 2005 (Allemagne, Wangerooge), (C) Berthold & Fiedler 2005 (sud de l'Allemagne), (D) sovon (Pays-Bas), (E) Heldbjerg 2005 (Danemark), (F) Väisänen 2005 (Finlande), (G) Lindström & Svensson 2005 (Suède), (H) Reif *et al.* 2006 (République Tchèque).

taux de survie annuelle montre une relation étroite entre les précipitations au Sahel oriental et les taux de retour sur les sites de reproduction. La dépendance de l'espèce envers les insectes vivant dans les grands arbres indigènes du Sahel, en hiver et pendant la période d'accumulation de réserves au printemps (au contraire de la Fauvette grisette, qui part plus tard et se nourrit des fruits de *Salvadora persica*), pourrait indiquer qu'une mauvaise adaptation aux changements passés a engendré un goulet d'étranglement comportemental. Des recherches complémentaires sont nécessaires afin que nous puissions comprendre les subtilités de la dynamique de population de cette espèce de *Sylvia* singulière, la seule de son genre à migrer vers le sud-est en Europe.

Notes

1 L'indice des précipitations au Sahel est fortement corrélé avec les précipitations au Soudan (R=+0,89) et au Tchad (R=+0,84), mais moins avec celles du NO de l'Ethiopie (Conway 2005 ; R=+0,51). L'espèce hivernant dans ces trois pays, les tendances d'évolution des populations ont fait l'objet d'une régression en fonction des différents indices de précipitations. La corrélation ne s'est pas améliorée dans la plupart des études, lorsque les indices de population ont été étudiés en fonction des précipitations au Sahel, au Soudan et en Ethiopie plutôt qu'en fonction de l'indice global au Sahel.

2 Les corrélations entre le nombre de Fauvettes babillardes et de Fauvettes grisettes varient entre R=+0,59 à Wangerooge (P<0,001, n=19), +0,56 dans le sud de l'Allemagne (P<0,001, N=30), +0,48 en Finlande (P<0,002, N=22) et -0,74 aux Pays-Bas (P<0,001, N=23) et ne sont pas significatives dans les 4 autres études présentées dans la Fig. 255.

3 Le taux de retour était significativement corrélé avec l'indice des précipitations au Sahel (R=+0,64) et avec les précipitations au Tchad (R=+0,75) et dans le NO de l'Ethiopie (R=+0,56), mais la corrélation est encore meilleure avec les précipitations au Soudan (R=+0,87) (pour les données de précipitations, voir la Fig. 7). Bien que les précipitations au Soudan aient varié entre 1982 et 1993 en synchronie avec l'indice des pluies au Sahel (R=+0,92), la faible différence est apparemment suffisante pour avoir affecté le taux de survie des Fauvettes babillardes hivernant au Soudan.

Fauvette grisette
Sylvia communis

Lorsque l'impact de la sécheresse au Sahel sur les oiseaux européens fit l'actualité à la fin des années 1960, la Fauvette grisette en fut le symbole. *Où sont passées nos Fauvettes grisettes ?* (titre original : *Where have all the Whitethroats gone ?*) comme le formulaient alors Derek Winstanley et ses co-auteurs (1974). Cette question avait une portée bien plus large que le lien entre ces fauvettes et le Sahel. S'agissait-il d'un évènement isolé, d'un accident exceptionnel ? Quelle était son intensité (rappelez-vous qu'à l'époque, les suivis de population n'étaient que balbutiants et sans aucun historique), et à quoi était due cette chute de population ? Plusieurs décennies et gigabytes plus tard, nous en savons maintenant bien plus. Tout d'abord, nous savons que les migrateurs au long cours sont en danger, et pas seulement les nicheurs européens, mais également de nombreux oiseaux américains qui hivernent dans les néo-tropiques, bien que les raisons soient différentes. Le titre du livre passionnant de John Terborgh *Where have all the birds gone ?*, publié en 1989, fit écho à l'article précédemment cité, publié dans Bird Study. Ce livre nous apprit une règle primordiale : les changements d'ampleur continentale ont lieu deux fois plus vite pour chaque nouvelle génération de naturalistes. Alors qu'il fallait autrefois une vie entière pour être témoin de changements environnementaux majeurs, il ne faut plus que quelques décennies aujourd'hui. Pour la Fauvette grisette, qui recherche désespérément les baies des buissons de *Salvadora* dans le nord du Sahel en avril, le résultat est toutefois le même : la fin d'un paradis, avec peu d'espoir de retour.

Aire de reproduction

Du cercle arctique au Maroc, et de l'Irlande à la Sibérie centrale, les Fauvettes grisettes sont communes partout où des habitats arbustifs ou agricoles sont présents. Dans les années 1990, la population européenne était estimée entre 14 et 25 millions de couples, avec des densités particulièrement élevées du Danemark à la Russie en passant par l'Europe de l'Est, les pays baltes, le sud de la Finlande et la Biélorussie (BirdLife International 2004a). La totalité de la population hiverne en Afrique sub-saharienne.

Migration

Entre l'arrivée sur les sites de reproduction et le début de la ponte, une période de 2 à 40 jours peut s'écouler, plus longue si les conditions météorologiques sont défavorables (et les insectes peu abondants). Les secondes pontes, ou les pontes de remplacements, ne sont pas fréquentes, et celles qui sont réalisées sont le fait de nicheurs précoces (da Prato & da Prato 1983). Les départs peuvent débuter dès la fin juin, mais s'étendent jusqu'en septembre dans le nord de l'Europe et en octobre dans le sud de l'Europe (Hall & Fransson 2001, da Prato & da Prato 1983). Les Fauvettes grisettes qui quittent tardivement leurs sites de reproduction nordiques n'ont que peu de temps pour réaliser leur mue, et l'interrompent au niveau des primaires ou des secondaires. Dans le SE de la Suède, 77% des oiseaux ont une mue interrompue (Hall & Fransson 2001), et dans le SE de l'Ecosse, tous les adultes nicheurs locaux quittent le secteur avant la fin de leur mue (da Prato & da Prato 1983). Les oiseaux à mue incomplète peuvent la prolonger pendant la première étape de leur trajet, comme le prouvent les migrateurs nocturnes capturés au Col de Bretolet en Suisse (17% en mue, N=35 ; Schaub & Jenni 2000a). En Europe, la proportion d'oiseaux en mue en cours de migration diminue du nord au sud, et l'augmentation du poids moyen en direction du sud est associée à ce déclin de la part d'oiseaux en mue (Schaub & Jenni 2000a). Sur les sites de reproduction plus méridionaux, la ponte légèrement plus précoce permet la fin du cycle de mue avant le départ (Boddy 1992). L'interruption de la mue permet un début de migration automnale plus précoce et une traversée du Sahara avant que la saison sèche au Sahel soit bien avancée. Bien qu'ils quittent les sites de reproduction environ trois semaines après les juvéniles, les adultes de l'est de la Fennoscandie et de l'ouest de la Russie arrivent en moyenne significativement plus tôt à Malamfatori dans le nord du Nigéria (Ottosson et al. 2001, Waldenström & Ottosson 2002, Ottosson et al. 2002).

Les données des sites de baguage à travers l'Europe suggèrent que les Fauvettes grisettes migrant vers le sud accumulent juste assez de réserves pour voler d'une halte à la suivante. Sur Gotland, dans le SE de la Suède, la distance moyenne de vol à l'automne a été estimée à 340 km, soit juste assez pour traverser la Mer Baltique (250 km) en un vol unique jusqu'en Pologne (Ellgeren & Fransson 1992). La légère augmentation de poids au cours du trajet est attribuée aux oiseaux qui suspendent leur mue (voir précédemment). En Europe méridionale ou en Afrique du Nord, les oiseaux accumulent suffisamment de réserves pour traverser le Sahara en une unique étape (Schaub & Jenni 2000a).

Au printemps, les Fauvettes grisettes du Djoudj (nord du Sénégal) commencent leur accumulation de réserves pré-migratoire en mars et surtout en avril, et doublent quasiment leur poids avant le départ (comme en Gambie, 300 km au sud du Djoudj ; Hjort et al. 1996). Les réserves accumulées leur permettent de voler 1500 km ou plus par conditions calmes. Les oiseaux les plus lourds peuvent voler au-dessus du Sahara et de la Mer Méditerranée sans devoir refaire de réserves (Ottosson et al. 2001). Les Fauvettes grisettes ayant interrompu leur vol en Mauritanie intérieure ne prenaient que 0,14 g/jour (i.e 1% de leur masse corporelle, N=24) au printemps (Herremans 2003).

Plus à l'est, à Malamfatori dans le nord du Nigéria, les Fauvettes grisettes suivent globalement la même stratégie, mais en moyenne un mois plus tard. Les oiseaux qui y arrivent au printemps ont des masses corporelles faibles (souvent en diminution), ce qui suggère qu'elles hivernent plus au sud, et se déplacent vers le nord pour se rendre dans le nord du Sahel (voir également Fry et al. 1970 pour des données de Zaria, à 250 km au sud, où les Fauvettes grisettes avaient un poids maximal de 16 g). L'accumulation de réserves commence début avril et s'intensifie au milieu du mois. Les poids les plus élevés sont atteints fin avril ou début mai, bien que la comparaison entre les données de 1967 (Fry et al. 1970) et de 2000 (Ottosson et al. 2002) indique qu'au cours des années récentes, l'accumulation de réserves

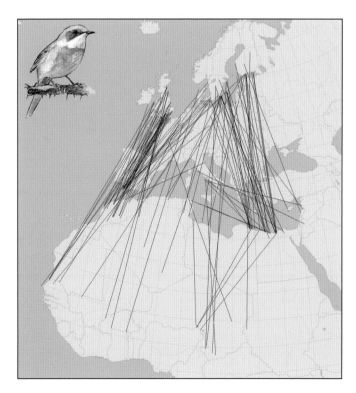

Fig. 257 Origines en Europe de 150 Fauvettes grisettes reprises ou contrôlées entre 4° et 37°N. Par ailleurs, 49 oiseaux ont été capturés et recapturés sur deux sites au Niger. Données EURING, sauf 15 issues de Mullié et al. (1989), Meininger et al. (1994).

De nombreux passereaux paléarctiques, comme cette Fauvette grisette, peuvent chanter sur leurs quartiers d'hivernage africains, mais il ne s'agit pas toujours d'une manifestation de territorialité. La fréquence des chants augmente à l'approche de la migration prénuptiale. Est-ce un indice de bonne santé, auquel cas les chants seraient moins fréquents lors des années sèches ? (Sénégal, 28 février 2007).

a lieu trois semaines plus tôt qu'en 1967, soit à peu près en même temps qu'en Gambie et au Sénégal (Ottosson *et al.* 2002).

Cela signifie-t-il que les Fauvettes grisettes d'Europe de l'Est partent désormais plus tôt (les reprises d'oiseaux bagués à Malamfatori proviennent de Tunisie, de Libye, d'Egypte et de Pologne ; Ottosson *et al.* 2001) ? Une analyse de la phénologie à long terme en Europe n'a pas permis de lister la Fauvette grisette parmi les espèces qui ont significativement avancé leurs dates d'arrivée pendant la fin du 20ᵉᵐᵉ siècle (parmi 15 séries de données, l'évolution était significativement négative pour 2, négative pour 6 autres, stable pour 2, positive pour 5 dont une seule significativement ; Lehikoinen *et al.* 2006). La plupart de ces études concernent l'Europe occidentale. En Europe orientale, où les oiseaux qui hivernent près du Lac Tchad se rendent probablement, les résultats sont ambigus : aucun changement de phénologie n'a été noté dans l'ouest de la Pologne entre 1983 et 2003 (Tryjanowski *et al.* 2005 ; peut-être sur une série de données trop courte), alors qu'une arrivée significativement plus précoce a été trouvée dans l'est de la Lituanie entre 1971 et 2004 (Zalakevicius *et al.* 2006). La question reste donc en suspens.

Ces oiseaux commencent-ils leur traversée du Sahara depuis des sites plus méridionaux qu'avant ? La comparaison des deux jeux de données indique cette possibilité (Ottosson *et al.* 2002). En 1967, après 15 années de pluies abondantes (Chapitre 2), de nombreux

oiseaux partaient avant d'avoir commencé à accumuler des réserves à Malamfatori, avec apparemment l'intention d'en faire en route plus au nord. Bien que ce soit encore partiellement vrai en 2000, les conditions d'accumulation de réserves au nord du Nigéria semblent être moins favorables que lors de l'expédition du BOU en 1967. Un départ depuis des latitudes plus basses, et donc une traversée plus longue du Sahara, semble donc être l'option la plus probable.

Répartition en Afrique

Les Fauvettes grisettes nichant en Europe se retrouvent, durant l'hiver boréal, dans tout le Sahel et la zone soudanienne adjacente, avec une distribution longitudinale similaire à leur répartition en Europe. Douze oiseaux finlandais ont été repris au Soudan, et en Méditerranée orientale. Des oiseaux suédois ont été capturés ou observés pendant leur migration au Liban (1), en Egypte (16), en Libye (5), en Tunisie (2), en Algérie (2), au Maroc (1), en Espagne (1) et au Tchad (2) (Fig. 257). Le Sahel central, *i.e.* le Mali, le Burkina Faso, le Niger, le Tchad et le nord du Nigéria, abrite des oiseaux d'Europe centrale et orientale (Ottosson *et al.* 2001), et probablement des oiseaux d'Europe du Nord étant donnés les axes migratoires en Europe (Bakken *et al.* 2006). En revanche, les oiseaux britanniques ont été capturés ou repris en Espagne (8), au Maroc (16), au Sénégal (5), mais également au Burkina Faso (2). Les reprises dans les régions situées au sud du Sahara ont essentiellement lieu entre novembre et avril, ce qui correspond à la période d'hivernage principale. Les 132 oiseaux repris au Sahara et au nord de ce désert concernent des migrateurs : 31 individus en avril-mai et 76 en septembre-octobre (EURING).

Plusieurs études approfondies sur les habitats d'hivernage de la Fauvette grisette au Sahel et dans la zone soudanienne sont disponibles. L'espèce est particulièrement commune dans les zones arbustives et agricoles plantées d'espèces d'arbres indigènes variées et d'une profusion de petits buissons de *Salvadora persica*. Dans le Parc National du Djoudj, dans le nord du Sénégal, les secteurs les plus bas et humides accueillent une population florissante de *Salvadora*. En l'absence de pâturage par le bétail, la proportion de jeunes arbustes est élevée, ce qui est important, car ceux-ci offrent des baies de la bonne taille (*i.e.* qui peuvent être avalées) juste avant la migration. Là où le bétail est abondant, l'abondance des petits arbustes est réduite sur les parcours (Stoate & Moreby 1995). Toutefois, les principales sources de nourriture en hiver sont les insectes, comme les chenilles (à Ngura, dans le nord du Nigéria, Jones *et al.* 1996), les fourmis, les coléoptères, les pucerons, les hyménoptères parasites, les diptères et les larves de lépidoptères (Djoudj, Sénégal, Stoate & Moreby 1995). Les masses corporelles restent faibles pendant toute cette période (Fry *et al.* 1970). Dans la zone sahélienne du nord Nigéria, les quantités d'insectes les plus importantes en mars et avril 1995 ont été mesurées dans les boisements mixtes, particulièrement ceux à *Balanites aegyptiaca* (Vickery *et al.* 1999). La répartition et l'abondance des Fauvettes grisettes étaient corrélées à la diversité des arbres, plus qu'à leur densité, au volume du feuillage ou de la canopée (mais toutes ces variables sont liées). Les boisements dégradés et les semi-déserts accueillaient des densités bien plus faibles de migrateurs paléarctiques que les boisements sahéliens denses, où les Fauvettes grisettes étaient particulièrement abondantes dans les sites riches en *Piliostigma reticulatum*, avec jusqu'à 0,7 ind./ha (Jones *et al.* 1996). Ce dernier arbre, ainsi que *Balanites aegyptiaca* et les *Ziziphus sp.*, accueillent les plus fortes densités d'invertébrés (12,7 à 15,9 invertébrés par 0,5 m³, fourmis exclues ; Vickery *et al.* 1999). L'abondance des Fauvettes grisettes dans les zones agricoles de la savane à la frontière entre la Gambie et le Sénégal près de Fass (13°35'N, 16°27'O) était liée avec la superficie totale de buissons, et avec la superficie couverte par l'arbuste *Guiera senegalensis* (Stoate *et al.* 2001). L'espèce était absente des zones agricoles pauvres en buissons (< 399 m²/ha), mais atteignait une densité de 1,02 ind./ha dans les zones agricoles avec plus de buissons. Les chenilles et les araignées étaient nettement plus nombreuses sur *Guiera senegalensis* que sur les autres espèces d'arbres, mais les miridés et les homoptères étaient respectivement plus abondants sur les arbres non indigènes que sont le Manguier *Mangifera indica* et l'Anacardier *Anacardium occidentale*.

L'alimentation hivernale est brutalement modifiée au moment où les Fauvettes grisettes commencent à se préparer pour leur vol de retour vers les sites de reproduction. Pour accumuler des réserves, elles ont besoin de baies en grande quantité, et de la bonne taille. Au Sénégal, *Salvadora persica* est l'espèce d'arbuste à baies principale, et

constitue 79% de la couverture arbustive. La quantité totale de baies de *Salvadora* dépasse 130/m³, dont 43/m³ pour les baies d'un diamètre supérieur à 4 mm. Les Fauvettes grisettes préfèrent les baies les plus grandes (6,3 mm de diamètre en moyenne), probablement

Les Fauvettes grisettes ont besoin des baies de *Salvadora persica* pour accumuler des réserves avant leur migration. Cet arbuste est connu sous le nom « d'arbre brosse à dents », car ses brindilles sont souvent utilisées par les locaux pour se nettoyer les dents.

car le volume du fruit augmente plus rapidement que le diamètre. Elles régurgitent à peu près 70% des graines, ce qui représente une stratégie efficace pour réduire la quantité de matière non digestible dans l'intestin (Stoate & Moreby 1995). L'importance de *Salvadora* pour l'accumulation de réserves chez la Fauvette grisette a également été identifiée dans le nord du Nigéria, malgré la répartition fragmentée de l'espèce dans cette zone (Wilson & Cresswell 2006). Boyi *et al.* (2007) mentionnent les fruits de *Canthium* et *Heranguina spp.* comme aliments des Fauvettes grisettes dans la forêt d'Amurum dans le nord du Nigéria avant la migration. A la mi-hiver, leur alimentation consiste d'insectes qui sont collectés dans les buissons et arbres bas. La consommation de nectar a également été occasionnellement observée.

Les sécheresses et la croissance de la population humaine ont entraîné de nombreux changements négatifs au Sahel (Chapitre 5), en particulier une diminution de la couverture arborée, une réduction de la diversité des arbres, l'introduction d'espèces d'arbres exotiques comme le Neem *Azadirachta indica* et *Eucalyptus* sp. (Encadré 3) et

An		1979-85	1988-89	1990-91	1994-95
Anomalie des précipitations Sahel		-17,4%	+1,0%	-27,1%	+5,0%
Väisänen 2005	Finlande		5,7	-10,0	4,5
Hustings 1992	Finlande	12,5	13,2	-12,3	
Kuresoo & Mänd 1991	Estonie		6,3		
Lindström & Svensson 2005	Suède	-15,0	5,6	-34,4	-1,9
Pedersen 1998	Danemark	-52,9	12,8	-29,4	-17,1
Heldbjerg 2005	Danemark	-9,0	0,9	-11,1	-6,1
SOVON	Pays-Bas		14,4	-11,0	6,3
BTO	GB, bois	-42,2	21,9	-28,2	33,3
BTO	GB, terre agricole	-29,2	17,6	-41,3	17,0
www.mnhn.fr/mnhn/crbpo	France			-11,1	-11,4
Berthold & Fiedler 2005	Allemagne sud	-44,2	35,7	5,2	100,0
Schmid *et al.* 2001	Suisse		17,3	-10,0	24,1
Schmid *et al.* 2001	Suisse, Genève				45,8
Hustings 1992	République tchèque		33,3		
Reif *et al.* 2006	République tchèque		43,5	-28,2	8,2
Moyenne		**-25,7**	**17,6**	**-18,5**	**16,9**
SD		**23,2**	**12,9**	**13,5**	**32,0**

Tableau 29 Pourcentage de variation de la population après des épisodes humides ou secs au Sahel. La population en 1985 est comparée à celle de 1979 après six années sèches. 1988 fut la première année de précipitations au-dessus de la moyenne depuis 1979.

Les Fauvettes grisettes sont abondantes dans les sites riches en *Piliostigma reticulatum* (page opposée) et *Balanites aegyptiaca* (ci-dessus).

le broutage de *Salvadora* et d'autres buissons à baies par le bétail (entraînant une diminution de leur fructification, puis finalement leur disparition). Les Fauvettes grisettes peuvent survivre dans des habitats sérieusement dégradés au Sahel (Wilson & Cresswell 2006), mais seulement jusqu'à un certain point. Par exemple, dans la réserve forestière de Watucal dans le nord du Nigéria (12°52'N, 10°30'E), la densité d'arbres a baissé de 82% entre 1993-1994 et 2001-2002, en particulier chez les espèces indigènes comme *Ziziphus sp.*, *Cassia sieberiana*, *Acacia nilotica*, *A. senegal* et *A. seyal*. Le nombre de Fauvettes grisettes compté a montré un déclin concomitant de 5,3 à 0,4 pour 10 points de suivi (Cresswell *et al.* 2007).

Evolution de la population

Conditions d'hivernage Pour les oiseaux dépendants des fourrés et boisements secs du Sahel comme la Fauvette grisette, les populations doivent fluctuer en fonction des précipitations, qui sont les premières responsables du développement de la végétation, et donc de l'abondance d'insectes et de fruits. Nous attendions également une tendance à la diminution des effectifs nicheurs en raison des modifications à long terme au Sahel. La plupart des séries de données étaient positivement corrélées entre elles, particulièrement celles qui présentaient la plus forte connectivité migratoire, comme les indices néerlandais et britanniques (Sahel occidental) et les indices finlandais et suédois (Sahel central).[1] Le fort déclin dans le sud de l'Allemagne (basé sur des captures au filet standardisées en fin d'été et en automne à Mettnau) contraste avec les tendances stables (Danemark, Suède, Finlande, République Tchèque ; Fig. 255E, F, G & H, Reif *et al.* 2006), et en augmentation (Grande-Bretagne depuis les années 1970, Pays-Bas, Suisse ; Fig. 255A & D, Schmid *et al.* 2001).[2] La majorité des programmes de suivi européens, voire tous, ne permettent pas d'appréhender la chute des populations de Fauvettes grisettes au 20ème

siècle. Pour cela, il aurait fallu que les suivis débutent dans les années 1950. Dans les faits, seuls les suivis britanniques montrent un aperçu des déboires de la Fauvette grisette dans la seconde moitié des années 1960 (Baillie *et al.* 2007). Les populations dans les années 1950 et 1960 étaient vraisemblablement bien plus élevées qu'à n'importe quelle époque. Les observations réalisées près de Wageningen, dans le centre des Pays-Bas, depuis 1953, comprenaient 51 Fauvettes grisettes par an entre 1953 et 1958, seulement 2 entre 1974 et 1978, puis à nouveau 10 par an entre 1984 et 1988 (ce qui ne représente encore que 20% des quantités des années 1950 ; Leys *et al.* 1993). Les données récentes en Basse-Saxe, dans le nord de l'Allemagne, montrent la même tendance négative si on les compare avec les recensements dans les mêmes secteurs dans les années 1950 et avant (Zang *et al.* 2005). Les séries temporelles plus courtes, qui débutent dans les années 1970 et 1980 montrent presque toutes une tendance positive, qui indique probablement un rétablissement partiel des populations après les pertes subies du fait des sécheresses au Sahel entre 1969 et le milieu des années 1980. Malheureusement, les données quantitatives fiables des années 1960 et antérieures sont extrêmement rares (voir également, pour le Rougequeue à front blanc, Chapitre 37).

Les tendances d'évolution des populations nicheuses sont corrélées à l'Indice de Végétation Normalisé (NDVI) et aux précipitations au Sahel au cours de l'hiver précédent, mais sans être significatives, sauf pour les Pays-Bas et la Grande-Bretagne.[3] L'impact des précipitations est particulièrement évident après une année ou une période de précipitations très faibles ou très abondantes, qui entraîne respectivement un déclin ou une augmentation (Tableau 29). Les populations augmentent plus fortement après les fortes précipitations au Sahel, mais cet effet n'est significatif que pour les populations britanniques, danoises et néerlandaises (Tableau 30). Des déclins significatifs sans lien avec les précipitations ont été observés plus régulièrement lorsque les effectifs de départ étaient élevés, et inversement, des augmentations ont été constatées lorsque les populations étaient

Tableau 30 Variation de population entre années consécutives $(\ln(pop_0/pop_{-1}))$ en fonction des précipitations au Sahel et de la taille de la population au cours de l'année précédente (P). Mêmes données que la Fig. 255 et le Tableau 29.

Pays	Fonction	N	Population		Précipitations	
			R^2	P	R^2	P
Suède	$1{,}045 - 0{,}901X + 0{,}004Y$	28	0,487	0,000	0,037	0,089
Danemark	$0{,}543 - 0{,}001X + 0{,}009Y$	18	0,279	0,011	0,176	0,012
Grande-Bretagne	$0{,}459 - 0{,}007X + 0{,}013Y$	42	0,310	0,000	0,066	0,000
Suisse	$1{,}223 - 0{,}042X + 0{,}010Y$	14	0,554	0,002	0,002	0,144
Finlande	$0{,}651 - 0{,}466X + 0{,}002Y$	20	0,360	0,005	0,017	0,413
Pays-Bas	$0{,}417 - 0{,}003X + 0{,}003Y$	19	0,498	0,001	0,003	0,033
République tchèque	$0{,}832 - 0{,}008X + 0{,}006Y$	23	0,311	0,062	0,168	0,065
Allemagne sud	$1{,}045 - 0{,}051X + 0{,}000Y$	26	0.370	0,001	0,008	0,978

réduites, ce qui indique un ajustement des populations dépendant de la densité en fonction des ressources sur les sites d'hivernage, comme chez le Bihoreau gris (Chapitre 17) et l'Hirondelle de rivage (Chapitre 34). Ce résultat est cohérent avec les données britanniques, qui suggèrent que les fluctuations des populations de Fauvettes grisettes résultent principalement des pertes parmi les oiseaux adultes, elles-mêmes corrélées avec les précipitations au Sahel (qui définissent la capacité d'accueil des sites d'hivernage ; Baillie & Peach 1992). En Allemagne, le crash de 1969 a été suivi de taux d'éclosion et d'envol plus faibles que la moyenne, et par une proportion importante de mâles non appariés. En 1973, seuls 4 mâles territoriaux sur 20 étaient appariés (Conrad 1974), ce qui suggère des mortalités différentes selon les sexes pendant les sécheresses au Sahel.

Afin de vérifier si la Fauvette grisette est en déclin indépendamment des variations des précipitations, nous avons sélectionné trois périodes avec des précipitations inférieures de 6% à la moyenne à long terme : 1969-1972, 1975-1982 et 1992-1998. En comparant les tailles des populations en 1972, 1982 et 1998 et en ayant supprimé l'effet des précipitations, l'impact de la dégradation d'habitat au Sahel entre ces années peut être plus facilement détecté. Les tendances négatives attendues n'ont toutefois pas pu être observées, et les résultats étaient incohérents. Ainsi, entre 1972 et 1982, les populations allemandes et britanniques ont augmenté respectivement de 25 et 8%. En 1998, les populations allemandes et tchèques étaient 37 à 38% plus faibles qu'en 1982, alors qu'elles avaient augmenté de 10% en Suède, de 168% en Grande-Bretagne et de 21% au Danemark (Fig. 255).

Conditions de reproduction   Les modifications agricoles en Europe, y compris l'intensification des pratiques, l'utilisation d'herbicides et de pesticides, et l'abattage des haies, ont fortement affecté les populations d'oiseaux des milieux agricoles (Pain & Pienkowski 1997, Shrubb 2003, Newton 2004). Les Fauvettes grisettes capturées en migration printanière avaient de très faibles concentrations de résidus organochlorés dans les muscles pectoraux par rapport à celles capturées à Ottenby en Suède. Cette différence montre que les Fauvettes grisettes suédoises accumulent des organochlorés lors de leur pas-

sage à travers l'Europe, plutôt que sur leurs sites d'hivernage africains (Persson 1974). La contamination des poussins de Fauvette grisette par le DDT ou ses métabolites, et par les PCB en Suède (1965-1970) n'a pas semblé affecter le succès de reproduction (Persson 1971).

Le rétablissement des populations après les sécheresses périodiques au Sahel pourrait être plus délicat pour les populations affaiblies des milieux agricoles. Ainsi, le rétablissement de population suite au déclin de 1984 dans un secteur arbustif qui n'avait pas subi d'autre modification que la croissance et la succession végétales naturelles a été très rapide : trois fois plus d'adultes ont été capturés en 1987 qu'en 1984, et le nombre de couples estimé a été multiplié par 2,5 (Boddy 1993). Parallèlement, la population des zones agricoles britanniques n'a montré que peu de signes de rétablissement (Fig. 255, Baillie et al. 2007). Une partie de la variabilité des tendances en Europe après les déclins causés par le Sahel pourrait donc refléter le degré variable d'intensification des pratiques agricoles.

Conclusion

Les conditions au Sahel ont un impact primordial sur les fluctuations des populations de Fauvettes grisettes, principalement en raison de la mortalité d'oiseaux adultes (avec vraisemblablement une mortalité supérieure chez les femelles). Les sécheresses causent des crashs rapides, mais les rétablissements le sont tout autant après une ou deux années humides successives. La régulation de la population dépend de la densité. L'espèce est, dans une certaine mesure, capable de s'adapter à la dégradation de ses habitats au Sahel. Toutefois, les rares informations sur les populations nicheuses dans les années 1960 et les décennies précédentes suggèrent que malgré un rétablissement après le déclin causé par les sécheresses entre 1969 et 1980, les quantités actuelles sont encore très inférieures à celles de la première moitié du 20ème siècle. La perte d'habitat sur les sites de reproduction en Europe, particulièrement en zone agricole, pourrait être responsable de ce déclin, peut-être exacerbé par des pertes similaires au Sahel.

Les arbres du genre *Ziziphus* (ici, *Z. spina-christi*, un buisson épineux des zones inondées d'Afrique de l'Ouest) attirent de nombreux insectes, qu'ils soient grands (comme le Brachythemis à ailes barrées *Brachythemis leucosticta*, une libellule commune en Afrique de l'Ouest) ou petits. Les *Ziziphus* constituent donc des sites d'alimentation attractifs pour les Fauvettes grisettes, Pouillots véloces et autres sylviidés (Delta Intérieur du Niger, novembre 2008).

L'*Acacia seyal* est l'un des arbres du Sahel qui fleurit à la fin de la saison sèche (janvier-avril). Son odeur délicate est envoutante et le bourdonnement des insectes s'entend de loin. Les magnifiques Monarques africains *Danaus chrysippus* se nourrissent du nectar d'*A. seyal* (près de Tombouctou en février 2009). Le nectar constitue une source de nourriture importante pour les fauvettes du genre *Sylvia*, particulièrement après qu'elles aient consommé leurs réservés et diminué la taille de leur tube digestif après un vol au long cours (Schwilch *et al.* 2001). Le nectar est facile à absorber et la fréquence à laquelle les fauvettes ont la tête souillée de traces de pollen illustre l'importance de cette nourriture. Les forêts d'*A. seyal* attirent de nombreux sylviidés, y compris le Pouillot de Bonelli et la Fauvette passerinette, mais dans celles du Delta Intérieur du Niger, nous n'avons vu que quelques Fauvettes grisettes.

Notes

1 La corrélation entre les séries de données néerlandaises et britanniques est R=+0,77 (N=22, P<0,001) et celle entre les indices finlandais et suédois est R=+0,64 (N=22, P<0,01).

2 La corrélation entre l'année et l'indice de population dans le sud de l'Allemagne est R=-0,46, N=30, P<0,01. Pour les autres pays, il est de +0,87 (Pays-Bas), +0,65 (Suède), +0,30 (Danemark), +0,25 (Finlande), -0,03 (Grande-Bretagne).

3 L'étude de la corrélation entre 24 jeux de données disponibles pour la Fauvette grisette et les précipitations et le NDVI (après sélection des données depuis 1982), montre que la corrélation avec les précipitations est plus forte dans 8 cas, alors que celle avec le NDVI l'est dans 16 cas. Le NDVI semble donc être un meilleur indicateur des conditions favorables aux Fauvettes grisettes au Sahel. Néanmoins, nous avons utilisé les données de précipitations, car les différences sont faibles et le suivi de celles-ci a débuté avant 1982 dans plusieurs pays. La corrélation entre les indices de population et les précipitations est fortement significative (P<0,001) en Grande-Bretagne (R=+0,63) et aux Pays-Bas (R=+0,61), mais non significative dans les autres pays : République Tchèque (R=+0,37), Suède (R=+0,33), Finlande (R=+0,31), Danemark (R=+0,17) et sud de l'Allemagne (R=+0,03).

La traversée du désert

Moreau (1972) décrivait le désert du Sahara comme étant, pour les oiseaux, « incroyablement périlleux, pratiquement sans nourriture, sans eau, sans ombre, n'offrant aucune opportunité de repos salvateur ou de demi-tour. (...). Dans de telles circonstances, il est inutile pour un oiseau de se poser ; il n'a aucun espoir de s'y nourrir et l'eau de son corps s'évapore sous l'effet de la forte chaleur à la surface du sol, même s'il recherche l'ombre ». Sa conclusion était que les oiseaux devaient traverser le Sahara d'une traite, et les avantages d'une traversée rapide et ininterrompue paraissaient immenses. Ni les observations au radar, ni les suivis par satellite n'étaient alors disponibles pour confirmer cette affirmation. Toutefois, Moreau appuya la validité de cette idée avec des preuves circonstanciées édifiantes. Tout d'abord, si les Traquets motteux sont capables de voler sans s'arrêter du Groenland à l'Europe (et en fait, comme nous le savons désormais, directement jusqu'en Afrique), pourquoi ne seraient-ils pas capables de couvrir une telle distance à travers le Sahara ? Ensuite, les oiseaux qui traversent le Sahara ont accumulé suffisamment de réserves corporelles pour voler pendant 40 heures et parcourir les 1500 à 2000 kilomètres nécessaires sans se nourrir. Enfin, les oasis disséminées dans le désert n'abritent que de faibles quantités de migrateurs par rapport aux immenses quantités qui traversent le désert (estimées à l'époque à 5000 millions à l'automne et la moitié de ce nombre au printemps). Une démonstration convaincante, non ? Pourtant, si on les examine de plus près, notamment grâce à des techniques de plus en plus sophistiquées, les faits montrent une situation bien plus complexe.

Un vol ininterrompu ou ponctué de haltes ?

Les mentions d'oiseaux émaciés, morts ou mourants au Sahara sont abondants dans la littérature ornithologique (par exemple, Zedlitz 1910, Geyr von Schweppenburg 1917, Moreau 1961, Smith 1968, Haas & Beck 1979). Le Sahara est une formidable barrière écologique. Même en regardant par le hublot d'un avion à 10 km d'altitude, il ne faut pas beaucoup d'imagination pour comprendre que seuls des oiseaux bien préparés ont une chance de survivre dans un environnement si extrême. Comment les oiseaux parviennent-ils à traverser cette vaste étendue de sable et de roche ?

Les études disponibles montrent l'existence de stratégies variées, et il est probable que d'autres soient découvertes prochainement. Des Goélands bruns, par exemple, qui hivernent le long des côtes Atlantiques du Sénégal et dont on pense qu'ils longent la côte ou les rivières entre leurs sites de reproduction et d'hivernage ont été observés à 500 km à l'intérieur des terres en Mauritanie, en vol selon un axe SO – NE, en train de réaliser un vol sans escale vers la Méditerranée. Les groupes de goélands, suivis par le radar « Superfledermaus », volaient à une altitude moyenne de 3,5 km, là où des vents favorables leurs permettaient d'atteindre une vitesse de 90 km/h (Schmaljohann *et al.* 2008). Nous supposons que la Sarcelle d'été, après s'être gorgée de graines de nénuphars au Sahel, vole également sans s'arrêter à travers le désert lorsqu'elle retourne sur ses sites de reproduction. La Sarcelle d'été baguée au Sénégal et tuée cinq jours plus tard en Italie (Roux & Morel 1973) devait avoir couvert cette distance en 3,5 jours si elle avait volé pendant 24 h par jour (Encadré 20), ce qui n'a probablement rien d'exceptionnel chez cette espèce. Les Balbuzards pêcheurs utilisent une autre stratégie : ils interrompent leur traversée du désert la nuit pour se reposer, mais utilisent la totalité du jour entre 9h et 17h pour voler (contrairement à leur parcours en Europe qui est fréquemment interrompu de pêches opportunistes ; Strandberg & Alerstam 2007). Les Balbuzards pêcheurs suivis par satellite ont couvert en moyenne 220 km par jour de voyage au Sahara (Klaassen *et al.* 2008). Ils n'ont pas substantiellement augmenté leur vitesse lors de la traversée (seulement 14% plus élevée au Sahara qu'en Europe, pour les vols à des altitudes supérieures à 100 m), et il leur a fallu au moins quatre à cinq jours pour réaliser la traversée, en passant les nuits aux endroits où leurs vols diurnes les avaient menés (Alerstam *et al.* 2006, Klaassen *et al.* 2008, Dennis 2008).

Bien avant l'avènement des suivis par satellite, Biebach (1986) a découvert que de nombreux passereaux qui traversent le désert se posent. Les oiseaux avec des réserves restent à l'ombre (s'il y en a) et ceux qui sont amaigris recherchent de la nourriture (s'il y en a). Les oiseaux n'étaient pas épuisés, mais avaient interrompu leur migration pendant la journée pour la reprendre de nuit. Carmi *et al.* (1992) ont fait l'hypothèse que chez les petites espèces d'oiseaux (< 23 g), la déshydratation, plus que la quantité de réserves, déterminait la durée du vol. Les pertes d'eau pendant la traversée du désert empêcheraient des durées de vol supérieures à 30-40 h. La déshydratation serait réduite par un vol pendant la nuit (plus fraîche) et un repos en journée. En suivant le même raisonnement, ils ont prédit que les petits oiseaux ne pouvaient pas voler à des altitudes supérieures à 1000 m.

Le désert du Sahara en Mauritanie, dans le secteur où d'importantes études radar ont été réalisées par La Station Ornithologique Suisse au début des années 2000 et ont permis de répondre à plusieurs questions sur la traversée du désert par les passereaux (Schmaljohann *et al.* 2006). Contrairement à ce qui était supposé, les passereaux utilisent couramment une stratégie de vol intermittente : ils se reposent de jour (même les petits buissons et arbustes, comme ceux de ce cliché, sont alors importants pour leur offrir de l'ombre), et volent la nuit.

Une étude détaillée avec un radar a effectivement montré que la plupart des passereaux qui traversent le Sahara sont posés en journée et volent la nuit (Schmaljohann *et al.* 2007). En revanche, contrairement aux prévisions de Carmi *et al.* (1992), 90% des oiseaux en migration printanière volaient à 1000 m au-dessus du Sahara, 50% dépassant même les 2500 m d'altitude (Liechti & Schmaljohann 2007). Ce faisant, ils évitent les vents de face dominants au niveau du sol (le puissant *harmattan*, qui souffle du NE) et profitent des vents portants à des altitudes plus élevées. Ces résultats confirment que la répartition des vents, et donc les dépenses énergétiques, déterminent la répartition altitudinale des migrateurs nocturnes (Liechti *et al.* 2000). La contrainte hydrique contribue à la sélection des altitudes de vol, comme supposé par Carmi *et al.* (1992) et confirmé pendant la migration printanière en Mauritanie en 2003. Les effets du stress hydrique augmentent avec la hausse des températures en cours de saison (Liechti & Schmaljohann 2007). Biebach (1992) avait déjà suggéré en mesurant les réserves adipeuses des Pouillots fitis et Fauvettes des jardins avant leur migration, que le succès de la traversée du désert n'était possible qu'avec des vents portants.

Que les oiseaux interrompent leur vol au-dessus du Sahara (fauvettes, balbuzards) ou non (laridés, canards, limicoles), des réserves adipeuses sont nécessaires pour traverser le désert sans s'alimenter. Entre février et avril, lorsque les oiseaux hivernant au sud du Sahara se préparent pour leur migration de retour, les rares ressources du Sahel représentent la dernière chance pour accumuler des réserves. Lorsque les conditions au Sahel sont plus sèches que d'habitude, le

gain de poids préalable à la migration est difficile. Dans de telles circonstances, les migrateurs font face à une mortalité sur place encore plus forte (par exemple pour la Sarcelle d'été et le Combattant varié ; Chapitres 23 et 29) et un taux de survie réduit pendant la migration printanière (Cigogne blanche et Bergeronnette printanière ; Chapitres 20 et 36).

De nombreux autres migrateurs paléarctiques subissent le même sort, mais à des degrés divers. Quoiqu'il en soit, tenter la traversée du désert sans réserves corporelles, que ce soit de nuit ou de jour, est de la pure folie. Mais est-ce pire au printemps, lorsque les conditions d'accumulation de réserves pré-migratoires au sud du Sahara sont particulièrement défavorables après de nombreux mois sans pluies ?

Variations saisonnières et géographiques de la mortalité

Afin d'étudier les variations saisonnières de la mortalité, nous avons analysé les reprises de bagues (uniquement les oiseaux bagués retrouvés morts) dans trois régions d'Afrique du Nord : (1) la zone au nord des montagnes de l'Atlas au Maroc et en Algérie, où les précipitations annuelles sont comprises entre 300 et 600 mm, (2) le désert du Sahara au sud de ces montagnes et jusqu'à 14°N et (3) la zone sub-saharienne (voir carte insérée dans la Fig. 258). Comme prévu, le nombre d'oiseaux trouvés morts dans le Sahara est plus élevé pendant les périodes migratoires que sont septembre-octobre et avril-mai, sauf pour la Fauvette à tête noire et le Pouillot véloce, qui hivernent majoritairement au nord du Sahara et qui, s'ils ont hiverné au sud du Sahara, sont les premiers à regagner leurs sites de reproduction (février) (Fig. 258). Pour les autres espèces, à l'exception du Pouillot fitis et du Phragmite des joncs, les oiseaux bagués trouvés morts au Sahara entre janvier et juin sont plus nombreux qu'entre juillet et décembre (Fig. 259). Cette différence est d'autant plus remarquable que la mortalité est forte au cours de l'hiver boréal ; le nombre d'oiseaux pendant la migration postnuptiale doit être au moins deux fois plus élevé que lors de la migration prénuptiale.

Pour la plupart des espèces de passereaux, un nombre plus faible d'oiseaux bagués ont été trouvés morts sur les sites d'hivernage sub-sahariens que dans le Sahara (Fig. 259), particulièrement chez le Gobemouche noir (respectivement 9 et 162 oiseaux) et le Rougequeue à front blanc (respectivement 2 et 99 oiseaux). Si l'on considère les temps passés dans la zone sub-saharienne et au Sahara, soit respectivement 6 à 7 mois (octobre-mars/avril) et deux fois une semaine tout au plus, on pourrait s'attendre à obtenir vingt fois moins d'oiseaux bagués morts dans le Sahara, si les taux de survie journaliers et de signalement des découvertes étaient aléatoires. Toutefois, les taux de

Hérons pourpré et cendré, Hirondelle de rivage et Ibis falcinelle trouvés morts par Wilfried Haas pendant l'un de ses voyages à travers le Sahara algérien entre 1966 et 1977. Dès que de l'ombre est présente, comme sous un morceau de ferraille, il y a de bonnes chances de trouver un oiseau caché, qu'il soit mort, mourant, ou au repos pendant les heures les plus chaudes du jour.

signalement devraient être bien plus faibles dans le désert inhabité du Sahara que dans la zone sahélo-soudanienne plus peuplée, ce qui devrait biaiser les résultats en faveur des reprises dans la zone sub-saharienne. Et pourtant, les résultats montrent le contraire, ce qui suggère que la mortalité est élevée chez les migrateurs qui traversent le désert du Sahara.

Etant donnée la taille immense du Sahara et son effet sur l'épui-

sement des réserves, nous nous attendions à ce que le nombre d'oiseaux bagués trouvés morts augmente avec la distance parcourue, soit du nord au sud à l'automne et l'inverse au printemps. La plupart des oiseaux repris au printemps viennent effectivement du nord du Sahara, mais – contrairement à notre hypothèse – la plupart des données automnales proviennent de la même zone (Fig. 260). Cette découverte contre-intuitive peut s'expliquer par la densité de popula-

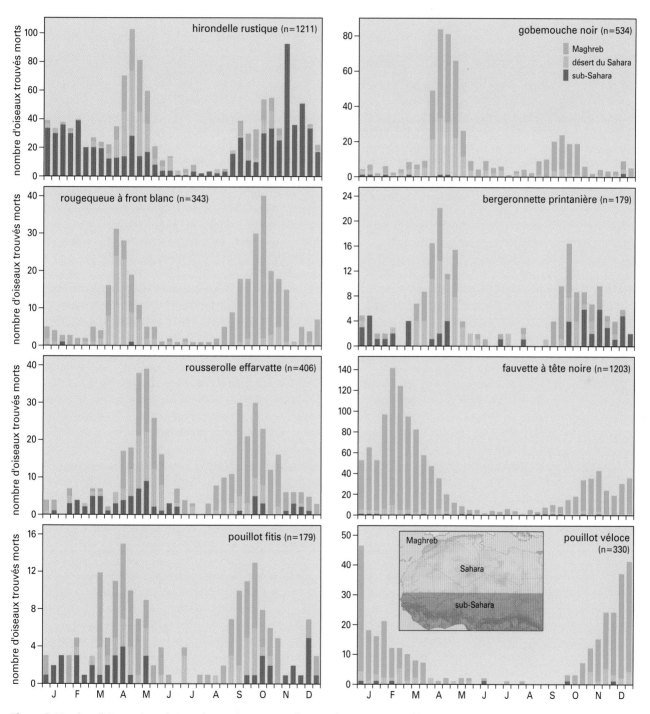

Fig. 258 Nombre d'oiseaux bagués trouvés morts pour une sélection de passereaux paléarctiques par périodes de 10 jours dans le Sahara lui-même, dans les régions au nord (Maghreb) ou au sud de ce désert (zone sub-saharienne). Données EURING.

Au Sahara, les migrateurs posés, comme cette Pie-grièche à tête rousse, ce Traquet motteux et cette Caille des blés, recherchent désespérément de l'ombre et une protection contre le vent. Lorsqu'ils ne peuvent pas trouver les deux au même endroit, ils doivent décider lequel des deux est le plus important (l'ombre pendant les heures les plus chaudes du jour, la protection contre le vent au petit matin). Dans le désert nu, le moindre obstacle est utilisé, comme les bornes routières que sont les bidons et les blocs de bétons, voire les voitures qui s'arrêtent temporairement.

tion humaine plus forte (Fig. 35B), le niveau d'éducation plus élevé et le niveau de prospérité supérieur dans le nord du Sahara par rapport aux pays de la zone sub-saharienne, ce qui entraîne des taux de signalement plus élevés dans le nord du Sahara.

En ce qui concerne les taux de signalement plus élevés dans le Sahara au printemps qu'à l'automne, plusieurs explications peuvent être avancées. Tout d'abord, le vent dominant du nord ou du nord-est constitue un allié puissant et fiable pour les oiseaux migrateurs à l'automne, alors qu'il s'oppose à leur progression au printemps et atteint sa puissance maximale en mars et avril, à l'époque du pic migratoire. Les migrateurs peuvent échapper à ce fort vent de face en volant à des altitudes de 1500 à 2000 m ou plus au-dessus du sol, *i.e.* au-dessus du cisaillement des vents. A ces altitudes, les directions des vents sont inversées et les vents porteurs sont fréquents (Liechti & Schmaljohann 2007). Toutefois, y arriver ne se fait pas sans peine. Pour un Pouillot fitis, qui pèse 10 g et monte à la vitesse d'un mètre par seconde, il faut près d'une demi-heure (et une distance de vol de 7 km) pour atteindre les 2000 m d'altitude. Un vent portant de 1 m/s compense le coût énergétique associé à l'ascension pour un vol d'environ deux heures. Le coût énergétique de l'ascension augmentant avec la taille, les oiseaux les plus grands ont besoin que l'apport des vents favorables en altitude soit plus important pour qu'un vol à haute altitude soit bénéfique (Liechti *et al.* 2000). Les technologies radar permettent aujourd'hui de distinguer les limicoles et anatidés (battements d'ailes continus), des passereaux (battements d'ailes intermittents et réguliers), des martinets (battements intermittents avec de longues phases irrégulières de battements et de pauses) et des hirondelles (battements irréguliers) (Schmalljohann *et al.* 2007b). Nous sommes toutefois encore loin d'une identification spécifique et donc de la possibilité d'étudier les différents taux de mor-

talité chez les migrateurs en fonction de la hauteur de vol durant la migration printanière. Les données sur la mortalité visible au Sahara au printemps semblent indiquer que certaines espèces, comme la Tourterelle des bois et l'Hirondelle rustique (toutes deux connues pour migrer à basse altitude lors de la migration prénuptiale) sont trouvées mortes bien plus fréquemment que d'autres espèces tout aussi communes (Haas & Beck 1979).

Ensuite, les conditions d'accumulation de réserves pré-migratoire sont très différentes entre l'automne et le printemps. Les migrateurs se rendant vers l'Afrique sub-saharienne rencontrent de nombreuses opportunités pour se nourrir en Europe et – s'ils ne peuvent traverser d'une traite la Méditerranée et le Sahara – en Afrique du Nord. L'abondance en insectes en Europe peut être réduite lorsque les conditions météorologiques sont défavorables (périodes de basses températures ou de fortes précipitations), mais celles-ci durent rarement pendant de longues périodes (bien qu'elles puissent suffire à causer une forte mortalité : Newton 2007). Les variations des taux d'accumulation de réserves sont toutefois limitées et s'expliquent principalement par les différences de poids corporels (Schaub & Jenni 2000a & b). Pour les oiseaux paléarctiques hivernant dans la zone sub-saharienne, les conditions printanières sont radicalement différentes de celles qu'ils rencontrent pendant la migration automnale. Depuis leur arrivée sur les sites d'hivernage entre août et novembre, les pluies ont été rares ou inexistantes au Sahel. La végétation locale s'est desséchée et les populations d'insectes sont au plus bas. Les passereaux paléarctiques qui préparent leur voyage de retour doivent accumuler des réserves lors de la pire période de l'année au Sahel, sauf s'ils modifient leur régime pour se tourner vers les fruits. L'abondance des fruits riches en lipides comme ceux des *Salvadora persica*, *Canthium* et *Heranguina* sp. est favorable aux frugivores et joue un rôle capital dans les stra-

tégies d'accumulation de réserves. Chez la Fauvette des jardins, les régimes à base de fruits pauvres en graisses sont accompagnés d'une augmentation significative de l'efficacité d'assimilation des graisses (Bairlein 2002). Toutefois, toutes les espèces migratrices ne sont pas des frugivores saisonnières. Les non-frugivores doivent donc accumuler des réserves en puisant dans les stocks très réduits de graines et d'insectes. Les frugivores subissent une même réduction de leurs ressources alimentaires lors que les sécheresses et le surpâturage réduisent l'abondance des baies. Les changements climatiques et

les modifications des habitats causées par l'homme ont des impacts à longue durée, et potentiellement irréversibles, sur les ressources alimentaires. Les effets en cascade qu'ils causent culminent au printemps alors que les besoins en nourriture des oiseaux migrateurs sont à leur maximum. Il est donc logique que le nombre d'oiseaux bagués trouvés morts soit plus élevé au printemps qu'à l'automne. Le nombre de reprises d'oiseaux morts au printemps devrait en outre être plus élevé lors que les précipitations ont été faibles pendant la précédente saison des pluies au Sahel.

Les dangers de la migration font payer un lourd tribut, particulièrement aux juvéniles. Chez l'Hirondelle rustique, environ 80% de la mortalité totale, telle que révélée par les reprises de bagues (Fig. 260) concerne les juvéniles (Fig. 261). Etant donnée la proportion de juvéniles dans la population lors des périodes de migration, la mortalité constatée dans cette classe d'âge n'est pas supérieure à celle attendue dans le cas où la mortalité est indépendante de l'âge. En revanche, durant la migration printanière, et alors que la proportion de juvéniles dans la population a fortement diminué, la mortalité au sein de cette classe d'âge est anormalement élevée (jusqu'à 50-60% du total des reprises ; Fig. 261). La mortalité différentielle selon les classes d'âges est bien connue chez l'Hirondelle rustique, dont les taux de survie les plus faibles sont constatés chez les oiseaux de première année (ca. 27%) et chez les oiseaux de cinq ans ou plus (ca. 17%). Le taux de survie augmente jusqu'à la 3ème année, puis décline (Møller & de Lope 1999). Le lourd tribut payé par les juvéniles pendant la migration printanière est probablement également lié à leur calendrier migratoire, plus tardif que celui des adultes. Les vents dominants au Sahara augmentent en puissance au cours du printemps, ce qui implique que les espèces qui volent bas comme l'Hirondelle rustique rencontrent vraisemblablement des vents de face plus puissants en avril et mai qu'en mars. Chez de nombreuses espèces de passereaux migrateurs, les adultes arrivent plus tôt au printemps sur les sites de reproduction que les juvéniles (synthèse dans Newton 2008), comme c'est le cas chez l'Hirondelle rustique dans le nord de l'Italie, où la différence est supérieure à trois semaines (Saino et al. 2004).

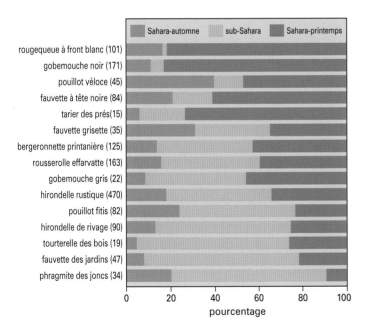

Fig. 259 Proportion de reprises de bagues de passereaux morts trouvés dans le Sahara au printemps (n=666) et en automne (n=262), et dans la région sub-saharienne pendant l'hiver boréal (n=575). Même données que la Fig. 258.

Tableau 31 Pourcentage d'oiseaux bagués trouvés morts dans le Sahara entre janvier et juin par rapport au nombre correspondant entre 4°N et 36°N entre le 1er juillet et le 1er juillet précédent. Le nombre total est donné entre parenthèses. Calcul réalisé pour les 9 (20%) années (précédentes) les plus sèches et les plus humides entre 1961 et 2005 (années les plus sèches : 1972-1973, 1982-1984, 1986-1987, 1990, 2002 ; années les plus humides : 1961-1965, 1967, 1994, 1999, 2003).

Espèce	Sec (%)	Humide (%)
Hirondelle rustique (n=433)	33,5	8,3
Bergeronnette printanière (n=144)	45,0	15,4
Rougequeue à front blanc (n=258)	26,7	22,5
Rousserolle effarvatte (n=325)	24,8	2,4
Fauvette à tête noire (n=506)	10,8	5,6
Pouillot véloce (n=222)	15,5	0,0
Pouillot fitis (n=203)	6,7	4,0
Gobemouche noir (n=194)	47,2	14,3

Variations annuelles de la mortalité

Pour les oiseaux qui volent près du sol pendant la migration printanière, l'*harmattan* est un véritable adversaire dont l'impact négatif, traduit par l'augmentation du nombre d'oiseaux bagués trouvés morts, doit être plus fort pendant les années comptant de nombreux jours de forts vents de face. Afin d'estimer la mortalité annuelle pendant la migration, il est nécessaire de prendre en compte la taille de la population baguée. Ainsi, le nombre de Rougequeues à front blanc bagués trouvés morts a diminué entre 1961 et 2005, parallèlement à la chute de sa population (Chapitre 37). Chez plusieurs autres espèces, le nombre d'oiseaux morts portant une bague a augmenté, comme par exemple chez l'Hirondelle rustique. L'effort de baguage sur cette espèce a en effet été énormément augmenté suite à la mise en place du programme « EURING Swallow Project » (plus de 500.000 baguées en Europe entre 1997 et 2000 ; Spina 2001) et à des opérations spécifiques de baguage sur les dortoirs en Afrique sub-saharienne (Chapitre 35). Afin de corriger ce biais, nous avons calculé le nombre total de reprises d'oiseaux morts entre le 1er juillet et le 1er juillet de l'année précédente en Europe du Sud et en Afrique du Nord, entre 4°N et 36°N. Nous avons ensuite calculé le pourcentage d'oiseaux trouvés morts au Sahara entre le 1er janvier et le 1er juillet par rapport au total précédent.

Pour les huit espèces présentant le plus grand nombre de reprises, un lien négatif entre les précipitations au Sahel et la mortalité au Sahara pendant la migration printanière (traduite par le nombre d'oiseaux bagués trouvés morts) a été trouvé. La mortalité relative pendant la migration printanière était en moyenne quatre fois plus élevée pendant les années sèches (Tableau 31).

Ce résultat suggère que les conditions écologiques au Sahel, déterminées par les précipitations au cours de la précédente saison des pluies, ont un impact sur la mortalité lors de la traversée du Sahara au printemps. Une explication alternative pourrait être que la force de l'*harmattan* varie entre les années et que cette variation a un effet direct sur la mortalité des oiseaux migrateurs. Afin de tester cette dernière hypothèse, les données de vitesse moyenne mensuelle des vents ont été extraites de la base de données de la FAO (Chapitre 2) pour la période entre 1961 et 1986 et pour 27 stations météorologiques du sud du Sahara et du Sahel (entre 15° et 26°N). Malheureusement, aucune donnée récente n'est disponible. La vitesse moyenne du vent calculée pour ces stations, varie entre 1,58 et 3,41 m/s en avril et mai. Les forces du vent en avril et mai de la même année sont fortement corrélées[1], ce qui suggère que la vitesse du vent varie effectivement d'une année à l'autre. En moyenne, la vitesse du vent est faible au Sahel et forte dans le sud du Sahara. Les vitesses de vent les plus élevées ont toujours été mesurées le long de la côte atlantique de la Mauritanie au printemps, où elles peuvent atteindre 10 m/s en mai.

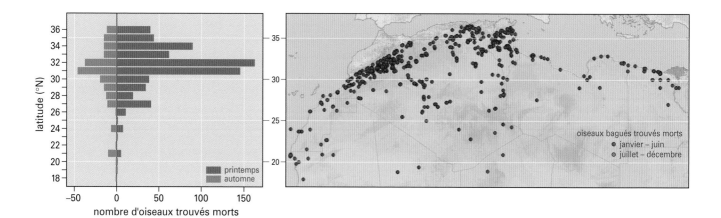

Fig. 260 Reprises de passereaux (oiseaux morts uniquement) au Sahara (représenté en jaune sur la carte) au printemps (n=715) et en automne (n=229). Le graphique montre la répartition en fonction de la latitude. Mêmes données que la Fig. 258.

Pas de nourriture, pas d'eau, quasiment pas d'ombre... Limite sud du désert du Sahara dans le nord du Niger en octobre 2005 (à gauche) et dune de sable (avec un Sirli du désert) en Mauritanie (à droite).

Les variations de la vitesse moyenne du vent en avril ou mai ne se traduisent pas par des variations identiques du pourcentage de reprises d'oiseaux morts pour les sept espèces du Tableau 31.[2] Les variations interannuelles de la puissance de l'*harmattan* ne permettent donc pas d'expliquer celles des taux de reprise des passereaux migrateurs au Sahara.

Conclusion

Le Sahara est une barrière écologique pour les oiseaux migrateurs, que ces derniers doivent néanmoins affronter deux fois par an. Il est probable qu'un nombre plus élevé de passereaux meurent pendant les quelques semaines de traversée du Sahara que pendant les six mois qu'ils passent dans la région sub-saharienne. Un nombre plus important d'oiseaux est trouvé mort au Sahara au printemps qu'à l'automne, bien que la mortalité ait déjà éliminé une part importante de la population entre ces deux périodes. La mortalité annuelle au cours de la migration prénuptiale n'est pas liée à la force des vents de face au-dessus du Sahara, mais plutôt à la hauteur des précipitations au Sahel au cours des six mois précédents. L'accumulation de réserves en quantité suffisante pour traverser le désert au printemps est apparemment difficile, et souvent impossible quand le Sahel est frappé par la sécheresse.

Notes

1 Les forces des vents en avril et en mai sont fortement corrélées : R=+0,93, n=26, P<0,001

2 L'impact potentiel de la force du vent sur le nombre d'oiseaux trouvés morts a été analysé de différentes manières, directement, ou dans des sous-catégories de différents niveaux de précipitations (catégories du Tableau 31). Aucun effet de la force du vent n'a été trouvé.

3 La force moyenne du vent en avril et mai et les précipitations au Sahel au cours de l'année précédente ne sont pas corrélées : R=-0,08, n=26, non significatif.

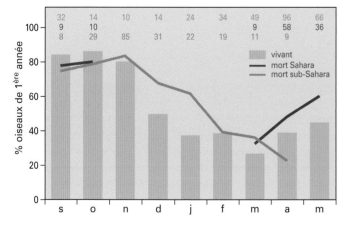

Fig. 261 Pourcentage mensuel d'Hirondelles rustiques de 1ère année trouvées mortes dans le Sahara ou la région sub-saharienne par rapport à la répartition par âge des oiseaux capturés vivants en Afrique au nord de 4°N. Le nombre total d'oiseaux d'âge connue est donné (ligne 1 : vivants ; ligne 2 : morts au Sahara ; ligne 3 : morts au sud du Sahara). Aucune valeur n'est indiquée si le nombre de cas est inférieur à 4. Mêmes données que la Fig. 258.

Les effets induits des sécheresses au Sahel sur la reproduction

Les Balbuzards pêcheurs écossais ont connu une mauvaise saison de reproduction en 2007. Plusieurs nids sont restés inoccupés, car les adultes sont rentrés tardivement ou ne sont pas revenus. Roy Dennis, qui suivait alors heure par heure ses oiseaux équipés d'émetteurs satellites, savait pourquoi : « il s'agissait d'une migration printanière très difficile » en raison « d'une météorologie très défavorable en Afrique du Nord et en Espagne en avril » (www.roydennis.org). Les années de ce type, appelées *Störungsjahre* (années désastreuses) dans la littérature, coïncident avec des conditions sèches au Sahel (Chapitre 20). Lorsque les précipitations au Sahel sont au-dessus de la moyenne à long terme au Sahel, seules 20% des Cigognes blanches du Schleswig-Holstein dans le nord de l'Allemagne ne nichent pas, alors que 50% ne le font pas après les années de faibles précipitations au Sahel. Les conditions en Afrique n'impactent pas seulement la survie en période hivernale (Chapitres 15 à 41) et le taux de mortalité pendant la migration printanière (Chapitre 42), mais également la reproduction au cours de la saison de reproduction suivante. Les conséquences à moyen terme des conditions rencontrées en Afrique, ou effets induits, peuvent probablement être décelées chez de nombreuses espèces paléarctiques migratrices : elles ont des effets sur le cours de leur vie bien longtemps après que les évènements correspondants se sont produits.

Une chaîne de liens de cause à effet

Chez les populations européennes migratrices de Cigognes blanches, la proportion de couples échouant dans leur reproduction (mais pas le nombre de jeunes à l'envol par couple connaissant le succès) dépend des précipitations au Sahel (Fig. 148). Chez les Crabiers chevelus camarguais, les variations annuelles de la taille de la ponte sont corrélées avec l'étendue des inondations dans le site d'hivernage principal de l'espèce : le Delta Intérieur du Niger (Fig. 137) et sont indépendantes des conditions locales (Hafner *et al.* 2001). Les Hirondelles rustiques étudiées par Karl-Heinz Loske (1989) en Allemagne de l'Ouest fournissent un troisième exemple. Des conditions météorologiques locales défavorables à la fin mai (éclosion) et en juin (période nidicole), en particulier de faibles températures et des précipitations abondantes, influencent les taux d'éclosion et de mortalité juvénile des premières nichées (Loske 1994), mais les variations annuelles du succès de reproduction sont corrélées avec les précipitations au Sahel (Fig. 262). Bien qu'ils ne constituent pas des sites d'hivernage pour l'Hirondelle rustique, le Sahel et le Sahara ont un impact fort sur les Hirondelles rustiques pendant la migration printanière (Chapitre 42). Dans son étude sur les Hirondelles rustiques danoises, Anders Pape Møller (1989), a suggéré l'existence d'un effet induit des précipitations en Afrique du Sud sur la mortalité, voire sur la performance reproductrice (Chapitre 35).

Bien que chacune de ces études suggère un lien, il n'existe pas de preuve formelle du lien de cause à effet entre les conditions au Sahel et les performances reproductrices au cours de la saison de reproduction suivante. Plusieurs facteurs, dont certains agissent de concert, fournissent d'autres indications que les conditions d'hivernage au Sahel ont un effet induit sur la performance reproductrice au cours de la saison de reproduction suivante.

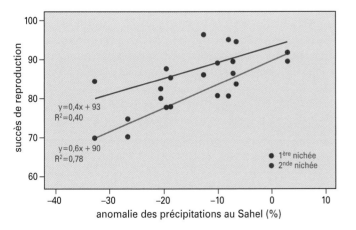

Fig. 262 Succès de reproduction pour les premières et secondes nichées d'Hirondelles rustiques dans le district de Soest, Allemagne (1977-1987), en fonction des précipitations au Sahel. Les deux régressions sont significatives (1ère ponte : p<0,001, 2nde ponte : p=0,03). Données d'après Loske (1989).

1. Condition physique hivernale Le Sahel n'est pas *a priori* un environnement suffisamment stable pour garantir aux migrateurs une nourriture suffisante pendant tout l'hiver boréal. En effet, de nombreux migrateurs paléarctiques sont prisonniers des ressources alimentaires locales, bien que nous ayons détecté des preuves que les Hérons pourprés, les Cigognes blanches, les Barges à queue noire et les Combattants variés sont capables de se déplacer des plaines inondables du Sahel vers des zones humides plus au sud en cas de besoin (Chapitres 16, 20, 27 et 29). Une stratégie identique a été suggérée pour le Busard cendré (mais seulement sur des distances de quelques centaines de km, et sans aller au-delà du nord de la zone soudanienne ; Chapitre 26). Parmi les migrateurs qui restent au Sahel pendant tout l'hiver boréal, nombreux sont ceux qui meurent de faim lors des années sèches. Parmi les survivants, nombreux sont les oiseaux en mauvaise condition physique au moment de partir, ce qui entraîne des taux de mortalité plus élevés pendant la migration ou l'arrivée d'oiseaux affaiblis sur les sites de reproduction. Van den Brink *et al.* (1997) ont observé que les Hirondelles rustiques qui hivernent près du Delta de l'Okavango (Botswana) sont très maigres pendant les années sèches et plus grasses pendant les années humides (Fig. 240). Au cours d'une année sèche, il faut en moyenne 35 à 60 jours de plus à une Hirondelle rustique pour réaliser sa mue des primaires (van den Brink *et al.* 2000 ; Chapitre 35).

2. Taux d'accumulation de réserves Lorsque les conditions d'alimentation dégradées pendant les sécheresses au Sahel augmentent la mortalité, il se peut qu'il soit impossible pour les oiseaux d'achever leur accumulation de réserves prénuptiales. Dans de telles circonstances, la traversée du Sahara leur fait payer un lourd tribut (p. ex. Fry *et al.* 1970, Dowsett & Fry 1971). Le processus d'accumulation de réserves nécessite une augmentation de la consommation quotidienne de nourriture. Ainsi, en Mauritanie, les Courlis corlieux augmentent le taux d'ingestion de nourriture d'environ 50% pendant un mois, ce qui leur permet d'accumuler des réserves à hauteur de 35 à 40% de leur masse corporelle (Zwarts 1990). Les conditions au Mali ne permettent aux Barges à queue noire d'augmenter leur taux d'ingestion de nourriture que d'1% par jour en février. Il leur faut environ un mois pour être prêtes à entamer leur vol de retour vers les sites de nidification (Encadré 7). Un taux de prise de poids tout aussi faible a été trouvé chez le Combattant varié (Fig. 215) et chez la Sarcelle d'été (Encadré 20, page 284), ce qui indique des conditions d'accumula-

Les Barges à queue noire reviennent-elles plus tôt de leurs sites d'hivernage pendant les années humides au Sahel ?

Les Barges à queue noire qui hivernent en Guinée-Bissau se nourrissent de riz. Les conditions d'alimentation sont idéales pendant et après la récolte en décembre, lorsque le sol est jonché de tiges et de grains de riz tombés. Cependant, contrairement au Combattant varié, la Barge à queue noire se nourrit rarement de grains de riz sur sol sec. Aux alentours de la date de la récolte, elles ont tendance à se concentrer sur les rizières encore en eau. La plupart des Barges à queue noire ont quitté la Guinée-Bissau à la fin janvier, mais les dates de départ dépendent probablement des précipitations locales, qui ont un impact sur les conditions d'alimentation dans les rizières. Il existe deux observations de vols quittant la Guinée-Bissau en 2006 (3 et 8 janvier ; J. van der Kamp, non publ.), et nous connaissons les dates d'arrivée au Portugal, site de halte sur le trajet vers les Pays-Bas, pour certaines années (Fig. 263). Ainsi, en 1992, 20.000 oiseaux étaient déjà arrivés au Portugal au début de l'année, alors qu'en 1991 et 1993, quasiment aucune barge n'a été observée avant le 10 janvier. Les rizières de Guinée-Bissau étaient relativement humides en 1992, mais sèches pendant les deux autres années. Au cours de l'année encore plus sèche de 1984, la majorité des oiseaux n'étaient pas encore arrivés au Portugal fin janvier. Ces observations suggèrent que des conditions d'hivernage défavorables entraînent des arrivées tardives au Portugal. Les arrivées précoces coïncident avec des conditions humides dans les rizières d'Afrique de l'Ouest, mais nous ne savons pas si les oiseaux quittent la Guinée-Bissau plus tard au cours des années sèches ou ils passent plus de temps sur des sites de halte entre la Guinée-Bissau et le Portugal (peut-être au Maroc).

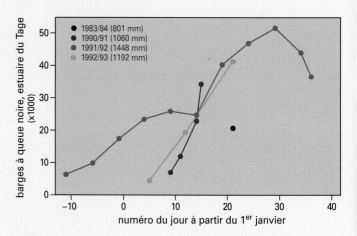

Fig. 263 Nombre de Barges à queue noire se nourrissant dans les rizières de l'estuaire du Tage (Portugal), d'après les comptages d'oiseaux en vol des dortoirs vers les sites d'alimentation. La légende indique les précipitations annuelles en Guinée-Bissau lors de l'année précédente. Données d'après A-M. Blomert, R.G. Bijlsma, L. Zwarts (non publ.).

Page opposée : Se nourrir dans les rizières abritées du Portugal n'est pas sans danger. Les prédateurs que sont le Faucon pèlerin, l'Aigle botté et l'homme prélèvent leur dîme et peuvent temporairement perturber la routine journalière. (Samora, janvier 2004).

---

tion de réserves moins favorables sur les sites d'hivernage que sur les sites de reproduction (Encadré 22). Il n'existe pas de données sur les variations interannuelles du taux d'accumulation de réserves, mais il n'y a aucun doute sur le fait que la prise de poids pré-migratoire est impossible dans des conditions de sécheresse extrême, comme ce fut le cas pour le Combattant varié en mars 1985 (Fig. 215).

3. Date de départ Les conditions d'alimentation défavorables peuvent influencer les départs de plusieurs façons. Les oiseaux peuvent tenter d'accumuler des réserves plus tôt afin de quitter le secteur au plus tôt, mais il est peu probable qu'ils trouvent suffisamment de nourriture pour accumuler assez de réserves pour cela, et plus probable qu'ils tentent d'accumuler des réserves plus tard, à un rythme plus lent, ou qu'ils fassent une combinaison des deux. Il est également probable que leur poids au départ soit plus faible que d'habitude et que les chances de succès dans la traversée du Sahara soient réduites. Le Chapitre 42 montre qu'un nombre plus faible d'oiseaux parvient à traverser le Sahara après un hiver sec au Sahel. Le taux plus faible d'accumulation de réserves pendant les années sèches peut être compensé par un recul de la date de départ. Plusieurs grandes espèces, comme les Cigognes blanches et noires, les Balbuzards pêcheurs et les Aigles pomarins, ont été équipées d'émetteurs satellites, qui

offrent de formidables opportunités de comparer le déroulement et la vitesse de la migration en fonction des conditions météorologiques sur les sites d'hivernage et le long des routes migratoires. Chez l'Aigle pomarin, Meyburg *et al.* (2007) ont suggéré un départ de plus en plus tard des sites d'hivernage en Afrique australe depuis 2000 à cause de la sécheresse et de la destruction des habitats. Ce retard entraîne une arrivée tardive sur les sites de nidification et un échec de la reproduction. (Pour la stratégie alternative consistant à rester en Afrique en cas de sécheresse, nous n'avons pas trouvé de preuve chez les canards et les limicoles, qui sont les deux groupes pour lesquels des données quantitatives sont disponibles pendant l'été boréal).

4. Ravitaillement en route Les limicoles et les canards qui hivernent dans la zone sub-saharienne et nichent dans le nord et le nord-est de l'Europe, particulièrement ceux qui nichent en Asie, ont besoin de se ravitailler en Europe, afin de réaliser la seconde partie de leur longue migration prénuptiale. Après les années sèches au Sahel, les Combattants variés qui arrivent sur les sites de ravitaillement ont tendance à avoir des masses corporelles plus faibles (Fig. 216).

5. Date d'arrivée Les dates d'arrivée en Europe peuvent être utilisées pour calculer les dates de départ des quartiers d'hiver (qui sont sou-

vent inconnues) pour de nombreuses espèces. L'arrivée des Sarcelles d'été en Camargue est retardée pendant les années sèches au Sahel, mais les variations interannuelles ne sont pas significatives, peut-être parce que les dates d'arrivée prises en compte sont celles des captures (qui peuvent dépendre de plusieurs autres facteurs) (Chapitre 23). Il serait probablement plus juste d'utiliser les données de comptages du nombre d'oiseaux présents, une approche qui a été utilisée pour les Barges à queue noire utilisant un site de halte au Portugal (Encadré 26). Comme pour la Sarcelle d'été, les Barges à queue noire arrivent plus tard lors des années sèches au Sahel. Un effet négatif identique des précipitations au Sahel sur les dates d'arrivée a été trouvé chez l'Hirondelle rustique dans le nord de l'Italie (Saino *et al.* 2004) et en Espagne (Gordo *et al.* 2005, Gordo & Sanz 2007). Les données de Gordo & Sanz (2006) sont reproduites dans la Fig. 264.

Migration printanière, météorologie et changements climatiques

Les dates d'arrivée sur les sites de reproduction ne dépendent pas seulement des dates de départ des sites d'hivernage sub-sahariens, mais tout autant du temps que les oiseaux prennent pour réaliser le trajet. Les conditions météorologiques affectent l'avancée des migrateurs pendant leur migration prénuptiale (Huin & Sparks 1998, Both *et al.* 2005, Saino *et al.* 2007), comme le montre le calendrier des passages migratoires sur l'île d'Héligoland, en Mer du Nord, au nord de l'Allemagne, qui est en ligne avec l'Oscillation Nord Atlantique (NAO[1] ; Hüppop & Hüppop 2003). La migration printanière de la Fauvette grisette par exemple, est retardée de 10 jours après les hivers « continentaux » (NAO élevée) par rapport aux hivers « atlantiques » (NAO faible). Hüppop & Hüppop (2003) considèrent que la NAO est une mesure fiable des conditions météorologiques printanières en Europe (y compris de la probabilité plus élevée de rencontrer des vents portants favorables au printemps). Cependant, une NAO faible coïncidant souvent avec des conditions sèches au Sahel[2], le retard de la migration printanière des migrateurs au long cours ne peut pas être séparé des effets des conditions de sécheresse au Sahel. Il est toutefois remarquable que l'impact de la NAO soit maximal sur les espèces qui hivernent classiquement au Sahel (Rougequeue à front blanc, Fauvette babillarde, Fauvette grisette, Phragmite des joncs, Pouillot véloce ; variation moyenne des dates : 13 jours), et soit minime pour les espèces hivernant plus au sud (Hypolaïs ictérine, Rousserolle effarvatte, Fauvette des jardins, Pouillot fitis, Gobemouche gris, Gobemouche noir ; variation moyenne des dates : 8 jours).

Les changements climatiques, mais aussi les précipitations au Sahel, ont un impact sur les dates de ponte de la Fauvette grisette (à gauche) et de la Rousserolle effarvatte (à droite).

Le changement climatique est souvent cité parmi les responsables des modifications progressives du calendrier de la migration prénuptiale, bien que ses effets varient en fonction des stratégies migratoires (migrations sur de longues ou courtes distances, géographie, durée et type d'études ; synthèse par Møller *et al.* 2007, Gordo 2007). L'étude réalisée à Héligoland a conclu qu'un avancement de la date de passage était détectable chez 21 espèces d'oiseaux migrateurs entre 1960 et 2000, et qu'il était maximal chez la Rousserolle effarvatte, la Fauvette des jardins et le Gobemouche gris (Hüppop & Hüppop 2003). Notre analyse des mêmes données pour ces trois espèces indique que les variations interannuelles des dates de passage ne sont pas corrélées avec les précipitations au Sahel, ce qui n'est pas vraiment étonnant, car leurs sites d'hivernage principaux sont situés au sud du Sahel (Ottosson *et al.* 2005).

Le nombre d'études montrant un impact du changement climatique sur la migration printanière augmente rapidement, mais de nombreuses précautions doivent être prises (Gordo 2007). Par exemple, sur la période 1983-2004, les Hirondelles rustiques ont avancé leurs dates d'arrivée en Espagne de 0,52 jour par an (Gordo &

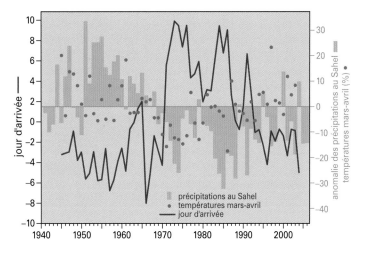

Fig. 264 Dates d'arrivée (en écart par rapport à la moyenne à long terme, corrigées des variations régionales) des Hirondelles rustiques en Espagne depuis 1945 (axe de gauche), comparées à l'indice des précipitations au Sahel et aux températures en Espagne en mars et avril (données en % d'écart à la moyenne entre 1945 et 2003) (axe de droite). Dates d'arrivée et températures tirées de Gordo & Sanz (2006).

Tableau 32 Impact des précipitations au Sahel (« précipitations = variation journalière par % d'indice des précipitations au Sahel) et des changements climatiques (« année » = jours d'avancement par an) sur les dates moyennes de ponte des migrateurs au long cours en Grande-Bretagne entre 1966 et 2006. Le tableau montre les coefficients de régression non standardisés, déterminés par une analyse de régression multiple, la variance expliquée (R²) et le degré de signification (*P<0,5, **P<0,1, ***P<0,01). D'après les données du BTO utilisées par Baillie *et al.* (2007).

Espèce	Précipitations	An	R²
Hirondelle rustique	-0,143*	-0,223***	0,375***
Rougequeue à front blanc	-0,147**	-0,285***	0,570***
Tarier des prés	-0,073*	-0,092*	0,126
Traquet motteux	-0,314**	-0,120	0,446*
Phragmite des joncs	-0,119	-0,107	0,131
Rousserolle effarvatte	-0,201**	-0,165**	0,315***
Fauvette à tête noire	-0,189**	-0,215**	0,336***
Fauvette des jardins	-0,080	-0,203	0,280**
Fauvette grisette	-0,196*	-0,260**	0,327***
Pouillot véloce	-0,046	-0,383***	0,503***
Pouillot fitis	-0,044	-0,159***	0,378***

Sanz 2006 ; Fig. 264). Ce résultat pourrait être interprété comme un effet d'un changement climatique en cours, mais il faudrait des données sur une période plus longue pour voir s'il existe un lien clair avec le changement climatique. La date d'arrivée semble dépendre principalement des précipitations au Sahel, et à un degré moindre des températures printanières en Espagne. Ces données ne suggèrent pas, si l'on écarte les fluctuations interannuelles, de tendance à long terme à une arrivée plus précoce.[3]

Toutefois, si l'on étudie les dates auxquelles 95% des Rougequeues à front blanc sont arrivés à Christiansø (une île de la Baltique au large du Danemark ; 55°11'N, 15°11'E), la situation est inversée. L'avancée de 0,41 jour par an entre 1976 et 1997 (Tøttrup *et al.* 2006) est renforcée si l'on inclut les précipitations au Sahel dans l'analyse.[4]

Gordo & Sanz (2006) et Gordo (2007) mettent en garde contre une tendance à interpréter systématiquement l'avancement des dates de migration printanières comme étant des preuves d'une évolution induite par le climat (et par conséquent d'une modification du contrôle endogène ; Jonzén *et al.* 2006). Les changements peuvent souvent être expliqués par des variations à court terme, d'une année sur l'autre, des conditions météorologiques sur les sites d'hivernage, de halte et de reproduction.

Impacts du changement climatique et des sécheresses au Sahel sur les dates de ponte

Les effets induits des conditions d'hivernage peuvent agir au travers d'une variation des dates de pontes. Les données collectées en Grande-Bretagne depuis 1966 par des bénévoles du British Trust for Ornithology (BTO) montrent un avancement à long terme des dates de ponte pour de nombreuses espèces (Baillie *et al.* 2007). La date

Les données du BTO suggèrent que les précipitations au Sahel ont un impact sur la productivité des Hirondelles de rivage, mais la taille de l'échantillon est faible.

de ponte des Rougequeues à front blanc britanniques a été avancée de deux semaines au cours de cette période. Les conditions au Sahel pourraient être partiellement responsables de cette modification (Fig. 265 : regarder la dispersion autour de la droite de tendance). Pendant 5 des 7 années sèches au Sahel, les oiseaux sont arrivés plus tard que la moyenne ; pendant les années humides, ce ne fut le cas que 2 années sur 8.

Une nouvelle analyse des données du BTO montre que les migrateurs au long cours ont avancé leur date moyenne de ponte entre 1966 et 2006 de 4 à 15 jours (Tableau 32). Cette tendance à long terme s'ajoute (sans y être liée) aux effets des précipitations au Sahel, qui sont responsables de retards pendant les années sèches au Sahel. L'indice NAO ne semble pas avoir d'impact sur la date de ponte, sauf pour la Fauvette des jardins.

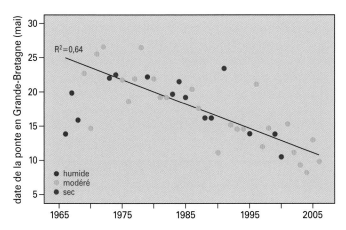

Fig. 265 Avancement significatif de la date de ponte chez le Rougequeue à front blanc en Grande-Bretagne entre 1965 et 2006, pour trois niveaux de précipitations au Sahel au cours de l'année précédente (20% et moins en-dessous de la moyenne, au-dessus de la moyenne et la catégorie intermédiaire). La droite de régression concerne les années modérées et exclut les années particulièrement sèches ou humides. Données du BTO (Baillie *et al.* 2007).

Tableau 33 Corrélations entre la productivité (ratio juvéniles/adultes sur les sites de baguage standardisés de Grande-Bretagne) et les précipitations au Sahel au cours de l'année précédente (R-simple) ; R-partiel inclut la correction en fonction des conditions de reproduction locales. Les explications sont données dans le texte. Données du BTO (Baillie *et al.* 2007) *=P<0,05 ; N=21.

Espèce	R-simple	R-partiel
phragmite des joncs	0,38	0,53*
rousserolle effarvatte	0,24	0,25
fauvette à tête noire	-0,07	0,32
fauvette des jardins	0,24	0,25
fauvette babillarde	0,33	0,45*
fauvette grisette	0,10	0,21
pouillot véloce	-0,06	0,17
pouillot fitis	-0,17	0,00

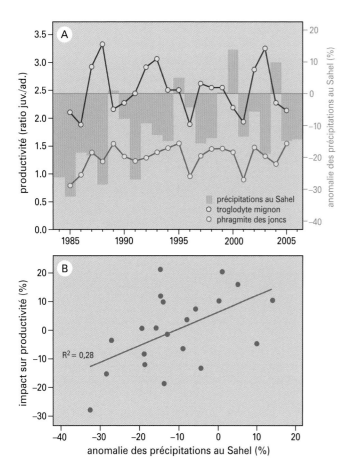

Fig. 266 (A) Productivité moyenne (ratio juvéniles/adultes sur les sites de baguage standardisés de Grande-Bretagne) du Phragmite des joncs et du Troglodyte mignon en fonction des précipitations au Sahel. (B) Productivité du Phragmite des joncs en fonction des précipitations au Sahel ; mêmes données que le graphique (A), après correction en fonction des conditions locales de reproduction illustrées par la productivité du Troglodyte mignon ; explications dans le texte. Données du BTO (Baillie *et al.* 2007).

Effets induits sur la performance reproductrice

Les oiseaux nicheurs produisent-ils moins de jeunes après avoir subi un hiver sec au Sahel ? Afin de répondre à cette question, nous avons ré-analysé les données de captures des sites de baguage standardisés de Grande-Bretagne (BTO, 1981-2006) et des Pays-Bas (SOVON, 1994-2005) et utilisé le ratio entre le nombre de juvéniles et le nombre d'adultes comme mesure de la productivité. Plusieurs corrélations positives entre la productivité des migrateurs au long cours et les précipitations au Sahel au cours de l'année précédente ont été trouvées, mais aucune n'est significative. Le problème de cette analyse est que l'impact potentiel du Sahel est masqué par des facteurs locaux. Ainsi, la plupart des espèces d'oiseau produisent moins de jeunes pendant un été froid et pluvieux. Ceci explique que les productivités des Bruants des roseaux néerlandais (sédentaires), des Rousserolles verderolles (hivernant en Afrique de l'Est) et des Rousserolles effarvattes (hivernant en Afrique de l'Ouest) soient fortement corrélées entre elles (R varie entre +0,86 et +0,94). Afin d'évaluer les effets induits des conditions au Sahel sur la performance reproductrice, il faut d'abord statistiquement éliminer les facteurs en jeu sur les sites de nidification. Les séries de données de stations de baguage standardisées des Pays-Bas (12 ans) sont encore trop courtes pour permettre une telle analyse, alors que celles de Grande-Bretagne couvrent 26 années. Le Troglodyte mignon semble être l'espèce dont la productivité est la mieux corrélée avec celles de nombreuses autres espèces dans les données du BTO. Nous l'avons donc utilisée pour éliminer les effets statistiques des conditions locales sur les sites de reproduction.

Si l'on compare la productivité du Phragmite des joncs et du Troglodyte mignon en fonction des précipitations au Sahel au cours de l'année précédente, il est évident que les années 1985, 1986, 1996 et 2001 ont été particulièrement mauvaises pour les deux espèces (Fig. 266A). Les Phragmites des joncs produisent un nombre relativement plus élevé de jeunes après les années humides au Sahel, mais la corrélation est faible. En revanche, si l'on prend en compte l'effet des facteurs locaux (en intégrant la productivité du Troglodyte mignon dans une analyse de régression multiple), l'impact du Sahel devient significatif (Fig. 266B). Une analyse identique réalisée pour sept autres migrateurs au long cours (Tableau 33), a montré qu'un impact significatif identique existait pour la Fauvette babillarde, mais pas pour les autres espèces, bien que les précipitations au Sahel aient un effet positif sur toutes. Ceci montre que quelle que soit la condition physique dans laquelle les migrateurs reviennent de leurs sites d'hivernage, si les conditions locales sont défavorables au mauvais moment du cycle de reproduction, la productivité (et peut-être le taux de survie) sera mauvaise. Une situation identique a été décrite pour les Hirondelles de rivage britanniques, chez qui les précipitations pendant la période de reproduction affectent négativement la survie hivernale (et peut-être la productivité), bien qu'il existe une relation positive entre le taux de survie annuel et les précipitations au Sahel (Cowley & Siriwardena 2005). La complexité de ces liens est renforcée par les variations dans le temps des taux d'immigration et d'émigration, qui pourraient masquer les effets des autres facteurs influençant les dynamiques de population (Szép 1995a, 1995b).

En novembre 2008, de très fortes densités de sauteriaux sur de très grands secteurs du centre du Sénégal ont attiré 3500 Cigognes blanches (voir Chapitre 14). Il s'agit de la plus forte concentration observée au Sénégal depuis exactement 50 ans. En novembre 1958, Morel & Roux (1966) avaient observé 4000 individus dans le Delta du Sénégal. Ces observations illustrent l'augmentation de la population occidentale au cours des dernières décennies.

Conclusion

Les conditions sur les sites d'hivernage africains et pendant le trajet entre les sites d'hivernage et de reproduction, affectent l'accumulation de réserves pré-migratoire, les dates de départ, les taux de ravitaillement et le calendrier migratoire. Toute condition défavorable pendant l'une de ces étapes du cycle biologique peut avoir un impact négatif sur la performance reproductrice, comme cela a été constaté chez la Cigogne blanche, chez le Balbuzard pêcheur et chez l'Hirondelle rustique. On peut s'attendre à ce que les conséquences soient identiques chez les autres migrateurs au long cours, mais peu de données existent pour identifier les effets induits des conditions d'hivernage. Les données de productivité britanniques (BTO) et néerlandaises (SOVON), mesurées sur les sites de baguages standardisés, indiquent que les conditions au Sahel au cours de l'hiver précédent ont – dans une certaine mesure – un lien avec les performances reproductrices, mais que les effets des conditions locales de reproduction masquent souvent ceux des conditions dans la zone sub-saharienne.

Notes

1 L'abréviation NAO désigne l'Oscillation Nord Atlantique, qui est définie par la différence entre les pressions normalisées au niveau de la mer aux Açores et en Islande, moyennées sur la période de décembre à mars. Les hivers en Europe sont dits « atlantiques » (doux et humides) lorsque la NAO moyenne est positive et « continentaux » (froids et secs) lorsque la NAO est négative.

2 L'indice NAO est lié à de nombreuses variables météorologiques, dont l'indice des pluies au Sahel : les années de faibles précipitations au Sahel sont plus souvent suivies d'hivers « atlantiques » dans l'ouest de l'Europe. Il existe donc une corrélation négative entre la NAO (y) et les précipitations au Sahel (x) au cours des six mois précédents : $y = -0{,}044x + 0{,}113$; $R = -0{,}30$, $N = 106$, $P < 0{,}01$.

3 Une régression multiple sur les données de la Fig. 265 révèle que les précipitations au Sahel expliquent 38,3% de la variance ($P < 0{,}001$). Les températures printanières contribuent à hauteur de 21,7% ($P < 0{,}001$) et l'année (fonction linéaire) contribue à hauteur de 0,1% (non significatif). La date d'arrivée est retardée de 0,193 jour pour 1% de précipitations en moins au Sahel. Cette valeur reste constante (-0,190) si l'on ajoute les autres variables dans l'équation.

4 Nous avons analysé les dates auxquelles 95% des Rougequeues à front blanc sont arrivés, en utilisant une analyse de régression (données d'après Jonzén *et al.* 2006 et leur Fig. 1b). L'avancement est de 0,41 jour par an ($P = 0{,}027$) avec une régression simple, et de 0,44 jour/an ($P = 0{,}08$) avec une régression multiple incluant les précipitations au Sahel qui entraîne un avancement de 0,236 jour par pourcent d'augmentation de l'indice des pluies au Sahel ($P = 0{,}012$) ; $R^2 = 0{,}45$, $N = 21$.

L'impact du Sahel sur l'évolution des populations d'oiseaux d'Eurasie

Le monde que les oiseaux connaissent est sens dessus dessous, et depuis maintenant un certain temps. De nombreuses espèces d'oiseaux européennes ont subi des campagnes de destruction au cours du 19ème siècle, soit parce qu'ils étaient nuisibles à certains intérêts humains, soit parce qu'ils représentaient une source de revenus. Mais quelles qu'ait été l'intensité de ces persécutions, les populations se rétablissaient dès que la cause du déclin s'arrêtait. Toutefois, au 20ème siècle, la perte et la dégradation des habitats eut lieu à une échelle jamais atteinte auparavant. De grandes zones humides disparurent, des zones industrielles et portuaires furent construites sur des remblais dans les estuaires et sur les vasières intertidales, l'utilisation de produits chimiques en agriculture devint la norme, l'extension urbaine et le réseau routier occupèrent toujours plus d'espace et le monde sous-marin fut pillé. Les changements d'habitat à une telle échelle sont, au contraire des causes de persécution passées, probablement irréversibles, étant donnée l'inaptitude des gouvernements à agir de manière appropriée. Les oiseaux subissent tous ces aménagements. Ainsi, aux Pays-Bas, un bon nombre d'espèces nicheuses migratrices au long cours a disparu en seulement un demi-siècle. Les espèces concernées comprennent l'Œdicnème criard (milieu des années 1950), la Huppe fasciée (fin des années 1960), le Bruant ortolan (milieu des années 1990), le Pipit rousseline (début des années 2000) et le Torcol fourmilier (milieu des années 2000). Des destins identiques peuvent être identifiés dans les autres pays européens, parfois pour des espèces différentes. Existe-t-il un déno-

minateur commun derrière ces disparitions, telles que les dégradations ou la disparition des habitats de reproduction ? Est-ce une coïncidence si les déclins les plus forts sont rencontrés chez les migrateurs au long cours,
particulièrement chez ceux qui hivernent au Sahel ? De nombreux éléments de preuves permettent de répondre
à la première question. Apporter une réponse à la seconde a été notre objectif principal à travers cet ouvrage.
Mais laquelle de ces deux régions du monde a été la plus importante dans l'évolution des populations ? Les deux
sont-elles vitales ?

Les migrateurs au long cours concernés

Les premières tentatives effectuées pour établir la liste des oiseaux paléarctiques apparaissant en Afrique étaient biaisées en faveur de l'Afrique du Nord-Est et de l'Est (Grote 1930, 1937 ; Moreau 1972). Grâce aux travaux de Gérard et Marie-Yvonne Morel et de leurs collaborateurs, l'importance de l'Afrique de l'Ouest pour les oiseaux paléarctiques a été indiscutablement établie (Morel & Bourlière 1962, Morel & Roux 1966a & 1966b, Morel 1968, Morel & Morel 1972, 1974, 1978). Depuis lors de grands progrès ont eu lieu dans notre connaissance des oiseaux paléarctiques en Afrique. Des atlas ou des avifaunes sont disponibles ou à venir pour la majorité des pays d'Afrique, les sept volumes de *The Birds of Africa* constituent une véritable encyclopédie, et un flux continu d'articles et de rapports de voyage arrive de tous les coins du continent. Les études détaillées réalisées au Sahel se sont concentrées sur les stratégies migratoires, la fidélité aux sites, la récurrence et l'itinérance, l'occupation des habitats et l'écologie alimentaire, et les relations interspécifiques avec les espèces sédentaires afrotropicales (p. ex. Morel & Morel 1992, Wilson 2004,

Salewski & Jones 2006), mais malgré tous ces efforts, on ne connait qu'infiniment peu de choses sur l'écologie de la majorité des migrateurs transsahariens. Une chose, toutefois, est devenue extrêmement claire : les migrateurs au long cours ont subi un déclin marqué depuis les années 1970.

Le Sahel et les zones de végétation adjacentes façonnent les vies de milliards d'oiseaux d'Eurasie, y compris de ceux qui ne sont que de passage dans ces régions. Les précipitations, l'étendue des inondations dans les plaines inondables et l'étendue de la végétation « verte » constituent les principaux moteurs de la vie au Sahel, et sont potentiellement des facteurs clés des fluctuations des populations d'oiseaux migrateurs. Dans les chapitres précédents, les vicissitudes d'un certain nombre d'espèces d'oiseau d'Eurasie ont été étudiées en fonction des conditions sur leurs sites d'hivernage sub-sahariens et sur leurs sites de reproduction. Notre sélection couvre des espèces avec des stratégies migratoires et d'hivernage très variées. Certaines espèces sont totalement dépendantes de ce que le Sahel a à leur offrir pendant l'hiver boréal, tandis que d'autres le sont moins, ou presque pas.

Fig. 267 Phénologie de plusieurs espèces d'arbres au Sahel. Les courbes jaunes montrent la variation mensuelle de la biomasse des feuilles (valeur maximale : 100 ; Hiernaux *et al.* 1994) et les barres blanches la période de floraison (d'après Arbonnier 2000). Photographies prises au Mali en novembre, sauf *Acacia* (=*Faidherbia*) *albida* (août) et *Balanites* (février 2008).

Suivis, tendances et pièges à éviter

Le suivi des espèces d'oiseau communes en Europe, grâce à l'utilisation de méthodes standardisées, est une technique relativement récente (Tableau 34). Le premier suivi fut initié dans les années 1960 (Royaume-Uni), et deux autres ont débuté dans les années 1970 (Danemark, Suède). L'enthousiasme pour les suivis a atteint son apogée dans les années 1980, avec l'adoption de la technique par neuf autres pays, puis par huit autres dans les années 1990 et 13 dans les années 2000. Seuls neufs pays n'ont pas encore débuté de suivi, parmi lesquels le plus important est la Russie qui, en raison de sa taille (37% du territoire européen), a un effet significatif sur toute tentative de mesure des tendances européennes globales. Au total, plus de 60% du territoire européen n'est pas encore couvert par des suivis à long terme des oiseaux nicheurs, particulièrement en Europe de l'Est et du Sud. Les suivis les plus anciens sont principalement localisés en Europe occidentale et en Scandinavie, dans les régions où l'impact de l'homme sur le paysage a été le plus fort.

Le suivi des oiseaux nicheurs nécessite des observateurs volontaires, qui acceptent d'utiliser une méthodologie stricte et de parcourir le même trajet, année après année. La récompense pour les participants vient de la connaissance intime qu'ils acquièrent des parcelles qu'ils suivent et de leurs habitants. Ils peuvent également constater les changements qui se produisent dans le paysage alors qu'imperceptiblement ils prennent de l'âge et perdent des cheveux à force de fouler les mêmes traces (dessinateur : Fred Hustings).

La plupart des séries temporelles disponibles sont trop courtes pour identifier des tendances. Le sens de l'expression « à long terme » s'est modifié dans le terme avec la progression de nos connaissances sur la nature des tendances : au début des années 1980, une série de données s'étalant sur 10 ans était considérée comme « à long terme », alors qu'elle est maintenant considérée comme « à court terme ». Mais en quoi une série de données de 20 ans ou plus représente-t-elle le long terme ? Après tout, elle ne représente souvent qu'une vie de travail d'un observateur. La réponse réside dans l'étude du régime des précipitations au Sahel au cours des siècles passés. Nous avons clairement montré dans les chapitres précédents que les subtilités du contrôle des processus biologiques au Sahel ne pouvaient être identifiées avec certitude sur une courte période, ce qui signifie qu'une série temporelle n'est jamais assez longue. Les corrélations avec le climat basées sur de courtes séries temporelles (moins de 20 ans ; Wang 2003) peuvent être fallacieuses et potentiellement trompeuses.

Les autres problèmes importants posés par les suivis de populations existants sont la taille des échantillons (nombre de parcelles, de points ou de transects) et le manque de randomisation (peu de suivis utilisent des échantillons tirés aléatoirement). Certains pays ont la chance de disposer de centaines, ou de milliers, de bénévoles qualifiés (p. ex. le Danemark, les Pays-Bas, le Royaume-Uni), mais d'autres doivent faire avec beaucoup moins (seulement 7 ornithologues de terrain en Ukraine, dans un pays 14 fois plus grand que le Danemark ou les Pays-Bas). Quelles que

Tableau 34 Programmes de suivi des oiseaux nicheurs en Europe (superficie incluant les étendues d'eau, dates de début et méthodes utilisées). D'après l'European Bird Census Council, www.ebcc.info (consulté le 30 novembre 2008). Les suivis utilisés dans cet ouvrage sont indiqués en italique ; ils correspondent aux plus longues séries de données avec des tailles d'échantillons importantes. Point = comptages ponctuels, ligne= transects linéaires, carte = cartographie des territoires.

Pays	1000 km²	Début	Méthode(s)
Albanie	29	-	-
Autriche	84	1998	point
Biélorussie	208	2007	point
Belgique	31	2007	point
Bosnie-Herzégovine	51	-	-
Bulgarie	111	2004	point
Croatie	57	-	-
Chypre	9	2005	plusieurs
République tchèque	*79*	*1981*	*point*
Danemark	*43*	*1976*	*point*
Estonie	45	1983	point
Finlande	*337*	*1981*	*point*
France	547	1989	point
Géorgie	70	-	-
Allemagne	357	1989	point, ligne, cartographie
Grèce	132	2006	point
Hongrie	93	1999	point
Islande	103	?	plusieurs
Irlande	70	1998	Ligne
Italie	301	2000	Point
Kosovo	11	-	-
Lettonie	65	1983	point, ligne
Liechtenstein	0.2	1981	cartographie
Lithuanie	65	1991	point
Luxembourg	3	2002	point, cartographie
Macédoine	25	2007	ligne
Moldavie	34	-	-
Monténégro	14	-	-
Pays-Bas	*42*	*1984*	*cartographie*
Norvège	324	1995	point
Pologne	313	2000	ligne
Portugal	92	2004	point
Roumanie	238	2006	point
Russie (européenne)	3960	-	-
Serbie	88	-	-
Slovaquie	49	1994	point
Slovénie	20	2007	ligne
Espagne	505	1996	point
Suède	*450*	*1975*	*point*
Suisse	41	1999	cartographie
Turquie	784	2007	ligne
Royaume-Uni	*245*	*1962*	*cartographie, ligne*
Ukraine	604	1980	point

soient les méthodes statistiques utilisées pour minimiser l'effet d'un suivi imparfait ou d'un faible échantillon (Kéry 2008), le résultat doit toujours être considéré avec précaution et être si possible comparé avec les résultats d'autres suivis menés en parallèle.

Les erreurs de mesure (souvent supérieures à 20%) doivent inciter à utiliser en parallèle une variété de méthodes de suivi, qui permettront de fournir des estimations indépendantes. Même ainsi, les chances de détecter des indices significatifs de l'existence d'une tendance temporelle peuvent être désespérément faibles, sauf si la série de données dure au moins 15 ans, ou si la tendance est véritablement forte (Hovestadt & Nowicki 2008). Les tendances à l'échelle européenne pour les migrateurs au long cours illustrent l'importance de disposer de longues séries temporelles. Les pays qui ont initié des programmes de suivi dans les années 1970 et 1980 ont tout juste observé des changements de tendance qui coïncident avec un changement de régime climatique au Sahel (le début, en 1969, d'une sécheresse longue de 30 ans ; Chapitre 2). Les populations de migrateurs au long cours ont été fortement réduites par cette sécheresse prolongée. Toute tendance mesurée après un tel déclin a donc de fortes chances d'être soit stable à des niveaux de population faibles tant que les conditions défavorables se poursuivent, soit en augmentation dès que les conditions s'améliorent et c'est exactement ce qui a été observé. Dans les rares cas où nous avons pu disposer de jeux de données pour la ou les décade(s) précédant 1970, le résultat est assez dramatique. Les effectifs étaient bien plus élevés avant 1970 chez le Combattant varié (Chapitre 29), la Sterne hansel (Chapitre 30), le Torcol fourmilier (Chapitre 33), le Rougequeue à front blanc (Chapitre 37) et la Fauvette grisette (Chapitre 41) que depuis lors. L'augmentation significative de la population de Rougequeue à front blanc au Danemark entre 1976 et 2005 (Heldbjerg & Fox 2008) n'est donc qu'un rétablissement partiel après des pertes immenses, qui auraient été identifiées si les données utilisées couvraient les années 1950 et 1960, comme cela était évoqué pour la Fauvette grisette dans le même article. L'impact de l'échelle de temps sur les analyses de tendances a également été identifié comme étant un problème important pour les oiseaux forestiers migrant entre l'écozone néarctique et l'écozone néotropique : les déclins de populations dans l'est et le centre des Etats-Unis ne sont pas évidents après 1960, car l'essentiel des déclins a eu lieu avant cette période (King *et al.* 2006).

Les problèmes relatifs à la fiabilité des suivis sont particulièrement importants à l'échelle européenne, même lorsque les réserves associées aux évaluations de tendances sont traitées grâce à la pondération et à la constitution des catégories larges (Tucker & Heath 1994, BirdLife International 2004a). Nous avons donc utilisé ces données dans le même esprit que Moreau (Encadré 16, Chapitre 13) : la dernière chose que nous souhaitons nous aussi, c'est que nos lecteurs considèrent que nous avons toutes les réponses, mais cela ne nous empêche pas de tenter d'interpréter les chiffres.

Les hordes de migrateurs paléarctiques hivernant en Afrique sont majoritairement composées d'oiseaux d'eau et de passereaux insectivores. Leur séjour en Afrique sub-saharienne dure environ six mois, et débute juste après la fin de la saison des pluies lorsque les conditions locales sont encore favorables, la végétation encore verte et les insectes encore abondants (Jones 1998). Au fur et à mesure de la progression de la saison sèche, le Sahel passe du vert au jaune-brunâtre en seulement quelques mois. La végétation de la savane broussailleuse se flétrit, les mares temporaires s'assèchent, de nombreux arbres perdent leurs feuilles, et les insectes se font rares ou se cachent. Toutefois, comme Morel (1973) le faisait remarquer, le Sahel est moins appauvri au cours de la saison sèche qu'il semble l'être à première vue. Au cours de la période pendant laquelle les migrateurs hivernent, certaines espèces d'arbres à feuillage persistant ou semi-persistant fleurissent, produisent du nectar (qui attirent un grand nombre d'insectes) ou portent des fruits que les passereaux mangent, p. ex. *Salvadora*, *Ziziphus*, *Boscia*, *Grewia*, *Balanites* et *Maerua* (Fig. 267). Même lorsque les conditions semblent réellement sévères en février et mars, de nombreux migrateurs peuvent survivre et accumuler des réserves dans les savanes boisées, les wadis et les vallées des rivières.

Une fois arrivés au sud du Sahara, les migrateurs paléarctiques se dispersent à travers tout le continent africain. La totalité des habitats disponibles est exploitée pendant l'hiver boréal, mais à des degrés divers. Les forêts tropicales sont presque totalement évitées, alors que le Sahel reçoit une quantité disproportionnée d'oiseaux eurasiatiques (Fig. 104). Plusieurs tentatives ont été menées pour classer les migrateurs paléarctiques en fonction de leur stratégie migratoire et de leur sélection d'habitat en Afrique (voir aussi Fig. 105 et Tableau 35, adaptés de Morel 1966b, Morel & Morel 1992, Pearson & Lack 1992, Jones 1998, Yohannes *et al.* 2009) :

1. Occupant des quartiers d'hiver en Afrique équatoriale et australe (p.ex. la Bondrée apivore, le Faucon hobereau et l'Hirondelle rustique).

2. Hivernant en grande partie au nord du Sahara, mais avec une proportion non négligeable traversant le désert pour hiverner dans les zones tropicales, y compris au Sahel (p.ex. le Héron cendré et le Pouillot véloce).

3. Hivernant principalement au sud du Sahara, souvent largement dispersé à travers le continent, y compris au Sahel et dans la zone côtière (p.ex. le Balbuzard pêcheur et le Chevalier aboyeur).

4. Hivernant au sud du Sahara et se déplaçant progressivement vers le sud du Sahel en direction des zones soudanienne et guinéenne entre 8° et 14°N (p.ex. le Gobemouche noir). En Afrique de l'Est, cette zone s'étend plus au sud, jusqu'à 5°N, et comprend les tropiques au nord de l'Equateur (p.ex. la Fauvette épervière).

5. Occupant les zones sahélienne et soudanienne jusqu'en novembre (11°-16°N), y muant souvent (partiellement) et y accumulant des réserves, avant de poursuivre leurs trajets vers des sites d'hivernage dans la zone de végétation guinéenne (8°-10°N), ou –en Afrique de l'Est – jusqu'à 5°S vers le sud (p.ex. le Rossignol progné, la Rousserolle turdoïde et la Fauvette des jardins ; Pearson & Lack 1992, Hedenström *et al.* 1993, Ottosson *et al.* 2005, Yohannes *et al.* 2009).

6. Hivernant au Sahel (12°-18°N) en Afrique de l'Ouest, mais jusqu'à 5°S en Afrique de l'Est (concerne également des oiseaux d'Europe orientale et d'Asie, p.ex. le Busard cendré, le Combattant varié et l'Hirondelle de rivage). Cette catégorie comprend les espèces dont les populations nordiques migrent plus loin que celles d'Europe méridionale (p.ex. le Busard des roseaux et la Bergeronnette printanière).

7. Restant dans les savanes des tropiques nord pendant tout l'hiver boréal, en particulier au Sahel (12°-18°N) ou dans les zones soudanienne et guinéenne (8-12°N). Cette catégorie comprend les oiseaux aquatiques largement inféodés aux plaines inondables (p.ex. l'Ibis falcinelle et les canards), et les espèces typiques de la savane (p.ex. la Tourterelle des bois, le Torcol fourmilier et l'Alouette calandrelle).

Etat des lieux des populations : les tendances négatives dominent chez les migrateurs afro-paléarctiques

Parmi les 200 espèces d'oiseaux (environ) migrant entre le Paléarctique et l'Afrique, nous avons restreint notre analyse à 127 espèces qui hivernent principalement ou en quantité significative, au sud du Sahara, et pour lesquelles des tendances de population sont disponibles.[1] Nous avons reconstitué les tendances pour les migrateurs au long cours sur la période 1970-2005, en fonction des tendances entre 1970 et 1990, et entre 1990 et 2000 en procédant à des ajustements.[2] Afin de pouvoir distinguer et comprendre les modifications de tendances, nous avons classé les espèces en fonction de leur dépendance au Sahel pendant l'hiver boréal, et des habitats qu'elles fréquentent en Afrique et en Europe (Tableau 35).

Le nombre de migrateurs transsahariens en déclin a augmenté de

Le déclin de l'Œdicnème criard est principalement dû aux modifications sur ses sites de reproduction. Les trois oiseaux photographiés ici l'ont été à l'extrême sud de l'aire de répartition hivernale de l'espèce (Iwik, Mauritanie, janvier 2005).

Tableau 35 Tendances d'évolution des populations de 127 espèces d'oiseau afro-paléarctiques entre 1970 et 1990 (Tucker & Heath 1994 ; tendances variant entre -2 = fort déclin et + 2 = forte augmentation), 1990 et 2000 (BirdLife International 2004a ; tendances variant entre – 3 = fort déclin et + 3 = forte augmentation ; tendances non disponibles pour 11 espèces) et entre 1970 et 2005 (même échelle de tendances). Blancs : données insuffisantes. L'importance du Sahel pour les oiseaux paléarctiques entre novembre et février varie entre insignifiante (1) et forte (7). Voir le texte pour plus d'explications. Les habitats en Europe et en Afrique sont simplifiés par rapport à la Fig. 105 et à BirdLife International (2004a).

Espèce	Tendance à long terme			Sahel	Habitat	
	1970-1990	1990-2000	1970-2005	dép.	Afrique	Europe
Héron cendré	2	2	2	2	zone humide	zone humide
Héron pourpré	-2	-2	-2	6	zone humide	zone humide
Bihoreau gris	-1	0	-1	6	zone humide	zone humide
Crabier chevelu	-2	-2	-2	6	zone humide	zone humide
Aigrette garzette	2	1	2	3	zone humide	zone humide
Blongios nain	-2	0	-2	6	zone humide	zone humide
Butor étoilé	-2	0	-2	2	zone humide	zone humide
Cigogne blanche	-2	2	0	6	savane	terre agricole, steppe
Cigogne noire	0	0	0	7	savane	bois
Spatule blanche	-2	0	1	3	zone humide	zone humide
Ibis falcinelle	-1	-2	-3	7	zone humide	zone humide
Canard souchet	0	-2	-1	7	zone humide	zone humide
Canard pilet	-2	-2	-2	7	zone humide	toundra, tourbière, marécage
Sarcelle d'été	-2	-2	-2	7	zone humide	toundra, tourbière, marécage
Fuligule nyroca	-2	-3	-3	7	zone humide	zone humide
Balbuzard pêcheur	1	2	2	3	zone humide	zone humide
Vautour percnoptère	-2	-3	-3	7	savane	méditerranéen
Milan noir	-2	-3	-3	6	savane boisée	zone humide
Busard des roseaux	2	2	2	6	zone humide	zone humide
Busard pâle	-2	-3	-3	7	savane	terre agricole, steppe
Busard cendré	2	2	2	7	savane	terre agricole, steppe
Circaète Jean-le-Blanc	0	-1	-1	7	savane	bois
Epervier à pieds courts	0	-2	-1	1	bois	bois
Bondrée apivore	0	0	0	1	bois	bois
Aigle des steppes	-2	-3	-3	1	savane	terre agricole, steppe
Aigle pomarin	0	-2	-1	1	savane	terre agricole, steppe
Aigle botté	0	0	0	4	savane boisée	bois
Faucon crécerellette	-2	-1	-2	6	savane	terre agricole, steppe
Faucon kobez	-2	-3	-3	1	savane	terre agricole, steppe
Faucon sacre	-2	-3	-3	7	savane	terre agricole, steppe
Faucon hobereau	0	0	0	1	savane boisée	bois
Caille des bles	-2	0	-2	7	savane	terre agricole, steppe
Râle des genêts	-2	0	-2	1	savane	terre agricole, steppe
Grue demoiselle	2	3	3	7	zone humide	zone humide
OEdicnème criard	-2	-3	-3	2	savane	terre agricole, steppe
Echasse blanche	0	0	0	3	zone humide	zone humide
Glaréole à collier	-2	-2	-2	7	savane	terre agricole, steppe
Glaréole à ailes noires	0	-3	-2	1	savane	terre agricole, steppe
Bécassine double	-2	-2	-2	6	zone humide	toundra, tourbière, marécage

Espèce	Tendance à long terme			Sahel	Habitat	
	1970-1990	1990-2000	1970-2005	dép.	Afrique	Europe
Bécassine des marais	0	-2	-1	2	zone humide	toundra, tourbière, marécage
Petit Gravelot	1	-1	0	2	zone humide	zone humide
Barge à queue noire	-2	-3	-3	7	zone humide	terre agricole, steppe
Bécasseau minute	0	0	0	3	zone humide	toundra, tourbière, marécage
Bécasseau de Temminck	0	0	0	3	zone humide	toundra, tourbière, marécage
Chevalier culblanc	0	0	0	3	zone humide	toundra, tourbière, marécage
Chevalier sylvain	-1	0	-1	3	zone humide	zone humide
Chevalier guignette	0	-2	-1	3	zone humide	zone humide
Combattant varié	0	-2	-2	6	zone humide	toundra, tourbière, marécage
Chevalier arlequin	0	-2	-1	3	zone humide	toundra, tourbière, marécage
Chevalier aboyeur	0	0	0	3	zone humide	toundra, tourbière, marécage
Chevalier stagnatile	2	-2	0	6	zone humide	zone humide
Sterne hansel	-2	-2	-2	6	zone humide	zone humide
Sterne caspienne	-2	3	-1	6	zone humide	zone humide
Guifette moustac	-1	0	-1	6	zone humide	zone humide
Guifette leucoptère	1	0	1	6	zone humide	zone humide
Tourterelle des bois	-1	-2	-2	7	savane	bois
Coucou geai	2		2	7	savane boisée	bois
Coucou gris	0	-1	-1	1	savane boisée	bois
Petit-duc scops	-1		-1	7	savane boisée	bois
Engoulevent d'Europe	0	-1	-1	6	savane boisée	bois
Engoulevent à collier roux	0		0	7	savane boisée	méditerranéen
Martinet pâle	1		1	6	aérien	
Martinet noire	0	-1	-1	1	aérien	
Martinet à ventre blanc	0	1	1	1	aérien	
Guêpier de Perse	0	2	1	6	savane	terre agricole, steppe
Guêpier d'Europe	-1	2	0	1	savane boisée	terre agricole, steppe
Rollier d'Europe	-1	-3	-3	1	savane boisée	terre agricole, steppe
Huppe fasciée	0	-2	-1	6	savane boisée	terre agricole, steppe
Torcol fourmilier	-1	-2	-2	7	savane boisée	bois
Alouette canlandrelle	-2	-2	-2	7	savane	terre agricole, steppe
Hirondelle de rivage	-1		-1	6	zone humide	terre agricole, steppe
Hirondelle rustique	-1	-1	-1	1	savane boisée	terre agricole, steppe
Hirondelle rousseline	1	0	1	6	savane	méditerranéen
Hirondelle de fenêtre	0	-2	-1	3	aérien	terre agricole, steppe
Pipit des arbres	0	-1	-1	6	savane boisée	bois
Pipit à gorge rousse	0		0	6	savane	toundra, tourbière, marécage
Pipit rousseline	-2	-1	-2	7	savane	terre agricole, steppe
Bergeronnette grise	0	0	0	2	savane	terre agricole, steppe
Bergeronnette printanière	0	-1	-1	6	savane	terre agricole, steppe
Monticole de roche	-1	-1	-1	6	savane	méditerranéen
Gorgebleue à miroir	0	0	0	7	zone humide	toundra, tourbière, marécage
Rougequeue à front blanc	-2	0	-3	6	savane boisée	bois
Rossignol progné	0	0	0	5	savane boisée	bois

Espèce	Tendance à long terme			Sahel	Habitat	
	1970-1990	1990-2000	1970-2005	dép.	Afrique	Europe
Rossignol philomèle	0	0	0	5	savane boisée	bois
Agrobate roux	0	-3	-2	6	savane boisée	méditerranéen
Traquet motteux	0	-2	-1	6	savane	terre agricole, steppe
Traquet isabelle	0	0	0	7	savane	terre agricole, steppe
Traquet oreillard	-2	-1	-2	7	savane	méditerranéen
Traquet de Chypre	0	0	0	7	savane	méditerranéen
Traquet pie	0	0	0	6	savane	terre agricole, steppe
Tarier des prés	0	-1	-1	6	savane boisée	terre agricole, steppe
Locustelle tachetée	0	-1	-1	6	zone humide	terre agricole, steppe
Locustelle fluviatile	0	0	0	1	zone humide	terre agricole, steppe
Locustelle luscinioïde	0	0	0	7	zone humide	zone humide
Phragmite des joncs	0	0	0	6	zone humide	zone humide
Phragmite aquatique	-2	-2	-2	7	zone humide	zone humide
Rousserolle turdoïde	0	-1	-1	5	savane boisée	zone humide
Rousserolle effarvatte	0	0	0	5	zone humide	zone humide
Rousserolle verderolle	0	0	0	5	zone humide	terre agricole, steppe
Hippolaïs pâle	-2	0	-2	7	savane boisée	terre agricole, steppe
Hypolaïs polyglotte	0		0	4	savane boisée	terre agricole, steppe
Hippolaïs des oliviers	0	0	0	1	savane boisée	méditerranéen
Hypolaïs ictérine	0	-1	-1	1	savane boisée	terre agricole, steppe
Fauvette des jardins	0	0	0	5	savane boisée	terre agricole, steppe
Fauvette épervière	0		0	4	savane boisée	terre agricole, steppe
Fauvette babillarde	0	0	0	7	savane	terre agricole, steppe
Fauvette grisette	0	1	0	6	savane	terre agricole, steppe
Fauvette à tête noire	0	1	1	2	savane boisée	bois
Fauvette orphée	-2	-1	-2	7	savane	méditerranéen
Fauvette de Rüppell	0	-1	-1	7	savane	méditerranéen
Fauvette de Ménétries	0	0	0	7	savane	méditerranéen
Fauvette passerinette	0		0	7	savane	méditerranéen
Pouillot siffleur	0	-2	-1	4	bois	bois
Pouillot fitis	0	-1	-1	3	savane boisée	bois
Pouillot de Bonelli	0	-2	-1	7	savane	bois
Pouillot véloce	0	0	0	6	savane boisée	bois
Pouillot ibérique	0	1	1	7	savane boisée	bois
Gobemouche gris	-1	-1	-1	3	bois	bois
Gobemouche noir	0	-1	-1	4	bois	bois
Gobemouche à collier	0	1	1	1	bois	bois
Pie-grièche écorcheur	-1	-1	-1	1	savane boisée	terre agricole, steppe
Pie-grièche à tête rousse	-2	-2	-2	6	savane boisée	terre agricole, steppe
Pie-grièche masquée	-2	-2	-2	7	savane boisée	terre agricole, steppe
Pie-grièche à poitrine rose	-1	-2	-2	1	savane boisée	terre agricole, steppe
Loriot d'Europe	0	-1	-1	1	bois	bois
Bruant ortolan	-2	-1	-2	7	savane	terre agricole, steppe
Bruant cendrillard	0	-1	-1	7	savane	méditerranéen

Les variations de population des Bihoreaux gris nichant en Europe sont en grande partie déterminées par les variations annuelles des précipitations et des inondations au Sahel (Delta du Sénégal, février 2008).

Le Circaète Jean-le-Blanc, qui est l'une des rares espèces de rapaces européens à hiverner au Sahel, subit un fort déclin (centre du Sénégal, janvier 2009).

39% entre 1970 et 1990 à 55% entre 1990 et 2000 (Tableau 35), soit une tendance significativement plus négative que chez les espèces sédentaires ou migratrices sur de courtes distances (Sanderson *et al.* 2006). Au cours de la période entre 1970 et 2005, 75 des 127 espèces étaient en déclin, soit 59% de l'ensemble des migrateurs transsahariens étudiés. Peu de changements ont été notés dans les tendances individuelles des espèces, malgré une certaine amélioration des précipitations au Sahel à partir du milieu des années 1990. En utilisant les séries de données danoises entre 1975 et 2005, Heldbjerg & Fox (2008) ont calculé un déclin moyen de 1,3% par an pour la totalité des migrateurs transsahariens. Ce chiffre aurait été plus élevé si les suivis avaient commencé dans les années 1960 marquées par d'abondantes précipitations au Sahel. La zone sahélo-soudanienne, où sont concentrées les plus fortes quantités de migrateurs paléarctiques, apparaît distinctement comme une zone en péril. La plupart des suivis de population ayant été initiés dans les années 1970 ou plus tard, donc au cours d'une longue période de sécheresse au Sahel, il était prévisible que des déclins et des effectifs faibles soient constatés pour les espèces hivernant dans la zone sahélo-soudanienne. Chez plusieurs espèces, nous avons identifié une corrélation positive entre la taille de la population ou le taux de survie et la taille des plaines inondables du Sahel (Héron pourpré, Bihoreau gris, Crabier chevelu, Aigrette garzette, Ibis falcinelle, Sarcelle d'été, Barge à queue noire, Sterne caspienne, Phragmite des joncs), ou les précipitations au Sahel (Tourterelle des bois, Torcol fourmilier, Hirondelle de rivage, Bergeronnette printanière, Rougequeue à front blanc, Fauvettes babillarde et grisette). Lorsque les précipitations se sont partiellement rétablies au cours des années 1990, des augmentations de populations ont été constatées chez ces espèces et chez d'autres habitants du Sahel, et certaines espèces ont même atteint leurs niveaux d'avant la Grande Sécheresse (Cigogne blanche, Phragmite des joncs, Fauvette grisette). D'autres espèces, bien qu'elles aient montré des signes de rétablissement n'ont toujours pas atteint les effectifs qu'elles atteignaient habituellement pour les mêmes indices de pluies et superficies d'inondations avant les années 1970 (Héron pourpré, Tourterelle des bois, Torcol

fourmilier et Rougequeue à front blanc, pour n'en citer que quelques-unes). Les déclins en cours chez de nombreux migrateurs au long cours témoignent du fait que de nombreuses espèces dépendent de bien d'autres facteurs que les niveaux d'inondations ou les précipitations. La répartition irrégulière des espèces en déclin dans les habitats et les régions d'Afrique, avec un déclin particulièrement sévère chez celles hivernant dans les savanes et savanes boisées dans la zone sahélo-soudanienne (voir ci-dessous), montre clairement que la perte d'habitat est une des causes de ces tendances négatives.

Douze espèces listées dans le Tableau 35 ont subi un fort déclin, dont cinq sont des habitants typiques du Sahel (Ibis falcinelle, Fuligule nyroca, Percnoptère d'Egypte, Busard pâle et Faucon sacré) et trois utilisent la zone sahélo-soudanienne (Barge à queue noire, Milan noir et Rougequeue à front blanc). Trois autres espèces en déclin marqué hivernent en Afrique australe : l'Aigle des steppes, le Faucon kobez et le Rollier d'Europe. La seule autre espèce qui a décliné aussi sévèrement entre 1960 et 2005 est l'Œdicnème criard, qui hiverne au Sahel, en Afrique du Nord et dans le sud de l'Europe.

Seuls 15 des 127 migrateurs afro-paléarctiques sont en augmentation, et 37 espèces sont considérées stables (Tableau 35, Fig. 266A). Les espèces hivernant dans la zone sahélo-soudanienne ont très largement décliné : 49 espèces sur 73, soit 67% (indices de dépendance au Sahel 6 et 7 dans le Tableau 35). La situation est identique chez les espèces hivernant en Afrique australe (14 sur 21, soit 67% ; indice 1). Les espèces hivernant dans la zone guinéenne au sud de 5°S en Afrique de l'Est, ou plus largement répandues, se sont mieux portées (9 sur 25 en déclin, soit 36% ; indices 3, 4 et 5), tout comme les espèces restant majoritairement au nord du Sahara (3 sur 8 en déclin, soit 38%, indice 2).

La conclusion logique est que les oiseaux hivernant dans les savanes sont ceux qui ont subi les plus forts déclins. Les quelques espèces hivernant dans les boisements ont été les moins touchées (Fig. 268B). Le lien entre la sélection d'un habitat sur les sites d'hivernage et les tendances est perturbé par les vicissitudes rencontrées par les espèces sur leurs sites de reproduction. Les espèces nichant dans les zones agricoles et dans la steppe ont pour beaucoup subi des déclins, souvent rapides, alors que les espèces méditerranéennes, arctiques et subarctiques ont été moins touchées et que les espèces des marais et des boisements ont été relativement épargnées (Fig. 268C). Plus de la moitié des migrateurs au long cours hivernant dans la savane et la savane boisée, soit 38 sur 73, sont considérées comme des oiseaux des plaines agricoles et de la steppe en Eurasie. La proportion d'espèces en déclin est plus forte dans cette catégorie (20 sur 38, soit 47% en déclin fort ou modéré) que parmi les 35 espèces des savanes qui ne nichent pas dans ces habitats (8 sur 32 en déclin, soit 23%). Les oiseaux nichant dans les plaines agricoles et les steppes pourraient donc être affectés deux fois, s'ils hivernent dans les savanes (boisées) africaines.

Les déclins des oiseaux paléarctiques qui passent la saison inter-nuptiale en Afrique sont particulièrement forts chez les oiseaux qui utilisent les zones humides des tropiques nord (Fig. 269A), où leur dépendance envers les quelques plaines inondables du Sahel les rend fortement vulnérables aux sécheresses et aux activités humaines. Ailleurs en Afrique, les hérons, les canards et les limicoles font face à un choix plus large de zones humides dans diverses zones climatiques, ce qui réduit leur vulnérabilité aux conditions défavorables. De la même manière, 7 des 15 espèces hivernant dans les savanes boisées de la zone sahélo-soudanienne sont en déclin modéré ou fort, contre aucune des 10 espèces qui fréquentent les savanes boisées d'Afrique australe (Fig. 269C). Etant donné que seules deux espèces paléarctiques (dont une est en fort déclin) passent l'hiver boréal dans les savanes d'Afrique australe, la comparaison avec les espèces hivernant dans les savanes des tropiques nord (12 sur 32 en déclin modéré ou marqué ; Fig. 269B) n'est pas possible.

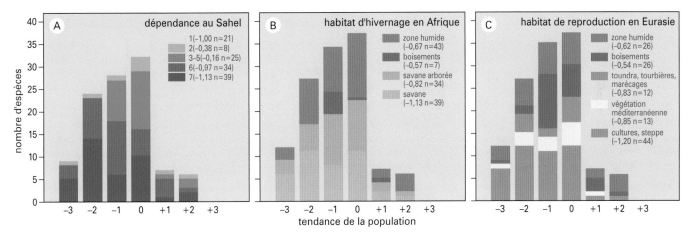

Fig. 268 Tendances d'évolution des populations des 127 espèces afro-paléarctiques listées dans le Tableau 35 entre 1970 et 2005, selon trois para-mètres : (A) leur degré de dépendance du Sahel comme site d'hivernage (1 = Afrique australe, 2 = Sahel, Afrique du Nord et Europe du Sud, 3-5 = au sud de la zone soudanienne, 6 = Sahel-Soudan, 7 = Sahel). Voir texte pour plus d'explications, (B) leur répartition dans les habitats africains et (C) dans les habitats européens. Les tendances sont notées ainsi : - = en déclin, 0 = stable, + = en augmentation ; 1 = faible, 2 = modéré et 3 = fort. La valeur moyenne des tendances et le nombre d'espèces sont indiqués dans la légende.

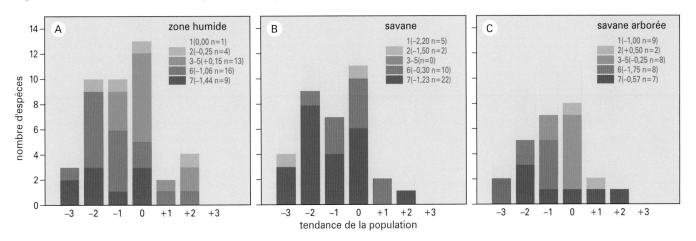

Fig. 269 Même graphique que dans la Fig. 268A, mais avec les tendances d'oiseaux migrateurs passant respectivement l'hiver boréal (A) dans les zones humides, (B) dans la savane ou (C) dans la savane boisée.

Le remarquable rétablissement de la Spatule blanche

Otto Overdijk & Patrick Triplet

La population de Spatule blanche nichant dans le nord-ouest de l'Europe et hivernant en Afrique de l'Ouest avait fortement décliné pour n'atteindre plus que 151 couples en 1968, confinés à une poignée de colonies aux Pays-Bas (Bijlsma *et al.* 2001). Par la suite, cette population s'est rétablie et a augmenté de 6,6% par an en moyenne, pour atteindre 2515 couples en 2008, répartis en 53 colonies entre la France et le Danemark (y compris la Grande-Bretagne). Cette évolution était totalement imprévisible et sans précédent (p. ex. Bauchau *et al.* 1998). Existe-t-il des arguments en faveur d'un rôle joué par les conditions sur les sites d'hivernage africains sur l'évolution de cette population ?

La plupart des spatules « atlantiques » d'Espagne et du nord-ouest de l'Europe passent l'hiver sur le Banc d'Arguin en Mauritanie et, 350 km plus au sud, dans le Delta du Sénégal. Elles sont séparées des spatules « continentales » (d'Europe centrale et du sud-est) qui hivernent à l'est du Maroc et du Sénégal (Smart *et al.* 2007). Le nombre de spatules « atlantiques » hivernant dans le Delta du Sénégal varie selon les années, et est plus élevé lors des années avec de fortes inondations[3], mais les populations sont restées plus ou moins stables pendant les 19 années pour lesquelles des comptages sont disponibles. En revanche, la population du Banc d'Arguin est passée de 650 individus en 1980 à 5000 en 2005. L'augmentation annuelle entre 1997 et 2005 a atteint 20% en moyenne (Fig. 270). Au même moment, les Spatules blanches ont commencé à hiverner dans le sud-ouest de l'Europe, où l'augmentation relative du nombre d'hivernants a été encore plus forte que sur le Banc d'Arguin (bien que les totaux soient encore faibles). La rapide augmentation de la population hivernant dans le sud-ouest de l'Europe a coïncidé à la fois avec une tendance à des hivers plus doux depuis les années 1990 et avec l'amélioration de la protection des

A marée basse, les Spatules blanches du Banc d'Arguin, en Mauritanie, se nourrissent dans les trous d'eau et chenaux peu profonds entre les zostères *Zostera* découvertes.

spatules. Mais pourquoi les populations ont-elles tant augmenté au Banc d'Arguin et pas dans le Delta du Sénégal ? La capacité d'accueil du Banc d'Arguin pour les Spatules blanches semble être d'environ 8000 oiseaux (Fig. 270B). Dans les années 1980, la population y était essentiellement composée des oiseaux sédentaires *P.l. balsaci*. Au cours des années suivantes, *P.l. balsaci* a diminué de 8250 individus en 1980 à 1500 en 2007. Ce déclin est-il lié causé par une compétition accrue de la part des nicheurs européens ? Peut-être est-ce le contraire : le déclin

Celles qui ne suivent pas la règle : les populations migratrices afro-paléarctiques en augmentation ou stables

Bien que la majorité des migrateurs paléarctiques au long cours soient en fort déclin, il existe des exceptions notables. Plusieurs facteurs, qui peuvent se combiner, ont été suggérés pour expliquer pourquoi ces espèces échappent à la tendance d'ensemble. Toutefois, aucune de ces augmentations n'est due à des évènements survenus au Sahel, mais plutôt à des améliorations des conditions ailleurs.

(1) Espèces hivernant dans toute l'Afrique de l'Ouest et le long des côtes. La population européenne de Balbuzard pêcheur a doublé depuis le milieu des années 1980 (Fig. 74), mais le nombre d'individus stationnant dans les zones humides du Sahel n'a pas augmenté et a même décliné (Chapitre 24). En Afrique de l'Ouest, les balbuzards hivernent principalement le long des côtes et des réservoirs, où ils ne sont pas touchés par les sécheresses au Sahel. Une autre espèce principalement côtière lors de son hivernage en Afrique, la Spatule blanche (population occidentale), fait preuve d'une augmentation

semblable de sa population (Encadré 28). Des populations stables sont signalées chez plusieurs espèces de limicoles, comme les Bécasseaux minutes et de Temminck ou le Chevalier culblanc, qui sont très dispersés en hivernage à travers les zones humides d'Afrique, y compris dans les plaines inondables du Sahel. Il est intéressant de noter que cette stratégie consistant à ne pas être confiné dans la zone sahélo-soudanienne, mais à être présent dans une grande partie de l'Afrique, n'a apparemment pas suffi à empêcher le déclin d'espèces comme l'Hirondelle de fenêtre, le Pouillot fitis et le Gobemouche gris. Au contraire des zones humides qui font preuve d'une forte résilience après des dégradations temporaires comme les sécheresses, les forêts et les savanes boisées ont subi des dommages supérieurs à leur capacité de régénération naturelle, ce qui a eu des conséquences néfastes même sur les espèces de passereaux largement répandues en Afrique.

(2) Rétablissements suite à des déclins causés par l'homme. Les persécutions et l'utilisation des pesticides rémanents en agriculture ont limité les populations nicheuses de nombreux grands prédateurs en Europe à des niveaux très bas pendant une grande partie du 20ème

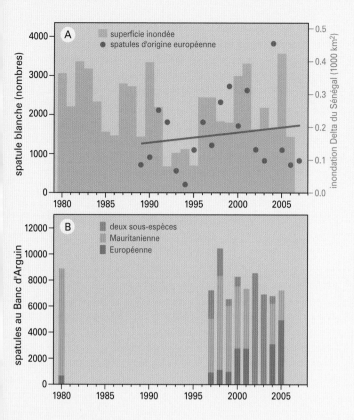

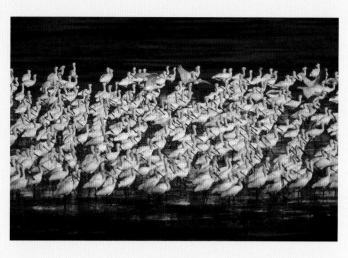

Comme les limicoles, les Spatules blanches du Banc d'Arguin se reposent à marée haute. Le plus important reposoir est localisé sur l'île d'Arel, où plusieurs milliers peuvent se regrouper.

Fig. 270 (A) Nombre de Spatules blanches hivernant dans le Delta du Sénégal entre 1989 et 2007, en fonction de l'étendue des inondations. Les nombres en 2002 et 2003 sont sous-estimés. D'après Triplet *et al.* (2008). (B) Nombre de Spatules blanches au Banc d'Arguin (Mauritanie) en janvier, des sous-espèces *Platalea l.leucorodia* (Europe) et *P.l.balsaci* (sédentaire). Les comptages récents de la sous-espèce *balsaci* montrent la poursuite du déclin : 2300 en 2006 et 1500 en 2007. D'après Altenburg *et al.* (1982), O. Overdijk (non publ.).

des Spatules blanches *balsaci*, a-t-il, pour des raisons inconnues, permis à leurs congénères européennes d'occuper une niche vacante ? Ou bien ces tendances opposées n'ont-elles aucun lien ? Quelles que soient les facteurs affectant les populations des deux sous-espèces au Banc d'Arguin, le nombre d'hivernants est resté globalement stable dans le Delta du Sénégal, ce qui constitue une indication que les changements subis par ces populations ne sont pas liés à des évènements survenus dans cette plaine inondable sahélienne.

siècle. L'augmentation d'espèces comme l'Aigrette garzette (Chapitre 19), le Balbuzard pêcheur (Chapitre 24), le Busard des roseaux (Chapitre 25) et le Busard cendré (Chapitre 26) correspond en fait à un rétablissement rendu possible par l'efficacité de la protection et l'interdiction de l'utilisation des organochlorés en agriculture. Les effets de l'étendue des inondations dans les zones inondables d'Afrique de l'Ouest sur les Busards des roseaux nichant en Europe occidentale ne sont devenus visibles qu'après que les populations aient atteint les niveaux de saturation des sites de reproduction.

(3) *Déplacement du centre de gravité de l'aire d'hivernage vers le nord.* De nombreux migrateurs paléarctiques possèdent une aire d'hivernage s'étendant de l'Europe aux régions sub-sahariennes en passant par l'Afrique du Nord. Les résultats obtenus depuis le début des années 1990 montrent que l'importance relative de la zone sub-saharienne au sein de l'aire d'hivernage a diminué pour plusieurs espèces d'oiseaux en faveur des zones d'hivernage d'Afrique du Nord et d'Europe. Ce déplacement a coïncidé avec une augmentation de la population, ce qui suggère peut-être que la capacité d'accueil des quartiers d'hiver sahéliens avait été atteinte (et avait nécessité l'utilisation

d'autres sites d'hivernage) ou que des changements climatiques se sont produits et ont favorisé l'hivernage à proximité des sites de reproduction, notamment grâce à des conditions hivernales moins rudes en Europe après le milieu des années 1980. Cette modification comportementale a été assez prononcée chez l'Aigrette garzette (Chapitre 19), la Cigogne blanche (Chapitre 20), la Spatule blanche (Encadré 28) et le Busard des roseaux (Chapitre 25). La flexibilité migratoire permet aux oiseaux de s'adapter à de nouvelles routes migratoires et à de nouveaux sites d'hivernage rendus disponibles par les modifications climatiques. Un exemple remarquable est fourni par les Cigognes blanches, qui ont commencé à hiverner par centaines (peut-être par milliers) dans le désert libyen près de Marknusa, Al Kufra et Jalu, dans des régions où l'eau fossile est utilisée pour irriguer de grandes étendues de désert (Hering 2008). Une modification encore plus radicale des quartiers d'hiver a été observée pour les Fauvettes à tête noire nichant en Europe centrale, qui ont en partie modifié leur comportement migratoire pour hiverner du sud-ouest de l'Europe à la Grande-Bretagne (Berthold *et al.* 1992).

Variations de tendances au sein du Sahel

Associer les conditions au Sahel avec les variations de population sur les sites de reproduction est un procédé rarement évident (Chapitres 15 à 41). Des preuves circonstanciées d'un effet du Sahel sur les populations peuvent être obtenues en comparant les espèces qui hivernent dans le Sahel occidental (où les pertes d'habitat sont croissantes) ou dans le Sahel oriental (moins touché), ou, à l'inverse, en comparant des espèces qui hivernent partiellement au Sahel et partiellement ailleurs. Lorsqu'on connaît quelle partie de la population dépend du Sahel pendant l'hiver boréal (comme chez les Pouillots véloce et fitis), il est possible de détecter des tendances différentes si les conditions d'hivernage jouent un rôle significatif dans la dynamique de population.

Différences longitudinales au sein du Sahel Les variations des précipitations annuelles sont fortement corrélées entre le Sahel occidental et le Sahel oriental (Fig. 7). Néanmoins, les oiseaux paléarctiques hivernant dans le Sahel occidental (provenant surtout d'Europe

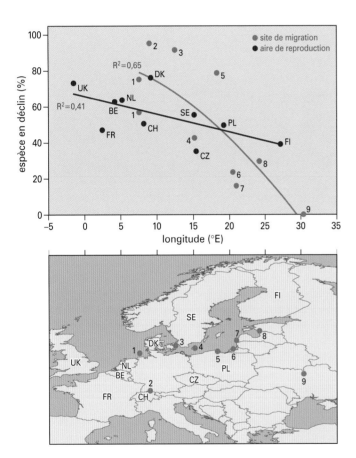

Fig. 271 Proportion de migrateurs au long cours en déclin à travers l'Europe (voir carte) entre 1950 et 2007, selon un gradient de longitude (pour les pays, la longitude médiane a été prise en compte). Notez que les données des sites de baguage standardisés concernent des populations nichant au nord et au nord-est des sites de capture.

occidentale, centrale et du Nord) rencontrent des conditions différentes pendant l'hiver boréal de celles auxquelles font face les populations hivernant dans le Sahel oriental, qui proviennent principalement d'Asie et d'Europe orientale. Une bonne illustration de ces différences s'est présentée dans les années 1970 et 1980, lorsque les inondations dans le Sudd étaient importantes, alors qu'elles étaient réduites au Lac Tchad et dans le Delta Intérieur du Niger, et que le Delta du Sénégal avait perdu l'essentiel de ses plaines inondables. Par ailleurs, la densité de population humaine (Fig. 35B) et l'impact qui en résulte sur l'environnement sont plus importants au Sahel occidental qu'au Sahel oriental. Enfin, la plupart des oiseaux de l'ouest de la zone sahélo-soudanienne sont confinés dans une bande entre le Sahara au nord et la forêt tropicale au sud, au sein d'une région large de 1000 km au maximum. Ils doivent composer avec ce que les zones de végétation de cette bande leur offrent pendant l'hiver boréal, alors que quand les conditions se détériorent au Sahel oriental, les oiseaux qui y hivernent peuvent également choisir de continuer leur vol vers l'Afrique de l'Est équatoriale (où la deuxième saison des pluies vient juste de commencer) ou vers l'Afrique australe, sans avoir à traverser de barrière formée par la forêt équatoriale ou les montagnes. La contrepartie est de devoir voler jusqu'à 4000 km de plus (sans compter le retour), ce qui est toutefois moins risqué que d'être exposé à la sécheresse.

Les différences entre le Sahel oriental et le Sahel occidental devraient se traduire par des taux de mortalité différentes en cas de sécheresse, *i.e.* plus faibles pour les oiseaux hivernant dans la partie orientale de l'Afrique après 1969. Si tel était le cas, alors les populations des oiseaux migrateurs au long cours nichant en Europe orientale devraient avoir subi des déclins plus limités, voire pas de déclin. Afin de vérifier cette hypothèse, nous avons collecté les tendances d'évolution à long terme des migrateurs au long cours dans toute l'Europe (Fig. 271 ; tendances sur 30 ans en moyenne, s'étalant entre 20 et 50 ans, N=20).[4] Il faut noter que la plupart des tendances européennes utilisées ici sont trop courtes pour couvrir la modification du régime des pluies au Sahel, mais malheureusement, aucune tendance plus longue n'est disponible (Encadré 27).

Dans la partie occidentale de l'aire de reproduction, les déclins ont en moyenne touché une proportion plus importante des espèces d'oiseaux migratrices que dans la partie orientale. Cette tendance est révélée à la fois par les suivis de populations nicheuses et par les captures dans les stations de baguage standardisées (Fig. 271), ce qui témoigne peut-être de sa fiabilité.

Les déclins moins nombreux et plus faibles des migrateurs au long cours nichant en Europe orientale ne sont pas nécessairement dus aux conditions d'hivernage, car l'impact de l'homme sur les paysages en Europe montre un gradient décroissant d'ouest en est (mais souvenez-vous de l'Encadré 27). Ce seul gradient suffirait à expliquer les différences de densités et de tendances chez les migrateurs au long cours, comme chez les oiseaux forestiers (Gregory *et al.* 2007) et des zones agricoles (Skibbe 2008). Ainsi, les populations de Bruants ortolans en Europe orientale ont longtemps été stables là où l'agriculture était la moins intensive, alors qu'elles sont en déclin dans les zones agricoles d'Europe occidentale depuis des décennies (BirdLife International 2004a).[5] La réunification de l'Allemagne de l'Est et de l'Alle-

Les territoires vierges n'existent plus en Europe. Même les toundras et les taïgas les plus reculées sont marquées de l'empreinte de l'homme. Toutefois, l'impact des activités humaines varie fortement à travers l'Europe, et est plus sévère dans les pays les plus densément peuplés. Ainsi, en Europe occidentale, chaque mètre carré de sol a été labouré plusieurs fois au cours du siècle dernier. Dans le nord et l'est de l'Europe, l'intensité de l'utilisation de l'espace a été bien plus faible et de nombreuses régions sont encore dans un état semi-naturel, comme ces montagnes norvégiennes (Jotunheimen, juin 2007).

magne de l'Ouest en 1990 a également mis en évidence cette dichotomie. L'Allemagne orientale a rapidement modifié ses pratiques agricoles pour se mettre au diapason de la Communauté Européenne, ce qui a entraîné le déclin de nombreuses espèces qui s'étaient déjà raréfiées à l'ouest. Ce n'est toutefois pas encore le cas des Bruants ortolans qui ont bénéficié de la conversion des prairies en terres cultivées et en jachères (George 2004), comme par endroits en Basse-Saxe, dans le nord-ouest de l'Allemagne (Deutsch 2007). Néanmoins, la poursuite du déclin du Bruant ortolan dans les régions d'Europe de l'Ouest où les secteurs agricoles offraient encore des habitats favorables ou non modifiés (comme en Suède et dans le nord de la Bavière ; Stolt 1993, Lang 2007), suggère fortement que des facteurs agissant sur les sites d'hivernage peuvent jouer un rôle additionnel significatif. Le crash soudain de la population du sud de la Finlande à partir de 1990 environ, fournit une occasion intéressante d'étudier l'impact des conditions d'hivernage, car il n'est que partiellement associé à des modifications sur les sites de reproduction (Vepsäläinen *et al.* 2005). Néanmoins, cet évènement a coïncidé avec une amélioration après plusieurs décennies de précipitations inférieures à la moyenne au Sahel, y compris sur les principales zones d'hivernage au Soudan et en Ethiopie (Fig. 7), ce qui rend improbable un effet des conditions hivernales sur la taille de la population. Les conditions au Sahel devraient être détectées dans les taux de survie locaux,

mais peu de données de ce type ont été publiées. Curieusement, une étude suisse entre 1982 et 1988, *i.e.* pendant la Grande Sécheresse, a montré des taux de retour moyens très élevés : 77% chez les mâles adultes et 41% chez les femelles (les femelles se dispersent plus, d'où les valeurs plus faibles ; Bruderer & Salewski 2009). Des taux de survie élevés sont nécessaires pour que les populations restent stables chez cette espèce ne réalisant qu'une nichée, mais on ne dispose que de peu d'informations sur leur valeur et sur leurs variations.

Ces exemples semblent indiquer que les variations de tendances en fonction de la longitude sont plus susceptibles d'être causées par les modifications sur les sites de reproduction que par les conditions d'hivernage.

Différences selon la latitude au sein des zones sahélienne, soudanienne et guinéenne. Après avoir atteint le Sahel suite à leur traversée du Sahara, de nombreux passereaux paléarctiques fuient les rigueurs de la saison sèche en progressant vers le sud dans les zones soudanienne et guinéenne, ou au-delà (Tableau 35). Jusqu'à présent, plusieurs stratégies développées par des espèces pour faire face à l'avancée de la saison sèche et pour exploiter les ressources disponibles dans les différentes zones climatiques ont été identifiées. Il y a peu de doutes que les recherches futures vont en révéler d'autres, plus complexes (comme suggéré pour l'Afrique orientale ; Yohannes *et al.* 2009).

Une étude réalisée dans la savane nord-guinéenne du nord-est de la Côte d'Ivoire entre 1994 et 1998 a montré l'existence de deux pics de passage du Pouillot fitis et de l'Hypolaïs polyglotte en novembre-décembre et en février-mars (Salewski *et al.* 2002a). Les faibles quantités de Pouillots fitis dans les 4 à 6 semaines entre ces périodes ont été attribuées à de l'itinérance, peut-être liées à leur technique de chasse spécialisée pour capturer les insectes sous les feuilles, qui nécessite la poursuite de leur trajet vers le sud au fur et à mesure de la progression de la saison sèche (Salewski *et al.* 2002b). En mars, les oiseaux sur le retour ont des masses corporelles et des indices d'adiposité à peine plus élevés qu'en milieu d'hiver, probablement parce que l'accumulation de réserves pré-migratoire ne commence pas avant qu'ils arrivent au Sahel, bien au nord de la zone de végétation guinéenne (Dowsett & Fry 1971, Salewski *et al.* 2002a). L'Hypolaïs polyglotte adopte une stratégie identique, mais cette espèce réalise deux périodes de mue intensive, une à l'automne (rémiges et plumes du corps) et l'autre à partir de la seconde quinzaine de février (plumes du corps et une partie des tertiaires et secondaires). Le Pouillot fitis commence à muer au début de l'hiver, mais n'a dans l'ensemble qu'une seule période de mue, dans la seconde moitié de l'hiver boréal (Salewski *et al.* 2004).

Un autre groupe de migrateurs paléarctiques utilise une stratégie en deux temps dans son voyage vers ses sites d'hivernage en Afrique de l'Ouest au sud du Sahel, mais d'une manière différente, illustrée par la Rousserolle turdoïde (Hedenström *et al.* 1993) et la Fauvette des jardins (Ottosson *et al.* 2005). Le premier arrêt est effectué après la traversée du désert : les oiseaux restent dans les zones sahélienne, soudanienne et guinéenne pendant deux mois, pendant lesquels ils se reposent, muent et accumulent des réserves. La mue est inhabituellement rapide, ce qui est probablement dû à une adaptation évolutive permettant de prévenir l'avancée de la saison sèche et le déclin

associé des populations d'insectes (Bensch *et al.* 1991). Les Fauvettes des jardins capturées sur le Plateau de Jos au Nigéria en décembre transportaient des réserves de graisse à hauteur de 70% de leur poids maigre, ce qui suggère que ces oiseaux étaient prêts pour une deuxième étape migratoire qui pourrait les emmener au-delà du Bassin du Congo (à 2500 km) à la mi-hiver (Ottosson *et al.* 2005). Le ravitaillement pour la migration de retour a lieu dans le nord de la zone guinéenne, ce qui permet d'éviter le Sahel au printemps et de profiter du déplacement vers le nord de la ceinture pluvieuse associée à la Zone de Convergence Intertropicale (Fig. 4). La forte ressemblance des profils isotopiques trouvée chez des Rousserolles turdoïdes pourrait indiquer une préférence pour certains habitats afro-tropicaux (voire pour les mêmes sites ?), qui fournissent apparemment une alimentation et un abri constants entre années (Yohannes *et al.* 2008).

Les Gobemouches noirs font preuve d'une autre stratégie hivernale. Cette espèce vole sans effectuer d'arrêt prolongé au Sahel ou dans la zone soudanienne jusqu'à ses quartiers d'hiver dans la zone guinéenne, où elle arrive en septembre et réside pendant tout l'hiver boréal (Salewski *et al.* 2002a). Leur comportement alimentaire moins spécialisé, alternant des bonds, des vols sur place, des sauts et des poursuites aériennes pour capturer les insectes au sol, sur les feuilles ou en vol, leur permet de défendre un territoire pendant tout l'hiver boréal. Cette stratégie combine la prise de poids avant leur migration de retour avec l'achèvement de leur mue complète en mars (Salewski *et al.* 2004). Les taux de contrôle élevés suggèrent que ces oiseaux sont fidèles à leurs sites d'hivernage (22 oiseaux contrôlés sur 94 dans le nord-est de la Côte d'Ivoire ; Salewski *et al.* 2000).

Toutes ces stratégies ont en commun de permettre aux oiseaux de passer la partie la plus difficile de la saison sèche dans des régions au climat moins rude, ce qui n'empêche toutefois pas qu'ils soient tou-

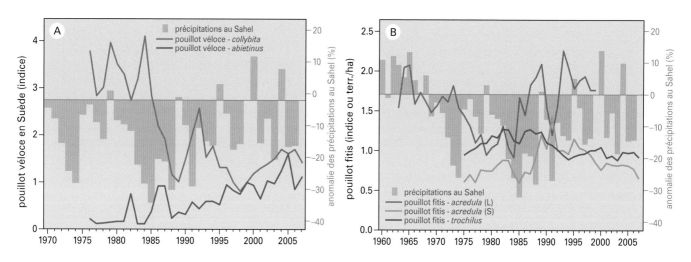

Fig. 272 (A) Tendances d'évolution des populations de Pouillots véloces en Suède pour *P.c.collybita* (au sud de 60°N) et *P.c.abietinus* (au nord de 60°N), montrant des tendances opposées. La forme nominale hiverne dans le sud de l'Europe (et peut-être jusqu'en Afrique de l'Ouest) et *abietinus* probablement dans l'est du Sahel et de la zone soudanienne. Données de Lindström *et al.* (2007, 2008). (B) Les tendances d'évolution des populations de Pouillots fitis *Phylloscopus trochilus acredula* en Laponie (L) et en Suède au nord de 62°N (S) diffèrent des tendances pour *P.t.trochilus* en Suède au sud de 62°N : *acredula* hiverne en Afrique orientale et australe au sud du Sahel et *trochilus* dans les tropiques nord d'Afrique de l'Ouest. Les variations interannuelles de population chez *trochilus* sont liées aux précipitations au Sahel. Données d'Ennemar *et al.* 2004 et Lindström *et al.* 2008.

chés par les conditions défavorables lors de leur migration prénuptiale, soit lorsqu'ils accumulent des réserves au Sahel, soit lorsqu'ils traversent le Sahara (Chapitres 20, 35, 36, 42 : Cigogne blanche, Bergeronnette printanière, Hirondelle rustique). Les migrateurs au long cours hivernant en Afrique de l'Ouest au sud de la zone soudanienne, qui ne sont soumis aux conditions sahéliennes que pendant une courte période (Fig. 268A, codes 3 à 5), ont en général subi des déclins moins marqués, ce qui atteste probablement de l'intérêt de passer l'hiver boréal au sud de la zone soudanienne. Cette idée pourrait être testée en comparant les tendances pour une même espèce nichant sur une large bande de latitude, et présentant soit des axes migratoires séparés, soit des populations nordiques hivernant au sud de leurs congénères plus méridionaux (et les survolant donc pendant leur migration). Malheureusement, rares sont les tendances qui ont été différenciées en fonction des sous-espèces ou des stratégies migratoires.

Toutefois, il existe des tendances à l'échelle subspécifique pour les Pouillots véloces suédois. Au nord de 60°N, les oiseaux sont attribués à la sous-espèce *Phylloscopus collybita abietinus* et sous cette latitude à la sous-espèce nominale, *collybita*, qui a récemment colonisé le sud de la Suède (Lindström *et al.* 2007). La rareté des reprises de bagues rend délicate l'identification des quartiers d'hiver de ces deux sous-espèces, mais celles qui existent indiquent l'existence d'axes migratoires séparés (*abietinus* suivant un axe plus oriental et *collybita* un axe plus occidental). Il est possible que la zone d'hivernage de *collybita* ne s'étende pas aussi loin au sud que celle d'*abietinus*, car de nombreuses reprises hivernales de Pouillots véloces bagués en Norvège proviennent d'Europe du Sud et d'Afrique du Nord, et seulement quelques-unes du Sahel (Bakken *et al.* 2006). Les rares oiseaux bagués en Suède et repris au sud du Sahara étaient probablement des *abietinus* (Lindström *et al.* 2007). La différence entre les deux sous-espèces et leurs zones d'hivernage présente un intérêt du fait des tendances d'évolution différentes de leurs populations (Fig. 272A) ; les effectifs de *collybita* sont restés bas entre 1975 et 1985, puis ont commencé à augmenter (la population en 2006 a été estimée à 15 fois celle de 1975, malgré une faible extension d'aire), alors que ceux d'*abietinus* étaient élevés jusqu'au début des années 1980, puis ont décliné d'environ 75% entre 1983 et 2006. Les préférences d'habitat en période de reproduction diffèrent également : les pessières pour *abietinus* et les boisements caducifoliés pour *collybita*, mais les modifications d'habitat ne permettent pas d'expliquer les fortunes différentes de ces deux populations (Lindström *et al.* 2007). En Finlande, *abietinus* a également décliné (de 75% entre 1983 et 1998), mais a ensuite augmenté jusqu'en 2005 jusqu'à la moitié de ses effectifs de 1983 (Väisänen 2006). Nous pensons que les modifications des conditions le long de leur axe migratoire ou dans la zone sahélo-soudanienne (orientale) en sont potentiellement responsables. Chez les *abietinus* suédois, les variations interannuelles proportionnelles de la taille de la population sont faiblement corrélées aux précipitations au Sahel, mais pas chez *collybita*.[6] L'évolution de *collybita* en Suède est identique à celles constatées en Europe occidentale. Cette sous-espèce hiverne principalement dans le Bassin méditerranéen, plutôt que dans le Sahel occidental.

Toutes les Pouillots de type véloce qui ont été entendus chanter en Mauritanie, au Sénégal et au Mali depuis les années 1980 étaient des Pouillots ibériques *P. ibericus* (J. van der Kamp non publ.), ce qui est conforté par des recherches récentes qui ont montré que cette espèce est migratrice au long cours et hiverne en Afrique de l'Ouest (Pérez-Tris *et al.* 2003, Catry *et al.* 2005). Aucune tendance n'est encore disponible pour cette espèce (Escandell 2006), mais étant donnée qu'elle hiverne dans la zone sahélo-soudanienne, une tendance proche de celle d'*abietinus* est plausible. L'augmentation de *collybita*, la sous-espèce qui hiverne en grande partie en Europe du Sud et en Afrique du Nord, coïncide avec une période d'hivers doux en Europe depuis le début des années 1990. Si *abietinus* hiverne effectivement en Afrique sub-saharienne, il le fait vraisemblablement dans les savanes boisées des tropiques nord, où un nombre important de migrateurs transsahariens est en déclin (Fig. 268C).

Les Pouillots fitis suédois fournissent un cas bien documenté d'axes migratoires séparés ayant potentiellement des conséquences sur la dynamique des populations : les oiseaux nichant au nord de 63°N sont attribués à la sous-espèce *Phylloscopus trochilus acredula*, alors qu'au sud de 61°N, ils appartiennent à *P. t. trochilus* (la zone intermédiaire étant largement occupée par des hybrides). Les reprises de bagues, supportées par des analyses isotopiques de plumes collectées dans différentes régions d'Afrique, révèlent qu'*acredula* hiverne en grande partie en Afrique australe et *trochilus* principalement en Afrique de l'Ouest (Bensch *et al.* 2006). Les tendances des deux sous-espèces diffèrent : *acredula* a augmenté entre 1975 et 2007, alors que *trochilus* a décliné (Lindström *et al.* 2008). Une tendance séparée concernant *acredula* en Laponie, au nord de la Suède, confirme l'augmentation générale pour cette sous-espèce (Fig. 272B). Le déclin de *trochilus* pourrait s'expliquer par son hivernage dans les savanes boisées d'Afrique de l'Ouest, alors que l'hivernage d'*acredula* plus au sud en Afrique orientale et australe pourrait expliquer pourquoi il a échappé au déclin. Les effets du Sahel sur les variations annuelles de population de *trochilus* sont évidents : les variations interannuelles proportionnelles de cette population sont fortement corrélées avec les précipitations au Sahel, ce qui n'est pas le cas chez *acredula*, comme on pouvait s'y attendre à la vue de sa plus grande zone d'hivernage.[7]

L'espèce idéale pour tester les effets de l'hivernage sous différentes latitudes en Afrique sur les tendances d'évolution des populations est la Bergeronnette printanière, dont les sous-espèces peuvent être identifiées sur le terrain (uniquement pour les mâles). La sous-espèce nordique *thunbergi* survole les sous-espèces d'Europe centrale et méridionale (*cinereocapilla*, *flava* et *feldegg*) pour atteindre des régions d'Afrique de l'Ouest qui sont généralement moins desséchées et subissent une saison sèche plus courte (premières pluies en mars) que le Sahel (Chapitre 36). Toutefois, les avantages que *thunbergi* pourrait obtenir de sa zone d'hivernage, sont annihilés par le fait qu'elle remonte progressivement vers le nord pour débuter son vol transsaharien à partir du nord du Sahel à l'époque où les conditions sont les moins favorables. Il n'existe pas de données de tendances des populations sur une échelle suffisamment large en Europe pour pouvoir faire des comparaisons entre sous-espèces. En outre, bien que les effets du Sahel sur les tendances soient réels, ils sont masqués par les impacts des changements sur les sites de reproduction (Chapitre 36).

La transition de la forêt jusqu'aux paysages agricoles prend des décennies. Les zones de clairières dans les forêts (à gauche) voient leurs arbres disparaître progressivement à cause de l'abattage ou de l'élagage, jusqu'à ce qu'il ne reste que peu ou plus d'arbres et que la zone soit convertie en rizières (à droite) (Casamance, septembre 2007).

Ces exemples montrent l'immense complexité des stratégies migratoires. Jusqu'à présent, l'absence d'informations détaillées sur les sites d'hivernage pour les différentes sous-populations fait partie des manques dans notre compréhension de l'influence des conditions en zone sub-saharienne sur les populations. Dans les cas des Pouillots véloces et fitis, l'existence de zones d'hivernage différentes entre sous-espèces pourrait être cruciale pour expliquer les variations constatées dans l'aire de reproduction.

Les changements des conditions au Sahel et leurs impacts sur les oiseaux migrateurs

Les effets des sécheresses au Sahel sur les populations d'oiseaux sont illustrés par le crash de la population de Fauvette grisette en 1969 (Fig. 255). Les Fauvettes grisettes font preuve de forts taux de récurrence au sein d'un même hiver (King & Hutchinson 2001) et sont territoriales sur leurs sites d'hivernage (Boyi *et al.* 2007). Les effets de la sécheresse sur leur survie sont donc plus fortes lorsque les populations sont fortes (en d'autres termes, avec les niveaux d'avant 1969). Les effets négatifs d'une réduction des ressources alimentaires pendant les sécheresses suivantes ont donc dû être plus faibles qu'en 1969, car les populations étaient fortement affaiblies au cours des années 1970 et 1980. La compétition intraspécifique devait donc être moins forte, ce qui permettait d'améliorer les chances de survie, même dans des conditions de sécheresse.

Le comportement territorial a des avantages certains lorsque l'abondance de nourriture est prévisible tout au long de l'hiver boréal. Des taux de récurrence élevés peuvent être obtenus grâce à la fidélité aux sites d'hivernage. Cette récurrence est connue chez de nombreuses espèces migratrices paléarctiques hivernant au Sénégal, en Gambie, en Côte d'Ivoire et dans le nord du Nigéria ou traversant ces régions (Moreau 1969, Sauvage *et al.* 1998, Salewski *et al.* 2000, King & Hutchinson 2001), particulièrement chez les gobemouches et

les hypolaïs. Aucune tentative n'a jusqu'alors été réalisée pour comparer les taux de récurrence entre les années sèches et humides. Au Sahel et dans le nord de la zone soudanienne, la disponibilité des insectes et des graines diminue fortement au cours de la saison sèche (Morel 1968, Bille 1976). Lors des années de faibles précipitations, la quantité de nourriture est déjà faible lorsque la saison sèche débute. Lorsque la nourriture est rare, mal répartie ou restreinte dans le temps et dans l'espace, les espèces qui en bénéficient sont celles qui adoptent une stratégie itinérante, et peuvent exploiter des sources de nourriture temporaires (Jones 1999) ou profiter des abondances de nourriture temporaires et localisées après le passage d'incendies ou de fronts pluvieux (p. ex. la Cigogne blanche et le Busard cendré ; Chapitres 20 et 26).

Un si grand nombre de migrateurs paléarctiques transsahariens, et particulièrement ceux qui dépendent du Sahel, sont en déclin depuis les années 1970, que les conditions dans les quartiers d'hiver doivent avoir des effets durables et significatifs sur les populations : les preuves de ces effets s'accumulent rapidement. Les principales causes de ces déclins sont les changements climatiques et les activités humaines (Chapitre 2 et 4).

Les changements climatiques   La reconstitution des régimes des pluies au cours des siècles passés a montré l'alternance de longues périodes fortes précipitations et de périodes de sécheresse. Depuis environ 1700, et jusqu'au 20ème siècle inclus, les précipitations ont connu un déclin soutenu (Fig. 10). Le début d'une période de sécheresse de 30 ans en 1969 (dont on pense qu'elle fut le premier changement de régime climatique depuis celui survenu il y a 5500 ans et qui a transformé le « Sahara vert » en « Sahara désertique » : Foley *et al.* 2003) pourrait avoir été déclenchée par une augmentation des températures de surface de l'Océan Atlantique tropical (Chapitre 2), qui a augmenté les radiations solaires dans la région et la dégradation des sols (voir ci-après). Le déclin durable des précipitations a entraîné une extension vers le sud du Sahara, particulièrement au 20ème siècle, lors que les périodes de précipitations abondantes sont devenues bien plus courtes qu'au cours des siècles précédents. Le Sahel fut particulièrement affecté par ce changement. Par ailleurs, le déclin, même modéré, des précipitations a un impact fort sur les débits des rivières qui traversent des territoires secs (Chapitre 3), qui à leur tour affectent l'étendue des inondations dans les zones inondables du Sahel (Chapitres 6 à 10).

Les précipitations et les inondations apportent la vie dans les écosystèmes sahéliens : les abondantes précipitations permettent la présence d'une végétation luxuriante, favorisent la pousse des feuilles, la fructification, la production de graines et la floraison des arbres, des arbustes et des graminées, et laissent après leur passage des mares temporaires qui retiennent de l'eau jusque tard dans la saison sèche. La biomasse et la diversité des insectes sont corrélées avec la biomasse d'herbacées et de feuilles, alors que les mares temporaires forment des refuges importants pour les insectes et des sites de pontes vitaux pour les insectes phytophages (Gillon & Gillon 1973). Même lorsque la quantité d'insectes diminue au cours de la saison sèche (Gillon & Gillon 1974), la biomasse totale d'insectes reste élevée et disponible longtemps, ce qui n'est pas le cas lors des années où les précipitations ont été faibles. La variation des régimes météorologiques a un impact profond sur la répartition et l'abondance des oiseaux afrotropicaux et paléarctiques pendant la saison sèche (Morel & Morel 1978).

La déforestation La forte croissance de la population humaine dans les pays du Sahel, particulièrement évidente depuis le milieu du 20ème siècle, a entraîné une disparition à long terme et toujours en cours des forêts, ainsi qu'un déclin de la couverture boisée dans la savane (Chapitre 5). Cette tendance a été exacerbée par les sécheresses depuis 1969. La déforestation commence habituellement par la coupe de branches et des abattages ciblés, qui réduisent le nombre d'espèces d'arbres (Cresswell et al. 2007). Les espèces d'arbres du Sahel possèdent des calendriers de feuillaison, de fructification et de floraison différents (Arbonnier 2002 ; Fig. 267). Le cortège complet des arbres indigènes offre aux oiseaux paléarctiques une succession de ressources alimentaires de septembre à avril, qui est la raison principale de la capacité d'attraction supérieure des boisements non dégradés du Sahel par rapport aux peuplements appauvris (Cresswell et al. 2007). La plantation d'arbres non indigènes ne compense pas la perte des arbres indigènes, car ils ne sont pas biologiquement équivalents. Ils abritent en effet une faible quantité et une faible diversité d'insectes (Encadré 3). Alors que la déforestation entraîne une perte d'habitat pour les espèces d'oiseaux qui utilisent les zones buissonneuses et forestières, elle crée de nouveaux habitats pour les espèces qui savent exploiter la savane, qu'elle soit originelle ou dérivée. Les bénéficiaires sont par exemple les bergeronnettes, les pipits, les traquets, le Tarier des prés et l'Agrobate roux (Gatter & Mattes 1987, Vickery et al. 1999, Cresswell et al. 2007, Hulme 2007). Il est intéressant de noter que la savane dérivée est largement utilisée par les bergeronnettes et les pipits paléarctiques, mais qu'elle n'a jamais attiré leurs congénères afrotropicaux en période de reproduction (Gatter 1987). La déforestation peut également dégager le terrain pour les orthop-

tères et leurs prédateurs, comme le Héron garde-bœufs, l'Elanion d'Afrique, le Busard cendré et le Faucon crécerellette (Chapitre 14).

La diminution rapide de la couverture boisée au Sahel et dans les zones soudanienne et guinéenne a entraîné une tendance à la déforestation du Sahel, à la *sahélisation* de la zone soudanienne et la *soudanisation* de la zone guinéenne. Les déclins plus forts que la moyenne chez les espèces paléarctiques rencontrés chez le Rougequeue à front blanc, le Pouillot de Bonelli, l'Hypolaïs pâle et la Fauvette passerinette ne sont pas surprenants, car ces espèces sont des hivernants typiques des forêts d'*Acacia* du nord du Sahel. Les rares oiseaux paléarctiques qui hivernent dans les forêts galeries et les forêts tropicales, notamment les gobemouches, la Bondrée apivore et le Loriot d'Europe semblent avoir échappé aux forts déclins (Tableau 35).

L'agriculture Les besoins en nourriture de la population humaine croissante entraînent une extension concomitante des terres agricoles au détriment des forêts et des zones humides. L'abattage des arbres et des arbustes dans les zones agricoles s'accompagne souvent d'autres modifications des pratiques agricoles, comme le raccourcissement des cycles de jachère, la conversion des terres non agricoles, l'augmentation de la pression de pâturage, l'augmentation de la récolte de bois pour le chauffage et la construction et l'empiètement humain sur les parcs et les réserves. Dans les habitats dégradés du nord du Nigéria, les oiseaux afrotropicaux des zones ouvertes préfèrent les sites les plus intensivement cultivés, mais les oiseaux normalement associés aux zones boisées sont associés aux secteurs les plus extensifs. Un plus grand nombre d'espèces d'oiseaux est observé dans les secteurs d'agriculture peu intensive (Hulme 2007). Il n'est pas certain que les oiseaux paléarctiques, qui utilisent habituellement des habitats plus ouverts sur leurs sites d'hivernage, soient moins susceptibles à la coupe des arbres que les oiseaux afrotropicaux (comme suggéré par Cresswell et al. 2007). Le déclin disproportionné des migrateurs paléarctiques hivernant au Sahel suggère que les oiseaux originaires du Paléarctique y sont sous pression.

En Afrique, les cultures tournantes et un grand nombre de systèmes de jachère ont été mis en place pour restaurer la fertilité des

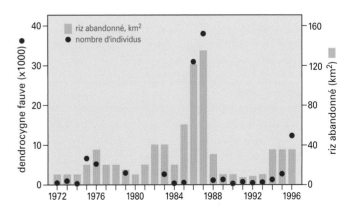

Fig. 273 Effectifs de Dendrocygnes fauves comptés en janvier dans le Delta du Sénégal entre 1972 et 1996, en fonction de la superficie de rizières abandonnées. D'après Tréca 1999.

Cette zone clôturée près du Lac Do, au nord de Douentza au Mali montre clairement l'impact du pâturage : au sein de la zone clôturée (à droite), le sol est couvert d'une végétation herbacée dense, alors que le sol est nu dans la zone pâturée (février 2009). Le pâturage n'a toutefois jusqu'à présent pas touché la végétation ligneuse. *Acacia tortillis raddiana* est l'espèce d'arbre dominante des deux côtés de la clôture, accompagnée de buissons épars de *Leptadenia pyrotechnica* et de quelques *Balanites aegyptiaca*.

sols cultivés. La richesse aviaire est élevée dans les jachères, mais diminue régulièrement avec le temps à cause des dérangements (Söderström *et al.* 2003). La réduction des jachères et l'intensification de l'utilisation des sols impactent les communautés aviaires, particulièrement quand elles sont accompagnées par une disparition des arbres et arbustes. Toutefois, les Tariers des prés profitent de la disparition des arbres et de l'accélération de la pousse de la végétation herbacée qu'elle entraîne (Hulme 2007). Certaines années, en Afrique de l'Ouest, des champs de riz chétif ne sont pas moissonnés. Ils fournissent une nourriture abondante aux oiseaux sur de grandes étendues, longtemps après la récolte, tout comme les cycles de jachères courts. De nombreuses espèces, dont le Dendrocygne fauve, profitent de cette abondance de nourriture (Fig. 273).

Le pâturage   Les impacts de l'augmentation de la pression de pâturage au Sahel sont variés. Certaines espèces d'oiseaux, comme la Bergeronnette printanière et le Héron garde-bœufs peuvent en avoir profité, mais les niveaux de dérangement, la coupe du bois, les brûlis et l'éradication des prédateurs associés à l'élevage ont altéré les habitats et détruit la faune sauvage. Le déclin des vautours, noté par Thiollay (2006a, b, c) au Sahel et dans la zone soudanienne d'Afrique de l'Ouest entre les années 1970 et le début des années 2000, a débuté dans les années 1940 et 1950 lorsque la strychnine utilisée à grande échelle pour réduire la prédation sur le bétail a empoisonné les Hyènes rayées *Hyaena hyaena* et les Chacals dorés *Canis aureus* au sud Darfour et au Mali, ce qui a eu pour conséquence indirecte de faire disparaître les vautours de grandes zones (Wilson 1982).

La pression de pâturage en Afrique de l'Ouest semi-aride, qui a historiquement toujours atteint son maximum au début des saisons des pluies et sèches, est devenue plus constante. Depuis les sécheresses du début des années 1970, de nombreux pasteurs se sont sédentarisés, ce qui a fait progresser les zones cultivés au détriment des parcours et a entraîné une dispersion spatiale du bétail et une plus forte pression de pâturage (Turner 2005). Bien que la productivité de la végétation herbacée soit principalement influencée par les propriétés des sols et la quantité et la répartition des précipitations, l'impact négatif du pâturage est en augmentation. Cet impact est variable : les plaines inondables sont plus résilientes que les zones arides, car

chaque inondation provoque une explosion végétale. Le pâturage prolongé des zones arides, particulièrement dans des conditions de sécheresse, entraîne *in fine* la disparition de la couverture arborée et arbustive, empêche les herbacées de produire des graines, et les arbustes et petits arbres restants de produire des fruits. Ces impacts se font particulièrement ressentir dans le nord du Sahel, région d'où de nombreux migrateurs paléarctiques s'élancent après avoir accumulé des réserves en mangeant des fruits en février et mars (p. ex. Chapitre 41).

La diminution des zones humides   Le déclin à long terme et causé par le climat de l'étendue des inondations a été renforcé par les endiguements, les barrages, la création de réservoirs d'eau et l'augmentation

de l'irrigation des champs en amont (Chapitre 12). Les nombreuses espèces qui se concentrent dans les plaines inondables pendant l'hiver boréal ont progressivement perdu une partie de leurs habitats, ce qui entraîne des risques pour la taille des populations (Chapitre 13).

L'endiguement du Delta du Sénégal a transformé une plaine inondable dynamique (l'une des rares au Sahel) en terres agricoles statiques et détruit une zone d'hivernage majeure pour les oiseaux nicheurs européens comme le Héron pourpré, le Combattant varié et la Barge à queue noire (Chapitre 7). Le rétablissement du Héron pourpré aux Pays-Bas à partir des années 1990, lié au retour des précipitations au Sahel, est inférieur à ce qu'il aurait pu être si l'on se fie aux effectifs pour des précipitations identiques dans les années 1970. Il est tentant de suggérer que la disparition des zones inondables du Delta du Sénégal, l'une de ses zones d'hivernage principales, en est en partie la cause. L'impact sur les populations d'oiseaux de la disparition des sites d'hivernage est difficile à estimer, car les facteurs touchant les sites de reproduction peuvent être dominants (Barge à queue noire). En outre, les habitats nouvellement créés ou l'adaptation des oiseaux à des habitats alternatifs peuvent diminuer les

conséquences immédiates de ces destructions. L'endiguement, puis la restauration partielle, du Waza Logone dans le nord du Cameroun est un exemple parlant (Scholte 2006). En ce qui concerne les plaines inondables, si rares et si essentielles pour la vie des oiseaux au Sahel, la moindre réduction de taille a un effet négatif. Ainsi, les variations de population subies par le Héron pourpré et le Phragmite des joncs sont intimement liées à l'étendue des inondations, mais seulement faiblement aux précipitations. Des réductions durables supplémentaires de la taille des plaines inondables sont à attendre, étant donnés les programmes en cours pour étendre les zones irriguées le long des cours moyen et aval du Sénégal, et pour augmenter le nombre de barrages sur les fleuves Niger et Bani (hydroélectricité, programmées d'irrigation : voir Chapitre 12). La diminution de la taille des plaines inondables à cause des barrages et des réservoirs augmente également la vulnérabilité des oiseaux pendant les périodes de faibles précipitations (Chapitres 6 à 10).

Dans le sillage de l'augmentation des populations humaines et des sécheresses, la pénétration de l'homme dans les zones humides a augmenté sous la forme de mises en culture et, bien souvent, d'une

Les pièges les plus simples, comme les collets, peuvent être remarquablement efficaces pour attraper de grands oiseaux, lorsque leur utilisation est combinée avec une connaissance du comportement et des choix d'habitats des espèces ciblées. La capture au collet des aigrettes et des hérons est une pratique courante dans la végétation des zones humides. Des visites isolées chez un vendeur d'oiseaux à Goundam, au Mali, en mars 2003 et février 2009, ont montré qu'environ 250 oiseaux d'eau sont apportés chaque jour par les piégeurs d'oiseaux du Lac Télé (et à un degré moindre, du Lac Horo). La plupart des victimes sont des Sarcelles d'été, mais nous avons également trouvé plusieurs Bihoreaux gris, Butors étoilés, Gallinules poules-d'eau et Talèves sultanes. Les migrateurs provenant d'Eurasie sont capturés entre janvier et mars, ce qui permet d'estimer à 25.000 le nombre d'oiseaux d'eau qui se retrouvent sur le marché local chaque année. Les plumes et les restes d'oiseaux le long des berges près d'un village de pêcheurs du Lac Horo (comprenant à nouveau un nombre remarquable de Butors étoilés) témoignent d'un nombre de captures plus élevé, destiné à la consommation personnelle des pêcheurs. La végétation dense rend difficile l'estimation des populations locales d'oiseaux, mais les comptages par parcelles en mars 2003 et 2004 suggèrent la présence de 1200 Hérons pourprés et 3600 Talèves sultanes (Tableau 7) par exemple. La prédation humaine sur les oiseaux de ces deux lacs est suffisamment forte pour y créer des populations puits pour plusieurs espèces.

Une nage à contre-courant ?

Pendant que nous écrivions ce livre, l'un de nous fut invité à assister à une réunion des gardes de zones humides, afin de leur raconter les conditions subies par « leurs » oiseaux nicheurs en Afrique durant l'hiver. A la suite de la présentation, la discussion se focalisa sur la question des facteurs limitant les populations d'oiseaux migrateurs, et sur leur localisation sur les sites de reproduction ou d'hivernage. Et *in fine*, quel lien pouvions nous tirer avec les efforts de protection entrepris sur les sites de reproduction ? Comme le résuma l'un des gardes, « comment pouvons-nous justifier nos efforts et nos dépenses auprès du public et des politiciens, si la taille de la population est déterminée à plus de 4000 km d'ici ? » Cette question était pertinente, car malgré tous leurs efforts, ces gardes avaient été témoins du déclin de plusieurs oiseaux migrateurs nichant dans leurs réserves naturelles. En d'autres termes, existe-t-il un intérêt à nager à contre-courant en protégeant, étant donnée l'ampleur des pertes de zones humides au Sahel ?

Une réponse partielle, particulièrement éclairante et porteuse d'espoir est apportée par les résultats obtenus par leurs collègues danois dans la réserve des marais de Vejlerne. La Sarcelle d'été a décliné dans toute l'Europe de l'Ouest, mais se porte toujours à merveille à Vejlerne, où elle est passée de 4 couples en 1985 à 184 en 2000 (Fig. 272). Cette augmentation est clairement associée à une amélioration de la gestion, et notamment à une augmentation des niveaux d'eau en mai. Toutefois, une analyse statistique montre que les variations annuelles peuvent également être expliquées par les conditions au Sahel durant l'hiver boréal. La combinaison de l'année, des niveaux d'eau en mai et de l'étendue des inondations au Sahel explique une bonne partie de la tendance, chacune des variables étant significative.[8]

Cette découverte indique que les populations d'oiseaux peuvent se rétablir plus rapidement lorsque les conditions de reproduction sont optimales et que les variations annuelles de population dépendent à la fois des conditions sur les sites de reproduction et d'hivernage. Comme nous l'avons montré, l'amélioration des inondations au Sahel depuis 1994 a coïncidé avec une augmentation progressive d'espèces migratrices des zones humides. Ainsi, cette vision d'une progression à contre-courant est bien trop pessimiste, au moins pour la plupart des espèces hivernant dans les zones humides du Sahel. L'augmentation de la population de Sarcelle d'été à Vejlerne, qui n'est en soi qu'une anecdote, montre clairement que les efforts de préservation sur les sites de reproduction sont primordiaux.

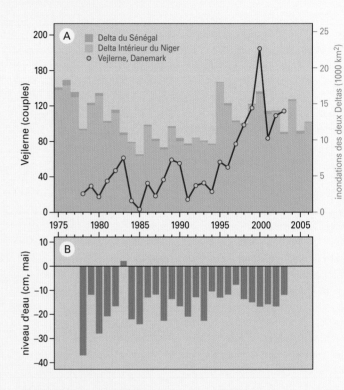

Fig. 274 (A) Population nicheuse de Sarcelle d'été dans la réserve du marais de Vejlerne (55 km²) dans le nord du Jutland, en fonction de l'étendue des inondations dans le Delta Intérieur du Niger et le Delta du Sénégal.
(B) Niveau d'eau en mai à Bygholmengen, le secteur au sein de Vejlerne où la plupart des Sarcelles d'été nichent. Le niveau d'eau a progressivement monté d'entre 10 et 20 cm, depuis un niveau bas à -35 cm en 1978. D'après Kjeldsen 2008.

surexploitation des ressources naturelles. La protection des zones humides pourrait empêcher ou réduire l'impact de nombreuses modifications anthropiques (comme dans le Delta du Sénégal ; Chapitre 7 et Encadré 9), mais seulement si elle est appliquée de manière efficace (Encadré 12 ; Caro & Scholte 2007). Les zones humides de petite taille ont été bien plus durement touchées, et les habitats naturels y ont souvent totalement disparu. Les ripisylves et la végétation naturelle des marais ont été converties en terres agricoles, en retenues d'eau et en dépressions dans les secteurs irrigués (Chapitre 11). Bien

que certains des secteurs irrigués aient attiré un grand nombre de canards et de tisserins, leur impact d'ensemble sur la diversité aviaire est négatif. Les réservoirs et les réseaux d'irrigation nouvellement créés ne compensent pas les destructions d'habitat causées par la disparition ou la conversion des zones humides.

L'exploitation des oiseaux   La chasse n'est pas pratiquée en Afrique sub-saharienne à la même échelle que dans le Bassin Méditerranéen, sauf localement par des groupes de chasseurs européens (p. ex. sur

Les migrateurs au long cours originaires d'Eurasie sont en danger au Sahel. La situation est encore plus critique pour les oiseaux nicheurs africains, particulièrement pour les grandes espèces qui sont chassées pour leur viande. De nombreuses espèces d'oiseaux d'eau qui sont devenues rares au Sahel sont encore assez communes en Afrique orientale et australe. L'Ibis sacré constitue une exception, car il reste répandu dans les zones humides africaines, y compris dans celles du Sahel.

les Tourterelles des bois, Chapitre 32). Néanmoins, des techniques locales de piégeage bien moins onéreuses ont été perfectionnées pour permettre la capture ou l'abattage de grandes quantités d'oiseaux à des fins alimentaires (Chapitre 13 et Encadré 25). Les prélèvements annuels par les populations locales varient d'un niveau insignifiant à très important, et dépendent des sites. Là où les oiseaux sont concentrés sur peu de sites, même les techniques de capture les plus simples peuvent causer une forte mortalité, comme dans le Delta Intérieur du Niger au Mali. A la fin de l'hiver boréal, alors que la saison sèche est bien avancée, les oiseaux d'eau sont forcés de se concentrer sur les derniers plans d'eau, où ils constituent des proies faciles pour les chasseurs initiés. La Sarcelle d'été (Chapitre 23) et le Combattant varié (Chapitre 29) font partie des espèces les plus touchées, particulièrement lors des années sèches, lorsque la période de capture s'étend sur trois mois. Les sécheresses durables, comme celle qui a débuté en 1969, ont probablement un effet négatif sur les effectifs de ces espèces, car les individus qui ont survécu à la migration automnale et aux conditions hivernales, et qui forment la population potentiellement nicheuse, peuvent être durement touchés. L'accumulation de graisse prénuptiale est difficile à mener à bien, même pour les individus qui échappent aux captures dans cet environnement desséché malgré l'intensité du piégeage sur les plans d'eau restants. La mortalité induite par l'homme s'ajoute alors à la mortalité naturelle. De la même façon, l'impact de l'homme sur les oiseaux aquatiques coloniaux est dévastateur. Sans protection réelle des colonies ou des

sites de reproduction, les populations de cormorans, d'anhingas, de pélicans, de hérons, de cigognes, d'ibis, de spatules, de flamants, de grues et d'outardes de grande taille finiront par être réduites (Encadrés 9 et 12). De nombreuses espèces ont d'ores et déjà atteint ce statut (Thiollay 2000b, c).

Une grande diversité d'oiseaux est capturée en Afrique sub-saharienne. Bien que les grandes espèces d'oiseaux soient particulièrement recherchées, les passereaux et alliés sont également capturés dans des quantités qui doivent avoir augmenté au cours des dernières décennies (bien qu'il n'existe aucune documentation sur le sujet) pour les raisons suivantes : la population humaine s'est multipliée et a pénétré plus en profondeur les habitats naturels (y compris dans les sites protégés) ; le niveau de vie s'est détérioré à cause des sécheresses, ce qui fait que toutes les sources de revenus (comme les oiseaux) peuvent être exploitées ; des techniques de captures bon marché (filets de nylon et hameçons) se sont répandues dans la région et ont facilité les prises massives, valorisables sur les marchés.

Quelques réflexions sur l'avenir

Il n'y a aucun doute que les oiseaux d'Eurasie qui hivernent dans les savanes au nord de l'équateur, particulièrement au Sahel, sont en danger. Pour certaines espèces, les preuves récoltées sont suffisantes pour établir un lien de cause à effet entre les conditions au Sahel et le nombre de migrateurs. En effet, les variations de population chez environ la moitié des espèces traitées en détail dans cet ouvrage ont été largement déterminées par les précipitations ou l'étendue des inondations au Sahel. Ces déclins ne sont que temporaires s'ils sont dus à des sécheresses passagères, mais le changement de régime climatique en 1969 pourrait être annonciateur d'une période prolongée de précipitations réduites, une hypothèse en faveur de laquelle les indices s'accumulent. Malgré une amélioration au cours des années 1990 et 2000, l'indice des pluies au Sahel reste inférieur à sa moyenne à long terme pour le 20ème siècle. La sécheresse actuelle pourrait avoir causé un déclin structurel de la taille des populations d'un grand nombre d'espèces paléarctiques qui dépendent du Sahel et des zones de végétation adjacentes pendant l'hiver boréal. En outre, les effets de la sécheresse sont amplifiés par les changements négatifs au Sahel causés par l'augmentation de la population humaine (voir section précédente), qui semble irréversible. Ce déclin qui n'était au début qu'une conséquence d'un changement climatique est maintenant causé par un mélange de facteurs interdépendants dont les effets négatifs s'additionnent.

Ce scénario tragique est-il donc inévitable ? Pas nécessairement. Premièrement, les savanes sont relativement peu peuplées. Nous savons bien que même une faible densité d'êtres humains peut avoir des conséquences importantes sur l'environnement, mais les choses auraient été pires si les densités de populations étaient plus élevées. Deuxièmement, les modifications d'habitat qui impactent les espèces forestières peuvent être positives pour les habitants des savanes. La disparition des arbres indigènes dans la savane boisée, a par exemple un impact négatif sur le Torcol fourmilier et le Rougequeue à front blanc, mais – pour l'instant – pourrait être positive pour le Busard cendré et les traquets. Troisièmement, la destruction des forêts équatoriales, qui forment un habitat défavorable pour les migrateurs paléarctiques, mais d'importance vitale pour les espèces d'oiseau africaines, augmente la superficie de sols saisonnièrement à nu, qui accueillent les premiers stades d'une brousse en régénération, comme l'avait remarqué Moreau dès 1952. Quatrièmement, de nombreuses modifications causées par l'homme le sont pour l'instant à faible échelle et sans utilisation de produits chimiques (l'utilisation des herbicides et des pesticides est presque inexistante dans de grandes régions d'Afrique), et sont favorables à la diversité aviaire. Enfin, les plaines inondables du Sahel sont des écosystèmes extrêmement résilients. Bien que les sécheresses semblent avoir des conséquences dramatiques, les plaines inondables conservent les eaux d'inondations passées pendant plusieurs années (ce qui retarde les impacts négatifs), et reprennent vie dès qu'une forte inondation se produit. Dans une moindre mesure, on peut en dire autant des zones arides, mais les sécheresses y entraînent souvent l'abattage d'arbres qu'il faut plus longtemps pour remplacer. Ces effets positifs sont toutefois fragiles et ne pourront durer si les tendances actuelles (conditions climatiques, augmentation de la population et utilisation des sols) continuent au même rythme.

Quels que soient les impacts des conditions au Sahel sur le nombre de migrateurs, les changements qui se produisent sur les sites de reproduction et de halte le long des axes migratoires peuvent avoir des conséquences nuisibles aussi importantes. Les chapitres précédents ont montré que les modifications de l'occupation des sols en Europe

ont eu une influence majeure sur les tendances d'évolution des populations, qui est révélée par la diminution progressive des déclins en Europe d'ouest en est (Fig. 271, voir également Gregory et al. 2007). Ce gradient correspond à une diminution des densités de populations humaines, de l'intensité de l'agriculture et de la sylviculture et à une augmentation de la couverture forestière. Contrairement à ceux d'Afrique sub-saharienne, les changements en Europe ont laissé peu de place aux habitats naturels et ils semblent irréversibles. La composition et la taille de la communauté aviaire européenne actuelle est bien différente de celle des années 1950 et plus encore de celle du 19ème siècle. Pour reprendre les termes de Moreau (1952) : « On ne peut avoir aucun doute que de nos jours, l'Afrique abrite en hiver bien moins d'oiseaux des marais, de traquets, de cailles, de rapaces et probablement d'hirondelles qu'il y a cent ans. » Aujourd'hui, la liste serait quelque peu différente, mais certainement bien plus longue.

L'avenir de l'Afrique sub-saharienne sera-t-il donc identique à celui que l'Europe a vécu : une modification en profondeur des paysages, de la composition de la faune afrotropicale et un nombre de migrateurs paléarctiques fortement réduit ? Nous nous rassurons en nous rappelant que les écologues ont parfois été capables d'expliquer pourquoi les populations d'oiseaux ont diminué ou augmenté par le passé, mais qu'ils ont toujours été singulièrement incapables de prévoir les tendances futures. Malgré nos sentiments dominants, nous espérons que nos prévisions sont fausses et que les oiseaux afro-paléarctiques seront suffisamment résilients pour supporter les changements à venir, qu'ils soient 5000 millions ou pas.

Notes

1 La liste des 127 espèces comprend 84 espèces présentes au Sahel occidental (Fig. 105). Nous y avons ajouté 34 espèces qui hivernent au sud de la zone sahélienne (Bondrée apivore, Aigle pomarin, Aigle des steppes, Faucon kobez, Faucon hobereau, Râle des genêts, Glaréole à ailes noires, Petit Gravelot, Bécasseau de Temminck, Bécassine des marais, Chevalier culblanc, Chevalier guignette, Coucou gris, Martinet noir, Martinet à ventre blanc, Guêpier d'Europe, Rollier d'Europe, Hirondelle de fenêtre, Rossignol progné, Locustelle fluviatile, Rousserolle verderolle, Hypolaïs des oliviers, Hypolaïs ictérine, Fauvette des jardins, Fauvette épervière, Fauvette à tête noire, Pouillot siffleur, Pouillot fitis, Gobemouche gris, Gobemouche noir, Gobemouche à collier, Pie-grièche écorcheur, Pie-grièche à poitrine rose et Loriot d'Europe), 8 espèces présentes au Sahel oriental (Epervier à pieds courts, Grue demoiselle, Traquet de Chypre, Traquet pie, Fauvette de Rüppell, Fauvette de Ménétries, Pie-grièche masquée, Bruant cendrillard), et le Pouillot ibérique, récemment reconnu comme espèce (pour lequel nous avons utilisé la tendance donnée par Escandell [2006] pour la période 1996-2005). Nous avons exclu la Buse des steppes (ssp. vulpinus), la Marouette ponctuée, la Marouette poussin, la Marouette de Baillon et la Pie-grièche isabelle, pour lesquelles aucune tendance d'évolution de population fiable n'existe.

2 Au total, 10 espèces atteignent un score combiné de -3 sur la période 1970-2005 : neuf avec -2 entre 1970 et 1990 et -3 entre 1990 et 2000 et une avec -3 entre 1970 et 1990 et -1 entre 1990 et 2000. Au total, 29 espèces atteignent un score combiné de -2 : 23 espèces avec -2 entre 1970 et 1990 (dont 11x -2, 5x -1 et 7x 0 entre 1990 et 2000), 4 espèces avec -1 entre 1970 et 1990 et -1 entre 1990 et 2000 et 2 espèces avec 0 entre 1970 et 1990 et -3 entre 1990 et 2000. Au total, 26 espèces atteignent un score combiné de 0, après avoir été stables entre

1970 et 1990 et entre 1990 et 2000, comme trois autres espèces avec des tendances contrastées. Les autres combinaisons donnent aussi un score combiné de -1. Toutefois, la comparaison des tendances combinées avec les données des chapitres 15 à 41, et avec des données de suivi concernant d'autres espèces afro-paléarctiques, nous avons décidé d'ajuster les tendances combinées pour cinq espèces de la façon suivante :

Spatule blanche : -2 → -1 : le fort déclin de la population russe entre 1970 et 1990 est presque annulé par l'augmentation rapide et régulière de la population atlantique depuis les années 1970.

Ibis falcinelle : -2 → -3, en raison du fort déclin observé au Sahel (Chapitre 21).

Combattant varié : -1 → -2, en raison du fort déclin de la population occidentale, mais aussi au Sahel (Chapitre 29).

Rougequeue à front blanc : -2 → -3, en raison du fort déclin décrit au Chapitre 37.

Fauvette grisette : 1 → 0. La population à la fin du siècle dernier était en effet plus grande qu'en 1970, mais si l'on prend en compte le déclin de 1969, la population a atteint son niveau de la fin des années 1960 dans les années 2000 (Chapitre 41).

Grue demoiselle : +3 → 0. Les preuves d'une forte augmentation sont assez limitées. En fait, les sous-populations de Grues demoiselles nichant autour de la Mer Noire et plus à l'ouest sont en déclin depuis des décennies. L'espèce a disparu du Maroc au milieu des années 1980 (Thévenot *et al.* 2003) et presque également de Turquie (10 à 20 couples subsistent dans le nord-est ; Kirwan *et al.* 2008). La population de la Mer Noire a été estimée à moins de 250 couples et en déclin et la population de Kalmykia entre 30.000 et 35.000 couples est stable (www.npwrc.usgs.org/resource/birds/cranes/anth-virg.htm, consultation le 15 décembre 2008). Ces oiseaux hivernent principalement au Sahel, en Ethiopie et au Soudan, et vers l'ouest jusqu'au Tchad et au nord du Cameroun.

3 Les comptages en Afrique de l'Ouest suggèrent des échanges de Spatules blanches entre le Delta du Sénégal et le Banc d'Arguin. Premièrement, le nombre de Spatules blanches dans le Delta du Sénégal est positivement corrélé à l'étendue des inondations du Fleuve Sénégal (R=+0,43, n=18, P=0,05). Deuxièmement, si le nombre d'oiseaux du Delta du Sénégal est exprimé en pourcentage du nombre d'oiseaux total au Banc d'Arguin et dans le Delta du Sénégal, un nombre relativement plus important d'oiseaux passe l'hiver dans le Delta du Sénégal pendant les années de fortes inondations (R=+0,39, n=8, non significatif).

4 Données tirées de (N= nombre d'espèces migratrices prises en compte) : RSPB 2008 (Grande-Bretagne, 1970-2006, oiseaux nicheurs, N=15), Bijlsma *et al.* 2001 (Pays-Bas, 1970-2000, oiseaux nicheurs, N=50), Vermeersch *et al.* 2004 (Flandres, 1974-2002, oiseaux nicheurs, N=46), Yeatman-Berthelot & Jarry 1994 (France, 1970-1989, oiseaux nicheurs, N=51), Moritz 1993 (Héligoland=1, 1960-1991, migration automnale, N=12, migration printanière, N=13), Berthold & Fiedler 2005 (Mettnau=2, 1972-2003, migration automnale N=21), Schmid *et al.* 1998 (Suisse, 1972-1996, oiseaux nicheurs, N=53), Heldbjerg & Fox 2008 (Danemark, 1975-2005, oiseaux nicheurs, N=21), Lausten & Lyngs 2004 (Christiansø=3, 1976-2001, migration automnale, N=21), Karlsson 2007 (Falsterbo=4, 1980-2006, migration automnale, N=24), Lindström *et al.* 2008 (Suède, 1975-2007, oiseaux nicheurs, N=33), Koskimies 2005 (Finlande, 1980-2004, oiseaux nicheurs, N=59), Busse 1994a, (côte de la Baltique=5, 1961-1990, migration automnale, N=14), Tomiałojć & Głowaciński 2006 (Pologne, 1951-2000, oiseaux nicheurs, N=61), Reif *et al.* 2006 (République Tchèque, 1981-2006, oiseaux nicheurs, N=34), Sokolov *et al.* 2001 & Payevsky 2006 (Pape=6, 1967-1994, migration automnale, N=13), Sokolov *et al.* 2001 & Payevsky 2006 (côte de la Baltique=7, 1971-2000, migration automnale, N=17), Sokolov *et al.* 2001 & Payevsky 2006 (Rybachy=8, 1957-2000, migra-

Vol d'aigrettes et de hérons vers le dortoir (Delta Intérieur du Niger, novembre 2008).

tion automnale, N=17), Sokolov *et al.* 2001 & Payevsky 2006 (région de Kiev=9, 1976-1998, migration automnale, N=9).

Le pouvoir explicatif des données varie considérablement : les données sur les oiseaux nicheurs (répartition ou nombre) et les séries de données les plus longues sont habituellement les plus fiables. Les données provenant des sites de baguage standardisés, qui concernent ici principalement des captures pendant la migration postnuptiale, concernent une large région géographique au nord ou au nord-est du site de capture. Les fluctuations de populations peuvent également être partiellement masquées dans les données de migration par les variations annuelles de la productivité, mais les tendances constantes ou les déclins marqués apparaissent normalement dans les totaux capturés.

Les tendances données dans la Fig. 269 sont significatives (pays : P<0,01, sites de baguage : P<0,05).

5 Aucune donnée sur les tendances d'évolution du Bruant ortolan n'est en fait disponible pour les populations d'Europe orientale. Les estimations de population pour la Roumanie et la Russie pour la période 1970-1990 (Tucker & Heath 1994) et la période 1990-2000 (BirdLife International 2004a) le prouvent. Les tailles respectives de ces populations en 1990-2000 ont été augmentées de facteurs dix et cent par rapport à 1970-1990, en raison d'estimations plus réalistes. L'évaluation des tendances d'évolution des populations sur un tiers de la surface de l'Europe, où le nombre de couples est de plusieurs millions, est impossible sans la mise en place d'un suivi bien conçu. Les tendances plus stables en Europe orientale, bien qu'elles constituent un scénario intuitif, doivent donc être prises avec précaution.

6 Le log des variations interannuelles de la population est corrélé positivement, mais non significativement, avec les précipitations au Sahel (R=+0,19, P=0,34, N=31) chez les *abietinus* suédois, mais pas chez *collybita* (R=+0,10, P=0,60, N=31).

7 Le log des variations interannuelles de la population est corrélé positivement avec les précipitations au Sahel (R=+0,40, P=0,03, N=32) chez les *trochilus* suédois, mais pas chez *acredula* (R=-0,06, P=0,76, N=32).

8 Le log des variations interannuelles de la population est lié aux niveaux d'eau sur les sites de reproduction (R=+0,34, P=0,089) et à l'étendue des inondations au Sahel (R=+0,31, P=0,13). La variation de population dépend principalement du log de la taille de la population l'année précédente (R=-0,44, P=0,024), ce qui peut être interprété comme un effet dépendant de la densité, mais les comptages n'étaient pas précis et un artefact statistique ne peut être exclu. Une régression multiple a montré que les trois variables combinées expliquent plus de la moitié de la variance (R^2=0,521) ; chacune est significative (taille de la population : P=0,01, étendue des inondations au Sahel : P=0,013, niveau d'eau en mai : P=0,021).

Références[1]

A

Abdou Nalam, I. 2004. Chasse aux oiseaux d'eau du Niger. Sévaré, Mali: Wetlands International.

Abou-Seedo, F., D.A. Clayton & & J.M. Wright. 1990. Tidal and turbidity effects on the shallow-water fish assemblage of Kuwait Bay. Mar. Ecol. Prog. Ser. 65: 213-223.

Acharya, G. & E.B. Barbier. 2000. Valuing groundwater recharge through agricultural production in the Hadejia-Nguru wetlands in northern Nigeria. Agricult. Econ. 22: 247-259.

Adams, A. 1999. Social impacts of an African dam: equity and distributional issues in the Senegal River Valley. Cape Town: World Commission on Dams (WCD).

Adams, W.M. 1993. The wetlands and conservation. In: G.E. Hollis, W.M. Adams & M. Aminu-Kano (éds). The Hadejia-Nguru Wetlands: Environment, Economy and Sustainable Development of a Sahelian Floodplain Wetland: 211-214. Gland: IUCN.

Adite, A. & K.O. Winemiller. 1997. Trophic ecology and ecomorphology of fish assemblages in coastal lakes of Benin, West Africa. Ecoscience 4: 6-23.

Affre, G. 1975. Estimation de l'évolution quantitative des populations aviennes dans une région du Midi de la France au cours de la dernière décennie (1963-1972). L'Oiseau et RFO 45: 165-187.

Agostini, N. & C. Coleiro. 2003. Autumn migration of Marsh Harriers (Circus aeruginosus) across the central Mediterranean in 2002. Ring 25: 47-52.

Aidley, D.J. & R. Wilkinson. 1987. The annual cycle of six Acrocephalus warblers in a Nigerian reed-bed. Bird Study 34: 226-234.

Akinsola, O.A., A.U. Ezealor & G. Polet. 2000. Conservation of waterbirds in the Hadejia-Nguru Wetlands, Nigeria: current efforts and problems. Ostrich 71: 118-121.

Akriotis, T. 1991. Weight changes in the Wood Sandpiper Tringa glareola in south-eastern Greece during the spring migration. Ring. & Migr. 12: 61-66.

Aksakov, S.T. 1998. Notes of a provincial wildfowler. Evanston, Illinois: Northwestern University Press.

Alerstam, T. 1990. Bird migration. Cambridge: Cambridge University Press.

Alerstam, T., M. Hake & N. Kjellén. 2006. Temporal and spatial patterns of repeated migratory journeys by ospreys. Anim. Behav. 71: 555-566.

Altenburg, W., M. Engelmoer, R. Mes & T. Piersma. 1982. Wintering waders on the Banc d'Arguin. Leyde: Wadden Sea Working Group.

Altenburg, W. & J. van der Kamp. 1985. Importance des zones humides de la Mauritanie du Sud, du Sénégal, de la Gambie et de la Guinée-Bissau pour la Barge à queue noire (Limosa l. limosa). Leersum: Research Institute for Nature Management.

Altenburg, W. & J. van der Kamp. 1986. Oiseaux d'eau dans les zones humides de la Mauritanie du Sud, du Sénégal et de la Guinée-Bissau; octobre-décembre 1983. Leersum: Research Institute for Nature Management.

Altenburg, W., A.J. Beintema & J. van der Kamp. 1986. Observations ornithologiques dans le delta intérieur du Niger au Mali pendant les mois de mars et août 1985 et janvier 1986. Leersum: Research Institute for Nature Management.

Altenburg, W. & T.M. van Spanje. 1989. Utilization of mangroves by birds in Guinea-Bissau. Ardea 77: 57-70.

Altenburg, W. & J. van der Kamp. 1991. Ornithological importance of coastal wetlands in Guinea. Cambridge: International Council for Bird Preservation.

Altenburg, W. & E. Wymenga. 2000. Help, de Grutto verdwijnt! De Levende Natuur 101: 62-64.

Amat, J. A. 2006. Should females of migratory dabbling ducks switch mates between wintering and breeding sites? J. Ethol. 24: 297-300.

Amatobi, C., S. Apeji & O. Oyidi. 1987. Effect of some insectivorous birds on populations of grasshoppers (Orthoptera) in Kano State, Nigeria. Samaru J. Agric. Res. 5: 43-50.

Ambagis, J., J. Brouwer & C. Jameson. 2003. Seasonal waterbird and raptor fluctuations on the Niger and Mékrou Rivers in Niger. Malimbus 25: 39-51.

Anthes, N., I. Harry, K. Mantel, A. Müller, H. Schielzeth & J. Wahl. 2002. Notes on migration dynamics and biometry of the Wood Sandpiper (Tringa glareola) at the sewage farm of Münster (NW Germany). Ring 24: 41-56.

Anyamba, A. & C.J. Tucker. 2005. Analysis of Sahelian vegetation dynamics using NOAA-AVHRR NDVI data from 1981-2003. J. Arid Environ. 63: 596-614.

Arbonnier, M. 2002. Arbres, arbustes et lianes des zones sèches d'Afrique de l'Ouest. Paris: CIRAD-MNHN.

Archaux, F., P.-Y. Henry & G. Balança. 2008. High turnover and moderate fidelity of White Storks Ciconia ciconia at a European wintering site. Ibis 150: 421-424.

Arroyo, B., J.T. Garcia & V. Bretagnolle. 2002. Conservation of the Montagu's harrier (Circus pygargus) in agricultural areas. Anim. Conserv. 5: 283-290.

Arroyo, B.E. & J.R. King. 1995. Observations on the ecology of Montagu's and Marsh Harriers wintering in north-west Senegal. Ostrich 66: 37-40.

Arroyo, B.E. 1997. Diet of Montagu's Harrier Circus pygargus in central Spain: analysis of temporal and geographic variation. Ibis 139: 664-672.

Arroyo, B.E. & V. Bretagnolle. 2004. Circus pygargus Montagu's Harrier. BWP Update 6: 41-55.

Arroyo, B.E. & V. Bretagnolle. 2007. Interactive effects of food and age on breeding in the Montagu's Harrier Circus pygargus. Ibis 149: 806-813.

Ash, J. 1995. An immense Swallow roost in Nigeria. BTO News 200: 8-9.

Ash, J.S., I.J. Ferguson-Lees & C.H. Fry. 1967. B.O.U. expedition to Lake Chad, northern Nigeria, March-April 1967. Preliminary report. Ibis 109: 478-486.

Ash, J.S. 1969. Spring weights of trans-Saharan migrants in Morocco. Ibis 111: 1-10.

Ash, J.S. 1977. Turtle Dove migration in southern Europe, the Middle East and North Africa. British Birds 70: 504-506.

Ash, J.S. 1990. Additions to the avifauna of Nigeria, with notes on distributional changes and breeding. Malimbus 11: 104-116.

Ashall, C. & P.E. Ellis. 1962. Studies on numbers and mortality in field populations of the Desert Locust. Anti-Locust Bull. 38.

Ashford, R.W. 1970. Yellow Wagtails *Motacilla flava* at a Nigerian winter roost: analysis of ringing data. Bull. Nigerian Orn. Soc. 7: 24-26.

Augusseau, X., P. Nikiéma & E. Torquebiau. 2006. Tree biodiversity, land dynamics and farmers strategies on the agricultural frontier of southwesthern Burkina Faso. Biodivers. Conserv. 15: 613-630.

Aunins, A. & J. Priednieks. 2003. Bird population changes in Latvian farmland, 1995-2000: responses to different scenarios of rural development. Ornis Hungarica 12-13: 41-50.

Axelsen, J., B. Petersen, I. Maiga, A. Niassy, K. Badji, Z. Ouambama, M. Sønderskov & C. Kooyman. 2009. Simulation studies of the Senegalese grasshopper ecosystem interactions II : the role of egg pod predators and birds. Intern. J. Pest Management: 55: 99-112.

B

Baddeley, J. 1940. The rugged flanks of Caucasus. Vol. 1 and 2. Londres: Oxford University Press.

Bader, J. & M. Latif. 2003. The impact of decadal-scale Indian Ocean sea surface temperature anomalies on Sahelian rainfall and the North Atlantic Oscillation. Geophysical Research Letters 30: 2169.

Baillie, S.R. & W.J. Peach. 1992. Population limitation in Palearctic-African migrant passerines. Ibis 134 suppl.1: 120-132.

Baillie, S.R., J.H. Marchant, H.Q.P. Crick, D.G. Noble, D.E. Balmer, C. Barimore, R.H. Coombes, I.S. Downie, S.N. Freeman, A.C. Joys, D.I. Leech, M.J. Raven, R.A. Robinson & R.M. Thewlis. 2007. Breeding Birds in the Wider Countryside: their conservation status 2007. (http://www.bto.org/birdtrends). Thetford: BTO.

Baillon, F. & J.P. Cormier. 1993. Variations d'abondance de *Circus pygargus* (L.) dans quelques sites du Sénégal entre les hivers 1988-1989 et 1989-1990. L'Oiseau et RFO 63: 66-70.

Bairlein, F. 1981. Analyse der Ringfunde von Weiszstörchen (*Ciconia ciconia*) aus Mitteleuropas westlich der Zugscheide: Zug, Winterquartier, Sommerverbreitung vor der Brutreife. Vogelwarte 31: 33-44.

Bairlein, F. 1988. Herbstlicher Durchzug, Körpergewicht und Fettdeposition von Zugvögeln in einem Rastgebiet in N-Algerien. Vogelwarte 34: 237-248.

Bairlein, F. 1991. Population studies of White Storks (*Ciconia ciconia*) in Europe. *In:* C.M. Perrins, J.-D. Lebreton & G.J.M. Hirons (éds). Bird population studies: relevance to conservation and management: 207-229. Oxford: Oxford University Press.

Bairlein, F. 1992. Recent prospects on trans-Saharan migration of songbirds. Ibis 134 suppl. 1: 41-46.

Bairlein, F. 2002. How to get fat: nutritional mechanisms of seasonal fat accumulation in migratory songbirds. Naturwissenschaften 89: 1-10.

Bakken, V., O. Runde & E. Tjørve. 2006. Norwegian Bird Ringing Atlas, Vol. 2. Stavanger: Stavanger Museum.

Balança, G. & M.-N. De Visscher. 1990. Le peuplement des sauteriaux, II. *In:* J. Everts (éd.). Environmental effects of chemical locust and grasshopper control. A pilot study. Rome: FAO.

Balança, G. & M. Schaub. 2005. Post-breeding migration ecology of Reed *Acrocephalus scirpaceus*, Moustached *A. melanopogon* and Cetti's Warblers *Cettia cetti* at a Mediterranean stopover site. Ardea 93: 245-257.

Balas, N., S.E. Nicholson & D. Klotter. 2007. The relationship of rainfall variability in West Central Africa to sea-surface temperature fluctuations. Intern. J. Clim. 27: 1335-1349.

Baldé, O. 2004. Evaluation de l'exploitation des oiseaux d'eau dans le Delta du fleuve Sénégal. Bambey, Senegal: ENCR.

Báldi, A., P. Batáry & S.Erdös. 2005. Effects of grazing on bird assemblages and populations of Hungarian grasslands. Agriculture Ecosystems & Environment 108: 251-263.

Bannerman, D.A. 1958. The Birds of the British Isles, Vol. 7. Edinburgh: Oliver and Boyd.

Bannerman, D.A. 1959. The Birds of the British Isles, Vol. 8. Edinburgh: Oliver and Boyd.

Bannerman, D.A. 1960. The Birds of the British Isles, Vol. 9. Edinburgh: Oliver and Boyd.

Barbier, E.B. & J.R. Thompson. 1998. The value of water: Floodplain versus large-scale irrigation benefits in northern Nigeria. Ambio 27: 434-440.

Barbier, E.B. 2003. Upstream dams and downstream water allocation: The case of the Hadejia-Jama'are floodplain, northern Nigeria. Water Resources Research 39.11: 1311-1319.

Barbosa, A. 2001. Hunting impact on waders in Spain: effects of species protection measures. Biodivers. Conserv. 10: 1703-1709.

Barbraud, C., J.C. Barbraud & M. Barbraud. 1999. Population dynamics of the White Stork *Ciconia ciconia* in western France. Ibis 141: 469-479.

Barbraud, C. & H. Hafner. 2001. Variation des effectifs nicheurs de hérons pourprés *Ardea purpurea* sur le littoral méditerranéen français en relation avec la pluviométrie sur les quartiers d'hivernage. Alauda 69: 373-380.

Bargain, B., C. Vansteenwegen & J. Henry. 2002. Importance des marais de la baie d'Audierne (Bretagne) pour la migration du Phragmite des joncs *Acrocephalus schoenobaenus*. Alauda 70: 37-55.

Basciutti, P., O. Negra & F. Spina. 1997. Autumn migration strategies of the Sedge Warbler *Acrocephalus schoenobaenus* in northern Italy. Ring. & Migr. 18: 59-67.

Bashir, M., A. Hassanali & C. Kooyman. 2007. Southern Red Sea trials report. March-April 2007. Unpublished report. Nairobi: ICIPE.

Bates, C.L. 1933. Birds of the southern Sahara and adjoining countries in French West Africa. Ibis 13-14: 61-79; 213-239; 439-466; 685-717.

Bauchau, V., H. Horn & O. Overdijk. 1998. Survival of Spoonbills on Wadden Sea islands. J. Avian Biol. 29: 177-182.

Bauer, H.-G. & P. Berthold. 1996. Die Brutvögel Mitteleuropas: Bestand und Gefährdung. Wiesbaden: AULA-Verlag.

Bauer, H.-G. & G. Heine. 2008. Die Entwicklung der Brutvogelbestände am Bodensee: Vergleich halbquantitativer Rasterkartierungen 1980/81 und 1990/91. J. Ornithol. 133: 1-22.

Bauer, K.M. & U. N. Glutz von Blotzheim. 1966. Handbuch der Vögel Mitteleuropas, Band 1. Wiesbaden: Akademische Verlagsgesellschaft.

Bavoux, C., G. Burneleau, P. Nicolau-Guillamet & M. Picard. 1992. Le Busard roseaux Circus a. aeruginosus en Charente-Maritime (France). V – Déplacements et activité des juvéniles en hiver. Alauda 60: 149-158.

Beck, Ch., J. Grieser & B. Rudolf. 2004. A new monthly precipitation climatology for the global land areas for the period 1951 to 2000. Klimastatusbericht DWD 2004: 181-190.

Beecroft, R. 1991. Ringing in Senegal; an expedition update. BTO News 173: 5.

Beeren, W., J. Bredenbeek, B. Dijkstra & R. Messemaker. 2001. Ornithological studies in the Lake Chad Basin Area, West Africa. Preliminary report Waza-Logone project, Cameroon. Zeist: WIWO.

Beilfuss, R.D., T. Dodman & E.K. Urban. 2007. The status of cranes in Africa in 2005. Ostrich 78: 175-184.

Beintema, A.J. 1983. Meadow birds as indicators. Environmental Monitoring and Assessment 3: 391-398.

Beintema, A.J., R.J. Beintema-Hietbrink & G. Müskens. 1985. A shift in the timing of breeding in meadow birds. Ardea 73: 83-89.

Beintema, A.J. & N. Drost. 1986. Migration of the Black-tailed Godwit. Gerfaut 76: 37-62.

Beintema, A.J. 1986. Man-made polders in the Netherlands, a traditional habitat for shorebirds. Colonial Waterbirds 9: 196-202.

Beintema, A.J. & G. Müskens. 1987. Nesting success of birds breeding in Dutch agricultural grasslands. J. appl. Ecol. 24: 743-758.

Beintema, A.J. 1989. Vers un plan d'aménagement en faveur du Parc National des Oiseaux du Djoudj, Sénégal. WWF-International, Suisse / Direction des Parcs Nationaux du Sénégal, Dakar / Research Institute for Nature Management, Arnhem, Pays-Bas.

Beintema, A.J. 1991. Management of the Djoudj National Park in Senegal. Landscape and Urban Planning 20: 81-84.

Beintema, A.J., M. Diallo & M. Maiga. 2002. Monitoring, exploitation and marketing of waterbirds in the Inner Niger Delta, Mali. Sévaré, Mali: Wetlands International / Alterra Green World Research.

Beintema, A.J., J. van der Kamp & B. Kone. 2007. Les forêts inondées: trésors du Delta Intérieur du Niger au Mali. Wageningen: Wetlands International.

Belik, V. & I. Mihalevich. 1994. The pesticides use in the European steppes and its effects on birds. J. Ornithol. 135, Sonderheft: 233.

Belik, V.P. 1998. Current population status of rare and protected waders in south Russia. International Wader Studies 10: 273-280.

Bell, C.P. 1996. Seasonality and time allocation as causes of leap-frog migration in the Yellow Wagtail Motacilla flava. J. Avian Biol. 27: 334-342.

Bell, C.P. 2006. Social interactions, moult and pre-migratory fattening among Yellow Wagtails Motacilla flava in the Nigerian Sahel. Malimbus 28: 69-82.

Bell, C.P. 2007a. Timing of pre-nuptial migration and leap-frog patterns in Yellow Wagtail (Motacilla flava). Ostrich 78: 327-331.

Bell, C.P. 2007b. Climate change and spring migration in the Yellow Wagtail Motacilla flava: an Afrotropical perspective. J. Ornithol. 148 (Suppl. 2): S495-S499.

Belovski, G., J. Slade & B. Stockoff. 1990. Susceptibility to predation for different grasshoppers: an experimental study. Ecology 71: 624-634.

Belovski, G. & J. Slade. 1993. The role of vertebrate and invertebrate predators in a grasshopper community. Oikos 68: 193-201.

Ben Mohamed, A., N. van Duivenbooden & S. Abdousallam. 2002. Impact of climate change on agriculture production in the Sahel - Part 1. Methodological approach and case study for millet in Niger. Climate Change 54: 327-348.

Benjaminsen, T.A. 2008. Fuelwood and desertification: Sahel orthodoxies discussed on the basis of field data from the Gourma region in Mali. Geoforum 24: 397-409.

Bensch, S., D. Hasselquist, A. Hedenström & U. Ottosson. 1991. Rapid moult among Palearctic passerines in West Africa - an adaptation to the oncoming dry season? Ibis 133: 47-52.

Bensch, S. & B. Nielsen. 1999. Autumn migration speed of juvenile Reed and Sedge Warblers in relation to date and fat loads. Condor 101: 153-156.

Bensch, S., G. Bengtsson & S. Åkesson. 2006. Patterns of stable isotope signatures in willow warbler Phylloscopus trochilus feathers collected in Africa. J. Avian Biol. 37: 323-330.

van den Bergh, L.M.J., D.A. Jonkers & T.H. Slagboom. 1992. De broedvogels van de Polder Arkemheen. In: G.M. Dirkse & V. van Laar (éds). Arkemheen te velde: 138-151. Utrecht: KNNV Publishers.

Bermejo, A. & J. De La Puente. 2002. Stopover characteristics of Sedge Warbler (Acrocephalus schoenobaenus) in central Iberia. Vogelwarte 41: 181-189.

Bernard, C. 1992. Les aménagements du bassin du fleuve Sénégal pendant la Colonisation (1850-1960). Thèse. Paris: Université Paris VII.

Berndt, R. & W. Winkel. 1979. Zur Populationsentwicklung von Blaumeise (Parus caeruleus), Kleiber (Sitta europaea), Gartenrotschwanz (Phoenicurus phoenicurus) und Wendehals (Jynx torquilla) in mitteleuropäischen Untersuchungsgebieten von 1927 bis 1978. Vogelwelt 100: 55-69.

Berndt, R.K., K. Hein & T. Gall. 1994. Stabile Brutbestände der Uferschwalbe Riparia riparia in Schleswig-Holstein zwischen 1979 und 1991. Vogelwelt 115: 29-37.

Berndt, R.K. & J. Kauppinen. 1997. Pintail. In: W.J.M. Hagemeijer & M.J. Blair. (éds). The EBCC Atlas of European Breeding Birds: their Distribution and Abundance: 94-95. Londres: Poyser.

Berthold, P. 1973. Über starken Rückgang der Dorngrasmücke Sylvia communis und anderer Singvogelarten im westlichen Europa. J.

Berthold, P. 1974. Die gegenwärtige Bestandsentwicklung der Dorngrasmücke (*Sylvia communis*) und anderer Singvogelarten im westlichen Europa bis 1973. Vogelwelt 95: 170-183.

Berthold, P., A.J. Helbig, G. Mohr & U. Querner. 1992. Rapid microevolution of migratory behaviour in a wild bird species. Nature 360: 668-670.

Berthold, P., W. Fiedler, R. Schlenker & U. Querner. 1998. 25-Year study of the population development of Central European songbirds: a general decline, most evident in long-distance migrants. Naturwissenschaften 85: 350-353.

Berthold, P., W. van den Bossche, W. Fiedler, C. Kaatz, M. Kaatz, Y. Leshem, E. Nowak & U. Querner. 2001a. Detection of a new important staging and wintering area of the White Stork *Ciconia ciconia* by satellite tracking. Ibis 143: 450-455.

Berthold, P., W. van den Bossche, W. Fiedler, E. Gorney, M. Kaatz, Y. Leshem, E. Nowak & U. Querner. 2001b. The migration of the White Stork (*Ciconia ciconia*): a special case according to new data. J. Ornithol. 142: 73-92.

Berthold, P., W. van den Bossche, Z. Jakubiec, C. Kaatz & U. Querner. 2002. Long-term satellite tracking sheds light upon variable migration strategies of White Storks (*Ciconia ciconia*). J. Ornithol. 143: 489-495.

Berthold, P. 2003. Die Veränderungen der Brutvogelfauna in zwei süddeutschen Dorfgemeindebereichen in den letzten fünf bzw. drei Jahrzehnten oder: verlorene Paradiese? J. Ornithol. 144: 385-410.

Berthold, P., M. Kaatz & U. Querner. 2004. Long-term satellite tracking of white stork (*Ciconia ciconia*) migration: constancy versus variability. J. Ornithol. 145: 356-359.

Berthold, P. & W. Fiedler. 2005. 32-jährige Untersuchung der Bestandsentwicklung mitteleuropäischer Kleinvögel mit Hilfe von Fangzahlen: überwiegend Bestandsabnahmen. Vogelwarte 43: 97-102.

Bevanger, K. 1998. Biological and conservation aspects of bird mortality caused by electricity power lines: a review. Biol. Conserv. 86: 67-76.

Bezzel, E. 1982. Vögel der Kulturlandschaft. Stuttgart: Eugen Ulmer.

Bezzel, E. 1995. Werden neuerdings aus Italien keine Wiederfunde beringter Vögel mehr gemeldet? Vogelwarte 39: 106-107.

Bénech, V. & D.F. Dansoko. 1994. Reproduction des espèces d'intérêt halieutique. *In*: J. Quensière (éd.). La Pêche dans le Delta Central du Niger: 213-227. Paris: Karthala.

Bibby, C.J. 1978. Some breeding statistics of Reed and Sedge Warblers. Bird Study 25: 207-222.

Bibby, C.J. & R.E. Green. 1981. Autumn migration strategies of Reed and Sedge Warblers. Ornis Scand. 12: 1-12.

Bibby, C.J. & R.E. Green. 1983. Food and fattening of migrating warblers in some French marshlands. Ring. & Migr. 4: 175-184.

Biebach, H., W. Friedrich & G. Heine. 1986. Interaction of bodymass, fat, foraging and stopover period in trans-Sahara migrating passerine birds. Oecologia 69: 370-379.

Biebach, H., W. Friedrich, G. Heine, L. Jenni, S. Jenni-Eiermann & D. Schmidl. 1991. The daily pattern of autumn migration in the northern Sahara. Ibis 133: 414-422.

Ibis 134, suppl. 1: 47-54.

Biebach, H. 1996. Energetics of winter and migratory fattening. *In*: C. Carey (éd.). Avian energetics and nutritional ecology: 280-323. New York: Chapman & Hall.

Bijleveld, M. 1974. Birds of prey in Europe. Londres: MacMillan Press Ltd.

Bijlsma, R.G. 1985a. Foraging and hunting efficiency of Caspian Terns. British Birds 78: 146-147.

Bijlsma, R.G. 1985b. De broedbiologie van de Tortelduif *Streptopelia turtur*. Vogeljaar 33: 225-232.

Bijlsma, R.G. 1987. Bottleneck areas for migratory birds in the Mediterranean region. Study Report No. 18. Cambridge: International Council for Bird Preservation.

Bijlsma, R.G. 1993. Ecologische atlas van de Nederlandse roofvogels. Haarlem: Schuyt & Co.

Bijlsma, R.G. 2001. Waarnemingen van roofvogels op de grens van primair regenwoud in Zuidoost-Nigeria. De Takkeling 9: 235-262.

Bijlsma, R.G., F. Hustings & C.J. Camphuysen. 2001. Algemene en schaarse vogels van Nederland (Avifauna van Nederland 2). Haarlem/Utrecht: GMB Uitgeverij/KNNV Uitgeverij.

Bijlsma, R.G., W. van Manen & J. van der Kamp. 2005. Notes on breeding and food of Yellow-billed Kite *Milvus migrans parasitus* in Mali. Bull. African Bird Club 12: 125-133.

Bijlsma, R.G. & B. van den Brink. 2005. A Barn Swallow *Hirundo rustica* roost under attack: timing and risks in the presence of African Hobbies *Falco cuvieri*. Ardea 93: 37-48.

Bijlsma, R.G. 2006a. Ornithology from the tree tops. Ardea 94: 1-2.

Bijlsma, R.G. 2006b. Trends en broedresultaten van roofvogels in Nederland in 2005. De Takkeling 14: 6-53.

Bijlsma, R.G. 2006c. Winterstilte: een onderzoek naar vogels op de zandgronden van de Veluwe. Limosa 79: 72-73.

Bille, J.C. 1976. Étude de la production primaire nette d'un écosystème sahélien. Paris: ORSTOM.

BirdLife International. 2004a. Birds in Europe: population estimates, trends and conservaton status. Cambridge: BirdLife International.

BirdLife International. 2004b. Birds in the European Union: a status assessment. Cambridge: BirdLife International.

Birkett, C., R. Murtugudde & T. Allan. 1999. Indian Ocean climate event brings floods to East Africa's lakes and the Sudd marsh. Geophysical Research Letters 26: 1031-1034.

Blake, S., P. Bouché, H. Rasmussen, A. Orlando & I. Douglas-Hamilton. 2003. The last Sahelian Elephants: ranging behaviour, population status and recent history of the desert Elephants of Mali: 1-48. Nairobi: Save the Elephants.

Blanc, J.J., C.R. Thouless, J.A. Hart, H.T. Dublin, I. Douglas-Hamilton, G.C. Craig & R.F.W. Barnes. 2003. African Elephant Status Report 2002: An update from the African Elephant Database. Gland/Cambridge: IUCN.

Blondel, J. & C. Blondel. 1964. Remarques sur l'hivernage des limicoles et autres oiseaux aquatiques au Maroc. Alauda 32: 250-279.

Bobek, M., R. Hampl, L. Peške, F. Pojer, J. Šimek & S. Bureš. 2006. African Odyssey projecyt – satellite tracking of black storks *Ciconia nigra* breeding at a migratory divide. J. Avian Biol. 39: 500-506.

Bock, C., J. Bock & M. Grant. 1992. Effects of bird predation on grasshopper densities in an Arizona grassland. Ecology 73: 1706-1717.

Boddy, M. 1992. Timing of Whitethroat *Sylvia communis* arrival, breeding and moult at a coastal site in Lincolnshire. Ring. & Migr. 13: 65-72.

Boddy, M. 1993. Whitethroat *Sylvia communis* population studies during 1981-91 at a breeding site on the Lincolnshire coast. Ring. & Migr. 17: 73-83.

Boddy, M. 1994. Survival/return rates and juvenile dispersal in an increasing population of Lesser Whitethroats *Sylvia curruca*. Ring. & Migr. 15: 65-78.

Bolshakov, C., V. Bulyuk & N. Chernetsov. 2003. Spring nocturnal migration of Reed Warblers *Acrocephalus scirpaceus*: departure, landing and body condition. Ibis 145: 105-112.

Bolshakov, C.V., A.P. Shapoval & N.P. Zelenova. 2001. Results of bird ringing by the Biological Station "Rybachy" on the Courish Spit: long-distance recoveries of birds ringed in 1956-1997. Part 1: Non-passeriformes. Passeres (Alaudidae, Hirundidae, Motacillidae, Bombycillidae, Troglodytidae, Prunellidae, Turdidae, Sylviidae, Regulidae, Muscicapidae, Aegithalidae). Avian Ecol. Behav. Suppl. 1: 1-126.

Bolshakov, C.V., V.N. Bulyuk, A. Mukhin & N. Chernetsov. 2003. Body mass and fat reserves of Sedge Warblers during vernal nocturnal migration: departure versus arrival. J. Field Ornithol. 74: 81-89.

Bonneval, P., M. Kuper & J.-P. Tonneau. 2002. L'Office du Niger, grenier à riz du Mali: Succès économiques, transitions culturelles et politiques de développement. Paris: Karthala.

de Bont, A. F. 1962. Composition des bandes d'hirondelles de cheminée *Hirundo rustica rustica* L. hivernant au Katanga et analyse de la mue des rémiges primaires. Gerfaut 52: 298-343.

Borrow, N. & R. Demey. 2004. Birds of Western Africa. Londres: Christopher Helm.

Bos, D., I. Grigoras & A. Ndiaye. 2006. Land cover and avian biodiversity in rice fields and mangroves of West Africa. Veenwouden: A&W/Wetlands International.

Bosshard, P. 1999. A case study on the Manantali dam project (Mali, Mauritania, Senegal). Press Release, Berne Declaration. Provided by International Rivers Network, http://www.irn.org/programs/safrica/index.php?id=bosshard.study.html.

Both, C., M.E. Visser & H. van Balen. 2002. De opkomst en ondergang van een populatie Ringmussen *Passer montanus*. Limosa 75: 41-50.

Both, C., R.G. Bijlsma & M.E. Visser. 2005. Climatic effects on timing of spring migration and breeding in a long-distance migrant, the pied flycatcher *Ficedula hypoleuca*. J. Avian Biol. 36: 368-373.

Both, C., S. Bouwhuis, C.M. Lessells & M.E. Visser. 2006. Climate change and population decline in a long-distance migratory bird. Nature 441: 81-83.

ould Boubouth, A., Y. Diawara, M. El Hacen Mint, S. Kloff & C. Vaufrey. 1999. Etouffés sous le tapis vert. Nouakchott, Mauritanie: IUCN.

Bousso, T. 1997. The estuary of the Senegal River: the impact of environmental changes and the Diama dam on resource status and fishery conditions. *In*: K. Remane (éd.). Africa inland fisheries, aquaculture and the environment: 45-65. Oxford: Fishing News Books.

Boutin, J.-M. 2001. Elements for a turtle dove (*Streptopelia turtur*) management plan. Game Wildl. Sci. 18: 87-112.

Boutin, J.-M., L. Barbier & D. Roux. 2001. Suivi des effectifs nicheurs d'Alaudidés, Colombidés et Turdidés en France : Le programme ACT. Alauda 69: 53-61.

Boyi, M. G., U. Ottosson & R. Ottvall. 2007. Winter ecology of common whitethroat (*Sylvia communis*) in the Amurum Forest, northern Nigeria. Ostrich 78: 369.

Böhning-Gaese, K. 1992. Zur Nahrungsökologie des Weißstorchs (*Ciconia ciconia*) in Oberschwaben: Beobachtungen an zwei Paaren. J. Ornithol. 133: 61-71.

Brader, L., H. Djibo, F.G. Faye, S. Ghaout, M. Lazar, P.N. Luzietoso & M.A. Ould Babah. 2006. Apporter une réponse plus efficace aux problèmes posés par les criquets pèlerins et à leurs conséquences sur la sécurité alimentaire, les moyens d'existence et la pauvreté. Évaluation multilatérale de la campagne 2003-05 contre le criquet pèlerin. Rome: FAO.

Breman, H. & A. M. Cissé. 1977. Dynamics of Sahelian pastures in relation to drought and grazing. Oecologia 28: 301-315.

Breman, H. & C.T. de Wit. 1983. Rangeland productivity and exploitation in the Sahel. Science 221: 1341-1347.

Breman, H. & N. de Ridder. 1991. Manuel sur les pâturages des pays sahéliens. Paris: Karthala.

Breman, H., J.J.R. Groot & H. van Keulen. 2001. Resource limitations in Sahelian agriculture. Global Environmental Change 11: 59-68.

Brichetti, P. & G. Fracasso. 2003. Ornitologia Italiana. Vol. 1. Bologna: Alberto Perdisa Editore.

Bricquet, J.P., G. Mahé, M. Toure & J.C. Olivry. 1997. Évolution récente des ressources en eau de l'Afrique atlantique. Rev. Sci. Eau 10: 321-337.

van den Brink, B., R.G. Bijlsma & T. van der Have. 1997. European Swallows *Hirundo rustica* in Botswana. WIWO-report No. 56. Zeist: WIWO.

van den Brink, B., R.G. Bijlsma & T. van der Have. 1998. European songbirds and Barn Swallows *Hirundo rustica* in Ghana: a quest for Constant Effort Sites and Swallow roosts in December/January 1996/97. WIWO-report 58. Zeist: WIWO.

van den Brink, B., R.G. Bijlsma & T. van der Have. 2000. European Swallows *Hirundo rustica* in Botswana during three non-breeding seasons: the effect of rainfall on moult. Ostrich 71: 198-204.

van den Brink, B., A. van den Berg & S. Deuzeman. 2003. Trapping Barn Swallows *Hirundo rustica* in Botswana in 2003. Babbler 43: 6-14.

van den Brink, B. 2006. Euring Swallow project Nederland, regioverslag Noord-Veluwe. Noordeinde: Published privately.

Broadbent, J. 1971. Additions to the avifauna of Waza (Cameroun) and Lake Natu (Sokoto). Bull. Nigerian Orn. Soc. 8: 58-61.

Brooks, N. & M. Legrand. 2000. Dust variability over northern Africa and rainfall in the Sahel. *In*: S. J. McLaren & D. Kniverton (éds). Linking land surface change to climate change: 1-23. Dordrecht: Kluwer.

Brouwer, J. & W.C. Mullié. 1992. Range extensions of two nightjar species in Niger, with a note on prey. Malimbus 14: 11-14.

Brouwer, J. & W.C. Mullié. 2000. Description of eggs and young of the Fox Kestrel *Falco alopex* in Niger. Bull. Brit. Orn. Club. 120: 196-198.

Brouwer, J. & W.C. Mullié. 2001. A method for making whole country waterbird population estimates, applied to annual waterbird census data from Niger. Ostrich Suppl. No. 15: 73-82.

Brouwer, J., W.C. Mullié & P. Scholte. 2003. White Storks *Ciconia ciconia* wintering in Chad, northern Cameroon and Niger: a comment on Berthold *et al.* (2001). Ibis 145: 499-501.

Brown, L. 1970. African birds of prey. Boston: Houghton Mifflin Company.

Brown, L. 1980. The African Fish Eagle. Folkestone: Bailey Bros. and Swinfen Ltd.

Brown, L.H., E.K. Urban & K. Newman. 1982. The Birds of Africa, Vol. 1. Londres: Academic Press.

Brown, P. E. & M.G. Davies. 1949. Reed-warblers. East Molesey: Foy Publications.

Browne, S.J. & N.J. Aebischer. 2003a. Habitat use, foraging ecology and diet of Turtle Doves *Streptopelia turtur* in Britain. Ibis 145: 572-582.

Browne, S.J. & N.J. Aebischer. 2003b. Temporal changes in the migration phenology of turtle doves *Streptopelia turtur* in Britain, based on sightings from coastal bird observatories. J. Avian Biol. 34: 65-71.

Browne, S.J. & N.J. Aebischer. 2003c. Temporal variation in the biometrics of Turtle Doves *Streptopelia turtur* caught in Britain between 1956 and 2000. Ring. & Migr. 21: 203-208.

Browne, S.J. & N.J. Aebischer. 2004. Temporal changes in the breeding ecology of European Turtle Doves *Streptopelia turtur* in Britain & implications for conservation. Ibis 146: 125-137.

Browne, S.J., N.J. Aebischer, G. Yfantis & J.H. Marchant. 2004. Habitat availability and use by Turtle Doves *Streptopelia turtur* between 1965 and 1995: an analysis of Common Birds Census data. Bird Study 51: 1-11.

Browne, S.J., N.J. Aebischer & H.Q.P. Crick. 2005. Breeding ecology of Turtle Doves *Streptopelia turtur* in Britain during the period 1941-2000: An analysis of BTO nest record cards. Bird Study 52: 1-9.

Browne, S.J. & N.J. Aebischer. 2005. Studies of West Palearctic birds: Turtle Dove. British Birds 98: 58-72.

Broyer, J., P. Varagnat, G. Constant & P. Caron. 1998. Habitat du Héron pourpré *Ardea purpurea* sur les étangs de pisciculture en France. Alauda 66: 221-228.

Bruderer, B. & W. Hirschi. 1984. Langfristige Bestandsentwicklung von Gartenrötel *Phoenicurus phoenicurus* und Trauerschnäpper *Ficedula hypoleuca*. Ornithol. Beob. 81: 285-302.

Bruderer, B. & A. Boldt. 2001. Flight characteristics of birds: I. Radar measurements of speeds. Ibis 143: 178-204.

Bruderer, B. & V. Salewski. 2009. Lower annual fecundity in long-distance migrants than in less migratory birds of temperate Europe. J. Ornithol. 150: 281-286.

Bruinzeel, L.W., J. van der Kamp, M.D. Diop Ndiaye & E. Wymenga. 2006. Avian biodiversity of invasive *Typha* vegetation. A pilot study on species and their densities on the Senegal Delta. Veenwouden/Dakar: Altenburg & Wymenga/Wetlands International.

Bryant, D.M. & G. Jones. 1995. Morphological changes in a population of Sand Martins *Riparia riparia* associated with fluctuations in population size. Bird Study 42: 57-65.

van der Burg, G. & J. Poutsma. 2000. Analyse van vogeltellingen langs de Friese IJsselmeerkust, 1975-1999. Velp: Larenstein.

Busche, G. 2004. Zum Durchzug des Wendehalses (*Jynx torquilla*) an der Deutschen Bucht (Helgoland und schleswig-holsteinische Küste) 1965-1998. Vogelwarte 42: 344-351.

Buss, I. O. 1946. Bird detection by radar. Auk 63: 315-318.

Busse, P. 1994a. General patterns of population trends of migrating passerines at the southern Baltic coast based on trapping results (1961-1990). *In*: E.J.M. Hagemeijer & T.J. Verstrael (éds). Bird Numbers 1992. Distribution, monitoring and ecological aspects: 427-434. Voorburg/Heerlen & Beek-Ubbergen: Statistics Netherlands & SOVON.

Busse, P. 1994b. Population trends of some migrants at the southern Baltic coast - autumn catching results 1961-1990. Ring 16: 115-158.

C

Calvert, M. 2005. Reed Warblers at Rostherne Mere. Shrewsbury: English Nature.

Camara, A.M. 1995. Les peuplements d'*Acacia nilotica* de la plaine alluviale du Sénégal: problèmes de conservation. Dakar: ENS-UCAD.

Camberlin, P., N. Martiny, N. Philippon & Y. Richard. 2007. Determinants of the interannual relationships between remote-sensed photosynthetic activity and rainfall in tropical Africa. Remote Sensing of Environment 106: 199-216.

Campos, F. & J.M. Lekuona. 2001. Are rice fields a suitable foraging habitat for Purple Herons during the breeding season? Waterbirds 24: 450-452.

Campredon, P. 1987. La reproduction des oiseaux d'eau sur le Parc National du Banc d'Arguin (Mauritanie) en 1984-1985. Alauda 55: 187-210.

Carmi, N., B. Pinshow, W. P. Porter & J. Jaeger. 1992. Water and energy limitations on flight duration in small migrating birds. Auk 109: 268-276.

Carmouze, J.P. & J. Lemoalle. 1983. The lacustrine environment. *In*: J.P. Carmouze, J.R. Durand & C. Lévêque (éds). Lake Chad: 27-63. La Haye: Junk.

Caro, T. & P. Scholte. 2007. When protection falters. Afr. J. Ecol. 45: 233-235.

Casazza, M.L., J.P. Fleskes, D.A. Haukos, M.R. Miller, D.L. Orthmeyer, W.M.

Perry & J.Y. Takekawa. 2005. Flight speeds of northern pintails during migration determined using satellite telemetry. Wilson Bull. 117: 364-374.

Castelijns, H., E.C.L. Marteijn, B. Krebs & G. Burggraeve. 1988. Overwinterende Kemphanen *Philomachus pugnax* in ZW-Nederland en NW-België. Limosa 61: 119-124.

Castelijns, H. 1994. Grutto en Kemphaan overwinteren in toenemende mate in Zeeuws-Vlaanderen. Limosa 67: 113-115.

Castelijns, H. & W. Castelijns. 2008. Het overwinteren van de Bruine Kiekendief in Zeeland. Limosa 81: 41-49.

Catry, P., M. Lecoq, A. Araujo, G. Conway, M. Felgueiras, J.M.B. King, S. Rumsey, H. Salima & P. Tenreiro. 2005. Differential migration of chiffchaffs *Phylloscopus collybita* and *P. ibericus* in Europe and Africa. J. Avian Biol. 36: 184-190.

Cavé, A. J. 1983. Purple Heron survival and drought in tropical West Africa. Ardea 71: 217-224.

Chamberlain, C.P., S. Bensch, X. Feng, S. Åkesson & T. Andersson. 2000. Stable isotopes examined across a migratory divide in Scandinavian willow warblers (*Phylloscopus trochilus trochilus* and *Phylloscopus trochilus acredula*) reflect their African winter quarters. Proc. R. Soc. Londres B 267: 43-48.

Chamberlain, D.E., R.J. Fuller, R.G.H. Bunce, J.C. Duckworth & M. Shrubb. 2000. Changes in the abundance of farmland birds in relation to the timing of agricultural intensification in England and Wales. J. appl. Ecol. 37: 771-788.

Chamberlain, D.E. & R.J. Fuller. 2000. Local extinctions and changes in species richness of lowland farmland birds in England and Wales in relation to recent changes in agricultural land-use. Agriculture, Ecosystems & Environment 78: 1-17.

Chang, P., L. Ji & H. Li. 1997. A decadal climate variation in the tropical Atlantic Ocean from thermodynamic air-sea interactions. Nature 385: 516-518.

Chapman, L.J., L. Kaufman & C.A. Chapman. 1994. Why swim upside down?: A comparative study of two mochokid catfishes. Copeia 1994(1): 130-135.

Charney, J.G. 1975. Dynamics of deserts and drought in Sahel. Q. J. Royal Meteor. Soc. 101: 193-202.

Cheke, R.A. & J.F. Walsh. 1996. The birds of Togo. B.O.U. Checklist No. 14. Tring: British Ornithologists' Union.

Cheke, R.A., W.C. Mullié & A. Baoua Ibrahim. 2006. Avian predation of adult Desert Locust *Schistocerca gregaria* affected by *Metarhizium anisopliae* var. *acridum* (Green Muscle®) during a large scale field trial in Aghéliough, northern Niger, in October and November 2005. Chatham Maritime/Dakar/ Niamey: FAO/NRI.

Chernetsov, N. 1996. Preliminary hypotheses on migration of the Sedge Warbler (*Acrocephalus schoenobaenus*) in the Eastern Baltic. Vogelwarte 38: 201-210.

Chernetsov, N. & A. Manukyan. 2000. Foraging strategy of the Sedge Warbler (*Acrocephalus schoenobaenus*) on migration. Vogelwarte 40: 189-197.

Chernetsov, N. & N. Titov. 2001. Movement patterns of European Reed Warblers *Acrocephalus scirpaceus* and Sedge Warblers *A. schoenobaenus* before and during autumn migration. Ardea 89: 509-515.

Chernetsov, N., M. Kaatz, U. Querner & P. Berthold. 2005. Vierjährige Satelliten-Telemetrie eines Weißstorchs *Ciconia ciconia* vom Selbstständigwerden an - Beschreibung einer Odyssee. Vogelwarte 43: 39-42.

Chomitz, K.M. & C.W. Griffiths. 1997. An economic analysis of woodfuel management in the Sahel; the case of Chad. World Bank Policy Research Working Paper 1788: 1-26.

Chu, P.-S., Z.-P. Yu & S. Hastenrath. 1994. Detecting climate change concurrent with deforestation in the Amazon basin: which way has it gone? Bull. Am. Meteor. Soc. 75: 579-583.

Claassen, T.H.L. 2000. Water management in a large Dutch, agricultural used catchment area of shallow lakes, The Netherlands. *In:* P.K. Jha, S.B. Karmacharya, S.R. Baral & P. Lacoul (éds). Environment and Agriculture – At the crossroad of the new millennium: 421-434. Kathmandu: Ecological Society.

Claffey, P. 1999. Dams as new habitat in West African savannah. Bull. African Bird Club 6: 117-120.

Clarke, R., A. Bourgonje & H. Castelijns. 1993. Food niches of sympatric Marsh Harriers *Circus aeruginosus* and Hen Harriers *C. cyaneus* on the Dutch coast in winter. Ibis 135: 424-431.

Clarke, R. 1996a. Preliminary observations on the importance of a large communal roost of wintering harriers in Gujarat (NW India) and comparison with a roost in Senegal (W. Africa). J. Bombay Nat. Hist. Soc. 93: 44-50.

Clarke, R. 1996b. Montagu's Harrier. Chelmsford: Arlequin Press.

Clarke, R., V. Prakash, W.S. Clark, N. Ramesh & D. Scott. 1998. World record count of roosting harriers *Circus* in Blackbuck National Park, Velavadar, Gujarat, north-west India. Forktail 14: 70-71.

Clarke, R. 2002. British Montagu's Harriers - what governs their numbers? Ornithol. Anz. 41: 143-158.

Claro, J.C. 2002. Perspectives for conservation of Montagu's Harrier in southern Portugal. Ornithol. Anz. 41: 211-212.

Cobb, S. 1981. Wild Life in Southern Sudan. Swara 4: 28-31.

Cody, M.L. 1985. Habitat selection in birds. Londres: Academic Press.

Coe, M.T. & J.A. Foley. 2001. Human and natural impacts on the water resources of the Lake Chad basin. J. Geophysical Research 106: 3349-3356.

Coe, M.T. & C.M. Birkett. 2004. Calculation of river discharge and prediction of lake height from satellite radar altimetry: Example for the Lake Chad basin. Water Resources Research 40: W10205, doi:10.1029/2003WR002543.

Colvin, J. & J. Holt. 1996. A model to investigate the effects of rainfall, predation and egg quiescence on the population dynamics of the

Senegalese grasshopper, *Oedaleus senegalensis*. Sécheresse 7: 145-150.

Conrad, B. 1974. Bestehen Zusammenhänge zwischen dem Bruterfolg der Dorngrasmücke (*Sylvia communis*) und ihrer gegenwärtigen Bestandsverminderung? Vogelwelt 95: 186-198.

Conway, D. 2005. From headwater tributaries to international river: Observing and adapting to climate variability and change in the Nile basin. Global Environmental Change 15: 99-114.

Conway, D., E. Allison, R. Felstead & M. Goulden. 2005. Rainfall variability in East Africa: implications for natural resources management and livelihoods. Phil. Trans. R. Soc. A 363: 49-54.

Corbacho, C., J.M. Sánchez & A. Sánchez. 1999. Effectiveness of conservation measures on Montagu's Harriers in agricultural areas in Spain. J. Raptor Research 33: 117-122.

Cormier, J.-P. & F. Baillon. 1991. Concentrations de Busards cendrés *Circus pygargus* (L.) dans la région de M'Bour (Sénégal) durant l'hiver 1988-1989: Utilisation du milieu et régime alimentaire. Alauda 59: 163-168.

Cotton, P.A. 2003. Avian migration phenology and global climate change. PNAS 100: 12219-12222.

Cowley, E. 1979. Sand Martin population trends in Britain, 1965-1978. Bird Study 26: 113-116.

Cowley, E. & G.M. Siriwardena. 2005. Long-term variation in survival rates of Sand Martins *Riparia riparia*: dependence on breeding and wintering ground weather, age and sex and their population consequences. Bird Study 52: 237-251.

Cox, R.R. & A.D. Afton. 1996. Evening flights of female northern pintails from a major roost site. Condor 98: 810-819.

Cramp, S. & K.E.L. Simmons. 1977. The Birds of the Western Palearctic. Vol. I: Ostrichs to Ducks. Oxford: Oxford University Press.

Cramp, S. & K.E.L. Simmons. 1983. The Birds of the Western Palearctic. Vol. III. Oxford: Oxford University Press.

Cramp, S. & K.E.L. Simmons. 1985. The Birds of the Western Palearctic. Vol. IV. Oxford: Oxford University Press.

Cramp, S. & K.E.L. Simmons. 1988. The Birds of the Western Palearctic. Vol. V. Oxford: Oxford University Press.

Cramp, S. 1992. The Birds of the Western Palearctic. Vol. VI: Warblers. Oxford: Oxford University Press.

Cresswell, W.R.L., J.M. Wilson, J. Vickery, P. Jones & S. Holt. 2007. Changes in densities of Sahelian bird species in response to recent habitat degradation. Ostrich 78: 247-253.

Crétaux, J.F. & C. Birkett. 2006. Lake studies from satellite radar altimetry. C. R. Geoscience 338: 1098-1112.

Cristol D.A., M.B. Baker & C. Carbone. 1999. Differential migration revisited: Latitudinal segregation by age and sex class. New York: Kluwer Academic/Plenum Publishers. 33-88.

Crousse, B. P., P. Mathieu & S. M. Seck. 1991. La vallée du fleuve Sénégal. Evaluations et perspectives d'une décennie d'aménagements (1980-1990). Paris: Karthala.

CSE. 2003. Project LADA au Sénégal (Land Degradation Assessment).

Power point presentation. Dakar: Centre du Suivi d'Ecologie.

Culmsee, H. 2002. The habitat functions of vegetation in relation to the behaviour of the desert locust *Schistocerca gregaria* (Forskål) (Acrididae: Orthoptera) – a study in Mauritania (West Africa). Phytocoenologia 32: 645-664.

Curry-Lindahl, K. 1981. Bird migration in Africa, Vol. 1 and 2. Londres: Academic Press.

Curry, J. 1974. The occurrence and behaviour of turtle doves in the inundation zone of the Niger, Mali. Bristol Ornith. 7: 67-71.

Curry, J. & J.A. Sayer. 1979. The inundation zone of the Niger as an environment for Palaearctic migrants. Ibis 121: 20-40.

D

Dai, A.G., P.J. Lamb, K.E. Trenberth, M. Hulme, P.D. Jones & P.P. Xie. 2004. The recent Sahel drought is real. Intern. J. Clim. 24: 1323-1331.

Dallinga, H. & M. Schoenmakers. 1984. Populatieverandering bij de ooievaar *Ciconia ciconia* in de period 1850-1975. Zeist/Haren: Nederlandse Vereniging tot Bescherming van Vogels/University of Groningen.

Dallinga, J.H. & M. Schoenmakers. 1989. Population changes of the White Stork *Ciconia ciconia* since the 1850s in relation to food resources. *In:* G. Rheinwald, J. Ogden & H. Schulz (éds). Weißstorch – White Stork. Proceedings I International Stork Conservation Symposium, Schriftenreihe DDA 10.

Danfa, A., A.L. Bâ, H. van der Valk, C. Rouland-Lefèvre, W.C. Mullié & J.W. Everts. 2000. Long-term effects of chlorpyrifos and fipronil on epigeal beetles and soil arthropods in the semi-arid savanna of northern Senegal. Dakar: FAO.

Danko, Š., A. Daralová & A. Krištín. 2002. [Birds distribution in Slovakia.] Bratislava: VEDA.

Dansoko, D. & B. Kassibo. 1989. Étude des systèmes de productions halieutiques en 5ème région. Projet de développement; la région de Mopti (ODEM II-III); Études sur les systèmes de productions rurales en 5ème région.

Dean, G. J. W. 1964. Stork and egret as predators of the Red Locust in the Rukwa Valley outbreak area. Ostrich 35: 95-100.

DeCandido, R., R.O. Bierregaard Jr., M.S. Martell & K.L. Bildstein. 2006. Evidence of nocturnal migration by Osprey (*Pandion haliaetus*) in North America and Western Europe. J. Raptor Research 40: 156-158.

DeGeorges, A. & B.K. Reilly. 2006. Dams and large scale irrigation on the Senegal river: impacts on man and the environment. Intern. J. Environ. Studies 63: 633-644.

Dejoux, C. 1983. The exploitation of fish stocks in the Lake Chad region. *In:* J.P. Carmouze, J.R. Durand & C. Lévêque (éds) Lake Chad. Ecology and productivity of a shallow tropical ecosystem: 519-525. La Haye: Junk.

del Hoyo, J., A. Elliott & J. Sargatal. 1992. Handbook of the Birds of the World, Vol. 1. Barcelona: Lynx Edicions.

del Hoyo, J., A. Elliott & J. Sargatal. 1997. Handbook of the Birds of the World, Vol. 3. Barcelona: Lynx Edicions.

Delany, S. & D. Scott. 2006. Waterfowl Population Estimates - Fourth Edition. Wageningen: Wetlands International.

Dement'ev, G.P., N.A. Gladkov & E.P. Spangenberg. 1969. Birds of the Soviet Union, Vol II. Jeruzalem: IPSP.

Dennis, R. 1995. Ospreys *Pandion haliaetus* in Scotland - a study of recolonization. Vogelwelt 116: 193-196.

Dennis, R. 2002. Osprey *Pandion haliaetus. In:* C.V. Wernham, M.P. Toms, J.A. Clark, G.M. Siriwardena & S.R. Baillie (éds). The migration atlas: movements of the birds of Britain and Ireland: 243-245. Londres: Poyser.

Dennis, R. & F. A. McPhie. 2003. Growth of the Scottish Osprey (*Pandion haliaetus*) population. *In:* D.B.A. Thompson, S.M. Redpath, A.H. Fielding, M. Marquiss & C.A. Galbraith (éds). Birds of prey in a changing environment: 163-171. Edinburgh: The Stationery Office.

Dennis, R. 2008. A life of Ospreys. Dunbeath: Whitles Publishing.

Denny, P. 1984. Permanent swamp vegetation of the upper Nile. Hydrobiologica 110: 79-90.

Denny, P. 1993. Wetlands of Africa: introduction. *In:* D. Whigham, D. Dykyjova & S. Hejny (éds). Wetlands of the World: inventory, ecology and management: 1-31. Dordrecht: Kluwer.

Dervieux, A., J.-D. Lebreton & A. Tamisier. 1980. Technique et fiabilité des dénombrements aériens de canards et de foulques hivernant en Camargue. Terre Vie 34: 69-99.

Deutsch, M. 2007. Der Ortolan *Emberiza hortulana* im Wendland (Niedersachsen) - Bestandszunahme durch Grünlandumbruch und Melioration? Vogelwelt 128: 105-115.

Deuzeman, S.B., T.M. van der Have, W.T. de Nobel & B. van den Brink. 2004. European Swallows *Hirundo rustica* and other songbirds of wetlands in Ghana, December 1997. WIWO-report 80. Zeist: WIWO.

Diadicheva, E. & N. Matsievskaya. 2000. Migration routes of waders using stopover sites in the Azov-Black Sea region, Ukraine. Vogelwarte 40: 161-178.

Diagana, C.H., Z.E. ould Sidaty, Y. Diawara & M. ould Daddah. 2006. Oiseaux nicheurs au Parc du Diawling et dans sa zone périphérique (Mauritanie). Rapport non publ.

Diawara, Y. & C.H. Diagana. 2006. Impacts of the restoration of the hydrological cycle on bird populations and socio-economic benefits in and around the Parc National du Diawling in Mauritania. *In:* G.C. Boere, C.A. Galbraith & D.A. Stroud (éds). Waterbirds around the world: 725-728. Edinburgh: The Stationery Office.

van Dijk, A.J. 1980. Waarnemingen aan de rui van de Grutto *Limosa limosa*. Limosa 53: 49-57.

van Dijk, A.J. & B.L.J. van Os. 1982. Vogels van Drenthe. Assen: van Gorcum.

van Dijk, A.J., K. van Dijk, L. Dijksen, T. van Spanje & E. Wymenga. 1984. Wintering waders and waterfowl in the Gulf of Gabès, Tunisia, January-March 1984. Zeist: WIWO.

van Dijk, A.J. & B. Dijkstra. 2000. Heeft de Grutto *Limosa limosa* toekomst in Drenthe? Drentse Vogels 13: 10-26.

van Dijk, A.J., L. Dijksen, F. Hustings, R. Oosterhuis, C. van Turnhout, M.J.T. van der Weide, D. Zoetebier & C.L. Plate. 2006. Broedvogels in Nederland in 2004. SOVON-monitoringrapport 2006/01. Beek-Ubbergen: SOVON Vogelonderzoek Nederland.

van Dijk, A.J., A. Boele, L. van den Bremer, F. Hustings, W. van Manen, A. van Kleunen, K. Koffijberg, W. Teunissen, C. van Turnhout, B. Voslamber, F. Willems, D. Zoetebier & C.L. Plate. 2007. Broedvogels in Nederland in 2005. SOVON-monitoringrapport 2007/10. Beek-Ubbergen: SOVON Vogelonderzoek Nederland.

van Dijk, A.J., A. Boele, F. Hustings, K. Koffijberg & C. Plate. 2008. Broedvogels van Nederland in 2006. Beek-Ubbergen: SOVON Vogelonderzoek Nederland.

van Dijk, G. 1983. De populatie-omvang (broedparen) van enkele weidevogelsoorten in Nederland en de omringende landen. Vogeljaar 31: 117-133.

Dijkstra, B., W. Ganzevles, G. Gerritsen & S. de Kort. 2002. Waders and waterfowl in the floodplains of the Logone, Cameroon. January/February 1999. Zeist: WIWO.

Dijkstra, C., N. Beemster, M. Zijlstra & M. van Eerden. 1995. Roofvogels in de Nederlandse wetlands. Lelystad: Rijkswaterstaat Directie IJsselmeergebied.

Diop, I. & P. Triplet. 2000. Un fléau végétal menace le delta du fleuve Sénégal. Bull. Liaison et Information OMPO 22: 63-65.

Diop, M. & P. Triplet. 2006. Parc National des Oiseaux du Djoudj. Plan d'Actions 2006-2008. Direction Parcs Nationaux, Dakar / Centre du Patrimoine Mondial, UNESCO.

Diop, M.D., J. Peeters, B. Faye & R. Diop. 1998. Typologie et problématique environnementale des zones humides de la rive gauche du bassin du fleuve Sénégal. Commission Fleuve Sénégal, Réseau National Zones Humides. Rapport de mission, IUCN.

Diouf, S., M. Diouf, P. Triplet & L. Hiliaire. 2001. Programme de lutte biologique contre *Salvinia molesta* dans le Parc National des Oiseaux du Djoudj et sa périphérie 2001-2003. Rapport Direction des Parcs Nationaux, UNESCO.

Díaz, M., B. Asensio & J.L. Tellería. 1996. Aves Ibéricas. Vol. I: No passeriformes. Madrid: J.M. Reyero Editor.

Dobrynina, I.N. & S.P. Kharitonov. 2006. The Russian waterbird migration atlas: temporal variation in migration routes. *In:* G.C. Boere, C.A. Galbraith & D.A. Stroud (éds). Waterbirds around the world: 582-589. Edinburgh: The Stationery Office.

Dodman, T. & C.H. Diagana. 2003. African Waterbird Census 1999, 2000 & 2001. Wageningen: Wetlands International.

Dodman, T. & C. Diagana. 2007. Movements of waterbirds within Africa and their conservation implications. Ostrich 78: 149-154.

Doligez, B., D.L. Thomson & A.J. van Noordwijk. 2004. Using large-scale data analysis to assess life history and behavioural traits: the case of the reintroduced White stork *Ciconia ciconia* population in the Netherlands. Animal Biodiver. Conserv. 27: 387-402.

Donald, P.F., F.J. Sanderson, I.J. Burfield & P.J. van Bommel. 2006. Further evidence of continent-wide impacts of agricultural intensification on European farmland birds, 1990–2000. Agriculture, Ecosystems & Environment 116: 189-196.

Dornbusch, G., S. Fischer & A. Hochbaum. 2004. Der Langzeit-Vogelschutzversuch der Vogelschutzwarte Steckby - Langfristige Trends und Brutergebnisse 2003. Berichte des Landesamtes für Umweltschutz Sachsen-Anhalt, Sonderheft 2004(4): 65-68.

Dowsett-Lemaire, F. & R.J. Dowsett. 1987. European reed and marsh warblers in Africa: migration patterns, moult and habitat. Ostrich 58: 65-85.

Dowsett, R.J. 1968. Migrants at Malamfatori, Lake Chad, spring 1968. Bull. Nigerian Orn. Soc. 5: 53-56.

Dowsett, R.J. 1969. Migrants at Malamfatori, Lake Chad, autumn 1968. Bull. Nigerian Orn. Soc. 6: 39-45.

Dowsett, R.J. & C.H. Fry. 1971. Weigt losses of trans-Saharan migrants. Ibis 113: 531-535.

Dowsett, R.J. 1980. The migration of coastal waders from the Palaearctic across Africa. Gerfaut 70: 3-35.

Dowsett, R.J., G.C. Backhurst & T.B. Oatley. 1988. Afrotropical ringing recoveries of Palaearctic migrants (I. Passerines). Tauraco 1: 29-63.

Dowsett, R.J. & P.M. Leonard. 1999. Results from bird ringing in Zambia. Zambian bird report 1999: 16-46.

Dowsett, R.J., D.R. Aspinwall & F. Dowsett-Lemaire. 2008. The birds of Zambia. Liège: Tauraco Press and Aves a.s.b.l.

Duhart, F. & M. Descamps. 1963. Notes sur l'avifaune du Delta Central Nigerien et régions avoisinantes. L'Oiseau et RFO 33 - no spécial: 1-107.

Dunning Jr., J.B. 1993. CRC handbook of avian body masses. Boca Raton: CRC Press.

Dupuy, A. & J. Verschuren. 1978. Note sur les oiseaux, principalement aquatiques, de la région du Parc National du Delta du Saloum (Sénégal). Gerfaut 68: 321-345.

Dupuy, A.R. 1975. Nidification de Hérons pourprés (*Ardea purpurea*) au Parc National des Oiseaux du Djoudj, Sénégal. L'Oiseau et RFO 45: 289-290.

Dupuy, A.R. 1982. Reproduction du Marabou (*Leptoptilos crumeniferus*) au Sénégal. L'Oiseau et RFO 52: 52-53.

Durand, J.R. 1983. The exploitation of fish stocks in the Lake Chad region. *In:* J.P. Carmouze, J.R. Durand & C. Lévêque (éds). Lake Chad. Ecology and productivity of a shallow tropical ecosystem: 425-481 La Haye: Junk.

Duvail, S., O. Hamerlynck & M.L. ould Baba. 2002. Une alternative à la gestion des eaux du fleuve Sénégal? *In:* G. Bergkamp, J.-Y. Pirot & S. Hostettler (éds). Integrated Wetlands and Water Resources Management: Proceedings of a workshop held at the Second International Conference on Wetlands and Development, Dakar: 89-97. Gland: Wetlands International, IUCN, WWF.

Duvail, S. & O. Hamerlynck. 2003. Mitigation of negative ecological and socio-economic impacts of the Diama dam on the Senegal River Delta wetland (Mauritania), using a model based decision support system. Hydrol. Earth Syst. Sci. 7: 133-146.

Dybbro, T. 1978. Oversigt over Danmarks fugle. Kobenhavn: Dansk Ornithologisk Forening.

E

Ebbinge, B.S. 1989. A multifactorial explanation for variation in breeding performance of Brent Geese *Branta bernicla*. Ibis 131: 196-204.

Ebbinge, B.S. 1990. Reply by Barwolt S. Ebbinge. Ibis 132: 481-482.

Elbersen, H.W. 2006. Typha for bio-energy. *In:* L. Kuiper (éd.). Quick-scans on upstream biomass. The Biomass Upstream Consortium, Wageningen. http://www.probos.net/biomassa-upstream/pdf/reportBUSB1.pdf.

Elgood, J.H., R.E. Sharland & P. Ward. 1966. Palaearctic migrants in Nigeria. Ibis 108: 84-116.

Elgood, J.H., J.B. Heigham, A.M. Moore, A.M. Nason, R.E. Sharland & N.J. Skinner. 1994. The birds of Nigeria. B.O.U. Checklist No. 4 (Second edition). Tring: British Ornithologists' Union.

Ellegren, H. & T. Fransson. 1992. Fat load and estimated flight-ranges in four *Sylvia* species analysed during autumn migration at Gotland, South-East Sweden. Ring. & Migr. 13: 1-12.

Elliott, H.F.I. 1962. Birds as locust predators. Ibis 104: 444.

Elts, J., A. Kuresoo, E. Leibak, A. Leito, V. Lilleleht, L. Luigujõe, A. Lõhmus, E. Mägi & M. Ots. 2003. [Status and numbers of Estonian birds, 1998-2002.] Hirundo 16: 58-83.

Enemar, A., B. Sjöstrand, G. Andersson & T. von Proschwitz. 2004. The 37-year dynamics of a subalpine passerine bird community, with special emphasis on the influence of environmental temperature and *Epirrita autumnata* cycles. Ornis Svecica 14: 63-106.

Engelhard, P. & B.G. Abdallah. 1986. Enjeux de l'après-barrage. Vallée du Sénégal. ENDA Tiers Monde / Ministère de la Coopération, France.

Ens, B.J., T. Piersma, W.J. Wolff & L. Zwarts (éds). 1990. Homeward bound: problems waders face when migrating from the Banc d'Arguin, Mauritania, to their northern breeding grounds in spring. Ardea 78: 1-364.

Epple, W. 1992. Einführung in das Artenschutzsymposium Wendehals. Beih. Veröff. Naturschutz Landschaftspflege Bad.-Württ. 66: 7-8.

Eraud, C., J.-M. Boutin, M. Rivière, J. Brun, C. Barbraud & H. Lormée. 2009. Survival of Turtle Doves *Streptopelia turtur* in relation to western Africa environmental conditions. Ibis 151: 186-190.

Escandell, V. 2006. Monitoring common breeding birds in Spain. The SACRE programme, report 1996-2005. Madrid: SEO/BirdLife.

Eskildsen, K. & B. Hälterlein. 2002. Lachseeschwalbe - *Gelochelidon nilotica*. *In:* R.K. Berndt, B. Koop & B. Struwe-Juhl (éds). Vogelwelt Schleswig-Holsteins: 206-207. Neumünster: Wachholtz Verlag.

Evans, K.L., J.D. Wilson & R.B. Bradbury. 2003. Swallow *Hirundo rustica* population trends in England: data from repeated historical surveys. Bird Study 50: 178-181.

Evans, K.L. & R.A. Robinson. 2004. Barn Swallows and agriculture. British Birds 97: 218-230.

Eykman, C., P.A. Hens, F.C. van Heurn, C.G.B. ten Kate, J.G. van Marle, M.J. Tekke & T.Gs. de Vries. 1941. De Nederlandsche Vogels, tweede deel. Wageningen: Wageningsche Boek- en Handelsdrukkerij.

Ezealor, A.U. & R.H. Giles. 1997. Wintering Ruff *Philomachus pugnax* are not pests of rice *Oryza spp.* in Nigeria's Sahelian wetlands. Wildfowl 48: 202-209.

F

Fairhead, J. & M. Leach. 2000. Webs of power: forest loss in Guinea. www.india-seminar.com.

Falk, K., F.P. Jensen, K.D. Christensen & B.S. Petersen. 2006. The diet of nestling Abdim's Stork *Ciconia abdimii* in Niger. Waterbirds 29: 215-220.

Fall, O., I. Fall & N. Hori. 2004. Assessment of the abundance and distribution of the aquatic plants and their impacts on the Senegal River Delta: The case of Khouma and Djoudj streams. Weed Technology 18: 1209.

FAO. 1980. Trilingual glossary of terms used in acridology. Rome: FAO.

FAO. 2006. Global Forest Resources Assessment 2005. Rome: FAO.

Farago, S. & P. Zomerdijk. 1997. Garganey. *In:* W.J.M. Hagemeijer & M.J. Blair (éds). The EBCC Atlas of European Breeding Birds: their Distribution and Abundance: 96-97. Londres: Poyser.

Fasola, M., L. Canova & N. Saino. 1996. Rice fields support a large portion of herons breeding in the Mediterranean region. Colonial Waterbirds 19 (Special Publ.1): 129-134.

Fasola, M., H. Hafner, J. Prosper, H. van der Kooij & I.V. Schogolev. 2000. Population changes in European herons in relation to African climate. Ostrich 71: 52-55.

Felix, K. & L. Felix. 2004. Bestandsentwicklung des Gartenrotschwanzes *Phoenicurus phoenicurus* in der Gemeinde Horgen 1965-2003. Ornithol. Beob. 101: 109-114.

Fenech, N. 1992. Fatal flight. The Maltese obsession with killing birds. Londres: Quiller Press.

Fernández-Cruz, M., G. Fernández-Alcázar, F. Campos & P.C. Días. 1992. Colonies of ardeids in Spain and Portugal. *In:* M. Finlayson, T. Hollis & T. Davis (éds). Managing Mediterranean wetlands and their birds: 76-78. Slimbridge: IWRB.

Fernández-Cruz, M. & F. Campos. 1993. The breeding of Grey Herons (*Ardea cinerea*) in western Spain: the influence of age. Colonial Waterbirds 16: 53-58.

Fiedler, W. 1998. Trends in den Beringungszahlen von Gartenrotschwanz (*Phoenicurus phoenicurus*) und Wendehals (*Jynx torquilla*) in Süddeutschland. Vogelwarte 39: 233-241.

Finlayson, C. 1992. Birds of the Strait of Gibraltar. Londres: Poyser.

Fishpool, L.D.C. & M.I. Evans. 2001. Important bird areas in Africa and associated islands. Priority sites for conservation. Newbury & Cambridge: Pisces Publications & BirdLife International.

Fisker, E.N., J. Bak & A. Niassy. 2007. A simulation model to evaluate control strategies for the grasshopper *Oedaleus senegalensis* in West Africa. Crop Protection 26: 592-601.

Flade, M. & K. Steiof. 1990. Bestandstrends häufiger norddeutscher Brutvögeln 1950-1985: Analyse von über 1400 Siedlungsdichte-Untersuchungen. *In:* R. v. d. Elzen, K.-L. Schuchmann & K. Schmidt-Koenig (éds). Current topics in avian biology: 249-260. Bonn: Deutsche Ornithologen-Gesellschaft.

Flade, M. 2007. Searching for wintering sites of the Aquatic Warbler *Acrocephalus paludicola* in Senegal. Eberswalde: Birdlife International Aquatic Warbler Conservation Team.

Fleskes, J.P., R.L. Jarvis & D.S. Gilmer. 2002. September-March survival of female northern pintails radiotagged in San Jaoquin Valley, California. J. Wildl. Manage 66: 901-911.

Fleskes, J.P., D.S. Gilmer & R.L. Jarvis. 2005. Pintail distribution and selection of marsh types at Mendota wildlife area during fall and winter. California Fish and Game 91: 270-285.

Fokin, S., V. Kuzyakin, H. Kalchreuter & J.S. Kirby. 2000. The Garganey in the former USSR: a compilation of the life-history information. Wetlands International Global Series 7: 1-50.

Foley, J.A., M.T. Coe, M. Scheffer & G.L. Wang. 2003. Regime shifts in the Sahara and Sahel: Interactions between ecological and climatic systems in northern Africa. Ecosystems 6: 524-539.

Folland, C.K., T.N. Palmer & D.E. Parker. 1986. Sahel rainfall and worldwide sea temperatures, 1901-85. Nature 320: 602-607.

Fontaine, B. & S. Janicot. 1996. Sea surface temperature fields associated with West African rainfall anomaly types. J. Climate 9: 2935-2940.

Foppen, R., C.J.F. ter Braak, J. Verboom & R. Reijnen. 1999. Dutch sedge warblers *Acrocephalus schoenobaenus* and West-African rainfall: empirical data and simulation modelling show low population resilience in fragmented marshlands. Ardea 87: 113-127.

Fornam, M.P. & J.A. Oguntola. 2004. Lake Chad basin. Kalmar: UNEP/ University of Kalmar.

Fournier, O. & E.C. Smith. 1981. Effets des aménagements hydro-agricoles du fleuve Sénégal sur l'écosystème du delta, particulièrement sur le parc des oiseaux du Djoudj. Rapport UNESCO.

Fournier, O. 2001. Impact des braconnages sur les populations de la Tourterelle des Bois *Streptopelia turtur* passant en mai par la Médoc (Gironde, France). Alauda 69: 162.

Fowler, A.C., R.L. Knight, T.L. George & L.C. McEwen. 1991. Effects of avian predation on grasshopper populations in North Dakota grasslands. Ecology 72: 1775-1781.

Franc, A. 2007. Impact des transformations mésologiques sur la dynamique des populations et la grégarisation du criquet nomade dans le bassin de la Sofia (Madagascar). Thèse de doctorat de l'Université Paul Valéry - Montpellier III. Unité de Formation et de Recherche / Sciences Humaines et Sciences de l'Environnement. Discipline / Biologie des Populations et Écologie.

Fransson, T. & J. Pettersson. 2001. Swedish Bird Ringing Atlas, Vol. 1. Stockholm: Naturhistoriska riksmuseet & Sveriges Ornitologiska Förening.

Fransson, T., S. Jakobsson & C. Kullberg. 2005. Non-random distribution of ring recoveries from trans-Saharan migrants indicates species-specific stopover areas. J. Avian Biol. 36: 6-11.

Fransson, T. & B.-O. Stolt. 2005. Migration routes of North European Reed Warblers *Acrocephalus scirpaceus*. Ornis Svecica 15: 153-160.

Freidel, J. W. 1979. Population dynamics of the water hyacinth *Eichornia crassipes* (Mart.) Solms, with special reference to the Sudan. Berichte aus dem Fachgebiet Herbologie der Universität Hohenheim 17: 1-132.

Frieze, M., R. Kuhn & D. Pointe. 2001. Biodiversity impact of cattail *(Typha dominguensis)* dominated marsh areas in the seasonal wetlands at Palo Verde National Park. Costa Rica: Coastal Rice Environmental Science Institute.

Fry, C.H., J.S. Ash & I.J. Ferguson-Lees. 1970. Spring weights of some Palaearctic migrants at Lake Chad. Ibis 112: 58-82.

Fry, C.H. 1970. Birds in Waza National Park, Cameroun. Bull. Nigerian Orn. Soc 7: 1-5.

Fry, C.H. 1971. Migration, moult and weights of birds in northern Guinea savanna in Nigeria and Ghana. Ostrich Suppl.8: 239-263.

Fry, C.H. 1982. Destruction of European White Storks in Nigeria by shooting. Malimbus 4: 47.

Fry, C.H., S. Keith & E.K. Urban. 1988. The birds of Africa, Vol. III. Londres: Academic Press.

Fuller, M.R., W.S. Seegar & L.S. Schueck. 1998. Routes and travel rates of migrating Peregrine Falcons *Falco peregrinus* and Swainson's Hawks *Buteo swainsoni* in the Western Hemisphere. J. Avian Biol. 29: 433-440.

G

Gallais, J. 1967. Le Delta Intérieur du Niger. Etudes de géographie régionale. Paris: Larose.

Ganesh, T. & P. Kanniah. 2000. Roost counts of harriers *Circus* spanning seven winters in Andhra Pradesh, India. Forktail 16: 1-3.

Ganusevich, S.A., T.L. Maechtle, W.S. Seegar, M.A. Yates, M.J. McGrady, M. Fuller, L.S. Schueck, J. Dayton & C.J. Henny. 2004. Autumn migration and wintering areas of Peregrine Falcons *Falco peregrinus* nesting on the Kola Peninsula, northern Russia. Ibis 146: 291-297.

Ganzevles, W. & J. Bredenbeek. 2005. Waders and waterbirds in the floodplains of the Logone, Cameroon and Chad, February 2000. Zeist: WIWO.

Garba Boyi, M. & G. Polet. 1996. Birdlife under water stress. *In:* R.D. Beilfuss, W.R. Tatboton & N.N. Gichuki (éds). Proceedings of the African Crane and wetland training workshop, 8-15 August 1993, Maun, Botswana: 8-15. Baraboo: International Crane Foundation.

García Novo, F. & C. Marín Cabrera. 2006. Donaña, water and biosphere. Madrid: Spanish Ministry of the Environment.

García, J.T. & B.E. Arroyo. 1998. Migratory movements of western European Montagu's Harriers *Circus pygargus*: a review. Bird Study 45: 188-194.

Garfield, B. 2007. The Meinertzhagen mystery: the life and legend of a colossal fraud. Washington: Potomac Books, Inc.

Garrido, J.R. & M. Fernández-Cruz. 2003. Effects of power lines on a White Stork *Ciconia ciconia* population in central Spain. Ardeola 50: 191-200.

Gatter, W. 1987. Zugverhalten und Überwinterung von palärktischen Vögeln in Liberia (Westafrika). Verh. orn. Ges. Bayern 24: 479-508.

Gatter, W. & H. Mattes. 1987. Anpassungen von Schafstelze *Motacilla flava* und afrikanischen Motacilliden an die Waldzerstörung in Liberia (Westafrika). Verh. orn. Ges. Bayern 24: 467-477.

Gatter, W. 1988. Coastal wetlands of Liberia: their importance for wintering waterbirds. Study Report No. 26. Cambridge: ICBP.

Gatter, W. 1997. Birds of Liberia. Wiesbaden: AULA-Verlag.

Gatter, W. 2000. Vogelzug und Vogelbestände in Mitteleuropa: 30 Jahre Beobachtung des Tagzugs am Randecker Maar. Wiebelsheim: AULA-Verlag.

Gatter, W. 2007. Bestandsentwicklung des Gartenrotschwanzes *Phoenicurus phoenicurus* in Wäldern Baden-Württembergs. Ornithol. Anz. 46: 19-36.

Geesing, D., M. Al-Khawlani & M.L. Abba. 2004. Management of introduced *Prosopis* species: can economic exploitation control an invasive species? Unasylva 55: 36-44.

Geiser, S., R. Arlettaz & M. Schaub. 2008. Impact of weather variation on feeding behaviour, nestling growth and brood survival in Wrynecks *Jynx torquilla*. J. Ornithol. 149: 597-606.

George, K. 2004. Veränderungen der ostdeutschen Agrarlandschaft und ihrer Vogelwelt. Apus 12: 1-138.

Gerritsen, G.J. & J. Lok. 1986. Vogels in de IJsseldelta. Kampen: IJsselakademie.

Gerritsen, G.J. 1990. Slaapplaatsen van Grutto's *Limosa limosa* in Nederland in 1984-85. Limosa 63: 51-63.

Geyr von Schweppenburg, H. 1917. Vogelzug in der westlichen Sahara. J. Ornithol. 65: 48-65.

Geyr von Schweppenburg, H. 1930. Zum Zuge von *Sylvia curruca*. J. Ornithol. 78: 49-52.

GFCC. 1980. Assessment of environmental effects of proposed developments in the Senegal River Basin. Organisation pour la Mise en Valeur du fleuve Sénégal (OMVS). Dakar: Gannett Fleming Corddry & Carpenter Inc.; ORGATEC.

Giannini, A., R. Saravanan & P. Chang. 2003. Oceanic forcing of Sahel rainfall on interannual to interdecadal time scales. Science 302: 1027-1030.

Giannini, A., R. Saravanan & P. Chang. 2005. Dynamics of the boreal summer African monsoon in the NSIPP1 atmospheric model. Climate Dynamics 25: 517-535.

Gibbons, D.W., J.B. Reid & R.A. Chapman. 1993. The new atlas of breeding birds in Britain and Ireland: 1988-1991. Londres: Poyser.

Gill, J.A., L. Hatton & P. Potts. 2002. Black-tailed Godwit. *In:* C. Wernham, M. Toms, J. Marchant, J. Clark, G. Sriwardena & S. Baillie (éds). The

Migration Atlas: Movements of the Birds of Britain and Ireland: 323-325. Londres: Poyser.

Gillon, D. & Y. Gillon. 1974. Comparaison du peuplement d'invertébrés de deux milieux herbacés Ouest-Africains: Sahel et savane préforestière. Terre Vie 28: 429-474.

Gillon, Y. & D. Gillon. 1973. Recherches écologiques sur une savane sahélienne du Ferlo septentrional, Sénégal: données quantitatives sur les arthropodes. Terre Vie 27: 297-323.

Gilruth, P.T. & C.F. Hutchinson. 1990. Assessing deforestation in the Guinea highlands of West Africa using remote sensing. Potogramm. Eng. Rem. 56: 1375-1382.

Gilyazov, A.S. 1998. Long-term changes in wader populations at the Lapland Nature Reserve and its surroundings: 1887-1991. International Wader Studies 10: 170-174.

Girard, O., B. Trolliet, M. Fouquet, F. Ibañez, F. Léger, S.I. Sylla & J. Rigoulet. 1991. Dénombrement des anatidés dans le delta du Sénégal, janvier 1991. Bull. mens. O.N.C. 160: 9-13.

Girard, O., P. Triplet, S.I. Sylla & A. Ndiaye. 1992. Dénombrement des anatidés dans le Parc national du Djoudj et ses environs (janvier 1992). Bull. mens. O.N.C. 169: 18-21.

Girard, O. & J. Thal. 1996. Quelques observations ornithologiques dans la région de Garoua, Cameroun. Malimbus 18: 142-148.

Girard, O. & J. Thal. 1999. Mise en place d'un réseau de suivi de populations d'oiseaux d'eau en Afrique subsaharienne. Rapport de mission au Mali 8-29 janvier 1999. Paris: ONC.

Girard, O. & J. Thal. 2000. Mise en place d'un réseau de suivi de populations d'oiseaux d'eau en Afrique subsaharienne. Rapport de mission au Mali 11-31 janvier 2000. Paris: ONC.

Girard, O. & J. Thal. 2001. Mise en place d'un réseau de suivi de populations d'oiseaux d'eau en Afrique subsaharienne. Rapport de mission au Mali 9-23 janvier 2001. Paris: ONCFS.

Girard, O., J. Thal & B. Niagate. 2004. Les Anatidés hivernants dans le delta intérieur du Niger (Mali): une zone humide d'importance internationale. Game Wildl. Sci. 21 (www.ornithomedia.com).

Girard, O., J. Thal & B. Niagaté. 2006. Dénombrements d'oiseaux d'eau dans le delta intérieur du Niger (Mali) en janvier 1999, 2000 et 2001. Malimbus 28: 7-17.

Giraudoux, P., R. Degauquiter, P.J. Jones, J. Weigel & P. Isenmann. 1988. Avifaune du Niger: états de connaissances en 1986. Malimbus 10: 1-140.

Giraudoux, P. & E. Schüz. 1978. Fang von Weißstörchen auch in Niger. Vogelwarte 29: 276-277.

Glue, D.E. 1970. Extent and possible causes of a marked reduction in population of the Common Whitethroat (*Sylvia communis*) in Great Britain in 1969. Den Haag: Abstract XV Congress International Ornithology: 110-112.

Glutz von Blotzheim, U.N., K.M. Bauer & E. Bezzel. 1977. Handbuch der Vögel Mitteleuropas, Band 7/I. Wiesbaden: Akademische Verlagsgesellschaft.

Glutz von Blotzheim, U.N. & K.M. Bauer. 1980. Handbuch der Vögel Mitteleuropas, Band 9. Wiesbaden: Akademische Verlagsgesellschaft.

Glutz von Blotzheim, U.N. & K.M. Bauer. 1982. Handbuch der Vögel Mitteleuropas, Band 8/II. Wiesbaden: Akademische Verlagsgesellschaft.

Glutz von Blotzheim, U.N. & K.M. Bauer. 1988. Handbuch der Vögel Mitteleuropas, Band 11/I. Wiesbaden: AULA-Verlag.

Glutz von Blotzheim, U.N. & K.M. Bauer. 1991. Handbuch der Vögel Mitteleuropas. Band 12/1. Wiesbaden: AULA-Verlag.

Goes, B. 1997. Waterbeheer van een grotendeels door dammen gecontroleerde rivier in noord Nigeria. Stromingen 3: 17-30.

Goes, B.J.M. 1999. Estimate of shallow groundwater recharge in the Hadejia-Nguru Wetlands, semi-arid northeastern Nigeria. Hydrogeology Journal 7: 294-304.

Goes, B.J.M. 2002. Effects of river regulation on aquatic macrophyte growth and floods in the Hadejia-Nguru wetlands and flow in the Yobe River, northern Nigeria; Implications for future water management. River Research and Applications 18: 81-95.

Gonzalez, P. 2001. Desertification and a shift of forest species in the West African Sahel. Climate Research 17: 217-228.

Goodman, S.M. & P.L. Meininger. 1989. The birds of Egypt. Oxford: Oxford University Press.

Goodman, S.M. & C.V. Haynes. 1992. The diet of the Lanner (*Falco biarmicus*) in a hyper-arid region of the eastern Sahara. J. Arid Environ. 22: 93-98.

de Gooijer, J. 1982. Zestig jaar nestkastonderzoek in het National Park "De Hoge Veluwe". Leusden: Privately published.

Goosen, H. & B. Kone. 2005. Livestock in the Inner Niger Delta. *In:* L. Zwarts, P. van Beukering, B. Kone & E. Wymenga (éds) The Niger, a lifeline: 121-135. Lelystad: Rijkswaterstaat/IVM/Wetlands International/A&W.

Gordo, O., L. Brotons, X. Ferrer & P. Comas. 2005. Do changes in climate patterns in wintering areas affect the timing of the spring arrival of trans-Saharan migrant birds? Global Change Biology 11: 12-21.

Gordo, O. & J.J. Sanz. 2006. Climate change and bird phenology: a long-term study in the Iberian Peninsula. Global Change Biology 12: 1993-2004.

Gordo, O. 2007. Why are bird migration dates shifting? A review of weather and climate effects on avian migratory phenology. Climate Research 35: 37-58.

Gordo, O., J.J. Sanz & J.M. Lobo. 2007. Spatial patterns of white stork (*Ciconia ciconia*) migratory phenology in the Iberian Peninsula. J. Ornithol. 148: 293-308.

Gordo, O. & J.J. Sanz. 2008. The relative importance of conditions in wintering and passage areas on spring arrival dates: the case of long-distance Iberian migrants. J. Ornithol. 149: 199-210.

Gore, M.E.J. 1982. Millions of Turtle Doves. Malimbus 2: 78.

Goriup, P.D. & H. Schulz. 1991. Conservation management of the White

Stork; an international need and opportunity. ICBP Technical Publication 12: 97-127.

Gottschalk, T. 1995. Gartenrotschwanz - *Phoenicurus phoenicurus*. *In:* Hessische Gesellschaft für Ornithologie und Naturschutz. Avifauna von Hessen, 2. Lieferung: 1-15. Echzell: Hessische Gesellschaft für Ornithologie und Naturschutz e.V.

Goudie, A.S. & N.J. Middleton. 2001. Saharan dust storms: nature and consequences. Earth-Science reviews 56: 179-204.

Gowthorpe, P.B., B. Lamarche, R. Biaux, A. Gueye, S.M. Lehlou, M.A. Sall & A.C. Sakho. 1996. Les oiseaux nicheurs et les principaux limicoles paléarctiques du Parc National du Banc d'Arguin (Mauritanie). Dynamiques des effectifs et variabilité dans l'utilisation spatio-temporelle du milieu. Alauda 64: 81-126.

Greathead, D.J. 1966. A brief survey of the effects of biotic factors on populations of the Desert Locust. J. appl. Ecol. 3: 239-250.

Green, A.J. 2000. Threatened wetlands and waterbirds in Morocco; a final report. Sevilla: Estación Biológica de Doñana.

Green, R.E. 1976. Adult survival rates for Reed and Sedge Warblers. Wicken Fen Group Report 8: 23-26.

Gregory, R.D., P. Vorisek, A. van Strien, A.W. Gmelig Meyling, F. Jiquet, L. Fornasari, J. Reif, P. Chylarecki & I.J. Burfield. 2007. Population trends of widespread woodland birds in Europe. Ibis 149 (Suppl. 2): 78-97.

Grell, M.B. 1998. Fuglenes Danmark. Copenhague: Gads Forlag.

Grimes, L.G. 1987. The Birds of Ghana. B.O.U. Checklist No. 9. Londres: British Ornithologists' Union.

Groen, N.M. & L. Hemerik. 2002. Reproductive success and survival of Black-tailed Godwits *Limosa limosa* in a declining local population in The Netherlands. Ardea 90: 239-248.

Groppali, R. 2006. Djoudj et ses oiseaux. L'avifaune du Parc National et du Sénégal atlantique et Gambie. Publication Parco Adda Sud, Collaborazione Internazionale-A.

Grote, H. 1928. Uebersicht über die Vogelfauna des Tchadsgebiets. J. Ornithol. 76: 739-783.

Grote, H. 1930. Wanderungen und Winterquartiere der paläarktischen Zugvögel in Afrika. Mitteilungen aus dem Zoologischen Museum in Berlin 16: 1-116.

Grote, H. 1937. Neue Beiträge zur Kenntnis der palaearktischen Zugvögel in Afrika. Mitteilungen aus dem Zoologischen Museum in Berlin 22: 45-85.

Grüll, A. & A. Ranner. 1998. Populations of the Great Egret and Purple Heron in relation to ecological factors in the reed belt of the Neusiedler See. Colonial Waterbirds 21: 328-334.

Gschweng, M., E.K.V. Kalko, U. Querner, W. Fiedler & P. Berthold. 2008. All across Africa: highly individual migration routes of Eleonora's falcon. Proc. R. Soc. B 275: 2887-2896.

Guichard, K.M. 1947. Birds of the inundation zone of the River Niger, French Soudan. Ibis 80: 450-489.

Guillemain, M., H. Fritz, M. Klaassen, A.R. Johnson & H. Hafner. 2004.

Fuelling rates of garganey (*Anas querquedula*) staging in the Camargue, southern France, during spring migration. J. Ornithol. 145: 152-158.

Gunnarsson, T.G., P.M. Potts, J.A. Gill, R.E. Croger, G. Gélinaud, P.W. Atkinson, A. Gardarsson & W.J. Sutherland. 2005. Estimating population size in Icelandic Black-tailed Godwits *Limosa limosa islandica* by colour-marking. Bird Study 52: 153-158.

Gurtovaya, E.N. 2002. Bird ringing in the USSR and Russia in 1988-1999. *In:* I.N. Dobrynina (éd.). Bird ringing and marking in Russia and adjacent countries 1988-1999: 301-413. Moscou: Russian Academy of Sciences.

Gustafsson, R., C. Hjort, U. Ottosson & P. Hall. 2003. Birds at Lake Chad and in the Sahel of NE Nigeria 1997-2000; The Lake Chad Bird Migration Project. Degerhamm: Special Report from Ottenby Bird Observatory.

Gwinner, E. & W. Wiltschko. 1978. Endogenously controlled changes in migratory direction of Garden Warbler, *Sylvia borin*. J. Comp. Physiol. 125: 273.

Gyurácz, J. & T. Csörgö. 1994. Autumn migration dynamics of the Sedge Warbler (*Acrocephalus schoenobaenus*) in Hungary. Ornis Hungarica 4: 31-37.

H

Haas, W. 1974. Beobachtungen paläarktischer Zugvögel in Sahara und Sahel (Algerien, Mali, Niger). Vogelwarte 27: 194-202.

Haas, W. & P. Beck. 1979. Zum Frühjahrszug paläarktischer Vögel über die westliche Sahara. J. Ornithol. 120: 237-246.

Hafner, H., O. Pineau & Y. Kayser. 1994. Ecological determinants of annual fluctuations in numbers of breeding Little Egrets (*Egretta garzetta* L) in the Camargue, S France. Terre Vie 49: 53-62.

Hafner, H., Y. Kayser, V. Boy, M. Fasola, A.C. Julliard, R. Pradel & F. Cézilly. 1998. Local survival, natal dispersal & recruitment in Little Egrets *Egretta garzetta*. J. Avian Biol. 29: 216-227.

Hafner, H., R.E. Bennetts & Y. Kayser. 2001. Changes in clutch size, brood size and numbers of nesting Squacco Herons *Ardeola ralloides* over a 32-year period in the Camargue, southern France. Ibis 143: 11-16.

Hagemeijer, W.J.M. & M.J. Blair. (éds). 1997. The EBCC atlas of European breeding birds: their distribution and abundance. Londres: Poyser.

Hagemeijer, W.J.M., C.J. Smit, P. de Boer, A.J. van Dijk, N. Ravenscroft, M. van Roomen & M. Wright. 2004. Wader and waterbird census at the Banc d'Arguin, Mauritania, January 2000. Beek-Ubbergen: WIWO.

Haines, A.M., M.J. McGrady, M.S. Martell, B.J. Dayton, M.B. Henke & W.S. Seegar. 2003. Migration routes and wintering locations of Broad-winged Hawks tracked by satellite telemetry. Wilson Bull. 115: 166-169.

Hake, M., N. Kjellén & T. Alerstam. 2001. Satellite tracking of Swedish Ospreys *Pandion haliaetus*: Autumn migration routes and orientation. J. Avian Biol. 32: 47-56.

Hall, J.B. 1994. *Acacia seyal* - multipurpose tree of the Sahara desert. NFT Highlights 94-07: 1-6.

Hall, K.S.S. & T. Fransson. 2001. Wing moult in relation to autumn migration in adult Common Whitethroats *Sylvia communis communis*. Ibis 143: 580-586.

Hall, M.R., E. Gwinner & M. Bloesch. 1987. Annual cycles in moult, body mass, luteinizing hormone, prolactin and gonadal steroids during the development of sexual maturity in the White Stork (*Ciconia ciconia*). J. Zool. Lond. 211: 467-486.

Hall, S. 1996. The timing of post-juvenile moult and fuel deposition in relation to the onset of autumn migration in Reed Warblers *Acrocephalus scirpaceus* and Sedge Warblers *Acrocephalus schoenobaenus*. Ornis Svecica 6: 89-96.

Halupka, L., A. Dyrcz & M. Borowiec. 2008. Climate change affects breeding of reed warblers *Acrocephalus scirpaceus*. J. Avian Biol. 39: 95-100.

Hamerlynck, O. 1997. Plan Directeur d'Aménagement du Parc National du Diawling et de sa zone périphérique,1997-2000. Nouakchott: Ministère du Développement Rural et de l'Environnement.

Hamerlynck, O., M.L. ould Baba & S. Duvail. 1999. The Diawling National Park: joint management for the rehabilitation of a degraded coastal wetland. Vida Sylvestre Neotropical 7: 59-69.

Hamerlynck, O. & B. Messaoud ould. 2000. Suspected breeding of lesser flamingo *Phoenicopterus minor* in Mauritania. Bull. African Bird Club 7: 109-110.

Hamerlynck, O., B. Messaoud ould, R. Braund, C.H. Diagana, Y. Diawara & D. Ngantou. 2002. Crues artificielles et congestion: la réhabilitation des plaines inondables au Sahel. Le Waza Logone (Cameroun) et le bas-delta du fleuve Sénégal (Mauritanie). *In*: D. Orange, R. Arfi, M. Kuper, P. Morand & Y. Poncet (éds). Gestion intégrée des ressources naturelles en zones inonables tropicales: 475-500. Paris: IRD.

Hamerlynck, O. & S. Duvail. 2003. The rehabilitation of the delta of the Senegal River in Mauritania; fielding the ecosystem approach. Gland & Cambridge: IUCN.

Hamerstrom, F. 1994. My double life. Memoirs of a naturalist. Madison: University of Wisconsin Press.

Handrinos, G. & T. Akriotis. 1997. The birds of Greece. Londres: Christopher Helm.

Harengerd, M. 1982. Beziehungen zwischen Zug und Mauser beim Kampfläufer, *Philomachus pugnax* (Linné 1758, Aves, Charadriiformes, Charadriidae). Dissertation. Bonn: Universität Bonn.

Hario, M., T. Kastepold, M. Kilpi & T. Stjernberg. 1987. Status of Caspian Terns *Sterna caspia* in the Baltic. Ornis Fennica 64: 154-157.

Hario, M. & T. Stjernberg. 1996. [The Caspian Tern in Finland. A monitoring project on the Baltic Caspian Tern in 1984-1996.] Linnut-vuosikirja 1996: 15-24.

Harrison, J.A., D.G. Allan, L.G. Underhill, M. Herremans, A.J. Tree, V. Parker & C.J. Brown. 1997. The atlas of southern African birds, Vol. 1: Non-Passerines. Johannesburg: BirdLife South Africa.

Hartert, E. 1886. Ornithologische Ergebnisse einer Reise in den Niger-Benüe-Gebieten. J. Ornithol. 34: 570-613.

Hastenrath, S. & P.J. Lamb. 1977. Some aspects of circulation and climate over the eastern equatorial Atlantic. Monthly Weather Review 105: 1019-1023.

van der Have, T. & D. A. Jonkers. 1996. Zeven misverstanden over Ooievaars *Ciconia ciconia* in Nederland. Limosa 69: 47-50.

van der Have, T. 1998. The Mediterranean flyway: a network of wetlands for waterbirds. International Wader Studies 10: 81-84.

Haverschmidt, F. 1963. The Black-tailed Godwit. Leyde: E.J.Brill.

Heath, M., C. Borggreve & N. Peet. 2000. European bird populations: estimates and trends. Cambridge: BirdLife International.

Hedenström, A., S. Bensch, D. Hasselquist, M. Lockwood & U. Ottosson. 1993. Migration, stopover and moult of the Great Reed Warbler *Acrocephalus arundinaceus* in Ghana, West-Africa. Ibis 135: 177-180.

den Held, J.J. 1981. Population changes in the Purple Heron in relation to drought in the wintering area. Ardea 69: 185-191.

Held, I.M., T.L. Delworth, J. Lu, K.L. Findell & T.R. Knutson. 2005. Simulation of Sahel drought in the 20th and 21st centuries. PNAS 102: 17891-17896.

Heldbjerg, H. 2005. De almindelige fugles bestandsudvikling i Danmark 1975-2004. Dansk Orn. Foren. Tidsskr. 99: 182-195.

Heldbjerg, H. & A.D. Fox. 2008. Long-term population declines in Danish trans-Saharan migrant birds. Bird Study 55: 267-279.

Helldén, U. 1991. Desertification - time for an assessment. Ambio 20: 373-383.

Hellsten, S., C. Dieme, M. Mbengue, G.A. Janauer, N. den Hollander & A.H. Pieterse. 1999. *Typha* control efficiency of a weed-cutting boat in the Lac de Guiers in Senegal: a preliminary study on mowing speed and re-growth capacity. Hydrobiologica 415: 249-255.

Hennig, R.C. 2006. Forests and deforestation in Africa - the wasting of an immense resource. www.afrol.com/features/10278.

Henning, R.K. 2002. Valorisation du Typha comme combustible domestique en Afrique de l'Ouest et en Europe. Workshop on Typha in Saint Louis, Senegal. 23.-25.7.2002.

Henny, C.J. 1973. Drought displaced movement of North American pintails into Siberia. J. Wildl. Manage 37: 23-29.

Hepper, F.N. 1968. Flora of West Tropical Africa. Volume 3 part I. Second edition. Londres: Whitefriars Press.

Heptner, V. G., A.A. Nasimovich & A.G. Bannikov. 1989. Mammals of the Soviet Union, Vol. I. Leyde: E.J. Brill.

Hering, J. 2008. Weißstörche in der Zentralsahara entdeckt. Falke 55: 390-394.

Herremans, M. 2003. The study of bird migration across the Western Sahara; a contribution with sound luring. www.ifv.terramare.de/ESF/Herremans2003.pdf

Hess, T., W. Stephens & G. Thomas. 1996. Modelling NDVI from decadal rainfall data in the north east Arid Zone of Nigeria. J. Environ. Manag. 48: 249-261.

Hiernaux, P. & L. Diarra. 1983. Pâturages de la zone d'inondation du Niger. *In*: R.T. Wilson, P.N. de Leeuw & C. de Haan (éds). Recherches sur les systèmes des zones arides du Mali: résultats préliminaires. Rapport de recherche 5: 42-48. Addis Abeba: ILCA.

Hiernaux, P.H.Y., M.I. Cissé, L. Diarra & P.N. de Leeuw. 1994. Fluctuations saisonnières de la feuillaison des arbres et des buissons sahéliens. Conséquences pour la quantification des ressources fourragères. Revue d'élevage et de médecine vétérinaire des pays tropicaux 47: 117-125.

Hirschfeld, A. & A. Heyd. 2005. Mortality of migratory birds caused by hunting in Europe: bag statistics and proposals for the conservation of birds and animal welfare. Ber. Vogelschutz 42: 47-74.

Hjort, C., J. Pettersson, Å. Lindström & J.M.B. King. 1996. Fuel deposition and potential flight ranges of blackcaps *Sylvia atricapilla* and whitethroats *Sylvia communis* on spring migration in The Gambia. Ornis Svecica 6: 137-144.

Hobson, K.A., G.J. Bowen, L.I. Wassenaar, Y. Ferrand & H. Lormee. 2004. Using stable hydrogen and oxygen isotope measurements of feathers to infer geographical origins of migrating European birds. Oecologia 141: 477-488.

Hoffmann, L. 1957. Le passage d'automne du chevalier sylvain (*Tringa glareola*) en France Méditerranéenne. Alauda 25: 30-42.

Hogg, P., P.J. Dare & J.V. Rintoul. 1984. Palaearctic migrants in the central Sudan. Ibis 126: 307-331.

Hollis, G.E., S.J. Penson, J.R. Thompson & A.R. Sule. 1993. Hydrology of the river basin. *In:* G.E. Hollis, W.M. Adams & M. Aminu-Kano (éds). The Hadejia-Nguru wetlands: environment, economy and sustainable development of a Sahelian floodplain wetland: 19-67. Gland: IUCN.

Hollis, G.E. & J.R. Thompson. 1993. Water resource developments and their hydrological impacts. *In:* G.E. Hollis, W.M. Adams & M. Aminu-Kano (éds) The Hadejia-Nguru wetlands: environment, economy and sustainable development of a Sahelian floodplain wetland: 149-190. Gland: IUCN.

Holloway, S. 1996. The historical atlas of breeding birds in Britain and Ireland: 1875-1900. Londres: Poyser.

Holmes, P.R., S.E. Christmas & A.J. Parr. 1987. A study of the return rate and dispersal of Sand Martins *Riparia riparia* at a single colony. Bird Study 34: 12-19.

Holt, J. & J. Colvin. 1997. A differential equation model of the interaction between the migration of the Senegalese grasshopper, *Oedaleus senegalensis*, its predators, and a seasonal habitat. Ecological Modelling 101: 185-193.

le Houérou, H.N. 1980. The rangelands of the Sahel. J. Range Management 33: 41-46.

le Houérou, H.N. 1989. The grazing land ecosystems of the African Sahel. Berlin: Springer-Verlag.

Hovestadt, T. & P. Nowicki. 2008. Process and measurement errors of population size: their mutual effect on precision and bias of estimates for demographic parameters. Biodivers. Conserv. 17: 3417-3429.

Howell, P., M. Lock & S. Cobb. 1988. The Jonglei canal. Impact and opportunity. Cambridge: Cambridge University Press.

Hölker, M. 2002. Beiträge zur Okologie der Wiesenweihe *Circus pygargus* in der Feldlandschaft der Hellwegbörde/Nordrhein-Westfalen. Ornithol. Anz. 41: 201-206.

Hölzinger, J. 1999. Die Vögel Baden-Württembergs. Band 3.1: Singvögel 1. Stuttgart: Eugen Ulmer.

Hötker, H., H.A. Bruns & S. Dietrich. 1990. Northward migration of waders wintering in Senegal in January. Wader Study Group Bull. 59: 20-24.

Hötker, H., J. Jeromin & J. Melter. 2007. Entwicklung der Brutbestände der Wiesen-Limikolen in Deutschland - Ergebnisse eines neuen Ansatzes im Monitoring mittelhäufiger Brutvogelarten. Vogelwelt 128: 49-65.

Hubalek, Z. 2004. Global weather variability affects avian phenology: a long-term analysis, 1881-2001. Folia Zool. 53: 227-236.

Hudleston, J.A. 1958. Some notes on the effects of bird predators on hopper bands of the Desert Locust (*Schistocerca gregaria* Forsk.). Entomologist's Monthly Magazine 94: 210-214.

Hughes, R.H. & J.S. Hughes. 1992. A directory of African wetlands. Gland: IUCN.

Huin, N. & T.H. Sparks. 1998. Arrival and progression of the Swallow *Hirundo rustica* through Britain. Bird Study 45: 361-370.

van Huis, A., K. Cressman & J. Magor. 2007. Mini Review. Preventing desert locust plagues: optimizing management interventions. Entomologia Experimentalis et Applicata 122: 191-214.

Hulme, M. 1996. Recent climatic change in the world's drylands. Geophysical Research Letters 23: 61-64.

Hulme, M. 2001. Climatic perspectives on Sahelian desiccation: 1973-1998. Global Environmental Change 11: 19-29.

Hulme, M., R. Doherty, T.Ngara, M. New & D. Lister. 2001. African climate change: 1900-2100. Climate Research 17: 145-168.

Hulme, M. 2007. The density and diversity of birds on farmland in West Africa. PhD Thesis. St. Andrews: University of St. Andrews.

Huntley, B., R.E. Green, Y.C. Collingham & S.G. Willis. 2007. A climatic atlas of European breeding birds. Barcelona: Durham University, The RSPB & Lynx Edicions.

Husain, M.A. & H.R. Bhalla. 1931. Some bird enemies of the Desert Locust (*Schistocerca gregaria*, Forsk.) in the Ambala district (Punjab). Indian J. Agric. Sc. 77: 210-219.

Hustings, F. 1992. European monitoring studies on breeding birds: an update. Bird Census News 5(2): 1-56.

Hustings, F. & Vergeer, J.-W. 2002. Atlas van de Nederlandse broedvogels 1998-2000. Leyde: Nationaal Natuurhistorisch Museum Naturalis, KNNV Uitgeverij & European Invertebrate Survey-Nederland.

Hustings, F., J. van der Coelen, B. van Noorden, R. Schols & P. Voskamp. 2006. Avifauna van Limburg. Roermond: Stichting Natuurpublicaties Limburg.

Hüppop, O. & K. Hüppop. 2003. North Atlantic Oscillation and timing of spring migration in birds. Proc. R. Soc. London B 270: 233-240.

Impekoven, M. 1964. Zugwege und Verbreitung der Knäkente (*Anas querquedula*); eine Analyse der europäischen Beringungsresultate. Ornithol. Beob. 61: 1-34.

Insley, H. & R.C. Boswell. 1978. The timing of arrivals of Reed and Sedge Warblers at south coast ringing sites during autumn passage. Ring. & Migr. 2: 1-9.

Isenmann, P. & A. Moali. 2000. Oiseaux d'Algérie/Birds of Algeria. Paris: Société d'Études Ornithologiques de France.

Isenmann, P., T. Gaultier, A. El Hili, H. Azafzaf, H. Dlensi & M. Smart. 2005. Oiseaux de Tunisie/Birds of Tunisia. Paris: Société d'Études Ornithologiques de France.

Isenmann, P. 2006. Les Oiseaux du Banc d'Arguin. Le Sambuc: Fondation Internationale du Banc d'Arguin.

J

Janicot, S., V. Moron & B. Fontaine. 1996. Sahel droughts and ENSO dynamics. Geophysical Research Letters 23: 515-518.

Janicot, S., A. Harzallah, B. Fontaine & V. Moron. 1998. West African monsoon dynamics and eastern equatorial Atlantic and Pacific SST anomalies (1970-88). J. Climate 11: 1874-1882.

Janicot, S., S. Trzaska & I. Poccard. 2001. Summer Sahel-ENSO teleconnection and decadal time scale SST variations. Climate Dynamics 18: 303-320.

Jarry, G., F. Roux & A.M. Czajkowski. 1986. L'importance des zones humides du Sahel occidental pour les oiseaux migrateurs paléarctiques. Paris: CREPO, Muséum National d'Histoire Naturelle.

Jarry, G. & F. Baillon. 1991. Hivernage de la Tourterelle des bois (Streptopelia turtur) au Sénégal. Étude d'une population dans la région de Nianing. Paris: Centre de Recherches sur la Biologie des Populations d'Oiseaux (CRBPO).

János, O. 1996. Spring migration of Black-tailed Godwit Limosa limosa and Ruff Philomachus pugnax in the Tiszasüly area between 1993-1995. Partimadár 5: 63-65.

Jensen, F.P., K. Falk & B.S. Petersen. 2006. Migration routes and staging areas of Abdim's Storks Ciconia abdimii identified by satellite telemetry. Ostrich 77: 210-219.

Jiguet, F. 2007. Suivi temporel des oiseaux communs. Bilan du programme STOC pour la France en 2007. http://www2.mnhn.fr/vigie-nature/IMG/pdf/STOC-bilan_2007.pdf (accessed 14 February 2009).

Jobin, W. 1999. Dams and disease: ecological design and health impacts of large dams. canals and irrigation systems. Londres: E & FN Spon.

Joern, A. 1986. Experimental study of avian predation on coexisting grasshopper populations (Orthoptera: Acrididae) in a sandhill grassland. Oikos 46: 243-249.

Joern, A. 1992. Variable impact of avian predation on grasshopper assemblies in sandhill grassland. Oikos 46: 243-249.

John, J.R.M. & J.D.L. Kabigumila. 2007. Impact of Eucalyptus plantations on the avian breeding community in the East Usambaras, Tanzania. Ostrich 78: 265-269.

Jones, G. 1987. Selection against large size in the Sand Martin Riparia riparia during a dramatic population crash. Ibis 129: 274-280.

Jones, P. 1995. Migration strategies of Palaearctic passerines in Africa: an overview. Israel J. Zool. 41: 393-406.

Jones, P., J. Vickery, S. Holt & W. Cresswell. 1996. A preliminary assessment of some factors influencing the density and distribution of palearctic passerine migrants wintering in the Sahel zone of West Africa. Bird Study 43: 73-84.

Jones, P. 1998. Community dynamics of arboreal insectivorous birds in African savannas in relation to seasonal rainfall patterns and habitat change. In: D.M. Newberry, H.H.T. Prins & N.D. Brown (éds) Dynamics of tropical communities: 421-447. Oxford: Blackwell Scientific Press.

de Jonge, K., J. van der Klei, H. Meilink & R. Storm. 1978. Les migrations en Basse Casamance (Sénégal). Leyde: Afrika Studie Centrum.

Jonkers, D.A. 1987. Foerageergebieden en voedsel van de Ooievaars in Schoonrewoerd. Vianen: Natuur- en Vogelwacht "De Vijfheerenlanden".

Jonkers, D.A. & P. Maréchal. 1990. De achteruitgang van de Gekraagde Roodstaart Phoenicurus phoenicurus voer voor nadere discussie. Vogeljaar 38: 49-61.

Jonzén, N., A. Lindén, T. Ergon, E. Knudsen, J.O. Vik, D. Rubolini, D. Piacentini, C. Brinch, F. Spina, L. Karlsson, M. Stervander, A. Andersson, J. Waldenström, A. Lehikoinen, E. Edvardsen, R. Solvang & N.C. Stenseth. 2006. Rapid advance of spring arrival dates in long-distance migratory birds. Science 312: 1959-1961.

Jørgensen, H.E. 1989. Danmarks rovfugle - en statusoversigt. Frederikshus: Øster Ulslev.

Jourdain, E., M. Gauthier-Clerc, Y. Kayser, M. Lafaye & P. Sabatier. 2008. Satellitte-tracking migrating juvenile Purple Herons Ardea purpurea from the Camargue area, France. Ardea 96: 121-124.

Jukema, J., T. Piersma, L. Louwsma, C. Monkel, U. Rijpma, K. Visser & D. van der Zee. 1995. Rui en gewichtsveranderingen van doortrekkende Kemphanen in Friesland in 1993 en 1994. Vanellus 48: 55-61.

Jukema, J. & T. Piersma. 2000. Contour feather moult of Ruffs Philomachus pugnax during northward migration, with notes on homology of nuptial plumages in scolopacid waders. Ibis 142: 289-298.

Jukema, J., T. Piersma, J.B. Hulscher, A.J. Bunskoeke, A. Koolhaas & A. Veenstra. 2001a. Goudplevieren en wilsterflappers; eeuwenoude fascinatie voor trekvogels. Ljouwert/Utrecht: Fryske Akademy/KNNV

Jukema, J., E. Wymenga & T. Piersma. 2001b. Opvetten en ruien in de Zuidwesthoek: Kemphanen Philomachus pugnax op voorjaarstrek in Friesland. Limosa 74: 17-26.

Jukema, J. & T. Piersma. 2004. Kleine mannelijke Kemphanen met vrouwelijk broedkleed: bestaat er een derde voortplantingsstrategie? Limosa 77: 1-10.

Jukema, J. & T. Piersma. 2006. Permanent female mimics in a lekking shorebird. Biology Letters 2: 161-164.

Junk, W.J., P.B. Bayley & R.E. Sparks. 1989. The flood pulse concept in river-floodplain systems. Can. Spec. Publ. Fish. Aquat. Sci. 106: 110-127.

K

van der Kamp, J. 1989. Herkomst van overwinterende grutto's en kemphanen in Mali. Intern rapport 89/24 Arnhem: Rijksinstituut voor Natuurbeheer.

van der Kamp, J. & M. Diallo. 1999. Suivi écologique du Delta Intérieur du Niger: les oiseaux d'eau comme bio-indicateurs. Recensements crue 1998-1999. Veenwouden: A&W/Wetlands International.

van der Kamp, J., M. Diallo & B. Fofana. 2002a. Dynamique des populations d'oiseaux d'eau. In: E. Wymenga, B. Kone, J. van der Kamp & L. Zwarts (éds). Delta intérieur du fleuve Niger. Ecologie et gestion durable des ressources naturelles: 87-138. Veenwouden: A&W/WetlandsInternational/Rijkswaterstaat.

van der Kamp, J., L. Zwarts & M. Diallo. 2002b. Niveau de crue, oiseaux d'eau et ressources alimentaires disponibles. In: E. Wymenga, B. Kone, J. van der Kamp & L. Zwarts (éds). Delta intérieur du fleuve Niger. Écologie et gestion durable des ressources naturelles: 141-161. Veenwouden: A&W/WetlandsInternational/Rijkswaterstaat.

van der Kamp, J., M. Diallo, B. Fofana & E. Wymenga. 2002c. Colonies nicheuses d'oiseaux d'eau. In: E. Wymenga, B. Kone, J. van der Kamp & L. Zwarts (éds). Delta intérieur du fleuve Niger. Écologie et gestion durable des ressources naturelles: 163-186. Veenwouden: A&W/WetlandsInternational/Rijkswaterstaat.

van der Kamp, J., B. Fofana & E. Wymenga. 2005a. Ecological values of the Inner Niger Delta. In: L. Zwarts, P. van Beukering, B. Kone & E. Wymenga (éds). The Niger, a lifeline: 156-176. Lelystad: Rijkswaterstaat/IVM/Wetlands International/A&W.

van der Kamp, J., B. Fofana & E. Wymenga. 2005b. Sélingué reservoir. In: L. Zwarts, P. van Beukering, B. Kone & E. Wymenga (éds). The Niger, a lifeline: 179-187. Lelystad: Rijkswaterstaat/IVM/Wetlands International/A&W.

van der Kamp, J., M. Diallo & B. Fofana. 2005c. Ecological valuation of major man-made (Sélingué reservoir, irrigation zone of Office du Niger) and floodplain habitats in the Upper Niger Basin. Veenwouden: Altenburg & Wymenga ecological consultants.

van der Kamp, J., I. Ndiaye & B. Fofana. 2006. Post-breeding exploitation of rice habitats in West Africa by migrating Black-tailed Godwit. Veenwouden: Altenburg & Wymenga ecological consultants

van der Kamp, J., D. Kleijn, I. Ndiaye, S. I. Sylla & L. Zwarts. 2008. Rice farming and Black-tailed Godwits in the Casamance, Senegal. Veenwouden: Altenburg & Wymenga ecological consultants.

Kane, A. 2002. Crues et inondations dans la basse vallée du fleuve Sénégal. In: D. Orange, R. Arfi, M. Kuper, P. Morand & Y. Poncet (éds). Gestion intégrée des ressources naturelles en zones inondables tropicales: 197-208. Paris: IRD.

Kanyamibwa, S., A. Schierer, R. Pradel & J.-D. Lebreton. 1990. Changes in adult annual survival rates in a western European population of the White Stork Ciconia ciconia. Ornis Scand. 24: 297-302.

Kanyamibwa, S., F. Bairlein & A. Schierer. 1993. Comparison of survival rates between populations of the White Stork Ciconia ciconia in Central-Europe. Ornis Scand. 24: 297-302.

Karlionova, N., P. Pinchuk, W. Meissner & Y. Verkuil. 2007. Biometrics of Ruffs Philomachus pugnax migrating in spring through southern Belarus with special emphasis on the occurrence of ´faeders´. Ring. & Migr. 23: 134-140.

Karlsson, L., S. Ehnbom, K. Persson & G. Walinder. 2002. Changes in numbers of migrating birds at Falsterbo, South Sweden, during 1980-1999, as reflected by ringing totals. Ornis Svecica 12: 113-137.

Karlsson, L. 2007. Övervakning av beståndsväxlingar hos svenska småfåglar med vinterkvarter i tropikerna via ringmärkningssiffror vid Falsterbo Fågelstation. Falsterbo: Länsstyrelsen i Såne Län.

Kaspari, M.E. & A. Joern. 1993. Prey choice by three insectivorous grassland birds: reevaluating opportunism. Oikos 68: 414-430.

Kassibo, B. & J. Bruner-Jailly. 2003. La pirogue, monture du bozo, hier et aujourd'hui. Djenné Patrimoine Informations 14.

ten Kate, C.G.B. 1936. De vogels van het Zuiderzeegebied. Flora en fauna der Zuiderzee, Supplement: 1-82. Den Helder: de Boer Jr.

Kayser, Y., C. Girard, G. Massez, Y. Chérain, D. Cohez, H. Hafner, A. Johnson, N. Sadoul, A. Tamisier & P. Isenmann. 2003. Compte-rendu ornithologique Camarguais pour les années 1995-2000. Terre Vie 58: 5-76.

Källander, H. 1993. Commensal feeding associations between Yellow Wagtails Motacilla flava and cattle. Ibis 135: 97-100.

Keddy, P. 2000. Wetland ecology. Principles and conservation. Cambridge: Cambridge University Press.

Keith, J.O. & W.C. Mullié. 1990. Birds. In: J.W. Everts (éd.). Environmental effects of chemical locust and grasshopper control. A pilot study: 235-270. Rome: FAO.

Keith, J.O. & D.C.H. Plowes. 1997. Considerations of wildlife resources and land use in Chad. S.D. Technical paper No. 45. Washington, D.C.: U.S. Agency for International Development Bureau for Africa.

Keith, S., E.K. Urban & C.H. Fry. 1992. The Birds of Africa, Vol. IV. Londres: Academic Press.

Keïta, N., J.-F. Bélières & B. Sidibé. 2002. Extension de la zone aménagée de l'Office du Niger: exploitation rationnelle et durable des ressources naturelles au service d'un enjeu national de développement. In: D. Orange, R. Arfi, M. Kuper, P. Morand & Y. Poncet (éds). Gestion intégrée des ressources naturelles en zones inondables tropicales: 929-952. Paris: IRD.

Kenward, R.E. & R.M. Sibly. 1977. A Woodpigeon (Columba palumbus) feeding preference explained by a digestive bottle-neck. J. appl. Ecol. 14: 815-826.

Kerr, J.T. & M. Ostrovsky. 2003. From space to species: ecological applications for remote sensing. Trends in Ecology & Evolution 18: 299-305.

Kersten, M. & C. Smit. 1984. The Atlantic coast of Morocco. In: P.R. Evans, J.D. Goss-Custard & W.G. Hale (éds). Coastal waders and wildfowl in winter: 276-292. Cambridge: Cambridge University Press.

Kéry, M. 2008. Grundlagen der Bestandserfassung am Beispiel von Vorkommen und Verbreitung. Ornithol. Beob. 105: 353-386.

Khokhlov, A. N. 1995. [Ornithological observations in West Turkmenia.]

Stavropol: State Pedagogical University.

Khoury, F. 2004. Seasonal variation in body fat and weight of migratory *Sylvia* warblers in central Jordan. Vogelwarte 42: 191-202.

Kilian, D., J. Hölzinger, U. Mahler & R. Stegmayer. 1993. Der Graureiher (*Ardea cinerea*) in Baden-Württemberg 1985-1991. Ökologie der Vögel 15: 1-36.

Kilpi, M. & P. Saurola. 1984. Migration and survival areas of Caspian Terns *Sterna caspia* from the Finnish coast. Ornis Fennica 61: 24-29.

King, D.I., J.H. Rappole & J.P. Buonaccorsi. 2006. Long-term population trends of forest-dwelling Nearctic-Neotropical migrant birds: a question of temporal scale. Bird Populations 7: 1-9.

King, J.M. & J.M.C. Hutchinson. 2001. Site fidelity and recurrence of some migrant bird species in The Gambia. Ring. & Migr. 20: 292-302.

Kirk, D.A., M.D. Evenden & P. Mineau. 1996. Past and current attempts to evaluate the role of birds as predators of insect pests in temperate agriculture. Current Ornithology 13: 175-269.

Kirwan, G.M., K. Boyla, P. Castell, B. Demirci, M. Ozen, H. Welch & T. Marlow. 2008. The birds of Turkey. Londres: Christopher Helm.

Kiwango, Y.A. & E. Wolanski. 2008. Papyrus wetlands, nutrients balance, fisheries collapse, food security & Lake Victoria level decline in 2000-2006. Wetlands Ecol. Manage. 16: 89-96.

Kjeldsen, J.P. 2008. Ynglyfugle i Vejlerne efter inddæmningen, med særlig vægt på feltstationsårene 1978-2003. Dansk Orn. Foren. Tidsskr. 102: 1-238.

Kjellén, N., M. Hake & T. Alerstam. 2001. Timing and speed of migration in male, female and juvenile Ospreys *Pandion haliaetus* between Sweden and Africa as revealed by field observations, radar and satellite tracking. J. Avian Biol. 32: 57-67.

Klaassen, R.H.G., R. Strandberg, M. Hake & T. Alerstam. 2008a. Flexibility in daily travel routines causes regional variation in bird migration speed. Behav. Ecol. Sociobiol. 62: 1427-1432.

Klaassen, R.H.G., R. Strandberg, M. Hake, P. Olofsson, A.P. Tøttrup & T. Alerstam. 2008b. Loop migration in adult Marsh Harriers *Circus aeruginosus* is explained by wind rather than habitat availability. *In:* R. Strandberg (éd.). Migration strategies of raptors - spatio-temporal adaptations and constraints intravelling and foraging: 97-104. Lund: Lund University, Department of Animal Ecology.

Kleefstra, R. 2005. Grutto's jaar na jaar te vroeg, massaal en zonder kroost op Friese slaapplaatsen. Twirre 16: 211-215.

Kleefstra, R. 2007. Slapende Grutto's in de Frieswijkpolder revisited. Twirre 18: 94-97.

Kleijn, D. & W.J. Sutherland. 2003. How effective are European agri-environment schemes in conserving and promoting biodiversity? J. appl. Ecol. 40: 947-969.

Kloff, S. & A.H. Pieterse. 2006. A resource planning review of the Senegal River. www.typha.net. GTZ/KIT.

Kluijver, H.N. 1951. The population ecology of the Great Tit *Parus m. major*. Ardea 39: 1-135.

Knox, A.G. 1993. Richard Meinertzhagen - a case of fraud examined. Ibis 135: 320-325.

Kodio, A., P. Morand, K. Diénépo & R. Laë. 2002. Dynamique de la pêcherie du delta intérieur du Niger revisitée à la lumière des données récentes. *In:* D. Orange, R. Arfi, M. Kuper, P. Morand & Y. Poncet (éds). Gestion intégrée des ressources naturelles en zones inondables tropicales: 431-453. Paris: IRD.

Koks, B.J., C.W.M. van Scharenburg & E.G. Visser. 2001. Grauwe Kiekendieven *Circus pygargus* in Nederland: balanceren tussen hoop en vrees. Limosa 74: 121-136.

Koks, B.J. & E.G. Visser. 2002. Montagu's Harriers *Circus pygargus* in the Netherlands: Does nest protection prevent extinction? Ornithol. Anz. 41: 159-166.

Koks, B.J., C. Trierweiler, H. Hut, A. Harouna, H. Issaka & J. Brouwer. 2006. Grauwe Kiekendief missie naar Niger en Burkina Faso. Groningen: Stichting Werkgroep Grauwe Kiekendief.

Koks, B., C. Trierweiler, H. Hut, H. Harouna, H. Issaka & J. Brouwer. 2007a. Grauwe Kiekendief missie naar Niger en Burkina Faso. Groningen: Stichting Werkgroep Grauwe Kiekendief.

Koks, B.J., C. Trierweiler, E.G. Visser, C. Dijkstra & J. Komdeur. 2007b. Do voles make agricultural habitat attractive to Montagu's Harrier *Circus pygargus*? Ibis 149: 575-586.

Kone, B., M. Diallo & A.M. Maiga. 1999. L'exploitation des oiseaux d'eau dans le Delta Intérieur du Niger. Mali-Pin 99-03. Sévaré: Wetlands International / Altenburg & Wymenga.

Kone, B. & B. Fofana. 2001. Statut de la grue couronnée et son exploitation au Mali. Sévaré: Wetlands International.

Kone, B., M. Diallo & B. Fofana. 2002. Exploitation des oiseaux d'eau. *In:* E. Wymenga, B. Kone, J. van der Kamp & L. Zwarts (éds). Delta intérieur du fleuve Niger. Ecologie et gestion durable des ressources naturelles: 201-207. Veenwouden: A&W/Wetlands International/Rijkswaterstaat.

Kone, B., M. Diallo & D. Bos. 2005. Exploitation des oiseaux d'eau dans le Delta Intérieur du Niger, Mali. Sévaré: Wetlands International.

Kone, B. 2006. Exploitation des oiseaux d'eau et son importance socio-économique au Mali, Niger et Burkina Faso. Sévaré: Wetlands International.

Kone, B., B. Fofana, R. Beilfuss & T. Dodman. 2007. The impact of capture, domestication and trade on Black Crowned Cranes in the Inner Niger Delta, Mali. Ostrich 78: 195-203.

van der Kooij, H. 1991. Nesthabitat van de Purperreiger *Ardea purpurea* in Nederland. Limosa 64: 103-112.

van der Kooij, H. 1991. Het broedseizoen 1990 van de Purperreiger in Nederland: een dieptepunt! Vogeljaar 39: 251-255.

van der Kooij, H. 1992. De Havik *Accipiter gentilis* als broedvogel in purper-reigerkolonies *Ardea purpurea*: gaat dat samen? Limosa 65: 53-56.

van der Kooij, H. 1994. Het broedseizoen 1993 van de Purperreiger in Nederland. Vogeljaar 42: 218-220.

van der Kooij, H. 1995a. Werkt de Vos *Vulpes vulpes* de Purperreiger *Ardea purpurea* in de nesten? Limosa 68: 137-142.

van der Kooij, H. 1995b. Het broedseizoen 1994 van de Purperreiger in Nederland. Vogeljaar 43: 220-222.

van der Kooij, H. 1996. Het broedseizoen 1995 van de Purperreiger in Nederland. Vogeljaar 44: 179-181.

van der Kooij, H. 1997a. Het broedseizoen 1996 van de Purperreiger in Nederland. Vogeljaar 45: 115-117.

van der Kooij, H. 1997b. Wordt het broedresultaat van Purperreigers *Ardea purpurea* beïnvloed door de nesthoogte? Limosa 70: 145-151.

van der Kooij, H. 1998. Het broedseizoen 1997 van de Purperreiger in Nederland. Vogeljaar 46: 53-57.

van der Kooij, H. 1999. Het broedseizoen 1998 van de Purperreiger in Nederland. Vogeljaar 47: 204-207.

van der Kooij, H. 2000. Het broedseizoen 1999 van de Purperreiger in Nederland. Vogeljaar 48: 120-122.

van der Kooij, H. 2001. Het broedseizoen 2000 van de Purperreiger in Nederland. Vogeljaar 49: 67-71.

van der Kooij, H. 2002. Het broedseizoen 2001 van de Purperreiger in Nederland. Vogeljaar 50: 106-110.

van der Kooij, H. 2003. Het broedseizoen 2002 van de Purperreiger in Nederland. Vogeljaar 51: 254-260.

van der Kooij, H. 2005. De broedseizoenen 2003 en 2004 van de Purperreiger in Nederland. Vogeljaar 53: 151-156.

van der Kooij, H. 2007. De broedseizoenen 2005 en 2006 van de Purperreiger in Nederland. Vogeljaar 55: 150-157.

Koopman, K. & P.W. Bouma. 1979. Slaaptrekonderzoek aan steltlopers in Fryslân. Voorlopig verslag. Rapport 6. Leeuwarden: FFF.

Koopman, K. 1986. Primary moult and weight changes of Ruffs in the Netherlands in relation to migration. Ardea 74: 69-77.

Kooyman, C. & I. Godonou. 1997. Infection of *Schistocerca gregaria* (Orthoptera: Acrididae) hoppers by *Metarhizium flavoviride* (Deuteromycotina: Hyphomycetes) conidia in an oil formulation applied under desert conditions. Bull. Entomol. Res 87: 105-107.

Kooyman, C., M. Ammati, K. Moumème, A. Chaouch & A. Zeyd. 2005. Essai de Green Muscle® sur des nymphes du Criquet pèlerin dans la Willaya d'El Oued, Nord-Est Algérie, Avril-mai 2005. Algers/Rome/Cotonou: FAO.

Kooyman, C. 2006. Final technical teport of the Regional Programme for Environmentally Sound Grasshopper Control in the Sahel (Phase I). Cotonou/Niamey/Copenhague.

Kooyman, C., W.C. Mullié & M. ould Sid'Ahmed. 2007. Essai de Green Muscle® sur des nymphes du Criquet pèlerin dans la zone de Benichab, Ouest Mauritanie, Octobre-novembre 2006. Rome: FAO/Centre de Lutte Anti-Acridienne.

Kosicki, J., T. Sparks & P. Tryjanowski. 2004. Does arrival date influence autumn departure of the White Stork *Ciconia ciconia*? Ornis Fennica 81: 91-95.

Kosicki, J.Z., P. Profus, P.T. Dolata & M. Tobólka. 2006. Food composition and energy demand of the White Stork *Ciconia ciconia* breeding population. Literature survey and preliminary results from Poland. *In:* P. Tryjanowski, T. Sparks & L. Jerzak (éds). The White Stork in Poland: studies in biology, ecology and conservation: 169-183. Poznań: Bogucki Wydawnictwo Naukowe.

Koskimies, P. & P. Saurola. 1985. Autumn migration strategies of the Sedge Warbler *Acrocephalus schoenobaenus* in Finland: a preliminary report. Ornis Fenn.62: 145-152.

Koskimies, P. & R.A. Väisänen. 1991. Monitoring bird populations. Helsinki: Zoological Museum, Finnish Museum of Natural History.

Koskimies, P. 2005. Suomen lintuopas. Helsinki: Werner Söderström Osakeyhtiö.

Kostin, Y. 1983. [Birds of the Crimea.] Moscou: Nauka.

Kostrzewa, A. & G. Speer. 2001. Greifvögel in Deutschland: Bestand, Situation, Schutz. Wiebelsheim: AULA-Verlag.

Krogulec, J. 2002. Distribution and population trend of Montagu's Harrier *Circus pygargus* in Poland. Ornithol. Anz. 41: 212.

Kröpelin, S., D. Verschuren, A.-M. Lézine, H. Eggermont, C. Cocquyt, P. Francus, J.P. Cazet, M. Fagot, B. Rumes, J.M. Russell, F. Darius, D.J. Conley, M. Schuster, H. von Suchodoletz & D.R. Engstrom. 2008. Climate-driven ecosystem succession in the Sahara: the past 6000 years. Science 320: 765-768.

Kruk, M., M.A.W. Noordervliet & W.J. ter Keurs. 1997. Survival of Black-tailed Godwit chicks *Limosa limosa* in intensively exploited grassland areas in the Netherlands. Biol. Conserv. 80: 127-133.

Kube, J., A.I. Korzyukov, D.N. Nankinov, OAG Münster & P. Weber. 1998. The northern and western Black Sea region - the Wadden Sea of the Mediterranean Flyway for wader populations. International Wader Studies 10: 379-393.

Kuijper, D.P.J., E. Wymenga, J. van der Kamp & D. Tanger. 2006. Wintering areas and spring migration of the black-tailed godwit: bottlenecks and protection along the migration route. Veenwouden: Altenburg & Wymenga.

Kumar, L., M. Rietkerk, F. van Langevelde, J. van de Koppel, J. van Andel, J. Hearne, N. de Ridder, L. Stroosnijder, A.K. Skidmore & H.H.T. Prins. 2002. Relationship between vegetation growth rates at the onset of the wet season and soil type in the Sahel of Burkina Faso: implications for resource utilisation at large scales. Ecological Modelling 149: 143-152.

Kuresoo, A. & R. Mänd. 1991. The results of point counts in Estonia. Bird Census News 4(1): 34-39.

Kuschert H. & F. Ziesemer. 1991. Knäkente - *Anas querquedula*. Vogelwelt Schleswig-Holsteins. Band 3: 168-172. Neumünster: Karl Wachholtz Verlag.

Kushlan, J.A. & H. Hafner. 2000. Heron conservation. Londres: Academic Press.

Kushlan, J.A. & J.A. Hancock. 2005. Herons. Bird families of the world. Oxford: Oxford University Press.

L

Lack, D. & G.C. Varley. 1945. Detection of birds by radar. Nature 156: 446.

Lack, D. 1966. Population studies of birds. Oxford: Oxford University Press.

Lack, P.C. 1983. The movements of palaearctic landbird species in Tsavo East National Park, Kenya. J. Anim. Ecol. 52: 513-524.

Lack, P.C. 1986. Ecological correlates of migrants and residents in a tropical African savanna. Ardea 74: 111-119.

Laë, R., M. Maïga, J. Raffray & J. Troubat. 1994. Évolution de la pêche. In: J. Quensière (éd.). La Pêche dans le Delta Central du Niger: 143-163. Paris: Karthala.

Laë, R. 1995. Climatic and anthropogenic effects on fish diversity and fish yields in the Central Delta of the Niger River. Aquat. Living Resour. 8: 43-58.

Laë, R. & C. Levêque. 1999. La pêche. In: C. Levêque & D. Paugy (éds). Les poissons des eaux continentales africaines: 385-424. Paris: IRD.

Lamarche, B. 1980. Liste commentée des oiseaux du Mali. 1ère partie: Non-passeraux. Malimbus 2: 121-158.

Lande, R., S. Engen, B.-U. Sæther, F. Filli, E. Matthysen & H. Weimerskirch. 2002. Estimating density dependence from population time series using demographic theory and life-history data. Am. Nat. 159: 321-337.

Lang, M. 2007. Niedergang des süddeutschen Ortolan-Populaton Emberiza hortulana - liegen die Ursachen außerhalb des Brutgebiets. Vogelwelt 128: 179-196.

Lange, H., W. Emeis & E. Schüz. 1938. Weitere Angaben über Heimkehr-Verzögerung und Bestand des Weißen Storches 1937. Vogelzug 9: 97-102.

van Langevelde, F., C.A.D.M. van de Vijver, L. Kumar, J. van de Koppel, N. de Ridder, J. van Andel, A.K. Skidmore, J.W. Hearne, L. Stroosnijder, W.J. Bond, H.H.T. Prins & M. Rietkerk. 2003. Effects of fire and herbivory on the stability of savanna ecosystems. Ecology 84: 337-350.

Langslow, D.R. 1977. Weight increases and behaviour of Wrynecks on the Isle of May. Scottish Birds 9: 262-267.

Lartiges, A. & P. Triplet. 1988. L'aménagement du bas-delta mauritanien du fleuve Sénégal et ses conséquences possibles pour l'avifaune. Bull. mens. O.N.C. 123: 40-48.

Latif, M., D. Anderson, T. Barnett, M. Cane, R. Kleeman, A. Leetmaa, J. O'Brien, A. Rosati & E. Schneider. 1998. A review of the predictability and prediction of ENSO. J. Geophysical Research Oceans 103: 14375-14393.

Launois, M. 1978. Modélisation écologique et simulation opérationnelle en acridologie. Application à Oedaleus senegalensis (Krauss, 1877). Paris: Ministère de la Coopération, GERDAT.

Lausten, M. & P. Lyngs. 2004. Trækfugle på Christiansø 1976-2001. Gudhjem: Christiansøs Naturvidenskabelige Feltstation.

Le Mao, P. 1980. Les migrations et l'hivernage des limicoles en Maine-et-Loire de 1961 à 1978. Bull. GAEO 19 (no. 30): 180-236.

Lebedeva, E. A. 1998. Waders in agricultural habitats of European Russia. International Wader Studies 10: 315-324.

Lebedeva, M.I., K. Lambert & I.N. Dobrynina. 1985. Wood Sandpiper - Tringa glareola. In: J.A. Viksne & H.A. Mihelsons (éds). Migrations of birds of eastern Europe and southern Asia: 97-105. Moscou: Nauka.

Leblanc, M.J., C. Leduc, F. Stagnitti, P.J. van Oevelen, C. Jones, L.A. Mofor, M. Razack & G. Favreau. 2006. Evidence for Megalake Chad, north-central Africa, during the late Quaternary from satellite data. Palaeogeography Palaeoclimatology Palaeoecology 230: 230-242.

Lebret, T. 1959. De dagelijkse verplaatsingen tussen dagverblijf en nachtelijk voedselgebied bij smienten Anas penelope L. in enige terreinen in het lage midden van Friesland. Ardea 47: 199-210.

Lecoq, M. 1978. Biologie et dynamique d'un peuplement acridien de la zone soudanienne en Afrique de l'Ouest (Orthoptera, Acrididae). Ann. Société Entomol. France 14: 603-681.

Leguijt, R., D. Tanger & P. Zomerdijk. 1995. Report visit Tejo and Sado-estuary, Portugal, 28 January 1995 - 4 February 1995, with special references to census and behaviour of Black-tailed Godwits Limosa limosa. Rapport non publ..

Lehikoinen, E., T.H. Sparks & M. Zalakevicius. 2006. Arrival and departure dates. In: A.P. Møller, W. Fiedler & P. Berthold (éds). Birds and climate change: 1-31. Burlington: Academic Press.

Leibak, E., V. Lilleleht & H. Veromann. 1994. Birds of Estonia. Status, distribution & numbers. Tallinn: Estonian Academy of Science.

Lemly, A.D., R.T. Kingsford & J.R. Thompson. 2000. Irrigated agriculture and wildlife conservation: Conflict on a global scale. Environm. Manage. 25: 485-512.

Lemoalle, J. 2005. The Lake Chad basin. In: L.H. Fraser & P.A. Keddy (éds). The World's Largest Wetland: Ecology and Conservation: 316-346. Cambridge: Cambridge University Press.

Leopold, M.F., C.J.W. Bruin, C.J. Camphuysen, C. Winter & B. Koks. 2003. Waarom is de Visarend in Nederland geen zeearend? Limosa 76: 129-140.

Leuzinger, H. & L. Jenni. 1993. Durchzug des Bruchwasserläufers Tringa glareola am Ägelsee bei Frauenfeld. Ornithol. Beob. 90: 169-188.

Lewis, A. & D. Pomeroy. 1989. A bird atlas of Kenya. Rotterdam/Brookfield: Balkema.

Leys, H.N. 1987. Inventarisatie van de Oeverzwaluw (Riparia riparia) in 1986 in Nederland. Vogeljaar 35: 119-131.

Leys, H.N., G.M. Sanders & W.C. Knol. 1993. Avifauna van Wageningen en wijde omgeving. Wageningen: KNNV Vogelwerkgroep Wageningen.

Li Zuo Wei, D. & T. Mundkur. 2004. Numbers and distribution of waterfowl and wetlands in the Asian-Pacific region. Results of the Asian Waterbird Census: 1997-2001. Kuala Lumpur: Wetlands International.

Li, J., J. Lewis, J. Rowland, G. Tappan & L.L. Tieszen. 2004. Evaluation of land performance in Senegal using multi-temporal NDVI and rainfall series. J. Arid Environ. 59: 463-480.

Liechti, F., M. Klaassen & B. Bruderer. 2000. Predicting migratory flight altitudes by physiological migratory models. Auk 117: 205-214.

Liechti, F. & H. Schmaljohann. 2007. Wind-governed flight altitudes of nocturnal spring migrants over the Sahara. Ostrich 78: 337-341.

Limiñana, R., A. Soutullo, V. Urios & M. Surroca. 2006. Vegetation height selection in Montagu's Harriers Circus pygargus breeding in a natural habitat. Ardea 94: 280-284.

Limiñana, R., A. Soutullo & V. Urios. 2007. Autumn migration of Montagu's

Harriers *Circus pygargus* tracked by satellite telemetry. J. Ornithol. 148: 517-523.

Limiñana, R., A. Soutullo, P. López-López & V. Urios. 2008. Pre-migratory movements of adult Montagu's Harriers *Circus pygargus*. Ardea 96: 81-90.

Lind, M., K. Rasmussen, H. Adriansen & A. Ka. 2003. Estimating vegetative productivity gradients around watering points in the rangelands of northern senegal based on NOAA AVHRR data. Danish J. Geography 103: 1-15.

Lindqvist, S. & A. Tengberg. 1993. New evidence of desertification from case studies in northen Burkina Faso. Geografiska Annaler 18: 127-135.

Lindström, Å. & S. Svensson. 2005. Övervakning av fåglarnas populationsutveckling. Årsrapport för 2004. Lund: Ekologiska institutionen, Lunds Universitet.

Lindström, Å., S. Svensson, M. Green & R. Ottvall. 2007. Distribution and population changes of two subspecies of Chiffchaff *Phylloscopus collybita* in Sweden. Ornis Svecica 17: 137-147.

Lindström, Å., M. Green, R. Ottvall & S. Svensson. 2008. Övervakning av fåglarnas populationsutveckling. Årsrapport 2007. Lund: Ekologiska institutionen, Lunds Universitet.

Litérak, I., M. Honza & D. Kondelka. 1994. Postbreeding migration of the Sedge Warbler *Acrocephalus schoenobaenus* in the Czech Republic. Ornis Fennica 71: 151-155.

Loske, K.-H. & W. Lederer. 1987. Bestandsentwicklung und Fluktuationstrate von Weitstreckenziehern in Westfalen: Uferschwalbe (*Riparia riparia*), Rauchschwalbe (*Hirundo rustica*), Baumpieper (*Anthus trivialis*) und Grauschnäpper (*Muscicapa striata*). Charadrius 23: 101-127.

Loske, K.-H. 1994. Untersuchungen zu Überlebensstrategien der Rauchschwalbe (*Hirundo rustica*) im Brutgebiet. Göttingen: Cuvillier Verlag.

Loske, K.-H. 1996. Ein wichtiger Schlafplatz europäischer Rauchschwalben *Hirundo rustica* in Nigeria und seine Bedrohung. Limicola 10: 42-48.

Loske, K.-H. & T. Laumeier. 1999. Bestandsentwicklung der Uferschwalbe *Riparia riparia* in Mittelwestfalen. Vogelwelt 120: 133-140.

Loske, K.-H. 2008. Der Niedergang der Rauchschwalbe *Hirundo rustica* in den westphälischen Hellwegbörden 1977-2007. Vogelwelt 129: 57-71.

Loth, P. 2004. The return of the water: restoring the Waza Logone floodplain in Cameroon. Gland: IUCN.

Lounsbury, C.P. 1909. Third annual report of the Committee of Control of the South African Central Locust Bureau. Cape Town: Cape Times Ltd.

Lourenco, P.M. & T. Piersma. 2008. Stopover ecology of Black-tailed Godwits *Limosa limosa limosa* in Portuguese rice fields: a guide on where to feed in winter. Bird Study 55: 194-202.

Lowe-McConnell, R.H. 1987. Ecological studies in tropical fish communities. Cambridge: Cambridge University Press.

LWVT/SOVON. 2002. Vogeltrek over Nederland 1976-1993. Haarlem: Schuyt & Co.

Lynes, H. 1924. On the birds of northern and central Darfur, with notes on the west-central Kordofan and north Nuba Provinces of the British Sudan. Ibis 11: 339-446, 648-719.

Lynes, H. 1925. On the birds of northern and central Darfur, with notes on the west-central Kordofan and north Nuba Provinces of the British Sudan. Ibis 12: 71-131, 346-416, 541-550, 757-797.

M

Macías, M., A.J. Green & M.I. Sánchez. 2004. The diet of the Glossy Ibis during the breeding season in Doñana, southwest Spain. Waterbirds 27: 234-239.

Magnin, G. 1991. Hunting and persecution of migratory birds in the Mediterranean area. *In:* T. Salathé (éd.). Conserving migratory birds: 63-75. Cambridge: International Council for Bird Preservation.

Magor, J.L., P. Ceccato, H.M. Dobson, J. Pender & L. Ritchie. 2007. Preparedness to prevent Desert Locust plagues in the Central Region, a historical review. Part 1. Text & Part 2. Appendices. Rome: FAO.

Mahé, G., J.C. Olivry, R. Dessouassi, D. Orange, F. Bamba & E. Servat. 2000. Surface water and groundwater relationships in a tropical river of Mali. C.R. Acad. Sc. série IIa 330: 689-692.

Mahé, G., Y. L'Hôte, J.C. Olivry & G. Wotling. 2001. Trends and discontinuities in regional rainfall of West and Central Africa: 1951-1989. Hydrol. Sci. 46: 211-226.

Maiga, I.H., M. Lecoq & C. Kooyman. 2008. Ecology and management of the Senegalese grasshopper, *Oedaleus senegalensis* (Krauss, 1877) (Orthoptera: Acrididae) in West Africa. Review and prospects. Annales de la Société Entomologique de France 44: 271-288.

Malzy, P. 1962. La faune avienne du Mali (bassin du Niger). L'Oiseau et RFO 32 no spécial: 1-81.

Mammen, U. & M. Stubbe. 2006. Die Bestandsentwicklung der Greifvögel und Eulen Deutschlands von 1988 bis 2002. Populationsökologie Greifvogel- und Eulenarten 5: 21-40.

van Manen, W. 2001. Wat is er aan de hand met de broedvogels in de polderbossen? Sovon Nieuws 14: 16-17.

van Manen, W. 2008. Broedvogels van Arkemheen in 2007. Beek-Ubbergen: SOVON Vogelonderzoek Nederland.

Mangnall, M.J. & T.M. Crowe. 2003. The effects of agriculture on farmland bird assemblages on the Agulhas Plain, Western Cape, South Africa. Afr. J. Ecol. 41: 266-276.

Marchant, J.H., R. Hudson, S.P. Carter & P. Whittington. 1990. Population trends in British breeding birds. Tring: British Trust for Ornithology.

Marchant, J.H. 1992. Recent trends in breeding populations of some common trans-Saharan migrant birds in northern Europe. Ibis 134 suppl. 1: 113-119.

Marchant, J.H., S.N. Freeman, H.Q.P. Crick & L.P. Beaven. 2004. The BTO Heronries Census of England and Wales 1928-2000: new indices and a comparison of analytical methods. Ibis 146: 323-334.

Marchant, S. 1963. Migration in Iraq. Ibis 105: 369-398.

Marie, J. 2002. Enjeux spatiaux et fonciers dans le delta intérieur du

Niger (Mali). *In:* D. Orange, R. Arfi, M. Kuper, P. Morand & Y. Poncet (éds). Gestion intégrée des ressources naturelles en zones inonables tropicales: 557-586. Paris: IRD.

Marion, L. 1980. Dynamique d'une population de Hérons cendrés *Ardea cinerea* L. Exemple de la plus grande colonie d'Europe: le lac de Grand-Lieu. L'Oiseau et RFO 50: 219-261.

Marion, L., P. Ulenaers & J. van Vessem. 2000. Herons in Europe. *In:* J.A. Kushlan & H. Hafner (éds). Heron conservation: 1-31. Londres: Academic Press.

Markovets, M. & R. Yosef. 2004. Phenology of spring migration of passerines in Eilat (Israel). Rybachy: Biological Station Rybachy.

Marquiss, M., L. Robinson & E. Tindal. 2007. Marine foraging by Ospreys in southwest Scotland: implications for the species' distribution in western Europe. Brit. Birds 100: 456-465.

Martell, M.S., C.J. Henny, P.E. Nye & M.J. Solensky. 2001. Fall migration routes, timing, and wintering sites of North American Ospreys, as determined by satellite telemetry. Condor 103: 715-724.

Massemin-Challet, S., J.P. Gendner, S. Samtmann, L. Pichegru, A. Wulgue & Y. Le Maho. 2006. The effect of migration strategy and food availability on White Stork *Ciconia ciconia* breeding success. Ibis 148: 503-508.

Mathiasson, S. 1963. Visible migration in the Sudan. Proc. XII Intern. Ornith. Congr.: 430-435.

Mathiasson, S. 1971. Untersuchungen an Klappergrasmücken (*Sylvia curruca*) im Niltal in Sudan. Vogelwarte 26: 212-221.

Matthiesen, C. 1931. Eine Schwalbenstatistik. Beitr. Fortpfl. Biol. Vögel 7: 47-49.

McCann, J.C. 1999. Climate and causation in African history. Intern. J. Afr. Hist. Studies 32: 261-279.

McClure, H.E. 1974. Migration and survival of the birds of Asia. Bangkok: Army Component SEATO Medical Research Laboratory.

Mebs, T. & D. Schmidt. 2006. Greifvögel Europeas, Nordafrikas und Vorderasiens. Stuttgart: Franckh-Kosmos.

Mefit-Babtie, Srl. 1983. Development studies in the Jonglei Canal area. Technical Assistance Contract for Range Ecology Survey, Livestock Investigations and Water Supply. Final Report. Volume 5. Wildlife Studies. Glasgow.

Meinertzhagen, R. 1959. Pirates and predators. Edinburgh/Londres: Oliver & Boyd.

Meinertzhagen, R. 1930. Nicholl's Birds of Egypt. Londres: Hugh Rees.

Meinertzhagen, R. 1956. Roosts of wintering harriers. Ibis 98: 535.

Meininger, P.L. & W.C. Mullié. 1981. Egyptian wetlands as threatened wintering areas for waterbirds. Sandgrouse 3: 62-77.

Meininger, P.L. 1989. Palearctic coastal waders wintering in Senegal. Wader Study Group Bull. 55: 18-19.

Meininger, P.L. & G.A.M. Atta. 1994. Ornithological studies in Egyptian wetlands 1989/90. Vlissingen: Foundation for Ornithological Research in Egypt.

Meininger, P.L., G. Nikolaus & E.E. Khounganian. 1994. Ringing recoveries, mainly resulting from the Egyptian wetland project 1989/1990. *In:* P.L. Meininger & G.A.M. Atta (éds). Ornithological studies in Egyptian wetlands 1989/90: 245-260. Vlissingen: Foundation for Ornithological Research in Egypt.

Meissner, W. 1997. Autumn migration of Wood Sandpipers (*Tringa glareola*) in the region of the Gulf of Gdansk. Ring 19: 75-91.

Meissner, W. & P. Ziecik. 2005. Biometrics of juvenile Ruffs (*Philomachus pugnax*) migrating in autumn through Puck Bay region. Ring 27: 91-98.

Melter, J. 2005. Tages- und jahreszeitliche Muster des Verhaltens rastender Kampfläufer *Philomachus pugnax* in den Rieselfeldern Münster. Vogelwelt 116: 19-33.

Melter, J. & A. Sauvage. 1997. Measurements and moult of Ruffs *Philomachus pugnax* wintering in West Africa. Malimbus 19: 12-18.

Merikallio, E. 1958. Finnish birds: their distribution and numbers. Fauna Fennica 5: 1-181.

Merle, S. & F. Chapalain. 2005. Recensement hivernal des Cigognes blanche *Ciconia ciconia* et noire *C. nigra* en France en 2004. Ornithos 12: 321-327.

Messager, C., H. Gallée & O. Brasseur. 2004. Precipitation sensitivity to regional SST in a regional climate simulation during the West African monsoon for two dry years. Climate Dynamics 22: 249-266.

Meyburg, B.-U., W. Scheller & C. Meyburg. 1995a. Zug und Überwinterung des Schreiadlers *Aquila pomarina*: Satellitentelemetrische Untersuchungen. J. Ornithol. 136: 401-422.

Meyburg, B.-U., J.M. Mendelsohn, D.H. Ellis, D.G. Smith, C. Meyburg & A.C. Kemp. 1995b. Year-round movements of a Wahlberg's Eagle *Aquila wahlbergi* tracked by satellite. Ostrich 66: 135-140.

Meyburg, B.-U., C. Meyburg & C. Pacteau. 1996. Migration automnale d'un circaète Jean-Le-Blanc *Circaetus gallicus* suivi par satellite. Alauda 64: 339-344.

Meyburg, B.-U., C. Meyburg & J.-C. Barbraud. 1998. Migration strategies of an adult short-toed eagle (*Circaetus gallicus*) tracked by satellite. Alauda 66: 39-48.

Meyburg, B.-U., D.H. Ellis, J.M. Mendelsohn & W. Scheller. 2001. Satellite tracking of two Lesser Spotted Eagles, *Aquila pomarina*, migrating from Namibia. Ostrich 72: 35-40.

Meyburg, B.-U., M. Gallardo, C. Meyburg & E. Dimitrova. 2004a. Migrations and sojourn in Africa of Egyptian Vultures (*Neophron percnopterus*) tracked by satellite. J. Ornithol. 145: 273-280.

Meyburg, B.-U., C. Meyburg, T. B lka, O. Šreibr & J. Vrana. 2004b. Migration, wintering and breeding of a lesser spotted eagle (*Aquila pomarina*) from Slovakia tracked by satellite. J. Ornithol. 145: 1-7.

Meyburg, B.-U., C. Meyburg, J. Matthes & H. Matthes. 2007. Heimzug, verspätete Frühjahrsankunft, vorübergehender Partnerwechsel und Bruterfolg beim Schreiadler *Aquila pomarina*. Vogelwelt 128: 21-31.

Meyer, S.K., R. Spaar & B. Bruderer. 2003. Sea crossing behaviour of falcons and harriers at the southern Mediterranean coast of Spain. Avian Science 3: 153-162.

Michard-Picamelot, D., T. Zorn, J.P. Gendner, A.J. Mata & Y. Le Maho. 2002. Body protein does not vary despite seasonal changes in fat in the White Stork *Ciconia ciconia*. Ibis 144: E1-E10.

Michard, D., T. Zom, J.-P. Gendner & Y. Le Maho. 1997. La biologie et le comportement de la Cigogne blanche (*Ciconia ciconia*) révélés par le marquage électronique. Alauda 65: 53-58.

Micheloni, P. 2000. The hunting of migratory swallows in Africa. Paris: Pro Natura International.

Mietton, M., D. Dumas, O. Hamerlynck, A. Kane, A. Coly, S. Duvail, F. Pesneaud & M.L. ould Baba. 2007. Water management in the Senegal River Delta: a continuing uncertainty. Hydrol. Earth Syst. Sci. Discuss. 4: 4297-4323.

Mihelsons, H.A. & L. Haraszthy. 1985. *Circus pygargus*. *In:* V. Il'chev (éd.). Migrations of birds of eastern Europe and northern Asia: 279-284. Moscou: Nauka.

Miller, M.R. & D.C. Duncan. 1999. The northern pintail in North America: status and conservation needs of a struggling population. Wildlife Soc. Bull. 27: 788-800.

Miller, M.R., D.C. Duncan, K. Guyn, P. Plint & J. Austin. 2001. The Northern Pintail in North America: The problem and prescription for recovery. Part 1. Proceeding of the northern pintail workshop 23-25 March 2001, Sacramento, CA..

Miller, M.R., J.Y. Takekawa, J.P. Fleskes, D.L. Orthmeyer, M.L. Casazza & W.M. Perry. 2005. Spring migration of Northern Pintails from California's central valley wintering area tracked with satellite telemetry: routes, timing and destinations. Can. J. Zool. 83: 1314-1332.

Millon, A., J.-L. Bourrioux, V. Riols & V. Bretagnolle. 2002. Comparative breeding biology of the Hen Harrier and Montagu's Harrier: an 8-year study in north-eastern France. Ibis 144: 94-105.

Mohamed, Y.A., W.G.M. Bastiaanssen & H.H.G. Savenije. 2004. Spatial variability of evaporation and moisture storage in the swamps of the upper Nile studied by remote sensing techniques. J. Hydrol. 289: 145-164.

Molina, K.C. & R.M. Erwin. 2006. The distribution and conservation status of the Gull-billed Tern (*Gelochelidon nilotica*) in North America. Waterbirds 29: 271-295.

Monval, J.-Y. & J.-Y. Pirot. 1989. Results of the International Waterfowl Census 1967-1986. Slimbridge: IWRB.

Morand, P., J. Quensière & C. Herry. 1991. Enquête pluridisciplinaire auprès des pêcheurs du delta Central du Niger: plan de sondage et estimateurs associés. Le Transfert d'Echelle, Séminfort 4: 195-211.

Moreau, R.E. & W.L. Sclater. 1938. The avifauna of the mountains along the Rift Valley in North Tanganyika Territory (Mbulu District) – Part II. Ibis (14) 1: 760-786.

Moreau, R.E. 1952. The place of Africa in the Palaearctic migration system. J. Anim. Ecol. 21: 250-271.

Moreau, R.E. 1953. Migration in the Mediterranean area. Ibis 95: 329-364.

Moreau, R.E. 1961. Problems of Mediterranean-Saharan migration. Ibis 103: 373-427.

Moreau, R.E. 1966. The bird faunas of Africa and its islands. Londres: Academic Press.

Moreau, R.E. 1969. The recurrence in winter quarters (*Ortstreue*) of trans-Saharan migrants. Bird Study 16: 108-110.

Moreau, R.E. & R.M. Dolp. 1970. Fat, water, weights, and winglengths of autumn migrants in transit on the north-west coast of Egypt. Ibis 112: 209-228.

Moreau, R.E., D. Lack, J.F. Monk, A. Landsborough Thompson & W.H. Thorpe. 1970. Autobiographical sketch and obituaries: R.E. Moreau. Ibis 112: 549-564.

Moreau, R.E. 1972. The Palaearctic-African bird migration systems. Londres: Academic Press.

Morel, G. & M.-Y. Morel. 1961. Une héronnière mixte sur le Bas-Senegal. Alauda 29: 99-117.

Morel, G. & F. Bourlière. 1962. Relations écologiques des avifaunes sédentaire et migratrice dans une savane sahélienne du bas Sénégal. Terre Vie 102: 371-393.

Morel, G. & F. Roux. 1966a. Les migrateurs paléarctiques au Sénégal. I. Non-passereaux. Terre Vie 20: 19-72.

Morel, G. & F. Roux. 1966b. Les migrateurs paléarctiques au Sénégal. II. Passereaux et synthèse générale. Terre Vie 20: 143-176.

Morel, G. 1968. Contribution à la synécologie des oiseaux du Sahel sénégalais. Mém. ORSTOM. 29: 1-179.

Morel, G. & M.-Y. Morel. 1972. Recherches écologiques sur une savane sahélienne du Ferlo septentrional, Sénégal: l'avifaune et son cycle annuel. Terre Vie 26: 410-439.

Morel, G. 1973. The Sahel zone as an environment for Palaearctic migrants. Ibis 115: 413-417.

Morel, G.J. & M.-Y. Morel. 1973. Recherches écologiques sur une savane sahélienne du Ferlo septentrional, Sénégal. Etude d'une communauté avienne. Cah. ORSTOM, sér. Biol. 13: 3-34.

Morel, G. & F. Roux. 1973. Les migrateurs paléarctiques au Sénégal: notes complémentaires. Terre Vie 27: 523-545.

Morel, G. & M.-Y. Morel. 1974. Recherches écologiques sur une savane sahélienne du Ferlo septentrional, Sénégal: influence de la sécheresse de l'année 1972-1973 sur l'avifaune. Terre Vie 28: 95-123.

Morel, G. J. & M.-Y. Morel. 1978. Recherches écologiques sur une savane sahélienne du Ferlo septentrional, Sénégal. Etude d'une communauté avienne. Cah. ORSTOM, sér. Biol. 13: 3-34.

Morel, G. & M.-Y. Morel. 1979. La Tourterelle des bois dans l'extrème Ouest-Africain. Malimbus 1: 66-67.

Morel, G.J. & M.-Y. Morel. 1980. Structure of an arid tropical bird community. Proc. IV Pan-Afr. Orn. Congr.: 125-133.

Morel, G.J. & M.-Y. Morel. 1983. Treize années de comptages d'oiseaux dans un quadrat de steppe arbustive dans le Ferlo (Nord Sénégal). Atelier méthodes d'inventaire et de surveillance continue des écosystèmes pastoraux sahéliens - application au développement. Dakar, 16-18 Novembre 1983.

Morel, G. & M.-Y. Morel. 1988. Nouvelles données sur l'hivernage de la tourterelle des bois, *Streptopelia turtur*, en Afrique de l'Ouest: Nord de la Guinée. Alauda 56: 85-91.

Morel, G. & M.-Y. Morel. 1990. Les Oiseaux de Sénégambie. Paris: ORSTOM.

Morel, G.J. & M.-Y. Morel. 1992. Habitat use by Palearctic migrant passerine birds in West Africa. Ibis 134: 83-88.

Morel, M.-Y. 1975. Comportement de sept espèces des tourterelles aux points d'eau naturels et artificiels dans une savane sahélienne du Ferlo septentrional Sénégal. L'Oiseau et RFO 45: 97-125.

Morel, M.-Y. 1985. La Tourterelle des bois *Streptopelia turtur* en Sénégambie: évolution de la population au cours de l'année et identification des races. Alauda 53: 100-110.

Morel, M.-Y. 1986. Mue et engraissement de la tourterelle des bois *Streptopelia turtur*, dans une steppe arbustive du Nord Sénégal, région de Richard-Toll. Alauda 54: 121-137.

Morel, M.-Y. 1987. La Tourterelle des bois, *Streptopelia turtur*, dans l'Ouest africain: mouvements migratoires et régime alimentaire. Malimbus 9: 23-42.

Moritz, D. 1993. Long-term monitoring of Palaearctic-African migrants at Helgoland/German Bight, North Sea. Proc. VIII Pan-Afr. Orn. Congr.: 579-586.

Moritz, M., P. Scholte & S. Kari. 2002. The demise of the nomadic contract: arrangements and rangelands under pressure in the Far North of Cameroon. Nomadic People 6: 127-146.

Morony M.G. 2000. Michael the Syrian as a source for Economic history. Hugoye: Journal of Syriac Studies 3.

Mortimore, M. & F. Harris. 2005. Do small farmers' achievements contradict the nutrient depletion scenarios for Africa? Land Use Policy 22: 43-56.

Mortimore, M. & B. Turner. 2005. Does the Sahelian smallholder's management of woodland, farm trees, rangeland support the hypothesis of human-induced desertification? J. Arid Environ. 63: 567-595.

Mouafo, D., T. Fotsing, D. Sighomnou & L. Sigha. 2002. Dam, environment and regional development: Case study of the Logone floodplain in northern Cameroon. Intern. J. Water Resources Devel. 18: 209-219.

Moussa, B.I. 1999. Evolution de l'occupation des sols dans deux terroirs du sud-ouest nigérien: Bogodjotou et Ticko. *In*: C. Floret & R. Pontanier (éds). Jachères et systèmes agraires: 15-24. Dakar: CORAF/IRD ex ORSTOM/Union Européenne.

Møller, A.P. 1975a. Ynglebestanden af Sandterne *Gelochelidon n. nilotica* Gmel. i 1972 i Europa, Afrika og Vestasien, med et tilbageblik over bestandsændringer i dette århundrede. Dansk Orn. Foren. Tidsskr. 69: 1-8.

Møller, A.P. 1975b. Migration of European Gull-billed Terns (*Gelochelidon n. nilotica*) according to recoveries. Danske Fugle 27: 61-77.

Møller, A.P. 1989. Population dynamics of a declining swallow *Hirundo rustica* population. J. Anim. Ecol. 58: 1051-1063.

Møller, A.P. 1992. Nestboxes and the scientific rigour of experimental studies. Oikos 63: 309-311.

Møller, A.P. & F. de Lope. 1999. Senescence in a short-lived migrating bird: age-dependent morphology, migration, reproduction and parasitism. J. Anim. Ecol. 68: 163-171.

Møller, A.P. & T. Szép. 2002. Survival rate of adult barn swallows *Hirundo rustica* in relation to sexual selection and reproduction. Ecology 83: 2220-2228.

Møller, A.P. 2002. North Atlantic Oscillation (NAO) effects of climate on the relative importance of first and second clutches in a migratory passerine bird. J. Anim. Ecol. 71: 201-210.

Møller, A.P., E. Flensted-Jensen & W. Mardal. 2007. Adaptation to climatic change by change in the timing of the annual cycle. J. Anim. Ecol. 76: 515-525.

Mulder, Th. 1972. De Grutto (*Limosa limosa*) in Nederland. Hoogwoud: KNNV.

Mullié, W.C., E.E. Khounganian & M.H. Amer. 1989. A preliminary list of Egyptian bird ringing recoveries 1908-1988. Wageningen: Foundation for Ornithological Research in Egypt.

Mullié, W.C. & J.O. Keith. 1991. Notes on the breeding biology, food and weight of the Singing Bush-Lark *Mirafra javanica* in northern Senegal. Malimbus 13: 24-39.

Mullié, W.C., J. Brouwer & C. Albert. 1992. Gregarious behaviour of African Swallow-tailed Kite *Chelictinia riocourii* in response to high grasshopper densities near Ouallam, western Niger. Malimbus 14: 19-21.

Mullié, W.C. & J.O. Keith. 1993. The effects of aerially applied fenitrothion and chlorpyrifos on birds in the savannah of northrn Senegal. J. appl. Ecol. 30: 536-550.

Mullié, W.C., J. Brouwer & P. Scholte. 1995. Numbers, distribution and habitat of wintering white storks in the east-central Sahel in relation to rainfall, food and anthropogenic influences. *In*: O. Biber, P. Enggist, C. Marti & T. Salathé (éds). Proc. Intern. Symp. White Stork (Western Population), Basel 1994: 219-240. Sempach: Schweizerische Vogelwarte.

Mullié, W.C., J. Brouwer, S.F. Codio & R. Decae. 1999. Small isolated wetlands in the Central Sahel: a resource shared between people and waterbirds. *In*: A.J. Beintema & J. van Vessem (éds). Strategies for Conserving Migratory Waterbirds: 30-38. Wageningen: Wetlands International.

Mullié, W.C., C. Rouland-Lefèvre, M. Sarr, A. Danfa & J.W. Everts. 2003. Impact of Adonis® 2UL and 5UL (fipronil) on ant and termite communities in a tropical semi-arid savannah. Report lctx 9902. Dakar: CERES-Locustox.

Mullié, W.C. & P. Mineau. 2004. Comparative avian risk assessment of acridid control in the Sahel based on probability of kill and hazard ratios. Fourth SETEC World Congress and 25th Annual Meeting in North Amercica, Portland, Oregon.

Mullié, W.C. 2007a. Observations sur l'utilisation du Green Muscle® (*Metarhizium anisopliae* var. *acridum*) en lutte antiacridienne au Sénégal en 2007. Dakar: Fondation Agir pour l'Education et la Santé.

Mullié, W.C. 2007b. Synergy of predation and entomopathogens: an essential element of biocontrol. Poster presentation at International Workshop on the future of Biopesticides in Desert Locust management.

Mullié, W.C. & Y. Gueye. 2009. Efficacité du Green Muscle (*Metarhizium anisopliae* var. *acridum*) en dose reduite en lutte antiacridienne au Sénégal en 2008. Dakar, Rapport au Ministère de l'Agriculture.

Mumba, M. & J.R. Thompson. 2005. Hydrological and ecological impacts of dams on the Kafue Flats floodplain system, southern Zambia. Physics and Chemistry of the Earth 30: 422-447.

Muraoka, Y., C.H. Schulze, M. Pavlicev & G. Wichmann. 2009. Spring migration dynamics and sex-specific patterns in stopover strategy in the Wood Sandpiper *Tringa glareola*. J. Ornithol. DOI 10.1007/s10336-008-0351-5.

Murton, R.K. 1968. Breeding, migration and survival of Turtle Doves. British Birds 61: 193-212.

Musgrove, A.J. 2002. The non-breeding status of the Little Egret in Britain. British Birds 95: 62-80.

Mustafa, M.A. & M.A.Y. Elsheikh. 2007. Variability, correlation and path co-efficient analysis for yield and its components in rice. African Crop Science Journal 15: 183-189.

Myers, J.P. 1981. A test of three hypotheses for latitudinal segregation of the sexes in wintering birds. Can. J. Zool. 59: 1527-1534.

Myneni, R.B., S.O. Los & C.J. Tucker. 1996. Satellite-based identification of linked vegetation index and sea surface temperature anomaly areas from 1982-1990 for Africa, Australia and South America. Geophysical Research Letters 23: 729-732.

N

N'tchayi, G.M., J. Bertrand, M. Legrand & J. Baudet. 1994. Temporal and spatial variations of the atmospheric dust loading throughout West-Africa over the last 30 years. Annales Geophysicae 12: 265-273.

N'tchayi, G.M., J. Bertrand & S.E. Nicholson. 1997. The diurnal and seasonal cycles of wind-borne dust over Africa north of the equator. J. appl. Meteor. 36: 868-882.

Nagy, K.E. 2005. Review field metabolic rate and body size. J. exp. Biol. 208: 1621-1625.

Nankinov, D.N. 1978. Migrations of Night Herons on the Balkans. *In*: Ilyichev, V.D. (éd). Migrations of birds of Eastern Europe and Northern Asia: 112-114. Moscou: Nauka.

Nankinov, D.N. & A.A. Kistchinski. 1978. Migrations of Little Egrets on the Balkans. *In*: Ilyichev, V.D. (éd). Migrations of birds of Eastern Europe and Northern Asia: 140-142. Moscou: Nauka.

Nankinov, D.N. 1998. Wood Sandpiper *Tringa glareola* and Green Sandpiper *Tringa ochropus* in Bulgaria. International Wader Studies 10: 370-374.

de Naurois, R. 1959. Premiers recherches sur l'avifaune des îles du Banc d'Arguin (Mauritanie). Alauda 27: 241-308.

de Naurois, R. 1965. Une colonie reproductrice du Petit Flamant rose, *Phoeniconaias minor* (Geoffroy) dans l'Aftout es Sahel (Sud-ouest mauritanien). Alauda 33: 166-175.

de Naurois, R. 1965. L'avifaune aquatique du delta du Sénégal et son destin. Bull. I. Fau 27b: 1196-1207.

de Naurois, R. 1969. Peuplement et cycles de reproduction des oiseaux de la côte occidentale d'Afrique. Mémoire du Musée d'Histoire Naturelle série A. Zoologie 57: 1-312.

Nef, L., P. Dutilleul & B. Nef. 1988. Estimation des variations quantitatives de populations de passereaux à partir des bilans de 24 années de baguage au Limbourg, Belge. Gerfaut 78: 173-207.

Negri, A.J., R.F. Adler, L.M. Xu & J. Surratt. 2004. The impact of Amazonian deforestation on dry season rainfall. J. Climate 17: 1306-1319.

Neiland, A.E., C. Béné, T. Jolley, B.M.B. Ladu, S. Ovie, O. Sule, M. Baba, E. Belal, F. Tiotsop, K. Mindjimba, L. Dara & J. Quensière. 2004. Fisheries. *In*: C. Batello, M. Marzot & A. Harouna Touré (éds). The future is an ancient lake; traditional knowledge, biodiversity and genetic resources for food and agriculture in Lake Chad Basin ecosystems: 189-225. Rome: FAO.

Nelson, A. 2004. Population Density for Africa in 2000. Sioux Falls: UNEP/GRID.

Neumann, O. 1917. Über die Avifauna des unteren Senegal-Gebiets. J. Ornithol. 65: 189-214.

Nevo, D. 1996. The Desert Locust, *Schistocerca gregaria*, and its control in the land of Israel and the Near East in antiquity, with some reflections on its appearance in Israel in modern times. Phytoparasitica 24: 7-32.

Newby, J.E. 1979. The birds of the Quadi Rime – Quadi Achim Faunal Reserve, a contribution to the study of the Chadian avifauna. Malimbus 1: 90-109.

Newton, I. 1979. Population ecology of raptors. Berkhamsted: Poyser.

Newton, I. & L. Dale. 1996. Relationship between migration and latitude among west European birds. J. Anim. Ecol. 65: 137-146.

Newton, I. 2004. Population limitation in migrants. Ibis 146: 197-226.

Newton, I. 2006. Can conditions experienced during migration limit the population levels of birds? J. Ornithol. 147: 146-166.

Newton, I. 2007. Weather-related mass mortality events in migrants. Ibis 150: 453-467.

Newton, I. 2008. The migration ecology of birds. Londres: Academic Press.

Newton, S.F. 1996. Wintering range of Palaearctic-African migrants includes southwest Arabia. Ibis 138: 335-336.

Ngatcha, B.N., J. Mudry, L.S. Nkamdjou, R. Njitchoua & E. Naah. 2005. Climate variability and impacts on an alluvial aquifer in a semiarid climate, the Logone-Chari plain (south of Lake Chad). IHAS 295: 94-102.

Niassy, A. 1990. The grasshopper complex. *In*: J.W. Everts (éd.). Environmental effects of chemical locust and grasshopper control. Rome: FAO.

Nicholson, S.E. 1981a. Rainfall and atmospheric circulation during drought periods and wetter years in West-Africa. Monthly Weather Review 109: 2191-2208.

Nicholson, S.E. 1981b. The historical climatology of Africa. *In:* T.M.L. Wigley, M.J. Ingran & G. Farner (éds). Climate and history: 249-270. Cambridge: Cambridge University Press.

Nicholson, S. 1982. The Sahel, a climatic perspective. Paris: Club du Sahel.

Nicholson, S.E. 1986. The spatial coherence of African rainfall anomalies: interhemispheric teleconnections. J. Climate Appl. Meteor. 25: 1365-1381.

Nicholson, S.E., M.L. Davenport & A.R. Malo. 1990. A comparison of the vegetation response to rainfall in the Sahel and East-Africa, using Normalized Difference Vegetation Index from NOAA AVHRR. Climatic Change 17: 209-241.

Nicholson, S.E. & I.M. Palao. 1993. A reevaluation of rainfall variability in the Sahel.1. Characteristics of rainfall fluctuations. Intern. J. Clim. 13: 371-389.

Nicholson, S.E., C.J. Tucker & M.B. Ba. 1998. Desertification, drought, and surface vegetation: An example from the West African Sahel. Bull. Am. Meteor. Soc. 79: 815-829.

Nicholson, S. 2000. Land surface processes and Sahel climate. Reviews of Geophysics 38: 117-139.

Nicholson, S.E. 2001. Climatic and environmental change in Africa during the last two centuries. Climate Research 17: 123-144.

Nicholson, S.E. & J.P. Grist. 2001. A conceptual model for understanding rainfall variability in the West African Sahel on interannual and interdecadal timescales. Intern. J. Clim. 21: 1733-1757.

Nicholson, S.E. & J. P. Grist. 2003. The seasonal evolution of the atmospheric circulation over West Africa and Equatorial Africa. J. Climate 16: 1013-1030.

Nicholson, S. 2005. On the question of the «recovery» of the rains in the West African Sahel. J. Arid Environ. 63: 615-641.

Nicolai, J. 1976. Beboachtungen an einigen paläarktischen Wintergästen in Ost-Nigeria. Vogelwarte 28: 274-278.

Nikiforov, M. 2003. Distribution trends of breeding bird species in Belarus under conditions of global climate change. Acta Zoologica Lituanica 13: 255-262.

Nikiforov, M.E. & E.A. Mongin. 1998. [Breeding waders in Belarus: number estimates and recent population trends.] *In:* P.S. Tomkovich & E.A. Lebdeveda (éds). Breeding waders in eastern Europe – 2000: 93-96. Moscou: Russian Bird Conservation Union.

Nikolaus, G. 1987. Distribution atlas of Sudan's birds with notes on habitat and status. Bonn: Zoologische Forschungsinstitut und Museum Alexander Koenig.

Nikolaus, G. 1989. Birds of South Sudan. Scopus Special Suppl. 3: 1-124.

Nikolaus, G., J. Ash, P. Hall & J. Barker. 1995. The Boje Ebok Swallow roost. Safring News 24: 85-86.

van Noordwijk, A.J. & D.L. Thomson. 2008. Survival rates of Black-tailed Godwits *Limosa limosa* breeding in The Netherlands estimated from ring recoveries. Ardea 96: 47-57.

Norman, S.C. 1992. Dispersal and site fidelity in Lesser Whitethroats *Sylvia curruca*. Ring. & Migr. 13: 167-174.

O

O'Connor, R.J. & M. Shrubb. 1986. Farming & birds. Cambridge: Cambridge University Press.

OAG Münster. 1989a. Zugphänologie und Rastbestandsentwicklung des Kampfläufers (*Philomachus pugnax*) in den Rieselfeldern Münster anhand von Fangergebnissen und Sichtbeobachtungen. Vogelwarte 35: 132-155.

OAG Münster. 1989b. Beobachtungen zur Heimzugstrategie des Kampfläufers *Philomachus pugnax*. J. Ornithol. 130: 175-182.

OAG Münster. 1991a. Mauser und intraindividuelle Variation des Handschwingenwechsels beim Kampläufer (*Philomachus pugnax*). J. Ornithol. 132: 1-28.

OAG Münster. 1991b. Report of the ornithological expedition to northern Cameroon. January/February 1991. Münster: OAG Münster.

OAG Münster. 1996. Do females really outnumber males in ruff *Philomachus pugnax* wintering in Africa? J. Ornithol. 137: 91-100.

OAG Münster. 1998. Mass of ruffs *Philomachus pugnax* wintering in West Africa. International Wader Studies 10: 435-440.

Oatley, T.B. 2000. Migrant European Swallows *Hirundo rustica* in southern Africa: a southern perspective. Ostrich 71: 205-209.

Odsjö, T. & J. Sondell. 1977. Populationsutveckling och häckningsresultat hos brun kärrhök *Circus aeruginosus* i relation till förekomsten av DDT, PCB och kvicksilver. Vår Fågelvärld 36: 152-160.

Ofori-Danson, P.K., C.J. Vanderpuye & G.J. de Graaf. 2001. Growth and mortality of the catfish, *Hemisynodontis membranaceus* (Geoffrey St. Hilaire), in the northern arm of Lake Volta, Ghana. Fisheries Management and Ecology 8: 37-45.

Olioso, G. 1991. L'Hirondelle de rivage *Riparia riparia* dans le sud-est de la France et plus particulièrement dans la vallée de la Durance. L'Oiseau et RFO 61: 185-202.

Oliver, P. 2005. Roosting behaviour and wintering of Eurasian Marsh Harriers *Circus aeruginosus* in south-east England. Ardea 93: 137-140.

Olivry, J.C. 1987. Les conséquences durables de la sécheresse actuelle sur l'écoulement du fleuve Sénégal et l'hypersalinisation de la Basse-Casamance. IAHS Publ. 168. 501-512.

Olivry, J.C., G. Chouret, G. Vuillaume, J. Lemoalle & J.P. Bricquet. 1996. Hydrologie du Lac Tchad. Paris: ORSTOM..

Olsson, L., L. Eklundh & J. Ardo. 2005. A recent greening of the Sahel - Trends, patterns and potential causes. J. Arid Environ. 63: 556-566.

Oschadleus, H.-D. 2002. The Wood Sandpiper (*Tringa glareola*) in South Africa - data from counting, atlasing and ringing. Ring 24: 71-78.

Ottosson, U., S. Rumsey & C. Hjort. 2001. Migration of four *Sylvia* warblers through northern Senegal. Ring. & Migr. 20: 344-351.

Ottosson, U., D. Bengtson, R. Gustafsson, P. Hall, C. Hjort, A.P. Leventis,

R. Neumann, J. Pettersson, P. Rhönsstad, S. Rumsey, J. Waldenström & W. Velmala. 2002. New birds for Nigeria observed during the Lake Chad Bird Migration Project. Bull. African Bird Club 9: 52-55.

Ottosson, U., J. Waldenström, C. Hjort & R. McGregor. 2005. Garden Warbler *Sylvia borin* migration in sub-Saharan West Africa: phenology and body mass changes. Ibis 147: 750-757.

Ouédraogo, S.J., J. Bayala, C. Dembélé, A. Kaboré, B. Kaya, A. Niang & A.N. Somé. 2006. Establishing jujube trees in sub-Saharan Africa: response of introduced and local cultivars to rock phosphate and water supply in Burkina Faso, West Africa. Agroforestry Systems 68: 69-80.

Ouweneel, G.L. 2008. Een halve eeuw overwinterende Bruine Kiekendieven *Circus aeruginosus* in de noordelijke Delta. De Takkeling 16: 124-129.

Owino, A.O. & P.G. Ryan. 2006. Habitat associations of papyrus specialist birds at three papyrus swamps in western Kenya. Afr. J. Ecol. 44: 438-443.

Oyebande, L. 2001. Stream flow regime change and ecological response in the Lake Chad basin in Nigeria. IAHS Publ. 266.

Österlöf, S. 1977. Migration, wintering area & site tenacity of the European Osprey *Pandion h. haliaetus* (L.). Ornis Scand. 8: 61-78.

Österlöf, S. & B.-O. Stolt. 1982. Population trends indicated by birds ringed in Sweden. Ornis Scand. 13: 135-140.

P

Pacteau, C. 2003. Vingt-cinq ans de sauvegarde des Busards en France; le cas du Busard cendré *Circus pygargus*. Alauda 71: 347-356.

Pain, D.J. & M.W. Pienkowski. 1997. Farming and birds in Europe: The common agricultural policy and its implications for bird conservation. San Diego: Academic Press.

Palmer, T.N. 1986. Influence of the Atlantic, Pacific and Indian Oceans on Sahel rainfall. Nature 322: 251-253.

Palmer, T.N., C. Brankovic, P. Viterbo & M.J. Miller. 1992. Modeling interannual variations of summer monsoons. J. Climate 5: 399-417.

Palmgren, P. 1930. Quantitative Untersuchungen über die Vogelfauna in den Wäldern Südfinnlands mit besonderer berücksichtigung Ålands. Acta Zoologica Fennica 7: 1-218.

Panuccio, M., B. D'Amicis, E. Canale & A. Roccella. 2005. Sex and age ratios of marsh harriers *Circus aeruginosus* wintering in central-southern Italy. Avocetta 29: 13-17.

Patrikeev, M. 2004. The birds of Azerbaijan. Sofia: Pensoft.

Pavlova, A., R.M. Zink, S.V. Drovetski, Y. Red'kin & S. Rohwer. 2003. Phylogeographic patterns in *Motacilla flava* and *Motacilla citreola*: species limits and population history. Auk 120: 744-758.

Payevski, V.A. 2006. Mechanisms of population dynamics in trans-Saharan migrant birds: a review. Entomological Review, Supplement 86: 368-381.

Payevsky, V.A. 2000. Demographic studies of migrating bird populations: the aims and possibilities. Ring 22: 57-65.

Peach, W., S. Baillie & L. Underhill. 1991. Survival of British Sedge Warblers *Acrocephalus schoenobaenus* in relation to West African rainfall. Ibis 133: 300-305.

Peal, R.E.F. 1968. The distribution of the Wryneck in the British Isles. Bird Study 15: 111-126.

Pearson, D.J., G.C. Backhurst & D.E.G. Backhurst. 1979. Spring weights and passage of Sedge Warblers *Acrocephalus schoenobaenus* in Central Kenya. Ibis 121: 8-19.

Pearson, D.J. 1981. The wintering and molt of Ruffs *Philomachus pugnax* in the Kenyan Rift Valley. Ibis 123: 158-182.

Pearson, D.J., G. Nikolaus & J.S. Ash. 1988. The southward migration of Palearctic passerines through northeast and east tropical Africa: a review. Proc. Sixth Pan-Afr. Orn. Congr.: 243-261.

Pearson, D.J. & P.C. Lack. 1992. Migration patterns and habitat use by passerine and near-passerine migrant birds in eastern Africa. Ibis 134, suppl.: 89-98.

Pedersen, E.M. 1998. Bestandsindeks for ynglende danske skovfugle 1976-1997. Dansk Orn. Foren. Tidsskr. 92: 275-282.

Peeters, J. 2003. Étude pour la restauration du réseau hydraulique du bassin du fleuve Sénégal. Evaluation environnementale: rapport de première phase. Report OMVS FAD/FAT et SOGED AGRER-SERADE-SETICA.

Penning de Vries, F.W.T. & M.A. Djitèye. 1982. La productivité des pâturages sahéliens, une étude des sols, des végétations et de l'exploitation de cette ressource naturelle. Wageningen: PUDOC.

Persson, B. 1971. Chlorinated hydrocarbons and reproduction of a South Swedish population of whitethroat *Sylvia communis*. Oikos 22: 248-255.

Persson, B. 1974. Degradation and seasonal variation of DDT in whitethroats *Sylvia communis*. Oikos 25: 216-222.

Persson, C. 1998. Weight studies in Wood Sandpipers (*Tringa glareola*) migrating over south-western Scania in late summer and spring, and notes on related species. Ring 20: 95-105.

Petersen, G., J.A. Abeya & N. Fohrer. 2007a. Spatio-temporal water body and vegetation changes in the Nile swamps of southern Sudan. Advances in Geosciences 11: 113-116.

Petersen, B.S., K.D. Christensen & F.P. Jensen. 2007b. Bird population densities along two precipitation gradients in Senegal and Mali. Malimbus 29: 101-121.

Petersen, B.S., K.D. Christensen, K. Falk, F.P. Jensen & Z. Ouambama. 2008. Abdim's Stork *Ciconia abdimii* exploitation of Senegalese Grasshopper *Oedaleus senegalensis* in South-eastern Niger. Waterbirds 31: 159-168.

Pettet, A. 1976. The avifauna of Waza National Park, Cameroun, in December. Bull. Nigerian Orn. Soc. 12: 18-24.

Pettorelli, N., J.O. Vik, A. Mysterud, J.M. Gaillard, C.J. Tucker & N.C. Stenseth. 2005. Using the satellite-derived NDVI to assess ecological responses to environmental change. Trends in Ecology & Evolution 20: 503-510.

Peveling, R., A.N. McWilliam, P. Nagel, H. Rasolomanna, L. Raholijaona, A. Rakotomianina & C. Dewhurst. 2003. Impact of locust control on harvester termites and endemic vertebrate predators in Madagascar. J. appl. Ecol. 40: 729-741.

Pérez-Tris, J., Á. Ramírez & J.L. Tellería. 2003. Are Iberian Chiffchaffs *Phylloscopus (collybita) brehmii* long-distance migrants? An analysis of flight-related morphology. Bird Study 50: 146-152.

Pérez-Trist, J., J. De La Puente, J. Pinilla & A. Bermejo. 2001. Body moult and autumn migration in the barn swallow *Hirundo rustica*: is there a cost of moulting late? Ann. Zool. Fennici 139-148.

Piersma, T. 1983. Gezamenlijk overnachten van grutto's *Limosa limosa* op de Mokkebank. Limosa 56: 1-8.

Piersma, T. 1986. Breeding waders in Europe. Wader Study Group Bull. Suppl. 48.

Piersma, T., L. Zwarts & J.H. Bruggemann. 1990. Behavioural aspects of the departure of waders before long-distance flights: flocking, vocalizations, flight paths and diurnal timing. Ardea 78: 157-184.

Piersma, T. & J. Jukema. 1990. Budgeting the flight of a long-distance migrant: changes in nutrient reserve levels of Bar-tailed Godwits at successive spring staging sites. Ardea 78: 315-338.

Piersma, T. & Y. Ntiamoa-Baidu. 1995. Waterbird ecology and the management of coastal wetlands in Ghana. Accra / Den Burg: Ghana Wildlife Society / Netherlands Institute for Sea Research.

Pieterse, A.H., S. Kettunen, S. Diouf, I. Ndao, K. Sarr, A. Tarvainen, S. Kloff & S. Hellsten. 2003. Effective biological control of *Salvinia molesta* in the Senegal River by means of the weevil *Cyrtobagous salviniae*. Ambio 32: 458-462.

Pilard, P. 2007. Conservation du Faucon crécerellette *Falco naumanni* en hivernage au Sénégal. Paris: LPO.

Pilard, P., G. Jarry & V. Lelong. 2008. Compte-rendu de la mission LPO de janvier 2008 concernant la conservation du dortoir de rapaces insectivores de l'île de Kousmar (Sénégal). Paris: LPO/BirdLife International.

Pinchuk, P., N. Karlionava & D. Zhurauliou. 2005. Wader ringing at the Turov ornithological station, Pripyat Valley (S Belarus) in 1996-2003. Ring 27: 101-105.

Piper, S.E. 2007. Barn Swallow. Draft Final Report. http://eia.dubetradeport.co.za/Documents/Documents/2007Jan26/BarnwallowReport.pdf.

Platteeuw, M., J. Botond Kiss, N.Y. Zhmud & N. Sadoul. 2004. Colonial waterbirds and their habitat use in the Danube Delta as an example of a large-scale natural wetland. Lelystad: RIZA.

Polet, G. 2000. Waterfowl and flood extent in the Hadejia-Nguru wetlands of north-east Nigeria. Bird Conserv. Intern. 10: 203-209.

Poole, A.F. 1989. Ospreys: A natural and unnatural history. Cambridge: Cambridge University Press.

Poorter, E.P.R., J. van der Kamp & J. Jonker. 1982. Verslag van de Nederlandse lepelaarsexpeditie naar de Senegaldelta in de winter van 1980/81. Lelystad: Rijksdienst voor de IJsselmeerpolders.

Poorter, E.P.R. & L. Zwarts. 1984. Résultats d'une première mission ornitho-écologique de l'IUCN/WWF en Guinée-Bissau. Zeist: Stichting Internationale Vogelbescherming.

Porkert, J. & J. Zajíc. 2005. The breeding biology of the common redstart,

Phoenicurus phoenicurus, in the Central European pine forest. Folia Zool. 54: 111-122.

Poulin, B., G. Lefebvre & A. Mauchamp. 2002. Habitat requirements of passerines and reedbed management in southern France. Biol. Conserv. 107: 315-325.

Poulin, B., G. Lefebvre & A.J. Crivelli. 2007. The invasive red swamp crayfish as a predictor of Eurasian bittern density in the Camargue, France. J. Zool. Lond. 273: 98-105.

Poupon, H. 1980. Structure et dynamique de la strate ligneuse d'une steppe sahélienne au nord du Sénégal. Travaux et Documents de l'ORSTOM 115: 1-351.

da Prato, S.R.D. & E.S. da Prato. 1983. Movements of Whitethroats *Sylvia communis* ringed in the British Isles. Ring. & Migr. 4: 193-201.

Prévost, Y.A. 1982. Le Balbuzard pêcheur (*Pandion haliaetus*) dans les parcs nationaux. Mémoires l'IFAN 92: 211-219.

PRG (Pesticide Referee Group). 2004. Evaluation of field trials data on the efficacy and selectivity of insecticides on locusts and grasshoppers. Rome: FAO.

Prince, S.D., E. Brown De Colstoun & L.L. Kravitz. 1998. Evidence from rain-use efficiencies does not indicate extensive Sahelian desertification. Global Change Biology 4: 359-374.

Procházka, P. & J. Reif. 2002. Movements and settling patterns of Sedge Warblers (*Acrocephalus schoenobaenus*) in the Czech Republic and Slovakia - an analysis of ringing recoveries. Ring 24: 3-13.

Procházka, P., K.A. Hobson, Z. Karcza & J. Kralj. 2008. Birds of a feather winter together: migratory connectivity in the Reed Warbler *Acrocephalus scirpaceus*. J. Ornithol. 149: 141-150.

Prop, J. & T. Vulink. 1992. Digestion by barnacle geese in the annual cycle: the interplay between retention time and food quality. Funct. Ecol. 6: 180-189.

Prosper, J. & H. Hafner. 1996. Breeding aspects of the colonial Ardeidae in the Albufera de Valencia, Spain: Population changes, phenology, and reproductive success of the three most abundant species. Colonial Waterbirds 19: 98-107.

Prospero, J.M., P. Ginoux, O. Torres, S.E. Nicholson & T.E. Gill. 2002. Environmental characterization of global sources of atmospheric soil dust identified with the NIMBUS 7 total ozone mapping spectrometer (TOMS) absorbing aerosol product. Reviews of Geophysics 40: 1-31.

R

Raes, D., J. Deckers & M. Diallo. 1995. Water requirements for salt control in rice schemes in the Senegal river delta and valley. Irrigation and drainage systems 9: 129-141.

Rahmani, A.R. & M.Y. Shobrak. 1992. Glossy Ibises (*Plegadis falcinellus*) and Black-tailed Godwits (*Limosa limosa*) feeding on sorghum in flooded fields in southwestern Saudi Arabia. Colonial Waterbirds 15: 239-240.

Rappoldt, C., M. Kersten & C.J. Smit. 1985. Errors in large-scale shorebird counts. Ardea 73: 13-24.

Rasmussen, K., B. Fog & J.E. Madsen. 2001. Desertification in reverse?

Observations from northern Burkina Faso. Global Environmental Change 11: 271-282.

Rasmussen, L.M. & K. Fischer. 1997. The breeding population of Gull-billed Terns *Gelochelidon nilotica* in Denmark 1976-1996. Dansk Orn. Foren. Tidsskr. 91: 101-108.

Redpath, S.M., R. Clarke, M. Madders & S.J. Thirgood. 2001. Assessing raptor diet: comparing pellets, prey remains, and observational data at Hen Harrier nests. Condor 103: 184-188.

Reichlin, T.S., M. Schaub, M.H.M. Menz, M. Mermod, P. Portner, R. Arlettaz & L.Jenni. 2009. Migration patterns of Hoopoe *Upupa epops* and Wryneck *Jynx torquilla*: an analysis of European ring recoveries. J. Ornithol. DOI 10.1007/s10336-008-0361-3.

Reif, J., P. Voříšek, K. Šťastný & V. Bejček. 2006. [Population trends of birds in the Czech Republic during 1982-2005.] Sylvia 42: 22-37.

Remisiewicz, M. & L. Wennerberg. 2006. Differential migration strategies of the Wood Sandpiper (*Tringa glareola*) - genetic analyses reveal sex differences in morphology and spring migration phenology. Ornis Fennica 83: 1-10.

Remisiewicz, M., W. Meissner, P. Pinchuk & M. Ściborski. 2007. Phenology of spring migration of Wood Sandpiper *Tringa glareola* through Europe. Ornis Svecica 17: 3-14.

Rey, C., G. Tappan & A. Belemvire. 2005. Changing land management practices and vegetation on the Central Plateau of Burkina Faso (1968-2002). J. Arid Environ. 63: 642-659.

van Rhijn, J.G. 1985. The Ruff. Individuality in a gregarious wading bird. Londres: Poyser.

Ribot, J.C. 1993. Forestry policy and charcoal production in Senegal. Energy Policy May 1993: 559-585.

Ribot, J.C. 1999. A history of fear: imagining deforestation in the West African dryland forests. Global Ecology and Biogeography 8: 291-300.

de Ridder, N., H. Breman, H. van Keulen & T.J. Stomph. 2004. Revisiting a 'cure against land hunger': soil fertility management and farming systems dynamics in the West African Sahel. Agricultural Systems 80: 109-131.

Robinson, R.A., D.E. Balmer & J.H. Marchant. 2003a. Survival rates of hirundines in relation to British and African rainfall. Ring. & Migr. 24: 1-6.

Robinson, R.A., H.Q.P. Crick & W.J. Peach. 2003b. Population trends of Swallows *Hirundo rustica* breeding in Britain. Bird Study 50: 1-7.

Rodwell, S.P., A. Sauvage, S.J.R. Rumsey & A. Bräunlich. 1996. An annotated checklist of birds occurring at the Parc National des Oiseaux du Djoudj in Senegal, 1984-1994. Malimbus 18: 74-111.

Roffey, J. 1979. Locusts and Grasshoppers of Economic Importance in Thaïland. Anti-Locust Memoir 14: 1-200.

Rogacheva, H.V. 1992. Birds of the Central Siberia. Husum: Husum-Druck & Verlagsgesellschaft.

Rosa, G., D. Leitão, C. Mendes, F. Courinha, H. Costa, C. Pacheco & J. Pereira. 2001. [Status of the Marsh Harrier *Circus aeruginosus* in Portugal: survey of the wintering population (1998/99).] Airo 11: 23-27.

Roux, F. 1959a. Captures de migrateurs paléarctiques dans la Basse Vallée du Sénégal. Bull. Muséum Hist. Nat. Paris 31: 458-462.

Roux, F. 1959b. Quelques données sur les Anatidés et les Charadriidés paléarctiques hivernant dans la vallée du Sénégal et sur leur écologie. Terre Vie 13: 315-321.

Roux, F. & G. Morel. 1966. Le Sénégal, région privilégiée pour les migrateurs paléarctictiques. Ostrich Suppl. 6: 249-254.

Roux, F. 1973. Censuses of Anatidae in the central delta of the Niger and the Senegal delta - January 1972. Wildfowl 24: 63-80.

Roux, F. 1974. The status of wetlands in the West African Sahel: their value for waterfowl and their future. Proc. Int. Conf. Conservation of Wetlands and Waterfowl: 272-287. Slimbridge: IWRB.

Roux, F., G. Jarry, R. Mahéo & A. Tamisier. 1976. Importance, structure et origine des populations d'Anatidés hivernant dans le Delta du Sénégal. L'Oiseau et RFO 46: 299-336.

Roux, F., G. Jarry, R. Mahéo & A. Tamisier. 1977. Importance, structure et origine des populations d'Anatidés hivernant dans le delta du Sénégal (Fin). L'Oiseau et RFO 47: 1-24.

Roux, F., R. Mahéo & A. Tamisier. 1978. L'exploitation de la basse vallée du Sénégal (quartier d'hiver tropicale) par trois espèces de canards paléarctiques et éthiopien. Terre Vie 32: 387-416.

Roux, F. & G. Jarry. 1984. Numbers, composition and distribution of populations of Anatidae wintering in West Africa. Wildfowl 35: 48-60.

Rowan, M.K. 1968. The origins of European Swallows «wintering» in South Africa. Ostrich 39: 76-84.

Rowell, D.P., C.K. Folland, K. Maskell & M.N. Ward. 1995. Variability of summer rainfall over tropical North-Africa (1906-92) - Observations and modeling. Q.J. Royal Meteor. Soc. 121: 669-704.

Røstad, O.W. 1986. The autumn migration of the Sedge Warbler *Acrocephalus schoenobaenus* in East Finmark. Ring. & Migr. 9: 57-61.

Rubolini, D., A.G. Pastor, A. Pilastro & F. Spina. 2002. Ecological barriers shaping fuel stores in barn swallows *Hirundo rustica* following the central and western Mediterranean flyways. J. Avian Biol. 33: 15-22.

Rudenko, A. 1996. Present status of gulls and terns nesting in the Black Sea Biosphere Reserve. Colonial Waterbirds 19 (Spec. Publ.1): 41-45.

Ruiter, C.J.S. 1941. Waarnemingen omtrent de levenswijze van de Gekraagde Roodstaart, *Phoenicurus ph. phoenicurus* (L.). Ardea 30: 175-214.

Rutschke, E. 1989. Ducks in Europe. Berlin: VEB Deutscher Landwirtschaftverlag.

Ryabitsev, V.K. & N.S. Alekseeva. 1998. Nesting density dynamics and site fidelity of waders on the middle and northern Yamal. International Wader Studies 10: 195-200.

Rydzewski, W. 1956. The nomadic movements and migrations of the european grey heron, *Ardea cinerea* L. Ardea 44: 71-188.

Ryttman, H. 2003. Breeding success of Wryneck *Jynx torquilla* during the last 40 years in Sweden. Ornis Svecica 13: 25-28.

SAED. 1997. Recueil des statistiques de la vallée du fleuve Sénégal – Annuaire 1995/1996. Dakar: Ministère de l'Agriculture, SAED.

Sæther, B.E., V. Grøtan, P. Tryjanowski, C. Barbraud & M. Fulin. 2006. Climate and spatio-temporal variation in the population dynamics of a long distance migrant, the white stork. J. Anim. Ecol. 75: 80-90.

Saino, N., T. Szép, M. Romano, D. Rubolini, F. Spina & A.P. Møller. 2004. Ecological conditions during winter predict arrival date at the breeding quarters in a trans-Saharan migratory bird. Ecology Letters 7: 21-25.

Saino, N., T. Szép, R. Ambrosini, M. Romano & A.P. Møller. 2004. Ecological conditions during winter affect sexual selection and breeding in a migratory bird. Proc. R. Soc. London B 271: 681-686.

Saino, N., D. Rubolini, N. Jonzén, T. Ergon, A. Montemaggiori, N.C. Stenseth & F. Spina. 2007. Temperature and rainfall anomalies in Africa predict timing of spring migration in trans-Saharan migratory birds. Climate Research 35: 123-134.

Salamolard, M., A. Butet, A. Leroux & V. Bretagnolle. 2000. Responses of an avian predator to variations in prey density at a temperate latitude. Ecology 81: 2428-2441.

Salem-Murdock, M., M. Niasse, J. Magistro, C. Nutall, O. Kane, K. Grimm & K. Sella. 1994. Les barrages de la controverse. Le cas du fleuve Sénégal. Paris: Harmattan.

Salewski, V., F. Bairlein & B. Leisler. 2000. Recurrence of some palaearctic migrant passerine species in West Africa. Ring. & Migr. 20: 29-30.

Salewski, V., K. H. Falk, F. Bairlein & B. Leisler. 2002a. Numbers, body mass and fat scores of three Palearctic migrants at a constant effort mist netting site in Ivory Coast, West Africa. Ardea 90: 479-487.

Salewski, V., F. Bairlein & B. Leisler. 2002b. Different wintering strategies of two Palearctic migrants in West Africa - a consequence of foraging strategies? Ibis 144: 85-93.

Salewski, V., R. Altwegg, B. Erni, K. H. Falk, F. Bairlein & B. Leisler. 2004. Moult of three Palaearctic migrants in their West African winter quarters. J. Ornithol. 145: 109-116.

Salewski, V., H. Schmaljohann & M. Herremans. 2005. New bird records from Mauritania. Malimbus 27: 19-32.

Salewski, V. & P. Jones. 2006. Palearctic passerines in Afrotropical environments: a review. J. Ornithol. 147: 192-201.

Sanderson, F.J., P.F. Donald, D.J. Pain, I.J. Burfield & P.J. van Bommel. 2006. Long-term population declines in Afro-Palearctic migrant birds. Biol. Conserv. 131: 93-105.

Sapetin, Y.V. 1978a. Migrations of Little Egrets on the Azov Black Sea and Caspian basins, USSR. In: V.D. Ilyichev (éd.). Migrations of birds of Eastern Europe and Northern Asia: 142-150. Moscou: Nauka.

Sapetin, Y.V. 1978b. Migrations of Squacco Herons of the Azov-Black Sea and Caspian Basin. In: V.D. Ilyichev (éd.). Migrations of birds of Eastern Europe and Northern Asia: 127-133. Moscou: Nauka.

Sapetin, Y.V. 1978c. Results of Glossy Ibis' banding in the USSR. In: V.D. Ilyichev (éd.). Migrations of birds of Eastern Europe and Northern Asia: 245-255. Moscou: Nauka.

Saurola, P. 1994. African non-breeding areas of Fennoscandian Ospreys Pandion haliaetus - A ring recovery analysis. Ostrich 65: 127-136.

Saurola, P. 1995. Persecution of raptors in Europe assessed by Finnish and Swedish ring recovery data. In: I. Newton (éd.). Conservation studies on raptors: 439-448. Cambridge: International Council for Bird Preservation.

Saurola, P. 2002. Satelliit sauraavat sääksiämme. Linnut-vuosikirja 2002(4): 11-14.

Saurola, P. 2007. Monitoring and conservation of Finnish Ospreys Pandion haliaetus in 1971-2005. In: P. Koskimies & N.V. Lapshin (éds). Status of raptor populations in Eastern Fennoscandia: 125-132. Petrozavodsk: Karelian Research Centre of the Russian Academy of Sciences / Finnish-Russian Working Group on Nature Conservation.

Sauvage, A., S. Rumsey & S. Rodwell. 1998. Recurrence of Palaearctic birds in the lower Senegal river valley. Malimbus 20: 33-53.

Sauvage, A. & S.P. Rodwell. 1998. Notable observations of birds in Senegal (excluding Parc National des Oiseaux du Djoudj), 1984-1994. Malimbus 20: 75-122.

Sánchez, J.M., A.M. Del Viejo, C. Corbacho, E. Costillo & C. Fuentes. 2004. Status and trends of gull-billed tern Gelochelidon nilotica in Europe and Africa. Bird Conserv. Intern. 14: 335-351.

Sánchez-Guzmán, J.M., R. Morán, J.A. Masero, C. Corbacho, E. Costillo, A. Villegas & F. Santiago-Quesada. 2007. Identifying new buffer areas for conserving waterbirds in the Mediterranean basin: the importance of the rice fields in Extremadura, Spain. Biodivers. Conserv. 16: 3333-3344.

Sánchez-Zapata, J.A. & J.F. Calvo. 1998. Importance of birds and potential bias in food habit studies of Montagu's Harriers (Circus pygargus) in southeastern Spain. J. Raptor Research 32: 254-256.

Scebba, S. & G. Moschetti. 1996. Migration pattern and weight changes of Wood Sandpipers Tringa glareola in a stopover site in southern Italy. Ring. & Migr. 17: 101-104.

Schaub, M. & L. Jenni. 2000a. Body mass of six long-distance migrant passerine species along the autumn migration route. J. Ornithol. 141: 441-460.

Schaub, M. & L. Jenni. 2000b. Fuel deposition of three passerine bird species along the migration route. Oecologia 122: 306-317.

Schaub, M. & R. Pradel. 2004. Assessing the relative importance of different sources of mortality from recoveries of marked animals. Ecology 85: 930-938.

Schaub, M., W. Kania & U. Köppen. 2005. Variation of primary production during winter induces synchrony in survival rates in migratory white storks Ciconia ciconia. J. Anim. Ecol. 74: 656-666.

Schäffer, N., B.A. Walther, K. Gutteridge & C. Rahbek. 2006. The African migration and wintering grounds of the Aquatic Warbler Acrocephalus paludicola. Bird Conserv. Intern. 16: 33-56.

Schekkerman, H. & G. Müskens. 2000. Produceren grutto's Limosa limosa in agrarisch grasland voldoende jongen voor een duurzame populatie? Limosa 73: 121-134.

Schekkerman, H., W.A. Teunissen & E. Oosterveld. 2008. The effect of 'mosaic management' on the demography of black-tailed godwit *Limosa limosa* on farmland. J. appl. Ecol. 45: 1067-1075.

Schekkerman, H., W.A. Teunissen & E. Oosterveld. 2009. Mortality of Black-tailed Godwit *Limosa limosa* and Northern Lapwing *Vanellus vanellus* chicks in wet grasslands: influence of predation and agriculture. J. Ornithol. 150: 133-145.

Schepers, F. & E.C.L. Marteijn. 1993. Coastal waterbirds in Gabon. WIWO-report Nr. 41. Zeist: Foundation Working Group International Wader and Waterfowl Research.

Schimmel, H.J.W. & J.G. de Molenaar. 1982. Hoogstamboomgaarden. Vogeljaar 30: 252-257.

Schimmer, R. 2008. Tracking the genocide in Darfur: Population displacement as recorded by remote sensing; Genocide Studies Working Paper No. 36. Yale University Genocide Studies Program, Remote Sensing Project.

Schipper, W.J.A. 1973. A comparison of prey selection in sympatric harriers, *Circus*, in Western Europe. Gerfaut 63: 17-120.

Schlenker, R. 1988. Zum Zug der Neusiedlersee (Österreich)-Population des Teichrohrsängers (*Acrocephalus scirpaceus*) nach Ringfunden. Vogelwarte 34: 337-343.

Schlenker, R. 1995. Änderungen von Wiederfundquoten beringter Vögel im Arbeitsbereich der Vogelwarte Radolfzell. Vogelwarte 38: 108-109.

Schlesinger, W.H. & N. Gramenopoulos. 1996. Archival photographs show no climate-induced changes in woody vegetation in the Sudan, 1943-1994. Global Change Biology 2: 137-141.

Schmaljohann, H., F. Liechti & B. Bruderer. 2007a. Songbird migration across the Sahara: the non-stop hypothesis rejected! Proc. R. Soc. London B 274: 735-739.

Schmaljohann.H., F. Liechti & B. Bruderer. 2007b. An addendum to 'Songbird migration across the Sahara: the nonstop hypothesis rejected!'. Proc. R. Soc. Londres B 274: 1919-1920.

Schmaljohann, H., F. Liechti & B. Bruderer. 2008. First records of lesser black-backed gulls *Larus fuscus* crossing the Sahara non-stop. J. Avian Biol. 39: 233-237.

Schmid, H., R. Luder, B. Naef-Daenzer, R. Graf & N. Zbinden. 1998. Schweizer Brutvogelatlas. Verbreitung der Brutvögel in der Schweiz und im Fürstentum Liechtenstein 1993-1996. Sempach: Schweizerische Vogelwarte.

Schmid, H., M. Burkhardt, V. Keller, P. Knaus, B. Volet & N. Zbinden. 2001. Die Entwicklung der Vogelwelt in der Schweiz. Avifauna Report Sempach 1, Annex. Sempach: Schweizerische Vogelwarte.

Schmidt, D. & D. Roepke. 2001. Zugrouten und Überwinterungsgebiete von in Deutschland beringten Fischadlern *Pandion haliaetus*. Vogelwelt 122: 141-146.

Schmidt, E. 1978. Migrations of Hungarian Night Herons. *In*: V.D. Ilyichev (éd.). Migrations of birds of Eastern Europe and Northern Asia: 108-112. Moscou: Nauka.

Schmidt, M.B. & P.J. Whitehouse. 1976. Moult and mensural data of ruff on the Witwatersrand. Ostrich 47: 179-190.

Schogolev, I.V. 1996a. Migration and wintering grounds of Glossy Ibises (*Plegadis falcinellus*) ringed at the colonies of the Dnestr Delta, Ukraine, Black Sea. Colonial Waterbirds 19: 152-158.

Schogolev, I. V. 1996b. Fluctuations and trends in breeding populations of colonial waterbirds in the Dnestr Delta, Ukraine, Black Sea. Colonial Waterbirds (Spec. Publ.1): 91-97.

Scholte, P. 1996. Conservation status of cranes in north Cameroon and western Chad. Proc. 1993 African Crane and Wetland Training Workshop: 153-156.

Scholte, P. 1998. Status of vultures in the Lake Chad Basin, with special reference to Northern Cameroon and Western Chad. Vulture News 39: 3-19.

Scholte, P., S. Kort de & M. van Weerd. 1999. The Birds of the Waza-Logone Area, Far North Province Cameroon. Malimbus 21: 16-50.

Scholte, P. 2003. Immigration: A potential time bomb under the integration of conservation and development. Ambio 32: 58-64.

Scholte, P., W.C. Mullié, C. Batello, M. Marzot, A.H. Touré & D. Williamson. 2004. Wildlife. The Future is an Ancient Lake.Traditional knowledge, biodiversity and genetic resources for food and agriculture in Lake Chad Basin ecosystems: 227-257. Rome: FAO.

Scholte, P. 2006. Waterbird recovery in Waza-Logone (Cameroon), resulting from increased rainfall, floodplain rehabilitation and colony protection. Ardea 94: 109-125.

Scholte, P., S. Adam & B.K. Serge. 2007. Population trends of antelopes in Waza National Park (Cameroon) from 1960 to 2001: the interacting effects of rainfall, flooding and human interventions. Afr. J. Ecol. 45: 431-439.

Scholte, P. 2007. Maximum flood depth characterizes above-ground biomass in African seasonally shallowly flooded grasslands. J. Trop. Ecol. 23: 63-72.

Scholte, P. & J. Brouwer. 2008. Relevance of key resource areas for large-scale movements of livestock. *In*: H.H.T. Prins & F. van Langevelde (éds). Resource Ecology. Spatial and temporal aspects of foraging: 211-232. Dordrecht: Kluwer/Springer.

Scholte, P. & I. Hashim. 2008. *Eudorcas rufifrons - Nanger dama - Gazella dorcas. In*: J.S. Kingdon & M. Hoffmann (éds) The Mammals of Africa. Vol. 6. Amsterdam: Academic Press.

Schoonmaker Freudenberger, K. 1991. Mbegué : L'habile destruction d'une forêt sahélienne. Londres, IIED, Programme Réseaux des Zones Arides. Dossier No. 29.

Schricke, V., P. Triplet, B. Tréca, S.I. Sylla & M. Perrot. 1990. Dénombrements des anatidés dans le bassin du Sénégal (janvier 1989). Bull. mens. O.N.C. 144: 15-24.

Schricke, V., P. Triplet, B. Tréca, S.I. Sylla & I. Diop. 1991. Dénombrements des anatidés dans le Parc national du Djoudj et ses environs (janvier 1990). Bull. mens. O.N.C. 153: 29-34.

Schricke, V., M. Benmergui, S. Ndiaye, B.O. Messaoud, S. Diouf, C.O. Mbare, S.I. Sylla, B. Amadou, J.Y. Mondain-Monval, J.B. Mouronval, P. Triplet, J.P. Lafond & J. Mehn. 1998. Oiseaux d'eau dans le delta du Sénégal en 1998. Bull. mens. O.N.C. 239: 4-15.

Schricke, V., M. Benmergui, S. Diouf, B. Mesaoud ould & P. Triplet. 1999. Oiseaux d'eau dans le delta du Sénégal et ses zones humides environnantes en janvier 1999. Bull. mens. O.N.C. 247: 23-33.

Schricke, V. 2001. Elements for a garganey (Anas querquedula) management plan. Game Wildl. Sci. 18: 9-41.

Schulz, H. 1988. Weißstorchzug - Ökologie, Gefährdung und Schutz des Weißstorchs in Afrika und Nahost. Königslutter-Lelm: Holger Schulz.

Schulz, H. 1998. White Stork. BWP Update 2: 69-105.

Schulz, H. 1999. Weißstorch im Aufwind? - White Storks on the up? Proc. Internat. Symp. on the White Stork: 335-350. Bonn: NABU.

Schulz, J.C. 1981. Adaptive changes in antipredator behavior of a grasshopper during development. Evolution 175-179.

Schulze-Hagen, K. 1993. Habitatansprüche und für den Schutz relevante Aspekte der Biologie des Teichrohrsängers. Beih. Veröff. Naturschutz Landschaftspflege Bad.-Württ. 68: 15-40.

Schüz, E. 1937. Vom Heimzug des Weißen Storches 1937. Vogelzug 8: 175-183.

Schüz, E. 1953. Die Zugscheide des Weißen Storches nach den Beringungs-Ergebnissen. Bonn. zool. Beitr. 4: 31-72.

Schüz, E. 1955. Störche und andere Vögel als Heuschreckenvertilger in Afrika. Vogelwarte 18: 93-95.

Schüz, E. 1971. Grundriß der Vogelzugskunde. Berlin: Verlag Paul Parey.

Schwilch R., R. Mantovani, F. Spina & L. Jenni. 2001. Nectar consumption of warblers after long-distance flights during spring migration. Ibis 143: 24-32.

Seebohm, H. 1901. The birds of Siberia: a record of a naturalist's visits to the valleys of the Petchora and Yenesei. Reprint 1976, Alan Sutton, Dursley.

Seitz, J. 1985. Knäkente Anas querquedula L., 1758. In: F. Goethe, H. Heckenroth & H. Schumann (éds). Die Vögel Niedersachsens und des Landes Bremen. Naturschutz und Landschaftspflege in Niedersachsen, Sonderreihe B Heft 2.2: 81-83.

Sen Gupta, A. & M.M. Chakrabarty. 1964. Composition of the seed fats of the Capparidaceae family. J. Science of Food and Agriculture 15: 69-73.

Serle, W. 1957. A contribution to the ornithology of the eastern region of Nigeria. Ibis 99: 628-685.

Serra, L., A. Magnani & N. Baccetti. 1990. Weights and duration of stays in Ruffs Philomachus pugnax during spring migration: some data from Italy. Wader Study Group Bull. 58: 19-22.

Seto, K.C., E. Fleishman, J.P. Fay & C.J. Betrus. 2004. Linking spatial patterns of bird and butterfly species richness with Landsat TM derived NDVI. Intern. J. Remote Sensing 25: 4309-4324.

Shamoun-Baranes, J., A. Baharad, P. Alpert, P. Berthold, Y. Yom-Tov, Y. Dvir & Y. Leshem. 2003. The effect of wind, season and latitude on the migration speed of white storks Ciconia ciconia, along the eastern migration route. J. Avian Biol. 34: 97-104.

Shebareva, T. P. 1962. [New data on the location of banded Caspian Terns (Hydroprogne tschegrava Lepechin).] Animal Migration (Moscou Acad. Sci. USSR) 3: 92-105.

Shirihai, H. 1996. The birds of Israel. Londres: Academic Press.

Shrubb, M. 2003. Birds, scythes and combines. Cambridge: Cambridge University Press.

Shurulinkov, P., I. Nikolov, D. Demerdzhiev, K. Bedev, H. Dinkov, G. Daskalova, S. Stoychev, I. Hristov & A. Ralev. 2007. A new census of heron and cormorant colonies in Bulgaria (2006). Bird Census News 20: 70-84.

Simmons, R. 1986. Why is the foraging success of Ospreys wintering in southern Africa so low? Gabar 1: 14-19.

Simmons, R.E., D.M. Avery & G. Avery. 1991. Biases in diets determined from pellets and remains: correction factors for a mammal and bird-eating raptor. J. Raptor Research 25: 63-67.

Siriwardena, G.M., S.R. Baillie, H.Q.P. Crick, J.D. Wilson & S. Gates. 2000. The demography of lowland farmland birds. In: N.J. Aebischer, A.D. Evans, P.V. Grice & J.A. Vickery (éds), Ecology and conservaton of lowland farmland birds: 117-133. Tring: British Ornithologists' Union.

Skibbe, A. 2008. Die Stille kommt von Westen! Die relativen Dichten der Indikatorarten der Agrarlandschaft im deutschen-polnischen Tiefland. Vogelwarte 46: 343.

Skidmore, A.K., B.O. Oindo & M.Y. Said. 2003. Biodiversity assessment by remote sensing. Proc. 30th Intern. symp. remote sensing of the environment: 1-4.

Skinner, J.R. 1987. Complément d'information sur les Tourterelles des bois dans la zone d'inondation du Niger au Mali. Malimbus 9: 133-134.

Skinner, J., P.J. Wallace, W. Altenburg & B. Fofana. 1987a. The status of heron colonies in the Inner Niger Delta, Mali. Malimbus 9: 65-82.

Skinner, J.R., B. Fofana & B. Tréca. 1987b. Dénombrement d'anatidae hivernant dans le bassin du fleuve Niger; février 1986 et janvier 1987. Gland: IUCN.

Skinner, J.R., B. Fofana & B. Niagate. 1989. Dossier relatif à la création de "sites de Ramsar" dans le delta intérieur du Niger, Mali. Gland: IUCN.

Skokova, N.N. 1978. Migrations of Grey Herons breeding on the Rybinsk Reservoir, USSR. In: V.D. Ilyichev (éd.). Migrations of birds of Eastern Europe and Northern Asia: 179-188. Moscou: Nauka.

Skov, H. 1999. Nogle resultater af ringmærkningen af Hvid Stork i Danmark 1901-98. Dansk Orn. Foren. Tidsskr. 93: 230-234.

Smart, M., H. Azafzaf & H. Diensi. 2007. The 'Eurasian' Spoonbill (Platalea leucorodia) in Africa. Ostrich 78: 495-500.

Smith, K.D. & G.B. Popov. 1953. On birds attacking Desert Locust swarms in Eritrea. Entomologist 86: 3-7.

Smith, K.D. 1968. Spring migration through southeast Morocco. Ibis 110: 452-492.

Smith, V.W. & D. Ebbutt. 1965. Notes on Yellow Wagtails Motacilla flava wintering in central Nigeria. Ibis 107: 390-393.

Smith, V.W. 1966. Autumn and spring weights of some Palaearctic migrants in central Nigeria. Ibis 108: 492-512.

Soikkeli, M. 1970. Mortality rates of Finnish Caspian Terns *Hydroprogne caspia*. Ornis Fennica 47: 117-119.

Sokolov, L.V., V.D. Yefremov, M.Y. Markovets, A.P. Shapoval & M.E. Shumakov. 2000. Monitoring of numbers in passage populations of passerines over 42 years (1958-1999) on the Courish Spit of the Baltic Sea. Avian Ecol. Behav. 4: 31-53.

Sokolov, L. V., J. Baumanis, A. Leivits, A.M. Poluda, V.D. Yefremov, M.Y. Markovets, Y.G. Morozov & A.P. Shapoval. 2001. Comparative analysis of long-term monitoring data on numbers of passerines in nine European countries in the second half of the 20th century. Avian Ecol. Behav. 7: 41-74.

Soutullo, A., R. Limiñana, V. Urios, M. Surroca & J.A. Gill. 2006. Density-dependent regulation of population size in colonial breeders: Allee and buffer effects in the migratory Montagu's Harrier. Oecologia 149: 543-552.

SOVON. 2002. Atlas van de Nederlandse broedvogels 1998-2000: verspreiding, aantallen, verandering. Leyde: Nationaal Natuurhistorisch Museum Naturalis / KNNV Uitgeverij / European Invertebrate Survey - Nederland.

Söderström, B., S. Kiema & R.S. Reid. 2003. Intensified agricultural land-use and bird conservation in Burkina Faso. Agriculture, Ecosystems & Environment 99: 113-124.

Spaar, R. & B. Bruderer. 1997. Migration by flapping or soaring: flight strategies of Marsh, Montagu's and Pallid Harriers in southern Israel. Condor 99: 458-469.

Spina, F. 2001. EURING Swallow project. EURING Newsletter 3.

Spinage, C.A. 1968. The natural history of antelopes. Beckenham: Croom Helm.

Staav, R. 1977. Étude du passage de la Sterne caspienne *Hydroprogne caspia* en Méditerranée à partir de reprises d'oiseaux en Suède. Alauda 45: 265-270.

Staav, R. 1979. Dispersal of Caspian Terns *Sterna caspia* in the Baltic. Ornis Fennica 56: 13-17.

Staav, R. 1985. Projekt Skräntärna. Vår Fågelvärld 44: 163-166.

Staav, R. 1988. Projekt Skräntärna 1986 och 1987. Vår Fågelvärld 47: 97-100.

Staav, R. 2001. Svenska skräntärnors flyttning. Presentation av återfyndsmaterial med kartor. Fauna och Flora 95: 159-168.

Stanevičius, V. 1999. Nonbreeding avifauna and water ecosystem succession in the lakes of different biological productivity in south Lithuania. Acta Zoologica Lituanica 9: 90-118.

Šťastný, K., A. Randík & K. Hudec. 1987. [The atlas of breeding birds in Czechoslovakia 1973-77.] Prague: Academia Praha.

Šťastný, K., V. Bejček & K. Hudec. 2005. [Atlas of breeding birds in Czech Republic 2001-2003.] Prague: Aventinum.

Steedman, A. 1990. Locust Handbook, 3rd edition. Chatham: Natural Resources Institute.

Stienen, E.W.M., A. Brenninkmeijer & M. Klaassen. 2008. Why do Gull-billed terns *Gelochelidon nilotica* feed on fiddler crabs *Uca tangeri* in Guinea-Bissau? Ardea 96: 243-250.

Stikvoort, E.C. 1994. Stomach and faeces contents of waterbirds in Egypt. *In*: P.L. Meininger and G.A.M. Atta (éds). Ornithological studies in Egyptian wetlands 1989/90: 193-212. Vlissingen: Foundation for Ornithological Research in Egypt.

Stoate, C. 1995. The Impact of Desert Locust *Schistocerca gregaria* swarms on pre-migratory fattening of Whitethroats *Sylvia communis* in the western Sahel. Ibis 137: 420-422.

Stoate, C. & S.J. Moreby. 1995. Premigratory diet of trans-Saharan migrant passerines in the western Sahel. Bird Study 42: 101-106.

Stoate, C. 1997. Abundance of whitethroats *Sylvia communis* and potential invertebrate prey, in two Sahelian sylvi-agricultural habitats. Malimbus 19: 7-11.

Stoate, C., R.M. Morris & J.D. Wilson. 2001. Cultural ecology of Whitethroat (*Sylvia communis*) habitat management by farmers: winter in farmland trees and shrubs in Senegambia. J. Environ. Management 62: 343-356.

Stolt, B.-O. 1993. Notes on reproduction in a declining population of the Ortolan Bunting *Emberiza hortulana*. J. Ornithol. 134: 59-68.

Stoorvogel, J.J., E.M.A. Smaling & B.H. Janssen. 1993. Calculating soil nutrient balances in Africa at different scales.1. Supra-national scale. Fertilizer Research 35: 227-235.

Stower, W.J. & D.J. Greathead. 1969. Numerical changes in a population of the Desert Locust, with special reference to factors responsible for mortality. J. appl. Ecol. 6: 203-235.

Strandberg, R., T. Alerstam & M. Hake. 2006. Wind-dependent foraging flight in the osprey *Pandion haliaetus*. Ornis Svecica 16: 150-163.

Strandberg, R. & T. Alerstam. 2007. The strategy of fly-and-forage migration, illustrated for the osprey (*Pandion haliaetus*). Behav. Ecol. 61: 1865-1875.

Strandberg, R. & P. Olofsson. 2007. Svenska kärrhökar bland afrikanska juveler. Vår Fågelvärld 66(1): 8-13.

Strandberg, R., R.H.G. Klaassen, M. Hake, P. Olofsson, K. Thorup & T. Alerstam. 2008. Complex timing of Marsh Harrier *Circus aeruginosus* migration due to pre- and post-migratory movements. Ardea 96: 159-171.

Strandberg, R. 2008. Converging migration routes of Eurasian Hobbies *Falco subbuteo* crossing the African equatorial rain forest. *In*: R. Strandberg (éd.). Migration strategies of raptors - spatio-temporal adaptations and constraints in travelling and foraging: 107-116. Lund: Department of Ecology, Lund University.

Stronach, N.R.H. 1991. Wintering harriers in Serengeti National Park, Tanzania. Afr. J. Ecol. 29: 90-92.

Stroud, D.A., N.C. Davidson, R. West, D.A. Scott, L. Haanstra, O. Thorup, B. Ganter & S. Delany. 2004. Status of migratory wader populations in Africa and Western Eurasia in the 1990s. International Wader Studies 15: 1-259.

Summers, R.W., L.G. Underhill, D.J. Pearson & D.A. Scott. 1987. Wader migration systems in southern and eastern Africa and western Asia. Wader Study Group Bull. 49, Suppl.: 15-34.

Sutcliffe, J.V. & Y.P. Parks. 1987. Hydrological Modeling of the Sudd and Jonglei Canal. Hydrol. Sci. 32: 143-159.

Sutcliffe, J.V. & Y.P. Parks. 1989. Comparative water balances of selected African wetlands. Hydrol. Sci. 34: 49-62.

Sutcliffe, J.V. & Y.P. Parks. 1999. The Hydrology of the Nile. Wallingford: IAHS Press, Institute of Hydrology.

Sutcliffe, J.V. 2005. Comment on 'Spatial variability of evaporation and moisture storage in the swamps of the upper Nile studied by remote sensing technique' by Y.A. Mohamed et al., 2004. Journal of Hydrology 289, 145-164. J. Hydrol. 314: 45-47.

Sutherland, W.J. 1992. Evidence for flexibility and constraints in migration systems. J. Avian Biol. 29: 441-446.

Svensson, S.E.. 1985. Effects of changes in tropical environments on the North European avifauna. Ornis Fennica 62: 56-63.

Svensson, S. 1986. Number of pairs, timing of egg-laying and clutch size in a sub-alpine Sand Martin Riparia riparia colony, 1968-1985. Ornis Scand. 17: 221-229.

Svensson, S., M. Svensson & M. Tjernberg. 1999. Svensk fågelatlas. Vår Fågelvärld, supplement nr. 31. Stockholm: Sveriges Ornitologiska Förening.

Symmons, P.M. & K. Cressman. 2001. Desert Locust guidelines: Biology and Behaviour (2nd edition). Rome: FAO.

Szép, T. 1993. Changes of the Sand Martin (Riparia riparia) population in Eastern Hungary: the role of the adult survival and migration between colonies in 1986-1993. Ornis Hungarica 3: 56-66.

Szép, T. 1995a. Relationship between West African rainfall and the survival of central European Sand Martins Riparia riparia. Ibis 137: 162-168.

Szép, T. 1995b. Survival rates of Hungarian Sand Martins and their relationship with Sahel rainfall. J. appl. Stat. 22: 891-904.

Szép, T. 1999. Effects of age- and sex-biased dispersal on the estimation of survival rates of the Sand Martin Riparia riparia population in Hungary. Bird Study 46: 169-177.

Szép, T., D. Szabó & J. Vallner. 2003a. Integrated population monitoring of sand martin Riparia riparia - an opportunity to monitor the effects of environmental disasters along the river Tisza. Ornis Hungarica 12-13: 169-183.

Szép, T., A.P. Møller, J. Vallner, A. Kovács & D. Norman. 2003b. Use of trace elements in feathers of sand martin Riparia riparia for identifying moulting areas. J. Avian Biol. 34: 307-320.

Szép, T., A.P. Møller, S. Piper, R. Nuttall, Z.D. Szabó & P.L. Pap. 2006. Searching for potential wintering and migration areas of a Danish Barn Swallow population in South Africa by correlating NDVI with survival estimates. J. Ornithol. 147: 245-253.

T

Tait, W.C. 1924. The birds of Portugal. Londres: H.F. & G. Witherby.

Tappan, G.G., M. Sall, E.C. Wood & M. Cushing. 2004. Ecoregions and land cover trends in Senegal. J. Arid Environ. 59: 427-462.

Tarboton, W. & D. Allan. 1984. The status and conservation of birds of prey in the Transvaal. Pretoria: Transvaal Museum.

Taupin, J.D. 1997. Caractérisation de la variabilité spatiale des pluies aux échelles inférieures au kilomètre en région semi-aride (région de Niamey, Niger). C. R. Acad. Sc. série IIa 325: 251-256.

Taupin, J.D. 2003. Accuracy of the precipitation estimate in the Sahel depending on the rain-gauge network density. C. R. Geoscience 335: 215-225.

Tchamba, M.N. 2008. The impact of elephant browsing on the vegetation in Waza National Park, Cameroon. Afr. J. Ecol. 33: 184-193.

Tegen, I. & I. Fung. 1995. Contribution to the atmospheric mineral aerosol load from surface land modification. J. Geophysical Research 100: 18707-18726.

Terborgh, J. 1989. Where have all the birds gone? Princeton: Princeton University Press.

Teunissen, W.A., W. Altenburg & H. Sierdsma. 2005. Toelichting op de Gruttokaart van Nederland. Veenwouden: SOVON/A&W.

Teunissen, W.A. & L.L. Soldaat. 2006. Recente aantalsontwikkelingen van weidevogels in Nederland. De Levende Natuur 107: 70-74.

Thaxter, C.B., C.P.F. Redfern & R.M. Bevan. 2006. Survival rates of adult Reed Warblers Acrocephalus scirpaceus at a northern and southern site in England. Ring. & Migr. 23: 65-79.

Théboud, B. & S. Batterbury. 2001. Sahel pastoralists: opportunism, struggle, conflict and negotiation. A case study from eastern Nigeria. Global Environmental Change 11: 69-78.

Thévenot, M., R. Vernon & P. Bergier. 2003. The birds of Morocco. BOU Checklist No. 20. Tring: British Ornithologists' Union.

Thiam, A. K. 2003. The causes and spatial pattern of land degradation risk in southern Mauritania using multitemporal AVHRR-NDVI imagery and field data. Land Degradation & Development 14: 133-142.

Thibault, J.-C. & G. Bonaccorsi. 1999. The birds of Corsica. BOU Checklist No. 17. Tring: British Ornithologists' Union.

Thiollay, J.-M. 1971. L'exploitation des feux de brousse par les oiseaux en Afrique occidentale. Alauda 39: 54-72.

Thiollay, J.-M. 1977. Distribution saisonnière des rapaces diurnes en Afrique occidentale. L'Oiseau et RFO 47: 253-294.

Thiollay, J.-M. 1978a. The birds of Ivory Coast. Malimbus 7: 1-59.

Thiollay, J.-M. 1978b. Les plaines du Nord Cameroun. Centre d'hivernage de rapaces paléarctiques. Alauda 46: 314-326.

Thiollay, J.-M. 1978c. Les migration de rapaces en Afrique occidentale: adaptation écologiques aux fluctuations saisonnières de production des écosystèmes. Terre Vie 32: 89-133.

Thiollay, J.-M. & V. Bretagnolle. 2004. Rapaces nicheurs de France. Distribution, effectifs et conservation. Paris: Delachaux et Niestlé.

Thiollay, J.-M. 2006a. The decline of raptors in West Africa: long-term assessment and the role of protected areas. Ibis 148: 240-254.

Thiollay, J.-M. 2006b. Severe decline of large birds in the Northern Sahel of West Africa: a long-term assessment. Bird Conserv. Intern. 16: 353-365.

Thiollay, J.-M. 2006c. Raptor population decline in West Africa. Ostrich 78: 405-413.

Thiollay, J.-M. 2007. Large bird declines with increasing human pressure in savanna woodland (Burkina Faso). Biodivers. Conserv. 15: 2085-2108.

Thomas, D.H.L., M.A. Jimoh & H. Matthes. 1993. Fishing. In: G.E. Hollis, W.M. Adams & M. Aminu-Kano (éds). The Hadejia-Nguru Wetlands: Environment, Economy and Sustainable development of a Sahelian Floodplain Wetland: 97-115. Gland: IUCN.

Thomas, D.H.L. 1996. Dam construction and ecological change in the riparian forest of the Hadejia-Jama'are floodplain, Nigeria. Land Degradation & Development 7: 279-295.

Thomas, D.H.L. & W.M. Adams. 1999. Adapting to dams: Agrarian change downstream of the Tiga Dam, Northern Nigeria. World Development 27: 919-935.

Thomas, M.B. 1999. Ecological approaches and the development of «truly integrated» pest management. PNAS 96: 5944-5951.

Thompson, J.R. & G. Polet. 2000. Hydrology and land use in a Sahelian floodplain wetland. Wetlands 20: 639-659.

Thonnerieux, Y. 1988. État des connaissances sur la reproduction de l'avifauna du Burkina Faso (ex Haute-Volta). L'Oiseau et RFO 58: 120-146.

Thorup, K., T. Alerstam, M. Hake & N. Kjellén. 2003. Bird orientation: compensation for wind drift in migrating raptors is age dependent. Proc. R. Soc. London B 270: 8-11.

Thorup, K., T.E. Ortvad & J. Rabøl. 2006. Do Nearctic Northern Wheatears (Oenanthe oenanthe leucorhoa) migrate nonstop to Africa? Condor 108: 446-451.

Thorup, O. 2004. Status of populations and management of Dunlin Calidris alpina, Ruff Philomachus pugnax and Black-tailed Godwit Limosa limosa in Denmark. Dansk Orn. Foren. Tidsskr. 98: 7-20.

Thorup, O. 2006. Breeding waders in Europe 2000. International Waders Studies 14. Thetford: Wader Study Group.

Timmerman, A. 1985. Grutto (Limosa limosa). Tweede verslag van de Steltloperringgroep FFF, over 82, met speciale aandacht voor Scholekster Haematopus ostralegus en Grutto Limosa limosa. Leeuwarden: FFF.

Tinarelli, R. 1998. Observations on Palearctic waders wintering in the Inner Niger Delta of Mali. International Wader Studies 10: 441-443.

Tomiałojć, L. & Z. Głowaciński. 2005. [Changes in the Polish avifauna, its past and future, different interpretations.] In: J. J. Nowakowski, P. Tryjanowski & P. Indykiewicz (éds). Ornitologia Polska na progy XXI stulecia - Dokonania i perspektywy: 39-85. Olsztyn: Sekcja Ornitologiczna PTZool., Kat. Ekologii i Ochrony Środowiska UWM.

Tortosa, F. S., J. M. Caballero & J. Reyes-Lopez. 2002. Effect of rubbish dumps on breeding success in the White Stork in southern Spain. Waterbirds 25: 39-43.

Tourenq, C., R.E. Bennetts, H. Kowalski, E. Vialet, J.L. Lucchesi, Y. Kayser & P. Isenmann. 2001. Are ricefields a good alternative to natural marshes for waterbird communities in the Camargue, southern France? Biol. Conserv. 100: 335-343.

Tourenq, C., N. Sadoul, N. Beck, F. Mesleard & J.L. Martin. 2003. Effects of cropping practices on the use of rice fields by waterbirds in the Camargue, France. Agriculture, Ecosystems & Environment 95: 543-549.

Touré, I., A. Ickowicz, C. Sagna & J. Usengumuremyi. 2001. Étude de l'impact du bétail sur les ressources du Parc National des Oiseaux du Djoudj (PNOD, Sénégal). Atelier Regional Niamey du 16-19 Janvier 2001. Faune sauvage et bétail: complémentaire et coexistence, ou compétition. Niamey.

Tøttrup, A. P., K. Thorup & C. Rahbek. 2006. Patterns of change in timing of spring migration in North European songbird populations. J. Avian Biol. 37: 84-92.

Tøttrup, A. P. & K. Thorup. 2008. Sex-differentiated migration patterns, protandry and phenology in North European songbird populations. J. Ornithol. 149: 161-167.

Tree, A. J. 1985. Analysis of ringing recoveries of Ruff involving southern Africa. Safring News 14: 75-79.

Tréca, B. 1975. Les oiseaux d'eau et la riziculture dans le delta du Sénégal. L'Oiseau et RFO 45: 259-265.

Tréca, B. 1977. Le problème des oiseaux d'eau pour la culture du riz au Sénégal. Bull. IFAN 39A: 682-692.

Tréca, B. 1981a. Régime alimentaire de la Sarcelle d'été (Anas querquedula L.) dans le delta du Sénégal. L'Oiseau et RFO 51: 33-58.

Tréca, B. 1981b. Le régime alimentaire du Dendrocygne veuf (Dendrocygna viduata) dans le delta du Sénégal. L'Oiseau et RFO 51: 219-238.

Tréca, B. 1983. L'influence de la sécheresse sur le rythme nycthéméral des Chevaliers combattants Philomachus pugnax au Sénégal. Malimbus 5: 73-77.

Tréca, B. 1984. La Barge à queue noire (Limosa limosa) dans le delta du Sénégal: régime alimentaire, données biométriques, importance économique. L'Oiseau et RFO 54: 247-262.

Tréca, B. 1989. Waterfowl catches by fishermen in Mali. Proc. VI Pan-Afr. Orn. Congr. 47-55.

Tréca, B. 1990. Régimes et préférences alimentaires d'Anatidés et de Scolopacides dans le Delta du Sénégal. Étude de leurs capacités d'adaptions aux modifications du milieu. Paris: ORSTOM.

Tréca, B. 1992. Quelques exemples de possibilités d'adaptation aux aménagements hydro-agricoles chez les oiseaux d'eau, et leurs limites. L'Oiseau et RFO 62: 335-344.

Tréca, B. 1993. Oiseaux d'eau et besoins énergétiques dans le delta du Sénégal. Alauda 61: 73-82.

Tréca, B. 1994. The diet of Ruffs and Black-tailed Godwits in Senegal. Ostrich 65: 256-263.

Tréca, B. 1999. Ricefields and fulvous wistling ducks in Senegal. Terre Vie 54: 43-57.

Triay, R. 2002. Seguimiento por satélite de tres juveniles de Águila Pescadora nacidos en la isla de Menorca. Ardeola 49: 249-257.

Trierweiler, C., B.J. Koks, R.H. Drent, K.-M. Exo, J. Komdeur, C. Dijkstra & F. Bairlein. 2007a. Satellite tracking of two Montagu's Harriers (Circus pygargus): dual pathways during autumn migration. J. Ornithol. 148: 513-516.

Trierweiler, C., J. Brouwer, B. Koks, L. Smits, A. Harouna & K. Moussa. 2007b. Montagu's Harrier Expedition to Niger, Benin and Burkina Faso, 9 January - 7 February 2007. Scheemda: Stichting Werkgroep Grauwe Kiekekendief.

Trierweiler, C., R.H. Drent, J. Komdeur, K.-M. Exo, F. Bairlein & B.J. Koks. 2008. De jaarcyclus van de Grauwe Kiekendief: een leven gedreven door woelmuizen en sprinkhanen. Limosa 81: 107-115.

Triplet, P., B. Tréca & V. Schricke. 1993. Oiseaux consommateurs de Schistocerca gregaria. L'Oiseau et RFO 63: 224-225.

Triplet, P. & P. Yésou. 1994. Oiseaux d'eau dans le delta du Sénégal en janvier 1994. Bull. mens. O.N.C. 190: 2-11.

Triplet, P., P. Yésou, S.I. Sylla, E.O. Samba, B. Tréca, A. Ndiaye & O. Hamerlynck. 1995. Oiseaux d'eau dans le delta du Sénégal en janvier 1995. Bull. mens. O.N.C. 205: 8-21.

Triplet, P. & P. Yésou. 1995. Concentrations inhabituelles d'oiseaux consommateurs de criquets dans le Delta du Fleuve Sénégal. Alauda 63: 236.

Triplet, P., S.I. Sylla, J.B. Mouronval, M. Benmergui, B.O. Messaoud, A. Ndiaye & S. Diouf. 1997. Oiseaux d'eau dans le delta du Sénégal en janvier 1997. Bull. mens. O.N.C. 224: 37.

Triplet, P. & P. Yésou. 1998. Mid-winter counts of waders in the Senegal delta,West Africa, 1993-1997. Wader Study Group Bull. 85: 66-73.

Triplet, P., A. Tiéga & D. Pritchard. 2000. Rapport de mission au Parc National du Djoudj, Sénégal et au Parc National du Diawling, Mauritanie du 14 au 21 septembre 2000. UNESCO/RAMSAR/Birdlife International.

Triplet, P. & P. Yésou. 2000. Controlling the flood in the Senegal Delta: do waterfowl populations adapt to their new environment? Ostrich 71: 106-111.

Triplet, P., I. Diop & P. Yésou. 2006. Liste des Oiseaux du Parc National des Oiseaux du Djoudj. In: I. Diop & P. Triplet (éds) Parc National des Oiseaux du Djoudj. Plans d'Action 2006-2008. Direction Parcs Nationaux, Dakar / Centre du Patrimoine Mondial, UNESCO.

Triplet, P. & V. Schricke. 2008. Les conséquences de l'ouverture d'une brèche dans la Langue de Barbarie sur les stationnements hivernaux de limicoles dans le delta du Sénégal. Alauda 76: 157-159.

Triplet, P., O. Overdijk, M. Smart, S. Nagy, M. Scheider-Jacoby, E.S. Karauz, Cs. Pigniczki, S. Baha El Din, J. Kralj, A. Sandor & J.G. Navedo. 2008. Plan d'actions international pour la conservation de la Spatule d'Europe Platalea leucorodia. Bonn: AEWA.

Trocińska, A., A. Leivits, C. Nitecki & I. Shydlovsky. 2001. Field studies of directional preference of the Reed Warbler (Acrocephalus scirpaceus) and the Sedge Warbler (A. schoenobaenus) on autumn migration along the eastern and southern coast of the Baltic Sea and in western part of Ukraine. Ring 23: 109-117.

Trolliet, B., O. Girard & M. Fouquet. 2003. Evaluation des populations d'oiseaux d'eau en Afrique de l'Ouest. Rapport Scientifique 2002 ONCFS: 51-55.

Trolliet, B. & O. Girard. 1991. On the Ruff Philomachus pugnax wintering in the Senegal delta. Wader Study Group Bull. 62: 10-12.

Trolliet, B., O. Girard, M. Fouquet, F. Ibañez, P. Triplet & F. Léger. 1992. L'effectif de Combattants (Philomachus pugnax) hivernants dans le Delta du Sénégal. Alauda 60: 159-163.

Trolliet, B., M. Fouquet, P. Triplet & P. Yésou. 1993. Oiseaux d'eau dans le delta du Sénégal en janvier 1993. Bull. mens. O.N.C. 185: 2-9.

Trolliet, B. & P. Triplet. 1995. A propos de l'hivernage de la Barge à queue noire Limosa limosa dans le Delta du Sénégal. Alauda 63: 246-247.

Trolliet, B. & M. Fouquet. 2001. La population ouest-africaine du Flamant nain Phoeniconaias minor: Effectifs, répartition et isolement. Malimbus 23: 87-92.

Trolliet, B. & O. Girard. 2001. Numbers of Ruff Philomachus pugnax wintering in West Africa. Wader Study Group Bull. 96: 74-78.

Trolliet, B. & M. Fouquet. 2004. Wintering waders in coastal Guinea. Wader Study Group Bull. 103: 56-62.

Trolliet, B., O. Girard, M. Benmergui, V. Schricke & P. Triplet. 2007. Oiseaux d'eau en Afrique subsaharienne. Bilan des dénombrements de janvier 2006. Faune sauvage no. 275/février 2007: 4-11.

Trolliet, B., O. Girard, M. Benmergui, V. Schricke, J.-M. Boutin, M. Fouquet & P. Triplet. 2008. Oiseaux d'eau en Afrique subsaharienne. Bilan des dénombrements de janvier 2007. Faune sauvage no. 279/février 2008: 4-11.

Trotignon, J. 1976. La nidification sur le Banc d'Arguin (Mauritanie) au printemps 1974. Alauda 44: 119-133.

Tryjanowski, P. & R. Bajczyk. 1999. Population decline of the Yellow Wagtail Motacilla flava in an intensively used farmland of western Poland. Vogelwelt 120: 205-207.

Tryjanowski, P., S. Kuzniak & T. Sparks. 2002. Earlier arrival of some farmland migrants in western Poland. Ibis 144: 62-68.

Tryjanowski, P., S. Kuzniak & T.H. Sparks. 2005. What affects the magnitude of change in first arrival dates of migrant birds? J. Ornithol. 146: 200-205.

Tucker, C.J. 1979. Red and photographic infrared linear combinations for monitoring vegetation. Remote Sensing of Environment 8: 127-150.

Tucker, C.J., C.L. Vanpraet, M.J. Sharman & G. van Ittersum. 1985. Satellite Remote-Sensing of Total Herbaceous Biomass Production in the Senegalese Sahel - 1980-1984. Remote Sensing of Environment 17: 233-249.

Tucker, C.J., H.E. Dregne & W.W. Newcomb. 1991. Expansion and Contraction of the Sahara Desert from 1980 to 1990. Science 253: 299-301.

Tucker, C.J. & S.E. Nicholson. 1998. Variations in the size of the Sahara Desert from 1980 to 1997. Ambio 28: 587-591.

Tucker, C.J., J.E. Pinzon, M.E. Brown, D.A. Slayback, E.W. Pak, R. Mahoney, E.F. Vermote & N. El Saleous. 2005. An extended AVHRR 8-km NDVI dataset compatible with MODIS and SPOT vegetation NDVI data. Intern. J. Remote Sensing 26: 4485-4498.

Tucker, G.M., M.N. McCulloch & S.R. Baillie. 1990. The conservation of migratory birds in the Western Palaearctic-African flyway: Review of losses incurred to migratory birds during migration. Research Report No. 58. Tring: British Trust for Ornithology.

Tucker, G.M. & M.F. Heath. 1994. Birds in Europe: their conservation status. Cambridge: BirdLife International.

Turner, A. 2006. The Barn Swallow. Londres: Poyser.

Turner, M.D. 2004. Political ecology and the moral dimensions of "resource conflicts": the case of farmer-herder conflicts in the Sahel. Political Geography 23: 863-889.

Turner, M.D., P. Hiernaux & E. Schlecht. 2005. The distribution of grazing pressure in relation to vegetation resources in semi-arid West Africa: the role of herding. Ecosystems 8: 668-681.

Turner, M.D. & P. Hiernaux. 2008. Changing access to labor, pastures & knowledge: The extensification of grazing management in Sudano-Sahelian West Africa. Human Ecology 36: 59-80.

Turner, W., S. Spector, N. Gardiner, M. Fladeland, E. Sterling & M. Steininger. 2003. Remote sensing for biodiversity science and conservation. Trends in Ecology & Evolution 18: 306-314.

U

Underhill-Day, J.C. 1984. Population and breeding biology of Marsh Harriers in Britain since 1900. J. appl. Ecol. 21: 773-787.

Underhill-Day, J.C. 1993. The foods and feeding rates of Montagu's Harriers Circus pygargus breeding in arable farmland. Bird Study 40: 74-80.

Underhill-Day, J. 1998. Breeding Marsh Harriers in the United Kingdom, 1983-95. British Birds 91: 210-218.

Underhill, L.G. & R.W. Summers. 1990. Multivariate analyses of breeding performance in Dark-bellied Brent Geese Branta b. bernicla. Ibis 132: 477-480.

Underhill, L.G., A.J. Tree, H.D. Oschadleus & V. Parker. 1999. Review of Ring Recoveries of Waterbirds in Southern Africa. Cape Town: Avian Demography Unit, University of Cape Town.

Urban, E.K., C.H. Fry & S. Keith. 1986. The Birds of Africa, Volume II. Londres: Academic Press..

Urban, E.K. 1993. Status of Palearctic wildfowl in Northeast and East Africa. Wildfowl 44: 133-148.

Urban, E.K., C.H. Fry & S. Keith. 1997. The Birds of Africa, Volume V. San Diego: Academic Press.

US Congress OTA. 1990. Special Report. A plague of Locusts. Congress of the United States, Office of Technology Assessment.

V

van der Valk, H. 2007. Review of the efficacy of Metarhizium anisopliae var. acridum against the Desert Locust. Rome: FAO Technical Series, No. AGP/DL/TS/34.

Vandekerkhove, K., A. Vande Walle, M. Cassaert & N. Lievrouw. 2007. Habitatvoorkeur en populatieontwikkeling van Grauwe Kiekendief Circus pygargus in de Franse Lorraine: hebben beschermingsacties het gewenste effect? Natuur. oriolus 73: 17-24.

Väisänen, R. 2001. [Steep recent decline in Finnish populations of Wryneck, Wheatear, Chiffchaff and Ortolan Bunting.] Linnut 36: 14-15.

Väisänen, R.A., E. Lammi & P. Koskimies. 1998. Muuttuva pesimälinnusto. Helsinki: Kustannusosakeyhtiö Otava.

Väisänen, R.A. 2005. [Monitoring population changes of 84 land bird species breeding in Finland in 1983-2004.] Linnut-vuosikirja 2004: 105-119.

Väisänen, R.A. 2006. [Monitoring population changes of 84 land bird species breeding in Finland in 1983-2005.] Linnut-vuosikirja 2006: 83-89.

Veen, J., H. Dallmeijer & C.H. Diagana. 2006. Monitoring colonial nesting birds along the West African Seaboard / Final report. Dakar: Wetlands International.

Vepsäläinen, V., T. Pakhala, M. Piha & J. Tiainen. 2005. Population crash of the ortolan bunting Emberiza hortulana in agricultural landscapes in southern Finland. Ann. Zool. Fennici 42: 91-107.

Verhoef, H. 1996. Health aspects of Sahelian plaine d'inondation development. In: M.C. Acreman & G.E. Hollis (éds). Water management and Wetlands in Sub-Saharan Africa: 35-50. Gland: IUCN.

Verhulst, J., D. Kleijn & F. Berendse. 2007. Direct and indirect effects of the most widely implemented Dutch agri-environment schemes on breeding waders. J. appl. Ecol. 44: 70-80.

Vermeersch, G., A. Anselin, K. Devos, M. Herremans, J. Stevens, J. Gabriëls & B. van der Krieken. 2004. Atlas van de Vlaamse broedvogels 2000-2002. Brussel: Mededelingen van het Instituut voor Natuurbehoud 23.

Vickery, J., M. Rowcliffe, W. Cresswell, P. Jones & S. Holt. 1999. Habitat selection by Whitethroats Sylvia communis during spring passage in the Sahel zone of northern Nigeria. Bird Study 46: 348-355.

Vickery, J.A., J.R. Tallowin, R.E. Feber, E.J. Asteraki, P.W. Atkinson, R.J. Fuller & V.K. Brown. 2001. The management of lowland neutral grasslands in Britain: effects of agricultural practices on birds and their food resources. J. appl. Ecol. 38: 647-664.

Vielliard, J. 1972. Recensement et statut des populations d'Anatidés du bassin tchadien. Cah. ORSTOM sér. Hydrobiol. 6: 85-100.

von Vietinghoff-Riesch, A. 1955. Die Rauchschwalbe. Berlin: Duncker & Humblot.

Vīksne, J., A. Mednis, M. Janaus & A. Stipniece. 2005. Changes in the breeding bird fauna, waterbird populations in particular, on Lake Engure (Latvia) over the last 50 years. Acta Zoologica Lituanica 15: 188-194.

Vīksne, J.A. & H.A. Michelson. 1985. [Migration of birds of Eastern Europe and Northern Asia.] Moscou: Nauka.

Vincke, C. 1995. La dégradation des systèmes écologiques Sahéliens. Effets de la sécheresse et des facteurs anthropiques sur l'évolution de la végétation ligneuse du Ferlo (Sénégal). Mémoire de fin d'études, Université Catholique de Louvain, Fac. Sci. Agron. 1-82.

Visser, E., B. Koks, C. Trierweiler, J. Arisz & R.-J. van der Leij. 2008. Grauwe Kiekendieven Circus pygargus in Nederland in 2007. De Takkeling 16: 130-145.

Vizy, E.K. and K.H. Cook. 2001. Mechanisms by which Gulf of Guinea and eastern North Atlantic sea surface temperature anomalies can influence African rainfall. J. Climate 14: 795-821.

Voinstvenskiy, M.N. 1986. [Colonial hydrophilous birds of the South of Ukraine.] Kiev: Naukova Dumba.

Voisin, C. 1983. Les Ardéidés du delta du fleuve Sénégal. L'Oiseau et RFO 53: 335-360.

Voisin, C. & J.-F. Voisin. 1984. Observations sur l'avifaune du delta du Sénégal. L'Oiseau et RFO 54: 351-359.

Voisin, C. 1994. Bihoreau gris Nycticorax nycticorax. In: D. Yeatman-Berthelot & G. Jarry (éds). Nouvel atlas des oiseaux nicheurs de France 1985-1989: 90-91. Paris: Société Ornithologique de France.

Voisin, C. 1996. The migration routes of Purple Herons Ardea purpurea ringed in France. Vogelwarte 38: 155-168.

Voisin, C., J. Godin & A. Fleury. 2005. Status and behaviour of Little Egrets wintering in western France. British Birds 98: 468-475.

Vuillaume, G. 1981. Bilan hydrologique mensuel et modélisation sommaire du régime hydrologique du Lac Chad. Cah. ORSTOM sér. Hydrobiol. 18: 23-72.

W

Wahl, R. & C. Barbraud. 2005. Dynamique de population et conservation du Balbuzard pêcheur Pandion haliaetus en région centre. Alauda 73: 365-373.

Waldenström, J. & U. Ottosson. 2002. Moult strategies in the common whitethroat Sylvia c. communis in northern Nigeria. Ibis 144: E11-E18.

Walsh, J.F. & L.G. Grimes. 1981. Observations on some Palaearctic land birds in Ghana. Bull. Brit. Orn. Club. 101: 327-334.

Walther, B.A. & C. Rahbek. 2002. Where do Palearctic migratory birds overwinter in Africa? Dansk Orn. Foren. Tidsskr. 96: 4-8.

Wang, G. 2003. Reassessing the impact of North Atlantic Oscillation on the sub-Saharan vegetation productivity. Global Change Biology 9: 493-499.

Wang, G., E.A. B. Eltahir, J.A. Foley, D. Pollard & S. Levis. 2004. Decadal variability of rainfall in the Sahel: results from the coupled GENESIS-IBIS atmosphere-biosphere model. Climate Dynamics 22: 625-637.

Wanink, J.H. 1999. Prospects for the fishery on the small pelagic Rastrineobola argentea in Lake Victoria. Hydrobiologica 407: 183-189.

Wanink, J.H., P.C. Goudswaard & M.C. Berger. 1999. Rastrineobola argentea, a major resource in the ecosystem of Lake Victoria. In: W.L.T. van Densen & M.J. Morris (éds). Fish and fisheries of lakes and reservoirs in Southeast Asia and Africa: 295-309. Otley: Westbury Publishing.

Ward, P. 1963. Lipid levels in birds preparing to cross the Sahara. Ibis 105: 109-111.

Ward, P. 1964. The fat reserves of Yellow Wagtail Motacilla flava wintering in southwest Nigeria. Ibis 106: 370-375.

Wardell, D.A., A. Reenberg & C. Tøttrup. 2003. Historical footprints in contemporary land use systems: forest cover changes in savannah woodlands in the Sudano-Sahelian zone. Global Environmental Change 13: 235-254.

Wassink, A. & G.J. Oreel. 2007. The birds of Kazakhstan. De Cocksdorp, Texel: Arend Wassink.

WDPA Consortium. 2005. 2005 World Database on Protected Areas. Cambridge: IUCN UNEP.

Weesie, P.D.M. 1996. Les oiseaux d'eau du Sahel Burkinabe: peuplement d'hiver, capacité de charge. Alauda 65: 263-278.

Weggler, M. & M. Widmer. 2000. Vergleich der Brutvogelbestände im Kanton Zürich 1986-88 und 1999. I. Was hat der ökologische Ausgleich in der Kulturlandschaft bewirkt? Ornithol. Beob. 97: 123-146.

Weggler, M. 2005. Entwicklung der Brutvogelbestände 1976-2003 in den Reservaten der Ala-Schweizerische Gesellschaft für Vogelkunde und Vogelschütz. Ornithol. Beob. 102: 205-227.

Weis, J.S. 1923. Life of the harrier in Denmark. Londres: Wheldon & Wesley Ltd.

Weisshaupt, N. 2007. Habitat selection by foraging Wryneck Jynx torquilla during the breeding season: identifying optimal species habitat. Bern: Philosophisch-naturwissenschaftlichen Fakultät der Universität Bern.

Wernham, C., M. Toms, J. Marchant, J. Clark, G. Siriwardena & S. Baillie. 2002. The migration atlas: movements of the birds of Britain and Ireland. Londres: Poyser.

Wesołowski, T. & M. Stańska. 2001. High ectoparasite loads in hole-nesting birds - a nestbox bias? J. Avian Biol. 32: 281-285.

van Wetten, J.C.J., C. ould Mbaré, M. Binsbergen & T. van Spanje. 1990. Zones humides du sud de la Mauritanie. Leersum: R.I.N.

van Wetten, J.C.J. & P. Spierenburg. 1998. Waders and waterfowl in the floodplains of the Logone, Cameroon. January, 1993. Zeist: WIWO.

Wichmann, G., J. Barker, T. Zuna-Kratky, K. Donnerbaum & M. Rössler. 2004. Age-related stopover strategies in the Wood Sandpiper Tringa glareola. Ornis Fennica 81: 169-179.

Wijmenga, J. & Y. Komnotougo. 2005. Wintering Ruff (Philomachus pugnax) in Lac Débo, in the Inner Niger Delta, Mali. Development of mass and fat reserves and sex ratios in a wetland of international importance. Mission report. Sévaré / Groningen: Wetlands International / RUG.

Wilson, A.M. & J.A. Vickery. 2005. Decline in Yellow Wagtail Motacilla flava flavissima breeding on lowland wet grassland in England and Wales between 1982 and 2002. Bird Study 52: 88-92.

Wilson, J.D., A.J. Morris, B.E. Arroyo, C.S. Clark & R.B. Bradbury. 1999. A review of the abundance and diversity of invertebrate and plant foods of granivorous birds in Northern Europe in relation to agricultural

change. Agriculture Ecosystems & Environment 75: 13-30.

Wilson, J.M. 2004. Factors determining the density and distribution of Palearctic migrants wintering in sub-Saharan Africa. PhD Thesis. St. Andrews: University of St. Andrews.

Wilson, J.M. & W. Cresswell. 2006. How robust are Palearctic migrants to habitat loss and degradation in the Sahel? Ibis 148: 789-800.

Wilson, J.M. & W.R.L. Cresswell. 2007. Identification of potentially competing Afrotropical and Palaearctic bird species in the Sahel. Ostrich 78: 363-368.

Wilson, R.T. 1982. Environmental changes in western Darfur, Sudan, over half a century and their effects on selected bird species. Malimbus 4: 15-26.

van der Winden, J. & P.W. van Horssen. 2001. Voedselgebieden van de purperreiger in Nederland. Culemborg: Bureau Waardenburg.

van der Winden, J., K. Krijgsveld, R. van Eekelen & D.M. Soes. 2002. Het succes van de Zouweboezem als foerageergebied voor purperreigers. Culemborg: Bureau Waardenburg.

van der Winden, J. 2002. The odyssey of the Black Tern Chlidonias niger: migration ecology in Europe and Africa. Ardea 90: 421-435.

van der Winden, J., A. Siaka, S. Dirksen & M.J.M. Poot. 2007. Coastal wetland bird census Sierra Leone, January-February 2005. Zeist: WIWO.

Winkel, W. 1992. Der Wendehals (Jynx torquilla) als Brutvogel in Nisthöhlen-Untersuchungsgebieten bei Braunschweig. Beih. Veröff. Naturschutz Landschaftspflege Bad. -Württ. 66: 31-41.

Winkler, D.W. 2006. Roosts and migrations of swallows. Hornero 21: 85-97.

Winstanley, D., R. Spencer & K. Williamson. 1974. Where have all the Whitethroats gone? Bird Study 21: 1-14.

de Wit, M. & J. Stankiewicz. 2006. Changes in Surface Water Supply Across Africa with Predicted Climate Change. Science 311: 1917-1921.

Witherby, H.F., F.C.R. Jourdain, N.F. Ticehurst & B.W. Tucker. 1940. The Handbook of British Birds, Vol. IV. Londres: H.F. & G. Witherby Ltd.

Wittemyer, G., P. Elsen, W.T. Bean, A. Coleman, O. Burton & J.S. Brashares. 2008. Accelerated human population growth at protected area edges. Science 321: 123-126.

Włodarczyk, R., P. Minias, K. Kaczmarek, T. Janiszewski & A. Kleszcz. 2007. Different migration strategies used by two inland wader species during autumn migration, case of Wood Sandpiper Tringa glareola and Common Snipe Gallinago gallinago. Ornis Fennica 84: 119-130.

Wolda, G. 1918. Ornithologische Studies. 's-Gravenhage: J. & H. van Langenhuysen.

Woldhek, S. 1980. Bird killing in the Mediterranean. Zeist: European committee for the prevention of mass destruction of migratory birds.

Wood, B. 1975. The distribution of races of the Yellow Wagtail overwintering in Nigeria. Bull. Nigerian Orn. Soc. 11: 19-26.

Wood, B. 1976. The biology of Yellow Wagtails Motacilla flava L. overwintering in Nigeria. Aberdeen: University of Aberdeen.

Wood, B. 1978. Weights of Yellow Wagtails wintering in Nigeria. Ring. & Migr. 2: 20-26.

Wood, B. 1979. Changes in numbers of over-wintering Yellow Wagtails Motacilla flava and their food supplies in a west African savanna. Ibis 121: 228-231.

Wood, B. 1982. The trans-Saharan spring migration of Yellow Wagtails (Motacilla flava). J. Zool. Lond. 197: 267-283.

Wood, B. 1992. Yellow Wagtail Motacilla flava migration from West Africa to Europe: pointers towards a conservation strategy for migrants on passage. Ibis 134 suppl. 1: 66-76.

Wood, L.C., G.G. Tappan & A. Hadj. 2004. Understanding the drivers of agricultural land use change in south-central Senegal. J. Arid Environ. 59: 565-582.

Wulffraat, S. 1993. Beyond the Diama dam. The impact of changing hydrology on the ecology of Djoudj National Park and its surrounding area. Enschedé: Thesis, International Institute for Aerospace survey and Earth sciences (ITC).

Wymenga, E., M. Engelmoer, C.J. Smit & T. van Spanje. 1990. Geographical breeding origin and migration of waders wintering in west Africa. Ardea 78: 83-112.

Wymenga, E. & W. Altenburg. 1992. Short note on the occurrence of terns in Guinea-Bissau in winter. In: W. Altenburg, E. Wymenga & L. Zwarts (éds). Ornithological importance of the coastal wetlands of Guinea-Bissau: 69-77. Zeist: WIWO.

Wymenga, E. 1997. Grutto's Limosa limosa in de zomer van 1993 vroeg op de slaapplaats: aanwijzing voor een slecht broedseizoen. Limosa 70: 71-75.

Wymenga, E. 1999. Migrating Ruffs Philomachus pugnax through Europe, spring 1998. Wader Study Group Bull. 88: 43-48.

Wymenga, E., J. van der Kamp & B. Fofana. 2005. The irrigation zone of Office du Niger. In: L. Zwarts, P. van Beukering, B. Kone & E. Wymenga (éds). The Niger, a lifeline: 189-209. Lelystad: Rijkswaterstaat/IVM/ Wetlands International/A&W.

Wymenga, E. 2005. Steltlopers op slaapplaatsen in Fryslân 1998-2004. Twirre 16: 200-210.

X

Xiao, J. & A. Moody. 2005. Geographical distribution of global greening trends and their climatic correlates: 1982-1998. Intern. J. Remote Sensing 26: 2371-2390.

Xie, P.P. & P.A. Arkin. 1996. Analyses of global monthly precipitation using gauge observations, satellite estimates and numerical model predictions. J. Climatol. 9: 840-858.

Y

Yeatman-Berthelot, D. & G. Jarry. 1994. Nouvel atlas des oiseaux nicheurs de France 1985-1989. Paris: Société Ornithologique de France.

Yeatman, L. 1976. Atlas des oiseaux nicheurs en France de 1970 à 1975. Paris: Société Ornithologique de France.

Yésou, P., P. Triplet, S.I. Sylla, M. Diarra, A. Ndiaye, O. Hamerlynck, S. Diouf & B. Tréca. 1996. Oiseaux d'eau dans le delta du Sénégal en janvier 1996. Bull. mens. O.N.C. 217: 2-9.

Yésou, P. & P. Triplet. 2003. Taming the delta of the Senegal River, West Africa: effects on Long-tailed and Great Cormorant *Phalacrocorax africanus*, *P. carbo lucidus* and Darter *Anhinga melanogaster rufa*. *In*: T. Keller, D. Carss, A. Helbig & M. Flade (éds). Cormorants: Ecology and management at the start of the 21th century. Vogelwelt 124, Supplement: 99-103.

Yohannes, E., S. Bensch & R. Lee. 2008. Philopatry of winter moult area in migratory Great Reed Warblers *Acrocephalus arundinaceus* demonstrated by stable isotope profiles. J. Ornithol. 149: 261-265.

Yohannes, E., H. Biebach, G. Nikolaus & D.J. Pearson. 2009. Passerine migration strategies and body mass variation along geographic sectors across East Africa, the Middle East and the Arabian Peninsula. J. Ornithol. DOI 10.1007/s10336-008-0357-z.

Yosef, R., P. Tryjanowski & M. Remisiewicz. 2002. Migration characteristics of the Wood Sandpiper (*Tringa glareola*) at Eilat (Israel). Ring 24: 61-69.

Yosef, R. & N. Chernetsov. 2004. Stopover ecology of migratory Sedge Warblers (*Acrocephalus schoenobaenus*) at Eilat, Israel. Ostrich 75: 52-56.

Yosef, R. & N. Chernetsov. 2005. Longer is fatter: body mass changes of migrant Reed Warblers (*Acrocephalus scirpaceus*) staging at Eilat, Israel. Ostrich 76: 142-147.

Z

Zakala, O., I. Shydlovsky & P. Busse. 2004. Variation in body mass and fat reserves of the Sedge Warbler *Acrocephalus schoenobaenus* on autumn migration in the L'Viv province (W Ukraine). Ring 26: 55-69.

Zalakevicius, M., G. Bartkeviciene, L. Raudonikis & J. Janulaitis. 2006. Spring arrival response to climate change in birds: a case study from eastern Europe. J. Ornithol. 147: 326-343.

Zang, H. & H. Heckenroth. 2001. Die Vögel Niedersachsens und des Landes Bremen. Band 2.8. Hannover: Naturschutz und Landschaftspflege in Niedersachsen.

Zang, H., H. Heckenroth & P. Südbeck. 2005. Die Vögel Niedersachsens und des Landes Bremen. Band 2.9. Hannover: Naturschutz und Landschaftspflege in Niedersachsen.

Zbinden, N., V. Keller & H. Schmid. 2005. Bestandsentwicklung von regelmässig brütenden Vogelarten der Schweiz 1990-2004. Ornithol. Beob. 102: 271-282.

Zedler, J.B. & S. Kerber. 2004. Cause and consequences of invasive plants in wetlands: opportunities, opportunists and outcomes. Critical Reviews in Plant Sciences 23: 431-452.

Zedlitz, O. 1910. Meine ornithologische Ausbeute in Nordost-Afrika. J. Ornithol. 58: 731-808.

Zedlitz, O. 1921. Die Avifauna des westlichen Pripjet-Sumpfes im Lichte der Forschung deutscher Ornithologen in den Jahren 1915-1918. J. Ornithol. 69: 269-399.

Zehtindjiev, P., M. Ilieva, A. Ożarowska & P. Busse. 2003. Directional behaviour of the Sedge Warbler (*Acrocephalus schoenobaenus*) studied in two types of oriental cages during autumn migration - a case study. Ring 25: 53-63.

Zheng, X. Y., E.A.B. Eltahir & K.A. Emanuel. 1999. A mechanism relating tropical Atlantic spring sea surface temperature and west African rainfall. Q. J. Royal Meteor. Soc. 125: 1129-1163.

Zijlstra, M. 1987. Bruine Kiekendief *Circus aeruginosus* in Flevoland in de winter. Limosa 60: 57-62.

Zink, G. 1973. Der Zug europäischer Singvögel, 1. Lieferung. Möggingen: Vogelwarte Radolfzell.

Zink, G. 1975. Der Zug europäischer Singvögel, 2. Lieferung. Möggingen: Vogelzug-Verlag.

Zink, G. 1981. Der Zug europäischer Singvögel, 3. Lieferung. Möggingen: Vogelzug-Verlag.

Zöckler, C. 2002. Declining Ruff *Philomachus pugnax* populations: a response to global warming? Wader Study Group Bull. 97: 19-29.

Zubakin, V.A. 2001. [Current distribution and numbers of Black-tailed Godwit *Limosa limosa* in Moscou region.] Ornitologia 29: 229-232.

Zwarts, L. 1972. Bird counts in Merja-Zerga, Morocco. Ardea 60: 120-124.

Zwarts, L. 1988. Numbers and distribution of coastal waders in Guinea-Bissau. Ardea 76: 42-55.

Zwarts, L. 1990. Increased prey availabilty drives premigratory hyperphagia in Whimbrels and allows them to leave the Banc d'Arguin, Mauritania, in time. Ardea 78: 279-300.

Zwarts, L., B.J. Ens, M. Kersten & T. Piersma. 1990. Moult, mass and flight range of waders ready to take off for long-distance migrations. Ardea 78: 339-364.

Zwarts, L. 1993. Het voedsel van de Grutto. Graspieper 13: 53-57.

Zwarts, L., J. van der Kamp, O. Overdijk, T.M. van Spanje, R. Veldkamp, R. West & M. Wright. 1998. Wader counts on the Banc d'Arguin, Mauritania, in January/February 1997. Wader Study Group Bull. 86: 53-69.

Zwarts, L. & M. Diallo. 2002. Éco-hydrologie du Delta. *In*: E. Wymenga, B. Kone, J. van der Kamp & L. Zwarts (éds) Delta intérieur du fleuve Niger: écologie et gestion durable des ressources naturelles: 45-63. Wageningen: Mali-PIN.

Zwarts, L. & M. Diallo. 2005. Fisheries in the Inner Niger Delta. *In*: L. Zwarts, P. van Beukering, B. Kone & E. Wymenga (éds) The Niger, a lifeline: 89-107. Lelystad: Rijkswaterstaat/IVM/Wetlands International/A&W.

Zwarts, L. & I. Grigoras. 2005. Flooding of the Inner Niger Delta. *In*: L. Zwarts, P. van Beukering, B. Kone & E. Wymenga (éds). The Niger, a lifeline: 43-77. Lelystad: Rijkswaterstaat/IVM/Wetlands International/A&W.

Zwarts, L. & B. Kone. 2005a. People in the Inner Niger Delta. *In*: L. Zwarts, P. van Beukering, B. Kone & E. Wymenga (éds). The Niger, a lifeline: 79-86. Lelystad: Rijkswaterstaat/IVM/Wetlands International/A&W. 79-86.

Zwarts, L. & B. Kone. 2005b. Rice production in the Inner Niger Delta. *In:* L. Zwarts, P. van Beukering, B. Kone & E. Wymenga (éds). The Niger, a lifeline: 137-153. Lelystad: Rijkswaterstaat/IVM/Wetlands International/A&W. & & &

Zwarts, L., N. Cissé & M. Diallo. 2005a. Hydrology of the Upper Niger. *In:* L. Zwarts, P. van Beukering, B. Kone & E. Wymenga (éds) The Niger, a lifeline: 15-40. Lelystad: Rijkswaterstaat/IVM/Wetlands International/A&W.

Zwarts, L., I. Grigoras & J. Hanganu. 2005b. Vegetation of the lower inundation zone of the Inner Niger Delta. *In:* L. Zwarts, P. van Beukering, B. Kone & E. Wymenga (éds). The Niger, a lifeline: 109-119. Lelystad: Rijkswaterstaat/IVM/Wetlands International/A&W.

Zwarts, L, P. van Beukering, B. Kone & E. Wymenga 2005c. The Niger, a lifeline: Lelystad: Rijkswaterstaat/IVM/Wetlands International/A&W.

Note

1   L'index est présenté par ordre alphabétique. Néanmoins, *da Prato* est classé sous la lettre *P*, *de Bont* sous la lettre *B*, etc. La même règle s'applique à d'autres noms, comme: van den Bergh, ould Boubouth, van den Brink, van der Burg, van Dijk, van der Have, den Held, le Houérou, van Huis, de Jonge, van der Kamp, ten Kate, van der Kooij, van Langevelde, van Manen, de Naurois, van Noordwijk, van Rhijn, de Ridder, van der Valk, van der Winden, et de Wit.

Index

A

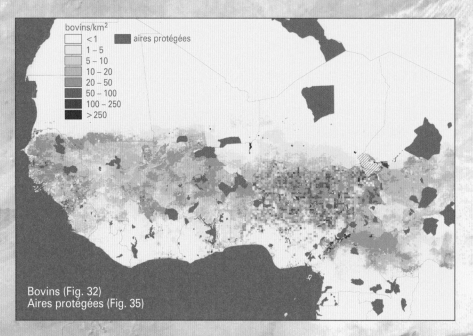

bovins/km²
<1
1 – 5
5 – 10
10 – 20
20 – 50
50 – 100
100 – 250
>250

aires protégées

Bovins (Fig. 32)
Aires protégées (Fig. 35)

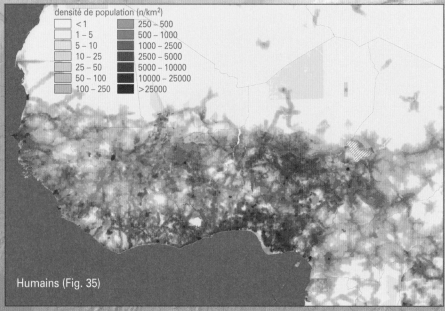

densité de population (n/km²)
<1
1 – 5
5 – 10
10 – 25
25 – 50
50 – 100
100 – 250
250 – 500
500 – 1000
1000 – 2500
2500 – 5000
5000 – 10000
10000 – 25000
>25000

Humains (Fig. 35)

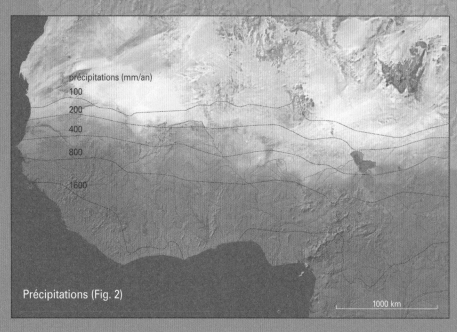

précipitations (mm/an)
100
200
400
800
1600

Précipitations (Fig. 2)

1000 km